KB138202

개정4판 선로공학

개정4판 선로공학

초판 1쇄 인쇄일 2019년 8월 8일
초판 1쇄 발행일 2019년 8월 16일

지은이 서사범
펴낸이 최길주

펴낸곳 도서출판 BG북갤러리
등록일자 2003년 11월 5일(제318-2003-000130호)
주소 서울시 영등포구 국회대로72길 6, 405호(여의도동, 아크로폴리스)
전화 02)761-7005(代)
팩스 02)761-7995
홈페이지 http://www.bookgallery.co.kr
E-mail cgjpower@hanmail.net

ISBN 978-89-6495-139-2 93530

이 도서의 국립중앙도서관 출판시도서목록(CIP)은 e-CIP홈페이지(http://www.nl.go.kr/ecip)와 국가자료공동목록시스템(http://www.nl.go.kr/kolisnet)에서 이용하실 수 있습니다.
(CIP제어번호 : CIP2019028392)

개정4판

線路工學

선로공학

– 궤도역학, 궤도재료, 궤도의 설계와 관리, 보안·운전, 소음·진동

서사범 저

BG 북갤러리

개정4판 서문

우리나라는 2004년 4월에 고속철도가 처음으로 개통된 후에 철도시스템이 교통수단의 중추적인 역할을 하고 있습니다. 앞으로도 21세기 국가철도망의 구축이 지속적으로 추진될 것이며, 향후에는 남북철도망의 구축과 동북아철도공동체가 이루어질 것입니다. 세계적으로는 최근에 철도기술이 급속하게 발달되고 있으며, 국내의 철도건설도 급변하는 철도기술을 신속하게 적용하고 융통성과 창의성을 발휘하여 경제적이고 합리적으로 이루어지고 있습니다. 특히, '철도건설규칙'은 지난 2009년에 완전히 개정되면서 철도건설기준에 관하여 일반적인 사항만 규정되어 있고, 철도건설의 구체적인 세부기준은 국토교통부장관이 정하도록 하고 있습니다. 이에 따라 철도건설의 세부기준은 국토해양부 고시인 '철도의 건설기준에 관한 규정'에서 정하고 있습니다. 이 책의 개정3판은 이와 관련된 사항을 반영하고, 콘크리트궤도, 고속분기기 등 그간의 국내 철도선로기술의 변화와 발전에 관한 내용을 반영한 바 있습니다.

그러나 이 책의 개정3판이 2012년에 발행된 후 7년이 지남에 따라 국내외의 철도기술이 발전되면서 국내 선로의 환경과 여건도 다소 변화됐습니다. 특히 '철도의 건설기준에 관한 규정'에서 정한 철도건설의 기준이 일부 바뀌었습니다. 또한, '선로정비지침'이 '선로유지관리지침'으로 바뀌면서 이러한 철도건설기준의 변경내용이 반영되고, 아울러 일반철도 궤도틀림 보수의 속도대역별 기준 재정립, 콘크리트궤도 균열보수방법 추가, 일반철도 레일연마시행 근거 마련 등이 이루어졌습니다. 따라서 이 책의 개정4판은 이러한 국내 선로기술의 변화와 세계의 철도기술 발전을 감안하여 일부의 내용을 추가하여 보완하였습니다.

국어사전에는 '선로공학'이란 용어가 정의되어 있지 않으나 이 책에 포한된 내용들이 철도 선로의 건설과 유지관리에서 중요할 것으로 생각됨에 따라 '선로공학'으로 표제를 정한 이 책은 철도선로에 관한 종합적인 기술서적으로서 '궤도역학(궤도설계)', '궤도재료', '보선공학(선로관리)' 등의 대학 교재로도 활용이 가능할 것입니다.

필자는 오로지 국내 철도기술의 발전에 이바지하겠다는 기술자 본연의 사명감으로 오랫동안 심혈을 기울여 이 책을 저술하고 보완하기는 하였으나 미비한 사항이 아직도 많이 남아있을 것으로 짐작되므로 앞으로 계속 수정, 보완토록 노력할 것을 다짐합니다. 또한, 지식에 관하여 절대적이고 영구적인 것이 없기 때문에 독자들의 견해와 코멘트를 환영할 것입니다.

끝으로, 이 책의 보완에 필요한 자료제공 등을 해주신 모든 분들과 어려운 여건에서도 이 책의 발행에 협조하여 주신 도서출판 북갤러리 관계자 여러분에게 감사를 드립니다.

2019년 7월

온수골에서 徐士範

머리말

철도의 여러 기술 중에서 중요한 요소의 하나는 주행하는 열차를 지지하고 안내하는 고정설비인 궤도를 최적화시키는 것입니다. 궤도는 본래 경험적인 구조물로서 구성되어 왔으나 장대한 철도 연장과 속도향상의 필요성, 막대한 유지보수비의 상승 등으로 이에 대한 최적화가 이루어져 왔습니다. 그러나, 그간 국내의 궤도기술은 경험을 앞세운 전문기술로서 너무 폐쇄적이고 독선적으로 되어 있어 제3자로부터 조언을 얻기 어렵게 하며, 공학분야에서 최근 눈부시게 발전한 새로운 기술의 도입을 방해할지도 모른다는 비판이 있어왔습니다. 전문기술 분야로서 궤도기술에는 물론 고도화가 따르게 되며, 여기에 대하여는 다른 사람들이 알기 어렵게 되어 버리는 성질이 있으나, 사회의 뛰어난 기술개발은 단순히 한두 사람의 우수한 연구자, 기술자의 능력만으로 되는 것은 아니며, 그 사회나 집단의 전반적인 기술 수준에 의존한다고 생각됩니다.

일반적으로 고속의 열차운행을 위한 궤도조건으로는 고속 차량의 주행안전에 관계되는 윤중 변동과 횡압을 일정치 이하로 제한하여야 하고 소정의 승차감을 유지하여야 하며 궤도 구성재료가 고속의 열차 하중에 대하여 충분한 강도를 가져야 할뿐만 아니라 소음 · 진동 등 환경에 대한 조건도 만족되어야 합니다. 이러한 여러 필요조건 등은 충분한 신뢰성과 품질을 갖도록 시공되고 경제적으로 유지 관리되어야 하는 것이 고속철도 궤도기술의 중요한 포인트입니다. 고속철도 궤도의 건설과 유지관리는 국내기술이 주도하여 추진하고 있는 기반시설중의 하나로서 주요 기술에 대한 이론적인 체계와 기본원리를 충분히 이해하여 우리 것으로 활용하여야 합니다. 또한, 궤도기술의 수준향상과 기술축적이 필요할 뿐 아니라 이에 따른 철도전문 기술인력의 양성이 중요한 과제입니다.

궤도기술의 발달은 궤도와 보선 전체로서의 집단뿐만 아니라 궤도와 보선 종사자 개인마다의 기술수준에 크게 기여한다고 생각되므로 고도화, 전문화된 새로운 기술의 보급과 교육뿐만 아니라 궤도현장에 직접 적용, 소화할 수 있는 보편적이고, 실용적 · 실무적인 기술의 풍부한 전파 · 보급도 또한 필요한 양면성이 있다고 할 수 있습니다. 이러한 관점에서 철도궤도의 기술향상과 저변확대 및 새로운 기술개발에 기여하기 위하여 철도궤도의 기술에 대한 여러 자료를 정리하여 책자를 만들었습니다. 이와 같이 궤도 및 보선 실무자에게 유용하도록 노력하였으나, 국내 자료의 부족으로 부득이 철도선진 외국의 자료를 많이 인용함에 따른 내용의 오류 또는 실정에 맞지 않거나 내용이 불충분한 점이 많으리라 생각되므로 앞으로 충실한 내용이 되도록 계속 수정 보완토록 노력할 것을 다짐하며, 독자 여러분의 많은 조언과 편달을 바랍니다.

끝으로, 궤도 건설이 원활하게 수행되도록 이끌어 주시는 유상열 이사장님을 비롯한 한국고속철도건설공단의 임직원 여러분께 감사드립니다. 이 책이 완성되도록 많은 도움을 주신 김달중 본부장님, 강기동 팀장님과 자료를 제공하여 주신 김재학 님과 양신추 박사님, 그리고 그림의 정리, 보완 등을 도와준 홍석연, 유진영, 박대혁, 서동하 님을 비롯한 여러분에게 감사드립니다. 또한, 고속철도의 궤도 건설을 위하여 애쓰시는 백경래 팀장님을 비롯한 공단의 여러분과 설계, 제작, 시공, 감리, 수송 등 궤도 분야의 모든 분들에게 감사드립니다. 아울러, 궤도기술의 향상과 발전에 많은 도움을 주시는 김정옥 회장님을 비롯한 한국선로기술협회의 여러분과 신종서 이사장님을 비롯한 철도기술공사의 여러분, 그리고 학문적인 지도를 하여 주시는 충북대학교 구봉근 교수님께 감사드리며, 이 책이 출간되도록 협조하여 주신 도서출판 삶과꿈의 임직원께 감사드립니다.

1999. 2.
五松에서 徐士範

목차

제1장 선로 일반

제2장 궤도구조의 재료

제3장 선형과 곡선통과속도

제4장 차량과 궤도의 상호작용 및 궤도의 측정과 시험

제5장 궤도역학 및 궤도구조(자갈궤도) 설계

제7장 궤도 관리

제8장 선로 보안설비 및 운전

제9장 소음과 진동

제1장 선로 일반

1.1 선로의 의의

선로(線路, permanent, roadway)란 열차 또는 차량을 주행시키기 위한 통로(通路)의 총칭이며, 차량을 직접 지지 · 유도하는 궤도(軌道, track)와 궤도를 지지하는 노반(路盤, subgrade, road bed) 및 여기에 부속되는 설비나 구조물 등을 포함하는 지대(地帶)를 말하지만, 협의로는 궤도, 표층 노반, 선로 측구(側溝) 및 여러 가지 설비(設備)를 말한다. 그리고 철도(鐵道, railway, railroad)라고 하는 수송기관을 특징짓고 있는 최대의 요소는 열차가 이 선로라고 하는 고정된 통로에서만 운행된다고 하는 점이다.

항공기가 3차원 공간을, 선박과 자동차가 2차원 공간을 이동하는 것에 비하여 철도의 열차는 선로 상을 1차원적으로 이동할 뿐이다. 따라서, 열차의 운전에서는 방향의 조작이 전혀 불필요하지만 다른 수송기관과 같이 우회나 주행로의 변경을 간단하게 할 수 없다. 그렇지만, 이와 같은 운행 자유도의 제한은 거꾸로 열차제어(制御)나 운행관리를 용이하게 하고, 철도가 고속운전과 대량수송에 적당하다고 하는 특징을 형성하게 된다. 또한, 항공기나 선박이 기상 조건의 영향을 받기도 하고 자동차가 교통사고나 교통정체의 영향을 받기도 하는 것에 비하여, 철도는 선로라고 하는 전용의 통로를 확보하고 있기 때문에 시간적으로 정확하고 안전성이 높다.

설비 면에서 본 철도의 특징은 선로를 중심으로 한 고정설비의 건설비 및 유지관리비가 비교적 크고, 일단 건설되어 영업운전을 개시하면 그 후의 개량에는 막대한 경비를 필요로 하는 점이다. 선로를 구성하는 요소에는 표준 구조로서 도상(道床)자갈이 있으며, 이것이 열차하중으로 조금씩 틀림이 진행되는 것을 전제로 하고 있기 때문에 도상 다짐작업이 정상적으로 필요하게 된다. 근년에, 이 자갈궤도 대신에 콘크리트궤도, 포장궤도 등의 생력화(省力化) 궤도를 일부 선로에 이용하게 됨에 따라 유지 관리가 경감되고 있다.

선로는 수송, 운전, 보수 및 안전의 관점에서 수평, 직선인 것이 바람직하지만 지형, 건설비의 관계 때문에 곤란하다. 건설적인 견지에서는 운전에 지장이 없는 범위 내에서 될 수 있으면 지표면을 따라 가는 것이 좋지만, 건설후의 운영을 생각하면 급기울기(急勾配)나 급곡선(急曲線)의 존재는 바람직하지 않다. 이와 같이 상반되는 요구에 따라 선로 중에 기울기나 곡선이 생기는 것을 피할 수 없지만, 여기에는 소정의 제한을 둔다. 이 때문에 지형에 따라 땅깎기(切土) 또는 흙 쌓기(盛土)로 하고, 하천을 횡단하는 경우에는 교량(橋梁)을, 산맥을 횡단하는 장소에는 터널을, 또한 시가지를 통과할 때에는 고가교(高架橋) 등의 시설이 필요하게 된다.

철도는 일관(一貫) 수송이므로 모든 차량이 모든 선로를 운전할 수 있도록 적어도 궤간(軌間) 및 여러 가지 한계(限界), 선로의 강도(强度) 등을 통일할 필요가 있다.

1.2 선로의 구조

1.2.1 선로의 건설기준

철도의 건설기준은 '철도건설규칙' *)과 '철도의 건설기준에 관한 규정', '도시철도건설규칙(상세는 특별시장, 광역시장, 도지사가 정함)' 에 정하여져 있다. 선로의 설계속도는 해당 선로의 경제 사회적 여건, 건설비, 선로의 기능 및 앞으로의 교통수요 등을 고려하여 정하며, 설계속도에 따라 철도의 건설기준을 정한다(**표 1.2.1**). 다만, 철도운행의 안정성 등이 확보된다고 인정되는 경우에는 철도건설의 경제성 또는 지형적 여건을 고려하여 해당 선로의 구간별로 설계속도를 달리 정할 수 있다. **표 1.2.1**은 2009년 9월 1일에 고시된 '철도의 건설기준에 관한 규정'의 기준을 요약한 것이다(2018. 3. 21에 일부개정). 2009년 9월 1일에 전부 개정하기 이전의 '철도건설규칙'은 일반철도를 1~4급선으로 구분(**표 1.2.1**의 설계속도 200, 150, 120, ≤ 70에 대응)하였으며, 그때까지 일반철도의 1급선은 존재하지 않았다. 이는 선로를 그 중요도, 사용 기관차의 형식과 운전속도 및 수송량 등의 하중조건에 따라 몇 개의 등급(等級)으로 나누고, 각각의 등급에 따라서 선로의 선형(線形)이나 선로의 부담력(負擔力)에 소정의 규격을 마련하기 위한 것이었으며, 선로의 중요도는 간선(幹線)인가 또는 지방선(地方線)인가에 따라 결정하였었다. 또한, 동일선로라도 선로연장과 개량에 기인하여 구간에 따라 선로등급이 혼재하는 경우도 있고, 건설 시에도 산악지대 등에서는 부득이 혼용하는 경우도 있었다.

표 1.2.1 철도건설기준

[1] ① 신설 및 개량노선의 설계속도(km/h) : 우측란을 고려하여 속도별 비용 및 효과분석을 실시	1. 초기 건설비, 운영비, 유지보수비용 및 차량구입비 등의 총비용 대비 효과 분석, 2. 역간 거리, 3. 해당 노선의 기능, 4. 장래 교통수요 등
② 도심지 통과구간, 시 · 종점부, 정거장 전후 및 시가화 구간 등 노선 내 타 구간과 동일한 설계속도를 유지하기 어렵거나, 동일한 설계속도 유지에 따르는 경제적 효용성이 낮은 경우에는 구간별로 설계속도를 다르게 정할 수 있음	
[2] 궤간의 표준치수 : 1,435 mm	

[3] 곡선반경, ① 본선의 곡선반경(m) : 우측란의 값 크기이상	V (km/h)	350	300	250	200	150	120	V≤70
	자갈궤도	6,100	4,500	3,100	1,900	1,100	700	400
	콘크리트궤도	4,700	3,500	2,400	1,600	900	600	400

– 상기 이외의 값은 설정캔트와 부족캔트를 고려하여 우측 난의 공식으로 산출	$R \geq \dfrac{11.8V^2}{C_{max} + C_{d,max}}$, 여기서 R : 곡선반경(m), V : 설계속도(km/h), C_{max} : 최대설정캔트(mm), $C_{d,max}$: 최대부족캔트(mm)

② 정거장 전후 등 부득이한 경우, 곡선반경(m)을 우측 값까지 축소 가능	설계속도V (km/h)	200<V≤350	150<V≤200	120<V≤150	70<V≤120	V≤70
	최소곡선반경(m)	운영속도 고려하여 조정	600	400	300	250

– 전기 동차 전용선 : 설계속도에 관계없이 250 m까지 축소 가능

* 2005. 7월에 기존의 국유철도건설규칙(건설교통부령)과 고속철도건설규칙을 통합하여 건설교통부령 제453호로 새로 제정. 2009년 9월 1일에 전부 개정한 '철도건설규칙(국토해양부령 제163호)' 은 필요사항만 규정하고 세부기준은 '철도의 건설기준에 관한 규정(국토해양부 고시 제2009-832호, 2009. 9. 1)' 에서 정하도록 개정

③ 부본선, 측선 및 분기기에 연속되는 경우에는 곡선반경을 200 m까지 축소 가능

– 다만, 고속철도전용선은 우측 난과 같이 축소 가능	주본선 및 부본선	1,000 [부득이 한 경우 500]
	회송선 및 착발선	500 [부득이 한 경우 200]

[4] ① 캔트(mm) : 우측 난의 공식으로 산출된 캔트 이하

$C=11.8\dfrac{V^2}{R}-C_d$, 여기서 C : 설정캔트(mm) V : 설계속도(km/h)

R : 곡선반경(m), C_d : 부족캔트(mm)

– 설정캔트와 부족캔트는 우측란의 값(mm) 이하

V (km/h)	200<V≤350	V≤200
최대 설정캔트	자궤 160/콘궤 180	자갈궤도 160 / 콘크리트궤도 180
최대 부족캔트[1]	자궤 80/콘궤 130	자갈궤도 100[2] / 콘크리트궤도 130[2]

[1] 최대 부족캔트는 완화곡선이 있는 경우, 즉 부족캔트가 점진적으로 증가하는 경우에 한함.
[2] 선로를 고속화하는 경우에는 최대 부족캔트를 120 mm까지 할 수 있음.

② 초과캔트 : 실제 운행속도와 설계속도 차이가 클 경우 우측 난의 공식으로 검토(초과캔트는 110 mm를 초과할 수 없음)

③ 분기기내 곡선, 그 전후 곡선, 측선과 캔트를 부설하기 곤란한 개소에서 열차주행안전성을 확보한 경우는 캔트를 두지 않을 수 있음

$C_e=C-11.8\dfrac{V_0^2}{R}$

여기서 C_e : 초과캔트(mm), C : 설정캔트(mm), V_0 : 열차의 운행속도(km/h), R : 곡선반경(m)

④ 캔트체감
1. 완화곡선이 있는 경우 : 완화곡선 전체길이
2. 완화곡선이 없는 경우 : 우측 난에 의함

구분	체감위치	최소체감길이(m)
곡선과 직선	곡선 시·종점에서 직선구간으로 체감 (선로개량 등 부득이한 경우에 곡선구간에서 체감)	$0.6\,\Delta C$ ΔC : 캔트변화량(mm)
복심곡선	곡선반경이 큰 곡선에서 체감	

[5] ① 완화곡선삽입 : 우측란의 크기 이하의 반경(m)을 가진 곡선과 직선이 접속하는 곳, • 다만, 분기기에 연속되는 경우이거나 기존선을 고속화하는 구간에서는 하기 ②의 부족캔트 변화량 한계 값을 적용 가능

V (km/h)	250	150	120	100	≤ 70
곡선반경(m)	24,000	5,000	2,500	1,500	600

– 상기 이외의 값은 우측 난의 공식으로 산출

$R=\dfrac{11.8V^2}{\Delta C_{d,lim}}$ 여기서 R : 곡선반경(m), V : 설계속도(km/h)

$\Delta C_{d,lim}$: 부족캔트 변화량 한계치(mm)

– 부족캔트 변화량(인접선형 간 균형캔트 차이) 한계치(이외는 선형 보간으로 산출)

V(km/h)	350	300	250	200	150	120	100	≤ 70
$\Delta C_{d,lim}$(mm)	25	27	32	40	57	69	83	100

② 분기기 내에서 부족캔트 변화량이 우측 표의 값을 초과하는 경우에는 완화곡선을 두어야 함.

구분	1. 고속철도전용선			2. 그 외		
분기속도 V(km/h)	V≤70	70〈V≤170	170〈V≤230	V≤100	100〈V≤170	170〈V≤230
부족캔트량 한계(mm)	120	105	85	120	141−0.21V	161−0.33V

③ 본선의 경우, 두 원곡선이 접속하는 곳은 완화곡선 설치(양쪽의 완화곡선을 직접 연결할 수 있음). 다만, 부득이한 경우에는 완화곡선을 두지 않고 두 원곡선을 직접 연결하거나 중간직선을 두어 연결할 수 있으며, 이때 다음에 따라 산정된 부족캔트 변화량은 ①항의 값 이하로 함.

1. 중간직선이 없는 경우

(표 1.2.1의 계속)

2. 중간직선이 있는 경우로서 직선길이가 기준치보다 작은경우

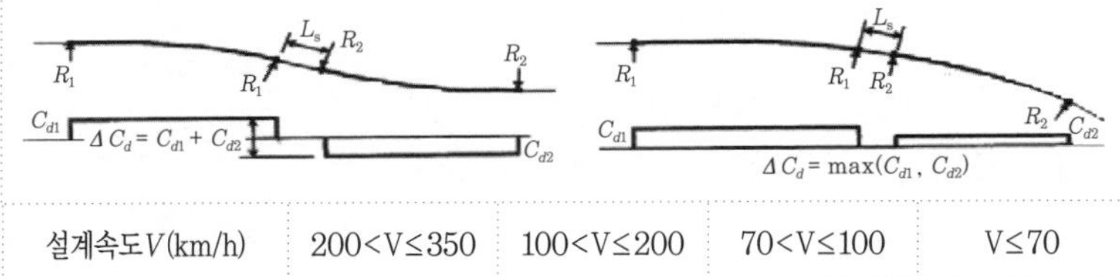

• 중간직선이 있는 경우로서 중간 직선길이의 기준치($L_{s,lim}$)는 우측란과 같음	설계속도V(km/h)	200<V≤350	100<V≤200	70<V≤100	V≤70
	중간직선길이 기준치	0.5V	0.3V	0.25V	0.2V

3. 중간직선이 있는 경우로서 중간 직선의 길이가 제2호에서 규정한 기준치보다 크거나 같은 경우 ($L_s \geq L_{s,lim}$)는 직선과 원곡선이 접하는 경우로 보아 제①항의 기준에 따름

④완화곡선의 길이 : 다음의 공식에 의한 값, • 다만, [3] ③의 부득이한 경우에는 곡선반경에 따라 축소가능
$L_{t1} = C_1 \Delta C$, $L_{t2} = C_2 \Delta C_d$ 여기서, L_{t1} : 캔트 변화량에 대한 환화곡선 길이(m) L_{t2} : 부족캔트 변화량에 대한 완화곡선 길이(m), C_1 : 캔트 변화량에 대한 배수, C_2 : 부족캔트 변화량에 대한 배수, ΔC: 캔트 변화량(㎜), ΔC_d : 부족캔트 변화량(㎜)

– 캔트 변화량에 대한 배수(C_1) 및 부족캔트 변화량에 대한 배수(C_2)	V (km/h)	350	300	250	200	150	120	V≤70
	C_1	2.50	2.2.0	1.85	1.50	1.10	0.90	0.60
	C_2	2.20	1.85	1.55	1.30	1.00	0.75	0.45

(주) 이외의 값은 다음의 공식으로 산출
캔트 변화량에 대한 배수 : $C_1 = \frac{7.31V}{1,000}$, 부족캔트 변화량에 대한 배수 : $C_1 = \frac{6.18V}{1,000}$, 여기서 V: 설계속도(㎞/h)

⑤ 완화곡선의 형상	3차 포물선

[6] 본선에서 직선과 원곡선의 최소길이(m) : 우측란의 값 크기 이상, 다만 부본선, 측선 및 분기기에 연속한 경우는 직선, 원곡선의 최소 길이를 다르게 정할 수 있음	V (km/h)	350	300	250	200	150	120	V≤70
	최소길이(m)	180	150	130	100	80	60	40

(주) 이외의 값은 L=1.5V으로 산출, 여기서 L : 직선 및 원곡선의 최소 길이(m), V : 설계속도(km/h)

[7] ① 선로의 기울기(‰) : 본선에서는 우측란의 크기 이하	구분	여객전용선	여객화물혼용선					전기동차전용선
	V(km/h)	250<V≤350	200<V≤250	150<V≤200	120<V≤150	70<V≤120	V≤70	
	기울기(‰)	35[(1)(2)]	25	10	12.5	15	25	35

(1) 연속한 선로 10 km에 대해 평균 기울기는 25 ‰ 이하
(2) 기울기가 35 ‰인 구간은 연속하여 6 km를 초과할 수 없음

(주) 다만, 선로를 고속화하는 경우, 운행차량의 특성 등을 고려하여 열차운행의 안전성이 확보되는 경우에는 그에 상응하는 기울기 적용 가능

② 상기 ①에도 불구하고 부득이 한 경우(‰)	V(km/h)	200<V≤250	150<V≤200	120<V≤150	70<V≤120	V≤70
	기울기(‰)	30	15	15	20	30

(주) 다만, 선로를 고속화하는 경우, 운행차량의 특성 등을 고려하여 열차운행의 안전성이 확보되는 경우에는 그에 상응하는 기울기 적용 가능

③ 본선의 기울기 중에 곡선이 있을 경우: ①, ②의 기울기에서 우측란의 환산 기울기를 뺀 값 이하	$G_c = \frac{700}{R}$, 여기서 G_c : 환산기울기(‰), R : 곡선반경(m)

④ 정거장 승강장 구간의 본선 및 그 외 열차정거구간 선로기울기는 ①~③ 규정에도 불구하고 2 ‰ 이하이어야 함. 열차 분리·결합 않는 전기 동차 전용선은 10 ‰까지, 그 외 8 ‰까지, 차량을 유치 않는 측선은 35 ‰까지 할 수 있음

⑤ 종곡선 간 같은 기울기 직선의 최소 길이는 설계속도에 따라 다음 값 이상으로 하여야 함; $L = \frac{1.5V}{3.6}$
L : 종곡선 간 같은 기울기의 선로길이(m), V : 설계속도(km/h)

⑥ 운행할 열차의 특성을 고려하여 정지 후 재기동 및 설계속도로의 연속주행 가능성과 비상 제동 시의 제동거리 확보 등 열차 운행의 안전성이 확보되는 경우에는 본선 또는 기존 전기동차 전용선에 정거장 설치 시의 기울기를 다르게 적용할 수 있음

(표 1.2.1의 계속)

[8] ①종곡선삽입: 기울기(‰) 차이가 우측란의 크기 이상일 때 설치	설계속도V(km/h)	200<V≤350	70<V≤200	V≤70
	기울기(‰)	1	4	5

② 최소 종곡선 반경(m) : 우측 난의 값 이상	설계속도V(km/h)	265 ≤ V	200	150	120	70
	최소 종곡선 반경	25,000	14,000	8,000	5,000	1,800

(주) 이외의 값은 $R_v = 0.35V^2$ 으로 산출. 여기서, R_v : 최소 종곡선 반경(m), V: 설계속도(km/h)
200 <V≤ 350 의 경우, 종곡선 연장이 1.5V/3.6 (m) 미만이면 종곡선 반경을 최대 4만 m까지 할 수 있음

③ 도심지 통과구간, 시가화 구간 등 부득이한 경우, 최소 종곡선 반경(m) : 우측란의 값 같이 축소 가능	V(km/h)	200	150	120	70
	최소종곡선반경	10,000	6,000	4,000	1,300

(주) 이외의 값은 $R_v = 0.25V^2$ 으로 산출. 여기서, R_v : 최소 종곡선 반경(m), V: 설계속도(km/h)

④ 종곡선은 직선 또는 원의 중심이 한 개인 곡선구간에 둘 수 있으며, 콘크리트궤도에 한하여 완화곡선 구간에 둘 수 있음

[9] ① 슬랙 : 반경 300m 이하인 곡선에서 $S = \frac{2,400}{R} - S'$ 으로 산출된 슬랙을 둠, 여기서 S : 슬랙(㎜), R : 곡선반경(m), S' : 조정치(0~15 ㎜) 다만, 슬랙은 30 ㎜이하

② 슬랙은 [4] ④의 캔트체감과 같은 길이 내에서 체감

[10] ① 직선구간의 건축한계(mm) : 그림 1.5.2에 따름

② 건축한계 내는 건물이나 그 밖의 구조물을 설치해서는 안 됨. 다만, 가공전차선 및 그 현수장치와 선로 보수 등의 작업에 필요한 일시적인 시설로서 열차 및 차량운행에 지장이 없는 경우에는 그러하지 아니함.

③ 곡선구간 : 직선구간의 건축한계에 우측란의 공식으로 산출된 양과 캔트와 슬랙에 따른 편의 량을 더하여 확대(다만, 가공전차선 및 그 현수장치를 제외한 상부에 대한 건축한계는 이에 의하지 아니 함)	1. 곡선에 따른 확대량	$W = \frac{50,000}{R}$ (전용차 전용선 $W = \frac{24,000}{R}$), 여기서, W: 선로중심에서 좌우측으로의 확대량(㎜), R : 곡선반경(m)
	2. 캔트 및 슬랙에 따른 편의 량	곡선내측 편의량 $A=2.4C+S$, 곡선외측 편의량 $B=0.8C$ 여기서, A : 곡선 내측 편의량(㎜), B : 곡선 외측 편의량(㎜), C : 설정캔트(㎜), S : 슬랙(㎜)

④ 체감길이	1. 완화곡선의 길이가 26 m 이상인 경우	완화곡선 전체의 길이
	2. 완화곡선의 길이가 26 m 미만인 경우	완화곡선구간 및 직선구간을 포함하여 26 m 이상의 길이
	3. 완화곡선이 없는 경우	곡선의 시점 · 종점으로부터 직선구간으로 26 m 이상의 길이
	4. 복심곡선의 경우	26 m 이상의 길이. 체감은 곡선반경이 큰 곡선에서 행함

[11] ① 정거장 외 직선구간에서 2선 병렬 시 우측란의 크기 이상. 다만, 궤도 중심 간격이 4.3m 미만인 구간에 3개 이상의 선로를 설치 경우에는 인접하는 궤도의 중심 간격 중 하나는 4.3m 이상	V (km/h)	250〈V≤350	150〈V≤250	70〈V≤150	≤70
	최소궤도중심 간격(m)	4.5	4.3	4.0	3.8

- 고속철도전용선은 다음을 고려하여 다르게 적용 가능; 1. 차량교행시의 압력, 2. 열차풍에 따른 유지보수요원의 안전(선로 사이에 대피소가 있는 경우에 한함), 3. 궤도부설 오차, 4. 직선 및 곡선부에서 최대 운행속도로 교행하는 차량 및 측풍 등에 따른 탈선 안전도, 5. 유지보수의 편의성 등

② 정거장(기지 포함)에 설치하는 궤도의 중심간격은 4.3m 이상으로 하고, 6개 이상의 선로를 나란히 설치하는 경우에는 5개 선로마다 궤도의 중심간격을 6.0m 이상 확보. 다만, 고속철도전용선은 통과선과 부본선간의 궤도의 중심간격은 6.5m로 하되 방풍벽 등을 설치하는 경우에는 이를 축소 가능

③ 선로 사이에 전차선로 지지주 및 신호기 등을 설치하여야 하는 때에는 ①, ②의 궤도 중심 간격을 그 부분만큼 확대

④ 곡선부의 경우에는 ①~③의 궤도중심 간격에 [10] ③의 곡선에서의 건축한계 확대량(50,000/R, 전동차 전용선인 경우 24,000/R)의 2배에 해당하는 값을 더하여 확대. 다만, 궤도의 중심 간격이 4.3 m 이상인 경우에는 그러하지 아니함.

⑤ 선로를 고속화하는 경우의 궤도 중심간격은 설계속도 및 ①에서 정한 사항을 고려해 다르게 적용 가능

[12] ① 시공기면 폭(m) :
1. 직선구간은 우측란 크기 이상

차량최고속도V (km/h)		250<V≤350	200<V≤250	150<V≤200	70<V≤150	V≤70
시공기면 폭(m)	전철	4.25	4.0			
	비전철	–	–	3.7	3.3	3.0

2. 곡선구간은 도상 경사면이 캔트에 의해 늘어난 폭만큼 확대. 다만, 콘크리트궤도는 확대하지 않음

② 선로를 고속화하는 경우는 유지보수요원의 안전 및 열차안전운행이 확보되는 범위 내에서 시공기면 폭을 다르게 적용할 수 있음

[13] 선로 설계 시 유의사항, ① 선로구조물 설계 시 적용하는 하중 : • 객화혼용선 : KRL2012 표준 활하중, • 여객전용선 : KRL2012 여객전용 표준 활하중(KRL2012 표준 활하중의 75 %를 적용, • 전기 동차 전용선 : EL 표준 활하중

② 궤도구조는 구조적 안전성 및 열차운행의 안전성이 확보되도록 설계
1. 도상의 종류는 해당 선로의 설계속도, 열차의 통과 톤수, 열차운행의 안전성 및 경제성을 고려하여 결정

2. 자갈도상 두께(cm) : 우측란의 크기 이상
• 자갈도상이 아닌 경우 도상특성을 고려해 다르게 적용할 수 있음

V (km/h)	230<V≤350	120<V≤230	70<V≤120	V≤70
자갈도상 두께(cm)	350	300	270[1]	250[1]

[1] 장대레일인 경우 300 mm로 함.

㈜ 최소 도상두께는 도상매트를 포함한다.

3. 레일중량(kg/m) : 우측란의 크기 이상을 원칙(열차 통과톤수, 축중 및 운행속도를 고려하여 다르게 조정할 수 있음)

V (km/h)	V>120	V≤120
레일중량(kg/m)	본선 60, 측선 50	본선·측선 50

③ 선로구조물을 설계할 때에는 건설비 및 유지보수비 등을 포함한 생애주기 비용을 고려

④ 교량, 터널 등에는 안전, 재난 등에 대비할 수 있는 설비를 설치. • 열차운행안전에 지장 우려 장소에는 방호설비를 설치

⑤ 선로를 설계 시는 향후 인접선로(계획 중인 선로 포함)와 원활한 열차운행이 가능하도록 인접선로와 연결되는 구조, 차량 동력방식, 승강의 형식 및 신호방식 등을 고려

1.2.2 궤간

차량은 2 줄의 레일(rail)에서 그 직각 방향으로 벗어날 수 없도록 유도(誘導, guide)되어 주행한다. 이 경우에 차륜과 레일간의 접촉부는 서로간에 마모가 생겨 변형하게 되며, 양자의 교차의 영향도 있어 접촉 위치(接觸位置)가 변화한다. 그러나 차량의 안전과 쾌적한 주행을 위해서는 이 접촉위치를 어떤 범위 내로 한정하여야 한다.

궤간(軌間, railway gauge)은 "① 양측 레일 두부상면(頭部上面)으로부터 소정의 높이의 아래에서 두부 내측 면(內側面)간의 거리", 또는 "② 두부상면으로부터 소정의 높이 아래 이내에서의 두부 내측 면간의 최단(最短) 거리"를 말한다.

여기서, "소정의 높이 아래 이내에서의 최단 거리"는 레일 후로(flow)를 고려한 것이다. 우리 나라에서는 후자의 정의를 취하고 있다. 그 하방의 높이에 대하여 우리나라는 고속철도를 포함하여 14 mm(국철은 2004년 이전까지 16 mm 적용)로 정하고 있으며, 유럽과 일본에서도 14 mm로 정하고 있다. 이 14 mm를 선택함으로써 레일두부의 후로우(flow)나 횡 마모에 따른 영향과 레일두부 표면의 반경 r = 13 mm가 미치는 영향을 적게 받는다.

세계의 주요 국가에서 이용되고 있는 궤간은 **표 1.2.2**와 같이 1.676 m(5′ 6″)에서 0.762 m(2′ 6″)까지 여러 가지가 있지만, 가장 많이 이용되고 있는 궤간은 1.435 m(4′ 8 1/2″)이며, 이것을 표준 궤간(標準軌間, standard gauge)이라 부르고, 그보다 넓은 것을 광궤(廣軌, broad gauge), 좁은 것을 협궤(挾軌, narrow gauge)라 칭하고 있다. 표준 궤간은 1844년 영국에서 법률로 정하였고, 국제적으로는 1886년 스위스 베른의 국제회의에서 제정하였다. 우리 나라에서는 표준 궤간을 사용하고 있다.

표 1.2.2 세계 각국의 궤간

국 명	궤 간		국 명	궤 간	
	feet 단위	m 단위		feet 단위	m 단위
인도, 아르헨티나, 칠레	5′ 6″	1.676 m	일본의 JR 그룹, 오스트레일리아, 뉴질랜드, 남아프리카	3′ 6″	1.067 m (希望峰 궤간)
스페인, 포르투갈	5′ 5 3/4″	1.672 m			
아일랜드, 브라질	5′ 3″	1.600 m	인도, 아르헨티나, 브라질, 유럽의 일부	3′ 3 3/8″	1 m
러시아	5′	1.525 m			
한국, 유럽의 각국, 중국, 미국 일본의 신칸센 및 사철,	4′ 8 1/2″	1.435 m (표준 궤간)	멕시코, 미국의 일부	3′	0.914 m
			인도, 브라질	2′ 6″	0.762 m

궤간의 대소는 ① 운전속도, ② 수송량, ③ 차량의 주행 안전성 및 ④ 건설비 등에 크게 영향을 준다.

광궤는 건설비를 제외한 상기의 모든 항목에 유리하며, 차륜의 직경을 크게 할 수 있으므로 충격이 적고, 승차감(乘車感, riding comfort)이 좋으며, 차량 · 궤도의 파괴를 감소시킬 수 있다.

그에 비하여 협궤는 모든 구조물을 작게 할 수 있으므로 용지비를 포함한 건설비가 싸게 되며, 곡선 통과가 용이하므로 곡선반경의 제한이 작게 된다.

이와 같이 광궤, 협궤 모두 각각 장단점을 갖고 있으며, 도중에 궤간을 변경하는 것은 곤란하므로 건설 시에는 궤간에 대한 충분한 검토가 필요하다.

한편, 스페인, 러시아 등은 이웃나라 군사력의 위협을 느껴 철도로 침입하지 않도록 이웃나라와 다른 광궤를 채용하였으나, 이와 같이 궤간이 다르면 사람이나 물자의 왕래가 활발하게 되면 크게 불리하게 되며 경제의 발전을 저해하게 된다. 궤간이 다른 2 선로간에서 여객이나 화물을 직통운전하는 방법으로는 ① 여객이 갈아타거나 화물을 갈아 싣는 방법, ② 3선 레일이나 4선 레일로 궤도의 궤간을 바꾸는 방법, ③ 윤축이나 대차를 교환하는 방법, ④ 화차 반송용의 화차나 대차를 이용하는 방법, ⑤ 궤간가변차량을 이용하는 방법(스페인의 Talgo차) 등이 있다.

1.2.3 궤도

(1) 궤도의 의의 및 요구 조건과 역할

노반(路盤) 위에 부설된 도상(道床), 침목(枕木) 및 레일(rail)로 구성되는 부분을 궤도(軌道, track)라 부르며, 그 중에서 침목과 레일로 조립한 사닥다리 모양의 것을 궤광(軌框, track skeleton)이라 한다. 궤도는 고속으로 주행하는 열차에 대한 직접의 통로로 되므로 차량의 중량 및 충격 · 진동에 충분히 견딜 수 있는 강도와 탄성이 필요하다. 그러나 노반을 포함하여 그 위에 부설되는 궤도는 완전한 탄성체가 아니므로 열차의 통과에 따라 반복하여 받는 차륜으로부터의 작용력으로 변형이 항상 진행하며, 이것이 누적되어 큰 궤도틀림으로 될 뿐만 아니라 때로는 큰 변형이나 파손으로 운전의 위험조차 초래하게 되는 일도 있다.

따라서 궤도에는 ① 충분한 강도를 가질 것, ② 차량의 원활한 주행과 안전이 확보될 수 있을 것, ③ 궤도틀림(근래에 외국에서는 軌道變位라고 부르는 추세이다)이 적을 것, ④ 승차감이 좋을 것, ⑤ 경제적일 것, ⑥ 유지 · 보수가 용이할 것, 등의 조건이 요구된다.

근래에 열차 속도(train speed, train velocity)가 향상됨에 따라 운전의 안전과 좋은 승차감이 강하게 요구되고 있다.

도상은 열차로부터 레일 · 침목을 거쳐 오는 하중을 넓게 분산하여 노반(궤도를 지지하는 지표면)으로 전하며, 차량의 좌우동, 온도변화에 따른 레일신축으로 인한 침목의 이동을 방지하는 외에 차량주행에 따른 진동에너지를 흡수하고 우수의 배수를 용이하게 하며 잡초의 발육을 방지한다. 자갈도상은 건설비가 비교적 싼 점, 궤도틀림의 정정이 비교적 용이한 점 등에서 무거운 차량을 지지하기에 비교적 합리적이고 경제적으로도 뛰어나므로 예전부터 동서양을 불문하고 채용되어 왔다. 예를 들어, 공장에서 단조 해머 등의 진동을 수반하는 약 100 tf의 기계를 설치하기 위해서는 수백 tf의 기초 콘크리트 공사를 필요로 한다. 여기에 비하여 진동을 수반하는 무거운 열차의 주행을 지지하는 철도의 자갈도상은 보수를 요한다고는 하지만, 건설비가 싸다. 즉, 이것이 자갈도상을 계속 채용하여 온 이유이다. **그림 1.2.1**은 자갈궤도에서의 하중전달 원리를 나타낸다.

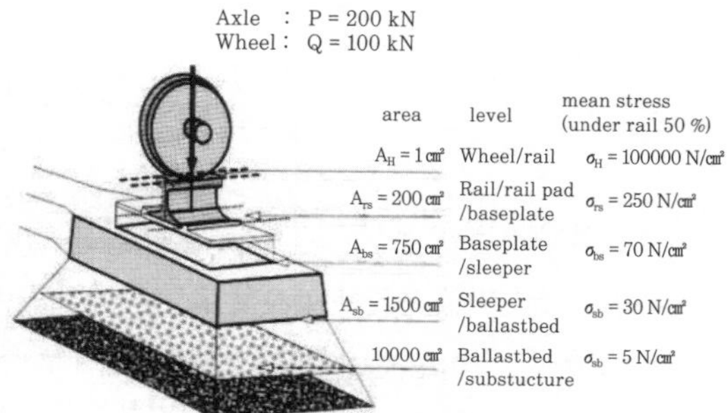

그림 1.2.1 자갈궤도에서 하중전달의 원리(예)

(2) 궤도의 구조 및 구조검토

궤도의 일반적인 구조는 잘 다져진 노반 위에 충분한 두께와 폭을 가진, 깬 자갈(碎石) 등으로 이루어진 도상(道床)을 부설하고, 그 위에 소정의 간격으로 침목을 부설하며, 더욱이 궤간에 맞추어서 2줄의 레일을 체결장치로 침목에 고정한다. 우리 나라 선로의 대부분은 이와 같이 레일과 침목으로 조립한 궤광을 노반 위의 도상자갈에 부설한 것이다. 철도가 탄생한 이래 궤도구조에 대한 여러 가지 시도가 행하여져 PC 침목이나 장대(長大)레일이 채용되기는 하였으나 그 기본적인 구조는 변하지 않고 계승되어 왔다.

외국에서는 자갈궤도 구조의 주된 구성 요소에 노반을 포함하며, 두 가지 주요 부류, 즉 ① 상부구조(上部構造, super structure)와 ② 하부구조(下部構造 infrastructure)의 그룹으로 나누는 경우[15]도 있다. 상부구조(궤광)는 레일, 체결장치 및 침목으로 구성되며, 하부구조는 도상, 보조도상(sub-ballast) 및 노반으로 구성된다. 따라서, 상부구조와 하부구조는 침목-도상의 경계 면으로 구분된다.

궤도구조(track structure)는 그 위를 주행하는 열차하중에 대하여 충분한 부담력을 가져야 할 뿐만 아니라 보수에 요하는 노력 등 경제상의 조건도 고려하여 결정하여야 한다. 특히 각각의 부분에 균형을 취한 강도(强度)를 가져야 한다. 일부의 재료가 약한 경우는 그것에 기인하여 전체의 부담력이 제약된다.

상기와 같이 자갈궤도(有道床 軌道)에는 긴 역사가 있기는 하나, 그 구성 요소인 레일, 침목 및 도상 등을 결정할 때, 여전히 구조물로서의 강도에 대한 검토가 필요하다. 일반적으로 토목(土木) 구조물의 설계에서는 각 부재에 발생하는 응력(應力, stress)과 그 허용 응력을 비교 검토하며, 이 고려 방법을 나타낸 것이 **그림 1.2.2** 이다.

궤도구조에서는 **그림 1.2.3**과 같이 된다. 응력 검토의 계산에는 궤도의 구조 조건을 여러 요소(要素)로 하는 구조모델을 가정할 필요가 있지만, 일반적으로는 궤도를 "탄성 지지(彈性 支持)된 보(beam)"로서 해석하고 있다. 또한, 열차의 속도, 궤도면의 틀림, 열차 동요(動搖), 타이어 플랫(tire flat) 등에 기인하여 궤도에의 충격 효과가 발생하고 있지만, 계산상 이들의 효과를 모아 "속도 충격률(速度 衝擊率, increase ratio by velocity)"로서 나타내며, 하중의 작용을 할증하는 방법을 취하고 있다. 이와 같이 응력을 검토하여 강도를 검토하는 외에 실제의 궤도구조를 결정할 때에는 승차감의 확보, 궤도 보수량의 저감이라고 하는 측면에서도 검토할 필요가 있다.

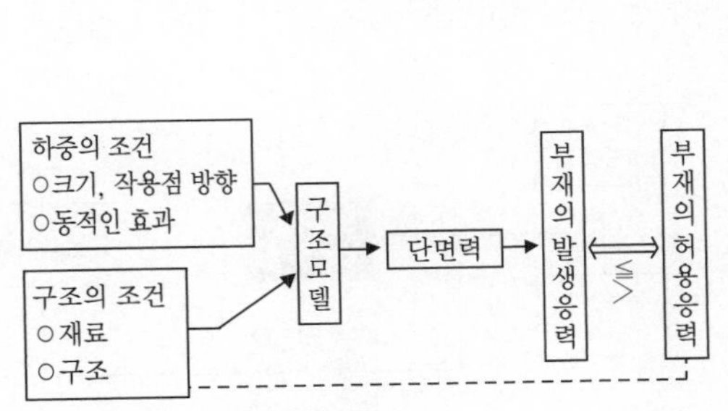

그림 1.2.2 구조물의 응력 검토

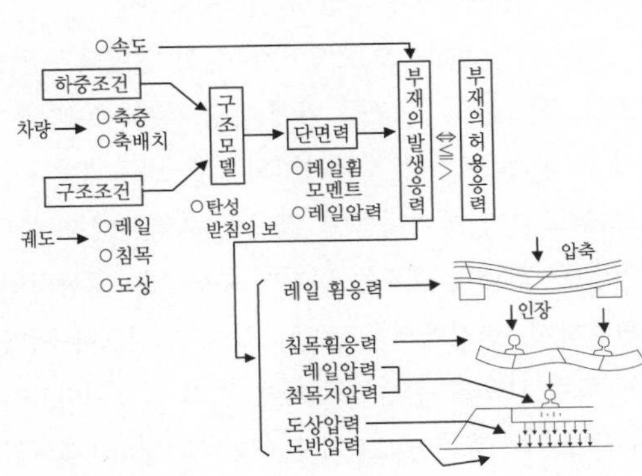

그림 1.2.3 궤도의 응력 검토

이 전통적인 자갈궤도는 구성하는 부재에 따른 정도의 차이는 있지만 정상적으로 보수작업을 필요로 하는 궤도구조라는 점은 변하지 않는다. 이 점이 근년의 노동환경의 변화에 어울리지 않게 되고 있다. 결과로서 도상 자갈을 사용하지 않는 생력화 궤도가 특수한 조건의 개소(지하철이나 터널 등) 이외에도 사용되고 있다. 그러나, 일반적으로는 자갈궤도가 높은 비율을 점하고 있다. 한편, 자갈궤도의 건설과 보수에서는 현대적 궤도보수 기계를 적용하여 정밀하고 능률적으로 안전하게 행하고 있다.

이하에서는 상기의 설명에서와 같이 자갈궤도(有道床 軌道)란 도상에 자갈을 이용한 궤도를, 무도상 궤도(無道床 軌道)란 도상에 자갈을 이용하지 않은 콘크리트도상 궤도와 슬래브 궤도 등을 총칭하기로 한다. 한편, 생력화 궤도란 제6장에서 상술하지만, 상기의 무도상 궤도를 포함하여 보수작업이 불필요하거나 보수작업이 적은 궤도와 보수가 용이한 궤도를 말하며, 일반적으로 상기의 전통적인 자갈도상 궤도 이외의 궤도를 지칭한다.

(3) 미래의 궤도구조와 궤도기술

(가) 미래의 궤도구조

철도의 기원 이래 궤도구조는 2 줄의 레일을 등(等)간격으로 침목에 체결한 궤광(軌框)을 자갈도상으로 고정한다고 하는 기본개념이 변하지 않고 있다. 궤도구조는 차량하중을 지지하고 안내한다고 하는 기능을 2 줄의 레일이라고 하는 최저한의 부재구성으로 실현하고 있는 훌륭한 구조이다. 또한, 건설비용, 배선변경, 구조물의 변상에 대한 추종성 등, 종합적으로 고려하면 이보다 좋은 구조가 없었다고 할 수 있다. 근년에는 열차속도의 향상, 보수시간의 감소, 보수작업 시의 소음 진동 방지, 궤도보수비의 증가 등, 철도를 둘러싼 환경의 변화가 있으므로 이에 대응하기 위하여 자갈도상을 이용하지 않는 각종의 직결(直結)궤도가 나타나고 있다. 또한, 장래지향 과제로서 혁신적인 궤도구조로의 도전이 진행되고 있다. 궤도구조는 이미 충분히 궂은살을 도려낸 심플한 것이므로 몰두하여야 할 방향은 그다지 남아있지 않다. 즉, 고려되는 것은 ① 체결리스(締結less), ② 도상자갈리스, ③ 검사리스 등의 방법이며 이들을 '3리스(less) 궤도' 라고 부르기도 한다.

(나) 경험기술로부터 탈피하는 궤도기술

궤도는 열차하중으로 인하여 상시 변형되고 있으므로 이것을 정기적으로 정정하는 것을 전제로 하고 있다. 또한, 궤도는 흙 구조물 위에 직접 부설되는 경우가 많기 때문에 같은 구조라도 궤도열화의 속도가 위치에 따라 크게 다른 점 등 지금까지의 많은 연구개발에도 불구하고 궤도열화 메커니즘이 완전히 해명되었다고는 말하기 어렵다. 그러나 궤도는 열화에 수반되는 일상적인 보수가 필요하며, 현장에서는 담당 기술자의 경험에 의거한 판단에 따라 보수를 수행하고 있는 것이 실태이다. 이와 같은 궤도보수의 흐름을 **그림 1.2.4**에 나타낸다. 궤도열화 메커니즘이 블랙박스에 가깝다는 것을 용인하고 있는 사정이 "궤도기술은 경험기술이다" 라고 불리는 까닭이다.

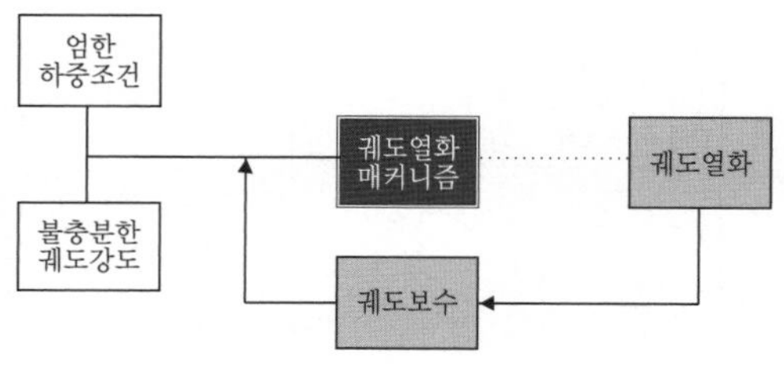

그림 1.2.4 경험기술을 구성하는 루프

궤도기술에 한정되지 않는 성숙한 기술 분야에서는 경험이 극히 중요한 기술요소이다. 그러나 일단 안정된 기술이라도 철도를 둘러싼 환경의 변화에 따라서 그 성능이 상대적으로 점점 저하하는 것은 피할 수가 없다.

이상과 같은 관점에서 보면, 연구개발의 목적은 경험기술의 상대적 성능열화를 인식하여 새로운 이론, 방법, 재료 등의 도입으로 새로운 성능을 부가하는 것을 고려할 수가 있다. 예를 들어, 근년의 IT기술의 발달은 궤도 관계의 기술개발에서 큰 변화를 가져오고 있다. 구체적인 툴로서는 ① 모니터링기술, ② 해석기술, ③ 예측기술, ④ 최적화기술 등이 열거된다.

1.2.4 시공기면 폭

시공기면(施工基面, F. L, formation level)이란 노반의 높이를 나타내는 기준면(基準面)을 말한다. 실용상으로는 노반 면(路盤面)과 혼동하여 사용되고 있지만, 엄밀하게는 수평인 기준면이 시공기면이며 여기에 배수 기울기(排水勾配)를 붙인 것이 노반 면이다[7]. 따라서, **그림 1.2.5**에 나타낸 것처럼 시공기면과 노반 면은 다른 면으로 된다. 양자는 소정의 도상 두께를 확보한다고 하는 점에서 일치하므로 레일 직하에서 동일한 높이로 된다.

마찬가지로 시공기면 폭은 궤도 중심선에서 기면 턱까지의 수평 거리를 말하며, 노반 폭은 실제로 배수 기울기를 둔 경우의 표층노반 어깨까지의 수평 거리를 말한다. 따라서, 상기의 그림에 나타낸 것처럼 노반 폭의 치수가 시공기면의 쪽보다 약간 크게 된다.

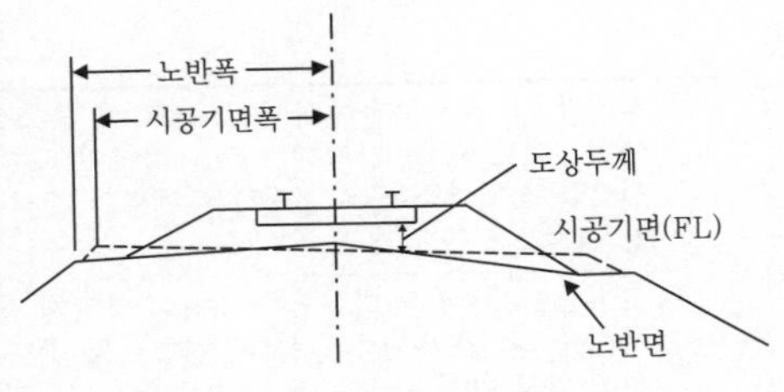

그림 1.2.5 시공 기면과 노반 면

궤도 중심선 위치에서의 지반고(地盤高)를 나타내는 기준면을 시공 기면(formation level, FL)이라 부르는 경우도 있으며[12], 시공기면 폭 등 선로 횡단면의 주요한 치수는 토공정규(土工定規, roadwaydia-graph)로 정하고 있다.

직선구간의 시공기면 폭(궤도중심에서 시공기면의 한쪽 비탈머리까지의 폭)은 궤도구조의 기능을 유지하고, 전철주 및 공동관로 등의 설치와 유지보수요원의 안전대피 공간 확보가 가능하도록 정하며, 곡선구간의 경우에는 캔트의 영향을 고려하여 정한다. 철도의 건설기준에 관한 규정에서는 **표 1.2.3**과 같이 정하고 있다.

표 1.2.3 시공기면 폭

① 시공기면 폭(m) : 1. 직선구간은 우측란 크기 이상	차량최고속도V (km/h)		250<V≤350	200<V≤250	150<V≤200	70<V≤150	V≤70
	시공기면 폭(m)	전철	4.25	4.0			
		비전철	–	–	3.7	3.3	3.0
2. 곡선구간은 도상 경사면이 캔트에 의해 늘어난 폭만큼 확대. 다만, 콘크리트궤도는 확대하지 않음							
② 선로를 고속화한 경우는 유지보수요원의 안전 및 열차안전운행이 확보되는 범위 내에서 시공기면 폭을 다르게 적용할 수 있음							

1.2.5 궤도중심 간격

궤도가 2선 이상 평행하여 있는 경우에 인접 궤도를 주행하는 차량과 접촉되지 않도록 하며, 승무원이나 승객에게 안전하고 보선원이 용이하게 대피할 수 있도록 궤도 중심선은 어느 거리 이상 떨어져야 한다. 이와 같이 평행하여 있는 인접 궤도 중심선간의 거리를 궤도중심 간격(軌道中心間隔, track center distance, track spacing)이라 부르며, 선로의 궤도틀림과 열차동요, 여객이 차량의 창 밖으로 얼굴이나 손을 내민 경우의 안전을 고려하여 정한다.

직선구간의 궤도중심 간격은 차량한계의 최대 폭과 차량의 안전운행 및 유지보수 편의성 등을 감안하여 정하며, 곡선구간은 곡선반경에 따라 건축한계 확대량에 상당하는 값을 추가하여 정한다. 철도의 건설기준에 관한 규정에서는 **표 1.2.4**와 같이 정하고 있다.

표 1.2.4 궤도중심 간격

① 정거장 외 직선구간에서 2선 병렬 시 우측란의 크기 이상. 다만, 궤도 중심 간격이 4.3m 미만인 구간에 3개 이상의 선로를 설치 경우에는 인접하는 궤도의 중심 간격 중 하나는 4.3m 이상	250〈V≤350	150〈V≤250	70〈V≤150	≤70
	4.5	4.3	4.0	3.8
– 고속철도전용선은 다음을 고려하여 다르게 적용 가능; 1. 차량교행시의 압력, 2. 열차풍에 따른 유지보수요원의 안전(선로 사이에 대피소가 있는 경우에 한함), 3. 궤도부설 오차, 4. 직선 및 곡선부에서 최대 운행속도로 교행하는 차량 및 측풍 등에 따른 탈선 안전도, 5. 유지보수의 편의성 등				
② 정거장(기지 포함)에 설치하는 궤도의 중심간격은 4.3m 이상으로 하고, 6개 이상의 선로를 나란히 설치하는 경우에는 5개 선로마다 궤도의 중심간격을 6.0m 이상 확보. 다만, 고속철도전용선은 통과선과 부본선간의 궤도의 중심간격은 6.5m로 하되 방풍벽 등을 설치하는 경우에는 이를 축소 가능				
③ 선로 간에 전차선로 지지주, 신호기 등을 설치해야 하는 때에는 ①, ②의 간격을 그 부분만큼 확대				
④ 곡선부의 경우에는 ①~③의 궤도중심 간격에 건축한계 확대량(50,000/R, 전동차 전용선인 경우 24,000/R)의 2배에 해당하는 값을 더하여 확대. 다만, 곡선반경이 2,500 m 이상인 고속철도 전용선의 경우에는 확대량을 생략할 수 있음				
⑤ 선로를 고속화하는 경우의 궤도 중심간격은 설계속도 및 ①에서 정한 사항을 고려해 다르게 적용 가능				

1.2.6 노반

궤도를 지지하기 위하여 천연의 지반을 가공하여 만든 인공(人工)의 지표면(地表面)을 노반(路盤, subgrade, road bed)이라 한다. 노반은 궤도를 충분히 강고(强固)하게 지지함과 동시에 궤도에 대하여 적당한 탄성을 주고, 노상(路床)으로 하중을 전달하는 기능을 가진다.

노반의 재료로서 일반적으로 사용되는 흙은 단일 물질로 구성되는 일반 재료와 달리 흙, 물 및 공기의 복합 물질이며, 함수 비(含水比)에 따라 그 성질이 변하는 특징을 갖고 있다. 그 때문에 노반의 재료나 시공 방법이 잘못되면 곧바로 분니(噴泥, pumping, mud-pumping), 침하(沈下), 동상(凍上, frost heaving) 및 진동 등이 발생하여 이른바 불량 노반(bad subgrade)으로 되어 궤도 보수에 큰 부담을 주는 결과로 된다. 따라서, 노반은 양질의 재료로 다져 충분한 지지력을 가진 균질한 층인 것이 필요하다. 일반적인 노반 구조의 고려 방법은 다음과 같으며, 노반에 대한 상세는 제2장 제2.8절에 기술한다.

① 표층 노반의 상면에는 3 %의 배수(排水) 기울기를 둔다.

② 노반에는 선로 곁도랑(側溝)을 둔다.

③ 선로 곁도랑의 종단 기울기는 필요 충분한 것으로 한다.

④ 선로 곁도랑의 유심(流心)은 되도록 직선으로 하고, 함부로 이것을 굽히거나 배수에 지장을 주는 시설물을 선로 곁도랑 안에 설치하지 않는다.

⑤ 복선 이상의 구간에서 노반 배수가 곤란한 개소에는 선로 사이(線間)에 배수공을 설치한다.

⑥ 기기 상자, 선로 표지, 용지 표지 및 이들과 유사한 것과 선로에 병행하는 트로프(trough) 등을 시공 기면(formation)의 치수 바깥에 설치하기가 곤란한 경우에는 시공기면 어깨에 필요한 배수 조치를 한 후에 트로프를 시공기면 이하에 매설한다.

⑦ 노반상에 전주를 건식하는 경우는 보수 작업에 지장이 없도록 필요한 이격 거리를 확보한다.

⑧ 전선로(電線路)가 정거장간의 선로 아래를 횡단하는 경우에는 횡단물의 상면을 30 cm 이상의 깊이에 매

설하고 그 횡단 개소를 명시한다. 이 경우에 매설 깊이가 시공기면에서 1 m 미만일 때는 철관 등을 이용하여 충분히 방호한다.

1.3 차량과 하중

1.3.1 차량 구조

(1) 차량의 개요 및 종류

궤도는 그 위를 운전하는 열차를 안전하게 주행시켜야 하기 때문에 이 양자는 가장 깊은 관계가 있으며, 차량에 관하여 필요한 지식을 가지는 것은 선로의 건설 및 궤도의 보수를 위하여 중요하다.

철도차량(鐵道車輛, rolling stock)은 용도와 구조에 따라 여러 가지 분류 방법이 있지만, 기능에 따라 **표 1.3.1**과 같이 분류할 수도 있다. 크게 나누면 동력 장치만을 갖고 견인 · 추진에 사용되는 기관차(機關車, locomotive)와 기관차로 견인 · 추진되는 객차(客車, passenger car), 화차(貨車, freight car) 및 동력 장치를 가진 여객차(旅客車)가 있다. 또한, 기관차 및 동력 장치를 가진 차량을 총칭하여 동력차(動力車, power vehicle stock)라고 한다.

표 1.3.1 차량의 종류

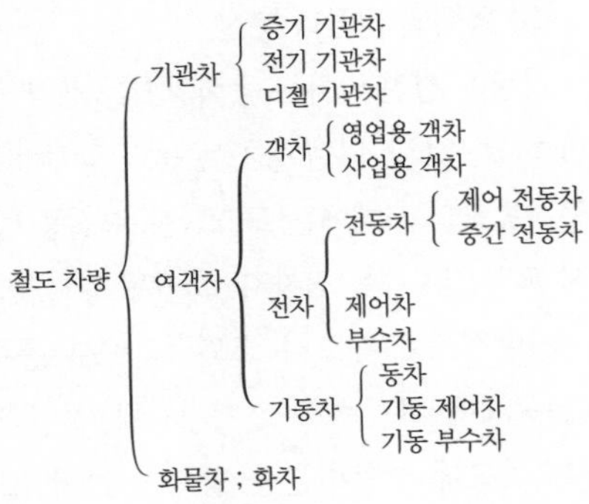

기관차 중에서 전기(電氣) 기관차(electric locomotive)는 전기 방식에 따라 직류, 교류, 교직류(교류 · 직류 양용)로, 디젤(Disel) 기관차는 동력 전달방식에 따라 디젤 엔진 자체가 액체 변속기(液體 變速器)로 동축(動軸)을 구동(驅動)하는 액체식(液體式) 및 디젤 엔진으로 발전(發電)하여 모터로 동축을 구동하는 전기식(電氣式)으로 나뉘어진다. 화차는 용도 및 구조상 유개(有蓋) 화차, 무개(無蓋) 화차(무개차, 長物차, 컨테이너차 등), 탱크(tank)차, 호퍼(hopper)차로 분류되며, 중량에 따라 세분된다.

(2) 전기차량

전기 기관차나 전차(電車, electric rail car) 등 전기차량(電氣車輛)의 동력은 집전 장치(集電裝置)(pantagraph 등)로 가선(架線)으로부터 받은 전류로 변압기, 정류기를 통하여 주전동기(主電動機)를 회전시키고, 그 회전력을 치차(齒車)를 이용하여 동축에 고정된 치차로 전하여 동축을 회전시키는 것이다. 전기차량의 전원은 직류가 많이 사용되지만, 직류식은 송전에 비용이 많이 들므로, 교류식을 채용하여 차내의 정류기로서 직류로 변환하는 방식, 또는 교류 전동기를 직접 사용하는 방식 등이 있다.

전기차량의 운전은 전철화 설비의 건설비용이 많이 들지만 다음과 같은 이점이 있기 때문에 앞으로도 전철화의 경향이 활발해질 것이다.

① 가속력, 감속력이 큰 특성을 가지므로 운전 시간이 단축될 수 있다. 특히, 직류식은 저속 시의 가속력이 크다.
② 견인력이 전동기의 수와 치차 비(齒車比)에 비례하므로, 전동기를 늘림으로써 얼마까지라도 강력하게 할 수 있다. 또한, 특성상 고속 시에 견인력의 저하가 작으므로 상향기울기 선로에서의 속도 저하가 적다.
③ 변속이나 제동의 방법이 간단하므로 운전하기 쉽다.
④ 연해(煙害)가 적고, 급수 · 급탄 등의 보급이나 그를 위한 설비가 들지 않는다.
⑤ 중량이 가볍고, 보기(bogie)차로서 고정 축거(固定軸距, rigid wheel base)를 짧게 할 수 있으므로 곡선 통과가 용이하며 고속 운전에 적합하다.
⑥ 운전비가 싸다.

이상과 같은 이점을 가지지만 변전소, 가선 등 급전설비(給電設備)의 고장으로 전선(全線)의 열차 운행이 일제히 정지되는 결점이 있다.

(3) 동력의 집중과 분산

기관차 견인 열차는 동력장치를 집약 탑재한 기관차가 견인하는 열차 형태이므로 동력집중(動力集中) 방식이라 하고, 전차, 디젤 동차는 동력 장치가 각 차에 분산 탑재되어 있으므로 동력분산(動力分散) 방식이라고 한다. 증기동력의 시대에는 구조상 동력집중 방식이 원칙이었지만, 전기 · 디젤 동력이 주로 이용되는 최근에는 대도시 교외 열차에는 전차가, 소단위 열차에는 디젤동차 등의 동력분산 열차가 세계적으로 널리 채용되고 있다.

일반적으로 대도시 교외구간에는 동력 분산의 전차가 주로 채용되고 있지만, 본선(本線) 여객열차는 유럽 등지에서는 주로 전기기관차 견인 열차이고, 일본에서는 주로 전차가 보급되었다. 현재는 세계적으로 고속철도에서 동력분산 방식이 늘어나고 있는 추세이다. 전차 열차(電車列車)의 주된 이점은

① 동륜 수(動輪數)가 많기 때문에 가속 성능이 좋고,
② 윤하중(輪荷重)이 가벼우므로 선로에 주는 영향이 적으며,
③ 반복하여 분할 병합이 용이하므로 기동성이 높고,
④ 기관차가 없는 분만큼 열차 길이가 짧으며,
⑤ 일부가 고장이 나도 운행이 가능한 점

등이 열거된다.

전차 열차의 주된 불리한 점은

① 바닥 아래(床下) 동력장치로 인한 진동 · 소음 때문에 승차감이 약간 떨어지고,
② 동력장치가 늘어나 차량의 비용이 높게 되며,
③ 화물열차와 겸용의 기관차를 운용시에는 효율이 저하하는 점

등이 있다.

(4) 차량의 구성

철도 차량은 윤축(輪軸, wheelset, wheel and axle)을 주체로 한 주행장치(走行裝置)와 차체(車體)로 구성되어 있다. 주행장치의 배치나 기구에 따라 여러 가지 구성의 차량이 있지만 크게 나누어 2개의 윤축을 차체에 직접 장치한 구조의 2축차(二軸車)와 복수의 윤축을 대차(臺車, truck)에 모아 대차가 차체를 지지하는 보

기 차(bogie 車)가 있다. 2축차는 차체의 길이가 길어도 10 m 전후로 억제되고 주행 성능이 좋지 않기 때문에 현재의 대부분의 차량은 보기 차로 되어 있다.

보기차도 대차의 축 수(軸數), 1 차체당 대차의 수 등으로 여러 가지 구성이 있지만 대부분의 차량은 2축 대차를 2조 이용하는 형식이다. 또 연결부에 대차를 배치하여 서로 이웃하는 차체가 대차(소위 關節 臺車)를 공유하는 연접 차(連接車, articulated car)라고 하는 차량 구성이 있다. 저중심화(低重心化)가 용이하고 대차에서 객실을 사이에 둘 수 있으므로 곡선통과 성능이나 승차감의 면에서 유리하지만, 축중(軸重)이 무겁게 되고 연결 · 해방을 위한 설비가 필요로 하는 등의 난점이 있다. 이와 같은 구성의 차량에는 TGV, KTX가 있다.

(5) 대차 구조

이하에서는 2축 보기 대차의 구조에 대하여 설명한다. 관절대차 등에 관하여는 철도공학 등을 참조하라.

(가) 축상 지지장치(軸箱支持裝置)와 그 구성

축(軸)스프링, 축상(액슬 박스, axial box) 및 그 지지 장치를 총칭하여 여기서는 축상 지지장치라고 부른다. 축상 지지장치에는 이하와 같은 기능이 요구된다.

① 상하방향의 하중을 지지하고 적절한 탄성과 감쇠로 진동을 차단한다.

② 윤축 사행동(蛇行動, hunting)의 방지와 곡선 통과 시에 윤축의 전향을 위하여 윤축에 적당한 좌우·전후의 지지 강성(支持剛性, supporting rigidity)을준다.

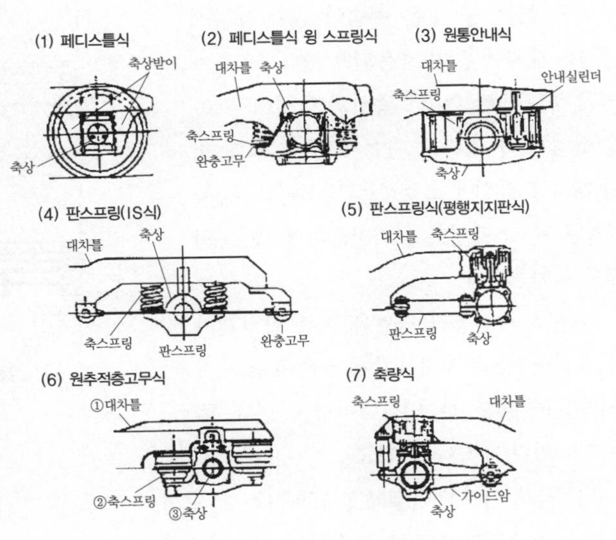

그림 1.3.1 축상 지지장치의 종류

특히, 사행동 방지와 곡선통과 성능은 상반되는 것이지만 영업 속도의 범위에서 이것을 양립시키는 것이 필요하게 된다. 또한, 보수를 위해서는 될 수 있는 한 마모·열화하는 부분이 적어야 한다. 이를 위하여 여러 가지구성의 축상 지지장치가 제작되고 있다. 대표적인 것은 다음과 같다(**그림 1.3.1**).

1) 페디스틀(pedestal)형 ; 상하방향은 축상 상부의 축 스프링으로 지지되고 전후·좌우방향은 대차 프레임의 일부인 페디스틀로 가이드되고 있다. 축상과 페디스틀의 접동부(摺動部)는 마모하기 때문에 주의를 요한다.

2) 페디스틀 · 윙(wing)스프링형 ; 기본 구성은 상기의 1)과 같지만 축 스프링이 페디스틀의 양익(兩翼)에 배치되어 있으므로 이와 같은 명칭으로 부른다.

3) 원통 안내식(圓筒案內式) ; 페디스틀 대신에 축 스프링 안에 넣은 실린더(피스톤 모양의 원통)로 가이드가 된다. 접동부가 노출되어 있지 않기 때문에 페디스틀식보다 내구성이 뛰어나다고 한다. 또 최근에는 원통의재질을 고무로 하여 전후·좌우방향의 지지강성을 부드럽게 한 것도 있다.

4) 판(板)스프링식(IS식) ; 상하방향의 지지를 축 스프링으로, 전후·좌우방향의 지지를 판스프링으로 행하며, 접동부를 없게 한 방식이다. 특히 판스프링을 완충고무로 대차 프레임에 장치한 것을 IS식이라 한다.

5) 판(板)스프링식(平行支持板式) ; 상기의 4)와 기본 구성은 같지만 판스프링을 2매 평행하게 하여 축상의 한 쪽(片側)에 모은 것이다. 대차의 전장이 짧기 때문에 경량화가 가능하게 된다.

6) 원추 적층(圓錐積層) 고무식 ; 판스프링의 적층 고무가 축상 지지의 역할도 겸하고 있다. 전후·좌우방향으로 부드러운 지지를 줄 수가 있고, 부품수가 적으며, 마모부분도 없는 등 많은 이점이 있기 때문에 근년의 대차에 많이 사용되고 있다.

7) 축량식(軸梁式) ; 축상과 일체로 된 축량(軸梁)이라 칭하는 암을 고무 부시를 끼워 대차 프레임에 고정하는 방식이다. 상하방향은 축 스프링으로 지지하며 TGV 등의 대차에 이용된다.

더욱이, 곡선통과 성능을 한층 향상시키기 위하여 축상 지지장치에 윤축의 조타기구(操舵機構)를 부가한 대차가 근년에 등장하고 있다(제3.8.4항 참조).

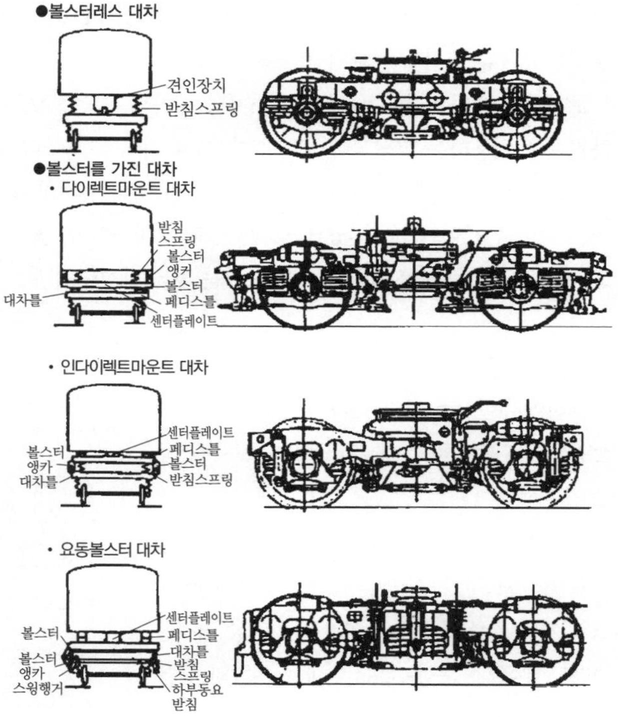

그림 1.3.2 차체 지지장치의 종류

(나) 차체 지지장치(車體支持裝置)와 그 구성

받침 스프링과 이것에 부수하는 회전기구·견인기구를 총칭하여 차체 지지장치(車體支持裝置)라 한다. 축상 지지장치의 성능은 주로 주행 안전성에 영향을 주고, 차체 지지장치의 성능은 승차감에 직접 관계한다. 차체 지지장치의 구성에는 크게 나누어 볼스터(bolster)가 없는 볼스터레스(bolsterless) 대차와 재래(在來) 대차의 2종류가 있다(**그림 1.3.2**).

1) 볼스터레스 대차 ; 근년에 대변형을 허용할 수 있는 공기(空氣) 스프링이 가능하게 되었기 때문에 등장한 대차이다. 차체와 대차 프레임 사이를 공기 스프링으로 직결하고, 구동·제동력은 견인장치로 전달하는 구조이다. 견인장치에는 상하·좌우의 변위는 구속하지 않고 전후방향의 힘만을 전달하기 위하여 링이나 판스프링, 적층 고무 등이 이용되고 있다. 또 고속차량의 경우는 **그림 1.3.2**에 나타낸 기구 외에 사행동 방지를 위한 요 댐퍼(yaw damper)를 장치하고 있는 경우가 많다. 볼스터레스 대차는 종래의 대차보다 구조가 간결하기 때문에 경량화, 코스트다운, 메인테난스 프리 등의 면에서 유리하며 현재 새로 제작된 차량에서는 주류를 이루고 있다.

2) 볼스터를 가진 종래의 대차 ; 허용 변위량이 작은 경우에는 회전 요소로서 센터 플레이트(center plate)와 볼스터를 이용하여 곡선부의 수평면 내에서의 회전 변위를 직접 스프링으로 전하지 않도록 하는 구조가 취해진다. 이와같은 대차의 경우에 사행동 방지에는 볼스터 앵커 및 사이드 블록(side block, 側受)이라고 하는 판이 이용된다. 사행동 등의 작은 회전 변위는 볼스터 앵커의 강성과 사이드 블록의 마찰로 억제하고, 곡

표 1.3.2 일반철도의 주요 동력차 제원

구분	호대	견인력 (HP)	대차간 중심거리 (mm)	중량 (t)	축중 (t)	최고 속도 (km/h)	길이 (mm)	폭 (mm)	높이 (mm)	비고
디젤 기관차	2000	800	6,706	94.5	23.5	105	13,420	3,100	4,425	폐차
	2100	1,000		87.0	22.0		13,160	3,150	4,570	
	3000	875	7,620	75.0	19.0		14,325	2,820	4,210	폐차
	3200		7,010	73.0	18.5		14,650		4,160	〃
	4000	1,500	7,620	78.5	19.5		14,325	2,870	3,850	〃
	4100		6,400	85.0	21.0			3,080	4,030	〃
	4400		8,534	88.0	22.0		14,220	3,132	4,462	
	7000	3,000	12,540	113.0	19.7	150	20,347	3,150	4,680	
	7100			132.0	22.0		19,650	3,270	4,250	
	7200									
	7300			124.0	20.7		19,508	3,315	4,524	
	7400				20.7					
	7500			132.0	22.0		19,650	3,270	4,250	
전기기관차	8000	5,300	5,900	132.0	22.0	85	20,730	3,060	4,500	
	8100	7,000	9,900	88	22	150	18,760	3,000	3,860	
	8200	7,000	9,900	88	22	150	18,760	3,000	3,860	
전기동차	1000	1,300	13,800	40	7.4	110	20,000	3,120	4,500	전동차(저항제어)
	2000	2,150	13,800	35	8.6	110	20,000	3,120	4,500	전동차(VVVF)
	3000	2,150	13,800	34	8.5	110	20,000	3,120	4,500	일산선 전동차(VVVF)
	5000	2,150	13,800	35	8.6	110	20,000	3,120	4,500	전동차(VVVF)
디젤동차	9200~9400	315×4 (3량편성시)	14,800	47	11.8	120	20,800	3,200	4,200	
	9500~9600			50	12.5		21,800		4,260	
	101~108	1,500×2	15,200	64	16.0	150	23,565	3,000	3,700	
	11~262	1,980×2		69	17.3		23,560			

선부의 큰 회전 변위는 사이드 블록이 미끄러짐에 따라 허용하도록 되어 있다.

종래 형식의 대차는 받침 스프링과 센터 플레이트 및 볼스터 배치의 상하관계에 따라 받침 스프링이 차체에 연결되어 있는 다이렉트 마운트(direct mount) 대차와 대차 프레임에 연결되어 있는 인다이렉트(indirect) 마운트 대차로 구별된다. 승차감상으로는 받침 스프링이 차체 중심에 가깝게 배치 가능하고 롤링 강성을 높일 수가 있으므로 다이렉트 마운트 방식의 대차가 유리하지만, 보수 시에 차체와 대차를 분리하는 경우에 약간 어려움이 있다. 더욱이 근년에 곡선통과 속도(curve running speed)를 향상시키기 위하여 차체 경사의 기구를 갖춘 차량(이른바 振子車輛)이 수많이 등장하고 있다(제3.8.3항 참조).

(6) 차량의 제원

일반철도 동력차의 제원을 **표 1.3.2**에 나타낸다.

1.3.2 윤축의 형상과 치수

(1) 윤축의 표준 치수

일반철도의 윤축(輪軸, wheelset, wheel and axle)에 대한 표준 치수는 **그림 1.3.3**과 같다.

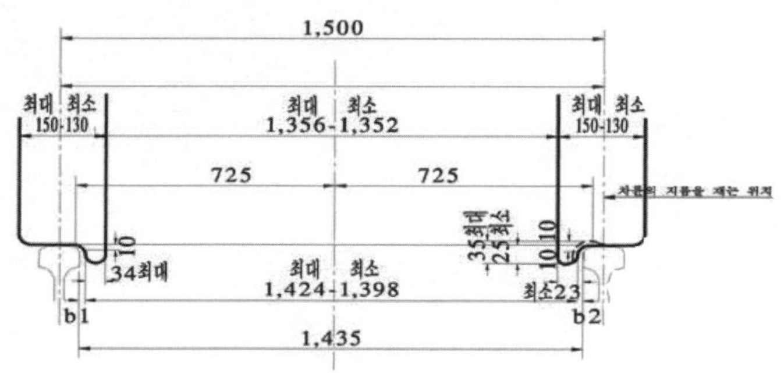

그림 1.3.3 일반철도의 윤축 표준 치수

윤축의 표준 치수의 값은 다음과 같은 고려 방법에 따르고 있으며, 플랜지 등이 마모한 경우에도 이 제한 내에 들어야 한다.

1) 차륜직경(wheel diameter) ; 차륜지름이 너무 작으면 크로싱의 결선부로 떨어져 들어가 이선 진입(異線進入)할 가능성이 있는 점, 레일과 차륜의 접촉 응력(contact stress)이 과대하게 될 우려가 있는 점 등 때문에 제약을 받고 있다.

2) 차륜 림(rim)의 폭 ; 차륜 림의 최소 폭은 **그림 1.3.4**와 같이 플랜지가 가장 마모한 차륜이 최대의 슬랙(slack)이 붙어 있는 궤도를 통과하는 경우에도 레일에서 벗어나지 않는 것을 조건으로 하고, 차륜의 강도도 고려하여 정하고 있다.

3) 차륜내면간(內面間)거리 ; 크로싱의 손상을 방지할 필요 등에서 치수를 제한하고 있다.

4) 플랜지 높이 ; 플랜지의 최대 높이는 레일 근방 내측의 건축한계(建築限界), 특히 레일 이음매판과의 접촉을 고려한 것이다.

5) 차륜중심선에서 플랜지 외면(外面)까지의 거리 ; 플랜지 외면 거리의 최소치는 플랜지 최소 두께 및 레일과의 최대 횡동 유간(橫動遊間)의 제한이다. 최대치는 플랜지 최대 두께 및 레일과의 최소 횡동 유간의 제한이므로 특히 크로싱이나 가드레일 등 분기기의 백 게이지(back gage) 치수와 관련되어 있다.

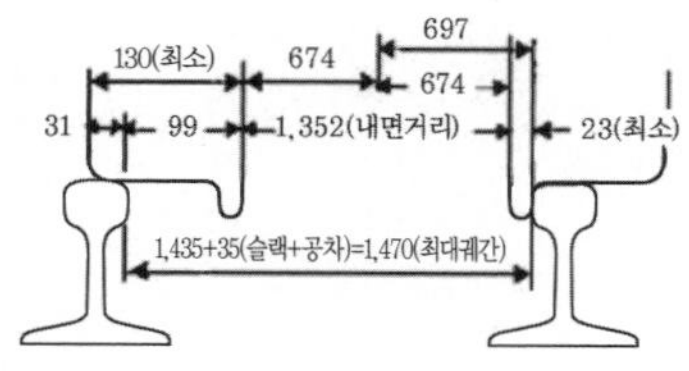

그림 1.3.4 차륜 림 폭의 산정

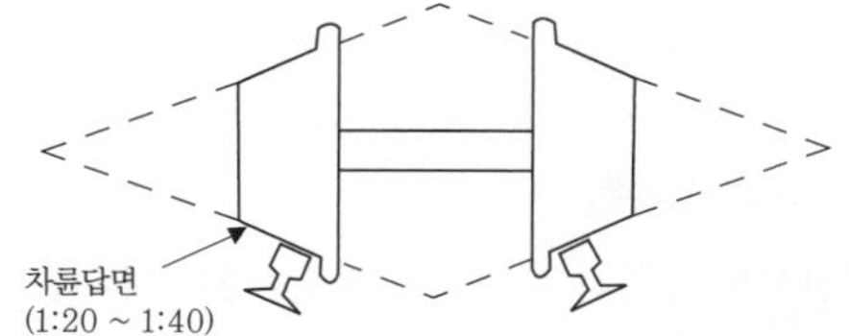

그림 1.3.5 차륜 답면 기울기

(2) 차륜 답면 형상

철도차량은 한 쌍의 차륜이 하나의 축에 고정되어 동일한 회전을 하도록 되어 있다. 차륜은 직선 궤도에서 차축의 좌우 편의(偏倚)에 대하여 복원성을 주고, 곡선 궤도에서는 내외 레일의 길이 차이에 순응(제1.6절 참조)하도록 **그림 1.3.5**에 나타낸 것처럼 원뿔형(紡錘形)의 일부를 만드는 형상으로 제작되어 답면에 경사를 붙인다. 한편, 레일에 경사를 붙여 부설하는 이유는 제2.5.2(2)항을 참조하라.

답면 경사의 정도는 1/10~1/40으로 하는 것이 보통이다. 그러나 한편으로, 이 때문에 직선 궤도에서는 사행동의 원인으로 되는 것을 부인할 수 없다. 일반철도에서는 답면 경사를 1/40로 하고 있다. 그 외에 차륜이 레일에서 탈선(脫線, derailment)하는 것을 방지하기 위하여 궤간 쪽에 플랜지를 붙인다. 차륜 각부의 치수에는 탈선 방지의 견지에서 각각 제한을 둔다.

차량이 레일 위에서 안전 · 원활하게 레일에 유도되어 주행하기 위해서는 레일두부의 형상 및 레일과 접촉(接觸, contact)하는 차륜 답면(車輪踏面)의 형상(輪廓)이 중요하다. 차륜 답면 형상에는 다음과 같은 것이 요구된다.

① 탈선에 대한 안전성이 높을 것(탈선은 절대적으로 피한다).
② 주행 안전성이 높을 것.
③ 내측과 외측의 길이가 다른 곡선(반경이 궤간 차이만큼 다르다)의 통과 성능이 양호할 것.
④ 분기기 통과 시에 문제를 일으키지 않을 것.
⑤ 레일과의 접촉 응력이 작고, 레일 · 차륜의 손상이 적을 것.
⑥ 레일과의 주행 마모가 적고, 삭정까지의 기간이 길며, 삭정 시의 낭비가 적을 것.

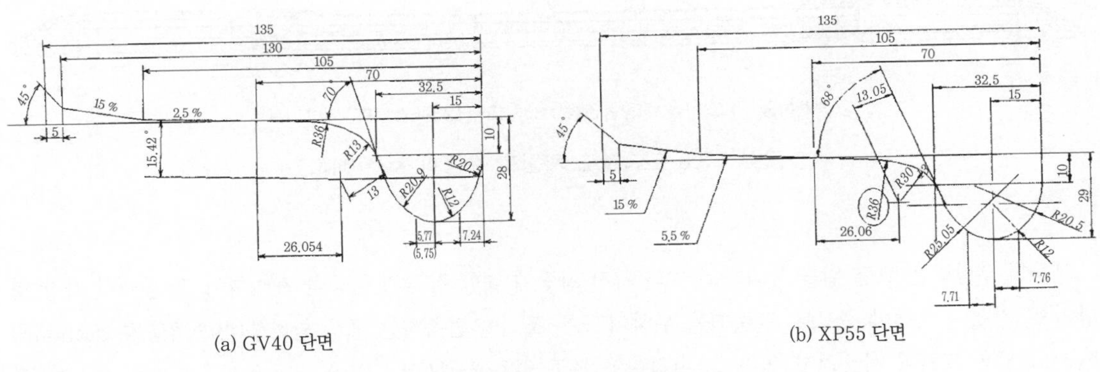

(a) GV40 단면　　(b) XP55 단면

그림 1.3.7 고속철도 차량의 차륜 답면 형상

후술하는 것처럼 탈선에 대한 안전성을 높이기 위하여 플랜지각(flange angle)을 증가시키면 마모시의 삭정량이 많게 된다. 또한, 레일과의 접촉압력을 작게 하기 위하여 접촉면적을 크게 하면 마모량이 증가되는 것처럼 이들의 조건에는 서로간에 상호 허용되지 않는 것도 있다. 따라서, 이상적인 답면 형상을 찾아내기는 곤란하다. 이 때문에 목적에 따라 몇 개의 답면 형상이 이용되고 있다. 일반철도의 차륜 답면 형상은 **그림 1.3.6**과 같으며 고속철도의 차륜 답면 형상은 **그림 1.3.7**과 같이 2종류로서 답면 기울기가 1/40인 GV40 단면은 동력대차에 적용하고 있으며, 답면 기울기가 1/20인 XP55 답면은 객차대차에 적용하고 있다.

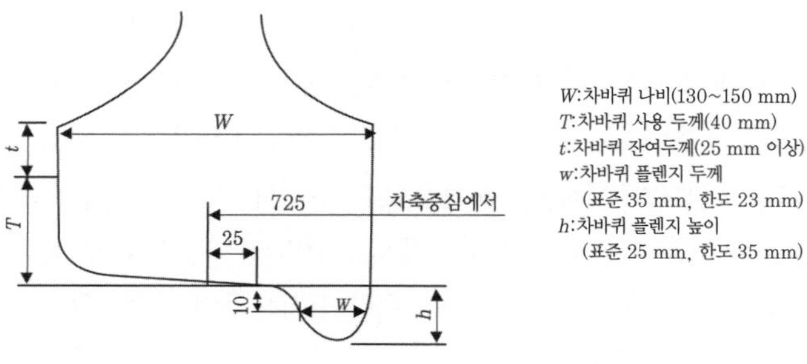

그림 1.3.6 일반철도의 차륜 답면 형상

1.3.3 하중

(1) 과거의 표준 활하중(2013.5 개정으로 현재 적용 않음, 다만 EL 표준 활하중은 계속 적용)

궤도 전체로서의 설계 열차하중은 당해 선구 입선차량의 축 배치를 포함한 최대 실제 하중(實荷重)을 적용하는 것이 기본이다. 즉, 궤도의 부담력은 실제 운행하는 차량 중의 최대 축중을 감당할 수 있어야 한다. **그림 1.3.8**은 경부고속철도 차량(열차당 20 량 편성)의 축중과 차축 배치를 나타낸다.

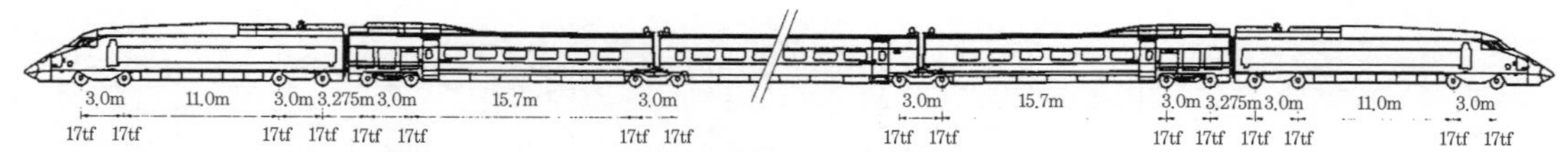

차축하중 : 170 kN, 차량총연장 : 380.15 m (20량 양단 축간거리 기준)

그림 1.3.8 고속철도 차량의 축중과 차축 배치

교량의 부담력은 교량 위를 통과하는 여러 가지 차량에 대한 각각의 하중을 재하하여 그 중에서 가장 영향이 큰 값을 구하여야 하므로, 표준화를 위하여 모든 조건을 만족하는 표준 활하중(標準活荷重, standard live load)을 정하여 사용하고 있다. 고속철도의 표준 열차 하중(HL, High speed railway Live load)은 2013.5까지 **그림 1.3.9**의 하중을 적용하였으며, 이는 UIC-702 하중을 이용한 것이다.

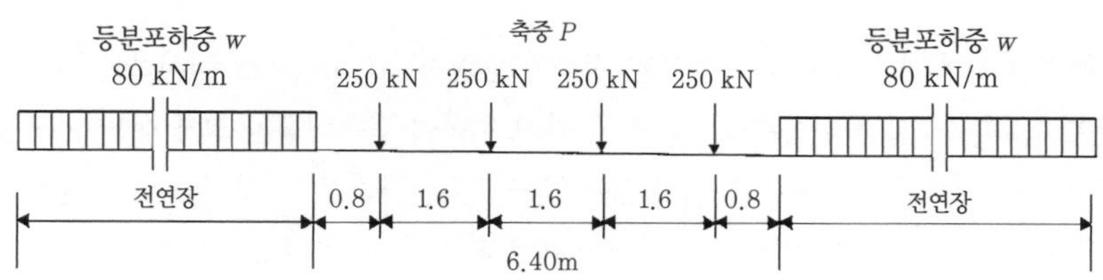

그림 1.3.9 고속철도의 표준 활하중(2013.5 개정으로 현재 적용 않음)

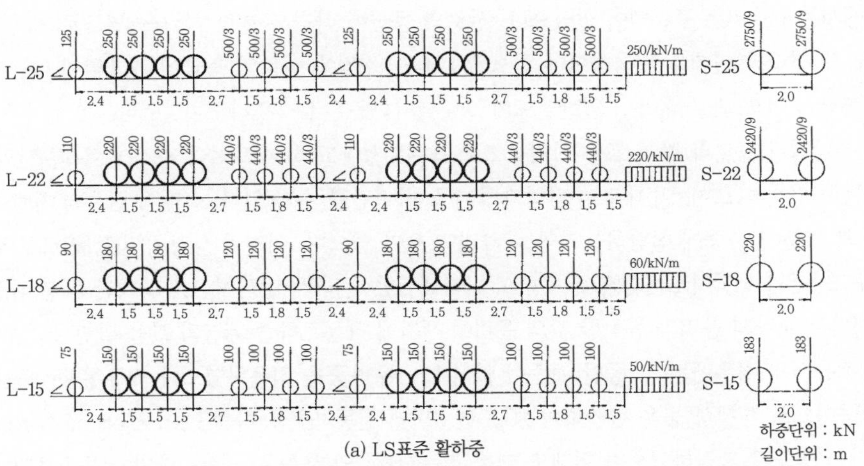

(a) LS표준 활하중

그림 1.3.10 일반철도의 구(舊) 표준 활하중–LS 표준 활하중(2013.5 개정으로 현재 적용 않음)

2013.5까지 일반철도의 표준 활하중은 LS이었었다(다만, 전동차 전용선은 EL). 이것은 1894년 Thodor Cooper(미국인)가 제창한 Cooper E형 표준(標準) 열차하중(Cooper series engine load)으로서, 소리형 증기(蒸氣) 기관차(Consolidation locomotive) 2량 중련(重聯)의 후미에 화차 또는 객차를 연결한 것으로 동륜(動輪)의 축중이 40,000 lb(18,144 kg)이며, 18 ton의 정수만을 취하여 표시한 것이다(**그림 1.3.10**). L은 Live load의 약자로서 기관차 동륜의 축중과 축거 관계를 나타내며, S는 Special load의 약자로서 객화차 중에서 특수 차량의 축중과 축거 관계를 나타낸다.

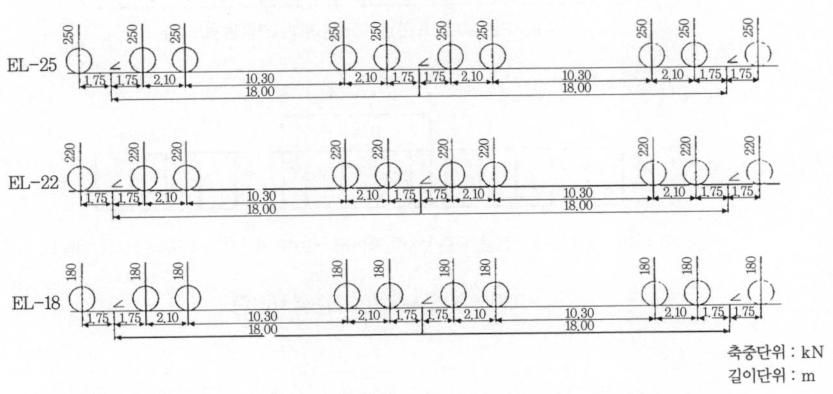

그림 1.3.11 일반철도의 표준 활하중–EL 표준 활하중(현재도 계속 적용)

궤도의 강도는 윤하중(輪重) 하나에 의한 영향이 대부분을 차지하나, 교량의 강도는 여러 윤하중의 영향을 받는다. 교량의 각 부재 응력은 LS 하중으로 구하고 지간이 3.0 m 이상의 교량에서는 L 하중을, 지간이 3.0 m 미만의 교량(floor system)에서는 S 하중으로 그 응력을 계산하며, 실제 하중(實荷重)과 표준하중과의 차이는 후술하는 'L 상당치'로 비교하여 산출하였었다. 당초 교량의 부담력은 1·2급선에서는 LS 22,

3 · 4급선에서는 LS 18로 구분되어 있었으나, 선로의 등급에 따라 운행할 차량을 별도로 제작할 수 없을 뿐만 아니라 각 선구간 연계운행을 하여야 하므로 2000년 8월에 선로의 등급에 관계없이 LS 22로 통일하였고, 2013. 5까지 여객/화물 혼용인 일반철도의 표준열차하중은 L-22 하중이었었다.

교량의 부담력이 상술과 같이 표준 활하중으로 표현되었다고 하여도 여러 가지 현유(現有)의 차량은 표준 활하중과는 상당히 다르며, 이 대로 부담력과의 대소를 판단할 수가 없다. 그래서 현유의 차량이 하중적으로 어떠한 값의 표준 활하중에 상당하는가를 나타낼 필요가 있으며, 이것이 상당치(相當値)로서 일반철도의 기설 교량 구조물은 L상당치(L相當値)를 구하여 나타내었었다. 다시 말하여, L상당치란 차량 하중계열의 재하에 따라 생기는 교량의 응력과 동등한 값의 응력이 생기게 하는 L하중 계열의 값을 말한다.

전동차 전용선의 경우에는 그 동안 기준이 없어 LS 18 하중을 적용하였으나 직류형 전기동차 (전동차)의 축중이 경량이므로 경제성 등을 감안하여 2000년 8월에 전동차전용 하중(EL : Electric Live Load)을 **그림 1.3.11**과 같이 별도로 제정하였으며 현재도 이를 적용한다. EL하중은 국철구간의 전동차뿐만 아니라 각 지자체의 지하철 및 도시철도 등과의 연계 운행에 대비하여 현재 운행 중인 전동차 중에서 가장 무거운 차량을 기준으로 EL 18 하중을 표준 활하중으로 정하였다.

(2) 현재의 표준열차하중(2013.5부터 적용)

2013.5까지 적용한 하중체계는 속도기준의 일관성이 없고, 일반과 고속노선으로 설계하중이 이원화되어

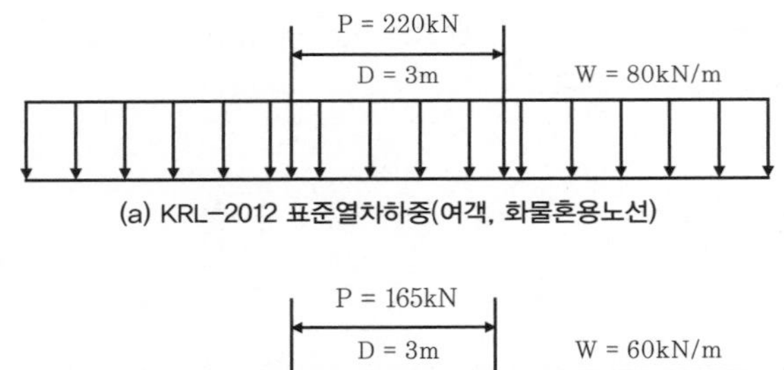

(a) KRL-2012 표준열차하중(여객, 화물혼용노선)

(b) KRL-2012 여객전용 표준열차하중(KRL-2012 표준열차하중의 75 % 적용)

그림 1.3.12 새로운 표준열차하중

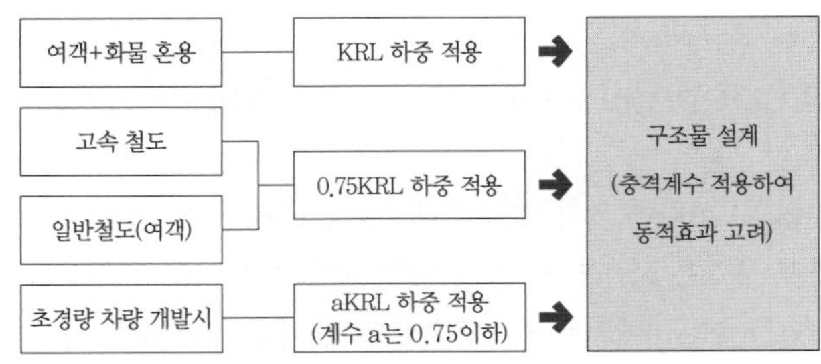

그림 1.3.13 차량종류 및 편성을 고려한 설계하중 적용

있었으며, 설계환경변화에 대한 즉각적인 대처가 곤란하였다. 따라서 신규의 표준열차하중 체계에서는 일반과 고속으로 이원화된 하중체계를 단일 표준열차하중 체계로 통합하여 단순화하고, 차량개발 및 설계환경변화에 대한 확장성을 감안하였다. 신규의 표준열차하중은 **그림 1.3.12**와 같이 여객과 화물혼용 노선 및 여객전용 노선으로 구분하였다.

KRL-2012 표준열차하중은 다음과 같은 특징이 있다(**그림 1.3.13**).

① 현재 운행 중인 모든 열차(일반철도와 고속철도)에 대한 확률론적인 분석을 통하여 신규 표준열차하중을 도출(목표 : ⓐ 설계적용의 편의성, ⓑ 국내환경에 특성화된 열차하중, ⓒ 충분한 안전성 확보, ⓓ 미래 차량개발에 대한 확장성)

② 차량종류 및 편성을 KRL-2012 하중체계로 통합

③ 미래 차량개발 시에 KRL-2012 하중에 대한 계수조정을 통해 설계하중 확장가능

④ 기존의 HL 하중에 대비하여 9~16 %의 단면력 저감효과(ⓐ 경간 20~50 m 범위에서 평균 저감률 16.7 %, ⓑ 경간 60~120 m 범위에서 평균 저감률 8.6 %)

전동차 전용선에 적용하는 EL 표준 활하중에 관하여는 상기의 제(1)항을 참조하라.

(3) 수직 하중

(가) 동적 하중

차량이 주행하면, 궤도면의 틀림, 차량의 동요, 타이어 플랫 등에 기인하여 윤하중(輪荷重, wheel load)이 동적(動的)으로 증가한다. 궤도구조의 설계 상은 이것을 속도와 관련지어 속도 충격률(速度 衝擊率, increase ratio by velocity)로서 고려한다. 즉, 동 하중의 크기는 정 하중에 속도 충격률을 곱함으로써 얻을 수 있다. 속도 V에 따른 속도충격률 또는 충격계수 i는 나라별, 또는 제시한 사람에 따라 다음과 같은 공식이 있다.

- 일본(제5.3.1항 참조) ; 이음매 궤도 : $i = 1 + 0.5\ V/100$

  장대레일 궤도 : $i = 1 + 0.3\ V/100$

- Eisenmann 제안 식 : $i = \phi \cdot n \cdot t$

  여기서, $\phi = 1 + 0.5\ \dfrac{V-60}{190}$ $(60 < V < 300\ \text{km/h})$ 및 $\phi = 1$ $(V \leq 60\ \text{km/h})$

  n = 0.1의 값은 매우 양호한 궤도 상태, n = 0.2와 n = 0.3은 궤도의 보통상태와 열등한 상태, 통계상수 (t)는 충격하중이 작용하는 특정한 궤도 구성요소의 임계를 반영

- 독일(일반 철도) : $i = 1 + \dfrac{4.5\ V^2}{100{,}000} - \dfrac{1.5\ V^3}{10{,}000{,}000}$

- AREA : $i = 1 + 0.513(\dfrac{V}{100})$

- Talbot 제안 식 : $i = 1 + 5.21\ \dfrac{V}{D}$

  여기서, D는 차륜지름(mm)

- Clarke 제안 식 : $i = 1 + \dfrac{19.7V}{D\sqrt{U}}$

여기서, D는 차륜지름(mm), U는 궤도계수(MPa)

그림 1.3.14는 Talbot, Eisenmann 및 Clarke 식에 따른 추정치를 보여준다.

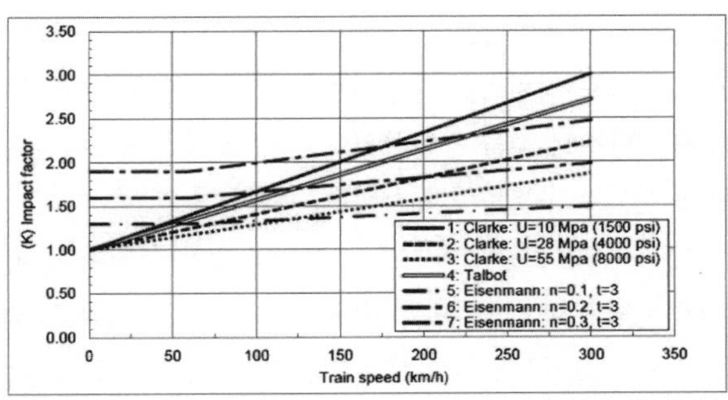

그림 1.3.14 Talbot, Eisenmann 및 Clarke 식에 따른 충격계수

한국철도시설공단의 철도설계지침 및 편람 KR C-14060 '궤도재료설계(부록1; 궤도구조 성능검증 절차)'에서는 동적 충격률에 관하여 합리적인 근거를 토대로 가정해야 하며, 별도의 측정값이나 근거자료가 없는 경우에 아래의 추천 값을 사용할 수 있다고 명시하고 있다.

– 한국철도시설공단의 추천 값 : $i = 1 + \beta\bar{s} = 1 + \beta(n\o)$

여기서, β : 신뢰도지수, 검토대상에 따라 아래의 값 적용

- 레일, 레일체결장치, 침목, 도상(슬래브), 기층 $\beta = 3.0$
- 흙 노반 $\beta = 1.0$

$\bar{s}$: 하중변동 표준편차, $\bar{s} = n\o$, n : 궤도품질지수 (**표 1.3.3**), $\o$: 하중증가계수 (**표 1.3.3**)

표 1.3.3 궤도품질지수(n)와 하중증가계수($\o$)

궤도형식	구분	속도(V)(km/h)	궤도품질지수(n)	하중증가계수($\o$)
자갈궤도	화물열차	$V \le 140$	0.20	$1.0 + 0.5\dfrac{V-60}{80}$; $(V \ge 60)$ 1.0; $(V < 60)$
	여객열차	$V \le 200$	0.20	$1.0 + 0.5\dfrac{V-60}{190}$; $(V \ge 60)$ 1.0; $(V < 60)$
		$200 < V \le 350$	0.15	
콘크리트궤도	화물열차	$V \le 140$	0.10	$1.0 + 0.5\dfrac{V-60}{80}$; $(V \ge 60)$ 1.0; $(V < 60)$
	여객열차	$V \le 350$	0.10	$1.0 + 0.5\dfrac{V-60}{190}$; $(V \ge 60)$ 1.0; $(V < 60)$

그 밖의 연구자들은 철도당국과 함께 동적 충격계수를 평가하기 위해 이 파라미터의 크기에 영향을 미치는 다양한 파라미터를 고려하는 여러 가지의 관계를 제안하여왔다. 이들 방정식의 일부는 **표 1.3.4**에 요약되어 있다.

표 1.3.4 그 밖의 동적 충격계수 계산식

개발자	방정식
ORE	$ø = 1 + \alpha' + \beta' + \gamma'$
BR	$ø = \dfrac{8.784(\alpha_1 + \alpha_2)V}{P_S}\left[\dfrac{D_j P_u}{g}\right]^{1/2}$
India	$ø = 1 + \dfrac{V}{58.14u^{0.5}}$
South Africa	$ø = 1 + 4.92\dfrac{V}{D}$
Clarke	$ø = 1 + \dfrac{19.65V}{Du^{1/2}}$
WMMTA	$ø = (1 + 3086*10^{-5}V^2)^{0.67}$
Sadeghi	$ø = 1 + 1.098 + 8 \times 10^{-4}V + 10^{-6}V^2$

(나) 편의율(偏倚率)

침목의 설계에서 캔트 부족량에 따라 수직방향으로 추가되는 수직하중은 윤하중(輪荷重, wheel load)의 30 %로 하고 있다.

(4) 수평하중

(가) 선로방향

한국철도시설공단의 철도설계지침 및 편람 KR C-14060 '궤도재료설계(부록1; 궤도구조 성능검증 절차)'에서는 ① 열차의 시·제동하중(등분포하중으로 레일 두부상면에 작용), ② 교량 상부구조의 온도신축에 따른 하중(교량 구간의 경우), ③ 종단 기울기에 따른 하중(종단 기울기 구간에서 수직하중의 선로방향 성분 고려), ④ 온도변화, 크리프 및 건조수축에 따른 슬래브 변형, ⑤ 교량 상부구조의 변형에 따른 힘 등을 명시하고 있다. 상세는 당해 절차를 참조하라.

(나) 선로 직각방향(횡 방향)

횡 하중은 궤도상의 사행동(蛇行動, hunting) 등으로 발생하며, 곡선 구간에서 더욱 크게 발생할 수 있다. 현재 각국에서 일반적으로 사용되고 있는 횡 하중의 값은 다음과 같다.

- 프랑스 ; $H = H_c + H_d$ (tf)

  여기서, H_c : 캔트 부족에 따른 횡 하중 $H_c = 1.1 \times \dfrac{P_o C_d}{1{,}500}$ (tf)

  P_o : 축중(tf), C_d : 캔트 부족량 (mm),

  H_a : 시공 오차에 따른 하중, $H_a = \dfrac{P_o V}{1{,}000}$ (tf)

  V : 설계 속도 (km/h)

- 일본 ; 최대 횡 하중 H_n = 축중$\times 1/2 \times 0.8$ (tf)

  상시 횡 하중 $H = H_n/2$ (tf)

- ORE ; ORE의 보고서에 따르면, 궤도에 대한 최대 횡 하중은 기관차에 기인하여 생기며, 곡선부에서 200 kN 축중에 대한 측정 결과는 다음과 같은 공식이 제시되었다.

  $H = 3.5 \times 740/R$ (tf), R : 최소 곡선반경 (m)

- 일반철도의 PC침목 설계 시방서 ; 횡 하중을 축중의 25 %로 계산하고 있다.

  $H = P_o \times 0.25$ (tf)

경부고속철도의 최대 설계 횡 하중에 대하여는 위의 공식에 따른 값 중에서 최대의 값(일본의 H_n)을 적용하였다.

한국철도시설공단의 철도설계지침 및 편람 KR C-14060 '궤도재료설계(부록1; 궤도구조 성능검증 절차)'에서는 ① 원심하중(곡선 바깥쪽 레일에 작용), ② 풍하중, ③ 열차 횡 하중(사행동 하중), ④ 곡선구간 장대레일 온도 횡 하중(곡선구간에서 장대레일 온도축력의 횡 방향 성분), ⑤ 온도변화, 크리프 및 건조수축에 따른 슬래브 변형, ⑥ 곡선전향횡압, ⑦ 교량 상부구조의 변형에 따른 힘 등을 명시하고 있다. 상세는 당해 절차를 참조하라.

1.4 속도와 궤도구조

1.4.1 개설

궤도는 열차하중을 지지하고, 합리적인 보수량으로 양호한 상태를 유지할 수 있는 강도를 갖고 있어야 한다. 차량의 입선(入線) 시에 안전상 필요한 궤도구조(track structure) 조건을 만족하고 있는지를 확인하기 위하여 입선하는 차량의 속도조건에 대한 궤도 부담력(軌道負擔力)을 계산하고, 레일과 노반의 강도를 조사하게 된다. 여기서는 이 검토를 "입선관리(入線管理, train entrance on line)"라고 부른다.

더욱이, 수송량이나 보수 조건 등을 고려하여 실제로 열차가 최고 속도로 주행하기 위하여 필요하고 합리적인 궤도구조를 결정하지만, 차량마다 대차의 성능, 축중 등이 달라 주행 안전성이나 승차감에 차이가 생기기 때문에 차량을 몇 개의 종별로 분류하고, 분류마다 최고속도와 궤도구조를 정하고 있다[7].

1.4.2 입선관리

궤도 부담력의 계산 시에는 본래 레일 휨 응력, 침목 압력, 침목 휨 응력, 도상압력, 노반압력 등의 항목이 검토의 대상으로 되지만, 입선관리상은 침목 및 도상에 대하여는 강도적으로 여유가 있으므로 생략하고, 레일 휨 응력 및 노반압력의 2 항목을 계산하여 각각 허용 응력도의 범위 내라는 것을 확인한다. 레일 휨 응력에 대한 상세는 제5.4.2항에서, 노반압력에 관한 상세는 제5.4.4항에서, 레일의 침하량, 휨 모멘트 및 전단력에 관하여는 제5.2.2항에서 해설하는 등 여기서 언급하지 않은 상세한 내용은 제5장에서 설명한다.

(1) 레일 휨 모멘트

W_i인 윤하중(輪荷重, wheel load)에 대하여 윤하중의 작용점에서 거리 x_i의 점에 작용하는 레일 휨 모멘트 M_i는 다음의 식으로 나타내어진다.

$$M_i = \frac{W_i}{4\beta} e^{-\beta x i}(\cos \beta x_i - \sin \beta x_i)$$

여기서, $\beta = (k / 4EI)^{0.25}$

EI : 레일의 수직 휨 강성, $k = D / a$: 단위지지 스프링계수, a : 침목 간격

$D = 1 / (1/K_1 + 1/K_2)$

K_1 : 목침목의 경우는 휨 강성 및 압축 스프링계수를 고려한 계수이고, PC침목의 경우는 레일패드의 스프링계수이다 = 100 (tf/cm)

$K_2 = C \cdot b \cdot l / 2$

C : 침목 분포지지 스프링계수, b : 침목 폭, l : 침목 길이

대상 차량의 축 배치와 축중에 대응하는 레일 휨 모멘트 M은 검토의 대상으로 하고 있는 계(系)가 선형이므로 겹침의 원리로 구할 수가 있고, 다음의 식으로 나타내어진다.

$$M = \Sigma M_i$$

(2) 레일 압력(rail pressure, force acting between rail and tie or slab)

윤하중 W_i에 대하여 윤하중의 작용점에서 거리 x_i의 점에 작용하는 레일 압력 P_i는 다음의 식으로 나타내어진다.

$$P_i = W_i[e^{-\beta(x_i - \frac{a}{2})} \cos \beta(x_i - \frac{a}{2}) - e^{-\beta(x_i + \frac{a}{2})} \cos \beta(x_i + \frac{a}{2})]$$

또한, 윤하중 W_i에 대하여 윤하중의 작용점 직하에 작용하는 레일압력 P_{Ri}는 다음의 식으로 나타내어진다.

$$P_{Ri} = W_i(1 - e^{-\beta \frac{a}{2}} \cos \beta \frac{a}{2})$$

어떤 차량의 축 배치 및 축중에 대응하는 레일압력 P_R은 검토의 대상으로 하고 있는 계가 선형이므로 겹침을 이용하여 구할 수가 있어 다음의 식으로 나타내어진다.

$$P_R = \Sigma P_{Ri}$$

(3) 도상압력(ballast pressure)

도상압력 p_{bmax}는 레일압력 P_R에 대하여

$$p_{bmax} = P_R \times P_o$$

여기서, P_o : 노반계수(coefficient for maximum ballast pressure)
로 나타내어진다.

(4) 허용 응력과의 비교

허용 응력의 속도 V로 열차가 주행하는 경우에 발생하는 응력과 비교에는 각각 다음 식에 따른다.

(가) 레일 응력

$$\sigma_{Rdy}=(1+\alpha \cdot \frac{V}{100}) \cdot \frac{M}{Z} \leqq \sigma_a$$

여기서, σ_{Rdy} : 동적 레일 휨 응력 (kgf/cm^2), V : 열차 속도 (km/h), α : 속도충격률 : α = 0.3 (장대레일 궤도), α = 0.5 (이음매 궤도), Z : 레일의 단면계수 (cm^3), σ_a : 허용레일 휨 응력 (kgf/cm^2)

한국철도시설공단의 철도설계지침 및 편람 KR C-14060 '궤도재료설계(부록1; 궤도구조 성능검증 절차)'에서는 장대레일의 허용응력을 130 MPa, 이음매레일의 허용응력을 157 MPa로 명시하고 있다. 프리스트레스트 콘크리트(PSC) 침목, 슬래브 및 콘크리트 기층(콘크리트궤도), 노반 등 기타의 궤도 구성요소별 허용응력은 당해 절차를 참조하라.

(나) 레일 압력

$$P_{tdy}=(1+\alpha \cdot \frac{V}{100}) \cdot P_R \leqq P_{Ra}$$

여기서, P_{Ra} : 침목의 허용 레일압력 (kgf/cm^2)

(다) 도상압력

$$P_{bdy}=(1+\alpha \cdot \frac{V}{100}) \cdot P_{bst} \leqq P_{ba}$$

여기서, p_{bdy} : 동적 도상압력 (kgf/cm^2), p_{bst} : 정적 도상압력 (kgf/cm^2), p_{ba} : 허용 노반 지지력 (kgf/cm^2)

(5) 허용 속도를 나타내는 식

허용 속도를 구하는 경우는 상기 제(4)항에서 기술한 식을 각각 변형하면 좋다.

(가) 레일 응력에 관한 허용 최고 속도 (V_{Ra})

$$V_{Ra}=(\sigma_a \cdot \frac{Z}{M} -1) \cdot \frac{100}{\alpha}$$

(나) 레일압력에 관한 허용 최고 속도 (V_{Ra})

$$V_{Ra}=(\sigma_a \cdot \frac{P_{Ra}}{P_R} -1) \cdot \frac{100}{\alpha}$$

(다) 도상압력에 관한 허용 최고 속도 (V_{ba})

$$V_{ba}=(\frac{P_{ba}}{P_{bst}} -1) \cdot \frac{100}{\alpha}$$

1.4.3 속도와 궤도구조

열차의 최고속도(maximum speed)에 대한 일본에서의 궤도구조 결정방법의 플로 차트를 **그림 1.4.1**에 나타낸다. 이 순서를 직선구간과 곡선구간으로 나누어 설명한다.

(1) 직선구간의 속도와 궤도구조

직선구간의 속도와 궤도구조와의 관계는 차체 진동가속도, 보수량, 궤도 파괴량(제5.2.6항 참조) 및 궤도정비 레벨을 고려하여 결정하고 있다. 먼저, 차체 진동가속도의 한도 값은 주행 안전 상, 탈선계수가 0.8로 되는 한도 중에서 A한도로 결정되고 있는 다음의 값을 상한으로 고려한다.

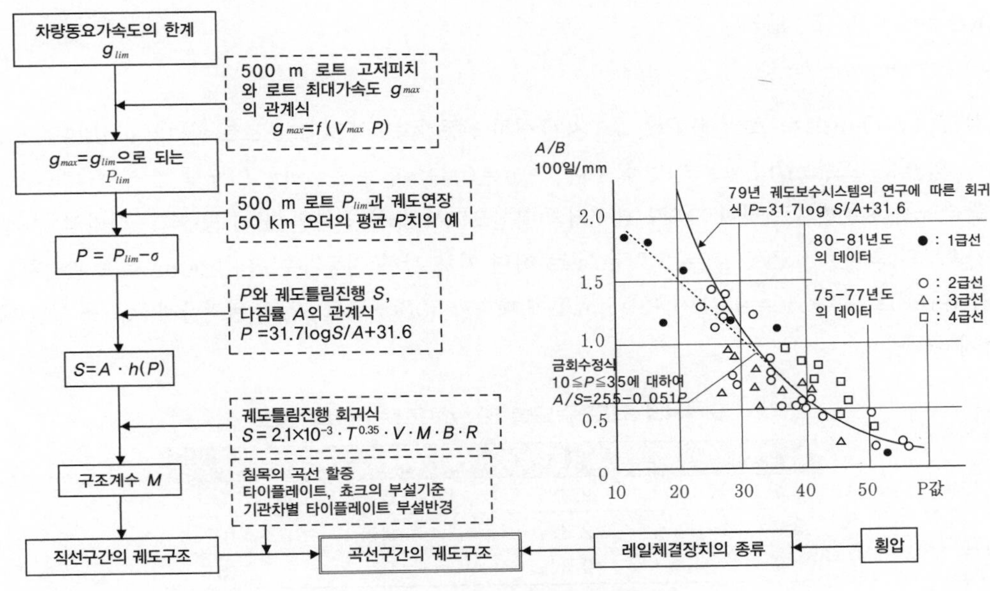

그림 1.4.1 궤도구조 결정방법의 플로 차트

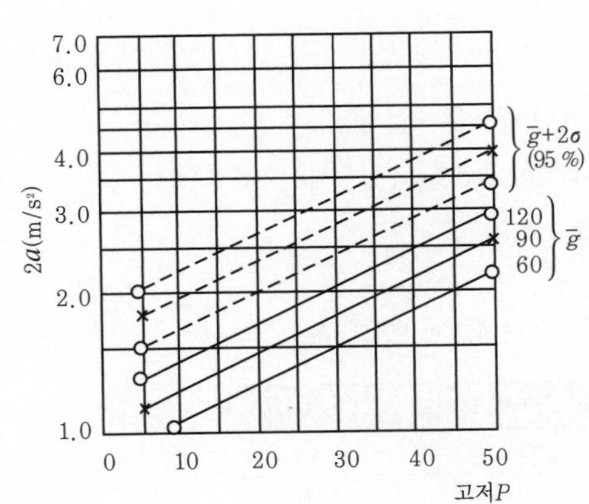

그림 1.4.2 고저 P값과 차체가속도의 관계 예

보기
⊙ 표준편차 σ의 평균치
○ 50 km오더별의 표준편차 σ

500 m 로트 P치의 σ 값

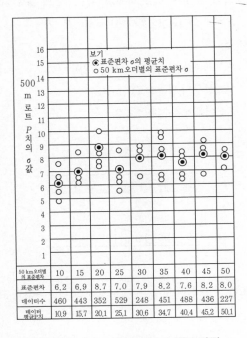

50 km오더별의 표준편차	10	15	20	25	30	35	40	45	50
표준편차	6.2	6.9	8.7	7.0	7.9	8.2	7.6	8.2	8.0
데이터수	460	443	352	529	248	451	488	436	227
데이터 평균P치	10.9	15.7	20.1	25.1	30.6	34.7	40.4	45.2	50.1

그림 1.4.3 500 m 로트 P값과 궤도연장 50 km 오더의 평균 P값의 관계

– 차체 상하 진동가속도 (전진폭) : 0.375 g

– 차체 좌우 진동가속도 (전진폭) : 0.300 g

다음에 차체 상하 진동가속도와 궤도정비 레벨의 관계를 과거의 데이터 등으로 정한다. 고성능 우등열차에 대한 예[7]는 **그림 1.4.2**와 같으며, 식으로는 다음과 같이 나타낸다.

$$\log a = a \cdot P_k + b \cdot \log V_{max} + c$$

$$\therefore P_k = (\log a - b \cdot \log V_{max} - c)/a$$

여기서, P_k : 500 m 로트 고저(면) P값. a : 차체 상하 진동가속도의 500 m 로트 관리치 g (m/s²), V : 구간의 최고속도(km/h), a = 7.92 × 10^{-3}, b = 0.4150, c = −0.7937

그런데, σ를 표준편차로 하여 가속도 데이터의 분산으로서 2σ를 취하면 2σ=1.59이다. 따라서, 차체 상하 진동가속도의 최대를 0.375 g ≒ 3.7 m/s²로 하면 차체 상하 진동가속도의 500m 로트 관리치는 g = 2.327 (m/s²)로 된다. V = 95,110,120 km/h에 대하여 500m 로트 P값의 관리한계 P_{klim}을 구한 예를 **표 1.4.1**에 나타낸다.

표 1.4.1 최고 속도별 500 m 로트 P값의 한도

g_{lim} (m/s²)	g_{max} (m/s²)	V_{max} (m/s)	P_{max} (m/s)
3.7	2.327	120	38
3.7	2.327	110	40
3.7	2.327	95	43

더욱이, 보수량, 궤도 파괴량, 궤도구조와 궤도정비 레벨의 관계는 다음의 식으로 나타낸다.

$$S = 2.1 \times 10^{-3} \cdot T^{0.3} \cdot V \cdot M \cdot B \cdot R$$

여기서,

S : 고저틀림 진행(mm/100 일), T : 통과 톤수(백만 tf/년)

V : 선구의 평균속도(km/h), M : 구조계수(structure factor, 제5.2절 참조)

B : 이음매계수(**표 1.4.2**), R : 노반계수(**표 1.4.3**)

표 1.4.2 이음매 계수

장대화율 (%)	계수
0~39	1.6
40~89	1.4
90 이상	1.0

표 1.4.3 노반 계수

노반 상태		계수
고가교 · 강화노반		1.0
절토 및 성토	양호	1.0
	보통	1.2
	불량	1.8

또한, 궤도연장 50 km 정도의 구간 평균 P값과 고저틀림 진행 S의 관계에 대한 예는 다음과 같다.

$10 \leqq P \leqq 35$에 대하여 $A/S = 2.55 - 0.051\,P$

$35 < P$에서 $P = 31.6 + 31.7 \log(A/S)$

여기서, A : 다짐률(년간의 다짐연장/궤도연장)

그런데, 궤도정비 레벨은 500m 로트 P값 P_{klim} 및 궤도연장 50 km 오더의 평균 P값으로 나타내고 있다. 이 양자에는 **그림 1.4.3**의 관계가 있으며, 500m 로트 P값을 관리한계 이내로 하기에는 50 km 오더의 P값을 그보다 낮은 값으로 할 필요가 있다. 양자의 분산은 표준편차 σ로 하여 5~10 정도이므로 σ=10으로 하여

$$P = P_{klim} - \sigma = P_{klim} - 10$$

으로 된다. 분산을 σ밖에 고려하지 않는 것은 선구 단위로 보면 모든 구간이 최저의 궤도구조인 경우는 드물며, 그 몫이 여유로 되기 때문이다.

이들의 관계를 이용하면 차종별 최고속도에 대하여 필요하게 되는 직선부의 궤도구조를 계산할 수 있다. 바꾸어 말하면, 각각의 궤도구조에 대한 최고속도를 구할 수 있다.

이와 같이 하여 결정된 궤도구조는 최고속도로 주행하기 위하여 필요한 최저한의 구조이다. 또한, 계산 과정에 P값이 나타내어지는 것에서도 알 수 있듯이 이 주행속도를 유지하기 위해서는 필요한 궤도정비 레벨을 유지하는 것이 전제로 되어 있다. 따라서, 경제적으로 최적으로 되는 궤도구조는 더욱 강한 것을 필요로 하는 경우가 있는 점에 유의할 필요가 있다.

(2) 곡선구간의 속도와 궤도구조

곡선구간의 궤도구조[7]는 직선구간의 구조를 기초로 하여 반경 600 m 이하의 곡선에 대하여 곡선용 침목을 사용하는 경우를 제외하고 25 m당 2개(목침목 34개/25m의 구간은 3개)를 할증한 구조로 한다. 다만, PC침목은 44개/25m, 목침목은 48개/25m를 넘지 않도록 한다.

한편, 곡선의 통과속도와 궤도구조의 관계는 각 차량의 주행시험 데이터를 기초로 하여 횡압이 레일 체결장치의 설계하중을 넘지 않고, 더욱이 윤축 횡압과 축중의 관계가 급격한 줄 틀림의 한계를 넘지 않도록 검토한 후에 결정한다. 근년에는 주로 차체 경사장치를 갖춘 차량을 사용하여 곡선부에서의 대폭적인 속도향상이 행하여지고 있다. 그러므로, 곡선부의 속도와 궤도구조의 규정은 차량에 맞추어 세분화한다.

1.4.4 속도향상을 위한 과제

철도는 여객 수송의 분야에서 자동차·항공기 등과 경쟁하고 있으며, 총 수송량 및 총수입에 미치는 각종 항목 중에서 경제 성장률, 고속도로망 및 에너지 비용은 외부 환경조건이며, 속도, 운임, 및 선로 망은 내부조건이다.

철도에서의 속도 향상에 관하여 최고 속도(maximum speed)는 대상 선구의 운전 상황의 상징으로서 중요하지만, 요는 도달 시간이 문제이며, 여기에는 최고 속도 외에 곡선 통과속도(curve running speed), 분기기 통과속도(turnout passing speed) 및 가감속도(加減速度, acceleration and

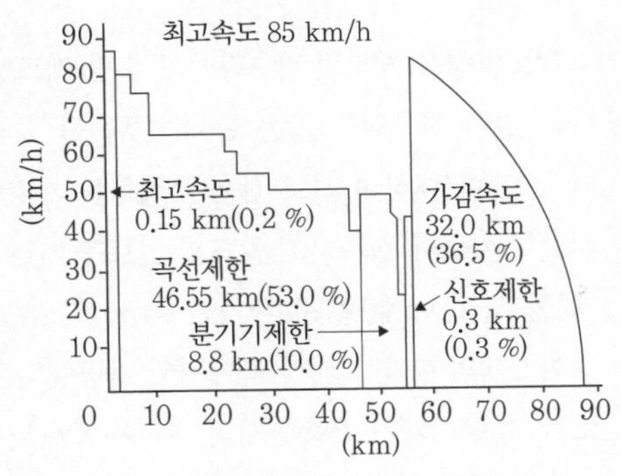

그림 1.4.4 속도 제한 분석도의 예

deceleration)가 관계한다. 따라서, **그림 1.4.4**의 예에서 보는 것처럼 이들이 점하고 있는 비율을 확인하고 투자 효율을 감안하여 실제의 시책을 고안하는 것이 필요하다.

이들에 관계하는 항목을 나타낸 것이 **그림 1.4.5**이다. 여기에서 보는 것처럼 속도 향상에는 차량, 선로, 전력, 신호 등의 모든 철도 시스템(railway system)이 관계하지만, 궤도는 "최고 속도 향상"에서 주행 안전 · 안정성에서의 탈선 방지, 승차감에서의 궤도틀림에 따른 차량동요의 억제, 궤도 강도에서의 궤도 파괴량 · 부재 응력의 억제, "곡선 통과속도 향상"과 "분기기 통과속도 향상"의 전 항목을 통하여 제4장에서 기술하는 차량과 궤도의 상호작용(interaction between car and track)에 관계하며, 속도 향상시 중요한 역할을 수행한다. 이와 관련하여 궤도에 관한 구체적인 측정방법은 제4장에서 설명한다.

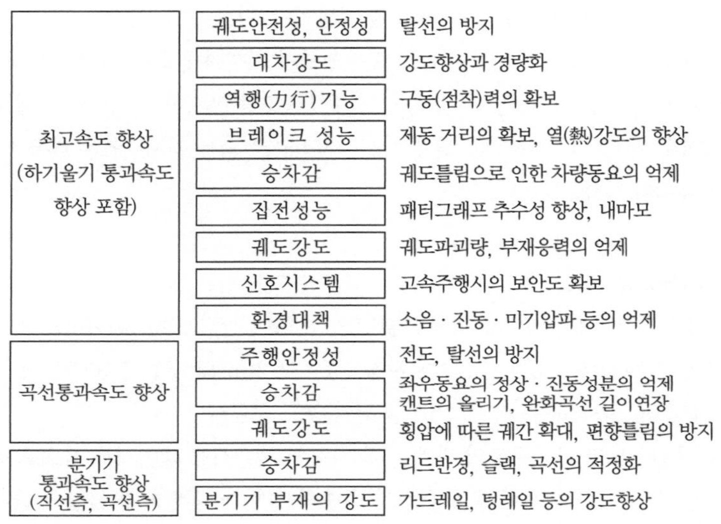

최고속도 향상
(하기울기 통과속도
향상 포함)
궤도안전성, 안정성
탈선의 방지
대차강도
강도향상과 경량화
역행(力行)기능
구동(점착)력의 확보
브레이크 성능
제동 거리의 확보, 열(熱)강도의 향상
승차감
궤도틀림으로 인한 차량동요의 억제
집전성능
패터그래프 추수성 향상, 내마모
궤도강도
궤도파괴량, 부재응력의 억제
신호시스템
고속주행시의 보안도 확보
환경대책
소음 · 진동 · 미기압파 등의 억제
곡선통과속도 향상
주행안정성
전도, 탈선의 방지
승차감
좌우동요의 정상 · 진동성분의 억제
캔트의 올리기, 완화곡선 길이연장
궤도강도
횡압에 따른 궤간 확대, 편향틀림의 방지
분기기
통과속도 향상
(직선측, 곡선측)
승차감
리드반경, 슬랙, 곡선의 적정화
분기기 부재의 강도
가드레일, 텅레일 등의 강도향상

그림 1.4.5 속도 향상을 실현하기 위한 기술적 검토 과제

1.5 차량한계와 건축한계

철도차량을 제작할 때, 직선의 수평 궤도상에 정지하여 있는 상태에서 "차량의 어떠한 부분도 이 보다 벗어나는 것이 허용되지 않는 한계(限界)"를 '차량한계(車輛限界, car clearance, vehicle gauge)'로 정의한다. 그것에 대하여 선로 상을 주행하는 차량에 안전한 일정 공간을 확보시켜 건조물을 포함하여 그 외의 모든 시설이 차량에 접촉하지 않도록 선로를 따라 설정하는 "시설의 어떠한 부분도 들어오는 것이 허용되지 않는 한계"를 '건축한계(建築限界, construction gauge, clearance limit)'로 정의한다.

이 2개의 한계로 지상 측에서의 차량에의 접촉 및 차량 측에서의 지상 구조물 등에의 접촉을 방지하고 있다. 또한, 차량한계가 건축한계의 내측에 포함되는 치수로 되어 있어 운전중의 차량동요 등에 따른 편의(偏倚)에도 안전하도록 설정되어 있다.

1.5.1 차량한계

국철의 차량한계는 **그림 1.5.1**과 같다.

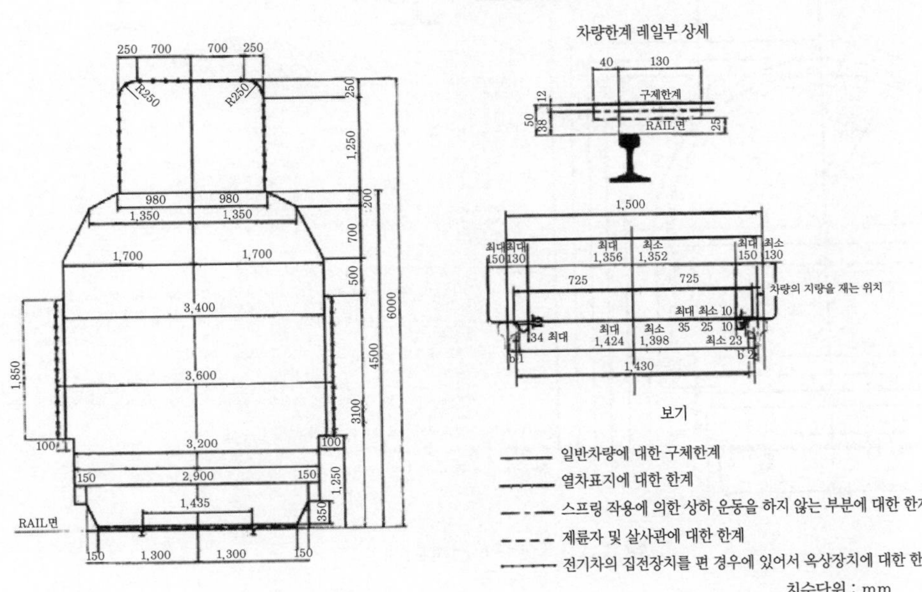

그림 1.5.1 국철의 차량한계

1.5.2 직선에서의 건축한계

차량이 안전하게 운행될 수 있도록 궤도상에 설정한 일정한 공간(건축한계) 안에는 건물, 그 밖의 구조물을 설치하여서는 안 된다. 다만, 가공전차선 및 그 현수장치와 선로보수 등의 작업상 필요한 일시적인 시설로서 열차 및 차량운전에 지장이 없는 경우에는 그러하지 않는다.

철도건설규칙에서는 직선구간의 건축한계를 **그림 1.5.2**와 같이 규정하고 있다.

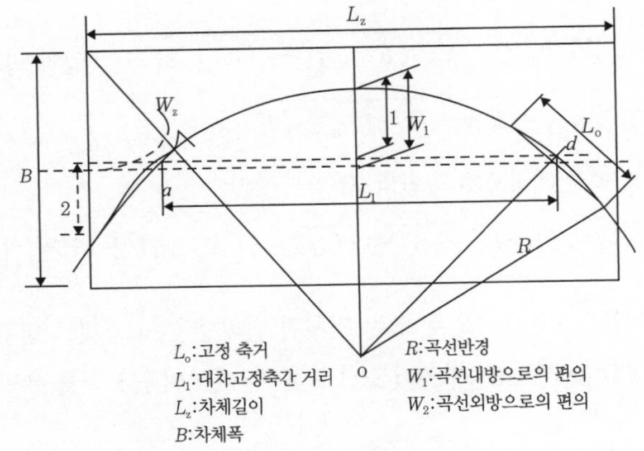

그림 1.5.3 차량의 편의

건 축 한 계

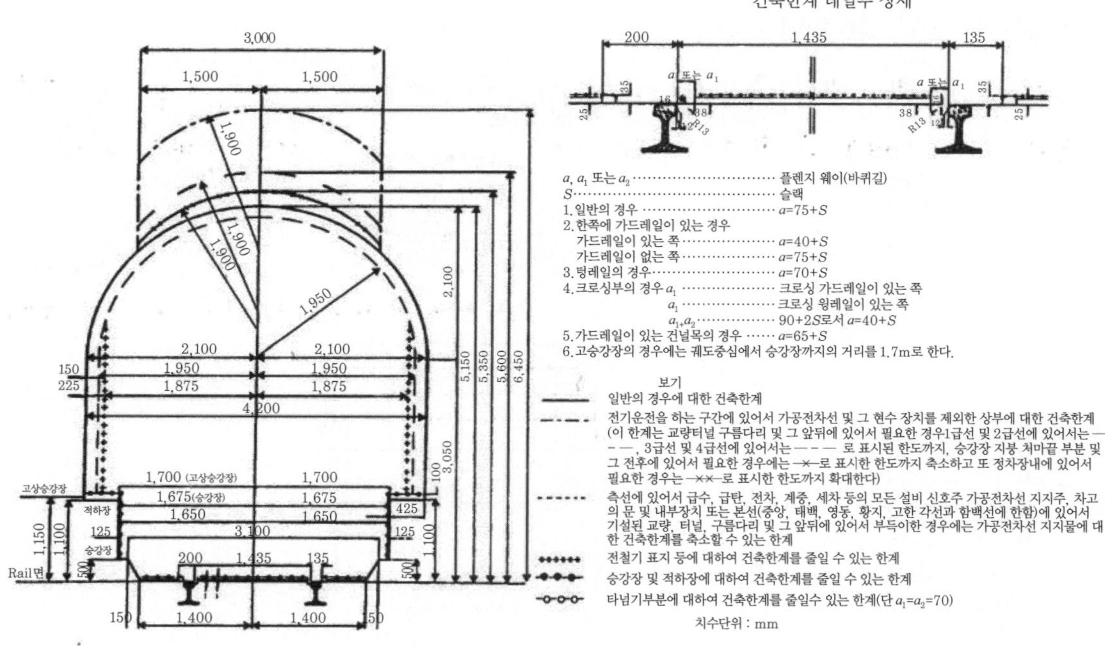

그림 1.5.2 국철의 건축한계

1.5.3 곡선에서의 건축한계

곡선 선로에서는 차량이 편의(偏倚)하기 때문에 건축한계를 곡선 내외 측으로 확대할 필요가 있다. 이 차량의 편의를 확대할 경우는 아래의 검토방법을 이용한다(**그림 1.5.3**).

○ 곡선 내방으로의 편의 W_1

$$W_1 = R - \sqrt{(R-d)^2 - (L_1/2)^2} \quad \text{(엄밀 식 ①)}$$

여기서, $d=\sqrt{R - R_2 - (L_0/2)^2}$

○ 곡선 외방으로의 편의 W_2

$$W=\sqrt{(R+B/2-W_1)^2+(L_2/2)^2} - R - B/2 \quad \text{(엄밀 식 ②)}$$

이들의 식에서 알 수 있는 것처럼 편의량은 어느 것도 반경 R에 반비례한 형상으로 된다. 또한, W_1, W_2를 비교할 경우에 W_1의 쪽이 크므로 W_1에 대하여 근사식을 유도하면,

$$W_1 = R - \sqrt{[R^2 - (L_0^2 + L_1^2)]/4} \tag{1.5.1}$$

$(L_0^2+L_1^2)/4 = m^2$로 두면, (1.5.1)식은 $W_1 = R-(R^2-m^2)^{1/2}$로 쓸 수 있다. R에 대하여 정리하면,

$$W_1 = R-[1-\{1-(m/R)^2\}^{1/2}] \quad (1.5.2)$$

식(1.5.2) 중에서 $\{1-(m/R)^2\}^{1/2}$을 마크로린(Maclaurin) 전개하여 4제곱(乘) 이후의 미소(微小) 항(項)을 생략하면,

$$W_1 \fallingdotseq R - [1 - \{1 - (1/2) \times (m/R)^2\}] \quad (1.5.3)$$

$(L_0{}^2+L_1{}^2)/4 = m^2$을 이전으로 되돌려

$$W_1 = (L^2{}_0 + L^2{}_1) / 8R \quad (1.5.4)$$

곡선구간의 건축한계는 직선구간의 건축한계에다 다음의 공식으로 산출된 양을 더하여 확대한다. 다만, 가공전차선과 그 현수장치를 제외한 상부에 대한 건축한계는 이에 따르지 아니한다.

(1) 곡선에 따른 확대량 : $W = \frac{50,000}{R}$ (전기동차전용선인 경우 $W = \frac{24,000}{R}$)

여기서, W : 선로중심에서 좌우측으로의 확대 량(mm), R : 곡선반경(m)

(2) 캔트 및 슬랙에 따른 편의 량 : 곡선 내측 $A = 2.4 \cdot C + S$, 곡선 외측 $B = 0.8 \cdot C$

여기서, A : 곡선 내측 편의 량(mm), B : 곡선 외측 편의 량(mm), C : 설정캔트(mm), S : 슬랙

상기의 건축한계 확대 량은 다음 각 구분에 따른 길이 내에서 체감하여야 한다.

① 완화곡선의 길이가 26 m 이상인 경우 : 완화곡선 전체의 길이

② 완화곡선의 길이가 26 m 미만인 경우 : 완화곡선구간 및 직선구간을 포함하여 26 m 이상의 길이

③ 완화곡선이 없는 경우 : 곡선의 시점 · 종점으로부터 직선구간으로 26 m 이상의 길이

④ 복심곡선의 경우 : 26 m 이상의 길이. 이 경우 체감은 곡선반경이 큰 곡선에서 행한다.

한편, 선로유지관리지침에서는 선로보수에 관련된 고승강장 건축한계 축소에 관하여 다음과 같이 규정하고 있다. 고승강장의 연단과 차량한계간의 최단거리를 건축한계와 관계없이 자갈도상일 경우에는 100 ㎜ 이상, 직결도상일 경우에는 50 ㎜ 이상 유지하여 선로를 보수할 수 있다. 곡선 승강장 건축한계를 축소하여 보수할 경우에는 다음의 산식으로 계산한 궤도중심에서 고승강장 연단까지의 거리를 유지한다.

곡선 외측 고승강장 : $S = \frac{B}{2} + \frac{L^2-I^2}{8R} + S'$, 곡선 내측 고승강장 : $S = \frac{B}{2} + \frac{I^2}{8R} + S'$

여기서, S : 궤도중심에서 고승강장 연단까지의 거리, S' : 고승강장 연단과 차량한계간의 최단거리, B : 차량한계(전동차 전용선인 경우에 전동차 폭), L : 최대 확폭량을 갖는 통과차량길이(연결기 제외), I : 최대 확폭량을 갖는 통과차량의 전후 대차간 중심거리, R : 곡선반경

1.6 곡선에서 차륜지름 차이에 따른 윤축의 안내

1.6.1 기본적인 고려 방법

철도에서의 차륜은 차축과 일체로 형성되며, 이것을 "윤축(輪軸, wheelset, wheel and axle)" 이라 부르고 있다. 이 차륜에는 답면(踏面) 기울기(제1.3.2(2)항 참조)가 붙여져 있어 차륜 답면의 레일두부 상면과의 접

축 위치에 따라 차륜지름 차이(difference of wheel diameter)가 생기며, 이에 따라 곡선에서 양측 레일에서의 경로(經路) 차이를 완화하여 원활하게 주행할 수 있게 된다.

한편, 이 차륜 답면의 기울기(slope)는 직선에서의 주행에서는 중력으로 궤간 중심에 대한 복원력을 초래하게 되지만, 일단 이것에서의 편의(偏倚)가 생기면, 이것이 유인(誘引)으로 되어 1 윤축에서는 기하학적으로 차량으로서는 동역학적으로 "사행동(蛇行動, hunting)"이라 부르는 사행적인 운동을 발생시키는 원인으로 된다. 이 운동은 차량의 구성과 주행 속도에 관계하여 자려(自勵)적으로 발생하며, 고속 열차의 속도 한계를 정하는 것으로 되므로 적절한 부재 특성의 선택으로 이것을 억제하는 것이 중요한 과제로 되어 있다.

최근에는 이 차륜지름 차이에 따른 곡선에서의 윤축 안내(guidance of wheelset)를 적극적으로 활용하기 위하여 계산에 기초하여 **그림 1.6.1**에 나타낸 것처럼 곡선의 외궤 레일은 레일두부 상면의 궤간측이 높게 되도록, 내궤 레일은 궤간 외측이 높게 되도록 인공적으로 레일두부 상면을 삭정하여 차륜과 레일의 접촉을 소요의 위치로 정하는 "비대칭 삭정(asymmetric rail grinding)" 도 행하여지고 있다.

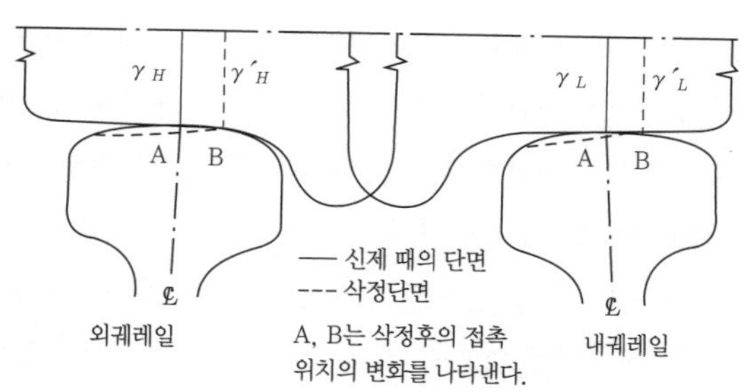

그림 1.6.1 레일의 비대칭 삭정

1.6.2 이론 식

그림 1.6.2에서 각 θ를 주행하는 동안에 양측 레일의 경로 차이 L은 다음의 식으로 나타내어진다.

$$L=(R+\frac{G_B}{2})\theta-(R-\frac{G_B}{2})\theta=G_B\theta \quad (1.6.1)$$

여기서, R : 곡선반경, G_B : 차륜/레일 접점간격, θ: 곡선의 주행 각도

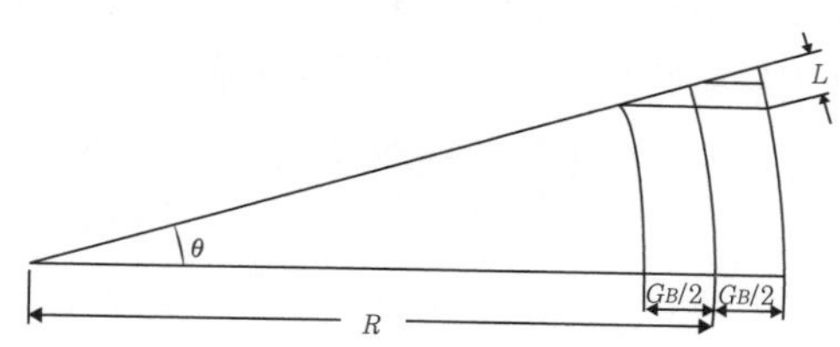

그림 1.6.2 평면 곡선에서의 경로 차이

한편, **그림 1.6.3**에서 차륜지름을 $\Delta r=\Delta r_1+\Delta r_2$로 다르게 한 경우, 이에 따른 경로 차이는 반경 r의 차륜이 φ만큼 회전하는 사이에서 다음과 같이 나타내어진다.

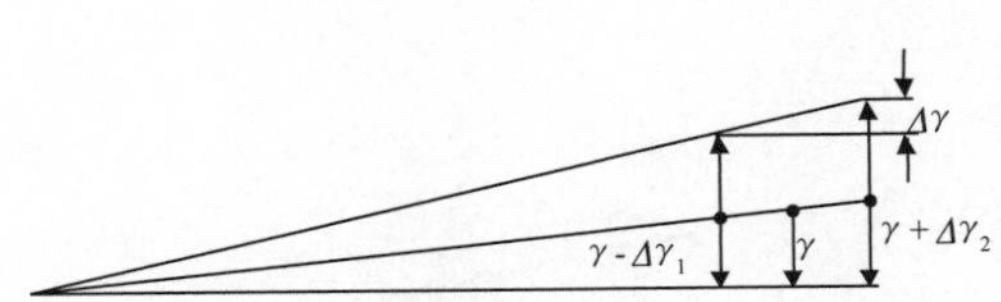

그림 1.6.3 차륜지름에 따른 경로 차이

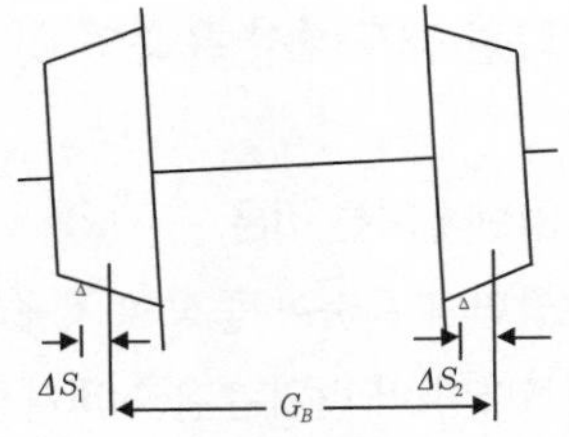

그림 1.6.4 차륜 답면 기울기에 따른 경로 차이

$$L=(r+\Delta r_2)\varphi-(r+\Delta r_1)\varphi=\Delta r\varphi \tag{1.6.2}$$

여기서, **그림 1.6.4**에서 $\Delta s=\Delta s_1+\Delta s_2$와 답면 기울기(slope of tread) γ를 이용하여 Δr를 다음과 같이 나타낸다.

$$\Delta r=\Delta s\gamma \tag{1.6.3}$$

이것을 (1.6.2) 식에 대입하고, (1.6.1) 식에 등치(等値)로 하면

$$L=G_B\theta=\Delta s\gamma\varphi \tag{1.6.4}$$

$$\therefore \Delta s=\frac{G_B\theta}{\gamma\varphi} \tag{1.6.5}$$

여기서, $R\theta=\gamma\varphi$이므로 이것을 (1.6.5) 식에 대입하면 다음과 같이 주어진다.

$$\therefore \Delta s=\frac{G_B r}{\gamma R}$$

1.7 차륜-레일간의 인터페이스

1.7.1 차륜-레일의 안내

철도 차량은 기본적으로 1차 현가 장치를 통하여 윤축이 설치되고 감쇠가 되는 보기와 그 위의 2차 현가 장치로 지지되는 차체로 구성한다. 궤도의 차륜 안내는 원칙적으로 다음의 두 가지로 달성한다(제1.3.2항과 제1.6.1항 참조).

① 타이어는 원통형 대신에 원뿔형이며, 이것은 직선 궤도에서 약간의 횡 변위가 있는 경우에 윤축에 구심력이 작용하는 것을 의미한다. 구심 효과는 곡선에서 윤축의 방사상 조정을 더 좋게 한다. 이것은 회전이 많고, 슬립핑이 적으며, 따라서 마모를 적게 한다.

② 타이어는 탈선을 방지하도록 궤도의 안쪽으로 플랜지를 가지고 있다. 곡선과 분기기에서 횡 변위가 상당히 큰 경우에는 윤축과 궤도간의 횡 클리어런스가 전술의 회복 메커니즘으로 횡 변위를 적합하게 제한하기에 더 이상 충분하지 않은 경우가 많다. 차륜 플랜지가 레일두부 면에 닿는다면, 이것은 높은 횡력과 마모로 귀착될 수 있다.

1.7.2 직선 궤도에서 윤축의 횡 운동

(1) Klingel에 따른 이론

원뿔형 답면의 윤축이 중심 위치에서 횡(좌우) 방향으로 옮겨진다면 이 변위는 윤축의 다른 회전반경에 기인하여 반작용을 하게 된다. 이것은 Klingel이 1883년에 이론적으로 설명한 윤축의 주기적인 운동으로 귀착되며, 따라서 흔히 Klingel 운동이라 부른다. 이 경우를 해석하기 위해서는 **그림 1.7.1**에 나타낸 것처럼 윤축을 이상적으로 똑바른 궤도에서 주행하는 쌍 원뿔형으로 모델링한다.

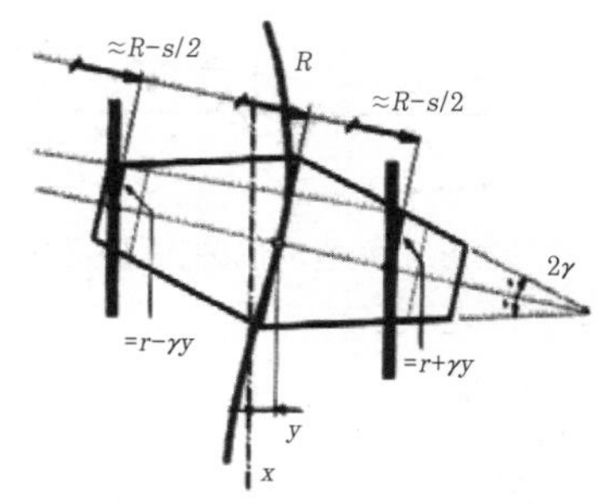

그림 1.7.1 일반적인 위치에서 윤축의 쌍 원뿔형

수식에는 다음과 같은 파라미터를 사용한다.

- γ = 차륜 답면의 기울기(경사각)
- R = Klingel 운동 경로 $y(x)$의 곡선반경
- y = Klingel 경로의 횡(좌우) 변위
- x = 거리 좌표
- r = 중심 위치에서 차륜 반경
- s = 궤도 폭(레일 중심 간격)
- v = 속도

완전한 회전 운동의 경우에 윤축이 중심 위치에서 거리 y만큼 횡(좌우) 방향으로 변위한 것으로 하면, $2\gamma y$의 회전반경 차이가 생기고, 좌우 방향의 이동 경로는 반경 R의 곡선을 그린다.

그림 1.7.1에서 다음의 기하 구조적 조건이 도출된다.

$$\frac{r+\gamma y}{r-\gamma y} = \frac{R+\frac{1}{2}s}{R-\frac{1}{2}s} \tag{1.7.1}$$

더욱이, 곡률은 다음 식으로 보통의 방식에 가깝게 할 수 있다.

$$\frac{1}{R} = -\frac{d^2y}{dx^2} \tag{1.7.2}$$

이들의 두 방정식에서 다음과 같은 미분 방정식을 얻는다.

$$\frac{d^2y}{dx^2} = \frac{2\gamma}{rs}y \tag{1.7.3}$$

$y(0)$ = 0이라면, 이 방정식의 해는 다음과 같이 된다.

$$y=y_0 \sin 2\pi \frac{x}{L} \tag{1.7.4}$$

여기서, y_0와 L은 횡 이동의 진폭과 파장이다. 파장은 다음과 같이 r, s 및 γ에 좌우된다.

$$L_k=2\pi\sqrt{\frac{rs}{2\gamma}} \tag{1.7.5}$$

그러므로, Klingel 운동은 편향의 힘이 작용하지 않는 순수한 운동학적 운동이다(**그림 1.7.2**). 진폭이 플랜

지웨이 클리어런스 f_{WC}의 범위 내에 있는 한, 횡(좌우) 변위 y는 거리 좌표 x의 함수이며 조화적(사인 함수)이고 감쇠되지 않는다. 이것을 **그림 1.7.3**에 도해한다. 따라서, 만일 예를 들어 r = 0.45 m, s = 1.5 m 및 γ = 1/20이라면, L_k = 16 m이다.

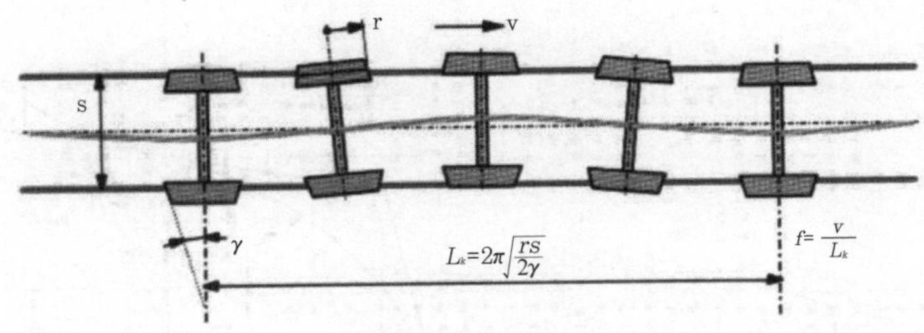

그림 1.7.2 Klingel 운동

속도를 도입하면, Klingel 운동에서 시간 영역의 진동수는 다음과 같다.

$$f = \frac{v}{L_k} \tag{1.7.6}$$

따라서, 최대 횡(좌우) 가속도는 다음 식으로 계산할 수 있다.

$$\ddot{y}_{max} = 4\pi^2 \ddot{y}_0 \frac{v^2}{L_k^2} \tag{1.7.7}$$

진동수 f가 차량의 고유 진동수의 하나와 일치하는 경우에는 차량의 운동이 불안정하게 된다. 힘의 척도인 횡 가속도는 고속 및/또는 단파장일 때 악영향을 나타낸다. 그러므로, 예를 들어 1 : 40의 답면 기울기는 1 : 20과 비교하여 동일 속도에서 파장이 길게 되며 횡 가속도가 작게 된다. 그러므로, 마모 형상의 경우에는 차축의 횡(좌우) 운동이 증가함에 따라 답면 기울기가 점진적으로 증가하기 때문에 악영향이 생기게 된다.

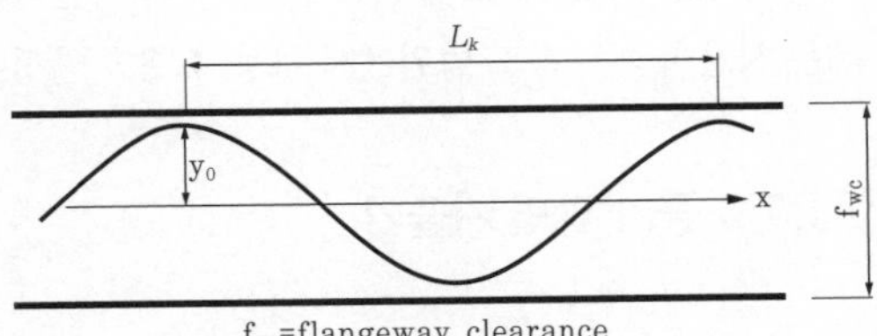

그림 1.7.3 Klingel 운동

(2) 사행동

Klingel 이론이 단순하고 유익하지만 짝을 이룬 차축의 영향, 질량 힘 및 점착력을 포함하지 않고 있음에 주의하여야 한다. 실제로는 Klingel 운동의 진폭 y_0가 선형, 차량의 동적 거동 및 차량의 속도에 좌우된다. 일반적으로 말하자면, 슬립(slip)에 기인하는 y_0는 플랜지웨이 클리어런스의 절반과 같아질 때까지 속도와 함께 증가할 것이다. 그 다음에, 플랜지 접촉(flanging)이 생기고 그 결과로 윤축이 반전한다.

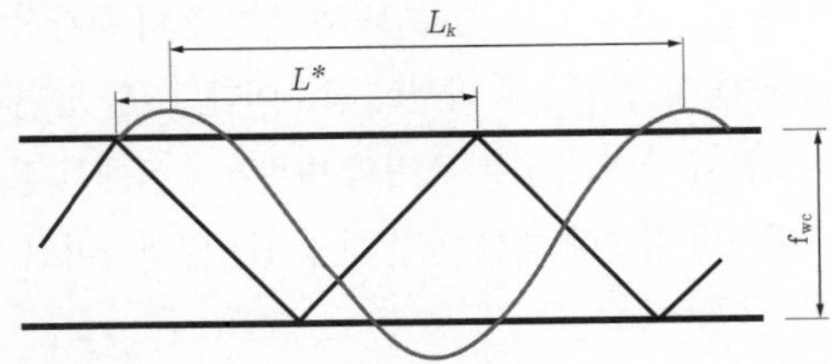

그림 1.7.4 횡(좌우) 윤축 운동에 대한 플랜지 접촉(flanging)의 영향

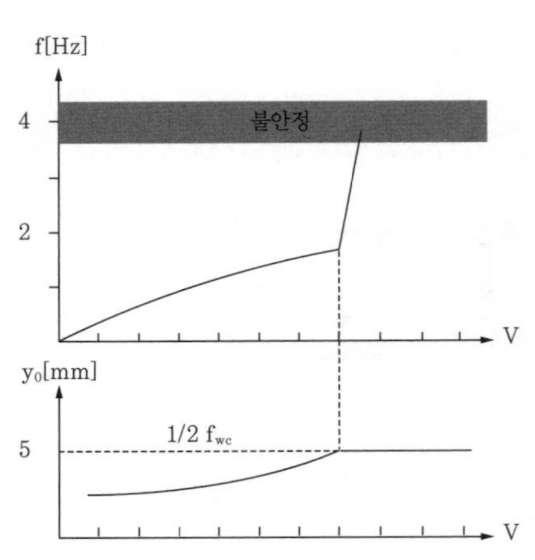

그림 1.7.5 속도에 따른 진폭과 진동수의 증가 및 불안정성의 발달

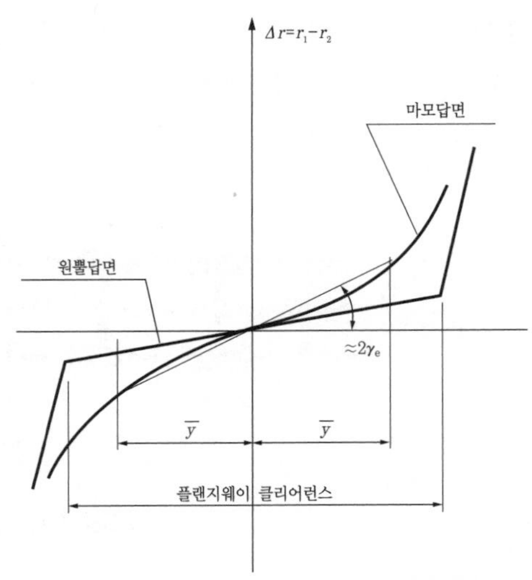

그림 1.7.6 y-Δr 곡선. 원뿔 답면과 마모 답면간의 차이

이것은 횡 운동이 완전히 다른 거동을 취하는 것을 의미하며 사행동(hunting movement)이라고 알려져 있다. **그림 1.7.4**에 나타낸 것처럼 이 운동은 조화(사인 함수)의 형에서 지그재그형으로 변화한다. 파장은 더 짧아지고 진동수는 차량에 대한 임계 범위(위험 영역)까지 빠르게 증가하며 공진이 일어난다.

이 현상을 **그림 1.7.5**에 나타낸다. 답면 기울기와 플랜지웨이 클리어런스에 관하여 말하면, 보기(대차)의 설계는 사용하려는 속도 범위에서 차량 주행의 안정이 항상 보장되도록 하여야 한다.

1.7.3 등가 답면 기울기

마모 답면의 경우에는 답면 기울기가 마모를 포함하는 레일 두부와 타이어의 실제 모양, 궤간 및 레일부설 경사에 좌우된다. 마찬가지로 윤축과 레일 체결장치의 탄성 변형도 역할을 한다.

일반적으로, 유효 또는 등가 답면 기울기(equivalent conicity)는 다음 식과 같이 정의한다.

$$\gamma_e = \frac{1}{2}\frac{\Delta r}{y} = \frac{1}{2}\frac{r_1 - r_2}{y} \quad (1.7.8)$$

여기서, $r_1 - r_2$는 차륜답면 회전반경의 순간적인 차이이다. 일반적으로 말하자면, 이것은 윤축의 중심 위치에 관한 횡 변위 y의 비선형 함수이다. 원뿔 답면과 마모 답면간의 차이를 **그림 1.7.6**에 나타낸다. 수치적으로 비교할 수 있도록 γ_e는 소정의 변위 $y = \bar{y}$ 에서 결정한다.

원뿔형 형상에 대한 답면 기울기는 일정하며 (1.7.8) 식은 다음과 같이 된다.

$$\gamma_e = \frac{1}{2}\frac{\Delta r}{y} = \frac{1}{2}\frac{(r+\gamma y)-(r-\gamma y)}{y} = \gamma \quad (1.7.9)$$

다음의 항에서는 유효 답면 기울기의 점진적인 비선형 거동에서 생기는 효과 및 차량의 주행 안정성과 레일의 마모에 대한 그것의 영향을 더 상세히 다룬다.

1.7.4 마모 차륜 답면

완전히 원뿔형인 차륜 답면은 그 모양에 관하여 말하면 불안정하지만, 마모하기 시작하여 안정하게 된다. 더욱이, 원뿔형 형상은 2점 접촉으로 되어 있기 때문에 실재하는 횡 운동(좌우동)이 곧장 충격으로 이끄는 단점이 있다. 이것에 대하여 접촉점의 레일과 차륜 답면의 형상이 원형이라고 가정하면, **그림 1.7.7**에서 보는 것처럼 윤축이 궤도에 대하여 y만큼 좌우로 변위한 경우, 레일에 대한 접촉점은 다음의 값만큼 이동한다.

$$\Delta s = \frac{\rho_r}{\rho_w - \rho_r} y \qquad (1.7.10)$$

더욱이, 만일 y의 값이 반경에 비하여 작다면, 다음의 관계가 유효하다.

$$\Delta s = \tan \phi \frac{\rho_r}{\rho_w - \rho_r} 2y = \gamma_e 2y \qquad (1.7.11)$$

원뿔형 답면의 경우에는 반경이 무한대이므로 레일에 대한 접촉점이 이동하지 않는다. 따라서, 이 경우에는 레일의 마모가 한 점에 집중하게 된다.

차륜의 답면 반경과 레일의 반경이 거의 같을 때는 재미있는 경우가 생긴다. 차축에 약간이라도 횡 변위가 생기는 경우에는 접촉점이 점프하여 승차감이 나빠지는 결과로 된다. $y-\Delta r$ 그래프에서는 이것이 점프로서 나타난다.

그림 1.7.8의 $y-\Delta r$ 곡선에서 이것이 확인되며, 이 그림은 유럽의 S 1002 차륜 단면과 UIC 54 레일 및 궤간 1,434 mm에 관하여 이론적으로 계산한 것이다.

실제적인 연구에 따르면, 일정한 기간이 지난 차륜 답면은

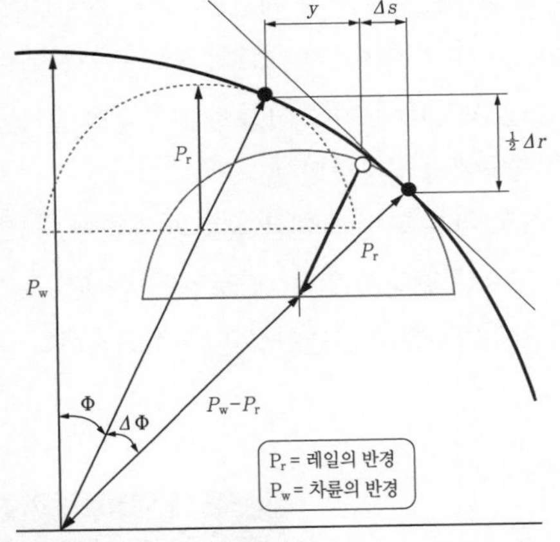

그림 1.7.7 윤축의 변위에 기인하는 레일에 대한 접촉점의 변위

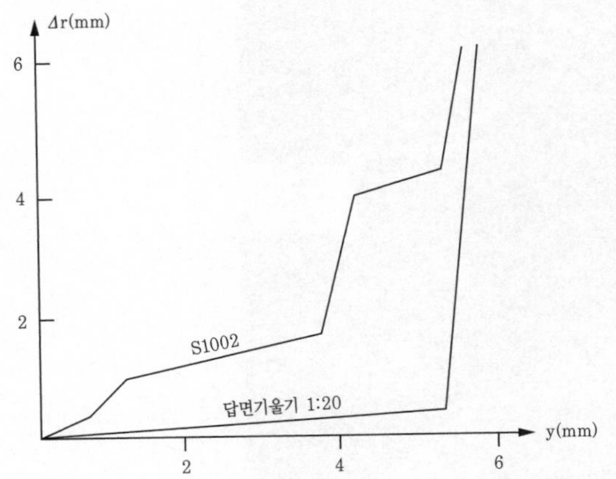

그림 1.7.8 UIC 54 레일과 결합한 이론적 S1002 형상에 대한 y-Δr 곡선 1:40, 궤간 1,434 mm

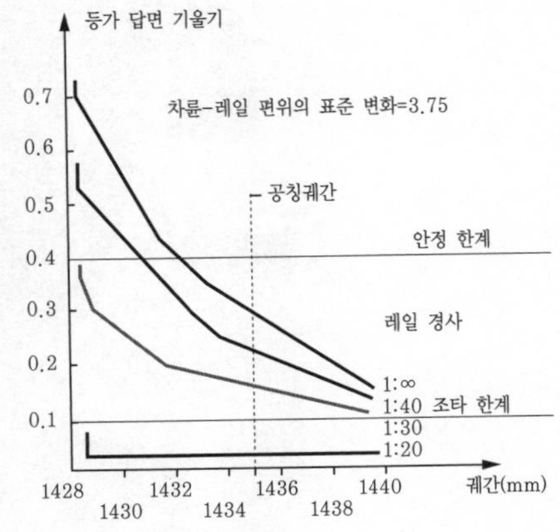

그림 1.7.9 UIC 60 레일 위 S1002 형상에 대한 등가 답면 기울기

마모에 따라서 0.2 내지 0.3의 등가 답면 기울기로 안정된다. 이 경우에 등가 답면 기울기는 주행 안정성의 입장에서는 0.4 이하, 구심력 효과를 확보하기 위해서는 0.1 이상이어야 한다.

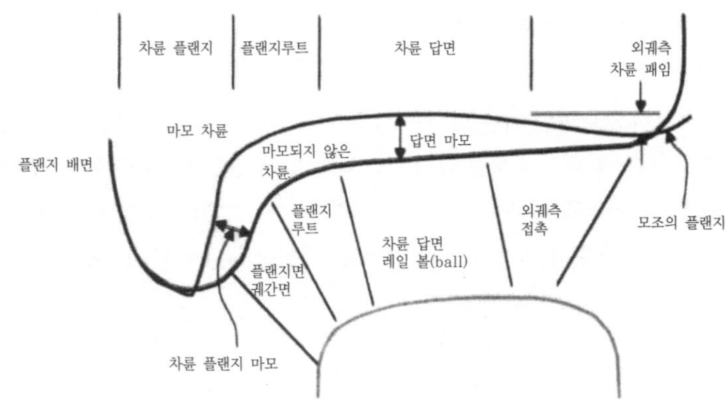

그림 1.7.10 차륜 마모 영역

그림 1.7.9는 여러 가지의 궤간과 레일 경사에서 UIC 60 레일에 대한 S 1002 형상의 등가 답면 기울기 값을 나타낸다. 이 정보는 1 : 20 레일 경사의 경우는 별문제로 하고 궤간이 감소하고 레일 경사가 급하게 됨에 따라 답면 기울기가 증가함을 나타낸다. 레일 경사가 1 : 20인 경우는 답면 기울기가 대단히 작으며 궤간에 무관하게 된다.

그림 1.7.10은 마모 차륜형상의 측정 결과를 나타내며, 여기서 마모는 새 차륜형상 및 문헌에 명기한 것과 같은 영역에서 정량화된다.

마모 차륜 단면에 대한 유럽의 경험에 따르면, 처음에는 S1002 단면형상이었어도 얼마간 다른 형상으로 되는 것으로 알려져 있다. 선로망의 주어진 구간에서 장기간에 걸쳐 수집한 특정한 유형의 차량에 대한 측정 데이터에 기초하여 단면형상을 더욱 최적화할 수 있다.

제2장 궤도구조의 재료

2.1 레일

2.1.1 레일의 역할과 종류

(1) 레일의 역할

레일(rail)은 철도(鐵道, railway, railroad)에서 수송기관으로서 가장 기본적인 역할을 수행하는 차량에게 안전하고 평활한 주행 면을 제공하는 선로의 중요한 구성체로서, 큰 윤하중(車輪荷重)을 직접 지지하면서 레일의 강성(剛性)을 이용하여 그 1점(一點) 하중을 침목 · 도상으로 분산시켜 전달하고 차륜이 탈선하지 않도록 안내하며, 또한 신호전류의 궤도회로, 동력전류의 통로도 형성하는 역할을 한다. 즉, 레일은 철도에서 가장 기본적으로 중요한 부재의 하나이며, 철도의 상징(象徵)이다.

따라서, 레일의 형상 및 재료는 그 역할을 달성하기 위한 기본 기능을 만족하는 구조 구성체로서 결정되며, 단면형상에는 다음과 같은 조건이 요구된다.

① 적은 단면적으로 연직 및 수평방향의 작용력에 대하여 충분한 강도와 강성을 가질 것.

② 두부의 마모가 적고, 더욱이 마모에 대하여 충분한 여유가 있으며, 내구 년수가 길 것.

③ 침목에의 설치가 용이하며, 외력에 대하여 안정된 형상일 것.

다시 말하여, 레일은 윤하중(wheel load) 등의 수직력 외에 사행동이나 횡압력 등의 수평력에 대하여 강도상으로 충분히 견딜 수 있어야 한다.

레일단면의 형상은 필수 또는 바람직한 조건으로서 다음과 같은 것이 열거된다.

① 두부의 형상은 차륜이 탈선하기 어려울 것.

② 마모 후의 형상과 차이가 적을 것.

③ 수직하중에 대하여는 높이가 높은 쪽이 바람직하다.

④ 위와 아래 필렛의 반경이 작은 것은 흠이 생기기 쉬우므로 피한다.

⑤ 저부의 형상은 설치가 안정되기 쉽도록 폭을 넓게 한다.

⑥ 상하 중간은 녹 부식도 고려한다.

(2) 레일의 종류

레일의 종류는 그 사용 목적, 형상, 재료 등의 여러 관점에서 분류될 수 있지만, 여기서는 철도선로의 레일에 대하여 소개하고 있기 때문에 감각적으로 분류하기 쉬운 중량과 형상, 품질로서 중요한 기계적 성질, 특히 인장강도 혹은 그것을 포함하여 용접성 등에 관계하는 재료의 화학성분에 따라 분류하는 것이 적당하다고 생각된다. 먼저, 중량에 대하여는 세계 각국 모두 중량이 1 m당 약 50에서 60 kg 정도인 것이 널리 사용되며(**표 2.1.1**), 중국 등에서는 1 m당 약 75 kg의 무거운 것이 사용되고 있다. 또한, 가벼운 것으로서는 1 m당 40 kg 정도의 것이 아직 많이 사용되고 있다. 형상에 대하여는 현재 대체로 I형에 가까운 것이 사용되고 있다.

표 2.1.1 각국의 주요 레일 단면의 제원

레일 종류	*H* 레일 높이 mm	*B* 저부폭 mm	*C* 두부폭 mm	*S* 복부 mm	*K* 총두부 높이 mm	*F* 저부 높이 mm	*F* 저부 두께 mm	*A* 단면적 mm^2	*G* 중량 kgf/m	*Y* 중립축 mm^2	*Ix* 단면2차 모멘트 cm^4	*Wx* 단면 계수 cm^3	*B/H* 형상 안정 지수	*W/G* 효율성 지수 cm^3	*I/G* 강성 지수 cm^4
KS															
50 N	153.00	127.00	65.00	15.00	49.00	30.00	12.00	6420	50.40	71.60	1960	274.00	0.830	5.436	33.888
60	174.00	145.00	65.00	16.50	49.00	30.10	12.00	7750	60.80	77.80	3090	336.00	0.833	6.529	50.822
60K 및 KR60	174.0	145.00	65.00	16.50	49.00	30.10	12.00	7740	60.70	77.60	3064	318.00	0.833	5.239	50.478
독일 단면															
S 49	149.00	125.00	67.00	14.00	51.50	27.50	10.50	6297	49.43	73.30	1891	240.00	0.838	4.855	36.799
S 54	154.00	125.00	67.00	16.00	55.00	29.00	12.00	6948	54.54	75.00	2073	262.00	0.811	4.083	38.000
UIC 단면															
50E4(UIC 50)	152.00	125.00	70.00	15.00	49.40	28.00	10.00	6392	50.18	76.00	1940	253.60	0.822	5.053	38.660
54E2(UIC 54E)(SBB Ⅳ)	161.00	125.00	67.00	16.00	51.40	30.20	12.00	6855	53.81	69.47	2308	276.37	0.778	5.136	42.882
54E1(UIC 54)(SBB Ⅲ)	159.00	140.00	70.00	16.60	49.40	30.20	11.00	6934	54.43	74.97	2127	279.19	0.880	5.129	39.077
60E1(UIC 60)	172.00	150.00	72.00	16.50	51.00	31.50	11.50	7686	60.34	80.95	3055	335.50	0.872	5.560	50.630
미국 단면															
AREA 115	168.27	139.70	69.06	15.87	42.86	28.57	11.10	7236	56.80	75.69	2730	295.00	0.830	5.193	48.063
AREA 132	180.98	152.40	74.45	16.67	44.45	30.16	11.11	7633	65.53	81.28	3671	368.70	0.842	6.153	61.265
AREA 133	179.39	152.40	71.10	17.46	49.21	30.16	11.60	8429	66.17	81.28	3576	364.70	0.849	5.511	54.042
AREA 136	185.74	152.40	72.62	17.46	49.21	30.16	11.11	8606	67.56	85.01	3949	391.50	0.820	5.794	58.451
CB 122	172.21	152.40	71.14	16.51	49.02	31.50	11.43	7743	60.78	80.77	3080	337.00	0.884	5.544	50.674
영국 단면															
BS 60R	114.30	109.54	57.20	11.11	35.70	16.70	7.60	3792	29.77	55.70	677	115.40	0.958	3.876	22.741
BS 70A	123.80	111.10	60.30	12.30	39.70	23.00	7.90	4438	34.84	61.30	912	146.00	0.897	4.190	26.176
BS 80A	133.40	117.50	63.50	13.10	42.50	25.00	8.70	5071	34.80	65.60	1209	178.00	0.880	4.472	30.376
BS 90R	142.90	136.50	66.70	13.90	43.70	20.60	9.30	5684	44.62	68.00	1600	214.00	0.955	4.796	35.858
BS 90A	142.90	127.00	66.70	13.90	46.00	26.20	9.10	5735	45.02	70.00	1588	214.00	0.888	4.753	34.606
BS 113A	158.75	139.70	69.85	20.00	49.21	30.16	11.11	7183	56.39	84.32	2349	278.61	0.880	4.940	41.656

국철의 레일 중량은 철도의 건설기준에 관한 규정에서 설계목표에 따라 본선에서 120km/h 이상의 선로는 60 kg/m, 120 km/h 이하의 선로는 50 kg/m로 하고, 측선은 50 kg/m 이상으로 정하고 있다(**표 1.2.1** [13] ② 3). 재료에 대하여 레일은 공업적으로 가장 많이 생산되고 있는 금속재료인 강(鋼, steel)을 이용하고 있지만, 차륜으로부터의 하중을 비교적 작은 면적으로 지지하고 있으며, 그 결과 접촉면에는 대단히 큰 접촉 응력(contact stress)이 발생하기 때문에 특히 인장강도 등이 높은 것이 요구된다. 화학성분에 대하여는 인장강도 등을 높게 하기 위해서는 탄소를 많게 하는 것이 유효하지만, 용접성 등을 고려하여 일반적으로 0.4에서 0.8 % 정도의 탄소를 포함한 탄소강(炭素鋼)이 사용되고 있다. 더욱이, 내마모성 혹은 특수한 목적에 맞추어 강도를 올릴 경우에는 열처리(熱處理)하거나 합금성분을 추가하는 방법 등이 이용되고 있다. 인장강도는 지금

까지 레일 전반에서 70 내지 110 kgf/mm^2 정도의 넓은 범위로 되어 있다.

(3) 레일의 발달

레일의 발달에 대하여 간단히 기술한다. 철도는 근대 공업의 발달과 함께 발전하여 철도를 상징하는 레일도 이 사이에 제조법, 품질, 수송력, 보수 등의 면에서 많이 검토되어 그 형상과 재질이 현재까지 발달하여 왔다.

레일은 중량물 운반의 수단으로서 발달한 차량을 원활하게, 저항을 될 수 있는 한 작게 억제하여 주행시킬 목적으로 고안되어, 재질은 목재이면서 현재와 유사한 것이 산업혁명 전의 16세기 후반에서 17세기 전반에 걸쳐 독일 혹은 영국에서 사용되어 왔다고 한다. 그 후 1767년이 되어 종 방향 각재의 마손을 개선하기 위하여 각재 위에 주철제(鑄鐵製) 판(板)레일이 고안되고, 1776년 L형 레일, 1789년에는 영국의 Wiliam Gessop이 주철제 엣지(edge)레일을 발명하였다. 그리고 1825년 9월 27일에 세계 최초의 공공용 철도가 개업한 Stockton · and · Darlington 철도에서는 Stepphenson이 개발한 주철 어복(魚腹)레일을 사용하였다. 한편 1784년에는 영국의 H. Cort가 Puddle노(爐)를 이용한 연철(練鐵) 제조법(퍼들법)을 발명하여 증기기관을 이용한 압연기나 코크스 고로(高爐) 기술의 개발 등에 따라 근대적인 레일의 제조가 가능하게 되었다. 또한, 이와 같은 기술 배경을 기초로 1820년에 영국의 J. Birkenshaw가 연철로 압연(壓延)레일을 제조하였다. 그 길이는 3.962 내지 4.572 m (13 내지 15 피트), 중량은 2.9 kg/m (26 lb/yd)이고, 형상은 둥글고 폭이 넓은 두부와 두꺼운 복부로 구성되며, 이음매는 체어(chair)라고 부르는 주철제 지지대로 지지하는 구조이었다.

1837년에 J. Rocke가 두부와 저부의 단면형상을 같은 단면으로 하여 레일 교환 시에 상하를 전도하여 사용하는 것을 목적으로 쌍두(雙頭)레일을 고안하였다. 그러나, 목적에 반하여 레일을 지지하는 체어부에서 레일과의 접촉부가 손상되었다. 이 때문에 영국에서는 1844년에 우두(牛頭)레일이 고안되었다. 이 레일은 제조상 비

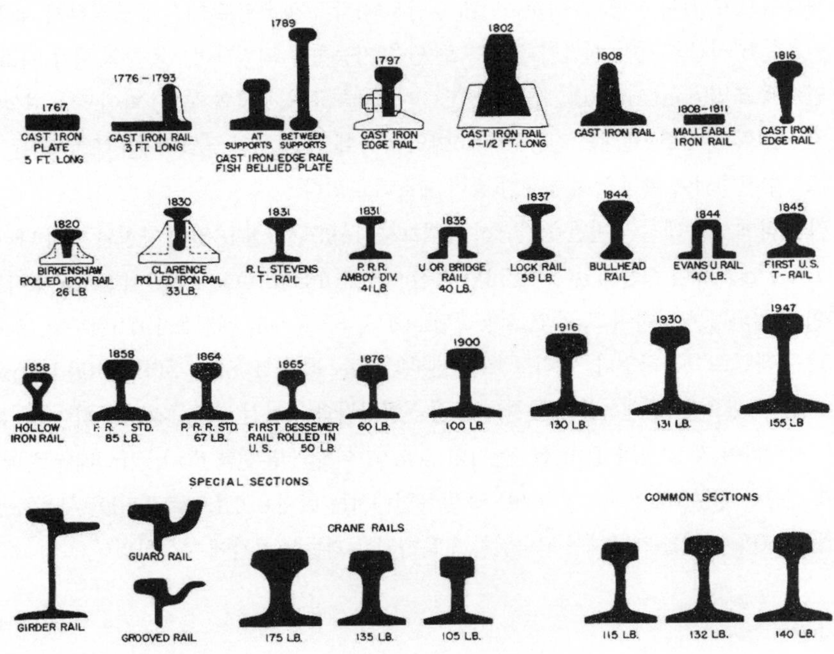

그림 2.1.1 레일의 발달

교적 압연이 용이하여 냉각이 보다 고르기 때문에 똑바른 레일을 얻기가 쉽지만, 레일의 횡 방향 안전성 등에 문제가 있다. 이 우두레일은 영국 이외에는 거의 사용되지 않았지만, 그 후 영국에서는 표준화되어 1949년 이후에 평저(平底) 레일(flat bottom rail)이 도입되기까지 오랫동안 사용되어 왔다.

평저 레일은 1831년에 미국의 R. L. Stevens가 설계한 것이 최초이다. 이 레일은 길이가 5.484 m (6 yd), 무게가 17.9 kg/m (36 lb/yd)이며, 당시는 단면형상이 I형보다도 T형에 가까우므로 T레일이라 불렀다. 그 후 19세기 중반 경까지 U형 레일 혹은 T형의 두부를 크게 한 레일이 미국에서 고안되었지만, 최종적으로는 두부 마모, 체결 성능 등을 고려하여 현재의 주요한 레일의 대부분은 I형의 평저 레일의 단면형상으로 되어 있다(**그림 2.1.1**).

한편, 레일의 재질은 철 제조법의 발전에 따라 이 때까지 일반적으로 내마모성에는 우수하지만 크게 무른 주철(鑄鐵), 그리고 인성(靭性)은 많지만 연약한 연철(練鐵)로부터 현재 사용되고 있는 강(鋼)으로 바뀌었다. 이 강의 제조에 관하여는 1855년 영국의 H. Bessemer가 개발한 산성공기 저취(底吹)전로(轉爐) 제강법(베세마법)이 강의 대량 생산을 가능하게 하였다. 또한, 1856년에 그것을 레일에 적용하여 강압연(鋼壓延)레일이 처음으로 제조되었다. 그러나, 베세마법은 인, 유황 등이 적은 원료를 사용하여야만 하였다. 그 후 1878년에 영국의 S. G. Thomas가 인, 유황이 많은 원료로부터도 양질의 강이 제조될 수 있는 염기성 공기 저취전로를 발명하였다.

전로의 발명과 거의 같은 시기인 1856년에 영국의 Siemens는 선철(銑鐵)과 철광석을 혼합, 용해, 정련하여 강을 제조하는, 노상(爐床)이 평평한 반사로(反射爐)인 평로(平爐)의 특허를 출원하였다. 평로법에도 전로와 마찬가지로 노의 내면재인 내화벽돌의 성질에 따라 산성과 염기성이 있으며, 일반적으로 염기성이 이용되었다. 또한 이 방법은 선철과 설철(屑鐵)의 비율을 자유로 바꿀 수 있고 품질도 일정하므로 미국을 중심으로 널리 채용되어 레일도 후술하는 순산소 상취(純酸素 上吹)전로를 이용한 제조까지 이 방법을 이용하였다.

1949년에 오스트리아 Linz 및 Donawitz에서 평로보다 생산 효율이 대폭적으로 좋고, 품질도 향상된 순산소 상취전로 제강법 (LD강)이 발명되어 1960년대 후반부터 각국에서 평로 대신에 급격하게 채용되었다. 이에 따라 평로를 이용한 6 시간의 제강 시간이 40분으로 단축 가능하게 되었으며, 강 중의 함유 가스(N, O, H)가 감소되었다. 연속 주조법(continuous casting, CC)에 따른 표면 성상의 향상, 파이프나 편석(偏析)의 제거에 따른 재질의 균일화 및 1960년대의 진공 탈가스법의 채용에 따라 셔터 균열의 원인으로 되는 강(鋼)중의 수소 용해도의 감소가 진행되어 현재 극히 청정한 강이 제조되고 있다.

다음에, 우리 나라에서의 레일의 변천을 간단히 살펴보자. 1899년 9월 18일에 창설된 우리 나라 철도의 초창기에는 30, 37 kg/m 레일이 사용되었다. 1953년 휴전 이후 50PS, 50ARA 레일이 도입되었다. 1966년부터는 50N 레일이 도입되기 시작하여 그 동안 사용하던 50PS, 37 kg/m 레일을 1976년부터, 50ARA 레일을 1977년부터 50N 레일로 갱환하였다. 그리고 1978년부터 50N 레일, 1982년부터 KS 60 kg/m 레일을 국산으로 부설하기 시작하였으며, 경인선을 비롯한 수도권 전철구간과 경부선 교량구간에 대하여 60 kg/m로 레일을 중량화하기 시작하여 제(2)항과 같이 현재는 120 km/h 이상의 본선을 60 kg/m 레일로 부설하고 있다. 2004년 4월에 개통한 경부고속철도는 UIC60 레일(유럽에서는 현재 60E1으로 표기)을 사용하였다. 국철에서는 2003년 5월에 60K 레일을 개발하여 고속열차가 운행되는 기존선 구간에 부설하였다.

(4) 앞으로의 방향

레일에 관한 연구개발의 향후 방향에 관하여는 다음과 같은 과제가 있다.

1) 레일중량 ; 레일중량은 중하중(重荷重) 철도를 주체로 하여 미국, 러시아에서는 75 kg/m 레일까지 이용되고 있지만, 고속철도에서도 굽힘 파형의 전파, 그리고 소음 · 진동에 대한 효과를 고려하면 무거운 레일을 이용하는 것이 유리하다고 제안되고 있다.

2) 레일 삭정(rail grinding)을 전제로 한 레일 ; 근래에 레일 쉐링(rail shelling)의 발달 방지, 그리고 소음 · 진동의 저감을 위하여 레일을 삭정하는 것이 정립 중에 있으므로 이것을 용이하게 시행할 수 있는 레일의 단면을 채용하는 것이 고려되고 있다.

2.1.2 레일의 단면

레일의 단면(斷面), 형상(形狀)을 결정할 때에 기본적으로 구비하여야 할 조건으로서는 다음의 2점이다.

먼저, 외력으로 작용하는 열차하중이나 온도변화에 따라 생기는 종 하중에 의하여 크게 변형하지 않아야 하는 점이다. 다음으로, 장기간의 사용에 따른 단면형상의 마모 등에 따른 변화가 작게 억제되어 원활한 차량주행이 가능하게 하고, 더욱이 충분한 내구성을 확보하여야 하는 점이다.

이들이 기본적으로 구비하여야 할 조건은 차량의 구조와 하중, 주행속도, 혹은 궤도의 구조와 그 구성 부재의 조건에 크게 영향을 받음과 동시에 레일의 재질과 기계적 성질에 크게 의존하며, 더욱이 부식 등의 사용환경에도 크게 영향을 받는다. 따라서, 레일의 단면설계에서는 궤도구조의 특성을 충분히 고려하여 차량의 주행에 따른 동적인 작용력을 가능한 한 작게 억제하고, 궤도보수의 효율화를 도모하는 것을 제일로, 기타 많은 조건에 조화되도록 배려한 종합적인 검토결과로서 최적의 형상을 구하는 것이 중요하다. 이상의 점을 고려하면서 형상설계의 요점을 기술한다.

평저 레일의 형식은 요구되는 목적을 효과적으로 달성하도록 ① 될 수 있는 한 높이를 높게 하여 단면2차 모멘트의 값을 크게 함으로써 무거운 하중에 견디는 것에 주안을 두든지, ② 두부 면적을 크게 하여 두부의 마모에 대하여 많은 여유를 갖게 하는 것에 주안을 두는가에 따라서 여러 가지의 단면 형상이 고려된다.

레일 각부의 명칭은 **그림 2.1.2**에 나타낸 것처럼 통상의 레일 단면은 두부(頭部), 복부(腹部) 및 저부(底部)의 3부분으로 구성되어 있다. 이들의 각 부는 기본적으로 구비하여야 할 조건 등의 검토로부터 단면전체로서 어떤 조화를 유지하여야 하므로 세계 각국의 레일은 각각의 특징이 있기는 하나, 그 단면형상에 대하여 극단적인 차이는 없다. 따라서, 레일의 중량 혹은 휨 강성(剛性)이 궤도보수의 관점에서 정해지면 그 단면의 주요한 치수가 거의 결정된다. 이와 같은 실정에서 각국의 레일 명칭은 대부분이 중량으로 표현되고 있다. 더욱이,

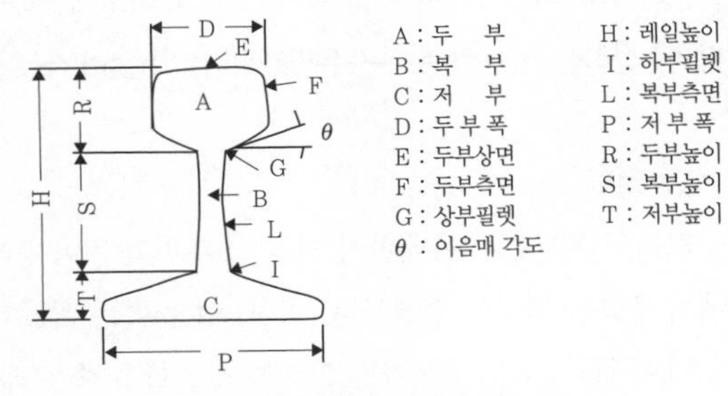

그림 2.1.2 레일 각부의 명칭

레일 전체로서 압연 · 냉각 시에 냉각속도에 지속(遲速)이 있으면, 내부 변형이 생기므로 적당한 면적 배분으로 하여야 한다. 오늘날 사용되고 있는 레일 각부에 대한 재료 배분의 율은 다소의 차이가 있기는 하나, 두부 · 복부 · 저부에 대하여 각각 거의 40 %, 20 %, 40 %의 배분 비를 주고 있다.

이하에 단면 설계에서 고려하여야 할 조건을 각각의 부위별로 기술한다.

(1) 높이

레일의 높이는 레일에서 주요한 역할을 수행하는 부위이다. 집중하중으로서의 차량하중을 분산시키는 보로서의 레일의 휨 강성은 그 높이가 단면의 치수 중에서 가장 크게 기여한다. 또한, 그 휨 강성은 단면의 중심으로부터의 거리의 2제곱(乘)에 그 부분의 단면적을 곱하고 전단면적에 대하여 적분하여 구해지는 단면2차 모멘트와 탄성계수(彈性係數)의 곱이다. 그 값은 중심에서 떨어진 부분의 면적이 큰 쪽이 크게 된다. 따라서, 레일의 단면이 I형에 가까운 것은 이와 같은 역학적인 고려를 기초로 하여 발전한 것이다. 그러나, 높이를 크게 하면 레일의 변칙 경사와 같은 안정성에 관계하는 높이와 저부 폭의 비(比)가 작게 되므로 이 비를 어떤 소정의 비율로 억제할 필요가 있다.

(2) 두부

레일두부의 역할은 윤하중을 직접 지지하면서 차륜을 원활하게 유도하는 것이다. 그 때문에 차륜과 항상 접촉하는 두부상면의 곡률은 마모형상에 가까운 것으로 하여 접촉 응력을 될 수 있는 한 작게 하는 것이 필요하다. 그러나, 최근의 윤하중 변동(輪重變動, wheel load variation ; 레일/차륜간에 작용하는 동적 하중)에 관한 연구성과에서 레일과 차륜의 기하학적인 접촉조건에 따라 결정되는 접촉 스프링계수가 크면 소음 등에 크게 영향을 주는 고주파 영역의 윤하중 변동이 크게 되는 점이 밝혀졌다. 접촉 응력을 작게 하는 일과 접촉 스프링계수를 작게 하는 일은 두부상면의 곡률에 관하여 이율배반의 관계에 있으므로 이들의 조화를 도모하여 검토하는 것이 중요하다. 또 한편으로, 실제의 사용상황에서 마모라고 하는 점에서는 두부의 높이가 될 수 있는 한 높은 것이 바람직하다.

두부측면은 수직에 대하여 소정의 기울기를 갖고 있다. 이것은 일반적으로 레일이 경사지어 부설되는 점, 레일 제조 시에 압연의 용이성을 고려하기 때문이다.

두부 하면은 이음매판과 접촉하면서 쐐기작용에 따라 긴체력(緊締力)이 발생되는 중요한 역할을 수행하는 부위이다. 이 하면의 형상은 이음매판의 설계와도 관련되어 결정되지만, 이음매판 상부가 레일두부 하면과 직접 접하고 있는 이른바 두부접촉(頭部接觸, head contact)형 이음매에 대하여는 하면의 경사를 타이트하게 하고, 쐐기작용을 위하여 마모 여유를 크게 하고 있다. 이음매판 상부가 레일두부에서 복부에 걸쳐 상부필렛(上首部)에 접하는 이른바 두부자유(頭部自由, head free)형의 경우에는 이 경사가 완만하다.

(3) 복부

레일의 복부는 이음매판이 거의 이 부위의 높이에 자리잡도록 설계할 필요가 있는 점에서 이음매판의 휨 강성에서 중요한 역할을 수행한다. 또한, 이 높이는 레일 자체의 보로서의 휨 강성에서도 중요한 역할을 한다.

이 부위의 설계 시에 가장 고려하여야 할 하중은 레일 보로서의 전단하중이며, 두부로부터 복부, 혹은 복부로부터 저부에 걸친 단면 변화부의 응력 집중에 기인하는 국부 응력을 발생시키는 윤하중이다. 이것이 레일두부에 편심으로 작용하면, 이들 단면 변화부에는 보다 큰 응력이 발생하며, 차륜으로부터의 횡압의 작용은 이 경향을 조장한다. 이 점 때문에 이들 부위의 곡률 반경은 응력 집중을 억제하기 위하여 될 수 있는 한, 크게 할 필요가 있다.

복부의 두께는 윤하중으로 생기는 전단 응력 및 단면 변화부의 국부 응력을 작게 하고 더욱이 부식으로 인한 단면 감소를 고려하는 것이 중요하다.

(4) 저부

레일의 저부는 횡 방향의 휨 변형과 레일의 변칙 경사라고 하는 비틀림 변형을 작게 하기 위하여 중요한 역할을 한다. 레일의 횡 방향 휨 강성은 장대레일 좌굴 저항의 기본적인 요소이다. 또, 레일로부터 침목으로 전달되는 하중의 영향을 될 수 있는 한, 완화하기 위하여 저부의 폭을 크게 취한다. 그러나, 어떤 정도로 제약된 중량 중에서 레일 전단면(全斷面)과 조화를 취하는 일과 제작 시의 압연의 용이성을 고려하면, 이 저부 폭을 크게 하기에는 한계가 있다.

저부의 상면에 대하여는 이음매판을 긴체(緊締)하기 위한 쐐기로서의 경사를 고려하여야 한다. 또한, 저부 끝의 두께는 레일 체결장치의 설치를 고려하면, 소정의 두께가 필요하며, 상면 경사와의 관계에서 저부 두께를 확보하기 위하여 2단의 경사를 붙이는 일이 있다.

이상으로 레일 각부의 설계의 요점을 주로 사용조건의 면에서 기술하였지만, 한편으로, 레일은 대량 생산품으로서 생산효율과 품질의 안정을 위하여 1,000 ℃를 넘는 고온의 강을 압연하여 제조하기 때문에 그 제조조건이 중요한 설계조건으로 된다. 요컨대, 고온의 열간 압연 시에 굽음, 비틀림 등의 열변형이 생기지 않도록 레일 단면형상 내의 온도분포가 균일한 상태로 유지될 수 있는 것이 중요하다. 따라서, 두부, 복부 및 저부의 단면 비는 거의 일정치로 하여야 한다. 또한, 단면 변화부와 같은 곡선부분의 반경은 큰 쪽이 압연 상에서 유리하며, 또한 직선부분을 잇는 부위에 각이 생기지 않도록 곡선부분을 두는 것이 구조상 필요하게 된다.

(5) 주된 레일단면

우리 나라에 사용되어 온 레일은 1960년대 중반까지 50PS, 50ARA, 37ASCE, 30ASCE 등 미국에서 설계된 단면의 레일이 주로 사용되었고, 그 후에, 일본에서 새로 개량 설계된 50N 레일을 1966년부터 부설하기

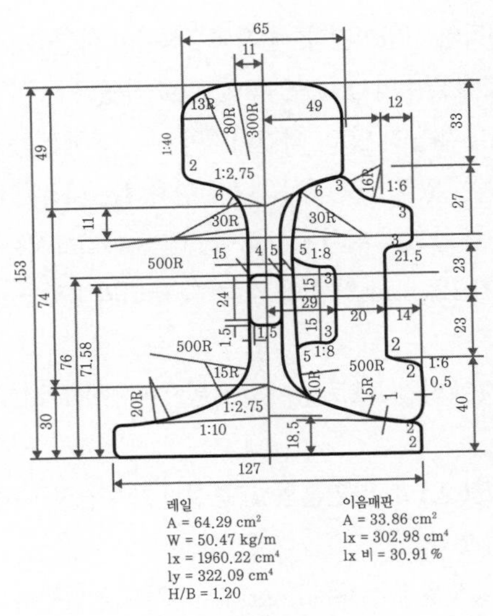

그림 2.1.3 50N 레일

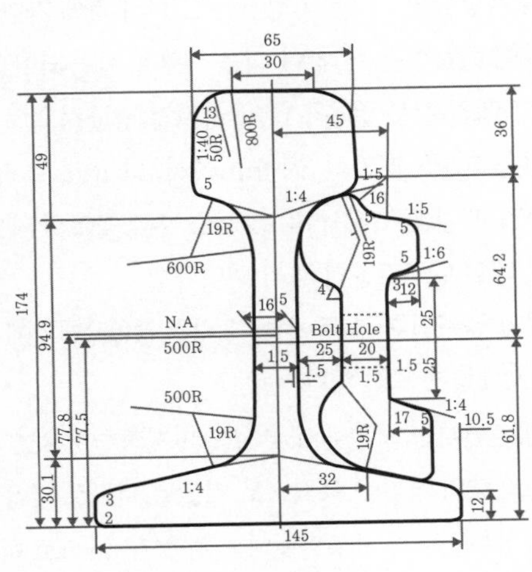

그림 2.1.4 KS60 레일

시작하였다. 국철의 30, 37 kg/m 레일은 ASCE형으로 미국토목학회(American Society of Civil Engineering)가 설계한 단면이고, 50 kg/m 레일의 일부인 ARA형(A, B형이 있다)은 미국철도협회(American Railroad Association)에서, PS형은 미국의 펜실바니아(Pennsylvania)철도에서 각각 설계한 것으로 후자는 Pennsylvania Section의 약자이다.

50PS 레일은 두부가 크고 저부 끝이 두꺼운 특성을 가지고 있어 수송량과 급곡선이 많고 다습한 조건에서는 마모한도, 내식성의 점에서 일단 우수한 단면이지만, 종 방향의 강성, 상 · 하부필렛의 응력 집중, 복부 두께, 복부 높이, 쐐기 각도, 두부상면의 형상이 문제로 되어 왔다.

50PS 레일의 문제점을 해소하기 위하여 설계된 50N 레일을 **그림 2.1.3**에 나타내며, 다음과 같은 특징이 있다.

① 수송량이 많게 되는 것을 고려하여 종래의 레일보다 종 휨 강성을 증가시키기 위하여 높이를 높게 하였다.

② 접촉 압력을 줄이기 위하여 두부를 마모 단면으로 하고 두부상부의 형상을 레일의 마모형상의 통계 조사 등을 근거로 하여 300R, 80R 및 13R의 원호로 구성하였다.

③ 상부필렛과 하부필렛의 반경은 이 단면 변화부의 응력 집중을 작게 하기 위하여 종래의 레일보다 크게 하였다.

④ 레일 이음매부 볼트구멍에서의 손상발생률을 낮추기 위하여 복부 두께를 두껍게 하고, 볼트구멍을 작게 함과 동시에 단부에서 멀리 하였다.

⑤ 레일이음매부의 강성을 크게 하기 위하여 레일복부의 높이와 이음매판의 높이를 크게 하였다.

⑥ 부식, 전식의 점에서 내식성을 크게 하였다.

⑦ 50PS 레일의 궤도구조를 이용할 수 있도록 하였다.

①에 관하여는 두부 및 저부의 높이와 레일의 전체 높이를 증대시키고 있다. 또한, 이음매 저항(resistance at rail joint)은 이음매 볼트 체결력의 증대로 보충하고, 이음매 기울기를 1/4에서 1/2.75로 증가시켰으며, 이음매판의 마모 여유를 증가시킨 것도 유효하였다. 저부 경사에 관하여는 전술의 저부 끝 두께를 확보하기 위하여 2단 경사로 하고 있다.

②에 관하여는 레일의 마모형상에 대하여 조사한 결과, 세계적인 경향이지만, 종래의 2심원이 아닌 3심원인 것이 적당하며, 또한 그 형상은 UIC의 것에 가까운 점에서 이것에 맞추어 (13+80+300R)로 하였다.

⑥에 관하여는 종래 이 점을 주체로 채용되어 온 50PS 레일을 밑돌지 않고, 약간이지만 복부 두께를 증가시키고, 레일 저부 끝은 1 mm 얇지만 평균적으로 보면 두껍게 되어 있다. 또한, 이음매에 관하여는 이음매 볼트 구멍을 50PS 레일의 32 mm에서 24 mm로 작게 하고, 이음매 볼트의 위치에 대하여 50PS 레일에서는 제1 볼트가 레일 단부에서 60.5 mm, 제1 볼트와 제2 볼트의 사이가 127 mm인 것을 각각 77 mm와 130 mm로 하여 레일 단부로부터 멀리 하였다.

레일 높이의 저부 폭에 대한 비는 경(輕)레일에서 1.1이었던 것이 차차 1.2로 증가되어 왔으며, 50N과 KS60 레일도 1.2로 되어 있다.

1982년부터 국철에서 부설하기 시작한 KS60 kg/m 레일(**그림 2.1.4**)은 일본의 山陽 신칸센의 건설 시에 궤도 보수량의 경감을 목적으로 개발된 것으로 다음과 같은 특징이 있다.

① 상부필렛과 하부필렛의 반경을 19 mm로 하고, 이음매판 형상을 두부자유(head free)형으로 하였다.

② 레일 높이는 174 mm로 중량이 거의 같은 UIC60 레일의 172 mm보다 높다.

③ 레일 저부의 상면 경사는 1단(段)의 기울기로 압연 제조상 유리하다.

④ 신선 등의 구속 조건을 고려하지 않고 이상 설계하였다.

⑤ 주로 장대레일용으로 설계하였다.

구체적으로는 상부필렛 끊어짐을 방지하기 위하여 19*R*로 크게 하고, 이음매판을 두부 하면과 저부 상면의 경사에 따른 쐐기 작용을 기대하는 일이 없이 이 원호의 부분으로 접촉하여 두부의 움직임이 구속되지 않는 두부 자유로 한 점, 레일 두부상면 원호를 차륜이 원뿔(圓錐) 답면을 유지할 것이라고 전제하여 세계에서 가장 큰 600*R*로 한 점 등이 반영되어 있다. 그러나 그 후 신칸센 차륜에 대하여는 답면의 마모가 큰 점에서 1974년경부터 시험을 통하여 현재에는 원호 답면으로 되어 있어 새로운 레일단면의 검토가 고려되고 있다.

유럽에서는 프랑스, 독일 등을 중심으로 UIC60(유럽에서는 현재 60E1으로 표기) 레일(**그림 2.1.5**)이 널리 쓰이고 있다. 우리나라 고속철도에서도 사용하는 이 레일은 이음매가 50N 레일과 같이 두부접촉형이며, 저면 상부가 50N 레일과 같은 모양으로 2단의 경사가 있다.

그림 2.1.6은 국내의 기존 선로에서 고속열차(KTX)를 운행하기 위하여 두부형상은 UIC60 레일과 유사한 50N 레일단면을 채택하고 복부와 저부는 기존의 KS60 레일단면을 채택하여 기존 침목의 사용이 가능한 60K 레일의 단면이다. 고속열차가 운행되는 일반철도에서 고속차량의 주행안전성과 차륜과 레일간의 인터페이스의 적합성을 확보하기 위하여 적용하는 60K 레일은 기존 KS60 레일의 단면을 변경하여 레일의 두부단면은 기존 50 kgN 레일과 동일하게 하고 높이와 저부단면은 KS60 레일과 동일하게 하여 열차의 동특성과 구조적인 안전성을 향상시킨 레일이다.

당초에 60K 레일은 UIC60 레일과 동등한 고급소재를 사용하였으나, 고급소재의 국내 수급부족을 감안하여 2005년 9월에 형상단면은 60K 레일과 동일하고 재질은 기존의 KS60 레일과 동등한 KR60 레일을 새로 표준화하였다. 이에 따라, 일반철도 주요간선의 본선(경부선, 호남선, 중앙선)은 60K 레일을 적용하고, 상기 주

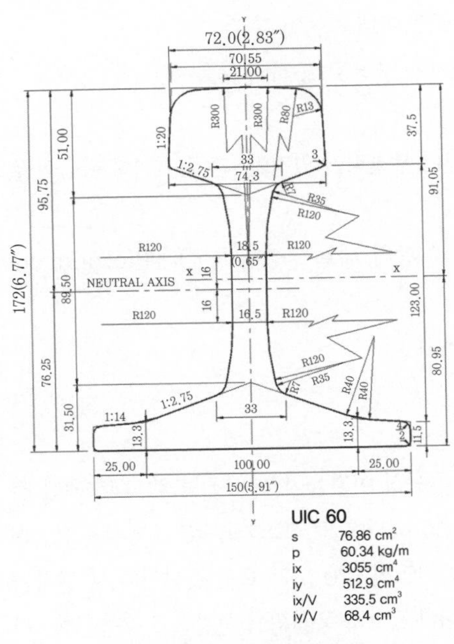

그림 2.1.5 UIC60 레일

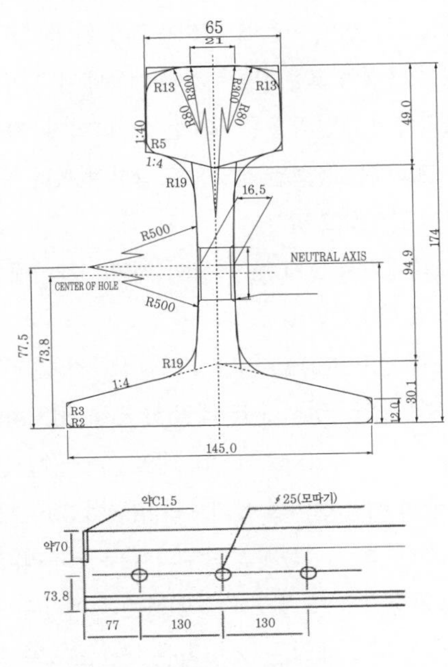

그림 2.1.6 60K 레일 및 KR60 레일

요 간선의 본선을 제외한 기타의 본선은 KR60 레일 또는 KS60 레일을 채용하고 있다.

다른 나라에서 주로 사용되고 있는 레일의 단면형상에 대하여 간단히 소개한다. 미국에서 개발된 레일에는 많은 종류가 있지만, 현재 AREA에서 설계한 RE형이 가장 일반적으로 사용된다. 중국 혹은 구 소련에서 현재 주로 사용되고 있는 레일 중에는 가장 무거운 75 kg/m 레일이 있다. 영국에서는 BS113A 레일이 많이 사용되며, 그 중량은 56.4 kg/m이다.

2.1.3 레일의 길이

궤도보수의 면에서 대단히 많은 노력을 요하는 이음매를 감소시키기 위하여 레일의 길이는 될 수 있는 한 긴 쪽이 좋다. 그러나 레일의 제조상 물리적, 기술적, 혹은 운반상의 제약, 더욱이 온도변화로 인한 신축에 따른 유간(遊間, joint gap of rail) 관리상의 필요성 등에서 레일의 길이에는 어떤 소정의 제약이 있다. 다시 말하여, 레일의 길이가 짧게 되면 레일의 이음매가 많게 되어 차량이 레일 이음매로부터 받는 충격의 주기가 짧게 되어 승차감을 나쁘게 할뿐만 아니라 이음매가 궤도의 약점으로 되어 궤도의 틀림이 생기기 쉽고 운전의 안전성이 떨어질 수 있다. 이것에 대하여 길이가 길 때는 이음매의 최대 유간에 제한이 있으므로 여름철에 좌굴을 일으킬 염려가 있는 외에 제작, 운반, 취급이 불편하게 되며, 또한 일부의 손상 때문에 긴 레일 전부를 교체하여야 하므로 비경제적이다.

이와 같이 장단점에는 각각의 이해(利害)가 있으며, 오늘날에는 승차감과 궤도 파괴를 고려하여 되도록 이면 이음매를 줄이기 위하여 레일의 길이를 길게 하는 경향이 있다. 레일의 길이는 주로 다음과 같은 사항을 참고로 하여 결정한다.

① 이음매 유간이 여름철에 맹 유간으로 된 후에 레일의 축 압력에 기인하는 좌굴이 발생되지 않는 한도이고 그것도 겨울철에 이음매 유간이 크게 된 때에도 역시 그 값이 규정 이내로 들어 갈 것.

② 차량 스프링의 고유 진동주기와 이음매에 기인하는 충격의 주기가 공명(共鳴)하지 않을 것.

우리 나라에서 레일의 표준 길이는 25 m이며, 지하철에서는 20 m이다.

실제의 궤도에는 용접된 레일을 포함하여 여러 가지 길이의 레일이 부설되어 있지만, 그 길이별로 다음과 같이 분류하여 관리하고 있다.

① 50kg레일로서 200 m 이상의 레일, 60kg레일로서 300 m 이상의 레일 : 장대(長大)레일(continuous welded rail, CWR),

② 25 m를 넘고 200 m 미만의 레일 : 장척(長尺)레일(longer rail),

③ 25 m의 레일 : 정척(定尺)레일(standard (length) rail),

④ 25 m 미만이고 10 m 이상의 레일 : 단척(短尺)레일(shorter rail).

여러 외국의 레일 길이를 살펴보면 미국이 39 ft(11.887 m)로서, 통상 이것을 2 개 용접(플래시 버트)한 것을 정척 부설(편측 – 이음매측 단부의 두부 열처리)하며, 최근에는 25 m 레일도 제조하고 있다. 영국은 18.29 m(60 ft), 프랑스는 18 및 30 m가 표준 길이이다. 독일은 30, 60, 90 및 120 m가 표준 길이이며, 후 3자는 고속선용이다. 이들 레일은 120 /혹은 180 m(고속 선에는 이것뿐이다)로 1차 용접되어 현장으로 수송된다. 러시아의 표준 길이는 25 m이다.

2.1.4 레일에 발생하는 응력

레일에 발생하는 응력(應力, stress)은 보로서의 응력도 중요하지만, 차륜과의 접면에서의 것이 최대로 된다. 또한, 레일과 차륜의 접촉(接觸)문제는 철도 고유의 문제 중에서도 가장 중요한 것의 하나이다. 레일은 주행에 따른 동적인 하중을 포함한 차량중량 및 주행하기 위한 구동력(驅動力) 혹은 제동력(制動力) (철도에서는 이 힘을 점착력(粘着力), 일반적으로는 접선력(接線力)이라 부른다)을 차륜으로부터 받는다. 한편, 차륜은 그 반작용을 레일로부터 받는다. 레일과 차륜의 재료와 형상을 고려한 후에 이들의 힘으로 접촉면에 발생하는 응력의 크기를 아는 것은 중요한 일이다. 그래서, 처음에 접선력을 고려하지 않고 접촉면에 수직인 하중(레일/차륜간에서는 윤하중)만이 작용한 경우, 다음에 접선력도 작용한 경우와 접선력을 구하는 이론에 대하여 기술한다.

(1) 헤르츠의 탄성접촉 이론

차륜과 레일의 접촉에 관하여는 Hertz의 접촉 응력과 Poritsky의 접선 응력에 관한 계산이 있지만, 전자는 마찰력이 제로(0)인 경우의 계산이며, 후자는 접선력을 수직력에 비례하는 것으로 가정한 계산이다. 접촉 이론의 원점은 1882년에 하인리히 · 헤르츠(Heinrich Rudolph Hertz)가 쓴 "탄성체의 접촉에 관하여"라는 제목의 논문으로 시작되었다고 한다. 그는 2매의 렌즈를 접촉시켰을 때의 탄성변형이 빛의 간섭에 어떠한 영향을 주는가 라는 의문에서 출발하여 이른바 헤르츠의 접촉 응력(수직 응력이기 때문에 통상은 접촉압력이라고 부르는 일이 많다) 분포를 구하였다. 그의 이론은 다음의 가정을 두고 있다.

① 접촉면은 연속하며, 접촉하는 물체의 곡률 반경에 대하여 접촉면의 긴 지름(長徑) 및 짧은 지름(短徑)은 충분히 작다.

② 스트레인(變形, 歪曲, strain)은 충분히 작다.

③ 접촉하는 물체 각각을 탄성 무한공간(彈性 無限空間)으로서 다룬다.

④ 접촉면에는 마찰이 없다.

이하에서는 그의 이론에 의거하여 유도된 접촉 응력(contact stress) 분포를 구하는 식과 모노그램을 소개한다. **그림 2.1.8**에 나타낸 것처럼 임의의 곡면과 곡면이 접촉한 경우에 접촉면의 긴지름을 $2a$, 짧은지름을 $2b$, 접촉하는 양 물체의 종 탄성계수를 E_1, E_2, 포아슨비를 υ_1, υ_2라 하면, a와 b는 다음 식으로 구해진다.

$$a = \alpha \sqrt[3]{\frac{3}{4}\frac{P}{A}\left(\frac{1-\upsilon_1^2}{E_1}+\frac{1-\upsilon_2^2}{E_2}\right)}$$

$$b = \beta \sqrt[3]{\frac{3}{4}\frac{P}{A}\left(\frac{1-\upsilon_1^2}{E_1}+\frac{1-\upsilon_2^2}{E_2}\right)}$$

양 물체 중심의 접근 거리는 다음 식으로 구해진다.

$$\delta = \lambda \sqrt[3]{\frac{9}{128}AP^2\left(\frac{1-\upsilon_1^2}{E_1}+\frac{1-\upsilon_2^2}{E_2}\right)}$$

최대 압력은 접촉면의 중심에 생기며,

$$p_o = \frac{3}{2\pi} \cdot \frac{P}{ab}$$

로 주어진다.

표 2.1.2 각 파라미터의 값

θ	0°	10°	20°	30°	35°	40°	45°	50°	55°	60°	65°	70°	75°	80°	85°	90°
α	∞	6.612	3.778	2.731	2.397	2.136	1.926	1.754	1.611	1.486	1.378	1.284	1.202	1.128	1.061	1.000
β	0	0.319	0.408	0.493	0.530	0.567	0.607	0.641	0.678	0.717	0.759	0.802	0.846	0.893	0.944	1.000
λ	-	0.851	1.220	1.453	1.550	1.637	1.709	1.772	1.828	1.875	1.912	1.944	1.967	1.985	1.996	2.000

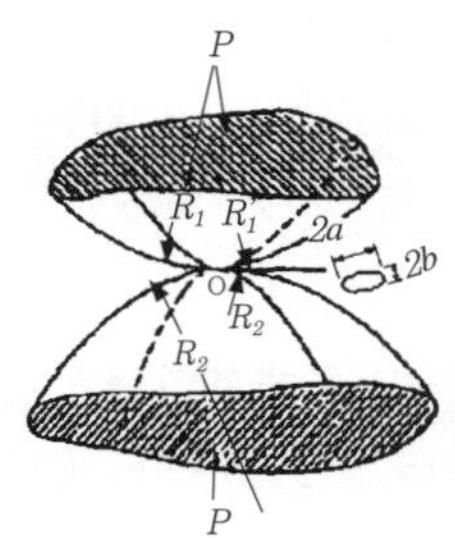

그림 2.1.7 임의의 곡면과 곡면의 접촉

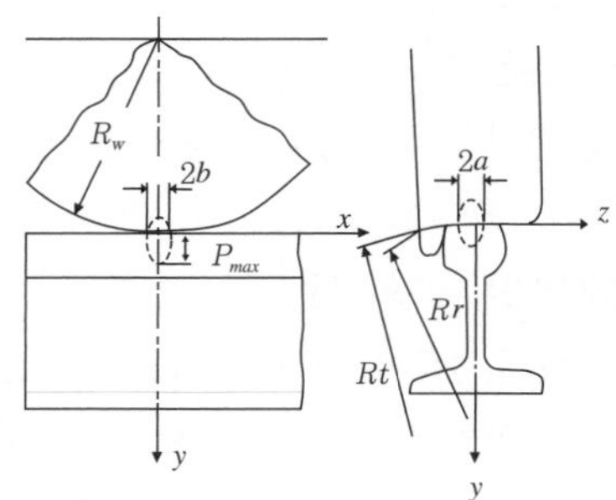

그림 2.1.8 차륜 · 레일간의 접촉

그림 2.1.7에서 접촉점 O에서 양 물체의 주(主)곡률 반경을 각각 R_1, R_1' 및 R_2, R_2'로 하고, 주곡률 $1/R_1$, $1/R_2$를 포함한 면이 이루는 각을 ϕ로 하면 다음과 같이 된다.

$$2A = \frac{1}{R_1} + \frac{1}{R_1'} + \frac{1}{R_2} + \frac{1}{R_2'}$$

$$2B = \sqrt{\left(\frac{1}{R_1} - \frac{1}{R_1'}\right)^2 + \left(\frac{1}{R_2} - \frac{1}{R_2'}\right)^2 + 2\left(\frac{1}{R_1} - \frac{1}{R_1'}\right)\left(\frac{1}{R_2} - \frac{1}{R_2'}\right)\cos 2\phi}$$

그리고,

$$\cos\theta = \frac{B}{A}$$

에서 θ를 계산하면, α, β 및 λ는 **표 2.1.2**와 같이 주어진다.

여기서, 이해를 깊게 하기 위하여 축중이 15 tf이고, 원뿔답면 차륜과 50N 레일의 각각 신품 단면인 경우에 최대 접촉압력 P_o를 계산하면 다음과 같이 된다.

- 차륜 ; R_1 = 860/2 = 430 mm (레일 길이방향 단면), R_1' = ∞ (레일 횡단방향 단면)
- 레일 ; R_2 = ∞ (레일 길이방향 단면), R_2' = 300 mm (레일 횡단방향 단면)
- 주곡률 $1/R_1$, $1/R_2$을 포함한 면이 이루는 각 ; ϕ = 0

– 하중 ; 7.5 tf (윤하중 상당)

– 종탄성계수 ; $E_1 = E_2 = 2.1\times10^4$ kgf/mm²

– 포아슨비 ; $\upsilon_1 = \upsilon_2 = 0.3$

이상의 조건에서 $\theta = \cos^{-1}$ (B/A) = 79.74°로 되어 **표 2.1.2**에서 $\alpha = 1.13$, $\beta = 0.89$ 및 $\lambda = 1.98$, 더욱이 $a = 6.29$ mm 및 $b = 4.95$ mm, 그리고 $p_0 = 115$ kgf/m²가 구해진다. 이 값은 보통 레일강의 항복 응력 (降伏應力 ; 耐力 = 50.0~60.0 kgf/mm²)을 넘고 있으므로 이 접촉 응력 p_0에 응하여 발생되는 전단 응력으로 인한 소성변형이 고려된다. 구체적으로는 어떤 항복조건을 검토하는 것으로 되지만 소성변형이 생긴 경우에 잔류 응력(residual stress)이 발생하는 것, 접촉면적이 크게 됨에 따라 p_0 자체가 작게 되는 것, 소성변형에 따른 변형 경화(硬化)에 기인하여 항복 응력 자체가 크게 되는 것 및 소성변형으로 잔류 응력이 발생하여 같은 하중에 대하여 레일에 발생하는 응력이 탄성영역 내로 자리잡는 것으로 된다. 이 과정을 세이크다운(shakedown)이라 부르며, 레일에 발생하는 응력이 탄성영역 내에 있는 동안은 소성변형이 진행되지 않는다.

상기에 대하여 이해를 쉽게 하기 위하여 **그림 2.1.8**을 참조하여 다시 설명한다.

$$P_{max} = \frac{1.5\,P}{\pi\,a\,b}$$

$$\delta = \lambda \sqrt[3]{\frac{P^2}{SK^2}}$$

$$a = \alpha \sqrt[3]{\frac{PS}{K}}, \qquad b = \beta \sqrt[3]{\frac{PS}{K}}$$

$$S = 4/\left(\frac{1}{R_r} + \frac{1}{R_t} + \frac{1}{R_w}\right)$$

여기서, $$K = \frac{4}{3}\left(\frac{E}{1-m^2}\right) = 2.99\times10^4\ (\text{kgf/mm}^2)$$

P : 윤하중 (kgf)

R_r : 레일 횡단면에서 레일두부 상면의 곡률 반경 (mm)

R_t : 접촉점에서 차륜 반경 (mm)

R_w : 차륜 횡단면에서 차륜 답면의 곡률 반경 (mm)

P_{max} : 접촉부에 생기는 압력의 최대치 (kgf/mm²)

δ : 접촉부의 최대 압축량 (mm)

a : 접촉부(타원)의 장축의 1/2 (mm)

b : 접촉부(타원)의 단축의 1/2 (mm)

E : 강의 영 계수 = 2.1×10^4 kgf/mm²

m : 강의 포아슨 비 = 0.25

그리고, α, β 및 λ는 다음 식으로 결정되는 θ에 관한 정수로서 상기의 **표 2.1.2**에 주어져 있다.

그리고, α, β 및 λ는 다음 식으로 결정되는 θ에 관한 정수로서 상기의 **표 2.1.2**에 주어져 있다.

$$\theta = \cos^{-1}\frac{S}{4}\left(\frac{1}{R_r}+\frac{1}{R_t}-\frac{1}{R_w}\right)$$

상기의 P_{max}를 구하는 식은 최대 압축 응력이 평균 압력의 1.5배로 되는 것을 나타내고 있다. 차륜과 레일 접촉부의 형상은 통상적으로 타원형이며, 레일두부 상면 부근에서는 레일 횡단방향으로 길고, 게이지 코너 부근에서는 레일 길이방향으로 길게 된다.

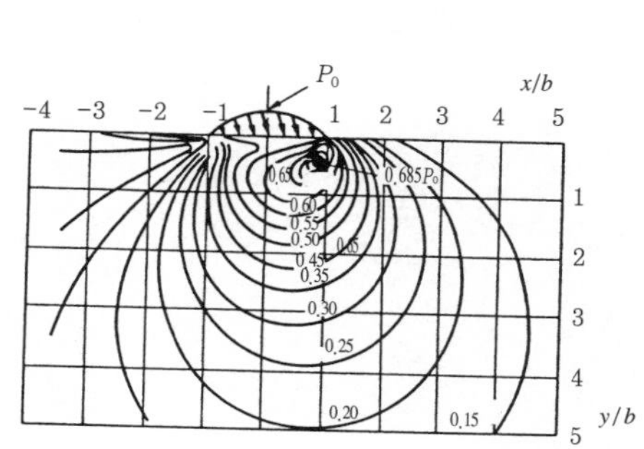

그림 2.1.9 경사접촉 하중으로 생긴 최대 전단
(접선력은 수직력의 1/3)

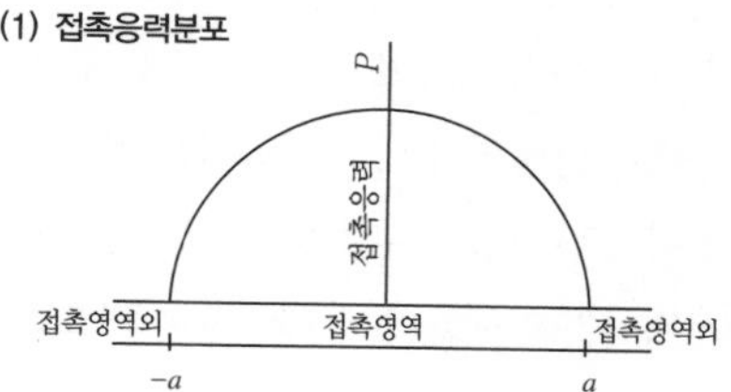

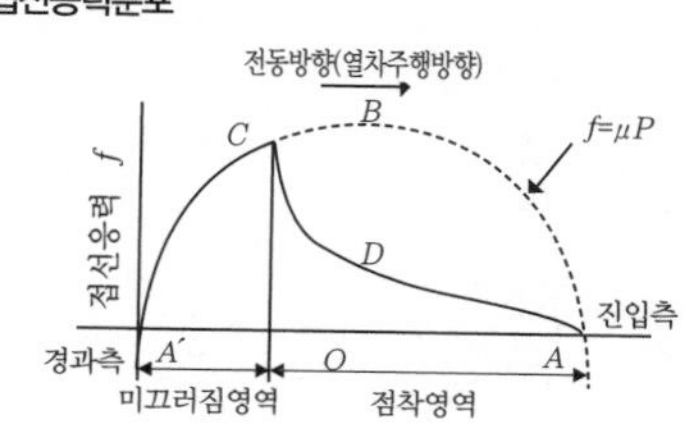

그림 2.1.10 카터의 이론

접촉면 부근의 응력에 대하여는 전단 응력의 최대치가 발생되는 깊이가 접선력이 없는 경우에 0.786 b이며, 접선력과 함께 차차 낮은 위치에서 발생하게 되는 점이 알려져 있다. 이와 같은 계산 예의 하나를 나타낸 것이 **그림 2.1.9**이다. 이 전단 응력은 레일 제작시의 결함과 함께 중하중 철도의 레일두부 내부에서 쉐링을 발생시키는 요인이라고 생각되고 있다.

이 차륜과 레일의 접촉 응력은 100 kgf/m^2{10 MPa} 정도로 극히 큰 값으로 되며, 레일두부 상면 부근에 소성변형을 발생시켜 흠을 발생시켜도 이상하지 않은 값이다. 그래서, 차륜의 설계 시에는 경험적으로 110 kgf/m^2 이하가 바람직하며, 크더라도 120 kgf/m^{2}를 넘지 않도록 하고 있다.

한편, 신품 레일의 두부는 부설 후에 1~3 개월에서 가공 경화되고, 이후 안정된다고 알려져 있으며, 흠의 발생에 관하여는 그 재질에도 따르지만, 그 원인으로 되는 부분이 마모로 제거됨에 따라 흠으로서 성장되지 않는다고 고려되고 있다. 고속선로의 개활지 구간에서 레일두부 상면에 발생하는 쉐링은 정기적으로 레일을 삭정하여 방지할 수 있다고 한다.

(2) 탄성 전동접촉 이론

헤르츠의 이론은 접촉면에서 마찰이 없는 완전 탄성체의 접촉으로 한정되어 있다. 그러나 여기서 쿨롬

(Coulomb) 마찰을 가정하면, 헤르츠의 이론은 마찰계수 $\mu = 0$의 전동접촉(轉動接觸)을 나타내고 있다고 생각된다. 요컨대, 접선 응력을 구하는 이후의 전동접촉 이론의 발전은 이 헤르츠 이론의 제약 ($\mu = 0$)을 어떻게 제거하는가가 과제이었다. 여기서는 이 이론의 선구적인 역할을 수행한 Carter의 2차원 탄성 전동접촉 이론, 그리고 적용범위를 레일과 차륜 모두 3차원으로 확장한 Kalker의 3차원 탄성 전동접촉 이론을 소개한다.

(가) 카터의 이론

연속체의 전동접촉 이론은 시기가 거의 같기는 하였으나(1926년 및 1927년) 카터(Carter, 영국)와 흐롬(Fromm, 독일)이 따로따로 선구적으로 연구하였다. 카터는 레일을 탄성 무한공간, 차륜을 탄성 실린더로 모델화하여 경계조건을 설정한 후에 실린더도 반무한 공간으로 가정하여 이 2차원 반무한 공간문제를 풀었다. 이에 대하여 흐롬은 2개의 탄성 실린더의 전동문제를 반무한 공간문제의 가정으로 설정하지 않고, 2차원 문제로 하여 풀었다. **그림 2.1.10**(1)은 헤르츠의 3차원 접촉 응력 분포의 원점 근처에 대한 응력 분포를 등가길이(等價長)의 개념을 도입하여 구한 2차원 접촉 응력 분포이다. **그림 2.1.10**(2)는 접촉영역의 차륜 진입 측에서 차륜과 레일의 전동방향의 변형이 같고, 더욱이 일정하며(固着 領域), 경과 측에서는 접촉 응력이 이 스트레인을 일정하게 유지하기에는 불충분하게 되어 한계 접선응력($f = \mu p$, f : 접선응력, P : 접촉응력)으로 미끄러지는 것을 나타내고 있다(미끄러짐 응력). 다만, 이 이론은 차륜의 답면 기울기(slope of tread)에 따른 스핀(spin)을 고려할 수 없다.

(나) 칼커(Kalker)의 단순화 이론과 엄밀 이론

칼커의 단순화 이론은 탄성체를 견고한 지반에 결부된 얇은 층으로 생각하고, 그 표면의 어떤 한 점의 변위(變位, displacement)는 같은 지점에 작용하는 힘만의 영향을 받는다고 하는 가정에 근거하고 있다. **그림 2.1.11**에 레일/차륜의 모델을 나타낸다. 이 이론의 특징은 이론이 비교적 간단하며 계산속도가 빠르므로 차량운동 등의 해석에 대한 응용에 적용하고 있다. 다만, 조건에 따라서는 최대 15 % 정도의 오차가 발생하는 것으로 알려지고 있다.

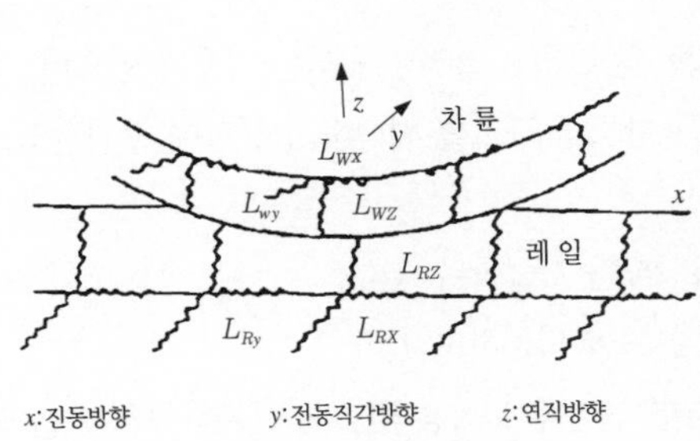

그림 2.1.11 단순화 이론의 레일/차륜 모델

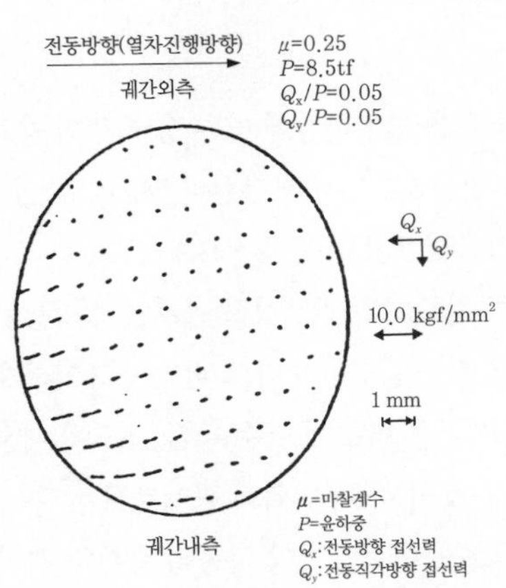

그림 2.1.12 접선 응력 분포 계산 예

칼커의 엄밀 이론은 가상 일의 원리에서 최소 포텐셜 에너지의 원리를 유도하여 이것을 접촉역학에 적용하고, 변분법을 이용하여 이것을 수치 해석하는 것이다. **그림 2.1.12**에서는 이 이론에 의거하여 구축된 프로그램

(CONTACT)를 이용하여 계산한 예를 나타낸다. 이 그림으로부터 레일과 차륜의 접촉영역에서의 접선 응력의 모양을 이해할 수가 있다. 특히 차륜의 답면 기울기에 따른 스핀의 영향이 잘 나타내어져 있다.

(3) 소성변형과 잔류 응력

(가) 세이크다운(shakedown) 이론

탄성 전동접촉 이론이 헤르츠 이론에서의 $\mu = 0$이라고 하는 제한에 도전하였던 것에 대하여, 한편으로 켐브리지대학교 존슨(Johonson) 등은 헤르츠 이론에서 완전 탄성체라고 하는 제약에 도전하여 소성변형을 전동접촉에 도입하였다. 그 접촉 영역은 **그림 2.1.13**과 같이 주어지고 있다. 여기에서는 먼저 세이크다운(shakedown) 이론에 대하여 소개한다.

재료는 반복하여 전동하중을 받고 있는 동안에 현재 작용하고 있는 하중으로 발생되는 응력과 이미 발생되어 있는 잔류 응력의 합 응력으로 된다. 예를 들어, 하중 반복의 초기 단계에서 소성변형이 발생되었다 하더라

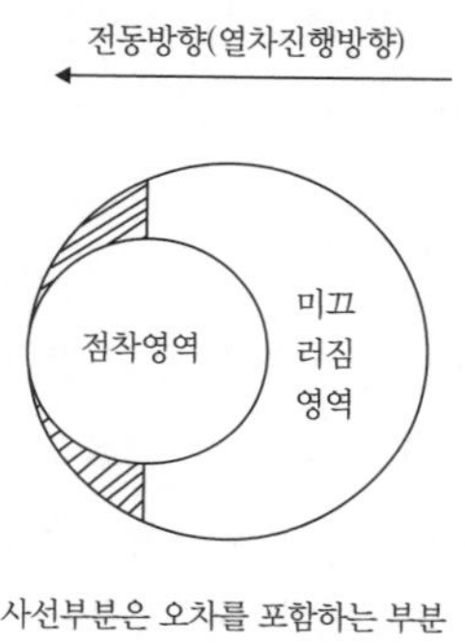

그림 2.1.13 3차원 전동접촉의 접촉영역

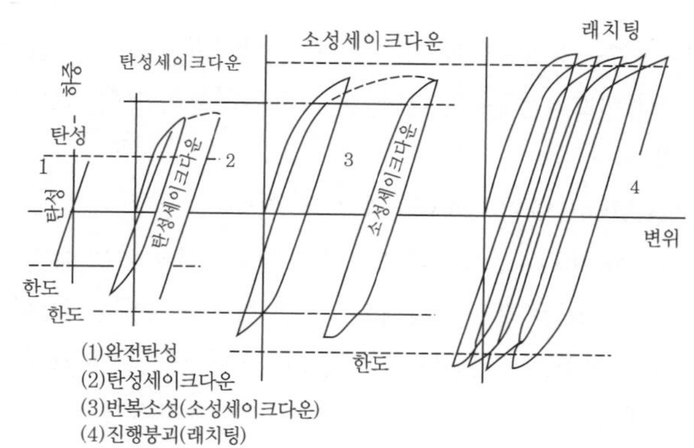

그림 2.1.14 반복하중에 따른 하중/변위 곡선

도 잔류 응력과 하중에 따른 응력의 합 응력이 탄성한도를 넘지 않는 범위에서 일정하게 되는 경우가 있으며, 이것을 세이크다운이라 부른다. 세이크다운 이론은 반복하중을 받는 탄소성 구조를 해석하기 위하여 발전하였으며, 다음의 2점을 큰 특징으로 한다.

① 하중이력에는 직접 관계없이 정상인 응력/스트레인의 반복상태를 기술할 수 있다.

② 탄소성 응력보다도 비교적 용이하게 구해지는 탄성 응력의 분포에 의존하고 있다.

이 이론은 당초에 단순한 틀 구조에 대하여 발전하였지만, 1951년 연속체에 적용되었다. 반복하중을 받는 탄소성 구조의 하중/변위의 관계로서는 다음의 4 상태가 고려된다(**그림 2.1.14** 참조).

1) 완전탄성 : 만약 하중이 충분히 작아 응력이 탄성한도에 결코 이르지 않게 되면, 항상 탄성변형만이 발생한다.

2) 탄성 세이크다운 : 초기 수회의 하중에서 응력이 탄성한도를 넘어도 그 후의 변형은 완전히 탄성적이다. 이 탄성 세이크다운의 상태에 달하는 최대 하중을 세이크다운 한도라고 한다.

3) 소성 세이크다운(반복 소성) : 세이크다운 한도를 넘으므로 소성변형은 계속되지만, 그 소성변형이 닫힌

반복상태로 된다.

4) 진행붕괴(進行崩壞, ratcheting) : 완전 파괴를 향하여 소성변형이 진행한다.

이들의 상태 중에서 소성 세이크다운의 상태에서는 피로에 기인하여, 진행붕괴의 상태에서는 연성(延性)파괴에 기인하여 재료에 손상이 발생하는 것으로 고려된다. 따라서, 반복하중을 받는 구조에서는 세이크다운 한도가 합리적인 설계기준치로 될 수 있다.

전동접촉에서 세이크다운 과정에 영향을 주는 소성변형에는 다음의 3 형태가 있다.

1) 잔류 응력(residual stress) : 어떤 구조가 탄성한도를 넘어 부하된 후에 제하(除荷)될 때 잔류 응력의 발생이 고려된다. 계속하여 부하될 때 그 구조에 발생하는 응력은 잔류 응력과 현재의 하중으로 생긴 것의 합 응력으로 된다. 일반적으로 이와 같은 잔류 응력은 계속하여 발생될지도 모르는 항복을 작게 한다고 하는 의미에서 유효하며, 이 때문에 탄성 세이크다운을 촉진한다.

2) 변형(왜곡) 경화 : 대부분의 재료는 변형(왜곡) 경화하므로 소성변형에 따른 탄성한도는 상승한다.

3) 접촉면 형상 변화 : 소성변화는 두 접촉체의 접촉면 형상이 보다 일치하는(접촉면의 상대 반경이 크게 된다) 방향으로 진행하므로 접촉 응력의 집중을 완화시킨다.

지금까지 기술한 것을 전제로 물리적으로 합리적이며 모순이 없는 항복 응력을 이용하여 전동하중을 받는 접촉체의 응력/변형(왜곡) 상태와 그것이 탄성한도를 넘은 때의 잔류 응력과 소성변형을 구하기 위한 연구가 진행되고 있다. 그리고, 궤도에 부설되어 열차하중을 받은 레일(實使用 레일)에 발생하는 잔류 응력에 대하여, 사용 전은 제조과정에서 레일의 두부상면의 차륜 전동방향에 대한 교정의 정도(程度)에 따르기는 하였으나 약 15.0 kgf/mm²의 인장 잔류 응력이 발생하고 있지만, 사용 후는 열차하중을 받아 약 15.0~20.0 kgf/mm²의 압축 잔류 응력으로 변화한다.

(나) 레일의 잔류 응력(residual stress in rail)

레일은 레일 체결장치를 풀면 레일의 종류나 마모의 정도에 따라서 특징적인 성질이 생기는 것에서 상당한 잔류 응력이 존재하는 것으로 고려되어 왔다. 이것에 관한 저명한 연구로서는 1950년의 Hentennyi와 1963년의 Meier의 연구가 있으며, 1965년의 八十島, 町井의 연구가 있다.

레일의 응력은 전에는 오로지 활하중에 따른 것이 고려되어 잔류 응력이 안전율에 포함되어 왔지만 그 값이 의외로 큰 것이 밝혀지게 되었고, 레일 수명을 산정하는 최근의 계산에서는 12 kgf/mm²를 산입(算入)하고 있다.

레일의 응력은 제조 시에 거의 존재하지 않지만, 바로 잡아 고치는(匡正) 과정에서 레일 두부와 저부 중앙이 인장 응력, 복부와 저부 양단이 압축 응력으로 되며, 열차의 통과와 함께 두부 상면의 응력이 차차 감소되고, 뒤이어 압축 응력에 이르는 경우도 있지만, 레일 복부 내지 저부는 거의 변하지 않는다고 알려져 있다. 담금질(quenching) 레일에서는 당초부터 두부 상반(上半)에 강한 압축 응력이 발생하며, 이것에 대응한 인장 응력이 두부 하부에서 복부 상반까지 발생한다.

또한, KS60 kg/m 레일에 관한 연구 결과, 다음과 같은 것이 밝혀지게 되었다.

① 60 kg/m 레일의 잔류 응력은 50 PS 레일에 비교하여 약 1.7~2.0 배이다.

② 쉐링 흠이 발생한 레일에서 균열 부근만이 큰 압축 잔류 응력이 있고, 균열이 발생한 부분은 시간이 지난 보통 강 레일의 응력과 거의 같은 정도이었다.

③ 신품 레일 용접부의 잔류 응력은 보통강 레일과 반대로 두부 및 저부가 인장이었다.

(4) 레일의 단면 응력

경(輕)레일이지만 궤도구조가 충분히 정비되어 있는 개소에 대형의 기관차가 입선하는 경우에는 레일 단면 내의 변형에 기인하여 레일의 상부필렛과 하부필렛에서 응력이 과대하게 되는 일이 있다.

이와 같은 변형은 타이 플레이트로 레일을 경사 부설하여 차륜과의 접촉점이 **그림 2.1.15** (a)에 나타낸 것처럼 중심 부근에 있다면 문제가 없지만, 연직 부설되어 **그림 2.1.15** (b)와 같이 편심이 생기면 복부에 단면 휨이 생겨 상부필렛에 큰 응력이 발생하며, 게다가 횡압이 가해지면 **그림 2.1.15** (c)와 같이 복부에 S자 모양의 휨이 발생하고 하부필렛에도 큰 응력이 발생한다. 이러한 상, 하부필렛은 재질적으로도 결함이 생기기 쉬운 곳이므로 손상이 발생한다.

이들은 30 및 37 kg/m 레일에 많이 생기므로 N 레일의 설계 시에는 다음과 같이 배려하였다.

① 두부 폭을 줄인다(편심을 작게 한다).

② 두부 두께를 늘린다(국부 변형, 복부의 응력을 줄이고 마모 한도를 크게 한다).

③ 상부의 반경을 크게 한다(응력 집중을 작게 한다).

④ 복부 두께를 늘린다(복부 응력을 줄인다).

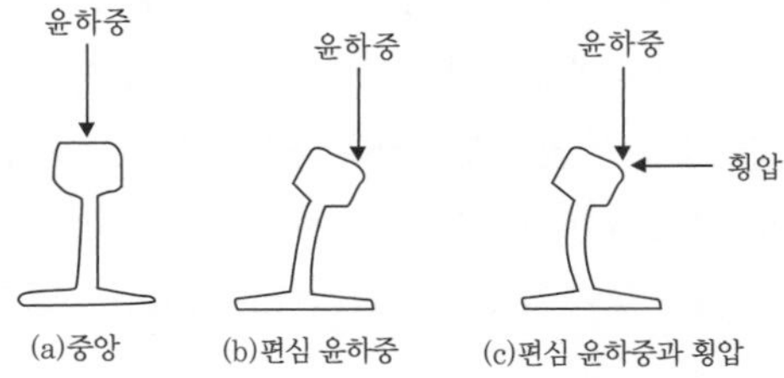

그림 2.1.15 레일의 단면 변형

표 2.1.3 이음매판 체결에 따른 레일복부 응력

레일 종별	복부 인장응력 (kgf/㎟)	체결 토크 (tf·cm)
50N	16.4	5
50PS	20.0	5
37	12.7	2
30	7.2	1.6

복부 응력에 관하여는 이 외에 이음매판의 쐐기 작용으로 체결에 따른 응력이 상당히 크며, 이것은 볼트 구멍 주변의 응력 집중으로 더욱 크게 된다. 이에 따른 인장 응력은 **표 2.1.3**에 나타낸 것과 같다.

(5) 레일의 분석과 일반적인 설계방법

레일은 차량과 직접 접촉하는 궤도 구성요소이므로 특히 안전의 관점에서 궤도시스템의 적절한 기능을 보장하는 것이 대단히 중요하다. 종래의 레일 분석과 설계절차에서 사용되는 기준을 **그림 2.1.16**에 나타낸다. 이 그림에 도해된 것처럼 레일 설계기준은 주로 두 가지 범주로 나누어진다. 구조적 강도기준은 차륜–레일 접촉응력과 레일 휨 응력을 포함한다. 구조적 강도기준들을 충족시키기 위해서는 적절한 구조적 성능과 운영적 성능을 보장하도록 특정한 레일단면에 대한 내구성 요구조건이 충분히 충족되어야한다. 설계엔지니어는 궤도가 겪을 수 있

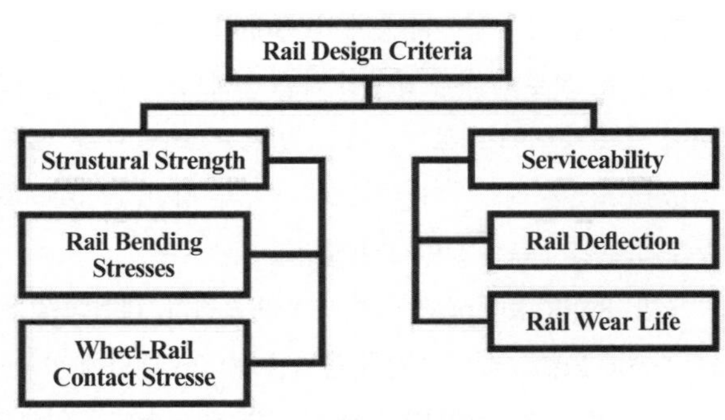

그림 2.1.16 권고된 레일설계기준

는 실제 운영조건에 관하여 깊이 이해하고 있는 것이 중요하다.

2.1.5 레일강의 성질

(1) 탄소강(炭素鋼)

(가) 종류와 용도

탄소강이란 주로 탄소만으로 강도를 제어한 강(鋼, steel)의 총칭이며, 탄소 함유량에 따라 극저(極低)탄소강(0.08 %C 이하), 저(低)탄소강(0.08~0.30 %C), 중(中)탄소강(0.30~0.50 %C) 및 고(高)탄소강(0.50~0.80 %C)으로 분류된다. 레일강은 고탄소강(high-carbon steel)에 속한다. 용도가 가장 널리 대량으로 사용되고 있는 것은 저탄소강이며, 저탄소강은 강도가 낮아서 구조용 부재로서의 용도는 좁지만, 연신성(延伸性)이 우수하므로 박판(薄板)이나 선재(線材)로서 사용되고 있다. 중 · 고탄소강은 강도의 상승과 함께 내마모성이 향상되는 한편, 용접성이 저하하기 때문에 일반적으로는 용접을 그다지 필요로 하지 않는 대상에 사용된다.

탄소강의 기본적인 상태변화(狀態變化)로서 **그림 2.1.17**에 철-탄소계(鐵-炭素系) 합금의 평형 상태도를 나타낸다. 순철(純鐵)에는 α, γ, δ의 세 개의 상태가 있지만, 이들은 어느 것도 탄소를 고용(固溶)하여 α고용체(α固溶體; 페라이트, ferrite), γ 고용체(오스테나이트, austenite), δ고용체를 만든다. α고용체에서 탄소의 용해도(溶解度)는 727 ℃의 P점의 경우에 최대 약 0.02 %, 상온에서는 약 0.008 %이다. γ 고용체는 1,148 ℃의 E점에서 최대 탄소용해도 약 2 %, δ고용체는 1,495 ℃의 H점에서 최대 산소용해도를 가져 약 0.1 %이다.

순철의 융점(融點) 1,538 ℃는 탄소량의 증가에 따라 점차 온도가 내려간다. GS선은 냉각에 즈음하여 오스

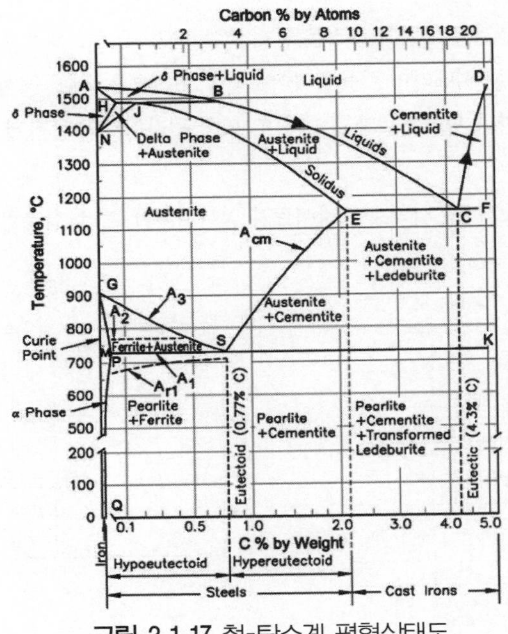

그림 2.1.17 철-탄소계 평형상태도

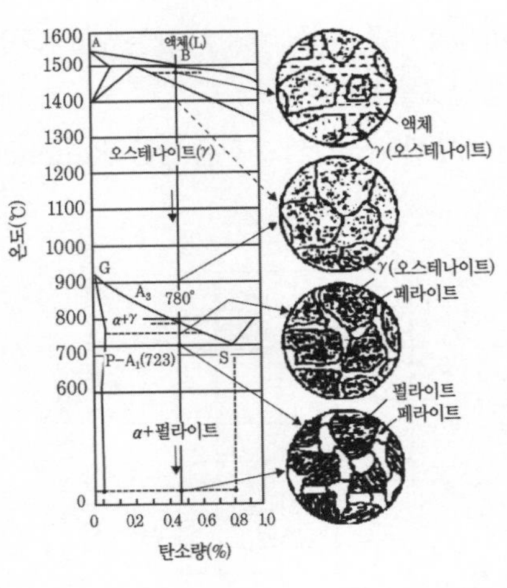

그림 2.1.18 0.45 %C 탄소강의 서냉 중의 현미경조직의 변화

테나이트에서 페라이트를 석출(析出)하기 시작하는 온도를 나타내는 선으로 A_3선, ES선은 냉각에 즈음하여 오스테나이트에서 Fe_3C(시멘타이트, cementite)를 석출하기 시작하는 온도를 나타내는 선으로 A_{cm}선이라 부른다. A_3선은 탄소량과 함께 온도가 내려가, 수평선 PSK가 나타내는 공석(共析)반응이 생긴다[0.80 %C 오스테나이트(S점) → 페라이트(P점) + Fe_3C (K)].

지금, 0.45 %C의 탄소강을 융액에서 실온으로 서냉하였을 때, 그 냉각중의 조직변화를 도시하면 **그림 2.1.18**로 된다. 약 1500 ℃에서 응고가 시작되고, 약 1450 ℃에서 응고가 완료되어 오스테나이트 조직으로 된다. 그 후 약 780 ℃에서 A_3에 달하며, 여기에서 오스테나이트가 분해를 시작하고, 결정립계에 페라이트를 석출하기 시작한다. 이것을 초석(初析) 페라이트라 한다. 더욱 온도가 내려가면 오스테나이트 결정립의 주위에 페라이트 결정의 망상(網狀)이 생긴다. 오스테나이트는 초석 페라이트를 석출하면서 그 탄소량은 GS선을 따라 증가하고, 723 ℃에서는 0.8 %의 공석 성분으로 된다. 그리고 그 온도에서 나머지의 오스테나이트는 동시에 펄라이트(pearlite)로 변태한다. 따라서, 0.45 %C 탄소강의 실온에서의 조직은 부식하면 검은 층상(層狀) 펄라이트의 주변에 흰 페라이트립(粒)이 망상(網狀) 조직으로 된다.

이와 같은 조직은 서냉되어 탄소가 입계(粒界)에 있는 페라이트에서 충분히 확산되기 위한 시간이 주어진 때에 형성되는 것이며, 열처리나 용접 등과 같이 상당히 빠른 냉각조건에서는 이와 같이 완전한 확산은 불가능하며, 서냉의 경우와는 다른 조직으로 된다. 강의 열처리나 용접시에 여러 가지 조건에서 연속적으로 냉각되는 과정에서의 변태의 거동을 조사하기 위한 변태도(變態圖)를 연속냉각(連續冷却)변태도(CCT圖)라 한다. 상술의 조직 외에 중간단계 조직(베이나이트, bainite)이나 마텐자이트(martensite)와 같은 경화(硬化)조직이 생기는 냉각속도 범위, 온도, 조직의 비율, 경도 등이 나타내어지고 있다.

(나) 야금적 성질

탄소강의 성질은 주로 탄소 함유량으로 결정된다. 서냉된 탄소강의 조직은 공석점(共析點 ; 0.80 %C) 이하에서는 페라이트 + 펄라이트 혼합조직, 공석점 이상에서는 시멘타이트 + 펄라이트 혼합조직으로 된다. 공석점 이하의 아공석강(亞共析鋼)에는 탄소 함유량의 증가에 따라 펄라이트가 증가하며, 또한 펄라이트의 증가에 따라 강도를 늘린다.

서냉된 탄소강의 조직은 담금질(quenching, 燒入) 조직으로서의 마텐자이트가 얻어지지만, 탄소 함유량의

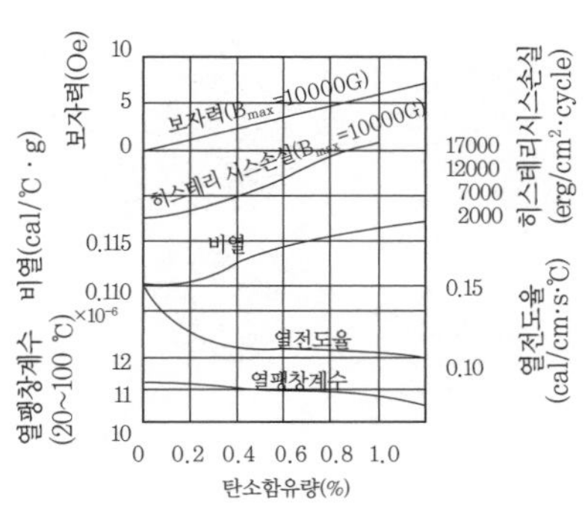

그림 2.1.19 탄소함유량과 물리적 성질의 관계

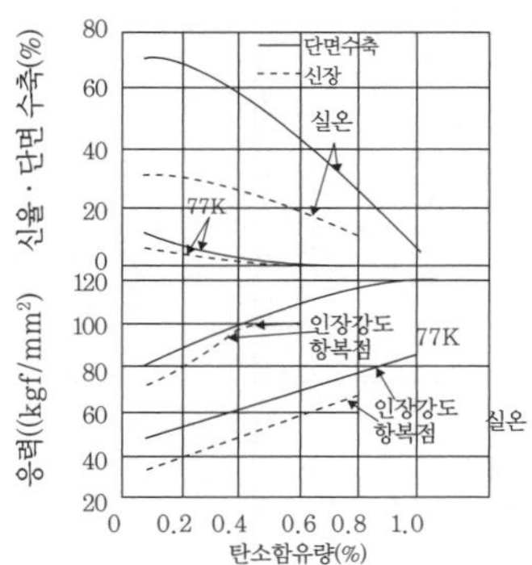

그림 2.1.20 탄소함유량과 기계적 성질의 관계(불림)

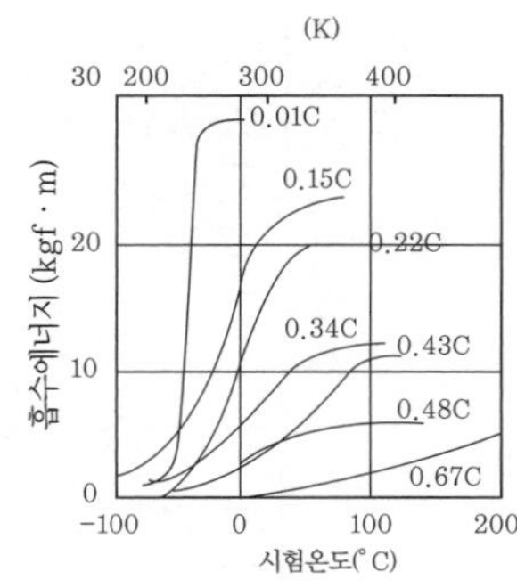

그림 2.1.21 탄소함유량과 천이곡선의 관계(2 mm V 샤르피)

증가에 따라서 그 생성온도가 저하한다. 또한, 그 형태는 괴상(塊狀)에서 침상(針狀)으로 변화한다. 고탄소강에서는 냉각속도가 작아도 경화할 위험성이 증대하는 점에 주의가 필요하다.

(다) 물리적 · 기계적 성질

탄소강의 대부분은 압연된 대로 불림(노멀라이징, normalizing) 또는 풀림(annealing, 燒鈍) 상태로 공급된다. 불림 상태에서의 물리적 성질과 탄소 함유량의 관계를 **그림 2.1.19**에 나타낸다. 열전도율이 탄소 함류량의 증가에 따라 급격히 감소하는 외에는 어느 것도 완만한 변화를 나타낸다. **그림 2.1.20**에 기계적 성질과 탄소 함유량의 관계를 나타낸다. 탄소 함유량의 증가에 대하여 인장강도, 항복점이 비례적으로 증대하고, 신율, 단면 수축은 감소한다. 또한, **그림 2.1.21**에 충격 특성과 탄소 함유량의 관계를 나타낸다. 탄소 함유량의 증가에 대하여 천이(遷移)온도가 고온 측으로 이행됨과 함께 흡수 에너지가 급속히 저하한다.

(2) 레일강에 요구되는 여러 성질

레일강에 요구되는 성질은 상당히 큰 하중부하에 견디면서, 그것도 부설현장의 풍우에 저항하면서 장년에 걸쳐 될 수 있는 한 부설 당시의 형상을 유지하여야만 한다. 또한, 용접 등 고온에 노출되는 일이 많으므로 온도에 대한 성질도 중요하다. 이들의 여러 성질은 내마모성, 내접촉피로성, 용접성 등으로 분류된다. 더욱이, 최근의 레일 중량화에 따라서 차륜의 접촉 응력 이외의 응력은 일반적으로 작게 되어 있지만, 레일강의 기본적인 성질로서 내피로성 혹은 내충격성 등을 고려하여 두는 것이 필요하다. 요구되는 이들의 성질은 상호간에 모순되는 것이므로 전체로서의 조화를 충분히 고려하여야 한다. 이들 요소의 비교 검토에는 다수의 인자가 관계하기 때문에 그 기구가 아직 충분히 밝혀지지 않고 있으므로 부설시의 금속 재료적 혹은 역학적 검토 등도 물론 중요하지만, 그 후의 사용상태에 대해서의 추적조사가 필요 불가결하게 된다.

(가) 내마모성(耐磨耗性, wear resistivity)

내마모성으로서 레일강에 요구되는 성질을 사용조건과 관련지어 고려하여 보자. 마모의 기구는 충분히 밝혀지지 않고 있지만, 정성적으로는 상호간에 접촉하는 강의 접촉압력과 미끄러짐 량이 영향을 주는 것은 예를 들어 곡선의 외궤(外軌) 레일의 마모가 큰 것에서도 분명하다. 레일두부의 측면과 차륜 플랜지의 접촉압력은 단순한 탄성계산에서는 대단히 커서 200 kgf/mm^2 정도로 되는 것도 있다. 미끄러짐 량도 수 %의 정도로 된다고 생각된다. 또한, 마모에는 부식의 영향이 크다고도 하며, 영국에서는 레일의 마모 진행과 사용환경(공업지대, 전원지대)의 사이에 부식의 영향이 있다고 하는 측정 데이터도 있다.

일반적으로 레일의 마모는 강도, 경도 및 금속조직 등에 따라 좌우된다고 한다. 그 때문에 열처리 또는 합금 성분의 첨가 등이 행하여지고 있다. 우리 나라는 열처리 방식을 채용하고 있으며, 브리넬 경도 HB 260 표준의 보통 레일을 열처리하여 HB 321에서 375까지 증가시키고 있다. 독일에서는 내마모성을 올리기 위하여 인장강도를 70 kgf/mm^{2}에서 90 kgf/mm^{2}까지 향상하고 있다. 그러나 마모는 복잡한 현상이어서 타이어와 레일의 강도를 함께 증가시키는 것으로 개선된다고는 할 수 없다. 타이어와 레일의 탄소량을 함께 증가시킨 경우보다도 타이어의 탄소량이 레일보다 많은 경우에 양자의 마모량은 오히려 감소한다는 시험보고도 있다[3].

또한, 기름을 이용한 윤활은 타이어와 레일강끼리의 금속접촉을 부드럽게 하므로 마모를 감소시키기 위해서는 효과가 있는 처치이다. 그러나 이것도 차량운전의 점착에 문제가 생길 가능성, 혹은 레일두부의 손상 등을 야기하는 일도 있으므로 주의하여야 한다.

(나) 내접촉 피로성(耐接觸疲勞性, contact fatigue resistivity)

레일과 차륜의 접촉부에는 과대한 집중하중이 부하되며, 이 때문에 손상이 발생되는 일이 있다. 이것은 특히 응력이 크게 되는 레일의 게이지 코너(gauge corner, face)에 많다. 또한, 두부상면을 기점으로 하는 손상도 발생한다. 이들의 손상에 대하여 비교적 원인이 판명되고 있는 것은 레일강 내에 손상 기점으로 되는 듯한 비금속 개재물이 인지되는 경우 혹은 수소의 함유량이 많은 경우 등이다. 따라서, 레일강의 제조 시에는 이들의 유해한 수소 또는 개재물이 발생하지 않게 주의하도록 하고 있다. 이들의 수단을 시행하여도 새로 발생하는 손상이 있어, 이것에 대한 여러 가지 연구가 진행되고 있다. 이와 같은 현상은 마모와 마찬가지로 물 등의 표면환경이 관계하며, 역학적으로 과대한 응력이, 또한 미끄러짐 등에 기인한 발열도 영향을 주는 등, 검토하여야 할 점이 많이 남아 있다. 또한, 레일 이외에 운전이나 차량의 조건 등에 대하여도 검토가 필요하다.

(다) 용접성(鎔接性, weldability resistivity)

레일의 용접성은 앞으로 장대레일의 연장이 늘어남과 함께 더욱 중요한 특성으로 될 것이다. 한정된 궤도보수 작업시간, 궤도건설 공기 등에서 될 수 있는 한, 단시간의 용접시공이 바람직하다. 용접능률은 용접방법, 용접작업 형태 등에 영향을 받지만, 이들을 기초로 하여 레일의 용접성은 중요한 요인으로 된다. 용접성이란 재료의 접합성과 사용성능을 포함하여 넓은 의미로 해석되는 개념이다. 접합의 용이는 모재 및 용접금속의 열적 성질, 용접결함(균열, 슬래그 존재 등)의 발생 상태, 용접방법 등에 좌우된다. 또한 사용성능은 접합한 용접의 모재 및 용접금속의 기계적 성질(연성, 인성 등), 마무리 형상 등으로 결정된다.

레일은 고탄소강(高炭素鋼, high carbon steel)이므로 저탄소의 연강(軟鋼, mild steel)과 비교하여 용접열 때문에 경화하기 쉽고, 연성이 부족한 조직이 생기기 쉽다. 이것을 방지하기 위하여 상당히 정성들인 예열, 후열을 요하는 것이 많고, 레일의 용접시간이 길어지고 있다. 또한, 레일강은 용접균열 등의 발생경향도 현저하다. 따라서, 레일의 용접에는 신중한 작업이 필요하게 된다. 이상과 같이 레일은 다량으로 사용되고 있는 강 중에서 용접이 어려운 강종이지만, 용접방법에 대하여 많은 검토를 하여 작업능률의 향상이 진행되고 있다.

(3) 레일강의 성분과 기계적 성질

(가) 보통레일

레일(rail)은 가장 중요한 요소(要素)인 탄소(炭素, carbon, C)외에, 규소(硅素, silicon, Si), 망간(manganese, Mn), 인(燐, phosphorus, P), 유황(硫黃, sulphur, S)의 5 원소가 규격화되어 있다. 규소는 제강 과정에서 탈산제로서 사용되지만, 이 량의 증가는 연성(延性)의 저하를 초래하기 때문에 한도가 설정되어 있다. 망간은 유황의 탈산제로서, 또한 기계적 성질을 개선하는 원소로서 사용된다. 인은 신율과 충격 치를 저하시키고, 유황은 열간 취성(熱間 脆性, brittleness)이 생기게 하므로 불순물 원소로서 상한 치가 정해져 있다. 또한, 기계적 성질에서는 강도를 나타내는 대표치로서의 인장강도, 연성을 나타내는 신율 등이 규격화되어 있다. 우리 나라와 여러 외국에서 사용하고 있는 레일의 화학성분과 기계적 성질을 **표 2.1.4**에 나타내며 KR60 레일은 KS60 레일과 같다. **표 2.1.5**는 60K 레일의 화학성분, **표 2.1.6**은 60K 레일의 기계적 성질을 나타낸다.

(나) 두부 전단면 열처리 레일

열처리 레일(heat hardened rail)은 급곡선의 내마모용으로 사용되어 왔다. 종래의 열처리 레일은 고주파 유도(誘導)가열 또는 가스화염(火焰) 가열후, 물담금질(水燒入)-템퍼링(tempering, 燒戾) 처리를 시행한 것

표 2.1.4 각국에서의 레일의 화학성분 및 기계적 성질

레일강			화학성분(%) C	Si	Mn	P	S	Cr	V	기계적 성질 인장강도 R_M(N/㎟)	연신율 A_S %	경도 HB
K S	30 kg/m		0.50~0.70	0.10~0.35	0.60~0.95	0.045이하	0.050이하			≧690	≧9	
	37 kg/m		0.55~0.70									
	50 kg/m		0.60~0.75							≧710	≧8	
	50N 및 60 kg/m		0.63~0.75	0.15~0.30	0.70~1.10	0.035이하	0.025이하			≧800	≧10	
경부 고속철도	UIC 60 (60E1)	용강 분석치	0.68~0.80	0.15~0.58	0.70~1.20	0.025이하	0.008~0.025	≦0.15	≧0.03	≧880	≧10	260~300
		제품 분석치	0.65~0.82	0.13~0.60	0.65~1.25	0.030이하	0.008~0.030					
* UIC	내마모 품질	900A급	0.60~0.800.	0.10~0.50	0.80~1.30	≦0.040	≦0.040			≧880~≧1030	≧10	
		900B급	55~0.75	0.10~0.50	1.30~1.70	≦0.040	≦0.040					
	표준 품질	700급	0.40~0.60	0.05~0.35	0.80~1.25	≦0.050	≦0.050			680~830	≧14	
** BS 11 1978	표준 품질		0.045~0.60	0.05~0.50	0.95~1.25	≦0.050	≦0.050			≧710	≧9	
	내마모 품질	A급	0.65~0.78	0.05~0.50	0.80~1.30	≦0.050	≦0.050			≧880	≧8	
		B급	0.50~0.70	0.05~0.50	1.30~1.70	≦0.050	≦0.050			≧880	≧8	
*** AREA 내마모품질	90-114 lbs/yd		0.67~0.80	0.10~0.50	0.70~1.00	≦0.035	≦0.037	≦0.20				≧248
	115 lbs/yd		0.72~0.82	0.10~0.50	0.80~1.10	≦0.035	≦0.037	≦0.20				≧269
	개정된 표준		0.74~0.82	0.25~0.50	0.90~1.25	≦0.030	≦0.030	≦0.20				≧300
일본	LD		0.60~0.75	0.10~0.30	0.70~1.10	≦0.035	≦0.040				≧8 (50 N이하) ≧10(60 레일)	
고내마모 품질	티센 THS 11		0.60~0.80	≦0.90	1.80~1.30	≦0.030	≦0.030	0.70~1.20	≧2.20	≧1080	≧9	≧321
	티센 THS 12		0.70~0.80	0.80~1.20	0.80~1.30	≦0.030	0.030	0.80~1.20	≧0.20	≧1200	≧8	≧360

* 국제철도협회에서 발표한 한계 값 (1986. 7. 1)　** 영국철도에서 발표한 한계 값 (1978)　*** 미국철도기술협회에서 발표한 한계 값 (1983)

주) KR60 레일은 KS60 레일과 동일

표 2.1.5 60K 레일의 화학성분

단위 : %

레일기호	탄소 (C)	규소 (Si)	망간 (Mn)	인 (P)	황 (S)	크롬 (Cr)	바나듐 (V)	알루미늄 (Al)	질소 (N)	산소 (O)	수소 (H)
60K	0.68~0.80	0.15~0.58	0.70~1.20	0.025 이하	0.025 이하	–	–	–	–	–	–
60K-HH340	0.72~0.82	0.10~0.55	0.70~1.10	0.030 이하	0.020 이하	0.20 이하	*0.03 이하	–	–	–	–
60K-HH370		0.10~0.65	0.80~1.20			0.25 이하					

(비고) *는 필요에 따라 첨가한다.

표 2.1.6 60K 레일의 기계적 성질

종류	인장강도 (N/㎟)	연신율 (%)	경도 (HBW) (주행면 중심선에서)	머리부분 표면경도 브리넬 경도(HB)	머리부분 표면경도 쇼어경도 (HSC)	단면경화층의 경도 비커스경도(HV) 게이지코너 (A점)	단면경화층의 경도 비커스경도(HV) 머리부의 중심선(B점)
60K	880이상	10이상	–	260~300	–	–	–
60K-HH340	1,080이상	8이상	–	–	47~53	311이상	311이상
60K-HH370	1,130이상				49~56	331이상	331이상

(비고) 가로 단면 경화층의 경도분포는 레일의 표면에서 내부로 완만히 저하되고 급격한 변화 및 불연속이 없어야 한다. 또, 비커스경도 410HV 이상인 부분이 없어야 한다.

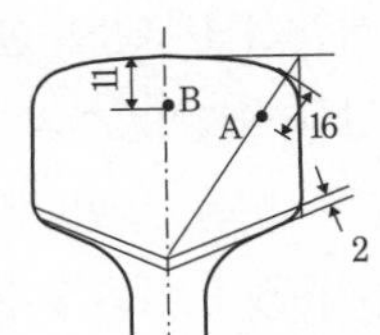

치수단위 mm

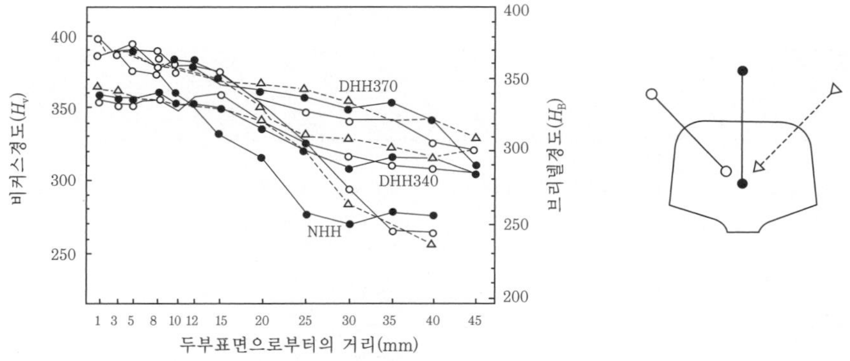

그림 2.1.22 열처리 레일의 두부단면 경화의 분포 예

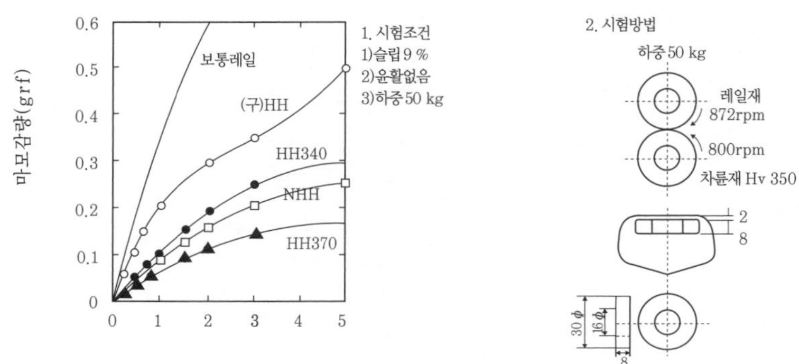

그림 2.1.23 열처리 레일의 마모시험 결과의 예

항목	규격치
정상경화부	100±10 mm
열처리심도	b:15~30 mm,*a, c:10 mm 이하
체감부	40 mm 이하
연화부	20 mm 이하
표면경도	쇼아경도(Hs)48±3
단면경도	비커스경도(Hv)48±3
기타	단면에 있어서의 경도는 내부로 향하여 완만하게 체감되어 있을 것

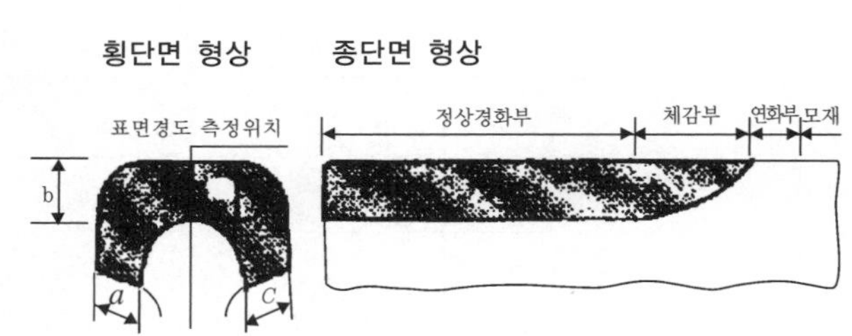

그림 2.1.24 두부 끝 열처리 레일 규격 치의 예

(구HH레일)과 강제 공냉(强制 空冷)으로 완속(緩速) 담금질(slack quenching) 처리를 한 것 (NHH레일)이 있지만, 최근에 압연 직후 레일의 보유 열을 이용하여 인라인(inline)에서 강제 공냉으로 완속 담금질 처리한 레일(HH레일)이 실용화되고 있다. **표 2.1.5~2.1.6**에 HH레일의 화학성분, 두부상부 표면의 경도(硬度), 단면 경화 층(硬化層)의 경도를 나타낸다. 보통레일에 비하여 탄소 함유량이 증가하고, 합금성분으로서 크롬(Cr; chrome), 또한 필요에 따라서 바나듐(V; vanadium)이 포함된다. 두부상부 표면의 경도로서 브리넬 경도 340 및 370의 2 수준이 규격화되며, 쇼어 경도는 **표 2.1.6**과 같다. HH 340과 HH 370 레일은 **그림 2.1.22**에 나타낸 것처럼, 종래의 열처리 레일에 비하여 깊은 열처리 경화 층을 갖고 있다. 이 경화 층의 조직은 펄라이

트이다. 또한, **그림 2.1.23**은 각종 레일의 마모시험 결과의 예이다.

한편, 일반 철도의 곡선부에는 레일의 마모를 방지하기 위하여 열처리레일을 사용하고 있으며, 그 기준은 선로유지관리지침에서 다음의 곡선구간에 대해 선구의 중요도, 누적 통과 톤수, 마모 등을 감안하여 열처리 레일을 우선 적용하고, 내측 레일에도 필요성, 경제성을 검토하여 사용할 수 있도록 규정하고 있다. 곡선반경 501 이상 800 m 미만의 외측레일의 경우는 HH340 경두레일을 적용하고, 곡선반경 500 m 이하의 외측 레일과 분기부는 HH370 경두레일을 적용한다(**표 2.1.5 ~ 2.1.6** 참조)

(다) 두부 끝(端頭部) 열처리 레일

두부 끝 열처리 레일은 레일 이음매부의 국부 처짐이나 박리 등의 방지대책으로서 사용되고 있으며[7], 레일 끝의 두부를 고주파 유도 가열, 혹은 가스 화염 가열 후, 강제 공냉으로 완속(緩速) 담금질(slack quenching) 처리를 한 것이다. 규격의 대략 치를 **그림 2.1.24**에 나타낸다. 소재로서는 보통 레일을 이용하며, 경화 층의 조직은 미세 펄라이트이지만 표면 경도는 쇼어 경도 48 ± 3이며, 상술의 HH340 레일의 경도보다도 약간 낮다.

(4) 레일의 시험

레일은 중요한 궤도재료이기 때문에 일반적으로 제조 시에 다음의 각종 시험을 하여 품질을 확보하고 있다.

① 인장 시험 ② 하중 시험 ③ 파단면 시험
④ 굴곡 시험 ⑤ 경도 시험 ⑥ 마모 시험
⑦ 부식 시험 ⑧ 현미경 시험

한편, 경부고속철도용 레일의 주요 시험 항목은 다음과 같다(상세는 《고속선로의 관리》[267] 참조).

① 화학성분 분석시험 ② 인장 시험 ③ 경도 시험
④ 형상 및 치수 시험 ⑤ 초음파 탐상 시험 ⑥ 현미경 조직시험
⑦ 레일 저부의 잔류 응력 시험 ⑧ 설퍼 프린트 시험

2.1.6 레일의 제조법

레일 등 강제의 제조공정은 **그림 2.1.25**에 나타낸 것과 같다. 순서에 따라 내용을 설명한다.

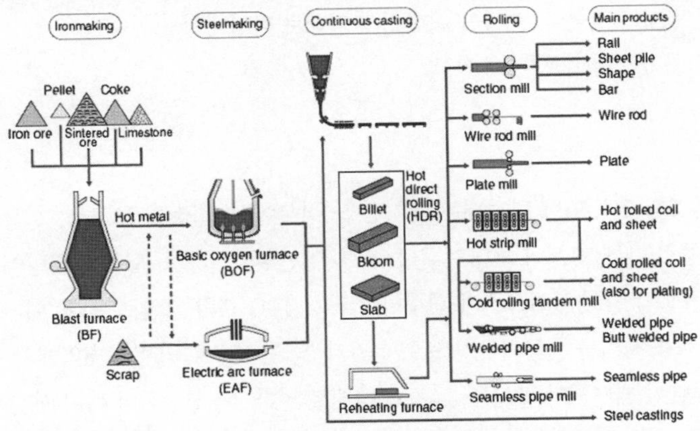

그림 2.1.25 원료, 제선, 제강, 분괴압연 공정도

(1) 원료

세계 각지의 철광산에서 채굴된 철광석은 분광(粉鑛), 미분광(微粉鑛), 괴광(塊鑛)이라고 하는 형으로 제철소로 운반된다. 고로(高爐)에서의 작용을 원활하게 하기 위하여 철광석은 어떤 소정의 크기로 입자가 고루 섞이게 할 필요가 있으므로 이하의 처리를 한다. 즉, 먼저 전체의 70~80 %를 점하는 분광에 대하여는 입자의 크기가 평균 2~3 mm이므로 소결(燒結)공장에서 분말 코크스와 석회를 혼합하고 1,300~1,400 ℃로 소결하여 고로 원료로서 바람직한 5~50 mm의 입자로 한다. 이것을 소결광(燒結鑛)이라 부른다. 다음에 10~20 %를 점하는 미분광에 대하여는 그 크기가 0.1 mm 이하로 작고 함유하는 철분이 적으므로 불순물을 제거하여 철분 64 % 정도로 하고, 여기에 물과 바인더를 혼합하여 1,200~1,300 ℃의 온도로 소결하여 10~15 mm 크기의 펠릿(pellet)이라 부르는 원료로 한다.

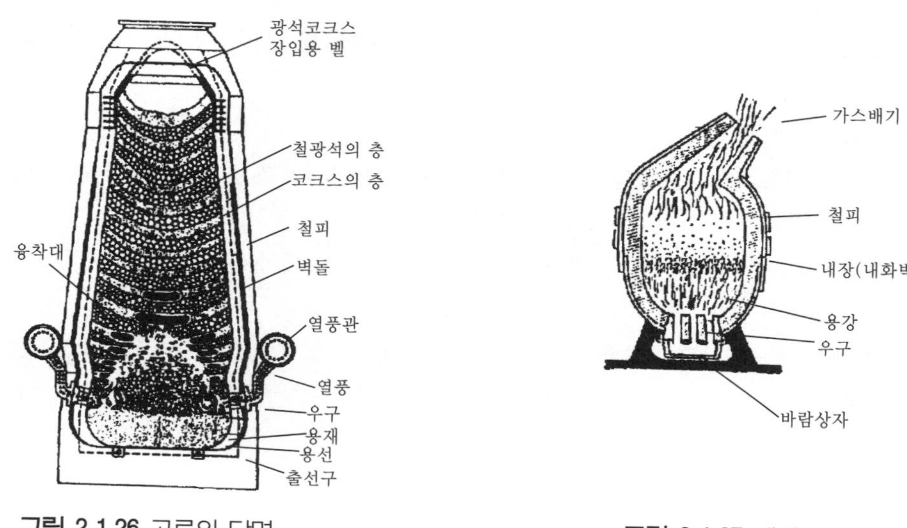

그림 2.1.26 고로의 단면

그림 2.1.27 베세마 전로

(2) 고로(高爐)

그림 2.1.26에 고로의 단면을 나타내지만, 고로의 일은 말할 필요도 없이 원료의 산화철을 환원하여 선철(銑鐵, pig iron)을 만들어 내는 것이다. 이것을 화학식의 일례로 나타내면

$$FeO + CO \rightarrow Fe + CO_2$$

로 된다. 먼저, 원료는 **그림 2.1.26**에 나타내는 것처럼 노 상부에서 철광석, 코크스, 철광석과 교호로 층상으로 장입된다. 다음에, 열풍로(熱風爐)에서 보내져 온 1,200 ℃ 전후의 열풍이 고로의 하방에 있는 우구(羽口)로 불려 들어가면 우구 부근에 꽉 차있던 코크스가 연소하여 약 2,400 ℃의 고열로 된다. 이 때 발생하는 고온의 CO 가스가 철광석과 코크스층 사이를 통하여 상방으로 올라가, 약 1,000 ℃의 온도대역에서 가스에 의하여 철과 결합되어 있는 산소의 태반이 제거되어 반용융(半鎔融) 상태로 된다. 이 철광석이 녹기 시작하는 부분을 융착대(融着帶)라 하며, **그림 2.1.26**에 나타낸 것처럼 된다. 더욱 온도가 올라가면 융착대는 완전히 용해하여 그 하방에 가

득 차 있는 코크스의 입자 사이를 빠져나가 빗방울처럼 낙하하여 선철과 슬래그로 나뉘어 노 저부에 모인다.

슬래그는 광석중의 불순물인 맥석(脈石)과 철광석에 섞여 있는 석회가 뜨거워져 1,000 ℃ 이상으로 되었을 때에 화합하여 만들어지므로 녹은 선철과 마찬가지로 코크스의 입자 사이를 흘러내리면서 저부에 고여 있는 선철의 상부에 뜬 상태로 고인다. 이것은 선철의 비중이 7 정도인 것에 비하여 슬래그의 비중이 3.5로 가볍기 때문에 선철과 슬래그를 따로따로 끄집어내기에 좋은 형편이다.

더욱이, 철광석이 노 상부에서 투입되어 환원, 용융되어 저부에 고이기까지 걸리는 시간은 약 6~7 시간 정도이다. 또한, 고로는 그 능력, 생산성이 점차 향상되고, 노내 용적(爐內容積)과 출선비(出銑比 ; 고로의 내용적(內容積) 1 m^3당의 1일의 출선량(出銑量)으로서 tf/m^3으로 나타낸다)도 대폭으로 향상되고 있다.

(3) 제강

고로에서 제조된 선철(銑鐵)은 4 % 남짓한 탄소 외에 불순물이 상당히 함유되어 있어 이것을 강(鋼, steel)으로 바꾸기 위해서는 다음이 필요하다.

① 철(鐵, iron)의 원소와 화합되어 있는 탄소를 산화 반응으로 분리하여 소정의 레벨까지 선철 중의 탄소 함유량을 낮춘다.

② 탄소 이외의 불량 성분을 강으로부터 제거한다.

더욱이, 선철의 경우에 1,200 ℃ 전후가 융점이지만, 이보다 순도가 높은 강은 융점이 올라가 1,500 ℃ 전후로 되기 때문에 이 융점을 유지할 수 없으면 순도가 높아짐에 따라 굳어 버리는 것으로 된다. 현재의 제강법은 순산소 상취 전로(純酸素上吹轉爐, LD 전로라고도 한다)를 이용한 방법이 주류이지만, 이것에 도달하기까지에는 실로 여러 가지 제강법이 개발되어 왔으므로 이하에 약간 설명한다.

(가) 단조법(鍛造法)

흙 안에 굴을 파고, 또는 내화성 점토로 노를 축조하여 철광석과 목탄을 교호로 포개 쌓아, 목탄을 태워 1,000 ℃ 전후의 낮은 온도로 철광석중의 산화철을 환원한다. 이 방법은 예전에 사용하였던 방법이다. 환원이 끝나고 노 바닥의 구멍을 열면 맨 처음 탄소 분이 많은 선철이 용융 상태로 추출되고, 다음에 탄소 분이 적은 점성이 있는 철이 나온다. 전자는 주철용으로 이용되지만, 후자는 불리어서 불순물을 제거하여 무기나 농경용구, 목수용구로 사용하였다.

(나) 반사로(反射爐)와 퍼들로(Puddle 爐)

반사로는 화상(火床)에서 석탄을 태워 그 불길의 복사열로 선철을 용해하고, 화염의 산소와의 반응으로 선철 중의 탄소를 제거하여 끈기가 있는 철을 만들어 내는 것이다. 강을 녹일 정도의 고온이 얻어질 수 없기 때문에 사람이 노의 옆 구멍으로 철봉을 집어넣고 휘저어(paddling) 반응의 촉진을 꾀하는 개량이 이루어진 것이 퍼들로이다.

(다) 베세마 전로(酸性空氣 低吹轉爐)

베세마 전로는 **그림 2.1.27**에 나타낸 것처럼 노 바닥에서 공기를 불어넣어 공기 중에 함유되어 있는 산소와 용선(鎔銑) 중의 탄소 등과의 반응으로 탄소나 불순물을 제거하여 정련하는 방법이다. 외부에서 열을 가하지 않고 공기중의 산소 등과의 반응열을 이용하여 강의 융점온도를 확보하며, 더욱이 탄소, 망간, 규소 등을 동시에 제거하여 강을 만드는 획기적인 방법이었다.

(라) 토마스 전로(鹽基性 轉爐)

토마스 전로는 베세마 전로와 마찬가지로 공기를 노 바닥에서 불어넣는 방법이지만 양자의 차이는 노의 안쪽에 붙인 내화벽돌에 있다. 베세마 전로의 경우에 벽돌은 규석 등을 주성분으로 하는 산성의 내화재가 사용되어, 용강 중에 함유되어 있는 인의 성분을 충분히 제거할 수가 없고, 뛰어난 강을 얻을 수가 없었다. 토마스는 도로마이트(dolomite)를 주성분으로 하는 튼튼한 염기성 벽돌을 개발하여 인 제거 효과가 높은 것에 성공하였다. 이것이 토마스 전로의 원리이다.

(마) 평로(平爐, open hearth)

이 노는 **그림 2.1.28**과 같은 단면을 갖는 노이다. 그 특징은 연소후의 배기가스로 공기와 연료를 예열하여 고온을 얻도록 하는 점이며, 노 저부의 좌우에 축열실(蓄熱室)을 설치하여 연소효율을 높이고 있다.

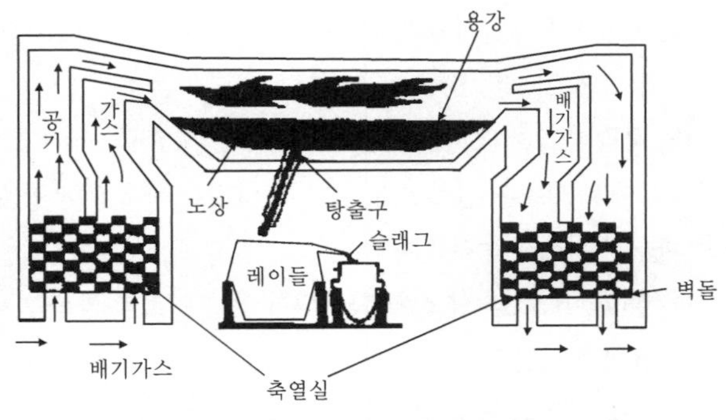

그림 2.1.28 평로

즉, 조업의 방식은 먼저 노의 한 쪽의 버너로 노를 가열한 후의 배기가스를 반대쪽의 축열실로 이끌어 축열실을 가열하고, 다음에 그 안에 연료가스를 통하여 예열한 후 연소시켜 차례로 좌우의 축열실을 교환하여 사용하면 항상 일정하게 높은 열을 얻을 수가 있다. 이것이 평로의 원리이며, 완성 후는 저취(底吹) 전로법을 누르고, 순산소 상취 전로가 보급되기 시작하기까지의 동안에 제강법의 주류를 점한 방법이었다.

(바) 전기로(電氣爐)

전기로는 **그림 2.1.29**에 나타낸 것처럼 전극간에 고전압을 걸어 아크를 발생시켜 그 열로 강을 용해하는 아크식의 것이 대표적인 유형이다. 전기로는 극히 정정한 강을 만들 수가 있으므로 고급 강의 제조용으로 잘 이용되고 있다.

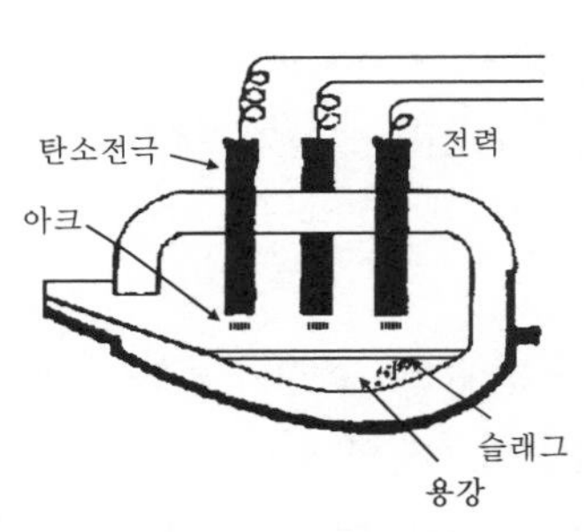

그림 2.1.29 아크식 전기로

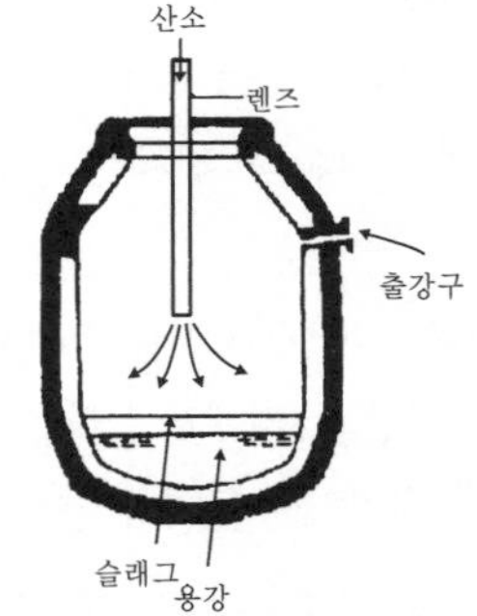

그림 2.1.30 순산소 상취 전로

(사) 순산소 상취 전로(純酸素上吹轉爐, basic oxygen furnace, BOF, LD법)

이 노의 별명인 LD법은 오스트리아에 있는 개발 공장의 소재지명 Linz & Donawitz의 두문자를 취한 것이다. 베세마 전로나 토마스 전로에서는 공기 중에 함유된 산소 성분이 약 20 %이며, 나머지의 질소는 반응에 무관계하다.

그래서 공기 대신에 순산소를 불어넣는다면, 훨씬 높은 열이 얻어져 정련의 효과가 오르는 것은 아닌가하는 발상에서 개발된 것이 LD법이다. **그림 2.1.30**에 전로의 단면, **그림 2.1.31**에 조업 공정을 각각 나타내지만, 이 방법은 선철을 노안으로 장입 후에 노의 상부에서 노 안으로 란스(lance, 鋼管)를 내려서 고압으로 순산소를 강하게 내뿜는 것(이것을 吹錬이라 한다)이며, 이에 따라 용선(鎔銑)에 함유되어 있는 탄소, 규소, 망간, 인 등의 사이에 격렬한 산화 반응이 발생하여 용선의 온도는 1,600 ℃를 넘는 고온으로 높아져 20분이 채 못되는 취련(吹錬)으로 용선 중에 4～5 % 함유되어 있던 탄소 성분은 1 % 이하로 감소된다.

취련이 끝나면, 용강의 온도를 측정하고 성분을 분석하여 출강(出鋼)하게 되지만, 그 도중에 헤로실리콘, 헤로망간 등을 가한다. 이것은 강의 강도를 내기 위하여 일정량이 들어 있는 것이 필요한 규소나 망간이 취련 시에 산화반응으로 일제히 제거되어 버리므로 이들을 필요량까지 돌리기 위한 성분조정과 용강 중에 녹아들어 있어 강이 굳을 때 내부에서 기포로 되는 등 재질을 나쁘게 하는 산소를 제거하는 탈산(脫酸)을 위한 것이다.

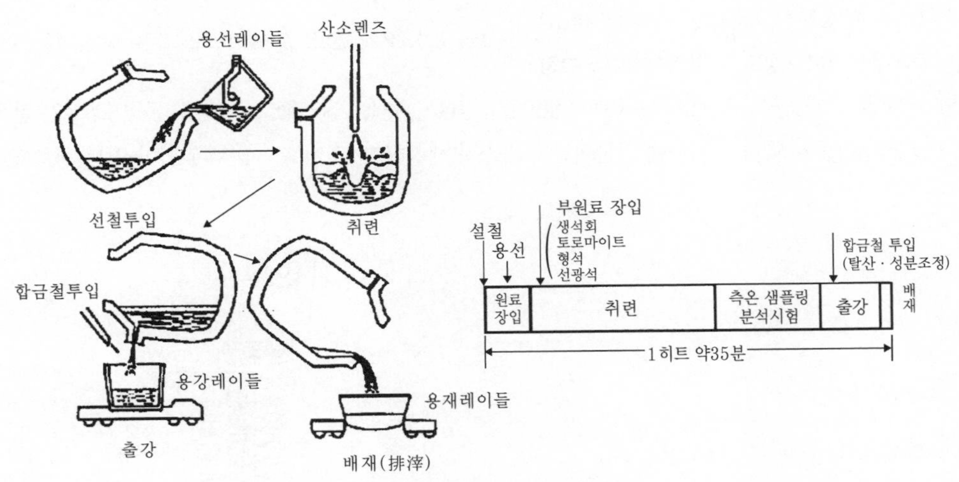

그림 2.1.31 전로 조업 공정

표 2.1.7 평로와 전로, 전기로의 성능 비교

		평로	전로	전기로
노내 용적(爐內容積)[톤/차지]		100～200	200～300	60～100
생산성	1일당 차지수 [차지]	4～6	30～60	8～13
	1일당 생산량 [톤] (배율)	400～1,200 (1)	6,000～10,000 (10)	400～1,000 (1)
스크랩(scrap, 屑鐵) 배합율 [%]		30～100	0～30	100
연료		중유, 코크스, 노 가스	산소	전력
외부연료 소비량[만kcal/톤] (배율)		60 (1)	9 (1/6)	160 (3)
설비 건설비 배율		1	1/2	1/4

용선의 장입에서 출강까지의 소요 시간은 전체가 겨우 35분 정도이며, 1기에서 하루에 35~40차지(전로 1기에서 1회마다의 제강 프로세스를 1차지라 부른다)의 용강이 만들어지므로 용량 200~300 tf의 전로에서는 1일 6,000~10,000 tf의 대량의 용강이 제조된다. **표 2.1.7**에 평로와 전로, 전기로의 성능 비교를 나타내지만, 순산소 상취 전로는 평로에 비하여 10배, 외부 에너지 소비량이 1/6, 건설비가 1/2로 되는 등, 성능이 발군으로 뛰어나고 있다.

(4) 강편(鋼片, bloom)의 제조

강편의 제작에는 조괴(造塊)의 방법과 연속주조(連續鑄造, continuous casting, **그림 2.1.25**에서 세 번째 공정)의 방법이 있다. 조괴법(造塊法, ingot casting)은 먼저 출강된 용강을 레이들(ladle)에 넣어 주형(鑄型, ingot case)에 주입하는 것으로 시작된다. 주입된 용강은 응고하지만, 결과로서 완성된 강괴(鋼塊, steel ingot)는 출강 도중에서 탈산 정도의 강약에 따라 **그림 2.1.32**에 나타낸 것처럼 림드강(rimmed 鋼), 세미킬드강(semi-killed 鋼), 킬드강(killed 鋼)으로 분류된다. 림드강은 탈산의 정도가 약하기 때문에 일산화탄소 가스가 생성하여 그 기포가 내부에 남아 있는 채로 고결되므

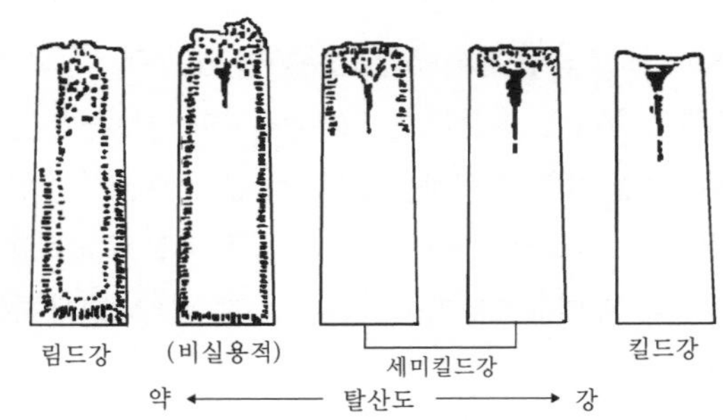

그림 2.1.32 탈산도(脫酸度)에 따른 강괴 상황의 변화

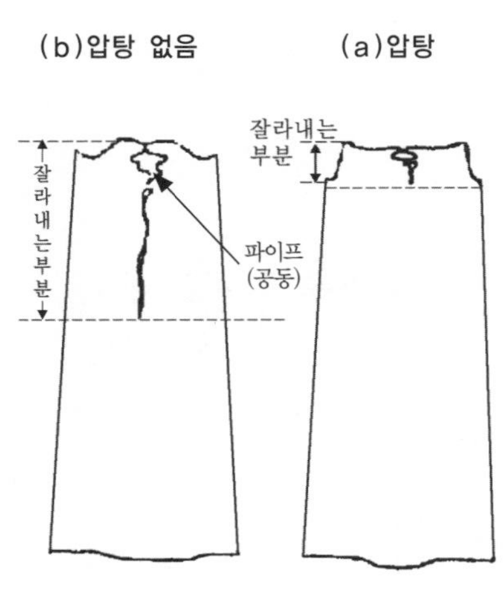

그림 2.1.33 킬드강의 강괴 단면

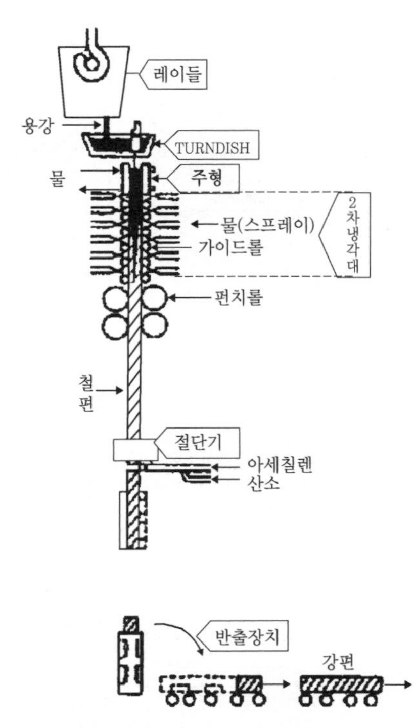

그림 2.1.34 연속주조 프로세스 그림

로 용강이 굳을 때에 생기는 약 10 %의 체적 수축이 이것으로 커버되어 큰 공동이 생기지 않는다. 따라서, 원료에 대한 제품 비율이 대단히 좋은 강괴로 된다.

한편, 탈산의 정도가 강한 킬드강은 균일하고 기포가 없는 고급 강으로 되지만 고결할 때에 일어나는 체적의 수축으로 인하여 최후로 응고하는 강괴 상부에 파이프(pipe, 收縮管)이라 부르는 큰 공동이 생긴다. 이 공동의 주변은 농후하게 편석(偏析)하고, 비금속 개재물이 주위에 모여 있으므로 잘라내어야 하며, 원료에 대한 제품 비율이 나쁘게 된다. 이 마이너스를 될 수 있는 한, 작게 하기 위하여 압탕(押湯)이라고 하는 방법이 취해진다. 즉, 주형 상부에 압탕 틀이라고 하는 보온성이 강한 재료의 틀을 장치하여 강괴 상부의 용강의 냉각을 억제하고 상부에는 보온 물질을 덮어 응결을 늦춘다(이것을 hot-top이라 한다). 이렇게 하면 **그림 2.1.33**에 나타낸 것처럼 파이프 발생의 위치가 상부로 옮겨지어 파이프의 크기가 작게 되어 끊어내는 량이 감소된다.

세미킬드강은 **그림 2.1.32**에 나타낸 것처럼 킬드강보다 탈산의 정도를 약하게 하여, 강 중에 기포를 조금만 발생시켜 파이프 발생의 정도를 억제한 것이며, N레일의 제작에 사용된다. 자세히 말하면, N레일은 수냉(水冷) 킬드 강괴(세미 킬드 강괴)로 제조되지만, 여기서 수냉이란 주형 주입의 완료 시에 그 상면에 주수(注水)하여 강제 냉각으로 상층만 응고시킴으로써 표층 당김을 막고, 강괴 상부(top)에 상당하는 부분에 어느 정도의 편석 층과 2차 파이프를 형성하는 조괴법이다.

이와 같이 제조된 강괴는 내부가 완전히 응고된 후에 가급적 고온일 동안에 균열로(均熱爐)에 장입하여 다음의 압연작업에 적합한 온도라고 하는 1,200~1,300 ℃ 정도까지 균일하게 가열한다. 가열한 강괴는 분괴 압연기(分塊壓延機)의 2개의 롤러에 집어넣어 서서히 소정의 단면을 가진 블룸(鋼片)으로 마무리한다. 이것을 분괴 압연이라 하며, 강괴 중의 수축 관, 기포 등을 압착하여 주조 조직을 파괴하여 균등한 재질로 개선함과 동시에 다음의 압연공장에서 가공하기 쉬운 작은 형상의 블룸을 제조하는 것을 목적으로 한다. 더욱이, 블룸의 냉각은 레일재에 대하여 서냉되는 점에서 이것을 control cooling이라 부르지만, 서냉으로 강 중에 함유된 수소를 충분히 방출시켜 횡렬(橫裂)의 원인으로 되는 셔터(shutter) 균열을 방지하기 위하여 시행한다.

한편, 연속 주조법(連續鑄造法, CC법)은 **그림 2.1.34**에 나타낸 것처럼 용강을 굳히면서 즉시 블룸(鋼片)으로 마무리하는 새로운 프로세스로서 원료에 대한 제품 비율의 향상, 에너지 절약, 생력화 등, 제조공정의 합리화와 생산의 효율화에서 큰 효과를 얻을 수 있으므로 급속히 보급되고 있는 방법이다.

우리나라에서는 레일압연에 이용되는 블룸의 제조에서 1982년 12월부터 CC법을 채택하여 조괴법(1978~1985)과 혼용하여 오다가 1986년 1월부터 전생산량이 이 CC법을 이용하고 있다. CC법에 따른 냉각은 내부에 냉각수를 순환시키는 구조로 되어 있는 주형으로, 먼저 표면에서 20 mm 정도의 두께까지 굳히며, 잇따라 가이드 롤과 스프레이 주수(注水)장치가 갖추어진 2차 냉각대에서 내부까지 완전히 굳힌다. 주형은 강편의 단면을 가지고 있으므로 굳어진 강편을 핀치 롤로 뽑아 절단장치로 소정의 길이로 절단한다.

(5) 압연

이와 같이 완성된 상온의 블룸을 레일압연 공장으로 운반하여, 압연하기에 적정한 온도로 균일하고 능률이 좋게 가열하기 위하여 가열로(加熱爐)에 장입하고 약 1,320 ℃로 가열하여 연속적으로 추출한다. 추출된 블룸은 즉시 열간 용삭기(熱間溶削機, post-scarfer)로 1~2 mm 정도 4면(面) 용삭하여 표면결함을 제거한 후에 일련의 압연기로 이송한다. 열간 용삭이란 산소를 블룸 표면에 고속으로 세차게 불어 그 고열과 운동 에너지로 표면의 흠을 처리하고 탈탄층(탄소가 연소로 없어져 연약하게 된 표층)을 제거하여 표면을 깔끔하게 마무리하는 작업이다.

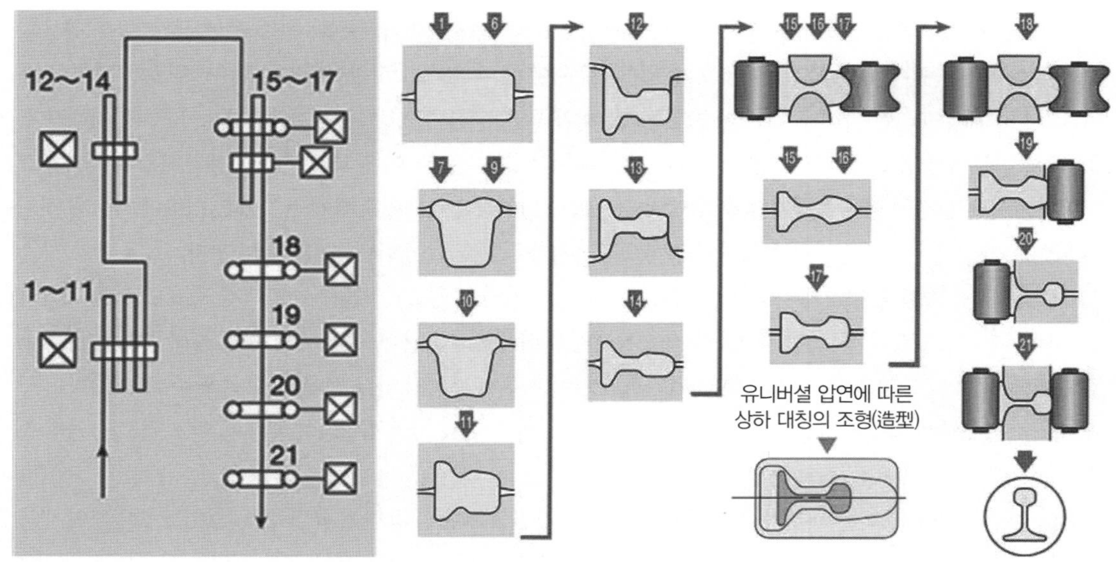

그림 2.1.35 레일제조 흐름도의 일례

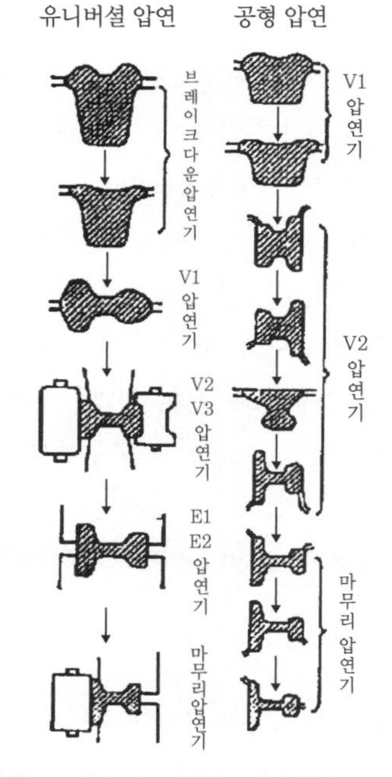

그림 2.1.36 레일압연의 공형(孔型)

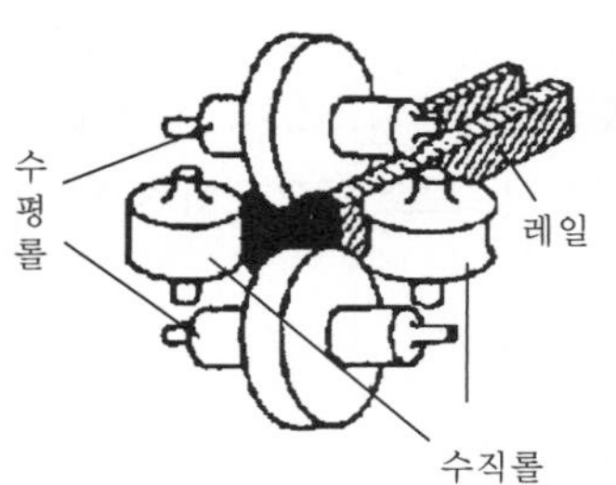

그림 2.1.37 유니버셜 밀

그림 2.1.35에 레일압연 공장의 제조 공정도를 나타내지만, 압연법에는 칼리버법(kaliber法)과 유니버셜법(universal法)이 있다. **그림 2.1.36**은 2개의 방법을 비교한 것으로 칼리버법은 상하 2개 롤(roll)의 공형(孔型, kaliber or pass)으로 압연하는 것에 대하여 유니버셜법은 **그림 2.1.37**에 나타낸 것처럼 상하 2개의 수평 롤 외에 이것에 계속하여 종(縱) 롤을 장치하여 4개의 롤로 하나의 공형(孔型)을 형성하여 압연하는 것이다. 이 압연법은 종래의 칼리버법에 비하여 레일의 두부, 저부의 압연 효과가 크고, 단면의 정밀도가 향상될 수 있는 등의 장점이 있다.

2.1.7 레일의 사용과 가공

레일의 사용기준은 주행하는 차량의 하중, 속도, 빈도(수송량) 등을 고려하여 구분된다. 철도의 건설기준에 관한 규정에서는 레일의 중량을 설계속도가 $V > 120$ km/h일 경우에 본선은 60 kg/m, 측선은 50 kg/m 이상, $V \leq 120$ km/h의 본선과 측선에서는 50 kg/m 이상으로 하는 것을 원칙으로 하되, 열차의 통과톤수, 축중 및 속도 등을 고려하여 다르게 조정할 수 있도록 정하고 있다(제2.1.1(2)항 참조). 고속철도에서 이용하는 UIC60(60E1)레일의 주요제원과 품질 기준은 **표 2.1.8**과 같다.

표 2.1.8 고속철도용 레일의 기술규격 및 품질기준

구분	항목		규격 및 기준
주요 제원	중량(kg/m)		60.34
	단면적(cm^2)		78.86
	높이(mm)		172
	두부폭(mm)		72
	저부폭(mm)		150
소재 시험	인장 시험	인장강도(N/mm^2)	880 이상
		신율(%)	10 이상
	브리넬 경도		HB 260~300
	잔류 응력(N/mm^2)		250 이하
	기타 시험		실시
완제품 치수 검사	높이(mm)		±0.6
	두부폭(mm)		+1.0 −0.5
	저부 폭 및 저부 양측의 폭(mm)		±1.0
	두부 형상(mm)		+0.6 −0.3
	길이(mm) (25 m 기준)		+10 −3
	저부 평탄도		0.3 이하
	직각 절단 차		0.5 이하

(1) 레일 교환의 기준

레일 교환(交換, rail renewal, re-railing)은 당연한 것이지만 그 기능을 충분히 수행할 수 없게 되었을 때에 행하는 것이 바람직하기는 하나, 그 기능에 따라서는 마모한도(磨耗限度)와 같이 운전보안의 면에서 한도

가 명백한 것도 있지만 물리적 현상이 아직 충분히 해명되지 않은 것도 많다. 다만, 물리적 현상이 충분히 해명되지 않았어도 지금까지의 경험과 이론적인 검토에 의거하여 실무적으로 여러 가지의 교환기준 등이 정하여져 왔다. 또한, 한편에서는 아직 충분히 성능을 유지하고 있는 레일도 궤도보수의 총 경비를 될 수 있는 한 적게 할 목적으로 교환이 진행되는 경우도 있어 반드시 물리적 기능의 면에서만 행하여진다는 뜻은 아니다. 그렇지만, 여기서는 교환기준으로 되어 있는 물리적 현상에 대하여 기술한다.

(가) 마모(磨耗, wear)

레일 마모에 대하여, 직선에서는 차륜이 레일 위를 대단히 작은 미끄러짐 율(차량의 주행속도에 대한 레일과 차륜의 접촉점에 대한 상대속도의 비)로 굴러 나아가고 있기 때문에 마모량이 대단히 작아서 실무 상으로는 문제로 되지 않는다. 그러나, 곡선에서는 레일이 통상으로 고정 축거(固定軸距)를 가진 차륜을 안내하기 때문에 특히 외궤 레일두부의 측부와 차륜 플랜지가 큰 접촉압력 하에서 큰 미끄러짐 율(率)로 미끄러지면서 나아가게 되어 마모량이 대단히 크다. 마모에 따른 교환기준은 레일두부의 단면감소에 따른 응력 증대 및 차륜 플랜지와 최대 마모높이의 관계에 따른 탈선을 방지하기 위하여 정해지고 있다.

(나) 파상 마모(波狀磨耗, corrugation, undulatory wear)

파상 마모는 유럽에서 오랫동안 연구되어 왔다. 지금까지의 연구성과를 개괄하면, 그 형성에는 파장을 결정하는 메커니즘과 레일두부 상면에 마모 혹은 소성변형에 따라 요철(凹凸)을 형성함과 동시에 그것을 진행시키는 메커니즘이 존재하는 점이 지적되고 있다. 이하에 그들의 요점을 기술한다.

파장(波長) 결정 메커니즘은 궤도지지 스프링 위에서 차량 스프링 하 질량(spring 下 質量, un-sprung mass)에 의존하는 고유진동, 윤축의 휨 진동, 윤축의 비틀림 진동 등의 자려(自勵)진동이라고 고려되고 있다. 요철을 형성하여 그것을 진행시켜 가는 메커니즘은 레일/차륜간의 레일 길이방향의 미끄러짐에 따른 오목부의 마모, 레일 단면방향 혹은 길이방향의 비교적 고주파인 공진에 따른 오목부의 마모, 윤하중 변동에 따른 오목부의 소성변형 등이라고 고려되고 있다. 어느 것으로 하여도 실제의 파상 마모는 단일의 원인 혹은 메커니즘으로 발생하지 않고, 상술한 영향 인자의 몇 개가 조합되어 발생하는 것이라고 생각된다. 또한, 파장결정 메커니즘인 자려 진동을 일으키는 계기의 하나는 이음매부를 포함하여 레일이 이미 갖고 있는 요철이라고 생각되고 있다.

(다) 부식(腐蝕, corrosion)

레일은 부식에 따라 부식 피트(pit)라 불려지는 작은 오목부가 생기기 때문에 현저하게 피로강도가 저하된다. 최근에는 적절한 보수관리로 부식에 따른 레일의 손상이 감소되고 있지만, 부식이 심한 터널의 레일은 항상 주의할 필요가 있다. 한편, 부식을 방지하기 위한 내식(耐蝕) 레일 혹은 내식용의 도료 등의 연구가 진행되고 있다.

(라) 전식(電蝕, electrolytic corrosion, electric erosion)

직류전철(電鐵)구간에서 레일의 전위(電位)가 항상 소정 이상의 정 전위(正電位)로 되어 물 등의 부식환경이 수반되면 레일에 전식이 발생한다. 이것은 레일이 정전위로 물에 접하면 그 부분의 철이 이온으로 되어 유출됨에 따라 급격히 단면이 감소되고, 부식처럼 피트라 불려지는 작은 오목부가 생기든지, 혹은 이 단면감소 부분에서 손상이 발생되는 것도 있다.

(마) 피로(疲勞, fatigue)

레일의 피로란 열차하중의 반복에 따른 소성변형(plastic deformation)이 누적되어 균열이 발생하고 진전하는 과정이다. 이 균열이 최종적으로 레일의 기능을 잃어버린 시점을 손상(failure)이라 한다. 이 과정을 지배하는 요인은 레일의 재질, 작용하는 하중에 따라 발생하는 응력 레벨과 그 반복 수, 더욱이 응력과의 관계가 깊은 레일표면의 부식 등이 있다. 구체적인 피로균열과 그 발생개소에 대하여 이전에는 보통 이음매부의 볼트구멍에서의 파단(破斷)이 상당한 분을 점하였지만, 현재는 레일 용접부의 피로와 레일두부 상면의 전동(轉動)접촉 피로인 레일 쉐링(shelling)이 그 대부분을 점한다.

표 2.1.9 외국의 레일 교환주기

철도별	레일 종별	갱환 누적 통과 톤수
프랑스 국철	UIC60 레일	5~6억 톤
독일 국철	S49 레일	1.5~2.0억 톤
	S54 레일	2.5~3.5억 톤
	UIC60 레일	4.5억 톤
구소련 국철	P50 레일	3.5억 톤
	P65 레일	5.5 (8.3)억 톤
	P75 레일	6.0억 톤

( )내는 열처리 레일

표 2.1.10 국철의 레일 갱환 기준과 주기

레일 종별	갱환 기준			
	레일두부 최대 마모높이 (mm)		마모부식으로 인한 단면적 감소 (%) [2004.12월 삭제]	
	일반의 경우	편 마모	본선	측선
60레일	13	15	24	-
50N, 50PS	12	13	18	22
50ARA-A	9	13	16	20
37ASCE	7	12	16	20
30ASCE	7	6	14	18

지금까지 외국에서 레일 피로교환의 기준은 **표 2.1.9**와 같다. 한편, 우리나라는 레일 갱환 기준을 **표 2.1.10**과 같이 정하고 있으며(현재, 마모부식으로 인한 단면적 감소는 적용하지 않음), 그 외에 균열, 심한 파상마모 등으로 열차운전상 위험하다고 인정되는 경우에 교환하도록 하고 있다. 본선 직선구간에서 누적 통과 톤수에 따른 레일수명은 60 kg/m 레일은 6억 톤, 50 kg/m 레일은 5억 톤이다. 다만 레일 부설초기부터 주기적인 레일 연마를 시행할 경우에는 레일수명을 연장할 수 있다.

(2) 중계(中繼)레일(junction rail, compromise rail, taper rail)

다음으로, 레일은 사용 시에 여러 가지의 가공이 시행되는 경우가 있지만, 포인트용 S레일, 중계레일 혹은 열처리 레일 등 중에서 특히 중계레일에 대하여 설명한다. 레일을 중량화하는 경우 등에서는 다른 단면의 레일을 접합할 필요가 생긴다. 측선의 경우는 이형(異形)이음매판을 사용하는 경우도 있지만, 중계레일을 사용하는 것을 원칙으로 하고 있다. 중계레일이란 1 개 레일의 양단을 각각 접합하는 레일과 같은 모양의 단면으로 가공한 것이며, 국철에서는 이음매레일이라고도 한다[38]. 제조방법은 일반적으로는 단면이 큰 쪽의 레일을 사용하며, 국철의 각종 중계레일[91]의 경우, 단조(鍛造)하여 편측 5000 mm를 작은 단면으로 가공하고 있다. 그리고, 단면변화 부분은 50PS-50N(109 mm)을 제외한 모든 중계레일이 150 mm이며, 통상 레일 저부에서 변화시킨다.

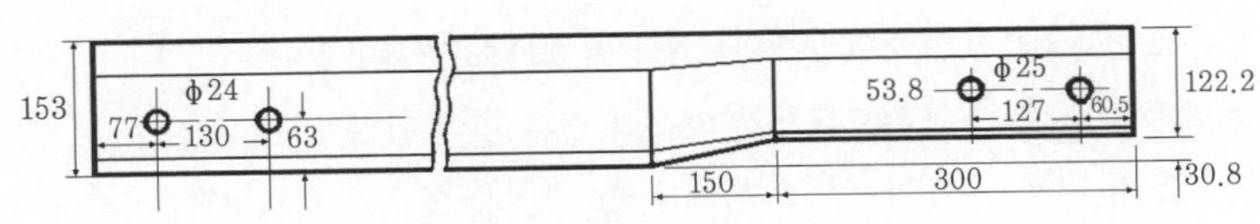

그림 2.1.38 중계 레일(50N - 37 kg/m) (단위 mm)

2.2 레일 용접

2.2.1 레일의 용접과 장대레일 궤도의 실현

(1) 레일 용접(鎔接, welding)의 개요

레일 용접에는 레일의 장대화(長大化)를 위한 용접, 크로싱이나 레일 답면 손상부의 수선 용접, 망간 크로싱과 보통 크로싱의 용접, 레일본드의 용접 등이 있다. 레일 용접에 이용되는 용접방법으로는 레일 장대화에 이용되는 플래시 버트 용접, 가스압접, 엔크로즈 아크 용접 및 테르밋 용접의 4 종류, 공전 상(空轉傷)의 보수에 이용되는 가스 용사(溶射) 육성(肉盛), 기타의 보수용접 및 망간 크로싱과 레일의 용접에 이용되는 피복(被覆) 아크 용접, 또한 레일본드에 이용되는 납땜이 있다. 이하에서는 대표적인 레일 용접으로서 레일 장대화를 위한 용접방법과 그들의 품질관리에 대하여 기술한다.

정척 레일을 장대화함에 따라 레일 이음매부에서의 충격, 진동이 발본적으로 해소되어 궤도 보수비의 절감, 소음의 감소, 승차감의 향상 등, 현저한 이점이 있기 때문에 장대화가 추진되어 왔다. 우리 나라에서 장대레일의 제작은 통상적으로 25 m의 정척 레일(향후 고속철도는 50 m로 계획)을 레일센터(예를 들어, 오송궤도기지)에서 300 m로, 또는 일반 철도의 경우에 현장의 가설기지에서 100~300 m로 장척화하여(일명 1차 용접이라 하며, 장척화된 레일을 장대용접레일이라고도 한다) 이것을 부설현장으로 운반 후에 다시 접합(2차 용접)하여 소정의 길이로 하고 응력을 해방하거나 양단에 이미 부설되어 있는 레일, 신축(伸縮) 이음매(expansion joint) 등과 접합(3차 용접)한다. 신설 선에서는 작업여건 등을 고려하여 장대레일 설정길이를 결정한다. 1차 용접에는 작업능률이 높고 접합부의 신뢰성이 높은 플래시 버트 용접과 가스 압접이, 2차 · 3차 용접에는 레일을 이동시키지 않고 접합시키는 테르밋 용접이 주로 이용되고 있다. 최근에는 부설되어 있는 유공 레일의 테르밋 용접을 이용한 레일 장대화도 행하여지고 있으며, 일부에서 궤도차에 탑재한 플래시 버트 용접기를 사용하여 온 레일(on-rail)에서의 플래시 버트 용접을 이용한 레일 장대화도 행하여지고 있다.

(2) 장대(長大)레일 궤도의 실현

연장 200 m 이상의 연속한 레일을 가진 궤도는 궤도의 중앙부에 부동구간을 가지게 되어 장대레일(continuously welded rail, CWR) 궤도라 부르고 있다(선로유지관리지침에서는 50 kg레일의 경우 200 m 이상, 60 kg레일의 경우 300 m 이상으로 규정). 이 장대레일 궤도는 이음매가 없기 때문에 충격이 적으므로 고속 운전을 하는, 혹은 중(重)하중을 수송하는 근대 철도에서는 필수의 요건으로 되어 있다.

이 장대레일 궤도에 관한 연구는 1930년경부터 유럽과 미국에서의 시험으로 시작되었으며, 우리 나라는 1966년 경부선 영등포~시흥간 3 개소에 2,390 m를 처음으로 부설하였다.

장대레일이 실현에 이르는 일반 조건으로서는 다음과 같은 것이 있다.

① 신뢰성이 있는 용접

② 구조상 필수로 되는 레일 이음매부에서의 신축 처리

③ 궤도 좌굴 강도

④ 레일 절손 시의 벌어짐 량과 응급 처치

이들은 현재 이미 충분히 만족되어 있지만, 사회의 기술적 · 경제적 발전에 따라 더욱의 장대레일 확대 및 비용과 신뢰성의 점에서 항상 연구의 대상이기도 하다.

또한, 교량(橋梁) 위, 분기기와의 일체화라고 하는 특수 개소에 대하여 장대레일을 실현할 경우에는 구조상 및 관리상의 배려가 필요하다. 이 절에서는 레일의 용접에 대하여 기술하며, 궤도의 좌굴 안전성의 해석과 조사는 제5.2.7항과 제5.4.8항에서, 장대레일의 관리에 대하여는 제7.9절에서, 신축 이음매는 제2.3.5항에서 설명하기로 한다.

2.2.2 레일 용접의 종류와 방법

레일은 ① 플래시 버트 용접, ② 가스 압접, ③ 테르밋 용접, ④ 엔크로즈 아크 용접 등 4 종의 공법으로 장대레일로 용접된다. 한편, 이들 용접법의 성능 비교를 나타낸 것이 **표 2.2.1**이다.

표 2.2.1 각 용접법의 성능 비교의 예

항목 / 대상	피로강도 (kgf/㎟)	인장강도 (kgf/㎟)	정적 휨강도 (HD의 강도) (tf)	좌란의 하중시 처짐 (mm)
모재	33~38	89~92	124	86
가스압접	34	83~88	113~132	23~90
플래시버트용접	30~34	79~83	99~118	12~64
엔크로즈아크용접	28	66~84	99~106	15~22
테르밋용접(종래)	18~22	71~81	88~89	11~18

(1) 플래시 버트 용접(flash butt welding)

(가) 원리와 특징

1) 원리

플래시 버트 용접은 부재의 저항 발열(抵抗發熱)을 열원(熱源)으로 하여 접합부를 형성시키는 저항 용접에서 대표적인 맞대기 용접이다(**그림 2.2.1**).

즉, 용접하려고 하는 2 개의 레일 단면을 연마하여 중심 맞추기를 한 후에 가볍게 접촉시켜 두고 대(大) 전류를 통하여 레일을 약간 밀음으로써 레일 단면의 접촉점에서 전기 저항에 따른 플래시(불꽃)가 발생하며, 온도가 상승한다. 계속하여, 레일 단부를 이동시키고 전류를 단속시켜 가열을 계속하고, 최후의 플래시는 지속적으로

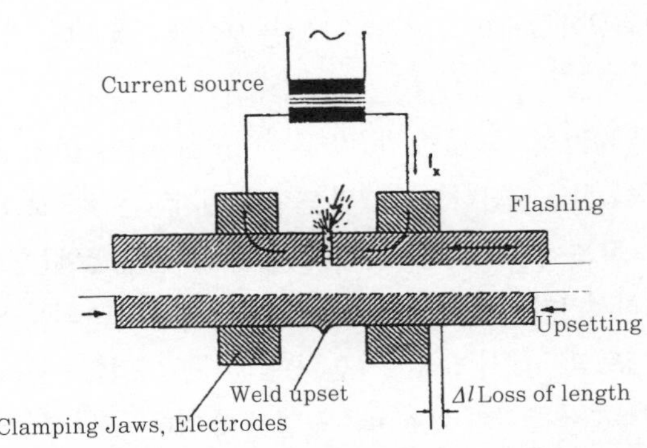

그림 2.2.1 플래시 버트 용접의 원리

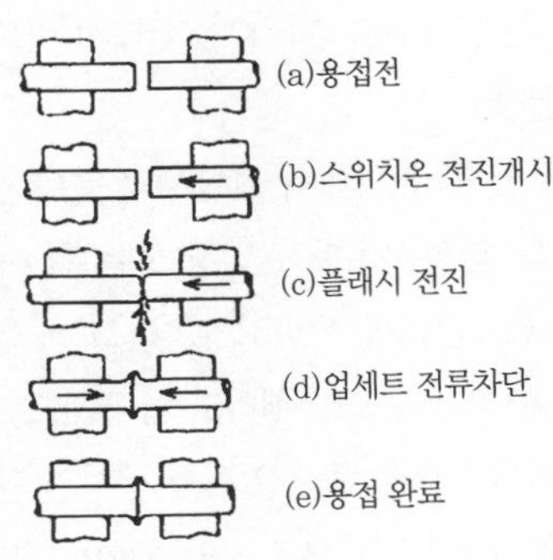

그림 2.2.2 플래시 버트 용접의 순서

미는 양을 크게 하며, 따라서 전류도 이와 함께 증대시켜 단면이 완전히 용융 상태로 된 때에 전류를 끊고 단숨에 충격적인 가압으로 밀어서(upset) 이것을 압접한다. 이 최후의 공정에서는 금속 증기가 발생하여 단면을 덮음으로써 산화와 비금속 개재물의 혼입으로부터 단면을 보호한다. 낮은 2차 전압(6.3 V)을 가진 대(大) 전류량(80 kA)으로 용접을 하며, 업세팅 거리는 15~18 mm, 업세팅 힘은 80 tf이다.

용접된 레일은 압접으로 생긴 덧살을 덧살 제거 장치로 제거하고, 종 · 횡 방향의 휨을 정정하며, 연마기로 표면을 마무리하여 용접을 종료한다.

이 용접 과정은 **그림 2.2.2**에 나타낸 것처럼 개략 아래와 같다.

① 맞대기 단면간에 약간의 간격을 두고 피용접재를 고정대 및 이동대의 전극으로 클램핑한다.

② 양전극간에 전압을 가한 상태로 이동대를 전진시킨다.

③ 맞대기 단면이 약간 접촉하면, 그 접촉부에 고전류 밀도의 단락 전류가 흘러 그 부분에 발생되는 저항 발열로 용접부가 용융 파단(비산)한다. 파단에 수반하여 그 개소에 아크가 발생한다. 이 아크 열 및 아크전류에 따른 저항발열로 그 부분이 더욱 집중 가열된다. 이 아크로 단면의 용융 금속이 비산된다. 용융 금속의 이러한 비산 현상을 플래싱(flashing)이라 부른다. 용융 금속이 플래시되어 비산되면, 단면간의 전기적 접촉이 끊어진다. 피용접재의 전진으로 국부적 접촉 · 가열 · 플래시를 반복하면서 단면의 온도를 상승시킨다.

④ 단면 근방이 적당한 온도에 달한 때(일반적으로는 단면 전면(全面)에 용융 층을 형성시킨 때로 된다)에 이동대를 급속히 전진시켜 단면을 밀착시키고 플래싱을 정지시킴과 함께 통상적으로 짧은 시간의 단락 전류(upset 전류)를 통전시킨 후 이것을 차단한다.

⑤ 소정의 시간 동안 접합부에 가압 변형을 준 후에 용접을 종료한다.

플래싱 현상이 보여지는 ③이 플래시(flash) 과정, 그 후의 급속히 가압 변형을 주어 접합부를 형성시키는 ④와 ⑤가 업세트(upset) 과정이다.

2) 특징

플래시 버트 용접은 플래시 과정에서 큰 압력을 가하는 일이 없이 단면 전면(全面)에 대체로 균일한 가열을 할 수 있는 점이나 플래시를 발생시키는 점 등으로 다음과 같은 특징이 있다. 장점으로서 박판재나 얇은 파이프, 대단면 부재도 용접이 가능하며, 열 영향 범위가 좁고 변형역(變形域)이 작은 고품질의 접합부가 높은 용접속도로 얻어진다. 또한, 단점으로서 플래시의 비산에 따른 주변의 환경오염, 대용량의 전원을 요하는 점, 장치가 고가인 점 등이 열거된다. 따라서, 플래시 버트 용접은 높은 신뢰성이 요구되고 생산량이 많은 분야에 적용된다.

(나) 결함

플래시 버트 용접에서 접합부의 특이성을 나타내는 대표적인 것으로 플랫 반점(斑點, flat spot)이 있다. 플랫 반점은 접합부에 대해 인장 또는 휨 시험을 실시하여 접합선을 파단하였을 때의 단면에 인지되는 것으로 산화 개재물을 많이 함유하고 있다. 그 면적이 큰 경우, 또는 작은 경우에도 접합면 단부에 존재하는 경우에는 노치(notch)의 역할을 수행하고 아무래도 기계적 강도를 저하시키기 때문에 결함으로 간주되고 있다. 그 외에 접합부의 결함으로서 플래싱 시에 생성된 단면의 요철이 업세트 과정에서 밀착되지 않아 형성되는 미접합 · 공동, 용접 입열(入烈)과 업세트 가압력과의 걸맞은 변형의 작은 부분에 생기기 쉬운 고온 균열 등이 있다.

(다) 장치와 시공

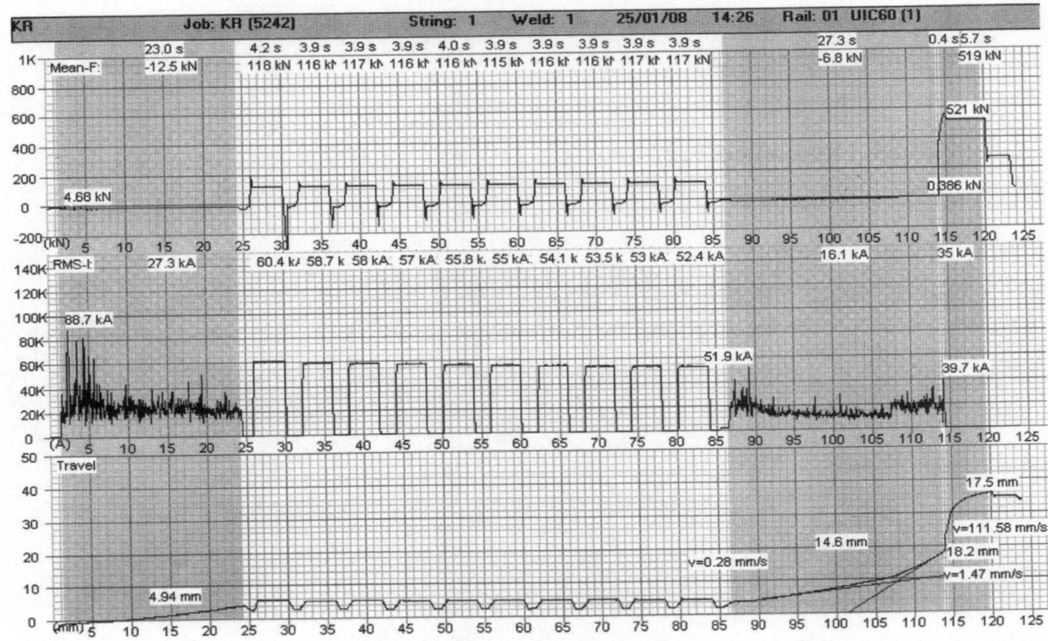

그림 2.2.3 플래시 버트 용접의 그래프의 예

1) 보통 레일

레일의 플래시 버트 용접은 그 접합부의 높은 신뢰성, 짧은 용접시간(2～4 분) 등에서 주로 레일센터(軌道基地)에서의 1차 용접에 이용되고 있다. 오송 궤도기지에 1997년에 설치한 용접기(최대 용접전류 80 kA, 최대 가압력 80 tf)는 단면의 정정을 목적으로 하는 예비 플래시 과정, 수회의 단속 통전(斷續通電)에 따른 저항발열을 이용하여 단면 근방의 온도상승을 행하는 예열 과정, 등속도(等速度) 혹은 등가속도(等加速度, 최종 단계)로 레일을 전진시켜 플래싱을 단속하는 플래시 과정, 급속한 가압・변형을 가하는 업세트 과정을 거쳐 접합부를 형성시키고 있다. 플래시량 및 업세트량은 각각 약 20 mm이다. 용접과정은 **그림 2.2.3**과 같이 그래프로 프린트되어 출력되므로 조작자가 용접의 양부를 즉시 판단할 수 있다. 용접 후에 각 마무리 공정을 거친 접합부는 줄(方向)・면(高低)의 마무리 상태와 자분 탐상 혹은 초음파 탐상 등의 검사를 행한다. 오송궤도기지에서는 용접부를 500 개마다 굴곡시험을 시행하고 있으며, 궤도부설 후에는 탐상 열차로 초음파 검사를 시행한다. 기타 상세한 사항은 문헌[56]을 참조하기 바란다.

국내 민간업체에서 1994년에 도입한 현장용 이동 용접기(최대 용접전류 63 kA, 최대 가압력 45 tf)는 궤도현장(on-rail)에서 용접할 수 있고, 최초부터 연속한 플래싱을 유지하는 것으로 단면 근방의 온도상승을 행하고 있으며, 플래시 과정과 업세트 과정 등 두 개의 과정으로 접합부를 형성한다. 업세트량은 약 7.5～15 mm이다. 용접기가 부설레일 위를 이동하기 때문에 용접기가 용접개소에 도착하기 전에 전극 접촉부의 레일 연마 등의 준비 작업을 하고, 용접기가 이동한 후에 접합부의 마무리, 검사를 한다.

2) 열처리 레일

HH 340 및 HH 370 레일에 대한 용접조건은 보통 레일과 동일하다. HH 340 레일에 대하여는 용접된 대로 충분한 두부의 경도가 얻어지기 때문에 후열 처리가 필요 없다. HH 370 레일에 대하여는 두부의 경도를 확보하기 위하여 용접종료 후 40 초 이내(레일표면 온도 40 ℃ 이상)에 공냉 장치(후술하는 가스압접 참조)로 강제 냉각을 개시하여 300 ℃ 이하로 한다(약 3분).

(2) 가스 압접(gas pressure welding)

(가) 원리와 특징

1) 원리

가스압접(壓接)은 접합부를 고온으로 가열하고 강한 압력을 가하여 행하는 고온 압접이며, 가열 수단으로 가스 불꽃을 사용하는 것이다. 현재 실용적으로 사용되고 있는 가스압접의 공정을 **그림 2.2.4**에 나타낸다.

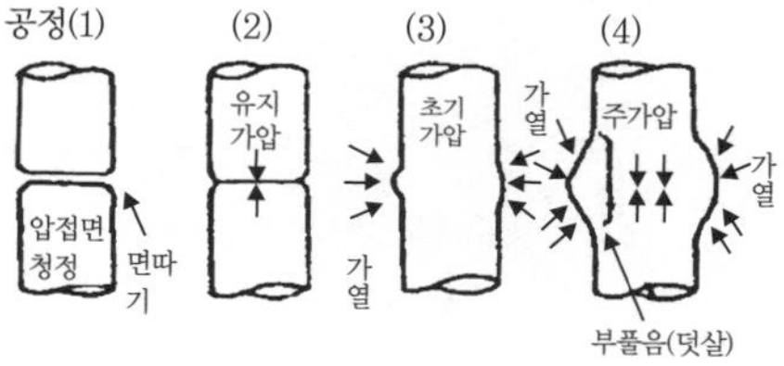

그림 2.2.4 가스압접 공정

각 공정은 다음과 같다.

① 단면을 그라인더로 연마한 후에 녹, 기름 등의 부착물을 완전히 제거한다.

② 가열하기 전에 단면을 맞대어 축 방향으로 적당한 압력을 가한다.

③ 산소, 아세칠렌 불꽃 등으로 맞대기부를 한결같은 모양으로 가열한다.

④ 가압과 가열을 계속하여 적당한 형상의 부풀음을 형성하여 접합을 완료한다.

일반적으로 고상(固相)용접에 필요한 조건의 하나는 접합 면의 온도를 그 금속의 재결정(再結晶)온도 이상으로 올리는 것이며, 다른 하나는 고체의 응집력에 저항하여 접합 면에서의 원자의 재배열을 가능하게 하도록 압력을 가하는 것이다. 가스 압접법은 상술과 같이 가스불꽃을 이용 가열과 유압 등을 이용한 가압으로 금속(일반적으로 鋼)의 고상 접합을 실현하는 방법이다.

2) 특징

가스압접은 피접합 부재를 직접 접합하므로 다른 용가재(溶加材)가 필요 없는 점, 접합온도가 낮은 고상 접합이며, 접합강도가 큰 점 등과 같은 압접법 일반의 이점을 갖고 있다. 용융 접합법에 대하여는 주로 균열 등이 문제로 되기 쉬운 공구강이나 저합금강, 고탄소강 등의 접합도 가능하다. 가스 압접법은 가압 맞대기 용접법으로서의 업세트 용접, 플래시 버트 용접, 혹은 마찰 압접과 대비되는 접합법이지만, 최대의 특징은 가열에 가스불꽃을 사용하고 접합을 위하여 대용량의 전원을 필요로 하지 않는 점이다. 즉, 산소와 아세칠렌 봄베(Bombe)를 운반할 수 있으면 접합이 가능하며 장치가 비교적 간단하여 운반이 용이하기 때문에 기동성이 뛰어난 용접법으로서 철근과 레일의 현장 접합에 많이 이용되고 있다.

결점으로서는 다른 가압 맞대기 용접법에 비하여 접합전 단면의 상태(단면간의 간격, 녹 기타의 부착물 등)가 이음 성능에 영향을 주기 쉬운 점, 접합시간이 긴 점, 가열범위가 넓어 열 영향 범위나 업세트에 의한 덧살이 큰 점 등이 있다.

(나) 결함

가스압접의 결함으로서 다루어지고 있는 것의 대부분은 파단 시에 인지되는 평활한 파면(破面), 즉 통상적으로 플랫 파면(flat破面, macro flat)이라 불려지는 것이다. 플랫 파면이 보이는 접합부의 기계적 성질은 반드시 열화라고 말할 수 없다는 보고도 있지만, 그 파면은 주로 Mn, Si의 산화물을 내포하는 미세 딤플(dimple)

로 구성되어 있는 점에서 접합부의 특이성을 나타내는 결함으로 볼 수 있다. 이 플랫 파면의 증감에 영향을 주는 요인으로서 강(鋼)가스 압접부를 대상으로 단면간의 간극, 더러움 등 단면의 상태, 가스불꽃의 상태(환원 불꽃의 상태), 압축량, 압접 온도, 압접 시간, 강재의 성분 등이 보고되어 있다. 이들의 보고로부터, 플랫 파면을 나타내지 않는 양호한 용접부를 얻기 위해서는 일반적으로 단면처리는 전단면 그라인더 마무리로 하고, 단면간의 간극을 적극적으로 없게 하며, 특히 가압 초기의 맞대기부의 가스불꽃으로 실드(shield)를 확보하고, 높은 압접 온도로 충분한 압축량을 확보하는 것이 필요하게 된다.

(다) 장치와 시공

1) 보통레일

가스압접 장치는 여러 가지가 사용되어 왔다. 초기의 장치는 정치식이라 불려지는 것으로서 레일복부를 캠(cam) 모양의 끼움 목으로 클램핑하여 유압으로 레일을 가압하면서 레일단면과 닮은 꼴의 순환 수냉식의 일체구조 알루미늄합금 주물제 버너로 가열한다. 중량 3 tf로서 정치식의 이름처럼 레일을 장치에 반입하고 송출하는 방식으로 현장 가설기지에서도 이용되어 왔지만, 공장 내에서도 사용되고 있다. 레일부설 현장에서 사용할 목적으로 중량 200 kgf, 레일 상방에서 설치하는 과좌형(跨座型)으로 클램프와 가압을 모두 유압으로 행하며, 비등(沸騰) 수냉식 2분할 알루미늄 합금제 버너를 사용하는 가반식 장치(PGP)가 개발되어 이용되고 있다. 이들의 장치는 접합부의 덧살을 가스 스카핑으로 제거하지만, 작업능률을 향상시킬 목적으로 PGP와 기본적으로 같은 형식으로 압접 직후에 레일 전(全)주위의 덧살을 제거할 수 있는 전단기를 장치한 중량 500 kgf의 트리머(trimmer)있는 장치(TGP-Ⅰ, TGP-Ⅱ, as Pressure Welding Apparatus with rimer)가 개발되었다. 본 장치는 압접 직후의 열간 전단에 따른 작업능률 뿐만 아니라 불량 압접부가 생긴 경우에 접합부가 개구하기 때문에 품질관리의 면에서도 우수하다.

트리머가 있는 레일 가스압접 장치의 경량형으로서 상자형의 가압부 위에 레일을 올려, 쇠붙이를 넣어 볼트로 레일을 클램프하는 중량 95 kgf의 본체에 착탈(着脫)이 가능한 전단기(65 kgf)가 붙은 장치(TGP-HA)가 개발되었다. 버너는 비등 수냉식 2분할 알루미늄 합금제이다. 현재 사용하고 있는 것은 최경량의 것이며, 현장 반입이 용이하므로 선로 옆에서의 장대레일 제작에도 사용되고 있다. 또한, HGP-HA와 같은 모양으로 전단기의 착탈을 가능하게 한 복부 유압 클램프 방식의 중량 200 kgf의 장치(TGP-V)가 개발되었다. 현재의 레일 가스압접은 가압에는 처음부터 끝까지 일정한 가압력을 유지하는 정압(定壓)방식이 사용되고, 가열에는 산소·아세칠렌 불꽃(弱還元 불꽃)이 사용되고 있다. 60 kg/m 보통레일인 경우의 시공조건은 가압력이 약 18 tf, 산소 및 아세칠렌 유량이 각각 약 100 l/분, 압축량이 24 mm, 압축시간이 6~7 분이다. 이 경우에 레일두부 중앙의 최고 가열온도는 1,200~1250 ℃이다.

국내의 시공회사에서 보유하고 있는 장비는 예를 들어 TGP 119형(일본 Hamano제)이 있다.

2) 열처리 레일

트리머가 있는 장치의 이용으로 압접 직후에 레일과 같은 형상의 접합부가 얻어질 수 있기 때문에 레일의 열처리가 연속작업으로 행하여져 열처리 레일의 현지 가스압접도 가능하게 되었다. 열처리 레일에 대하여는 가스압접에 따라 두부가 연화하여 패임을 발생시킬 가능성이 크기 때문에 두부를 경화시키는 후열 처리가 필요하게 된다. HH레일은 보통레일과 성분이 다르기 때문에 압접 조건으로서의 압축량을 30 mm로 증대한다. 후열 처리는 레일두부 150 mm 길이를 표면온도 600 ℃에서 전용 가열버너로 약 1000 ℃까지 가열하여 공냉 장치로 강제 공냉시킨다. HH 370 레일과 HH 340 레일에 대하여는 풍량(風量)과 냉각시간(4~6 분)이 다르다.

(3) 엔크로즈 아크 용접 (enclosed arc welding)

(가) 원리와 특징

1) 원리

엔크로즈 아크 용접은 피복 아크 용접봉을 이용한 수(手)용접이며, 레일복부와 두부의 용접 시에 용접부를 수냉 동제(銅製) 피복기구로 둘러싸므로(enclosed) 이 이름으로 불려지고 있다. 피복 아크 용접에서는 **그림 2.2.5**에 나타낸 것처럼 중심재료에 피복제를 도포한 피복 아크 용접봉과 피용접재와의 사이에 교류 또는 직류의 전압을 가하여 아크를 발생시킨다. 용접봉은 아크열(약 5,000~6,000 ℃)로 녹은 방울로 되어 용융 풀(pool)로 옮겨간다. 동시에 아크 열로 용융된 피접합재의 일부와 융합하여 응고하고, 용접금속을 형성하여 접합하여야 할 간극을 충전한다. 피복재는 아크 열로 분해되고 아크를 안정화함과 함께 가스나 슬래그를 생성하여 용융중 또는 응고중의 용접금속을 대기로부터 차단하며 산소나 질소의 진입을 방지하는 역할을 수행하고 있다. 피복아크 용접봉은 용접 대상물에 따라서 여러 가지로 규격화되고 있지만, 레일에는 80 kgf/mm^{2}급의 저수소계 고장력강용 피복아크 용접봉이 이용되고 있다.

2) 특징

엔크로즈 아크 용접은 상술의 플래시 버트 용접이나 가스압접처럼 가압 · 압축할 필요가 없다. 따라서, 일본에서 2차와 3차의 용접에 이용되고 있다. 그러나, 엔크로즈 아크 용접은 수(手)용접이므로 용접결과에 인적 요소가 들어가는 것을 피하기 어렵고, 용접시간이 약 60 분으로 레일 용접법 중에서 가장 긴 시간을 필요로 한다. 용접시간을 단축하기 위하여 피복제 대신에 실드(shield) 가스로서 탄산가스를 사용하여 용접 와이어(wire)를 연속 공급하여 용접을 하는 반자동 방식의 엔크로즈 아크 용접이 개발되어(용접시간 약 30 분) 시험 시공되고 있다[7].

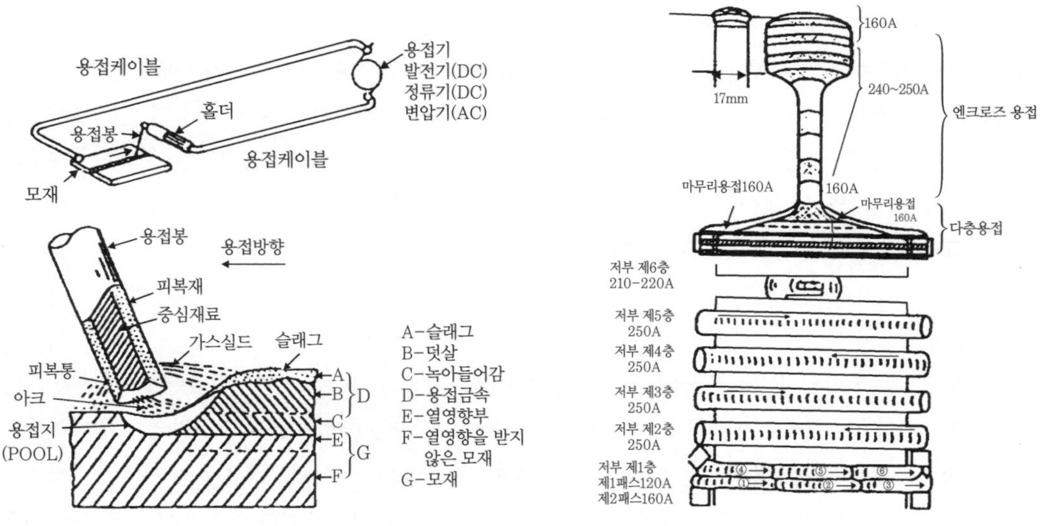

그림 2.2.5 피복아크 용접의 개요

그림 2.2.6 엔크로즈 아크 용접의 적층 방법

(나) 결함

통상의 아크 용접부에서 인지되는 슬래그 말려들음, 융합의 부족, 융합의 불량, 균열, 블로우 홀(blow hole) 등의 용접결함은 엔크로즈 아크 용접부에도 발생할 수 있다. 특히, 레일의 용접부에서 문제로 되어 온 결함은 열영향부의 액화 균열과 용접금속 내의 응고 균열이다. 이들의 고온균열을 완전히 방지하는 것은 현재의 실정으로 불가능하며, 이들 균열의 크기와 수를 어느 정도 억제할 수 있는 기술자가 용접하고 있다. 두부상면의 액화 균열, 또는 저부의 슬래그 말려들음에 따른 횡렬손상이 때때로 발생하고 있다.

(다) 장치와 시공

1) 보통레일

레일부설 현장에서 이용되므로 용접전원으로서 용량 35 kVA 정도의 엔진 용접기가 사용된다. 표준적인 엔크로즈 아크 용접의 적층 방법을 **그림 2.2.6**에 나타낸다. 레일단면간의 그루브(groove, 開先)간격은 17 mm이다. 레일을 500 ℃로 예열한 후에 80 kgf/mm^{2}급 고장력강용 저수소계 용접봉 4 mm ϕ를 이용하여 2패스로 저부 제1층을 용접한다. 슬래그 제거 후에 5 mm ϕ 봉을 이용하여 제1층과는 역 방향으로 제2층을 용접한다. 제2층 이후는 1층 1패스로 한 쪽의 저부 끝에서 다른 쪽의 저부 끝까지 1 개의 용접봉을 이용한다. 6~7층으로 저부의 용접이 끝나지만, 용접방향은 각 층마다 다르며, 각 층마다 슬래그를 제거한다. 복부의 용접 전에 피복기구를 설치하고, 피복기구 내에서 엔크로즈 아크 용접 전용의 5 mm ϕ 봉을 이용하여 슬래그를 제거하는 일이 없이 연속하여 복부와 두부를 용접한다. 두부상부의 약 10 mm를 남기고 용접을 중단하여 슬래그를 제거하고, 두부상부의 온도를 500 ℃까지 저하시키고나서 용접을 계속한다. 두부상면까지 용접한 후에 저부 상면의 마무리 용접을 한다. 용접시간은 60 kg/m 레일에 대하여 약 60 분이다. 용접 종료 후에 프로판 불꽃을 이용하는 전용 가열로로 680 ℃ · 10분간 유지, 300 ℃까지의 로(爐) 냉각의 응력 제거 풀림(annealing)처리를 한다. 후열 시간은 약 50 분이다. 용접시간의 단축이나 용접금속을 중심으로 한 두부상면에서의 패임을 억제하기 위하여 여러 가지 대책이 시도되고 있으며, 두부상부 10~15 mm에 경화 육성봉(肉盛棒)을 사용하여 후열처리를 생략하는 방법도 있다.

2) 열처리 레일

열처리 레일의 용접 금속부의 패임을 억제할 목적으로 HH 370 레일과 HH 340 레일의 실용화를 계기로 고탄소계 용접봉을 사용하는 방법이 개발되어 이용되고 있다. 두부상부 용접금속의 조성을 레일에 맞추고, 용접 후에 가스버너로 다시 가열하며, 두부에는 강제 공냉으로 담금질(quenching) 처리를, 복부 · 저부에는 불림(normalizing)처리를 한다. 또한, 종래의 용접방식에 대하여 두부상부의 비커스 경도 HV 450 정도의 값이 얻어지는 경화 육성 봉을 사용하는 방법도 일부 이용되고 있다.

(4) 테르밋 용접(TERMIT welding, aluminothermic welding)

(가) 원리와 특징

1) 원리

테르밋 용접은 산화(酸化)금속과 알루미늄간의 탈산(脫酸)반응을 용접에 응용한 것으로 강(鋼)용 테르밋제의 경우에 다음의 화학반응을 기본으로 한다.

$$3\,Fe_3O_4 + 8\,Al = 9\,Fe + 4\,Al_2O_3$$
$$Fe_2O_3 + 2\,Al = 2\,Fe + Al_2O_3$$
$$3\,FeO + 2\,Al = 3\,\underset{\text{철}}{Fe} + \underset{\text{슬래그}}{Al_2O_3}$$

반응은 강렬하며, 생성되는 철의 이론적 온도는 약 3,100 ℃라고 말해지고 있지만, 반응자체는 폭발적이 아니고 반응개시에 약 1,200 ℃를 필요로 하기 때문에 그 취급은 비교적 안전하다. 실용적으로 이용되는 강용 테르밋제는 산화철과 알루미늄 분말의 화합물로 생성물의 온도를 제어하고 용접 금속의 기계적 성질을 사용 목적에 적합시키기 위하여 강편(鋼片), 합금 철, 흑연(graphite) 등을 가한 것으로 점화제(예를 들면, 산화철 바륨, 알루미늄의 혼합분말)을 반응을 개시한다. 이 경우에 생성되는 강의 온도는 2,100~2,400 ℃ 정도라고 한다. 통상적으로는 반응으로 생긴 용융 금속을 접합에 이용한다.

2) 특징

테르밋 용접의 특징은 용접작업이 단순하며 기술의 습득이 용이한 점, 용접기구가 간단하고 경량이므로 설비비가 싸고 기동성이 있는 점, 용접에 전력을 필요로 하지 않는 점, 용접 소요시간이 비교적 짧은 점이다. 레일 용접의 경우에는 엔크로즈 아크 용접과 마찬가지로 가압 · 압축을 필요로 하지 않으므로 부설레일의 용접에 적합하다. 그러나, 용접부가 본질적으로 주물인 점 및 레일의 복부 · 저부의 덧살이 큰 점 등 때문에 다른 용접부에 비하여 강도 면에서 약간 떨어지는 것이 현상이다.

(나) 결함

손상된 레일의 테르밋 용접부의 결함에는 레일의 단면이 용접금속과 융합되지 않고 미접합면이 잔존한 융합불량, 용접금속의 응고과정에서 레일이 인장되어 용접금속 중심부에 광범위하게 발생한 균열, 용접금속 내에서 발생한 용접금속에서 배제되지 않고 잔류한 다수의 블로우 홀(blow hole), 용접부 근방에 부착한 레일본드용 땜납에 기인하는 균열 등이 있다. 땜납에 기인하는 균열은 레일복부에 있지만, 다른 결함은 레일 저부를 중심으로 비교적 넓은 범위로 존재한다.

(다) 장치와 시공

레일의 테르밋 용접에는 독일에서 개발된 단시간 예열을 이용한 신속 테르밋 용접법(SkV)으로 골드사미트(Goldschmidt) 용접이라고도 부르는 방법과 캐나다에서 개발된 카로라이트 용접 등이 있다.

1) 골드사미트 용접

골드사미트 용접은 종래 행하여져 온 테르밋 용접과 비교하여 접합부의 기계적 성질, 특히 휨 피로 강도가 우수하고 시공성이 대폭적으로 향상되었다. 즉, 몰드(鑄型)가 공장생산에 따른 2 분할(分割) 강제 건조형(强制乾燥型)이며, 종래의 현장에서의 생형(生型)이나 공장에서의 자연(自然)건조형에 비하여 취급이 쉬운 점, 예열 시간이 약 2 분으로 종래의 7~18 분에 비하여 대폭으로 단축된 점, 도가니 바닥에서 충전하는 열 감응식 오토 탭(auto-tap)으로 용강의 출강이 자동적으로 행하여져 인력 출강이 불필요한 점, 용접부 두부 덧살의 제거를 가반식 트리머로 기계적으로 하고 강철 끌과 해머를 이용한 작업이 불필요한 점, 종래의 약 35 분의 후열 처리가 불필요한 점 등이 있다.

골드사미트 용접의 순서는 대략 다음과 같다.

① 레일의 절단(고속 레일절단기 또는 가스절단)

② 레일의 정렬(그루브간격 24~26 mm, 역 뒤틀림 1 m당 3.5~4 mm)

③ 클램프 장치의 설치와 예열 버너 위치의 조정(예열 버너 높이 30 mm)

④ 몰드의 조립 및 모래 채움,

⑤ 도가니의 설치(몰드 상면으로부터의 높이 20 mm)와 테르밋 용제(溶劑)의 장전

⑥ 예열{봄베 압 (Bombe 壓) : 산소 5 kgf/cm^2, 프로판 1.5 kgf/cm^2, 손잡이 압력계 산소 4~5 kgf/cm^{2}를 확인, 예열 시간 : 60 kg/m 레일 120 초, 50N 레일 90 초}

⑦ 반응과 용강 주입(오토 탭 작동시간 15~30 초, **그림 2.2.7**)

⑧ 두부 몰드와 두부 덧살의 제거(가반식 트리머)

⑨ 그라인더로 두부의 마무리

⑩ 용접부의 검사(마무리 정도, 침투 탐상 및 초음파 탐상 검사)

2) 카로라이트 용접

카로라이트 용접의 특징은 좌우와 저부와의 3분할 몰드를 사용하는 점 및 좌우 몰드와 저부 몰드와의 밀폐(seal) 및 몰드의 조립 후의 레일과의 밀폐에 튜브 페이스트를 사용하는 점이다. 페이스트를 이용한 몰드의 밀폐 작업은 골드사미트 용접의 인력 모래 채우기 작업에 대신하는 것이며, 특히 동계에 시공성의 개선에 연결되고, 또한 테르밋 용제를 포함하여 사용기계가 골드사미트 용접의 경우보다도 약간 가볍고 소형이기 때문에 취급이 용이하다. 더욱이, 카로라이트 용접부의 강도, 경도 등의 각종 성능은 골드사미트 용접부와 큰 차이가 없다는 것이 확인되고 있다.

카로라이트 용접의 작업순서는 기본적으로 상기의 골드사미트 용접의 경우와 크게 다르지 않지만, 몰드의 형상과 예열 버너의 차이에 따라 다음의 점이 다르다.

① 예열 버너 높이 50 mm

② 도가니의 설치(몰드 상면으로부터의 높이 25 mm)

③ 예열(봄베 압 : 산소 2 kgf/cm^2, 프로판 1 kgf/cm^2, 손잡이 압력계 산소 1.2~1.4 kgf/cm^{2}를 확인, 예열 시간 : 60 kg/m 레일 300 초, 50N 레일 210 초).

카로라이트 용접은 예열 시간이 골드사미트 용접에 비하여 2~3분 길게 되지만, 상술의 작업성이나 시공비 등을 감안하여 사용하고 있다.

3) 열처리 레일의 테르밋 용접

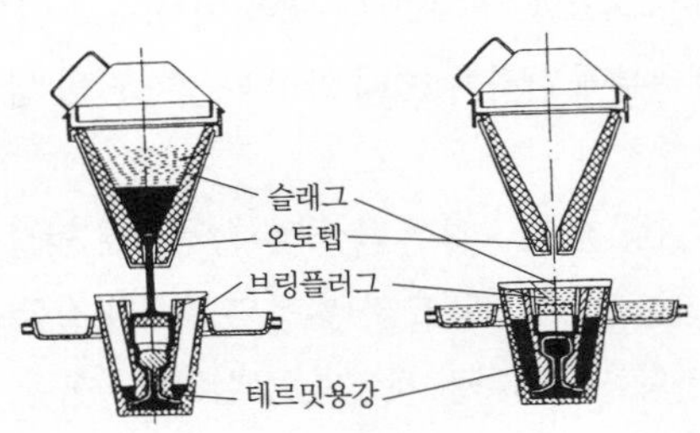

그림 2.2.7 테르밋 용강의 주입

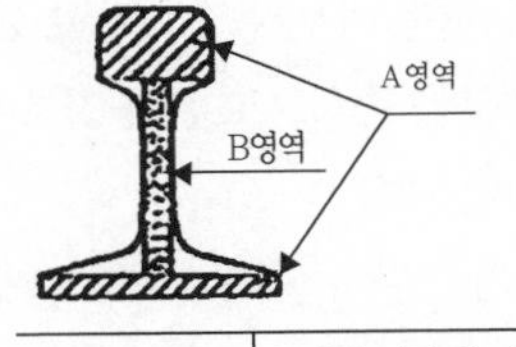

판정영역구분	유해한 결함의 범위
A 영역	2급 이상의 결함
B 영역	3급 이상의 결함

그림 2.2.8 초음파 탐상 검사에서 영역구분과 유해한 결함의 범위

열처리 레일에 대하여는 현재 골드사미트 용접만이 실시되고 있다. 용제(溶劑)는 보통레일의 용제보다 탄소량이 많은 Z90HC를 사용한다. 용접 후에 레일두부의 80 mm 길이를 표면온도 500 ℃에서 가스압접의 경우와 동일한 장치를 이용하여 다시 가열하고, 가열온도 약 1,000 ℃에서 강제 공냉한다. HH 370 레일과 HH 340 레일에 대하여는 풍량(風量)과 냉각시간(4~6 분)이 다르다. 그리고, 합금원소를 첨가하여 경도를 확보하고 후열 처리를 생략하는 방법이 HH 340 레일에 대하여 일부 이용되고 있는 중이다.

2.2.3 레일 용접부의 품질관리

레일 용접부의 중요성 때문에 레일 용접 공사마다 전(全)용접부에 대한 용접 시공조건, 마무리 상태 등의 시공 기록표를 제출한다.

(1) 마무리 검사와 휨 기준

(가) 마무리 검사

용접부 마무리 상태의 확인항목은 용접종별에 따라 다르다. 레일 용접공사표준시방서에서는 **표 2.2.2**와 같이 정하고 있으며, 궤도기지 내 용접의 경우는 외관 상태만을 검사하고 있다. 일반 철도에서는 모든 용접방법에 대하여 외관검사, 침투법 검사, 초음파 탐상 검사를 전수 시행하고 있다.

표 2.2.2 용접종별에 따른 적용 검사항목

용접종별 / 확인항목	가스압접		플래시 버트 용접	엔크로즈 아크 용접	테르밋 용접
외관상태	○		○	○	○
침투 탐상		○		○	○
자분 탐상	○		○		
초음파 탐상		○		○	○

(주) 1. 표에서 ○ 표시는 용접종별에서 대상으로 되는 확인항목을 나타낸다.
2. 가스압접의 확인항목에 대하여 좌란에 나타낸 자분 탐상의 실시가 곤란한 경우는 우란의 침투 탐상 및 초음파 탐상을 실시한다.

표 2.2.3 레일 용접부의 마무리 정도

종별 / 항목	단위	허용 한도치		
		일반선로		고속선로
줄(방향) (지간 1 m당)	mm	신품레일 ±0.4	헌레일 ±0.5	자 중간(D_1) 0.5 이하 자 끝(D_2) 1.0 이하
면(고저) (지간 1 m당)	mm	+0.4 −0.1	±0.5	자 끝(D_3) 0.4 이하

(주) 1. 줄 및 면의 측정 위치는 레일두부의 궤간선 및 상면으로 한다.
2. 폭 3 mm 이하의 미세한 요철(0.2 mm 이하)는 제외한다.

1) 외관검사 ; 레일 용접부에 대하여는 용접부의 균열, 흠 등의 유해한 결함 외에 용접부의 마무리 정도를 조사하며, 허용 마무리 정도는 **표 2.2.3**과 같다. 일반 선로는 신품 레일과 헌 레일로 구분하여 정하고 있으며, 레일 용접부를 중심으로 1 m 직자에 대하여 레일 두부와 궤간내측부에 한하여 10배 확인 가능한 레일 답면 측정기로 점검한다.

2) 침투 탐상, 자분(磁汾) 탐상 및 초음파 탐상 검사(제7.5.3항 참조) ; 침투 탐상 검사 및 자분 탐상 검사는 외관검사로 발견할 수 없는 미세한 용접결함을 표면에서 조사하는 것이며, 균열 및 흠 등의 유해한 결함 등이 있어서는 아니 된다. 초음파 탐상 검사는 내부에 존재하는 용접결함을 조사하는 것이며, 융합(融合) 불량 등의 유해한 결함이 있으면 아니 된다. **그림 2.2.8**에 나타낸 것처럼 판정영역 구분과 유해한 결함의 범위가 정해지며, 두부측면과 저부에는 1탐촉자법과 2탐촉자법을 병용한다(**그림 2.2.9**). 2탐촉자법은 1탐촉자법에서 검출 불가능 혹은 과소평가의 우려가 있는 평면적인 결함의 검출을 의도하고 있다. 최근에는 이 2탐촉자법에 따른 저부의

탐상 결과가 테르밋 용접부의 휨 파단 하중 및 엔크로즈 아크 용접의 휨 피로 시험결과와 양호한 대응을 나타내는 것이 분명하여져 2탐촉자법이 중요시되고 있다.

침투 탐상 검사는 염색(染色) 탐상법(color check)으로 행하며, 침투액, 세정액, 현상액은 에어졸 유형의 것을 사용하고, 자분 탐상 검사는 습식 형광 자분액을 이용한 극간법(極間法)으로 행한다. 더욱이, 초음파 탐상 검사에 대하여는 제(2)항에서 약간 상술한다.

(나) 휨 기준

한 공사에서의 용접수가 많은 가스압접 및 플래시 버트 용접의 공사 시에는 공사 전 및 소정의 용접수마다(오송궤도기지 내 플래시 버트 용접은 프로그램 변경 및 500회의 용접 시마다) 시편을 제작하여 사용 기기와 조건을 확인한다. 휨 기준은 이 시편의 휨 파단 시험이나 레일 용접 기술검정시의 시험편에 적용된다.

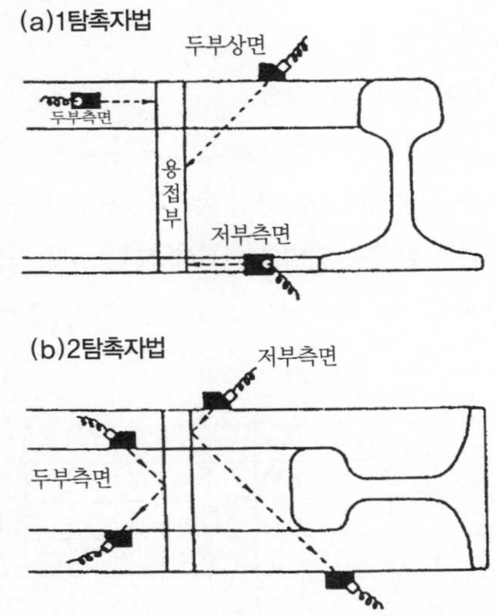

그림 2.2.9 1탐촉자법과 2탐촉자법

표 2.2.4에 60 kg/m의 레일과 50N 레일에 대한 각 용접부의 기준치를 나타낸다. HU와 HD는 시험재의 지지 자세를 나타내며, 용접부를 중앙으로 하여 지점간 거리 1 m에 대하여 HU는 두부를 위로, HD는 두부를 아래로 하여 시험재를 지지하고, *R*127 mm의 가압자로 상방에서 집중하중을 부하하여 파단시킨다. 따라서, HU에서는 저부를, HD에서는 두부를 각각 인장 측으로 하여 휨 파단시키게 되므로 HU에서는 저부의, HD에서는 두부의 결함이 파단 면에 나타나기 쉽다. 각 용접부가 표에 나타낸 기준치를 만족시키는 것이 필요하지만, 파단면을 관찰하여 결함의 상황을 조사하는 것이며, 용접조건의 변경 등에 이용된다. 더욱이, 기준치는 각 용접부 휨 시험에서의 강도레벨을 나타내고 있으며 강도적으로는 플래시 버트 용접부 = 가스 압접부 〉 엔크로즈 아크 용접부 〉 테르밋 용접부인 것을 알 수 있다.

표 2.2.4 레일 용접부의 굴곡 기준

용접방법 / 레일종별		용접방법		플래시 버트 용접		엔크로즈 아크 용접		테르밋 용접	
		HU	HD	HU	HD	HU	HD	HU	HD
60 kg/m	하중(tf)	140	125	140	125	140	115	110	110
	처짐(mm)	25	20	25	20	25	15	10	13
50N	하중(tf)	100	90	100	90	100	85	85	80
	처짐(mm)	25	20	25	20	25	15	10	13

(2) 초음파 탐상 방법

초음파 탐상(ultrasonic rail flaw detecting) 검사는 **표 2.2.2**에 나타낸 것처럼 주로 엔크로즈 아크 용접부와 테르밋 용접부에 대하여 실시한다. 탐상 결과의 신뢰성을 확보하기 위해서는 탐상면으로 되는 두부상면(용접부 양측 약 200 mm의 범위), 두부측면(용접부 양측 약 100 mm의 범위) 및 저부 측면(용접부 양측 약

150 mm의 범위)에 대하여 접촉자의 안정된 접촉과 주사(走査)가 행하여지도록 그라인더 등으로 평활하게 할 필요가 있다.

(가) 장치 및 부속품

탐상기는 A스코프(scope) 표시(基本表示)의 펄스반사식 초음파 탐상기를, 탐촉자는 주파수 2 MHz, 진동자 치수 10×10 mm, 공칭 굴절각 45도의 사각 탐촉자를 각각 사용하며, 시간 축과 감도를 조정하기 위하여 레일 용접부 탐상용 대비(對比) 시험편을 이용한다. 60 kg/m 레일을 가공한 대비 시험편에는 두부상면 및 저부 하면에 각 1개, 복부에 깊이 20 mm마다 계 7개, 어느 것도 4 mm φ×4 mm의 표준 구멍이 설치되어 있다.

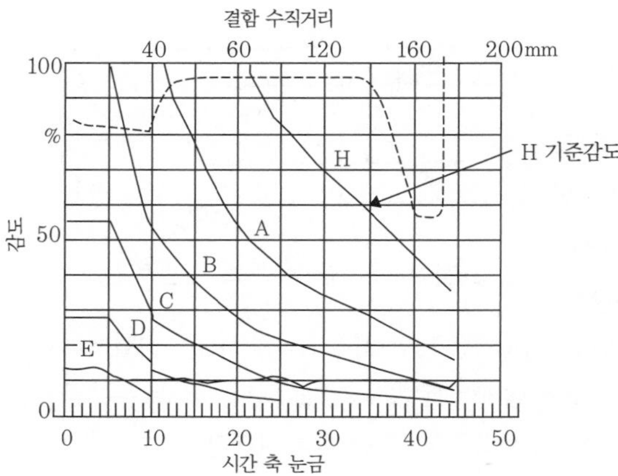

그림 2.2.10 거리진폭 특성곡선의 일례

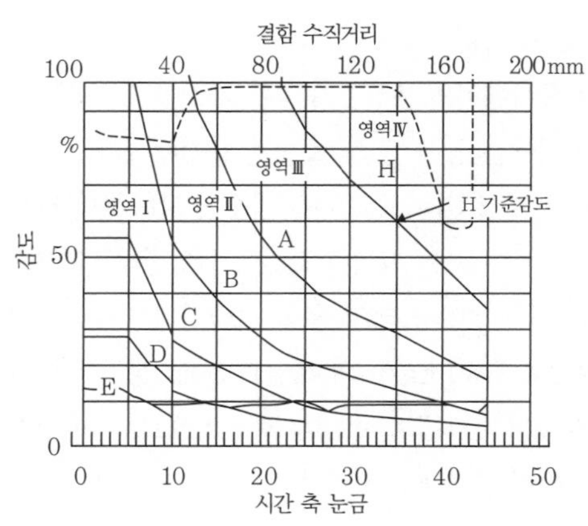

그림 2.2.11 H기준감도에서의 영역 구분

(나) 감도 조정

1) 2탐촉자법 ; 2탐촉자법에는 두부와 저부에 대하여 각각 초음파의 통과거리가 일정하게 된다. 두부용에는 대비 시험편의 두부상면의 표준 구멍(A_1)을, 또한 저부용에는 저부 하면의 표준 구멍(A_2)을 사용하며, 그들의 표준 구멍에서의 반사에코 높이를 80 %로 조정한다.

2) 1탐촉자법 ; 1탐촉자법에는 결함의 존재 위치에 따라 초음파의 통과거리가 변화하기 때문에 통과거리에 따른 에코 높이의 변화를 파악할 필요가 있다. 깊이 140 mm의 표준 구멍에서의 반사에코 높이를 60 %로 조정(H기준 감도)하고, 다음에 동일 구멍에 대하여 H기준 감도에서 6 dB씩 감도를 내렸을 때의 에코 높이를 조사한다. 계속하여 순차적으로 탐촉자를 이동하여 H기준 감도 및 6 dB씩 저하시킨 감도로서 다른 깊이의 표준 구멍에서의 에코 높이를 조사하여 이들을 **그림 2.2.10**에 나타낸 것처럼 감도별로 직선으로 잇는다. H기준 감도를 이용하여 작성한 선을 H선, 6 dB씩 저하시킨 감도를 사용하여 작성한 선을 순차적으로 A선, B선, C선, D선 등으로 하며, 이들은 거리진폭 특성곡선(距離振幅 特性曲線)이라 부른다. 이 특성곡선을 사용하여 1탐촉자법으로 검사한다.

(다) 탐상 방법

탐상은 용접부의 양측에서 행하며, 탐촉자의 주사에는 초음파가 용접부 전단면을 덮도록 좌우 주사를 병용한 전후 주사로 행한다.

표 2.2.5 2탐촉자법에서 결함의 등급 분류

최대 에코높이	등급
10 %를 넘고 20 % 이하	1급
20 %를 넘고 40 % 이하	2급
40 %를 넘고 80 % 이하	3급
80 %를 넘는 것	4급

표 2.2.6 1탐촉자법에서 결함의 등급 분류

최대 에코높이 출현 영역	등급
영역Ⅰ	1급
영역Ⅱ	2급
영역Ⅲ	3급
영역Ⅳ	4급

1) 2탐촉자법을 이용한 탐상 ; 2탐촉자법에 대하여는 수신용 탐촉자를 송신용 탐촉자와 역 방향으로 이동시켜 결함으로부터의 초음파가 수신 가능한 기하학적인 위치에 맞출 필요가 있다. 탐상결과는 결함 에코의 최대 에코높이에 따라 **표 2.2.5**에 나타낸 4 등급으로 분류하며, **그림 2.2.8**에 기초하여 용접부로서의 합격여부를 판단한다.

2) 1탐촉자법을 이용한 탐상 ; 1탐촉자법에 대하여는 상술의 거리진폭 특성곡선에 따라 **그림 2.2.11**에 나타낸 것처럼 영역구분을 한다. 즉, C선을 넘어 B선까지를 영역Ⅰ, B선을 넘어 A선까지를 영역Ⅱ, A선을 넘어 H선까지를 영역Ⅲ, H선을 넘는 범위를 영역Ⅳ이라 한다. 탐상 결과는 결함 에코의 최대 에코높이가 어느 영역에 나타나는가로 **표 2.2.6**에 나타낸 4 등급으로 분류하여 용접부의 합격여부를 판정한다.

(3) 레일 용접부의 탐상

레일 용접부의 손상은 어떠한 용접방법을 이용한 접합부에서도 인지되지만 용접방법별로 각각의 특징이 있다.

플래시 버트 용접부가 가장 손상이 적다. 일본에서 조사한 손상 예로서는 두부열처리 레일(구HH레일)의 용접부에 대하여 플랫 반점(斑點, flat spot)을 기점으로 피로파괴가 진전하여 횡렬 손상된 예가 2~3 개 있지만, 기점부는 두부에서 용접후의 국부적 열처리 경계부에 상당하며, 용접 후의 열처리에 따른 잔류 응력(residual stress)이 영향을 주고 있는 것이라고 생각된다. 플래시 버트 용접부의 높은 신뢰성 요인의 하나는 기지 내 용접라인의 교정작업에 의존한다. 즉, 용접부의 면(고저) · 줄(방향)의 조정에 있어 냉간으로 큰 굽힘 하중이 주어지며, 문제로 될 듯한 결함을 포함하는 용접부는 절단하고 다시 용접한다.

가스 압접부는 비교적 단기간에 손상에 이르는 것이 보인다. 이들은 어느 것이든지 열간 압발(押拔)에 기인하여 생긴 불량 접합부의 균열을 잔류시킨 것이다. 마무리 후의 주의 깊고 철저한 자분 탐상 검사가 손상건수를 경감시킨다고 생각된다.

상기의 두 압접부에 비하여 엔크로즈 아크 용접부와 테르밋 용접부의 용융 용접부는 손상 예가 많다. 엔크로즈 아크 용접부 손상의 대부분이 두부 혹은 저부의 용접결함을 기점으로 피로파괴를 지나 손상에 이르는 것에 비하여, 테르밋 용접부의 손상은 그 대부분이 저부의 큰 용접결함으로부터 시공 후 단기간에 발생한다. 제(2)항에서 기술한 저부에 대한 2탐촉자법을 확실히 시행하는 것이 테르밋 용접부의 단기손상 방지, 엔크로즈 아크 용접부 저부에서의 손상 방지에 직결되는 것으로 기대된다. 더욱이, 엔크로즈 아크 용접부의 두부에서의 손상은 초음파 탐상 검사에서 탐상 불능 영역에 존재하는 용접결함으로부터의 피로파괴도 존재한다는 사실에서 용접 시공조건의 개선과 함께 광대한 피로균열을 정기적으로 시행하는 탐상차을 이용한 검사 등으로 검출하는 것이 필요하다.

2.3 이음매

2.3.1 이음매의 역할과 종류

일반적으로 사용되는 레일은 제작 상의 치수가 정해진 정척(定尺)레일이며, 이것을 부설하기 위해서는 레일과 레일을 접속하여야만 한다. 이 접속부를 이음매(rail joint)라 한다.

(1) 이음매의 역할

레일이음매는 레일이 절단되어 있으므로 레일의 보통(중간) 부분에 비하여 강성 및 강도가 작기 때문에 국부적인 침하가 생겨 차량의 동요나 충격을 일으키기 쉽고, 승차감을 나쁘게 하며, 보수에 노력과 비용이 걸리는 등 궤도의 최약점 개소이다. 따라서, 레일이음매 부분에 대하여 여러 가지의 보강책이 강구되고 있다.

이음매에는 다음과 같은 기능적 역할을 필요로 한다.

① 연직 · 수평 어느 방향에 대하여도 이음매 이외의 부분과 비교하여 같은 정도의 강도와 휨 강성을 가지고 있을 것.

② 온도의 변화에 따라 생기는 축력(軸力)에 대하여 충분한 강도 혹은 신축성을 가질 것.

③ 레일 단부에 대하여 서로간에 상하 · 좌우의 어긋남, 단차나 요철이 생기지 않을 것.

④ 구조가 복잡하지 않고, 값이 싸며, 제작 · 보수가 용이할 것.

⑤ 전철화 등의 구간에서는 전기절연이 양호할 것.

(2) 이음매의 종류

(가) 기능상의 분류 ; ① 보통(普通) 이음매, ② 절연(絕緣) 이음매(insulated joint), ③ 신축(伸縮)이음매(expansion joint)

(나) 구조상의 분류 ; ① 맞대기 이음매(butt joint), ② 사(斜) 이음매(oblique joint)

(다) 배치상의 분류 ; ① 상대식(相對式) 이음매 (opposite joint), ② 상호식(相互式) 이음매(alternate joint)

(라) 지지 방법에 따른 분류 ; ① 현접법(懸接法) 이음매(suspended joint), ② 지접법(支接法) 이음매(supported joint)

2.3.2 보통 이음매

(1) 보통 이음매의 종류

보통이음매는 수직으로 절단한 레일복부에 한 쌍의 이음매판(板)(fish plate)을 대어 접속하는 "맞대기"가 일반적이다. 이 이외에 비스듬히 절단한 레일을 접속하는 "사(斜) 이음매"가 있으며, 신축이음매 등이 그 예이다. 보통이음매에 이용되는 이음매판은 일반적으로 다음의 종류가 있다.

① 보통 이음매판(fish plate, splice plate, joint bar)

② 이형(異形) 이음매판(junction fish plate, step joint bar, clanked splice plate).

이음매판은 다음의 목적으로 이용된다.

① 레일 단부의 위치를 바르게 유지하고, 레일 단부의 어긋남이 생기지 않도록 한다.

② 이음매 부분의 강도나 처짐에 대한 저항을 레일의 보통(중간) 부분과 같게 한다.

(2) 보통 이음매판의 형상

N레일이 이용되기 전에는 단책형(短冊形, flat splice plate)과 L형(flanged fish plate, angle fish plate)의 이음매판이 사용되어 왔지만, 나중에 단면2차 모멘트가 큰 L형(**그림 2.3.1**)으로 변경되었다. N레일용의 이음매판은 L형에 비교하여 두부와 귀 부분이 크고, 족부(足部)가 짧은 I형(toeless fish plate) 단면(**그림 2.3.1**)이 이용되고 있다. KS60 레일도 I형 단면이다. I형 단면이 채용된 주된 이유는 다음과 같다.

① L형 이음매판은 설치 후에 휨 모멘트를 받을 때 중립 축이 경사가 짐에 따라 유효 단면 2차 모멘트가 감소하지만, I형 단면은 경사가 적고, 단면이 유효하게 작용하는 점.

② 형상이 단순하여 제작이 유효한 점.

③ 스파이크용 저부 따기(notch)가 없게 되어 손상이 적게 되는 점.

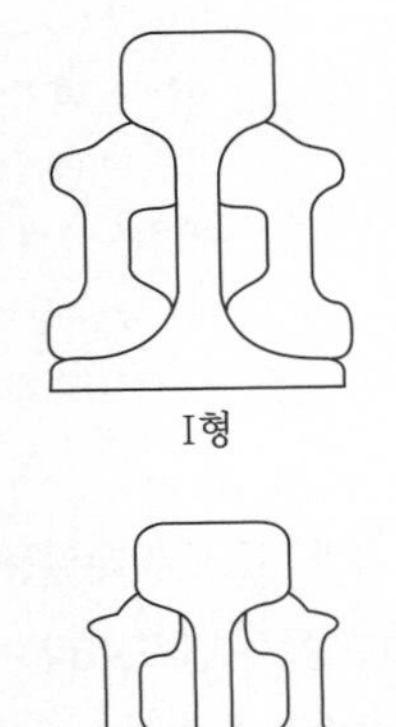

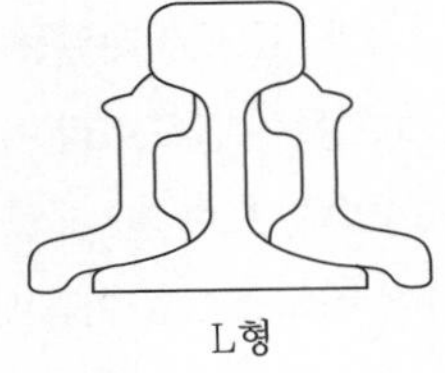

그림 2.3.1 보통 이음매판의 형상

현재 사용되고 있는 레일에 이용되는 대표적인 이음매판의 형상은 **그림 2.3.2**이며, 그 치수의 허용 오차를 **표 2.3.1**에 나타낸다. 이음매판의 볼트구멍은 30, 37, 50PS 및 50N 레

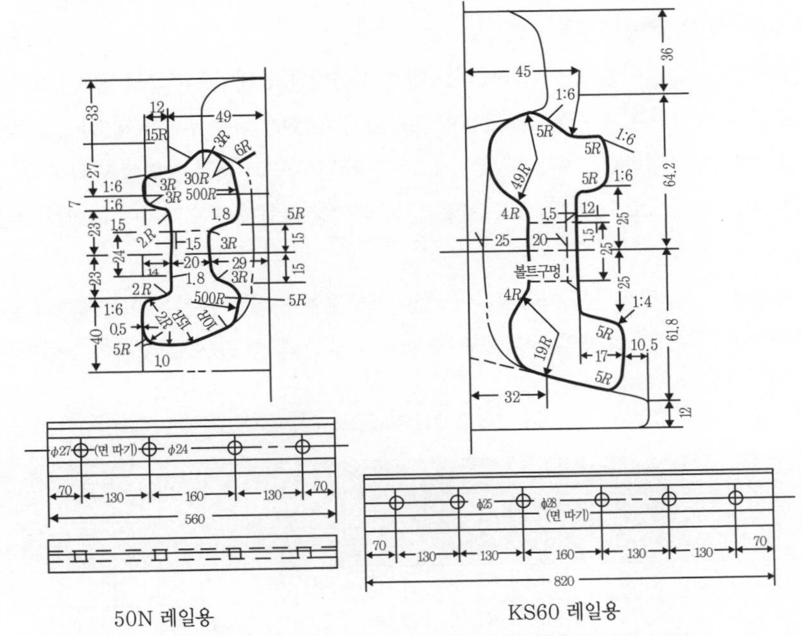

그림 2.3.2 현재 이용되고 있는 대표적인 이음매판의 형상

표 2.3.1 이음매판의 허용오차

항목		치수 허용 오차(mm)		
		30, 37, 50 레일용	50N 레일용	60 레일용
길이	L	±3	±3	±3
높이	t	±0.5	0.5	±0.5
구멍의 지름	d	+1.0, −0.5	+1.0, −0.5	+1.0, −0.5
구멍의 위치 및 상호간격	h, l_1, l_2, l_3	±1.0	±1.0	±1.0
저부 면 따기의 치수	w_1, w_2	±1.0	−	−
저부 면 따기의 위치	l_4, l_5	±1.5	−	−
구멍과 면 따기의 상호 위치	l_6	±1.5	−	−
이음매판 상부곡면(19R)의 반경	r	−	−	±0.3

※ 이 이외의 압연제품과 단조제품 모두 중앙 이상의 방향으로의 휨 량은 1.0 mm, 중앙 이내의 방향으로의 휨 량은 1.5 mm 이하이어야 한다.

일용이 4개, KS60 레일용이 6개이다. 37 레일용의 이음매판과 50 레일용의 단책형 이음매는 볼트의 공 회전을 막기 위하여 볼트머리 아래가 타원형으로 되어 있기 때문에 이음매판의 구멍 중에서 2개의 구멍을 타원형으로 하고 있다. 또한 30 레일용 이음매판의 볼트구멍은 4개 모두 타원형이다.

50PS 레일용 L형 이음매판 및 50N 레일, 60 레일용 이음매판 볼트는 공 회전을 방지하기 위하여 볼트머리를 4각형으로 하고 있으므로 이음매판의 볼트구멍은 둥근 구멍으로 하고 있다. 30, 37, 50PS 레일용의 L형 이음매판은 족부(足部)에 면 따기(notch)를 하여 스파이크를 박고 있지만, 면 따기 부분에서 균열이 생기기 쉬운 결점이 있기 때문에 50N 및 KS60 레일용의 I형 이음매판에서는 면 따기를 하지 않고 있다.

(3) 보통 이음매판의 역학적 분류

보통 이음매판은 레일 이음매를 조립하였을 때에 이음매판과 레일두부와의 접촉상태에 따라 두부접촉(頭部接觸, head contact)형과 두부자유(頭部自由, head free)형으로 분류된다(제2.1.2(2)항 참조).

1) 두부접촉형 ; 두부접촉형은 이음매판이 레일두부의 턱 하면과 저부 상면에 밀착하여 이음매판의 쐐기 작용으로 꽉 죄어지는 형식으로 30, 37, 50PS 및 50N 레일용 이음매판이 여기에 속한다(**그림 2.3.2**의 50N용을 참조).

2) 두부자유형 ; 두부자유형은 이음매판이 레일 상부필렛에 닿는 부분은 이음매판이 닿은 때부터 밀착하여 볼트를 꽉 죄이면 이음매판의 레일각부(脚部)에 닿는 부분이 레일중심으로 향하여 조여지는 형상(**그림 2.3.2**의

표 2.3.2 이음매판의 단면2차 모멘트

이음매판 종별	레일		한쌍의 단면적 B(cm²)	$\frac{B}{A}$	수평축의 경사각 θ	단면2차 모멘트		$\frac{I_v}{I_x}-1$ (%)	$2\frac{I_v}{I}$ (%)
	단면적 A(cm²)	I (cm⁴)				I_x (cm⁴)	I_v (cm⁴)		
50용(L형)	64.33	1,740	67.30	1.05	31° 25′	288	231	−20	26
50N용	64.05	1,960	67.72	1.06		303			31
60용	77.5	3,090	68.60	0.89		399			26

KS60 레일용을 참조)이다. 두부자유형은 레일 상부필렛의 곡률 반경이 크게 되는 점에서 레일단면 중 가장 큰 이 부분의 국부 응력을 저감시킬 수 있다. 또한, 구조상 볼트가 이완되기 쉽지만, 이음매판의 손상이 적게 되는 경향이 있다.

(4) 이음매판의 강도

레일 이음매의 단면적은 레일단면의 85~100 % 정도이지만, 휨 강성은 30 %밖에 되지 않는다. 이 때문에 동일한 지지 상태에서의 침하는 모재 레일의 3 배 정도로 된다. 이것에 대하여 일반 궤도의 이음매에서는 이음매 침목(tie for rail joint)을 이용한 지접법을 이용하고 있으며, 이에 따라 침하량이 중간부와 거의 같게 된다. 따라서, 레일압력도 특히 크게 되지는 않는다. 그러나, 신축으로 인한 레일과 이음매판간의 마모, 볼트 이완, 레일 단부 마모의 차이 및 유간 등에 기인하여 충격이 발생하는 결과로 이음매부의 진동 가속도는 중간부에 비하여 수 배 큰 것이 통례이다.

보통 이음매판의 단면 정수는 **표 2.3.2**와 같다. 50PS 레일용 이음매판은 볼트로 레일에 바짝 죄인 상태로 수직 휨 모멘트를 받으면 단면형상이 수평 x축, 수직 y축에 비대칭이므로 중립 축이 경사를 지어 그 유효 단면2차 모멘트가 감소한다(**그림 2.3.3**). 예를 들어, 50PS 레일용 이음매판에서는 수평 x축 단면2차 모멘트 Ix에 대하여 중립 축이 31° 정도 경사하기 때문에 유효 단면2차 모멘트 Iv가 약 20 % 감소하여 버린다. 이에 대하여 N레일용 등, I형 이음매판에서는 이와 같은 강도의 감소가 적다. 이음매판의 재질은 기계구조용 탄소 강재 또는 탄소강 단강 품 및 동등 품이며, 50N, 60레일용의 이음매판은 열처리가 시행되고, 열처리 후의 기계적 성질은 인장강도 70 kgf/mm^2 이상, 연신율 12 이상이어야 하며, 그 표면경도는 HB 262~331이다.

이음매는 궤도에서의 약점이므로 상기에 기술한 것처럼 50N 레일을 설계할 때에는 이음매 구멍을 축소하고, 이음매 구멍을 레일 단부에서 멀어지게 하며, 제1 및 제2 구멍의 간격을 크게 하고 면 따기를 하였다. 일본의 조사에 따르면, 이들의 효과는 1965년경 6,000 건의 레일손상에서 약 60 %를 점하고 있던 파단이 1986년에는 약 200 건까지 감소한 레일손상 중에서 3.4 %만을 점하게 되어 효과가 있다.

한편, 궤도파괴가 큰 개소에서 이음매판을 사용하는 경우에는 이음매판의 마모에 기인하는 충격의 증가와 충격에 기인하는 이음매판과 이음매 볼트의 손상을 피하기 위하여 열처리 이음매판과 열처리 볼트를 사용하고 있다. 또한, 레일복부에 아연 등의 금속 피복 혹은 도장을 시행하고, 게다가 방청유를 충분히 함유한 천을 사이에 삽입하는 등으로 이음매판과 레일의 녹에 기인하는 과대한 이음매 저항력(resistance at rail joint)을 방지하는 것이 중요하다.

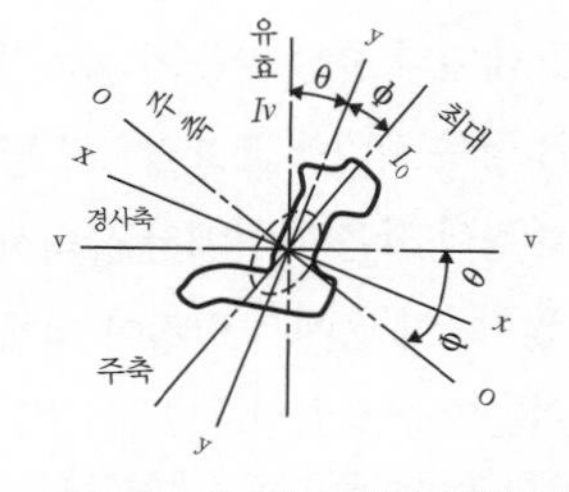

그림 2.3.3 이음매판 주축의 경사

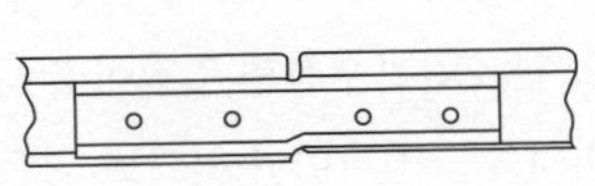
그림 2.3.4 이형 이음매판 (이종 레일용)

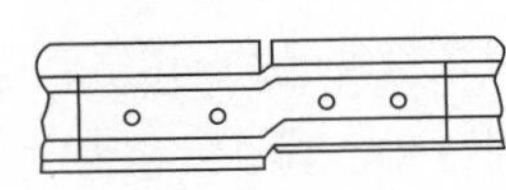
그림 2.3.5 이형 이음매판 (단차용)

(5) 이형(異形) 이음매판(junction(or transition) fish plate, flat(or compromised) bar)

이형 이음매판은 **그림 2.3.4**에 나타낸 것처럼 다른 종류의 레일을 접속하는 경우에, 혹은 마모량이 다른 레일을 접속하는 경우에 레일높이를 맞출 목적으로 사용한다. 우리 나라에서는 제2.1.7(2)항에서도 언급한 것처럼 종류가 서로 다른 레일을 접속하여 사용하는 경우에는 중계(中繼)레일(compromise joint)을 사용하는 것을 원칙으로 하고 있다. 이형 이음매판은 이음매판의 중앙부 부근을 단조 또는 절삭으로 가공하여 제작하지만, 이종(異種)의 레일을 접속하는 것은 가공 부분의 단면변화가 크기 때문에 국부 응력이 증대하고, 보통이음매와 비교하여 강도가 낮다. 따라서, 이종 레일의 접속 목적에는 이형 이음매판의 사용을 될 수 있는 대로 피하고, 그 대신에 중계레일을 사용하여야 할 것이다.

마모량이 다른 레일을 접속할 목적으로 사용하는 이형 이음매판(단차용)은 **그림 2.3.5**와 같으며, 동종(同種) 레일의 보수 목적에 사용되는 이형 이음매판(이음매 처짐용)은 **그림 2.3.6**과 같은 형상이다. 마모량이 다른 레일을 보통 이음매판으로 접속하면 레일표면의 단차에 기인하여 이음매 충격이 증가하는 요인으로 되지만, 단차가 있는 이형 이음매판을 사용하여 충격을 완화할 수가 있다. 그러나, 단차가 있는 가공부가 약점으로 되므로 정기적으로 갱환하는 것이 바람직하다.

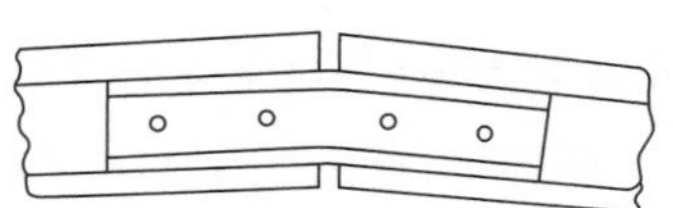

그림 2.3.6 이형이음매판(이음매 처짐용)

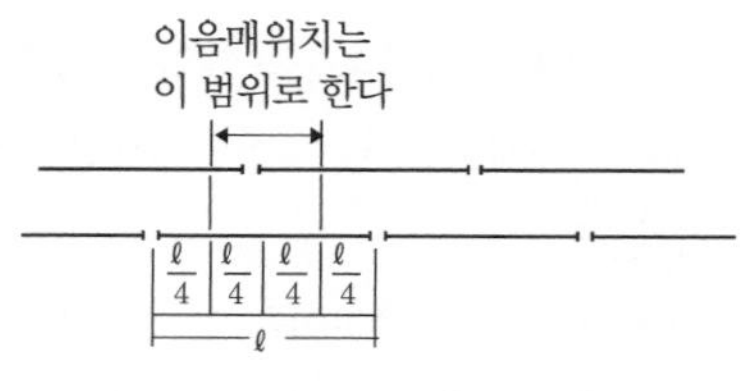

그림 2.3.8 상호식 이음매

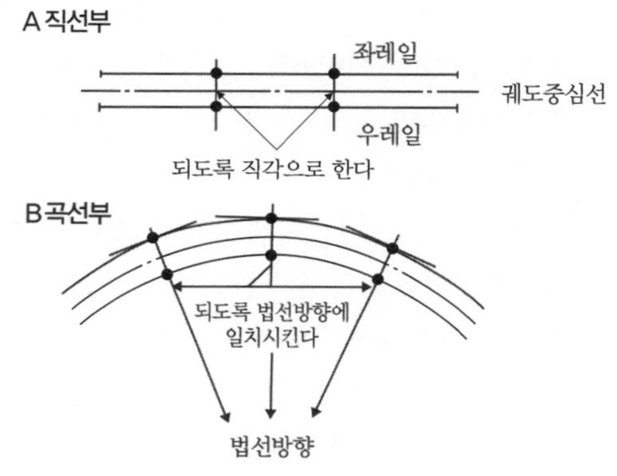

그림 2.3.7 상대식 이음매

(6) 이음매의 배치와 지지 방법

이음매의 배치에는 상대식(相對式, opposite joint)과 상호식(相互式, alternate joint)의 2 종류가 있다. 상대식은 **그림 2.3.7**과 같이 좌우 레일의 이음매를 상대하여 설치하는 방법이며, 통상적으로 이 방법을 이용하고 있다. 상호식 이음매는 **그림 2.3.8**에 나타낸 것처럼 한쪽의 이음매를 마주 보는 레일의 중앙 부근에 설치하는 방법이며, 이 방법은 이음매 처짐(joint dip of rail)이 생긴 경우에 수준 틀림이 좌우 레일에 교호적으로 발생하여 차량의 롤링(rolling) 동요를 일으키는 등 보수상의 결점이 많다. 그러나, 반경이 작은 곡선에서 상대식 이음매는 짧은 레일을 혼용하여 이음매 위치를 조정하여야 하므로 역으로 불편이 많다. 이 점에서 반경이 대개 400 m 미만인 곡선에서는 이음매를 상호식으로 하여도 좋은 것으로 된다. 또한, 이음매를 상호식으로 할 경우에 이음매의 위치는 마주 보는 레일의 중앙에서 1/4 이내에 설치한다.

상대식 이음매를 설치하는 경우에 직선에서는 좌우 레일의 위치를 궤도중심선에 대하여, 곡선에서는 좌우 레일의 위치를 그 접선에 대하여 되도록 직각으로 설치하여야 한다. 곡선부에서는 이 때문에 짧은 레일을 혼용하여 이음매의 위치를 조정한다. N레일의 경우에 짧은 레일의 혼용은 **표 2.3.3**에 나타낸 것과 같으며, 예를 들면, R = 300인 경우에 25 m 레일 35개에 대하여 한 토막 절단의 짧은 레일을 95개의 비율로 사용하며, 그 근사치는 3개에 대하여 8개의 비율이다.

이 계산법은 **그림 2.3.9**에서 혼용 비를 기본 길이의 레일 수 n_1, 짧은 레일 수 n_2 로 하면, 한 토막 절단의 치수가 130 mm, 두 토막 절단이 231 mm인 것에서 C>130 mm에 대하여는

$$n_1 : n_2 = (231 - C) : C$$

C < 130 mm에 대하여는

$$n_1 : n_2 = (130 - C) : C$$

로 되어 **표 2.3.3**이 얻어진다.

표 2.3.3 짧은 레일의 혼용 표

레일종별 / 길이 / 구분 / 곡선반경(m)	30 kg/m 20 m 기본길이의 레일 (개)	30 kg/m 20 m 짧은 레일 (개)	37, 50 kg/m 25 m 기본길이의 레일 (개)	37, 50 kg/m 25 m 짧은 레일 (개)※	50N, 60 kg/m 25 m 기본길이의 레일 (개)	50N, 60 kg/m 25 m 짧은 레일 (개)※	기사
200	1	10	1	2	3	5	1. 이 표의 수치는 근사치를 나타낸다. 2. 이 표에서 짧은 레일이란 한 토막 짜르기를 말한다. 다만, ※표시를 붙인 것은 두 토막 짜르기로 한다.
240	1	3	1	15	1	11	
250	2	5	1	10	1	7	
260	4	9	2	13	2	11	
300	2	3	1	3	3	8	
340	1	1	1	2	6	11	
350	1	1	4	7	3	5	
360	1	1	3	5	2	3	
380	1	1	2	3	3	4	
400	5	4	4	5	5	6	
420	4	3	6	7	1	1	
440	3	2	1	1	1	1	
460	11	7	1	1	1	1	
480	5	3	7	6	6	5	
500	9	5	5	4	9	7	
520	2	1	4	3	4	3	
540	2	1	7	5	13	9	
560	11	5	3	2	3	2	
580	9	4	11	7	5	3	
600	7	3	5	3	7	4	
650	13	5	2	1	2	1	
700	3	1	11	5	9	4	
750	16	5	7	3	5	2	
800	25	7	13	5	19	7	

(비고)

① 위의 표에서 각 레일종별의 절단 치수(mm)는 다음과 같이 한다.

레일종별 / 절단치수(mm)	30, 37, 50 kg/m	50 N	60 kg/m
한 토막 짜르기	127	130	130
두 토막 짜르기	216	231	260

② 짧은 레일은 이 표의 비례에 따라 혼용하고, 되도록 내외 레일의 토막 차이가 절단치수의 1/2를 넘지 않도록 배치한다.

$$\frac{R+\left(\frac{G}{2}+\frac{H}{2}\right)}{A}=\frac{R-\left(\frac{G}{2}+S+\frac{H}{2}\right)}{B}$$

$$\therefore\ B=A\times\frac{R-\left(\frac{G}{2}+S+\frac{H}{2}\right)}{R+\left(\frac{G}{2}+\frac{H}{2}\right)}$$

$C = A - B$에서

$$C=A\times\frac{G+H+S}{R+\left(\frac{G}{2}+\frac{H}{2}\right)}$$

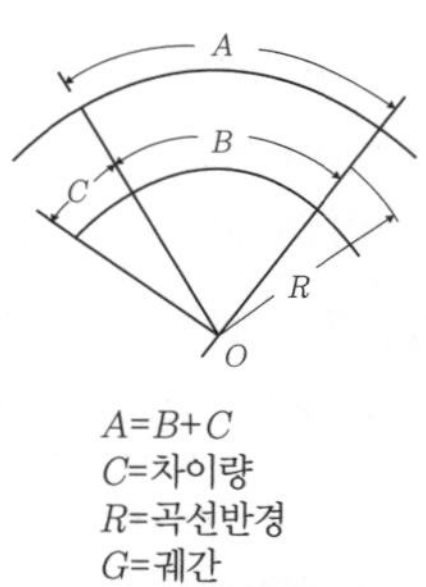

그림 2.3.9 레일토막 차이 량의 계산

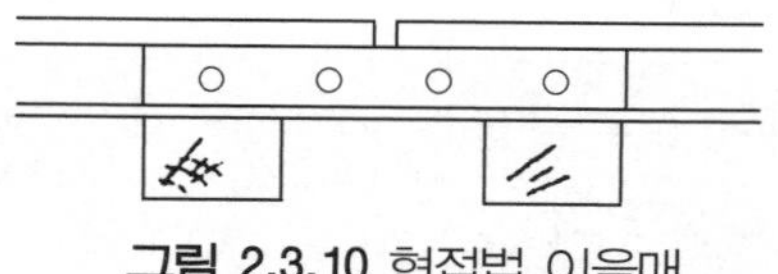

그림 2.3.10 현접법 이음매

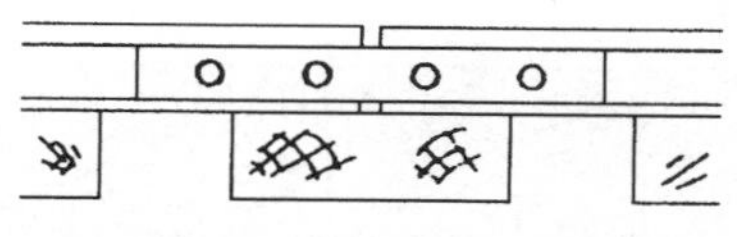

그림 2.3.11 지접법 이음매

이음매의 지지방법에는 **그림 2.3.10**에 나타낸 현접법(懸接法, suspended joint)과 **그림 2.3.11**에 나타낸 지접법(支接法, supported joint)이 있다. 일반 철도에는 현재 지접법을 이용하고 있으며, 지접법을 이용하는 침목에 대하여 조사한 결과에 따르면, 이음매 침목(tie for rail joint)을 이용하는 지접법이 기타보다도 보수작업상 좋은 결과를 나타내었다(**그림 2.3.12**). 이 때문에 이음매용 넓은 침목을 이용하는 지접법을 이용하고 있다. 우리 나라는 1978년부터 이음매 침목을 부설하기 시작하였다.

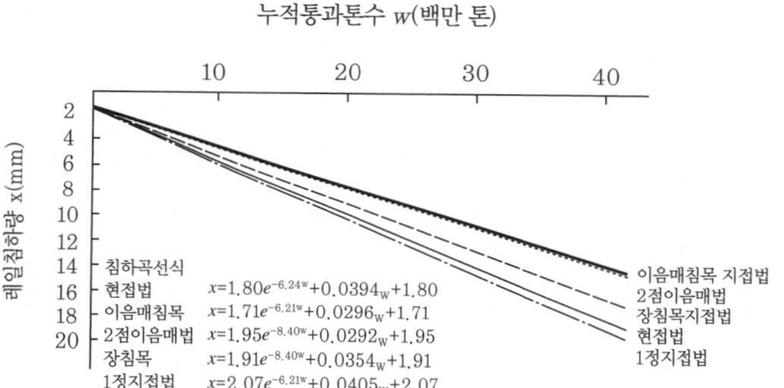

그림 2.3.12 이음매의 지지 방법에 따른 레일 침하의 차이의 예

선로유지관리지침에서는 레일이음매를 상대식으로 배치하며 반경이 작은 곡선부 등 특별한 경우에는 상호식으로 부설할 수 있다고 규정하고 있다. 레일 이음매를 상대식으로 배치할 경우에 직선부에서 양측레일의 이음매부의 위치는 궤도중심선에 직각이 되도록 하고 곡선부에서는 곡선반경에 따라 단척레일을 사용하여 양측레일의 이음매가 원심 선에 일치하도록 부설하며 허용한도는 직선부 40 mm, 곡선부 100 mm(다만, 단척레일을 2개 연접했을 때는 150 mm)이다. 레일이음매를 상호식으로 부설할 경우의 이음매위치는 상대측 레일의 중앙으로부터 레일길이의 4분의 1이내에 있도록 부설한다. 레일이음매는 지접법에 따르되, 특별한 경우에는 현접법에 따를 수 있으며, 지접법의 경우에는 이음매 침목을 사용한다. 레일이음매는 부득이한 경우를 제외하고는 교대, 교각 부근, 거더 중앙과 건널목 상에서는 피한다.

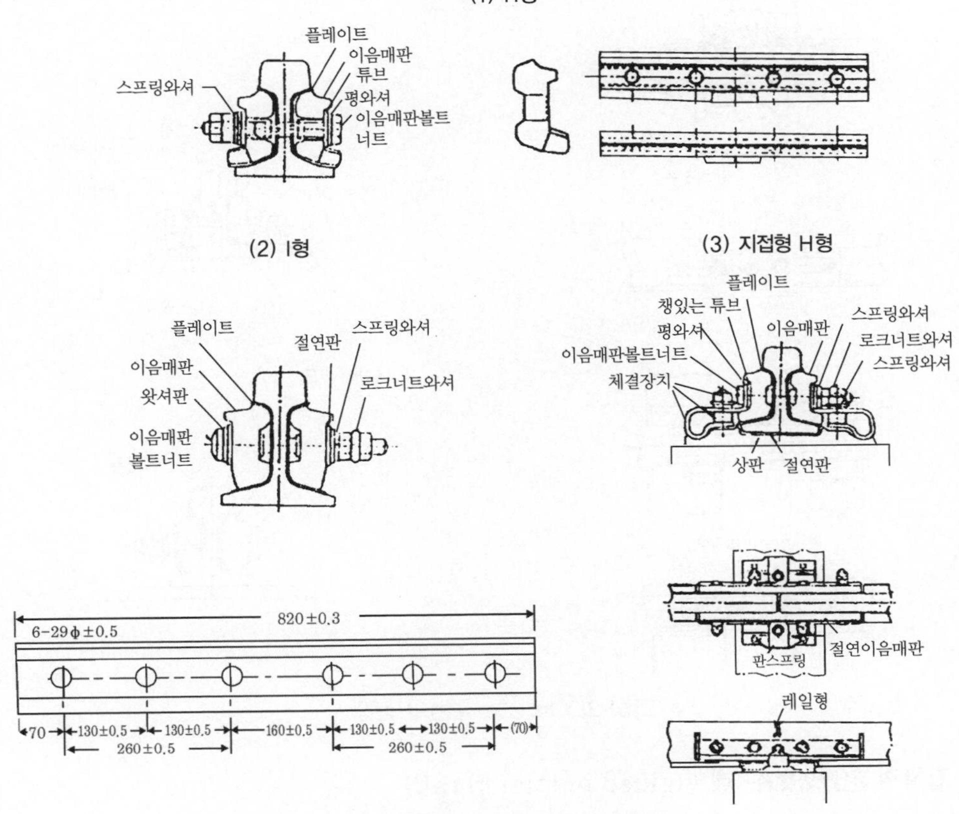

그림 2.3.13 H형 및 I형 절연

2.3.3 절연(絕緣) 이음매(insulated joint)

신호기를 제어하는 궤도회로나 건널목 경보기의 제어 구간을 마련하기 위하여 레일절연과 접착(接着)절연 이음매(glued insulated joint)를 설치한다. 절연 이음매의 채용은 자동신호화가 채용되고 나서부터 이며, 일본에서는 이후 웨버(weber)형에서 키스톤(keystone)형, 콘티뉴어스(continuous)형 등이 순차 채용되었지만, 보수성과 구조상의 문제에서 키스톤형의 H형 및 I형(**그림 2.3.13**)이 많다.

H형의 레일절연은 중앙부가 L형 단면으로 되어 있어 이 단면 변화부에 응력 집중이 일어나기 쉬우므로 손상과 볼트의 이완에 주의하여야 한다. G형 절연(**그림 2.3.14**)은 다른 레일 절연과 달리 이음매판을 절연재로 피복하고 상판과 스프링 클립으로 체결하고 있기 때문에 스프링 클립과 와셔 판의 사이가 약 40 mm밖에 안되므로 레일이음매가 이동하면 단락할 우려가 있고, 또한, 신축이음매의 스트로크가 ±62.5 mm보다도 작으므로 신축이음매부에 사용하면 아니 된다. 특히, 장대레일의 절연이음매는 I형이어야 한다. 또한, 챙이 있는 튜브의 챙 부분의 재질이 강화되어 에폭시수지 · 글라스포 적층재로 되었기 때문에 절연이음매 볼트의 토크는 50, 50N, 60 레일용에서는 5,000 토크, 37, 30 레일용은 4,000 토크로 되어 있다. 더욱이, 절연이음매를 스파이크로 체결하는 경우는 이음매와의 거리에 유의하고, 단락이 발생되지 않도록 주의하여야 한다.

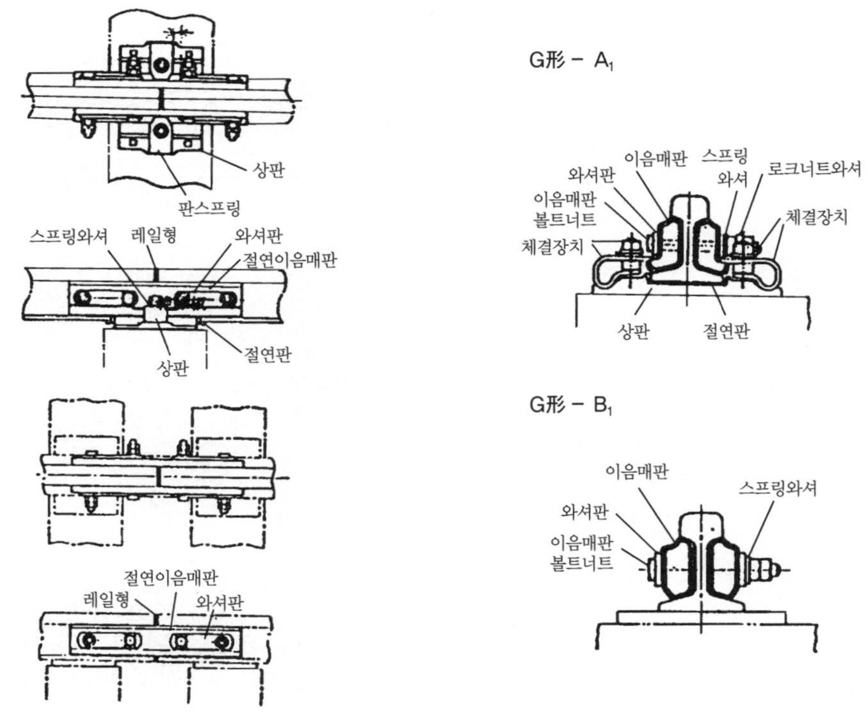

그림 2.3.14 G형 절연의 형상

2.3.4 접착절연(接着絶緣) 레일(glued insulated rail)

레일 절연(絶緣)이음매의 강화책으로서 강력한 접착제로 레일과 이음매판을 접착(接着)하여 레일 축력(longitudinal force in rail), 충격에 견디고, 충분한 절연성을 갖는 접착절연 레일의 개발이 진행되어 현재 규격화되어 있다. 습식법의 따른 접착법은 제조법의 기계화 · 근대화에 따라 더욱 강도를 증가시킨 건식법으로 개정되었다. 그리고, 근년의 장대레일의 보급에 따른 기술의 향상(접착제 · 절연재의 개발)을 받아들여 건식법을 이용하고 있다.

일반적으로 사용되는 접착절연 레일에서 레일의 종류는 보통레일 및 열처리 레일(HH 340, HH 370)의 50N, 60 레일이 있으며, 우리 나라에서는 곡선용 레일과 이음매판 제작의 어려움과 경제성의 이유로 직선용만 제작하여 사용하고 있으나, 일본에서는 접착절연 레일의 종류별로 곡선반경(R300용, R600용, R1000용, R3000용, R4000용 R5000용, 직선용)에 따라 사용범위를 정하여 사용하고 있다.

대부분의 고속철도에서는 무절연(無絶緣) 궤도회로(軌道回路)를 사용한다. 무절연 궤도회로는 레일에 물리적 절연물을 삽입하지 않고, 인접 회로와의 분리를 전기적(電氣的)으로 구분(區分)하는 방식이다. 회로구분(回路區分) 경계구간에 동조(同調) 유니트(共振回路)를 사용하여 특정 주파수에서 레일이 임피던스(impedance)와 공진이 되도록 하여 임피던스가 최대 또는 최소가 되도록 한 것이다.

접착절연 레일의 일례는 **그림 2.3.15**에 나타내며, 전면(全面) 밀착형의 특수 이음매와 레일과의 사이에 열경화성 에폭시 수지와 글라스 크로스(glass cross)로 이루어지는 접착 층을 형성하여 레일절연에 이용하는 볼트,

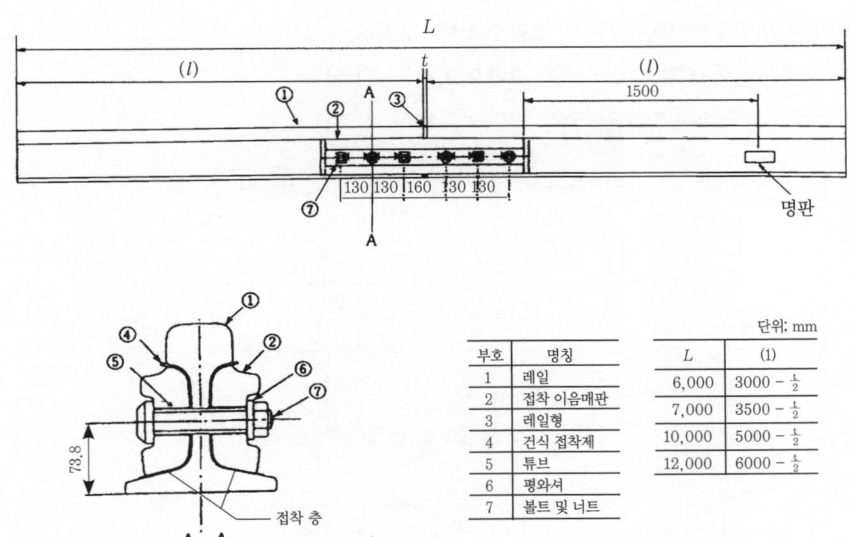

부호	명칭
1	레일
2	접착 이음매판
3	레일형
4	건식 접착제
5	튜브
6	평와셔
7	볼트 및 너트

단위; mm

L	(l)
6,000	$3000-\frac{t}{2}$
7,000	$3500-\frac{t}{2}$
10,000	$5000-\frac{t}{2}$
12,000	$6000-\frac{t}{2}$

그림 2.3.15 접착절연 레일(60 레일용)의 예

너트, 레일형(形) 등을 사용하여 조립 · 제작한다. 공정으로서는 레일 및 이음매판을 기계 가공하여 표면 처리한 후에, 접착제를 조합하여 글라스 크로스에 함침(含浸)시켜 이들을 조립하여 제작하고 있다. 종래는 경화재와 경화액을 혼합하여 글라스 크로스에 도포하고 나서 가열 경화시키는 공정(습식법이라 한다)을 취하였지만, 현재는 화학공장에서 글라스 크로스 등에 접착제를 도포한 프리플레그(pre-preg)를 제조하여 두고 이것을 공장에서 압착하여 가열 처리시키는 건식 공법을 채용하고 있다.

접착절연 레일의 접착부에 대하여는 종 플로(縱 flow)를 제거하여 단락(短絡)방지를 도모한다. 또한, 열차하중에 따른 휨 응력을 될 수 있는 한 작게 하여 접착 층의 박리 감소, 방지를 위하여 침목 지지 방법은 원칙적으로 현접법으로 하고, 침목 배치수가 39 개/25 m 이하인 경우는 접착부의 침목 간격을 축소하여야 한다.

2.3.5 신축(伸縮) 이음매(expansion joint, E. J.)

장대레일은 신호회로의 절연, 곡선반경이나 교량 등 때문에 종단(終端)이 생기며 이 양단의 신축을 처리하기 위하여, 그리고 교량구간에서 레일축력계산결과, 필요시 축력을 저감시키기 위하여 신축이음매를 이용하고 있다.

(1) 신축 이음매의 종류

1) 편텅레일형(片 tongue rail 型) ; 이 형식(**그림 2.3.16**)에는 이동레일이 직선인 (A)형식과 이동레일이 곡선인 (B)형식이 있다. (A)는 차륜의 갈아탐이 비교적 용이하며, 이동레일과 텅레일의 겹침 부분을 길게 하면 거의 충격이 생기지 않지만, 레일의 신축에 수반하여 궤간이 변화하든지, 또는 궤간을 일정하게 하려고 하면 이동레일과 텅레일 사이에 간극이 생긴다. (B)는 이동레일의 신축에 관계없이 궤간이 일정하며 이동레일이 텅레일을 탄성적으로 누르고 있으므로 양 레일간에는 거의 문제가 생기지 않는다.

2) 양(兩)텅레일 겹침형(프랑스 국철, **그림 2.3.17**(a) 참조)

3) 양(兩)텅레일 맞대기형(스페인 국철, **그림 2.3.17**(b) 참조)

4) 결선(缺線) 가드레일형(벨기에 국철, **그림 2.3.17**(c) 참조)

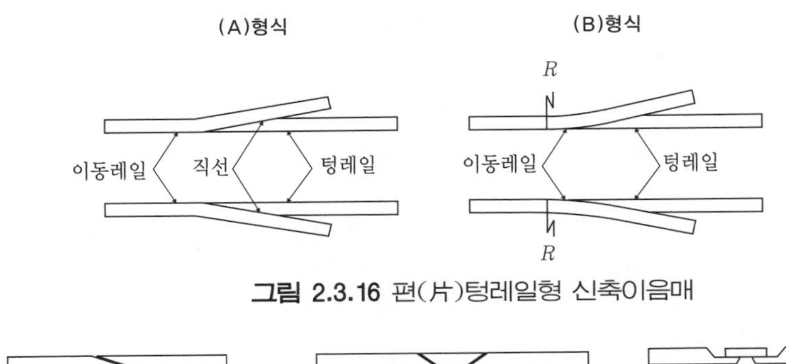

그림 2.3.16 편(片)텅레일형 신축이음매

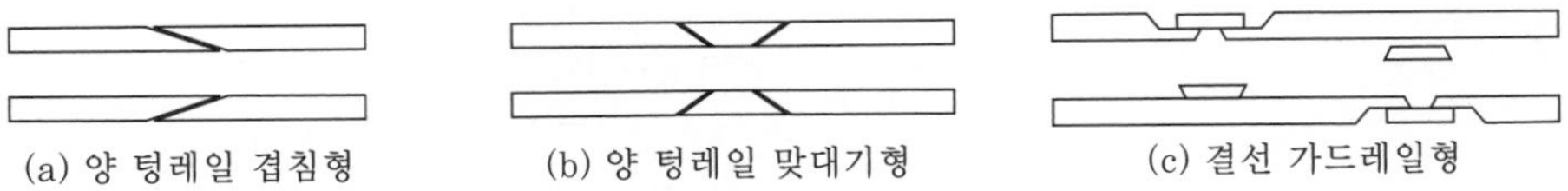

(a) 양 텅레일 겹침형　(b) 양 텅레일 맞대기형　(c) 결선 가드레일형

그림 2.3.17 기타의 신축이음매

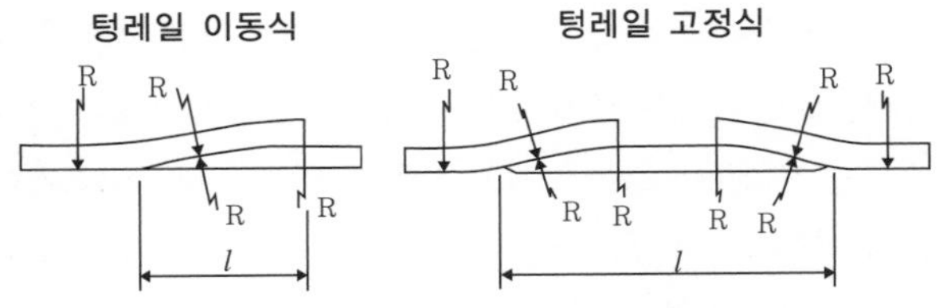

그림 2.3.18 신축 이음매의 선형

이들의 형식에 대하여 부설 시험을 시행한 결과에 따르면, 레일단면의 부족이 큰 것은 그 부분에 손상을 일으킬 가능성이 있고, 손상이 발생하면 중대 사고로 이어질 우려가 있어 그것의 방지를 위하여 가드레일을 설치하면 전체적으로 구조가 복잡하게 되는 등의 문제가 있는 것을 알 수 있다. 우리 나라에서는 사(斜)이음매 형식{1)의 (B)유형으로 **그림 2.3.18**}을 채용하고 있다.

현재 우리 나라에서 사용되고 있는 신축 이음매의 종류는 **표 2.3.4**와 같다. 또한, 현재에는 제작 기술의 진보와 체결장치의 보수 생력화 때문에 팬드롤용 신축 이음매도 부설되고 있다.

표 2.3.4 현재 이용되고 있는 신축이음매

PC침목	도면 번호	전장(mm)	편측 허용 스트로크(mm)	이용 침목	비고
50N용	544-0001	7,260	±62.5	목침목, PC침목	재래형
	02EJ100	17,490	±62.5	목침목, PC침목	개량형
UIC 60용	K-9-9900-R999-167-010	50,400 (12,700×2+25,000)	±300	PC침목	개량형
		12,000	±90	PC침목	일반용

(2) 신축 이음매의 설계

사(斜)이음매 형식의 신축 이음매는 텅레일, 이동레일과 레일 브레이스, 블록 및 상판 등의 부속품으로 구성되어 있다(**그림 2.3.19**). 현용의 텅레일과 이동레일의 구조는 반향곡선을 가지도록 레일을 굽힘 절삭(切削) 가공하여 제작하고 있다(**그림 2.3.18**). 반향곡선의 반경은 신축에 수반하여 레일이 횡 방향으로 휘어지기 때문에 이것을 작게 하면 강도 상 좋다고 생각된다.

레일이 R의 반경으로 휘어질 때의 연응력(緣應力) σ_{max}는

$$\frac{1}{R} = \frac{M}{EI}$$

에 따라, y_0을 중심축으로부터 연단까지의 거리로 하면

$$\sigma_{max} = \frac{E}{R} y_0$$

로 주어진다.

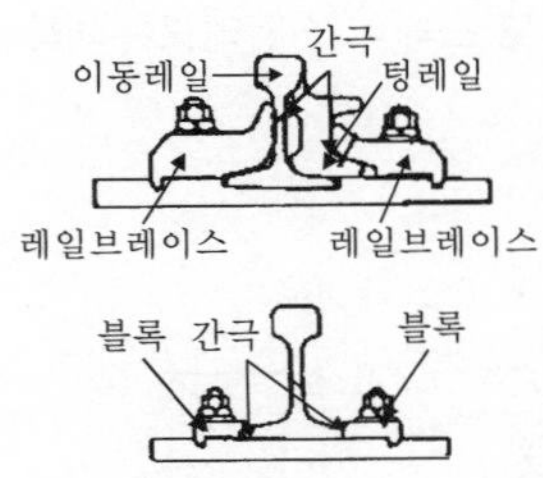

그림 2.3.19 신축 이음매의 구조

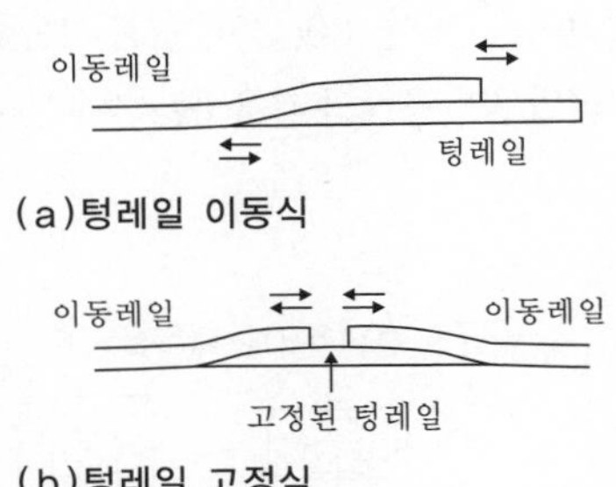

그림 2.3.20 신축 이음매의 움직임

사(斜)이음매 형식의 신축이음매에 대하여 텅레일 이동식은 **그림 2.3.20**(a)와 같이 텅레일과 이동레일 양쪽 모두 이동하는 형식으로 되어 있지만, 텅레일 고정식은 **그림 2.3.20**(b)와 같이 텅레일은 이동하지 않고 이동레일만이 이동하는 구조로 되어 있다. 이것은 텅레일이 이동하면 **그림 2.3.21**과 같은 궤간 틀림이 생기며, 이 값은 최대 7 mm 정도의 궤간 확대가 생겨 고속주행에 대하여 문제가 된다고 생각되므로 신축할 때에 텅레일이 이동하지 않는 구조로 한 것이다.

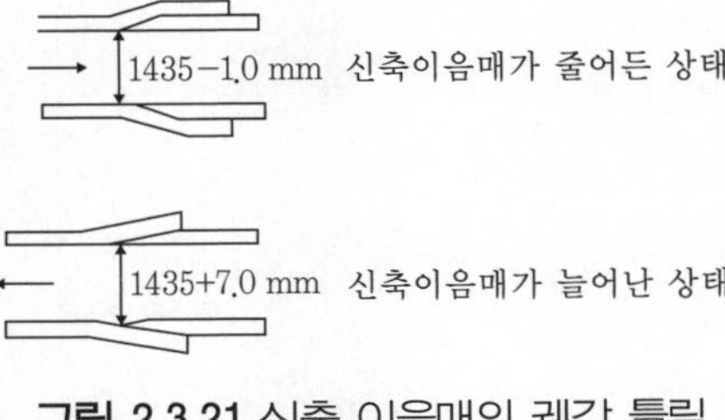

그림 2.3.21 신축 이음매의 궤간 틀림

신축 이음매의 양단은 용접을 원칙으로 하고 있지만, 용접할 수 없는 경우에는 무 유간으로 한다. 또한, 신축 이음매의 한 끝이 절연이음매로 되는 경우에는 이동레일 쪽을 절연 이음매로 한다. 곡선에 부설되는 신축 이음매는 곡선반경에 응하여 휨 가공하여 제작하지만, 곡선구간에는 되도록이면 신축이음매를 부설하지 않는 것이 좋다(제3.7.2(7)항 참조).

(3) 신축이음매의 부설과 관리

신축이음매 장치는 장대레일구간에 과대 축압이 발생할 우려가 있는 개소에 설치하며 고속철도에서 제3.7.2(7)항에 해당되는 구간에는 부설하여서는 안 되며, 신축이음매장치의 설치기준은 제3.7.2(7)항에 따른

다. 고속철도의 신축이음매 장치는 다음의 경우에 교환한다. ① 비가공부 : 일반궤도 마모기준 적용, ② 고정텅레일 가공부 : 분기기 텅레일 마모기준 적용. ③ 균열 또는 결함(레일검사기준 결과) X_1, X_2 또는 S로 분류된 경우에 즉시 교체, ④ 텅레일 및 이동레일에 운전상 위험 우려가 있는 것 또는 보수 가 곤란하다고 판단되는 것.

고속선로용 신축이음매에 관한 기타의 유지보수 관련사항은 《고속선로의 관리》를 참조하라.

2.3.6 이음매판의 부속품

현재 사용되고 있는 이음매판 볼트(fish bolt, joint bolt)의 종류는 ① KS60 레일용, ② 60K 레일용, ③ 50N용, ④ 50PS용(L형 이음매용, 단책형 이음매용), ⑤ 37레일용(6각 너트 및 4각 너트), ⑥ 30레일용(6각 너트 및 4각 너트)이다. 30, 37, 50PS용 이음매판 볼트 · 너트의 나사는 위트 나사가 사용되어 왔지만, 50N 레일용에 대하여는 KS나사가 사용되고 있다. 50PS용의 볼트는 L형 이음매용이 4각 머리, 단책형 이음매용이 둥근 머리이다. 또한, 30, 37레일용 이음매판 볼트의 너트는 일반 구간은 6각 너트를 사용하지만, 부식환경이 현저한 터널구간 등에서 사용하는 경우는 부식 등으로 각이 찌부러져도 스패너가 걸리도록 4각 너트를 사용하고 있다.

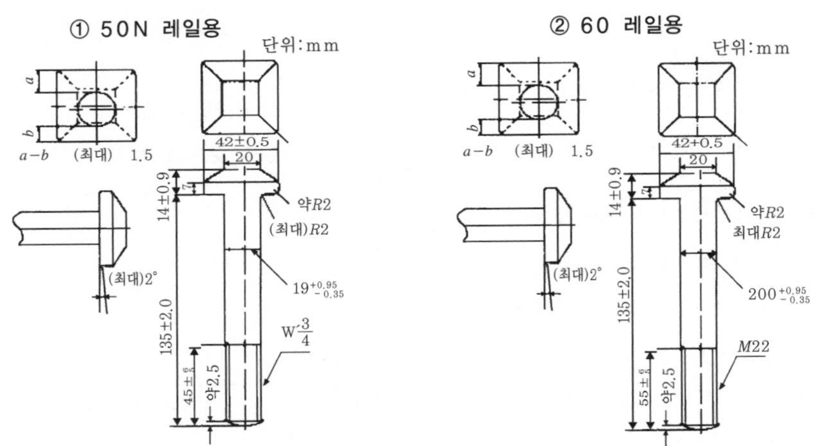

그림 2.3.22 50N 및 60레일용 이음매판 볼트와 너트의 형상, 치수

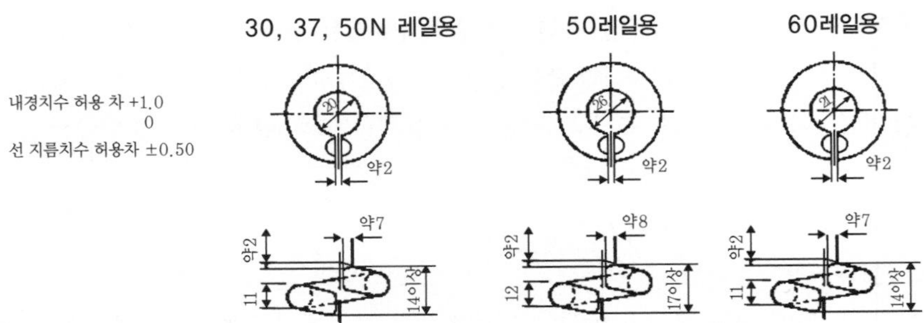

그림 2.3.23 로크 너트 와셔의 종류

보통 이음매인 경우에 30, 37, 50PS용 이음매판 볼트 · 너트의 재질은 일반구조용 압연 강재의 SS490에 따르며, 열처리를 할 경우에는 기계구조용 탄소강 강재의 S40C~S50C를 이용한다. 또한, 50N, KS60레일용의 이음매판 볼트는 크롬강 강재의 SCr440에 따라 담금질 뜨임 처리를 한다. 이 이음매판 볼트에 사용하는 너트는 기계구조용 탄소강 강재의 S40C~S50C를 이용한다. 일례로서 50N, KS60 레일용의 이음매판 볼트와 너트의 형상을 **그림 2.3.22**에 나타낸다.

이음매판용 로크 너트 와셔(spring (or elastic, locking) washer)는 이음매판 볼트에 적정한 장력을 주어 너트가 이완하기 어렵게 할 목적으로 사용된다. 이음매판에 이용되는 로크 너트 와셔의 종류, 치수, 형상은 **그림 2.3.23**과 같다.

이음매판 볼트의 설치 방법은 탈선한 차륜에 기인하는 손상을 적게 받기 위하여 일반적으로 **그림 2.3.24**와 같이 설치하는 것을 원칙으로 하고 있다. 그러나, 30레일의 경우만 레일이 마모한 경우에 너트가 건축한계에 저촉할 우려가 있기 때문에 4개 모두 궤간 외에서 너트를 죄이고 있다. 또한, 레일본드를 궤간외측의 레일두부측에 용착하는 경우에는 (c)와 같이 설치한다. 이음매판 볼트의 설치순서는 틈이 없이 이음매판이 견고히 죄어지도록 직선과 곡선에 따라서 **그림 2.3.25**의 순서로 하고 있다. 또한, 이음매판 볼트의 죄임 정도는 느슨하여져 무 유간이 생기지 않도록 **표 2.3.5**를 표준으로 하고 있다.

표 2.3.5 이음매판 볼트의 표준 죄임 토크(kgf · cm)의 예

볼트별	KS60용	50N용	50용	37용	30용
보통 볼트	–	–	3,500	2,000	1,600
열처리 볼트	5,000	5,000	5,000	3,500	2,000

최근에는 기술개발에 따라 정척 구간의 보수비 저감과 궤도구조의 강화를 목적으로 한 이음매 볼트의 고장력 볼트의 사용이나 이완되기 어려운 볼트·너트화가 진행되고 있다. 선로유지관리지침에서는 볼트, 너트의 죔은 이음매판 중앙을 먼저 하여 점차 균등히 죄이되, 이음매판의 지지력을 충분히 확보하도록 하며, 레일의 신축을 방해하지 않을 정도이어야 한다고 규정하고 있다.

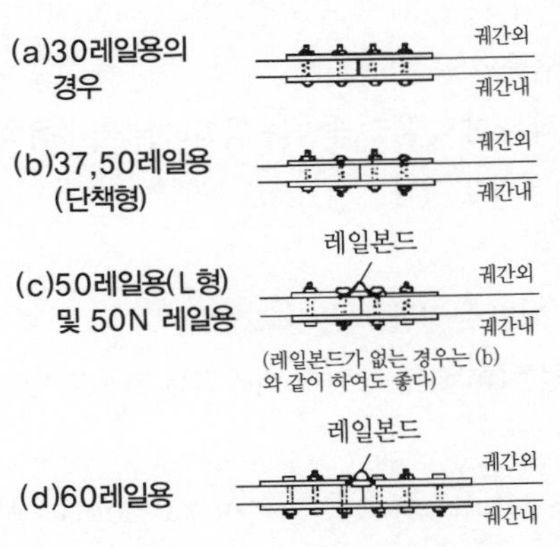

그림 2.3.24 이음매판 볼트의 설치 방법

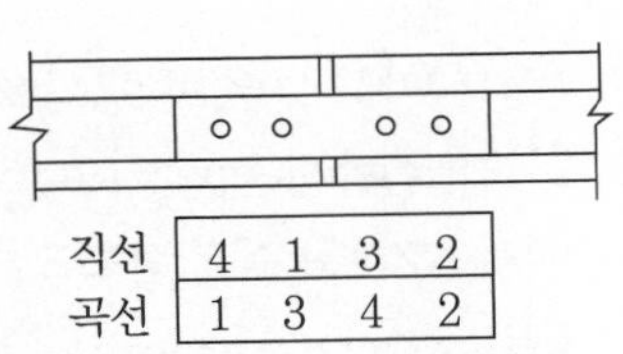

그림 2.3.25 이음매판 볼트의 체결 순서

2.4 침목

2.4.1 총설

(1) 침목의 역할

침목(枕木, sleeper, tie)은 ① 레일을 체결하여 레일의 위치를 정하고, 궤간(軌間)을 정확하게 유지하며, ② 레일로부터 전해지는 활하중(열차하중)을 도상 아래로 널리 분산시키며, ③ 근래에 장대레일이 사용되고 나서부터는 궤도 좌굴(軌道挫屈, 레일張出)에 대한 저항력의 대부분을 부담하는 중간구조(中間構造)이다.

따라서, 침목에는 다음과 같은 조건이 요구된다.

① 레일의 위치, 특히 궤간을 일정하게 유지하기 위하여 레일의 설치가 용이하고 상당한 유지 력을 가질 것(궤간의 틀림이 적을 것).

② 열차하중을 지지하고, 널리 분산시켜 도상으로 전달하기 위하여 충분한 강도를 가질 것.

③ 휨 모멘트에 저항하는 충분한 강도를 가지고, 내용 년수가 길 것.

④ 궤도에 충분한 좌굴 저항력을 줄 수 있을 것. 즉, 궤도방향과 궤도에 직각인 방향에 대한 이동 저항이 클 것.

⑤ 탄성을 가지고 열차로부터의 충격, 진동을 완충할 수 있을 것.

⑥ 취급이 용이하고 궤도의 보수가 간단할 것.

⑦ 양 레일간에 대하여 필요한 전기 절연을 실현할 것.

⑧ 어디에서나 얻을 수 있고 양산이 가능하며(공급의 용이성) 가격이 저렴할 것.

(2) 침목의 종류

(가) 부설방법에 따른 분류

1) 횡(橫)침목(cross sleeper) ; 레일에 직각으로 부설하는 가장 일반적인 부설방법이다.

2) 종(縱)침목(longitudinal sleeper) ; 레일과 동일 방향으로 부설하는 특수한 부설방식으로 레일 위치가 정해지지 않으므로 궤간 유지는 계재(繼材, gauge tie) 등의 별도 방법을 이용한다.

3) 단(短)침목(block sleeper) ; 블록(block) 모양의 침목으로 좌우 레일별로 레일을 지지하는 것이며 이것의 표면이 나오도록 콘크리트에 매설하는 직결(直結)궤도로서 잘 이용되고 있다.

(나) 사용 목적에 따른 분류

1) 보통(普通) 침목(track(or regular) sleeper, normal tie) ; 일반 구간에 이용되고 있다.

2) 교량(橋梁) 침목(bridge sleeper, tie for bridge) ; 자갈이 없는(無道床) 교량에 이용되는 것으로 일반 구간에 비하여 부담력이 크기 때문에 단면도 크게 되어 있다.

3) 분기(分岐) 침목(switch(or crossing, turnout) sleeper, switch bearer, tie for turnout) ; 분기기 부분에 이용되는 것으로 단면과 길이가 보통 침목보다 크다.

(다) 재료에 따른 분류

1) 목(木)침목(timber(or wooden) sleeper) ; 소재(素材)침목과 방부(防腐)처리를 한 주약(注藥) 침목이 있다.

2) 콘크리트 침목(concrete sleeper) ; 철근콘크리트 침목(reinforced concrete sleeper), PC 침목(prestressed concrete sleeper) 및 합성(合成)침목(composite sleeper)이 있다.

3) 특수침목 ; 철(鐵)침목(steel sleeper(or trough)), 조합(組合)침목(composite sleeper), 래더형(Ladder型) 침목이 여기에 해당된다.

(3) 침목의 배치수와 간격

침목의 배치는 레일중간부와 이음배부에 대하여 간격을 변화시키고 있지만 레일 좌우에 대하여는 대칭이다. 중간부의 침목 간격은 윤하중으로 생기는 레일의 휨 응력, 도상 및 노반 압력, 필요로 하는 도상 횡 저항력 등으로 정하고 있다. 이음매부는 열차 통과에 따른 충격이 크므로 중간부보다도 간격을 좁게 할 필요가 있다. 이들을 고려하여 침목배치의 기준이 정해지며, 선로유지관리지침에서는 침목배치와 간격을 **표 2.4.1**과 같이 하되, 반경 600 m 미만의 곡선, 20 ‰ 이상의 기울기, 중요한 측선, 기타 노반 연약 등 열차 안전운행에 필요하다고 인정되는 곳에서는 **표 2.4.1**의 배치 수를 증가시키고, 교대 전후의 침목 배치는 별도로 정한 기준에 따라 배치하며, 사교에 대하여는 특별한 구조로 설치하되 침목은 궤도에 직각이 되게 설치하도록

표 2.4.1 침목의 배치간격 및 위치틀림의 한도

	침목종별	본선		측선	비고
		$V > 120$ km/h	$V \le 120$ km/h		
침목배치	PC침목	17	16	15	10 m당
	목침목	17	16	15	10 m당
	교량침목	25	25	18	10 m당
	본·측선별	설계속도별	간격틀림(mm)	직각틀림(mm)	
위치틀림 한도	본선	$200 < V \le 350$ $120 < V \le 200$ $70 < V \le 120$	40 40 50	40 40 (분기부 20) 50 (분기부 25)	
	측선	$V \le 70$	60	60 (분기부 30)	

*) 장척 및 장대레일 부설 시에는 PC침목의 배치를 10 m당 17정으로 할 수 있다.

표 2.4.2 침목 배치 간격 (상대식, 레일길이 25m)

레일길이 25 m당 침목 부설 수 (개)	지접법(이음매 침목)			현접법		
	레 일 길 이 / 4-6 / B A A B			레 일 길 이 / 4-6 / B A B		
	A(mm)	B(mm)	비고	A(mm)	B(mm)	비고
38	500	677		480	668	
40	500	639		480	633	
43	500	590		480	587	
45	500	561		480	559	
63	500	397		400	397	

규정하고 있다. 콘크리트궤도의 침목배치정수는 10 m당 16 정(62.5 cm)를 표준으로 하되 구조물의 신축이음매 위치 등과 중복될 경우 ±2.5 cm 범위 내에서 침목을 조정할 수 있다. 설계속도 120 km/h 이하 본선의 PC침목 부설의 경우에 장척레일과 장대레일 부설 시에는 10 m당 17 정으로 할 수 있다. **표 2.4.1**에는 선로관리 시의 위치틀림한도도 아울러 나타내고 있다.

더욱이, PC침목의 배치 기준에 대하여는 멀티플 타이 탬퍼의 작업성, 기관차의 입선 제한, 급곡선($R \leq 600$m), 급기울기($i \geq 20$ ‰) 구간의 횡압, 복진(匐進) 등에 따른 보수량에 대하여 검토하여야 한다. 교량 침목의 경우는 교형(橋桁)의 중심간격에 따라 침목에 발생하는 휨 응력이 다르므로 이를 감안하여야 한다. 또한 분기침목의 배치방법에 대하여는 분기기 도면에서 분기기의 번수, 레일종별, 형식에 응하여 침목배치수를 정하고 있다. 한편, 경부고속철도의 레다 콘크리트궤도에서는 침목간격을 65 cm로 하였다.

표 2.4.2 는 상대식 이음매에서의 침목배치 간격을 나타낸다.

(4) 침목의 부설

선로유지관리지침에서는 본선 자갈궤도에 콘크리트 침목을 사용하며, 레일 좌면 경사를 1/20 또는 1/40로 하도록 규정하고 있다. 일반적으로 고속선로에서는 1/20, 일반철도에서는 1/40을 적용한다.

2.4.2 목침목{木枕木, timber (or wooden) sleeper}

목침목은 콘크리트 침목에 비하여 딱딱하지 않으므로 진동, 충격을 완화하여 도상으로 전하며, 또한, 레일체결이 간단하고 취급이나 가공이 용이하며, 전기절연성(electric insulation)도 높다. 그러나, 기계적 손상을 받기 쉽고, 균열, 손상, 부식 등을 일으키기 쉽기 때문에 내용 년수가 짧다고 하는 결점을 갖고 있다. 이 때문에 방부(防腐)처리 등을 하여 수명 연신을 꾀하는 것이 통례이다. 최근에는 방부처리 목침목의 환경문제가 대두되고 있다. 또한, 신설선로에서는 거의 사용하지 않는 추세이다.

(1) 목침목의 수종(樹種)과 형상 · 치수

(가) 수종(樹種)과 형상 · 치수

근년에 국내의 목재 사정이 핍박됨에 따라 목침목의 조달도 곤란한 상황이며 외재도 역시 환경문제 등으로 좋은 침목 용재가 차츰 적게 되고 있다. 현재 규격화되어 있는 수종은 **표 2.4.3**과 같으며, 이들 중에서 실제로 많이 구입되었던 것은 말레이시아산 세랑강 바투이며, 캠파스와 카풀은 고급 소재로서 원가가 비싸다. 80

표 2.4.3 목침목의 수종(속명)

국산	열대산	북미산
낙엽송(落葉松) 참나무	케루잉(아피톤 keruing/apitong), 캠파스(kempas), 카풀(kafur), 세랑강 바투(seran-gan batu),기암(야칼, giam/ yakal), 말라스(malas), 퀴일(kwila), 비텍스(vitex)	단풍나무(maple), 다그라스화(dorglas fir), 헴록(hemlock)

표 2.4.4 목침목의 치수

종류	치수 (cm)			부피(m^3)
	두께	폭	길이	
보통 침목	15	24	250	0.090
분기 침목	15	24	280, 310, 340, 370, 400, 430, 460	0.101, 0.112, 0.122, 0.133, 0.144, 0.155, 0.156
교량 침목	23	23	250, 275, 300	0.132, 0.145, 0.159
이음매 침목	15	30	250	0.113

표 2.4.5 침목의 기계적 성질

수종	휨 강도					압축 강도					부분 압축강도 (판 이음 방향)				
	개수(개)	함수율(%)	비중	파괴계수(kg/cm²)	영계수(kg/cm²)	개수(개)	함수율(%)	비중	압축강도(kg/cm²)	최대/최소(kg/cm²)	개수(개)	함수율(%)	비중	비례한도강도(kg/cm²)	최대/최소(kg/cm²)
아비통	3	14.5	0.66	834	132,000	12	15.0	0.63	461	506/362	6	15.0	0.68	89	95/84
카플	3	15.5	0.60	769	115,800	12	16.5	0.63	453	604/334	6	16.0	0.64	81	106/67
세랭캉바투	1	15.0	0.86	1,207	167,900	4	16.0	0.87	601	668/553	6	15.0	0.89	190	203/176
크루인	5	20.3	0.88	905	148,600	5	22.8	0.89	558	734/629					

년대 초반에는 아피통을 사용하였다. 현재 사용되고 있는 목침목의 치수는 **표 2.4.4**와 같다.

(나) 강도

목침목 목재의 기계적 강도를 비교한 것이 **표 2.4.5**이다. 스파이크(dog spike) 인발 저항은 비중에 비례하여 증가하며, 1.5~3.0 tf의 범위이다. 한편, 부후균(腐朽菌)으로 인한 중량 감소율에서 소재 그대로 사용할 수 있게 되는 3~5 % 이하의 것은 카플 등이다.

(2) 목침목의 내구수명 연신책(耐久壽命 延伸策)

목침목 교환의 원인은 부식 등의 썩음과 기계적 손상(스파이크 구멍의 확대, 할열 등)으로 많이 교환하며, 검사하는 요령은 다음과 같다.

1) 스파이크 바꿔 박기 불능 ; 수 차례에 걸쳐 스파이크를 다시 박거나 또는 위치를 바꾸어도 여전히 스파이크의 뽑힘에 대한 저항력이 600 kgf 미만인 것.

2) 부식 ; 부식으로 인한 단면의 감소가

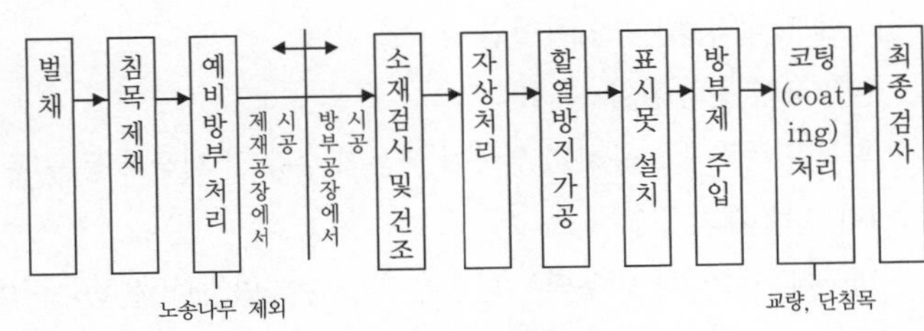

그림 2.4.1 방부 침목의 제작 순서

1/3 이상인 것.

3) 파먹음 삭정량 ; 파먹음 삭정량이 20 mm 이상인 것.

4) 할열(割裂) ; 할열으로 인한 스파이크의 지지력을 얻을 수 없는 것과 할열이 전장에 걸쳐 할열 방지를 시행하여도 효과가 없는 것.

5) 꺾어짐 ; 꺾어짐 및 그 우려가 있는 것.

6) 기타 ; 비틀림, 만곡의 우려가 있는 것.

이들의 교환 원인을 5 항목으로 분류하여 조사한 예에 따르면, 부식 등의 썩음 중에서 전체가 썩음 56 %, 스파이크 구멍의 썩음 16 %, 파먹음 10 %, 할열 16 %, 기타 2 %로 반수 이상이 부식 등 썩음에 따른 교환으로서, 방부(防腐) 품질의 향상이 목침목의 내용 년수의 향상에서 대단히 중요한 요소이다.

방부 침목(防腐枕木, 注入枕木, treated(or creosoted) sleeper)의 제작 순서는 다음과 같다(**그림 2.4.1**).

(가) 예비 방부 처리

방부 처리를 하기 전에 재료의 건전성이 손상되지 않도록 벌채와 제재 직후에 시행되는 처리이며 일반적으로는 크레오소트(creosote, 防腐劑) 유제(乳劑)를 사용하고 외지 제재(外地製材)인 경우는 펜타클로로페놀 나트륨(pentachlorophenol natrium)을 사용하고 있다.

(나) 소재(素材) 검사와 건조

제재공장, 외지로부터 운반된 소재 침목(素材枕木, untreated sleeper)은 소재검사를 하고 수종별로 구분하여 자연 건조시킨다. 침목의 건조도(乾燥度)는 나중에 시공하는 방부제 주입처리의 주입량에도 큰 영향이 있어 건조가 불충분한 것은 규정의 주입량을 얻을 수 없으므로 수종별의 필요 건조도(용적중(容積重) kgf/m^3)가 정하여져 있으며 1,000 이하가 최대치로 되어 있다. 정해진 중량까지 건조할 수 없는 경우는 블톤(Boulton)법을 이용한 강제 탈수처리를 병용한 방부 처리로서 침목을 주약관(主藥罐)에 넣어 방부제를 채운 후에 진공도(眞空度)를 400 mmHg 이상으로 하고 온도를 80 ℃ 이상으로 하여 감압, 자비(煮沸)하여 침목 내에 함유된 수분을 뽑아내어 처리한다.

(다) 자상(刺傷)처리(incising)

침목은 부식을 방지하기 위하여 방부제를 주입하지만, 사용하는 수목(樹木)은 외주부(外周部)와 심재(心材)라고 불려지는 내부의 짙은 색의 부분으로 나뉘어지며, 일반적으로 심재는 내후성(耐朽性)은 크지만, 치밀한 조직으로 되어 있기 때문에 방부제의 주입이 어렵다. 그 때문에 방부제 침투성의 향상과 침목의 할열(割裂)방지를 위하여 일정한 크기와 간격으로 침목의 표면에 수많은 인공 상처를 낸 것이다.

(라) 할열(割裂)방지 가공

침목의 할열에 따른 스파이크 등의 지지력 저하와 침목 내부의 썩음을 방지하기 위하여 시공하는 것으로 모든 침목에 강제(鋼製) 링으로 할열 방지를 한다.

(마) 표시 못의 설치

침목은 품질을 보증하기 위하여 제품의 수종 및 제작자 등을 못으로 명확하게 표시한다.

(바) 방부제의 주입

방부제의 주입에 이용되는 방법은 가압 주입법(加壓注入法)이며, 가압 주입법은 밀폐 주입관(注入罐) 안에 목재를 넣어 배기(감압)와 가압을 조합하여 방부제를 침목 내로 주입하는 방법이다. 가압 주입법은 3 방법으로 각각 저압법과 고압법이 있으며 그 특징은 다음과 같다.

1) 제1방법(Bethell法) ; 가압 전에 주약관(注藥罐) 내의 공기압을 줄여(前排氣) 수목에 함유되어 있는 공기를 줄이고 나서 가압 주입하는 방법으로서 주입량이 가장 많게 된다. 고온고압법과 저압법의 주입량 비교에서는 고온 고압법이 약 50 % 주입량이 많게 된다.

2) 제2방법(Lowry法) ; 전배기(前排氣)를 하지 않고 직접 가압 주입하는 방법으로 제1법과 제3법의 중간에 상당하는 방법이다.

3) 제3방법(Rueping法) ; 가압 주입 전에 주약관의 공기압을 높여 이것이 달아나지 않은 가운데 방부제를 주입하는 방식으로 가압을 그만두면 방부제가 내부 공기압으로 인하여 표면으로 밀려나와 침목표면 부근에서 방부제의 밀도가 높게 된다.

또한, 함수율이 높은 미건조 침목을 고온 감압한 방부제 중으로 침적시키고, 침목을 건조시키는 방법을 블톤(boulton)법이라 하며, 로오리법과 병용하는 블톤 · 로오리법도 이용되고 있다.

(사) 코팅(coating)처리

주입된 크레오소트유에서 증발, 휘산(揮散) 및 젖어 나옴을 방지하기 위하여 방부 교량 침목이나 단침목(block) 등에 대해 시행하며, 타르 우레탄계 수지도료를 이용한다. 방부 처리 후 24시간 이상 경과한 것에 대하여 행하며, 도장방법은 스프레이 또는 쇄모(刷毛)칠로 반점이 없도록 도장하고 도포량은 300 gf/mm^2 이상으로 한다.

(아) 최종 검사

침목의 품질은 방부제의 주입량, 침투길이 및 농도가 검사 대상이며, 주입량은 전후의 중량 차이를 소재 체적으로 나누어 구한다. 또한, 침투 길이는 침목에서 코어를 채취하여 실측한다. 농도는 시험편의 크레오소트유 침투 부분을 정점에서 30 mm까지 절취하고 나서 크실렌(xylen) 30 cc를 넣은 관에 넣어 100 ℃로 30분간 가열 추출한다. 이 추출액의 색을 따로 조정한 표준액과 비교하여 측정한다. 표준액은 침목의 방부 처리에 사용한 작업유에서 0.2±0.005 g만 취하여 여기에 크실렌을 가하여 100±0.1 g로 한 것을 이용한다.

(3) 기타의 내구수명 연신책

(가) 함침(含浸) 패드

궤도면의 정정으로 생긴 간극을 전충하기도 하고, 타이플레이트와 침목간이나 교형(橋桁)과 침목간의 부식으로 생기는 간극을 방지하기 위하여 이용하는 것으로 일본에서 콘크리트 직결궤도나 교량 침목 사용구간에 이용한다. 특히, 교량 침목에 대하여는 리벳 구멍의 가공이 없게 되어 교량 침목을 적당한 두께로 삭정하여 함침 패드를 끼워 넣는 것만으로 교환할 수 있고, 패킹판이 없게 되어 썩는 것을 방지할 수 있어 수명 연신에 연결된다.

함침 패드의 구조는 부직포(不織布), 우레탄 홈, 나이론 로크재 등의 연속한 공극을 가지며, 더욱이 탄성을 가진 쿠션 판에 합성수지 또는 방식 방부재를 함침한 것으로 간극 두께보다도 두꺼운 크기의 함침 패드를 침목과 콘크리트 노반 또는 교형의 사이에 삽입하여 침목을 정규의 위치로 되돌려 함침 패드를 변형시켜 요철의 간극을 막아 안정된 궤도상태로 하는 것이며, 그 사용방법을 **그림 2.4.2**에 나타낸다.

(나) 프리보링(pre-boring)

침목의 심재 부분이 큰 경우, 여기에 큰 스파이크를 박으면 이 부분에 대하여 심재가 외기에 접촉하여 스파이크 구멍 주위가 빨리 썩기 때문에 그 대책으로서 스파이크 구멍을 미리 천공하여 주위를 방부 처리하면, 침목의

(1) 예비 함침형(쿠션제에 미리 약액을 함침한 것)

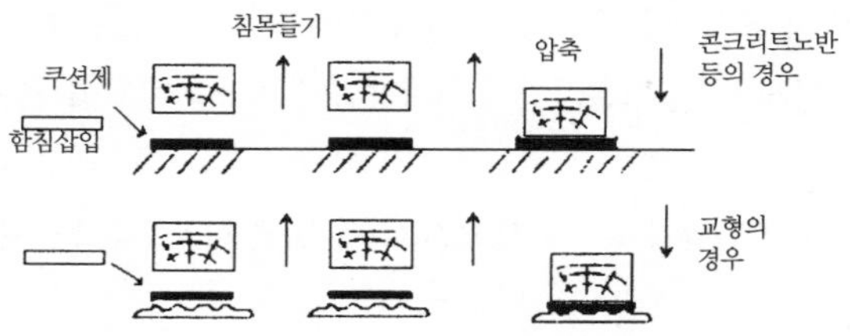

(2) 현장 함침형(쿠션제를 간극에 삽입하여 두고나서 함침)

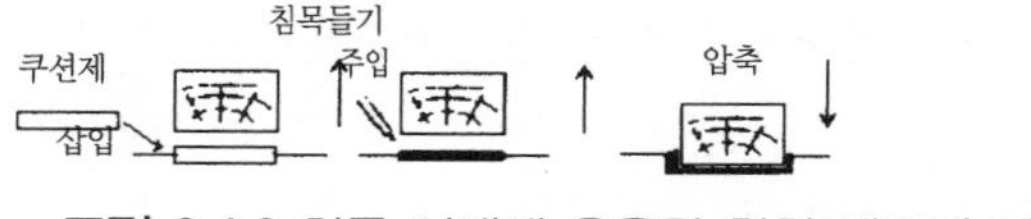

그림 2.4.2 침목 아래에 응용한 함침 패드의 예

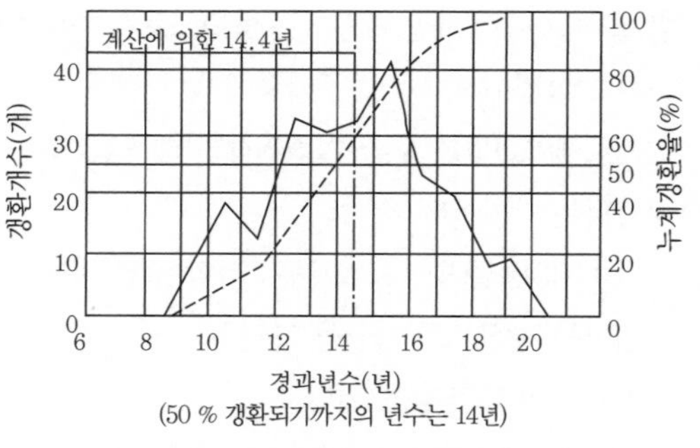

그림 2.4.3 평균 내용년수의 예

섬유방향으로 약간의 침투가 행하여지기 때문에 침목이 보호될 수 있으므로 행하는 것이다.

(4) 침목의 수명(壽命)

목침목의 내구수명은 그 침목이 선로에 부설되어 사용되고 나서부터 그 기능을 수행할 수 없게 되어 교환되기까지의 년수를 말한다. 침목의 평균 내구 년수는 동시에 부설된 침목의 내구년한의 누계를 구하여 이것을 부설수

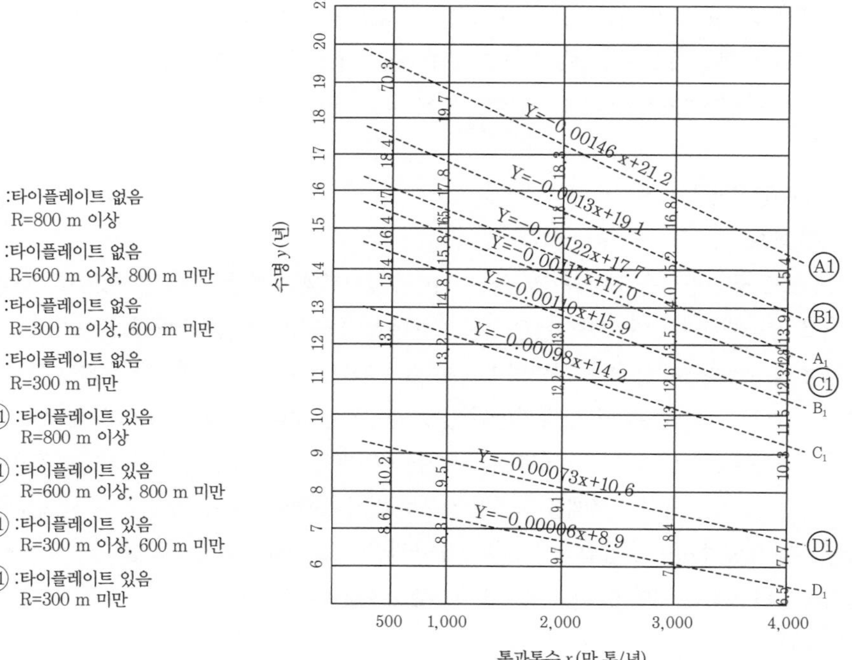

그림 2.4.4 기울기 20 ‰ 이상인 경우의 타이플레이트 유무별, 곡선반경별 보통침목 수명의 예

로 나눔으로써 구해진다. 침목을 조사하여 계산하는 방법은 조사에 많은 시간과 인력을 필요로 하기 때문에 일본에서는 동시부설 침목의 반수가 교환되기까지의 년한을 **그림 2.4.3**에 따라 평균 내구 년수로 하고 있다.

이와 같은 조사를 면밀하게 행하고 있으면 상당히 정확하게 평균 내구 년수를 알 수 있지만, 침목 소재의 수종과 제작조건, 부설장소의 선로조건, 환경조건과 열차운전 상태, 보수의 양부 등, 극히 많은 인자의 영향을 받는 외에 전술한 침목 양부의 판정은 특정한 기구를 이용하는 것이 아니고 판정자의 직감이나 표면관찰로 결정되므로 각종 조건별로 침목의 평균 내구 년수를 정확하게 파악하는 단계까지는 이르지 않고 있다.

그러나 침목 교환은 선로보수 작업 중에서 큰 비율을 점하고 있어 필요한 교환 수량을 정확하게 파악하는 것은 중요한 일이므로 일본에서는 **그림 2.4.4**와 같은 선로조건, 통과 톤수별의 내구 년수가 제안되어 있지만, 파먹음이나 할열 등의 기계적 손상이 원인으로 되어 교환되는 것은 전체의 50 % 이하밖에 없고 이들의 손상에 관계가 깊은 타이플레이트의 유무나 곡선, 기울기 등의 조건에 따라 내구 년수의 차가 커서 충분한 내구 년수를 나타내고 있다고는 말할 수 없다. 일본에서 현재 이용하고 있는 내구수명은 극히 대략적인 것으로 **표 2.4.6**과 같다. 같은 모양으로 내구수명에 대하여 독일국철과 네덜란드국철의 경우는 다음과 같이 상정하고 있다. 이는 우리와 다른 소재와 방부의 사양 및 환경조건 차이의 영향이 크다고 생각된다.

표 2.4.6 목침목의 내구수명 및 불량률의 예

항목		1급선	2급선	3급선	4급선	측선
내구 수명	내구 년수(년)	15	20	20	25	30
	평균 열화율(%)	6.7	5.0	5.0	4.0	3.3
허용 불량률의 상한(%)		12.0	12.0	13.0	15.0	16.0
불량률의 관리 목표(%)		6.0	6.0	7.0	8.0	10.0

독일국철	견목(堅木) 침목의 궤도 = 40년	연목(軟木) 침목의 궤도 = 30년
	견목 침목의 구형 궤도 = 35년	연목 침목의 구형 침목 = 27년
네덜란드국철	소나무 20~25년, 너도밤나무 30~40년, 떡갈나무 40~50년	

(5) 목침목의 관리와 교환량

침목의 위험 한계에 대하여는 곡선부에서 연속 2개 이상, 직선부에서 3개 이상 불량침목이 연속 배열로 되면 열차 통과시의 동적 궤간 확대량이 크게 되어 7 mm를 넘는 것이 있어 스파이크의 밀림에 대한 잔류 변위도 발생하기 쉽게 된다.

한편, 불량률에 대하여는 불량 침목이 연속 3개의 배열이 발생하지 않도록 하기 위하여 확률적으로 짧은 구간의 로트(침목 50개 정도)인 경우에 침목 불량률이 21 % 정도 이하이어야 한다. 이 경우에 약 10 km 정도의 규모인 로트에서는 불량률이 16 %로 되며, 더욱이 일본의 지사별 선구별 단위로 보면 13 % 정도라고 한다. 일본에서는 이로부터 침목 교환율을 산정할 때 장래의 상한치로서 허용 불량률의 상한치가 정하여져 있으며, 불량률의 관리 목표로서 **표 2.4.6**과 같이 불량률이 정하여져 있다.

침목 교환은 매년의 추정 열화율(선급별의 평균 열화율에 곡선, 기울기, 타이플레이트 유무 등의 요소를 가미하여 계산한 열화율)에 상당하는 분의 투입을 하면서 상시 불량률을 검사하고 이것이 허용 불량의 상한을 넘지 않도록 하여 관리 목표치에 가까운 값이 되도록 투입량을 고려하여 가는 것이 필요하다.

2.4.3 PC침목

(1) 개론

PC침목(prestressed concrete sleeper)은 콘크리트 침목의 일종으로 다음과 같은 장단점을 갖고 있으며, PC침목이 사용되기 이전에는 철근 콘크리트 침목(reinforced concrete(RC) tie)이 이용되었던 시기도 있었지만, 모노블록 침목의 경우에 오늘날에는 PC침목만이 사용되고 있다.

(가) 장점

① 부식되지 않고, 썩지 않기 때문에 내구 년수가 길다.

② 무겁고 안정성이 있어 좌굴 저항력이 크므로 장대레일 부설에 적합하다.

③ 2중 탄성체결장치를 사용할 수 있기 때문에 궤도틀림 진행이 작고 보수비가 경감된다.

(나) 단점

① 중량이 무겁기 때문에 교환이 곤란하다. ② 레일 체결장치의 설계가 어렵다.

③ 전기절연성이 목침목에 비하여 떨어진다. ④ 탄성이 부족하여 충격에 약하다.

⑤ 목침목에 비하여 가격이 약간 비싸다.

그러나, PC침목은 목침목에 비하여 초기 투자비는 높지만, 내구 년수의 연신에 따른 보수비나 교환의 수고가 적은 점이나 레일 장대화가 가능한 점 등의 유리한 점 때문에 그 사용량, 부설수가 점점 증가하여 가는 중이다. 또한, 최근에는 목재의 입수가 곤란하고 비싼 점, 근대 궤도가 장대레일을 전제로 대형 보선기계(track machinery)가 범용되게 됨에 따라 일반 궤도구조의 대종을 점하여 가고 있다.

콘크리트 침목은 당초 철근 콘크리트로서 개발이 진행되었지만, 발생하는 균열 때문에 일체(一體, mono

표 2.4.7 PC침목의 제원(일반선로구간용)

형식	레일직하부면(mm)			중앙부의 단면(mm)			단부의 단면(mm)			길이(mm)	PC강선(PC강봉)	프리스트레스 긴장력(kg)		콘크리트 압축강도(kg/cm²)		콘크리트 용적(m³) [중량](kg)
	상면폭	저면폭	높이	상면폭	저면폭	높이	상면폭	저면폭	높이			초기	유효	P.S.도입시	재령28일	
국철 연속식 84년형	181	256	185	160	220	170	196	283	170	2,400	φ2.9 mm×2연선×20줄	40,000±600	32,000	350	500	0.092
국철 연속식 88년형											φ2.9 mm×3연선×14줄	43,680±600	26,200			
국철 연속식 89년형	180	265	195	180	220	180	180	289	200		φ2.9 mm×3연선×16줄	49,200	29,952	400		0.102
국철 연속식 콘크리트 도상용	180	240	195	160	240	180	205	240	180		φ2.9 mm×3연선×12줄	37,440±600	26,200	360	450	0.105
고속철도용(프리텐션)	200	276	203	200	250	190	174	300	215	2,600	φ2.9 mm×3연선×16줄	42,000	33,600	350	600	0.123 [296]
고속철도용(포스트텐션)	222	270	217	232	270	190	200	270	190	2,600	φ11mm×4개	37,785	32,117	450	600	0.134 [326]

표 2.4.8 PC침목의 제원(분기기용)

구분		단면(mm)			VCC, VPM 설치단면(mm)			길이 (mm)	PC강선	프리스트레스도입시 압축강도(N/mm²)	재령28일 압축강도(N/mm²)
		상면 폭	저면 폭	높이	상면 폭	저면 폭	높이				
고속철도	자갈도상	280	300	200	283	300	170	2,254 ~4,711	2.9 mm× 3연선×28줄	35	60
	콘크리트도상 (Rheda 2000)	280	293	135	280	293	135	각종	2.9 mm× 3연선×10줄	38 (Cube 48)	50 (Cube 60)
일반철도	자갈도상 (60 kg/m 레일용)	280	300	200	283	300	170		2.9 mm× 3연선×26줄		
	자갈도상 (50 kg/m 레일용)	240	260	200	–	–	–		2.9 mm× 3연선×22줄		

표 2.4.9 고속철도 자갈궤도용 PC 침목의 주요 기술규격과 품질기준

구분	항목		규격 및 기준
주요 제원	길이(m)		2.6
	중량(kgf)		296
	설계 하중(tf)		12.75
	콘크리트 설계기준강도(kgf/mm²)		600
	침목 간격(cm)		60
재료 시험	재료 시험		각종 재료에 대한 시험 실시
	콘크리트 강도 시험		인장, 압축 시험
완제품 성능시험	동하중 시험(tf)		120 kN에서 320 kN까지 20 kN씩 증가, 단계별 250 사이클/분으로 5,000 회의 동하중 적용 – 동하중(R_1) : 균열발생, 균열폭 ≤0.01 mm – 동하중(R_2) : 200 kN 작용시 균열폭 ≤0.05 mm – 동하중(R_3) : 320 kN 작용시 균열폭 ≤0.5 mm
	피로 시험		4~5 Hz 300만 회의 동하중 적용
	마모 시험		42.5 kN~–2.5 kN 50 Hz로 200 시간 하중 적용 후의 질량손실 3 % 이하
	정하중 시험	레일 직하부 휨강도(tf)	22.6
		침목 중앙부 휨강도(tf)	정위 ; 2.1, 반위 ; 4.2
완제품 치수검사의 허용오차	길이(mm)		±10
	높이(mm)		+5 –2
	레일체결장치 간격(mm)		+2 –1
	궤간(mm)		±2
	레일좌면부의 경사		1:19~1:21
	비틀림(mm)		1.5
기타시험	전기 절연 (Ω · km)		3 이상
	유공성 (%)		12 이하

block) 침목으로서는 성공되지 않고, 그 후 발전한 PC(prestressed concrete)에 따라 1942년경부터 유럽에서 개발이 시작되었다.

우리 나라는 1958년부터 중앙산업에서 제작한 단독식의 PC침목을 구매하기 시작하고, 1962년부터 여러 침

목 공장으로부터 연속식의 PC침목을 구매하기 시작하여 양 방식을 혼용하여 오다가, 1975년에는 디비닥식도 이용하였으나, 1977년부터는 연속식만을 이용하고 있으며, 현재 일반선로에서 이용되고 있는 PC침목은 **표 2.4.7**, 분기기에서 사용하고 있는 PC침목은 **표 2.4.8**과 같다. 경부고속철도에서 자갈궤도구간은 프리텐션 방식, 서울－대구간의 장대터널에 부설된 레다 콘크리트궤도에는 포스트텐션 방식을 이용하였다. 경부고속철도 2단계 구간(대구－경주－부산)의 레다－2000 콘크리트궤도에는 2－블록 철근 콘크리트 침목을 사용하였으며, 2 블록은 격자 철근(래티스 거더)으로 연결한다. 한편, 경부고속철도 자갈궤도용 PC침목의 주요 제원과 품질기준은 **표 2.4.9**와 같다.

(2) PC침목의 제작 방법

(가) 제작방법의 분류

PC침목 제작방법을 프리텐션(pretension) 방식과 포스트텐션(post－tension) 방식으로 나누어 분류하면

1) 프리텐션 방식 : ① 롱 라인(long line) 방식 ; 固定 bench, 移動 bench, ② 단일체(單一體, individual)형(型) 방식

2) 포스트텐션 방식 : ① 경화 후 탈형 방식, ② 반즉시 탈형 방식, ③ 즉시 탈형 방식

(나) 프리텐션(pretension) 방식

프리텐션 방식은 콘크리트를 거푸집에 타설하기 전에 거푸집 안의 PC강선에 소정의 인장력을 주고, 콘크리트가 경화하여 필요 강도에 도달하고 나서 침목 양단에서 강선을 절단하여 인장 외력을 해방함으로써 강선과 콘크리트에 압축력(프리스트레스)를 도입하는 방법이다.

1) 롱 라인(long line) 방식

다수의 PC침목 거푸집을 수 cm의 간격을 두어 길이 방향으로 가지런히 늘어놓고 PC강선이 이들 모든 거푸집을 관통하도록 한다. PC강선은 긴장된 채로 양단이 고정되지만, 그 양단의 고정장치가 고정된 2개의 아바트에 설치되어 있는 고정 벤치(固定 bench)와 양단이 이동할 수 있는 하나의 교형(橋桁)과 같은 구조체의 양단에 설치되어 있는 이동 벤치(移動 bench)가 있다.

고정 벤치에서는 아바트 길이를 길게 할 수 있음(최대 100 m 정도까지)에 비하여 이동 벤치에서는 너무 크게 하기가 곤란하다. 그러나, 이동벤치 방식에는 PC강선의 긴장, 콘크리트의 타설, 거푸집의 떼어내기 등의 작업에 맞추어 장소를 이동할 수가 있으므로 작업을 분업화할 수가 있다고 하는 이점을 갖고 있다.

이들의 PC침목 제작과정의 작업순서는 다음과 같다.

① 양단 고정장치 사이에 소요의 길이로 절단한 소요 수량의 PC강선을 배치한다.

② PC강선의 양단을 정착장치에 고정하고, 한쪽 끝의 정착장치를 이동시켜 PC강선에 소정의 긴장력을 주고 나서 정착장치를 고정한다.

③ PC침목에 묻히는 레일 체결장치의 부품을 거푸집 및 PC강선에 설치한다.

④ ③은 역으로 되는 경우도 있다.

⑤ 콘크리트는 물시멘트비가 작고(대체로 35 %), 된 비빔(대체로 슬럼프 5 cm)으로 거푸집에 타설하기 위하여 매설부품이 많은 침목에서는 봉상(棒狀) 바이브레이터를 사용할 수 없으므로 거푸집 바이브레이터로 다진다.

⑥ 타설이 끝난 침목은 콘크리트가 소요의 강도에 달할 때까지 양생한다. 양생방법은 젖은 거적을 덮어 대

기 중에서 자연양생을 하는 경우와 증기를 통하여 고온으로 촉진 양생을 하는 경우가 있지만, 고온촉진 양생의 경우에 60 ℃ 정도로 유지하는 시간을 6~8 시간으로 하여 다음 날 프리스트레스가 주어지도록 하는 것이 보통이다. 이 때문에 고온촉진 양생의 쪽이 거푸집의 회전 효율이 좋고 생산성도 높으므로 일반적으로 잘 이용되고 있지만, 양생온도와 외기 온도와의 차이에 상당하는 프리스트레스의 손실이 있는 외에 고온 시에는 PC강선의 응력 이완도 크게 되므로 주의할 필요가 있다.

⑦ 프리텐션의 경우에 콘크리트 소정의 강도가 350~450 kgf/mm^2 이상에 달한 때에 프리스트레스를 준다. 프리스트레스의 도입은 한쪽 끝의 정착 장치를 서서히 풀어 침목에 충격을 주지 않도록 시행한다.

⑧ 거푸집의 PC침목 사이의 PC강선을 절단하고, PC침목을 꺼내어 놓는다.

⑨ 침목의 외관, 형상치수 등의 검사를 한다. 침목 단부의 PC강선을 잘라내고 모르터, 기타의 방호도포를 한다.

⑩ 침목에 대하여 규정된 시험을 한다.

고속철도용 침목을 생산하기 위하여 새로운 생산설비를 갖춘 PC침목 공장에서는 한 라인의 여러 침목의 거푸집을 침목 끝 부분이 작은 단면으로 되도록 하여 일체화하고, 콘크리트의 타설, 양생과 프리스트레스 도입 후 ⑧의 과정에서 거푸집을 떼어낸 후에 침목 끝의 작은 단면의 콘크리트와 PC강선을 절단하는 방식을 취하여 각 침목 거푸집의 마구리 판의 설치(PC 강선의 관통)와 철거 작업의 수고를 더는 방식도 사용하고 있다.

2) 단일체(單一體)형(型) 방식

이 방식은 콘크리트를 타설하기 전에 PC강재가 긴장하며, 긴장된 PC강재는 침목 1개마다 그 양단을 거푸집에 고정한다. 따라서, 일반적으로 침목의 거푸집을 길이방향으로 연결하여 맞춘 것이 아니고, 횡으로 2~3개 병렬시킨 것이 있다. 이 제작방법에서는 일반적으로 비교적 굵은 지름의 PC 강재가 사용되며 프리스트레스의 도입에서 콘크리트와 PC 강재의 부착력에만 의존하는 것은 극히 위험하므로 단부 부근에 특수한 PC 강재의 정착 장치를 설치하는 것이 보통이다. 프리스트레스의 단일체형은 우리 나라에서는 실용화되지 않고 있다.

(다) 포스트텐션(post-tension) 방식

포스트텐션 방식이란 PC강선 대신에 PC강봉을 사용하여 프리스트레스를 주기까지는 PC강봉과 콘크리트의 사이에 부착력이 작용하지 않도록 하여 두고, 콘크리트가 경화하여 필요 강도에 달하고 나서 강봉에 인장력을 주어 콘크리트에 압축력(프리스트레스)를 주는 방법이다.

PC강봉과 콘크리트와의 부착을 없애는 방법으로서 전에는 콘크리트 타설 시점에 들어 있던 성형 봉(成形棒)을 양생 중에 빼내고 양생 후에 새로운 강봉을 삽입하는 방법을 이용하였다. 이 방법에서는 프리스트레스를 준 후에 PC침목의 파괴강도를 높이고 PC강봉의 부식을 막기 위하여 시멘트 페이스트를 주입하여 침목 본체와 PC강봉과의 사이에 부착을 일으키는 그라우트 작업을 한다. 현재는 PC침목 이외의 프리스트레스 부재에서는 타설 시점에 들어 있던 강봉을 그대로 프리스트레스 도입용의 강봉으로 이용하는 언본드(un-bond) 공법이 일반화되어, PC침목에서도 언본드 공법이 이용되고 있다.

1) 경화 후 탈형(硬化後 脫型) 방식과 반즉시 탈형(半卽時 脫型) 방식

프리스트레스를 주어도 좋을 정도로 콘크리트가 경화한 후에 거푸집을 떼고 즉시 프리스트레스를 주는 방법을 경화 후 탈형 방식이라 하며, 어느 정도 경화한 때에 거푸집을 떼어 소요의 강도가 얻어지기까지 별도의 양생을 한 후에 프리스트레스를 주는 방법을 반(半)즉시 탈형 방식이라 한다. 이들의 방식에서는 비교적 묽은 콘크리트가 사용될 수 있으며, 따라서 큰 진동다짐 기계는 불필요하고 거푸집이 그다지 견고하지 않아도 좋으며 일

관작업인 이점이 있지만, 콘크리트가 경화하기까지는 거푸집을 떼어낼 수 없으므로 거푸집 회전효율은 즉시 탈형 방식에 비하여 나쁘게 된다.

경화 후 탈형의 포스트 텐션 방식의 제조공정은 **그림 2.4.5** 및 이하와 같다.

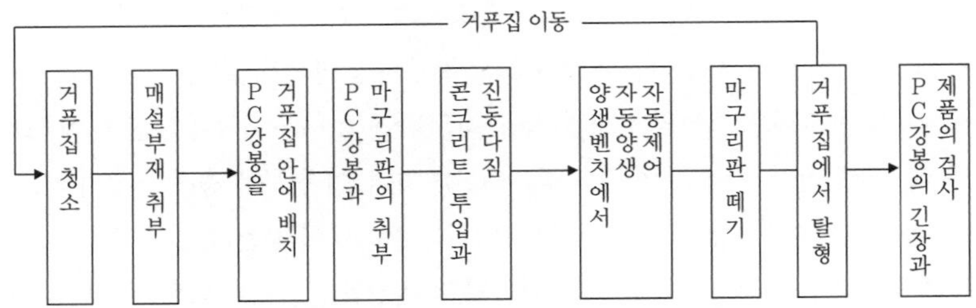

그림 2.4.5 경화 후 탈형의 포스트텐션 방식을 이용한 제조 공정

① 거푸집을 반복 사용하기 위하여 거푸집을 청소하고 박리제를 도포한다.

② 거푸집에 체결장치의 매설부재를 설치하여 견고하게 고정한다.

③ 사전에 언본드재로 피복된 PC강봉을 거푸집에 배치한다. 다만, 이 이외의 PC강봉을 사용할 경우에는 관련 규정 등에 따른다.

④ 배치된 PC강봉을 SS400의 구조용 압연 강재로 만든 마구리 판(端板)에 설치한다.

⑤ 콘크리트를 투입하고, 거푸집을 진동시켜 다진다.

⑥ 다짐이 완료된 거푸집을 양생벤치(거푸집을 수평으로 하여 두는 개소)에 세트한다.

⑦ 고온촉진 양생(증기양생)을 하며, 온도 상승의 최고 온도는 60 ℃를 넘지 않도록 자동제어 장치로 관리한다.

⑧ 마구리 판과 부품을 떼어낸다.

⑨ 자동 탈형기로 탈형하고, 거푸집을 ①로 이동시킨다.

⑩ PC강봉을 유압 잭으로 긴장하여 응력을 도입한다. 침목 단부의 홈 구멍은 모르터로 충전한다. 제품의 검사와 규정된 시험을 한다.

2) 즉시 탈형(卽時 脫型) 방식

콘크리트 타설 직후에 거푸집을 떼는 방법이며, 이 때 PC강봉이 통하는 구멍도 동시에 성형된다. 콘크리트는 거푸집을 뗌에 따라 허물어지거나 균열이 생기는 일이 없고 그 후의 취급으로 변형되지 않아야 하기 때문에 대단히 된 비빔의 콘크리트를 강력한 진동으로 다지는 것이 필요하다. 이 방식은 거푸집의 회전효율이 극히 좋지만, 1개마다의 수제(手製)에 가깝기 때문에 거의 이용되지 않는다.

(3) PC침목의 설계

(가) 형상

PC침목의 설계에서는 먼저 그 형상을 어떻게 정하는가가 중요하다.

그 길이는 레일 아래의 정 휨 모멘트와 침목 중앙에서의 부(負) 모멘트의 균형을 취하는 것이 필요하지만, 이것은 도상과 그 다짐에 따라 정하여지게 되므로 이론적으로 정하기보다는 종래의 목침목(2.5 m)과 세계 각국의 경험(2.2~2.6 m)에 기초하여 일반 철도 2.4 m, 고속철도 2.6 m로 하고 있다. 길이에 관하여는 독일에서 궤도파괴의 관점에서 지지면적과 중량을 증가시키기 위해서는 긴 쪽이 좋다는 의견이 있어 2.8 m의 침목이 제안된 적도 있었지만, 실용상으로는 2.6 m에 그치고 있다.

폭에 관에서는 지지면적의 관점에서는 넓은 쪽이 좋고, 다짐 작업과 도상 횡 저항력의 관점에서는 침목 간격을 크게 취한 쪽이 좋게 되지만, 멀티플 타이 탬퍼의 탬핑 툴의 간격을 고려하여 일반 철도는 283~289 mm, 고속철도는 300 mm로 하고 있다.

높이에 관하여는 휨 모멘트의 관점으로는 높은 쪽이 바람직하지만, 높게 하면 침목의 종 이동시에 레일 체결장치에 큰 모멘트가 걸리게 되고, 또한 비틀림 파괴가 발생할 우려가 있다. 또한, 단면이 한정되어 있으므로 PC 강선이나 PC 강봉을 구부려 배치할 수 없다. 그래서, 레일 아래의 침목 하면에 발생하는 인장력에 관하여는 하연(下椽)에, 침목 중앙의 그것에 대하여는 상연에 프리스트레스를 주기 위하여 침목 중앙부는 레일 아래보다 낮게 한다. 일반철도에서는 중앙부 170~180 mm, 레일 아래 185~195 mm, 고속철도에서는 중앙부 190 mm, 레일 아래 203 mm로 하고 있다.

상면 폭은 비틀림에 대한 안정과 레일패드의 크기를 고려하고, 더욱이 제작 시에 거푸집을 뗄 때의 빠짐 기울기를 고려하여 국철에서는 160~196 mm, 고속철도에서는 174~200 mm로 되어 있다. 다음의 (나)항 이후에는 일본의 경우를 중심으로 설명한다.

(나) 종래 설계법의 개요

종래의 설계법은 자갈도상 압력 분포의 가정{가정A ; 침목 중앙부의 1/3 구간에 도상 반력(ballast reaction)이 없는 상태에서 균일한 크기의 압력이 발생. 가정B ; 침목 중앙부의 1/3 구간에 레일 직하부의 1/2 정도의 압력이 발생하고, 기타 부분에 균일한 크기의 압력 발생. 가정C ; 침목 중앙부의 1/3 구간에 도상압력이 없는 상태에서 도상압력(ballast pressure)이 한쪽으로 편중되고 횡압이 작용하는 상태} 등에 약간의 차이가 있지만, 통일적으로 개략화하여 나타내면, **그림 2.4.6**과 같은 설계계산 모델에 기초하여 다음의 방법을 이용하고 있다.

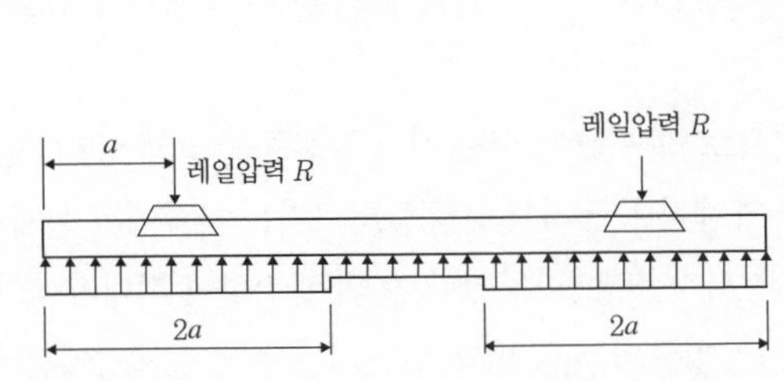

그림 2.4.6 도상지지 상태의 가정(종래 설계법)

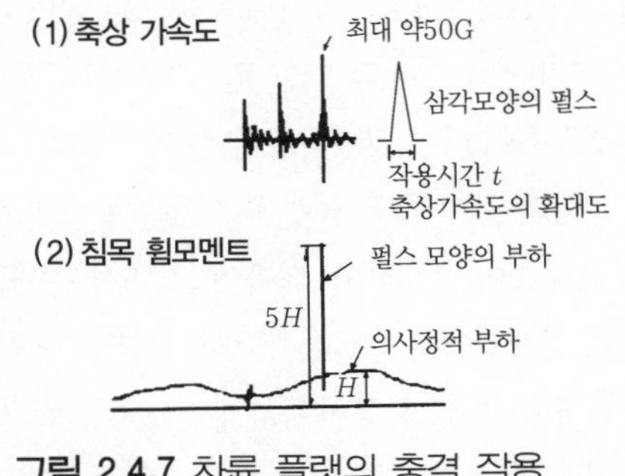

그림 2.4.7 차륜 플랫의 충격 작용

① 레일압력(rail pressure) R은 다음 식으로 산정한다.

$$R = P_{st} \cdot (1+i_d) \cdot d_t$$

여기서, P_{st} : 정적 설계 윤하중, $(1 + i_d)$: 동적 설계 윤하중 계수 (일반적으로 2.0 전후), d_t : 윤하중 분산계수 (0.5~0.6)

② 레일을 중심으로 하는 레일위치에서 침목 단부까지의 길이 a의 약 2배의 범위에서 자갈도상 압력은 고르게 분포한다.

③ 중앙부의 자갈도상 압력은 "②의 레일 아래 도상압력"에 "중앙부 구속계수 ϕ"를 곱한 값으로 한다(중앙부가 비어 있는 상태 : $\phi = 0$, 한결같은 지지상태 : $\phi = 1$).

④ 침목 휨 모멘트(레일 아래 단면의 정, 중앙 단면의 부)를 정적 계산으로 구하고 이것에 대하여 균열이 발생하지 않도록 프리스트레스를 도입한다.

(다) 종래 설계법의 과제

종래 설계법을 간결하게 표현하면 "의사(疑似) (또는 準) 정적 윤하중 + 정적 응답 + 허용 응력도 설계법"으로 된다. 이와 같이 극히 단순한 설계법이지만, 다음과 같은 과제를 안고 있다.

① 고속선로에서는 차량 · 궤도의 정비상태가 좋기 때문에 마일드(mild)한 하중환경의 경우에는 과대 설계로 되는 일이 있다.

② 중축중(重軸重)의 철도 또는 차륜답면 관리가 불충분한 철도 등 가혹한 하중환경에 있는 경우에는 만족하여야 할 내력(耐力) 성능, 내구성이 충분히 확보될 수 없는 경우가 있다.

③ 프리텐션식 PC, 본드 포스트텐션식 PC, 언본드 포스트텐션식 PC의 구조형식에 따른 내력 성능의 다름이 설계에 충분히 반영되어 있지 않다.

(라) 차륜 플랫(車輪 flat) 등에 따른 충격작용의 실태

PC침목에 가장 심하게 부하를 미치는 것은 차륜 플랫이다. 차륜의 관리에서는 최대 75 mm의 플랫을 허용하고 있다. 이와 같은 최대 급의 차륜 플랫에 대하여는 대차의 축상에서 관측되는 가속도가 50 G 이상에도 달하며, 그 충격 윤하중에 기인하여 PC침목에는 정적 윤하중에 따른 부하의 5배 이상의 부하가 펄스(pulse)로서 작용하는 현상도 있다(**그림 2.4.7**).

충격 윤하중의 작용시간은 1/1,000~10/1,000초 (500-50 Hz)의 범위에 걸친다. 레일 아래 단면의 정(正)의 침목 휨 모멘트는 작용시간 1.5/1,000초 부근에서 동적 부하특성의 피크를 가지며, 정적 부하 값의 2배에 달한다(**그림 2.4.8**). 약 2배의 피크는 레일 패드가 충격부하에 대하여 딱딱하게 되기 때문에 레일압력이 증대하는 영향(약 1.4배)과 단발 펄스의 작용시간과 침목 고유진동(500~700 Hz)의 공진 증폭 현상(약 1.4배)과의 중첩작용에 따른 것이라고 추정되고 있다.

이상과 같이 차륜 플랫에 기인하여 종래 설계에서 대상으로 하여 왔던 의사 정적 윤하중을 크게 상회하는 충격 윤하중이 작용하고, 더욱이 그 충격 윤하중은 작용시간에 대하여 동적 부하특성을 가지는 사실에서 실제로는 종래 설계법에서 상정한 정적 부하를 크게 상회하는 동적 부하가 작용할 수 있다. 이와 관련하여 최대 충격 윤하중을 40 tf, 그 작용시간을 4/1,000초로 설정한 경우에 PC침목의 레일 아래 단면에는 종래 설계법에서 상정하여 왔던 정적 부하(의사 정적 윤하중 16 tf 시)의 약 3배의 동적 부하가 종국 한계상태(終局 限界狀態)에서 작용할 수 있다고 추정되고 있다. 따라서, 원칙적으로 균열이 생기지 않도록 하여도 실제로는 균열의 발생이 불가피하며, 충격윤하중에 대한 균열발생후의 내력성능이 설계를 지배하는 최대의 요점으로 된다.

더욱이, 충격 윤하중을 발생시키는 기타 요인에는 레일 이음매, 레일 용접부 요철, 레일 두부상면 파상 마모 및 저대(著大) 윤하중이 있지만, 침목의 설계 상은 차륜 플랫의 폭넓은 충격작용 중에 포함된다고 생각된다.

(마) 충격 윤하중(衝擊輪重)에 대한 PC침목의 내력성능(耐力性能)

충격 윤하중이 반복하여 작용하면, 내구성을 해치는 유해한 균열로 성장하기도 하고(使用 限界狀態), 보강 강재가 피로하여 파단하기도 한다(疲勞 限界狀態). 또한, 충격 윤하중이 극도로 크게 되면, 일순에 파손될 수도 있다(終局 限界狀態). 일본에서 현재 사용되고 있는 PC침목을 대상으로 하여 충격 윤하중에 대한 내력성능을 구체적으로 검토한 결과, 이하의 사실이 밝혀지고 있다.

① 침목 구체에 대한 윤축 낙하 시험(wheelset drop test)에서 충격 윤하중이 반복하여 작용한 때의 균열상태의 관찰에 따르면, 프리텐션 방식은 종래 설계법에서 상정하여 왔던 정적 부하(통상은 full 프리스트레스하기 때문에 정적 부하 = decompression 모멘트)의 약 2배의 동적 부하에 대하여도 내구성에서 유해한 균열상태로 이르지 않는다. 한편, 언본드 포스트텐션 방식에서 같은 정도의 균열상태로 멈추게 하려면 감압(decompression) 모멘트를 프리텐션 방식보다 적어도 30 % 정도 증가시킬 필요가 있다.

② 프리텐션식 PC 및 본드 포스트텐션식 PC 모두 PC강재량에 따라 피로수명이 대폭으로 변화한다. PC침목에 요구되는 피로수명은 수억 회에 달할 수 있음과 동시에 균열의 발생을 불가피하게 하는 충격 윤하중에 대한 설계에서는 PC강재의 파단에 대한 피로 한계상태의 검토가 중요하게 된다(**그림 2.4.9**).

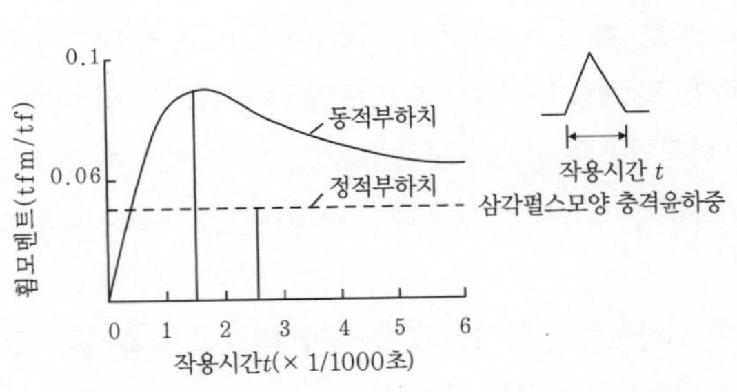

그림 2.4.8 침목 휨 모멘트(단위 충격 윤하중당)와 작용시간과의 관계

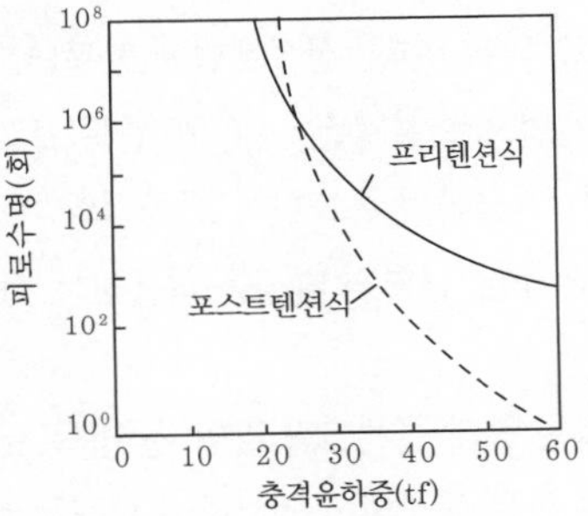

그림 2.4.9 보강 강재의 파단에 대한 피로 수명과 충격 윤하중과의 관계

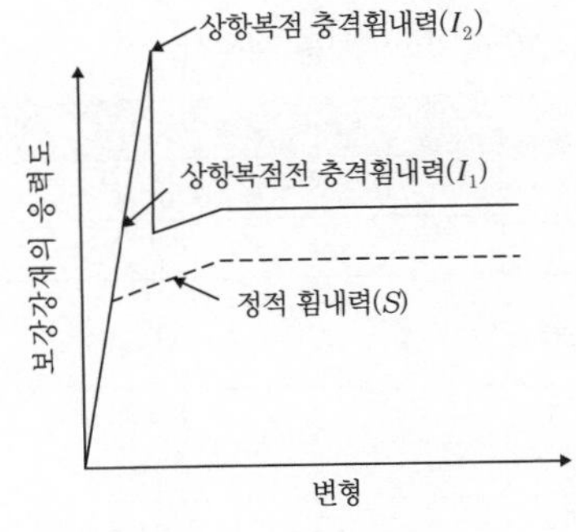

그림 2.4.10 보강 강재의 항복점 응력도의 변형(왜곡)속도 효과와 충격 휨 내력

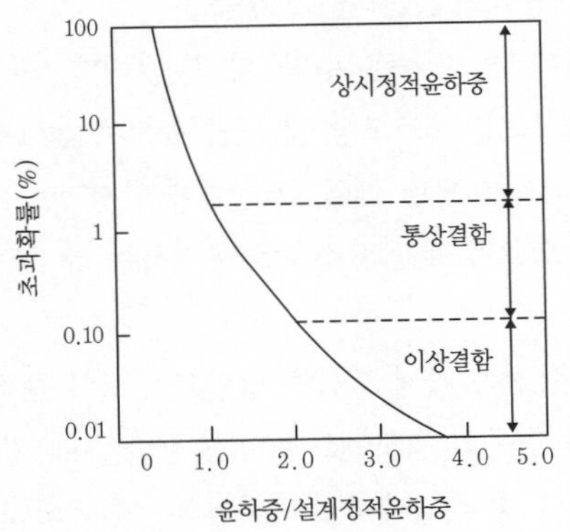

그림 2.4.11 윤하중의 누적 빈도곡선(예)

③ 작용시간이 짧은 충격 윤하중에 대하여는 변형속도에 따른 재료강도의 증가에 따라 휨 내력이 증대된다(**그림 2.4.10**). 최대 충격 윤하중을 40 tf로 설정하여 레일 아래 단면의 파괴안전도(충격 휨 내력/작용

휨 모멘트)를 평가하면, 종래 설계법에 따른 PC침목의 파괴안전도는 침목 형식에 따라 1.05~3.5로 크게 다르다.

(바) 한계상태(限界狀態) 설계법에 따른 신설계법(新設計法)

종래 설계법의 과제를 근거로 하여 한계상태 설계법에 기초한 신설계법이 일본에서 제안되고 있다. 신설계법은 충격 윤하중을 대상으로 하여 사용(使用)·피로(疲勞)·종국(終局)의 각 한계상태(限界狀態)에 대하여 내력성능(耐力性能)을 정량적으로 평가·결정하는 방법이다. 신설계법을 간결하게 표현하면, "충격 윤하중 + 동적응답 + 한계상태 설계법"으로 된다.

새로운 설계법에서는 그 설계요인으로서 하중환경, 보강방법의 차이, PC강재와 콘크리트와의 부착성능, PC강재의 피로강도, 재료강도의 변형속도 효과 등이 채택되고 있다. 하중환경을 구체적으로 나타낸 것으로서 윤하중의 누적빈도곡선의 예를 **그림 2.4.11**에 나타낸다. 한계상태 설계법에서는 누적빈도 곡선을 기초로 하여 사용·피로·종국의 각 한계상태의 설계 윤하중을 설정한다. 더욱이, 횡압에 대하여는 일반적으로 무시하여도 지장이 없다고 되어 있다. 신설계법에 따르면, 저대 윤하중(著大輪重, very large wheel load)에 대하여 허용응력도 설계법으로 설계된 일부 PC침목(프리텐션식)의 PC강재량이 약 20 % 감량될 수 있다고 시험 설계되고 있다. 또한, 지금까지 속도향상 시험시의 저대 윤하중 판정기준은 침목의 파셜(partial) 스트레스에 기초하여 정하여져 왔지만, 균열의 발생을 허용하는 신설계법을 적용하여 조사하면, 종래의 판정기준을 대폭으로 완화할 수 있다.

신설계법은 종래 설계법과 같이 횡 침목(cross tie)에 취하여진 경험적인 방법이 아니고, 작용 윤하중·동적응답·내력 성능을 실태에 입각하여 다루는 범용적인 설계법이기 때문에 종침목(longitudinal tie) 등 형태가 다른 레일 지지물의 설계에도 전개가 용이하다고 한다. 이미 래더형(Ladder型) 침목의 설계에도 적용되어 있다.

(4) 침목의 분석과 일반적인 설계방법

침목의 기본적인 기능은 수직, 횡 및 종 방향 레일좌면 하중을 도상, 보조도상 및 노반 층으로 전달하는 것이다. 침목은 또한 레일체결장치에 안정적인 지지를 제공함으로써 궤간과 선형을 유지하는 데 기여한다.

수직하중은 침목 아래 도상층 압밀의 정도와 품질에 좌우되어 침목의 휨모멘트를 유발한다. 게다가, 횡 하중재하와 종 하중재하에 견디어내는 침목의 성능은 침목의 크기, 형상, 표면 기하구조, 중량 및 간격에 좌우된다.

표 2.4.10 레일좌면하중 계산식

개발자	공식
Talbot	$q_r = S \cdot u \cdot y_{max} \cdot F_1$
ORE	$q_r = \bar{\epsilon} \cdot C_1 \cdot P^*$
UIC (콘크리트침목)	$q_r = \frac{P_s}{2}(x + \gamma_p \times \gamma_v)\gamma_d \times \gamma_r$
Australia (콘크리트침목)	$q_r = j \times P_S \times \frac{D \cdot F}{100}$
Australia (강 침목)	$q_r = 0.5 \times F_2 \times P \times S \times \beta$
Sadeghi	$q_r = 0.474P \times (1.27S + 0.238)$

* $\bar{\epsilon}$는 $\overline{q_r}$과 $\overline{P_r}$가 각각 레일좌면하중의 평균값과 정적 윤하중인 $\overline{q_r}/\overline{P_s}$의 비율로 정의된다. C_1은 대개 1.34인 계수이다.

수직방향에 대한 침목의 분석과 설계에 관한 현재의 실행은 세 단계를 포함한다. 이들은 ① 수직 레일좌면하중의 평가, ② 침목 아래 응력분포패턴의 추정 및 ③ 침목의 구조모델에 대한 수직 정적평형상태의 적용이다.

수직 윤하중은 레일을 통해 전달되고 레일의 연속성 때문에 어떤 수의 침목으로 분포된다. 이것은 일반적

표 2.4.11 약간의 접촉압력분포 패턴

압력 분포	설명
	실험실 시험
	레일에 대한 주된 영향
	레일 양쪽의 다짐
	중앙에서 최대 집중
	균등한 압력

표 2.4.12 궤도에서의 침목 하중재하 패턴

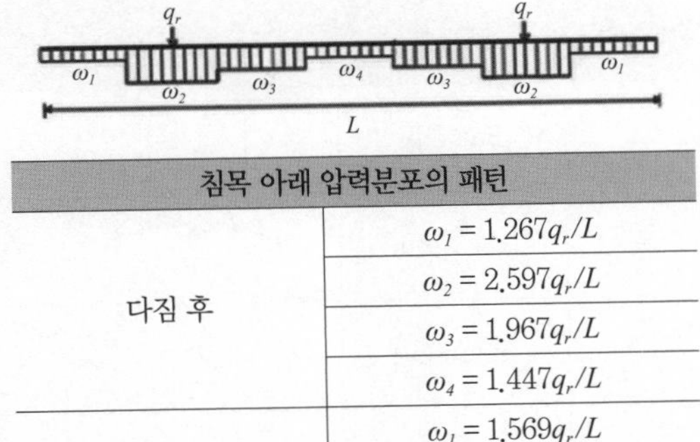

침목 아래 압력분포의 패턴	
다짐 후	$\omega_1 = 1.267q_r/L$
	$\omega_2 = 2.597q_r/L$
	$\omega_3 = 1.967q_r/L$
	$\omega_4 = 1.447q_r/L$
누적 하중재하 후	$\omega_1 = 1.569q_r/L$
	$\omega_2 = 2.569q_r/L$
	$\omega_3 = 1.974q_r/L$
	$\omega_4 = 1.987q_r/L$

으로 수직 레일좌면하중이라고 한다. 각 레일 좌면에 가해진 하중의 정확한 크기는 레일중량, 침목간격, 레일 당 궤도계수, 레일과 침목 간의 작용량(作用量, amount of play) 및 침목과 도상 간의 작용량을 포함하는 여러 가지 파라미터에 좌우된다. 이들의 고려에 기초하여 각종 관계가 제안되어 있으며 **표 2.4.10**에 요약했다.

그러나 단순화의 목적으로, 상기에 언급된 파라미터 일부의 영향만을 고려하고 예를 들어 침목의 유형과 간격의 함수로서 수직 레일좌면하중 값을 정의하는 것이 더 실용적일 것이다. 이 방법은 많은 철도당국이 널리 용인한다. 일례로서 AREMA는 침목에 전달된 윤하중의 비율이 침목간격에 대하여 도출되는 다이어그램을 권장한다. 침목유형과 궤도계수의 효과도 이들 다이어그램에 포함된다.

표 2.4.13 레일좌면의 침목지지 유효길이(면적)

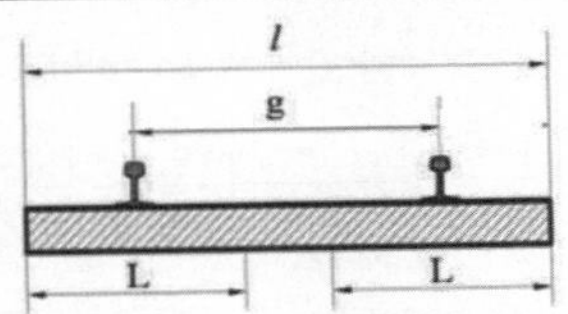

개발자	내용
AREMA	A_e = 침목바닥면적의 2/3
UIC	$A_e = 6{,}000\ cm^2$, l = 2.5 m에 대하여 $A_e = 7{,}000\ cm^2$, l = 2.6 m에 대하여
Australia	L = (l − g) (1), L = 0.9 × (l − g) (2)
Schramm	L = (l − g)/2
Clarke	$L = (l-g)\left(1 - \frac{l-g}{1.25t^{0.75}}\right)$ (3)
Clarke(단순화)	L = l/3

(1) 레일좌면에서의 휨모멘트 계산용
(2) 침목중앙에서의 휨모멘트 계산용
(3) 파라미터 't'는 침목높이이다.

침목과 도상 간의 정확한 접촉압력분포와 시간의 흐름에 따른 그것의 변화는 침목의 구조설계에서 중요하다. 궤도가 새롭게 다져졌을(탬핑) 때 각 레일좌면 아래에 침목과 도상 간의 접촉부분이 발생된다. 궤도는 사용된 후에 침목과 도상 간의 접촉압력분포가 균일한 압력분포를 향하는 경향이 있다. 이 조건은 레일좌면 아래 침목과 도상표면 간의 틈과 관련된다. 가장 일반적으로 인정된 침목과 도상 간의 접촉압력분포 패턴을 **표 2.4.11**에 나타낸다.

몇몇 연구는 사데기(Sadeghi)가 권고한 것과 같이 설계목적으로 침목 아래의 궤도압력분포를 결정하기 위

표 2.4.14 침목 휨모멘트의 계산에 추천된 여러 방법의 비교

침목유형	개발자	레일좌면 모멘트		중앙 모멘트	
		M_r^+ (kN·m)	M_r^- (kN·m)	M_c^+ (kN·m)	M_c^- (kN·m)
목	Battelle	$q_r\left(\frac{l-g}{2}\right)^{(1)}$	–	–	$q_r\left(\frac{g}{2}\right)$
	Schramm	$q_r\left(\frac{l-g-n}{8}\right)$	–	–	–
	Raymond	–	–	–	$q_r\left(\frac{2g-l}{4}\right)$
강	Australia표준	$q_r\left(\frac{l-g}{8}\right)$	–	$0.05 \times q_r \times (l-g)$	$q_r\left(\frac{2g-l}{4}\right)$
콘크리트	UIC	$r_i \cdot q_r \cdot \frac{\lambda}{2}^{(2)}$	$0.5M_r^+$	$1.2M_{dr} \times \frac{I_c}{I_r}$	$0.7M_r^+$
	Australia표준	$q_r\left(\frac{l-g}{8}\right)$	$Max\{0.67M_r^+, 14\}$	$0.05 \times q_r \times (l-g)$	$q_r\left(\frac{2g-l}{4}\right)$

(1) Battelle은 $q_r\left(\frac{l-g}{8}\right)$과 같이 덜 보수적이고 더 현실적인 공식도 제안한다.

(2) 유효 레버 암(effective lever arm)은 $\lambda = \left(\frac{L_p - e}{2}\right)$로부터 얻을 수 있다.

해 수행되었지만(**표 2.4.12** 참조), 그 결과는 필요한 만큼 실용적이지 않다.

침목지지상태를 가능한 한 실제처럼 고려하기 위하여 **표 2.4.13**에 나타낸 것처럼 일반적으로 침목길이(면적)의 특정부분에서 침목 아래에 균일한 압력이 분포되는 것으로 간주된다. 이 길이(면적)를 '유효길이(면적)'라 한다. 이 가정은 설계계산의 절차를 용이하게 한다. 그때 침목 아래 접촉압력의 크기를 알기 위해 수직방향의 정적평형이 적용된다. 또한, 침목지지의 변동을 고려하기 위하여 안전율이 포함된다.

침목하중재하패턴을 결정하였다면 침목 휨모멘트의 계산을 위하여 침목의 구조모델이 정의될 수 있다. 이에 관하여 제안된 식과 방법들은 **표 2.4.14**에 나타낸 것처럼 침목유형에 따라 분류될 수 있다.

(5) 침목의 교환

선로유지관리지침에서는 침목의 교환에 대하여 다음과 같이 규정하고 있다. 일반철도 침목교환은 전반적인 침목상태를 고려하여 부분적으로 치우쳐 교환하지 않아야 한다. 다만, 궤도재료의 갱신을 할 경우에는 예외로 한다. 고속철도 장대레일 구간의 침목교환은 장대레일의 안정화에 영향을 주는 작업이므로 다음 사항을 준수하고 교환내역을 기록 관리하여야 한다. ① 침목교환 작업을 위한 양로는 금한다. ② 교환할 침목 전후의 레일 체결장치 해체는 3개까지 허용된다. ③ 같은 작업동안에 침목 5개 중 1개 또는 10개 중 2개보다 많은 침목을 교환해서는 안 된다. ④ 침목 10개 중 2개를 연속해서 교환할 경우는 교환한 침목의 인접침목간의 도상을 훼손시켜서는 안 된다. ⑤ 침목의 위치조정 작업으로 150 mm 이상이 조정된 침목은 교환으로 간주한다.

2.4.4 기타의 침목

(1) 합성 침목(合成枕木, composite sleeper)

합성 침목은 일본에서 교량침목, 분기침목 등의 목침목 대신으로 실용되고 있는 침목으로 글라스(glass) 장섬유(長纖維)와 경질 발포(發泡) 우레탄(Urethane)으로 구성되는 복합(複合) 재료의 판(이 성형판(成形板)을 FFU(fiber reinforced foamed urethane)이라 부른다)을 수 매 적층(積層)하여 침목 형상으로 성형한 것이며, 제조 공정을 **그림 2.4.12**에 나타낸다.

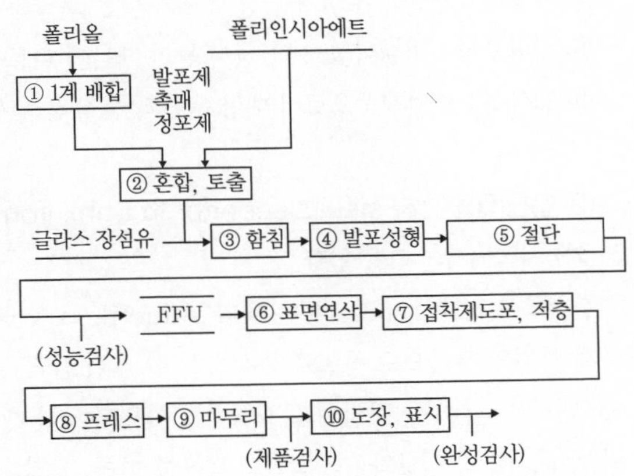

그림 2.4.12 합성 침목의 제조 공정

우레탄 수지(樹脂)는 폴리올에 발포제, 반응 촉진을 위한 촉매 및 정포재(整泡材)를 가하여 혼합 교반한 1계 배합액과 인시아네트(2액)를 혼합 토출기로 혼합 반응시킨 우레탄 수지 혼합액으로서 생성한다. 글라스 장(長)섬유는 필라멘트라 하는 10~20 μm의 기본 단위로 되어 있으며, 합성 침목에는 수 $10^4/cm^2$의 필라멘트가 함유된다. 소정 양의 글라스 장섬유를 일정 배열로 공급하여 여기에 우레탄 합성 수지액을 함침시키고 이 글라스 장섬유 뭉치를 금형으로 연속적으로 도입하여 발포 경화시켜 FFU를 형성하며, 이것을 연속적으로 당겨서 절단기로 필요한 길이로 절단한다. 접착 공정은 접착 면의 탈형제를 연삭 제거하고 에폭시 수지로 접착하여 프레스로 압착 양생 경화한 후에 필요한 성형 가공을 하여 마무리한다. 그 후에 침목 상면을 아크릴 우레탄계 도료로 도장하고, 제조업자의 약호, 제조 연월일을 침목 표면 상단부에 각인한다. 시험체의 성능 검사로서는 굴곡 시험, 압축강도 시험, 전단강도 시험 및 접착 전단강도 시험을 하며, 제품검사로서는 치수, 외관 · 형상, 비중, 제품 내하중 시험, 스파이크 인발 강도, 레일용 나사 스파이크(screw spike) 인발 강도 시험을 한다. 마지막으로, 완성 검사로서 외관 검사를 전수에 대하여 시행한다.

치수는 높이 250, 폭 350, 길이 9,000 mm까지 제조 가능하다. 수명은 50년을 목표로 한다.

무게나 취급의 용이도는 목침목과 동일하며 선로와 같은 부식환경이나 높은 하중의 조건 하에서의 내구성에 관하여는 긴 수명의 재료이지만 가격이 비싸기 때문에 우리 나라에서는 분당선에 시험 부설한 예 밖에 없으나 일본에서는 교환이 곤란한 교량, 분기기 등에 사용하고 있다.

기초적인 물성은 너도밤나무와 거의 같은 휨 강도가 있고, 전기특성은 보다 우수하다. 선사인 · 웨터 미터(sunshine · weather meter)로 조사(照射)한 내후성(weather-ability) 시험에서 5,000시간 조사 후에 접착전단강도, 종 방향 압축강도, 휨 강도 모두 조사전과 비교하여 거의 변화가 없고, 너도밤나무는 종 방향 압축강도에서 45 %, 휨 강도에서 25 %의 강도저하가 있었다.

합성 침목의 특장은 신품의 목침목 물성과 거의 같은 정도이고, 부설 후에도 그 물성이 변화하지 않으며, 구체적으로는 다음과 같다.

① 내부식성 ; 자연환경 하에서 썩는 일이 없다.

② 내후성 ; 표면을 도장하면 자연환경 하에서 열화하는 일이 없다.

③ 내전기절연성 ; 전기절연성이 높아 절연에 대한 배려를 요하지 않는다.

④ 가공성 ; 체결용 구멍가공 등 목재와 같은 모양의 방법으로 침목을 가공할 수 있다.

⑤ 내피로성 ; 내부식성, 내후성이 높기 때문에 피로수명이 길다.

⑥ 양산성 ; 공업제품으로서 대량 생산과 장척 품의 생산이 가능하다.

(2) 철침목(鐵枕木, steel sleeper(or trough), iron tie)

(가) 외국에서의 사용 현황

철침목은 강(鋼, steel) 또는 덕타일(ductile)로 만들어진 침목이다. 철침목은 19세기 초반에서 후반에 걸쳐 목재 자원의 부족으로 독일을 중심으로 한 유럽 각국, 목침목이 흰개미에게 침범되는 열대 지방, 오스트레일리아, 멕시코, 남미 등 광범위한 지역에서 이용되어 한 때는 세계 침목의 40 %를 점하였다고 한다. 그 후, 목침목의 방부 처리의 진보와 PC 침목의 범용에 따라 그 점유율이 크게 줄었지만, 근년에 하중이 큰 제철소의 선로에 채용되고 있다. 일본에서는 아프트식 철도(Abt式 鐵道, 齒車式 鐵道), 제철소의 구내, 화물 역의 일부 등 주로 중축중용으로 사용되고 있을 뿐으로 정거장 구내에서 궤간 확대의 방지대책 등으로 목침목과 혼용되고 있는 개소가 대부분이다.

(나) 장단점과 특징

철침목은 장단점이 아직 충분히 연구되지 않았지만, 특장으로서는 내구 년수가 길고, 강도가 높아 충격에도 강하며, 도상저항이 크고, 체결장치의 내횡압성이 높으며, 보수량이 적고, 잔존가격으로서의 가치도 있는 등의 이점도 있지만, 절연성이 나쁘다는 등의 결점도 있다. 철침목의 형상은 주발을 엎어놓은 형이며 침목 안에 도상을 채워 넣는다. 이 때문에 타이 탬퍼 툴의 선단을 구부려 각도를 붙인 툴로 찔러 넣으면 통상과 같이 총 다지기가 가능하게 되어 있다.

또한, 체결부에 대하여는 체결부를 용접하든지, 구멍을 뚫어 볼트 등으로 체결장치를 설치하든지, 임의로 선택할 수 있기 때문에 여러 가지가 이용되고 있지만, 비용 면에서는 구멍을 뚫는 쪽이 싸기 때문에 많이 이용된다. 도상두께에 대하여는 독일국철에서는 침목을 엎어놓은 형상의 하면에서 취하는 것으로 되어 있고 일본의 시험에서도 거의 같은 모양을 취하는 쪽이 좋다고 되어 있다. 그리고 또한, 철침목의 수명은 환경 조건에 좌우되지만, 독일에서는 철침목의 수명으로서 K체결용 타이 플레이트를 용접한 유형을 45년, 구형의 체결장치를 침목에 구멍을 뚫어 설치한 유형을 38년으로 하고 있다. 일본에서 사용되고 있는 철침목의 수명에 대하여는 저탄소 림드강(rimmed鋼) 사용의 50년을 참고로 내부식성을 고려하여 동(銅)을 혼입한 SM490 상당 사양의 것을 강(鋼)으로 사용하므로 소재의 양호도와 체결장치의 개량을 고려하여 70년으로 하고 있다.

(다) 독일의 경험

독일에서는 주입을 하지 않은 목침목의 부후(腐朽)가 심한 사실에서 1850년경 주철로 만든 철침목의 사용을 검토하여 **그림 2.4.13**에 나타낸 것과 같은 단면이 검토되고, 10년 후에는 압연강제 침목이 만들어지게 되었다. 당초는 체결용 구멍에서의 부식과 도상 횡 저항력이 작은 것이 문제이었지만, 전자는 타이 플레이트를 용접함으로써, 후자는 **그림 2.4.14**와 같이 단부를 아래쪽으로 굽힘으로써 해결하였다. 이 외에 이음매용이 있다. **그림 2.4.15**는 UIC가 정한 단면이다.

그림 2.4.13 철침목 형상의 발전

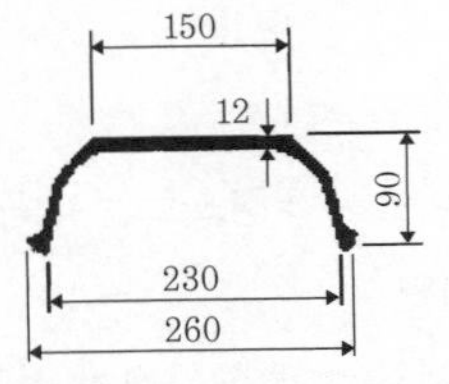

그림 2.4.15 UIC의 단면형상

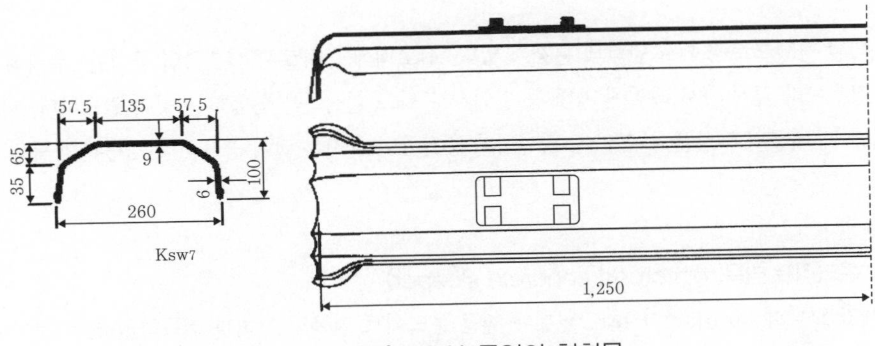

그림 2.4.14 독일의 철침목

(라) 일본의 경험

일본의 화물철도에서는 철침목의 특성을 다음과 같이 고려하고 있다.

① 내구 년수는 70년으로 한다. ② 용접으로 어떠한 레일 체결장치에도 대응할 수 있다.

③ 사용 후는 재생이 가능하다. ④ 부식은 1 mm를 고려한다.

⑤ 궤도회로를 실현하기 위해서는 절연을 배려한다.

⑥ 유효 도상 두께의 증가를 기대할 수 있다.

일본에서 현재까지 개발된 철침목의 종류는 다음과 같다.

1) 보통 침목

보통 침목은 50N을 대상으로 다음의 3 종류가 있다.

① 일반 구조용 압연 강재를 이용한 것

② 구상흑연 주강(덕타일)*을 이용한 것 : ⓐ 일반 구간용, ⓑ 2 블록형 측선용

레일 체결장치에는 절연재가 붙어 있는 클립(팬드롤)을 사용하여 궤도회로의 구성을 가능하게 하고, 궤간 조절 패킹을 레일과 절연재 사이에 넣음으로써 궤간의 조정과 함께 40N 레일의 사용을 가능하게 하고 있다.

2) 분기 침목

분기 침목은 일반 구조용 압연 강재를 이용하며, 그 길이는 2,400~3,400 mm의 9 종류가 있다. 레일 체결장치는 팬드롤 클립을 주체로 종래의 블록 및 레일 브레이스를 사용하고, 받침부를 직접 철침목에 용접한 구조

---

* 보통의 철강 중에는 흑연이 불규칙하게 존재하지만, 마그네슘 등을 넣어 흑연을 구상(球狀)으로 하여 인성(靭性)과 강도를 향상시킨 주철

로 되어 있다.

(마) 유의점

철침목에 대한 유의점으로는 다음과 같다.

1) 전기절연

보통 침목에서는 레일 아래의 절연(절연재 및 절연 판을 사용), 분기 침목에서는 레일 아래의 절연에 더하여 침목을 2분하여 중앙에 절연재를 삽입하는 중앙 절연으로 확실한 절연을 꾀한다.

2) 부설

부설 시에 유의할 사항으로서 궤도 단락의 문제가 있다. 선로폐쇄 공사로서 시행하면 좋지만, 무폐쇄의 경우에는 목침목의 경우보다 깊게 파서 레일에 마대 등 절연재로 싸고 철침목을 삽입하는 것이 필요하다. 다짐시에는 부설 직후에 침목 내공의 도상을 위 판까지 확실하게 충전하여 다지는 것이 중요하다. 2년간의 틀림 진행은 2 mm로 특별한 문제는 없었다.

(3) 철근(鐵筋) 콘크리트 침목(reinforced concrete sleeper)

프랑스의 원예가 모니에(Monier)가 1880년대에 철근 콘크리트 침목의 특허를 취득하였다. 이것이 콘크리트 침목의 시초이며 그 이후 1945년경까지 구미 제국에는 대단히 많은 종류의 철근 콘크리트 침목이 설계, 시작(試作)되었지만, 모노블록 침목의 경우에 성공에 이르지는 않았다.

(4) 합성형 침목(合成型 枕木)

철근 콘크리트 침목을 일체(一體, mono block) 침목으로 제작하려고 하면 중앙 압력에 대한 강도와 레일 아래의 휨 모멘트에 대한 강도의 점에서 실용적인 것으로 되지 않는 점에서 타이 탬퍼로 다짐이 행하여지는 레일 아래의 근방만으로 콘크리트 부분을 한정한 블록으로 구성하여 이 두 개의 블록을 중앙 압력을 받지 않는 강재(鋼材)의 연결재로 연결한 RS 침목이 실용화되었다.

합성형 침목은 모노블록이 아닌 침목을 말하며, 주로 레일 직하의 부분을 철근콘크리트 단침목(block)으로 하고 양자를 강재로 연결하는 형의 2블록 방식의 것이 많다. 이 2블록 콘크리트 침목에서 가장 유명한 것이 상기에서 언급한 프랑스 국철의 RS형 침목(**그림 2.4.16**)이며, 특징은 침목 자체를 휘어지기 쉽게 하여 콘크리트

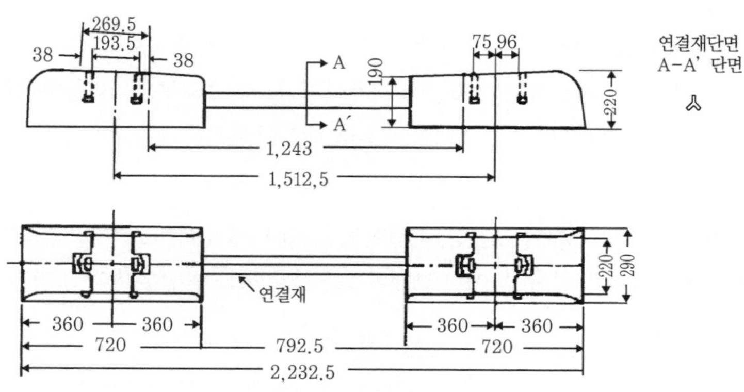

그림 2.4.16 프랑스 RS침목

의 강도에 여유를 가지게 한 점, 2개의 측면이 있기 때문에 도상저항력이 크고, 궤도중심 부근의 도상 반력(ballast reaction)에 대하여 안전하다는 점 등이다.

우리 나라에서는 1987년에 경부선 병점역 남부의 본선에 처음으로 시험 부설하였으며, 그 이후 급곡선의 레일 장대화를 위하여 경부선의 심천~황간간에 시험부설하였다. 그러나, 타이바(tie-bar)의 내구성과 콘크리트와의 접합부의 부식, 이완의 우려, 궤도강성의 저하, 기계작업의 침목 위치 정정 시의 문제가 지적되어 우리 철도의 자갈궤도에서는 부적절하다고 결론지었다[253].

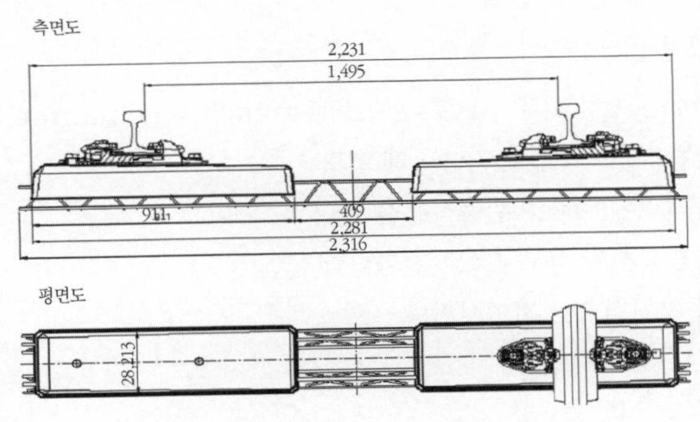

그림 2.4.17 Rheda-2000 궤도용 침목

(5) 래더형(Ladder型 枕木)

래더형 침목은 종침목의 일종으로 PPC(partial prestressed concrete) 구조의 종 방향 보로 해석되며, 4 체결 간격마다 굵고 두꺼운 강관을 타이(tie)로서 궤간을 유지하는 침목이다. 상세는 제6.3.4항에서 기술한다.

(6) Rheda-2000 궤도용 침목

경부고속철도 2단계 구간(대구-부산 간) 등의 콘크리트궤도(Rheda-2000)에서 사용한 철근콘크리트 바이블록(bi-block) 침목의 형상은 **그림 2.4.17**과 같다.

2.5 레일 체결장치

2.5.1 총설

레일 체결장치(締結裝置, fastening, fastener, fastening system(or assembly)), 또는 체결구(締結具)란 레일을 침목이나 슬래브 등의 지지물에 고정하여 궤간을 유지함과 동시에 차량 주행 시에 차량이 궤도에 주는 여러 방향의 하중이나 진동(vibration), 주로 상하방향의 힘, 횡 방향의 힘 및 레일 길이방향의 힘 등에 저항하고, 이들을 하부구조인 침목, 도상, 노반으로 분산 혹은 완충하여 전달하는 기능을 가진 것이다.

(1) 레일 체결장치의 기능

레일 체결장치의 기능은 그 종류에 따라 여러 가지가 있지만, 주된 것은 아래와 같다. 다만, 어느 한 종류의 레일 체결장치가 이들의 모든 기능을 구비하고 있다는 뜻은 아니며, 이들 중에서 몇 개를 갖고 있다.

① 레일을 지지물에 고정한다.
② 교량 등과 같은 어떤 조건하에서는 레일을 지지물 위에서 미끄러지게 한다.
③ 차량에서 레일로 전해지는 상하방향 힘과 횡 방향 힘을 적당하게 분산시킨다.
④ 레일에서 전해지는 수평 힘에 저항한다.
⑤ 레일의 수평면내의 회전에 저항한다.
⑥ 레일의 변칙경사{canting (or tilting) of rail, irregularity inclination of rail}에 저항한다.
⑦ 레일 답면의 상하, 좌우방향의 조절을 가능하게 한다.
⑧ 레일에서 전해지는 충격력에 대하여 완충작용을 한다.
⑨ 레일로부터의 진동을 감쇠시켜 하부구조로 전파한다.
⑩ 레일과 지지물 사이를 전기적으로 절연시킨다.

(2) 레일 체결장치의 종류

레일 체결장치는 레일을 체결하는 지지물에 따라 다음의 4 종류로 분류한다.
① 목침목용 레일 체결장치, ② PC침목(콘크리트 침목)용 레일 체결장치
③ 철침목용 레일 체결장치, ④ 슬래브궤도 등 직결궤도용 레일 체결장치. 등

표 2.5.1 체결 방식의 분류의 예

구분		레일을 누르는 방식						
		A 스파이크 또는 나사 스파이크	B 레일 누름쇠 및 와셔	C 탄성 스파이크	D 슬립 링 클립 (slip ring clip)	E 쐐기형 클립	F 레일 누름용 심 (shim)	G 베이스 플레이트 숄더에 의한 누름
레일과 침목간의 개재물	Ⅰ 없음	A-Ⅰ	-	C-Ⅰ	D-Ⅰ	-	F-Ⅰ	-
	Ⅱ 타이(베이스) 플레이트	A-Ⅱ	B-Ⅱ	C-Ⅱ	D-Ⅱ	E-Ⅱ	F-Ⅱ	G-Ⅱ
	Ⅲ 레일패드	-	B-Ⅲ	C-Ⅲ	D-Ⅲ	E-Ⅲ	-	-
	Ⅳ 타이(베이스) 플레이트와 레일패드	-	B-Ⅳ	C-Ⅳ	D-Ⅳ	-	-	-

또한, 일본에서는 그 체결방식을 레일과 중간질량(침목 등) 사이의 개재물과 레일을 누르는 방식과의 조합에 따라 **표 2.5.1**과 같이 분류하기도 한다.

즉, 레일압력을 침목으로 전달하는 방식으로서 베이스 플레이트, 레일패드, 베이스 플레이트와 레일패드의 조합이 있으며, 레일의 횡 이동, 부상, 변칙경사를 억누르는 방식으로서 스파이크, 나사 스파이크, 레일 누름쇠, 탄성 스파이크, 체결 스프링, 레일 누름용 심, 쐐기형 클립, 베이스 플레이트 숄더 등이 있고, 이들의 조합에 따라 다수의 레일 체결장치가 고안, 사용되고 있다.

2.5.2 2중 탄성 체결장치와 그 구성재료

(1) 2중 탄성 체결장치(二重彈性 締結裝置, double elastic fastening)

레일을 침목에 탄성적으로 체결하는 경우에 단지 레일 저부 상면을 스프링으로만 위에서 단단히 조이는 방식을 단순(單純)탄성 체결(1중 탄성 체결), 레일 저부의 하면에 탄성 패드를 깔아 상면에서 스프링으로 세게 죄는 방식을 2중 탄성 체결방식이라 부르고 있다(**그림 2.5.0**). 또한, 2중 탄성 체결방식에서 체결 스프링 등으로 횡 탄성(橫彈性)을 부여하고 있는 것을 완전탄성(完全彈性), 여기에 더하여 중간에 탄성이 있는 2중 베이스 플레이트 등은 복합(複合)탄성 체결방식이라 부르는 일도 있다. 가장 단순한 체결법은 스파이크이든지 나사 스파이크를 이용하는 방식이다. 선로유지관리지침에서는 '이중탄성체결이란 레일과 침목의 체결에서 탄성이 있는 재료를 두 가지 이상 사용하여 체결하는 것'이라고 정의하고 있으며, 이것은 틀린 말은 아니나 상기의 취지에 적합한 표현은 아니라고 생각된다. 즉, 충분한 정의가 아니라고 생각된다. 2중 탄성 체결장치의 해석에 관하여는 제5.2.9항을 참조하라.

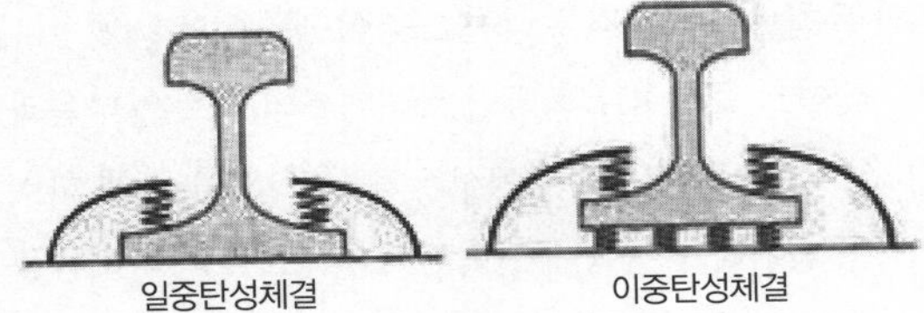

그림 2.5.0 일중탄성체결과 이중탄성체결

진동감쇠에 관하여는 콘크리트 침목에서도 목침목과 같은 정도의 효과를 얻기 위하여 목침목의 수직방향 스프링정수인 100 tf/cm 정도의 스프링정수를 가지는 레일패드(rail pad)를 레일과 침목 사이에 삽입하면 좋다. 그러나 레일패드의 횡 방향 스프링정수는 수직방향의 1/10 정도이기 때문에 레일과 침목 사이에 레일패드를 사용하면 레일은 횡 방향으로 변위하기 쉽게 되어, 작은 횡압력에서도 스파이크든지 나사 스파이크가 밀리게 된다. 이것이 충분한 탄성을 가지는 레일패드가 사용될 수 없는 이유이다. 이것을 극복하기 위하여 스파이크든지 나사 스파이크 대신에 스프링과 볼트를 이용하여 충분한 탄성을 가지는 레일패드와 공동으로 2중 탄성으로 한, 이른바 2중 탄성이든지 완전탄성(이하에서는 2중 탄성 등이라 함) 레일 체결장치가 고안되어 콘크리트 침목의 사용이 가능하게 되었다.

이 2중 탄성 등 체결방식은 레일체결방식으로서 현재 가장 널리 사용되고 있는 형식이며, 이 체결방식의 주된 이점은 다음과 같다.

① 레일이 침목을 상시 억누르고 있으므로 그 사이에서 충격력이 생기기 어렵다.

② 레일패드의 완충효과, 진동감쇠 효과를 충분히 활용할 수가 있어 도상진동(vibration of ballast)을 감쇠하고 도상 침하(settlement of ballast)를 감소시키기 때문에 보수주기의 연신이 도모된다.

③ 레일과 침목은 스프링 작용으로 레일의 복진(匐進)에 충분히 저항할 수 있어 레일 앵커(rail anchor, anti creeper)를 필요로 하지 않는다. 또한, 슬래브 궤도나 교량 등의 직결 궤도구조에서 장대레일을 이용하는 경우는 레일의 복진 저항력을 어떤 범위의 값으로 억누를 필요가 있지만, 스프링의 죄임 힘을 조정함으로써 이것을 용이하게 행할 수 있다.

④ 횡 방향 탄성으로 횡압의 분산이 유리하게 되며, 횡압에 대한 레일의 체결장치나 침목의 부담을 경감시킴과 함께 줄(방향)틀림의 발생을 방지할 수가 있으므로 보수주기의 연신이 도모된다.

(2) 베이스 플레이트(base plate)

여기서, 베이스 플레이트란 레일과 침목간에 삽입되는 숄더를 가진 철판을 말하며, 통상은 구조용 강(鋼)과 같은 성분이다. 단조하여서도 제작되지만 현재는 압연하여 제작하고 있으며, 복잡한 형상의 베이스 플레이트는 압연재 절단 후에 이것을 프레스 혹은 절삭 가공하여 제작한다.

우리 나라에서는 타이 플레이트를 목침목용의 단순한 레일 체결장치인 스파이크(dog spike)와 함께 이용되지만, 이 스파이크용 타이 플레이트(제2.5.3항)와 구별하기 위하여 목침목용 2중 탄성 레일 체결장치의 플레이트를 베이스 플레이트라고 부르며, 콘크리트궤도용 레일 체결장치의 구성부재로서도 이용되고 있다. 베이스 플레이트와 목침목간의 체결은 나사 스파이크를 이용한다. PC침목에는 일반적인 베이스 플레이트를 사용하지 않는다.

베이스 플레이트와 타이 플레이트의 기능은 다음과 같다.

① 침목의 레일 하면에서 압축 응력도를 작게 하여, 즉 레일로부터의 하중(레일 하면에서의 압축 응력)을 광범위하게 침목에 전달하여 침목으로의 파먹음을 적게 하고, 침목의 내구 년수를 연신시킨다.

② 레일의 변칙경사를 작게 하고, 또한 하나의 스파이크에 걸리는 횡압을 작게 함으로써, 즉 스파이크에 작용하는 횡압을 베이스 플레이트 저면의 마찰력 그리고 베이스 플레이트를 억누르는 다른 스파이크로 분산시킴으로써 궤간의 유지를 용이하게 하고 틀림을 적게 하며 침목의 구멍 손상도 방지한다.

③ 레일의 경사 부설을 용이하게 하여 레일의 마모나 피로를 경감한다. 경사의 정도는 1/40이 널리 이용된다.

베이스 플레이트에는 여러 가지의 힘이 작용하지만, 가장 큰 것은 레일압력이다. 목침목은 탄성 바닥이므로 베이스 플레이트에는 휨 모멘트가 작용하여 침목이 받는 지압력(支壓力)도 등분포로는 되지 않는다(**그림 2.5.1**). 편심 하중이나 횡압이 작용한 경우에는 지압력의 분산이 크게 된다. 따라서, 베이스 플레이트는 이와 같은 하중에도 충분히 견딜 수 있는 재질·구조로 할 필요가 있다.

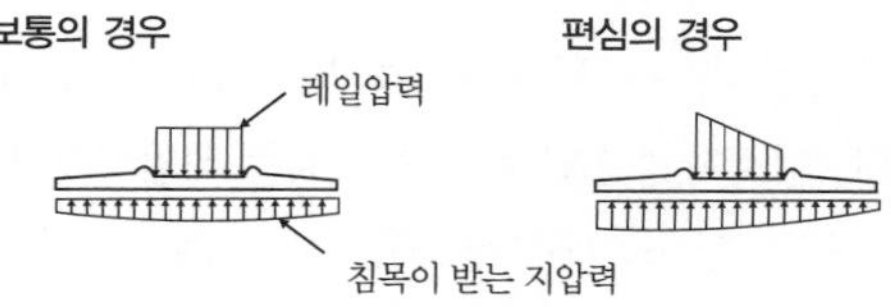

그림 2.5.1 베이스 플레이트의 지압력

레일의 부설 시에 경사를 붙이는 것은 차륜 답면을 레일두부 표면의 중앙부에 접촉시켜 다음과 같은 목적에 쓰이도록 하기 위한 것이다.

① 레일 저부로부터 침목으로의 응력 분포를 고르게 한다.

② 레일두부의 편 마모를 방지하여 두부표면의 마모를 고른 모양으로 한다.

③ 레일의 안정을 좋게 하여 레일의 변칙경사나 궤간 확대를 막는다.

(3) 체결 스프링(fastening spring)

(가) 개요

체결 스프링이란 탄성을 가진 레일패드와 함께 2중 탄성 등을 구성하는 중요 부품의 하나이며, 레일패드를 항상 압축상태로 유지하고, 더욱이 체결력에 따라 생기는 마찰력으로 레일의 복진을 방지하는 작용을 하고 있다. 체결 스프링 중에서 소재가 주로 평판 강(平板鋼)인 경우를 판(板)스프링(plate spring), 봉강(棒鋼)인 경우를 선(線)스프링, 또는 코일 스프링(coil spring)이라 한다. 체결 스프링에 필요한 성능은

① 레일을 누르는 지점의 스프링 특성이 양호하고, 스프링정수(선단 스프링정수)가 작을 것,

② 열차 하중으로 스프링 각부에 발생하는 변동 응력의 값이 스프링강 피로 한도내일 것,

③ 체결력의 규제(規制)가 용이할 것,

④ 레일의 고주파 진동에 추수(追隨)할 것,

⑤ 레일 접촉부분이 마모하기 어려울 것,

등이다.

누름 스프링(clip), 즉 체결 스프링은 2중 탄성 체결에서 레일패드의 성능을 충분히 활용하기 위하여 중요한 부재이다.

선 스프링은 판스프링에 비교하여 다음과 같은 특징을 가지고 있다.

① 판스프링이 휨 탄성만을 이용하는 것에 비하여 비틀림 탄성을 이용할 수 있으므로 소형인 스프링으로 소용(所用)의 선단 스프링계수를 실현할 수 있다.

② 주변이 개방되어 있으므로 세정(洗淨)을 포함하여 먼지의 부착을 피하고 전기 절연의 유지가 용이하다.

그러나, 선 스프링은 통상적으로 형상이 복잡하게 되며, 제작 시에 정밀도를 유지하는 일이 판 스프링보다 어렵다.

여기서는 판스프링의 일반적인 사항을 설명하고, 우리 나라에서 사용하고 있는 팬드롤형 레일체결장치의 코일 스프링 클립에 대하여는 (4)항과 제2.5.4항에서 설명한다.

(나) 레일을 누르는 지점의 스프링 특성

어떤 체결장치의 체결 스프링의 선단 스프링정수를 K (tf/cm), 레일을 누르는 힘을 Q (tf)로 하면, 체결 스프링 누름 지점의 휘어지는 양 y' (cm)은 다음 식으로 얻어진다.

$$y' = \frac{Q}{K} \text{(cm)}$$

여기서, 볼트 체결 지점에서의 휘어짐 량 y는 $f(f)$를 체결 스프링과 스프링 지점이나 작용점에 관한 함수로 하면, 다음 식으로 얻어진다.

$$y = f(f)\, y' = f(f) \frac{Q}{K} \text{(cm)}$$

이와 같이 스프링정수 K가 작다고 하는 것은 y가 크고, 즉 일정한 체결력에 대한 스프링의 변위량이 크므로 체결볼트의 체결량이 크게 된다. 이 량이 크면 클수록 체결볼트가 이완하였을 때의 레일 체결력의 감소량이 작고, 레일의 변칙경사로 생기는 스프링의 변동 응력도 작게 되며, 스프링 선단이나 레일 접촉점이 마모하여도 체결력 감소의 비율이 작으므로 레일의 복진에 대한 저항력도 크게 변하지 않는다. 이 반면에, 레일의 상향 변위 방향의 스프링정수

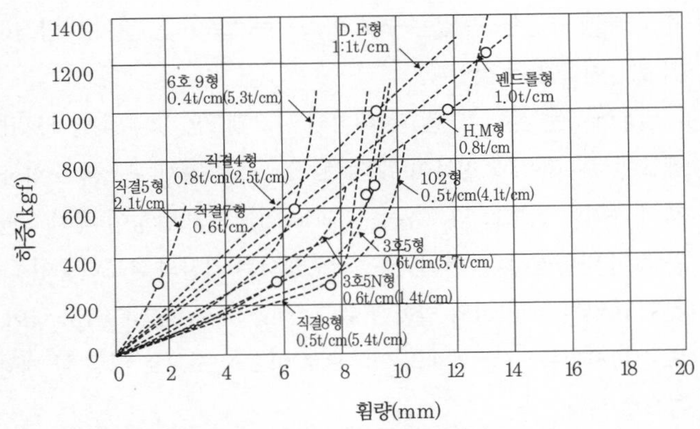

그림 2.5.2 체결 스프링에서 선단 스프링 특성의 예

는 레일의 변칙 경사량을 작게 한다는 의미로 큰 쪽이 바람직하다. 즉, 초기 체결 시와 윤하중 작용 시에는 스프링 정수가 작고, 변칙경사{canting (or tilting) of rail, irregularity inclination of rail} 발생 시나 들림(uplift) 등, 상향의 하중 부하에 스프링 정수가 큰, 이른바 2단 선형의 스프링정수를 가진 체결 스프링이 유리하다고 하여 일본에서 이용된다. **그림 2.5.2**에는 일본에서 주로 사용하는 체결 스프링의 하중-변위 곡선의 예를 나타낸다.

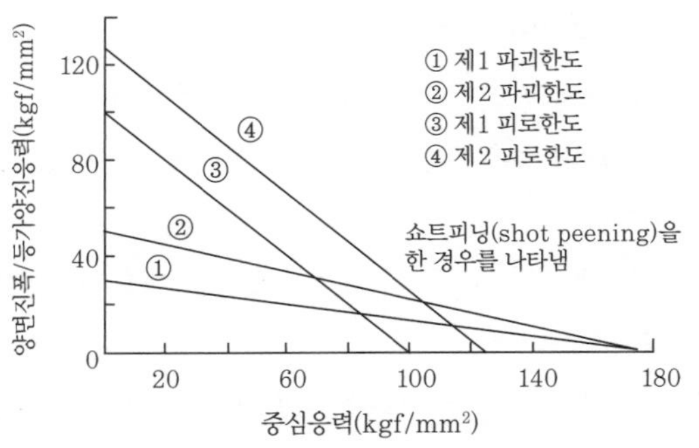

그림 2.5.3 스프링강의 내구한도선도

(다) 체결 스프링의 발생 응력

열차 하중 중에서 윤하중이 지배적인 경우에 2중 탄성 레일 체결장치의 체결 스프링 응력은 완화되는 방향으로 있지만, 횡압을 받는 구조의 스프링에서는 횡압으로도 당연히 스프링 각부의 응력이 변화한다. 또한, 횡압으로 레일이 변칙 경사하면 체결 스프링의 레일과의 접촉점이 상하로 변위하고, 그 변위량에 따라 스프링의 체결력에 변동이 생기며, 스프링 각부의 응력이 변동한다. 이들 응력 변동의 합계와 초기 체결로 생긴 응력에서 중심응력과 응력 진폭을 구하여 이것이 항상 스프링강 피로한도의 어떤 일정한 기준 내(**그림 2.5.3** 참조)로 들어갈 필요가 있다.

체결 스프링의 단면치수가 클 경우에는 횡압을 받는 구조의 스프링에는 유리하게 되지만, 변칙경사에 대하여는 반드시 유리하게 되는 것은 아니며, 또한 선단 스프링정수가 크게 되면 불리한 점도 있다. 설계시에는 이러한 상반되는 조건을 균형이 되게 만족시키는 것이 필요하다.

(라) 체결력의 규제

기준 체결력의 규제에는 죄임 토크, 볼트나 너트의 회전각이 체결나사의 자세 변화에 따르지만, 죄임 토크는 관계하는 부재의 공차나 표면 상태에 따르기 때문에 항상 정도(精度)가 좋게 일정하게 되기 어렵고, 회전각은 대량 시공의 경우에는 효율이 나쁘고, 자세 변화가 수치적이 아닌 점이 지적된다. 따라서, 체결력을 용이하고 정도 좋게 규정할 수 있는 구조의 스프링으로 하는 것이 바람직하며, 상기의 2중 스프링 방식은 이것을 실현하기 위하여 고안된 것이다.

일본에서는 기준 체결력에 대하여 자갈궤도인 경우와 슬래브궤도 등 직결궤도인 경우를 달리하고 있다. 자갈궤도에서는 레일과 침목이 궤광(軌框)으로서 일체 구조를 구성하는 것을 설계의 기본으로 하고 있으므로 각 부재의 응력이 한도를 넘지 않을 것과 레일패드의 탄성이 해치지 않는 것을 전제로 하여 체결력이 될 수 있는 한, 큰 것이 바람직하다. 한편, 직결궤도에서는 레일의 온도하중이 하부구조에 한도를 넘어 작용하는 일이 없이, 그것도 레일의 파단 시의 벌어짐(開口, rail breakage gap) 량이 한도치 내에 들도록 레일을 단독으로 어느 정도 신축시키는 것을 설계의 기본으로 하고 있으므로 레일 한 개당의 적정 복진 저항력이 얻어지는 체결력이 기본으로 된다.

자갈도상의 경우에 레일 체결장치의 대부분이 레일을 누르는 힘을 500 kgf로 하고, 복진 저항력은 레일과 체결 스프링의 마찰계수를 0.25, 레일과 레일패드와의 마찰계수를 0.65로 하면, 1 체결당 다음의 값으로 된다.

$r=500\times0.25\times2+1,000\times0.65=900$ kgf

레일체결 간격을 0.6 m로 하면 1m당으로는 다음의 값으로 된다.

900/0.6 = 1,500 kgf/m

이 값은 침목의 1레일당의 도상저항력 400~800 kgf/m의 약 2배이며, 가진 시의 영향 등에 대한 여유를 가지고 있다.

슬래브궤도 등 직결궤도의 경우는 전술의 조건에서 복진 저항력이 1레일당 500 kgf/m이고, 체결간격을 62.5 cm로 하면, 1 레일 체결당 312.5 kgf가 적정치로 된다. 따라서, 강판이 붙은 레일패드의 경우에 적정한 레일 누름 힘은 313 kgf로 된다.

(마) 레일진동에의 추수(追隨)

열차가 통과할 때에 발생하는 수직방향 진동에 대한 체결 스프링의 추수성을 말하며, 이것이 불충분하면 레일 체결력의 신뢰성이 떨어지고 레일의 복진이 발생한다. 이 추수성을 향상시키기 위해서는 체결 스프링 선단의 스프링정수를 내리는 것과 체결 스프링의 질량 저감 등이 유효하게 된다.

(바) 레일 접촉부분 마모

레일과의 접촉부인 체결 스프링의 선단이 마모를 일으킬 경우에 자세변화에 따른 레일 체결력의 규정 방식을 사용할 수 없게 되며, 현저한 경우에는 레일을 누르는 힘, 선단 스프링정수 등이 변화하여 복진(匐進)저항력이나 체결 스프링에 발생하는 응력에 악영향을 미친다. 이 선단 마모는 레일이 침목 위를 활동하게 되면 발생하기 쉽게 되므로 체결력 관리를 충분히 시행하는 것이 중요하다.

(4) 체결 스프링의 제조

팬드롤형 레일 체결장치의 코일스프링 클립은 제2.5.4(2)에서도 설명하지만, 우리 나라에서는 코일스프링 클립의 재질을 스프링 강재 SPS 4종으로 하고 있으며, 제품의 경도는 HRC 44~48의 범위이다. 경부고속철도의 경우에 코일 스프링 클립은 자갈궤도의 PC 침목용은 e 2007(시험선구간)과 패스트클립(시험선구간을 제외한 광명-대구간)을 사용하였다. 일반철도의 목침목용은 e 2001을 사용한다. 팬드롤형 레일 체결장치의 코일 스프링 클립의 제조과정은 다음과 같다. 즉, 소재 반입 → 절단 → 자분 탐상 → 가열 → 모따기 → 1차 성형 → 2차 성형 → 3차 성형 → 담금질(oil quenching) → 뜨임(tempering) → 냉각(공냉) → 방청(도장) → 포장. 표면연마, 또는 표면처리(균열 및 탈탄 층 제거)는 소재의 제조과정에서 시행한다. 표면 처리된 소재는 자분 탐상을 하여 결함 여부를 확인한다.

(5) 레일패드(track(or rail) pad)

경부고속철도용 자갈궤도용 레일패드의 재료는 천연고무(NR), 또는 합성고무를 주성분으로 한 흑색 가황고무이며, 제품의 물리적 성질은 **표 2.5.2**와 같다. 여기에 재생고무를 사용하여서는 안되며, 소정의 금형으로 성형한다. 레일패드의 두께는 9.25 mm이며, 레일 저부에 닿는 면에는 원형의 볼록한 돌기가 있다. 일반철도에서는 레일패드의 재료로서 E.V.A(ethylene vinyl acetate, **표 2.5.3**)를 이용하고 있으며 패드의 두께는 5 mm이다.

표 2.5.2 고속철도용 레일패드의 물리적 성질

시험 항목	구분	기준치
인장강도	노화전 (kgf/cm^2)	170 이상
	노화후 (kgf/cm^2)	135 이상
신장률	노화전 (%)	300 이상
	노화후 (%)	200 이상
압축 영구변형률	노화시험1(%)	30 이하
	노화시험2(%)	20 이하
경도 (Shore "A")		65~75
스프링계수 (kN/mm)		80~120

표 2.5.3 E.V.A. 패드의 물리적 성질

구분	시험 항목	기준치
제품	인장강도 (kgf/cm^2)	120 이상
	신율(건조상온) (%)	500 이상
	경도(Shore "A")	93 이상
소재	밀도(23°) (g/cm^3)	0.920~1.000
	전기 고유 저항($\Omega \cdot$ cm)	10^7
	비닐 아세테이트 함유량 (%)	10 이상

레일패드의 스프링정수가 너무 작으면 패드 자체의 내구성이 문제로 되든지, 궤도의 파동 전파, 레일 자체에서 나는 소음의 문제가 생기지만, 현재의 상황에서는 궤도 파괴와 소음·진동의 입장에서 보아 작은 쪽이 좋다는 의견도 있으므로 검토가 필요하다.

레일패드의 정적 스프링정수는 실험실에서 하중을 천천히 가한 경우의 값이지만, 열차하중이 통과할 때 받는 동적재하 아래에서는 다음과 같은 특성을 갖는 것이 알려지고 있다.

① 정적 스프링정수가 큰 패드일수록 동적 값의 증가가 크다.

② 동적 스프링정수는 재하 주파수가 높을수록, 중심 하중이 클수록, 하중 진폭이 작을수록 크게 된다.

③ 동적 스프링정수의 주파수에 대한 증가율은 레일패드의 종별, 하중 범위에 따른 차이가 그다지 없다.

④ 주파수에 대한 증가 등은 다음과 같다.

5 Hz	1.2~1.5 배	200 Hz	2.0 배
1,000 Hz	2.5 배	2,500 Hz	3.5 배

또한, 온도가 낮게 되면, 스프링정수가 증가한다.

따라서, 레일패드에 관하여는 이 동적 스프링정수를 저하할 수 있는 재질 · 형상의 연구, 개발이 필요하다.

(6) 절연 블록(insulator)

절연블록의 제조에 사용되는 재료는 나일론 66을 사용하되, 경부고속철도는 안정성 고점도 나일론 66, 일반 철도용은 유리섬유가 30~33 % 혼합된 나일론 66을 사용하며, 소재 및 제품의 물리적 성질은 표 2.5.4와 같다. 절연블록은 소정의 금형으로 사출 성형한다.

표 2.5.4 절연 블록의 물리적 성질

구분	시험 항목		기준치	
			고속철도용	일반용
제품	인장강도(건조상온) (kg/cm^2)		850 이상	1300 이상
	신율(건조상온) (%)		80 이상	3 이상
	경도(Shore D-type)		75 이상	80 이상
	밀도(건조상태) (g/cm^3)		1.135~1.145	1.3~1.45
소재	용융 점(℃)		250~260	250~270
	전기고유저항 ($\Omega \cdot$ cm)	함수율 0 %	2×10^{12}	
		함수율 1.2 %	2×10^7	

(7) 품질관리

레일 체결장치의 성능에 큰 영향을 주는 중요한 포인트의 하나는 품질관리이다. 가해지는 영향 중에는 치명적인 것도 있어 그출현은 청천(靑天)의 벽력(霹靂)에 가깝다.

손상에 이르는 품질관리 불량의 사례에서"납기에 여유가 없을 때와 조건이 변화한 때의 점검"이 특히 주의를 요한다. 납기가 다가오고 있을 때의 결함 품은 대량으로 발생하고 현장에의 투입이 빠르기 때문에 회수가 곤란하게 되는 등 영향이 크다. 조건이 변화한 경우는 로트가 변화한 경우이지만, 물론 도금이나 도장의 하청공장이 바뀐 때 등도 포함된다. 개발 시에는 설계자, 제조자 및 사용자가 일체로 되어 몰두하지만, 양산시에는 제조자의 품질관리가 전부이다. 철저한 점검이 기대된다.

2.5.3 목침목용 레일 체결장치

(1) 스파이크류

(가) 스파이크(cut (or track, rail, dog) spike)

스파이크는 레일체결에서 가장 단순하며 널리 사용되고 있다. 그 사용목적에 따라 길이와 단면치수가 다르다. 스파이크는 미국에서, 나사 스파이크(screw spike)는 유럽에서 좋게 이용되며, 우리 나라에서는 목침목의 일반 구간에 스파이크를, 확실한 체결을 요하는 2중 탄성 체결에는 나사 스파이크를 이용하고 있다.

스파이크의 레일 체결에 관하여는 A- I 유형(**표 2.5.1**)으로 레일을 좌우방향으로도 유지할 경우에 궤간을 확보하기 위하여 이것을 밀착하는 것은 당연한 것이지만, 상하방향에 관하여는 레일로부터의 진동의 전파와 제 5.2.1항에 기술하는 들림(uplift)에 기인하여 침목이 레일과 함께 도상으로부터 부상하는 것을 피하기 위하여 의도적으로 레일에 대하여 약간의 공극을 두는 일이 있다. 선로유지관리지침에서는 스파이크와 레일 플랜지 상면간이 2 mm 정도 뜨게 박도록 규정하고 있다.

스파이크 두부 턱 아래의 각도 13° 는 N레일 이외의 레일각도에 맞추어 만들었으므로 N레일에 이것을 사용하면 턱의 선단에 틈이 생기는 것으로 된다. 이 때문에 일본에서는 N레일의 저부 상면 각에 맞춘 턱 아래 각을 가진 N레일 구간용의 스파이크도 사용되고 있다. 이 스파이크는 바의 갈고랑이에 걸리기 쉽게 하기 위하여 보통의 스파이크보다 5 mm 두껍게 되어 있다. 스파이크에는 이외에 분기기 상판의 고정에 이용되는 둥근 스파이크나 각 스파이크와 같은 것도 있으며, 또한 레일 누름용만이 아니고 타이 플레이트를 고정할 경우에도 이용된다.

(나) 나사 스파이크(screw spike, coach(or sleeper) spike)

형상과 치수는 **그림 2.5.4**와 같으며, 스파이크의 인발 저항을 크게 하기 위하여 나사를 두었다. 이것이 장점이지만, 한편으로 취급에 시간이 걸리는 단점이 있다. 사용 목적은 스파이크와 같으며, 레일의 고정과 타이 플레이트 고정의 2 가지가 있지만, 둘 다 죄일 때 필요 이상으로 나사를 너무 박아 침목에 만들어진 나사 산을 파괴하지 않도록 주의할 필요가 있다.

(다) 탄성 스파이크(elastic (or spring, sprung) spike)

스웨덴과 일본 등 외국에서 사용하고 있는 탄성 스파이크의 형상과 치수는 **그림 2.5.5**와 같으며, 레스요 훌스(Lesjofors)식 스파이크라고도 한다. 통상적으로 스파이크나 나사 스파이크를 사용하여 레일을 침목에 상시 압착하여 두는 것은 곤란하다. 이것에 대하여 탄성 스파이크는 스파이크 두부에 적당한 탄성을 주며, 이것으로

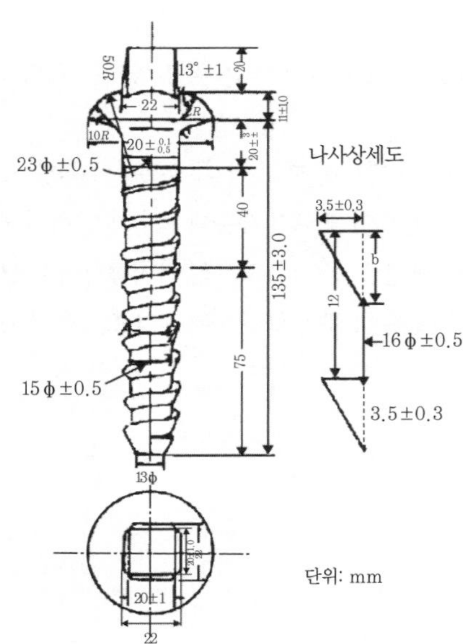

그림 2.5.4 나사 스파이크의 형상치수

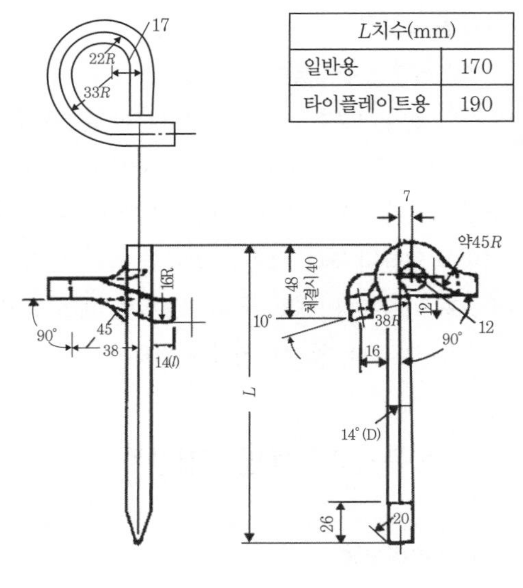

그림 2.5.5 탄성(스프링) 스파이크의 형상치수

레일을 항상 압착하여 레일에서 받는 인발력에 대하여 스프링 힘으로 저항하도록, 또한 레일 복진에 대하여 저항하도록 되어 있다. 그러나, 전식(電食)을 일으키기 쉬우므로 직류 전철화구간의 터널구간, 변전소에서 약 5 km 이내의 개소, 노반의 배수불량 개소에서는 사용하지 않는다.

이것은 다음과 같은 이유로 우리 나라에서는 정착되지 않고 있다.

① 무른 나무의 경우에 빠지기 쉽고, 빠진 경우에 다시 박아 넣으면 체결력이 현저하게 줄어든다.

② 스프링 스파이크 다리부분에 상시 휨이 생김에 따라 체결부분에 파괴가 생기기 쉽다.

③ 침목의 함수 상황에 따라 스프링 스파이크의 전식이 생기기 쉽다.

(2) 타이 플레이트(base (or sleeper, sole) plate, tie plate)류

타이 플레이트는 레일과 침목 사이에 삽입하는 철판이며, 목침목의 수명 연장책으로 이용된다. 타이 플레이트는 당초에 곡선의 목침목상에서 레일 저부를 받아 횡압에 대한 강도를 증가시키기 위한 철판(턱이 있다)으로서 이용되어 왔지만, 나중에 직선의 목침목과 터널 바깥의 슬래브 궤도상에서 범용하게 되었다(후자의 경우 등에서 2중 탄성 체결장치에 이용되는 것은 전의 항에서도 언급하였지만, 베이스 플레이트라고 부른다). 이전에는 단조하여 제조하였지만, 현재는 길게 압연한 후 이것을 소정의 길이로 절단하여 제조하고 있다. 여기서 언급하지 않은 사항은 전절의 (2)항을 참조하기 바란다.

일반철도의 타이 플레이트에는 쌍 턱으로 된 60레일용, 50레일용, 37레일용, 60레일용(이음매 침목용), 50레일용(이음매 침목용) 및 외 턱 50 · 37 레일용, 외 턱 30 · 37 레일용, 개조 외 턱 50N레일용이 있으며 이들의 타이 플레이트는 1 : 40의 기울기가 붙어 있다. 그 외에 가드레일을 설치할 수 있는 건널목용 타이 플레이트도 있으며, 이것은 수평으로 되어 있다.

(a) 보통침목용

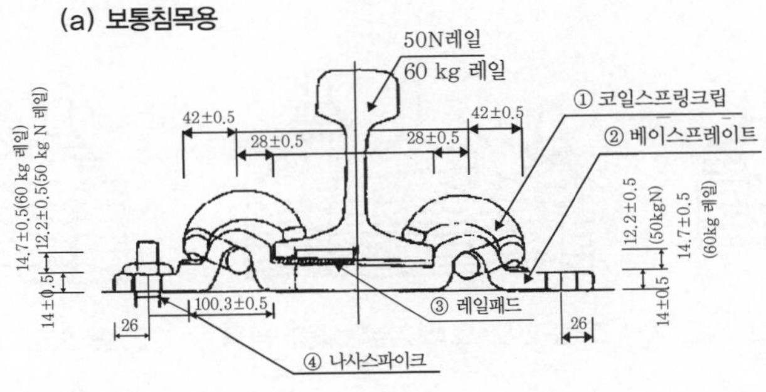

(b) 이음매침목용(50N)

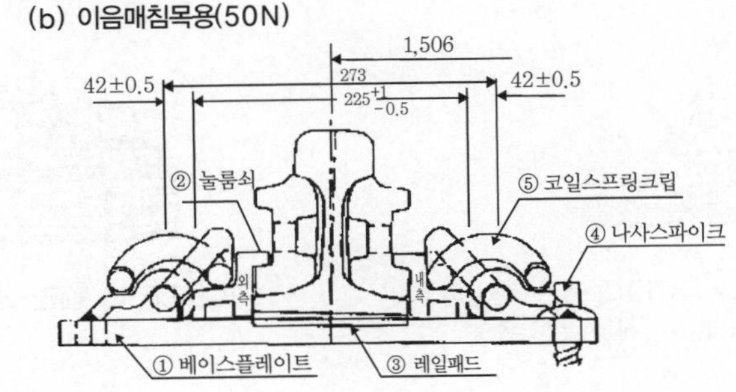

(c) 분기침목용

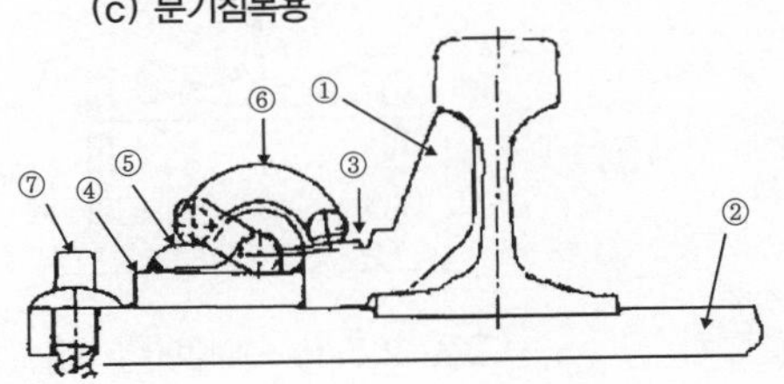

그림 2.5.6 목침목용 코일 스프링 클립형 레일 체결장치

(3) 코일 스프링 클립형 목침목 체결장치

목침목용 코일 스프링(coil spring) 클립(clip)형 레일체결에 사용하고 있는 베이스 플레이트의 재질은 일반 구조용 압연 강재 또는 구상 흑연 주철 품으로 하고 있다. 현재 국내에서 이용되고 있는 목침목용 코일 스프링형 레일 체결장치에는 **그림 2.5.6**과 같이 3 가지가 있다. 코일 스프링과 레일패드에 대하여는 전절의 (4)와 (5)항을 참조하기 바란다.

그림 2.5.7 독일의 K체결

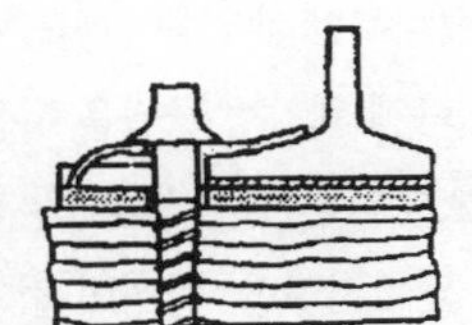

그림 2.5.8 프랑스의 탄성체결

그림 2.5.9 나사 스파이크 겸용 타이 플레이트

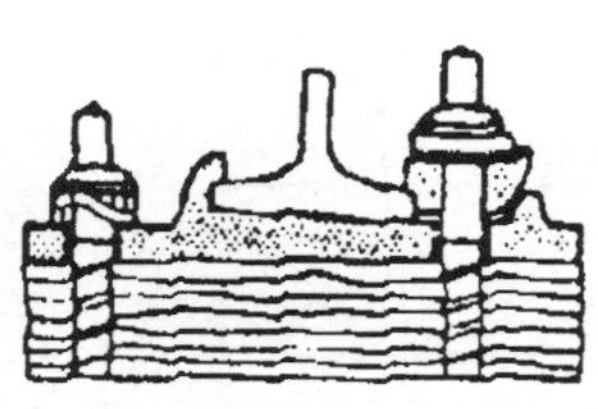

그림 2.5.10 쐐기형 클립 겸용 타이 플레이트

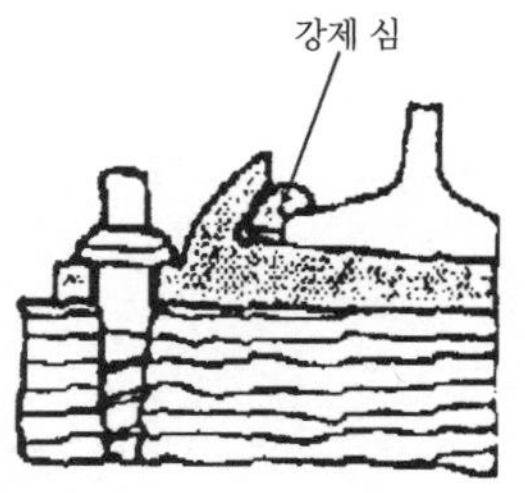

그림 2.5.11 강제 심 사용 타이 플레이트

그림 2.5.12 목재심 사용 타이 플레이트(쌍두 레일의 레일 체어의 안에서 쐐기(shim)를 이용한 체결)

그림 2.5.13 궤간 조정형 타이 플레이트

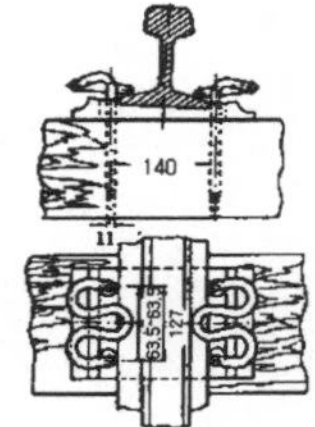

그림 2.5.14 마크베스형 레일 체결장치

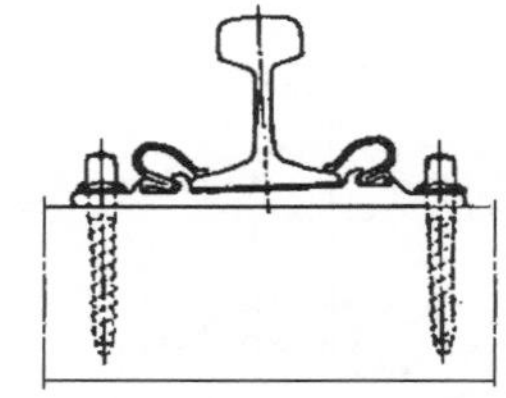

그림 2.5.15 헤이백형 레일 체결장치

(4) 외국의 목침목용 레일 체결장치

목침목 구간용 2중 탄성 레일 체결방식으로 외국에서 사용되고 있는 것은 독일의 K체결(**그림 2.5.7**), 프랑스의 탄성체결(**그림 2.5.8**) 등이 있다. 특히 프랑스의 것은 1개의 나사 스파이크로 판스프링과 타이 플레이트를 체결하는 형식으로 독일이나 일본의 형식과 약간 다르다. 일본에서는 A형, B형, C형, E형, F형, H형 타이 플레이트와 가드레일 부설구간용 타이 플레이트가 있다.

기타의 레일 체결장치의 예를 **그림 2.5.9~2.5.15**에 나타낸다.

그림 2.5.9는 편 측의 타이 플레이트 숄더로 레일 저부 끝을 누르고, 편 측의 나사 스파이크로 체결한 것이지만, 이 방식에서는 숄더부에 레일을 밀어붙이고 있기 때문에 레일과 타이 플레이트가 닳아버리는 결점이 있다.

그림 2.5.10은 편 측에 쐐기형 클립을 이용하고 있으므로 이 쐐기효과로 레일과 타이 플레이트간의 닳음을 방지할 수 있다. **그림 2.5.11**은 강제(鋼製)의 심(shim)을 타이 플레이트 숄더와 레일 저부 끝의 사이에 삽입한 것으로 강고한 체결이 얻어지지만, 탄성이 없기 때문에 이완에 약하고, 제작오차나 약간의 마모에도 큰 영향을 받는다. **그림 2.5.12**는 목제(木製)의 심을 이용한 쌍두 레일{bull (or double) head rail}용의 레일 체결장치이며, 영국에서 이용되어 왔다. 영국에서도 신규로 투입되는 레일은 평저 레일이므로 이 레일 체결장치도 신규로

는 투입되지 않고 있다. **그림 2.5.13**의 유형은 독일이나 오스트리아에서 사용되고 있는 것으로 궤간 조정을 용이하게 시행하는 특징이 있다. 그러나, 레일을 강결하고 있으므로 타이 플레이트 고정용의 나사 스파이크가 이완되기 쉽다는 결점이 있다. **그림 2.5.14**의 마크베스는 스프링 스파이크의 예이다. **그림 2.5.15**는 스위스의 헤이백형이다.

2.5.4 PC침목 등의 레일 체결장치

(1) PC침목용 레일 체결장치의 변천

우리 나라는 1958년부터 PC침목을 도입하기 시작한 이래 다수의 레일 체결장치가 개발되고 사용되어 오다가 현재는 새로 생산되는 자갈궤도용 PC침목에 팬드롤형(Pandrol形) 체결장치만을 이용하고 있다. 1958~1961년에는 3 가지의 체결방식이 이용되다가, 대량으로 PC침목을 구입하기 시작한 1962년에는 한성식(일명 정학모식)이 사용되기 시작하여, 교통부로부터 철도청이 분리된 1963년부터 철도청이 고안한 KNR식이 일부 이용된 것을 비롯하여 1964년 윅스(weeks)식과 임식(임호연)식이 이용되기 시작하였다.

이후 1973년까지 주로 한성식과 동아식이 매년 약간의 구조변경을 하면서 주로 사용되어 왔으며, 그 전해인 1972년부터 양 방식의 장점을 합친 합성식(合成式)이 이용되었다. 한성식은 게이지 블록을 이용하고, 볼트 머리를 위로 하여 스프링클립을 통하여 볼트를 볼트 커버에 삽입하되 볼트의 나사와 볼트커버의 나사를 이용하여 고정 및 조정하는 방식이다. 동아식은 게이지 블록이 없이 스프링 클립을 길게 ㄷ형으로 하여 클립받침을 이용하고, 볼트의 끝을 볼트커버에 걸리게 하여 볼트의 너트를 이용하여 스프링클립을 고정하는 방식으로 배수를 위하여 칼라를 사용하는 방식이었다.

합성식은 한성식의 게이지 블록과 스프링클립, 그리고 동아식의 볼트 체결방식과 배수칼라를 이용한 것으로 현재의 팬드롤형 체결구를 사용하기 시작한 1984년의 전 해까지 사용되어 왔다. 이상의 체결장치의 상세 도면은 문헌[91]을 참조하기 바란다.

이하의 (2)항에서는 우리 나라에서 현용하고 있는 팬드롤형 레일 체결장치의 발달 과정과 특징에 대하여 살펴본다.

(2) 팬드롤형 레일 체결장치(Pandrol (clip) fastening)

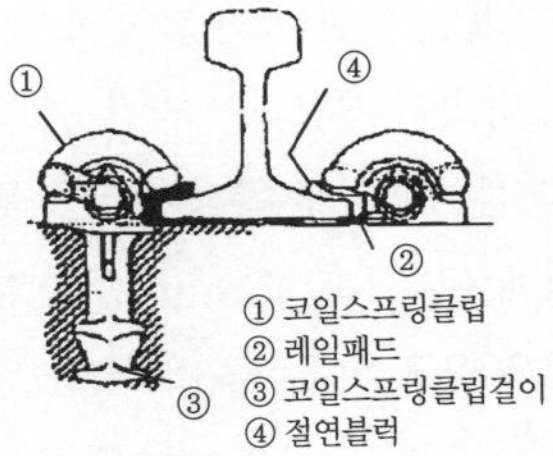

발명자는 노르웨이인이지만 영국에서 발전한 선(線)스프링-무(無)나사식의 전형적인 레일 체결장치이다. 평저 레일을 영국인이 발명하였음에도 불구하고 영국에서는 19세기의 중반 이후 쌍두 레일(bullhead rail)이 사용되고, 레일 체결장치도 체어(chairs)라고 부르는 특수한 형식(**그림 2.5.12**)이 장기간 사용되어 왔으며 현재에도 잔존하고 있다. 그러나, 1960년대에 이르러 평저 레일의 보급과 콘크리트 침목의 도입에 따라 레일 체결장치의 설계 공모(competition)가 행하여져 1963년 이후 목, 콘크리트 및 철 침목용 레일 체결장치로서 팬드롤이 전면 채용되었다. 이 레일 체결장치는 상기와 같이 1957년 노르웨이 국철의 Per Pande-Rolfsen이 발명하였지만, 이것을 Pandrol사의 전신 Elastic Rail Spike사의 자회사 Lockspike사의 Stewart Sanson이 유용한 것을 발견하고 1958년 5월 동

그림 2.5.16 팬드롤형 레일 체결장치

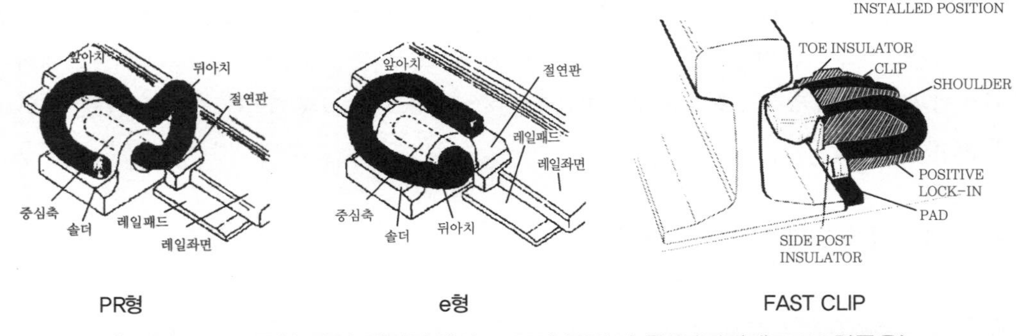

그림 2.5.17 팬드롤형 레일 체결장치의 스프링 클립의 종류(자갈궤도 PC침목용)

회사의 특허 사용이 확정된 직후에 시작(試作)되었다. 2000년 현재 우리 나라를 포함하여 세계 레일 체결장치의 40 %, 즉 대략 70개 국가에서 10억 개 정도가 이것을 이용하기에 이르렀다. 이 레일 체결장치는 선(線)스프링의 독특한 형상을 한 누름 스프링(이것을 일반적으로 "팬드롤 클립"이라 칭하며*, 우리 나라에서는 코일 스프링 클립이라 부르고 있다)을 침목 혹은 궤도 슬래브에 직접 또는 타이 플레이트 상에 설치한 받침대(클립 걸이, 숄더)와 레일 저부 끝에 압입하여 누름 스프링(clip) 선단으로 레일을 레일패드 위에 체결하는 것이다.

콘크리트 침목용 팬드롤형 레일 체결장치의 기본형은 **그림 2.5.16**에서 보는 것처럼, 주철제의 앵커에 선 스프링을 고정하는 심플한 구조이고, 패드와 인슈레이터를 포함한 1 레일 체결 장치당 부품 수는 7개이며, 콘크리트 침목용 레일 체결장치로서는 부품수가 세계에서 가장 적다. 당초의 것은 앵커의 빠짐이 있어 몇 번의 개량을 거쳐 현행의 앵커형으로 되었다. 또한, 체결 스프링도 당초의 PR유형에 더하여 e 클립과 패스트 클립도 채용된다(**그림 2.5.17**, **표 2.5.5**). 그렇지만, 클립의 원료인 조강(粗鋼)의 표면 상태가 양호하지 않은 점, 성형 후에 표면처리를 하지 않는 점, 역청(bitumen) 도장이 충분하지 않은 점, 더욱이 표면경도가 높은 점 등에서 투입초기에 절손이 보여지는 것이 있다. 체결 시에 팬드롤 클립은 항복점을 약간 넘도록 설계되어 있으며, 이에 따라 항상 일정한 체결력이 얻어지고, 게다가 이후 이완에 따른 후속의 죄임이 필요하지 않는, 나사가 없는 체결방식으로 현저한 생력화가 꾀하여진 점이 그 특징이다. 반면에, 레일 체결장치에서 궤도 틀림, 부재의 마모 · 열화에 대한 보정, 레일 종별의 변경 등에 대한 조절, 호환성에 곤란이 따른다고 하는 문제가 있지만, 최근에 이것에 대한 보정의 방법이 제안되어 약간 수고는 들지만 슬래브 궤도에 이 레일 체결장치가 일부 채용되고 있다. 한편, 자갈궤도에서는 체결 후 곡선에서 줄 틀림의 정정에 곤란이 따른다고 하는 의견도 있다. 지금까지 이것에 이용되어 온 레일패드는 300 tf/cm {300 MN/m} 이상 2,000 tf/cm {2,000 MN/m}이지만, 횡압에 대하여는 비선형 특성을 활용하여 변칙경사(canting (or tilting) of rail, irregularity inclination of rail)를 억제함과 동시에 그 동적 특성을 개량한 것이 실용에 제공되며, 클립에 대하여도 간단히 체결 · 해체가 가능한 것을 개발하는 등 많은 발전이 이루어지고 있다.

현재 우리 나라에서 이용하고 있는 코일스프링 클립의 재질 및 레일패드와 절연블록의 재질과 물리적 성질은 상기의 제2.5.2절을 참조하기 바란다. 코일스프링 클립걸이(숄더)의 재질은 구상 흑연 주철품 GCD45로 하고 있다. 고속철도용 체결장치의 반복하중에 대한 피로 시험은 체결장치가 조립되어 있는 침목을 33° 기울어진 상

* 이 명칭은 발명자에게 경의를 표하여 그의 이름의 철자를 채택한 것이다.

태로 수직하중을 20 kN에서 95 kN까지 변화시켜 4 Hz의 주기로 300백만 회 반복하여 가한 후에 각 부품의 손상여부와 레일두부의 측면변위(4 mm)를 측정한다(후술의 **표 2.5.7** 참조).

이 레일 체결장치는 체결력(**표 2.5.5**)이 크며, 따라서 복진 저항력이 큰 점, 나사를 사용하지 않기 때문에 투입 후에 다시 죄이기 등의 보수를 요하지 않는 점이 장점이며, 생력화 레일 체결장치로서 우수하다. 한편, 체결스프링의 초기 체결 응력이 크기 때문에 레일패드를 이용하는 2중 탄성 레일 체결장치로 하는 경우에는 설계 피로강도를 조사할 것과 아울러 제강 시나 가공 시의 결함에 대하여도 피로검토의 전제로서 그 기준과 기준치를 설정하는 것이 필요하다. 그러나, 스프링 형상이 복잡하기 때문에 가공시의 결함기준에는 한도가 있다고 생각되며, 궤도구조로서 탄성을 부여하는 경우에는 레일패드를 이용하지 않고 2중 타이 플레이트 혹은 탄성 침목을 사용하는 것이 좋다는 견해도 있다.

표 2.5.5 팬드롤형 레일 체결장치의 스프링 클립의 성능

클립의 분류	원재료의 직경		적용되는 레일중량	클립의 중량	체결력 범위
	inch	mm	kgf/m	kgf	kgf
PR80	1/2	12.5	최고 17	0.25	200~300
PR100	5/8	16	최고 25	0.50	300~400
PR200	11/16	17.5	최고 30	0.69	400~500
PR300	3/4	19	최고 45	0.84	600~700
PR400	13/16	20.5	최고 54	1.00	650~750
PR600	7/8	22.5	54 이상	1.23	800~900
e1200		12	최고 25	0.18	200~400
e1600		16	최고 50	0.44	500~700
e1800		18	50 이상	0.59	800~1,000
e2000		20	50 이상	0.76	1,100~1,400
fast		15	50 이상	0.60	900~1,100

팬드롤의 새로운 체결 시스템인 패스트 클립(Fast-clip)은 기존의 팬드롤 체결장치의 다수의 특징이 남아있고 궤도 현장으로 인도되기 전에 침목제작 공장에서 사전 조립되므로 현장에서 적은 노동력으로 빨리 설치할 수 있으며, 경부 고속철도에서 시험선 이외의 광명-대구간 1단계 구간에 사용하고 있다. 또한, 콘크리트궤도용 체결장치로서 SFC(Single Fast Clip)과 DFC(Double Fast Clip)이 개발되어 있다(제2.5.6(1)항 참조).

(3) 주된 해외의 레일 체결장치

(가) 개요

세계 각국에서 사용하고 있는 대표적인 레일 체결장치를 구성형태별로 분류하면 다음과 같다.

① 판스프링 + 볼트 (나블라 형식), ② 선 스프링 + 볼트 (보슬로 형식)

③ 선 스프링 + 숄더 (팬드롤 형식), ④ 판스프링 + 스프링 받침대 + 볼트 (일본 102형)

(나) 일본

일본에서는 협궤선에 5형, 5N형, 9형 등의 레일 체결장치, 신칸센의 PC침목에 102형 레일 체결장치(**그림 2.5.18**)가 사용되며, 특수형 레일 체결장치가 있다.

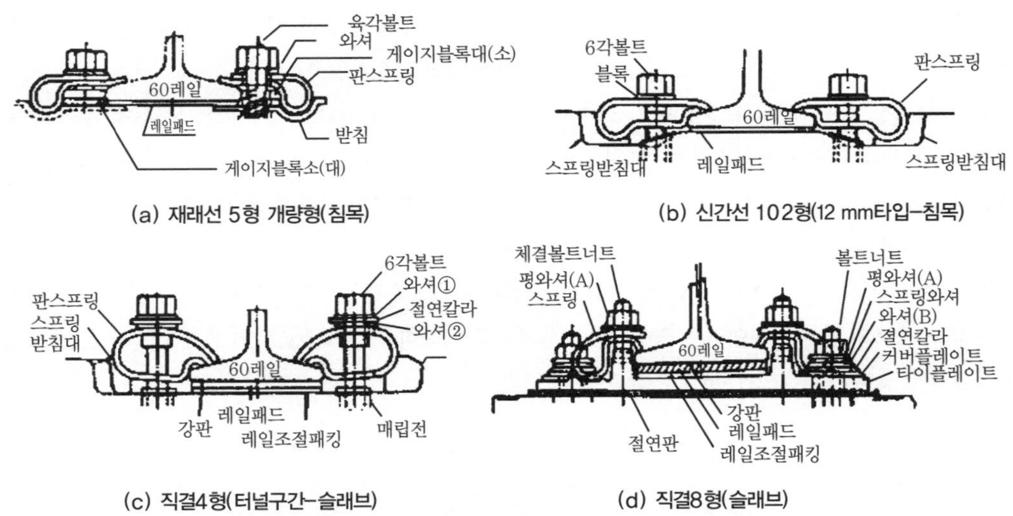

(a) 재래선 5형 개량형(침목)　(b) 신간선 102형(12 mm타입-침목)

(c) 직결4형(터널구간-슬래브)　(d) 직결8형(슬래브)

그림 2.5.18 일본의 현용 레일 체결장치

(다) 프랑스

프랑스는 Roger Sonneville을 중심으로 하여 STEDFF사에서 개발한 2 블록의 철근 콘크리트 침목과 여기에 설치하는 세계에서 최초로 개발된 2중 탄성 레일 체결장치인 **그림 2.5.19**의 RN형을 범용하여 왔지만, 1981년 TGV 파리 동남선 개업시에 **그림 2.5.20**에 나타낸 나블라(Nabla)형을 개발하여 현재에 이르고 있다.

즉, 나블라형 레일 체결장치(Nabla fastening)는 프랑스 국철에서 사용하는 판스프링-나사식의 레일 체결장치이다. RN형 체결장치가 그 원형이지만, 스프링의 평면 형상을 사다리꼴로 하여 레일의 진동에 추수하고 체결력을 유지할 수 있는 설계로 되어 있다. 체결방식은 콘크리트 안에 매립된 앵커에 T볼트의 두부를 고정하고 판스프링 위에 너트를 죄이는 형식이며, TGV선로의 2블록 침목과 함께 전면적으로 사용되어 고속주행을 지탱하여 주고 있다. 나사식이기는 하지만, 너트를 사용하여 나사피치가 작으므로 단독의 다시 죄이기 작업은

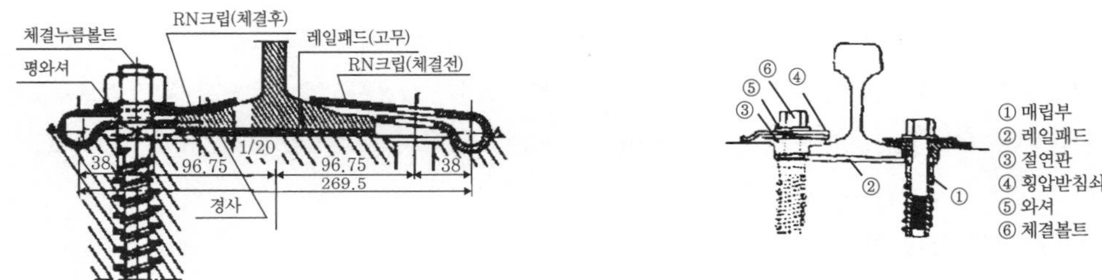

그림 2.5.19 RN형 레일 체결장치　**그림 2.5.20** 나블라형 레일 체결장치

실시하지 않는다고 보고되어 있다.

나블라형 레일 체결장치는 100 tf/cm의 레일패드를 이용하고, 고품질의 나일론 클립으로 완전한 전기 절연을 꾀하며, 얇은 판의 누름 판스프링은 레일 길이방향으로 상측으로 오목하게 만곡시켜, 이것을 죄어 넣어서 그 중앙의 오목부를 눌러 나일론제 클립의 상부에 닿을 때에 소정의 체결력이 얻어지고, 더욱이 상향의 스프링계수가 크게 된다고 하는 2점 접촉으로 2단 탄성을 실현하고 있다.

(라) 독일

독일에서는 오랫동안 **그림 2.5.21**에 나타낸 K형 레일 체결장치가 이용되어 왔다. 이 레일 체결장치는 목침목 상에 타이 플레이트를 체결하고, 게다가 누름 블록으로 체결하는 형이다. 이 경우에 체결을 코일 스프링으로 하는 탄성 체결이 행하여진다는 점이 특징이다. 게다가, 콘크리트 침목, 혹은 철침목에 타이 플레이트로 직접 체결하는 경우에는 두께 10 mm의 방부재를 주입한 포플러나무를 5 mm로 압축한 패드를 레일과 타이 플레이트 사이, 또는 레일과 침목 사이에 삽입한다. 이 패드에는 2~10 mm의 것이 있어 패킹재로서도 이용되어 왔다. 1980년대까지는 이 패드의 쪽이 고무제의 패드보다 양호한 특성을 나타내어 왔지만, 현재에는 고무제의 패드가 이용되고 있다.

그후 본격적인 2중 탄성 레일 체결장치로서 당시 뮌헨공과대학 육상교통설비시험소의 교수이었던 Hermann Meier 박사의 발명으로 실현된 **그림 2.5.22**의 레일 체결장치가 독일 연방철도에서 W형으로서 채용되고, 그 특허가 Vossloh사에 이양되어 제조와 가일층의 개량, 개발이 진행되고 있다.

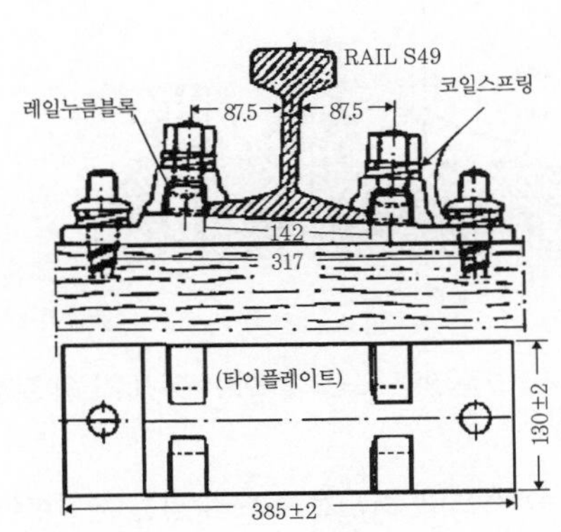

그림 2.5.21 K형 레일 체결장치(목침목의 경우)

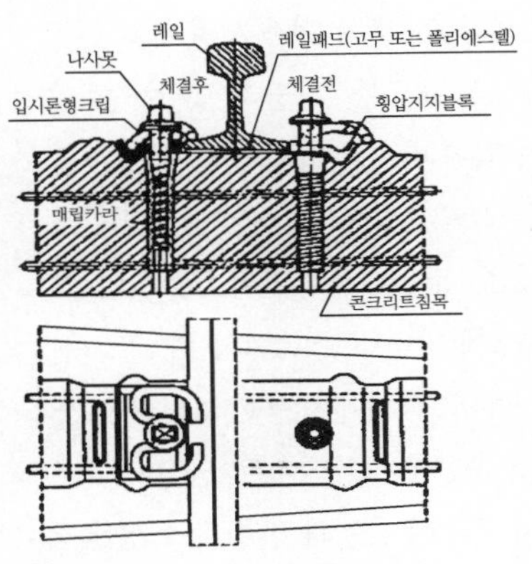

그림 2.5.22 W형 레일 체결장치

보슬로형 레일 체결장치(Vossloh fastening)는 상기와 같이 헬만-마이야 박사의 설계가 원류이며, 당초에 HM형 레일 체결장치로 소개되어 왔다. 선 스프링-나사식의 전형이며, 레일의 변칙경사에 저항하는 선 스프링 형상, 레일횡압력을 받는 방법, 매립부의 삽입 각도, 교환 전제의 매립부 삽입 방법, 전기적 절연의 방법 등, 각부에 개념(concept)이 있어 세계에서 가장 치밀하게 설계된 콘크리트 침목용 레일 체결장치이라고 한다(**그림 2.5.23**). 직결궤도용에도 유사한 유형이 설계되어 있어 ICE선로의 고속주행을 지탱하여 주고 있다.

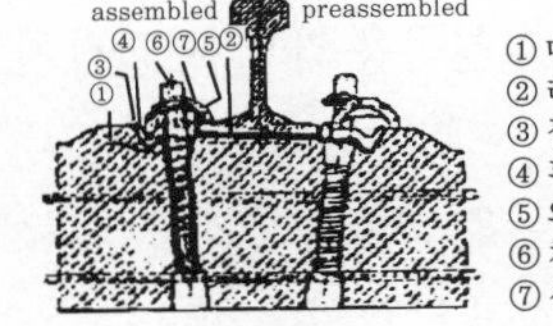

그림 2.5.23 보슬로형 레일 체결장치

경부고속철도 1단계구간(광명-대구)의 장대터널에 부설한 콘크리트궤도의 침목에는 보슬로형 레일체결장치(제 2.5.6(2)항 참조)를 사용하고 있다.

최근의 형식에서는 선 스프링의 중앙부를 레일 저부까지 늘려 이것을 외측으로 잡아당기면 레일에서 떼어져 레일 갱환이 가능하게 하고, 체결 시에는 이것을 죄어 넣음으로써 2점 접촉하여 2단 탄성이 실현될 수 있도록 되어 있다.

(마) 기타의 레일 체결장치

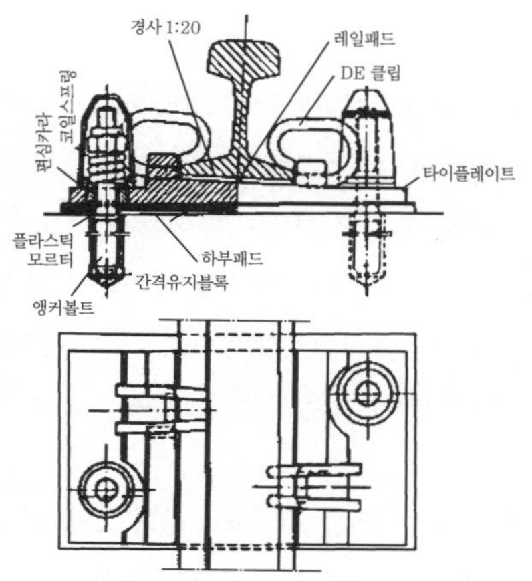

그림 2.5.24 DE형 레일 체결장치

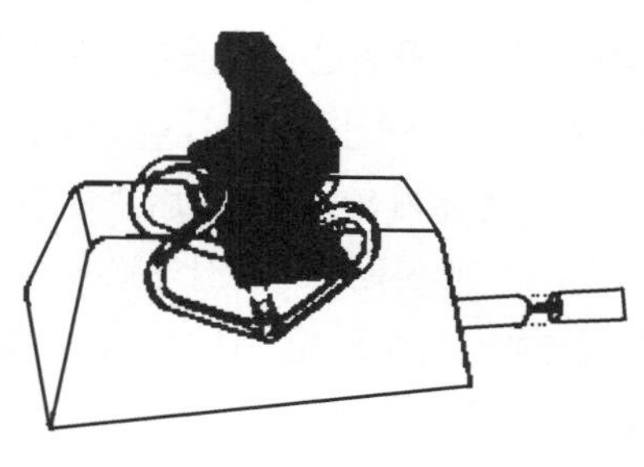

그림 2.5.25 휘스트형 레일 체결장치

레일 체결장치로서 현재 범용되고 있는 것은 이상의 팬드롤, 나블라 및 보슬로이지만, 이 외에 비교적 널리 알려져 있는 것으로서는 **그림 2.5.24**에 나타낸 네덜란드의 Deenik Eisses가 개발한 DE 클립, **그림 2.5.25**에 나타낸 스웨덴의 휘스트, 프랑스가 모나코 터널에 이용한 **그림 2.5.26**의 직결용 2중 타이 플레이트가 있다.

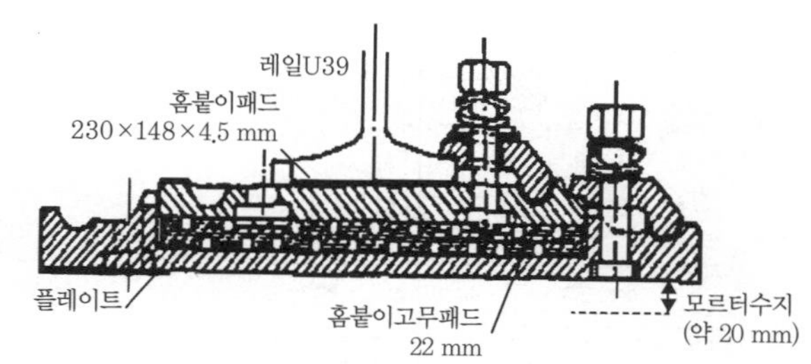

그림 2.5.26 모나코 터널형 2중 타이 플레이트 레일 체결장치

여기서, DE형 클립과 전항에 소개한 헤이백형은 나사가 없이 누름 스프링(clip)을 두드려 넣는 체결형이며, 스웨덴의 휘스트형은 타이 플레이트를 이용하지 않고 콘크리트의 홈 안에 레일패드와 횡압 받침을 설치하여 선 스프링으로 레일을 아래쪽으로 누르는 것만을 목적으로 한 것이다.

모나코 터널형은 터널 내에 평활하게 타설한 콘크리트에 드릴로 구멍을 뚫어 2중 타이 플레이트와 2중 레일패드로 25 tf/cm{25 MN/m}의 스프링계수를 실현하여 진동의 저감을 꾀한 것이다.

2.5.5 철침목용 레일 체결장치

철침목은 궤도회로나 전식을 고려하는 경우에 전기적 절연성능에 대한 신뢰성이 없는 면이 있어 우리 나라에서는 사용하지 않고 있다. 그러나 소재가 생태학적(ecological)이므로 환경에 우수한 철도 시스템으로서는 채용이 기대되며, 염가로 절연성능이 우수한 레일 체결장치의 개발이 필요조건으로 되어 있다. 절연성능의 확보에 대하여는 플라스틱계의 재료가 필수이므로 체결을 위하여 앵커부분을 저렴하게 구축하는 것이 설계의 요체이며, 침목 본체의 제조기술과 함께 개발요소로 되어 있다.

2.5.6 콘크리트궤도 등의 레일 체결장치

(1) 콘크리트궤도용 레일체결장치

콘크리트궤도 등 직결궤도는 생력화 궤도로서 사회정세를 반영하여 앞으로의 선로건설에 많이 채용될 것으로 보인다. 직결궤도용 레일 체결장치의 소요 기능 중에 자갈궤도의 콘크리트 침목용 레일 체결장치와 다른 특징은 다음의 2항목이다. 또한, 자갈도상이 아니므로 체결장치에서 충분한 탄성을 확보하여야 한다.

① 큰 고저(면) 조절량을 확보할 수 있을 것. 또한, 곡선부에 이용되는 경우에는 슬랙 이외에 중앙 종거의 일부를 분담시킬 필요가 있어 큰 좌우(줄) 조절량도 확보할 수 있는 것이 필요하다.

② 레일 축압이 일정치를 넘으면 레일이 미끄러질 수 있는 종 저항력일 것. 즉, 직결궤도는 그 구조상 레일의 온도하중을 노반과 구조물에서 받도록 되어 있어 종 하중에는 1 궤도당 1 tf/m라고 하는 한도가 마련되어 있다. 이 한도에 합치하는 편측 레일당의 종 저항력은 500 kgf이다. 체결간격이 62.5 cm일 경우에 1 체결당의 종 저항력은 310 kgf로 된다.

경부고속철도 2단계구간의 콘크리트궤도(Rheda-2000 궤도)에 사용된 **그림 2.5.27**의 팬드롤 SFC 레일체결장치는 침목과 베이스플레이트 간은 볼트를, 베이스플레이트와 레일간은 패스트 클립을 사용한다.

한편, 고속철도에서는 전구간의 교량과 고가교 구간을 장대레일로 부설하고 있다. 교량구간에서는 장대레일축력을 해석하여 궤도와 교량구조물간의 상대변위가 3 mm를 초과하는 개소에는 필요한 구간에 걸쳐 ZL-R(zero longitudinal restraint) 등과 같은 종방향활동 체결장치를 사용한다.

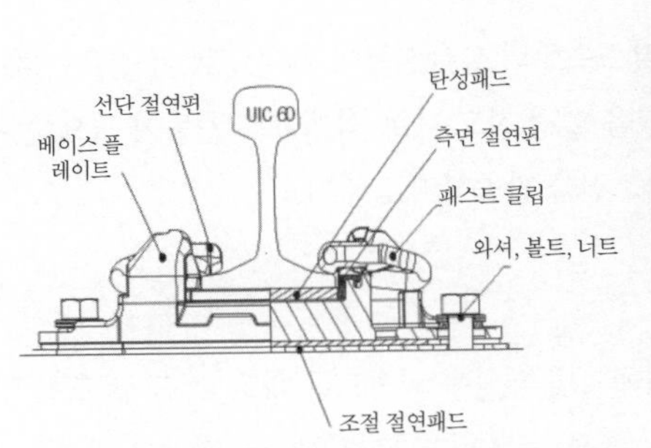

그림 2.5.27 콘크리트궤도용 팬드롤 SFC 레일체결장치

(2) 레다(Rheda) 궤도용 시스템 300 레일체결장치

보슬로(Vossloh)클립을 이용하는 레다(Rheda)궤도용 탄성체결장치는 시스템 300(**그림 2.5.28**, 물리적 성질은 《고속선로의 관리》[267] 참조)으로 외국에서 다수의 적용사례가 있으며, 국내에서는 경부고속철도 1단계구간의 장대터널 내와 호남고속철도, 수서고속철도 등에 부설된 콘크리트궤도에서 사용하였다. 서울지하철 3호선 동호대교에는 레다라이트(Rheda Light)궤도 120 m, 2호선 한양대역내에는 시스템 300체결장치를 이용한 슬라브궤도 40 m가 시험 부설되어 있다.

시스템 300의 기술적 포인트는 다음과 같다.

모든 궤도구조와 마찬가지로 진동 저감효과는 탄성재의 재질에 관계하므로, 열차하중과 속도 등에 따라 요구되는 소음, 진동저감 목표에 적합한 탄성패드를 선정하는 것이 중요하다.

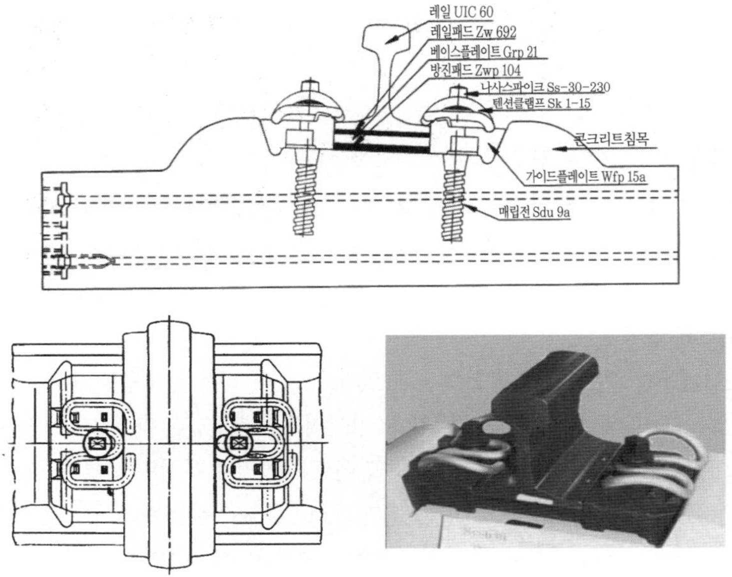

그림 2.5.28 보슬로300 체결장치

연(soft)한 탄성패드의 사용은, 상대적으로 체결스프링의 상하진폭이 커지므로 이 경우는 체결스프링의 피로저항 범위가 커져야 하며, 동시에 레일의 동적변형을 일정 한도 내로 억제하는 기능이 필요하다. 시스템 300에 사용되는 보슬로클립(Vossloh clip)은 이런 요구조건을 만족시키고 있다.

(3) 무도상 교량용 레일 체결장치

일반철도에서는 전장 25 m 이상의 교량은 장대레일의 부설을 피하도록 하고, 무도상 교량 및 5 m 이상의 유도상 교량에서는 전후 방향의 종 저항력을 주지 않도록 선로유지관리지침에서 정하고 있다.

무도상 교량상의 장대레일 구간에서 사용되는 레일 체결장치는 다음의 조건을 만족할 필요가 있다.

① 레일의 전(全)축압이 좌굴 축압 이상으로 되지 않을 것.

② 레일 끝의 신축량이 과대하게 되지 않을 것.

③ 레일 파단 시의 벌어짐 량이 과대하지 않을 것(50 mm 이하).

이를 위하여 이용하는 체결장치를 일본에서는 교상(橋上) 장대레일용 체결장치라 하며, 레일고정형과 레일활동형이 있어, 계산으로 얻어진 임의의 복진(匐進)저항력을 주도록 이 두 유형을 적절한 비율로 조합하여 복진저항력을 조절할 수 있는 설계로 되어 있다. 궤도패드는 타이 플레이트 아래에 설치한다. 신칸센의 무도상 교량용 캔트 붙임용 침목과 레일 체결장치가 개발되었다. 한편, 강교량 상에서 거더의 상부 플랜지에 직접 체결하는 형식의 강교 직결궤도용 레일 체결장치도 있다.

(4) 방진(防振) 레일 체결장치

레일 체결장치 부분을 저 스프링화하여 방진대책을 지향한 것을 방진 레일 체결장치라 칭하고 있으며, 일본에는 저 스프링계수 레일 체결장치, 2중 타이 플레이트 형식과 전단형 레일체결장치가 있다. 전단형 레일 체결장치는 독일의 '퀼른의 달걀(Cologne Egg, **그림 2.5.29**)' 을 원형으로 하여 슬래브 궤도에 적용할 수 있도록 설계되어 있다. **그림 2.5.30**은 Clouth 시스템이다. ALT(Alternative) 방진체결장치는 제6장을 참조하라. 한편, 국내 생산의 VIPA 체결장치(**그림 2.5.31**)도 방진용 레일 체결장치이다. ERS궤도와 Vanguard 궤도는 제 6.2.6항을 참조하라.

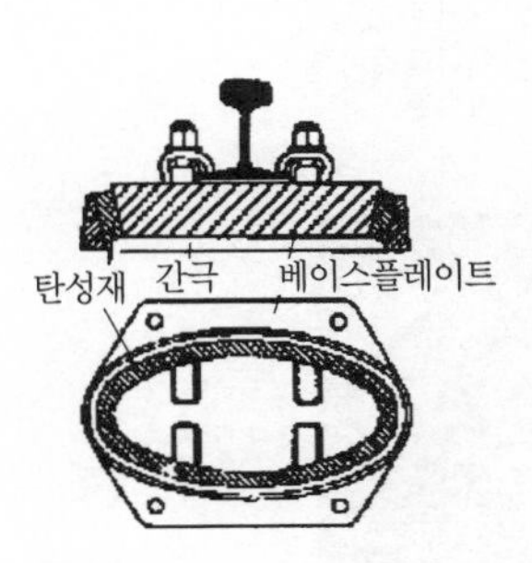

그림 2.5.29 퀼른의 달걀(Cologne Egg)

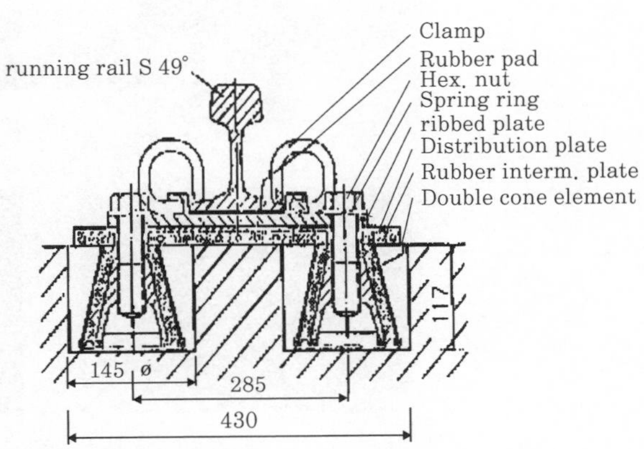

그림 2.5.30 Clouth 탄성 레일 체결장치

(5) 각종 레일 체결 장치의 성능 비교

이상 설명한 각종 레일 체결장치의 여러 기능을 정리하여 **표 2.5.6**에 나타낸다. 콘크리트 침목용 레일 체결장치에 대하여 유럽 각국의 형식은 레일을 누르는 힘이 크고, 따라서 복진 저항력도 큰 것이 특징이다. 한편, 슬래브 궤도 등 직결궤도용 레일 체결장치에 대하여는 일본과 독일에서 적극적으로 개발되어왔다.

그림 2.5.31 VIPA 레일 체결장치

표 2.5.6 각종 레일 체결장치의 성능 비교

항 목 / 종 류	선단 *1 스프링정수 (tf/cm)	횡 *2 스프링정수 (tf/cm)	죄임 *3 토크 (kg·cm)	볼트지점*4 처짐량 (mm)	복진 저항력 (tf/조)
팬드롤형	1.2	130	–	–	1.6
보슬로형	4.0	50	–	–	1.3
나블라형	0.8	–	–	–	2.2
일본 고속형	0.5	21	1,250	3.0	1.0
일본고속형(2중스프링)	0.4	38	1,250	7.2	0.7

(주) *1, *2의 수치는 이론계산으로 구한 것이지만, *3, *4는 실물시험으로 구해진 실험치이다.

(6) 한국철도형(KR형) 레일체결장치

한국철도시설공단은 2015년에 한국철도형(KR형) 레일체결장치를 새로 개발(2013년부터 2년 8개월간 한국철도기술연구원에서 연구, 2016년 국토교통부 교통신기술 제36호 지정)하여 원주~강릉철도의 원주~평창 간 콘크리트궤도에 적용했다(**그림 2.5.32**).

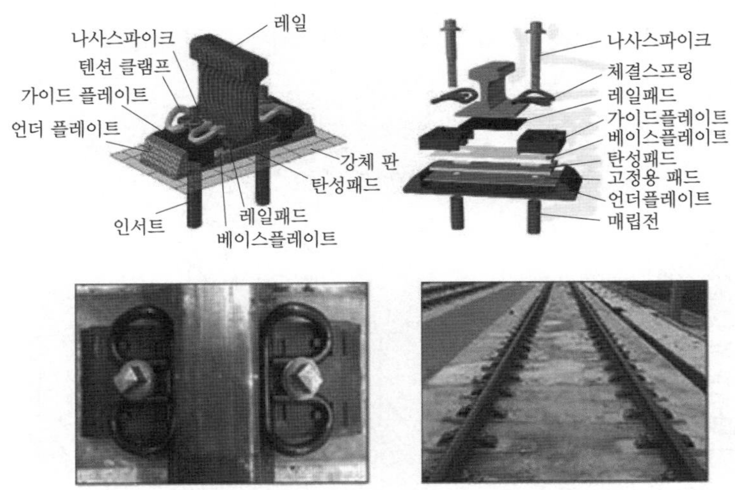

그림 2.5.32 한국철도형(KR형) 레일체결장치

2.5.7 레일 체결장치의 보수와 그 수명

나사방식의 레일 체결장치는 잘 알려지고 있는 것처럼 사용중의 변동 응력 등에 기인하여 나사가 뽑히고, 시간이 지남에 따라 소정의 체결력을 서서히 잃어버리게 된다. 레일 체결력을 잃게 되면 다음과 같이 된다.

① 장대레일의 좌굴에 대한 안정성이 저하한다.

② 충격흡수 기능이 저하하여 궤도틀림의 발생을 억제하는 효과가 감소한다.

③ 레일패드에 작용하는 충격력에 기인하여 그 수명이 저하한다.

④ 횡압에 대한 저항력이 저하하여 레일 체결장치 각 부품의 파괴를 빠르게 한다. 또한, 체결력을 어느 정도 유지할 수 있게 하여도 그대로 장시간 방치하여 두면, 나사 부분에 녹이 생겨 죄임 작업이 불가능하게 되는 일도 있다.

이상의 이유에서 이와 같은 나사방식의 레일 체결장치에 대하여는 어떤 일정한 주기로 볼트를 풀어 방청을 위한 주유를 할 필요가 있다. 이 경우에 다시 죄임을 표준 토크만으로 규제하면, 나사 부분이나 볼트 턱 아래와 판 스프링의 마찰계수, 파워렌치의 오차 등으로 체결력에 분산이 생기므로 볼트의 회전각이나 형상 규제를 병용하는 것도 중요하다.

한편, 팬드롤과 같은 무 나사 방식에서는 체결 스프링의 피로에 기인하여 상기와 같이 좋지 않은 일이 생기는 일이 있지만, 다시 조이기 등의 보수는 불필요하며, 피로가 한도를 넘은 경우나 절손의 경우에는 부재의 교환이 필요하게 된다.

레일 체결장치 부품은 사용기간이 길게 되면 스프링성이 줄어들기도 하고 나사 산이 파괴되어 그 후의 사용에 견딜 수 없게 되어 교체가 필요하게 된다. 그 수명은 선형, 통과 톤수, 환경조건, 보수상태 등에 좌우되며, 상당한 분산이 있으므로 일률적으로 정하기는 곤란하지만, 일본에서는 여러 현장조건에 대한 육안검사, 피로시험으로부터 일부의 부품에 대한 목표가 얻어지고 있다.

선로유지관리지침에서는 다음과 같은 경우에 레일체결장치를 교환하도록 규정하고 있다. ① 스프링클립 : 외력으로 손상되었거나 부식으로 기능을 상실한 것, ② 절연블록 : 마모두께가 4 mm 이상이거나 깨어진 것, ③ 레일패드 : ⓐ 부설시점이 동일한 특정선구에서 일괄 교체하고자 할 경우 **표 2.5.7**에 정한 바에 따른다. ⓑ 궤도 취약개소에서의 탄성패드 두께가 2 mm 이상 얇아졌을 경우에 교체한다. ④ 매립전 방식의 체결장치를 교체한 경우에는 기존 매립전에 그리스를 다시 채워야 하며 나사스파이크는 매뉴얼에 규정된 토크로 체결한다, ⑤ 체결장치의 체결 및 해체 시 무리한 힘을 가하지 않아야 한다, ⑥ 레일 또는 침목교환을 할 경우에는 유지보수자의 판단에 따라 레일체결장치를 교환할 수 있다. 한편, 레일패드 열화의 평가에 관하여는 문헌 [293]을 참조하라. 또한, 레일패드 거동의 비선형성에 관하여는 문헌 [286]을 참조하라.

표 2.5.7 레일체결장치 탄성패드 강성기준 교환 범위

구분		내용
점검 시기	자갈궤도	– 최소한 10년 이내에 아래 샘플채취방법에 따라 레일체결장치 탄성패드를 추출하여 육안으로 상태를 점검한 후, 상태가 불량하다고 판단되어지는 경우 교체한다. – 레일교체 시에 레일체결장치 탄성패드의 상태를 육안으로 확인하여 필요시 교체한다.
	콘크리트 궤도	– 최소한 10년 이내 또는 레일교체 시에 아래 샘플채취방법에 따라 레일체결장치 탄성패드를 추출하여 육안으로 상태를 점검한 후, 상태가 불량하다고 판단되어지는 경우에 강성시험을 시행하여 교체여부를 결정한다. – 레일교체 시에 레일체결장치 탄성패드를 육안으로 상태를 점검한 후에 상태가 불량하다고 판단되어지는 경우에 강성시험을 시행하여 교체여부를 결정한다.
샘플 채취	추출수량	– 점검대상구간이 10 km 이하 : 10개 이상 – 점검대상구간이 10 km~100 km 이하 : 20개 이상 – 점검대상구간이 10 km 이상 : 20개 이상
	추출방법	– 점검대상구간 전체에 걸쳐서 가급적 고르게 추출 – 곡선부 3개소 이상 – 가급적 한 샘플당 이격거리 50 m 이상에서 추출
사용 강성치		강성 측정치의 평균값

교환기준 (추출된 패드의 강성 평균이 강성 교체기준의 80 % 이상일 경우 교체)	구분		교체기준 정적강성	주(註)
	자갈궤도		제한 없음	1. 정적강성시험방법은 KRS TR 0014를 따른다. 2. 추출된 패드의 강성 평균이 강성 교체기준의 80 % 이상일 경우 교체할 수 있다.
	콘크리트 궤도	A형	90.0 kN/mm	
		B형	85.0 kN/mm	
		C형	75.0 kN/mm	
		D형	70.0 kN/mm	

2.5.8 레일 체결장치의 설계

레일 체결장치의 구조에 대하여는 보편적으로 가장 좋은 것을 특정할 수가 없다. 이것은 소요 기능의 어디에 중점을 두는가에 따라 설계가 변경되며, 중점을 두는 방향은 사업자의 경영전략이나 사회환경에 따라 다르고 변화하기 때문이며, 더욱이 적용하는 재료자체에도 진보가 있게 된다. 예를 들면, "조절량은 희생하더라도 생력화를 추구한다", "내구 년수는 어찌하든 방진성능을 우선한다"는 것 등은 하나의 개념이며, 가치분석의 결과이다. 그렇지만, 이들의 다양성에 대하여도 기본적인 설계방법을 정리하여 두면 누락을 방지할 수가 있다.

세계의 주류인 콘크리트 침목과 직결궤도용의 2중 탄성 혹은 완전탄성 레일 체결장치는 많은 이점을 갖고 있지만, 탄성변형을 기대하고 있기 때문에 변형이 크고 각 부재의 부하도 크게 되어 있다. 그 때문에 설계시의 검토가 복잡하며, 그 항목도 많다. 여기서는 이들의 탄성 레일 체결장치의 기본적인 설계 고려방법과 그 기술적 요점에 대하여 기술한다(**그림 2.5.33** 참조). 2중 탄성 체결장치의 해석은 제5.2.7항을 참조하라.

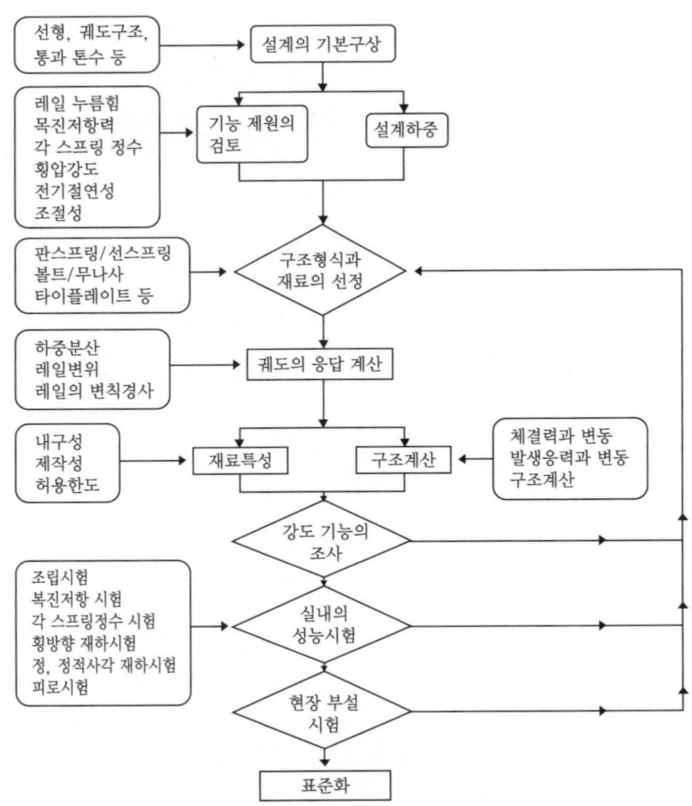

그림 2.5.33 탄성 레일 체결장치의 설계 순서

(1) 설계하중

어떤 구조계의 신뢰성을 논할 경우에 최초로 검토가 필요한 항목은 어떤 부재에 손상이 발생한 때에 전체 계(系)의 위험도/심각도이다. 우주 왕복선의 구조용 체결볼트와 레일 체결장치의 체결볼트에 요구되는 신뢰성 레

벨은 동일하지 않으며, PC침목의 설계에는 균열대책을 중시하고 있기 때문에 윤하중 변동을 레일 체결장치의 설계하중보다도 크게 하고 있다. 레일 체결장치는 수량이 많고 필요한 경우에는 교환도 비교적 용이하므로 발생 빈도가 극히 적은 이상 하중에 대하여도 안전하도록 설계하는 것은 실용적이 아니다. 주행 안전성 · 궤도보수 시스템 · 재료의 내력이나 피로강도 등을 고려한 적절한 설계하중의 설정이 필요하다.

(2) 기능 제원

레일 체결장치에 요구되는 여러 가지 기능은 최저한으로 필요한 항목과 특정 조건하에서 바람직한 항목이 있다.

(가) 레일을 누르는 힘과 복진 저항력

레일을 누르는 힘을 크게 하면 복진 저항력의 증대에 따라 레일의 온도신축이나 파단 시의 벌어짐 양이 작게 되고, 궤광 강성의 증대에 따라 장대레일의 좌굴 저지 에너지가 크게 되어 궤도의 안정(安定, stability)에서 극히 유효하다. 직결궤도에서는 하부 구조물에 과대한 온도하중을 전달시키지 않도록 레일을 누르는 힘에 제약이 있지만, 자갈궤도에서는 레일을 누르는 힘이 클수록 좋다. 지금까지 자갈궤도에서는 복진 저항력을 도상 종 저항력보다도 크게 취할 필요가 없다고 하여 이것에서 레일을 누르는 힘이 결정되어 왔다. 그러나, 실제의 도상 종 저항력이 좌굴 안정성의 계산에 설정되어 있는 값보다도 큰 것을 고려하여도 레일패드의 탄성을 손상하지 않는 등의 다른 조건이 허용되는 한, 자갈궤도에서는 레일을 누르는 힘이 클수록 유리하다.

(나) 체결 스프링의 선단 스프링정수

이것은 레일의 변위(變位, displacement)에 대한 체결 스프링의 추수성(追隨性)에 직결되는 요소이다. 체결 시보다도 레일이 침하한 위치에 있는 경우에는 스프링정수가 작고, 부상한 위치에 있는 경우에는 큰 쪽이 좋다. 여기에는 "체결력을 안정시킨다" · "체결 스프링의 응력 변동을 작게 한다" · "레일의 변칙경사에 저항한다"등의 의미가 있으며, **그림 2.5.2**에 나타낸 것처럼 각종 체결 스프링의 선단 스프링정수의 특성 중에서 2단 선형의 스프링이 좋다고 한다.

(다) 레일패드의 스프링정수

레일패드의 스프링정수가 작게 되면 하중의 분산이 크고 윤하중 변동이 작게 되어 충격하중을 작게 함으로써 지지체를 보호한다. 또한, 진동의 감쇠를 크게 하여 도상의 열화를 막고, 구조물 소음/진동을 억제하는 효과도 있다. 당연한 일이지만, 패드자체의 변형이 크기 때문에 내구성과의 조화가 필요하게 되며, 급곡선에서는 **그림 2.5.34**에 나타낸 것처럼 변칙경사가 크게 되므로 이들의 대책을 위하여 레일 체결장치의 구조가 대형화된다. 레일패드의 스프링정수 자체는 정적인 값과 동적인 값 사이에 큰 차이가 있으므로 설계 시에 주의를 요한다. 스프링정수를 작게 하기 위해서는 패드에 홈을 붙이는 것이 일반적이지만 독립 기포의 봉입(封入)도 유효하다. 재질로서는 합성고무 SBR보다는 우레탄계 재질의 쪽이 정적 스프링과 동적 스프링의 차이가 작고, 동적 스프링 특성이 양호한 점이 최근의 연구에서 밝혀지고 있다.

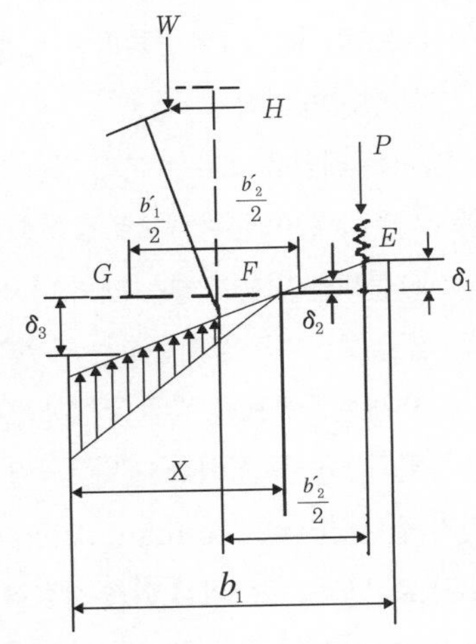

그림 2.5.34 변칙경사에 따른 레일패드의 변형

(라) 전기절연 성능

콘크리트는 반도체이며 침목·슬래브 모두 전기적인 절연이 필요하다. 철도궤도에서 절연이 필요한 이유는 3가지이다. 하나는 보안 시스템이 궤도회로에 의존하고 있는 경우에 이른바 신호전류를 위한 절연이며, 좌우 레일간을 절연한다. 후자의 두 개는 교류구간에서의 통신 유도장해 대책과 직류구간에서 궤도부재나 금속제 라이프라인(Lifeline) 구조물의 전식(電食) 대책이며, 변전소에의 귀선 전류를 누설하지 않게 하기 위한 절연, 즉 레일과 대지와의 절연이다. 대부분의 경우에 절연이 필요하지만, 비전철화 구간에서 궤도회로를 이용하지 않는 경우에는 불필요하다. 다만, 레일 절손 검지의 문제는 별도로 고려할 필요가 있다.

전기절연 재료의 주체인 폴리에스터(polyester)나 폴리아미드(polyamide) 등의 플라스틱은 강도나 내구성 등이 금속이나 콘크리트에 비하여 뒤떨어지므로 사용조건이나 설계안전율에 배려가 필요하다. 휨이나 인장의 부하를 주지 않는 압축재로서 이용하고 글라스 섬유로 보강하는 등이 구체적인 대책이다.

(마) 조절성

레일 체결장치 부분으로 상하/좌우 방향의 조절을 행한다고 하는 발상은 세심한 배려의 세밀한 보수를 하여 온 일본에서의 선로보수의 유산이며, 슬래브 궤도를 성공시킨 요인의 하나는 체결부에서 조절기능을 확보한 점이다. 한편, 조절기능을 갖는 것은 부품수의 증가로 이어지고, 또한 가동의 여유가 있게 되므로 불안정 요소를 증가시키는 것으로도 된다. 일본의 슬래브 궤도용 레일 체결장치는 일반용의 부품수가 34 개, 급곡선용이 56 개나 되는 것도 있다.

조절기능의 필요성에 대하여는 궤도구조/보수시스템/노동정세 등을 고려한 충분한 검토가 중요하다. 자갈궤도에는 대체로 조절성이 불필요하며, 슬랙이 필요한 경우를 제외하고 레일을 포함한 각 부재의 공차 흡수 정도의 여유가 있으면 좋고, 직결궤도에서는 조절기능이 필수이며, 건설시의 시공정도/지반조건 등을 감안하여 조절량을 결정하면 좋다.

(3) 구조형식 · 재료의 선정

설계자의 창조력이 반영되는 것이 구조형식이며, 데이터의 풍부성이 반영되는 것이 재료의 선정이다. 이 중에서 중요한 요소는 체결부의 앵커 방식과 횡압을 받는 방식이다.

(가) 앵커의 방식

앵커는 레일을 누르는 본래 기능의 근간을 이루는 것이며, 지지체 내부에 매립되어 레일 체결장치의 다른 부품보다는 교환이 곤란하므로 충분한 강도를 보증할 필요가 있다. 실적이 있는 앵커 방식은 다음의 3 가지이다.

① 볼트를 비틀어 넣는 매립 나사 방식 = 매립커버

② 볼트 · 너트를 이용하는 경우의 볼트를 고정하는 금속제 매립부재 방식

③ 체결 스프링을 직접 고정하는 매립부재 방식.

독일의 보슬로 형식과 대부분의 일본의 레일 체결장치가 ①의 형식이다. 이 방식은 앵커의 나사 산의 강도와 전기 절연성(electric insulation)과의 조화가 어렵고, 재질을 플라스틱으로 한 경우에는 나사 산을 크게 할 수가 없으므로 이완되기 쉬운 결점이 있다. 프랑스의 나블라 형식이 ②형식이며, ①보다도 체결력을 크게 할 수가 있고, 나사의 리드 각이 작기 때문에 이완이 어렵지만 지지체 내부에 공간을 만들므로 우수(雨水) 대책이 필요하다. 자갈궤도용 팬드롤은 ③형식이며, 레일의 체결력이 각 부재의 공차에 따라 결정되므로 제조시의 품질관리를 고수준으로 유지할 필요가 있다. 콘크리트궤도용 팬드롤은 ③과 ①을 조합한 2중의 체결방식이다.

(나) 횡압을 받는 방식

횡압의 안정성도 궤도에서 중요한 인자이며, ① 지지체 숄더(shoulder)부, ② 매립부재, ③ 타이 플레이트 숄더부 등의 3 방식이 대표적이다.

①의 경우에 지지체 숄더부의 강도가, ②의 경우에는 매립재 주위의 지지체의 강도가 충분할 것이 요구된다. ③의 경우에는 타이 플레이트를 지지체에 고정하는 볼트의 축력에 비례하는 마찰력이 횡압에 저항하므로 볼트의 축력을 확보하는 것이 요점이다. 즉, 나사의 이완대책이나 크리프를 일으키기 어려운 재료의 선택이든지 크리프 대책이 요구된다.

(4) 궤도의 응력계산

레일의 종류, 레일패드의 스프링정수, 횡 스프링정수 등이 결정되면 설계하중에 대한 궤도의 응답을 계산할 수가 있다. 궤도의 응답 중에서 중요한 항목은 변칙경사와 하중분산이다. 체결 스프링 응력으로는 변칙경사에 따른 레일두부의 수평 변위의 값보다도 레일 저부의 체결 스프링 누름 지점의 상하 변위가 문제로 된다. 변칙경사각이 커도 레일패드의 탄성이 충분하고 레일의 침하량이 어느 정도 크다면, 체결 스프링의 부담은 크게 되지 않기 때문이다.

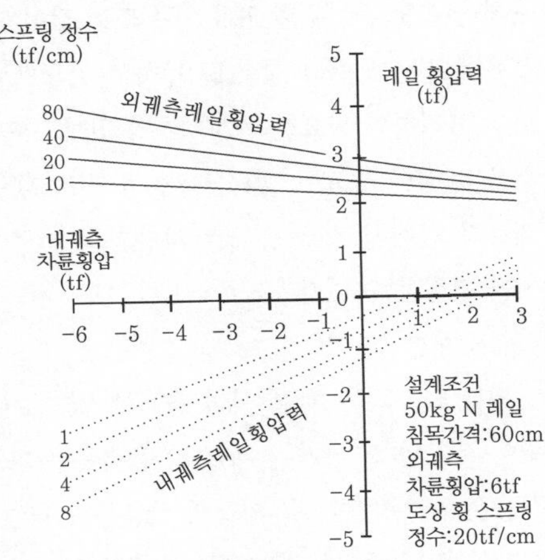

그림 2.5.35 횡압과 레일횡압력

하중분산의 계산은 1 레일 체결장치당 작용하는 최대 레일 압력이나 최대 레일횡압력을 구하는 것이다. 이들의 힘에 대한 레일 체결장치의 각부 응력을 계산하여 그 크기가 허용 한도 이내인가의 여부를 검토하는 것으로 된다. 횡압의 경우에 좌우 차륜의 횡압의 크기뿐만이 아니고 작용하는 방향에 따라서도 레일횡압력의 크기가 다르므로 주의를 요한다. **그림 2.5.35**는 자갈궤도에서 외궤와 내궤에 횡압이 작용한 경우의 최대 레일횡압력을 나타낸다. 양 레일 엄밀하게는 윤하중의 크기가 횡 방향력, 즉 계산에는 횡 스프링정수에 영향을 주므로 이 점을 고려하면, 더욱 복잡하게 된다. 이와 같이 차륜으로부터의 횡압의 작용 방향과 크기는 궤도의 선형이나 차량성능에 의존하지만, 현재 대부분의 레일 체결장치의 설계에서는 항상 반대 방향으로 같은 크기의 횡압이 작용하는 것으로 하고 있으므로 이론상 발생할 수 있는 가장 엄한 값으로 된다.

(5) 재료의 특성

전기적 절연이 필요한 체결부에는 플라스틱 종류가, 탄성을 위해서는 고무계 재료가, 체결 스프링이나 볼트에는 강도가 큰 금속재료의 채용이 일반적이다. 이들의 재료는 응력의 허용한도, 내후성, 제작성 등이 모두 달라 각 부재간의 균형을 취하는 것이 중요하며, 이 경우의 문제는 내구 년수이다. 금속재료에 대하여는 내구한도나 시간한도가 어느 정도 알려져 있으며, 예를 들어 스프링강인 SPS에 대하여는 내구한도선도(耐久限度線圖)가 얻어지고 있다. 그러나, 플라스틱이나 고무 종류는 피로에 관한 데이터가 금속에 관한 것만큼 풍부하지 않으므로 앞으로의 축적이 기대된다.

(6) 레일 체결장치의 구조계산의 예

궤도의 응답계산으로 레일압력이나 횡압력 그리고 변칙경사 등이 얻어지면, 1 레일 체결장치당 작용하는 힘이 얻어지게 되어 각 부재의 변위나 응력을 산정할 수가 있다. 이들 조사의 고려방법은 일본에서 이하와 같이 하고 있다. 한편, 2중 탄성 레일체결장치의 해석은 제5.2.7항을 참조하라.

(가) 레일패드

2중 탄성 체결방식 등의 경우에 일본에서는 필요한 탄성계수 외에 다음과 같은 응력과 변형의 한도를 정하고 있다.

① 상시 받는 하중에 대하여 평균 압축 응력이 20 kgf/cm^2 이하이고, 패드 단부의 최대 압축 응력은 40 kgf/cm^2 이하일 것.

② 평균 변형이 10 % 이하일 것.

이들의 한도는 재질이 SBR이라면 어느 정도의 내구성을 확보하기 위한 표준으로 되는 값이다. SBR의 경우에 경년에 따라 경화(硬化)하고 있으므로 경년 변화를 고려하여 필요한 탄성계수가 확보되도록 교환계획을 책정할 필요가 있다. 변형이 커도 내구성이 큰 재료가 얻어진 경우 등에는 사용자의 의향대로 한도치를 변경할 수 있다.

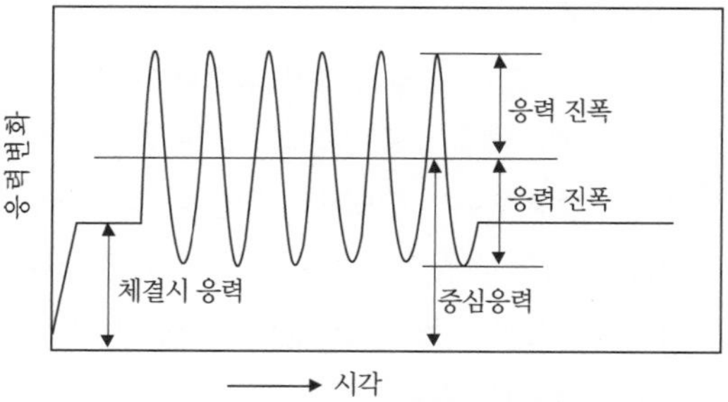

그림 2.5.36 중심 응력과 응력 진폭

(나) 체결 스프링

체결 스프링은 체결 시의 응력에 열차주행시의 응력이 부가된다. 부가는 체결 시 응력을 증가시키는 방향/감소시키는 방향의 2 가지이다. 일반적으로 윤하중의 작용은 감소방향이며, 횡압의 작용은 변칙경사를 포함하여 양방향이 있다. **그림 2.5.36**에 나타낸 것처럼 변동하는 응력의 중심을 응력 중심으로 하고, 진폭의 반분을 응력 진폭으로 하여 **그림 2.5.3**에 나타낸 내구한도 그림으로 응력을 조사한다. 이 그림은 스프링강인 SUP9(우리 나라의 SPS에 상당)의 휨 인장의 약 10 %가 파괴하는 시간한도나 내구한도에 의거한 그림이며 숏 피닝(shot peening)의 실시를 전제로 하고 있다. 각 한도선의 의미는 다음과 같다.

① 제1 파괴한도 : 스프링강의 내구한도　　② 제2 파괴한도 : 스프링강의 10^4 회의 시간한도

③ 제1 피로한도 : 스프링강의 탄성한도　　④ 제2 피로한도 : 스프링강의 항복한도

상시 발생하는 최대 하중에 대하여는 제1 파괴한도와 제1 피로한도 이하이어야 하며, 드물게 발생하는 극대하중에 대하여는 제2 파괴한도와 제2 피로한도 이하이어야 한다. 드물게 발생하는 극대 하중이란 발생 응력이 정규분포(normal distribution)하는 것으로 하여 평균치 + 3×표준편차(σ)로 되는 값이며, 상시 발생하는 최대 하중이란 평균치 + σ로 되는 값이다. 수치적인 내구 년수 예측에는 중심 응력과 응력 진폭에서 얻어지는 등가 양진 응력의 한계 반복 수를 이용한다. 그림에서는 발생 응력과 x 축 상의 진파괴 강도를 연결한 직선의 y 축 상의 절편이 등가 양진 응력을 준다. 즉, y 축은 응력 진폭임과 동시에 등가 양진 응력이다. 이 등가 양진 응력의 발생빈도는 기지이므로 한계 반복회수와 발생빈도를 이용 마이너법칙에 기초하여 수치계산이 가능하게 된다. 예를 들면, 설계계산 시에 발생 응력이 정확히 이들의 한도선상에 놓일 경우에는 내구 년수가 1억 수천만 톤 정도로 된다. 그러나, 대부분의 경우에 발생 응력은 이들의 한도 선을 하회하며, 대체로 10~20년 정도의 내구

년수를 보장하고 있는 것으로 된다.

(다)체결볼트

체결볼트에는 체결 스프링과의 접촉부분에서의 마찰력에 따른 휨 이외에 직접 휨을 작용시키지 않는 것이 원칙이다. 이것은 체결 시에 큰 축력을 주고 있기 때문에 휨 응력이 부가되면 곧바로 심한 상태로 되기 때문이다. 심한 상태란 SS400 등의 연강(軟鋼)에서는 영구변형을, 고장력강에서는 절손을 일으키고, 본래의 체결 스프링을 누르는 기능을 상실한다. 볼트는 레일 누름 전용으로 하는 것이 중요하다. SS400을 이용하는 경우에 안전율을 3으로 하여 14 kgf/mm^2 정도 이하인 것을 확인하면 좋다.

(라) 스프링 받침대, 받침 칼라와 매립 칼라

스프링 받침대와 받침 칼라는 압축력만을 받도록 설계되며, 응력은 파괴시의 1/4 이하로 되어 있지만, 최근의 검토에 의거하여 매우 드물게 발생하는 하중에 대하여는 1/2인 것을 확인하면 충분하다는 점이 알려지고 있다. 매립 칼라는 나사 산에 전단 응력이 발생하는 것과 교환이 곤란한 점에서 안전율을 4로 하고 있다. 나사부에는 나사 산의 알맞게 끼워지는 정도, 유효 나사산수에 따라 하중의 분산이 다르며, 내구 년수에 영향을 주므로 제작 공차를 가능한 한 작게 하는 것이 득책이다. 또한, 최근의 조사에서 매립 칼라가 침목 본체에서 빠지는 이른바 모재 파괴에 기인한 손상이 훨씬 큰 비율을 점하고 있는 것이 밝혀졌다.

(7) 강도 · 기능의 조화 및 궤도구조 성능검증

설계하중과 소요 기능 제원이 설계의 기본조건이므로 부재의 강도가 충분하다면 구조형식의 개선으로서 재료를 다시 선정할 필요가 있다.

궤도구조의 성능검증은 한국철도시설공단의 '철도시설성능검증지침'과 '철도설계지침 및 편람 KR C-14060 궤도재료설계(부록1; 궤도구조 성능검증 절차)'에 규정한 절차에 따라 기술요건 적합성 검토 단계, 조립시험 단계, 현장설치시험 단계로 나누어 실시한다.

(8) 시작(試作)과 실내시험

설계 후의 시작 공시체에 대한 실내시험의 항목은 일반적으로 다음과 같다.

① 조립 시험
② 체결 스프링의 선단 스프링정수 시험
③ 레일 체결장치 전체의 연직 스프링정수 시험
④ 횡 스프링정수 시험
⑤ 정적 사각(斜角) 재하 시험
⑥ 동적 사각 재하 피로시험
⑦ 전기절연저항 시험

대부분의 나라에서 시행하고 있는 승인 시험도 각종 성능, 강도 및 내구성을 확인하기 위하여 규격 치는 다르게 되어 있지만 항목은 대체로 일치하고 있다. 그 중에서 ⑥의 동적 사각 재하 피로시험방법은 윤하중과 횡압의 조합이므로 일본에서는 2 방향에서 재하하고 있는 점이 다른 나라와 다르다. 이것은 시험주행에서 계측된 횡압의 파형에 근거가 있다. 즉, 제1축은 (+)측의 횡압이지만, 제2축은 (−)의 횡압이 발생한 기록에 근거하여 시험장치의 사양과 성능이 결정된 것에 의거한다. 이것은 차량, 특히 대차의 성능으로 근거하고 있지만, 이후, (+)측에 극대하중을, (−)측에 상시 발생하는 최대 하중을 작용시켜 피로시험을 실시하여 성능을 확인하고 있다. 실제로 발생한 하중 파형을 모의하고 있지만, 그 크기는 이론적으로 고려되고 있는 가장 가혹한 시험조건이며, 기계

표 2.5.8 고속철도 레일체결장치의 주요 성능기준

구 분	기 준	비 고
레일 패드 스프링계수	피로시험 전 : 80~120 kN/mm(자갈궤도용)·20~50 kN/mm(콘크리트궤도용) 피로시험 후 변화 : 25 % 이하	20 kN~95 kN 사이의 수직력을 50 kN/분의 속도로 가하여 측정
체결력시험	피로시험 전 : 2×8 kN 이상 피로시험 후 변화 : 피로시험 전의 20 % 이하	
종방향 저항력	피로시험전 : 9 kN 이상 피로시험후 변화 : 피로시험 전의 20 % 이하	
피로시험	단계별 레일두부의 측면변위 : 4 mm 이하	경사각 33°의 받침대 사용 ·4Hz의 진동주기로 300만 회 가진
부식저항	외관상 변화 및 해체·체결 가능여부 확인	
충격감쇠	충격감쇠계수 30 % 이상	50~60 kN으로 낙하
인서트시험	균열이나 파손이 없어야 함	60 kN의 정하중을 50±10 kN/분의 속도로 재하. 최대치에 도달 후 3분간 유지
전기저항시험	3 Ω km	
비틀림시험	장대레일 안전검토시 활용	선택항목

적인 내구성을 검증하는 점에서는 안전 측의 평가로 된다.

더욱이, 하중속도와 분위기의 온도에 따라서는 레일패드나 절연부재 등이 발열에 기인하여 열화되는 경우가 있으므로 이것에 대하여는 공냉에 의한 냉각시간을 둘 수가 있다고 되어 있다.

한편, 2002년에 개정한 고속철도 레일체결장치 성능시방서에서 규정하는 주요 성능기준은 **표 2.5.8**과 같다.

(9) 현장 부설시험과 표준화

구조계산과 실내시험에 의거하여 결함이 있는 시작품(prototype)이 걸러지므로(screening) 현장 부설시험은 시공성이나 보수상 문제의 확인, 더욱이 장기 내구성의 확인 등이 주목적으로 된다. 현장설치시험에 관하여는 상기의 (7)항에서 언급한 '철도설계지침 및 편람 KR C-14060 궤도재료설계(부록1; 궤도구조 성능검증 절차)'를 참조하라. 총체적인 문제가 없으면 표준화된다.

(10) 레일체결장치의 분석과 일반적인 설계방법

레일체결장치(레일체결시스템)는 허용할 수 없는 레일의 수직, 횡 및 종 방향 이동뿐만 아니라 레일전도를 막기 위해 궤도구조에 사용된다. 또한, 이들의 구성요소는 궤간유지, 윤하중 충격 감소, 궤도탄성 증가 등을 위한 툴(tool)로서의 역할을 한다. 레일 체결장치는 **그림 2.5.37**에 나타낸 것처럼 주로 두 가지 중요한 양상을 기초로 하여 분류되며 각각 서로 다른 많은 유형이 있다.

레일체결장치가 궤도시스템에서 중요한 역할을 함에도 불구하고, 이 궤도 구성요소의 분석과 설계에 관한 현재의 실행은 문헌에서 광범위하게 설명되지 않고 있다. 많은 철도관련 설계코드에 언급된 설계기준은 실험

표 2.5.9 레일체결장치 성능검증시험을 고려한 여러 철도 설계코드의 비교

성능검증시험	설계규정		
	AREMA	AS1085.19	EN 13146
들림(uplift) 제한	○	○	○
종 방향 구속	○	○	○
반복하중	○	○	
비틀림 구속	○		○
횡 방향 구속		○	
클립 탄성률		○	
피로강도		○	
충격 감쇠		○	○

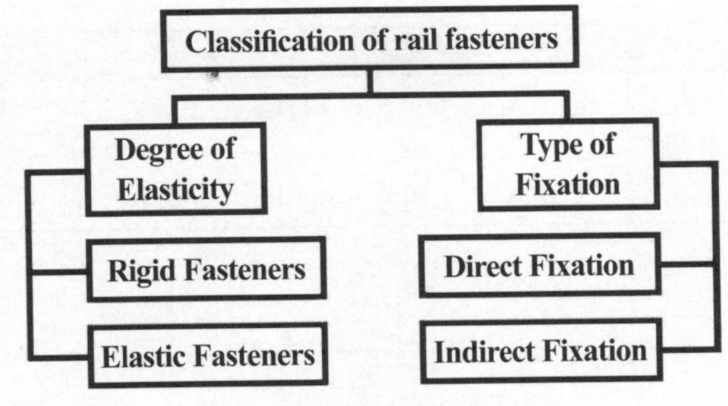

그림 2.5.37 레일체결장치의 분류

실 성능검증시험(qualification tests)의 허용기준(acceptance criteria)을 다루는 것들로 제한된다. AREMA 매뉴얼, 오스트레일리아 표준(Australian Standard) 및 유럽표준(European Standards)은 그러한 기준을 포함하는 중요한 설계규정이다. 이들 표준 간의 비교를 **표 2.5.9**에 나타낸다.

2.6 레일 부속품

2.6.1 안티 클리퍼 (rail anchor, anti creeper)

레일의 복진(匐進, rail creepage)은 열차의 시 · 제동 하중(traction and braking load)과 하중의 이동에 따른 상하동 등이 원인으로 되어 발생한다. 레일은 레일 체결장치를 이용하여 어떤 일정한 힘으로 레일에 체결되어 있지만, 스파이크 등의 궤도구조와 같이 레일 체결력이 도상저항력보다 작은 경우는 레일이 침목 위에서 복진한다.

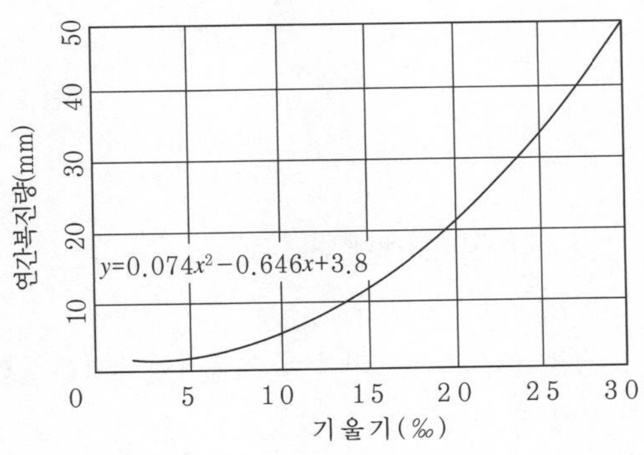

그림 2.6.1 복진량과 선로 기울기의 관계

레일이 복진하면 정척 레일의 경우는 이음매의 유간이 나쁜 상태로 되며, 과대하게 되면 이음매충격이 크게 되어 레일 단부의 파단을 초래하고, 과소한 경우는 여름철에 레일 장출 사고의 원인으로도 된다.

안티 클리퍼(레일 앵커)는 이 복진을 방지할 목적으로 레일이 침목 위에서 활동하지 않도록 충분한 저항력을 갖게 하기 위하여 설치된다. 또한 분기기 개재 장대레일에서 기본레일과 텅레일의 상대 변위를 억제할 목적으로 안티 클리퍼를 사용하는 경우도 있다. 더욱이, 안티 클리퍼의 요건으로서는 다음이 열거된다.

① 구조가 간단하고, 설치와 철거가 용이할 것.

② 충분한 강도를 가지며, 취급 중의 타격이나 열차의 반복 하중을 받아도 파손하거나 휨 등이 없을 것.

③ 신구의 레일에도 사용할 수 있을 것.

④ 레일에 설치한 경우에 레일과의 사이의 미끄럼 저항은 침목 1개의 도상저항력보다 클 것.

표 2.6.1 복진에 대한 안티 클리퍼의 설치 개수

개수	1	2	3	4	5	6	7	8	9	10
년간 복진량 (mm)	25이상 ~ 35미만	35이상 ~ 45미만	45이상 ~ 60미만	60이상 ~ 80미만	80이상 ~ 100미만	100이상 ~ 130미만	130이상 ~ 180미만	180이상 ~ 230미만	230미만 ~ 310미만	310이상 ~ 400미만

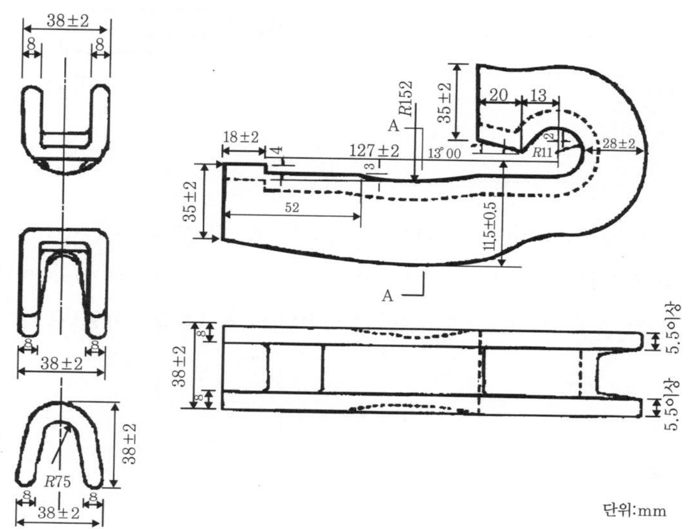

그림 2.6.2 50N 레일용 레일 앵커

⑤ 여러 번의 사용에 견딜 것.

⑥ 가격이 저렴할 것.

한편, 연간 복진량과 선로 기울기의 관계는 **그림 2.6.1**과 같다. 일반적으로 이용되고 있는 안티 클리퍼의 복진량에 대한 설치개수는 **표 2.6.1**과 같다.

국철에서 현재 일반적으로 이용되고 되고 있는 안티 클리퍼(레일 앵커)의 모양은 **그림 2.6.2**와 같으며, 레일 종별로 치수가 다르게 되어 있다. 본선에는 ① 복선에서의 전 구간, ② 단선에서 연간 밀림의 량이 25 mm 이상이 되는 구간, ③ 기타 밀림이 심한 구간 등에 안티 클리퍼를 설치하도록 되어 있다. 다만, 2중 탄성 체결장치 사용구간에는 사용하지 않는 것을 원칙으로 하고 있다.

레일 앵커는 궤도 10 m당 8개를 표준으로 하고 밀림 량의 증감에 따라 그 수량을 증감하되 최대 16 개로 하고 있다. 레일 앵커는 두부를 궤간 내측으로 향하도록 설치하며, 설치방법은 산설식(사용레일 전장에 걸쳐 고루 배치)을 원칙으로 하고, 경우에 따라서는 집설식(부분적으로 모둠으로 설치하는 방식)으로 할 수 있으며, 단선 구간에서 레일 복진이 양방향으로 일어나는 경우에는 각 방향에 대한 앵커를 설치하는 침목을 따로 한다.

2.6.2 레일 버팀목(chock, wooden brace)

레일 버팀목은 목침목, 스파이크의 궤도구조를 가지는 구간에서 횡압이 큰 곡선 등에서의 궤간 확대, 혹은 레일 변칙경사가 발생하는 것을 방지할 목적으로 설치된다(**그림 2.6.3**).

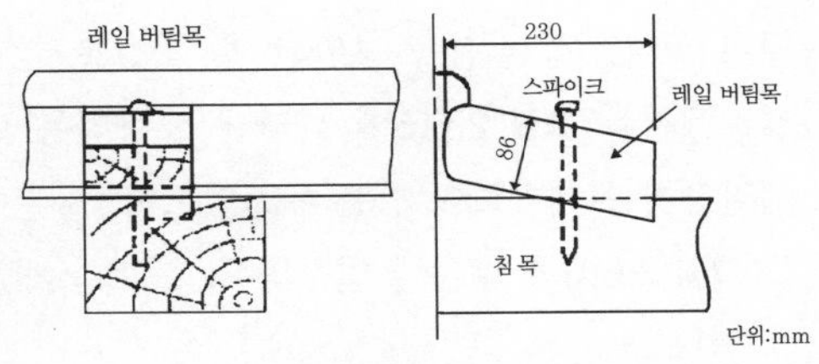

그림 2.6.3 레일 버팀목

2.6.3 교량침목 고정용 여러 재료

개상식(開床式) 강교(鋼橋)에 교량침목을 설치하는 방법으로서는 훅 볼트 및 L형 고정장치가 있다. L형 고정장치는 일본에서 교량침목을 개상식 강교에 고정하는 방법으로서 훅 볼트 방식보다 신뢰성이 높고, 특히 장대레일 구간의 교량에서 강교 직결 궤도가 부설되어 있지 않은 경우에는 L형 고정장치가 채용되는 경우가 많다.

훅 볼트를 사용하여 교량침목을 강교에 고정하는 재료에는 ① 훅 볼트(hook bolt), ② 교량침목 패킹(packing), ③ 교량침목 계재(繼材) 등이 있다.

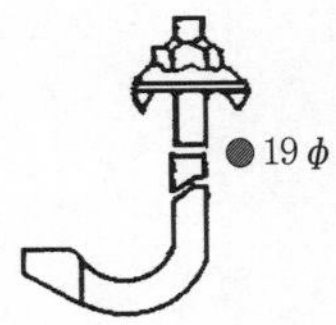

그림 2.6.4 일반적인 훅 볼트의 형상

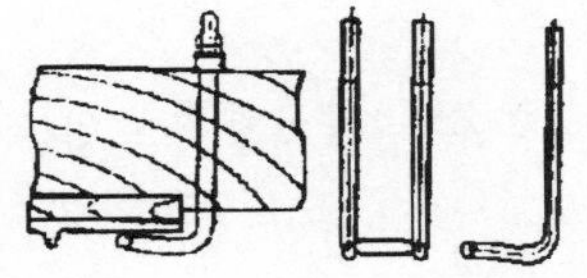

그림 2.6.6 투윈식 훅 볼트의 형상

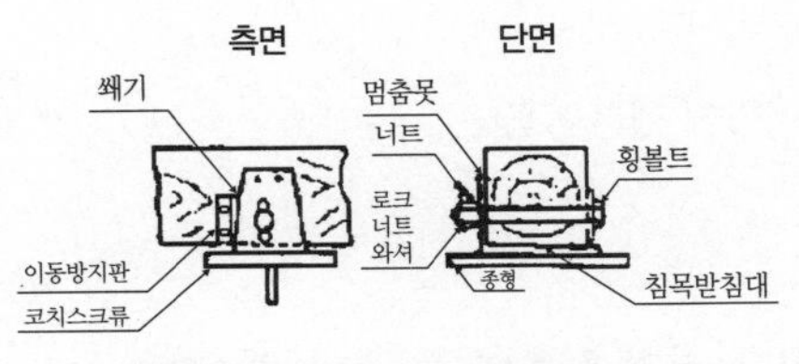

그림 2.6.7 L형 고정장치의 형상

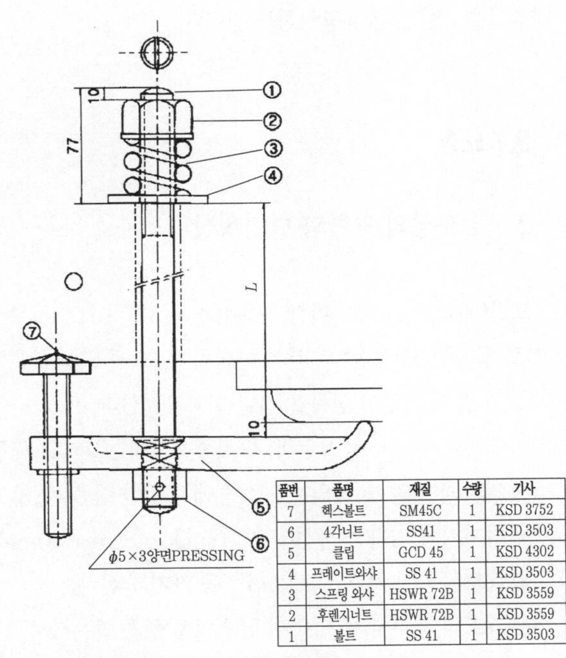

품번	품명	재질	수량	기사
7	헥스볼트	SM45C	1	KSD 3752
6	4각너트	SS41	1	KSD 3503
5	클립	GCD 45	1	KSD 4302
4	프레이트와샤	SS 41	1	KSD 3503
3	스프링 와샤	HSWR 72B	1	KSD 3559
2	후렌지너트	HSWR 72B	1	KSD 3559
1	볼트	SS 41	1	KSD 3503

그림 2.6.5 교량침목 탄성체결장치

훅 볼트(**그림 2.6.4**)는 교량침목을 교형에 고정하기 위하여 이용되는 것이다. 훅 볼트는 교형 저부에서 훅 볼트가 벗겨질 정도로 너트가 이완되든지 침목이 얇아지면 그 형상에서 분명한 것처럼 수직 축에 대하여 회전이 가능한 점 때문에 보수하지 않으면 열차통과시의 진동 등으로 너트의 이완이 진행되어 훅 볼트가 탈락하는 일이 있다. 그 결점을 보완한 훅 볼트로서 일반 철도에서는 **그림 2.6.5**에 나타낸 교량침목 탄성 체결장치를 개발하여 사용하고 있으며, 일본에서는 **그림 2.6.6**과 같은 투윈식의 훅 볼트가 개발되어 있다

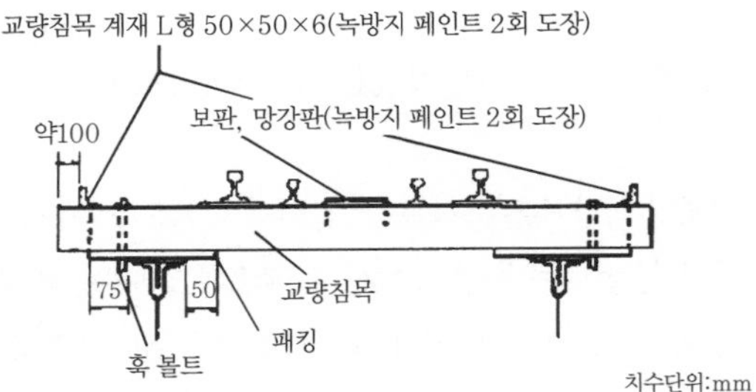

그림 2.6.8 교량침목 계재의 설치

교량침목 패킹은 교형 상면의 침목을 설치하는 부분에 리벳이 있는 경우, 혹은 캔트가 있는 교량 등에서 레일 상면과 교형 상면간을 조정하는 경우에 이용된다. 교량침목 패킹의 두께는 30 mm 이상으로 하며 침목과 동질 또는 그 이상의 양질의 소재를 사용한다. 캔트 조절 등은 될 수 있는 한, 좌우의 패킹 두께를 변화시키는 것으로 대처하는 것이 바람직하다. 더욱이, 교량침목 패킹은 교량의 페인트에 대한 영향을 고려하여 소재 그대로 사용하고 있다.

교량침목 계재는 목재, 철판 및 앵글 등의 재료를 이용하여 교량침목이 교형 위에서 이동하는 것을 방지하는 것을 목적으로 **그림 2.6.7**과 같이 설치되어 있다. 일본에서는 **그림 2.6.8**과 같은 L형 고정장치와 같이 교형에 교량침목 설치용 앵글 등이 설치되어 있는 경우에는 교량침목의 이동이 없으므로 계재의 설치를 생략하고 있다. L형 고정장치는 교량침목 고정용의 L형 강판을 용접 또는 볼트를 이용하여 교형에 설치하고, 옆으로 펜 볼트로 교량침목을 L형 강판에 고정하는 것이다.

2.7 도상

2.7.1 도상의 역할과 단면형상

도상(道床, ballast)이란 침목과 노반의 사이 및 침목의 주위에 이용되는 친 자갈, 깬 자갈 등의 입상체(粒狀體)로 구성된 궤도구조의 부분을 말하며, 그 주된 역할은 다음과 같다.

① 면 틀림이 없이 침목을 긴밀하게 유지한다.
② 침목에서 전해져 오는 열차 하중을 널리, 그리고 균등하게 분산시킨다.
③ 열차의 횡압 및 레일온도 상승에 수반한 장출(張出)에 저항한다.
④ 다지기와 기타의 보선(保線, track maintenance) 작업이 용이하게 행하여진다.
⑤ 궤도구조에 어느 정도의 탄성을 가지게 한다.
⑥ 궤도의 배수를 좋게 하여 잡초의 발생을 막는다.

한편, 도상과 보조도상 층은 입상(粒狀, granular) 재료로 구성되며, 상기 외로, 이들 층의 중요한 기능은 다음을 포함한다. ① 노반 층에 대하여 허용될 정도까지 응력세기를 줄인다, ② 차륜에서 유발된 충격, 소음 및 진동을 흡수한다, ③ 궤도의 과도한 침하를 제한한다, ④ 궤도 유지보수작업, 특히 궤도선형틀림의 보수에 관련된 것들을 용이하게 한다, ⑤ 궤도구조에 대한 충분한 배수를 마련함으로써 궤도침하가 제한될 것이다. 보조도상은 전술한 기능 이외에 도상과 노반재료가 함께 혼합되려는 것을 방지하는 필터 층으로서 작용

하도록 사용된다. 도상과 보조도상의 구조분석과 설계의 현재 실행은 이들의 입상 층에 대한 최소한의 필요 깊이의 결정으로 다루어진다. 이론적, 반(半)경험적 및 경험적 방법이 개발되어 이 설계기준을 충족시키기 위하여 사용되고 있다. 도상과 보조도상 층의 일반적인 분석과 설계 방법에 관하여는 문헌 [291]을 참조하라.

도상자갈로서 일반적으로 요구되는 조건은 이하와 같다.

① 재질이 강고하고 찰기가 있어 마손이나 풍화에 대하여 강할 것.

② 적당한 입형(粒形)과 입도(粒度)를 가지고, 열차의 통과에 의하여 허물어지기 어렵고, 다지기와 기타의 작업이 용이할 것.

③ 어디에서도 다량으로 얻어지고 가격이 저렴할 것.

도상단면 중에서 도상의 두께는 레일 직하의 침목 하면으로부터 표층노반의 상면까지의 깊이이며(**그림 1.2.5** 참조), 표층노반의 상면에 배수기울기가 붙어 있는 경우 등으로 좌우 레일 아래의 두께가 다른 경우에는 어느 쪽이든지 작은 쪽의 두께를 도상두께라고 한다. 도상의 종류와 두께는 해당노선의 설계속도와 통과톤수에 따라 열차의 주행안전성과 구조적 안전성 및 경제성을 확보하며, 철도의 건설기준에 관한 규정에서는 자갈도상의 두께를 **표 2.7.1**의 두께 이상으로 하되, 다만 자갈도상이 아닌 경우의 도상의 두께는 부설되는 도상의 특성 등을 고려하여 다르게 적용할 수 있도록 규정하고 있다.

표 2.7.1 자갈도상의 두께

설계속도 V (km/h)	230〈V≤350	120〈V≤230	70〈V≤120	V≤70
자갈도상 두께(cm)	350	300	270[1]	250[1]

[1] 장대레일인 경우 300 mm로 함

㈜ 최소 도상두께는 도상매트를 포함한다.

도상의 단면형상은 사다리꼴(台形)이다. 선로유지관리지침에서는 설계속도(V)가 200 km/h 이하인 선로(일반선로)와 200 km/h를 초과하는 선로(고속선로)를 구분하여 다음과 같이 정하고 있다.

설계속도 V≤200 km/h 이하의 자갈궤도 표준단면은 다음과 같이 한다.

① 도상어깨 폭의 기울기는 직선과 곡선을 포함하여 장대화와 관계없이 1 : 1.6을 표준으로 한다.

② 최소 도상어깨 폭은 ⓐ 장대레일과 장척레일 구간 : 450 mm 이상, ⓑ 정척레일 구간 : 350 mm 이상을 표준으로 한다.

③ 장대레일과 장척레일 구간은 도상어깨 상면에서 100 mm 이상 더 돋기를 한다. 다만, 현장여건을 감안하여 제외할 수 있다.

설계속도 200〈V≤350 km/h 구간의 자갈궤도 표준단면은 다음과 같이 한다.

① 도상어깨 폭의 기울기는 직선과 곡선을 포함하여 장대화와 관계없이 1 : 1.8을 표준으로 한다.

② 장대레일과 장척레일 구간의 최소 도상어깨 폭은 500 mm 이상으로 한다.

③ 본선의 자갈도상은 도상자갈 비산을 방지하기 위하여 궤도중심으로부터 침목양단 끝부분까지는 침목상면 보다 50 mm 낮게 부설한다.

④ 본선의 일반구간은 더 돋기를 하지 않는 것으로 하며, 다만, 본선에서 ⓐ 장대레일 신축이음매 전후 100 m 이상의 구간, ⓑ 교량 전후 50 m 이상의 구간, ⓒ 분기기 전후 50 m 이상의 구간, ⓓ 터널입구

로부터 바깥쪽으로 50 m 이상의 구간, ⓔ 곡선 및 곡선 전후 50 m 이상의 구간, ⓕ 기타 선로유지관리상 필요로 하는 구간 등의 개소에서는 도상어깨 상면에서 100 mm 이상 더 돋기를 한다.

2.7.2 도상자갈의 종류

도상자갈로 보통 이용되는 것은 깬 자갈, 친 자갈류가 있지만 그 주된 것은 이하와 같다.

1) 깬 자갈(碎石, crushed stone) ; 가장 일반적으로 사용되고 있는 것으로 경암을 파쇄하여 만든다. 모서리 각이 풍부하므로 도상으로 이용할 경우 내부 마찰 각이 커서 허물어지기 어렵다고 하는 성질을 갖고 있으며, 도상재료로서 최적이다.

2) 친 자갈(screened(or sieved) gravel) ; 강 자갈(river gravel), 산 자갈(pit-run gravel)을 체로 쳐서 입도(粒度)를 고르게 한 것이다. 모서리각이 없으므로 깬 자갈보다 성능이 떨어진다. 이전에는 깬 자갈보다 싼값으로 입수할 수 있었으므로 하급선을 주체로 상당히 이용되어 왔지만, 현재는 강 자갈의 채취에 대하여 법 규제를 받고 있으며, 거의 이용되지 않는다.

3) 보통 자갈(unscreened gravel) ; 강 자갈, 산 자갈을 체로 치지 않고 그대로 이용한 것으로 입도가 고르지 않고, 배수도 나쁘다. 현재는 이용하지 않는다.

4) 광재(鑛滓 slag, clinker) ; 용광로에서 발생하는 광재를 급냉하고 파쇄하여 제조하는 것으로, 이전에는 도상자갈로 이용하기도 하였으나, 냉각의 온도관리를 적절하게 행하지 않으면 다공질이고 강도적으로 약할 수가 있어, 현재 도상자갈로서 그다지 이용되지 않고 있다. 일본에서는 강화노반 등의 노반처리 재료로서 사용되는 일이 있다.

5) 깬 콩 자갈(豆碎石, chippings, crushed stone chips) ; 궤도의 면(고저)틀림을 정정할 경우, 침목 아래에 필요한 두께만큼 작은 지름의 깬 자갈을 삽입하는 방법이 있지만, 그 때 이용되는 것이 깬 콩 자갈이다. 이 깬 콩 자갈 삽입 공법은 영국과 프랑스 등 여러 외국에서 잘 이용되며, 특히 영국에서는 깬 콩 자갈 송풍기계까지 개발되어 이용되고 있다. 우리 나라에서는 10~20 mm의 깬 콩 자갈을 분기부, 이음매부 등의 채움 자갈로서 수년간 사용되어 왔지만, 현재는 분니(噴泥, pumping, mud-pumping)를 조장한다고 하는 이유로 거의 이용되지 않고 있다.

2.7.3 도상자갈의 규격 및 물리적 성질

현재 사용되고 있는 도상자갈(깬 자갈)은 압도적으로 산의 암석을 이용한 것이 많으며, 그 제작공정은 이하와 같다. 표토(表土) 처리→원석 채취→원석 운반→파쇄→체 가름→(세척)→저장, 적재. 상기에서 ( )내의 세척은 고속철도용 도상자갈에 대하여 시행한다.

1) 표토 처리 ; 표토를 제거하여 암석면을 노출시키는 공정이며 불도저, 파워 쇼벨 등이 이용된다.

2) 원석 채취 ; 착암기, 다이너마이트 등으로 원석을 채취한다. 원석은 파쇄 후 거의 정방형의 형상을 얻을 수 있는 것이어야 하며, 마모저항 및 경도가 크고 조직이 치밀하여야 한다. 원석은 자갈을 생산하기 전에 사용여부

를 판정하여야 하며, 물리적 성질에 적합하여야 한다.

3) 원석 운반 ; 채취된 원석을 파쇄 설비까지 벨트 컨베이어, 불도저, 스크레이퍼, 덤프트럭 등으로 운반한다.

4) 파쇄 및 체가름 ; 운반된 원석을 크러셔로 파쇄하여 소정의 입도 범위 내에 들도록 체 가름하는 공정이다. 도상자갈은 크러셔 성능 및 원석의 재질에 따라 생산량과 품질의 차이가 발생되므로 고속철도에서는 크러셔의 기종 선정시 사전 점검과 입도(粒度), 입형(粒形) 등의 품질확인 과정을 거쳐 생산설비를 갖추도록 하고 있다. 생산된 자갈의 편석(偏石) 함유량이 많을 경우에는 편석 제거용 스크린을 설치하도록 하고 있다. 국철에서는 크러셔의 체를 2단으로 하되 상체는 직경 65 mm의 원공체(또는 원형 판체), 하단 체는 내면 변장 20 mm의 4각 망체로 하고, 체의 길이는 2.0 m 이상, 설치 기울기는 10° 미만, 체의 분당 진동수(RPM)는 900 이상으로 하도록 규정하고 있다.

5) 세척 ; 고속철도에서는 도상자갈에 함유된 석분 및 불순물을 제거할 수 있는 세척설비를 자갈 생산장소 또는 적재장소(예를 들어, 궤도기지)에 갖추도록 하고 있으며, 또한 생산장소에는 방음, 방진 망을 설치토록 하고 있다.

이와 같이 제작되는 도상자갈의 규격에 대하여 이하에 기술한다.

(1) 도상자갈의 입도

도상자갈간의 간극(間隙)이 크면 침하에 대한 저항이 작게 되므로 각종의 입상(粒狀)을 가진 깬 자갈을 적당하게 혼합하는 것이 필요하다. 일반적으로 입도(粒度, grading)에 대하여는 실험과 기타의 결과에 따라 다음이 확인되고 있다.

① 도상자갈은 차륜이 통과할 때마다 큰 진동을 받기 때문에 입도 범위가 큰 것은 대소립(大小粒)의 분리 현상이 발생하기 쉽다.

② 최대 입상이 크면 레일 면을 정정할 때 작업의 능률이 떨어지며, 마무리 정도가 좋지 않은 것이 많다.

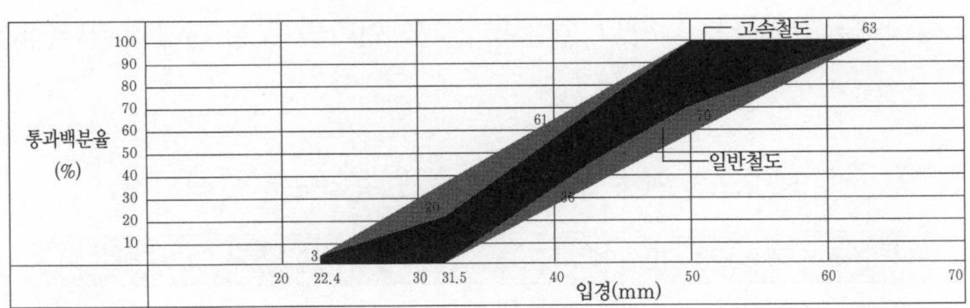

그림 2.7.1 궤도자갈의 입도 분포곡선

표 2.7.2 도상자갈 입도의 비교

구분	체를 통과한 자갈의 중량 백분율(%)				
체의 호칭치수	22.4 mm	31.5 mm	40 mm	50 mm	63 mm
고속철도용	3 이하(현장 수송 후 5 이하)	0~20	36~61	70~100	100
일반철도용	0~5	5~35	30~65	60~100	100

③ 입상 20 mm 이하의 소립(小粒)은 진동 시험 등에서 지지력에 그다지 효과가 없다고 하는 결과가 나와 있으며, 소립을 적게 한 쪽이 세립화(細粒化) 속도를 늦출 수 있다.

이상과 같이 대립경(大粒徑) 비율(60 mm 이상)은 작업성의 면에서 적은 쪽이 좋고, 소립경(小粒徑) 비율(20 mm 이하)에 대하여도 세립화 방지의 면에서 적은 쪽이 바람직하다. 따라서 대소립이 적당하게 혼합되도록 **표 2.7.2** 및 **그림 2.7.2**와 같이 입도분포(粒度分布)를 정하고 있다. 고속철도에서는 입도 시험(grain size analysis)에 대하여 건조된 시료 약 25 kgf를 계량하여 **표 2.7.2**의 각 체를 통과시켜 남은 양을 중량 백분율로 표시하며, 여기서 건조된 시료란 세척 후에 105 ℃±5 ℃의 온도에서 중량의 변화가 없을 때까지 충분히 건조한 시료를 말한다.

선로유지관리지침에서는 도상자갈의 규격을 22.4~63 mm로 하고, 필요시 도상을 안정화시킬 수 있는 재료를 사용할 수 있다고 규정되어 있다.

(2) 도상자갈의 입자 형상

도상자갈의 형상에 대하여는 "모서리각이 풍부하고 극단으로 편평(扁平)한 석편(石片)을 포함하지 않은 것"이라고 하는 감각적인 표현이 있어 왔다. 근래에 수치로 표현하는 형상의 표현법이 연구되어 되어 자갈 입자(粒子)의 편평, 세장(細長)시료의 혼입도를 간이하게 파악할 수 있는 BS기준(영국 표준)에 준거한 편평, 세장도가 현실적인 표현방법으로서 일본에서 제안되고 있다. 이것은 어떤 량의 자갈을 체 가름하여 각 체에 남은 각 입자의 가장 얇은(긴) 부분이 그 남은 체의 치수와 하나 위 체의 치수에 대한 평균치의 0.6(1.8)배 미만(이상)이면 편평(세장)으로 판정하고, 편평(세장)으로 판정된 입자의 합계 중량과 총중량의 백분율에서 편평(세장)도를 구하는 방법이다. 이 BS기준에 기초한 한계 치에 대하여는 편평도 45 % 이하, 세장비 60 % 이하가 제안되고 있다.

경부고속철도의 광명~대구 구간에서는 도상자갈에 대하여 모서리각이 풍부하고 각 면이 균등한 입방체 혹은 다면체의 입형을 이용하였다. 입자의 형상(편평 입자)은 **표 2.7.3**과 같이 입도 범위별 편석 검사기의 해당 치수를 통과하는 입자의 중량 합이 12 % 이하이고, 세장 입자의 함유량은 **표 2.7.4**와 같이 50 mm 체에 남는 시료 중에서 최대 길이가 92 mm를 초과하는 입자의 중량비가 7 % 이하인 것을 사용하였다(상세는 《고속선로의 관리》[267] 참조).

표 2.7.3 편평 입자 함유율(고속철도용 도상자갈)

입도 범위 (mm)	체 치수 (mm)	허용 기준	비고
22.4~31.5	16.0	12 % 이하	입도 시험 후
31.5~40.0	20.0		
40.0~50.0	25.0		
50.0~63.0	31.5		

표 2.7.4 세장 입자 구분(고속철도용 도상자갈)

시료 입경(mm)	길이 (mm)	허용 기준	비고
50 이상	92	7 % 이하	입도 시험 후

(3) 도상자갈의 청결도

고속철도용 도상자갈은 열차의 고속주행 시와 궤도부설 작업시의 환경보호와 차량의 에어컨과 공조설비 등의 필터폐쇄 및 차량에 설치된 각종 기기의 고장방지를 위하여 먼지, 토사 및 미세립 분의 석분 함유량을 규제하고 있다. 도상자갈은 세척후의 청결도가 표 2.7.5와 같아야 하며, 청결도 시험방법은 건조된 시료 약 5 kg을 정확히 계량하여 0.063 mm 체 위에 얹은 한 벌의 체 위에서 물로 씻어 굵은 입자와 잔 입자를 완전히 분리시킨 후, 각 체에 남는 시료를 건조시켜 잔 입자의 함유 비율을 계산한다.

표 2.7.5 청결도(고속철도용 도상자갈)

체 치수 (mm)	잔류 중량	비고
0.063 통과량	0.5 % 이하	KSF 2511 참조
0.5 통과량	1.0 % 이하	

선로유지관리지침에서는 다음과 같이 규정하고 있다. ① 일반철도 구간은 통과톤수, 비산먼지, 환경성 등을 고려하여 세척 도상자갈 또는 미세척 도상자갈을 사용할 수 있다. ② 고속철도 구간의 자갈궤도 본선의 경우에는 세척 도상자갈을 사용하여야 하며, 본선을 제외한 측선은 미세척 도상자갈을 사용할 수 있다.

(4) 도상자갈의 물리적 성질

도상자갈에 이용되는 암석에는 안산암(安山岩), 화강암(花崗岩) 등이 있지만, 동일 암이어도 그 성인(成因)이나 풍화의 정도에 따라 물리적 성질에 상당한 차이가 있으므로 각종 시험을 실시한다. 고속철도에서는 물리적 성질(마모, 경도)에 대하여 로스앤젤레스 시험과 습식 데발 시험을 실시하여 두 가지 시험결과를 **그림 2.7.2**의 상관관계 도표에 플롯하여 얻은 마모 · 경도계수가 20 이상이어야 한다고 규정하고 있다. 국철에서는 도상자갈의 물리적 성질을 **표 2.7.6**과 같이 규정하고 있다. **표 2.7.7**은 일반철도와 고속철도용 궤도자갈에 대한 비교이다. 한편, 일본에서는 도상자갈의 물리적 성질을 **표 2.7.8**과 같이 정하고 있다. 이에 대한 물리적 성질 시험의

표 2.7.6 일반철도용 도상자갈의 물리적 성질

종별	규격	단위 용적 중량 (t/m³)	마모율 (%)	내압 강도 (kgf/cm²)
도상자갈	깬 자갈(22.4~65 mm)	1.4 이상	25 이하	800 이상
채움자갈	깬 콩자갈(10~22.4 mm)			

표 2.7.7 궤도자갈의 규격 비교

구분		일반철도용	고속철도용	비고
입도		22.4~65.0 mm (주입도분포 22.4~60 mm)	22.4~63.0 mm (주입도분포 31.5~50 mm)	
물리적 성질	LA 시험	25 % 이하 (시료중량 10,000±75 g, 철구(12 개)중량 5,000±25 g)	19.5 % 이하 (시료중량 5,000±5 g, 철구(12 개)중량 5,280±150 g)	시험방법 강화 (시료 중량→小, 철구 중량→大)
	Deval 시험	–	13 이상	마모기준 강화
세장 석		–	7 % 이상	
편평 석		–	12 % 이상	
불순물 함유량		3.5 % 이내(석분 제외)	세척; 0.063 mm : 0.5 % 이하 0.5 mm : 1.0 % 이하	

목적은 다음과 같다.

1) 단위용적중량 ; 연질(軟質) 및 세편화(細片化)하기 쉬운 자갈을 제외하고 세립분의 양호한 혼합을 평가하는 것을 목적으로 한 것이다.

표 2.7.8 일본에서의 도상자갈의 물리적 성질

항목 / 구분	단위 용적 중량 (t/m³)	흡수율 (%)	마손율 (%)	경도	흡수내압강도 (tf/cm²)	압축분쇄율 (%)
깬 자갈	1.4 이상	3 이하	27(35) 이하	1.7 이상	0.8 이상	24(30) 이하
친 자갈	1.4 이상		27 이하			

(주) ( )내는 지역조건에 따라 상기의 물리적 성질을 얻기 어려운 경우에 허용할 수 있는 값임.

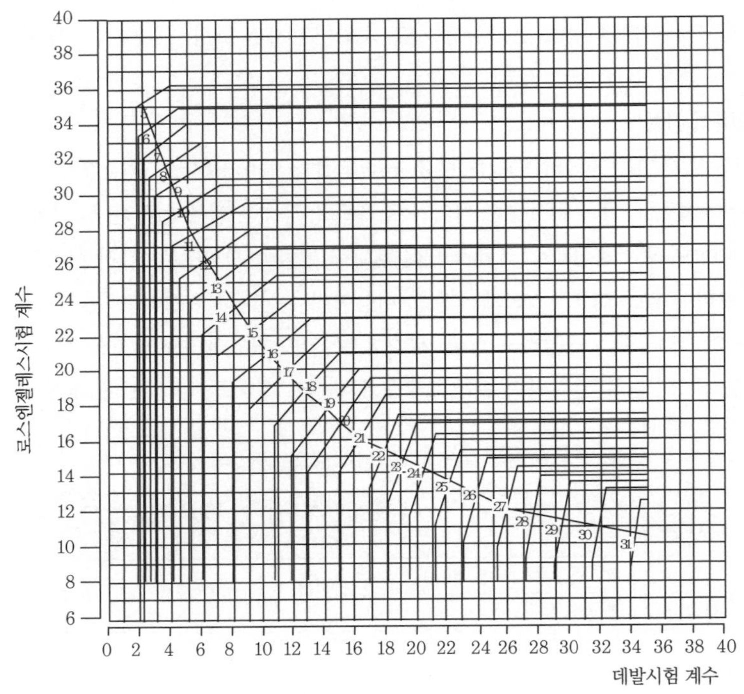

그림 2.7.2 도상자갈의 마모・경도계수

2) 마손율 ; 자갈끼리 또는 자갈과 침목 등과의 서로 두드림에 대한 강도를 평가하는 것을 목적으로 한다.

3) 흡수율 ; 수분을 원인으로 하는 자갈의 재질 열화가 생기는지의 여부를 평가하는 것을 목적으로 한다.

4) 경도 ; 자갈끼리의 서로 문지름에 대한 강도를 평가하는 것을 목적으로 한다.

5) 흡수 내압 강도 ; 돌의 압축강도를 평가하는 것으로 흡수상태에서 시험하고 있는 것은 흡수한 암석이 건조상태에 비교하여 2~3할 낮은 압축강도를 나타내기 때문에 흡수상태 하에서 부수어지기 쉬운 자갈의 부설환경을 고려하고 있기 때문이다.

6) 압축 분쇄율(crush ratio) ; 자갈끼리 또는 자갈과 침목 등과의 서로 미는 것(특히 침목 아래에서 부수어진 도상 자갈의 상태를 상정)에 대한 강도를 평가하는 것을 목적으로 한다.

(5) 도상자갈의 물리적 성질 시험 방법

고속철도의 경우에 시험을 위한 시료의 채취는 감독자 및 계약자가 공동 입회하에 같은 장소에서 단일 형태의 시료를 다음과 같이 채취한다. 시험의 상세는《고속선로의 관리》[267]를 참조하라.

1) 야적장의 경우 ; 야적장 수 개소에서 균등하게 표층부를 제거하고 일정 깊이에서 채취

2) 호퍼의 경우 ; 토출구 부근의 것을 일정 량을 배출시킨 후에 일정한 간격으로 고르게 채취

3) 화차 등에 적재된 상태의 경우 ; 상면의 수 개소에서 표층을 제거하고 채취

4) 벨트 컨베이어의 경우 ; 일정한 간격을 두고 컨베이어의 자갈이 이동하는 도중에 채취

5) 채취된 시료를 4분법, 또는 시료 분취기로 시험 항목에 필요한 양을 채취한다. 즉, 시험에 사용되는 시료의 양은 50 kg으로 하며, 청결도 시험용 시료는 별도로 약 5 kg을 채취하여 즉시 밀봉한다.

상기의 제(4)항에 설명한 일본에서의 도상자갈의 물리적 성질 시험의 방법은 이하와 같다. 이들의 시험은 표준 시방서에 정해진 방법으로 채취하여 4분법 또는 시료 분취기로 뽑아낸 대표 시료 약 30 kg과 원석을 대표한다고 생각되는 사람머리 정도 크기의 암괴(岩塊) 2 개로 행한다.

1) 단위용적중량 시험(test for unit mass) ; 건조한 시료 20 kg을 충분히 혼합하여 이것을 약 1/3씩 나누어(3층) 길이 200 mm, 폭 200 mm, 높이 250 mm의 철제 용기에 넣어 철로 된 바닥 위에서 그 저면의 한 끝을 50 mm 올리고 나서 떨어뜨리고, 다음에 반대쪽을 50 mm 올리고 나서 떨어뜨린다. 이것을 각 층마다 50 회 반복하여 시료를 용기에 채우고 중량을 재어 1 m^{3}에 대한 중량으로 환산한다.

2) 마손율(磨損率) 시험(abrasion test) ; 체 눈마다 규정의 비율을 표준으로 하여 건조중량이 약 5 kg(W_1)이 되도록 한다. 다음에 내경 710 mm, 내측 길이 510 mm의 양단을 닫은 강제 원통에 강구(鋼球) 12 개와 함께 투입하여 이것을 수평 회전축에 설치하고 매분 30~33 회전수로 1,000 회전시킨 후에 꺼내어 1.7 mm의 체로 잔유물을 충분히 씻어 건조하여 단 중량을 W_2로 하여 다음 식으로 산출한다.

$$\text{마손율} = \frac{W_1 - W_2}{W_1} \times 100$$

(주1) 강구는 직경 약 4.75 cm, 1 개의 중량 390 ~ 445 g으로 하며, 그 전(全)중량은 5,000 g으로 한다.
(주2) 시험기의 구조는 로스앤젤레스 시험기를 이용한 굵은 골재의 마모시험 방법, 시험용 기구에 따른다.

3) 흡수율 시험 ; 흡수 내압 시험에 이용한 공시체 3개를 100~110 ℃에서 정(定)중량으로 되기까지 건조시키고 나서 실온까지 식혀 공기 중에서 잰 중량을 W_1으로 하고, 계속하여 15~25 ℃의 물 속에 96 시간 담그어 흡수시킨 후에 흡수성이 큰 천으로 눈에 보이는 수분을 닦아 없애고 공기 중에서 잰 중량을 W_2로 하여 다음 식으로 산출한다.

$$\text{흡수율} = \frac{W_2 - W_1}{W_1} \times 100$$

4) 경도 시험 ; 직경 25 mm, 길이 60 mm의 건조한 시료를 수평 원판의 중심에서 260 mm의 거리에 1.25 kg의 압력으로 꽉 눌러 이 수평 판을 매분 28 회의 속도로 석영사(石英砂)(0.3 mm의 체를 통과하고 0.1 mm의 체에 남은 것)를 약 2.8 kg 살포하면서 1,000 회전시킨다. 시료의 원래 중량을 W_1으로 하고, 마모한 후의

시료 중량을 W_2로 하여 다음 식으로 산출한다.

$$경도 = 20 - \frac{W_1 - W_2}{3}$$

5) 흡수 내압 강도 시험 ; 96 시간 흡수한 직경 25 mm, 높이 50 mm의 시료에 압력을 가하여 시료가 파괴한 때의 압력을 P로 하고, 시료의 단면적을 A로 하여 다음의 식으로 산출한다.

$$내압\ 강도 = \frac{P}{A}\ (tf/cm^2)$$

(주) "흡수한 시료"란 맑은 물 안에 96시간 침수시켜 중량변화가 없게 된 때의 시료를 말한다.

6) 압축 분쇄율 시험(crush ratio by compression) ; 체 눈마다 규정의 비율을 표준으로 하여 건조중량이 약 15 kg이 되도록 한다. 이것을 충분히 혼합하여 내경 220 mm, 높이 280 mm, 안 두께 5 mm의 강제 용기에 3층으로 나누어 넣고 철 바닥의 위에서 그 저면의 한 끝을 50 mm 올리고 나서 떨어뜨리고, 다음에 반대쪽을 50 mm 올리고 나서 떨어뜨린다. 이것을 각 층마다 50회 반복하여 시료를 용기에 채운다. 용기에 채워진 시료에 210 mm의 가압 판으로 하중 50 tf까지 재하하여 2분 후에 하중을 제거하고 시료를 체 가름한다.

시료의 체가름 전후의 수치를 이용하여 반대수(反對數) 그래프용지의 횡축(대수 눈금)에 체 눈, 종축(보통 눈금)에 입경 잔류 가적 곡선(粒徑殘留 加積曲線)을 그린다. 압축 분쇄율은 시험전의 입경 잔류 가적 곡선으로 둘러싼 면적(F_v)과 시험후의 입경 잔류 가적 곡선으로 둘러싼 면적(F_v)을 구하여 다음의 식으로 산출한다.

$$압축\ 분쇄율 = \frac{F_v - F_v}{F_v} \times 100$$

(주1) "체 눈마다 규정의 비율"이란 다음의 표에 의거하는 것으로 한다.

체눈 (mm)	63.0	53.0	37.5	31.5	19.0	11.2
잔류 중량(%)	2.5	12.5	35.0	30.0	17.5	2.5

(주2) 재하는 2tf마다 하중의 안정을 유지하면서 연속적으로 증가시킨다.
(주3) 시험후의 체 가름에 이용하는 체의 최소 벌어짐은 1.7 mm로 한다.

2.7.4 도상자갈의 열화

도상자갈의 열화(劣化)는 다음과 같은 것이 고려된다(**그림 2.7.3**).
1) 압밀(壓密) ; 자갈입자간의 공극(空隙)이 감소하는 것으로 초기의 급격한 침하에 기여한다.
2) 측방 유동(側方流動) ; 자갈입자가 측방으로 유동하는 것으로 압밀 후의 유동 침하에 기여한다.
3) 노반 관입(路盤貫入) ; 자갈입자가 노반표층으로 이동하는 것.
4) 세립화(細粒化) ; 자갈입자 자체의 풍화나 파쇄에 의하여 복원이 불가능한 열화의 것.
5) 기타 ; 자갈 위로의 낙하 물이나 자연환경에 의하여 도상자갈이 오염되는 것.

1) ~ 3)에 대하여는 압밀이나 측방 유동, 노반의 지지력이나 관입(貫入)저항 등을 해명하는 역학적(力學的) 연구분야이며, 이하에서는 세립화에 관한 석질학적(石質學的) 분야 및 보수작업(MTT 작업)에 따른 세립화에 대하여 기술한다.

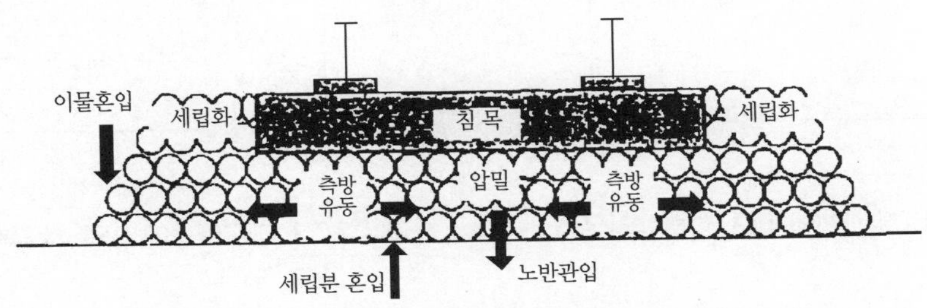

그림 2.7.3 자갈궤도에서 도상열화의 형태

(1) 석질학적 열화

석질학적 열화에 대하여는 실험 등에 의거하여 이하의 지식이 얻어지고 있다.

① 20~60 mm의 범위로 입도를 변경하여도 침하 곡선에 큰 차이는 없다.

② 모래, 실트 등 세립분은 건조 시에는 안정되지만, 수분으로 대부분 지지력을 잃는다.

③ 단부가 파괴하여 초기 침하가 크게 되므로, 형상은 주사위 형상 · 세장 · 편평의 순서로 유리하다.

④ 세립분은 도상하부에서 스프링정수를 크게 하고, 배수를 나쁘게 하므로 불리하다.

⑤ 경년에 따라 마손율의 증가, 평균 입경의 감소 등 경년 풍화가 인지되지만, 그 정도에는 상당한 분산이 있다.

⑥ 동결융해에 따른 열화는 이력에 비례하여 증가하지만, 증가 기울기는 서서히 완만하게 된다.

(2) MTT 작업으로 인한 도상자갈의 열화

지금까지 도상자갈의 세립화는 열차하중의 반복에 따른 것이 크다고 고려되어 왔다. 그러나, 근년에 MTT(멀티플 타이 탬퍼)를 이용한 보수작업이 정착된지 상당히 긴 기간이 경과하였으며, 그 결과 MTT작업에 따른 세립화가 지적되고 있다. MTT작업에 따른 도상자갈의 입도 변화 시험 결과의 예를 침목 아래에서 150 mm 깊이까지의 부분을 상부로 하여 **그림 2.7.4**에, 깊이 150 mm에서 300 mm까지의 부분을 하부로 하여 **그림 2.7.5**에 나타낸다. 이것에 따르면, 탬핑 툴의 삽입횟수의 증가와 함께 세립화가 진행하며, 그 비율은 도상하부의 쪽이 상부에 비하여 현저하게 되어 있다.

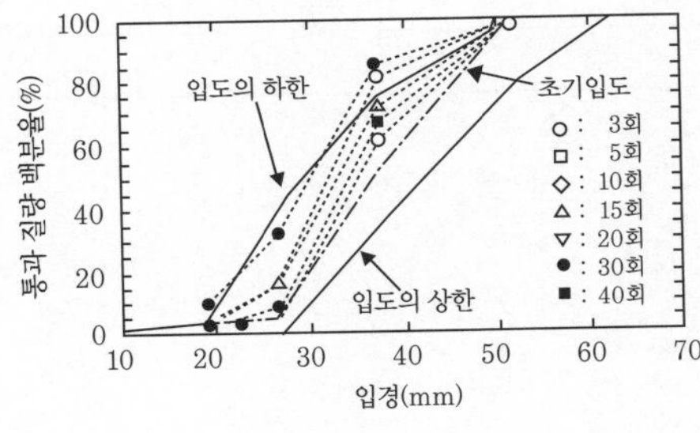

그림 2.7.4 도상자갈의 열화 및 도상단면의 정비

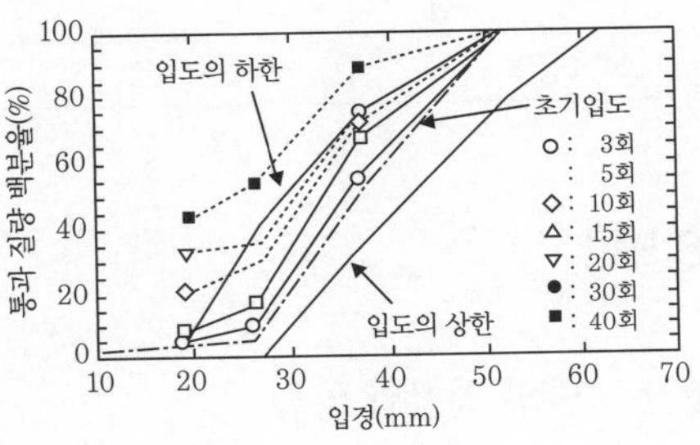

그림 2.7.5 다짐횟수에 따른 입도 변화 (다짐시간 5초, 자갈하부)

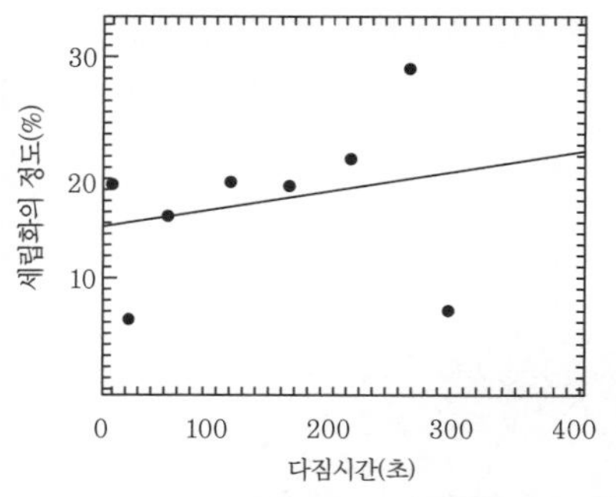

그림 2.7.6 다짐시간에 따른 세립화의 정도

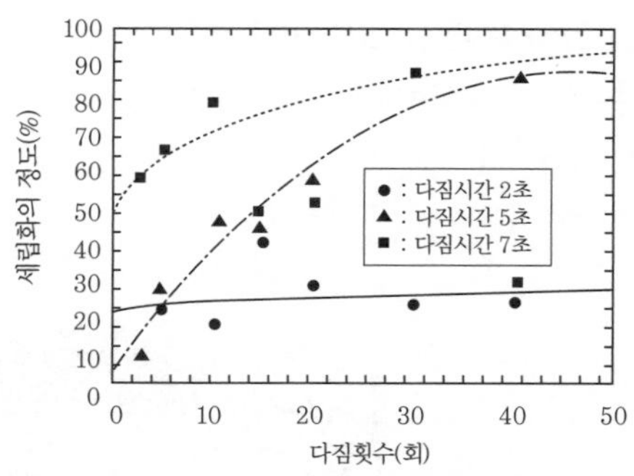

그림 2.7.7 다짐횟수에 따른 세립화의 정도

또한, **그림 2.7.6**에 다짐시간의 증가와 세립화, **그림 2.7.7**에 다짐횟수와 세립화의 관계를 나타낸다. 이것에 의거하면, 탬핑 툴을 삽입한 대로 다짐시간을 증가시킨 경우의 입도 변화에 대하여는 세립화가 그다지 현저하지 않고, 다짐횟수 증대의 쪽이 세립화에 주는 영향이 큰 결과로 되어 있다. 이상과 같이, 세립화는 다짐시간의 증대보다도 탬핑 툴의 삽입횟수가 점하는 비율이 크다고 한다.

(3) 도상의 정비기준(도상의 보충)과 작업제한

도상보충의 기준은 도상이 **표 2.7.9**의 기준치 이상으로 침목이 노출되거나 도상 폭이 좁아지거나 궤도 횡압 방지용 도상단면이 감소되지 않도록 한다. 여기서 도상 폭은 침목상면 끝에서 한쪽의 도상어깨 폭을 말한다. 한편, 일반철도에서 궤도가 안정된 후의 도상 종·횡 저항력은 각각 500 kg/m, 고속철도에서의 횡 저항력은 900 kg/m 이상이 되도록 한다(제5.7.3 (1)항 참조). 여기서, 도상저항력은 침목이 2 mm 이동 시에 측정되는 저항력(kgf/m)을 말한다(편측 레일 당으로 환산, 제7.4.1(2)(가)항 참조).

고속철도 장대레일의 안정화에 영향을 주는 면 맞춤, 줄맞춤 등 선형보수작업은 제7.4.2(2)항에 나타낸 **표 7.4.6**의 작업온도제한조건을 준수하여야 한다. 다만, 긴급한 상황으로 작업을 해야 할 경우에는 작업 후에 안정화 작업 시까지 열차속도를 제한하여야 한다.

표 2.7.9 도상단면의 정비기준 (단위 cm)

구분		1개침목의평균노출	도상어깨폭감소	도상어깨더돋기감소
일반철도	본선	1	2	5
	측선	3	5	–
고속철도		2	5	5

2.8 노반

2.8.1 노반의 역할과 종류

(1) 노반의 역할

노반(路盤, roadbed)은 궤도의 도상자갈 아래에 위치하며, 열차의 주행안전(running safety)을 확보하기 위하여 궤도를 충분히 강고하게 지지하고, 궤도에 대하여 적당한 탄성을 줌과 함께 노상(路床)의 연약화 방지, 노상으로의 하중의 분산 전달 및 배수 기울기를 둠으로써 도상내의 물을 신속하게 배제하는 등의 기능을 가진다. 따라서, 노반에는 양질의 흙 등의 재료로 다져지고 충분한 지지력을 가진 균질한 층인 것이 필요하다. 열거하면 다음과 같다.

① 궤도를 충분히 강고하게 지지할 것. ② 궤도에 대하여 적당한 탄성을 줄 것.

③ 노상(路床)의 연약화를 방지할 것. ④ 하중을 분산하여 노상으로 전달할 것.

⑤ 배수 기울기를 설치하는 것에 의하여 궤도내의 물을 신속하게 배제할 것.

지금까지 노반(콘크리트로 구성되어 있는 경우도 있지만, 여기서는 흙 재료로 구성되어 있는 경우를 가리킨다)이라고 하면 일반적으로는 노반표면 이하 수 10 cm의 범위를 가리키고 있지만, 광의로는 열차 하중이 미치는 3 m의 범위를 가리키는 경우도 있었다. 그러나, 최근의 강화노반의 출현으로 노반 표층부 25~80 cm(조건에 따라 다르다)를 노반(路盤)이라 부르고, 그보다 깊은 약 2.5 m의 범위를 노상(路床)이라 부르는 것이 일반적이다.

(2) 노반의 종류

노반에는 **표 2.8.1**에 나타낸 흙 노반(土路盤), 강화노반{强化路盤, reinforced(strengthened) road bed} 등이 있다. 일반철도에서는 흙 노반(하부노반, 상부노반), 고속철도에서는 입도조정 부순 돌의 층과 보조도상(sub-ballast)을 이용하고 있다. 흙 노반 혹은 강화노반의 선택에서는 선구의 중요도, 경제성, 보수체계 등을 감안하는 것이 좋다. 강화노반은 흙 노반에 비하여 차수성(遮水性)이 뛰어나고 노상의 연약화 방지 효과가 크다. 또한, 일본에서 시행한 궤도 보수량의 실태 조사에 따르면 강화노반이 흙 노반보다도 **그림 2.8.1**과 같이 얼마간 작게 되어 있다. 더욱이, 시공후 장기간 경과하면 흙 노반의 경우에는 도상비탈 끝과 노반어깨 부근에 잡초가 번식하는 경우가 있지만, 강화노반의 경우에는 없다.

1) 흙 노반 ; 흙 노반은 양질의 자연토 혹은 크러셔 럼프(crusher rump) 등의 단일 층으로 구성하는

표 2.8.1 노반의 종류

- 노반
  - 강화노반
    - · 쇄석노반(입도조정 부순 돌 또는 입도조정 고로슬래그 부순 돌의 2층 합성노반)
    - · 슬래브 노반(수경성 입도조정 고로슬래그와 부순 돌을 단일 층으로 하는 노반)
  - 흙노반(흙 등을 재료로 하는 노반)

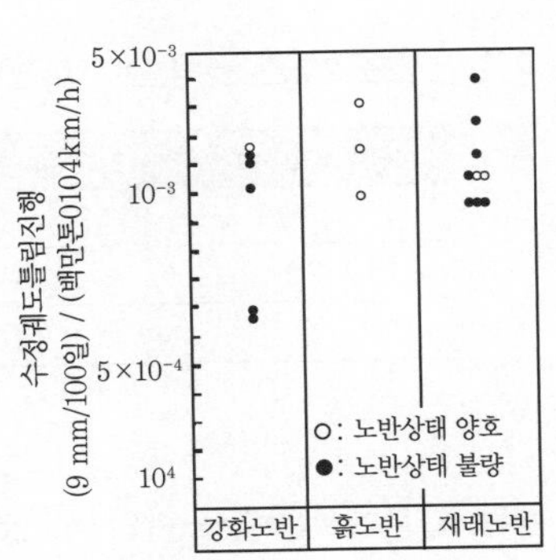

그림 2.8.1 노반구조와 수정궤도틀림 진행의 관계

노반이며, 일반적으로 강화노반에 비하여 공사비가 싸다. 국철의 노반재료에 대하여는 제2.8.2절에서 설명한다.

2) 강화노반 ; 강화노반은 도로, 공항 등의 포장에 이미 널리 이용되고 있는 아스팔트 콘크리트, 입도 조정 재료 등을 일본에서 사용하고 있으며, 반복하중에 대한 내구성이 우수하다. 또한, 포장하여 우수가 노상 이하로 침투하는 것을 방지할 수 있으므로 노상의 지지력 저하, 분니(噴泥), 동상(凍上)에 대한 억제 효과가 크다. 우리나라 고속철도에서는 상술한 바와 같이 입도 조정 부순 돌의 층과 보조도상을 이용하고 있다.

2.8.2 노반 재료

(1) 흙 노반의 재료

일반철도에서는 돋기 표면에서 30 cm 두께의 노반재료는 분니(噴泥)가 생기지 않고 배수성이 좋으며 진동이나 유수(流水)에 대하여 소요의 다짐도가 얻어지는 양질의 재료로서 승인을 얻은 후 사용하도록 하고 있다.

① 액성 한계는 돋기의 경우 50 이하, 깎기의 경우 30 이하이어야 한다.

② 소성지수는 돋기의 경우 20 이하, 깎기의 경우 10 이하이어야 한다.

③ 표준 체 No. 40(420μ)를 통과하는 입자가 70 % 이상 함유되어서는 아니 된다.

④ 표준 체 No. 200(74μ)를 통과하는 입자가 8 % 이상, 30 % 이하 함유되어서는 아니 된다. 1, 2급선 구간에서 돋기의 경우에 액성 한계는 35 이하, 소성지수는 10 이하이어야 한다.

철도토목공사 표준 시방서에서는 하부노반과 상부노반(시공 기면에서 3 m까지)으로 구분하여 재료의 특정 요건을 다음과 같이 정하고 있다.

1) 하부노반 재료 ; 자갈, 모래, 실트 및 점토가 섞여 있고, 입도가 적당하거나 좋은 흙을 파서 쓰거나 체 가름 또는 혼합하여 사용할 수 있으며, **표 2.8.2**의 입도(KS F 2302)를 가지고, 액성 한계(KS F 2303)가 40 이하, 소성지수(KS F 2304)가 15 이하인 것을 사용한다.

2) 상부노반 재료 ; 자갈, 모래, 실트 및 점토가 섞여 있고, 입도가 적당하거나 좋은 흙을 파서 쌓거나 체 가름 또는 혼합하여 사용할 수 있으며, **표 2.8.3**의 입도(KS F 2302) 및 물성을 가지고, 모래 당량(KS F 2340)이 10 이상, 소성지수(KS F 2304)가 10 이하인 것을 사용한다.

표 2.8.2 하부노반 재료의 입도

체의 호칭(mm)	무게 통과율(%)
100	100
20	70 이상
5	60 이하

표 2.8.3 상부노반 재료의 입도

체의 호칭(mm)	무게 통과율(%)
25	100
10	75 이상
5	20 이상
0.08	35 이하

한편, 일본에서는 흙 노반의 재료로서 노반 분니, 동상이 생기지 않을 것, 진동이나 유수에 대하여 안정되어 있을 것, 열차하중을 지지하기에 충분한 강도가 있어 침하가 생기지 않는 재료일 것을 고려하여 양질의 자연 토 또는 크러셔 럼프 등을 이용한다. 이하에 각각의 재료조건을 나타낸다.

(가) 자연 토

자연토의 노반재료로서의 적합 조건을 이하에 나타낸다.

① 최대 입경은 75 mm 이하일 것.

② 표준 망체 0.075 mm를 통과하는 입자를 2~20 % 포함할 것.

③ 표준 망체 0.425 mm를 통과하는 입자를 40 % 포함하지 않을 것.

④ 균등계수는 6 이상일 것. ⑤ 액성 한계는 35 이하일 것. ⑥ 소성지수는 9 이하일 것.

상기의 조건 외에 이암질(泥岩質) 등의 불량한 토립자가 혼입되지 않도록 충분히 주의하는 것이 필요하다.

균등계수는 세립자와 조립자가 적당하게 서로 맞물려 밀집한 구조가 용이하게 되도록 배려하였기 때문이다. **그림 2.8.2**는 컨시스턴시 시험과 입도 시험을 분니 개소의 노반토 시료에 대하여 행한 결과의 일례이며, 액성 한계, 소성지수의 값은 종래부터 말하여지고 있는 값이 그대로 적용될 수 있다. **그림 2.8.3**은 부순 돌, 자갈에 가해지는 세립분(74μ이하)의 양을 변화시켜 만든 혼합 재료의 밀도와 수침(水浸) CBR의 값을 나타낸 것으로 세립분을 7~10 % 포함한 때에 최고의 밀도가 얻어지고 있지만, 지지력을 나타내는 CBR의 최고치는 그보다 약간 적은 듯한 세립분을 포함한 때에 얻어지고 있다.

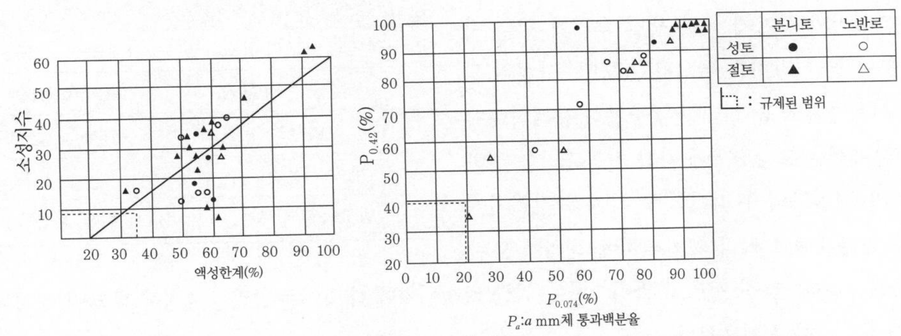

그림 2.8.2 분니 개소의 노반토에 대한 컨시스턴시와 입도 배합의 일례

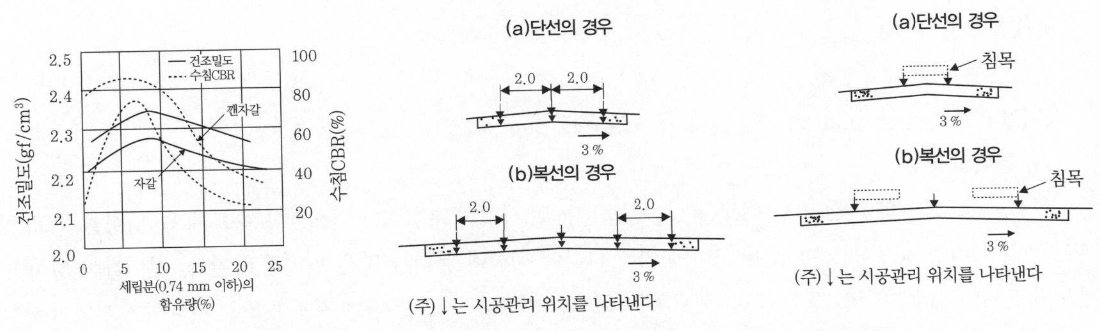

그림 2.8.3 세립분의 함수량과 혼합물의 건조밀도, CBR

그림 2.8.4 마무리 정밀도의 관리 시험 위치(단위 : mm)

그림 2.8.5 다짐 정도의 관리 시험 위치

(나) 크러셔 럼프

1) 도로용 부순 돌(C) ; 입도와 품질은 C-40, C-30, C-20의 규격에 적합한 것으로 하지만, 분니나 동상

이 발생하기 쉬운 니토 등이 혼합되어 있는 경우가 있으므로 품질에 대하여 충분한 주의를 요한다.

2) 철강 슬래그 부순 돌(CS) ; 철강 슬래그 부순 돌은 노반용 슬래그 부순 돌 중에 크러셔로 파쇄한 것이며, 고로 슬래그와 제강 슬래그를 소재로 하여 이들의 소재를 단독 혹은 조합하여 노반용으로 제조한 것이다. 더욱이, 철강 슬래그의 생산지는 한정되어 있기 때문에 사용 시에는 입수방법이나 경제성에 대하여 충분히 검토할 필요가 있다.

(다) 기타 재료

채취된 그대로의 자갈로 (가)의 조건에 적합한 재료, 경암 등으로 분니 및 노반으로의 박힘(intrusion) 등의 우려가 없는 재료의 경우는 최대 입경 75 mm 이하로 입도 배합이 양호하면 사용하여도 좋다. 다만, 흙 노반의 시공은 1층의 마무리 두께가 15 cm 정도를 기본으로 하고 있으므로 75 mm 부근의 입경이 많은 재료의 경우는 재료를 깔아 고를 때에 분리가 생기는 일이 있으므로 주의를 요하고 있다.

(2) 흙 노반의 시공관리

자연토 또는 크러셔 럼프 등을 이용한 흙 노반은 우수가 노반으로 침투하는 구조이기 때문에 노상, 노반의 함수비의 증가에 따라 생길 우려가 있는 박힘이나 분니 등을 방지할 필요가 있으며, 다짐의 정도나 마무리 정밀도 등에 대하여 충분히 유의하여야 한다. 일본에서는 **표 2.8.4**에 따라 시공관리를 행하고, 마무리 정밀도의 관리시험을 위한 측정위치에 대하여는 **그림 2.8.4**에 나타낸 위치에 대하여 노반 연장 약 50 m마다, 다짐 정도의 관리시험을 위한 측정위치에 대하여는 **그림 2.8.5**에 나타낸 위치에 대하여 노반연장 약 100 m마다 시행한다.

표 2.8.4 흙 노반의 시공 정밀도의 예

구분		시공관리 내용
노상면의 마무리 정도		설계 높이 + 30~50 mm
노반	층 두께 부족	30 mm(10 % 상당)
	마무리 정도	설계 높이±25 mm
배수 기울기		3 %
달고다짐 정도		95 % 이상, K_{30}치 11 kgf/cm^3

2.8.3 노반 개량

(1) 분니(噴泥, mud-pumping, churning, subgrade pumping)

(가) 분니의 종류

분니는 궤도보수의 약점이며, 때로는 장출(張出, 挫屈)사고의 유발이나 궤도의 보수도에 큰 영향을 주고 있다. 우리 나라는 강우량 등이 많아 구미의 여러 나라에 비하여 분니가 많은 편이라고 한다. 분니를 대별하면, "노반 분니(路盤噴泥)"와 "도상 분니(道床噴泥)"로 나뉘어진다. 노반 분니는 지표수 또는 지하수에 기인여 연화(軟化)한 노반의 흙이 도상의 간극으로 상승하는 것이다. 세점토(細粘土)에 대한 색은 노반토에 가까우며, 특징적인 형상은 화산의 분화구와 같이 분출구멍이 생겨, 그 주변에 니토(泥土)가 원형으로 퇴적하여 있다. 도상 분니는 도상자체의 파쇄로 인한 분말, 시공 시에 함유되어 있던 점성토, 외부에서 바람 등에 따라 들어가는 티끌과 먼지 등이 도상의 간극에 충만되어 불투수층을 만들고, 그 때문에 지표수가 도상 내, 특히 침목 하면 부근에 체류(滯留)하여 분니한다.

(나) 분니의 발생기구

노반 흙에 소요의 강도가 없고, 물로 포화한 상태로 된 때에는 점착력이 현저하게 저하하여 노반토로 자갈이 박힌다. 박힘이 생겨도 레일의 강성 때문에 뜬 침목의 상태로 되어 있다{**그림 2.8.6**(a)}. 열차의 통과에 따라 노반 흙에 응력이 작용하면 노반 흙 중에 간극수압(間隙水壓)이 발생하지만, 차축의 통과에 따라 간극수압이 증대하여 간다{**그림 2.8.6**(b)}. 하중이 걸린 뜬 침목은 하중이 없게 된 후에 침목이 다시 상승하지만, 이 때 침목 하면에 빨아올리는 압력이 생겨 니토를 상부로 흡상한다{**그림 2.8.6**(c)}. 이 흡상된 니토는 다음에 하중이 걸린 때에 침목 주변으로 압출되어 자갈 사이에 니토(泥土)를 전충(塡充)한다. 이들의 반복 작용에 따라 분니가 전면적으로 퍼져 간다{**그림 2.8.6**(d)}.

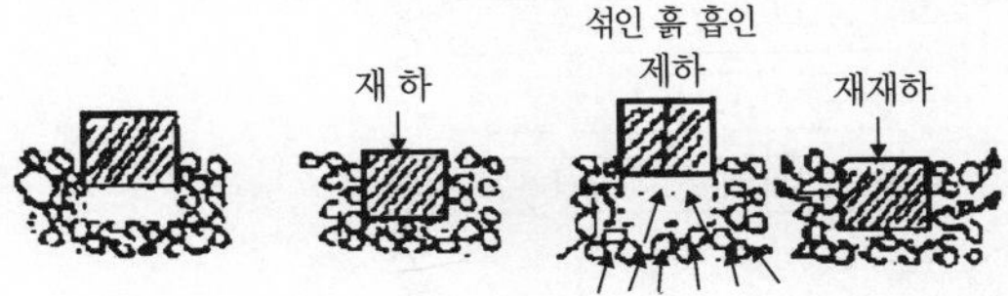

그림 2.8.6 뜬 침목으로 인한 펌핑 작용

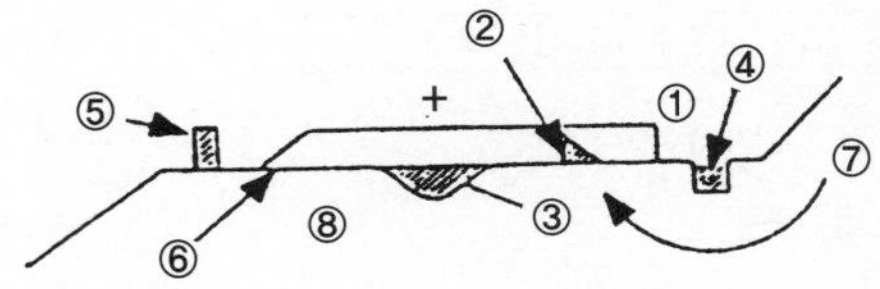

그림 2.8.7 분니에 영향을 주는 배수불량의 원인

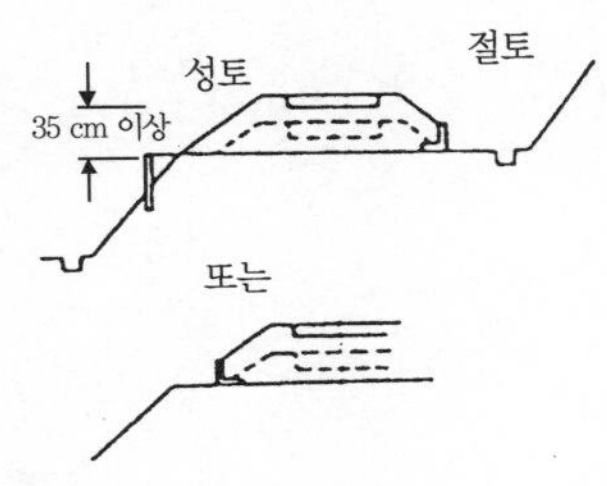

그림 2.8.9 도상두께 증가방법

(2) 분니 대책 공법

노반 분니의 발생을 방지하려면, "물", "노반 흙", "하중"의 3 요소의 어느 하나를 제거하면 좋다. 노반 분니 발생을 유인하는 원인을 모식적으로 나타내면 **그림 2.8.7**과 같이 되며, 이들을 열거하면 다음과 같다.

○ 노반 분니

- 도상두께의 부족 ―――― ①
- 도상의 배수불량 ―――― ②
- 워터 포켓 (water pocket) ―――― ③
- 측구 불량 ―――― ④
- 노반면상의 지장물의 장해 ―――― ⑤
- 노반 면의 기울기 불량 ―――― ⑥
- 높은 지하수위의 존재 ―――― ⑦
- 높은 함수비의 점성토 ―――― ⑧

○ 도상 분니

- 도상내의 배수불량 ―――― ①
- 도상재료의 불량 ―――― ②

이러한 물에 관한 원인을 제거 또는 개선하여 분니의 발생을 방지하는데에는 **표 2.8.5**에 나타낸 방법이 있다. 그리고 현장에 대한 분니 대책 공법을 선정하기위해서는 **그림 2.8.8**에 따르면 좋다. 분니에 대한 기본적인 고려방법으로서 그 발생요인별의 대책공을 ① 하중조건의 완화(도상두께 증가 등), ② 배수대책(배수공 등), ③ 노반 개량(노반 치환 등)의 순서로 행한다.

또한, 분니 대책 요인의 복수 조합에 대하여 대책공도 적의로 조합시킨다. 대표적인 분니 대책 공법을 이하에

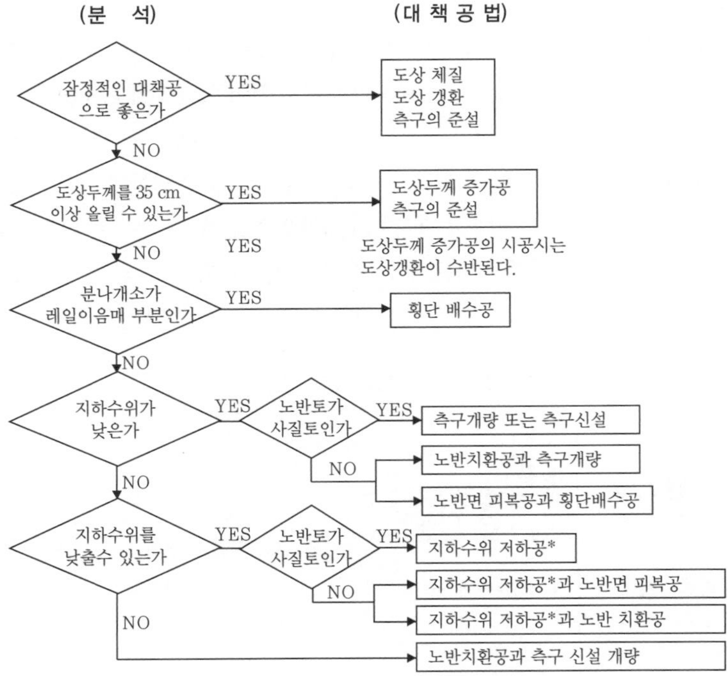

(주) *지하수위 저하공이란 깊은 측구 또는 강제배수를 말한다.

그림 2.8.8 분니 대책 선정 순서

표 2.8.5 분니 요인별 대책공법 일람표

<table>
<tr><th colspan="3" rowspan="2">분니 요인</th><th colspan="2">대책 공법</th></tr>
<tr><th>도상두께를 35 cm로 증가시키는 것이 가능한 경우</th><th>도상두께를 35 cm로 증가시키는 것이 불가능한 경우</th></tr>
<tr><td colspan="3">도상두께의 부족</td><td>도상두께 증가
(35 cm)</td><td>도상두께를 될 수 있는 한 두껍게 하고,
다른 공법을 행한다.</td></tr>
<tr><td rowspan="7">배수 불량 및 노반토 불량</td><td colspan="2">도상배수 불량</td><td>도상 교환</td><td>도상 교환 또는 도상의 체질과 도상 보충</td></tr>
<tr><td rowspan="4">노반면 배수 불량</td><td>워터포켓의 존재</td><td rowspan="6">도상두께 증가
(35 cm)</td><td>횡단 배수공이나 노반 치환공법 또는
노반면 피복공법</td></tr>
<tr><td>측구 불량</td><td>측구 신설, 개량</td></tr>
<tr><td>노반면상의 지장물의 존재</td><td>노반 치환공법 또는 노반 피복공법</td></tr>
<tr><td>노반의 기울기 불량</td><td>노반 치환공법 또는 노반 피복공법</td></tr>
<tr><td colspan="2">높은 지하수의 존재</td><td>노반 치환공법이나 지하수위 저하공법 또는
깊은 배수공으로 지하수위를 낮추는 횡단
배수공이든지 노반면 피복공법</td></tr>
<tr><td colspan="2">높은 함수비의 점성토 노반</td><td>노반 치환공법 또는 노반면 피복공법</td></tr>
</table>

(주) 도상두께 증가에는 도상 갱환 또는 도상 체질과 도상 보충이 수반된다.

기술한다.

1) 도상두께 증가공법 ; 도상두께 증가공법은 토사가 혼입되어 있는 재래 도상을 제거하고, 궤광을 양로하여 새로운 도상을 살포하고 다짐으로써 하중조건 및 배수조건을 노반에 유리하게 하는 것을 목적으로 하고 있다. 도상두께를 35 cm 이상으로 함으로써 목적이 달성되지만, 도상두께를 증가시킴에 따라 보수통로 폭이 확보되지 않는 경우에는 **그림 2.8.9**에 나타낸 자갈 막이를 시공하면 좋다.

2) 노반 면 피복공법 ; 노반면 피복공법은 **그림 2.8.10**에 나타낸 것처럼 보호 층, 차수(遮水) 시트 층, 배수 층의 3층으로 노반 면을 피복하여 강우 등 표면수의 노반 내 침입을 차단하고, 더욱이 노반 면의 배수를 촉진하여 노반 분니의 발생을 방지하는 공법이다.

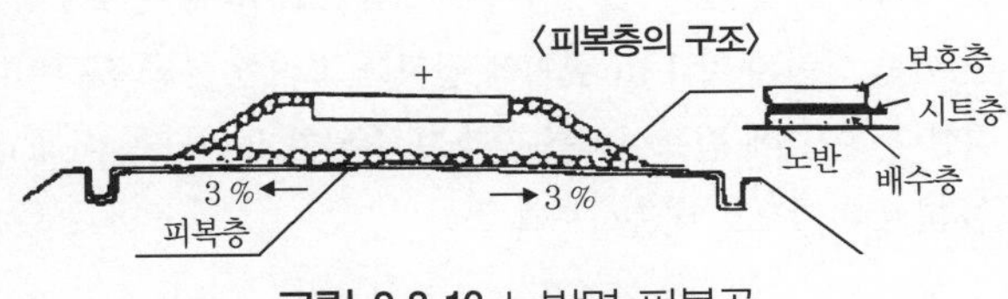

그림 2.8.10 노반면 피복공

3) 노반치환공법 ; 노반재료를 양질이고 분니가 발생하지 않는 재료로 치환하여 분니를 방지하는 공법이다. 치환두께는 30 cm를 표준으로 하며, **그림 2.8.11**에 나타낸다.

4) 횡단배수 공법 ; 레일이음매 개소는 레일 중간부에 비하여 열차통과 시에 충격 하중을 받아 노반압력이 과대하게 되어 양력(揚力)도 받기 쉽다. 이 때문에 레일이음매 개소에만 분니가 발생하고 있는 현장도 있다. 이와 같이 국부적인 분니 개소에 대하여는 **그림 2.8.12**에 나타낸 횡단배수공의 시공으로 대처한다. 유공관의 단부는 노반 바깥으로 배수할 수 있도록 한다.

5) 깊은 배수공 ; 일반적으로 지하수가 분니에 영향을 주는 깊이는 노반표면에서 50 cm 정도까지라고 말하여지고 있다. 따라서, 노반 내의 지하수위가 노반표면에서 50 cm 이내인 경우는 수위를 낮추기 위하여 깊은 배

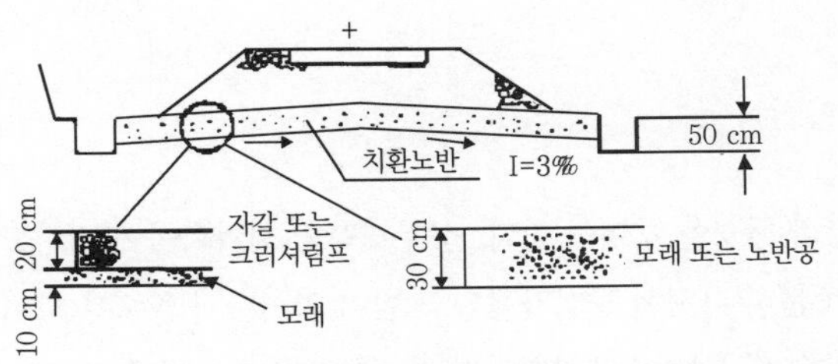

그림 2.8.11 노반치환 공법

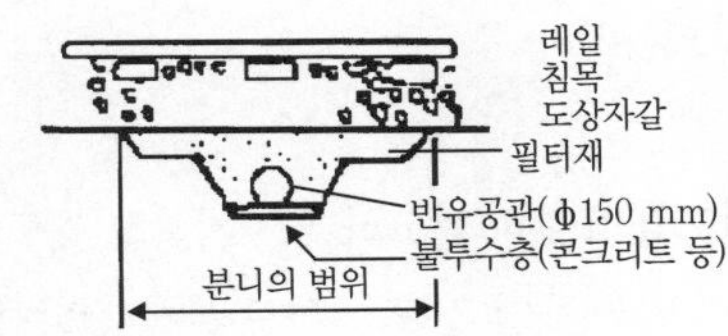

그림 2.8.12 횡단배수 공법

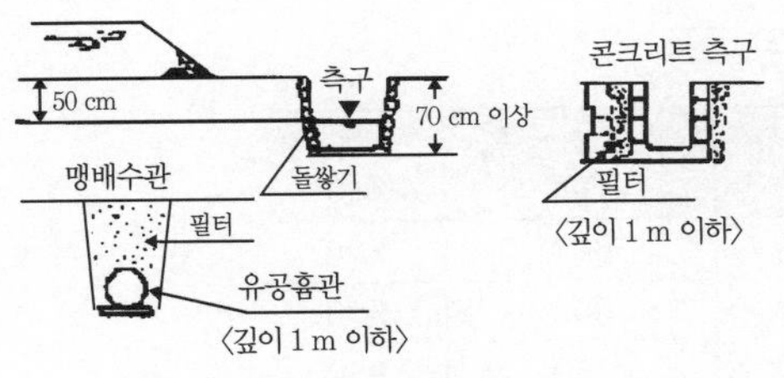

그림 2.8.13 깊은 배수공

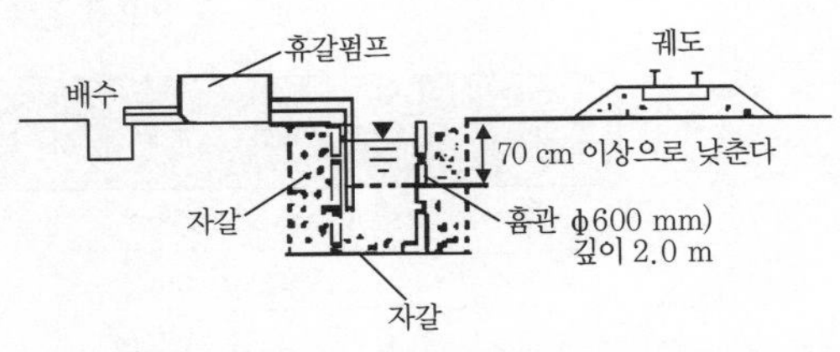

그림 2.8.14 양수식 지하수위 저하공법

수공을 설치할 필요가 있다. 배수공에는 몇 개의 공법이 고려되고 있다. 먼저, 측구에 대하여는 그 깊이가 여러 가지 조건으로 다르지만 대개 70 cm 이상이 바람직하다. 또한, 그 구조, 종단 기울기에 대한 검토도 필요하다. **그림 2.8.13**에 곁도랑(側溝)의 예를 나타낸다.

6) 지하수위 저하공법 ; 지하수위가 높으므로 배수처리를 할 수 없는 이유 때문에 배수구나 노반치환, 노반면 피복공 등을 할 수 없는 경우는 **그림 2.8.14**에 나타낸 양수(揚水)식 배수공법이 있다. 이 공법은 선로 어깨 또는 선로 사이의 약 1 m 깊이에 필터를 고려한 유공 흄관이나 드레인 파이프를 부설하고 이것을 집수 피트에 연결한다. 여기에 펌프설비를 갖추고 수위가 노반표면 아래 0.7~1.0 m로 되면 자동적으로 펌프가 작동하여 집수 피트 바깥으로 배출하도록 한다.

(3) 노반의 배수

선로유지관리지침에서는 노반의 배수가 불량하거나 분니 또는 동상발생의 우려가 있는 개소는 다음의 사항에 따라 적절한 보수방법을 강구하도록 규정하고 있다.

① 곁도랑 깊이파기 또는 준설을 하여야 한다.

② 궤도를 횡단하여 노반 양쪽 곁도랑에 연결하는 도랑을 파고 막돌 또는 모래를 채워야 한다.

③ 도상과 노반 중에 유공관을 매설하거나 또는 맹하수를 설치하여야 한다.

④ 곁도랑과 집수정, 터널 위의 배수로는 때때로 준설, 청소하여 배수를 양호하게 하여야 한다.

⑤ 철도용지 바깥쪽의 수로, 하수구 등은 함부로 선로 쪽으로 돌리거나 선로 곁도랑에 연결시키지 않아야 한다.

⑥ 3선이 연속하여 부설 또는 콘크리트 도상으로 부설된 개소는 노반배수를 원활하게 하기 위하여 배수관을 설치하여야 하며, 설치간격은 현장여건에 맞추어 설치하고 배수관 직경은 100 mm 이상으로 한다.

2.8.4 강화노반

노반은 궤도를 충분히 견고하게 지지하고 궤도에 적당한 탄성을 주어야 한다. 상부노반의 연약화를 방지하고 하중을 상부노반의 내압 강도 이하로 분산 전달하도록 충분히 다져서 도상자갈의 박힘이 일어나지 않도록 하여야 한다. 또한, 우수가 노반에 침투하여도 간극수압의 상승 및 노반이 액상화되지 않도록 배수를 양호하게 하여

표 2.8.6 강화노반의 두께

상부노반 및 원지반 \ 구분		보조 도상 (mm)	입도 조정 층 (mm)	계 (mm)
돋기	$7 \le K_{30} \le 11$ kg/cm^3	200	600	800
	$K_{30} \le 11$ kg/cm^3		300	500
본바닥 및 깎기	$7 \le K_{30} \le 11$ kg/cm^3		750	950
	$K_{30} \ge 11$ kg/cm^3		450	650
	원지반 암반		150-250	350-450

표 2.8.7 강화노반 재료의 입도

보조 도상		입도 조정 부순 돌	
체의 호칭	통과율(%)	체의 호칭	통과율(%)
		125 mm	100
40 mm	100	106 mm	95~76
31.5 mm	99~85	63.5 mm	84~55
16 mm	82~56	25.4 mm	61~32
No. 4	53~27	9.52 mm	46~21
No. 8	43~21	No. 4	37~15
No. 16	35~16	No. 8	28~10
No. 30	25~10	No. 16	21~7
No. 50	18~8	No. 30	15~5
No. 100	12~5	No. 50	10~3
No. 200	8~4	No. 100	7~2

표 2.8.9 흙 쌓기의 시공허용오차의 관리기준

항목		허용 오차 (mm)
강화노반 기층 (보조도상)	기준고	±30
	폭	-0, +50
	두께	±20
강화노반 입도 조정 층	기준고	±30
	폭	-0, +50
	두께	±50
하부노반 (F. L에서 3 m 이하)	기준고	±50
	폭	-0, +50
	비탈면 위치	설계기울기 이상

야 하며, 구조물과의 접속부에 대한 강도를 균일하게 하여야 한다. 따라서, 경부고속철도에서는 쇄석 강화노반(碎石强化路盤)으로 축조하였다.

강화노반 폭은 강화노반 표면에 배수구를 설치한 상태에서 궤도중심으로부터 기면 턱까지 4.5 m 이상으로 하고, 강화노반의 형상은 표준 횡단면도를 기준으로 하며, 두께는 **표 2.8.6**과 같이 한다. 또한, 사용재료의 입도와 관리 기준은 **표 2.8.7** 및 **2.8.8**과 같으며, 입도(粒度)의 관리시험은 재질변화 시 및 5,000 m^{3}마다 1회 실시한다.

입도 조정 부순 돌은 재료의 균질성을 확보하기 위하여 충분히 혼합하여 사용하고, 시공 중에 입도 분리를 일으키지 않도록 한다. 고르기는 한 층의 두께를 15 cm 이하로 하며, 다짐은 롤러로 가볍게 전압한 후 모양이 정리되면 재차 충분히 다진다.

상부 노반 면과 쇄석 강화노반의 마무리 검사는 강화노반 연장 약 50 m마다 검사단면을 선로중심, 궤도중심 및 궤도중심의 외측 2.0 m에서 실시한다. 다짐도 검사는 선로연장 약 100 m마다 선로중심과 각 침목의 외측 단부에서 실시하고 검사면은 각 재료의 최종 마무리 면으로 한다. 한편, 흙 쌓기의 시공 허용오차의 관리기준은 **표 2.8.9**와 같다.

표 2.8.8 강화노반 재료의 관리 기준

구분	보조 도상	입도 조정 부순 돌	관리시험 빈도	비 고
경도 및 내구성 시험 (*LA* + *WDE*)	≤ 40	≤ 60	재질 변화 시 및 5,000 m^3 마다 1회	동일 재료 원에서 1회 선정시험을 실시, *LA* + *WDE* (wet micro deval test)의 성과 치가 좌측에 명시한 기준을 만족할 경우에는 LA시험 ≤ 40(보조도상), 60(입도 조정 부순 돌)을 관리시험 기준으로 실시
flattening coefficient (편평도 시험)	≤ 30	≤ 30		
cleanliness (모래 당량 시험)	ES 〉 40	ES 〉 40		KS F 2340

(표 3.6.2의 계속)

cleanliness (모래 당량 시험)	ES 〉40	ES 〉40		KS F 2340
다짐도	≥100 %		각 층에 대하여 선로연장 100 m 마다	- 다짐장비 및 다짐횟수는 시험시공 결과로 결정 - 시험방법 : DIN 18134 - 시험장비 · 30 cm 재하 판 사용 · 침하 측정용 다이알 게이지 3개 설치 - 대형 장비 진입이 불가능한 곳은 어프로치 블록과 동일 조건으로 시공
평판 재하 시험 EV_2 (MN/cm^2) EV_2/EV_1	≥ 120 〈 2.2	≥ 80 〈 2.3		
1층 다짐 두께(cm)	≤ 20	≤ 30		

2.8.5 노반에 대한 기타사항

(1) 노반 등의 형상

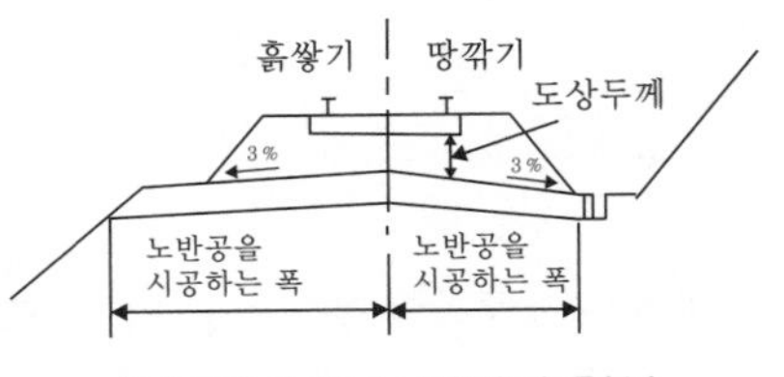

그림 2.8.15 노반단면 형상

노반을 시공하는 폭, 두께, 기울기에 대하여는 열차하중의 분산, 차수, 배수 등을 고려한다. 노반표면과 노상(路床) 표면에는 선로 횡단방향으로 3 % 정도의 배수 기울기를 둔다. 노반단면의 개략도를 **그림 2.8.15**에 나타낸다. 측구와 케이블 덕트 등의 연속하는 부대설비에는 충분한 강도를 가지는 뚜껑을 설치하고 그 설비위치는 노반 면과 거의 동일 평면으로 노반에 접하여 위치하게 한다. 시공 기면 중에 측구 외측의 보수통로 부분에는 필요에 따라 간이 포장 또는 RC판 포장 등을 한다.

(2) 노반 등의 강도를 표현하는 방법과 그 측정법

(가) K_{30}값

K_{30}값은 평판(平板) 재하(載荷) 시험으로 구한다. 수평으로 고른 지반 위에 두께 22 mm, 직경 30 cm의 재하판을 설치하여 하중을 단계적으로 증가시킨다. 그 하중강도와 침하량을 측정하여 하중강도-침하량 곡선을 그려 동 곡선에서 다음 식으로 구한다. 더욱이, K_{30}값은 관성적으로 침하량이 1.25 mm에 대응한 하중강도에서 구한다.

$$K_{30}\text{값 (kgf/cm}^3) = \frac{\text{하중강도(kgf/cm}^2)}{\text{침하량(cm)}}$$

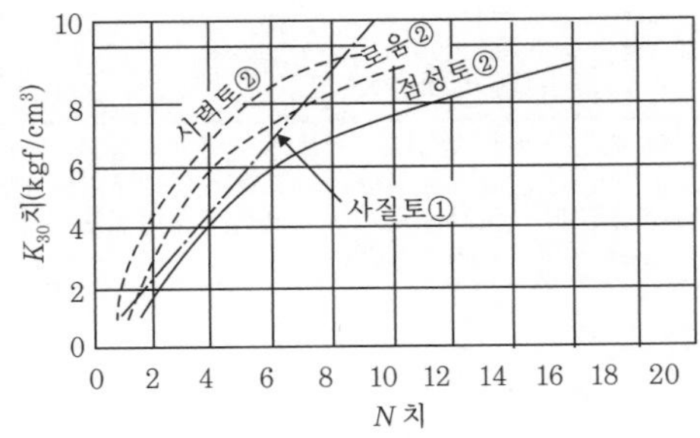

그림 2.8.16 N값과 K_{30}값

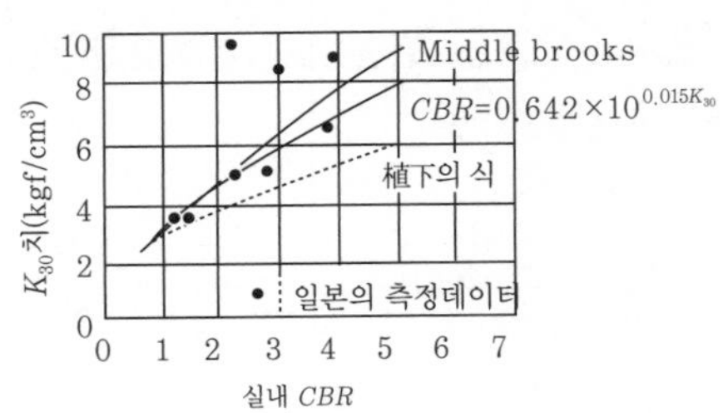

그림 2.8.17 K_{30}값과 실내 CBR

(나) N값

N값은 표준 관입(貫入)시험으로 구한다. 시험은 중량 63.5 kg의 해머를 75 cm에서 자유 낙하시켜 표준 관입 시험용 샘플러를 30 cm 타입한다. 그 타격수가 N값이다. N값과 K_{30}값의 관계는 **그림 2.8.16**과 같다.

(다) CBR

CBR은 지름 50 mm, 길이 200 mm의 강제 원기둥형 피스톤을 1분간 1 mm의 속도로 관입(貫入)시켜 관입량 2.5 mm 및 5.0 mm에서의 하중과 표준 하중과의 비율로 나타낸다.

$$CBR = \frac{\text{하중}}{\text{표준 하중}} \times 100\ (\%)$$

표준 하중이란 입도가 좋은 쇄석으로 관입 시험을 행한 때의 평균 하중이다.

관입량 2.5 mm　　표준하중 1,370 kgf

관입량 5.0 mm　　표준하중 2,030 kgf

K_{30}치와 실내 CBR의 관계는 **그림 2.8.17**과 같다.

(3) 노반 침하의 보수와 계측

선로유지관리지침에서는 노반의 이완 방지 등을 위하여 노반을 훼손하는 궤도 밑의 굴착이나 노반에 근접하여 굴착하는 행위는 충분히 검토한 후에 시행하며, 선로 밑을 횡단하여 수도관이나 송유관 등의 시설을 시공할 경우에는 이중관을 사용하고, 가급적 토공구간을 피하도록 규정하고 있다.

콘크리트궤도에서 노반침하가 다음과 같은 경우에 상태에 따라 적절한 노반침하 보수를 시행하고 내역을 기록 관리하여야 한다. 다만, 열차의 주행안전성이 확보되는 경우에 이를 조정할 수 있다.

① 노반침하 구간의 길이가 20 m 이상인 경우의 침하량에 따른 침하보수한계는 다음의 식을 이용하여 검토한다. 여기서, δ : 노반침하량(mm), δ_f : 레일체결장치의 보수한계치(mm), L : 침하구간의 길이(mm)

ⓐ $\delta > L/1000$ 또는 δ_f : 노반침하 복원

ⓑ $\delta \leq L/1000$ 또는 δ_f : 레일체결장치를 이용한 궤도틀림 보수(다만, 레일체결장치를 이용한 보수한계는 궤도틀림보수의 제반 여건을 고려하여 한계치(δ_f)보다 낮게 조정할 수 있다).

ⓒ 노반침하량이 보수한계 이내라도 궤도 공용성에 유해한 영향을 미치는 경우

② 노반침하 구간의 길이가 20 m 미만인 경우에는 콘크리트슬래브 하부(콘크리트궤도 저면)와 노반 사이에 대한 틈(gap)의 유무를 ⓐ GPR(ground penetrration radar) 탐상, ⓑ 콘크리트슬래브 가속도 측정, ⓒ 비파괴 포장표면 처짐 시험(FWD, falling weight deflectometer) 등의 방법을 활용하여 확인하여야 한다.

③ 노반침하가 수렴되지 않고 지속적으로 진행하는 구간에 대해서는 지반보강을 검토한다.

콘크리트궤도에서의 노반침하 계측은 다음의 사항을 기준으로 하며, 현장여건에 따라 조정할 수 있다.

① 침하계측개소는 건설단계에서 사용한 원지반 및 지표침하계를 기본적으로 활용하며, 필요시에 콘크리트궤도면에서 ⓐ 연약지반구간, ⓑ 교량/토공 접속부 및 근접 접속부, ⓒ 절성토 접속부, ⓓ 편절편성

구간, ⓔ 통로박스구간, ⓕ 배수불량구간 등의 개소를 선정하여 계측을 실시한다.

② 상기 ①의 콘크리트궤도면에서 측정위치는 궤도중심을 표준으로 하며, 상선과 하선을 별도로 계측하여야 한다.

③ 침하가 수렴되지 않고 궤도틀림 관리범위 이상으로 증가하는 개소에서는 2m 이내 간격으로 계측을 시행하여 콘크리트슬래브에 유해한 영향을 미치는지에 대한 지속적인 관찰을 수행하여야 한다.

④ 계측의 정확도는 ±1 mm 이내여야 하며 측정은 0.1 mm 단위까지 기록한다.

⑤ 계측은 기준점별로 왕복 측정하여 폐합하는 것을 원칙으로 하며 그 폐합오차는 $1.5\sqrt{S}$ mm 이내이어야 한다. 여기서 $\sqrt{S}$는 관측거리(km)이다.

노반침하가 진행 또는 수렴 중인 개소에서는 지속적인 침하계측이 이루어져야 한다. 다만, 침하가 수렴하였다고 판단될 경우에는 계측을 종료할 수 있다.

2.9 분기기

2.9.1 분기기의 종류와 구조

(1) 분기기의 정의

철도차량은 2 개의 레일로 네트워크로서 형성된 선로 상으로만 주행할 수 있으므로 바꾸어 말하면 1차원의 수송기관이다. 따라서, 이것을 지상의 소요 개소로 유도하기 위해서는 이 네트워크상의 다른 링크로 이행(移行)하도록 이들 링크가 교차하는 결절 점(結節點, node)에 대하여 소요의 링크를 선택하여 이것에 접속하는 것이 필요하다. 이 장치로서 실현된 것이 분기기이다.

분기기(分岐器, turnout)는 하나의 궤도(軌道)를 둘 이상의 궤도로 나누는 장치를 말하며, 두 궤도가 서로 횡단하는 장치를 교차(交叉, crossing)라고 한다(철도건설규칙에서는 분기기를 '선로전환기'라고 하며, '선로전환기'란 차량 또는 열차 등의 운행 선로를 변경시키기 위한 기기를 말한다고 정의). 교차에는 건넘선(crossover)을 붙인 것도 이용된다. 넓은 의미(우리 나라와 일본에서는 주로 이것을 이용)에서는 분기기와 교차를 합하여 분기기라고 말하지만, 협의(구미에서 주로 이용)로는 단순히 전자의 분기기만을 말하며, 교차의 구조는 분기기 구조의 응용이다. 분기기는 정거장 등에 다수 설치되고, 그 구조가 복잡하여 운전상 가장 위험한 장소이며, 탈선 사고도 대부분 여기에서 발생하므로 분기기에 대하여 충분한 지식이 필요하다. 분기기는 포인트부, 리드부, 크로싱부, 가드부의 전체 또는 일부로 성립되어 있다(**그림 2.9.1**).

(2) 선형에 따른 분기기의 종류

분기기는 분기하는 선의 수나 방향 또는 구조 등에 따라 여러 가지의 명칭이 붙어 있다. 일반적으로 분기기를 대별하여 보통 분기기와 특수 분기기로 분류하고 있다. 보통 분기기에는 편개 분기기, 양개 분기기, 진분 분기기, 내방 분기기 및 외방 분기기가 있지만, 우리나라에서는 주로 편개 분기기를 이용하고 있다. 특히, 내방과 외방 등의 곡선분기기는 곡선과 분기기라는 두 가지의 취약사항이 겹치므로 되도록 피하는 것이 좋다. 특수 분기, 내방 분기기 및 외방 분기기가 있지만, 우리나라에서는 주로 편개 분기기를 이용하고 있다. 특히, 내방과 외방 등의 곡선분기기는 곡선과 분기기라는 두 가지의 취약사항이 겹치므로 되도록 피하는 것이 좋다. 특수 분기기에는 승월 분기기, 복 분기기, 3지 분기기, 3선식 분기기, 다이아몬드 크로싱{상기 제(1)항의 交叉(crossing)를 말함}, 싱글 슬립 스위치, 더블 슬립 스위치, 건넘선, 시셔스 크로스 오버가 있지만 우리 나라에서는 전자의 4가지는 이용하지 않고 있다. 선로유지관리지침에서는 분기기의 배선 시에 보통분기기를 설치하는 것을 원칙으로 하되, 시저스분기기 등과 같은 특수 분기기를 설치할 경우에는 열차주행과 유지보수 측면에 대한 보완대책을 수립한 후에 배선토록 하여야 한다고 규정하고 있다. 선형에 따른 분기기의 종류는 **그림 2.9.2**와 같다.

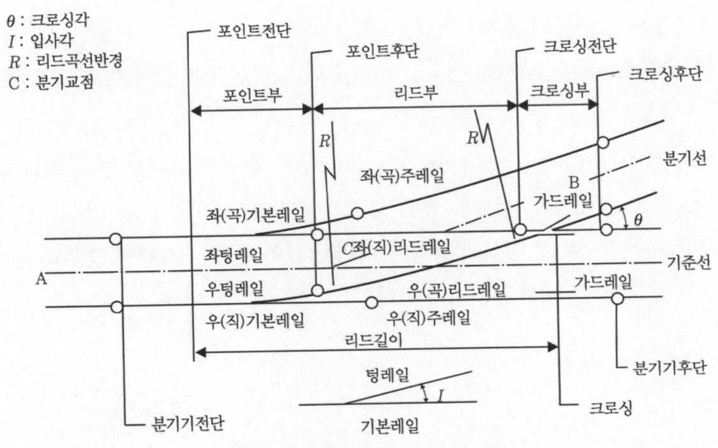

그림 2.9.1 분기기 각부의 명칭

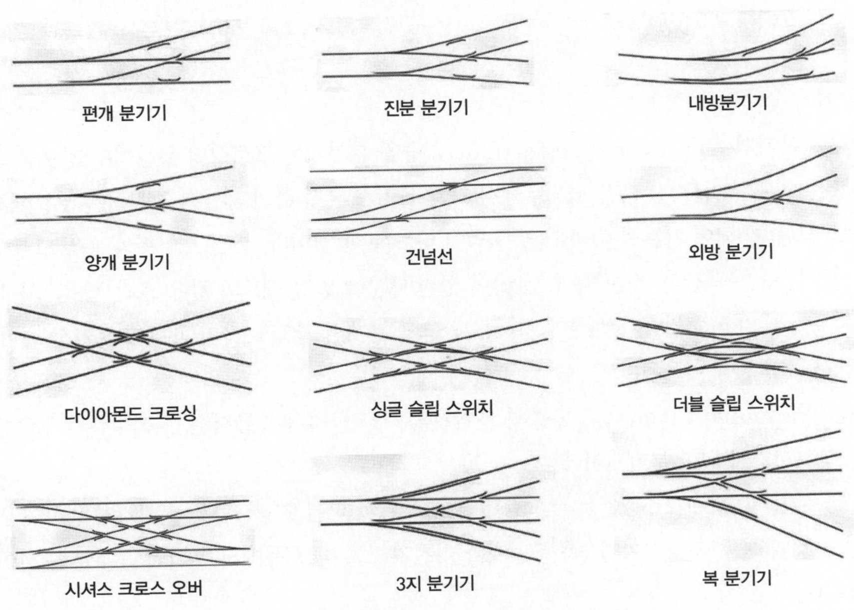

그림 2.9.2 분기기의 종류

(가) 보통 분기기

1) 편개(片開) 분기기(standard turnout) ; 직선 궤도에서 좌측이나 우측으로 궤도가 벌어진 형상으로 분기되는 것이며, 분기기의 기본 형식으로 되어 있다.

2) 양개(兩開) 분기기(symmetrical turnout) ; 직선 궤도에서 좌우 양측으로 같은 각도로 벌어진 형상으로 분기되는 것이며, 주로 기준선(基準線, main side-track of turnout)과 분기선(分岐線, turnout track)의 사용조건이 같은 경우에 적합하다.

3) 진분(振分) 분기기(unsymmetrical split turnout) ; **그림 2.9.3**에 나타낸 것처럼 직선 궤도에서 좌우가 다른 각도로 나뉘어 벌어진 형상의 분기기이다.

4) 내방(內方) 분기기(turnout on inside of a curve) ; 곡선 궤도에서 원의 중심 쪽으로 분기하는 분기기이다.

5) 외방(外方) 분기기(turnout on outside of a curve) ; 곡선 궤도에서 원의 중심에 대하여 반대쪽으로 분기하는 분기기이다.

이들은 2 선로로 나누는 것으로 그 배선의 상황에 따라서 1)의 편측이 직선인 경우와 2)~5)의 양측 모두 곡선으로 된 경우가 있다. 4)와 5)를 곡선 분기기라 한다.

그림 2.9.3 진분율

그림 2.9.4 크로싱 각과 번수

(나) 특수 분기기

1) 승월(乘越) 분기기(run-over type turnout) ; 승월 분기기는 크로싱의 부분에서 기준선 측은 결선부가 없이 통과할 수 있지만, 분기선 측은 리드부에서 차차 올려져 본선 측의 레일과 교차하는 부분에서는 차륜의 플랜지 높이보다도 높게 되어 기본선 측의 레일을 넘어 타도록 한 것이다. 승월 포인트와 승월 크로싱을 이용한 분기기이며, 기준선 측은 궤간선 결선(缺線, gap)이 없기 때문에 일반 궤도와 같은 조건으로 되어 유리하지만, 분기선 측은 차륜이 레일을 승월하기 때문에 상하동도 크고 부재의 강도도 작기 때문에 분기선 측이 좀처럼 사용되지 않는 안전 측선 등에 이용된다.

2) 복(複)분기기(double turnout) ; 2 틀의 분기기를 약간 물리어 중합시킨 구조의 분기기로 한 궤도에서 다른 2 궤도로 분기시키기 위한 분기기이다.

3) 3지(三枝) 분기기(three throw turnout) ; 한 궤도에서 다른 2 궤도로 분기시키기 위하여 2 틀의 분기기를 중합시킨 구조의 특수 분기기이며, 복 분기기와 마찬가지로 야드 등에서 분기기군 부분의 길이를 단축할 목적으로 사용된다.

이들의 2)와 3)은 2 선의 분기기를 합체하여 3 선으로의 분기를 가능하게 한 것이다.

4) 다이아몬드 크로싱(diamond crossing) ; 다이아몬드 크로싱은 두 궤도가 동일 평면에서 교차하는 경

우에 이용되는 장치로서 2조의 보통 크로싱과 1조의 K자 크로싱으로 구성되며, K자 크로싱은 고정식과 가동식이 있다. 교차의 번수가 8번 이상에서는 구조상 무유도(無誘導) 상태로 방호할 수 없게 되기 때문에 가동식을 이용한다.

5) 싱글 슬립 스위치(single slip switch) ; 싱글 슬립 스위치는 다이아몬드 크로싱 내에서 좌측 또는 우측의 한 쪽에 건넘선을 붙여 다른 궤도로 이행할 수 있는 구조의 특수 분기기이다.

6) 더블 슬립 스위치(double slip switch) ; 더블 슬립 스위치는 다이아몬드 크로싱 내에서 좌, 우측의 양 방향에 건넘선을 붙여 다른 궤도로 이행할 수 있는 구조의 특수 분기기이다.

7) 건넘선(crossover) ; 건넘선은 근접하는 두 궤도간을 연락하기 위하여 2조의 분기기와 이것을 접속하는 일반 궤도로 구성되는 부분을 가리킨다.

8) 시셔스 크로스오버(scissors crossover) ; 시셔스 크로스오버는 2조의 건넘선을 교차시켜 중합시킨 것으로 4조의 분기기와 1조의 다이아몬드 크로싱 및 이것을 연결하는 일반 궤도로 구성되어 있다. 근접하는 2 궤도가 인접하여 평행하며, 4조의 분기기가 같은 번수의 편개 분기기인 시셔스 크로스오버를 표준 시셔스 크로스오버라 칭하고, 이 조건 이외의 것을 특수 시셔스 크로스오버라 한다.

9) 3선식(三線式) 분기기(mixed gauge turnout) ; 일본에서 궤간이 다른 2 궤도가 병용되고 있는 궤도에 이용된다.

(3) 사용 레일에 따른 분기기의 분류

분기기는 사용되고 있는 레일에 따라 일반철도에서는 37, 50PS, 50N 및 60K 레일용을, 고속철도에서는 UIC60 레일용을 이용하고 있다.

(4) 크로싱 각과 분기기의 번수(철차번호)

분기기는 기준선에 대한 분기선의 각도가 작을수록 리드의 곡선반경을 크게 할 수가 있고, 그만큼 분기선에서 원심력이 작게 되어 분기 측의 주행 속도를 올릴 수가 있다.

분기기의 번수(番數, 또는 轍叉番號, turnout number, switch number)는 기준선과 분기선이 만드는 각도를 나타내며, 그 분기기에 사용되고 있는 크로싱의 번수(crossing number, frog number)를 이용하고 있다. 크로싱 각을 나타내는 방법에는 코탄젠트(cotangent) 방법, 반각(半角) 방법, 이등변(二等邊) 방법 등이 있지만[24], 우리 나라에서는 반각(半角, half-angle) 방법을 이용하고 있다. 크로싱의 번수(N)와 크로싱 각(crossing angle, frog angle) θ와의 관계는 **그림 2.9.4**에서

$$N = \frac{1}{2}\cot\frac{\theta}{2}\left(=\ell \div \frac{k}{2}\right)$$

이다. 일반철도에서 이용하고 있는 분기기의 번수(N)는 **표 2.9.1**과 같다. 50NS 분기기의 18번과 20번은 시험 부설된 분기기로서 상용되지 않고 있다. 한편, 크로싱 교점(交點)은 일반적으로 노스 레일 외측 선의 연장선의 교점인 이론교점(理論交

표 2.9.1 국철의 분기기 번수

N	θ	$\frac{1}{2}\cot\frac{\theta}{2}$	N	θ	$\frac{1}{2}\cot\frac{\theta}{2}$
8	7° 09′ 10″	7.9999	15	3° 49′ 06″	14.9999
10	5° 43′ 29″	10.0002	18	3° 10′ 56″	18.0003
12	4° 46′ 19″	11.9999	20	2° 51′ 51″	20.0002

點)을 말하고 있다.

(5) 분기기의 스켈톤

분기기의 스켈톤(skeleton)은 배선계획상 중요한 수치만 기재한 그림이며, **그림 2.9.5**에 나타낸 것처럼 분기기 전장과 분기교점(分岐交點)에서 분기기 전,후단(前後端)까지의 거리, 후단의 벌어짐 및 크로싱 각 등을 나

표 2.9.2 국산 분기기의 주요 제원(스켈톤)

길이단위 : mm

구분			번수	분기각도	J	K	G	H	L–J	L	R
일반 분기기	50NS	편개	#8	7 ° 9'10"	1400	10750	12150	14040	24790	26190	152977
			#10	5 ° 43'29"	1350	13311	14661	17017	30328	31678	239945
			#12	4 ° 46'19"	1350	16016	17366	20385	36401	37751	346102
			#15	3 ° 49'06"	1400	19849	21249	25780	45629	47029	538648
		양개	#8	7 ° 9'10"	1400	10664	12064	14062	24726	26126	306888
			#10	5 ° 43'29"	1350	13085	14435	17053	30138	31488	479712
			#12	4 ° 46'19"	1469	15827	17296	20415	36242	37711	695015
			#15	3 ° 49'06"	1907	19603	21510	25800	45403	47310	1082059
	60K	편개	#8	7 ° 9'10"	1149	8636	9785	14334	22970	24119	157325
			#10	5 ° 43'29"	1471	10799	12270	17420	28219	29690	246477
			#12	4 ° 46'19"	1826	13463	15289	20989	34453	36278	368053
			#15	3 ° 49'06"	2318	16866	19184	26384	43250	45568	576492
탄성 분기기	50NS 개량형[I형]	편개	#8	7 ° 9'10"	1400	10750	12150	14040	24790	26190	152977
			#10	5 ° 43'29"	1350	13311	14661	17017	30328	31678	239945
			#12	4 ° 46'19"	1350	16016	17366	20385	36401	37751	346102
			#15	3 ° 49'06"	1400	19849	21249	25780	45629	47029	538648
	60K (WT) (고정 크로싱)	양개	#8	7 ° 9'10"	1624	9166	10790	14142	23308	24932	329796
			#10	5 ° 43'29"	3223	11432	14655	17126	28558	31781	516810
			#12	4 ° 46'19"	3667	13699	17366	20495	34194	37861	745694
		편개	#8	7 ° 9'10"	2978	9166	12144	14170	23336	26314	165100
			#10	5 ° 43'29"	3223	11432	14655	17147	28579	31802	258600
			#12	4 ° 46'19"	3667	13696	17363	20514	34210	37877	373000
			#15	3 ° 49'06"	4260	16989	21249	25910	42899	47159	580580
	60K (PCT) (고정 크로싱)	편개	#8	7 ° 9'10"	2978	9166	12144	14170	23336	26314	165100
			#10	5 ° 43'29"	3223	11432	14655	17147	28579	31802	258600
			#12	4 ° 46'19"	3667	13696	17363	20514	34210	37877	373000
			#15	3 ° 49'06"	4260	16989	21249	25910	42899	47159	580580
	60K (PCT) (가동 크로싱)	편개	#8	7 ° 9'10"	2978	9166	12144	16016	25182	28160	165100
			#10	5 ° 43'29"	3223	11432	14655	20014	31446	34669	258600
			#12	4 ° 46'19"	3667	13696	17363	24010	37706	41373	373000
			#15	3 ° 49'06"	4260	16989	21249	30007	46996	51256	580580
고속 분기기 (국산)	UIC60 (고정 크로싱)	편개	#8	7 ° 9'10"	2978	9166	12144	14170	23336	26314	165100
			#10	5 ° 43'29"	3223	11432	14655	17147	28579	31802	258600
			#12	3 ° 05'38.61"	3667	13696	17363	20514	34210	37877	373000
	UIC60 (가동 크로싱)	편개	#18.5	3 ° 05'38.61"	1168	31606	32774	35199	66805	67973	1200717.5
			#26	2 ° 12'09.35"	1168	44244	45412	46541	90785	91953	2500717.5
			#46	1 ° 14'43.31"	1168	43937	45105	109119	153056	154224	3550000

J : 텅레일첨단에서 분기기 첨단까지 거리, K = G – J, K : 텅레일 첨단에서 스켈톤 중심까지 거리, G : 분기기전단에서 스켈톤 중심까지거리, H : 스켈톤 중심에서 분기의 후단까지거리, L : 분기기전장, R : 리드곡선반경

타낸다. **표 2.9.2**는 우리나라에서 사용하고 있는 분기기의 주요 제원이다. 한편, 고속철도용 분기기의 기술규격은 **표 2.9.3**, 주요 제원은 **표 2.9.4, 표 2.9.5**와 같으며, 분기기내의 이음매부를 용접하여 장대화하고 있다.

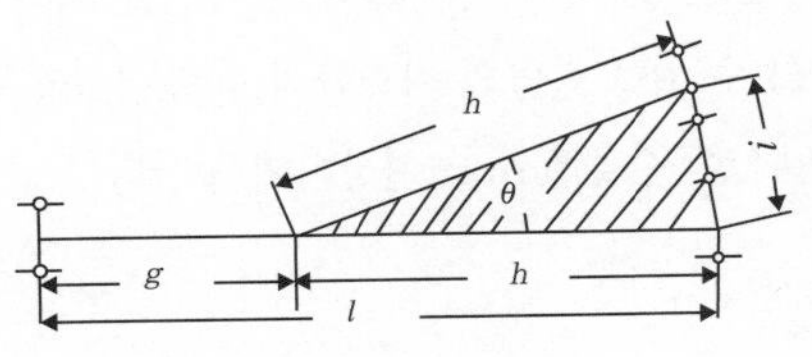

그림 2.9.5 스켈톤

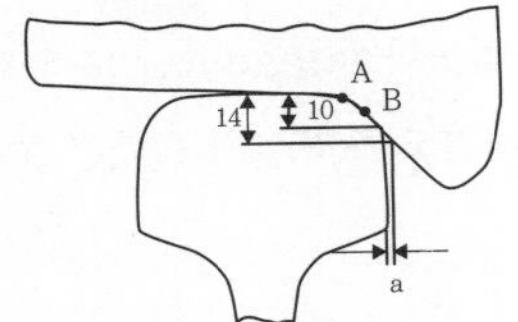

그림 2.9.6 2점 접촉

표 2.9.3 고속철도용 분기기의 기술 규격(국산 분기기)

번수 #	길이 (m)	분기선통과	선형	곡선반경 (m)	포인트	크로싱	사용 침목
18.5	67.97	90	원곡선(크로싱 포함)	1,200	탄성포인트 (용접)	재질:망간강 구조:노스가동 이음부:용접	PC침목
26	91.95	130		2,500			
46	154.20	170	원곡선+완화곡선	3,550~∞			

표 2.9.4의 고속 분기기는 국내생산의 고속분기기(자갈궤도용과 콘크리트궤도용)제원이며 **표 2.9.5**의 고속분기기는 콘크리트궤도용 B.W.G분기기(독일제)의 제원이다. 콘크리트궤도용 고속분기기에 대한 국내 생산 분기기와 독일제 BWG분기기 비교는 제2.9.7(3)항에 제시한다.

표 2.9.4 고속철도용 분기기의 주요 제원(국산 분기기)

(mm)

종별	번수	θ	R	g	h	j	k	i	L	P	C		G	
											M	N	B	T
UIC 60	8	7-09-10	165,100.0	12,144	14,240	1,870	10,274	1,777	26,384	9,500	1,650	2,760	4,300	4,360
	10	5-43-29	258,600.0	14,655	17,740	3,223	11,432	1,772	32,395	10,500	1,955	3,390	4,200	4,700
	18.5	3-05-38.61	1200,717.5	32,774	35,199	1,168	31,606	1,901	67,973	23,970	6,510	8,920	11,500	11,500
	26	2-12-09.35	2500,717.5	45,410	46,537	1,168	44,242	1,732.5	91,947	33,570	7,435	11,730	13,900	13,900
	46	1-14-43.31	3550,000.0	45,150	109,119	1,168	43,982	2,500	154,224	41,370	9,000	19,795	19,700	19,700

(주) θ : 분기각도, R : 리드 곡선반경, g : 분기기 전단 – 분기교점간 거리, h : 분기교점–분기기후단간 거리, j : 분기기 전단–포인트전단간 거리, k : 포인트전단–분기교점거리, i : 분기기 후단의 궤도간격, L : 분기기 길이, P : 포인트 길이, C : 크로싱, M : 크로싱 전단길이, N : 크로싱 후단길이, G : 가드레일, B : 기준선 가드레일 길이, T : 분기선 가드레일 길이

표 2.9.5 고속철도 콘크리트궤도용 BWG 분기기의 주요제원

번수 #	분기각도 θ	전장 (mm)	g (mm)	h (mm)	e (mm)	R (m)
F18.5	3° 05′ 38.61″	66,615	32,409	34,206	1,797	1,200.7
F26	2° 09′ 38.39″	94,306	47,153	47,143	9,602	2,500
F46	1° 18′ 46.01″	138,491	57,620	80,871	7,974	10,000→4,000→∞

g : 분기기 전단에서 스켈톤 중심까지 거리, h : 스켈톤 중심에서 분기기 후단까지 거리, e : 크로싱 이론교점에서 분기기 후단까지 거리, R : 리드 곡선반경

(6) 분기기의 슬랙과 캔트

포인트 후단에서 크로싱 전단까지 차량을 유도하는 부분이 리드(lead)부이며, 짧은 거리의 사이에서 포인트를 통과한 차량의 진행방향을 크로싱이 가진 방향으로 전향시켜야 한다. 따라서, 리드부는 곡선을 취하여만 한다. 이 곡선을 리드곡선(lead curve)이라 부르며, 차량이 통과할 수 있을 만큼의 최소한의 슬랙(slack)을 붙여야만 한다. 분기기 리드곡선의 슬랙은 보편적으로 다음 식으로 계산한 값을 5 mm 절상하여 구한다.

$$S = \frac{H^2}{8R} - t$$

여기서, S : 필요 슬랙(slack), H : 고정 축거{固定軸距, (rigid) wheel base}, R : 리드 곡선반경, t : 최소 가동여유(可動餘裕)

"철도차량안전기준에 관한 규칙"에서는 고정축거(固定軸距)를 3.75 m 이하로 규정하고 있다(2000년 8월 이전에는 국유철도건설규칙에서 최대 고정축거를 4.75 m 이하로 규정). 최소 가동여유는 레일과 차륜 답면 형상에 관계한다. 즉, 차륜은 통상적으로 답면의 한 점에서 레일과 접촉하고 있지만, 차륜 플랜지가 레일에 가깝게 되면, **그림 2.9.6**에 나타낸 것처럼 A점과 B점의 2점에서 접촉한다. 차륜 플랜지가 이 2점 접촉의 위치보다 더욱 레일에 가깝게 되면, 차륜의 올라탐이 발생하므로 차륜이 좌우로 가동하는 한도는 이 2점 접촉하는 위치이다. 최소 가동여유는 2점 접촉하는 차륜의 가동한도와 궤간 및 차륜외면 거리에서 다음과 같이 구해진다.

$$\begin{aligned} t &= G_{min} - C_{max} - 2a \\ &= (1435-2)-(2\times713)-2a \\ &= 7-2a \end{aligned}$$

여기서, t : 최소 가동여유, G_{min} : 궤간 최소치, C_{max} : 최대 차륜외면거리, a : 2점 접촉하는 위치에서 궤간 선과 차륜과의 떨어짐이다. a값은 37레일이 4 mm, 50레일이 1.5 mm, N레일이 0이다. **표 2.9.6**에 N레일용 분기기의 슬랙을 나타낸다.

표 2.9.6 N레일용 분기기의 슬랙

곡선반경(m)	슬랙(mm)
110 미만	20
110이상 140미만	15
140이상 190미만	10
90이상 300미만	5
300이상	0

슬랙은 기본(基本) 레일(stock rail)을 비켜 놓아 붙이는 것이지만, 충분한 슬랙을 붙일 수가 없다. 슬랙은 텅레일 전방의 분기선 기본레일에서 붙이기 시작하므로 열차가 기본선을 통과할 때 부분적으로 궤간이 확대하는 것으로 되며, 편측 차륜의 상하운동이 생겨 차량이 롤링을 일으키는 것으로 된다. 더욱이, 이 곡선에 응하는 캔트는 크로싱의 관계에서 일반적으로 붙이지 않는 것이 보통으로, 만약 붙이더라도 불충분한 캔트 값으로 밖에 될 수 없다. 리드곡선의 반경은 외측레일의 곡선반경으로 부른다.

이와 같이 고속용을 제외한 일반 분기기의 리드곡선은 ① 반경이 작은 곡선임에도 불구하고, ② 캔트가 없고, ③ 불충분한 슬랙이며, ④ 곡선의 전후에 완화곡선이 없는 반향곡선으로 되므로, 열차의 통과속도가 현저하게 낮은 속도로 제한된다.

선로유지관리지침에서는 일반 분기기의 슬랙은 별도 제정한 분기기 정규도에 따라 붙이고 가동크로싱 사용 분기기에서 분기곡선과 일반분기 부대곡선의 슬랙과 체감은 일반 곡선의 경우에 준하도록 규정하고 있다.

표 2.9.7 일반철도용 국산 분기기의 종류

구분 \ 종류	NS 분기기	I형분기기	탄성분기기	노스가동탄성분기기
특징	①관절식 포인트(힌지형 힐 이음매)와 조립 크로싱(쌍둥이상판 체결시 회전형 클립걸이 사용) 또는 망간 크로싱 사용 ②분기기 내의 레일 기울기 : 1/∞ 으로 일정 ③직선텅레일이므로 차량진입 시에 충격과 요동 발생 ④부품수가 많고 볼트로 체결하므로 유지보수가 어려움	①탄성 포인트(다소 안정적)와 조립 크로싱 또는 망간 크로싱 사용 ②NS 분기기와 같음 ③직선텅레일 → 2006부터 곡선텅레일 ④목침목 가공 후에 상판을 직접 체결하여 공급 ⑤기타 : 분기기 전체를 공장에서 가공, 조립하여 공급	①탄성 포인트와 망간 크로싱 사용 ②분기기 내의 레일 기울기 : 1/40(차륜 접촉면이 넓고 후로 발생이 적음) ③곡선텅레일이므로 차량진입 원활 및 다소 안정적 ④탄성 체결로 부품수 단순화와 체결력 강화 ⑤기타 : I형 분기기와 동일	①탄성 포인트와 노스가동크로싱 사용(통과속도와 안전성 향상) ②탄성분기기와 같음 ③차량진입이 원활하며 가장 안정적 ④탄성분기기와 같음 ⑤기타 : 포인트와 크로싱에 잠금장치(각각, VCC, VPM) 및 밀착감지 장치 사용 - 크로싱 내구연한 증가(망간 2.5억 톤 → 노스 가동 6억 톤)
사용개소	기존선의 유지 보수용, 또는 지선의 측선	신설선의 측선	신설선의 본선	기존선의 KTX 운행구간
텅레일	70S	70S(후단을 50N 레일단면으로 단조)	70S(후단을 60K 레일단면으로 단조)	70S(후단을 60K 레일단면으로 단조)
입사각	1° 23' 20"	1° 23' 20" → 2006.부터 0	0	0
기본레일	50N	50N	60K	60K
크로싱	레일조립 또는 망간(고정식)	레일조립 또는 망간(고정식)	망간(고정식)	레일조립형 노스 가동
침목	목침목	목침목	목침목, 근래는 PC침목	PC침목
전철기(선로 전환기)	- NS-AM형 또는 NS형 전철기 1대(포인트용) - 최대 전환력 : 400 kgf(NS-AM), 300 kgf(NS) - 선로전환기의 쇄정으로 간접쇄정 - 전자클러치(NS-AM형) 또는 마찰(NS형) 사용 - 최대 이동량(stroke) : 220 mm(NS-AM), 185 mm(NS)			- MCEM91 전철기(동정 : 110~260 mm, 쇄정 없음, 최대 전환력 400 kgf) 2대 - 전철기 쇄정장치 : 전철기 자체 작동(회전각) 감지, 분기장치에 별도의 작동확인과 쇄정장치 필요(VCC, VPM, 디텍터 등) - 마찰클러치 사용

한편, 고속열차를 운전하는 분기부대 곡선에는 부득이한 경우를 제외하고는 다음과 같이 캔트를 붙이도록 규정하고 있다. ① 내방분기기의 분기곡선에는 본선곡선과 같은 캔트를 붙인다. ② 제①호 이외 분기기의 분기 곡선에는 포인트와 크로싱부와의 접속관계를 고려하여 적당한 캔트를 붙인다. ③ 분기 외 곡선에서의 캔트는 일반 곡선의 캔트에 준하여 붙인다. ④ 제①, ②호에서의 캔트 체감거리는 캔트 량의 300배 이상으로 한다. ⑤ 분기 곡선과 이에 접속하는 곡선의 방향이 서로 반대될 때에는 캔트의 체감 끝부터 5 m 이상의 직선을 삽입한다.

철도의 건설기준에 관한 규정에서는 분기기 내에서 부족캔트 변화량이 제3장 제3.5.3항 **표 3.5.2** ②의 값을 초과하는 경우에는 완화곡선을 두어야 한다고 규정하고 있다.

(7) 일반 철도용 분기기 종류

국내의 일반철도에서 현재 사용하고 있는 분기기의 종류는 **표 2.9.7**과 같으며 분기기의 구조별 특징은 **표**

2.9.8과 같다.

표 2.9.8 일반철도용 분기기의 구조별 특징

구분	50 kg 관절식 분기기	50 kg 탄성 분기기 (목침목, 조립 크로싱)	50 kg 탄성 분기기 (PC침목, 망간 크로싱)	50, 60 kg 탄성 분기기
텅레일 첨단형상과 체결 방식	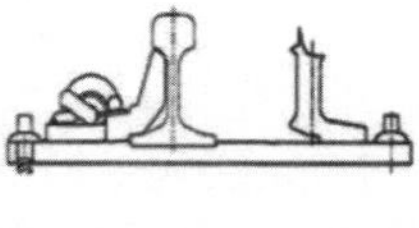	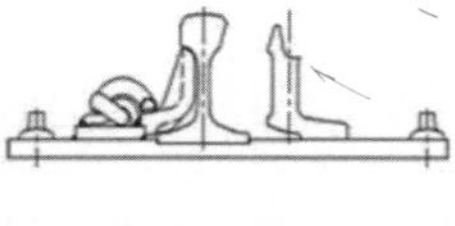		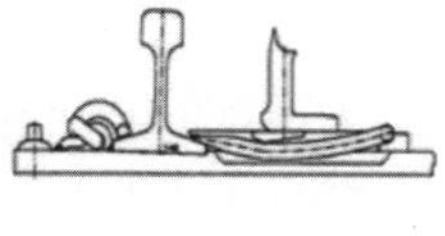
힐 부분의 형상				
크로싱 상판				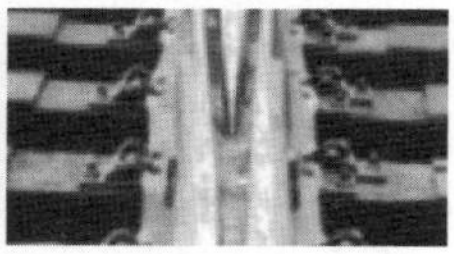
가드레일	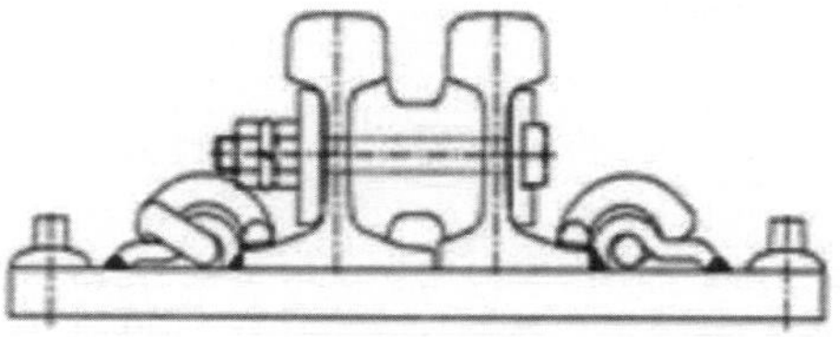		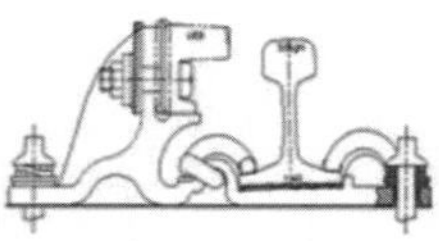	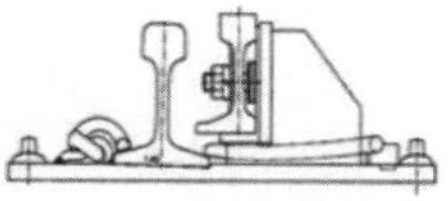

2.9.2 포인트의 구조

(1) 선형에 따른 포인트의 구조

포인트부에는 차량의 주행 방향을 결정하는 2개의 텅레일(tongue rail)이 있어 이 텅레일들을 움직임으로써 기준선(基準線)측 혹은 분기선(分岐線)측으로 선로를 형성하게 된다. 여기서, 선로의 구성에서는 직선에 가까워 고속으로 주행할 수 있는 쪽을 기준선 측이라 부르며, 여기에 일정한 각도를 가지고 분기되며, 분기에서 속도를 부득이하게 제한하는 쪽을 분기선 측이라 한다. 이것에 계속되는 리드부는 포인트 후단에서 크로싱의 전단에 이르는 곡선의 구간이다.

(가) 첨단포인트와 둔단 포인트

포인트(轉轍器, switch, point)를 대별하면 ① 첨단(尖端)포인트와 ② 둔단(鈍端)포인트로 나뉘어진다(**그림 2.9.7**).

첨단포인트는 선단부분이 뾰쪽하게 되어 있는 형상을 한 텅레일(tongue rail)을 이용한 포인트로 우리 나라에서 일반적으로 사용되고 있는 것이다. 텅레일은 50N 레일용 분기기의 경우에 **그림 2.9.8**과 같은 비대칭 단면의 레일(70S)을 삭정하여 사용하고 있으며(이 분기기를 50NS 분기기라고 부른다), UIC60 레일의 고속철도용 분기기는 UIC60D 레일을 사용한다.

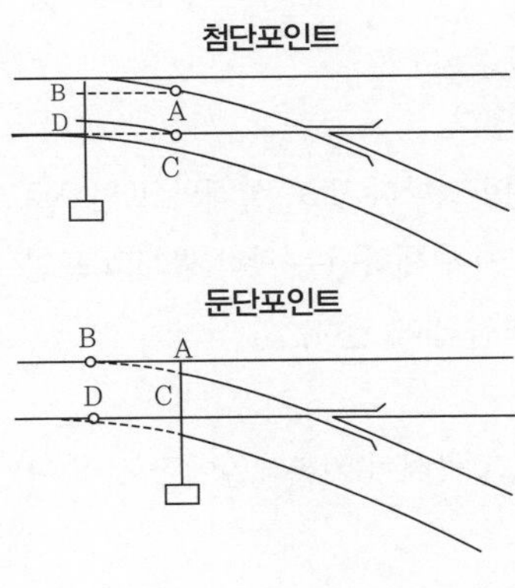

그림 2.9.7 첨단 · 둔단 포인트

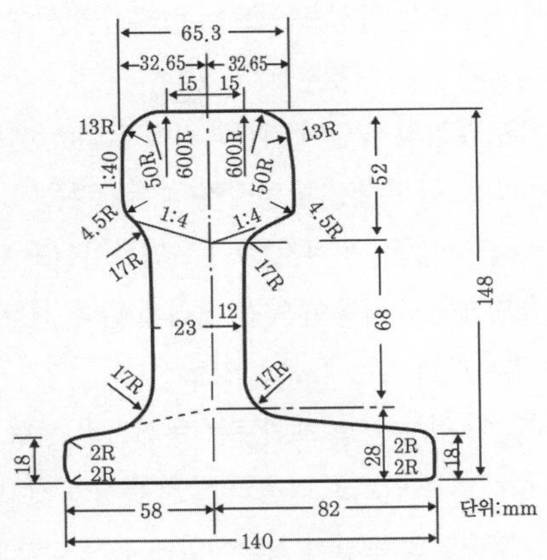

그림 2.9.8 분기기용 70S 레일

둔단 포인트는 보통레일 모양의 가동(可動)레일을 이용하여 가동레일과 포인트 전후의 레일과의 접속부가 보통 이음매와 같은 모양의 구조를 가진 포인트이며, ① 텅레일의 횡 억제가 어렵다, ② 가드가 필요하게 된다, ③ 이음매부의 유간을 항상 확보하기 어렵다, ④ 이음매부의 눈 틀림이 발생하지 않도록 하기 위한 기구가 필요하다, 등의 결점이 있어 우리 나라에서는 사용하지 않고 있다.

(나) 첨단포인트의 선형에 따른 종류

첨단포인트는 그 선형에서 ① 직선 포인트, ② 입사각(入射角, 제(4)항 참조)이 없는 곡선 포인트, ③ 입사각이 있는 곡선 포인트의 3 형식으로 나뉘어진다.

우리나라에서는 ①을 사용하여 오다가 근래에는 점차로 ③을 사용하고 있다(**그림 2.9.9**).

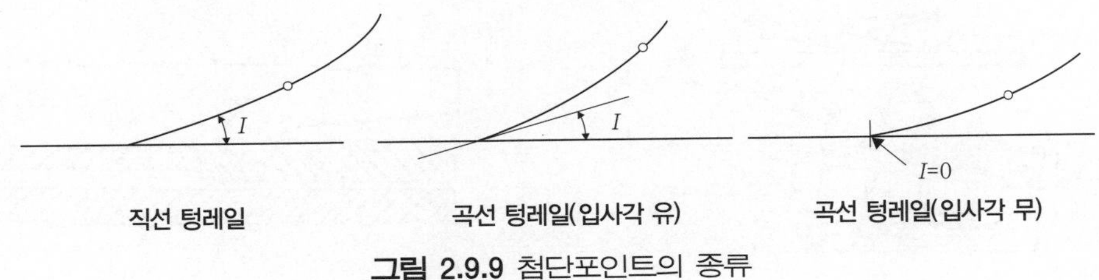

그림 2.9.9 첨단포인트의 종류

텅레일 첨단부의 형상에는 최근에 Woter-switch 기술을 이용하고 있으며, 이는 텅레일이 기본레일 두부측면에 삽입되어 밀착되며, 응력이 집중되는 분기기 진입부 텅레일 첨단 부분을 최대 5 mm까지 보강하고 있다.

1) 직선 포인트

직선 포인트는 텅레일의 선형이 직선형을 이루고 있는 포인트로 다음과 같은 특징을 갖고 있다.

① 편개, 양개, 진분 분기기에 공통인 포인트를 사용할 수 있다.

② 텅레일과 기본레일이 절선(折線) 궤도를 형성하고 있기 때문에 입사각이 있어 이 부분을 통과하는 차량의 동요(動搖)가 크고, 레일의 마모(磨耗)가 현저하다.

③ 텅레일의 가공이 용이하다. ④ 비교적 텅레일 길이가 짧아 좋다.

2) 입사각이 없는 곡선 포인트

입사각이 없는 곡선 포인트는 텅레일의 선형이 곡선형을 이루고 그 곡선이 기본레일에 접하는 형식의 포인트로서 다음과 같은 특징을 갖고 있다.

① 텅레일의 곡선이 기본레일에 접선(탄젠트)이므로 입사각이 없다.

② 리드 곡선반경과 텅레일 곡선반경을 일치시키면, 리드 곡선반경마다 별도 설계의 포인트로 된다. 예를 들면, 같은 번수(番數)의 포인트이어도 편개, 양개, 진분 분기기에 대하여는 각각 별개의 포인트로 된다.

③ 텅레일의 가공이 약간 어렵게 된다. ④ 텅레일의 길이가 비교적 길게 된다.

3) 입사각이 있는 곡선 포인트

입사각이 있는 곡선 포인트는 텅레일의 선형이 곡선형을 이루고 그 곡선이 기본레일에 접선이 아닌(할선, 시컨드) 형식의 포인트로 다음과 같은 특징을 갖고 있다.

① 텅레일의 곡선이 기본레일에 접하지 않으므로 입사각이 있다.

② 텅레일의 가공이 약간 어렵게 된다. ③ 텅레일의 길이가 비교적 짧게 된다.

(2) 후단 이음매 구조에 따른 포인트의 종류

포인트 후단 이음매 구조에 의하여 포인트를 구분하면 ① 활절(滑節)포인트, ② 관절(關節)포인트, ③ 탄성(彈性)포인트 등의 종류가 있다.

우리 나라에서는 초기에 ①을, 근래에 ②를 사용하여 오다가 1990년대 초반부터 ③을 많이 이용하고 있다.

(가) 활절 포인트

활절 포인트는 **그림 2.9.10**에 나타낸 것처럼 칼라를 넣음으로써 이음매판과 간격재의 사이에 간극을 두며,

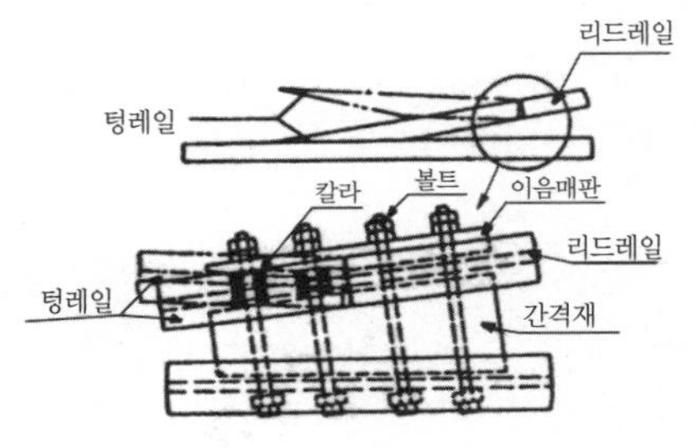

그림 2.9.10 활절 포인트

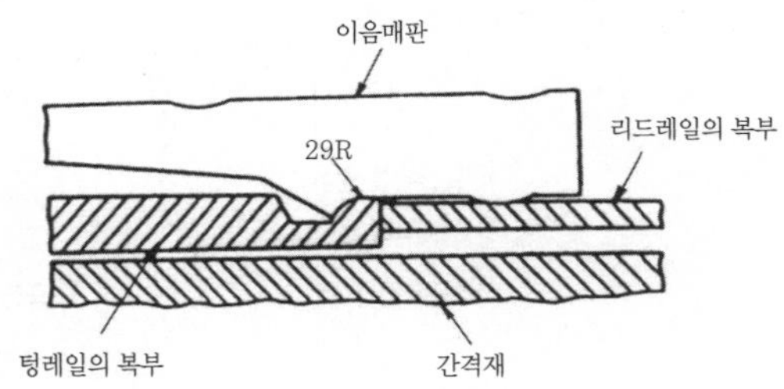

그림 2.9.11 관절포인트의 후단

포인트 전환 시에는 텅레일 후단이 미끄러져 이동하면서 회전하는 포인트이다.

(나) 관절포인트

관절포인트는 텅레일 후단부에 회전중심을 가지고, 포인트 전환 시에는 회전 중심을 축으로 텅레일이 움직이는 포인트이며, 그 종류에는 ① 피벗(pivot) 형식, ② 힐 이음매판 형식(**그림 2.9.11**)이 있다. **그림 2.9.12**는 포인트(관절형)의 구조이다.

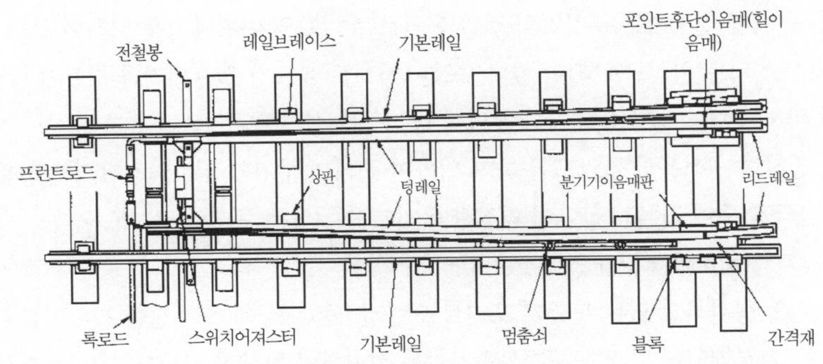

그림 2.9.12 포인트(관절형)의 구조

우리 나라는 ②를 주로 이용하고 있다.

(다) 탄성포인트

탄성포인트는 텅레일의 후단부를 리드레일과 용접하여 고정하고 포인트의 전환 시에는 텅레일이 휘어지도록 한 포인트이다(**그림 2.9.13**). 일반적으로 텅레일 후단부에는 저부의 단면(폭)을 작게 한 탄성부를 두고 있다.

그림 2.9.13 탄성포인트

(3) 전철봉과 도중전환방지기

(가) 전철봉 설치 방법

전철봉(轉轍棒, switch rod)은 전환장치의 전환력을 텅레일에 전하는 중요한 부재이며, 전철봉과 그 설치부의 손상은 사고의 원인으로 되는 일이 많다. 전철봉을 텅레일에 설치하는 방법은 ① 직접 설치하는 형식, ② 연결판을 넣어 설치하는 형식이 있다.

전철봉을 텅레일에 직접 설치하는 형식은 **그림 2.9.14**에 나타낸 것처럼 텅레일의 저부에 전철봉 볼트용 구멍을 뚫어 설치하는 방법이다. 연결판을 넣어 전철봉을 텅레일에 설치하는 형식은 강도의 점에서 우수하므로 우리 나라의 N용 분기기에서 사용하고 있으며, **그림 2.9.15**에 예를 나타낸다.

(나) 전철봉 볼트

전철봉 볼트는 텅레일과 전철봉을 연결하는 중요한 부재이며, 이 볼트가 이완하기도 하고 절손하는 것은 중대 사고의 원인으로 되는 일이 있다. 이 때문에 전철봉 볼트는 이완방지, 탈락방지구의 설치 등을 고려한 설계가

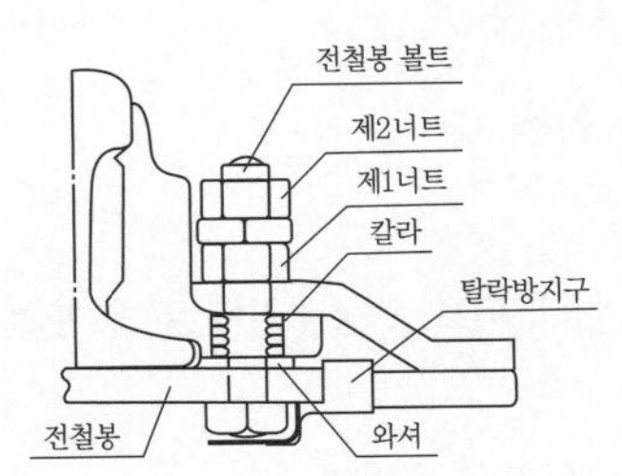

그림 2.9.14 전철봉 직접 설치방법

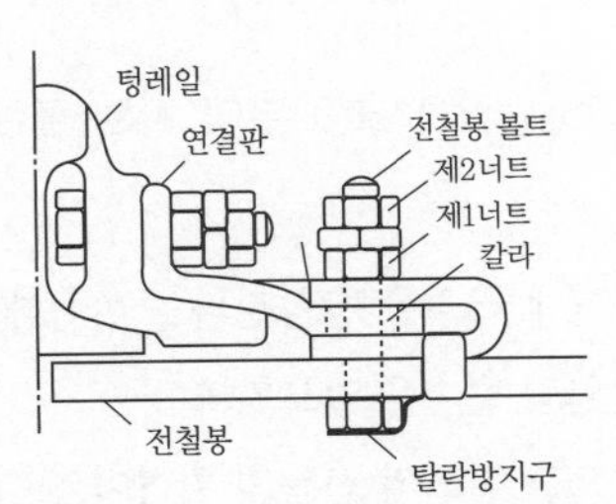

그림 2.9.15 N레일용 전철봉 설치

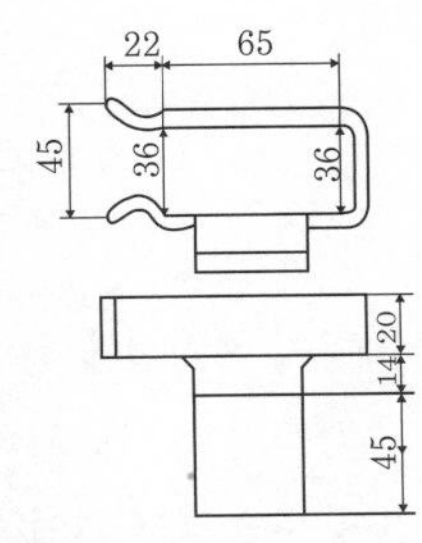

그림 2.9.16 탈락 방지구

이루어지고 있다. 근래에 설계하는 분기기의 전철봉 볼트는 너트의 이완방지를 위하여 로크 너트 와셔를 2개의 너트 사이에 끼워 2중 너트 형식으로 되어 있다. 또한, 임시로 볼트가 절손되거나 너트가 이완된 경우에 볼트의 탈락을 방지하기 위하여 **그림 2.9.16**에 나타낸 탈락 방지구를 설치한다.

전철봉 볼트에 밀착력이 작용하지 않도록 하기 위하여 근래의 분기기에는 연결판의 전철봉 볼트 구멍과 볼트(칼라)의 사이에 간극을 두어 전철봉 상단이 연결판 돌기부를 누르는 구조로 하기도 한다.

(다) 도중전환 방지기(途中轉換 防止器, detector bar)

차량이 포인트 위를 통과하고 있는 도중에 포인트를 반전하는 이른바 도중전환으로 인한 사고를 방지하기 위하여 텅레일 위치의 기본레일에 따라 도중전환방지기를 설치하여 차량이 포인트 위를 통과하고 있을 때는 전환할 수 없도록 하는 것이 있다.

(4) 포인트의 입사각

텅레일은 선단의 부분을 얇게 깎아 단면이 작아서 윤하중의 부담에 견딜 수 없으므로 텅레일의 선단 부근은 단지 차량을 분기선으로 유도시킬 목적으로 그치고 횡력에 대하여는 멈춤쇠를 넣어 기본레일로 전하며, 연직력에 대하여는 선단 부근을 기본레일보다 낮게 하여 처음의 동안에는 윤하중의 모두를 기본레일로 받도록 하고, 그 후 점차로 높혀서 텅레일만으로 하중을 부담할 수 있는 충분한 단면을 가진 위치로 되어 처음으로 텅레일이 전부의 하중을 부담시키도록 하고 있다. 포인트의 입사각(入射角, incident angle, switch angle)은 **그림 2.9.17**에 나타낸 것처럼 텅레일 선단에서 텅레일과 기본레일의 궤간선이 교차하는 각도를 말한다(상기의 제(1)(나)항 참조).

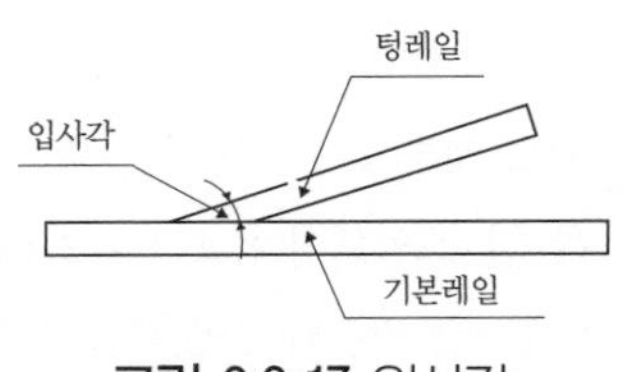

그림 2.9.17 입사각

입사각은 텅레일의 후단부에서 **그림 2.9.18**에 나타낸 것처럼 기본레일과의 사이에 차륜의 플랜지를 통과시키기 위하여 일정한 간격이 필요하기 때문에 텅레일의 길이가 길 때의 입사각은 작고, 짧으면 크게 된다.

입사각 및 텅레일의 길이는 크로싱 각에 관련하여 결정된다. 이와 같이 텅레일에 입사각이 존재하기 때문에

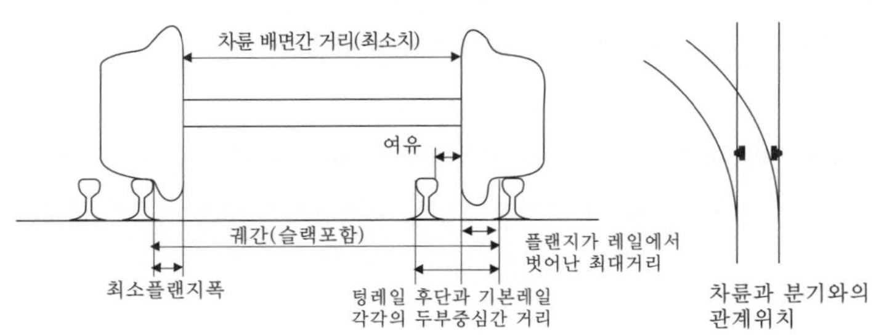

그림 2.9.18 텅레일 후단부의 차륜 플랜지 통과 간격

① 차량이 분기선에 진입하는 순간에 급격한 방향전환을 마음대로 할 수 없게 되므로 텅레일에 횡 방향의 큰 충격을 주어 단면이 작은 텅레일의 절손을 일으키고,

② 차량은 충격에 기인하여 큰 동요를 일으켜 전복의 위험이 생김과 함께 승차감을 해치며,

③ 궤도 자신을 파괴하는 외에 텅레일과 기본레일이 불밀착의 현상을 일으키기 쉽고,

④ 차륜 플랜지의 비집고 들어감에 따라 이선 진입(異線進入)으로 인한 탈선사고를 일으키는 것으로 된다. 특히, 차륜 플랜지의 마모가 심하게 되어 얇게 되어 있을 때에 이 위험이 높다.

표 2.9.9 포인트(50N 레일용) 입사각

번수 (#)	텅레일 길이 (mm)	후단 벌어짐 (mm)	입사각
8	5,700	140	1° 23′ 20″
10	7,000		1° 07′ 23″
12	8,400		0° 56′ 07″
15	10,400		0° 46′ 34″

상기의 (1)에서 언급한 것처럼 입사각을 붙인 포인트에는 ① 직선 포인트와 ② 입사각을 붙인 곡선 포인트가 있다. **표 2.9.9**에 50N레일용 분기기의 포인트별 입사각을 나타낸다.

(5) 새로운 포인트용 상판

표 2.9.10은 포인트에 이용되는 상판(床板, bed plate)의 새로운 기술을 나타낸다.

표 2.9.10 새로운 포인트용 상판의 종류

구분	형상	특징	적용 분기기
나비클립型 (탄성型)		• 안정적인 탄성식 Schwihag 체결장치 적용 • 상판 중앙부 삽입형으로 슬라이드 면적 최대화(상판 하중분산 유리)	• UIC60 고속분기기
U클립型 (탄성型)		• U자형 탄성식 체결장치 적용 • 상판 중앙부 삽입형으로 슬라이드 면적 최대화(상판 하중분산 유리)	• 60 kg 일반철도 탄성분기기 • UIC54 수출용
無도유 상판 (사이드型)	 	• 롤러장치 일체형 미끄럼 상판 • 무도유 베이스 플레이트 적용 • 상판 측면 설치형으로 슬라이드 면적 최대화(상판 하중분산 유리)	• 60 kg 일반철도 탄성분기기 • 60 kg 지하철 탄성분기기 • UIC60 고속분기기
無도유 상판 (중앙부型)		• 롤러장치 일체형 미끄럼 상판 • 무도유 베이스 플레이트 적용 • 상판 중앙부 설치형으로 50 kg 분기기에 적용	• 50 kg 일반철도 탄성분기기

2.9.3 크로싱의 구조

(1) 크로싱의 종류

크로싱부는 기준선 측과 분기선 측의 분기기 내측 레일이 교차하는 개소이다. 크로싱(轍叉, crossing, X'ing, frog)의 종류에는 ① 고정(固定) 크로싱(rigid (or fixed) crossing), ② 가동(可動) 크로싱(movable crossing), ③ 승월(乘越) 크로싱(run-over type crossing)이 있다.

고정 크로싱(**그림 2.9.19**)은 가동 부분이 없으며, 차륜의 플랜지가 통과하는 플랜지웨이(輪緣路, flange way)폭을 확보하기 위하여 궤간선 결선부(缺線部, gap)를 두고 있다. 또한, 차륜이 궤간선 결선부에서 이선(異線) 진입(進入)하지 않도록 하기 위하여 가드(guard)를 필요로 한다. 크로싱의 후단(後端) 레일이 교차하는 부분을 노스(nose)라 부른다. 크로싱부에서 리드레일(lead rail)에서부터 노스까지 상기의 결선부에서 차륜이 빠지는 일이 없이 원활하게 통과할 수 있도록 차륜답면 형상에 따라 결선부의 레일(윙 레일)을 외측으로 높게 하고 있지만, 차륜이든 레일이든 모두 일정한 형상으로 유지될 수 없으므로 다소라도 충격이 발생하게 된다.

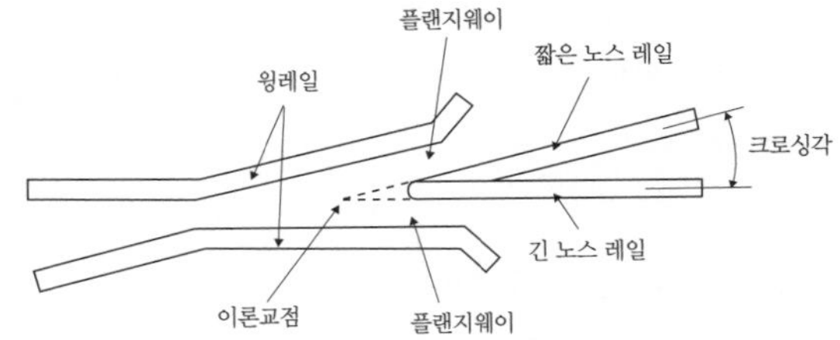

그림 2.9.19 크로싱의 구조

이 충격을 기본적으로 없도록 한 것이 노스 가동 크로싱이며, 충분한 길이를 가진 노스를 움직이는 것으로 선로를 구성한 측의 플랜지웨이를 닫으므로 결선부가 존재하지 않게 된다. 즉, 가동 크로싱은 궤간선 결선부를 없애기 위하여 가동레일을 전환시키는 것이며, 이선 진입 방지를 위한 가드가 불필요하다고 하여 가드가 없는 분기기도 있다.

승월 크로싱은 승월 분기기에 사용되는 분기기로 차륜이 본선레일을 올라타고 가는 것이다.

(2) 고정 크로싱

고정 크로싱의 종류에는 제조방법에 따라 ① 조립(組立) 크로싱, ② 망간(manganese) 크로싱, ③ 용접(鎔接) 크로싱, ④ 압접(壓接) 크로싱이 있다. 우리 나라에서는 일반적으로 조립 크로싱을 사용하고 교통량이 많은 곳은 망간 크로싱을 이용하고 있다. 최근에는 ⑤ 블록 크로싱도 이용되고 있다.

(가) 조립 크로싱(built-up crossing, bolted rigid crossing)

조립 크로싱은 긴 노스 레일(nose rail), 짧은 노스 레일과 윙레일(wing rail)을 간격재와 볼트로 조립한 것으로 ① 상판(床板) 조립 크로싱, ② 볼트체결 무상판 조립 크로싱, ③ N레일용 조립 크로싱 종류가 있다.

상판 조립 크로싱은 예전의 대정형(大正形) 분기기에 사용하던 것으로 긴 노스 레일, 짧은 노스 레일과 윙 레일을 간격재와 볼트로 조립한 후에 크로싱을 상판에 리벳으로 연결한 것이다. 볼트체결 무상판 조립 크로싱은 간격재를 크

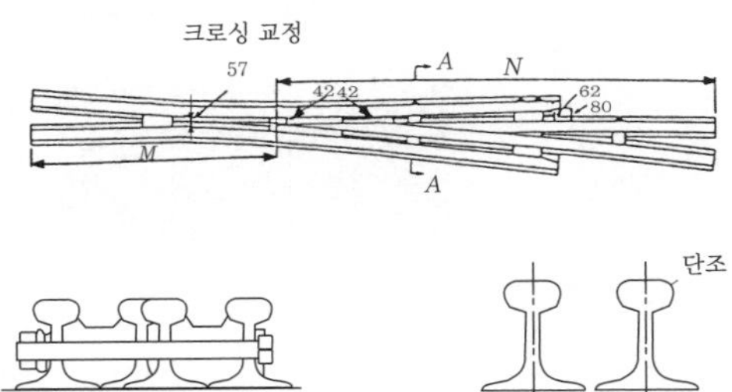

그림 2.9.20 50N 레일용 조립 크로싱

게 하여 다수의 볼트로 노스 레일과 윙 레일을 조립한 크로싱이며, 상판 조립 크로싱에 채용하였던 대상판(大床板) 및 리벳을 이용하지 않는다. 이 크로싱은 예전의 모자형(帽子形) 분기기에 사용되었다. **그림 2.9.20**에 나타낸 N레일용 조립 크로싱은 NS레일용 분기기에 사용되고 있는 크로싱이며, 이전에는 쌍둥이 훅 타이 플레이트를 사용하였으나, 현재에는 분기용 베이스 플레이트(크로싱용)와 나사스파이크 등으로 침목에 체결하고 있다. 윙 레일과 노스 레일의 갈아탐을 원활하게 하기 위하여 윙 레일 두부를 단조하여 북돋는 경우도 있다.

(나) 망간 크로싱(manganese crossing)

망간 크로싱(**그림 2.9.21**)은 고망간강(manganese steel)을 사용하여 일체 주조(一體 鑄造)로 제작되는 크로싱으로 다음과 같은 특장이 있다(내구성이 보통 크로싱의 약 10 배).

① 끈질겨 갈라지기 어렵고, 흠이 생겨도 진전이 느리다.

② 가공경화성이 있으므로 차륜이 통과함에 따라 경도가 Hs 30에서 Hs 50~60으로 증가한다.

③ 내마모성이 있다.

그림 2.9.21 망간 크로싱

이 때문에 망간 크로싱은 본선용 분기기에 사용되는 일이 많다. **그림 2.9.22**에 50N 레일용 망간 크로싱의 예를 나타낸다. 우리 나라에서는 망간 크로싱의 재료로 고망간 주강품 3종(SCMnH 3)을 이용하고 있으며, 화학 성분은 C 0.90~1.20, Si 0.30~0.80, Mn 11.0~14.00, P 0.050 이하, S 0.035 이하로 되어 있다.

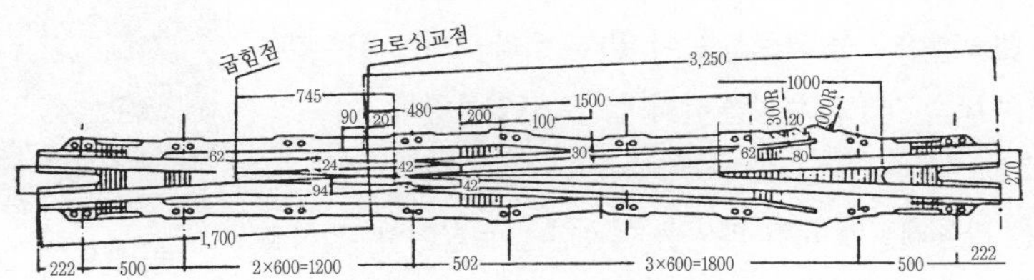

그림 2.9.22 50N 레일용 망간 크로싱

(다) 용접 크로싱

용접 크로싱은 중탄소 합금강의 90S 레일로 제작한 노스 레일과 윙 레일을 아크 용접하여 일체구조로 한 크로싱이다. 이 크로싱은 일본에서 고속분기기용으로 개발된 것으로 크로싱 전후 이음부를 용접하는 것이 가능하다. 현재는 90S 레일을 폐지하고 80S 레일을 채용하였기 때문에 용접 크로싱은 제작되지 않고 있다. 이것은 대체품으로서 ① 압접 크로싱이 개발되었고, ② 망간 크로싱 전후단 이음부를 접착이음매로 하는 기술이 개발됨에 따라 용접 크로싱의 필요성이 적어졌기 때문이다.

(라) 압접 크로싱

압접 크로싱은 가스압접 접합으로 일체화한 노스 레일과 윙 레일을 간격재를 넣어 접착하고 볼트로 체결한 크로싱이다. 일본에서 사용하는 이 크로싱은 크로싱 전후단 이음부를 용접이음으로 하는 것이 가능하고 망간 크로싱보다 싸며, 더욱이 내구성 향상을 목적으로 개발되었다. 노스레일은 100 kgf 크레인 레일로 제작한 선단부분과 2개의 보통레일을 용접하여 제작되는 V자형의 후단부분을 가스압접 접합하고, 더욱이 담금질(slack quenching) 소입법(燒入法)로 열처리하여 제작된다. 간격재와 레일간의 접착방법은 접착절연레일의 제조방법과 같다.

(마) 블록 크로싱

블록 크로싱은 **표 2.9.11**과 같이 크로싱 비(vee)를 망간강으로 제작한 크로싱이다.

표 2.9.11 블록 크로싱의 종류와 특징

구분	형상	특징	적용 분기기
블록 크로싱		• 노스 부분을 망간강으로 한 일체형 구조 • 레일강에 비하여 인장강도, 내마모성 우수 • 일체형 구조이므로 진동, 충격에 대한 안전성 우수	• 50 kg 일반철도 분기기
노스 블록 크로싱		• 노스 블록을 망간강으로 한 일체형 구조 • 레일강에 비하여 인장강도, 내마모성 우수 • 연결레일(HH370)과의 플래시 버트 용접으로 장대化와 내마모성 우수	• 50 kg 일반철도 분기기

(3) 가동 크로싱

가동(可動) 크로싱은 가동하는 부분이 있는 크로싱을 총칭하는 것으로, 종류에는 그 구조에 따라 ① 둔단(鈍端) 가동 크로싱, ② 노스(nose) 가동 크로싱(**그림 2.9.23**), ③ 윙(wing) 가동 크로싱 등이 있다. 우리 나라에서는 경부고속철도를 건설하면서 노스 가동 크로싱을 본격적으로 도입하였다.

그림 2.9.23 노스 가동 크로싱

(가) 둔단 가동 크로싱

둔단 가동 크로싱은 가동레일에 둔단 레일을 이용한 크로싱이며, 밀착조정간의 절손으로 인한 탈선사고가 많기 때문에 사용하지 않고 있다.

(나) 노스 가동 크로싱

노스 가동 크로싱은 노스 레일이 가동하는 형식의 크로싱으로 ① 탄성식 노스 가동 크로싱, ② 관절식 노스 가동 크로싱, ③ 활절식 노스 가동 크로싱이 있으나 대부분의 고속용에서는 주로 ①을 이용하고 있으며, 1970년대 후반에 용산역에 부설하였던 국철의 시제품에는 ②를 채택했었다

더욱이 사용재료에 따라 ① 망간 주강제 노스 가동 크로싱, ② 레일 용접제 노스 가동 크로싱이 있다. **표 2.9.12**는 우리나라에서 제작하는 노스가동 크로싱의 구조를 비교한 것이며, 우리나라에서 적용하고 있는 국산과 독일제 고속분기기의 크로싱은 제2.9.7(3)항을 참조하라.

(다) 윙 가동 크로싱

윙 가동 크로싱은 윙 레일이 가동식인 크로싱이다. 이 크로싱은 가동하는 윙레일의 횡 방향의 억제가 어려우므로 가드를 설치하여 윙 레일에 작용하는 횡압을 경감하고 있다.

(4) 승월 크로싱

승월 크로싱은 레일조립식이며, 기준선 측은 본선레일을 그대로 사용하고 분기선 측은 윙 레일과 노스 레일

표 2.9.12 국산 노스 가동 크로싱

구분	형상	윙 부분의 형상	특징	적용
노스 가동 크로싱 (크래들型)			• 윙레일部 망간강을 이용한 일체형 크래들 • 레일鋼 대비 인장강도, 내마모성, 사용수명 우수 • 일체형 구조로 진동, 충격에 대한 안전성 우수	• UIC60 고속철도 분기기, 60 kg 일반 철도 분기기
노스 가동 크로싱 (레일型)			• 레일鋼(HH370)을 이용한 윙레일 분리형 구조 • 망간 크래들 대비 제작 용이 • 망간 크래들에 비하여 구조적으로 취약	• 50 kg 일반 철도 분기기, 경전철 분기기

을 간격재와 볼트로 본선레일에 체결하는 구조이다. 기준선 측은 본선레일을 사용하므로 궤간선 결선(缺線)이 생기지 않는다. 분기선 측의 윙 레일은 본선레일의 상면보다도 높게 설치되어 차륜이 본선레일을 올라 탈 수가 있도록 한다.

(5) 플랜지웨이 폭(flangeway width)

크로싱의 플랜지웨이 폭(幅)은 윙 레일의 차륜 유도 각(誘導角)과 차륜이 윙레일 두부상면에 접촉하는 폭에 영향을 준다. 플랜지웨이 폭을 넓게 한 경우에는 윙 레일의 차륜 유도 각이 작게 되어 배면(背面) 횡압에 대하여는 유리하게 되지만, 차륜이 윙 레일 두부상면에 접촉하는 폭이 작게 되어 두부상면의 손모(損耗)에 대하여 불리하게 된다. 또한, 플랜지웨이 폭을 좁게 한 경우에는 윙 레일의 차륜 유도 각이 크게 되어 배면 횡압에 대하여 불리하게 되지만, 차륜이 윙 레일 두부상면에 접촉하는 폭이 크게 되어 두부상면의 손모에 대하여 유리하게 된다.

크로싱의 플랜지웨이 폭을 검토할 때에는 이상과 같은 점을 고려함과 동시에 분기기의 사용 목적, 궤간의 보수 기준, 가드의 플랜지웨이 폭, 백 게이지(back gage) 및 윤축의 보수 기준 등을 고려하여야 한다. 예전(2009. 9 이전)의 철도건설규칙에서는 크로싱부의 플랜지웨이 폭을 다음과 같이 정하고 있었다.

$a_1 + a_2$ ---- $90 + 2S$로서 $a = 40 + S$

여기서, a, a_1 또는 a_2 : 플랜지웨이 폭, a_1 : 크로싱 가드레일이 있는 쪽

a_2 : 크로싱 윙 레일이 있는 쪽, S : 슬랙

2.9.4 가드의 구조

(1) 정의와 종류

차량이 고정 크로싱의 대향(對向) 분기를 통과할 때 크로싱의 결선부에서 차륜의 플랜지가 다른 방향으로 진입하거나 노스의 단부를 손상시키는 것을 방지하고 차륜을 안전하게 유도하기 위하여 반대측 주레일에 설치하

는 부재를 가드레일(guard(or check, guide) rail)이라 한다. 결선부와 가드레일에는 충격이 대단히 크며, 또한 분기선 측의 리드반경도 배선 상의 제한이 있으므로 캔트나 적정한 슬랙 및 완화곡선의 삽입이 어렵기 때문에 안전한 고속주행을 방해한다. 가드레일에는 재래형(일명 B형과 C형)가드와 신형(일명 F형)가드가 있다. 재래형(B형)가드는 예전의 모자(帽子)형 분기기에 이용된 것으로 가드레일을 휨 가공으로 제작하여 간격재와 볼트로 주(主)레일(running rail of guard)에 연결한다.

재래형(C형)은 N레일용 분기기에 이용된 것으로 가드레일을 위와 같이 절삭 가공으로 제작하여 간격재와 볼트로 주레일에 체결한다(**그림 2.9.24**). 이 가드의 특징은 편개 분기기의 기준선 측 가드레일이 원호 절삭되는 점과 가드레일의 상면이 주레일 상면보다 12 mm 높게 되어 있어 차륜배면의 접촉이 잘 되는 점이다.

신형(H형)가드는 **그림 2.9.25**에 나타낸 것처럼 상판에 용접된 지재에 가드레일을 설치하는 구조이다. 간격재와 볼트로 가드레일을 체결하는 종래의 가드에서는 가드레일과 주레일이 일체로 되어 있기 때문에 궤간과 백 게이지의 보수를 서로 관련시켜 행하여야만 하였다. 그러나, 신형 가드에서는 가드레일을 상판에 연결하므로 궤간과 백 게이지의 보수를 각각 별도로 행할 수 있도록 되어 있다. 일반철도에서 현재 사용하고 있는 가드레일은 제2.9.1(7)항의 **표 2.9.8**을, 노스가동 크로싱을 사용하는 분기기의 가드레일은 제2.9.3(3)항의 **그림 2.9.23**참조하라. 노스가동크로싱을 사용하는 경우에는 가드레일을 사용하지 않는 사례도 있다.

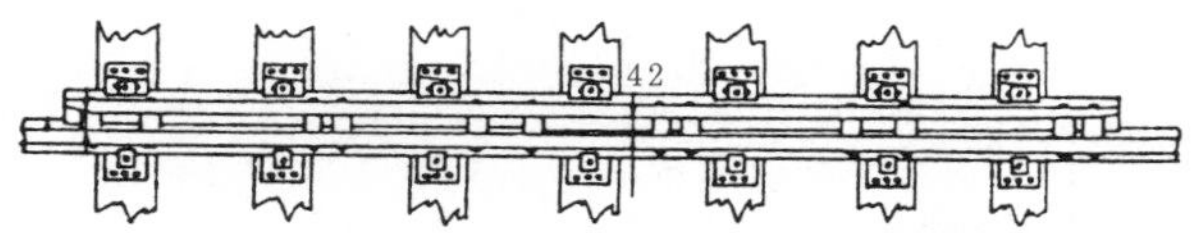

그림 2.9.24 재래형(C형) 가드

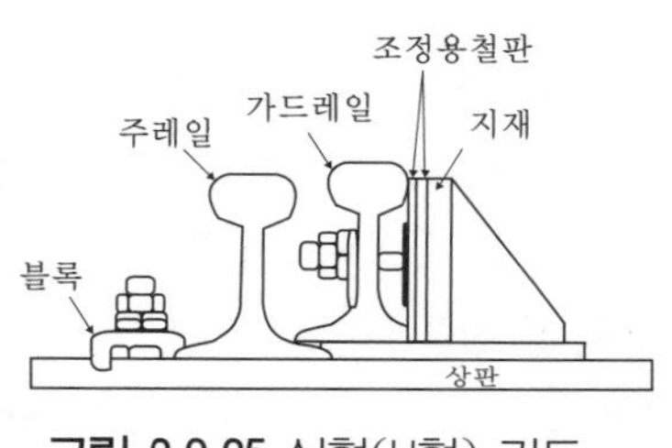

그림 2.9.25 신형(H형) 가드

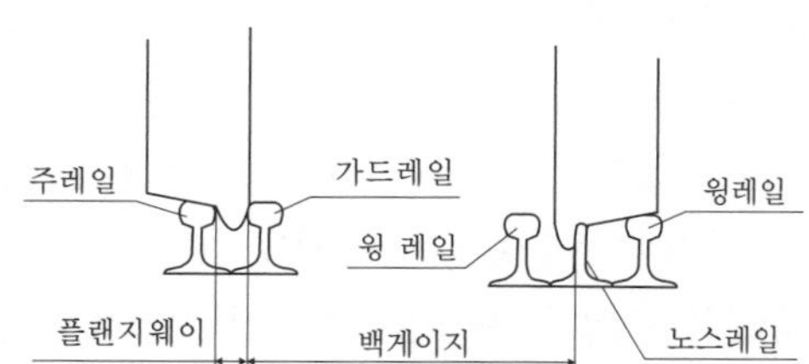

그림 2.9.26 백 게이지

(2) 플랜지웨이 폭

가드의 플랜지웨이 폭은 차륜 유도량과 차륜이 노스 레일에 닿는 양에 영향을 준다. 플랜지웨이 폭을 넓게 한 경우에는 차륜 유도량이 작게 되어 배면 횡압에 대하여는 유리하게 되지만, 차륜이 노스 레일에 닿는 량이 크게 되어 노스 레일의 손모에 대하여 불리하게 된다. 또한, 플랜지웨이 폭을 좁게 한 경우에는 차륜 유도량이 크게 되어 배면 횡압에 대하여 불리하게 되지만, 차륜이 노스 레일에 닿는 양이 작게 되어 노스 레일의 손모에 대하여 유리하게 된다.

가드의 플랜지웨이 폭을 검토할 때는 이상과 같은 점을 고려함과 동시에 관련된 궤도규칙, 분기기의 사용 목적, 궤간의 보수 기준, 크로싱의 플랜지웨이 폭, 백 게이지 및 윤축의 보수 기준 등을 고려하여야 한다. 일반철도에서 분기 가드레일의 플랜지웨이 폭은 42 ± 3 mm이다.

(3) 백 게이지(back gage)

백 게이지는 **그림 2.9.26**에 나타낸 것처럼 가드레일의 플랜지웨이 측면에서 크로싱의 대응하는 노스 레일 궤간 선까지의 거리이다. 백 게이지가 작은 경우에는 차륜이 노스 레일에 닿는 량이 크게 되어 노스 레일의 손모가 생기며, 극단적인 경우에는 이선 진입(移線進入)을 일으킬 위험성이 있다. 또한, 백 게이지가 큰 경우에는 차륜 내측이 가드레일과 윙 레일에 구속되어 차륜이 올라 탈 우려가 있다. 일반철도에서는 백 게이지를 1,390~1,396 mm로 유지하도록 하고 있다. 고속철도에서는 백게이지를 1,392~1397 mm로 하고 있다. 백 게이지의 상한과 하한은 다음과 같이 고려되고 있다.

(가) 백 게이지의 상한

백 게이지의 상한은 최소의 윤축이 통과할 수 있도록 고려되고 있다. 즉, **그림 2.9.27**에서

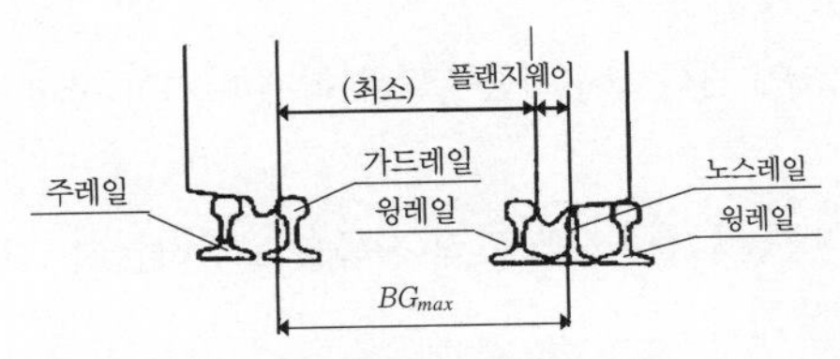

그림 2.9.27 백 게이지의 상한

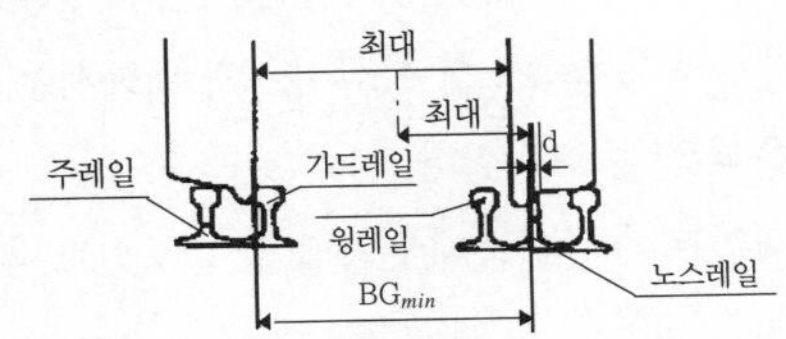

그림 2.9.28 백 게이지의 하한

$$BG_{max} \leq B_{min} + F_c$$

여기서, BG_{max} : 백 게이지의 상한, B_{min} : 차륜내면간 거리의 최소치, F_c : 크로싱의 플랜지웨이 폭

을 만족하여야 한다. 크로싱의 플랜지웨이 폭은 분기기의 종별에 따라 다르며, N레일의 백 게이지 상한은 다음과 같이 된다.

$$B_{min} + F_c = 1,348 + 40 = 1,388$$

$$BG_{max} = 1,396 > 1,388$$

이것은 상기의 조건에 적합하지 않으므로 추가의 검토를 요하고 있다.

(나) 백 게이지의 하한

백 게이지의 하한은 최대의 윤축이 통과할 수 있도록 고려되고 있다. 즉, **그림 2.9.28**에서

$$BG_{min} \geq B_{max}/2 + A_{max} + d$$

여기서, BG_{min} : 백 게이지의 하한, $B_{max}/2$: 차륜내면간 거리의 최대치, A_{max} : 차륜외면간 거리의 최대치, d : 노스 레일에 차륜이 닿는 량

을 만족하여야 한다. 노스 레일에 차륜이 닿는 허용량은 분기기의 종별에 따라 다르며, N레일의 백 게이지 하한은 다음과 같이 된다.

$$B_{max}/2 + A_{max} + d = 1,358/2 + 713 - 2 = 1,390$$

$$BG_{min} = 1,390 = 1,390$$

2.9.5 분기기의 통과속도

분기기와 일반 궤도의 구조를 비교하면 다음과 같은 차이가 있으므로 분기기 직선측의 통과속도는 **표 2.9.13**과 같이 제한되고 있다.

① 텅레일 선단부의 단면이 작다. ② 텅레일이 체결되어 있지 않다.

③ 텅레일 후단 이음매는 느슨한 구조로 되어 있다.

④ 텅레일과 기본레일 사이에서 갈아탐의 충격이 발생한다.

⑤ 분기기내에 이음매가 많다. ⑥ 슬랙에 따른 줄 틀림과 궤간 틀림이 발생한다.

⑦ 크로싱 노스부에 차륜 패임이 발생한다.

⑧ 가드 및 윙 레일을 통과하는 차륜에 충격적인 배면 횡압이 발생한다.

분기기의 통과속도를 향상시키기 위해서는 윤축과 궤간 등에 관한 보수기준치를 엄하게 하여야 하며, 분기기를 다음과 같이 보강한다.

1) 포인트 후단이음매부의 보강 ; 포인트 후단이음매부의 대(大)상판, 볼트 및 침목을 보강하든지, 탄성포인

표 2.9.13 일반철도 분기기의 기준선 측 통과속도의 일부 예(경부선은 역별로 제한)

선명	구간(역명)	통과속도(km/h)	
		고속열차	기타열차
호남선	대전조차장~서대전		90
	서대전~익산	130	100
	익산~목포	140	130
전라선	익산, 삼례, 전주~용정, 압록~괴목, 동운~순천, 여수엑스포	140	130
	동익산, 동산, 금지~곡성, 개운, 성산~율촌, 여천	200	150
	덕양	230	150
경전선	삼랑진~낙동강, 마산남부~광주송정		90
	진영, 진례, 창원, 마산북부		130
	낙동강남부, 한림정, 창원중앙		150
동해남부선	부산진~경주		90
장항선	광천~청소, 웅천~간치		90
	천안~신성, 주포~남포, 판교~군산화물선분기		130
경춘선	춘천		90
	망우~남춘천		150
중앙선	청량리~용문, 제천~도담		130
	용문~제천, 도담~경주		100
충북선	각 정거장		100
대구선	각 정거장		100
영동선			80
태백선			80
경북선	김천~점촌		80

표 2.9.14 일반철도 분기기의 분기선 측 통과속도

구간별	분기기별	구분	분기기 번수별			
			8	10	12	15
지상 구간	편개분기기	곡선반경(m)	145	245	350	565
		속도(km/h)	25	35	45	55
	양개분기기	곡선반경(m)	295	490	720	1,140
		속도(km/h)	40	50	60	70
지하 구간	편개분기기	속도(km/h)	25	30	40	–
	양개분기기	속도(km/h)	35	45	45	–

트로 교환한다.

2) 가드부의 보강 ; 기준선 측 가드를 신형(H형)가드로 교환한다.

다음에 분기선 측에 대한 통과속도를 검토하면, 분기기의 리드곡선은 ① 캔트가 없다, ② 완화곡선이 없고, 슬랙의 체감이 급하다는 등 일반 궤도의 곡선과 비교하여 조건이 나쁜 형상을 하고 있으며(제2.9.1(6)항 참조), 더욱이 분기기 전체로서는 ① 리드곡선과 분기기부대 곡선 사이의 직선 길이가 짧다. ② 직선포인트를 사용한 분기기가 있다는 등 차량통과에 대하여 바람직한 형상이라고는 말하기 어렵다. 이 때문에 곡선반경에 대한 통과속도는 일반 궤도보다도 낮게 제한하여 국철에서는

$$V = 1.6 \sim 2.1\sqrt{R}$$

여기서 V : 통과 속도(km/h), R : 곡선반경(m)

로 하고 있다. **표 2.9.14**에 일반철도의 분기기에 대한 분기선 측 통과속도를 나타낸다. 한편, 일본에서는 상기 공식의 계수를 2.75로 하고 있다.

또한, 최근에는 같은 번수의 분기기에 대하여 분기선 측 통과속도를 향상시키기 위하여 곡선크로싱을 사용한 분기기가 설계되고 있다. 이 분기기는 **그림 2.9.29**에 나타낸 것처럼 종래 크로싱 전단에서 끝난 리드곡선을 크로싱 후단 이음매까지 연장함으로써 리드곡선반경을 크게 하여 속도향상을 도모한 것이다.

고속용 분기기에 대한 상세는 문헌[71]과 **표 2.9.4**를 참조하기 바라며, 상기 공식의 계수가 2.6~2.9로 된다.

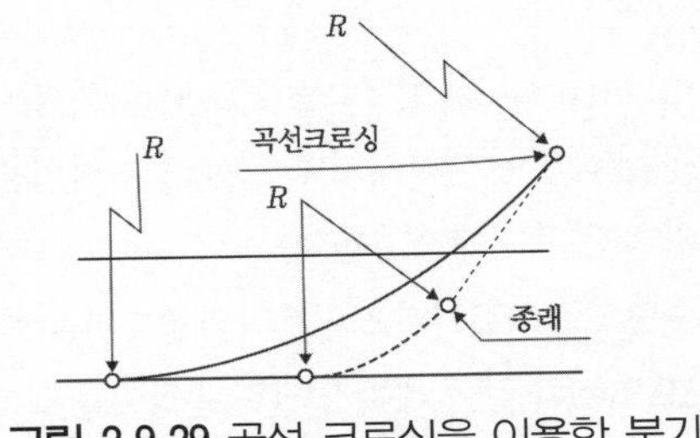

그림 2.9.29 곡선 크로싱을 이용한 분기기

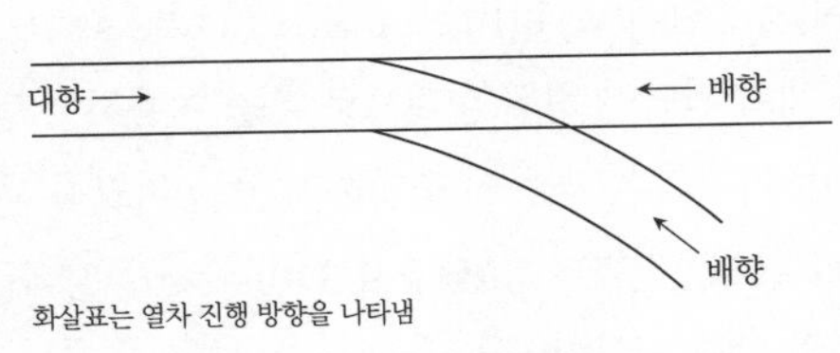

그림 2.9.30 분기기의 대향과 배향

2.9.6 분기기의 배치와 전환장치

(1) 대향 분기와 배향 분기

그림 2.9.30에 나타낸 것처럼 열차의 운전방향에 따라 차량이 분기기 전단부에서 후단부로 향하여 진행하는 경우를 대향(對向, facing)이라 부르고, 이것에 대하여 분기기 후단부에서 전단부로 진행하는 경우를 배향(背向, trailing)이라 부르고 있다. 열차가 주로 대향으로 진행하는 대향분기기는 텅레일의 불밀착(不密着)이나 크로싱부의 이선 진입(異線進入)의 우려가 있으므로 배선 시에는 될 수 있는 한 대향분기기로 되는 것을 피하고 배향 분기기로 되도록 배려하여야 한다.

(2) 선로 전환기(線路 轉換器, switch throwing device, switch stand, switch(or lever) box)

포인트(또는 가동 크로싱)의 텅레일(노스레일)을 기본레일(윙레일)에 밀착 또는 분리시켜 포인트(가동크로싱)를 목적으로 하는 방향으로 개폐하는 장치로서 작업이 간단하고 확실하여야 하고, 포인트용에는 수동식과 동력식이 있으며, 가동 크로싱에는 포인트와 연계하여 동력식을 이용한다. 선로 전환기는 전철기(轉轍器, shunt)라고도 한다.

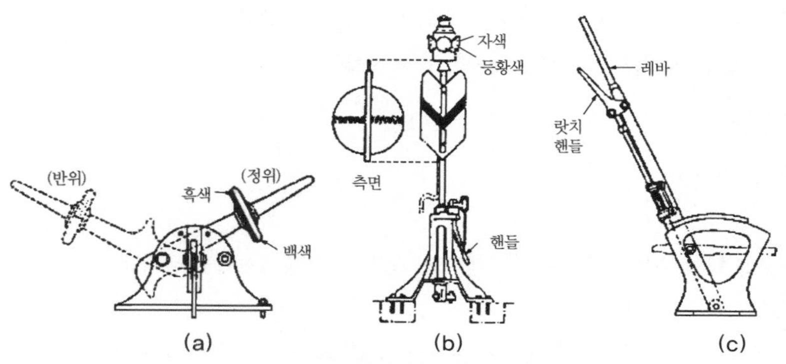

그림 2.9.31 각종 수동식 선로전환기

(가) 수동식(手動式) 전환기(manual switch)

레버 또는 손잡이를 인력으로 취급하며, 이것이 연결관과 크랭크 등을 거쳐서 텅레일 단부에 연결되어 있는 전철간(轉轍桿)에 전달되어 포인트의 통로(通路)를 전환한다.

1) 추(錘)전환기(weighted point lever, switch stand with weight) ; **그림 2.9.31**(a)와 같이 변환기 중에서 제일 간단한 형식의 것으로 추를 이용하여 텅레일을 기본레일에 밀착시키며, 주로 보선작업용 측선 등 보선장비 이외의 차량 등이 출입하지 않는 비교적 사용빈도가 적은 측선에 이용한다.

2) 표지(標識)전환기 ; **그림 2.9.31**(b)에서 손잡이를 들어 수평으로 회전시켜 포인트의 개통방향을 현시한다.

3) 래치 달린 전환기(switch stand with ratchet) ; **그림 2.9.31**(c)와 같이 래치가 달린 손잡이를 잡고 레버를 이동시킴으로써 건넘선에서 관련된 2조 이상의 포인트를 1개의 레버로 동시에 개폐할 때 사용된다.

(나) 동력식(動力式) 전환기(mechanical switch)

중요한 선에 사용되며 전기(電氣)식과 전공(電空)식이 있다. 전기전환기(electric switch machine)는 전동기의 회전을 치차 또는 크랭크 등의 왕복운동으로 변환시켜 포인트를 전환하는 장치이다(제8.3.1(2)(다)항 절 참조). 전공전환기(electro pneumatic switch machine)는 전자밸브로 조정되는 압축공기를 전환기 등을 통하여 전철기를 전환시키는 장치로서, 국철에서는 1977년에 그 동안에 사용하여 왔던 전공전환기를 전기전환기로 대체하였다. 가동노스크로싱의 경우에도 전환기가 필요하며, 또한 최근에는 유압식 전환기도 사용되고 있다. 외국의 고속철도 분기기용 전환기는 문헌[71]을 참고하기 바라며, 국내에서 사용하는 고속분기기용 전환기는 제8.3.1(2)(라)항을 참고하길 바란다.

(3) 정위와 반위

분기기는 사고의 원인으로 될 수 있는 위험한 시설이기 때문에 상시 개통하여 두는 방향을 평소에 결정해 둘 필요가 있다. 분기기의 이 방향으로의 개통상태를 정위(定位, normal position)라고 하며, 가끔 개통하는 방향으로의 분기기의 개통상태를 반위(反位, reverse position)라 부른다. 그러나, 안전 측선(安全側線)으로 열차를 유도하는 분기기와 같은 것은 그 본래의 목적에 따른 방향으로 개통하는 상태를 정위로 한다. 따라서, 항상 정위의 상태로 하여 두고 반위의 방향으로 개통하기 위해서 그 때마다 반위로 하고 열차통과 후는 곧바로 정위로 되돌려야 한다. 정위 혹은 반위의 상태는 표지 등으로 열차의 운전자에게 표시한다.

실제 문제로서 분기기가 어떤 방향으로 정위인지는 대략 열차횟수가 많은 중요한 방향이 정위가 되며, 일반적인 표준은 다음과 같다.

① 본선 상호간에는 중요한 방향, 그러나 단선의 상하본선에서는 열차의 진입 방향.

② 본선과 측선간에는 본선의 방향.

③ 본선, 측선, 안전 측선 상호간에는 안전 측선.

④ 측선 상호간에는 중요한 방향, 탈선 포인트가 있는 선은 차량을 탈선시키는 방향.

(4) 분기기의 보조 재료

선로유지관리지침에서는 분기기에 다음의 시설을 설치하도록 하고 있다. 즉, 본선의 대향 분기기, 또는 궤간 유지가 곤란한 분기기에는 텅레일 전방 소정의 위치에 게이지 타이 로드(gauge tie rod)를 붙일 수 있고, 크로싱에는 필요에 따라 게이지 스트럿(gauge strut)을 붙인다.

본선과 주요한 측선의 분기기에는 분기베이스플레이트를 부설한다. 텅레일 끝이 심하게 마모되거나 곡선으로부터 분기하는 곡선의 분기기에는 포인트 가드레일을 붙인다.로부터 분기하는 곡선의 분기기에는 포인트 가드레일을 붙인다.

(5) 탈선 포인트의 설치

선로유지관리지침에서는 다음의 경우에 탈선(脫線) 포인트(轉轍器)를 설치하도록 규정하고 있다.

① 단선 구간의 정거장에서 상하행 열차를 동시에 진입시킬 때, 긴 하기울기로부터 진입하는 본선로의 선단에 안전 측선의 설비가 없을 때

② 정거장에서 본선로 또는 측선이 다른 본선로와 평면 교차하고 열차 상호간 또는 열차와 차량에 대하여 방호할 필요가 있는 경우에 안전 측선의 설비가 없을 때

③ 기타, 특히 필요하다고 인정될 때

탈선 포인트의 설치 방법은 다음에 따른다.

ⓐ 탈선 포인트는 해당 본선로에 속하는 출발 신호기 외방에 인접 선로와의 간격이 4.25 m 이상이 되는 지점에 설치한다.

ⓑ 탈선 포인트는 해당 본선로에 속하는 출발 신호기와 연동하고 진로가 탈선시키는 방향으로 되었을 때 정지 신호가 현시되도록 설비한다.

ⓒ 상기 ①의 경우에 탈선 포인트는 상기 ⓐ, ⓑ 이외 대향열차에 대하여는 장내 신호기와 연동하고 이를 탈선시키는 방향으로 되었을 때 정지 신호가 보이도록 하여야 한다.

2.9.7 분기기의 설계와 부설

(1) 일반철도 분기기의 설계

표 2.9.15 분기기에 준용되는 일반 궤도의 설계 하중의 예 (단위 tf)

종별	윤하중	횡압
설계 윤하중(또는 횡압)	25.5	6.8
피로 검토 윤하중(또는 횡압)*	(12.4)	(3.4)
이상 윤하중	34.0	–

* 슬래브 궤도에 한함.

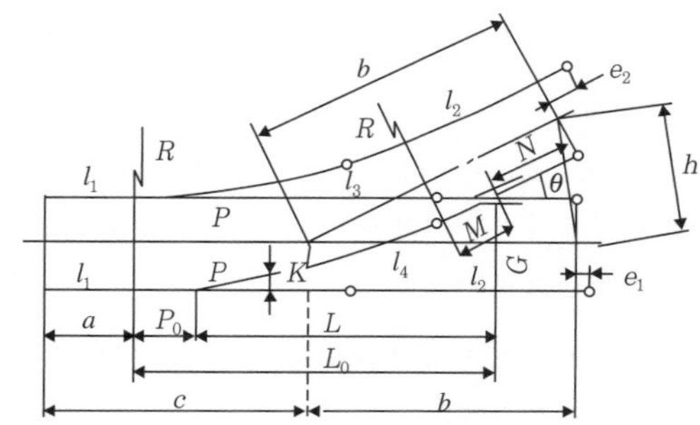

그림 2.9.32 편개 분기기의 선형 계산

(가) 설계 하중

분기기의 설계(設計) 하중(荷重)은 일반 궤도의 설계 하중을 편의적으로 사용하고 있다. **표 2.9.15**는 참고적으로 고속철도용 PC침목의 설계 하중(또는 궤도 슬래브 설계하중)을 나타낸 것이다.

(나) 허용 응력

분기기의 강도 검토 시에 이용되는 허용(許容) 응력(應力)은 잠정적으로 **표 2.9.16**에 나타낸 값이 이용되고 있다.

표 2.9.16 허용 응력의 잠정 안의 예

(kgf/mm^2)

부재 \ 하중	절손하면 곧바로 사고의 원인으로 되는 재료			기타의 재료			사용재료
	인장	압축	전단	인장	압축	전단	
레일	20	20	–	–	–	–	레일
레일	14	14	–	–	–	–	레일 탄성부
SC 46	10	10	3	12	12	9	주강
SS 41	10	10	4	12	12	10	일반 압연강
SV 41	8	10	4	12	12	10	리벳
FC 20	4	8	3	6	10	6	주철

(표 2.9.16의 계속)

SMn	15	15	–	–	–	–	고망간강
SCr 4	33	33	–	33	33	–	크롬강 볼트류
S45C~S55C	25	25	–	25	25	–	탄소강(열처리) 볼트류

(다) 선형 계산

분기기의 선형(線形) 계산은 분기기의 조건에서 리드 곡선반경을 구하여 리드 길이, 레일 길이, 분기기 후단의 어긋남 및 스켈톤을 계산한다. 계산의 예로서 일반 철도의 분기기인 50N 레일용 편개 분기기의 선형 계산 예(**그림 2.9.32**)를 간단히 설명한다.

① 주어지는 조건 : 궤간 G · 크로싱각 θ, 크로싱 전단 길이 M, 크로싱 후단 길이 N, 텅레일 길이 P, 기본레일 길이 l_1, 주레일 길이 l_2

② 리드 곡선반경 (R) : $R = \dfrac{G - M\ \sin\theta}{1 - \cos\theta}$

③ 접점에서 텅레일 전단까지의 길이 (P_o) : $P_o = \sqrt{10R} - 130$

④ 이론 리드 길이 (L_o) : $L_o = R\sin\theta + M\cos\theta \quad L = L_o - P_o$

⑤ 리드레일 길이 (l_3, l_4) : $l_3 = L - M - 6 - P \quad l_4 = R\theta - P_o - P - 6$

⑥ 분기기 후단의 어긋남 : $a = [2\ l_1 + 2\ l_2 + 6 \times 2 - (L_o + N + R\theta + M + N)] \times 0.5$

$e_1 = l_1 + l_2 + 6 - a - L_o - N$, $e_2 = G\tan\theta - e_1$

⑦ 스켈톤 제원 : $b = \dfrac{G}{2} \times \cot(\dfrac{\theta}{2}) + N \quad c = l_1 + 6 + l_2 - e_1 - b \quad h = 2b\sin(\dfrac{\theta}{2})$

(2) 고속 분기기의 설계

(가) 설계 일반

고속 분기기 설계의 기본 요점은 고속 주행이 가능하면서 승차감을 저해하지 않도록 하는 것이다. 이러한 관점에서 경부고속철도용 분기기는 분기기내의 모든 레일 이음부를 용접으로 연결하여 장대레일로 하고, 텅레일부의 선형을 입사각이 없도록 하여 분기 측에서의 진동을 완화시킬 뿐만 아니라 리드부 곡선반경을 크게 하고, 노스 가동 크로싱을 채택하여 크로싱부의 결선부를 없애는 구조로 설계하였다. 또한, 쾌적한 승차감을 확보하기 위하여 캔트 부족량을 70~100 mm의 범위(횡 가속도 0.46~0.65 m/s^2)로 하였다. 한편, 레일의 경사는 1/20로 하고, 분기기의 침목은 PC침목으로 하였다. 이하에서는 주로 경부고속철도 건설에 따라 설계된 국내생산 자갈궤도용 고속 분기기의 설계에 대하여 설명한다(상기의 **표 2.9.3**과 **표 2.9.4** 참조).

다양한 선형을 검토한 결과,

① 분기선 통과 속도가 작은 18.5 # 분기기 (90 km/h)와 26 # 분기기 (130 km/h)는 크로싱을 포함하여 분기기 전체를 원곡선 (반경 ; 각각 1,200, 2,500m, 분기기 길이 ; 각각 67.97, 91.95m)으로 하였으며,

② 분기선 통과 속도가 큰 46 # 분기기는 원곡선 (반경 ; 3,550 m)과 더블 클로소이드의 완화곡선을 삽입하였다.

(나) 포인트부의 설계

1) 설계 조건

포인트에 대하여는 차량 통과 시에 텅레일 첨단부에서 발생하는 충격과 마모를 최소화하고 차량 전향에 따른 횡 방향 운동을 최소화함으로써 횡 가속도의 급변화 값을 작게 하여 승차감 한도를 넘지 않도록 설계한다. 후단부에 관절 이음이 없는 탄성 포인트 후단은 리드레일과 현장 용접하는 것으로 설계한다. 텅레일(switch rail, tongue rail)은 60D레일을 사용한다.

탄성 포인트 설계의 기본 조건은

① 플랜지웨이 폭이 소정의 값을 만족할 것 ② 스트로크가 전기 전환기의 성능 범위 내에 있을 것

③ 탄성부의 휨 응력이 허용 범위 내에 있을 것 ④ 전기 전환기의 성능 범위 내에서 전환이 가능할 것

등을 조건으로 하여 텅레일 길이와 단면을 정하고, 여기에 적합한 부품을 설계한다.

2) 계산 이론 및 결과

포인트 설계는 선형설계 조건에 맞추어 분기기 선형을 결정하여 텅레일 후단부의 기본레일과 텅레일의 궤간선 간격이 128~165 mm되는 점으로부터 텅레일 선단까지의 길이를 산출하고 전환기의 전환력에 대한 스트로크를 계산하여 설계조건이 만족하는지를 계산하여 검토한다. 전환기는 정격 전환력이 200 kgf (최대 400 kgf)인 MJ 80을 사용하는 것으로 하였다. 계산에는 복원력은 무시하고 탄성력과 마찰력이 모두 작용하는 것으로 하여 전환 능력에 여유를 두도록 하고, 전환 시에 정확한 선형의 유지와 전환력의 고른 분포를 위하여 여러 개의 전철봉을 사용하도록 설계한다.

탄성 포인트의 스트로크의 계산은 전기 전환기의 전환력 200 kgf가 각 전철봉에 등분배되는 것으로 가정하고, 텅레일의 강성은 첨단부에서 텅레일 전(全)단면이 형성되는 부분까지는 직선적으로 변화하는 것으로 하였으며, 텅레일과 상판과의 마찰계수는 0.2로 보아 마찰저항력을 하중으로 환산하여 변형량, 즉 스트로크를 계산하였다.

계산 결과, 전철봉의 수는 ① 18.5 # 분기기에 대하여 4 개, ② 26 # 분기기는 5 개, ③ 46 # 분기기에 대하여는 7 개를 배치하는 것으로 하였다. 또한, 텅레일 고정부의 최대 휨 응력은 레일강의 허용 휨 응력 14 kgf/mm^{2}의 범위 내이다.

텅레일 첨단부에서의 레일체결은 기본레일 내측 부분의 체결을 U자형의 특수한 탄성체결 장치로 체결하여 분기기의 안정성을 증가시켰다.

(다) 가동 크로싱의 설계

1) 설계 조건

가동 크로싱에는 노스 가동형과 윙 가동형이 있으나, 횡 방향 하중에 대하여 유리한 노스 가동 크로싱으로 설계한다. 크로싱 설계의 기본 조건은 다음과 같다.

① 가동레일 이론선단의 스트로크는 100 mm 이상으로 한다.

② 윙 레일이 휘는 점의 플랜지웨이 폭은 72 mm 이상으로 한다.

③ 가동레일의 회전중심 위치는 체결방식을 고려하여 회전중심이 거의 침목 중심 위치에 있도록 한다.

④ 전철봉의 위치는 가동레일 전장에 대하여 침목 간격을 고려하여 전단 측 4, 후단 측 6의 비율이 되도록 한다.

⑤ 크로싱의 전환에 의한 휨 응력은 14 kgf/mm^2 이내이어야 한다.

⑥ 가동레일 전단 벌림은 전환기의 동정 범위 내에 있어야 한다.

2) 계산 이론 및 결과

크로싱의 계산은 포인트부 계산이론과 마찬가지로 탄성이론으로 계산한다. 또한, 포인트 설계 시와 마찬가지로 선형설계 조건에 맞추어 분기기 선형을 결정한 다음에 상기의 조건이 만족되도록 먼저 크로싱의 길이를 결정하여 전환기의 전환력에 대한 스트로크를 계산하여 설계조건이 만족하는지를 계산하여 검토하였다. 포인트의 설계와 마찬가지로 전환기는 MJ 80 (정격 전환력 200 kgf, 최대 400 kgf)을 사용하여 전환가능 여부와 전환 시의 스트로크가 확보되는지를 검토하였다.

크로싱의 전환 시에 필요한 전환력은 크로싱의 탄성력과 크로싱의 중량에 따른 마찰력의 합보다 커야 한다. 크로싱의 플랜지웨이, 스트로크, 휨 응력에 대하여 계산한 결과, 크로싱의 가동 부분은 그 단면에 비하여 길이가 매우 긴 구조로서 포인트부와 마찬가지로 상기의 전환기로 스트로크 88 mm를 변형시키는데는 충분히 안전하다.

전철봉의 수는 ① 18.5 # 분기기에 대하여 2 개, ② 26 # 분기기는 3 개 ③ 46 # 분기기에 대하여는 4 개를

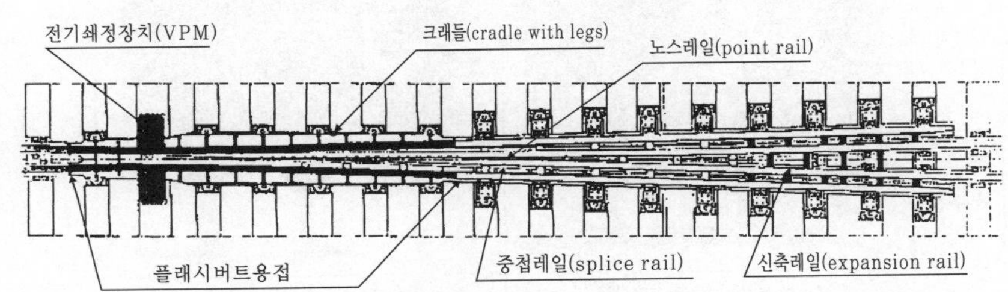

그림 2.9.33 고속철도용 노스 가동 크로싱(국산)

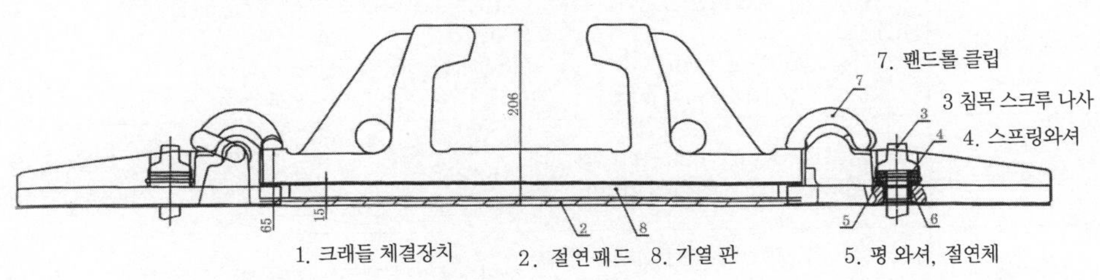

그림 2.9.34 크래들

배치하는 것으로 하였다.

3) 세부 설계

장대레일에 연결되어 있는 가동 노스 크로싱(**그림 2.9.33**)은 온도변화에 따른 축력에 견디도록 하고, 후단이 고정되지만 탄성적으로 움직일 수 있는 텅레일 원리를 이용하여 설계하였다. 크로싱 비(vee)는 후단이 고정된 2 개의 레일, 즉 노스레일(point rail) 레일 및 신축(expansion) 레일과 이음(splice) 레일(신축레일과 이음레일은 한 줄로 연결)로 가동 노스부를 구성하며, 이 가동 노스부는 일반 분기기의 윙 레일에 해당하는 크래들(cradle with legs, **그림 2.9.34**)이라 부르는 틀 속에 끼워진다. 상기의 레일들은 60D 레일을 가공하여 이용하며, 크래들은 12/14 ‰ 해드필드(Hadfield) 망간강을 사용한다.

표 2.9.17 콘크리트궤도용 고속분기기(국내생산과 BWG)의 비교

구분		삼표	BWG	비고
포인트				
크로싱	전반적인 형상			
	첨단부분 상세			
	윙부분	크래들 	(레일型) 	
	구조	노스 가동, 망간 크래들	노스 가동, Hold Down Clamp	
레일		UIC60, UIC60D	UIC60, UIC60B	1/20 기울기
체결장치		시스템300W(보슬로 SKL15, SKL12) 조절기능 : 좌, 우 ±8 mm, 높이 −4~+24 mm	ERL시스템(팬드롤 FAST Clip, E Clip) 조절기능 : 좌, 우 ±8 mm, 높이 −4~+24 mm	
탄성패드		EPDM(31kN/mm, P29−95kN) (탄성패드 홀 천공 − 면적 제어법)	Vulganized패드(22.5kN/mm, P18 − 68kN) (P, M, H, K 206 패드 조합)	일반구간 45kN/mm
선로전환기 (분기기의 포인트와 크로싱을 개통 방향으로 전환시키는 장치)		MJ81(MCEM91 : ALSTOM) + 철관장치 	하이드로스타(1Unit, 다중분산실린더) 	상세는 제8장의 제8.3.1(2)(라)항 참조

선형	구분	F18.5	F46	F18.5	F46	건설기준
	선형	원곡선 (R1200m)	원+클로소이드 (R3550m~∞)	원곡선 (R1200m)	클로소이드+원+클로소이드(R4000m+∞+R4000m)	−
	부족캔트	98.3	96.1	98.3	85.3	100 mm 이하
	부족캔트 변화율	−	39.4	−	72.9	90 m/s 이하

이 크래들은 다음과 같은 기능을 수행한다.

① 특수한 형상으로 되어 있는 노스가 횡 운동을 할 수 있도록 활주 판(滑走板, sliding table)의 역할을 한다.

② 플래시 버트 용접된 두꺼운 복부의 레일을 이용한 힐(heel)부에서의 연장을 통하여 가동 노스의 고정부가 장대레일에 연결되어 있기 때문에 받는 100 tf 이상의 응력에도 견딜 수 있다.

③ 모노블록 구조를 통하여 차량의 하중을 분기 침목 전체에 골고루 분산시킬 수 있다.

④ 이 크래들에는 쇄정 장치와 전기적 제어장치가 설치되어 있어 열차가 안전하게 고속으로 통과할 수 있다.

이 망간강은 야금 품질이 우수하며, 레일에 용접할 수 있도록 개발된 것이다. 크로싱의 해드필드강과 리드 레일간은 2중의 플래시 버트 용접을 한다. 이 용접은 고도의 기술을 요하는 특수한 기계를 이용하여 공장에서 시행하며, 레일의 완전한 정렬을 보장한다. 해드필드강에 대한 캐스트 망간 용접은 열차 주행시 충격이 없어 마손이 적으며, 유도의 연속성을 보장한다.

(라) 쇄정 장치 및 모터

쇄정 장치는 기계적인 2중 쇄정으로 하고 있다. 쇄정 장치가 장대레일의 일부로서 결합되어 있는 분기기에 설치되므로 온도의 변화에 따른 텅레일 길이의 변화가 쇄정 장치의 작동에 영향을 주지 않도록 설계한다. 쇄정 장치는 포인트의 텅레일과 크로싱의 가동 노스를 제어하는 전기 제어장치를 포함하고 있다.

포인트 쇄정 장치는 텅레일의 첨단부에 설치되며, ① 기본레일에 밀착된 텅레일의 쇄정, ② 반대편의 열려진 텅레일도 쇄정의 기능을 수행한다.

크로싱 쇄정 장치는 가동 노스에 설치되며, ① 크래들에 밀착되어 있는 가동 노스의 쇄정, ② 반대쪽의 받침의 기능을 수행한다.

분기기는 2 개의 모터, 즉 포인트에 하나, 크로싱에 하나의 모터로 작동된다.

텅레일과 노스 레일 등에는 접촉감시 장치와 가열(heating)장치가 설치되어 있다.

(3) 콘크리트궤도용 고속분기기의 비교

경부고속철도의 제1단계구간(자갈궤도)에는 상기의 제(2)항에서 설명한 국내생산 고속분기기(제원은 **표 2.9.3**, **표 2.9.4** 참조)를, 제2단계구간(콘크리트궤도)에는 독일생산 BWG분기기(제원은 **표 2.9.5** 참조)를 부설하였다.

국내에서도 상기의 자갈궤도용 고속분기기를 콘크리트궤도에 적용하기 위하여 분기기의 도상구조를 바꾼 콘크리트궤도용 고속분기기(분기기의 스켈톤과 선로전환기는 자갈궤도용과 동일)를 경부고속철도 제2단계구간에 시험 부설하여 성능검증에서 적합 판정을 받았으며, 그 후에 호남고속철도 등에 부설되었다. 국내생산 고속분기기는 일반구간과 분기구간 사이에 궤도강성이 변화하는 분기접속구간(25 m)을 설치하며, 크로싱부에 신축레일을 갖고 있다. BWG분기기는 FAKOP(KGO, kinematic gauge optimization system)으로 선형을 설계하였으며, 기본레일을국부적으로 밴딩시켜 굴곡 량만큼 텅레일두께가 보강되었다.

표 2.9.17은 국내생산 콘크리트궤도용 고속분기기와 독일생산 BWG분기기를 비교한 것이다.

(4) 고속분기기의 부설 및 접착절연 이음매(경사식)

고속분기기의 설치는 다음에 따른다. ① 기울기구간은 15 ‰ 이하 개소에 부설, ② 기울기 변환개소에는 설치불가, ③ 교량상판길이가 30 m 미만일 경우는 20 m 이상 이격, 30~80 m일 경우는 50 m 이상 이격, 80 m 이상일 경우는 100 m 이상 이격, ④ 노반강도가 균질한 구간에 설치, ⑤ 종곡선, 완화곡선 및 장대레일의 신축이음의 시·종점에서 100 m 이상 이격, ⑥ 분기기 구간에 구조물 신축이음이 없을 것. 다만, 라멘구조형식은 제외, ⑦ 연속하는 분기기 시·종점간 거리는 V/2 이상(V는 분기선에 대한 허용속도)과 최소 50 m 이상 이격, ⑧ 유치열차의 본선 일주방지를 위하여 부본선과 측선 등 차량 유치선은 양 방향에 안전측선(분기기) 설치.

그림 2.9.35 접착절연이음매(경사式)

고속열차를 운행하는 일반철도 구간의 본선에 분기기를 상대하여 부설하는 경우에 그 열차가 분기곡선을 통과하는 배선에서는 양분기기의 포인트 전단 사이가 10 m 이상 간격을 두어야 한다. 다만, 기타본선과 주요한 측선에 분기기를 상대하여 부설할 때 또는 분기기를 연속하여 부설할 때에는 5 m 이상으로 하여야 한다. 분기기의 앞뒤에는 동일한 종류의 레일을 사용하여야 한다.

한편, **그림 2.9.35**는 국산의 50 kg, 60 kg 분기기에 사용하는 접착절연이음매(경사式)이다.

(5) 분기기에 대한 실물차량 주행 성능시험

한국철도시설공단의 '철도설계지침 및 편람 KR C-14060 궤도재료설계(부록1; 궤도구조 성능검증 절차)'에서는 분기기에 대한 실물차량 주행 성능시험의 항목과 기준을 **표 2.9.18**과 같이 정하고 있다.

표 2.9.18 분기기에 대한 실물차량 주행 성능시험

항목		기호	단위	합격기준	차단주파수(Hz)
차상시험[(a)]	횡압	Y	kN	N.A	≥40
	유도력	$(\Sigma Y)_{2m}$ [(b)]	kN	$10+P_0/3$ [(c)]	≥20
	윤하중	Q	kN	N.A	≥20
	탈선비(R ≥250m)	$(Y/Q)_{2m}$	–	0.8	≥20
	대차의 횡 방향 가속도	$\ddot{y}_s^+$	m/sec^2	$12-M_b/5$ [(d)]	10
차상시험[(a)]	차체의 횡 방향 가속도	$\ddot{y}_s^*$	m/sec^2	3 [(e)]	6
	차체의 수직 방향 가속도	$\ddot{z}_s^*$	m/sec^2	3 [(e)]	4
지상시험	횡압	Y	kN	40	–
	윤하중	Q	kN	최대치 200, 최소치 35	–
	탈선비	Y/Q	–	0.8	–
	레일 수직변위[(f)]	Y	–	분기기 위치별 급격한 변화 없을 것(설계치±25%)	–
	레일 응력(전 진폭)	Y	MPa	30	–

(a) 차상시험에 대한 세부적인 시험방법은 UIC 518을 준용
(b) 2 m에 대한 이동 평균값
(c) P_0 : 정적 차축하중

(표 2.9.18의 계속)

(d) M_b : 대차 질량(ton)

(e) 주행안전성에 대한 한계치이며, 승차감 한계치는 2.5 m/sec2임

(f) 레일체결장치 중앙에서 레일 수직 처짐을 고려

(주) 횡압, 윤하중 및 탈선비 측정은 차상시험 또는 지상시험 중에서 한 가지 방법만 적용 가능

2.9.8 분기기의 보수

(1) 공통되는 보수

(가) 개요

분기기의 면 맞춤, 줄맞춤 및 다짐에 대한 기계화 보수에 관하여는 제7장의 7.4절에서 기술하기로 하고, 여기서는 분기기의 인력보수와 분기기 재료 보수를 중심으로 설명한다. 선로유지관리지침에서는 분기기는 항상 양호한 상태로 정비하도록 하고 허용한도를 **표 2.9.19**와 같이 정하고 있다. 여기서 언급하지 않은 고속분기기의 보수에 대하여는 《고속선로의 관리》[267]를 참조하라.

표 2.9.19 일반철도 분기기 정비허용한도

종별		정비한도(mm)	비고(단위mm)
일반 분기기	크로싱부 궤간	+3 −2	
	백 게이지	1,390 ~ 1,396	백게이지를 측정할 때는 노스 레일의 후로는 제외
	분기 가드레일 플랜지 웨이 폭	42±3	백게이지가 1,390일 때 45, 1,396일 때 39
노스 가동 크로싱 (8 ~ 15번)	백 게이지	직1,368 ~ 1,372 곡1,391 ~ 1,395	
	분기가드레일	직65±2	백게이지가 1,358일 때 67, 1,372일 때 63
	플랜지 웨이 폭	곡42±2	백게이지가 1,391일 때 44, 1,395일 때 40

(나) 선형의 보수

1) 궤간 보수

궤간을 보수할 경우의 주의 점은 다음과 같다.

① 스파이크를 다시 박아 궤간을 고칠 경우에는 스파이크의 유지력을 확보하는 것이 중요하며, 필요에 따라 침목을 길이방향으로 50 mm 정도 이동시켜 다시 박는다.

② 크로싱부, 가드부의 궤간 정정을 행할 경우에는 백 게이지와의 관련을 확인한다.

③ 궤간이 항상 확대 경향으로 되는 개소에는 필요에 따라 게이지 타이{軌間 繫材, gauge(or tie) rod, gauge tie(or bar)} 혹은 버팀목(chock, wooden brace)을 설치한다.

2) 줄맞춤

줄맞춤을 행할 경우의 주의 점은 이하와 같다.

① 줄맞춤을 행하는 경우는 궤도중심선 등의 측정을 행하여 분기기의 방위를 확인하여 둔다.

② 줄맞춤을 행하는 경우는 줄맞춤 작업 후에 레일이 되돌려지는 일이 없도록 어깨의 자갈을 포함하여 도상

다짐을 행한다.

3) 수평 맞춤, 국부적 면 맞춤, 총 다지기 작업 ;

① 크로싱부, 가드부 및 대상판이 있는 개소는 자갈의 다짐이 부족하므로 정성을 들여 작업한다.

② 분기기를 양로할 경우에는 도상의 보충을 충분히 행하면서 실시한다.

③ 패임이 있는 침목은 표면을 깎아 패임이 없게 한다.

(다) 분기기내 이음매의 보수

분기기내 이음매에 대한 보수상의 일반적인 주의 점은 이하와 같다.

① 이음매볼트는 정기적으로 주유하고 죄어 이완이 없도록 한다.

② 이음매의 단차, 눈 틀림은 심(shim) 혹은 이형 이음매판 등으로 교정한다.

③ 레일 단부의 후로(flow)는 빨리 제거한다.

(라) 분기기내 레일의 보수

① 분기기내 레일의 손상은 탈선사고로 연결되는 일이 있으므로 세밀한 검사를 충분히 시행하여 레일손상 사고방지에 힘써야 한다.

② 레일의 마모가 빠른 분기기에서는 마모주기를 잘 파악하여 계획적인 레일교환을 실시한다.

(마) 분기 침목의 보수

분기 침목은 궤간 확대에 의한 탈선사고를 방지하기 위하여 연속 불량 침목이 발생하지 않도록 계획적으로 교환한다.

(바) 분기기내 도상 및 노반의 보수

분기기내 도상은 세립화하기도 하고 토사가 혼입하여 응결하는 일이 있으므로 도상다짐과 도상보충을 충분히 행하여 도상상태를 양호하게 유지한다. 또한, 배수상태가 나쁜 개소에서는 분기기 이음매부에서 분니(噴泥)를 일으키는 경우가 있으므로 배수설비를 하는 등의 배려가 필요하다.

(2) 포인트부의 보수

(가) 텅레일

텅레일은 일반 레일과 비교하여 복부의 구멍이 많아 레일 절손의 가능성이 많다고 생각되므로 세밀 검사나 포인트 정비를 정성을 들여 행할 필요가 있다. 또한, 텅레일 선단부의 마모는 차륜의 올라탐에 기인하여 탈선을 일으키는 일이 있으므로 마모관리를 충분히 행하여 계획적인 텅레일 교환을 실시한다. 한편, 고속철도에서는 포인트의 텅레일과 기본레일, 가동레일과 윙레일에 대하여 밀착 시에 과대한 간격이 생기지 않도록 보수한다.

(나) 전철봉 설치부

전철봉 설치부는 포인트 중에서도 중요한 개소의 하나이다. 여기의 상태가 나쁜 경우에는 전환불능이나 탈선사고 등 중대 사고를 일으킬 가능성이 있으므로 구조를 잘 이해하고 나서 보수할 필요가 있다. 특히, 전철 봉 볼트의 체결과 손상, 탈락 방지구의 설치, 전철 봉 및 연결 판 등의 마모에 주의를 요한다.

(다) 포인트 후단이음매(heel joint)부

관절포인트나 활절 포인트의 후단이음매부는 포인트의 전환을 위하여 특수한 구조를 갖고 있으므로 구조를 잘 이해하고 나서 보수할 필요가 있으며, ① 이음매 볼트의 체결, 손상, ② 이음매판, 간격재, 칼라 등의 마모,

③ 단차, 눈 틀림, ④ 후로(flow), ⑤ 이음매판 누름쇠의 설치 등의 개소에 주의를 요한다.

(라) 조절식 레일 브레이스와 블록

포인트부에서 사용되고 있는 조절식 레일 브레이스와 블록은 레일 혹은 분기기 부재의 제작 공차를 흡수하기 위하여 조절식으로 하고 있으므로, 이것을 사용하여 궤간 정정이나 줄맞춤을 하지 않는다.

(3) 크로싱부의 보수

노스 레일 선단부의 차륜이 갈아타는 부분은 크로싱 중에서도 손모되기 쉬운 개소이다. 이것을 방지하기 위해서는 도상을 충분히 다지고, 패임이 있는 침목은 교환하는 것이 필요하다.

(4) 가드부의 보수

가드부의 보수에서 주의할 점은 다음과 같다.

① 백 게이지와 플랜지웨이 폭을 충분히 관리한다.

② 가드레일, 간격재의 마모는 백 게이지와 플랜지웨이 폭에 영향을 주므로 정성 들여 마모를 관리한다. 백 게이지, 플랜지웨이 폭을 확보할 수 없는 경우에는 가드레일, 간격재를 교환한다.

③ 신형(H형) 가드에 부속되어 있는 조절용 철판(4~5매)을 모두 사용하여도 백 게이지가 확보될 수 없게 된 경우에는 가드레일을 교환한다.

④ 백 게이지가 축소경향에 있는 가드에는 필요에 따라 게이지 스트러트(軌間 支持材, gauge strut)를 설치한다.

(5) 분기기의 정비 기준

분기기는 항상 양호한 상태로 정비하여야 한다. 텅레일에 대하여는 포인트의 구조에 따라 각종 규정의 치수를 유지하여야 한다.

선로유지관리지침에서는 분기기 재료의 마모 상태가 **표 2.9.21**에 정한 수치에 이르렀을 때, 또는 이 수치에 이르지 않았더라도 열차운전에 위험할 정도로 손상되거나 변형되었을 때는 이를 갱환(망간 크로싱에 대하여는 별도 규정)하도록 규정하고 있다. 한편, 고속분기기에 관하여는 **표 2.9.20**과 같이 정하고 있다(기타

표 2.9.20 고속분기기의 교환 기준

종별	교환기준	비고
기본레일과 텅레일 직마모 차	4 mm 이상	
분기 내 레일	13 mm	·가공부를 제외한 분기기 레일 ·마모높이는 마모 면에 직각방향으로 측정하여야 한다.
가드레일	측면마모 10 mm 이상	
크로싱	·가동노스 첨단부의 복부나 두부에 균열이나 파단 발생시 ·탈선 등으로 변형이 심하게 발생된 경우	
기본레일 측면마모	·분기기 형식별 매뉴얼에 따라 교환시행	
텅레일 측면마모	·분기기 형식별 매뉴얼에 따라 교환시행	
텅레일손상(이 빠짐)	·분기기 형식별 매뉴얼에 따라 교환시행	

표 2.9.21 일반분기기의 교환 기준

종별	본측 선별	마모량			비고
		37 kg	50 kg	60 kg	
텅레일	본선	7	10	12	마모높이는 최대마모개소를 마모 면에 직각으로 측정하여야 한다.
	측선	7	12	14	
크로싱	본선	7	11	12	1. 마모높이는 마모 면에 직각방향으로 측정하여야 한다 2. 크로싱에서 구조상 하락부분의 상면마모는 상면에 직각으로 측정하여야 한다.
	측선	7	12	14	
분기 가드 레일	본선	백게이지를 정정할 수 없도록 마모된 것			크로싱 노스 끝부분의 하락부 또는 가동레일 힐밀착부에 대응하는 개소에서 측정하여야 한다.
	측선				
분기 내 레일	본선	7	11	12	마모높이는 마모면에 직각방향으로 측정하여야 한다.
	측선	7	11	14	

상세는 《고속선로의 관리》 [267]참조).

고속분기기에서 기본레일에 대한 텅레일의 위치 설정은 기본레일에 뚫은 직경 26 mm 구멍의 축에 관한 실제 텅레일 첨단의 상대적인 위치를 나타낸다. 이 직경 26 mm 구멍의 축은 연간 온도의 변화에 기인하는 텅레일 첨단 변위의 중간 위치를 나타낸다. 직경 26 mm 구멍의 축과 실제 텅레일 첨단간의 거리는 치수X라 한다. 이 치수는 레일온도와 연중의 시기에 좌우된다. 치수 X는 직경 26 mm 구멍의 축이 텅레일 첨단과 텅레일 힐 부분 사이에 위치할 때를 양(+)으로 한다. 치수 X(단위 : mm)의 계산에는 $X = L/100(t - 20) + C$의 일반적인 식을 사용한다. 여기서, L은 텅레일의 길이(m), t는 자연의 레일온도(℃), C는 정정 계수(mm)이다. 치수X를 결정하기 위해서는 ① 새 분기기의 설치, ② 유지보수 동안 부속품의 교체, ③ 안전관리 검사 등 세 가지 경우를 고려하여야 한다.

제3장 선형과 곡선통과속도

3.1 선형의 구성

철도의 선로는 사회의 요구에 따라 국토 상에 형성되지만, 그 형상을 직선으로만 만드는 것은 불가능하며, 지형에 따라 이것을 연결하는 평면상의 곡선과 종 방향(연직 방향)의 곡선을 필요로 한다. 또한, 그 때 완전하게 원활한 선로를 실현할 수는 없으므로 불가피하게 소정의 형상으로부터 틀림이 생긴다. 전자는 "선형(線形, line form, alignment)"이라 부르고, 후자는 "궤도틀림(軌道變位)"이라 부른다.

여기서, 곡선의 내측 레일에 비하여 외측 레일을 높게 하면, 이에 따라 곡선 내방으로 향하는 중력 성분을 초래하여 평면 곡선에서 발생하는 원심력(遠心力, centrifugal force)을 완화할 수 있으므로 분기기 부대의 곡선을 제외하고 통상의 곡선에서는 이와 같이 하고 있다. 이것을 "캔트(cant)"라고 부른다. 한편, 차량에서 차륜과 차축으로 구성되는 윤축은 차체 혹은 대차에 "고정축거(固定軸距, 3.75 m 이하)"라고 부르는 일정한 간격으로 고정되어 있어, 곡선에서 통상의 레일 간격("궤간(軌間)"이라 부른다)으로는 이것을 받아들일 수 없으므로 이 궤간을 확대하는 것이 필요하게 된다. 이것을 "슬랙(slack)"이라 한다.

직선(Straight, tangent)을 연결하는 선형의 기본은 원곡선(圓曲線)이지만, 원곡선에서는 원심력이 작용하여 직선에서 원곡선으로 직접 들어가면 그곳에서 갑자기 원심력을 받게 되므로 이것을 원활하게 이행하고, 캔트와 슬랙을 연속적으로 붙이기 위하여 평면곡선에는 이 사이에 완화(緩和)곡선을 설치하여야 한다.

3.2 곡선

3.2.1 곡선의 종류

철도 선로는 운전과 궤도보수 어느 면에서도 가급적 직선인 것이 바람직하다. 그러나 건설비를 줄이기 위하여 땅깎기 · 흙쌓기의 토공량이 될 수 있는 한 적게 되도록 계획하므로 자연 지반을 따라 산간부를 우회하기도 하고 장해물을 피하여 선로를 선정하게 되어 곡선(曲線, curve)의 삽입을 피할 수 없다.

곡선에서는 ① 전망을 손상시키며, ② 원심력의 작용에 의하여 차량의 안정을 나쁘게 하고, 때로는 운전의 위험도 있으며, ③ 승차감(乘車感, riding comfort)을 나쁘게 하고, ④ 저항을 증가시키며, ⑤ 궤도 · 차량의 마모나 파손을 빠르게 하고, ⑥ 속도가 제한되는 등 많은 불리한 점이 생긴다.

곡선은 크게 나누면, 평면(平面)곡선{plane (or horizontal) curve}과 종(縱)곡선{vertical (or levelling) curve}으로 분류된다. 그리고, 평면곡선은 원(圓)곡선(circular curve)과 완화(緩和)곡선{transition (or junction, easement) curve}으로 나뉘어지며, 또한 곡선이 존재하는 현상에 따라 더욱이 단(單)곡선(simple curve), 복심(複心)곡선(compound curve), 반향(反向)곡선{reverse (or S) curve}, 전(全)완화곡선으로 구별된다(**표 3.2.1**). 또한, 분기기내 곡선 및 그 전후의 곡선을 분기부대(分岐附帶) 곡선(turnout curve, curve incidental to turnout)이라 부른다. 곡선 각부의 명칭은 **그림 3.2.1**과 같다.

표 3.2.1 곡선의 종류

- 곡선
  - 평면곡선
    - 원곡선
    - 완화곡선
    - (원곡선·완화곡선) → 단곡선, 복심곡선, 반향곡선
  - 종곡선

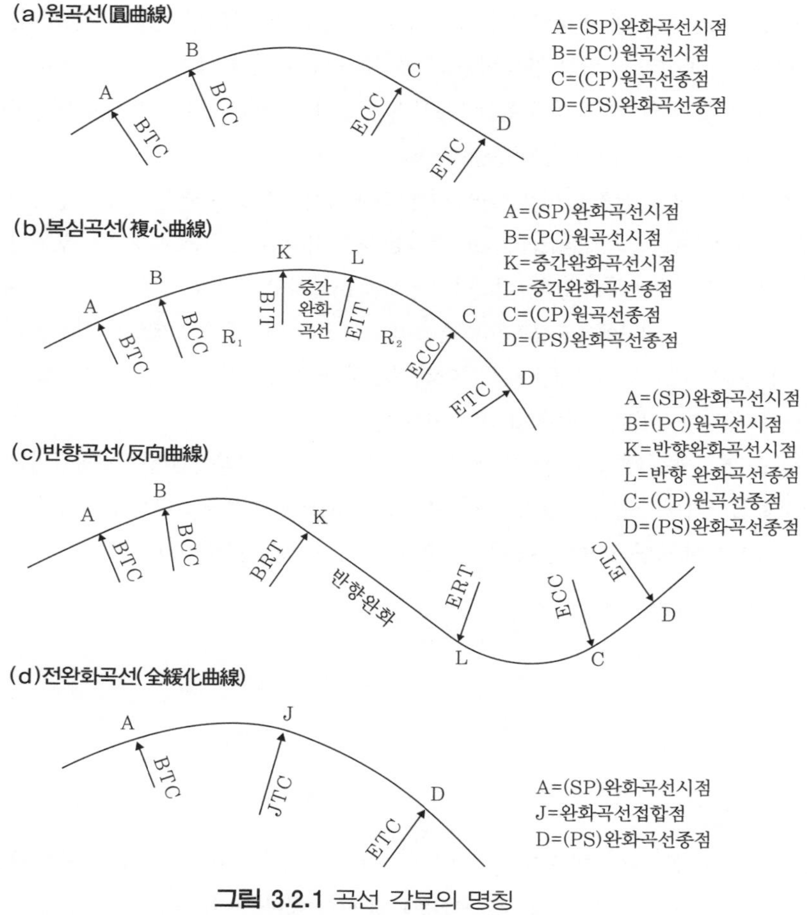

그림 3.2.1 곡선 각부의 명칭

3.2.2 곡선반경

원곡선의 곡률(曲率, curvature)을 나타낼 때는 궤도중심선에서의 반경으로 나타내는 것이 일반적이다. 철

도노선의 선정에서는 당연한 것이지만, 곡선이 적고, 될 수 있는 한 직선인 쪽이, 또한 곡선으로 하더라도 곡선반경(曲線半徑, curve radius)을 크게 하는 쪽이 열차운전, 철도영업 및 선로보수 등의 면에서 바람직하다는 것은 말할 필요도 없다. 곡선반경의 대소는 곧바로 곡선통과속도에 영향을 주므로 고속화의 요구가 높은 선구 등 큰 곡선반경이 요구되는 것은 당연하다. 그러나 한편으로, 지형, 지장물 등 때문에 아무리 하여도 작은 곡선반경을 이용할 수밖에 없는 경우도 있다.

원곡선의 완급(緩急) 정도를 우리 나라와 대부분의 국가에서는 상기와 같이 곡선반경으로 나타내지만, 미국 등 앵글로색슨계의 나라에서는 100 ft (30.48 m)의 현(弦, 도로에서는 弧)으로 형성되는 중심각에 따른 곡선도(曲線度, degree of curve)로 나타낸다. 곡선반경 R(m)과 곡선도 θ° 와의 사이에는 다음의 관계가 있다.

$$R = \frac{30.48}{2}\,\mathrm{cosec}\,\frac{\theta^\circ}{2} = 15.24\,\mathrm{cosec}\,\frac{\theta^\circ}{2}\,(\mathrm{m})$$

근사적으로는

$$R = \frac{1{,}746.38}{\theta^\circ}\,(\mathrm{m})$$

최소 곡선반경에 대하여는 설계 최고속도별로 곡선반경이 정해지고 있는 것이 일반적이다. 이 고려 방법은 열차가 설계 최고속도에 가까운 속도를 유지할 수 있도록 하기 위하여 현행에서 일반적인 차량이 소요 캔트 부족량의 범위 내에서 설계 최고속도의 8할 정도의 속도를 유지할 수 있는 것을 기준으로 하고 있는 것이다.

그러나, 설계 최고속도에 따라 곡선반경을 정하면, 용지 취득, 지형상의 이유 등에 기인하여 곤란한 경우나 또는 진자식(振子式) 차량이나 조타성(操舵性)을 붙인 윤축을 가진 구조의 차량 등은 최소 곡선반경보다도 더 작은 반경으로도 소요의 속도로 주행할 수 있는 점을 고려하여 완화조건이 정하여진다. 철도건설규칙에서는 열차의 주행안전성과 승차감을 확보할 수 있도록 설계속도 등을 고려하여 곡선반경을 정하며, 다만 정거장 전후 구간 및 측선과 분기기에 연속되는 경우에는 곡선반경을 축소할 수 있도록 규정하고 있다. 철도의 건설기준에 관한 규정에서는 **표 3.2.2**와 같이 정하고 있다.

표 3.2.2 본선의 최소 곡선반경(m)

<table>
<tr><td rowspan="3">① 본선의 곡선반경(m) : 우측란의 값 크기 이상</td><td>V (km/h)</td><td>350</td><td>300</td><td>250</td><td>200</td><td>150</td><td>120</td><td>V≤70</td></tr>
<tr><td>자갈궤도</td><td>6,100</td><td>4,500</td><td>3,100</td><td>1,900</td><td>1,100</td><td>700</td><td>400</td></tr>
<tr><td>콘크리트궤도</td><td>4,700</td><td>3,500</td><td>2,400</td><td>1,600</td><td>900</td><td>600</td><td>400</td></tr>
<tr><td colspan="2">– 상기 이외의 값은 설정캔트와 부족캔트를 고려하여 우측 난의 공식으로 산출</td><td colspan="7">$R \geq \frac{11.8V^2}{C_{max}+C_{d,min}}$, 여기서 R : 곡선반경(m), V : 설계속도(km/h),
C_{max} : 최대 설정캔트(mm), $C_{d,max}$: 최대 부족캔트(mm)</td></tr>
<tr><td rowspan="2">② 정거장 전후 등 부득이한 경우, 곡선반경(m)을 우측 값까지 축소 가능</td><td>V (km/h)</td><td colspan="2">200<V≤350</td><td colspan="2">150<V≤200</td><td>120<V≤150</td><td>70<V≤120</td><td>V≤70</td></tr>
<tr><td>곡선반경</td><td colspan="2">운영속도 고려 조정</td><td colspan="2">600</td><td>400</td><td>300</td><td>250</td></tr>
<tr><td colspan="9">– 전기 동차 전용선 : 설계속도에 관계없이 250m까지 축소 가능</td></tr>
<tr><td colspan="9">③ 부본선, 측선 및 분기기에 연속되는 경우에는 곡선반경을 200m까지 축소 가능</td></tr>
<tr><td colspan="2" rowspan="2">– 다만, 고속철도전용선은 우측란과 같이 축소 가능</td><td colspan="3">주본선과 부본선</td><td colspan="4">1,000m (부득이한 경우 500m)</td></tr>
<tr><td colspan="3">회송선과 착발선</td><td colspan="4">500m (부득이한 경우 200m)</td></tr>
</table>

3.3 슬랙

3.3.1 슬랙의 의의

차량이 곡선을 통과하는 상태를 고려할 때 차량이 안전하고 원활하게 주행하기 위해서는 차축이 곡선의 중심을 향하고 있는 것이 바람직하다. 그러나, 실제로는 차량의 차축중에 적어도 2축이 대차에 고정되어 있으므로 곡선통과 시에 그 어느 것이 한쪽 또는 양쪽 모두 궤도와 직각으로 될 수는 없다. 따라서, 차륜은 레일과 어떤 각도로 접촉하면서 진행하는 것으로 된다. 그리고, 차축의 간격이 클수록 차륜이 레일에 닿는 각도가 크게 된다. 이 때의 차축 간격을 고정 축거{固定軸距, (rigid) wheel base}라 한다. 고정 축거는 너무 작아도 차량동요가 크게 되지만, 반대로 지나치게 크면 방금 기술한 것처럼 곡선을 통과할 때 차륜이 레일에 닿는 각도가 크게 되어 서로 삐걱거려 원활하게 주행할 수가 없게 된다. 그 결과, 차량의 동요, 횡압이 증대하는 것은 물론이고 보수의 면에서도 궤간, 줄 틀림(방향 변위)의 증가, 더욱이 레일마모에 크게 영향을 주게 된다. 그래서, 이들의 문제를 될 수 있는 한 완화시키기 위하여 곡선에서는 곡선반경의 대소에 따라서 직선보다 궤간을 약간 확대하고 있다. 곡선에서 이 궤간의 확대를 슬랙(gauge widening 또는 slacking)이라 한다.

(1) 슬랙의 산식

슬랙의 필요량은 차량의 고정 축거 및 곡선반경 등의 상관에서 결정되며 다음의 두 가지가 고려된다.

① 전륜(前輪)의 외측 플랜지만이 외궤(外軌)레일에 접촉하면서 주행하는 경우(최대의 슬랙).

② 전륜의 외측 플랜지가 외궤 레일에, 더욱이 후륜(後輪)의 내측 플랜지가 내궤(內軌)레일에 쌍방 접촉하면서 주행하는 경우(최소의 슬랙).

실제의 슬랙은 상기의 조건을 만족할 수 있도록 설정되고 있다.

(2) 3축차의 경우

(가) 3축차의 최소 슬랙 (강제 주행(forced running)의 경우)

차량이 곡선을 주행하는 경우에 가장 나쁜 조건에서 기하학적으로 통과할 수 있는 한도를 고려하면 **그림 3.3.1**에 나타낸 것처럼 된다. 슬랙(S_1)과 고정 축거(B), 곡선반경(R)의 관계는

$$S_1 \fallingdotseq B^2 / 8R$$

로 된다. 실제로는 레일과 차륜의 사이에 가동 여유가 있는 것에서 그 몫만큼 슬랙을 붙이지 않아도 좋은 것으로 되어 슬랙의 양은

$$(B^2 / 8R) - \eta$$

으로 하는 것이 통상적이다. 이 η의 값은 7 mm를 취하고 있다.

(나) 3축차의 최대 슬랙 (자유 주행(free running)의 경우)

전륜, 후륜 양쪽의 플랜지가 내외궤 레일에 접촉하면서 주행하는 경우를 고려하면, **그림 3.3.2**와 같이 고정 축거의 전축에서 3/4 지점의 거리에 있는 점에서 차축에 평행하게 그린 직선이 곡선중심과 일치하는 것을 알 수

있다. 이에 대하여 슬랙(S_2)을 기하학적으로 보면

$$S_2 \fallingdotseq 9\,B^2\,/\,32\,R$$

로 된다. 상기와 마찬가지로 실제의 슬랙은 레일과 차륜의 가동여유를 고려하여

$$9\,B^2\,/\,32\,R-\eta$$

로 된다.

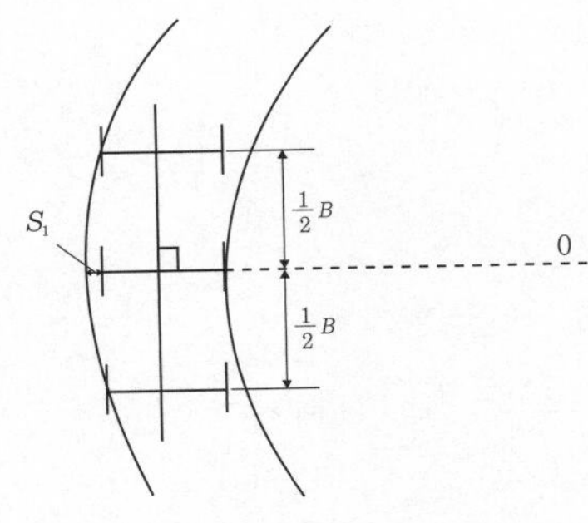

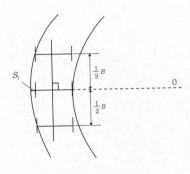

그림 3.3.1 3축차의 S_{min}

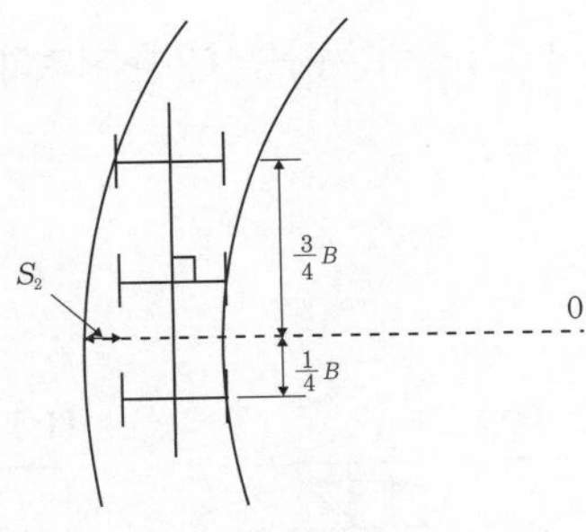

그림 3.3.2 3축차의 S_{max}

(3) 2축차의 경우

기본적으로는 3축차와 같은 고려 방법이지만, 2축차에서는 중간 축이 없는 것을 감안하여 가동여유를 될 수 있는 한 적게 하도록 하는 고려 방법으로 하고 있다.

(가) 2축차의 최소 슬랙 (강제 주행의 경우)

2축차의 최소 슬랙은 차축이 여유도 0으로 삐걱거리는 상태를 상정하면 실제로는 차축과 차륜플랜지의 위치가 **그림 3.3.3**에 나타낸 것처럼 a만큼 어긋남이 생기고 있다. 2축 경우의 최소 슬랙은 그 어긋남을 고려하면

$$S=a\cdot B/R=\sqrt{(2r\cdot h)}\times B/R$$

여기서 r : 차륜 반경,　h : 플랜지 높이

로 된다. 실제의 슬랙은 다른 경우와 같은 모양으로

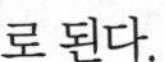

$$\sqrt{(2r\cdot h)}\times B/R-\eta$$

로 된다.

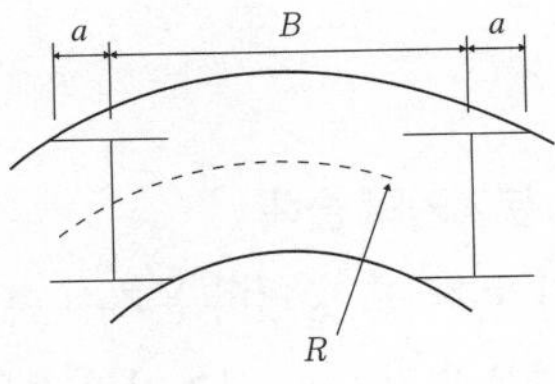

$S=\dfrac{a\cdot B}{R}$

B : 고정축거

R : 곡선반경

a : 차륜플랜지가 레일에 접하는 점과 차축과의 거리(≒0.17m)

그림 3.3.3 2축차의 S_{min}

(나) 2축차의 최대 슬랙 (자유 주행의 경우)

중간 축이 없는 것을 고려하여 고정 축거 내의 여유를 될 수 있는 한 작게 고려하면 **그림 3.3.4** (a), (b) 경우의 평균치로 하는 것이 바람직하다. 여기서 (a)의 경우에 3축차와 같은 모양으로

$S_1 = (1.5\ B)^2 / 8\ R$　　　　　$S_1' = (B / 2)^2 / 8\ R$

로 된다. (b)의 경우에

$S_2 = S_1 - S_1' = (1.5\ B)^2 / 8\ R - (B / 2)^2 / 8\ R = B^2 / 4\ R$

로 된다. 여기서 평균치라고 하는 고려 방법을 취하면

$$S = 1 / 2\ (\ S_1 + S_2\ )$$
$$= 1 / 2\ [\ (1.5\ B)^2 / 8\ R + B^2 / 4\ R\ ] \fallingdotseq B^2 / 4\ R$$

로 되며, 실제의 슬랙은 가동여유를 고려하여

$B^2 / 4\ R - \eta$

로 된다.

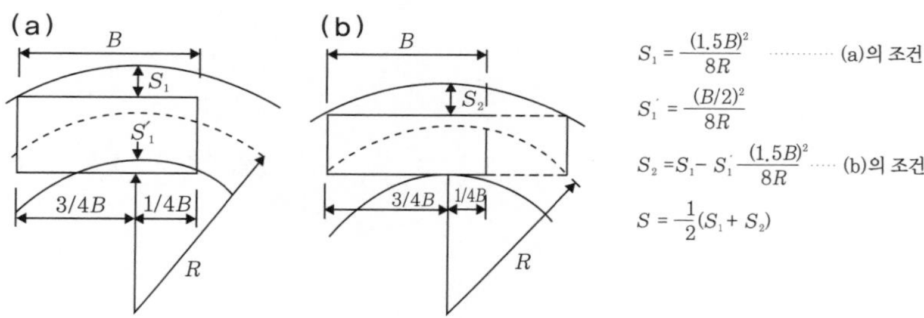

그림 3.3.4 2축차의 S_{max}

(4) 분기기의 슬랙

분기기에서도 당연히 분기선 측 리드 곡선반경에 대응한 슬랙이 필요하다. 설정의 기본적인 고려는 일반 곡선의 경우와 같지만, 분기기의 경우에 그 구조상 리드부 뿐만이 아니라 포인트부까지 슬랙을 붙이지 않을 수 없는 상황으로 된다. 결국, 직선부까지 슬랙을 붙이는 것으로 된다. 극단적으로 말하면, 직선부에서 궤간 확대가 생기고 있는 것으로 된다. 이것이 승차감을 악화시킬 뿐만 아니라 보수량의 증가에도 연결되고 있다. 이 때문에 분기기 부분의 슬랙 량은 일반 곡선 경우의 약 50 % 정도로 억제하고 있으며, 전술의 계산식으로 말하면 최소 슬랙의 산식에 가까운 식으로 되어 있다(제2장의 **표 2.9.6** 참조).

(5) 철도건설규칙과 선로유지관리지침의 규정

철도건설규칙에서는 원곡선에는 선로의 곡선반경 및 차량의 고정축거 등을 고려하여 궤도에 과대한 횡압이 가해지는 것을 방지할 수 있도록 슬랙을 두되, 궤도에 과대한 횡압이 발생할 우려가 없는 경우는 그러하지 않다고 규정하고 있다. 철도의 건설기준에 관한 규정에서는 곡선반경 300 m 이하의 원곡선에는 다음의 산식으로 슬랙을 붙이되, 30 mm 이하로 정하고 있다.

$$S = \frac{2,400}{R} - S'$$

여기서 S : 슬랙(mm), R : 곡선반경(m), S' : 조정치(0~15 mm)

선로유지관리지침에서는 원곡선에는 선로의 곡선반경 및 차량의 고정축거(固定軸距) 등을 고려하여 궤도에 과도한 횡압(橫壓)이 가해지는 것을 방지할 수 있도록 슬랙을 두어야 하며, 다만 궤도에 과도한 횡압이 발생할 우려가 없는 경우는 슬랙을 두지 않을 수 있다고 규정하고 있다.

3.3.2 슬랙을 붙이는 방법

(1) 일반부의 슬랙을 붙이는 방법

지금까지 3축 대차의 기관차 입선을 기준으로 설정량을 결정하여 왔지만, 슬랙량은 2축차와 3축차에 대하여 크게 다르므로 나누어서 규정하는 것이 합리적이다. 또한, 2축차 한정 선구에서는 반경 200 m 이상의 곡선에 대하여 슬랙 설정이 필요 없게 되어 궤도재료의 단일화, 간소화가 가능하게 된다.

슬랙을 붙이는 방법은 외궤 측 레일을 기준으로 곡선내방으로 내궤 레일을 확대하여 설정하고 있다. 이것은 차량이 곡선부를 주행하는 경우에 일반적으로 외궤 레일을 주체로 접촉하여 유도되기 때문에 주행을 원활하게 하도록 고려하고 있는 것이다.

철도의 건설기준에 관한 규정에서는 캔트의 체감과 같은 길이 내에서 슬랙을 체감하도록 규정하고 있다.

또한, 곡선의 종별과 전후의 선형조건에 따라 **그림 3.3.5**에 나타낸 것처럼 슬랙의 체감방법이 다르게 된다.

단곡선
(완화곡선이 있는 경우)
BTC
BCC
완화곡선장
S
단곡선
(완화곡선이 없는 경우)
C=0
BC
S
캔트체감거리
또는 5 m 이상
복심곡선
EIT
BIT
S_1
S_2
R_1
R_2
완화곡선장
또는 캔트체감거리
반향곡선
BRT
S_1
S_2
ERT
반향완화곡선장

그림 3.3.5 슬랙을 붙이는 방법

(2) 분기기의 슬랙을 붙이는 방법

분기기 종별의 슬랙량과 그 체감방법은 분기기 도면집에 각각 나타내고 있다. 또한, 상대하는 분기기간의 슬랙을 붙이는 방법은 **그림 3.3.6**에 나타낸 것과 같다. 선로유지관리지침에서는 제2.9.1(6)항과 같이 정하고 있다.

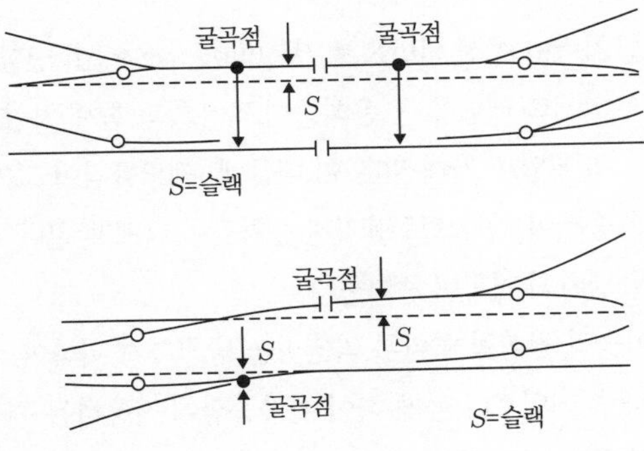

그림 3.3.6 상대하는 분기기간에 슬랙을 붙이는 방법

(3) 슬랙과 궤간

슬랙의 설정 기준은 과거부터 800 m에서 600 m로, 다시 300m로 변경되는 등, 축소되는 경향이 있다. 슬랙의 변경은 궤간의 정비기준치에 곧바로 영향을 주게 된다. **그림 3.3.7**은 일본에서 정해진 슬랙의 축소와 궤도정비 기준치의 관계를 나타낸다. 이 정비 치의

고려방법은 **그림 3.3.8**에 나타낸 관계에서 궤간의 한도 치가 슬랙을 포함하여 동적으로 40 mm이라는 고려에 기초하고 있다. 슬랙의 축소는 주행안전성에 관한 시뮬레이션, 각종 현차 시험을 하고 보수량을 조사하여 그 어느 것에 대하여도 효과가 있는 것이 확인되고 있다. 또한, 이 슬랙의 축소는 결과적으로서 궤간의 정비기준치에 대하여 보수여유가 생기게 한다고도 말한다.

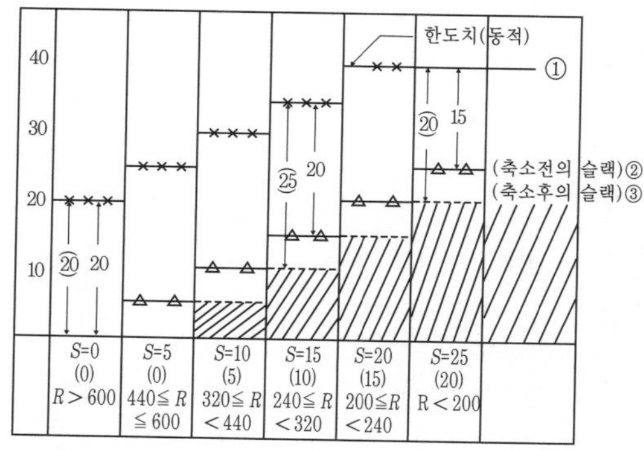

(비고) 1. ①은 한도치 40 mm를 나타낸다.
2. 슬랙축소전의 긴급 정비치는 ①-②에 따른다.
3. 슬랙축소후의 정비 기준치는 ①-③에 따른다.

그림 3.3.7 슬랙의 축소와 궤간 정비기준치의 예

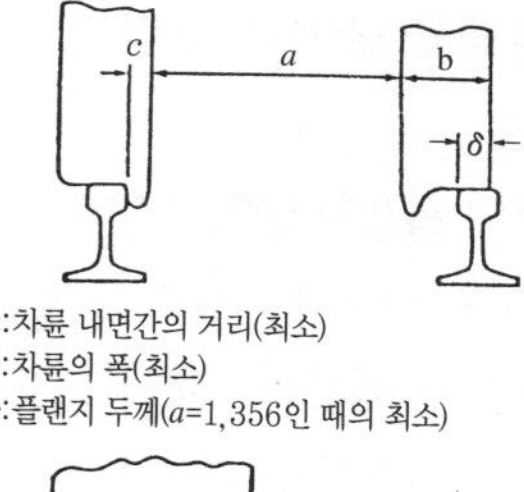

a:차륜 내면간의 거리(최소)
b:차륜의 폭(최소)
c:플랜지 두께(a=1,356인 때의 최소)

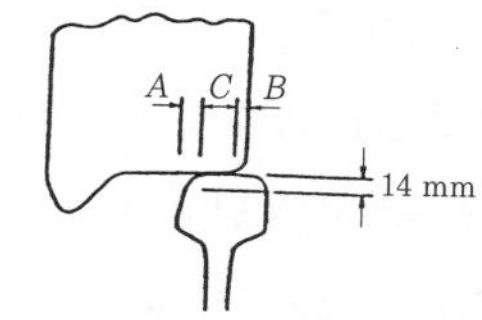

A:마모된 레일의 궤간측정위치와 레일 두부와의 떨어짐
B:차륜단면 단부의 면따기
C:차륜이 떨어지지 않기 위한 차륜의 걸림

그림 3.3.8 궤간의 한도 치

3.4 캔트

3.4.1 캔트의 의의

열차가 어느 속도로 곡선을 통과하는 경우에 원심력(遠心力, centrifugal force)이 외측으로 작용하기 때문에 다음과 같은 악영향이 있다.

① 차량이 곡선 외방으로 전복(顚覆, overturn)할 위험이 생긴다.

② 외궤측 레일에 큰 윤하중이 작용함과 함께 차량의 전향에 따라 큰 횡압이 생기고, 더욱이 원심력으로 인하여 횡압이 가해진다. 이 때문에, 궤도틀림이 크게 되어 보수량이 증가한다.

③ 승객이 외측으로 당겨져 승차감이 나쁘게 된다.

④ 열차의 저항이 증가한다.

이들의 원심력에 따른 악영향을 방지하기 위하여, 이 힘을 상쇄 또는 경감하도록 곡선 선로에서는 외측 레일을 내측 레일보다 높게 하여 차량중심에 작용하는 원심력과 중력과의 합력 작용선이 궤도중심을 통하도록 함으로써 ① 열차운전의 안전, ② 궤도부담의 평균화를 꾀하고, ③ 승차감을 좋게 한다. 이와 같이 궤도에 경사(傾斜)를 붙인 것, 즉 외측 레일과 내측 레일의 고저 차를 캔트(super elevation, cant)라 한다.

캔트를 붙임에 따라 **그림 3.4.1**에 나타낸 것처럼 차량중량 W와 원심력 F의 합력 P가 궤간 내에 들도록 하고 있다. 캔트란 원래 "경사"라고 하는 의미로 궤도의 경사를 나타내는 것이며, 궤도의 경사에 대한 정도를 나타내

기에는 경사각(캔트 각)을 말하는 것이 합리적이지만, 철도에서는 편의상 외궤와 내궤 레일 면의 고저 차를 캔트라고 하고 있다. 우리 나라에서는 과거에 1980년대 초반까지 관례적으로 정규의 궤간 1,435 mm의 궤간선(軌間線)에서의 내외궤의 높이 차를 캔트량으로 정의하였었다. 그러나, 표준 궤간에서는 세계적으로 거의 내외궤 레일의 중심간 거리 1,500 mm에 대한 고저 차를 캔트 량으로 정의하고 있으므로 우리 나라도 이에 따르고 있다. 이 점에서 캔트 설정 시나 측정기구 등에 주의할 필요가 있다.

철도건설규칙에서는 곡선구간에는 열차운행의 안전성 및 승차감을 확보하고 궤도에 주는 압력을 균등하게 하기 위하여 곡선반경 및 운행속도 등에 대응한 캔트를 두고, 일정 길이 이상에서 점차적으로 늘리거나 줄이며, 상기에도 불구하고 분기기 내의 곡선, 그 전 후의 곡선, 측선 내의 곡선 등 캔트를 부설하기 곤란한 곳에는 캔트를 설치하지 아니할 수 있다고 규정하고 있다.

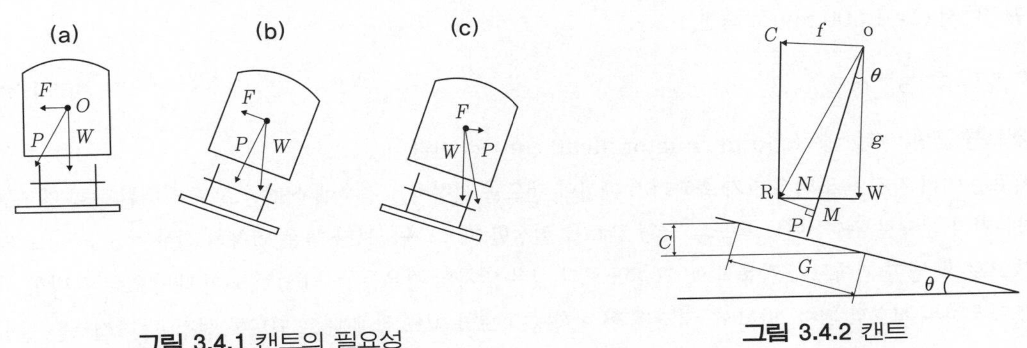

그림 3.4.1 캔트의 필요성

그림 3.4.2 캔트

3.4.2 캔트의 이론

그림 3.4.2에서 차량중량과 원심력의 합력 R로 생긴 궤도면에 평행한 횡 가속도 성분 MR = p에 대하여 고려한다.

열차속도 $v = \dfrac{V}{3.6}$ (m/s)

중력가속도 $g = 9.80$ (m/s²)

원심가속도 $f = \dfrac{v^2}{R} = \dfrac{1}{R}\left(\dfrac{V}{3.6}\right)^2 = \dfrac{V^2}{13R}$ (m/s²)

$\overline{\mathrm{WN}} = g \tan\theta$ 이므로

$\overline{\mathrm{NR}} = f - \overline{\mathrm{WN}} = \dfrac{V^2}{13R} - g\tan\theta$ 로 된다. 또한, $\overline{\mathrm{MR}} = \overline{\mathrm{NR}}\cos\theta$에서

$\overline{\mathrm{MR}} = \left(\dfrac{V^2}{13R} - g\tan\theta\right)\cos\theta$ 로 된다.

여기서 θ는 작으므로 $\tan\theta \fallingdotseq \sin\theta$, $\cos\theta \fallingdotseq 1$로 고려하면, $\sin\theta = C / G$이므로

$$p = \overline{\mathrm{MR}} = \frac{V^2}{13R} - \frac{C}{G}\,g \ (\mathrm{m/s^2}) \tag{3.4.1}$$

이 p는 차량, 승객 등에게 횡 방향의 가속도로서 작용하며 차량이 수평에 대하여 $a = p/g$의 경사면상에 놓인

것과 같은 작용을 받는다. 캔트가 과대하게 되면 p는 (−)로 되어 곡선 내방으로, 과소하면 (+)로 되어 곡선 외방으로 작용한다. 이 p를 불균형 가속도(不均衡加速度) 또는 초과 가속도(超過加速度), 이것으로 생기는 힘을 불균형 원심력(不均衡遠心力) 또는 초과 원심력(超過遠心力)이라고 하며, 궤도의 파괴나 승차감에 악영향을 미치므로 어느 크기 이하로 억제할 필요가 있다.

이상의 사실에서 가장 바람직한 것은 $p = 0$으로 되는 것이므로 식(3.4.1)에서 $p = 0$으로 두면 필요한 캔트량을 구할 수가 있다. 즉,

$$\frac{V^2}{13R} = \frac{C}{G}g$$

$$C = \frac{G\,V^2}{13\,g\,R} = \frac{GV^2}{127R}\,(\mathrm{mm}) \tag{3.4.2}$$

표준 궤간에서 $G = 1{,}500$ mm로 하면,

$$C = 11.8\,\frac{V^2}{R} \tag{3.4.3}$$

이 캔트를 균형(均衡)캔트(equilibrium(or ideal) cant)라 한다.

실제로는 여러 가지 속도의 열차가 통과하기 때문에 캔트를 설정하는 경우에 어떠한 속도에 대한 균형 캔트를 고려하는가가 문제로 된다. 어느 속도의 균형 캔트를 설정할 때 그 속도보다 높은 열차의 경우는 p가 (+)로 되어 외방으로 횡 방향 가속도가 작용하고, 그 속도보다 낮은 열차의 경우는 p가 (−)로 되어 내방으로 횡 방향 가속도가 작용하는 것으로 된다. 따라서, 각각의 횡 방향 가속도가 어느 한계 내로 되도록 설정(設定)캔트를 결정하는 것이 조건으로 된다.

실제상의 설정 캔트는 일반적으로 평균속도(平均速度)로 한다. 평균속도의 산정은 여러 가지 방법이 있지만, 일반적으로 제곱 평균법으로 구한다. 제곱 평균법에 따른 평균속도의 산정방법은 다음 식과 같다.

$$V_0 = \sqrt{\frac{\sum_{i=1}^{n} N_i V_i^2}{\sum_{i=1}^{n} N_i}} \tag{3.4.4}$$

여기서 V_0 : 평균속도 (km/h), N_i : 열차종별마다의 열차 수, V_i : 열차종별마다의 속도(km/h)

더욱이, 산정된 설정 캔트에 대해서는 최고 속도의 열차에 대한 캔트 부족량(不足量, cant deficiency)의 검토가 필요하다. 열차의 평균 속도와 고속 열차의 최고 속도와의 차이가 현저한 경우 등에는 그 균형 캔트(C_{max})에서 일정한 캔트 부족량을 공제한 설정 캔트로 하는 경우도 있다.

고속선로에서는 일반적으로 열차종별마다의 최고 속도가 일정하므로 최고 속도를 설계 속도로 하여 허용(許容) 캔트 부족량(permissible deficiency of cant)을 고려하면서 실제의 캔트 량을 결정한다.

3.4.3 최대캔트 및 캔트설정

(1) 캔트 량의 한도

캔트가 붙여 있는 곡선에 차량이 정지한 경우, 혹은 곡선을 극히 저속으로 주행하는 경우에는 균형 캔트가 0이므로 설정 캔트가 그대로 캔트 과대 량으로 된다. 따라서, 이와 같은 경우에 곡선 외측으로부터의 바람으로 차량이 내측으로 전도되지 않도록 충분히 안전하게 할 것과 차체의 경사로 승객에게 불쾌감을 주지 않아야 하는 것을 고려하여 캔트 량의 한도를 설정할 필요가 있다.

철도의 건설기준에 관한 규정에서는 열차운행의 안전성 및 승차감을 확보하고 궤도에 주는 압력을 균등하게 하기 위하여 곡선구간의 궤도에 다음 공식으로 산출된 캔트를 두며, 이때 설정캔트 및 부족캔트는 **표 3.4.1**의 값 이하로 하도록 규정하고 있다. 또한, 상기에도 불구하고 분기기 내의 곡선, 그 전 후의 곡선, 측선 내의 곡선과 그밖에 캔트를 부설하기 곤란한 곳에는 캔트를 설치하지 아니할 수 있다고 규정하고 있다.

$$C = 11.8\frac{V^2}{R} - C_d$$

여기서, C : 설정캔트(mm), V : 설계속도(km/h), R : 곡선반경(m), C_d : 부족캔트(mm)

표 3.4.1 최대 설정캔트와 최대 부족캔트

설계속도V (km/h)	자갈궤도		콘크리트궤도	
	최대 설정캔트 (mm)	최대 부족캔트[1] (mm)	최대 설정캔트 (mm)	최대 부족캔트[1] (mm)
$200 < V \leq 350$	160	80	180	130
$V \leq 200$	160	100[2]	180	130[2]

[1] 최대 부족캔트는 완화곡선이 있는 경우 즉, 부족캔트가 점진적으로 증가하는 경우에 한한다.
[2] 선로를 고속화하는 경우에는 최대 부족캔트를 120 mm까지 할 수 있다.

열차의 실제 운행속도와 설계속도의 차이가 큰 경우에는 다음 공식으로 초과캔트를 검토하여야 하며, 이때 초과캔트는 110 mm를 초과하지 않도록 한다.

$$C_e = C - 11.8\frac{V^2}{R}$$

여기서, C_e : 초과캔트(mm), C : 설정캔트(mm), V : 열차의 운행속도(km/h), R : 곡선반경(m)

그림 3.4.3에서 H를 레일 면에서 차량중심까지의 높이, C를 캔트, G를 내외궤 레일의 중심간 거리라 하면,

$$\frac{x}{H} \fallingdotseq \frac{C}{G} \text{ 에서 } \quad x = \frac{C}{G}H$$

차량의 내측 전도에 대한 안전율을 3.5{즉, x를 G/(2 · 3.5) = G/7 이내에 들도록 한다}으로 하면

$$\frac{C}{G}H \leqq \frac{G}{7}$$

이어야 한다. 이것에서

$$C \leqq \frac{G^2}{7H} \tag{3.4.5}$$

식(3.4.5)에서 G = 1,500 mm, H = 2,000 mm로 하면

$$C \leqq \frac{G^2}{7H} = 160.7 \text{ mm}$$

로 된다. 여기에 어느 정도의 여유를 두어 캔트 량의 한도를 정하고 있다. 역으로, 캔트량의 한도 160 mm에 대한 안전율을 구하면 안전율이 3.5로 된다. 안전율 3.5는 너무 충분한 것처럼 생각되지만, 여기에는 풍압의 영향이 들어 있지 않으므로 이점을 고려하면 반드시 여유가 큰 것은 아니다.

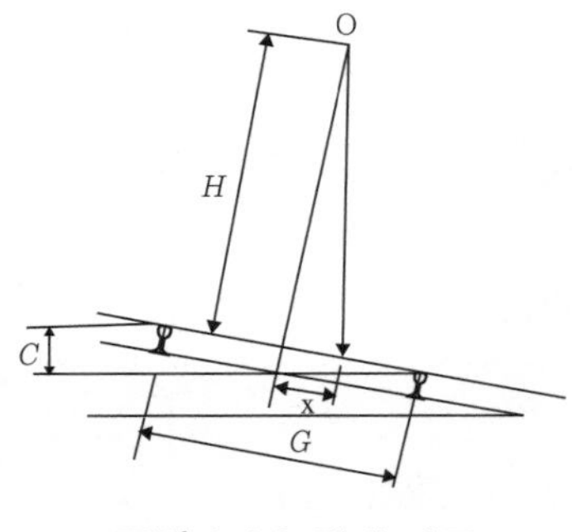

그림 3.4.3 최대 캔트

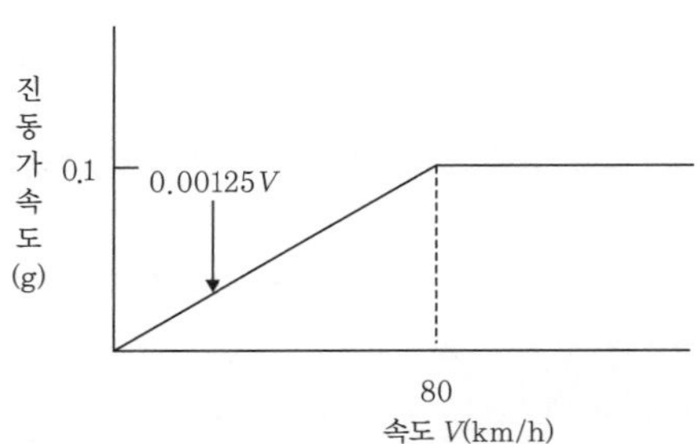

그림 3.4.4 속도와 진동가속도

경부고속철도에 대하여 검토하여 보면, 고속철도 차량의 H는 1,800 mm이므로 상기에서처럼 식(3.4.5)에서 C = 180 mm로 되며, 캔트 량의 한도 180 mm에 대한 안전율을 구하면 안전율이 3.8로 된다.

한편, 최대 캔트량에 대한 외국의 예를 보면, 영국 150 mm, 독일 150 mm, 프랑스 160 mm (TGV 동남선 180 mm, 이후 160 mm, 예외적으로 180 mm), 일본의 재래선 105 mm, 신칸센 200 mm 이하로 되어 있다. 신칸센에 대한 값은 150 mm 이상의 여러 가지 캔트를 붙인 경우의 실험을 반복하여 경사에 따른 승차감의 한도에서 결정된 값이며, 더욱이 곡선반경 2,500 m인 경우의 정지시 혹은 저속 운전시의 곡선 외측으로부터의 풍력에 따른 내측으로의 전도(顚倒) 풍속을 구하여 안전성을 검토하고 있다. 최대 캔트 200 mm, 곡선반경 R = 2,500 m인 경우에 대하여 내측전도 풍속을 구하면, 정지시의 내측에 대한 전도 풍속(약 40 m/s)보다 오히려 저속으로 통과하는 경우의 쪽이 위험하며, 속도 80 km/h인 때에 최저로 되어 약 35 m/s로 된다. 이것은 종래부터의 시험결과를 참고로 하여 롤링에 따른 차체의 좌우 진동을 V = 80 km/h까지는 속도에 비례(a_H = 0.00125 V)하며, $V \geqq$ 80 km/h의 경우는 일정(a_H = 0.1 g)하다고 가정(**그림 3.4.4**)하여 구한 것으로 계산식은 다음에 의한다. 즉, 전도한계 풍속 U (m/s)를 구하는 식은 다음과 같다.

$$U = \sqrt{\frac{W \cdot G}{\rho \cdot S \cdot h'_{BC} \cdot C_r}} \sqrt{1 - \frac{2h'_G}{G}\left[\left(1 - \frac{\mu}{1+\mu} \cdot \frac{h_{GT}}{h'_G}\right)\alpha_H + \left(\frac{v^2}{Rg} - \frac{C}{G}\right)\right]} \tag{3.4.6}$$

여기서 h_G : 레일 면 위 차량중심 높이 (m)

$h'_G \fallingdotseq 1.25\ h_G$

μ = 대차중량/차체중량×1/5

R : 곡선반경 (m)

G : 좌우 차륜 접촉점간 거리 (m)

v : 주행 속도 (m/s)

S : 차체의 횡 투영 면적의 1/2 (m^2)

h_{GT} : 레일 면 위 대차중심 높이 (m)

h_{BC} : 레일 면 위 차체의 횡 풍압 중심 고 (cm)

$h'_{BC} \fallingdotseq 1.25\ h_{BC}$

W : 차량중량의 1/2 (kgf)

C : 캔트 (mm)

g : 중력가속도 (9.8 m/s^2)

ρ : 공기 밀도 ($kg \cdot s^2 \cdot /m^4$)

C_r : 풍압에 대한 차체의 저항계수

α_H : 주행 중인 차체의 횡 진동가속도 (g)

h_G', h_{BC}'는 대차의 스프링장치의 효과를 고려한 경우의 차량중심 및 차체의 풍압중심의 유효 높이를 나타내며, 종래 차량의 수치로부터 추정하여 h_G와 h_{BC}의 25 %를 증가시키고 있다. 더욱이 식(3.4.6)의 (v^2 / $R\,g - C$ / G)항 앞의 부호는 곡선 외방으로의 전도의 경우가 (−), 곡선 내방으로의 전도가 (+)이다.

한편, 일본 고속선로 전차에 대하여 곡선 내측과 외측으로의 전도 한계풍속과 주행 속도와의 관계를 구한 **그림 3.4.5**에서 알 수 있는 것처럼 곡선에서는 그 균형속도 이하로 주행하는 경우는 곡선 내방으로 전도하는 쪽이

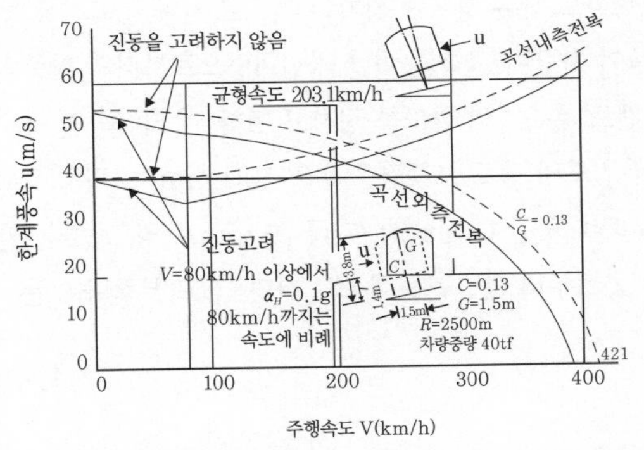

그림 3.4.5 주행속도와 차량전복의 관계

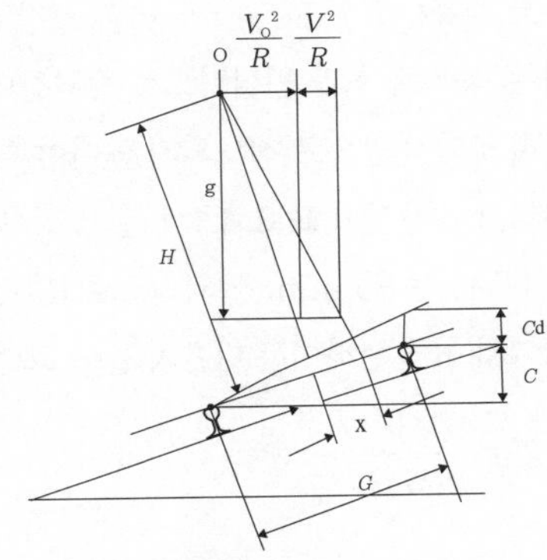

그림 3.4.6 캔트 부족

위험하며, 그 경우의 전도한계 풍속은 80 km/h 부근의 주행에서 최저로 된다. 또한, 그 균형속도 이상으로 곡선을 주행하는 경우에는 곡선 외방으로 주행하는 쪽이 위험하게 되며, 그 경우의 전도한계풍속은 초과속도가 약 50~70 km/h를 넘으면 상기의 최저속도보다 하회하고, 그보다 고속에서는 급격히 감소하는 것을 알 수 있다. 이상의 검토에서 최대 캔트(maximum cant)를 200 mm로 하고 있다.

(2) 캔트를 붙이는 방법

차량의 운동을 원활하게 하기 위해서는 캔트의 반분만큼 내궤를 내리고, 반분만큼 외궤를 올리는 것이 이상적이라고 하여 일본 신칸센에서는 이 방법에 따르고 있으며, 이렇게 하면 곡선의 출입구에서 차량중심의 높이는 거의 변하지 않고 불필요한 상하운동이나 그것에 수반하는 불리한 점을 피할 수가 있다고 한다. 우리 나라에서는 내궤 레일은 그대로 두고 외궤 레일을 주어진 캔트의 량만큼 올리고 있다. 이것은 노반고나 도상 두께에 관계없이 작업을 하기가 쉬운 점을 고려한 것이다. 반향곡선을 연속 완화곡선으로 연결할 때 외방 레일을 캔트의

1/2 만큼 올리고, 내방 레일을 1/2 만큼 내리는 일도 있다.

곡선분기기의 경우는 기준선 측을 통과하는 열차의 승차감을 주체로 고려하여 기준선 측에 소정의 캔트를 붙인다. 그러나, 외방 분기기의 경우는 기준선 측에 붙인 캔트 량만큼 분기선 측에서 역(逆)캔트로 되기 때문에 최대 캔트를 40 mm로 제한하는 것이 좋다.

철도건설규칙과 철도의 건설기준에 관한 규정에서는 "캔트(Cant)란 차량이 곡선구간을 원활하게 운행할 수 있도록 안쪽 레일을 기준으로 바깥쪽 레일을 높게 부설하는 것"이라고 정의하고 있다.

철도의 건설기준에 관한 규정에서는 다음과 같이 캔트를 체감하도록 규정하고 있다. 완화곡선이 있는 경우는 완화곡선 전체 길이에서 체감하며, 완화곡선이 없는 경우는 최소체감길이를 $0.6\times\Delta C$(캔트변화량, mm)보다 크게 하고 체감위치는 곡선과 직선에서는 곡선의 시 · 종점에서 직선구간으로 체감(직선구간에서 체감하는 것을 원칙으로 하되, 기존선 개량 등으로 부득이한 경우에는 곡선부에서 체감가능)하며 복심곡선은 곡선반경이 큰 곡선에서 체감한다.

3.4.4 캔트 부족량

캔트 부족(cant deficiency)은 설정 캔트량이 균형 캔트보다도 작은 경우에 생기는 것으로 차량이 곡선을 통과하는 경우에 초과 원심력으로 승차감이 악화되는 점, 더욱이 차량이 그 진동이나 곡선내방으로부터의 횡풍의 영향하에서 외방으로 전도되지 않아야 하는 점을 고려하여 캔트 부족량의 한도를 정하고 있다. 우리나라의 경우에 제3.4.3(1)항의 **표 3.4.1**과 같이 정하고 있다. 한편, 각국 철도의 캔트 부족량은 독일 100 mm, 프랑스 150 mm (TGV는 85 mm, 예외적으로 130 mm), 영국 90 mm(장대구간 110 mm), 미국 76 mm로 하고 있다. 일본의 재래선에 관하여는 다음과 같이 고려하고 있다. 식 (3.4.2)로부터 설정 캔트를 C로 하면, 캔트 부족량 C_d는

$$C_d = \frac{G\,V^2}{127R} - C \qquad (3.4.7)$$

로 표현된다.

일본 협궤선의 경우는 차량의 외방 전도에 대하여 안전율을 4로 하고 정적으로 계산하여 다음의 조건을 만족하도록 정하고 있다. **그림 3.4.6**에서 H를 레일 면에서 차량중심까지의 높이, C를 캔트, G를 내외궤 레일의 중심간 거리라 하고, 캔트 C에 대한 균형속도를 V_0로 하면, (3.4.2)식으로부터

$$C = \frac{G\,V_0^2}{127\,R}$$

또한, 속도 $V\,(V > V_0)$로 통과하는 경우에는 마찬가지 모양으로

$$C + C_d = \frac{G\,V^2}{127\,R}$$

라고 하는 관계가 성립된다. 따라서,

$$\frac{C_d}{G} = \frac{1}{127\,R}\,(V^2 - V_0^2) \qquad (3.4.8)$$

그 때의 원심력과 중량의 합력에 대한 궤도중심으로부터의 편의량(偏倚量)을 x로 하면, **그림 3.4.6**에서

$$\frac{C_d}{G} \fallingdotseq \frac{x}{H} \tag{3.4.9}$$

가 성립된다. 따라서, 식(3.4.8) 및 (3.4.9)로부터

$$x = \frac{1}{127\,R}\,(V^2 - V_0^2) \cdot H \tag{3.4.10}$$

차량의 외방 전도에 대하여 안전율을 4로 하면, x는 (1 / 8) G 이내에 있어야 한다. 결국,

$$\frac{1}{8}\,G \geqq \frac{1}{127\,R}\,(V^2 - V_0^2) \cdot H \tag{3.4.11}$$

식 (3.4.8)에 따라

$$\frac{1}{8}\,G \geqq \frac{C_d}{G} \cdot H$$

이로부터

$$C_d \leqq \frac{G^2}{8H}$$

H = 2,000 mm로 하면(또한, 표준궤간처럼 G = 1,500으로 하면)

$$C_d \leqq \frac{G^2}{8 \times 2{,}000} \fallingdotseq 140$$

이상에 의거하여 차량의 외방 전도에 대하여는 $C_d \leqq 140$ mm로 되지만 여기에 횡풍, 차량의 스프링의 영향, 승차감의 영향 등을 고려하는 것이 필요하다.

차량의 스프링의 영향을 고려하면, 캔트 부족량 C_d가 있는 경우에 차체의 회전각은 궤도면에 대하여

$$\phi = C_\phi \; W_B \; \frac{C_d}{G}$$

여기서 C_ϕ : 차체의 스프링 장치에 따른 계수, W_B : 차체 중량

로 되지만, 이것은 차체중심 높이가 겉보기 상으로 크게 되는 것에 상당하며, 차종에 따라 이 중심 높이가 15~25 % 높게 되는 것을 고려할 필요가 있다.

다음에 승차감에 대하여 캔트 부족에 의한 초과원심력의 한도는 이전에 0.1 g로 되어 있었다. 이것은 약 100 mm의 캔트 부족을 허용하는 것에 상당하며, 현실적이지 아니기 때문에 동요가속도도 고려하여 0.06~0.08 g 정도의 불균형 가속도(不均衡加速度)는 인지되더라도 지장이 없다고 하고 있다.

여기에 전술의 C_ϕ, W_B의 영향을 고려하여 승객이 느끼는 횡가속도 α는

$$\alpha = \left(\frac{V^2}{gR} - \frac{C}{G}\right)(1 + C_\phi \cdot W_B) = \frac{C_d}{G}(1 + C_\phi \cdot W_B)$$

로 되어 스프링의 효과를 고려하지 않은 때에 비하여 차종에 따라 약 7~25 % 증가한다.

또한, 바람으로 인한 전도한계에 대하여는 아래와 같다. 먼저, 전도의 위험률(危險率) D는 안전율의 역수로

나타내며, 차량 중심으로부터의 합력 선이 궤간 중앙을 통과하는 경우에 $D = 0$, 궤간 중앙과 레일과의 중간을 통과하는 경우에 $D = 0.5$, 레일 상을 통과하는 경우에 $D = 1$로 된다. 한편, 전도에 관한 허용 위험률(許容危險率) D의 값은 정적으로 0.6, 동적으로 0.8을 취하면 좋다고 하고 있다.

열차통과시의 전도 위험률은 3 개의 요소로 성립되며, 다음의 식으로 나타낸다.

$$D=\pm 2h_G' \;/\; G\times(V^2 \;/\; R\cdot g- \;C\,/\,G) \qquad \text{(초과원심력과 중력분력의 차)}$$
$$\pm 2h_G' \;/\; G\times(1-\mu/(1+\mu)\times h_{GT}\,/\,h_G)a_H \qquad \text{(진동관성력)}$$
$$\pm h_{BC}' \cdot\rho\cdot U^2\cdot S\cdot C_r\,/\,W\cdot C \qquad \text{(풍압력)}$$

(+는 외궤 전도, −는 내궤 전도) (기호에 대하여는 식 3.4.6 참조)

일본에서는 상기 식에서 재래선의 한계풍속을 30 m/s로 하여 계산하고 있으며, 이상의 검토결과로부터 일반열차 50 mm, 전차, 기동차 60 mm, 381계 전차 110 mm로 하고 있다. 또한, 속도향상의 요구에 대처하기 위하여 곡선에서 속도향상 시험 등을 행하여 승차감에 대하여 재검토하고 있다. 한편, 속도향상 시책을 실시하는 경우에 공기 등의 원인으로 한계에 가까운 캔트 부족량을 설정하고 있다고 고려되지만, 승차감이나 보수량의 면에서는 캔트 부족량을 작게 하여 두는 쪽이 유리한 점에서 캔트 부족량은 가능한 한 작게 하는 것이 바람직하다. 더욱이, 열차속도와 설정 캔트(C_0) 및 허용 캔트 부족량(C_{da})의 관계는

$$C_{da} + C_0 = 11.8 \times \frac{V_{max}^2}{R}$$

이므로 해당 개소의 각종 제약조건에서 설정 캔트 량이 규제되는 경우에 속도제한이 필요하게 된다. 이 경우의 속도 V_{max}는 전술의 식에서 $V_{max} = 0.291\sqrt{(C_0 + C_{da})R}$ 로 구할 수가 있다.

일본의 신칸센에서는 초과원심력에 따른 승차감의 한도나 고속 통과 시에 곡선 내방으로부터의 풍력에 따른 외측 전도에 대한 검토에서 캔트 부족량을 정하고 있다. 종래는 동해도선의 시험결과에 의거하여 최대 초과원심력을 0.08 g (캔트 부족량 표준 궤간 환산 120 mm)로 하여 약간의 여유를 두어 최대 캔트 부족량을 100 mm로 하여 왔다. 더욱이, 캔트량 200 mm, 곡선반경 2,500 m, 최대 캔트 부족량 100 mm인 경우의 외측 전도 한계 풍속을 구하면 주행속도는 250 km/h로 되며, 식 (3.4.6)에 따라 외측전도 풍속은 약 38 m/s이고, 내측 전도 풍속(35 m/s)과 대체로 걸맞는 것으로 된다. 현재는 캔트 부족량을 개선하고 있으며, 1988년에 실시된 승차감평가 시험결과를 기초로 초과원심력의 한계를 0.093 g로 하여 최대 캔트 량을 115 mm로 하고 있다.

3.5 완화곡선

3.5.1 완화곡선의 의의

열차가 곡선부를 주행할 때에는 원심력에 기인하여 열차가 곡선의 외측으로 튀어 나가도록 하는 힘이 일어난다. 따라서, 원심력과 차량 중량의 합력이 궤간 내에 들어가도록 캔트가 붙여져 있다. 한편, 직선부에서는 캔트가 필요하지 않기 때문에 곡선과 직선의 접속 개소에서는 이 캔트를 연속적으로 체감(遞減)시키는 구간(완화곡선)이 필요하게 된다. 캔트의 체감은 차량의 3점 지지로 인한 탈선을 방지하기 위하여 충분히 완만하여야 한다.

또한, 캔트는 원심력에 비례한다. 따라서, 곡률(曲率, curvature)에 비례하므로 이것에 맞지 않게, 예를 들어 원곡선 상 또는 직선 상에서 캔트를 체감하면 이 부분에서 캔트의 과부족이 생겨 불균형 원심력이 생기게 되어 차량의 원활한 주행이 결여되고 승차감을 악화시킬 뿐만 아니라 궤도의 파괴를 촉진하고 더욱이 주행 안정성을 손상시키는 것으로 된다. 따라서, 원곡선과 직선 사이에는 캔트의 체감에 대응하는 곡률의 체감이 필요하게 되며, 이것이 완화곡선(緩和曲線, transition (or junction, easement) curve)이다.

따라서, 완화곡선은 직선과의 접속부분에서 반경이 무한대, 원곡선과의 접속부분에서의 반경은 원곡선의 반경과 같게 된다(**그림 3.5.1**). 더욱이, 슬랙에 대하여도 완화곡선 중에서 체감한다.

철도건설규칙에서는 다음과 같이 규정하고 있다. 본선의 직선과 원곡선 사이 또는 두 개의 원곡선의 사이에는 열차 운행의 안전성과 승차감을 확보하기 위하여 완화곡선을 두되, 곡선반경이 큰 곡선 또는 분기기에 연속되는 경우에는 그러하지 아니하며, 그밖에 완화곡선을 두기 곤란한 구간에서는 필요한 조치를 마련한다.

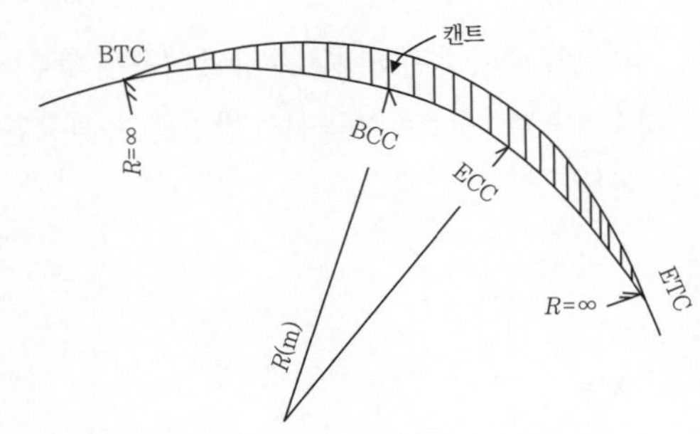

그림 3.5.1 완화곡선의 개념도

3.5.2 완화곡선의 형상

완화곡선의 형상에는 3차 포물선, 클로소이드 곡선, 렘니스케이트 곡선, 사인체감 곡선 등 여러 가지가 있지만, 그 기본으로 되는 것은 양단의 2차 미분이 0으로 되는 3차 포물선이다.

현재 우리 나라에서 사용하고 있는 완화곡선(緩和曲線)의 형상은 "3차 포물선"(三次抛物線, cubic parabola)이다. 일본에서는 고속선로에 "사인(sine) 반파장(半波長) 완화곡선"을 사용하고 있다. 이들은 곡률을 변화시키는 형에 의하여 나뉘어지고 있다. 완화곡선은 직선에서는 곡률이 0, 원곡선과의 접속 점에서는 $1/R$로 변화하는 것으로 되지만, 직선적으로 변화시키는 방법(直線遞減)을 채용한 것이 3차 포물선이며, 곡선적으로 변화시키는 방법(曲線遞減)을 채용한 것이 사인 반파장의 곡선이다.

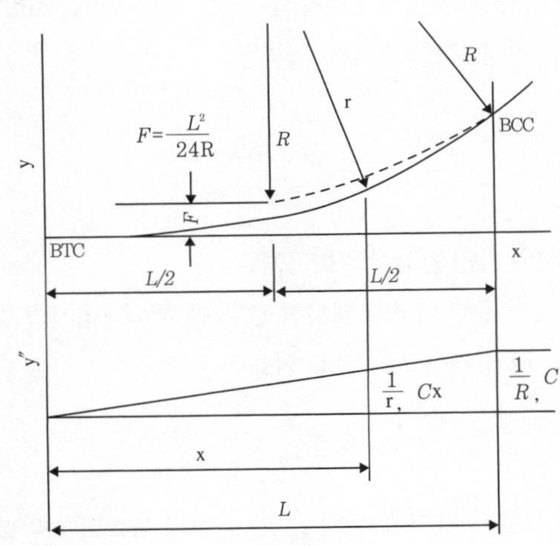

그림 3.5.2 3차 포물선 완화곡선

(1) 3차 포물선 완화곡선

3차 포물선은 **그림 3.5.2**와 같이 직선으로부터 반경 R의 곡선에 들어가는 경우에 이 곡률을 선형 접속하는 것이다.

이 미분 방정식은 그 좌표를 x, y로 나타내고, 완화곡선 종단 l에서 곡선반경을 R, x에서의 곡선반경을 r로 할 때, 다음 식으로 주어진다.

$$\frac{d^2y}{dx^2} = \frac{1}{r} = \frac{x}{LR} \tag{3.5.1}$$

이 식을 $x = 0$에서 $d^2y / dx^2 = 0$, $x = L$에 대한 $d^2y / dx^2 = 1 / R$에서 풀면 다음의 3차 포물선을 얻는다.

$$y = \frac{x^3}{6RL} \tag{3.5.2}$$

캔트와 슬랙에 관하여는 통상의 곡률에 맞추어 직선적으로 변화시킨다. 완화곡선의 시점으로부터의 거리 x의 개소의 곡률, 캔트는 원곡선의 반경을 R, 캔트를 C로 하면 다음과 같다.

곡률

$$\frac{1}{r} = \frac{1}{R} \times \frac{x}{L} \tag{3.5.3}$$

캔트

$$C_x = C \times \frac{x}{L} \tag{3.5.4}$$

캔트를 곡률에 맞추어 직선적으로 변화시킴에 따라 3차 포물선의 시종점에 꺾임 각이 생기는 것을 피하기 위하여 원호를 붙인 것이 프랑스의 도우신(doucine)이다.

3차 포물선의 완화곡선에서는 완화곡선을 **그림 3.5.2**에서 보는 것처럼 원곡선을 곡선 내방으로 다음의 량만큼 이정(移程, shift)시킨다.

$$F = \frac{L^2}{24R} \tag{3.5.5}$$

(2) 사인 반파장 완화곡선

x의 종단에서의 캔트를 C로 할 때에 x에서의 캔트 C_x를 다음의 식으로 나타내는 통칭의 사인 반파장 체감을 시킨 것이 사인체감 완화곡선이다.

$$C_x = \frac{C}{2}\left(1 - \cos\frac{\pi}{L}x\right) \tag{3.5.6}$$

곡률은 이것에 비례하므로 여기에 조화되는 완화곡선의 평면 형상이 다음과 같이 주어진다.

$$y = \frac{1}{2R}\left\{\frac{x^2}{2} + \frac{L^2}{\pi^2}\left(\cos\pi\frac{x}{L} - 1\right)\right\} \quad \text{또는} \quad y = \frac{x^2}{4R} - \frac{L^2}{2\pi^2R}\left(1 - \cos\frac{\pi}{L}x\right) \tag{3.5.7}$$

로 된다.

또한, 완화곡선의 시점으로부터의 거리 x에서의 곡률은 다음과 같다.

$$\frac{1}{r} = \frac{1}{2R}\left(1 - \cos\pi\frac{\pi}{L}x\right) \tag{3.5.8}$$

(3) 3차 포물선과 사인 반파장 완화곡선의 비교

3차 포물선과 사인 반파장 완화곡선의 체감상태를 비교하면 **그림 3.5.3**에 나타낸 것처럼 3차 포물선은 BTC (SP, 완화곡선 시점), BCC (PC, 원곡선 시점), ECC (CP, 원곡선 종점), ETC (PS, 완화곡선 종점)에서 각이 생겨 고속운전 시에는 열차동요를 발생시키므로 일본의 신칸센에는 사인 반파장 완화곡선을 사용하고 있다.

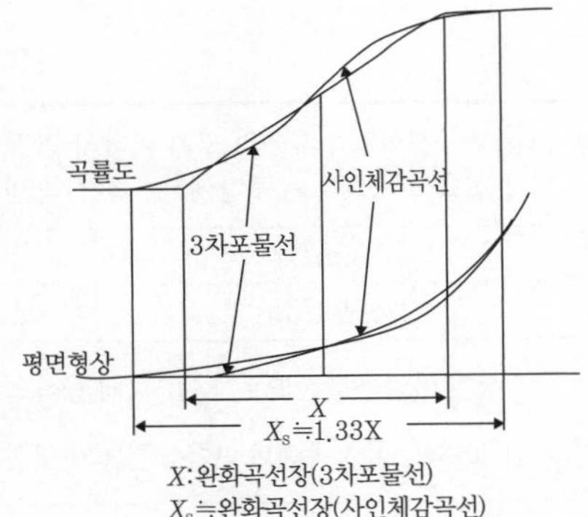

그림 3.5.3 3차 포물선과 사인체감 곡선의 비교 (이정량이 일정한 경우)

이정(移程, shift)량을 동일하게 한 경우에는 사인 반파장 완화곡선의 쪽이 3차 포물선 완화곡선보다도 완화곡선 길이가 1.33배 길게 된다. 그러나, 완화곡선 중앙부 캔트의 최급 기울기(最急勾配)는 사인 반파장 완화곡선의 경우가 3차포물선 완화곡선의 경우의 캔트 기울기에 비교하여 약 1.2배 급하게 된다. 따라서, 직선체감의 완화곡선의 개소에 곡선체감을 사용하는 경우에 캔트의 최급 기울기(steepest slope)를 400분의 1로 할 필요가 있으므로, 직선체감의 캔트 기울기를 $\dfrac{1}{400\times1.2} = \dfrac{1}{480}$ 이하로 할 필요가 있다. 이것은 완화곡선의 길이를 $0.48\times C$ 이상으로 하도록 요한다.

3차 포물선과 사인 반파장 완화곡선의 비교는 **표 3.5.1**과 같다.

표 3.5.1 3차 포물선 완화곡선과 사인 반파장 완화곡선의 선형 비교

조건	3차 포물선 완화곡선	사인 반파장 완화곡선	비율
완화곡선 길이가 동일한 경우의 이정량	$\dfrac{1}{24}\cdot\dfrac{l^2}{R}$	$0.0236788\,\dfrac{l^2}{R}$	0.56829
완화곡선 길이가 동일한 경우의 BCC 종거 (d)	$\dfrac{l^2}{6R}$	$0.1486788\,\dfrac{l^2}{R}$	0.89207
완화곡선 길이가 동일한 경우에 캔트 변화율의 최대치	$\dfrac{C_0}{l}$(일정)	$\dfrac{\pi}{2}\cdot\dfrac{C_0}{l}$	1.570080
이정량이 동일한 경우의 완화곡선 길이	l	$1.326522\cdot l$	1.326522
이정량이 동일한 경우에 캔트 변화율의 최대치	$\dfrac{C_0}{l}$(일정)	$\dfrac{\pi}{2}\cdot\dfrac{C_0}{1.326522\cdot l}=1.184146$	1.184146

3.5.3 완화곡선의 삽입

완화곡선의 역할은 곡률, 캔트, 슬랙을 체감하여 직선과 원곡선을 원활하게 연결하는 것이므로 완화곡선 길이는 주행하는 열차의 속도, 캔트에 따라 필요 충분할 필요가 있다.

철도의 건설기준에 관한 규정에서는 **표 3.5.2**와 같이 규정하고 있다.

완화곡선은 시점(캔트가 0인 지점)에서 곡선반경이 무한대이고, 여기에서부터 완화곡선 전장에 걸쳐 점차적으로 반경이 작아져서(캔트는 직선적으로 증가) 종점(원곡선과의 접속 점)에서 원곡선의 반경과 일치하게(캔트는 설정 캔트에 도달) 되며, 곡률과 캔트는 일치한다.

표 3.5.2 완화곡선의 삽입

① 완화곡선삽입 : 다음의 크기 이하의 반경을 가진 곡선과 직선이 접속하는 곳. • 다만, 분기기에 연속되는 경우이거나 기존선을 고속화하는 구간에서는 하기 ②의 부족캔트 변화량 한계 값을 적용 가능

V (km/h)	250	200	150	120	100	≤70
곡선반경(m)	24,000	12,000	5,000	2,500	1,500	600

– 상기 이외의 값은 $R = \dfrac{11.8V^2}{\Delta C_{d,lim}}$ 의 공식으로 산출. 여기서 R : 곡선반경(m), V : 설계속도(km/h)

$\Delta C_{d,lim}$(mm): 부족캔트 변화량 한계치(인접선형 간 균형캔트차이를 의미), • 하기 이외 값은 선형 보간으로 산출

V(km/h)	350	300	250	200	150	120	100	≤70
$\Delta C_{d,lim}$(mm)	25	27	32	40	57	69	83	100

② 분기기 내에서 부족캔트 변화량이 우측 표의 값을 초과하는 경우에는 완화곡선을 두어야 함.	구분	1. 고속철도전용선			2. 그 외		
	분기속도 V(km/h)	$V \le 70$	$70 < V \le 170$	$170 < V \le 230$	$V \le 100$	$100 < V \le 170$	$170 < V \le 230$
	부족캔트량 한계(mm)	120	105	85	120	141−0.21V	161−0.33V

③ 본선의 경우, 두 원곡선이 접속하는 곳은 완화곡선 설치(양쪽의 완화곡선을 직접 연결할 수 있음). 다만, 부득이한 경우에는 완화곡선을 두지 않고 두 원곡선을 직접 연결하거나 중간직선을 두어 연결할 수 있으며, 이때 다음에 따라 산정된 부족캔트 변화량은 ①항의 값 이하로 함

1. 중간직선이 없는 경우

2. 중간직선이 있는 경우로서 직선길이가 기준치보다 작은 경우

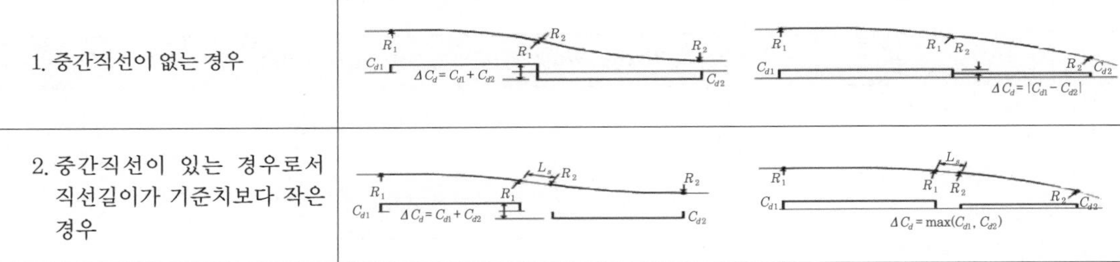

• 중간직선이 있는 경우로서 중간 직선길이의 기준치($C_{s,lim}$)는우측란과 같음	설계속도V((km/h)	$200 < V \le 350$	$100 < V \le 200$	$70 < V \le 100$	$V \le 70$
	$L_{s,lim}$(m)	$0.5V$	$0.3V$	$0.25V$	$0.2V$

3. 중간직선이 있는 경우로서 중간 직선의 길이가 상기의 2에서 규정한 기준치보다 크거나 같은 경우 ($L_s \ge L_{s,lim}$)는 직선과 원곡선이 접하는 경우로 보아 제①항의 기준에 따름

④ 완화곡선의 길이 : 다음의 공식으로 산출한 값 중에서 큰 값 • 다만, 부득이한 경우에는 곡선반경에 따라 축소 가능 $L_{t1} = C_1 \Delta C$, $L_{t2} = C_2 \Delta C_d$ 여기서, L_{t1} : 캔트 변화량에 대한 환화곡선 길이(m) L_{t2} : 부족캔트 변화량에 대한 완화곡선 길이(m), C_1 : 캔트 변화량에 대한 배수, C_2 : 부족캔트 변화량에 대한 배수, ΔC: 캔트 변화량(㎜), ΔC_d : 부족캔트 변화량(㎜)

– 캔트 변화량에 대한 배수(C_1) 및 부족캔트 변화량에 대한 배수(C_2)	V (km/h)	350	300	250	200	150	120	V≤70
	C_1	2.50	2.2.0	1.85	1.50	1.10	0.90	0.60
	C_2	2.20	1.85	1.55	1.30	1.00	0.75	0.45

(주) 이외의 값은 다음의 공식으로 산출

캔트 변화량에 대한 배수 : $C_1 = \dfrac{7.31V}{1000}$, 부족캔트 변화량에 대한 배수 : $C_2 = \dfrac{6.18V}{1000}$, 여기서 V: 설계속도(㎞/h)

⑤ 완화곡선의 형상은 3차 포물선으로 함

완화곡선은 이상과 같이 최고속도(maximum speed), 실(實)캔트(actual cant), 캔트 부족량(cant deficiency)으로 결정되지만, 일단 완화곡선이 건설되면 그 후에 연신하는 것은 극히 곤란하기 때문에 신설, 개량 시에 장래의 최고속도를 예상하여 속도향상 시에 연신의 필요성이 생기지 않도록 충분한 완화곡선 길이를 확보하여 두는 것이 바람직하다. 이 경우의 캔트는 완화곡선 길이를 산출하기 위한 것이며, 현장에 설정하기 위한 캔트가 아닌 것에 주의를 요한다.

3.6 기울기와 종곡선

3.6.1 기울기(구배)

(1) 개설

상향기울기{上勾配, up-(hill) grade, rising gradient}는 ① 열차속도가 저하하여 운전의 소요시간이 증가되고, ② 견인되는 객화차 중량이 제한되며, ③ 저항의 증가에 따라 운전비가 증가되는 등 운전 및 수송량에 직접으로 영향을 줄뿐만 아니라 궤도에 대하여는 후술하는 것처럼 ④ 복진 방지를 위한 설비가 필요하게 되는 등, 운전, 영업, 보수의 어느 면으로도 될 수 있는 한 기울기(국철에서는 2000. 8월에 "구배"라는 용어를 "기울기"로 바꿈)는 완만하게 하는 것이 바람직하다.

그러나, 기울기(勾配)를 완만하게 하기 위해서는 건설비가 높게 되므로 선로는 될 수 있는 한 자연 지반을 따라가게 되어 급기울기를 넣을 수밖에 없다. 특히 상향급기울기가 길게 계속되는 경우는 속도의 저하나 견인 차량의 중량 제한이 지나치게 되며, 때로는 차륜의 공전으로 전진할 수 없게 되는 일도 있다. 운전상 열차속도가 어떤 값 이하로 되면 운행계획(運行計劃, train diagram)을 흩트리게 되므로 상향기울기의 값을 어떤 값 이하로 제한하여야만 된다.

일반 철도와 같이 동륜 답면과 레일 표면과의 마찰력을 이용하는 철도에서는 50 ‰ 정도가 한도이며, 그 이상의 상향기울기로 되면 톱니바퀴(齒車)를 이용한 아프트식(Abt式)을 채용하여야만 한다. 어느 것으로 하여도 기울기에는 ① 궤도 틀림, ② 운전속도의 저하, ③ 운전비의 증가, ④ 수송량의 감소, ⑤ 운전의 안전 저해 등과 같은 각종의 불리한 점이 생기므로 급기울기는 바람직하지 않다.

따라서, 부득이 기울기를 삽입하더라도 될 수 있는 한, 완만하게 하여야 한다. 우리 나라에서는 제(2)항과 같이 규정하고 있다.

기울기의 완급(緩急)은 철도에서는 일반적으로 고저 차(高低差)를 수평 거리로 나눈 값을 1,000분율(‰, permillage)로 나타내며, 진행 방향에 따라 상향기울기, 하향기울기{下勾配, down-(hill) grade, falling gradient}로 구별한다.

(2) 기울기와 속도

(가) 제한(制限)기울기{ruling (or tractive-capacity-determining) gradient}

열차의 속도는 기관차의 인장력과 견인하고 있는 객화차 중량 및 선로 상태, 특히 기울기에 따라 변화한다. 열차 중량은 저항으로 되어 기관차의 견인력에 저항한다. 여러 저항 중에서 기울기에 따른 영향이 가장 크며, 열차의 속도는 기울기에 따라 좌우된다고 하여도 과언은 아니다. 상향기울기에서 열차 속도를 감속하는 것처럼, 하향기울기에서는 가속하도록 작용한다.

지금, 기관차가 어떤 중량의 객화차를 견인하여 어떤 무한으로 이어진 한결같은 기울기의 선로를 올라간다고 고려하여 보자. 열차의 주행 속도가 느려서 기관차의 인장력이 기울기에 따른 저항을 상회할 때는 열차속도가 증가하고 저항의 쪽이 클 때는 감소한다. 이와 같이 하여 증속 또는 감속한 후에 어떤 속도로 기관차의 인장력과 저항이 평형으로 된 후는 무한으로 계속된 동일 기울기를 등속도로 주행하게 된다. 이 속도를 균형 속도(均衡速度, balancing speed)라 한다. 균형속도는 ① 기관차의 인장력이 크고, ② 견인하는 객화차의 중량이 작고, ③ 기울기가 완만할수록 빠른 속도로 되며, 이것과 반대일 때는 늦은 속도로 된다.

열차의 속도가 늦을 때는 다른 열차의 운전에 영향을 주어 운행계획을 흩트리므로 운전속도가 정해진 최저속도보다 늦어져서는 아니 된다. 이와 같이 기관차의 인장력과 견인되는 객화차의 중량 및 상향기울기의 값 사이에는 밀접한 관계가 있으며, 어떤 기울기에서 특정한 기관차에 대하여 균형속도가 소정의 속도 이하로 되지 않도록 하기 위해서는 견인되는 객화차의 중량을 일정한 값 이하로 제한하여야만 한다. 이와 같이 기관차의 견인 객화차 중량을 제한하는 기울기를 제한 기울기(制限勾配)라 부른다.

혹은, 역으로 견인중량이 어떤 값으로 처음부터 정하여져 있는 경우에는 그 견인중량을 견인하여 정해진 균형속도로 오를 수 있는 최급 기울기(最急勾配, steepest(or maximum) gradient)의 것을 제한 기울기라고도 할 수 있다.

일반적으로 선구 중에 상당히 길게 계속되고 있는 최급 기울기가 제한 기울기로 되는 것이 보통이지만, 최급 기울기와 제한 기울기가 반드시 일치한다고는 한정되지 않는다. 그 이유는 최급 기울기에서도 기울기의 기슭의 속도를 이용하여 정상에서의 속도가 정해진 속도 이하로 저하하지 않으면 그 기울기는 제한 기울기로 되지 않기 때문이다.

제한 기울기로 되지 않는 기울기라도 하행 방향으로 열차가 주행할 때 제동의 필요가 있는 경우에는 에너지가 소비되어 운전비가 증가할 뿐만 아니라 하향기울기에서는 다음에 기술하는 것처럼 운전속도에 제한을 받기 때문에 기울기의 정도와 배치에 대하여는 제8장에서 기술하는 속도-거리 곡선을 미리 그려서 적당한 조합을 고려하여야 한다. 운전에 필요한 인건비나 전력비 등은 열차의 길이에 그다지 영향을 받지 않으므로 수송비를 절감하기 위해서는 되도록 견인중량을 크게 하여 1개 열차의 수송량을 많게 하는 것이 효과적이다. 따라서, 제한 기울기는 될 수 있는 한 완만하게 하는 것이 바람직하다.

(나) 하향기울기에서의 속도 제한

하향 급기울기(急勾配)에서는 타력(惰力) 운전에서도 더욱 속도가 증가하고 이것이 길게 이어지면 속도가 과대하게 되어 제동이 필요하고 에너지지가 소비될 뿐만 아니라 제동력이 충분하지 않을 때는 제동거리가 길게 된다. 더욱이, 하향기울기에 따른 가속력이 제동력을 넘을 때는 감속할 수 없어 탈선의 위험도 생긴다. 따라서 열차의 종류나 제동축의 비율(制動率)에 따라 운전속도가 제한된다.

표 3.6.1은 하향 기울기의 속도제한(열차운전시행세칙의 규정)을 나타낸다.

표 3.6.1 하향기울기의 속도제한

구분		하향 기울기(‰) 5~12.5까지	12.5초과 ~15까지	15초과 ~20까지	20초과 ~30까지	30초과 ~35까지
속도 (km/h)	여객열차 (무궁화호, 통근열차)	150	125	100	75	65
	여객열차 (ITX-청춘, 누리로, 전동열차)	150	130	110	95	85
	화물열차	90	85	65	55	50

(3) 기울기의 한도

선로의 기울기는 해당선로의 성격과 운행차량의 특성 등을 고려하여 정한다. 철도의 건설기준에 관한 규정에서는 **표 3.6.2**와 같이 규정하고 있다.

선로의 기울기는 기관차의 견인 중량이나 열차의 속도를 제약하는 등 수송능률에 직접적으로 큰 영향을 미칠 뿐만 아니라 선로의 보수비나 차량의 운전비에도 적지 않은 영향을 미치므로 선로의 설정에서는 될 수 있는 한, 이것을 완만하게 하는 것이 바람직하다. 그러나, 지형, 공사비 등의 관계로 아무리 하여도 부득이 제한할 수밖에 없는 실정이다.

전동차 전용 선로에 대하여 35 ‰까지 허용한 것은 대부분의 경우, 시가지에 건설되기 때문에 입체교차 기타의 관계로 급기울기로 하는 것이 공사비 절약 상에서 아무래도 필요하며, 또한 전차는 그 성능 상으로 짧은 급기울기라면 용이하게 운전할 수 있기 때문이다.

정거장 외의 본선에 대하여는 증기기관차에 대한 화물·여객용의 균형속도, 전기기관차에 대한 모터의 1시간 정격출력에 의거하여 각각 주행할 때의 견인중량 등을 선로등급(설계속도)별로 수송조건을 고려하여 결정하는 것이 일반적이다.

정거장의 기울기 한도에 대하여는 열차의 과대한 출발저항, 차량의 손으로 미는 이동작업, 정지 차량이 일주(逸走, overrunning, over run)하는 위험 등을 피하도록 고려한 것이다.

고속철도의 기울기에 대하여는 주전동기의 온도상승 등을 감안하고 있다. 그 외에 열차의 동력발생장치, 주행장치 및 제동장치의 성능을 감안한다. 정거장 구내의 기울기는 될 수 있는 한, 레벨이 바람직하지만, 2 ‰ 이하로 하였다. 정거장 외의 분기기를 기울기 상에 부설할 때는 레일밀림장치를 설치한 후에 설치토록 하고, 두 개의 기울기에 걸쳐 설치할 수 없도록 하고 있다(제3.7.2항 참조).

표 3.6.2 선로의 기울기(단위 : ‰)

	구분	여객전용선	여객화물혼용선					전기동차 전용선
① 선로의 기울기(‰) : 본선에서는 우측란의 크기 이하	V(km/h)	250<V≤350	200<V≤250	150<V≤200	120<V≤150	70<V≤120	V≤70	
	기울기(‰)	35(1)(2)	25	10	12.5	15	25	35

(1) 연속한 선로 10 km에 대해 평균 기울기는 25 ‰ 이하
(2) 기울기가 35 ‰인 구간은 연속하여 6 km를 초과할 수 없음

(주) 다만, 선로를 고속화하는 경우, 운행차량의 특성 등을 고려하여 열차운행의 안전성이 확보되는 경우에는 그에 상응하는 기울기 적용 가능

(표 3.6.2의 계속)

<table>
<tr><td rowspan="2">② 상기 ①에도 불구하고 부득이 한 경우(‰)</td><td>V (km/h)</td><td>$200<V\le250$</td><td>$150<V\le200$</td><td>$120<V\le150$</td><td>$70<V\le120$</td><td>$V\le70$</td></tr>
<tr><td>기울기(‰)</td><td>30</td><td>15</td><td>15</td><td>20</td><td>30</td></tr>
<tr><td colspan="7">(주) 다만, 선로를 고속화하는 경우, 운행차량의 특성 등을 고려하여 열차운행의 안전성이 확보되는 경우에는 그에 상응하는 기울기 적용 가능</td></tr>
<tr><td colspan="2">③ 본선의 기울기 중에 곡선이 있을 경우 : ①, ②의 기울기에서 우측란의 환산기울기를 뺀 값 이하</td><td colspan="5">$G_c=\frac{700}{R}$, 여기서 G_c : 환산기울기(‰), R : 곡선반경(m)</td></tr>
<tr><td colspan="7">④ 정거장 승강장 구간의 본선 및 그 외 열차정거구간 선로기울기는 ①~③ 규정에도 불구하고 2 ‰ 이하이어야 함. 열차 분리·결합 않는 전기 동차 전용선은 10 ‰까지, 그 외 8 ‰까지, 차량을 유치 않는 측선은 35 ‰까지 할 수 있음</td></tr>
<tr><td colspan="7">⑤ 종곡선 간 같은 기울기 직선의 최소 길이는 설계속도에 따라 다음 값 이상으로 하여야 함; $L=\frac{1.5V}{3.6}$
L : 종곡선 간 같은 기울기의 선로길이(m), V : 설계속도(km/h)</td></tr>
<tr><td colspan="7">⑥ 운행할 열차의 특성을 고려하여 정지 후 재기동 및 설계속도로의 연속주행 가능성과 비상 제동 시의 제동거리 확보 등 열차 운행의 안전성이 확보되는 경우에는 본선 또는 기존 전기동차 전용선에 정거장 설치 시의 기울기를 다르게 적용할 수 있음</td></tr>
</table>

(4) 기울기(구배)의 종류

열차속도, 견인정수(牽引定數), 운전방식 등을 결정하기 위하여 그때그때 사용 목적에 따른 명칭을 붙여 부르고 있다. 이 명칭의 종류, 이른바 호명(呼名)은 다음과 같다.

1) 실제(實際)기울기 ; 선로의 기울기는 운전취급의 편의상 이하에 기술하는 것과 같이 여러 가지 명칭이 붙여지고 있다. 그러나 이들은 실제의 선로 기울기와 반드시 일치하는 것이 아니므로 그 사용 목적에 따라 실제의 기울기와는 다른 수치로 나타내고 있다. 그 때문에 이들의 기울기와 대조하는 경우에 선로의 실제의 기울기를 말하는 경우에 특히 "실제 기울기"라고 부르는 경우가 있다.

2) 표준(標準)기울기(maximum grade continuing 1 km or more) ; 최급(最急)기울기{steepest (or maximum) grade}라고 하는 경우도 있다. 어떤 구간에서 1 km 떨어진 2점을 연결하는 몇 개의 직선으로 만드는 기울기 중에서 가장 급한 기울기를 말한다. 열차에 대하여 상향으로 되는 것을 표준 상향기울기, 하향을 표준 하향기울기라고 한다. 만약, 그 구간의 전(全)거리가 1 km 이내인 때는 그 양단을 연결한 직선의 기울기를 나타낸다.

3) 평균(平均)기울기 ; 어느 구간의 여러 가지 기울기의 수평거리 합계와 이것에 대한 고저 차이의 합계와의 비를 평균 기울기라 한다.

4) 사정(査定)기울기{ruling (or tractive-capacity-determining) gradient} ; 지배(支配)기울기라고도 한다. 동력차가 최대의 견인력을 필요로 하는 저항이 많은 기울기를 말한다. 기관차의 견인정수는 기관차의 견인력, 운전속도, 선로 기울기 등에 따라 정하여지는 것이지만, 그 견인정수를 정할 때에 사용한다.

5) 환산(換算)기울기(virtual grade) ; 기울기가 있는 선로 중에 곡선이 있는 경우에 열차의 저항은 기울기 저항(resistance due to slope) 외에 곡선저항(제(6)(가)항 참조)이 가하여진다. 이 선로의 모든 저항을 계산할 때에 곡선의 저항을 기울기의 저항으로 환산하는 일이 있으며, 이 환산한 기울기를 말한다.

6) 상당(相當)기울기{compensated (or equivalent) gradient} ; 환산 기울기와 실제 기울기의 합계를 말한다.

7) 차량(車輛) 제한(制限)기울기 ; 방치된 차량이 움직일 우려가 없을 정도의 완만한 기울기이다. 롤러 베어링

(roller bearing)을 장치한 차량은 1.8 ‰ 이상으로 되면 전동할 우려가 있다고 한다.

이외에 다음과 같은 기울기가 있다.

8) 타력(惰力)기울기(momentum grade) ; 선구(線區)내에 제한 기울기보다 급한 상향기울기가 있어도 그 연장이 짧을 때에는 제(2)항에서 기술한 것처럼 기슭의 속도를 이용한 타력에 의하여 정상에서의 속도가 여전히 규정의 최저속도 이하로 되지 않도록 기울기를 지나 갈 수 있는 경우가 있다. 이와 같은 기울기를 타력 기울기라 부르며, 최급 기울기(steepest slope)가 반드시 제한 기울기로는 되지 않는다. 이것을 판별하기 위해서는 기슭에서의 속도를 알아야만 하므로 제8장에서 기술하는 속도-거리 곡선을 이용하여야 한다.

9) 보조 기관차(補助機關車) 기울기(helper grade, pusher grade) ; 제한 기울기보다도 급하여 타력 기울기로도 되지 않는 기울기를 특정의 어떤 구간에 부득이하게 삽입하는 일이 때로는 있다. 이와 같은 기울기를 제한 기울기 이하로 되도록 완만하게 하면 비용이 너무 많이 들 때에 이 구간만 보조기관차를 병용하여 기울기 정상에서의 속도가 규정의 속도 이하로 저하되지 않도록 한다. 이와 같은 기울기를 보조기관차 기울기라 부른다. 그러나, 기관차의 연결·개방 및 회송에 수고를 요하므로 부득이한 경우 외에는 될 수 있는 한 이 기울기를 두지 않는 쪽이 좋다. 더욱이, 보조기관차(중련, 또는 추진)의 능률이 다소 저하되는 것은 부득이하다.

10) 가정(假定)기울기 ; 열차의 가속, 감속을 저항으로 환산하면 기울기를 오르내리는 것과 같다. 이와 같이 속도의 변화를 기울기로 환산한 값을 실제의 기울기에 가감하여 얻어지는 가상적인 기울기를 가정 기울기라 부른다.

(5) 기울기 저항(resistance due to slope)

기울기의 표시법으로서는 수평거리 1,000 m에 대한 고저 차이를 취하여 이것을 천분율(‰)로 나타낸다. 열차가 상향 기울기를 주행할 때는 **그림 3.6.1**에 나타낸 기울기 저항이 작용한다. 이것을 식으로 나타내면 다음과 같이 된다.

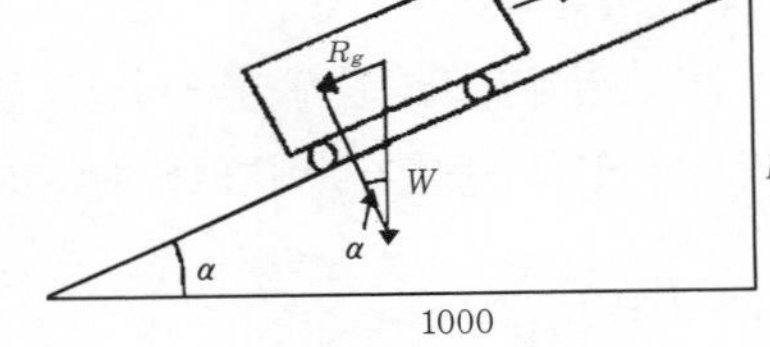

그림 3.6.1 기울기 저항

$$R_g = W\sin\alpha \tag{3.6.1}$$

α는 일반적으로 작으므로

$$R_g \fallingdotseq W\tan\alpha = W\frac{h}{1{,}000} \tag{3.6.2}$$

또는

$$r_g = \frac{R_g}{W} = h\ (\mathrm{kgf}) \tag{3.6.3}$$

여기서, R_g : 기울기 저항 (tf), r_g : 기울기 저항 (차량중량 1 tf당 kgf), W : 차량중량 (tf), α : 기울기의 각도, $h/1{,}000$: 기울기

(6) 기울기의 보정

(가) 곡선저항

곡선저항은 열차속도, 차량의 구조, 곡선의 길이 등에 따라 다르지만, 이것에 대한 환산 기울기는 (3.6.4) 식으로 주어진다. (**표 3.6.2** ③ 참조).

$$G_c = \frac{700}{R}$$, 여기서, G_c : 환산 기울기(‰), R : 곡선반경 (m) (3.6.4)

상기의 (3.6.4) 식은 미국철도기술협회(A.R.E.A.)에서 정한 곡선저항에 대한 기울기 보정의 규칙을 참고로 하고, 또한 모리슨의 실험식으로 환산한 결과에 의거하여 결정한 것이다. 모리슨의 실험식은 다음과 같다.

$$R_C = \frac{1{,}000\,f(G+L)}{2R} \text{ (kgf/tf)} \quad (3.6.5)$$

여기서, R_c : 차량중량 1 tf당 곡선저항 (kgf/tf), G : 궤간 (m), L : 고정 축거 (m), f : 레일과 차륜의 마찰계수 , R : 곡선반경 (m)

이 실험식에 국철의 일반적인 값을 대입하여 계산하면

G : 1.435 m, L : 4.75 m, f : 0.2 (통상 0.1~0.27)로 하여

$$R_C = \frac{1{,}000 \cdot 0.2(1.435+4.75)}{2R} = \frac{618.5}{R} \quad \text{(kgf/tf)}$$

즉, 차량중량 1 tf당 618.5/R 정도의 곡선저항으로 되지만, 이것을 직선 기울기로 환산하면, 식(3.6.2)에 따라 618.5/R ‰의 기울기에 상당하는 것으로 된다.

(나) 터널저항

근년, 열차의 고속화에 따라 터널을 통과할 때의 공기의 점성에 기초한 주행저항도 고려할 필요가 있으며, 그 경우의 터널의 공기저항에 대한 기울기의 보정으로서 다음의 식이 제안되고 있다.

$$i = \frac{l\ V^2}{13W} \text{ (‰)} \quad (3.6.6)$$

여기서 i : 터널의 공기저항에 대한 기울기의 보정, l : 터널연장 (km), V : 열차속도 (km/h), W : 열차하중 (tf),

3.6.2 종곡선{縱曲線, vertical (or levelling) curve}

(1) 종곡선의 필요성

선로의 기울기 변화가 크게 되면 다음과 같은 악영향이 있다.

① 상하동 가속도가 크게 되어 승차감을 나쁘게 한다. ② 차량 연결기를 손상시킨다.

③ 차량이 부상하여 탈선을 초래할 위험이 있다.

이들의 악영향을 완화하여 열차를 원활하게 통과시킬 목적으로 기울기가 변화하는 개소에서는 종곡선을 삽입한다.

철도건설규칙에서 다음과 같이 정하고 있다. 선로의 기울기가 변화하는 개소에는 열차의 운행속도와 차량의 구조 등을 고려하여 열차운행의 안전성과 승차감에 지장을 주지 않도록 종곡선을 설치한다. 다만, 열차운행의 안전에 지장을 줄 우려가 없는 경우에는 그러하지 않다.

철도의 건설기준에 관한 규정에서는 **표 3.6.3**과 같이 정하고 있다.

기울기의 변화를 나타내기에는 상향기울기를 (+), 하향기울기를 (−)로 하여 양자의 대표적인 차이를 취하여 나타내며, 그 답이 (+)이라면 그 기울기 변화의 형은 볼록형(凸形, summit of gradient), (−)이라면 오목형

표 3.6.3 종곡선

① 종곡선 삽입 : 기울기(‰) 차이가 우측란의 크기 이상일 때 설치	설계속도V (km/h)	200<V≤350	70<V≤200	V≤70
	기울기(‰) 차이	1	4	5

② 최소 종곡선 반경(m) : 우측란의 값 이상	설계속도V (km/h)	265 ≤ V	200	150	120	70
	최소 종곡선 반경	25,000	14,000	8,000	5,000	1,800

(주) 이외의 값은 $R_v = 0.35V^2$으로 산출. 여기서 R_v : 최소 종곡선 반경(m), V : 설계속도(km/h)
$200 < V \le 350$의 경우, 종곡선 연장이 $1.5V/3.6$ (m)미만이면 종곡선 반경을 최대 4만 m까지 할 수 있음.

③ 도심지 통과구간, 시가화 구간 등 부득이한 경우, 최소 종곡선 반경(m) : 우측란의 값 같이 축소 가능	V (km/h)	200	150	120	70
	최소 종곡선 반경	10,000	6,000	4,000	1,300

(주) 이외의 값은 $R_v = 0.25V^2$으로 산출. 여기서 R_v : 최소 종곡선 반경(m), V : 설계속도(km/h)

④ 종곡선은 직선 또는 원의 중심이 한 개인 곡선구간에 둘 수 있으며, 콘크리트궤도에 한하여 완화곡선 구간에 둘 수 있음

(凹形, sag of gradient)의 종단선형이다.

한편, 프랑스의 TGV에서는 그 규격의 결정에 앞서 항공기로 종곡선에 관한 시험을 하여 원칙적으로 16,000m (300 km/h에서 0.045g) 이상으로 하며, 이것이 어려운 개소에서는 위로 볼록한 경우에 14,000m (0.05g), 아래로 오목한 경우에 12,000m (0.06g)로 할 수 있는 것으로 하고 있지만, 가능한 한 25,000m (0.03g)를 이용하고 있다.

(2) 종곡선 반경의 검토

종곡선에 관하여는 곡선형으로서 원곡선(圓曲線)을 고려하여 계산하고 있지만, 부설에서는 편의상 2차 포물선을 이용하고 있다. 그 반경은 이하에 나타내는 것처럼 전후 차량으로부터 받는 압축력 또는 견인력에 따른 차량의 부상과 볼록형인 경우의 원심력에 기인한 차량의 부상에 대한 검토 및 종곡선에 따른 건축한계, 차량한계에의 영향, 더욱이 고속선로의 경우에 승객의 승차감에 대한 한도에 대해 검토하여 결정할 필요가 있다.

(가) 차량의 부상에 대한 안전율

그림 3.6.2와 같이 볼록부(凸部)에서 차량이 양쪽의 인접 차량으로 밀려지면 상향의 힘 V를 받는다. 직선부에서 반경 4,000m의 종곡선을 삽입한 경우에 차륜이 V 때문에 부상하려고 할 때의 안전도를 고려하면 다음과 같이 된다.

F : 운동 중에 연결기에 걸리는 길이방향의 최대의 힘
W : 차량의 중량 V : F의 상 방향으로의 분력
A : 한쪽의 차륜이 부상하려고 할 때 다른 쪽 차륜에서의 반력
l : 차량의 길이 l_0 : 연결 면에서 차륜까지의 거리
θ : 두 차량이 축 방향으로 만나는 각도

로 하면, 차륜이 부상하기 직전의 관계식은

$$Vl - \frac{1}{2}Wl + Al_o = 0 \tag{3.6.7}$$

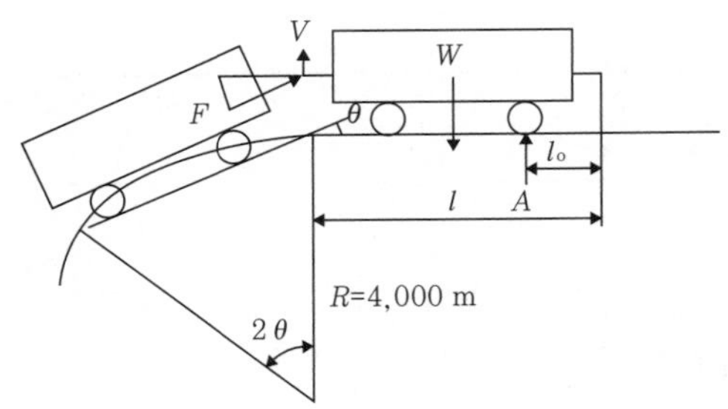

그림 3.6.2 차량의 부상에 대한 안전도

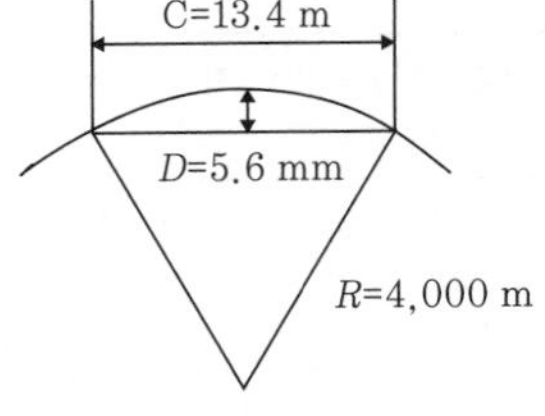

그림 3.6.3 건축한계 · 차량한계와의 관계

여기서, $A = W - V$, $V = F \sin\theta$이다. 지금, $l_0 = l / 4$로 하면 $W = 3F\sin\theta$로 되며, 차량의 최대 길이를 20 m로 하면 $\sin\theta$의 최대치는 10 / 4,000이며, 또한 F의 값은 화차의 경우에 80 tf를 넘지 않는다고 보아 F = 80 tf로 하여 W의 값을 구하면

$$W = 3 \times 80 \times \frac{10}{4{,}000} = 0.6 \text{ tf}$$

로 된다. 한편, 차량의 중량은 어떠한 경우에도 5 tf 이하로 되는 일이 없으므로 이 경우의 안전도는 8배 이상으로 된다.

고속철도의 경우에 차량중량은 증가하지만, 완충장치가 좋게 되어 있으므로 최대 압축력을 80 tf로 고려하면 충분할 것으로 생각된다. 직선부에서는 반경 25,000m인 종곡선의 경우에 차량의 최대 길이를 25 m로 하여 검토하면

$$W = 3 \times 80 \times \frac{12.5}{25{,}000} = 0.12 \text{ tf}$$

로 되어 이 경우도 특히 문제로 되지 않는다.

다음에, 원심력에 따른 차량의 부상에 대하여 검토한다. 어떤 반경의 종곡선을 통과하는 차량에 가해진 상하방향 가속도(중력 단위)는 다음 식으로 주어진다.

$$\alpha = \frac{1}{r\,g}\left(\frac{V}{3.6}\right)^2 \tag{3.6.8}$$

여기서 r : 종곡선 반경 (m), V : 속도 (km/h), g : 중력가속도 (9.8 m/s²), α : 상하방향 가속도 (중력 단위)

이에 따라

$$r = \frac{V^2}{127\,\alpha} \tag{3.6.9}$$

차량 부상의 견지에서 α의 허용치는 0.1 이하로 억제하면 충분하다고 생각된다. 따라서, 식(3.6.9)에서

$$r = \frac{V^2}{12.7}$$

고속철도의 경우에 V = 350 km/h로 하면, r = 9,646 m(<25,000)로 되므로 종곡선 반경의 크기는 충분하다.

(나) 건축한계 · 차량한계와의 관계

종곡선의 경우에는 차량의 전후에서 레일 면상의 건축한계는 차량의 하부에 접근하게 되므로 레일 면상의 건축한계와 차량 하부의 한계와의 사이에는 궤도의 침하 등에 따른 영향과 함께 종곡선의 영향도 고려하여 충분한 여유가 있어야 한다. 특히, 기울기 변화가 볼록형으로 종곡선 반경이 작은 때에 차량의 중앙 하부가 가장 엄하게 된다(**그림 3.6.3**).

차체의 길이 19 m, 보기대차 중심거리 13.4 m인 차량에 대하여 반경 4,000 m의 종곡선에서 차량하부와 레일 면과의 접근량 D를 구하면

$$D = \frac{C^2}{8R} = \frac{(13.4)^2}{8\times 4,000} = 0.0056 \text{ m} = 5.6 \text{ mm}$$

로 되어 여기에 궤도틀림을 가미하여도 레일 면상의 건축한계(25 mm)와 차량의 스프링 상 부분의 한계와의 틈 50 mm에 대하여는 충분히 안전하다고 보여진다.

(다) 승차감의 면에서의 검토

반경 r의 종곡선을 속도 V로 주행하는 경우에 그 상하방향 원심력은 식 (3.6.9)와 같이 V의 제곱에 비례하여 증가한다. 이 경우의 상하방향 원심력에 대한 주요 각국의 규정 등을 조사하여 보면 0.02～0.04 g이다. 고속철도에서 속도가 350 km/h인 경우에 종곡선 반경 25,000～40,000 m에 대하여 상하방향 원심력을 계산하면 0.04～0.02 g로 된다.

평면곡선에 볼록형 종곡선(peak curve, bump)이 경합한 경우의 차량 주행을 고려하면, 종곡선에 따른 상하방향 원심력 때문에 외관상 중력가속도가 감소하는 것으로 된다. 따라서, 그것과 평면곡선에 의한 좌우방향 가속도와의 합력의 방향이 변하게 되므로 그 경우와 단독으로 평면곡선만 있는 경우의 곡선 외측으로의 전복속도와 동일하게 하기 위해서는 이론상 단독의 평면곡선만 있는 경우의 캔트에 대하여 캔트를 약간 증가시킬(補正 캔트) 필요가 있다. 그러나, 실제로는 이 캔트를 붙이는 것은 그 설정 부분이 보수 상, 승차감상 문제로 되므로 붙이지 않고 캔트 부족량으로 고려하는 것이 적당하다. 그 때문에, 고속철도에서는 그 캔트 부족량을 가한 전체의 캔트 부족량의 값이 허용 캔트 부족량(permitted cant deficient) 이내에 들어가도록 종곡선을 크게 하고 있다. 일본 신칸센에서는 평면 곡선반경 4,000 m 이상인 경우는 10,000 m 이상으로 좋지만, 평면 곡선반경 3,500 m인 경우는 종곡선 반경을 15,000 m 이상으로 하고 있다.

다음에, 참고적으로 평면곡선과 종곡선이 경합하는 경우의 보정 캔트의 식에 대하여 기술한다. 전도 풍속을 동일 안전도로 유지하기 위한 캔트량을 C' (m)로 하면

$$C' = \frac{\dfrac{2\ h_G'}{G}C + \dfrac{G\,v^2}{r\,g}}{\dfrac{2\ h_G'}{G}\left(1 - \dfrac{v^2}{r\,g}\right)} \tag{3.6.10}$$

으로 구해진다.

여기서, h'_G : 스프링 효과를 고려한 차량의 중심 높이 (m), C : 균형 캔트량 (m), G : 차륜접촉점 간격 (1.5 m), r : 종곡선 반경 (m), v : 열차속도 (m/s), g : 중력 가속도 (9.8 m/s²)

식 (3.6.10)에 h'_G = 1.65 m라고 가정하여 수치를 각각 대입하여 정리하면

$$C' = \frac{2.2\ C + \dfrac{11.8\ v^2}{r}}{2.2\ (1 - \dfrac{v^2}{127\ r})} \tag{3.6.11}$$

로 된다.

보정 캔트량 ΔC는 다음 식으로 주어진다.

$$\triangle C = C' - C \tag{3.6.12}$$

또한, $C_m \leqq 180$ mm, $C_d \leqq 65$ mm로 하면, 다음 식으로 되어야 한다.

$$C_m + C_d + \triangle C \leqq 245 \text{ mm}$$
$$C_d + \triangle C \leqq 65 \text{ mm} \tag{3.6.13}$$

결국, 식(3.6.13)의 조건을 만족시킬 수 없는 곡선반경은 속도 제한 혹은 종곡선 반경을 크게 하는 등의 대책이 필요하게 된다.

그림 3.6.4에서 $m/1,000$과 $n/1,000$의 두 기울기가 T점에서 교차하는 경우, 여기에 삽입하는 종곡선의 절선장(切線長) l은

$$\tan\alpha = \frac{m}{1,000} = \frac{\text{FP}}{\text{TP}}$$
$$\tan(\theta - \alpha) = \frac{n}{1,000} = \frac{\text{GP}}{\text{TP}}$$
$$\frac{m}{1,000} + \frac{n}{1,000} = \frac{\text{FP}}{\text{TP}} + \frac{\text{GP}}{\text{TP}} \tag{3.6.14}$$
$$\frac{m+n}{1,000} = \frac{\text{FG}}{\text{TP}}$$

일반적으로 FG ≒ DC, 또한 $\dfrac{\text{DC}}{2}$ = TE(∵ TE와 DC는 평행), △BTO ∽ △BTE

$$\therefore\ \frac{l}{R} = \frac{\dfrac{m+n}{2}}{1,000}$$
$$l = \frac{R}{2,000}\ |m-n|$$

상기 식에서 m 및 n의 부호는 상향기울기의 경우는 (+), 하향기울기의 경우는 (−)로 한다.

종곡선의 길이에 관하여는 선로측량지침(건설교통부, 2004. 12. 30)에서 구 철도청의 선로측량규칙과 유사하게 적용하고 있었으나 2005. 12. 31에 삭제하였다.

$\ell = R(m \pm n) / 2,000$

ℓ : 종곡선 시점에서 기울기변화점까지의 계산 거리(m)

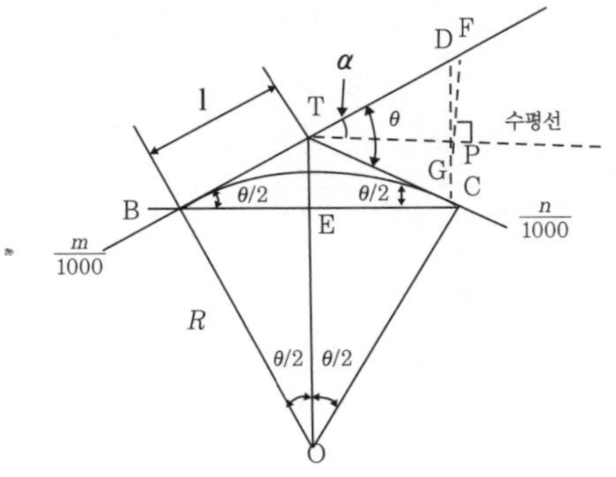

그림 3.6.4 종곡선의 길이

R : 종곡선의 반경(m)

$(m \pm n)$: 양 기울기의 차(‰)

$L \fallingdotseq 2\ell$: 종곡선 시종점간의 전체 길이(m)

1) 제1법 : 기울기변화점이 20 m 종선에 있을 때에는 ℓ의 값을 20 m 단위로 절상하여 그 값의 2 배를 종곡선 전체 길이로 한다.

2) 제2법 : 기울기변화점이 20 m 종선 중앙에 있을 때에는 ℓ의 값을 인접한 20 m까지로 절상하여 그 값의 2배를 종곡선 전체 길이로 한다.

3) 제3법 : 기울기변화점이 20 m 종선 사이에 있을 때에는 ℓ의 값을 가까운 20 m 종선까지의 값으로 절상하여 그 값의 2 배를 종곡선 전체 길이로 한다.

(라) 종곡선의 종거

그림 3.6.5에서 △ABO에 대하여는 다음의 식이 성립한다.

$$R^2 + x^2 = AO^2$$

A점에서 종곡선 종거(縱距)를 y로 하면,

$$R^2 + x^2 = (y + R)^2$$

여기서, y는 작은 값이므로 $y^2 \fallingdotseq 0$으로 하면

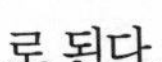

$$y = \frac{x^2}{2R} \qquad (3.6.15)$$

로 된다.

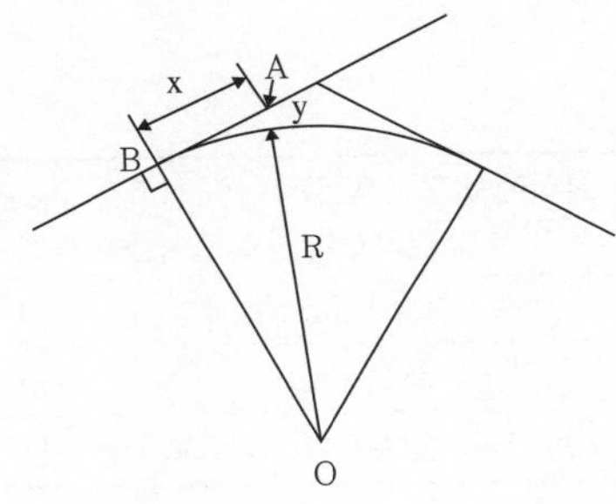

그림 3.6.5 종곡선의 종거

한편, 상기의 선로측량지침에서는 기울기 선과 종곡선 간의 종거를 다음 식으로 산출하도록 규정하고 있었다(2005. 12. 31 삭제).

$$Y = (m \pm n)\, X^2 \,/\, 2{,}000L \qquad (3.6.16)$$

Y = 거리 X에 대한 종거(m)

여기서, Y : 거리 (m), L : 종곡선의 길이 (m), X : 종곡선 시점에서 임의점까지 거리 (m)

3.7 곡선의 부설조건과 선형의 경합조건

3.7.1 차량진동의 감쇠를 고려한 부설 조건

캔트를 직선체감으로 하고 3차 포물선의 완화곡선을 이용한 곡선에서는 열차가 통과할 때에 특히 그 출입구 부근에서 동요가 발생하기 쉽다. 이 동요를 다음의 선형에서의 동요에 누적되지 않도록 하기 위하여 원곡선부 혹은 곡선간의 직선부에 동요하는 차량진동의 감쇠를 고려한 부설조건이 정하여져 있다.

(1) 직선 및 원곡선의 최소길이

각종 곡선의 전후 또는 접속 구간에서는 원심력의 급격한 변화를 피하기 위하여 전술한 것처럼 완화곡선을 두어 열차운전의 원활화를 꾀한다. 특히, 반향곡선에서는 양곡선의 경계부분에서 ① 방향이 급변하고, ② 차량의 비틀림이 생기며, ③ 원심력의 작용방향이 반대로 되어 운전의 원활함을 해치므로 상당 길이의 직선을 삽입한다.

상기와 마찬가지로 원곡선의 시 · 종점에서도 열차의 동요가 생기기 쉽다.

실험에 의거하면, 차량의 좌우진동(lateral vibration)의 주기는 약 1.5초 정도이며 통상은 1 주기의 사이에서 감쇠한다. 따라서, 감쇠구간으로서의 곡선 사이의 최소 직선길이나 원곡선의 최소 곡선길이 L은 열차의 속도에 따라서 다음의 식으로 주어진다.

$$L = V \cdot T / 3.6 \ \ (\mathrm{m})$$

여기서 V : 열차속도 (km/h), T : 차량의 좌우 진동의 감쇠 시간 (s)

철도건설규칙에서는 본선의 직선과 원곡선은 설계속도를 고려하여 일정길이 이상으로 해야 한다고 규정하고 있으며, 철도의 건설기준에 관한 규정에서는 **표 3.7.1**과 같이 정하고 있다.

표 3.7.1 직선 및 원곡선의 최소길이

본선에서 직선 및 원곡선의 최소길이(m)는 설계속도에 따라 아래 표의 값 크기 이상, 다만 부본선, 측선 및 분기기에 연속한 경우는 직선 및 원곡선의 최소 길이를 다르게 정할 수 있음

설계속도 V (km/h)	350	300	250	200	150	120	≤70
최소길이(m)	180	150	130	100	80	60	40

(주) 이외의 값은 L=0.5V으로 산출. 여기서 L : 직선 및 원곡선의 최소 길이(m), V : 설계속도(km/h)

고속철도의 경우에, 차량의 고유 진동주기에 대하여 일본은 1.5초, 독일의 ICE는 1.8초를 사용하고 있으므로, 본선에 있는 2 곡선 사이의 직선 길이를 가급적 길게 하기 위하여 1,8초로 계산하여 180 m로 하고 있다. 또한, 측선에 있는 두 곡선 사이에는 캔트가 붙어 있지 않은 직선을 5 m 이상 삽입하도록 하고 있다.

(2) 기타

곡선의 접점(BTC, BCC, ECC, ETC 등), 건널목, 교대, 분기기, 신축 이음매(expansion joint) 등에서는 일반적으로 열차 동요가 발생하기 쉽다. 다음의 항에서 기술하는 경합 조건(競合條件) 이외의 조합 시에서도 발생한 동요를 다음의 동요발생 개소로 누적되지 않도록 하기 위하여 상호의 사이에는 감쇠구간으로서 최대 열차길이 이상의 거리를 확보하는 것이 바람직하다. 이것은 특히 속도향상 시책의 설비개량 시 등에서 그 후의 보수관리 면에서 충분히 고려하여야 할 사항이라고 생각된다.

3.7.2 각종 선형 등의 경합조건

완화곡선, 원곡선, 기울기, 종곡선 및 분기기(제2.9.7(4)항 참조), 신축 이음매, 무도상 교량 등이 상호 경합한 경우에 그 조합에 따라서는 열차의 주행 안정성 · 열차의 승차감, 또는 선로 보수 상 좋지 않은 영향이 발생되는 일이 많다. 이하에서는 이들의 경합조건의 유의점에 대하여 기술한다.

(1) 완화곡선과 종곡선

완화곡선은 캔트를 체감하고 있기 때문에 구조적인 궤도틀림(평면성 틀림)이 발생하고 있다. 한편, 종곡선에서는 볼록형의 경우에 원심력의 작용에 기인하여 차량을 부상시키는 힘이 작용하며, 그 결과 윤하중 감소가 일어나기 쉽다. 오목형(dip curve, hollow)의 경우에는 차량의 수직방향 모멘트의 변화에 따라 궤도와 차량에 큰 충격력이 작용하고, 더욱이 열차의 전부에 주행저항이 작용하기 때문에 중간 차량의 부상 현상이 생긴다. 이와 같은 불리한 조건을 가지는 양자가 경합하면 선로보수는 극히 곤란하게 되며, 게다가 차량의 주행 안정성과 승차감을 손상하는 결과로 되는 점에서 가능한 한 피하여야 한다. 다만, 외국에서는 최근에 콘크리트궤도의 경우에는 종곡선과 완화곡선의 경합을 허용하는 추세이다.

(2) 분기기와 완화곡선 또는 종곡선

분기기는 그 구조상 작은 반경의 리드 곡선이나 크로싱의 궤간선 결선부를 가지며, 일반 구간과 비교하여 복잡한 구조로 되어 있어 열차가 주행할 때에는 큰 횡압이나 열차 동요가 발생하기 쉽다. 이와 같은 구간에 전술의 결점을 가진 완화곡선이나 종곡선을 삽입하면, 보수의 약점 구간으로 될 뿐만 아니라 운전보안상의 문제로 되기 때문에 이 경합은 피하여야 한다. 고속철도에서는 완화곡선 또는 종곡선의 시 · 종점으로부터 100 m 이상 이격하도록 규정하고 있다.

(3) 분기기와 무도상 교량 및 기타 조건

무도상 교량 상에 분기기를 부설하는 것은 교량의 설계 상 그 구조가 현저히 복잡하게 되기 때문에 이것을 금지하고 있다. 또한, 교대배면 등에서는 일반적으로 궤도의 침하가 다른 일반 구간에 비교하여 크기 때문에 교대에서 분기기까지는 최대 차량길이 이상 떨어지는 것이 바람직하다.

고속철도에서는 분기기 설치 시에 교량상판길이가 30 m 미만일 경우는 20 m 이상 이격, 교량상판길이가 30 m 이상 80 m 미만일 경우는 50 m 이상 이격, 교량상판길이가 80 m 이상일 경우는 100 m 이상 이격한다. 또한, 장대레일 신축이음매로부터 100 m 이상 이격한다. 그 외에 분기기의 설치 시 토공구간에 설치시는 노반강도가 균질하고, 종곡선, 완화곡선 및 장대레일의 신축이음의 시 종점으로부터 100 m 이상 이격하며, 라멘 구조 형식을 제외한 구조물에서는 구조물의 신축이음이 없어야 한다. 또한, 서로 연속되는 분기기들의 시 · 종점간 거리는 $V' / 2$ 이상 이격(V' 는 분기선에 대한 허용속도)하되, 최소 50 m 이상 이격하며, 분기곡선과 이에 접속하는 곡선의 방향이 서로 반대될 때에는 캔트의 체감 끝에서 5 m 이상의 직선을 삽입한다.

(4) 건널목 또는 교대와 이음매와의 위치 관계

궤도에서 약점 개소인 이음매 부분을 침하가 현저한 교대 전후나 보수작업을 하기 어려운 건널목 내와, 그 전후에 설치하는 것은 득책이 아니며 가능한 한 피하여야 한다. 이음매를 설치할 때 거리는 건널목에 대하여 5 m(부득이한 경우에 2 m) 이상, 교대에서는 20 m(부득이한 경우에 10m) 이상 이격하는 것이 좋다.

(5) 무도상 교량과 완화곡선 또는 종곡선

자갈이 없는(무도상) 교량 상에 완화곡선이나 종곡선을 부설하는 경우에 캔트의 체감이나 종거를 붙이기가 곤란하게 되는 점에서 이것을 피하고 있다.

(6) 기울기 변경 구간 또는 연속 하향기울기와 평면 곡선 및 분기기

기울기의 변경구간 혹은 연속 하기울기 구간과 평면의 급곡선이 경합한 경우는 일반의 구간에 비하여 화물열차의 도중탈선(derailment in mid-train) 사고의 확률이 높으므로 조건에 따라서는 탈선방지 가드레일(guard rail for anti- derailment) 등을 부설하고 있다. 가드류는 멀티플 타이 탬퍼 작업을 포함하여 궤도 보수 작업상으로는 큰 장해로 되는 점에서 신설, 대규모 개량 시에는 가드류의 부설을 요하지 않는 선형으로 개량하는 등의 배려가 필요하다.

고속 분기기는 기울기구간의 경우에 15 ‰ 미만 개소에 부설하여야 하며, 기울기 변환개소에는 설치할 수 없다.

(7) 신축이음매와 완화곡선 및 기타 조건

완화곡선 내에서는 곡률과 캔트가 항상 변화하고 있으므로 그 구간용의 신축이음매의 설계, 제작이 어렵고, 보수의 곤란성도 고려하여 그 경합을 피하고 있다.

그 외에, 고속철도에서는 종곡선 구간, 반경 1,000 m 미만의 원곡선 구간, 완화곡선구간, 구조물 신축이음으로부터 5 m 이내에 대하여 신축이음매를 부설하지 못하도록 하고 있지만 되도록 곡선구간에는 신축이음매를 부설하지 않는 것이 좋다. 한편, 장대레일 신축이음매의 설치에 대한 기준은 ① 신축이음매 상호간의 최소거리 300 m 이상, ② 분기기로부터 100 m 이상 이격, ③ 완화곡선 시 · 종점으로부터 100 m 이상 이격, ④ 종곡선 시 · 종점으로부터 100 m 이상 이격, ⑤ 부득이 교량 상에 설치 시 단순 경간 상에 설치 등이며, 특별히 예외적인 조건으로 부득이 이격 거리의 축소가 필요한 경우에는 별도의 세부 검토를 거쳐 이를 축소할 수 있다.

3.8 곡선통과 속도

3.8.1 곡선통과 속도의 결정 요인

곡선통과 속도(curve running speed)의 결정 요인은 다음과 같다.

(가) 안전성 : ① 차량의 전도에 대한 안전성, ② 차량의 주행 안전성, ③ 레일 체결장치의 횡압 강도, ④ 궤도의 횡 방향 안전성

(나) 승차감 : ① 좌우 정상가속도(定常 加速度), ② 좌우 정상가속도의 변화율, ③ 롤 각속도(roll 角速度)

(다) 궤도보수 : ① 레일 편마모, ② 줄 틀림 진행

(1) 안전성

(가) 차량의 전도에 대한 안전성

1) 내방 전도 ; 차량의 전도에 대한 안전성은 정거 시의 내방 전도와 주행 시의 외방 전도에 대한 배려가 필요하다. 차량이 내방전도를 일으키지 않도록 하기 위하여 제3.4.3항에서 기술한 것처럼 내방전도에 대한 안전율

을 3 이상으로 하여 최대 캔트를 정하고 있다.

2) 외방 전도 ; 열차주행 중에 곡선 외방으로 부는 바람에 대한 안정성의 확인이 필요하다. 지금까지는 곡선 통과시의 캔트 부족량의 기준을 만족하고 있다면 바람에 대한 안전성도 동시에 만족되는 상황이었지만, 근년에는 차량의 경량화, 캔트 부족량의 증대 등 때문에 곡선 외방 전도에 대한 확인이 중요하여지고 있다. 시험 중인 진자 차량(tilted train, pendulum train)의 경우에는 이 항목이 곡선통과 속도의 결정요인으로 되는 경우도 있다. 우리나라도 틸팅차량(TTX)이 개발되어 주행시험 중이다.

(나) 차량의 주행 안전성

차량의 곡선통과 성능, 평면성(twist) 틀림에 대한 추수성(追隨性) 등, 차량의 기본적인 주행성능에 관한 항목이다. 물론, 곡선 중의 궤도틀림 등과 상호로 관련되는 항목이므로 차량 성능 · 보수상태와 궤도 제원 · 정비상태를 고려하여야 한다.

(다) 레일체결 장치의 횡압 한도

열차가 곡선을 통과할 때에 발생하는 횡압에 대해 레일체결장치가 견디어야 한다. 차량중량이 큰 경우에는 차량주행 안전성의 면에서는 문제가 아니더라도 횡압이 레일체결장치의 허용치를 넘는 경우가 있다. 또한, 스파이크를 이용한 궤도인 경우에는 침목의 보수상태에 따라서 스파이크의 지지력이 크게 변화한다.

(라) 궤도의 횡 방향 안전성

이른바 '급격한 줄 틀림' 에 대한 안전성이다. 진자차량과 같이 차량이 가볍고 윤축 횡압이 큰 경우에는 검토가 필요하게 된다.

(2) 승차감

곡선통과 속도를 결정하기 위하여 관계하는 승차감 관계 지표는 다음과 같다. 상세는 제4.1.2항을 참조하기 바란다.

(가) 좌우 정상가속도

좌우 정상가속도의 승차감상의 기준은 0.08 g로 하고 있지만, 일부에서는 0.09 g가 채용되고 있다.

(나) 좌우 정상가속도 변화율

좌우 정상가속도 변화율은 0.03 g/s 이하가 바람직하지만, 0.04 g/s 이하로 하여야 한다.

(다) 롤 각속도

롤 각속도는 5 °/s 이내이어야 한다.

(3) 궤도 보수

(가) 레일 편 마모

주행 안전성, 승차감에 문제가 없어도 항상 높은 횡압 레벨에 있는 경우에 외궤 레일의 편 마모를 고려하여야 한다.

(나) 줄 틀림 진행

일상적으로 높은 윤축 횡압이 작용하고 있는 경우에는 곡선부의 줄 틀림 진행이 빠르게 되는 것이 예상된다. 일반적으로는 궤도보수로 유지될 수 있지만, 줄 틀림 진행이 현저한 상황에서는 주행 안전성을 확보하기 위하여 궤도상태를 유지할 수 없는 것으로 되며, 이것이 곡선통과 속도의 결정요인으로 될 수 있다.

3.8.2 곡선통과 속도의 계산

(1) 곡선통과 속도의 결정 방법

곡선통과 속도는 이른바 "곡선 본칙"(曲線本則)이 일반적으로 이용되고 있다. 곡선 본칙의 고려 방법은 캔트를 0으로 하여 차량의 곡선 외방 전도에 대한 안전율(중력과 원심력의 합력의 작용점과 궤도중심으로부터의 거리)을 일정하게 한 것이다. 곡선 본칙의 계산식은 다음과 같다. 다만, 중력가속도는 9.8 m/s^2로 하여 단위를 정리하였다.

$$V = \sqrt{127GR / (2\alpha H)}$$

여기서, V : 열차속도 (km/h), H : 차량 중심 높이 (mm), G : 궤간 (mm), R : 곡선반경 (m), a : 안전율

이 식은 다음과 같이 유도되었다. 즉, 곡선에서의 허용통과 속도는 캔트를 0으로 하여 **그림 3.8.0**에서 다음 식으로 제한속도를 계산하고 있다.

초과 원심가속도 $\alpha = v^2/(Rg) = (V/3.6)^2/(R \cdot 9.8) = V^2/(127\ R)$

안전율 $a = (G/2)/D = G/2D$

여기서, D : 합력이 궤간을 가로지르는 점과 궤간중심과의 거리(mm)

그림 3.8.0에서 $\alpha g : 1g = D : H$ 이므로 $\alpha = D/H$

따라서 $V^2/(127R) = D/H$

또한 안전율의 공식을 변형하면 $D = G/(2a)$ 이므로

$V^2/(127R) = G/(2aH)$

$$\therefore V^2 \leqq 127GR/(2aH)$$

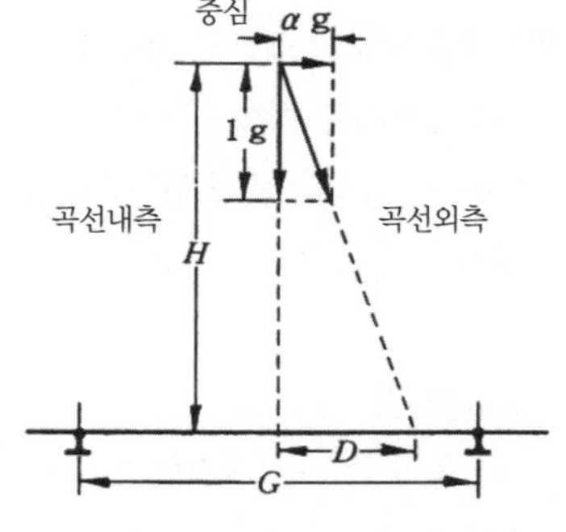

그림 3.8.0 궤도면에서 합력의 위치

안전율은 일반적으로 3 이상으로 하고 있다. 일반철도에서 H = 2.0 m, 안전율을 3으로 하면 3.98 $\sqrt{R}$, 안전율을 3.5로 하면 3.69 $\sqrt{R}$ 이 된다. 고속철도에서 H = 1.65 m, 안전율을 3으로 하면 4.39 $\sqrt{R}$, 안전율을 3.5로 하면 4.06 $\sqrt{R}$ 이 된다. 분기기의 통과속도에 대하여는 제2.9절을 참조하기 바라며, 분기곡선에 대한 안전율은 일반철도 경우 H = 2.0 m로 하면 3.3~4.3으로 되고, 고속철도의 경우 H = 1.65 m로 하면 2.9로 된다.

표 3.8.1은 한국철도공사의 열차운전시행세칙에서 정하고 있는 정거장 외 본선 곡선에서의 속도제한, **표 3.8.2**는 각각 정거장 내의 본선과 정거장 외 측선의 곡선에서의 속도제한이다. 다만, 지하선로는 분기에 접속하지 아니하는 곡선의 경우와 분기에 접속하는 곡선의 경우로 구분하여 이들의 표와는 다르게 규정하고 있다.

곡선 본칙은 곡선반경만으로 속도가 결정되므로 운전 취급상은 편리하지만, 캔트가 없음을 전제로 하고 있는 경우이므로 설정 캔트 량에 따라 실제의 안전율에 차이가 있다고 하는 결점이 있다. 이 점 때문에 최근에는 캔트 부족량을 일정하게 하여 곡선통과 속도를 결정하는 방향으로 있다. 설정 캔트와 부족 캔트 량에 따른 곡선통과 속도의 계산식을 이하에 나타낸다.

$$V = 0.298\sqrt{(C_m + C_d)R}$$

표 3.8.1 일반철도 정거장 외 본선의 곡선속도(km/h) 제한(일부의 예)

선(구간)별 \ 곡선반경(m)			200	250	300	400	500	600	700	800	900	1000	1200이상
경부 제1본선	고속열차	대구~부산				90	100	110	120	130	135	140	150
		수원~천안				90	100	110	120	130	135	135	140
		기타구간				90	100	110	115	125	130	135	140
	기타열차	전구간				90	100	110	115	125	130	135	140
호남선	고속열차	익산~목포				90	100	110	120	130	140	150	160
	기타열차	익산~목포											
전라선		전구간											
중앙선		청량리~용문											
		제천~도담				90	100	110	115	125	130	140	150
경원선		의정부~동두천											
경춘선		전구간											
경전선		낙동강~마산											
장항선		천안~신성											
		주포~남포			70	90	100	110	115	125	130	140	150
		판교~군산화물선분기											
경부제2본선		가산디지털단지~수원				75	85	95	105	110			
		수원~천안				90	100	110	115	120			
호남선	고속열차	대전조차장~서대전					100	110	115	120			
		서대전~강경				90	100	110	115	125		130	140
		강경~익산				90	100	110	120	130	135	140	150
	기타열차	대전조차장~서대전					85	90	100	120			
		서대전~강경				85	95	100	110	120		125	140
		강경~익산				85	95	100	110	125		130	140
중앙선		용문~제천											
		도담~경주		65	70	80	90	95	105	110			
대구선		전구간											
경부제2본선		서울~구로	55	60	65	75	85	90	100				
경부제3본선		영등포~구로											

표 3.8.2 일반철도 정거장 내의 본선과 측선 및 정거장 외의 측선의 곡선속도(km/h) 제한

선로종별 \ 곡선반경(m)			80 ~ 99	100 ~ 149	150 ~ 199	200 ~ 249	250 ~ 349	350 ~ 449	450 ~ 549	550 ~ 649	650 ~ 749	750 ~ 849	850 ~ 949	950 ~ 1000
속도 (km/h)	분기부대 곡선과 측선	경부선	15	20	25	30	35	40	45	50	55	60	65	70
		호남선 전라선 분당선 중앙선 경원선 장항선	경부선(전구간), 호남선(익산~목포간), 전라선(전구간) 분당선(전구간), 중앙선(청량리~용문간), 경원선(의정부~동두천간) 장항선(천안~신성, 주포~남포, 판교~군산화물선분기간)											
		기타선	15	20	25	30	35	40	45	50	55	60	60	60

여기서, V : 열차속도 (km/h), C_m : 설정 캔트 (mm), C_d : 캔트 부족량 (mm), R : 곡선반경 (m)

한편, 허용 캔트 부족량(permitted cant deficient)은 승차감, 특히 곡선통과중의 좌우 정상가속도가 결정 요인으로 된다. 좌우 정상가속도의 한도 치는 종래 0.08 g로 하여, 이것에서 허용 캔트 부족량이 설정되어 왔다.

(2) 완화곡선

직선과 원곡선을 직접 연결하면 그 접점에서 곡률이 급격하게 변화하므로 차량이 원활하게 주행할 수 없다. 그래서, 여기에 완화곡선이라고 하는 특수한 곡선을 삽입한다.

(가) 차량의 3점 지지에 대한 안전성

완화곡선 중에는 궤도 구조적인 평면성 틀림이 생기므로 이것이 차량의 안전성에 악영향을 미치지 않도록 캔트의 체감배율이 제한된다. 최대 고정 축거의 차량에 대하여 차량의 스프링 특성과 궤도틀림을 고려하여 캔트의 체감배율을 검토하며, 보기 차의 경우는 고정 축거가 비교적 짧으므로 이 조건이 문제로 되지 않지만, 1차량 전후 대차의 평면성 추종의 확인이 필요하다.

(나) 캔트의 시간적 변화율

완화곡선을 통과할 때에는 차량이 캔트의 시간적 변화율에 따라 회전하는 것으로 된다. 이 회전속도가 크게 되면 승차감이 나쁘게 되므로 제한을 두고 있다. 일반철도에서는 31.75 mm/s, 고속철도에서는 27.8 mm/s를 채용하고 있으며, 일본에서는 제3.4.3항과 같이 채용하고 있다.

새로운 선로를 건설 시에는 캔트 부족량이 거의 없는 것이 보통이므로 이 조건이 완화곡선 길이를 결정하는 요인으로 된다. 이 제한은 승차감에 대한 롤 각속도의 영향에 관한 것으로 되어 있지만, 실제로는 캔트의 시간변화가 크게 되면 차량의 과도응답에 기인한 롤링이나 좌우 동요가 발생하여 이것이 승차감을 나쁘게 하는 것이라고 생각된다.

(다) 캔트 부족량의 시간적 변화율

곡선을 균형속도 이상으로 통과하는 경우에는 초과(超過) 원심가속도(insufficient centrifugal acceleration)가 생긴다. 완화곡선중의 초과 원심가속도의 변화율은 승차감에 악영향을 미치므로 제한이 필요하다. 캔트 부족량의 시간적 변화율의 한도 값으로서 0.03 g/s를 채용하여 완화곡선 길이를 계산하면 다음 식과 같이 된다.

$$L = \frac{C_d}{1{,}500 \times 0.03} \times \frac{V}{3.6}$$

여기서, 참고적으로 초과 원심가속도와 좌우 정상가속도에 대하여 설명한다. 초과 원심가속도(超過遠心加速度)는 불균형(不均衡) 원심가속도라고도 말하며, 캔트 부족량에 대응하는 것이지만, 차량의 스프링계의 영향에 따라 차체가 곡선외측으로 경사를 지어 겉보기의 캔트가 작게 되므로 차내의 승객이 느끼는 좌우 정상가속도는 초과 원심가속도보다도 크게 된다. 이 증가율을 차체경사계수(車體傾斜係數)라고 부른다. 차체경사계수는 일본의 통상의 차량에 대하여 0.2~0.3이다.

초과 원심가속도(s) = 원심가속도 − 캔트에 의한 보상(補償)가속도

$$= (V^2 / g R) - C_m / G = C_d / G$$

좌우 정상가속도 = 초과 원심가속도 + (1 + 차체경사계수)

$$= C_d \, / \, G \times (1 + s)$$

(3) 국제철도연맹에 따른 허용 캔트 부족량 등의 가이드 라인

국제철도연맹(UIC)이 제안하고 있는 허용 캔트 부족량 등의 가이드 라인을 **표 3.8.3**에 나타낸다. 표준 치(standard value, 신설선), 최대치(기설 선), 예외 치(시험에 의거한 확인이 필요)로 구분하여 현실을 인지한다고 하는 배려가 보여진다.

표 3.8.3 UIC에 따른 허용 캔트 부족량 등의 가이드라인

항목	클래스 1 80~120 km/h			클래스 2 120~200 km/h			클래스 3 250 km/h까지				클래스 4 250~300 km/h	
							FS		DB		SNCF	
	표준	최대	예외	표준	최대	예외	표준	최대	표준	최대	표준	최대
[일반부]												
허용 C_d mm	80	100	130	100	120	150	120	–	40	60	50	100
가속도 m/s^2	0.52	0.25	0.85	0.67	0.79	0.98	0.79	–	0.26	0.40	0.33	0.67
[분기기]												
허용 C_d mm	60	80	120	60	80	100	–	–	–	–	50	100
가속도 m/s^2	0.40	0.52	0.79	0.40	0.52	0.67	–	–	–	–	0.33	0.67
캔트 초과 mm	50	70	90	70	90	110	100	–	50	70	–	110
최대 캔트 mm	150	160	–	120	150	160	125	–	65	85	180	–
C_d 변화 mm/s	25	70	90	25	70	–	36	–	13	–	30	75
가속도 m/s^2	0.16	0.46	0.59	0.16	0.46	–	0.24	–	0.09	–	0.20	0.49
캔트 변화 mm/s	28	46	55	28	35	50	38	–	20	–	50	60
상하 정상 m/s^2	0.20	0.30	0.40	0.20	0.30	–	0.16	0.24	0.20	–	0.45	0.60

3.8.3 진자차량의 곡선통과 속도

(1) 진자차량{振子車輛, (body) tilting car, pendulum car}의 원리

곡선을 고속으로 주행하면 차량에 곡선반경이나 주행속도에 따른 원심가속도가 생겨 승객이 곡선의 바깥으로 쏠리는 힘을 받아 승차감이 나쁘게 된다. 그래서 곡선에 캔트를 붙여 차체를 내측으로 기울이게 하여 승객이 느끼는 원심가속도를 작게 하도록 궁리하고 있다. 그러나, 설정 캔트에는 한계가 있기 때문에 균형속도를 넘으면 캔트로 상쇄할 수 없는 초과 원심가속도가 생긴다.

이와 같은 궤도 측의 제약에 대하여 차량 측에서 대차에 차체경사 장치를 설치하여 곡선에서 더욱더 내측으로 경사를 시킴으로써 좌우 정상가속도를 억제하는 방식의 차량이 진자차량이다(**그림 3.8.1**). 이와 같은 시도는 1935년대부터 미국이나 프랑스 등에서 시험되어 오고 있으며, 일본에서도 1965년대에 자연 진자식의 전차가 실용화되고, 이탈리아에서는 ETR 401이 주행하기 시작하는 등 실용화의 시대를 맞이하고 있다. 우리나라도 최고속도 200km/h급 한국형 틸팅열차(본명 TTX)가 개발되어 있다(틸팅구동 : 전기기계식, 액추에이터, 대

차 : 자체 조향 방식의 틸팅 대차).

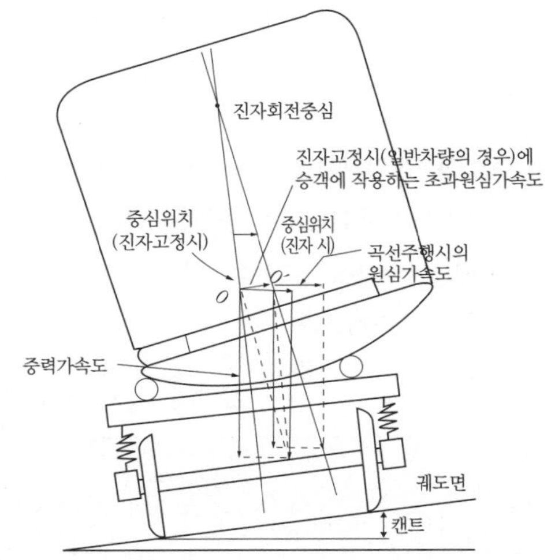

그림 3.8.1 곡선에서 원심가속도와 진자차량의 관계

(2) 진자차량의 종류

진자차량을 차체경사 방식의 점에서 보면 다음의 2 종류로 나눌 수가 있다.

1) 자연 진자식(自然振子式) ; 차체를 롤러 위치나 높은 위치에 설치한 공기 스프링으로 지지하고 곡선주행 시에 생기는 원심력을 이용하여 차체를 자연적으로 내측으로 경사를 시키는 방식이다. 원곡선 중의 좌우 진동가속도는 작게 되지만, 곡선출입구에서의 늦은 흔들림이나 앞지른 흔들림이 승차감에 영향을 주는 경우도 있다.

2) 강제 진자식(強制振子式) ; 링 기구 등으로 지지한 차체를 유압 실린더 등으로 강제적으로 곡선의 내측으로 경사를 시키는 방식이다. 자연 진자식의 동작을 공기압으로 보조하는 방식은 제어 진자식이라 불려진다. 진자제어의 타이밍은 ATS 지상자로부터의 신호를 위치의 기준으로 하여 미리 입력된 곡선대장과 열차속도에 따라 차상 컴퓨터로 계산된다.

(3) 진자차량의 승차감

진자차량의 승차감 기준으로서 일본에서는 **그림 3.8.2**의 시험결과에 기초하여 차체경사각속도 = 5 °/ s, 차체경사각가속도 = 15 °/ s^2를 채용하고 있다. 이 기준은 속도향상 시험 시에 여러 사람의 관계자를 대상으로 한 승차감 조사의 결과에 기초한 것이지만, 그 명해도(明解度) 때문에 널리 이용되고 있다.

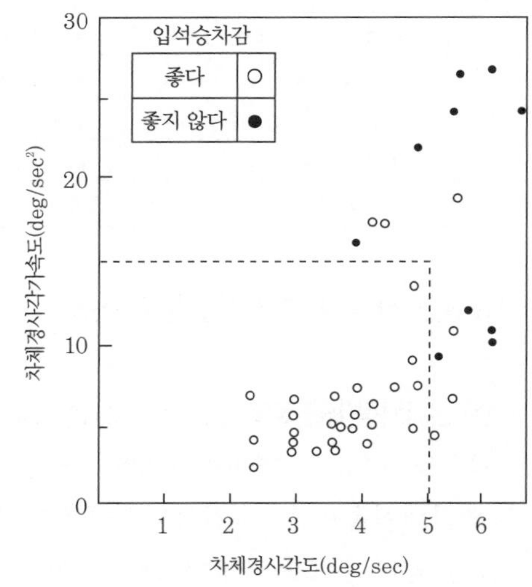

그림 3.8.2 제어가 있는 진자차량 개발시의 승차감 평가

진자차량의 도입은 세계적인 동향이다. 최근의 연구에서는 좌우 정상가속도를 70 % 정도 보상하고 30 % 정도 남도록 하여 차체경사각속도를 작게 억제하는 쪽이 승차감이 좋다고 보고되어 있다. 그 이유는 좌우 정상가속도를 0으로 하면 체감과 시각에 모순이 생겨 멀미를 일으키기 때문이다.

차체경사 각도의 최대치는 일본의 경우에 5° 로 하고 있다. 이것은 좌우 정상가속도의 저감에 대하여 설정 캔트를 93 mm(일본 협궤선의 경우) 향상시키는 것과 같은 효과가 있다. 가일층의 속도향상을 위하여 이것을 7 ° 정도까지 크게 하는 것도 검토되고 있다.

(4) 진자차량의 주행 특성

진자차량은 차체경사 장치로 차체 바닥 면에 평행한 좌우 정상가속도가 작게 될 뿐만 아니라, 특히 **그림**

3.8.3에 나타낸 것처럼 차체경사 장치 위에 볼스터 스프링을 배치하는 "스프링간 진자 방식"의 경우에는 좌우 동 스토퍼 닿음이 감소하여 좌우 진동가속도가 극단으로 작게 된다고 하는 효과도 크다.

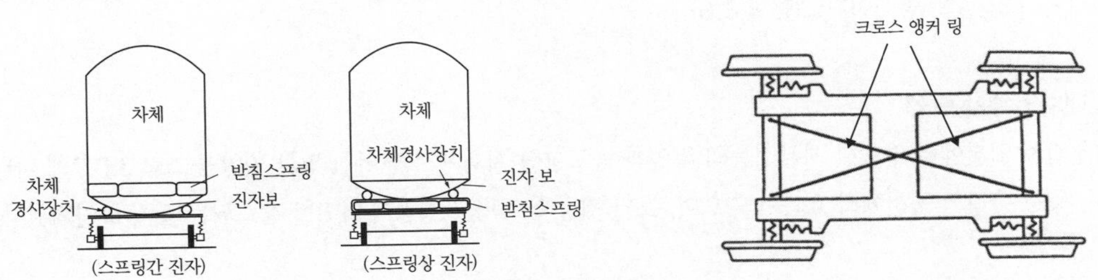

그림 3.8.3 스프링 사이 진자와 스프링 위 진자 **그림 3.8.4** 크로스 앵커 링 결합을 이용한 대차의 예

(5) 선로보수상의 유의 사항

급곡선부를 고속으로 주행하는 차량의 횡압은 초과 원심력이나 좌우 동요 및 이음매 충격 등에 수반하는 윤축 횡압이 주체이며, 곡선전향 횡압(wheel turning force in curve)의 영향은 상대적으로 작다. 따라서, 차량의 경량화에 따라 궤도의 횡 방향에 대한 저항력이 상대적으로 감소하는 것을 고려하면, 윤축 횡압에 대한 궤도 강도 검토의 중요성이 증가한다.

3.8.4 조타대차의 곡선통과 성능

(1) 조타대차(操舵臺車)의 원리와 종류

조타대차란 지금까지 그다지 중시되지 않았던 곡선에서의 선회(旋回)성능 향상에 착안하여 될 수 있는 한 차량이 이상적으로 조타(操舵, steering)하여 레일과 차륜의 어택각(attack angle, 제4.4.2항 참조)을 작게 하도록 하는 대차이다.

외국에서 이용하고 있는 조타대차는 크게 나누어 크게 2 종류가 있다. 하나는 자기(自己) 조타대차(self steering 臺車)이고, 또 하나는 강제(强制) 조타대차 혹은 유도(誘導) 조타대차라고 불려지는 것이다.

1) 자기 조타대차 ; 이 대차는 윤축이 갖는 조타 기능을 활용하여 조타를 행하는 것이며, **그림 3.8.4**에 나타낸 크로스 앵커 · 링을 이용한 대차가 그 효시이다. 근년에 윤축의 전후방향 지지강성(支持剛性, supporting rigidity)을 바꾸어 자기조타 기능을 갖게 한 대차가 개발되어 이용되고 있다(**그림 3.8.5**).

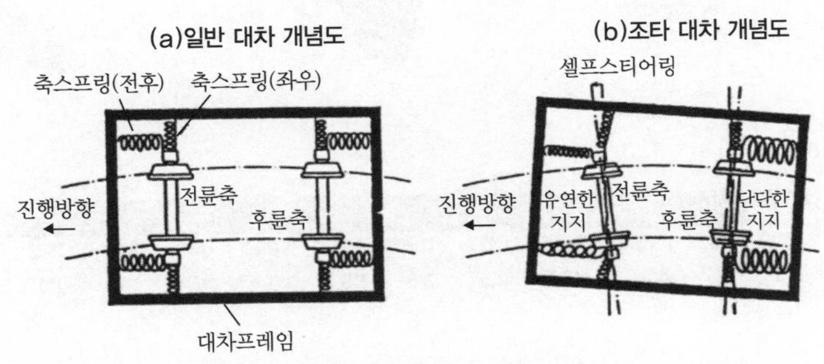

그림 3.8.5 스프링계에서 본 조타 대차의 개념도

2) 강제 조타대차 ; 강제조타에는 몇 개의 방식이 있지만, 이 중에서 차체와 대차의 보기각(bogie角)을 연동(連動)시켜 윤축을 조타시키는 방식이 캐나다의 스카이 트레인에서 실용화되어 그 후 일본에서도 시작(試作) 대차가 시험되어 오고 있는 방식이다(**그림 3.8.6**).

(2) 조타대차의 주행 특성

반년간에 걸쳐 일본에서 수행한 기본성능의 확인과 속도향상 시험에서 얻어진 평균 횡압을 **그림 3.8.7**에 나타낸다. 특히, 중소 반경의 곡선에서 효과가 있으며, 조타 기능으로 평균 횡압이 약 3할 감소되는 것이 확인되었다.

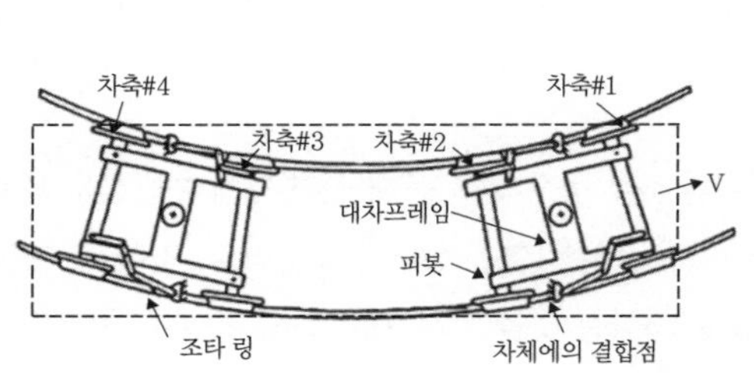

그림 3.8.6 강제 조타대차의 일례

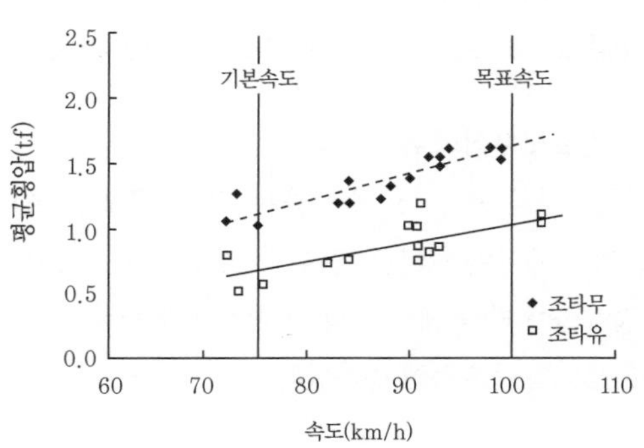

그림 3.8.7 평균 횡압
(곡선반경 400 m, 캔트 90 mm)

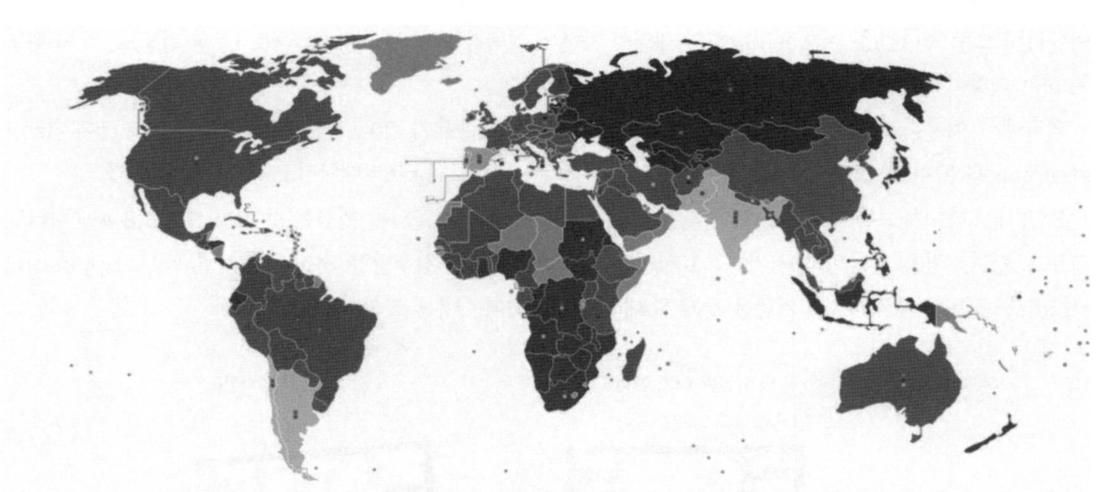

mm	1676	1668	1600	1524	1520	1435	1372	1067	1050	1000	950	914	762	750	610	600
ft in	5'6"	5'5.67"	5'3"	5'	4'11.8"	4'8.5"	4'6"	3'6"	3'5.3"	3'3.4"	3'1.4"	3'	2'6"	2'5.5"	2'	1'11.6"

제4장 차량과 궤도의 상호작용 및 궤도의 측정과 시험

4.1 철도 차량의 진동

4.1.1 진동의 종류

(1) 철도 차량의 진동 모드

강체(剛體) 운동(運動, motion, movement)의 자유도(自由度)는 전후, 좌우, 상하의 병진(竝進)운동과 각 축 주위의 회전(回轉)운동 등 합계 6 자유도가 있다. 철도차량에 대하여도 차체와 차륜간은 스프링이나 링으로 지지되어 있으므로 차체는 6개의 자유도를 가지고 있다(**그림 4.1.1**).

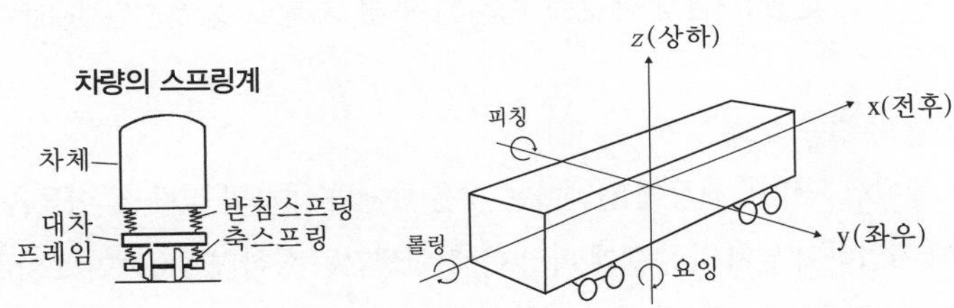

그림 4.1.1 차체의 진동 모드

철도차량에 한하지 않는 탈것에 대한 전후 축 주위의 회전을 롤링(rolling), 좌우 축 주위의 회전을 피칭(pitching), 상하 축 주위의 회전을 요잉(yawing)이라 부른다. 철도 차량의 경우에 특히 롤링에 대하여 회전의 중심(中心)이 차량의 중심(重心)보다 아래인 경우에 하심(下心) 롤링(lower centered rolling), 위에 있는 경우에 상심(上心) 롤링(upper centered rolling)으로 구별하여 부르는 경우가 있다.

또한, 대차도 이들의 6 자유도를 가지며, 더욱이 윤축의 운동을 고려하면 운동의 자유도는 대단히 많게 된다. 또한, 최근의 경량 고속차량에서는 차체의 휨 진동이 문제로 되는 경우도 보여지며, 이 경우는 차체를 탄성체(彈性體)로서 고려할 필요가 있다.

이들의 진동 중에서 궤도와 직접 관련되는 것은 승차감에 대응하는 차체(車體)의 상하(上下), 좌우(左右)의 진동(振動, vibration, shaking, oscillation), 윤축을 주체로 한 스프링 하(下)의 상하 · 좌우 진동 및 차륜/레일의 단면형상과 그 횡 유동에 관계하여 자려적(自勵的)으로 발생하는 윤축의 사행동(蛇行動, hunting movement (or motion))으로 인한 좌우진동 등이다.

(2) 상하진동(vertical vibration)

(가) 기본 모델

이들 차량의 진동을 궤도의 입장에서 논하는 경우에는 보선 작업에서 큰 부분을 차지하는 국부 면 맞춤, 도상 다짐에 관계하는 상하진동이 우선적으로 중요하게 된다. 이 경우에 차량으로서는 차체의 탄성을 무시하는 **그림 4.1.2**의 모델을 이용하면 좋다고 고려되고 있다. 이 모델에 대하여 상세히 검토한 결과, 차체의 회전 반경과 대차의 중심 간격이 일치하는 경우에 **그림 4.1.3**에 나타낸 반차체 모델로 축소하여 궤도틀림 한도 등을 대역적으로 논하는 경우에는 실용상 이것으로 충분히 그 특성이 밝혀진다고 알려져 있다.

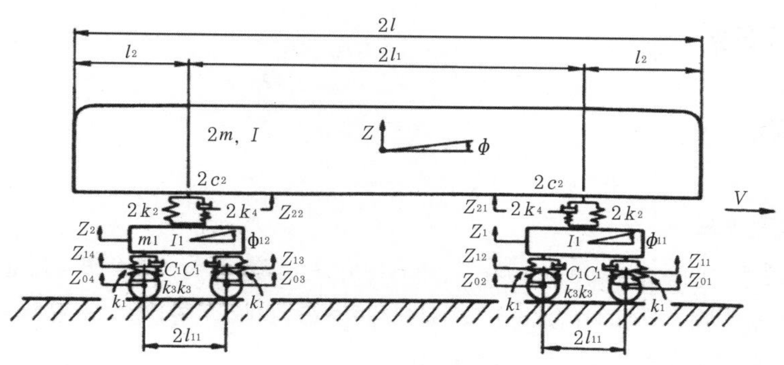

그림 4.1.2 궤도의 입장에서 본 차량의 상하진동 모델

(나) 대차의 궤도틀림 평균 효과

그림 4.1.3의 모델에서 차량의 진동에 관계하는 것은 차체와 대차의 질량 및 이들을 연결하는 스프링과 댐퍼, 그리고 고저틀림에 기인하여 열차의 주행에 따라 윤축에 생기는 상하 변위(變位, displacement)이다. 여기서, 차체의 진동을 고려할 경우에는 궤도틀림의 영향이 대차에 의해 평균화되어 **그림 4.1.4** 정도로 된다. 즉, 파장 25 m 이상에서는 0.95를 넘어 1.0에 가깝고 사실상 무시하여도 상관없지만, 이보다 짧은 파장에서는 급속하게 그 효과를 나타내며, 축거의 2 배인 5 m 부근에서 0으로 된다.

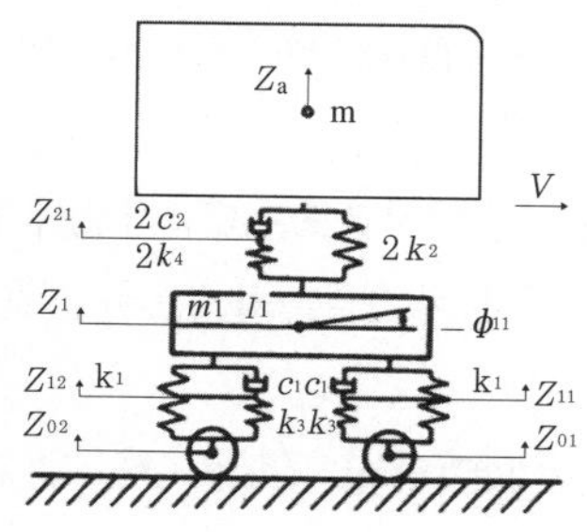

그림 4.1.3 차량의 상하진동에 관한 실용 모델

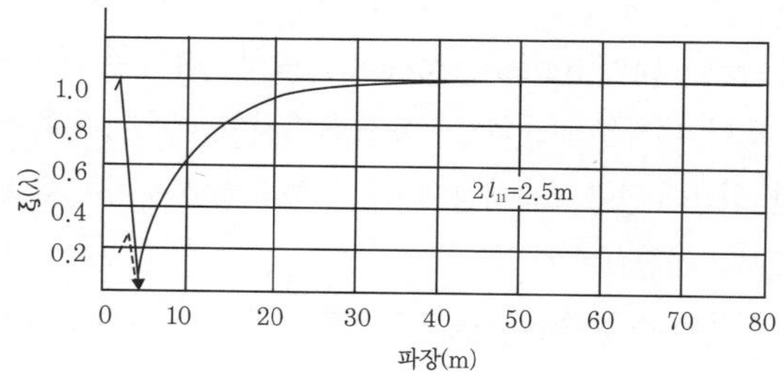

그림 4.1.4 대차의 궤도틀림 평균 효과

인간의 진동 감각은 2∼20 Hz의 부근에서 예민하게 되지만, 이것을 50∼300 km/h의 영역에서 고려하면 0.7∼41.6 m의 범위로 되며, 대차는 이 영역의 하반(下半)에서 궤도틀림이 차체에 전해지는 것을 크게 저감한다. 그러나, 이 그림에 따르면 2.5 m 부근에 피크가 있어 반드시 충분히 저감되지 않는 것으로 보인다. 즉, 대차의 궤도틀림 평균 효과는 대차 축거의 2.5 m 파장, 그리고 그 1/2, 1/3 … 파장이라고 하는 고조파(高調波)에 대하여는 전혀 무력하게 된다.

이 영역에서 레일두부 상면에 나타나는 요철(凹凸, roughness)로서는 레일 자체의 요철과 침목 이하의 요철이 고려된다. 이 경우에, 레일 자체의 요철은 충분히 작고, 그 영향은 차체에 전해지는 요철로서는 무시할 수 있다. 한편, 침목 이하의 요철은 이것이 고저(면) 틀림으로서 레일두부 상면에 나타나는 경우에는 이것이 작용하여 레일지지 스프링 하부로부터 레일두부상면에 나타나는 동안에 이 스프링과 레일의 강성(剛性)으로 인하여 크게 완화된다. 이것을 레일이 60 kg/m이고 레일지지 스프링이 500 kgf/cm² {4.9 kN/cm²}인 경우에 대하여 계산한 것이 **그림 4.1.5**이며, 대차(臺車)의 축거(軸距)인 2.5 m에서 이미 0.25로 크게 저감되어 있다.

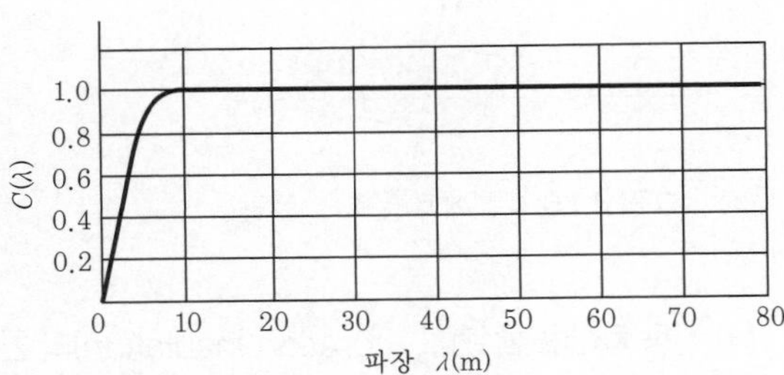

그림 4.1.5 노반·도상 침하에 따른 단파장 고저틀림의 저감 특성

이것을 상기에서 설명한 대차의 평균 효과와 아울러서 나타낸 것이 **그림 4.1.4**의 파선이며, 이 양자를 함께 고려하면, 대차의 궤도틀림 평균 효과가 충분히 기능을 하는 것을 이해할 수 있다.

(3) 좌우 진동(lateral vibration)

좌우 진동에는 요잉 및 하심과 상심 롤링이 관계한다. 이들 운동의 가진원으로서는 줄 틀림과 수평틀림 2 가지가 있으며 상하진동만큼 단순하지는 않지만, 줄 틀림에 대하여도 면(고저)틀림의 경우와 마찬가지 모양으로 대차의 평균 효과가 기대된다.

그러나, 좌우 진동에 대하여는 제1.6절에서 기술한 차륜의 지름 차이에 따라 곡선부를 용이하게 통과시키기 위하여 설치되어 있는 차륜의 답면 기울기가 직선에서는 그 횡 이동 유간에 기인하여 **그림 4.1.6**에 나타낸 것처럼 윤축에 편의(偏倚)가 생긴 경우에 나쁜 방향으로 작용하며, 그 차륜지름 차이로 인하여 **그림 4.1.7**에 나타낸 것처럼 좌우로 자려(自勵)적으로 진동이 발생하는 "사행동{蛇行動, hunting movement (or motion)}"의 문제가 있다(제1.7.2항 참조).

이 사행동에는 차체의 동요를 주체로 하는 제1차 사행동과 대차의 진동을 주체로 하는 제2차 사행동이 있지만, 그 사행동의 한계속도에 대한 각종 요인의 영향에 관한 연구 성과를 요약하면 다음과 같다.

① 대차의 회전에 대한 복원 모멘트가 작고, 스프링계의 감쇠가 부족한 경우에는 일반적으로 제1차 및 제2차 사행동이 발생한다.

② 제1차 사행동의 불안정도는 비교적 작고, 한계속도를 넘으면 안정의 방향으로 향한다. 한편, 제2차 사행동은 한계속도를 넘으면 그 불안정도가 급격하게 증대하고, 극히 심하게 되는 성격을 갖는다.

③ 사행동의 한계속도는 차륜의 답면 기울기가 작을수록 높게 된다.

④ 차륜과 레일간의 크리프계수가 작으면(강우 시, 도유 시 등), 한계속도는 높게 된다.

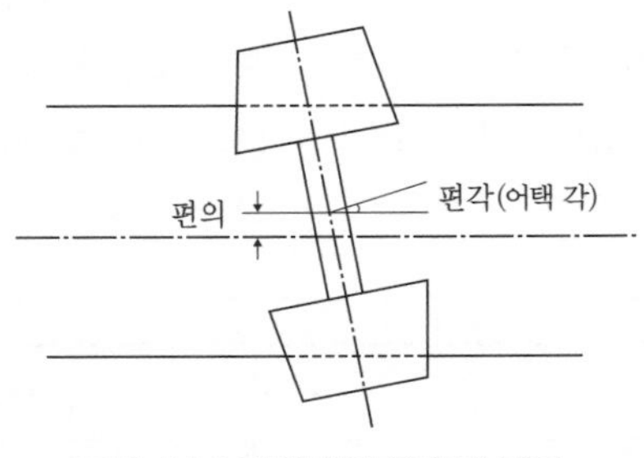

그림 4.1.6 직선에서 윤축의 편의

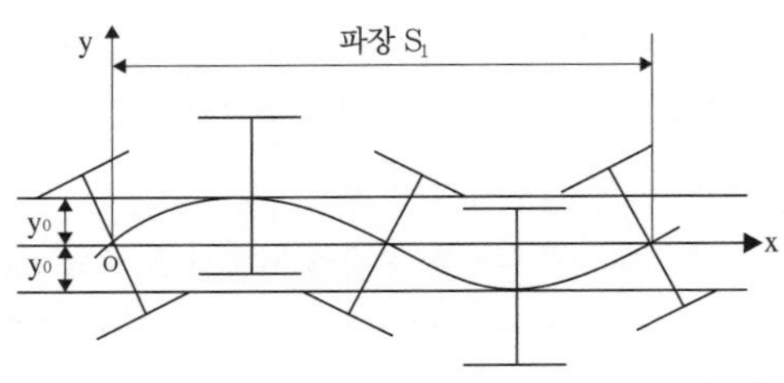

그림 4.1.7 윤축의 사행동

(4) 진동 차단(振動 遮斷, vibration insulation)의 원리

차량이 주행하게 되면 궤도틀림 혹은 선형으로 인하여 가진(加振, excitation)된다. 이들의 진동은 윤축에서 차체에 전달되기까지의 사이에 승객에게 불쾌감을 주지 않을 정도로 경감되어야만 한다. 이와 같은 진동을 차단하기 위한 대차 주위의 구성요소에 대하여 해설한다.

(가) 상하진동(vertical vibration)의 차단법

상하계의 진동은 축 스프링과 받침스프링으로 차단(遮斷)하고 있지만, 특히 승차감에 영향을 주는 비교적 낮은 주파수의 진동의 차단에는 받침스프링의 특성이 크게 영향을 준다.

대단히 오래된 차량의 경우에 받침스프링에는 포갠 판스프링이 사용되었다. 포갠 판스프링은 변형 시에 판스프링간의 마찰에 따라 감쇠력이 동시에 발생할 수 있다고 하는 특성도 갖고 있다. 그러나, 유연한 스프링을 제조하기 어렵고, 발생하는 감쇠력도 환경조건에 따라 변화하는 등의 단점도 있어 차차 코일 스프링으로 바뀌었다(**그림 4.1.8**). 코일 스프링은 비교적 유연한 스프링을 제조할 수 있고 하중의 변화에 대한 추종도 양호하다. 그러나, 고주파 진동의 차단 성능이 부족한 점과 그 자신으로는 감쇠력이 거의 없다고 하는 성질도 있다. 이 때문에 고주파 진동을 차단하기 위하여 방진 고무, 감쇠력을 주기 위하여 오일 댐퍼가 병용된다. 차량의 승차감 개선은 코일 스프링뿐만이 아니고 우수한 오일 댐퍼의 개발로 이룩되었다고 하여도 과언이 아니다.

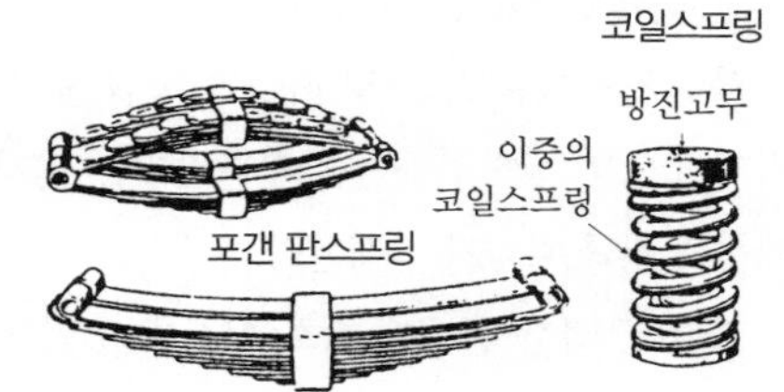

그림 4.1.8 포갠 판스프링과 코일 스프링 판

제2차 세계 대전 후에 등장한 공기 스프링은 진동에 대하여 대단히 유연한 스프링이지만, 적공 차(積空差)가 생겨도 내압(內壓)의 조정으로 스프링의 강성이나 차량의 높이를 어느 정도 조절할 수 있는 등, 정적 하중에 대하여는 대단히 건실한 스프링이라고 말하여진다. 또한, 내부에 적당한 변(弁)을 설치하여 감쇠력을 발생시킬 수도 있으므로 차량용으로서 대단히 적당한 성질을 갖고 있다. 공기 스프링은 **그림 4.1.9**에 나타내는 것처럼 당초는 베로즈(bellows)형이라 불려지는 상하방향으로만 작용하는 대롱 모양의 큰 스프링이 사용되어 왔다. 나중에 소형으로 좌우방향의 스프링으로서도 작용하는 다이어프램(diaphragm)형이 개발되었다. 근년에 만들어지는 공기 스프링 대차는 대부분이 다이어프램형을 사용하고 있다. 외국에서는 일부에 받침스프링을 방진고무로만 구성한 예도 있다.

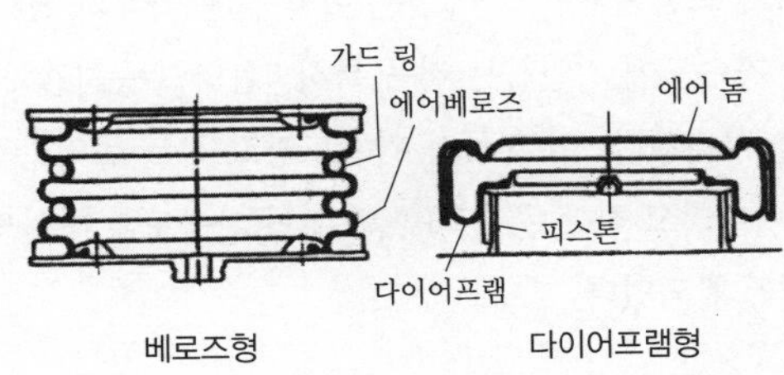

그림 4.1.9 공기 스프링의 구조

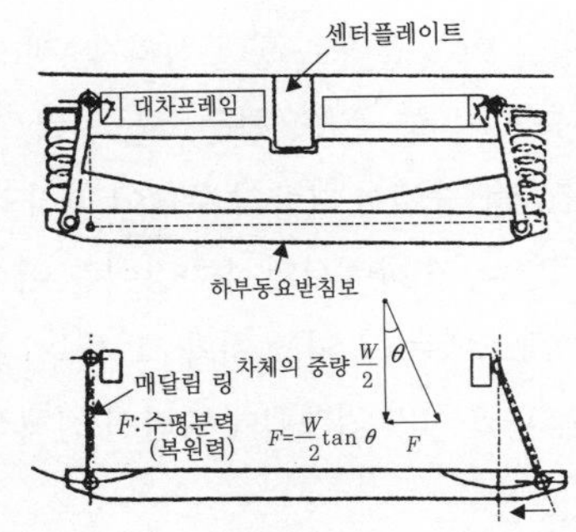

그림 4.1.10 동요 받침의 구조와 동작 원리

(나) 좌우진동(lateral vibration)의 차단법

현재의 대차는 전 항에 기술한 다이어프램형의 공기 스프링을 주로 사용하며, 그 좌우방향의 스프링으로 진동을 차단하도록 되어 있다. 다만, 공기 스프링은 상하방향에 대하여는 감쇠를 갖게 할 수 있지만, 좌우방향에 대하여는 감쇠 작용을 그다지 기대할 수 없으므로 오일 댐퍼를 병용하고 있다.

그 이전에는 좌우방향의 진동차단을 위하여 **그림 4.1.10**에 나타낸 동요 받침스프링이 사용하여 왔다. 이것은 상하 2개의 동요 받침과 대차 프레임을 받침스프링과 팔(八)자 모양의 링으로 연결한 것으로 좌우방향의 진동차단은 링의 중력 복원력을 이용하고 있다. 스프링정수는 스프링 상(上) 질량{sprung (or suspended) mass}과 링의 길이로 결정되므로 일반적으로는 스프링정수를 낮추기 위하여 될 수 있는 한 링의 길이를 길게 하도록 구성되어 있다. 또한, 링을 팔자 모양으로 함으로써 곡선부에서의 좌우 변위에 따라서 차체가 내측으로 경사지는 것도 기대하고 있다.

한편, 롤링도 차체 바닥 면에서는 좌우 진동으로 되어 나타난다. 따라서, 상하방향의 승차감 향상을 위하여 받침스프링을 유연하게 하는 것은 좌우동 방지의 관점에서 문제로 되는 일이 있다. 롤링을 방지하기 위해서는 받침스프링을 될 수 있는 한 차체 중심(重心)에 가까운 곳에 배치하고, 그 좌우방향의 설치간격을 넓히는 것이 유효하게 된다. 다이렉트 마운트식의 대차(제1.3.1항 참조)는 이와 같은 고려 방법에 기초한 것이다. 또한, 차량의 연결 면간에 차량 단부 댐퍼를 걸치어 롤링을 억제하기도 하고, 대차부에 비틀림 봉을 이용한 안티 롤링 장치를 설치하는 일도 있다. 다만, 안티 롤링 장치는 수평틀림의 상태에 따라서는 틀림을 그대로 차체에 전하여 오히려 진동을 증가시키는 경우가 있으므로 선로 상태에 주의할 필요가 생긴다.

4.1.2 승차감

(1) 승차감의 정의

일반적으로 "승차감(乘車感, riding quality, riding (or ride) comfort)"이란 차내 환경이 여객

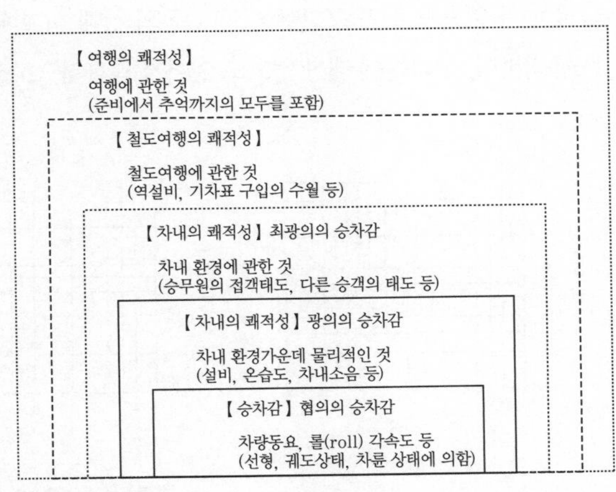

그림 4.1.11 승차감의 정의와 구성요소

에 영향을 미친 결과로 생긴 심리적, 생리적 반응을 말한다. 이 환경 요인에는 **그림 4.1.11**에 나타낸 것처럼 진동, 가속도, 음향, 온도, 통풍, 빛, 압력, 냄새 등, 모든 인자가 포함된다. 여기에서는 이와 같은 여객의 생리적, 심리적 반응 중에서 차량의 주행에 따라 발생하는 진동이나 가속도에 기인하는 것을 특히 "협의의 승차감"으로서 정의한다. 이하에서의 승차감이란 이 "협의의 승차감"을 가리킨다. 이 진동과 가속도라고 하는 동역학적인 한도는 당초에는 그 피크 치와 그 가속 · 감속 및 초과 원심력이라고 하는 준정적(準靜的)인 가속도가 착안되어 왔지만, 피크 치가 억제됨에 따라서 전체적인 레벨이 논하여지게 되었다.

(2) 승차감의 평가 지표

차량의 진동과 승차감의 관계에 관하여는 예전부터 연구되고 있다. 가장 단순한 승차감 평가 지표로서 진동 가속도의 저대(피크)치를 평가하는 방법이 있다. 진동의 주파수에 따라서는 반드시 인간의 감각과 일치하지 않고, 주파수의 정보가 부족하다고 하는 결점이 있기는 하나, 측정이나 통계처리가 간단하며, 또한 궤도보수에의 적용도 용이하므로 널리 이용되고 있다.

승차감을 진동가속도와 주파수의 조합으로 평가하기 위한 평가법도 많이 제안되고 있지만, 각각에 장점 · 단점이 있기 때문에 목적에 따라 나누어 사용하고 있는 실정이다. 여기서는 대표적인 4 개의 평가법에 대하여 기술한다.

(가) 일본 구(舊)국철의 승차감 기준

일본 철도기술연구소가 상하진동에 대하여는 미국 자동차협회의 Janeway가 제안한 기준, 좌우와 전후진동에 관하여는 독자의 실험결과 등으로부터 작성한 승차감 기준으로 1963년에 발표되었다. 이 기준은 **그림 4.1.12**에 나타낸 것처럼 상하 · 좌우 · 전후의 승차감 선도(乘車感線圖)와 승차감 계수(乘車感係數, riding coefficient, coefficient of riding quality)를 제시하고 있다. 이 그림에서 진동구분은 **표 4.1.1**과 같다. 이 방법은 수(手)작업을 요하며, 또한 승차감을 하나의 수치로 나타낼 수가 없으므로 긴 구간에 대한 진동의 상대 비교에는 적용하기 어렵지만, 개개의 진동에 대해 평가하기에는 유리하며, 주파수에 대한 정보도 얻어져 직감적으로도 알기 쉬우므로 현재에도 널리 이용되고 있다.

표 4.1.1 진동구분

구분	승차감계수	진동승차감의 평가
①	1 이하	대단히 좋다
②	1 ~ 1.5	좋다
③	1.5 ~ 2	보통
④	2 ~ 3	나쁘다
⑤	3 이상	대단히 나쁘다

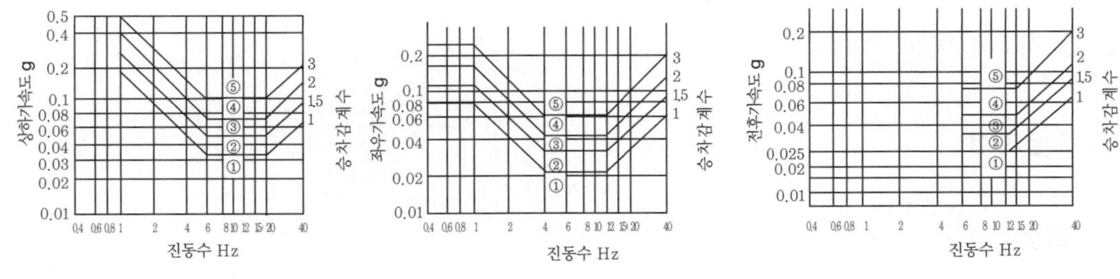

그림 4.1.12 승차감 기준의 예

(나) ISO-2631 기준

국제표준화기구(ISO)는 1975년에 "전신(全身) 진동 폭로(暴露)에 관한 평가 지침(ISO-2631)"을 제안하였다. 전신으로 받는 진동을 피로의 견지에서 평가한 것으로 철도에 한하지 않고 일반적으로 1~80 Hz의 진동에 대해 적용하는 것이다. 평가법으로서는 1/3 옥타브 밴드로 구획하여 대역마다 가속도의 실효값(實效値)을 구하여 **그림 4.1.13**의 등감각(等感覺) 곡선과 비교하는 방법과 등감각 곡선을 이용하여 체감 보정(體感補正)한 데이터의 대표 주파수의 허용 시간으로 평가하는 방법이 있다. 철도차량의 평가에서는 전자가 사용되는 일이 많다.

이 평가법은 어떤 시간 내에서의 평균적인 값으로 되기 때문에 장시간의 승차감 평가에 적합하지만, 일부에 저대한 진동이 있어도 시간적으로 평균화되어 잃어버리기도 하고, 평가에 이용되는 시간의 길이에 따라서 결과가 다르게 되어버릴 가능성이 있다. 수출용 차량 이외에는 이 기준을 그대로 적용하는 예는 많지 않지만, 다음에 기술하는 "승차감 레벨(level of riding comfort)"의 원형으로 되었다고 하는 점에서는 널리 이용되고 있다고 한다.

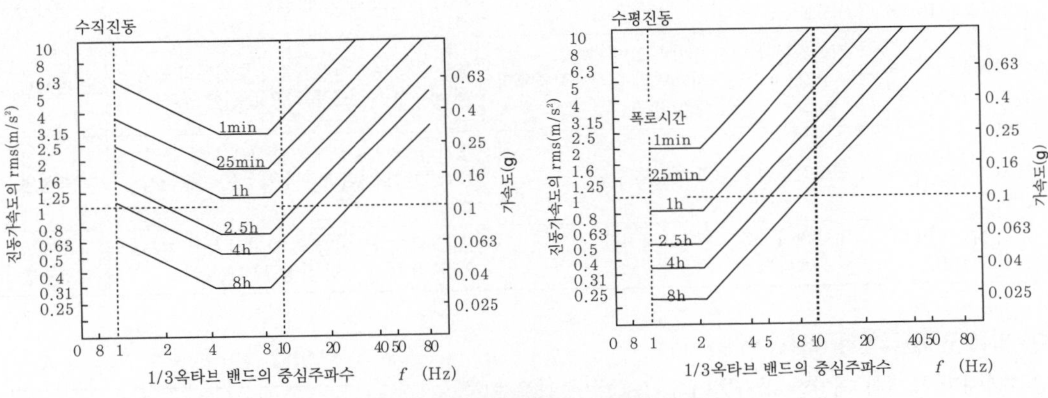

그림 4.1.13 ISO-2631 기준(구판)

ISO는 1997년에 ISO 2631의 내용을 근본적으로 개정하였다. 새로운 주파수 보정곡선 중에 주요한 3 종류를 **그림 4.1.14**에 나타낸다. 그림 중에 실선(W_k)은 수직(= 상하)진동, 점선(W_d)은 수평(= 좌우 · 전후) 진동에 적용하는 보정곡선이다. 그림의 가로축은 주파수, 세로축은 가중치로서, 가장 민감한 주파수대(예를 들어 상하진동에서 4~8 Hz 부근)를 기준(≒ 0)으로 한 경우에 다른 주파수에서는 상대적으로 어느 정도 할인하여 평가하여야 하는가를 나타내고 있다. 이전의 보정곡선에 비하여 전체가 매끄러운 곡선으로 연결되어 있는 점이 특징적이다.

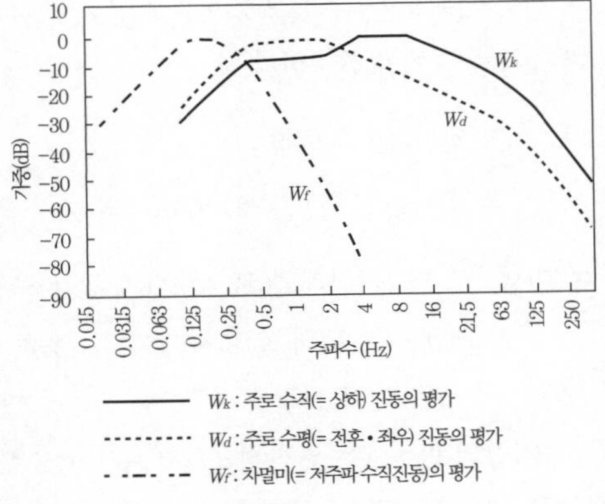

그림 4.1.14 새로운 ISO 2631에서 제안된 주파수 보정곡선

한편, 그림 중의 1점 쇄선(W_f)은 차멀미의 평가에 이용되는 특별한 보정곡선으로 1 Hz 이하의 저주파 상하진동만을 평가한다. 그렇지만 이 곡선은 배의 진동을 대상으로 하고 있기 때문에 철도차량에서 문제로 되는 롤링이나 좌

우 진동의 평가에 적용할 수 있는가의 여부는 불명하며 현재 검토가 계속되고 있다. 현재의 경우에 롤링, 피칭, 요잉 등과 같은 회전진동의 평가에 적용하는 보정곡선은 제안되어 있지 않다.

ISO 2631은 1997년에 개정되어 정밀도가 한층 높아짐과 함께 2001년에는 철도차량의 승차감 평가 시에 배려하여야 할 점을 정리한 보조규격(ISO 2631-4)이 성립되었다. 규격을 더욱 좋은 것으로 하기 위하여 다음과 같은 논의가 이루어지고 있다. ① 저주파 진동이 차멀미의 발생에 미치는 영향의 평가, ② 승객의 퍼포먼스(독서, 수면, 보행, 음식 등)의 저해정도를 지표로 한 진동환경의 평가, ③ 승무원의 요통 등의 건강영향 평가. 그 외에 열차진동의 측정법을 정한 ISO 10056 규격 등이 있다(**표 4.1.2**).

표 4.1.2 열차진동의 측정과 승차감의 평가에 관한 주된 규격

구분	규격코드	명칭	비고	대상
1	ISO 2631-1 구판(1974)	전신진동에 대한 인체폭로의 평가 - Part 1 : 총설	ISO가 정한 최초의 전신진동 평가지침	평가법
2	ISO 2631-1 개정판(1997)	전신진동에 대한 인체폭로의 평가 - Part 1 : 총설	상기 규격의 발본 개정판	평가법
3	ISO 2631-4 (2001)	전신진동에 대한 인체폭로의 평가 - Part 4 : 철도시스템의 승객 • 직원에의 진동영향 평가	ISO 2631-1 개정판을 철도진동의 평가에 적용하는 것을 목적으로 정한 규격	평가법
4	ISO 10056 (2001)	철도진동의 측정과 해석법	평가가 아니고 측정을 대상으로 한 규격. ISO 2631 시리즈와 정합성은 충분하지 않다.	측정법
5	ENV 12299 (1999)	철도에의 적용-승객의 승차감 - 측정방법	UIC(국제철도연맹)의 보고서 등을 기초로 CEN이 정한 유럽 잠정규격(ENV)	측정법 평가법

(다) 일본 구(舊)국철의 승차감 레벨

1981년에 일본에서 제안한 평가법이다. ISO-2631을 기본으로 1 Hz 이하를 확장하고 **그림 4.1.15**에 나타낸 승차감 필터로 진동 가속도를 감각 보정하여 일정 시간내의 실효치를 구하여 승차감 레벨을 산출한다.

$$L_t = 20 \log (a_w/a_{ref})$$
$$= 10 \log (1/T) \int_0^T \{a_w^2(t)/a_{ref}^2\} dt$$

여기서, L_t : 승차감레벨(dB), $a_w(t)$: 감각 보정한 진동 가속도(㎨), a_w : a의 실효치, a_{ref} : 기준 가속도 = 10^{-5} (m/s^2), T : 관측시간

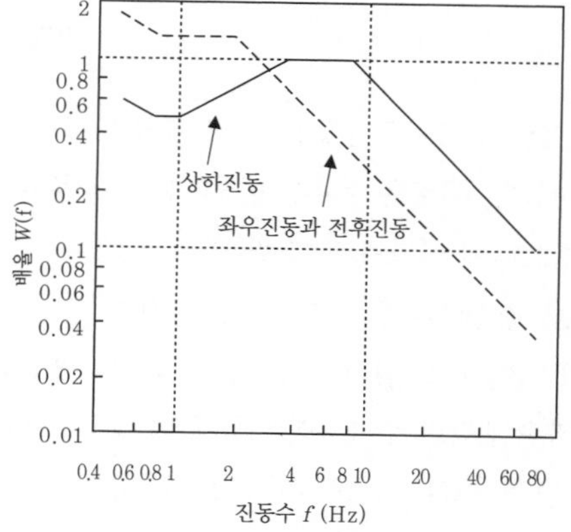

그림 4.1.15 승차감 필터

승차감의 판정에는 일반적으로 T = 3 ± 2 분, 궤도상태의 파악에는 500 m 구간, 특히 동요가 격심한 개소에서는 단시간(短時間) 승차감 레벨로서 T = 2 초를 이용한다. 승차감 레벨의 구분은 **표 4.1.3**에 나타낸 것처럼 양호한 쪽부터 83 dB 미만을 "1"로 하고 5 dB마다의 5단계로 나누고 있다.

이 방법에서는 수 작업을 요하지 않고, 기계적으로 승차감 레벨을 구할 수가 있어 구간 평가에는 적당하지만,

최종적으로 얻어지는 결과에서는 주파수의 정보를 잃게 되어 직감적으로 알기 어려운 등의 단점도 있다.

(라) 차량진동 빈도 해석

(가)항에서 기술한 "승차감 기준"을 기본으로 해석을 자동화하도록 한 방법이다. 진동의 주파수를 대역(예를 들면, 1/3 옥타브 밴드)마다 구획하고, 진폭도 어떤 값마다 구획하여 매트릭스로 하고 각각의 진동의 빈도를 집계한다. 따라서, 해석결과는 주파수, 진폭, 빈도의 3축으로 나타내는 3차원 그래프로 된다(**그림 4.1.16**).

표 4.1.3 진동 구분

구분	승차감 레벨
1	83 dB 미만
2	83 dB 이상 88 dB 미만
3	88 dB 이상 93 dB 미만
4	93 dB 이상 98 dB 미만
5	98 dB 이상

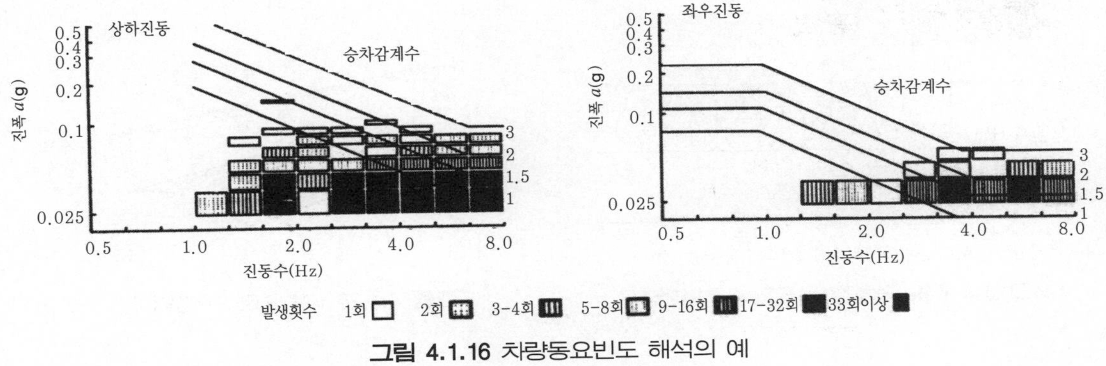

그림 4.1.16 차량동요빈도 해석의 예

이 방법은 진동의 발생빈도와 주파수의 요소가 가미되어 있으며, 직감적으로도 알기 쉽고, 과거의 (가)항의 방법에 의한 해석 결과와의 비교가 가능하게 되는 등의 장점이 있다. 그러나, 해석방법에 따라 결과가 다를 가능성이 있는 점, 정보량이 많은 만큼 평가자의 판단에 의지하는 부분도 많게 되는 점에 유의할 필요가 있다.

(3) 곡선통과 시의 승차감

지금까지 기술한 것은 진동에 대한 승차감이며, 곡선부에 대하여는 그 곳에서 생기는 좌우 정상가속도나 그 변화율, 롤 각속도에 대하여 별도로 검토하여야 한다(**그림 4.1.17**). 그리하여 제3.8절에 기술한 것처럼 이들의 값이 곡선통과 속도나 완화곡선 길이의 결정요인으로 되므로 이들의 값에 관한 검토가 중요하다. 여기서는 곡선통과 시에 승차감에 영향을 주는 요인과 그 기준치에 대하여 기술한다.

(가) 좌우 정상(定常)가속도

오랫동안 좌우 정상가속도의 목표는 0.08 g로 하여 왔다. 여기서는 승객의 5 %가 허용하지 않는다고 하는 좌우 정상가속도를 "입석 : 0.08 g, 좌석 : 0.09 g"로 하고 있다.

한편, 외국의 시험결과에서 좌우 정상가속도 단독의 지표로는 아니고, 좌우 정상가속도와 좌우 진동가속도의 조합이 승객의 승차감을 잘 설명할 수 있는 점이 분명하여지고 있다. 이들의 결과에서는 좌우 진동가속도가 작다면, 보다 큰 좌우 정상가속도라도 허용될 수 있는 것으로 된다. 이와 같은 목표치의 설정 예로서 일본의 철도총연이 제안하고 있는 승차감 목표 안을 **그림 4.1.18**에 나타낸다. 영국국철의 실험결과를 참고로 **그림 4.1.19**에 나타낸 것처럼 기준선으로부터의 좌우 가속도 값이 0.2 g를 넘지 않도록 하고 있다. 이와 같이 함에 따라 가속

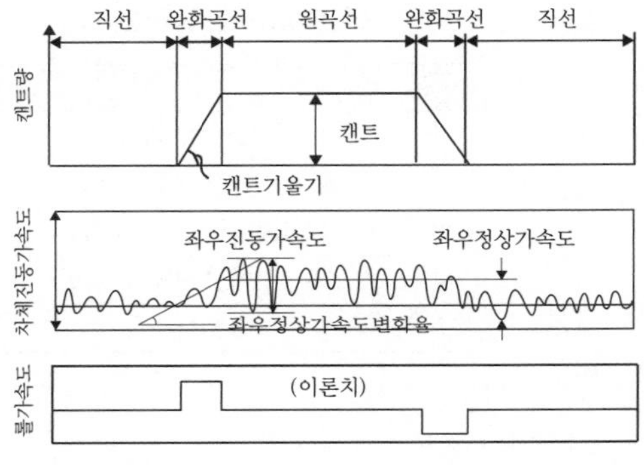

그림 4.1.17 곡선통과 시 승차감의 평가 항목

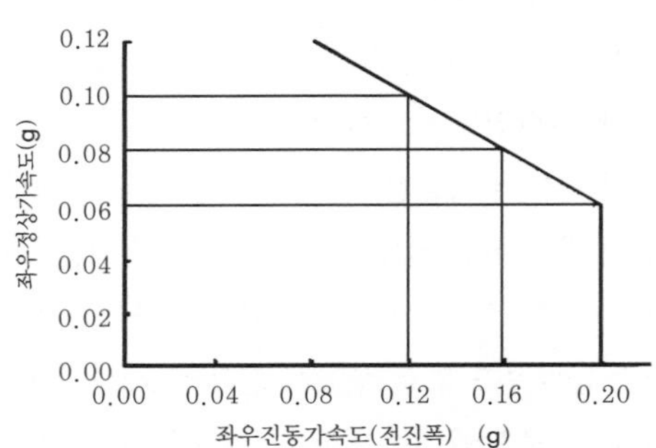

그림 4.1.18 곡선통과시의 승차감 목표

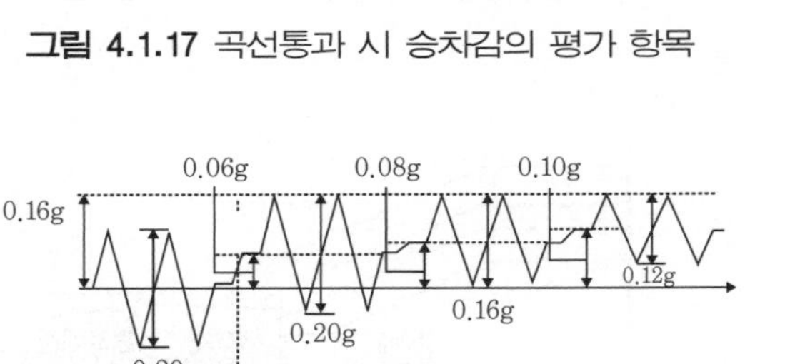

그림 4.1.19 승차감 목표의 고려 방법

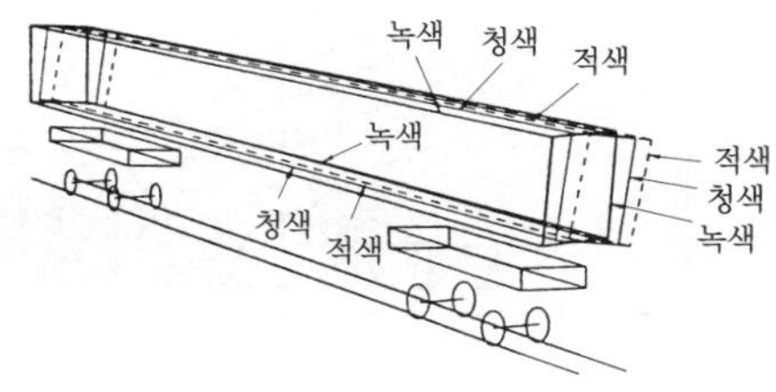

그림 4.1.20 VAMPIRE의 출력 예

도에 대응하는 궤도로의 하중은 일정치 이하로 억제된다.

(나) 좌우 정상가속도의 변화율

좌우 정상가속도는 그 크기뿐만 아니라 변화율도 특히 입석에서의 승차감에 영향을 준다. 이 변화율은 열차 속도와 완화곡선 길이, 그리고 완화곡선의 선형에 따라서도 크기가 변화하는 것에 주의가 필요하다. 좌우 정상가속도의 변화율은 미국 철도협회(AAR)가 시험한 결과를 참고로 0.03 g/s 이하로 하는 것이 바람직하다고 한다. 이것을 넘는 경우에도 0.04 g/s로 하는 것이 추천되고 있다.

(다) 롤 각속도(roll 角速度)

차량의 롤링에 따른 회전각을 롤각, 그 변화율을 롤 각속도라 한다. 승차감상 문제로 되는 것은 완화곡선부에서의 롤 각속도이며, 캔트의 변화에 따른 회전에 차량의 롤링이 겹친 것으로 된다. 같은 곡선에서도 열차속도가 높게 되면 짧은 시간 중에 캔트로 인한 회전이 일어나 롤 각속도가 크게 되므로 이 값도 완화곡선의 길이를 결정하는 요인으로 된다. 또한, 진자차량에서는 좌우 정상가속도가 작아질 수 있기는 하나, 그를 위하여 차체를 경사시키므로 롤 각속도는 더욱 크게 된다. 롤 각속도의 목표치는 과거의 진자차량을 이용한 시험결과를 기초로 5°/ s 이내로 되어 있다.

4.1.3 차량 주행 시뮬레이션

차량의 주행에 관한 시뮬레이션(train running simulation)을 일반에게 개방하여 시판의 시스템으로 이용하는 것이 영국 철도연구소의 VAMPIRE이다. 이 시스템의 출력 예로서 차량의 고유진동(natural vibration)

모드의 데몬스트레션을 나타낸 것이 **그림 4.1.20**이다. 이 시스템은 시판의 퍼스널 컴퓨터로 차량과 궤도의 특성 값을 입력하여 임의의 궤도 틀림에 대한 차량의 진동 상태에 관한 시뮬레이션을 할 수 있다.

이 시스템은 세계의 20 개소 정도에 도입되어 있다.

4.1.4 궤도의 동적 양상

궤도 역학을 다루는 경우에 대부분의 문제는 다소간 동역학에 관련된다. 수직 방향의 차량과 궤도간 동적 상호 작용은 수학 모델을 사용하여 충분히 묘사할 수 있다. **그림 4.1.21**은 차량의 질량–스프링 시스템, 궤도를 묘사하는 단속(斷續) 지지 보 및 차륜/레일 접촉 영역에 작용하는 Hertz 스프링으로 구성된 모델의 예를 나타낸다.

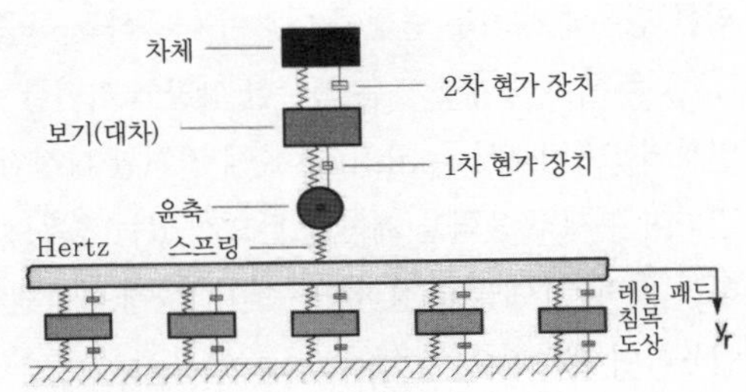

그림 4.1.21 차량-궤도 상호작용의 모델

동적 거동은 차체의 횡(좌우)과 수직(상하) 가속도에 대한 0.5~1 Hz 정도의 대단히 낮은 주파수에서 레일과 차륜 답면의 요철에 기인하는 2,000 Hz까지의 범위를 갖는 아주 넓은 대역에서 일어난다. 윤축과 보기 사이의 현가 장치 시스템은 차륜/레일간의 상호작용으로 생기는 진동을 줄이는 첫 번째의 스프링/댐퍼 조합이며, 그러므로 이것은 1차 현가 장치라고 부른다. 더 낮은 주파수의 진동 감소는 보기와 차체 사이의 2 단계에서 다루어지며, 이것은 2차 현가 장치라고 부른다. 이 용어는 모델의 궤도 부분에 같은 방식으로 적용할 수 있다. 레일패드와 레일클립은 궤도의 1차 현가 장치를 나타내며, 도상 또는 유사한 중간층은 궤도의 2차 현가 장치를 나타낸다.

그러나, 실제의 동적 계산은 극히 복잡하며 일반적으로 접근하기가 결코 쉽지가 않다. 대부분의 해석은 준–정적인 검토로 제한된다. 현실의 동적 문제는 대부분의 성분에 대하여 측정에 따른 실용적인 방식으로 접근한다.

궤도의 동적 양상을 고려할 때, 동역학이 사실상 하중과 구조간의 상호작용이라는 점을 이해하여야 한다. 하중은 시간에 따라 변하며, 이 변화하는 방법은 하중의 특성을 결정한다. 일반적으로 말하자면, 주기적 하중, 충격 하중 및 확률론적인 하중으로 구별할 수 있다.

구조는 질량, 감쇠 및 강성으로 지배되는 그들의 주파수 응답 함수로서 특성화된다. 이들의 파라미터는 구조의 고유 진동수, 다른 말로 구조가 진동하기에 좋은 진동수를 결정한다(**그림 4.1.22**). 하중이 구조의 고유 진동수에 상응하는 진동수 성분을 포함하는 경우에는 큰 동적 확대가 일어날 수 있다. 이것에 사용된 일반적 용어는 공진(共振)이다.

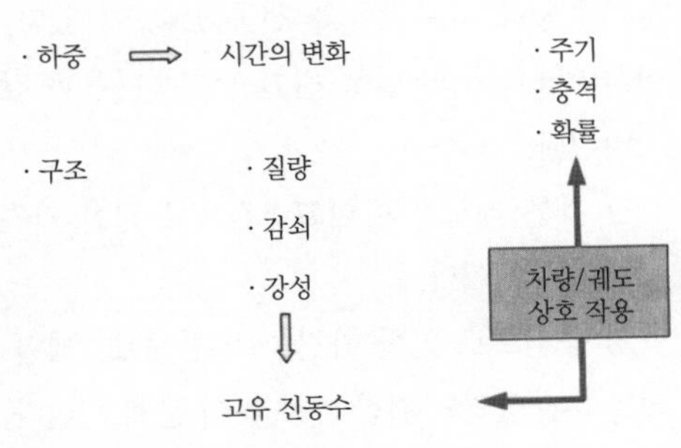

그림 4.1.22 동적 양상

4.2 차량 주행에 따른 궤도의 동적 가진

4.2.1 궤도에 생기는 진동과 충격

(1) 궤도의 가진(加振, excitation)과 응답(應答, response)

궤도는 주행하는 열차의 하중을 받는 장대(長大)한 구조물이므로 이동하지 않는 정적인 하중을 받는다고 고려한 경우에 생기는 변형에 더하여 이동하는 하중에 기인하는 부가적인 변형, 레일 이음매 · 차륜 플랫(wheel flat) 등 특수한 개소 또는 특수한 상황에 기인한 충격에 따른 동적(動的)인 응답, 게다가 이동에 따른 차륜과 레일간의 요철(凹凸, roughness)에 기인한 확정적 혹은 확률적인 가진에 따른 동적인 응답이 발생한다. 이것에 관하여 부재의 응력을 계산할 필요가 있는 경우에 이전에는 레일과 레일 지지체(rail support)로 나누어 계산하여 왔지만, 이들을 정리하여 제1.3절에 나타낸 속도 충격률(速度 衝擊率, increase ratio by velocity)을 이용하여 계산한다.

(2) 진동의 발생 요인

열차의 주행에 따라 궤도에서 발생되는 진동에 관하여 전에는 궤도의 약점인 이음매부에 착안하여 궤도틀림 진행 이론(theory on track deterioration)의 확립을 목적으로 윤축 낙하 시험(wheelset drop test)에 기초하여 연구를 진행하여 왔다. 그러나, 근년에 장대레일의 채용과 진동 · 소음 문제의 해명은 일반 구간을 주체로 하여 이들을 통일적으로 다루는 문제로서 진행하여 왔다. 한편, 최근의 연구에 따르면 이 이음매에서와 같이 윤축의 낙하에 따른 궤도의 가진과 일반의 중간부에서 차륜/레일간의 요철(凹凸)로 인한 가진은 일정한 조건 하에서 동일하게 다룰 수 있는 점이 밝혀지고 있다.

(3) 궤도의 진동 모델

궤도의 진동(vibration)에 관하여 레일에서 보면, 상하방향과 좌우방향의 진동(振動)이 있다. 궤도의 상하방향 진동의 발생 원인으로는 다음과 같은 것이 고려된다.

1) 차륜/레일간의 미끄러짐으로 인한 가진 ; 곡선에서의 문제이다.

2) 충격으로 인한 가진 ; 차륜 플랫, 레일 이음매, 레일두부 상면의 결함 개소 등이 문제로 된다.

3) 차륜/레일간의 요철로 인한 가진 ; 궤도의 상하방향 진동의 발생에 관하여 가진한다.

4) 고유 진동의 유발(excitation) ; 저주파 진동의 발생 원인으로서 중요하나 일반적으로는 선형의 응답으로 취급한다.

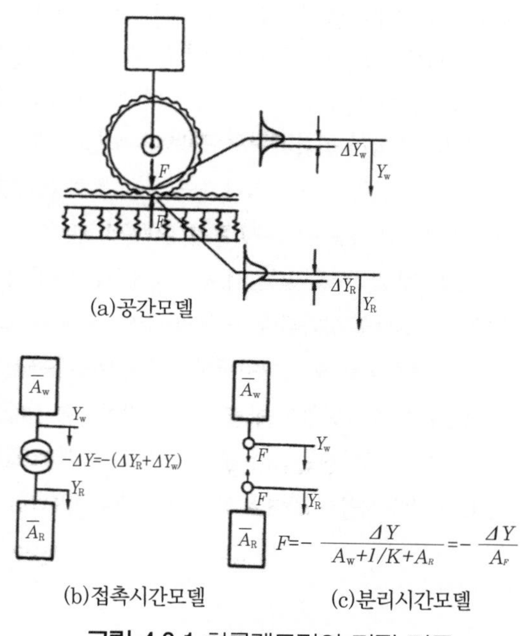

그림 4.2.1 차륜궤도간의 가진 기구

이들로부터, 궤도의 상하방향 진동의 발생에 대해서는 3)의 차륜/레일간의 요철에 기인하는 가진에 의하는 것이 적당하다고 생각되어 이것으로 검토한 결과, 대부분의 현상을 설명할 수 있는 것이 밝혀져 이하에서는 이것을 기술한다.

이 모델을 나타낸 것이 **그림 4.2.1**이다. 이 경우에 궤도의 가진은 다음 식으로 나타낸다.

$$F=-\frac{\Delta Y}{A_w+1/K+A_R} =-\frac{\Delta Y}{A_F} \tag{4.2.1}$$

여기서, ΔY : 차륜/레일간의 요철, A_w : 접면 스프링을 제외한 차륜의 기준위치의 변위 어드미턴스(admittance), K : 차륜/레일간의 접면 스프링계수, A_R : 접면 스프링을 제외한 레일의 기준 위치의 변위 어드미턴스, A_F : 차륜/레일간의 접면 어드미턴스

여기서, 변위 어드미턴스(admittance)라고 하는 것은 그 위치를 단위 힘으로 가진할 때 발생하는 변위이며, 변화의 용이도를 질량이라든가 스프링 등의 효과를 포함하여 나타낸다.

또한, 이 식은 지금까지 궤도의 특성을 구하기 위하여 레일면에 단위 힘을 가해 그 주파수 응답을 구하는 것으로 다루어져왔던 것에 비하여 차륜/레일간의 요철이라고 하는 변위로 가진시키고 그 크기가 차륜과 레일 각각의 변위 어드미턴스에 비례하여 배분되는 것에 착안하고 있는 점에서 크게 다르다.

이 힘을 구한 결과, 궤도 각부 변위의 파워스펙트럼(power spectrum) S_{RYi}는 그 전달함수를 사용하여 다음과 같이 계산할 수 있다.

$$S_{RYi}(W)=|A_{RYi}|^2\left|\frac{1}{A_F}\right|\frac{S(\Omega)}{V} \tag{4.2.2}$$

여기서, W : 시간 원 주파수, A_{RYi} : 궤도를 포함한 지상 각 부의 응답 함수, $S(\Omega)$: 차륜/레일간 요철의 파워 스펙트럼, V : 주행속도, Ω : 공간 원 주파수,

특히, 차륜/레일간 요철의 파워 스펙트럼 $S(\Omega)$를

$$S(\Omega)=\frac{A}{\Omega^3} \tag{4.2.3}$$

여기서, A : 차륜/레일간의 요철의 크기를 나타내는 계수

로 하고, 0.001 g을 0 dB로 하여 지상 각부의 응답가속도를 1/3옥타브 분석을 하면 이것은 다음과 같이 주어진다.

$$DB(S_{\mathrm{RYiDD}})=10\log_{10}\left\{\frac{A\Delta}{\pi g^2}\left|\frac{A_{\mathrm{RYi}}(j\omega\cdot x)}{A_{\mathrm{F}}}\right|^2\omega^2V^2\right\}+60 \tag{4.2.4}$$

여기서, $\Delta=0.23156$, $g\fallingdotseq 980\ \mathrm{cm/s^2}$: 중력가속도, j : 허수단위

따라서, 여기에 (4.2.1) 식으로 차량에 대해 스프링 하 질량만을 고려하면 충분하기 때문에 $A_\omega=-1/(M\omega^2)$을 두어 A_F에 (4.2.1) 식의 값을 대입하면 다음과 같이 된다.

$$DB(S_{\mathrm{RYiDD}})=10\log_{10}\left[\frac{\Delta AM^2V^2}{\pi g^2}\left|\frac{\omega^3A_{RYi}(j\omega\cdot x)}{1-\frac{M}{K}\omega^2\{1+KA_R(j\omega)\}}\right|^2\right]+60 \tag{4.2.5}$$

표 4.2.1 각종 궤도모델

보 형식	No.	모델	대상 궤도
1중 보	1	레일	레일만, 혹은 계의 질량이 문제로 되지 않는 저 진동수에서 침목계
2중 보	2	레일 슬래브	강성노반 위의 궤도
	3	레일 침목	〃
3중 보	4	레일 슬래브	탄성 지지기초 위의 궤도
	5	레일 침목	〃
	6	레일 슬래브	고가교 위의 궤도
	7	레일 침목	〃
	8	레일 침목 도상	유도상 탄성침목 궤도

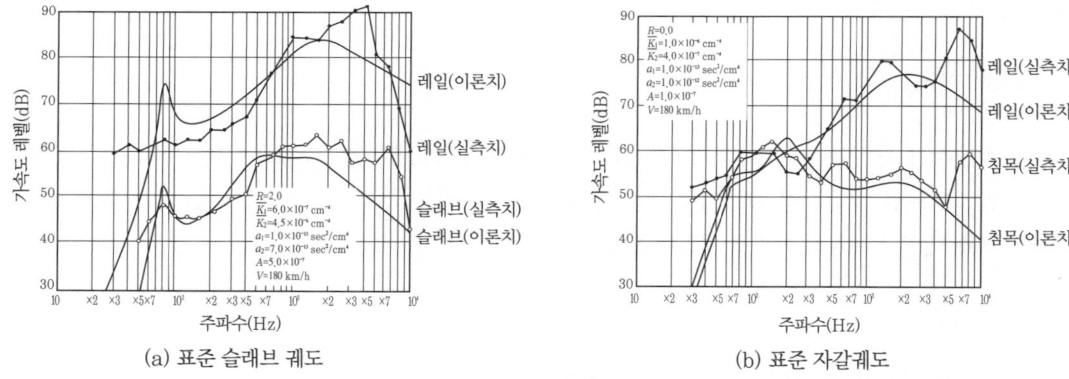

(a) 표준 슬래브 궤도

(b) 표준 자갈궤도

그림 4.2.2 궤도진동 가속도 1/3옥타브 레벨의 실측치와 이론치

레일패드에 대해 그 동적 스프링계수가 정적 스프링 계수에 비해 4배 정도로 크게 되고 주파수와 함께 경화하는 것을 가정하여 이 식을 **표 4.2.1**의 궤도모델 중에서 2중 보 모델을 이용하여 그 응답을 구해 실측결과와 비교한 것이 **그림 4.2.2**이다.

이 양자는 8000 Hz 부근의 레일 저부의 고유진동에 기인한다고 생각되는 실측치의 부분을 제거하면 실용적으로는 합치한다고 생각해도 좋다. 이에 따라 궤도 진동의 개략 특성을 알 수 있다고 생각된다.

(4) 궤도 각부의 진동 특성

궤도에 생기는 진동은 전항에 기술한 모델과 이것을 확장한 모델을 해석하여 그 특성을 설명할 수 있으며 이것을 정리하면 다음과 같다(제4.2.5(2)항 참조).

① 궤도 각 부의 탁월 주파수는 레일에서 1,000~3,000 Hz, 침목이나 궤도슬래브로 형성되는 중간질량에서 수100 Hz, 도상에서 수10~100 Hz 영역으로 되어 있으며, 탁월 주파수는 속도에 따라 변하지 않는다.

② 가속도레벨은 속도에 비례하여 증가한다.

③ 수100 Hz 이상의 고주파 진동은 레일로부터 침목과 도상이라고 하는 전달의 과정에서 그 진폭이 현저하게 감소하지만 그 이하의 저주파 영역에서는 거의 변하지 않는다.

여기서, 레일에 탁월한 진동은 차륜을 포함한 차량의 스프링하 질량을 부동점(不動点)으로 하고, 차륜/레일간의 접면 스프링으로 지지된 레일의 유효질량으로 형성된 계(系, system)를 주체로 하는 진동이라고 생각된다. 침목을 주체로 한 진동은 침목 질량에 도상의 유효질량을 가한 계를 주체로 한 진동이다. 수10~100 Hz의 진동은 차량의 스프링하 질량과 레일에서 도상까지의 궤도 스프링(레일 두부상면을 재하점이라 하였던 때의 변위와의 사이의 관계를 스프링으로 간주한다)으로 형성되는 계를 주체로 한 진동이다.

(5) 충격에 따른 가진(excitation by impact)

최근의 연구로부터 궤도는 차륜과 레일간의 요철(凹凸)에 기인하여 진동이 발생하는 것이 밝혀지게 되고, 그 정도도 밝혀지고 있지만, 특히 큰 진동은 차량과 궤도의 정상 상태로부터의 이탈, 그리고 이음매라고 하는 특수한 개소 혹은 특수한 상황 아래에서 발생한다.

이들 중에서 ① 차륜 플랫, ② 이음매, ③ 이음매처짐 및 ④ 레일의 오목부 등에 따른 가진에 대하여는 제4.2.7~4.2.10항에서 기술한다.

4.2.2 궤도의 동적 가진 모델

(1) 동적 가진 모델의 개론

궤도와 차량의 상호 작용을 고려할 때의 동적 가진 모델로서 일본에서는 **그림 4.2.3** 및 **4.2.4**와 같은 차량의 스프링 하(下) 질량{un-sprung (or non-suspended) mass}, 레일 및 중간질량, 그리고 이 사이를 연결하는 스프링 혹은 댐퍼를 고려하며, 이 스프링 하 질량이 레일 면을 충격할 때에 궤도 각부에 전파하는 진동으로 이 상호 작용을 평가하여 왔다.

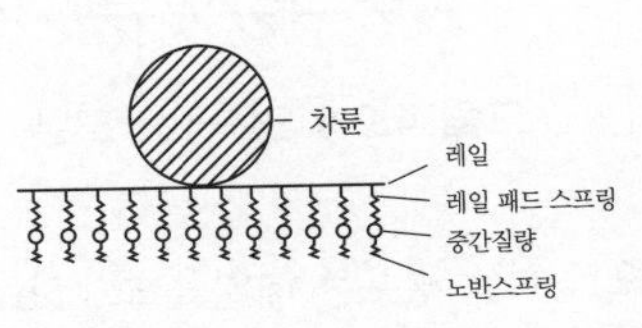

그림 4.2.3 종래의 궤도특성 해석모델

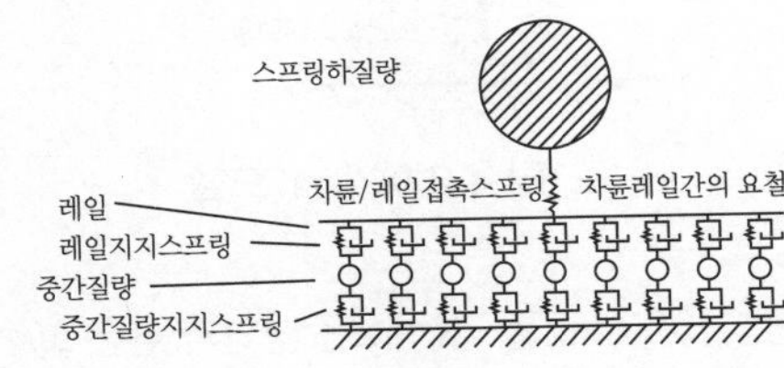

그림 4.2.4 고주파 진동 해석모델

세계 각국에서 동적 가진 모델의 연구에서는 근년에 특히 컴퓨터의 개발과 함께 예측 정도가 높고, 대단히 세련된 모델이 제안되고 있다. **그림 4.2.5**에 이들의 일부를 소개한다. 다만, 이들의 모델은 레일/차륜간에 작용하는 동적 윤하중(dynamic wheel load)을 정도가 좋게 예측하는 것을 제1의 목적으로 연구되어 오고 있으며,

지금까지 발표되고 있는 해석 결과도 동적 윤하중에 착안한 것이 많다. 지금까지의 프랑스와 일본의 연구에 따르면 윤하중 변동(輪重變動, wheel load variation)의 주파수가 수백 Hz(레일의 처짐이 정적 하중과 함께 변하지 않는 값을 주는 동적 하중의 최대 주파수) 이하인 경우는 **그림 4.2.6** 만큼 복잡한 모델을 이용하지 않아도, 예를 들어 궤도로서는 비교적 간단한 **그림 4.2.7** 및 **4.2.8**과 같은 모델을 이용하여도 실용상 충분한 정도를 얻을 수 있는 점이 밝혀지고 있다.

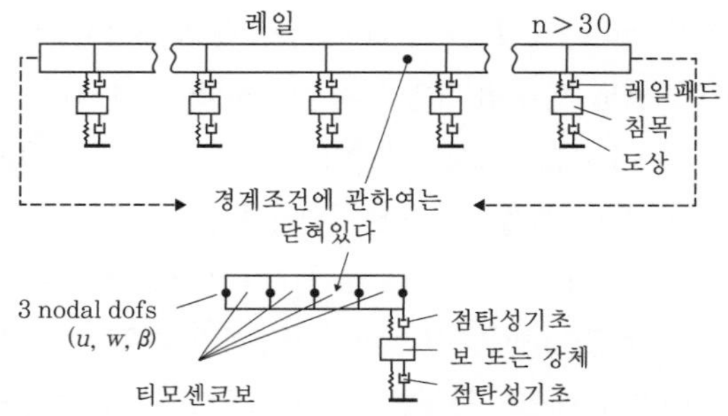

그림 4.2.5 유한 요소법에 따른 고주파 궤도모델

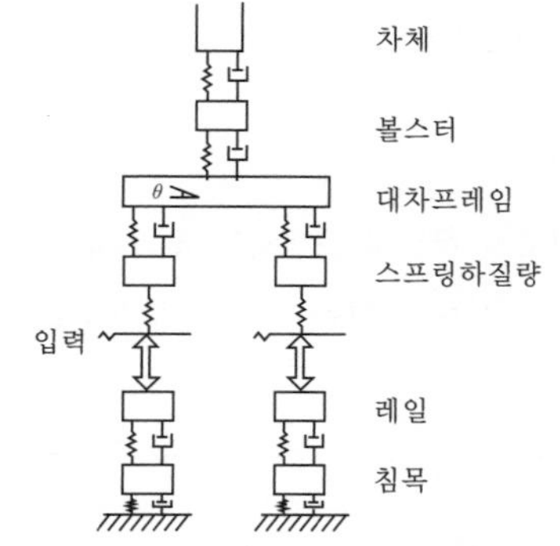

그림 4.2.6 미국에서의 궤도특성 해석모델

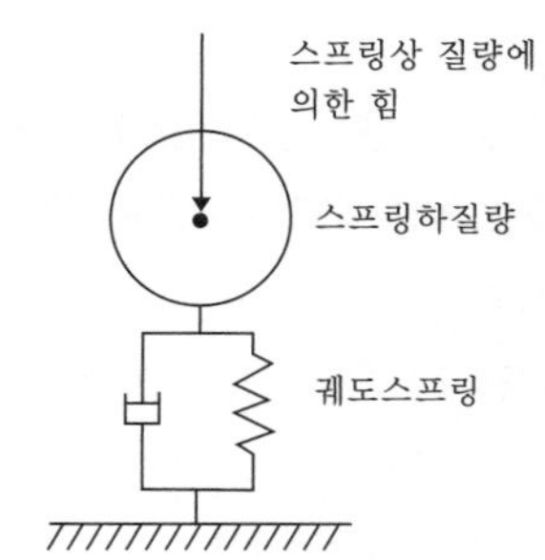

그림 4.2.7 궤도에 대한 동하중 모델

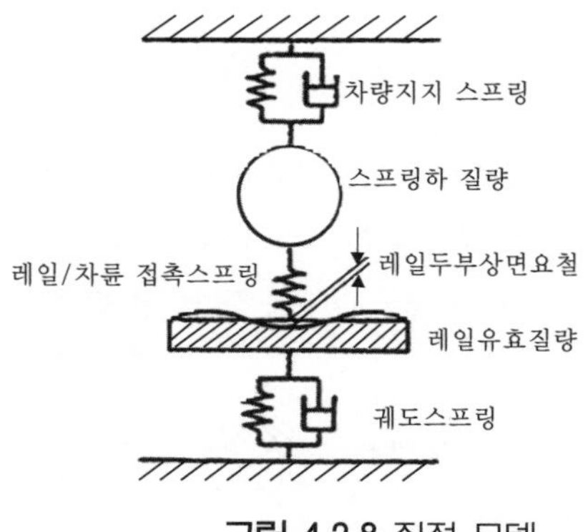

그림 4.2.8 질점 모델

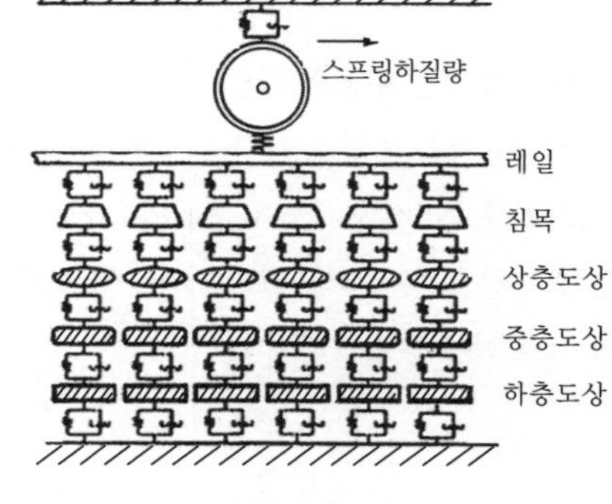

그림 4.2.9 연속 보 모델

한편, 1,000 Hz를 넘는 소음 영역과 같은 고주파 진동을 대상으로 하는 경우는 레일을 보(beam)로 하여 침목, 도상 등의 중간질량을 고려한 **그림 4.2.4**와 같은 모델이 필요하게 된다. 현재 일본에서도 레일을 베루누이 · 오일러(Bernoulli-Fuler) 보 혹은 전단변형과 회전관성을 고려한 티모센코(Timoshenko) 보로 하여 이것을 침목으로 유한 간격으로 지지하고, 도상도 하중분산의 영향 영역을 고려하여 3층으로 나눈 **그림 4.2.9**와 같은 모델을 이용하는 연구가 진행되고 있다.

(2) 헤르츠의 접촉 스프링

궤도와 차량의 상호 작용을 고려하는 경우에 가장 기본적인 작용력(作用力)은 레일/차륜간의 접촉력(接觸力)이다. 그래서, 그 작용력을 구하기 위하여 기본으로 되는 헤르츠(Hertz)의 접촉 응력에 대하여 기술한다. 헤르츠 접촉 스프링{Hertzian (contact) spring}이란 레일과 차륜의 접촉에서 헤르츠의 3차원 탄성접촉 이론에 기초하여 힘과 변위(접촉하는 탄성체의 접근 량)의 관계를 이용한 비선형(非線型) 스프링의 것이며, 관계 식을 이하에 나타낸다.

$$P = k_c \delta^{3/2}$$

$$\frac{1}{k_c} = \left(\frac{3}{8\pi\mu}\right)^{\frac{3}{2}} \cdot \frac{8(m^2-1)}{m^2 E} \cdot \left(8\sum \rho_i\right)^{\frac{1}{2}} \cdot J^{\frac{3}{2}}$$

여기서, P : 윤하중, k_c : 비선형 스프링계수, δ : 레일과 차륜의 탄성 변위(접근량), μ : 양 탄성체의 주곡률면(主曲率面)간의 각도를 포함한 타원 적분치(楕圓積分値), J : 접촉 타원의 긴지름과 짧은지름의 비를 파라미터로 하는 타원 적분치, $\sum\rho_i$: 두 접촉체의 주곡률(主曲率)의 합계, E : 종 탄성계수, m : 포아슨 비(Poisson' s ratio)이다.

여기서, 윤하중 변동을 고려하면,

$$\Delta P = k_c(\delta + \delta_0)^{3/2} - P_0$$

로 된다. 여기서, ΔP : 윤하중 변동, P_0 : 정지 윤하중, δ_0 : 정지시 레일과 차륜의 탄성 변위이다.

이상에 의거하여 헤르츠 접촉 스프링의 스프링계수 k_c는 레일과 차륜의 기하학적 형상으로 결정되는 것을 알 수 있다. 한편, 최근의 연구 성과에서 고주파의 동적 윤하중에 대하여 이 접촉 스프링의 스프링계수의 영향이 큰 것이 분명하게 되어 있으므로 마모형상을 고려한 차륜 답면형상과 레일두부 단면형상의 설계가 중요하다는 점이 지적되고 있다.

(3) 연속 보 모델의 운동 방정식

침목 등의 지지체로 유한 간격으로 지지된 레일을 티모센코(Timoshenko) 보로 하는 연속보의 운동 방정식을 이하에 나타낸다.

$$EI\frac{\partial^2 \psi(x,t)}{\partial x^2} + GAk\left[\frac{\partial y(x,t)}{\partial x} - \psi(x,t)\right] - \rho I\frac{\partial^2 \psi(x,t)}{\partial t^2} = 0$$

$$\rho A\frac{\partial^2 y(x,t)}{\partial t^2} - \frac{\partial}{\partial x}\left\{GAk\left[\frac{\partial y(x,t)}{\partial x} - \psi(x,t)\right]\right\}$$

$$= \sum_{j=1}^{M} R_j(t)\delta(x-x_j) - \sum_{i=1}^{N} P_i(t)\delta(x-x_i)$$

여기서,

$y(x,t)$	: 레일의 변위(처짐 량)	$\psi(x,t)$	: 레일 회전각
EI	: 레일 휨 강성	ρ	: 레일 밀도
I	: 레일 단면2차 모멘트	ρA	: 레일 단위질량
$R_j(t)$	: 레일/체결간 상호 작용력(레일압력)	x_j	: j번째의 체결 위치
$P_i(t)$	: 레일/차륜 상호 작용력(동적 윤하중)	x_i	: i번째 차륜의 위치
GAk	: 전단강성(k : 티모센코의 전단계수)	$\delta(x)$	: 디랙의 델타 함수(Dirac Delta Function)

이다.

더욱이, 레일을 베루누이 · 오일러(Bernoulli–Euler) 보로 하는 경우는 이 중에서 전단변형과 회전관성을 없게 한 경우에 상당하며, 이하의 식으로 나타낸다.

$$EI\frac{\partial^4 y(x,t)}{\partial x^4} + \rho A\frac{\partial^2 y(x,t)}{\partial t^2} = \sum_{j=1}^{M} R_j(t)\delta(x-x_j) - \sum_{i=1}^{N} P_i(t)\delta(x-x_i)$$

4.2.3 궤도틀림의 파장 특성

궤도의 동적 가진에서 주된 것은 레일/차륜간의 요철(凹凸)에 기인한 것이라고 생각되며, 레일에서는 레일 용접부의 요철, 파상 마모(波狀磨耗, corrugation, undulatory wear) 등과 같이 비교적 파장(波長)이 짧은 것으로부터 궤도틀림이라 불려지는 비교적 파장이 긴 것, 차륜에서는 차륜 플랫 등이 대표적인 요철이다.

레일 용접부에서는 기본적으로 용접방법에 따라 특징적인 요철형상이 형성되지만, 접합면의 초기 설정 등의 영향이 크고, 실제의 궤도상에 존재하는 용접부 요철형상에 관한 지금까지의 조사에서 대강의 경향은 밝혀지게 되었지만, 수치적인 정리는 곤란한 상황이었다. 다만, 최근에 용접부나 파상 마모 요철의 파장보다 파장이 긴 궤도틀림의 파장특성을 파악하는 것에 이용되어 왔던 파워 스펙트럼 밀도(密度) (power spectral density, PSD)를 이용하여 **그림 4.2.10**과 같은 경향이 분명하게 되어 있다.

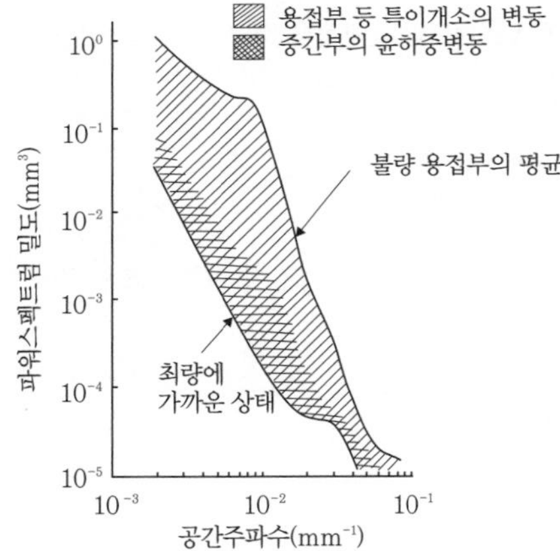

그림 4.2.10 단파장 레일 두부상면 요철의 파워 스펙트럼 밀도

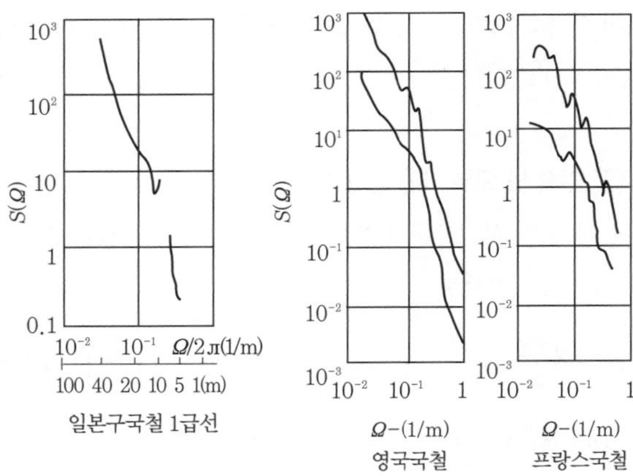

그림 4.2.11 장파장 고저틀림의 파워 스펙트럼 밀도

파상 마모에 대하여 일본에서는 특히 지하철과 같은 R 200 m 이하의 급곡선 내궤, R 250~400 m의 곡선 내궤, 동 정도의 곡선반경의 곡선 외궤 및 직선에 발생하는 파상마모의 파장이 각각 20~50 mm, 70~150 mm, 400~500 mm 및 30~80 mm 정도이며, 발생개소에서 상당히 특징적인 파장이 존재한다.

상기의 것보다 파장이 긴 궤도틀림 중에서 상하방향의 가진에 관계하는 고저틀림에 대하여 그 파장특성을 공간(空間) 주파수(파장의 역수로 단위 길이당의 파수(波數)를 말한다)에 대한 파워 스펙트럼 밀도 S (Ω)로 나타낸 것으로서 일본 구 국철의 1급선, 영국국철 및 프랑스국철의 경우에 대하여 예시한 것이 **그림 4.2.11**이다. 이것에 따르면 어느 것도 오른쪽이 내려가는 곡선으로 되며, 파장이 짧게 됨에 따라 그 성분이 작게 되는 점과 10 m 부근에서 구부려져 이보다 긴 파장에 비하여 증가의 정도가 적은 경향이 있다. 다만, 이 파장성분의 분포는 각 선구, 궤도구조 등에 따라 그 특성이 다르지만, 이와 같은 면에서 파장특성을 포착하는 것은 유용한 수단의 하나이다. 이론적인 해석에 관하여는 제7.2.3(5)항을 참조하라.

4.2.4 궤도변형의 전파(propagation of rail deformation)와 열차의 임계 속도

대단히 부드러운 스프링계수를 가진 궤도 위를 열차가 고속으로 주행할 때, 레일의 휨 파형 전파(傳播)와 관계하여 레일의 변위(變位, displacement)가 극단적으로 증가하는 속도가 존재하는 사실이 예전부터 이론적으로 알려지고 있다. 이것을 열차의 임계속도(臨界速度, critical speed) 또는 한계속도(限界速度)라고 부른다. 이 현상의 연구는 Timoshenko가 선구적인 역할을 하였다. 즉, 궤도 위를 열차가 고속으로 주행할 때에 그 속도가 빠르게 되면 정적인 변형의 형상이 변화하여 하중의 크기는 변하지 않음에도 불구하고 진폭이 차차 크게 되어 진동감쇠(減衰)가 없다고 할 경우에 그 값이 무한대로 되는 한계속도가 존재하는 점을 1927년에 Timoshenko가 지적하였다. 그는 양단 고정지지의 유한 길이의 보 위를 일정한 크기의 하중이 이동하는 경우와 어떤 한 점에 같은 크기의 하중과 어떤 크기의 축력이 작용하는 경우를 비교하여 임계속도를 주는 식을 검토하고, 또한 그들의 관계가 무한 길이의 보에서도 성립된다고 이끌었다. 그러나, 이 한계속도는 당시의 레일만을 고려한 계산에서는 1,640 ft/s (1,800 km/h)로 높으므로 통상의 주행에서는 문제가 없는 것으로 고려되어 왔다.

그 후, 이 문제에 대하여 1950년대에 미국 해군에서 궤도를 선형(線形) 스프링(spring)과 댐퍼(damper)로 지지하고 그 위를 집중하중이 일정 속도로 이동하는 모델을 아날로그 계산기로 해석하였다. 이 모델은 압축 측이 스프링과 대시포트(dash-pot)로 등(等) 간격으로 지지되고 인장 측은 자유인 보에 대하여 주행하는 집중하중 하에서의 변형을 계산한 것이다. 그 결과, 하중 점을 원점으로 하여 하중과 함께 이동하는 무차원화 좌표에 대한 레일의 무차원화 변위로서 **그림 4.2.12**가 얻어졌다. 이 그림에 의거하면, 하중의 주행속도가 올라감에 따라 파형이 예리하게 솟아있고, 재하 점이 그 골로부터 전방에서 올라가서 주행저항이 크게 되는 모양을 볼 수 있

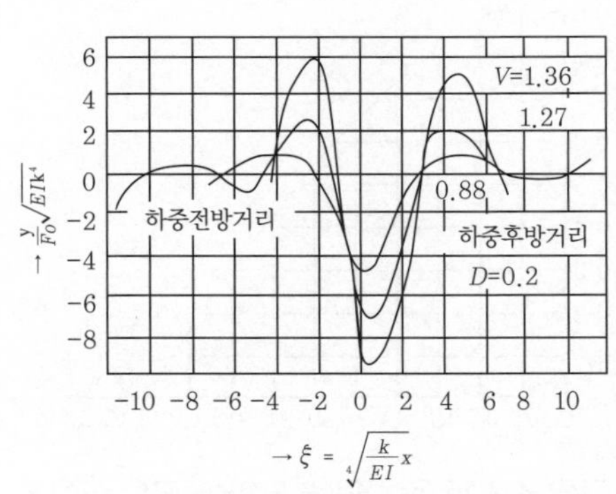

그림 4.2.12 레일의 무차원화 하중속도에 대한 변위 곡선

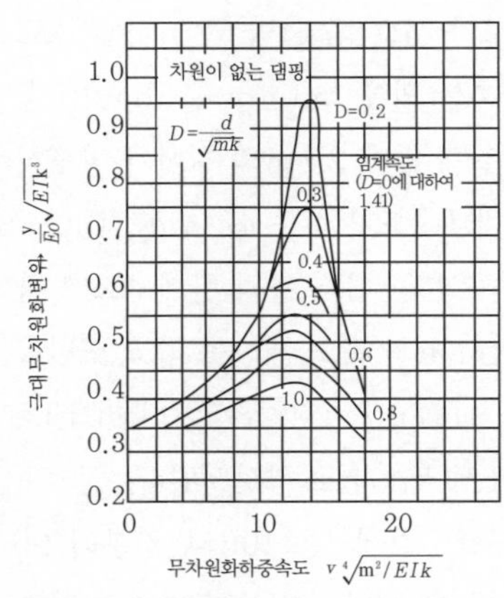

그림 4.2.13 극대 변위의 감쇠계수 비에 대한 특성

다. 이 올라가는 정도는 감쇠계수가 작을수록 크다.

또한, 이 무차원화 변위의 최대치에 대하여 한계 감쇠계수 비(限界減衰係數比) D를 파라미터로 하여 무차원화 하중속도와의 관계를 **그림 4.2.13**에 나타낸다. 감쇠계수가 크게 되면 그 처짐이 작게 되지만 피크가 발생하는 속도는 내려가게 된다.

한계속도 v_{cr}은 **그림 4.2.14**의 레일을 지지하는 탄성기초 위의 보를 고려한 경우에 다음 식으로 주어진다.

$$v_{cr} = \sqrt[4]{\frac{4kEI}{(\rho A)^2}}$$

여기서, k : 레일 분포지지 스프링계수, EI : 레일의 강성, ρA : 레일 및 분포 부가질량

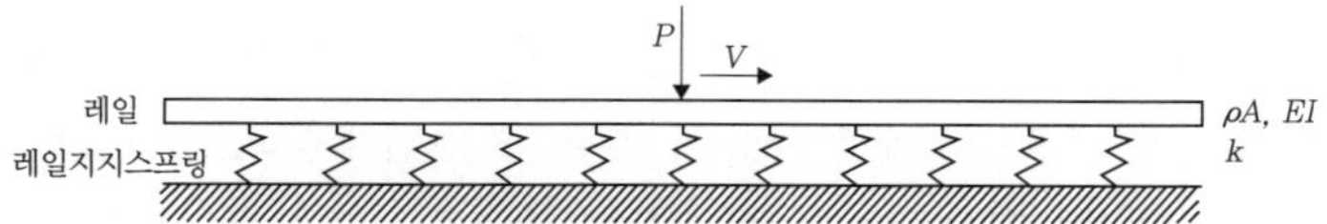

그림 4.2.14 한계속도를 구하는 탄성기초 위의 보

이 한계속도는 소음 · 진동의 저감을 위하여 궤도 각부의 지지 스프링계수를 저하하는 한계를 구하는데도 중요하므로 그 기본적인 특성의 해명도 시도되고 있다.

탄성기초 위의 베르누이 · 오일러 보를 가정하면 임계속도 v_{cr}은 $(2/m \cdot kEI)^{1/2}$, 하중 바로 아래의 정지하중에 대한 궤도의 변위 Y_{sta}와 속도 v의 이동하중에 대한 궤도의 변위 Y_{dyn}의 비는 $Y_{dyn}/Y_{sta} = 1/\sqrt{1-(v/v_{cr})^2}$ 로 나타낸다. 여기서, 임계속도의 계산 예로서 휨 강성 : EI = 4.5×10^5 kgf · m², 레일 주변의 궤도 질량 : m = 119 kg/m, 궤도의 분포 스프링계수 : k = 4.0×106 kgf · m⁻²로 하면, 임계속도 v_{cr}은 약 475 m/s (1,710 km/h)로 된다. 또한, 열차속도 v가 500 km/h일 때, Y_{dyn} / Y_{sta} = 1.046으로서 하중이 이동함에 따른 변위의 증가분은 4.6 %이다. 이와 같이 통상의 궤도에 대한 임계속도는 1,200～1,800 km/h 정도로 되므로 열차속도 400～500 km/h 정도인 경우에는 거의 문제로 되지 않는다.

한계속도의 특성에 관하여 1961년에 프랑스의 R. Sauvage가 이론적으로 미국과 같은 모양의 해석을 하고, 1983년에 J. P. Fortin이 TGV의 파리 남동선에서 한계속도가 140 m/s (약 500 km/h)로 되는 개소가 있는 것을 실측한 외에 Amein～Abbevill간 연약 지반의 선로에서 기관차 앞에 2 cm의 침하가 발생하여 지반이 갈라지고, 그 한계속도가 42～49 m/s (150～180 km/h)인 것을 발견하였다. 이 후자의 한계속도에 관하여는 그 단계에서 80 km/h의 속도 제한을 하고 노반을 개량하여 한계속도를 55～60 m/s (200～220 km/h)로 향상시키고 제한속도를 120 km/h로 향상시켰다.

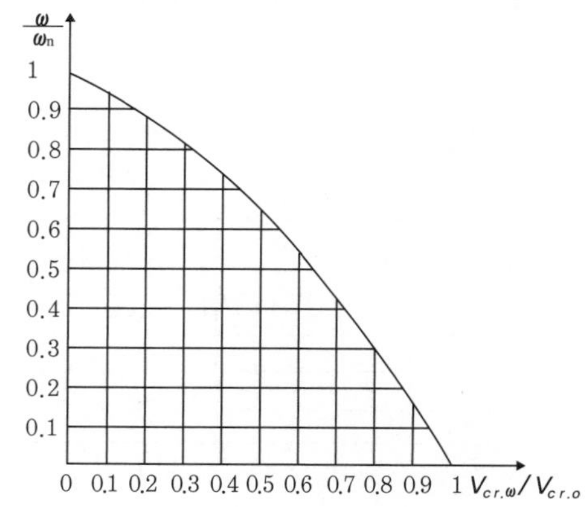

그림 4.2.15 열차의 속도와 궤도의 "겉보기 스프링 강성"의 관계

또한, 프랑스에서는 1965년경부터 이미 레일 이음매를 통과할 때 발생하는 궤도 휨 변형의 전파에 기인한 것이라

고 보여지는 변형의 이상이 인지되어 실제의 휨 파형의 전파속도가 그 때까지 이론적으로 추정되어 있던 값보다도 상당히 낮은 것은 아닌가 하는 징후가 있어 380 km/h를 목표로 한 TGV 100의 고속시험에서 그 점을 본격적으로 검토하였다. 그 결과로부터 하중의 크기가 각주파수(角周波數) ω로 변화하는 경우의 임계속도를 $V_{cr.\omega}$, 하중이 일정한 경우의 임계속도를 $V_{cr.0}$로 하면 **그림 4.2.15**의 관계가 얻어진다. 변동하는 하중은 일정한 하중보다도 그 각주파수에 의존하여 임계속도가 낮게 되는 점을 이 그림이 나타내고 있다. 이것을 근거로 하여 TGV 100의 시험에서 파동전파 속도의 측정시험을 하여 200 m/s의 값이 얻어졌다. 다음에, 열차속도를 0~380 km/h까지 올려서 궤도의 변위와 하중으로 계산할 수 있는 겉보기의 궤도분포 스프링계수 $h_{cr.\omega}$을 측정한 결과를 **그림 4.2.16**에 나타낸다. 이 그림은 열차속도의 상승과 함께 궤도의 겉보기 스프링계수가 현저히 저하하는 것을 나타내고 있다. 이 결과와 정지시의 스프링계수 $h_{cr.0}$를 이용한 관계식 $h_{cr.\omega}/h_{cr.o} = \sqrt{1-(v/\ v_{cr,\omega})^2}$ 을 이용하여 임계속도를 구할 경우 140 m/s (약 500 km/h)로 되었다. 그 이유는 **그림 4.2.15**에서 $h_{cr.\omega}/h_{cr.0}$ = 140 / 200 = 0.7에서 ω/ω_n = 0.4가 얻어지고, $\omega = 2\pi f$로 하여 f = 15 Hz로 되며, 이것은 정확히 차량의 고유진동의 하나에 일치하는 점에서 하중이 이 주파수에서 변동하여 파동전파 속도가 저하한 것이 고려된다고 결론을 짓고 있다.

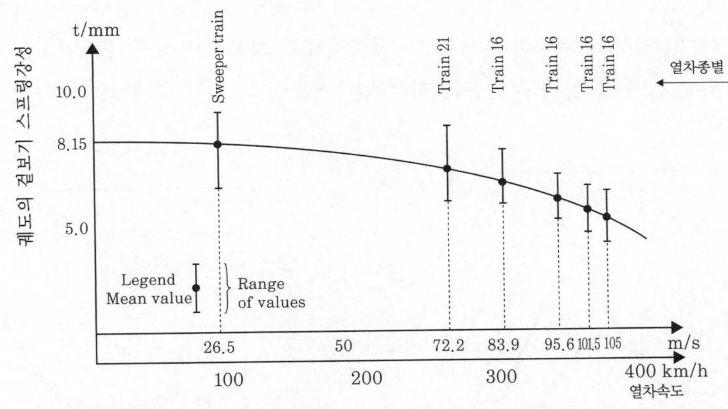

그림 4.2.16 이동하중의 각주파수와 임계속도와의 관계

4.2.5 궤도의 동적 응답 특성

(1) 레일두부 상면요철에 대한 동적 응답 특성

철도의 고속화를 포함한 고품질화를 유지하기 위해서는 윤하중 변동(輪重變動)의 증대를 억제하고 궤도재료(track material)의 열화 · 파괴 및 소음 · 진동 등의 환경 문제에 대한 영향을 극력 억제하는 보수관리 기술, 이른바 메인테넌스 기술의 개발이 가장 중요한 과제의 하나라고 생각된다. 여기서는 보수관리상의 요점으로 되는 레일두부(頭部) 상면요철{上面凹凸, 이하에서는 "요철(roughness)"이라 약칭한다}에 기인하여 여기(勵起)되는 동적 윤하중과 그에 따른 레일압력(rail pressure), 침목 진동가속도 등 궤도의 동적 응답특성(動的應答特性)에 대하여 **그림 4.2.9**의 해석모델을 이용한 검토결과에 대하여 기술한다.

윤하중에 관하여는 스프링 하 질량, 궤도지지 스프링계수(이하, "궤도 스프링계수"라 약칭한다), 레일/차륜 접촉 스프링계수(이하 “접촉 스프링계수”라 약칭한다)의 영향을, 레일압력과 침목 진동가속도에 관하여는 궤도 스프링계수(track spring coefficient)의 영향을 각각 요철의 파장에 관하여 구한 결과를 **그림 4.2.17~4.2.22**에 나타낸다. 이 중에서 **그림 4.2.17~4.2.20**의 윤하중에 관한 요철 파장 0.03~0.07 m 부근 및 0.6~0.8 m 부근의 피크에 대하여 전자의 피크는 헤르츠의 접촉 스프링을 개입시켜 차륜과 접촉하는 레일 유효질량의 고유 진동수에, 후자의 피크는 궤도지지 스프링으로 지지된 차량의 스프링 하 질량과 레일의 유효질량이 연성(連成)하는 고유 진동수에 대응하고 있으며, 각각 약 900 Hz와 약 70 Hz이다. 또한, **그림 4.2.21** 및 **4.2.22**의 레일압력과 침목 진동가속도에 관하여도 같은 모양으로 2개의 피크가 있다.

(가) 윤하중에 대한 열차속도의 영향

그림 4.2.17은 동적 윤하중에 대한 열차속도의 영향을 나타낸다. 그림에서 동적 윤하중은 2개의 공진(共振) 파장에서 어느 것도 보다 고속의 쪽이 크게 되어 있다. 또한, 그들에 대응하는 요철파장도 고속의 쪽이 장파장 측으로 벗어나 있다. 고속화에 대하여는 양쪽의 파장 영역 모두 종래보다 긴 파장관리가 중요하게 된다.

(나) 윤하중에 대한 스프링 하 질량의 영향

그림 4.2.18은 동적 윤하중에 대한 스프링 하 질량의 영향을 나타낸다. 그림에서 파장이 짧은 쪽의 피크는 레일 유효질량의 고유 진동이 영향을 주기 때문에 스프링 하 질량의 증감에 영향을 받지 않지만, 또 한편의 피크는 스프링 하 질량의 영향이 분명하다. 궤도와 궤도재료의 파괴 · 열화에 대하여 이 영역의 윤하중이 큰 영향을 준다고 생각되는 점에서, 동적 윤하중의 저감에는 스프링 하 질량의 저감화가 극히 효과적이다.

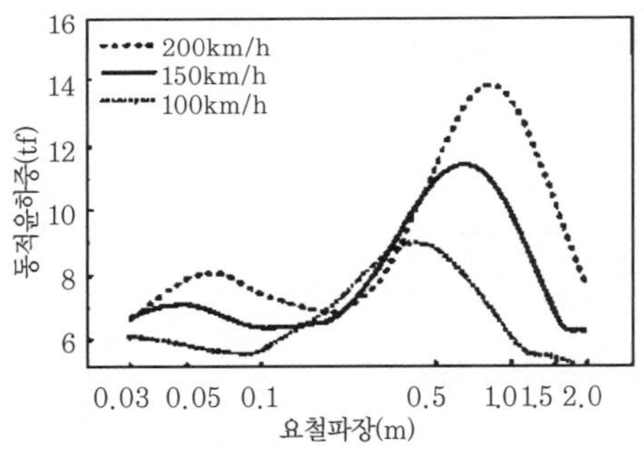

그림 4.2.17 동적 윤하중에 대한 열차속도의 영향

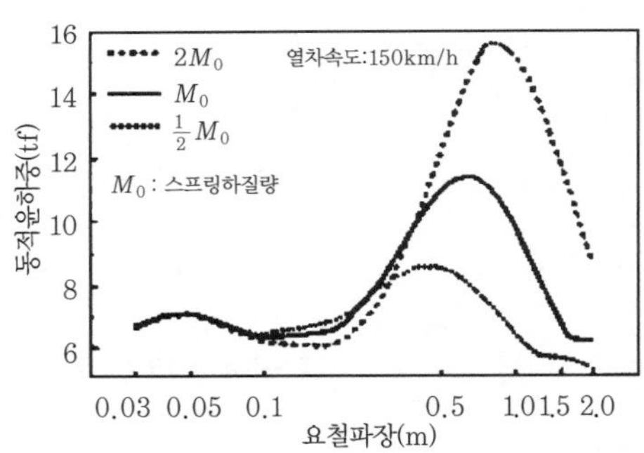

4.2.18 동적 윤하중에 대한 스프링 하 질량의 영향

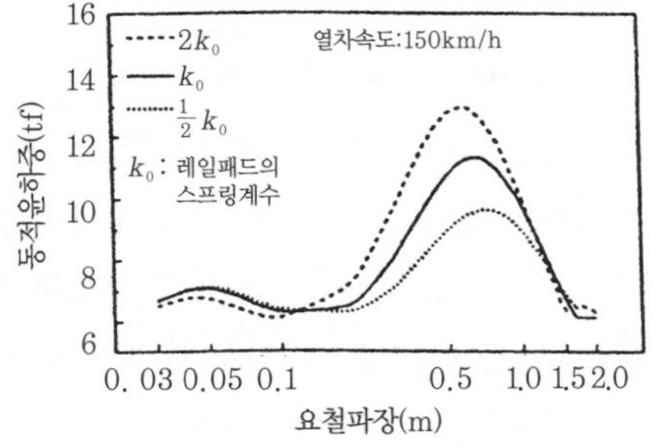

그림 4.2.19 동적 윤하중에 대한 레일패드 스프링계수의 영향

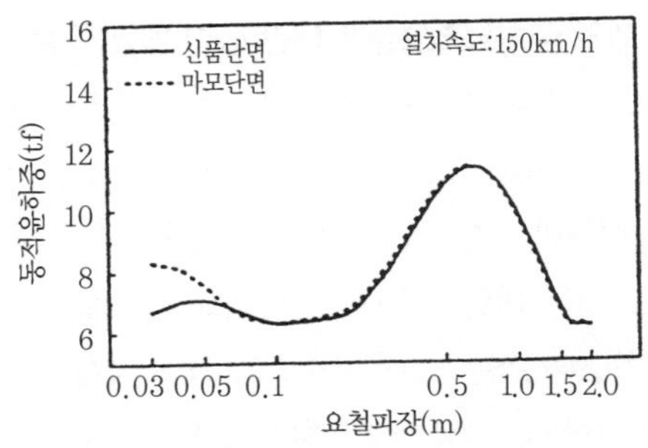

그림 4.2.20 동적 윤하중에 대한 레일/차륜 접촉 스프링계수의 영향

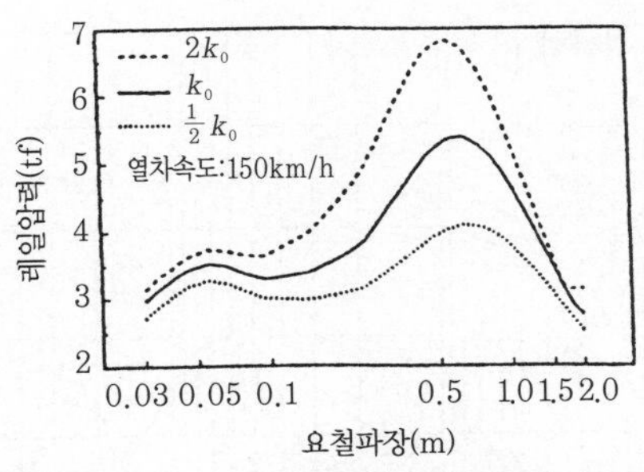

그림 4.2.21 레일압력에 대한 레일패드 스프링계수의 영향

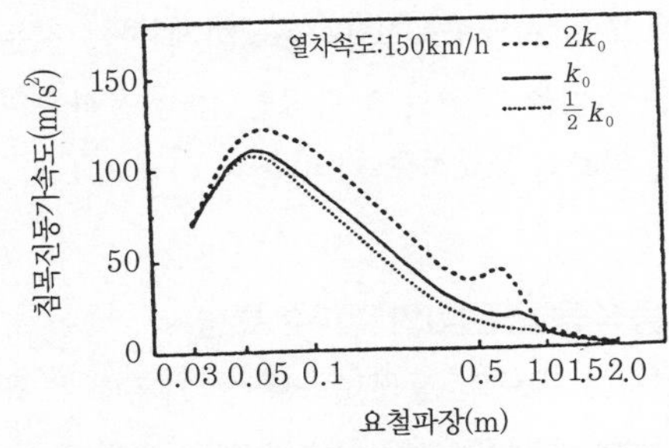

그림 4.2.22 침목 진동가속도에 대한 레일패드 스프링계수의 영향

(다) 윤하중에 대한 궤도 스프링계수의 영향

그림 4.2.19는 동적 윤하중에 대한 레일패드 스프링계수의 영향을 나타낸다. 여기에는 레일패드의 스프링계수를 변화시켜 궤도 스프링계수의 영향을 검토하였다. 그림에서 파장이 긴 쪽의 피크에 대하여는 궤도 스프링계수의 영향이 분명하지만, 파장이 짧은 쪽의 피크에 대하여는 궤도 스프링계수가 레일의 유효질량에 관계하기 때문에 그다지 크지는 않으나 파장이 긴 쪽과 역(逆)의 영향을 주고 있다.

(라) 윤하중에 대한 접촉 스프링계수의 영향

그림 4.2.20은 동적 윤하중에 대한 접촉 스프링계수의 영향을 나타낸다. 그림에서 접촉 스프링계수의 영향은 짧은 파장 쪽의 피크에서만 주는 영향이 분명하고, 파장이 긴 쪽의 피크에는 접촉 스프링계수가 영향을 주지 않는다. 이 계수가 영향을 주는 고주파 영역의 진동이 소음 등에 크게 관계하기 때문에 그 저감에는 이 접촉 스프링계수를 결정하는 레일과 차륜의 기하학적인 접촉상태의 설계 · 관리가 중요하다.

(마) 레일압력에 대한 레일패드 스프링계수의 영향

그림 4.2.21은 레일압력에 대한 레일패드 스프링계수의 영향을 나타낸다. **그림 4.2.20**의 경우와는 달리 레일패드의 스프링계수를 작게 하면 쌍방의 피크 치가 분명하게 감소하고 있다.

(바) 침목 진동가속도에 대한 레일패드 스프링계수의 영향

그림 4.2.22는 침목 진동가속도에 대한 레일패드 스프링계수의 영향을 나타낸다. 침목의 직접적인 외력은 윤하중이 아니고 레일압력이기 때문에 레일패드 스프링계수의 영향은 **그림 4.2.21**의 레일압력의 경우와 같은 모양이다. 다만, **그림 4.2.21**과 **4.2.22**에서 2 피크 치의 크기가 역전되어 있지만, 이것은 작은 하중에서도 주파수가 높으면 주파수가 낮은 큰 하중보다 큰 가속도를 발생시키는 것을 의미한다. 이 점에서 진동가속도와 변위가 궤도

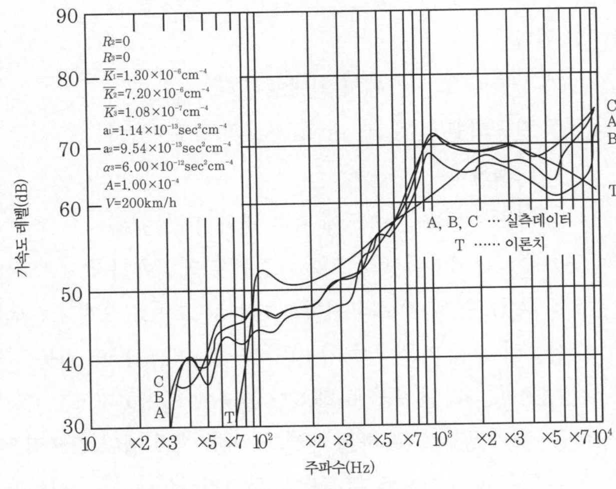

그림 4.2.23 레일 진동가속도의 실측 예 (홍적 지반 성토 위)

파괴에 미치는 영향을 보다 분명하게 하는 것은 주파수 특성을 고려한 효과적인 동적 윤하중의 억제를 위하여 중요한 과제이다.

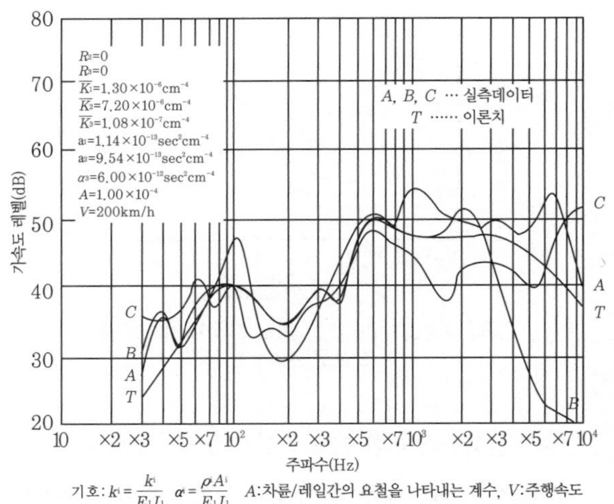

그림 4.2.24 침목 진동가속도의 실측 예 (홍적 지반 성토 위)

(2) 동적 응답(진동)의 주파수 특성

여기서는 궤도의 동적 응답특성 가운데 특히 진동(振動) 특성에 대하여 고찰하되, 전항에 기술한 하나 하나의 레일 두부상면 요철이나 궤도 틀림에 대한 각각의 응답 특성 치를 구하는 것이 아니고, 주로 주파수(周波數) 영역에서 그 특성을 포착한 지금까지의 연구성과에 대하여 기술한다(제4.2.1(4)항 참조).

열차의 통과에 따라 궤도에 생기는 진동을 가속도(加速度)로 측정하면, 레일, 침목 및 도상에 따라서 다르며, **그림 4.2.23~4.2.25**에 나타낸 일본 신칸센에서의 실측 예에서 볼 수 있는 것처럼 ① 레일에서는 1,000~3,000 Hz와 수1,000~10,000 Hz의 진동이, ② 침목에서는 수10 Hz의 진동과 수100~수1,000 Hz의 진동이, ③ 도상에서는 수10Hz 이상 100 Hz 영역의 진동이 탁월(卓越)하고 있다.

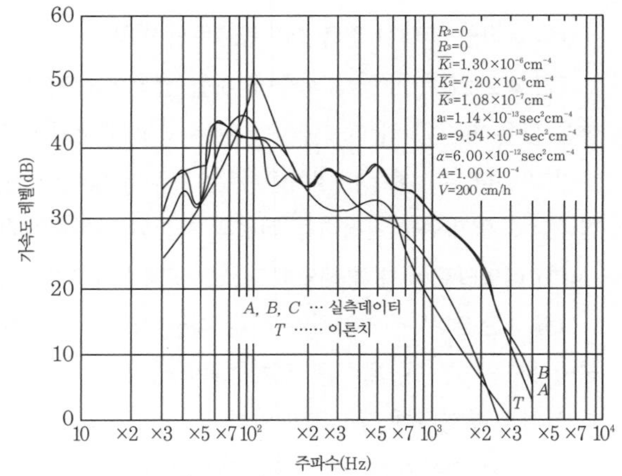

그림 4.2.25 도상 진동가속도의 실측 예 (홍적 지반 성토 위)

이들의 진동가속도는 다음과 같은 특징을 갖고 있다.

① 차륜 바로 아래에서 최대로 된다.

② 진동레벨(vibration level)은 속도에 1차 비례한다.

③ 탁월 주파수는 속도에 따라 변하지 않는다.

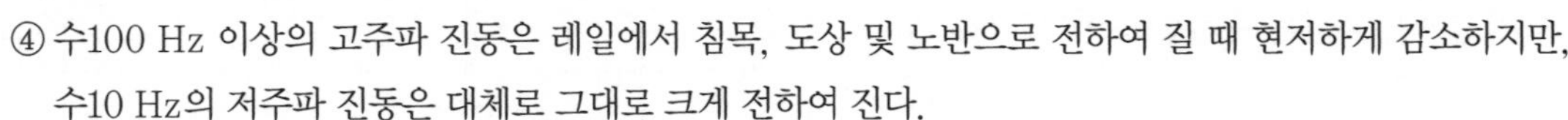

④ 수100 Hz 이상의 고주파 진동은 레일에서 침목, 도상 및 노반으로 전하여 질 때 현저하게 감소하지만, 수10 Hz의 저주파 진동은 대체로 그대로 크게 전하여 진다.

이들의 진동 가운데 ① 수1,000~10,000 Hz의 진동은 레일의 단면 진동이지만, 그 이외에 대하여는 **그림 4.2.26**에 나타낸 모델로 해석한 결과에 의거하면 ② 1,000~3,000 Hz의 진동은 차량의 스프링 하 질량을 부동 점(不動點)으로 하는 레일과 차륜/레일 접면 스프링으로 형성되는 계의 고유진동에, ③ 수100 Hz의 진동은 침목과 도상으로 형성되는 중간질량(intermediate mass)의 고유진동에, ④ 수10Hz의 진동은 궤도 스프링과 스프링 하 질량으로 형성되는 계의 고유진동에 상당하는 것이 분명하게 되어 있다.

다음에, **그림 4.2.27**의 계층모델을 이용한 도상진동(vibration of ballast)의 해석결과를 **그림 4.2.28**

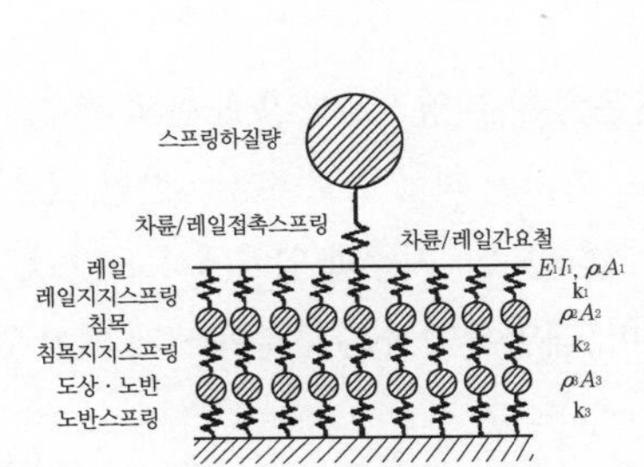

그림 4.2.26 흙 노반 위 자갈궤도 모델

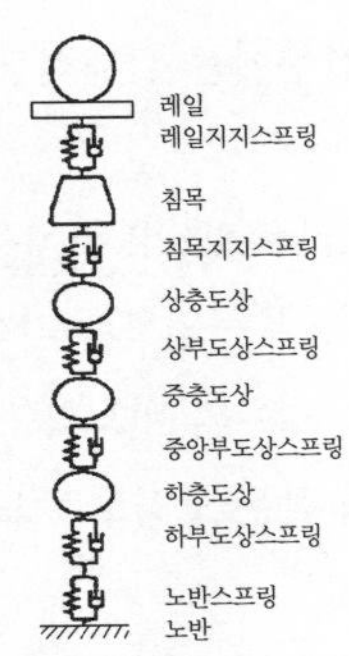

그림 4.2.27 도상 계층 모델

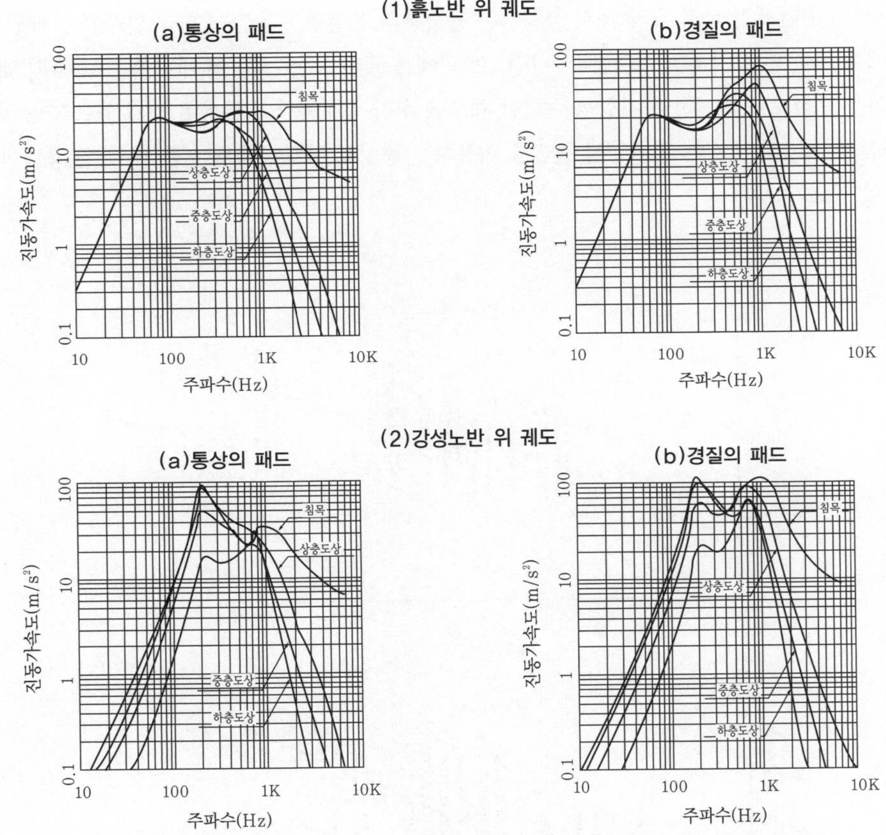

그림 4.2.28 궤도 각부 진동가속도의 주파수 응답 (가진력 일정)

에 나타낸다. 이 그림으로부터 노반 스프링계수가 낮은 흙 노반에서는 400 Hz 이하의 주파수 영역에서는 각부의 진동가속도가 거의 같게 되어 이들이 일체의 질량으로서 진동하는 것을 나타내고 있다. 이것에 대하여 500 Hz 이상의 주파수 영역에서는 침목을 비롯하여 도상 각층의 진동가속도에 차이가 생기며, 레일에 가까울수록 큰 진동이 생기고 있다. 또한, 일반적으로 이용되고 있는 100 tf/cm 정도의 레일패드에서는 침목과 도상 상층부의 진동이 50~1,000 Hz에서 거의 평평하며 현저한 피크가 인지되지 않지만, 레일패드의 스프링계수가 높은 경우에는 전체적으로 고주파 영역에서 진동가속도가 상승하고 1,000 Hz 부근에서 피크가 발생하고 있다.

강성 노반(rigid roadbed) 위에서는 1,000 Hz 이하의 비교적 낮은 주파수 영역에서 흙 노반의 경우와 큰 차이가 보여져 200 Hz 부근의 진동가속도가 흙 노반의 경우보다 크고, 현저한 피크가 보여지는 한편, 100 Hz 이하에서는 흙 노반의 경우와 비교하여 진동가속도의 값이 작게 되어 있다. 또한, 저주파 영역에서도 1,000 Hz 이상의 고주파 영역과 같은 모양으로 도상의 각층에 따른 차이가 생기며, 레일에 가까운 부분이 크게 되어 있다.

4.2.6 궤도틀림과 단파장 요철에 기인한 가진

여기서는 제7.5.4항(레일 삭정 효과)에서 설명하는 용접부의 요철형상과 그에 따라 발생하는 레일 저부 휨 응력의 관계에 대하여 더욱 상세히 기술한다. 다만, 이 관계를 구한 측정 시험에 대하여는 그 후의 궤도 동적 응답모델을 이용한 검토에 의거하여 시험을 수행한 궤도에서 침목에 약간의 부상이 생겨 있을 가능성이 지적되고 있기 때문에 여기서 소개한 회귀분석 결과를 이용하면 통상의 궤도상태보다 큰 레일 휨 응력이 추정되는 점을 고려할 필요가 있다.

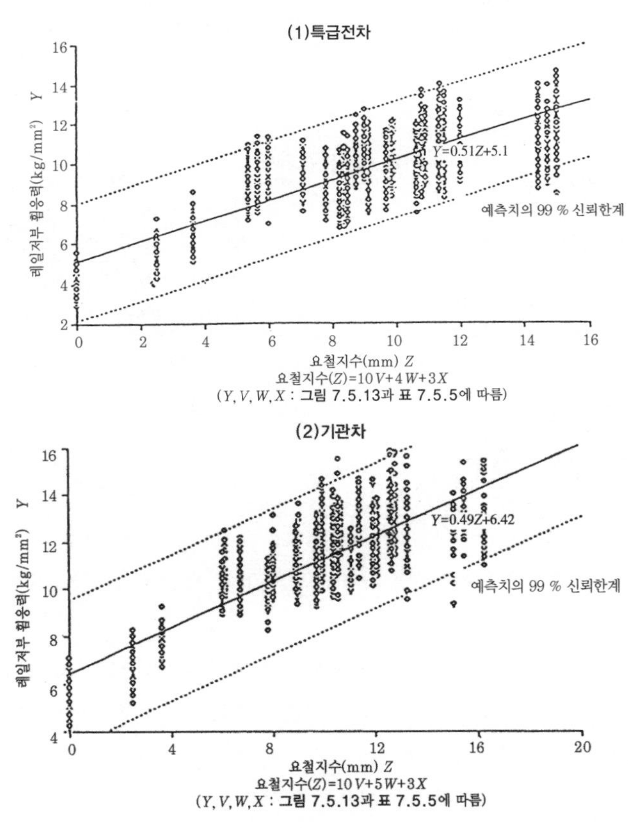

그림 4.2.29 요철지수와 레일 휨 응력의 관계

(1) 설정한 요철형상

요철형상에 관하여는 인공적인 시험의 조사결과에서 전형적인 요철형상인 가스압접 유형과 엔크로즈 아크 용접 유형으로 하여 인공적으로 모델화하였다. 설정한 모델을 제7장의 **그림 7.5.13**에, 설정조건을 **표 7.5.4**에 나타낸다. 또한, 측정대상 차량은 고속인 점과 정지 윤하중이 큰 점을 고려하여 특급전차와 기관차로 하였다.

(2) 측정결과 및 정리

① 특급 전차와 기관차에 대하여 각각 중(重)회귀 분석한 결과를 제7장의 **표 7.5.5** 및 **표 7.5.6**에 나타낸다. 분석결과는 중(重)상관 관계가 특급전차에 대하여 0.860, 기관차에 대하여 0.867이다. 분석결과로서는 좋은 것이라고 생각되며, 전차와 기관차별로 요철의 형상과 열차속도를 알면 이 분석결과를 이용하여 레일에 발생하는 휨 응력 분포를 어느 정도 추정할 수가 있다.

② 지금까지의 분석결과를 약간 알기 쉽게 하는 일과 그 후 해석의 진행에서 통찰을 좋게 하기 위하여 요철에 관한 변수의 회귀계수를 정리한 요철지수(凹凸指數)를 정의하여 레일의 휨 응력과의 관계를 회귀 분석한 결과를 **그림 4.2.29**에 나타낸다. 이 그림은 상기의 중회귀 분석 결과를 고려한 것으로 특급전차와 기관차의 열차속도가 각각 실측 데이터의 평균속도인 97.1 km/h와 68.9 km/h일 때의 레일의 휨 응력과 요철지수의 관계를 나타내고 있다.

4.2.7 차륜 플랫에 기인한 가진

(1) 이론 해석

독일의 Betzhöld는 화차의 차륜 플랫(wheel flat)이 레일 휨 응력에 미치는 영향에 관하여 이론 계산을 하고 현차(現車) 시험을 하였다. 이들을 포함하여 국제적으로 플랫의 한도는 그 결함 깊이(Pfeilhöhe)를 2 mm로 하고 있다(독일에서는 1960년대에 여객열차에 대하여는 1 mm로 하는 것으로 하였다).

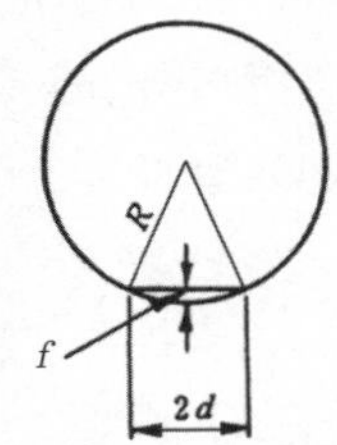

그림 4.2.30 플랫깊이와 길이

한편, 일본에서는 플랫한도를 길이로 나타내고 있는 **그림 4.2.30**을 참조하여 R=433 mm로 하여 다음 식으로 계산하며, 깊이 2 mm에 상당하는 길이는 83.2 mm가 된다.

$$f = R - \sqrt{R^2 - d^2}$$

$$\fallingdotseq \frac{d^2}{2R}$$

$$\therefore d = \sqrt{2Rf}$$

여기서, f : 결함깊이, $2d$: 플랫길이, R : 차륜의 반경

차륜의 반경을 파라미터로 하여 이 식을 플랫의 길이에 대하여 나타낸 것이 **그림 4.2.31**이다.

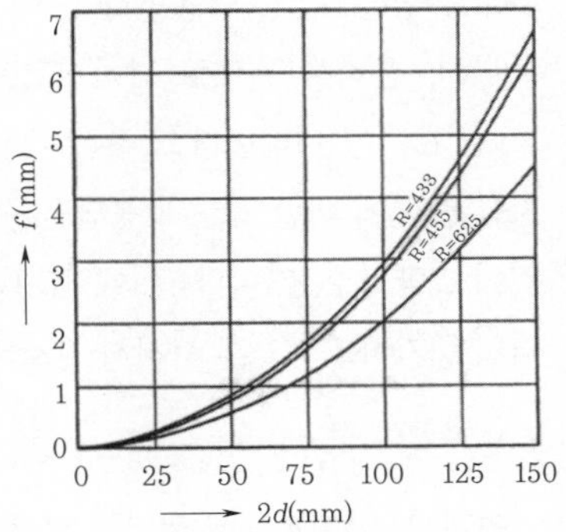

그림 4.2.31 차륜플랫의 깊이와 길이의 관계

차륜에 플랫이 있으면 저속($V \leqq V_{cr}$)일 경우는 **그림 4.2.32(a)**에 나타낸 것처럼 차륜이 A점에서 레일에 접촉한 채로 회전하여 플

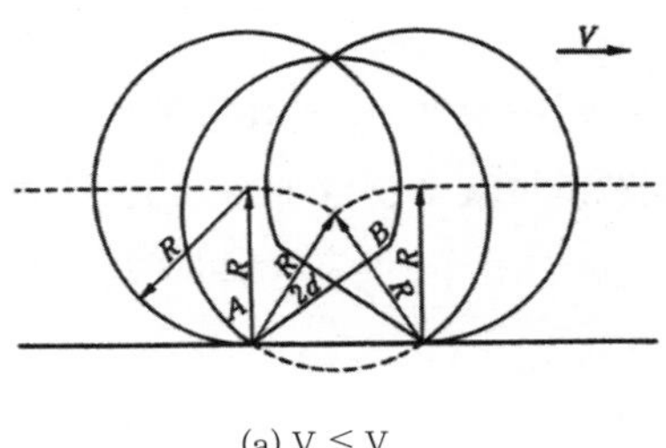

(a) V ≦ V_{cr}

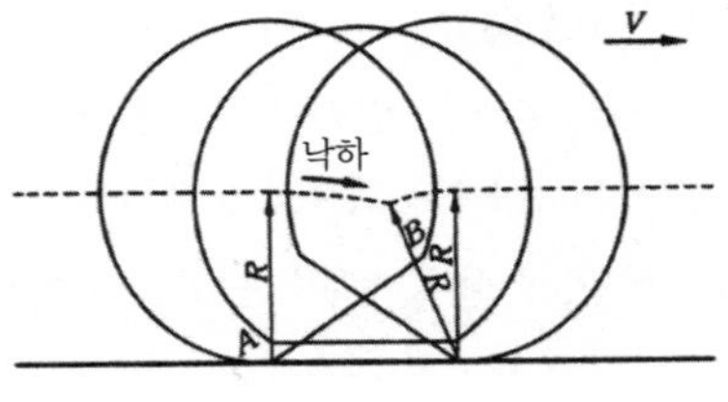

(b) V > V_{cr}

그림 4.2.32 플랫차륜의 운동

랫 깊이만큼 낙하하여 레일을 충격하지만, 고속($V > V_{cr}$)으로 되면 **그림 4.2.32(b)**에 나타낸 것처럼 차륜이 공간으로 떴다가 축(軸)스프링의 반발력과 중력의 작용으로 낙하하여 회전하면서 B점에서 레일과 접촉할 때에 충격을 가한다.

이와 같이 차륜이 뜨게 되는 한계속도 V_{cr}은

$$V_{cr}=\sqrt{R\mu}$$

여기서, R : 차륜의 반경, μ : {(스프링 하 질량 + 스프링 상 질량) / 스프링 하 질량} · g, g : 중력 가속도

로 주어진다. 상기에서 μ의 값은 스프링 하 질량을 레일에 낙하시킬 때에 중력 가속도 외에 스프링 상 질량으로 인하여 처진 축(軸)스프링의 반발력을 더한 스프링 하 질량에 작용하는 겉보기의 중력을 의미한다.

차륜 플랫이 레일을 충격할 때에 충격 속도의 상하 성분 v는 열차 속도 V에 대하여

$V \leqq V_{cr}$ 일 때

$$v=(1+\gamma)\frac{d}{R}V$$

$V > V_{cr}$일 때

$$v=\frac{2d}{\sqrt{R\mu+V}}(\mu+\gamma\sqrt{\frac{\mu}{R}}V)$$

로 된다. 여기서, d는 플랫 길이의 반이며, γ는 윤축의 회전 관성질량을 병진 관성질량으로 환산할 때의 계수로 통상은 0.5를 이용한다.

한편, 윤축을 궤도로 낙하시켰을 때에 레일 응력과 진동 등 궤도의 응답은 낙하시의 충격속도(impact velocity)에 비례한다고 하는 계산 결과와 실험 결과가 있다. 그러므로, 이들의 식으로 충격속도를 구하면 차륜 플랫에 대한 궤도의 응답을 구할 수가 있으므로 이것을 μ / g = 8의 경우에 대해 계산한 결과를 나타낸 것이 **그림 4.2.33**이다. 이에 의거하면, 차륜 플랫으로 인한 충격속도는 한계속도로 되는 20 km/h까지 급격히 증가하고, 그 후 서서히 감소하여 다음 식의 값으로 된다.

$$v \rightarrow 2d\gamma\sqrt{\frac{\mu}{R}}$$

여기서, 한계속도에 생기는 피크 값은 다음과 같이 주어진다.

$$v_{cr}=(1+\gamma)d\sqrt{\frac{\mu}{R}}$$

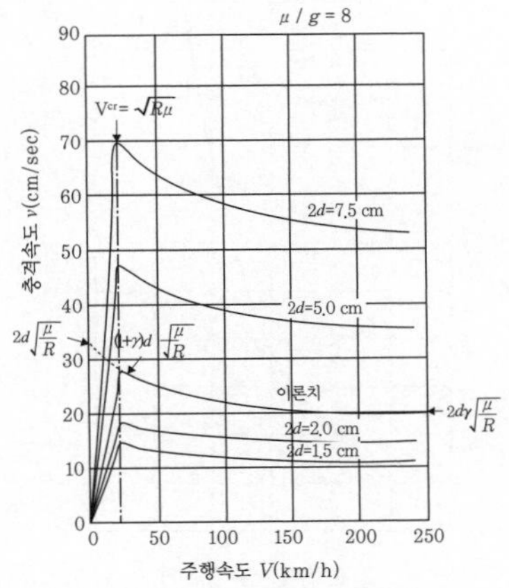

그림 4.2.33 차륜 플랫의 충격속도

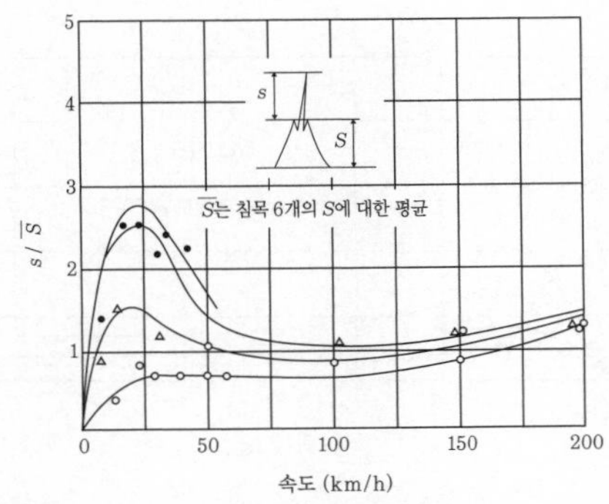

그림 4.2.34 레일 휨 응력에 대한 속도별 충격비

한편, 한계속도 이상의 충격속도를 주행속도 0으로 연신할 때의 값은 다음과 같이 주어진다.

$$v = 2d\sqrt{\frac{\mu}{R}}$$

이들의 값은 **그림 4.2.33**에 나타내었다.

이들의 식은 또한 충격속도 v가 항상 플랫의 길이 $2d$에 비례한다는 점을 나타내고 있다.

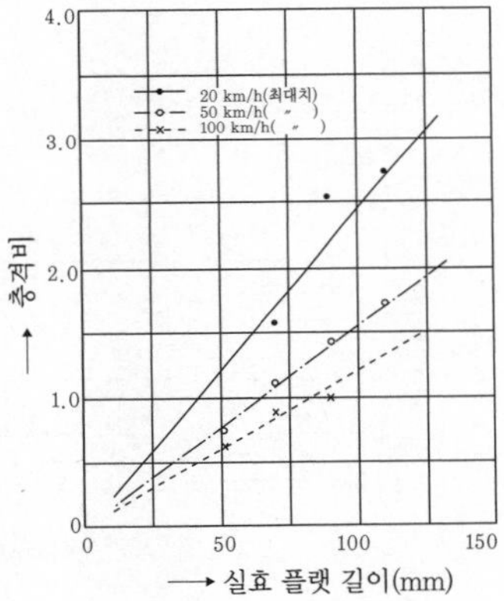

그림 4.2.35 레일 휨 응력 충격비와 플랫 길이간의 관계

(2) 실험결과

이상의 이론적인 검토에 대한 레일 휨 응력의 실험 결과를 **그림 4.2.34**에 나타낸다. 이것은 플랫이 없을 때에 나타나는 응력에 대하여 플랫으로 인한 충격 값의 배율인 충격 비(**그림 4.2.34**의 상단)를 주행 속도에 대하여 나타낸 것(그림의 하단)이다. 이에 따르면 레일 휨 응력은 고속영역에서는 약간 증가하는 경향이 있지만 이론 계산과 대체로 같은 모양의 경향을 나타내고 있다. 또한, 레일 휨 응력과 플랫 길이간에는 **그림 4.2.35**와 같이 비례 관계에 있으며, 이론적으로도 밝혀지고 있다.

다음으로, 레일 압력에 관하여는 **그림 4.2.36**에 나타낸 것처럼 고속에서도 증가하는 경향은 없지만, 플랫 길이에 대하여는 **그림 4.2.37**에 나타낸 것처럼 75 mm 정도까지는 플랫 길이에 1차 비례의 관계에 있으나, 이후 가속도적으로 증가한다. 한편, 도상의 진동가속도를 나타낸 **그림 4.2.38**에서 반드시 일정한 경향은 아니지만 75 mm 이하의 범위에 대하여 살펴보면 한계속도를 넘은 50 km/h 이상에서는 속도에 대하여 거의 일정 값을 유지하고, 플랫 길이에 대하여는 **그림 4.2.39**에 나타낸 것처럼 레일, 침목 모두 이것에 비례하여 증가하고 있다.

일본에서는 이상과 같은 현실을 감안하여 종래부터 경험적으로 재래선의 경우에 플랫 길이가 50 mm 이상인 것이 2개소 이상 생겼을 때, 또는 75 mm 이상의 것이 1개소라도 생겼을 때는 삭정을 하고 신칸센에서는 75 mm 이상의 플랫이 발생하는 것을 규제하고 있다.

이상의 실험결과에서 보면, 플랫에 기인하는 충격치를 포함한 레일 응력과 압력은 이 한도의 범위에서는

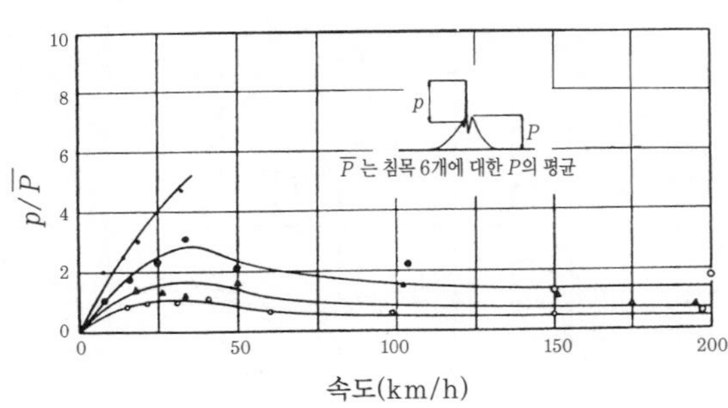

그림 4.2.36 레일 압력에 대한 속도별 충격비

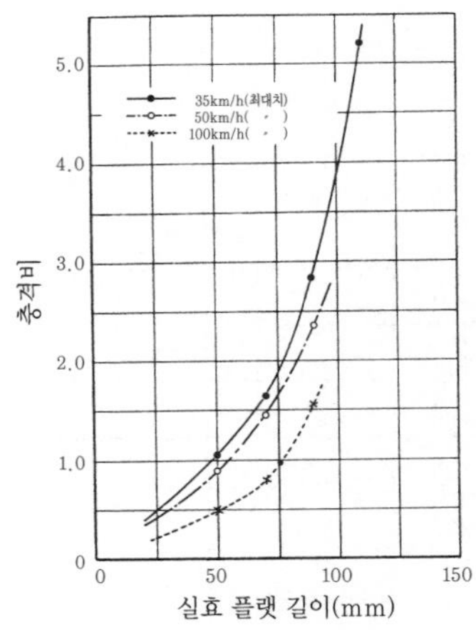

그림 4.2.37 레일 압력 충격비와 플랫 길이 간의 관계

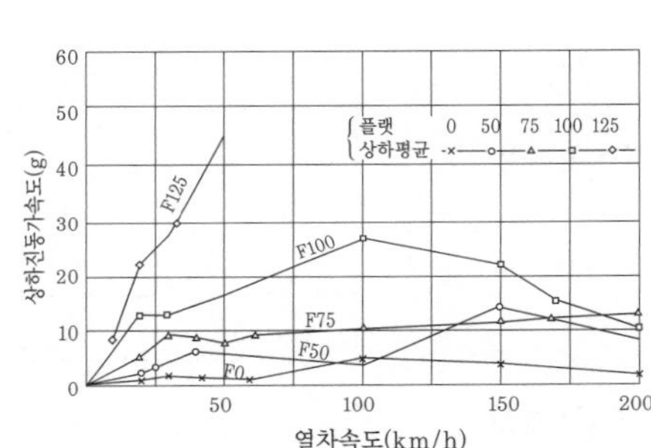

그림 4.2.38 도상 진동가속도와 속도

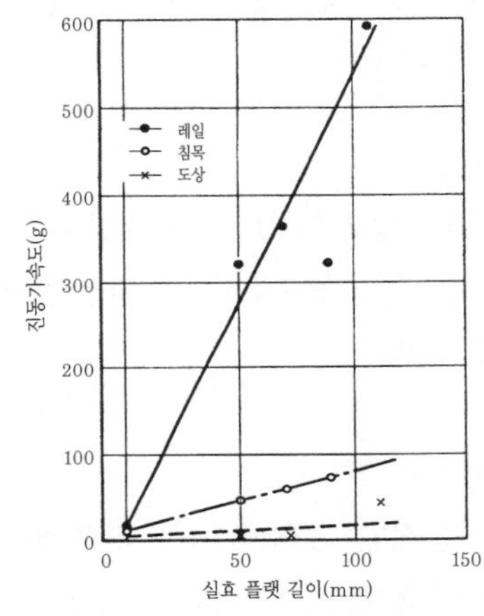

그림 4.2.39 각부의 진동가속도와 플랫 길이(속도 50 km/h)

정상 차륜 값의 2~2.5배로 된다.

(3) 차륜 플랫 모델을 이용한 가진의 해석

(가) 개요

이하에서는 차륜 플랫(wheel flat)으로 여기(勵起)되는 동적 윤하중(dynamic wheel load)과 궤도의 동 특성에 관하여 **그림 4.2.9**의 해석모델을 이용하여 열차의 고속 역(域)까지 포함하여 검토한 결과를 설명한다.

차량모델은 **그림 4.2.9**에 나타낸 스프링 하 질량과 축 스프링만을 고려한 간단한 모델을 이용하였다. 차륜 플랫의 모델은 **그림 4.2.40**에 나타낸 모델을 이용하였다. 또한, 레일/차륜간의 접촉 스프링에 대하여는 차륜과 레일 접근 량의 1.5승에 비례하는 헤르츠의 접촉 스프링을 기본으로 하였지만, 플랫이 레일에 접촉하는 경우도 그 비례계수는 변하지 않는 것으로 하였다.

해석에는 일본의 681계 차량과 50N레일 자갈궤도의 제원을 이용하였다. 플랫의 길이는 10, 30, 50 및 75 cm로 하고, 플랫의 작용 위치는 침목과 침목의 중간(이하 "침목 중간"으로 약칭)을 기본으로 하여 75 mm인 경우에 대하여만 침목 바로 위의 경우를 비교 검토하였다.

(나) 윤하중 변동(輪重變動, wheel load variation)

그림 4.2.41은 윤하중 변동(정지 윤하중으로부터의 변동 분)과 열차속도의 관계를 나타낸다. 그림으로부터 여기서 검토한 해석모델의 제원에서 플랫 길이 30 mm 정도까지는 플랫 길이 50 mm 이상의 경우에 보여지는 열차속도 15~20 km/h의 저속 역의 피크가 명확하게 나타나지 않지만, 플랫 길이 50 mm 이상에서는 상기의 저속 역에서 명확한 피크가 나타난다. 이것을 **그림 4.2.42**의 레일 저부 휨 응력과 비교하면, 윤하중 변동의 저속 대역의 피크는 고속 역의 피크보다 상당히 작은 것을 알 수 있다. 따라서, 10 mm 정도 이상인 플랫 길이의 경우에는 윤하중 변동에 대한 플랫의 속도효과(speed effect)가 현저하며, 과거의 측정결과와도 일치한다. 다만, 이들의 그림에서 저속 역의 피크가 전체적으로 휨 응력 쪽이 윤하중 변동보다 상대적으로 큰 점 등의 현상은 정적과는 다른 동적 변형의 효과가 원인이라고 생각되지만 더욱 검토가 필요하다.

(다) 레일 저부 휨 응력{이하 "휨 응력(bending stress)"이라 약칭}

그림 4.2.42는 휨 응력과 열차속도의 관계를 나타낸다. 그림에서 휨 응력은 열차속도 15~20 km/h의 저속 역에서 윤하중 변동보다 피크가 명확하게 나타나며, 그 크기도 플랫 길이가 크게 되면 저속 역의 값이 상대적으로 크게 되어 플랫 길이 75 mm의 경우에는 저속 역의 피크 치가 고속 역의 값보다 크게 되어 있다. 이들의 결과는 과거의 측정 결과와 잘 일치한다.

(라) 레일압력{rail pressure ; 침목 한 개에 작용하는 하중}

그림 4.2.43은 레일압력과 열차속도의 관계를 나타낸다. 다만, 이 경우는 플랫을 침목 중간에 작용시킨 때의 가장 가까운 침목의 레일압력을 나타낸다. 지금까지 검토한 윤하중 변동 및 휨 응력과 비교하면, 그림에서

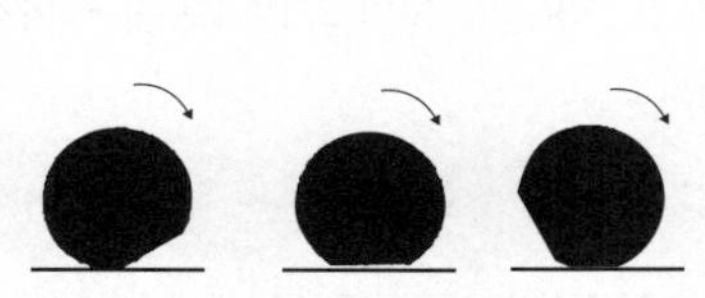

그림 4.2.40 차륜 플랫 모델

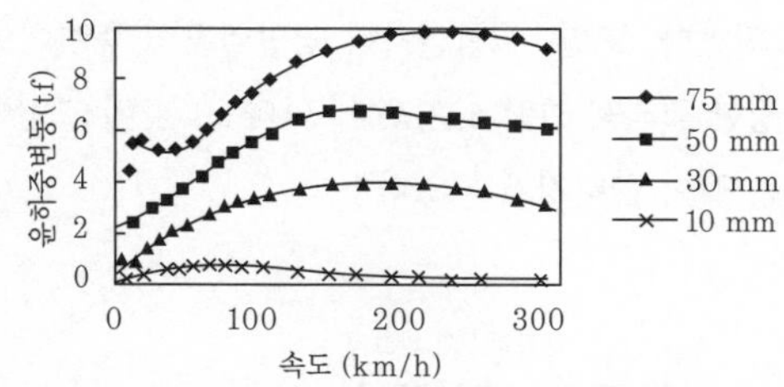

그림 4.2.41 차륜 플랫에 따른 윤하중 변동과 열차속도와의 관계

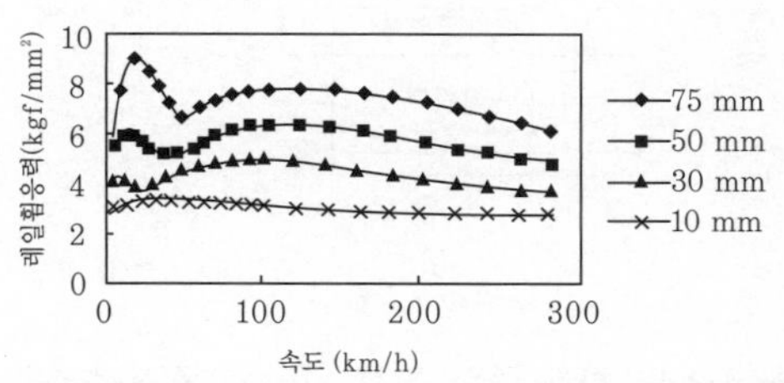

그림 4.2.42 차륜 플랫에 따른 레일 저부 휨 응력과 열차속도와의 관계

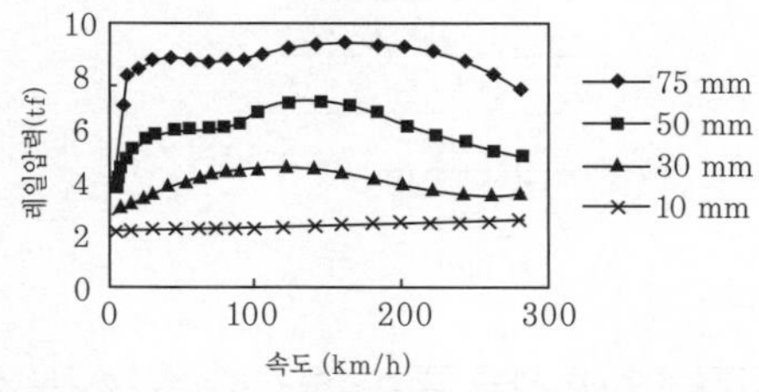

그림 4.2.43 차륜 플랫에 따른 레일압력과 열차속도와의 관계

저속 역의 피크는 거의 나타나지 않지만, 플랫 길이의 크기가 크게 되면 저속 역의 기울기가 크게 되어 있다. 지금까지의 성과에서는 기울기의 경향이 같은 모양이지만 저속 대역에 명확한 피크가 나타나 있고 여기서 구한 결과와 다르지만, 이 차이에 대하여는 현 시점에서 명확하지 않다.

(마) 플랫의 작용 위치에 따른 차이

그림 4.2.44와 **4.2.45**는 휨 응력 및 레일압력과 열차속도와의 관계를 나타낸다. 이들의 그림에서 휨 응력은 침목 중간에, 레일압력은 침목 바로 위에 플랫이 작용하는 경우가 크게 되어 있다. 이들은 모두 플랫 길이 75 mm의 경우이지만, 휨 응력은 침목 중간과 바로 위의 쌍방에서 저속 역의 피크가 고속 역의 것보다 크고, 명확한 속도효과는 인지되지 않는다.

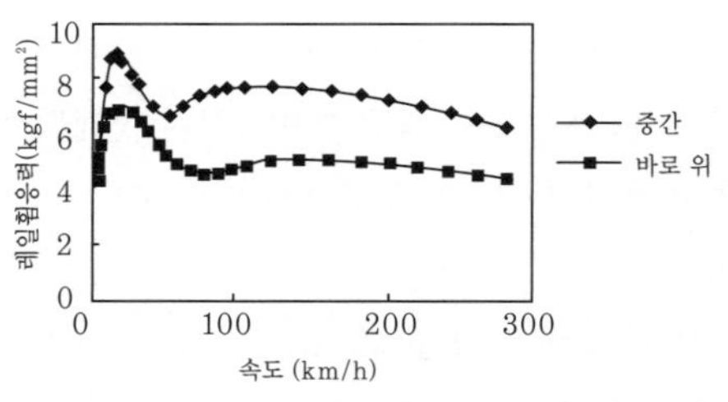

그림 4.2.44 차륜 플랫의 작용 위치에 따른 레일 저부 휨 응력에의 영향

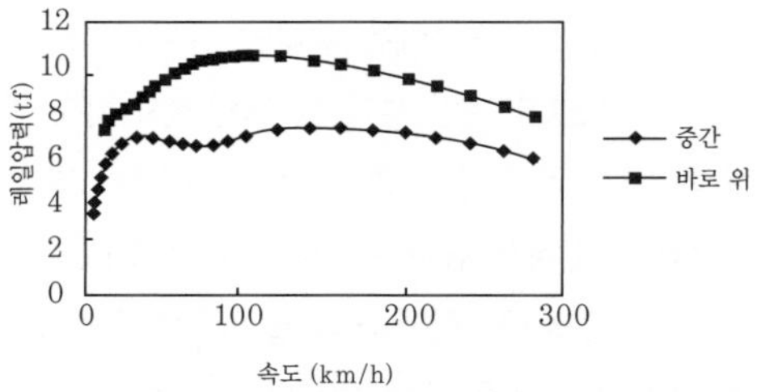

그림 4.2.45 차륜 플랫의 작용 위치에 따른 레일 압력에의 영향

한편, 최대 급(級)의 인공 플랫(플랫길이 75 mm, 최대 요철량 3 mm)을 붙인 차량의 축상(軸箱) 가속도(acceleration of axial box)를 측정한 결과를 **그림 4.2.46**에 나타낸다. 이 그림에서 축상 가속도는 400 m/s²에도 달하고 있다. 이 시험 결과에서 충격 펄스의 작용 시간은 대개 8/1,000초 이하의 범위에 분포하고, 특히 1/1,000~4/1,000초의 성분이 우세한 점, 작용시간은 속도와 함께 짧게 되는 등의 경향이 분명하게 되었다. 또한, 시험열차나 영업열차의 플랫이 충격한 때의 침목 휨 변형(침목의 레일 아래 단면의 하연)을 측정한 결과를 **그림 4.2.47**에 나타낸다. 이 그림에서 드물기는 하지만, 현행 설계의 2배 이상의 부하가 작용하는 점이 밝혀지게 되었다.

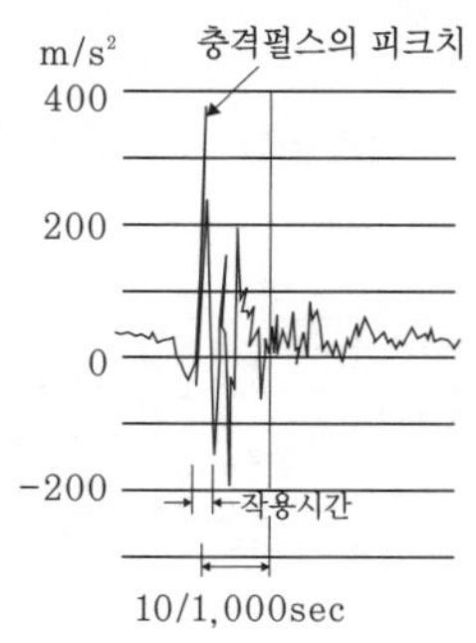

그림 4.2.46 차륜 플랫으로 인한 축상 가속도 파형

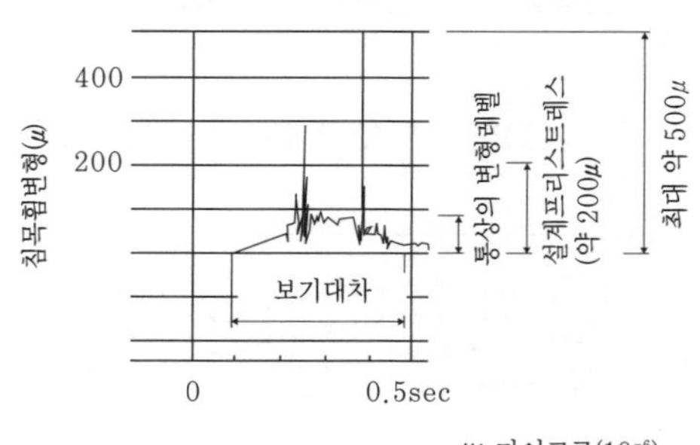

그림 4.2.47 차륜 플랫 직격 시의 침목 휨 변형

4.2.8 레일 이음매에 기인한 가진

레일 이음매의 이음매판은 레일 온도신축에 대하여 길이방향으로 어느 정도의 미끄러짐을 허용함과 동시에 연직과 수평 방향으로는 휨을 전달하는 구조이어야 한다. 이것에 대하여 이음매판의 휨 강성은 일반적으로 레일본체의 30 % 정도밖에 되지 않는다. 이 때문에 이음매부에는 이음매 처짐{low joint, depression (or unevenness) at (rail) joint}이라 불려지는 처짐이 생긴다. 또한, 인접(隣接) 레일과의 사이에 유간(遊間), 단차{段差, mismatch (or unevenness) in height at joint}도 수반되는 사실에서 이 부분에 충격이 생긴다. 50 kg 레일의 궤도를 고유 진동수 2 Hz의 전차(電車)가 ① 상향 단차, ② 하향 단차, ③ 유간, ④ 각이 있는 처짐의 국부 틀림을 가정한 이음매부를 주행한 경우에 대하여 궤도의 감쇠를 무시하여 행한 이론계산 결과를 **그림 4.2.48**에 나타낸다.

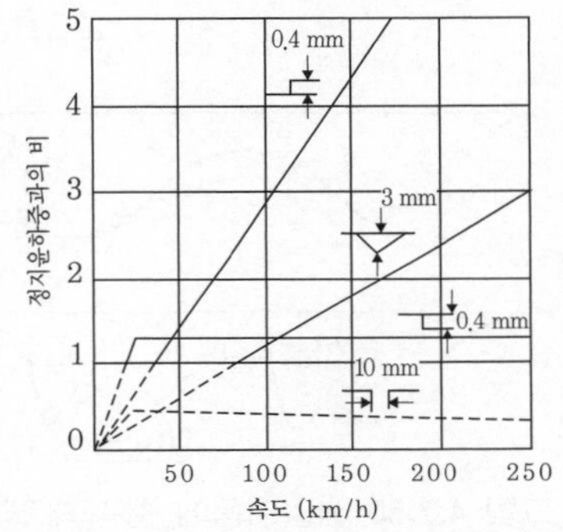

그림 4.2.48 레일 이음매 통과에 따른 충격력

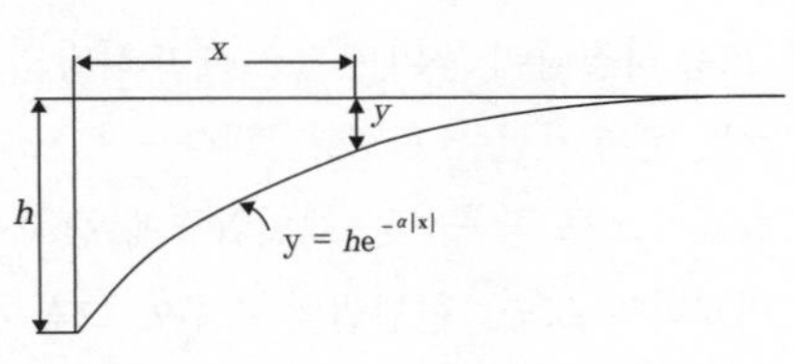

그림 4.2.49 레일 이음매 처짐의 형상

이 그림에서 상향 단차(step-up joint of rail)에서는 속도효과가 극히 크고, 각이 있는 처짐이 그 다음이며, 하향 단차와 유간에서는 속도효과가 없게 되어 있다. 이 계산에서는 궤도의 진동감쇠 효과가 무시되어 있으므로 이것을 정량적으로 논할 수는 없지만, 그 후의 실측 결과를 포함하여 이들이 정량적으로 성립되는 것은 잘 알려져 있으며, 복선에서는 상향 단차가 절대로 생기지 않도록 하고, 단선에 있어서도 단차를 가능한 한 제거하는 것이 필요하다.

4.2.9 레일 이음매 처짐에 기인한 가진

레일 이음매부가 해방되어 있다고 하면, 후술의 제5.2.2항에서 기술하지만 이음매판의 강도(剛度)가 레일 본체의 1/3~1/4밖에 없으므로, 레일 이음매부에서는 동일한 구조이라면 이음매를 중심으로 하는 전후 2~3 m의 범위에서 중간부에 비하여 큰 침하가 생기게 된다. 게다가, 이음매 개소에서는 앞의 제4.2.8항과 같이 유간이 존재하는 점과 꺾임 각이 생기는 점에서 다음의 제4.2.10항의 미소 레일오목 개소에 기인하는, 밀착 주행에서의 윤하중 변동에 그치지 않고, 스프링 상 하중 아래에서 레일 단부가 충격을 받아 큰 힘이 작용하는 것으로 된다. 그 결과, 여기에는 레일 단부와 이음매판에 소성 변형이 생겨 "이음매 처짐(low joint, joint dip of rail)"이라고 하는 독특한 처짐이 생기게 된다.

이 형상은 일반적으로 **그림 4.2.49**와 같이 나타내며, 형상 y는 이음매로부터의 위치 x에 대하여 다음 식으로 나타낸다.

$$y = h e^{-\alpha|x|}$$

여기서, h: 처짐량

α는 일본의 실측결과에서 $0.02\ \mathrm{cm}^{-1}$가 취해진다.

레일 단부에서는 이 외에도 충격으로 인하여 압궤(壓潰)되는 경우가 있으며, 이것을 배터(batter)라고 부른다. 레일 이음매부에는 이와 같은 변형의 원인으로 되는 정적인 변형을 완화하기 위하여 ① 이음매 침목(tie for rail joint)의 사용, ② 침목 간격의 축소 등과 같은 대책을 취하고 있다.

레일 이음매는 이상과 같이 언뜻 보기에 심하게 충격을 받아 속도와 함께 그 충격이 크게 되는 것처럼 생각되지만, 이것을 실측하여 보면 레일 응력과 이음매판에 속도효과가 나타나는 예는 적다고 한다. 그 이유로서는 속도가 증가한 경우에 레일 플랫에서의 경우와 같은 모양으로 스프링 하 질량의 관성에 따라 스프링 하질량이 높이를 유지하며 하방의 충격속도가 증가하지 않는 것에 기인한다고 생각된다.

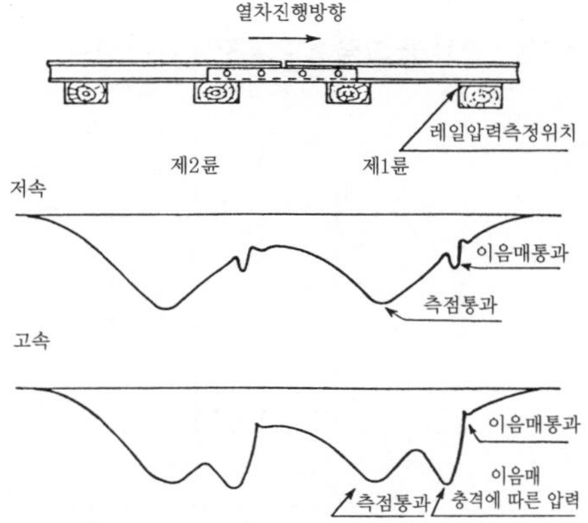

그림 4.2.50 레일이음매 충격과 레일압력

레일에서 침목으로 작용하는 레일압력에 관하여 지접법과 현접법을 비교하여 보면, 현접법의 경우에 **그림 4.2.50**에서 보는 것처럼 열차 통과시의 극대치와 충격으로 인한 응답 사이에 불일치가 있는 점에서 이 쪽이 우수한 것이 아닌가 하는 고려 방법이 있었지만, 시간 경과에 따른 이음매의 침하에 대하여 실측한 결과, 제2장의 **그림 2.3.12**에서 보는 것처럼 이음매 침목 또는 2정 이음매법이 더 낫다는 점이 밝혀져 있다.

4.2.10 레일의 오목(凹)부에 기인한 가진

레일두부 상면에 공전 상(空轉傷)이 생긴 때의 현상은 레일이 오목하든지 차륜이 오목하든지 라고 하는 의미로 이론상 차륜 플랫에 기인한 것과 같다. 그러나, 레일 오목부(rail dent)의 경우에는 항상 레일의 동일 개소에서 충격이 반복되며, 문제가 크다.

이것에 대하여는 다음과 같이 미소 오목 개소를 통과하는 차륜과 그 지지계 모델(**그림 4.2.51**)을 이용하여 검토한다.

① 대차는 상하방향으로 부동(不動)이라고 고려한다.

② 차량의 관계 부재로서는 윤축을 포함한 스프링 하 질량과 축 스프링, 축 스프링 댐퍼를 고려한다.

레일에는 초기변위가 있으며 그 형상은 다음과 같이 나타낸다.

$$Y_0 = \frac{a}{2}\{1-\cos(\frac{2\pi}{\lambda}x)\}$$

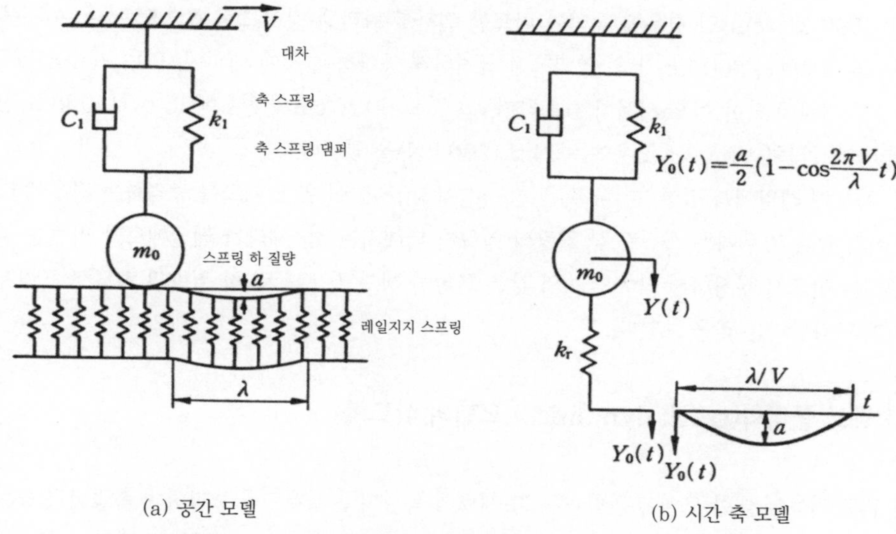

그림 4.2.51 미소오목 개소를 통과하는 차륜과 그 지지계수

여기서, Y_0 : 오목한 형상(cm), a : 오목한 깊이(cm), λ : 오목한 길이(m), x : 위치(m)

그 결과의 일례가 **그림 4.2.52**이다. 주행 속도에 대한 경향을 지상의 특정한 위치에 대하여 비교하면, 그 위치에 따라 현저하게 다르며, 단순히 속도에 비례하여 증가하지 않는 점, 또한 그 최대치가 생기는 위치는 속도와 함께 오목부의 종점 쪽으로 가깝게 되는 점, 또한 그 최대치는 속도와 함께 증대하고 길이 1m에서 최대치가 1 mm의 오목부에 대하여 20 tf (200 kN)을 넘어 정적 윤하중의 3배 가깝게 달하는 것을 나타내며 1 피크 정도의 윤하중 감소(輪重減少, wheel weight decrease)가 생길 수 있음이 밝혀졌다.

다음에, 궤도 탄성의 효과를 알아보기 위하여 레일패드의 스프링계수 k_r가 120 tf/cm {1180 kN/cm}와

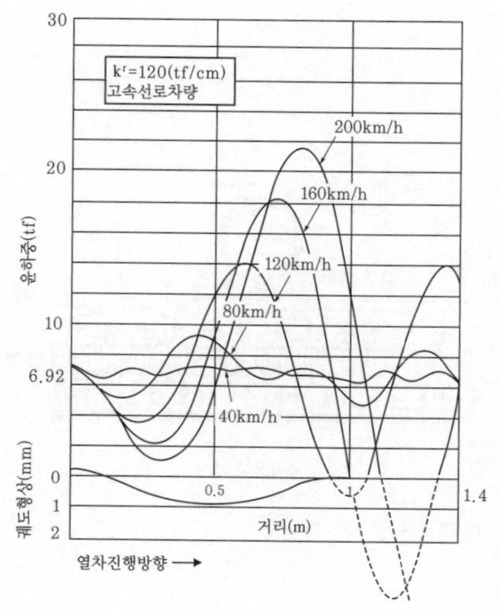

그림 4.2.52 미소 오목 개소에서 윤하중 변동

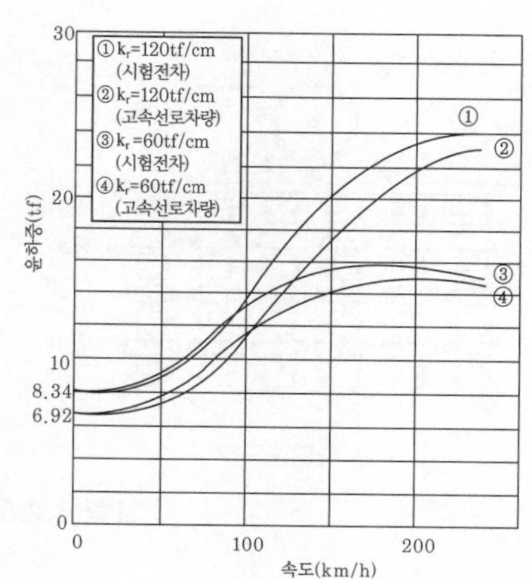

그림 4.2.53 미소 오목 개소에서 최대 윤하중의 변화

60 tf/cm {590 kN/cm}인 경우에 대하여 비교한 결과를 나타낸 것이 **그림 4.2.53**이다. 이것에 의거하면 120 tf/cm의 경우에는 200 km/h의 영역까지 급격하게 증가하는 것에 대하여, 60 tf/cm의 경우에는 180 km/h에서 최대치에 달한 이후 서서히 감소하며, 그 값도 60 tf/cm의 경우에 15 tf (150 kN) 정도에 머무르는 것에 대하여, 120 tf/cm의 경우에는 20 tf (200 kN)을 넘는다.

더욱이, 차륜이 레일에서 떨어지거나 혹은 침목에 부상(浮上)이 있어 궤도를 충격하는 경우에 대하여 검토한 결과, 이와 같은 경우에는 스프링 상 질량의 영향이 더해지는 점, 게다가 레일패드가 비선형 영역에 들어가는 경우에는 반드시 부상하지 않아도 이와 같은 현상이 생기고, 스프링 하 질량과 궤도 스프링계수의 영향이 현저하게 나타난다는 점을 보였다.

4.2.11 궤도 동역학(track dynamics) 모델의 심도화

통상의 궤도 진동에 대한 모델에 관하여는 각 재료의 특성이 손실계수를 포함하여 복잡한 진동수 의존성을 갖고 있기 때문에 이것을 주파수 영역에서 구하는 것은 가능하여도, 시간 영역에서 구하는 것은 곤란하므로 제4.2.1항과 제4.2.12항에서 소개한 방법으로 구하였다. 궤도의 진동 · 소음 대책이 요구된 1970년대의 데이터는 주파수 영역에서 그 레벨에 관하여 논하여 왔으므로 이것으로 충분하였다. 그러나, 파상 마모의 발생 원인을 규명하려고 하거나 차륜 플랫을 시간 영역에서 해석하려고 하면 레일을 티모센코(Timoshenko)보* 로 하여, 유한 간격으로 지지되는 것으로 해석할 필요가 있다.

이와 같은 해석에 관하여는 세계적으로 1958년의 Birmamm의 문헌이 상세하지만, 일본에서는 사또 박사가 1960년에 기초적인 연구의 성과를 발표하였다. 최근의 연구는 1982년 영국의 각종 조건에 관한 논문의 발표를 계기로 하여, 1992년에 Grassie가 그 때까지의 연구 성과를 총괄하고 있다. 이 중에서 연속 탄성지지의 모델로는 당연한 것이지만 pined-pined 공진을 설명할 수 없는 점이 강조되어 있다. 그 후 이들 5~5,000 Hz 영역의 궤도 모델의 문제에 관하여는 1993년 9월 체코의 Hervertov에서 심포지엄이 열려 그 문제점이 상세하게 논의되었다.

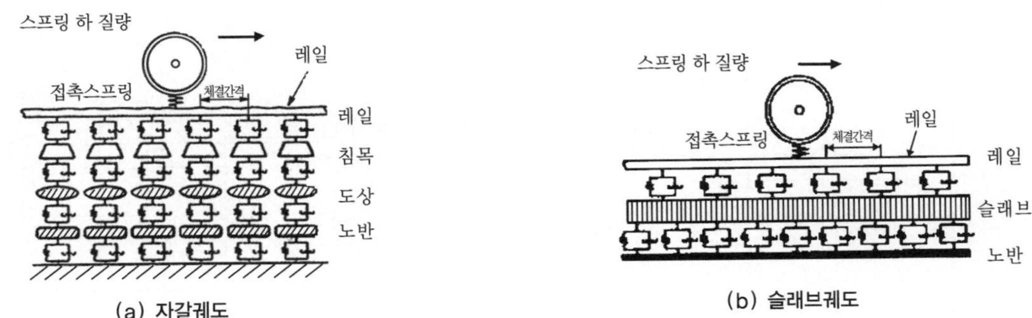

그림 4.2.54 유한간격 지지의 궤도모델

* 보의 동역학적인 해석에서 휨 강성과 관성력만을 고려한 베루누이-오일러(Beruilli-Euler)의 보에 더욱 회전 관성과 전단변형을 고려한 보를 말한다.

일본에서는 최근에 **그림 4.2.54**의 모델을 이용하는 해석이 진행되고 있다.

이들의 해석으로서는 차륜 플랫, 레일 파상 마모에 대한 궤도의 응답이 있다. 다만, 이들의 모델을 이용하여도 주파수와 함께 변하는 재료(특히 고분자 재료)의 특성까지를 시간 영역에서 근사시킬 수 있다는 뜻은 아니므로, 레일에 관하여는 해석이 가능하여도 침목 이하에 관하여는 그 스프링계수와 감쇠계수를 착안한 주파수 영역에 따라 변경하는 등, 중점적인 해석이 필요하다고 생각된다.

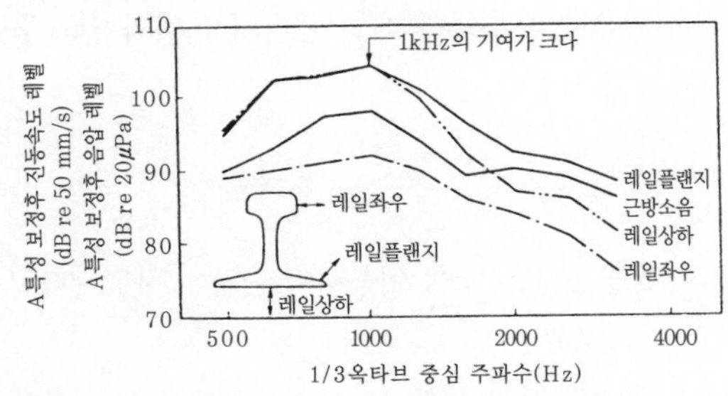

그림 4.2.55 레일 상하방향과 좌우방향의 진동속도

소음 영역의 진동에 관하여는 최근의 해석에서 **그림 4.2.55**에 나타낸 것과 같이 레일 저부의 진동이 중요하다는 것이 지적되고 있다.

4.2.12 윤축 낙하에 따른 궤도의 충격

(1) 이론 해석

궤도에 윤축을 낙하시켜 충격을 가하는 모델을 **그림 4.2.56**과 같이 고려하면 그 충격력 F의 주파수 응답 함수는 다음 식으로 나타내어진다.

$$F(j\omega)=\frac{K'}{K'+M'(j\omega)^2+K'M'(j\omega)^2A_R(j\omega)}\times M'v \qquad (4.2.6)$$

여기서, j : 허수기호, ω : 원주파수, K' : 차륜/레일접면 스프링계수, v : 윤축의 낙하속도, A_R : 제4.2.1(3)항의 레일의 접면스프링을 제외한 기준단위의 변위 어드미턴스(admittance)

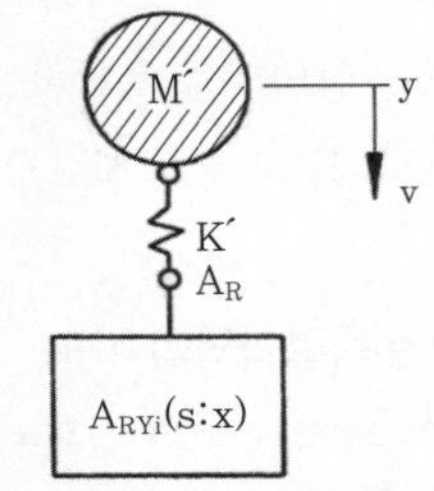

그림 4.2.56 윤축 낙하시험모델

더욱이, 지상 각부의 진동가속도 Y_{iDD}는 이 힘과 제4.2.1(3)항의 전달함수를 이용하여 다음과 같이 나타낸다.

$$Y_{iDD}(j\omega)=(-\omega^2)A_{RYi}(j\omega : x)F(j\omega) \qquad (4.2.7)$$

이것을 1/3 옥타브 밴드의 에너지로 타나내면 다음과 같이 된다.

$$DB(S_{iDD})=10\log_{10}\left[\frac{\Delta^2 M'^2 v^2}{\pi^2 g^2}\left|\frac{\omega^3 A_{RYi}(j\omega : x)}{1-\frac{M'}{K'}\omega^2\{1+K'A_R(j\omega)\}}\right|^2\right]+60 \qquad (4.2.8)$$

이 식을 제4.2.1(3)항의 (4.2.5)식과 비교하면 $M'=M$과 $K'=K$의 경우는 | |의 안이 같게 되며 그 앞의 계수만이 다르다.

결국, 레일/차륜간의 요철을 제4.2.1(3)항의 (4.2.3)식으로 나타내는 경우에 윤축의 충격으로 지상 각부에서 생기는 진동의 크기와 열차주행으로 지상 각부에 생기는 진동레벨은 같은 주파수 특성을 갖고 있으며 그 크기만이 다른 것을 알 수 있다.

이 경우에 윤축낙하 때의 에너지 크기와 열차주행 시 파워의 표준편차가 같은 경우의 충격속도는 다음의 식으로 주어진다.

$$v=\sqrt{\frac{\pi A}{\Delta}}\cdot V \tag{4.2.9}$$

이것을 $v=\sqrt{2gh}$ 를 이용하여 윤축의 자연낙하고 h로 환산하면

$$h=\frac{\pi A V^2}{2g\Delta} \tag{4.2.10}$$

이 된다.

이것을 지금까지 계산에 이용하여온 A의 상한값에 상당하는 $A=5\times10^{-7}\times\pi$의 경우에 대하여 주행속도 V를 200 km/h로서 구체적으로 계산하면

$$h=\frac{3.1415\times5\times10^{-7}\times3.1415\times(200\times10^2/3.6)^2}{2\times980\times0.2316}=0.336\text{ cm} \tag{4.2.11}$$

이 된다.

윤하중 8 tf, 스프링하 질량 1.3 t의 경우에 겉보기 중력의 배율 μ는 $\mu=8/1.3\fallingdotseq6$이 되므로 이 경우에 축스프링 아래 윤축의 낙하는 0.56 mm에 상당하게 된다. 고속선로에서는 이음매가 없기 때문에 3 mm의 낙하가 생기는 경우를 고려하면, 중간부에서 $\sqrt{3/0.56}=2.3$ 배의 진동이 생기게 된다.

또한, 임의의 윤축낙하에 따라 그 충격력으로부터 (4.2.6)식을 이용하여 A_R을 구하고, 그 지상의 응답가속도로부터 (4.2.7)식으로 A_{RYi}을 구하면, 열차통과 시의 진동레벨을 (4.2.5)식으로 예측할 수 있다.

(2) 실측결과와의 비교

이에 의거한 해석 결과와 실측 결과를 비교한 일례를 나타낸 것이 **그림 4.2.57**이며, 이 양자의 사이에 대하여 500 Hz 이하에서 보여지는 차이는 이 해석에서 차륜/레일간 요철의 특성을 (4.2.3)식에 의거하고 있는 것에 대해서 실제의 분포가 다른 것에 기인한다고 생각된다. 이것은 궤도의 특성을 구하는 경우에 실제의 궤도에서는 이 시험궤도를 설치한 개소의 요철 특성이 시험구간마다 다르기 때문에 오히려 윤하중 낙하 시험을 하는 쪽이 동일 조건으로 평가할 수 있음을 나타내고 있다.

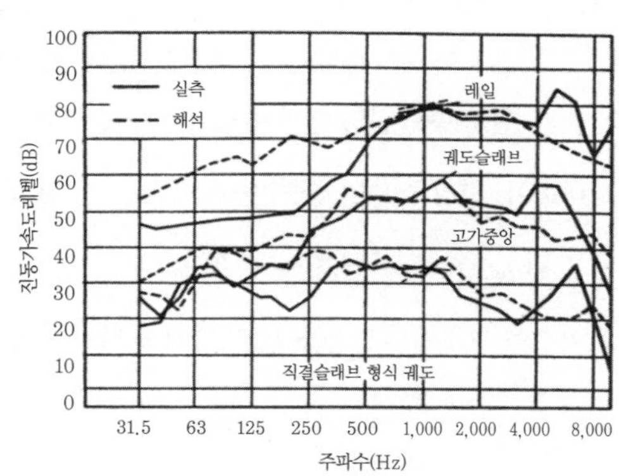

그림 4.2.57 해석결과와 실측결과의 비교

철도 소음에서 인간이 가장 민감한 것은 1000 Hz 부근이므로 이 부근의 진동을 레일, 침목, 슬래브의 중간 질량, 그리고 고가교 슬래브 중앙의 실측치에 대하여 실측치의 레일 진도가속도를 윤축낙하 시험의 레일 진동가속도에 맞추어 보정하여 비교한 것이 **그림 4.2.58**이다. 이 결과는 45° 의 직선에 대해서 ±3 dB 정도의 범위 내에서, 양자가 극히 양호한 합치를 나타내고 있다.

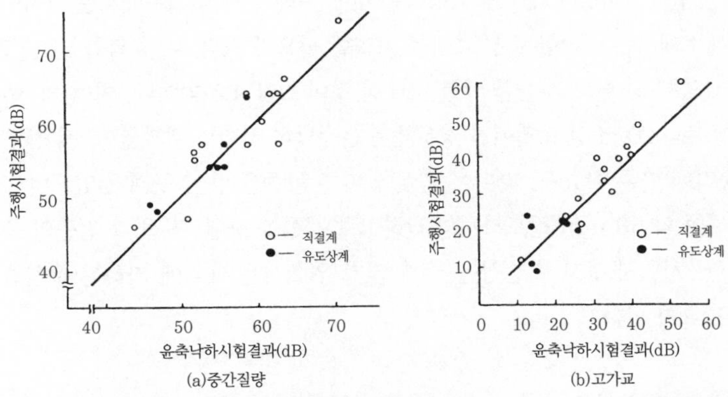

그림 4.2.58 윤축 낙하시험결과와 주행시험결과의 1000 Hz 부근값

(3) 이음매 처짐으로 인한 지상의 진동

레일용접 이음부는 충분히 매끄럽게 형성되도록 하고 있으나 금속학적으로 다른 특성을 갖고 있기 때문에 이음매처짐이 상당히 눈에 띄는 상황이 발생하는 경우도 있으므로 궤도가 동일 평면 위에 있는 것으로 하여 50 m 레일의 이음매로 인하여 발생하는 지상의 지반진동을 그 파워가 거리의 제곱에 반비례 하는 것으로 하여 계산한 결과를 나타낸 것이 **그림 4.2.59**이다.

이에 의거하면 50 m 레일 이음매의 영향이 강하게 나타나는 것은 15 m 정도까지의 범위이며 20 m가 되면 무시할 수 있도록 되어 있어, 사이에 큰 질량을 가진 성토와 고가교의 구간에서는 지반으로 접어드는 곳에서 거의 이것을 무시할 수 있다고 생각되므로 한 때 염려하였던 축배치와의 공진(25 m 차량 배수의 충격) 등의 문제가 없다고 생각된다.

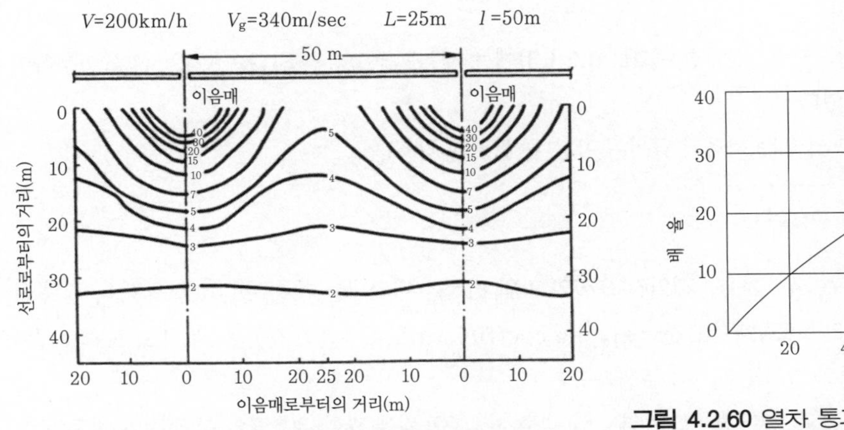

그림 4.2.59 선로직각방향의 진동레벨 분포

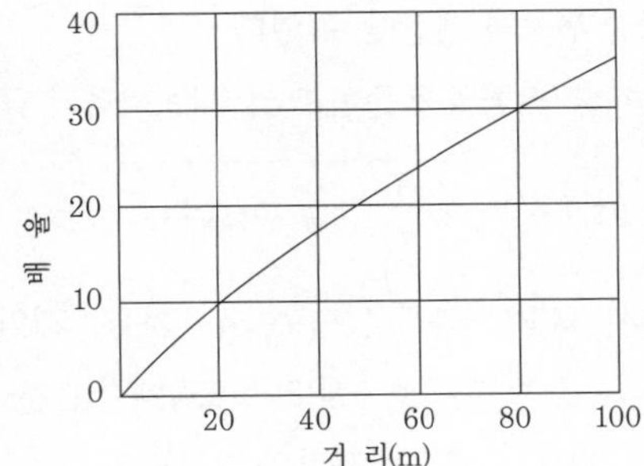

그림 4.2.60 열차 통과에 따른 중첩 효과를 고려한 환산 낙고의 할증률

(4) 윤축 낙하를 이용한 지상진동의 예측

여기서, 이 이론에 의거하여 열차의 주행에 따라 지상에서 발생하는 진동을 윤축낙하 시험으로 예측(제4.9

절 참조)하는 경우에는 윤축낙하를 1 개소에서 행하는 것에 비해 실제의 열차에서는 차축이 다수 있기 때문에 선로로부터 떨어진 개소에서는 이러한 중첩 효과를 고려할 필요가 있다. 이 효과를 16 량 편성의 열차에 대해서 선로 중심으로부터의 거리 별로 시산한 예를 나타낸 것이 **그림 4.2.60**이다. 이에 의거하면 지반진동의 측정에서 선로 중심으로부터 20 m 정도 떨어진 경우에는 윤축낙하 시험의 결과를 10 배 정도로 하면 좋다.

이 외에 이음매 충격에 따른 할증율, 타이어 플랫에 따른 할증율 등이 구해져 있으며, 고속선로 스프링하 질량의 윤축을 이용하여 약 50 mm 정도까지의 낙하고로 시험을 하면, 직접 그 진동의 응답을 구할 수 있다고 알려져 있다. 또한, 시험시 궤도에 손상을 주지 않기 위해서는 레일에 가하는 윤하중을 약 30 tf(300 kN) 이하로 억제할 필요가 있다.

4.2.13 윤하중 변동과 레일요철

(1) 저대 윤하중의 발생

철도에서 고속 운전과 관련하여 문제로 되는 것은 상기 외에 주행속도와 함께 증대하는 수 10 Hz 영역의 윤하중 변동이다.

윤하중 변동의 증대에 대해서는 차량과 궤도의 재료 보전 및 궤도파괴의 입장에서, 윤하중 변동의 감소에 대해서는 주행 안전의 입장에서 논하여진다. 저대 윤하중(著大輪荷重, very large wheel load)은 단지 저대한 스프링 하(下) 질량(質量)(un-sprung mass)에 기인하여 증가 뿐만 아니라 스프링 상(上) 질량(sprung mass)으로도 증가하고 있다.

이것에 대하여 ① 레일에 들림(浮上)이 있는 경우, ② 레일의 변위가 커서 레일패드의 비선형 영역까지 들어가는 경우, ③ 차륜이 레일에서 떨어져서 주행하는 경우 등을 고려하여 **그림 4.2.61**의 모델로 해석한 결과, **그림 4.2.62**에서 보는 것처럼 사소한 요철에 기인하여 저대 윤하중이 발생하며, 여기에 스프링 상 질량이 관계하고 있는 것이 밝혀졌다.

한편, 차륜과 레일이 밀착하여 있는 경우(**그림 4.2.63**)에는 제7.2.3(5)항의 $S(\Omega)=A/\Omega^3$ 식을 이용하여 윤하중 변동을 계산할 수 있다.

윤하중 변동의 표준편차 $\sigma\{\ \}$는 다음과 같이 주어진다(제(2)항 참조).

$$\sigma\{\Delta W\} = \sqrt{\frac{A}{\pi}\cdot\frac{m_o}{2}\cdot K(1+Q)}\cdot V$$

여기서, ΔW : 윤하중 변동, A : 차륜 · 레일간 요철의 파워 진폭을 나타내는 계수, m_o : 스프링 하 질량 (1 차축 분), K : 궤도 스프링계수(track spring coefficient)*, $Q = 1/(2\xi)$, $\zeta = C/\{2\sqrt{K\cdot(m_o/2)}\}$, C : 궤도 스프링의 감쇠계수, V : 주행속도

여기서, 이 정도의 모델을 이용한 경우에는 레일의 궤도지지 스프링에 관한 유효장**이 정적인 경우와 그다지 다르지 않다고 알려져 있으므로 K는

---

* 레일 면의 1점에 재하한 때의 스프링계수. 결국 윤하중에 대한 궤도의 스프링계수를 말한다.

** 레일을 탄성 받침 위의 보라고 생각하여 집중 하중을 재하한 경우에 이 점에 생기는 변위를, 동일 하중을 유한의 봉을 넣어 재하한 경우에 생기는 길이를 말한다.

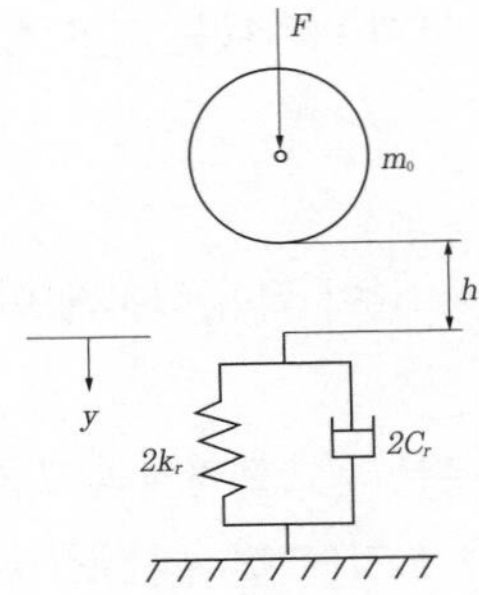

그림 4.2.61 스프링 상 질량의 영향 하에서 스프링 하 질량이 레일지지계를 충격하는 모델

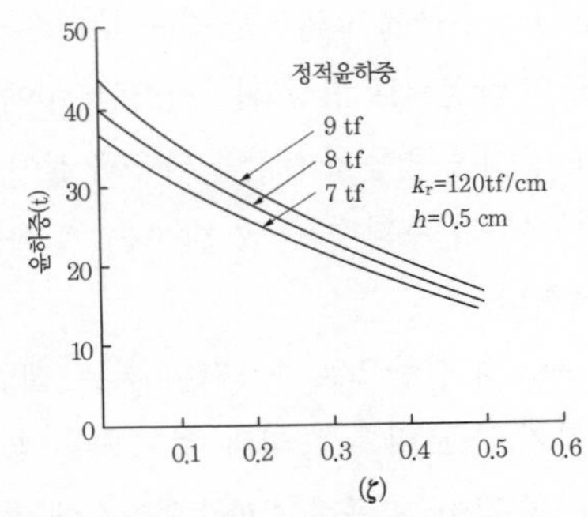

그림 4.2.62 스프링 상 질량의 영향 하에서 스프링 하 질량이 레일지지계에 충격을 주었을 때에 발생하는 윤하중($\zeta = C_r / 2m_0k_r$)

$$K = 2 \times 4^{0.25} \ (EI)^{0.25} \ \left(\frac{D_1}{a}\right)^{0.75}$$

여기서, EI : 레일의 휨 강성, D_1 : 동적 레일지지 스프링계수(1 레일 체결 장치당), a : 침목 간격

으로 주어진다.

이것을 상기의 윤하중 변동의 표준편차 $\sigma\{\Delta W\}$를 구하는 식에 대입하면 다음과 같이 된다.

$$\sigma\{\Delta W\} = 2^{0.5} \times 4^{0.125} \cdot (1+Q)^{0.5} \cdot \left(\frac{A}{\pi}\right)^{0.5} \cdot \left(\frac{m_o}{2}\right)^{0.5} \times (E1)^{0.125} \cdot \left(\frac{D_1}{a}\right)^{0.375} \cdot V$$

여기서 ζ는 자갈궤도의 경우에 거의 0.3으로 되므로 이것을 대입하여 계수를 계산하면 다음과 같이 된다.

$$\sigma\{\Delta W\} = 2.74 \cdot \left(\frac{A}{\pi}\right)^{0.5} \cdot \left(\frac{m_o}{2}\right)^{0.5} \times (E1)^{0.125} \cdot \left(\frac{D_1}{a}\right)^{0.375} \cdot V$$

따라서, 열차 주행시의 윤하중 $\overline{W}$는 그 변동을 포함하여 다음 식으로 주어진다.

$$W = W + 2\sigma(\Delta W)$$
$$= W \pm 5.5 \cdot \left(\frac{A}{\pi}\right)^{0.5} \cdot \left(\frac{m_o}{2}\right)^{0.5} \cdot (E1)^{0.125} \cdot \left(\frac{D_1}{a}\right)^{0.375} \cdot V$$

여기서, W : 정적 윤하중

이것에 의거하면 윤하중 변동은 차륜 · 레일간 요철의 진폭에 비례하고, 스프링 하 질량, 레일강성 및 레일지지 스프링계수{spring coefficient (or stiffness) at rail support}에 관계하며, 열차의 주행 속도에 비례하는 것으로 된다.

(2) 윤하중 변동의 저감대책

차륜과 레일이 밀착되어 있는 경우에는 **그림 4.2.63**의 모델을 취할 수가 있다. 이 경우에 윤하중 변동에 대하여 스프링 상 질량의 관여는 없다. 여기서, 일정한 레일면의 요철에 대한 윤하중 변동을, 스프링 하 질량을 주체로 한 모델로 계산하면 **그림 4.2.64(a)**의 점선으로 나타낸 것

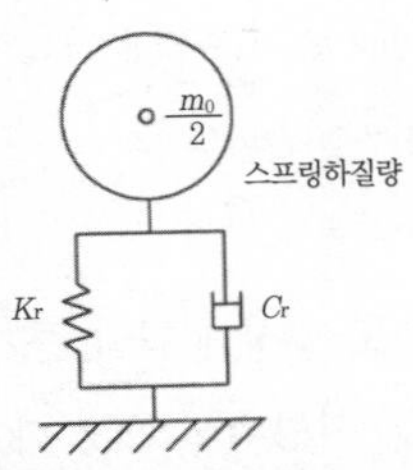

그림 4.2.63 윤하중 변동을 계산하기 위한 모델

처럼 수10 Hz 부근에서 피크를 갖는 주파수 응답 함수가 구해진다. 여기에서 나타나는 피크는 스프링 하 질량과 궤도의 탄성으로 형성되는 시스템(系)에 따른 것이다.

여기서, 윤하중 변동의 분산을 다음과 같이 계산한다.

윤하중 변동의 주파수 응답 함수는, 실제는 **그림 4.2.64(a)**의 점선과 같이 되어 있지만 이것을 실선과 같이 고려한다.

즉, 스프링 하 질량으로 증가되는 부분, 레일지지 스프링에 따른 일정 부분 및 스프링계의 고유진동에 따라서 레일지지 스프링의 Q배로 증가되는 부분으로 나타낸다. 궤도의 부정(不整) 파워스펙트럼은 **그림 4.2.64**(b)와 같이 그 공간 주파수의 3승에 역 비례하는 것도 고려된다.

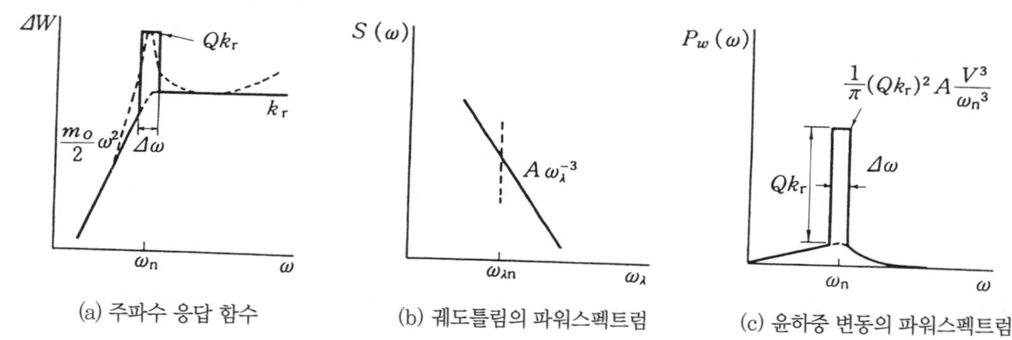

(a) 주파수 응답 함수 (b) 궤도틀림의 파워스펙트럼 (c) 윤하중 변동의 파워스펙트럼

그림 4.2.64 윤하중 변동 분산의 계산을 위한 모델

이 경우에 윤하중 변동의 분산은 **그림 4.2.64**(c)와 같이 되며, 이를 계산하면 다음과 같이 나타내어진다.

$$V\{W\}=\frac{1}{\pi}\int_0^{\omega_n}\left(\frac{m_0}{2}\right)^2\cdot\omega^4\cdot A\cdot\frac{V^3}{\omega^3}\cdot\frac{d\omega}{V}+\frac{1}{\pi}\int_{\omega_n}^{\infty}k_r^2\cdot A\cdot\frac{V^3}{\omega^3}\cdot\frac{d\omega}{V}+\frac{1}{\pi}\cdot\frac{1}{4\zeta^2}\cdot k_r^2\cdot A\cdot\frac{V^2}{\omega^3}\cdot 2\zeta\omega_n$$
$$=\frac{AV^2}{\pi}\cdot\frac{m_0}{2}k_r(1+Q) \tag{4.2.12}$$

여기서, $V\{\ \}$: 분산, W : 윤하중 변동(kN), m_0 : 스프링 하 질량(1축)(kNg), ω : 원주파수(rad/s), A : 궤도틀림의 진폭을 나타내는 파워 스펙트럼 함수

$\omega_\lambda=\omega/V$: 원공간 주파수(rad/cm) (4.2.13)

λ : 파장(cm), k_r : 레일지지 스프링 계수(kN/cm), V : 주행속도(cm/s)

$Q=1/(2\zeta)$ (4.2.14)

$\zeta=C_r/(2\quad k_r\cdot m_0/2)=C_r/2\cdot m_0/2\cdot\omega_n$ (4.2.15)

$\Delta\omega=\omega_n/Q=2\zeta\omega_n$ (4.2.16)

$\omega_n=\ k_r/m_0/2$ (4.2.17)

$\omega_{\lambda n}=\omega_n/V$ (4.2.18)

속도 향상에 따라 증가되는 윤하중 변동의 경감책에는 궤도의 감쇠에 따라 폭이 있지만 **그림 4.2.65**와 같이 ① 차량의 스프링 하 질량의 저감, ② 궤도 스프링계수의 저하, ③ 차륜/레일간 요철의 저감 등의 3 가지가 있다.

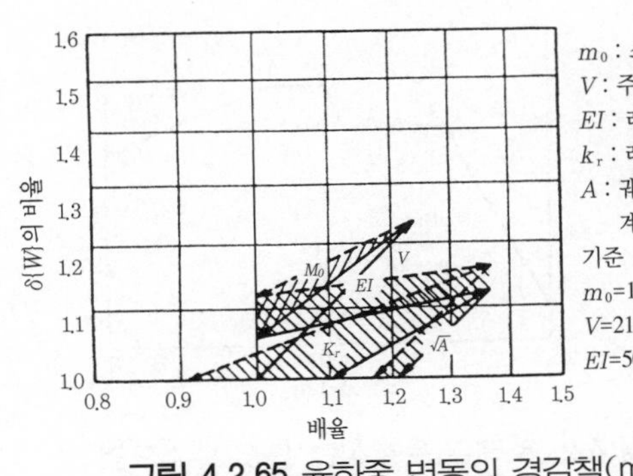

m_0 : 스프링 하 질량
V : 주행속도
EI : 레일의 휨 강성
k_r : 레일 아래의 스프링계수
A : 궤도부정의 진폭을 나타내는 계수
기준
m_0=1.05 t
V=210 km/h → 260 km/h
EI=50 T → 60 kg

그림 4.2.65 윤하중 변동의 경감책(m_0, k_r, $\sqrt{A}$)

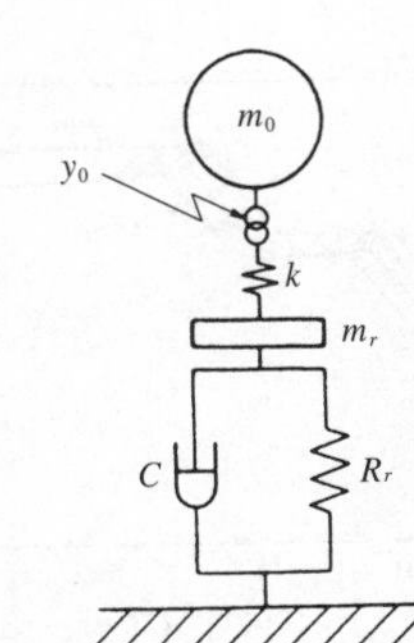

m_0 : 스프링 하 질량
y_0 : 레일두부 상면의 요철
k : 접면 스프링 계수
m_r : 레일 환산 질량
k_r : 궤도스프링 계수
C : 궤도감쇠 계수

그림 4.2.66 레일 두부 상면 요철관리를 위한 계산모델

일본에서는 이와 같은 해석 결과에 기초하여 신칸센 자갈궤도에 대하여 전반적으로 구조대책을 취한다고 하는 입장에서 슬래브 궤도에서 채용되는 60 kgf/cm{60 MN/m} 레일패드의 사용에 더하여, 고가교 등 강성 구조물 위에는 도상 아래에 부설하는 도상매트를 도입하게 되었다.

슬래브 궤도를 포함하여 윤하중변동이 큰 개소에 대해서는 레일 두부상면의 요철의 형상을 관리하는 것이 필요하다.

즉, 고속구간에 이용되는 레일에 대해서는 레일 제작 시에 단부 2 m에 대하여 좌우 ±0.6, 상하 0.4 mm 이하로 하고 중간부는 가능한 한 매끄럽게 하고 있으며, 용접시에는 방향의 경우에 중앙부 +0.5, 끝지점 1 mm/m, 고저의 경우에 끝부분 +0.4 mm/m 이하로 하고 있다. 개통 시에는 저대 윤하중변동 개소의 레일을 삭정하고, 사용 시에는 0.7 mm/m를 초과하는 움푹패임을 바로 잡거나 삭정하도록 하고 있다.

고속선로의 고가교 등 강성구조물에서는 도상 아래에 도상매트(ballast-mat)를 부설하며, 윤하중 변동이 큰 개소는 레일두부 상면 요철의 형상을 관리한다. 고속구간에 사용되는 레일은 레일 제작 시에 단부의 직진도와 중간부의 평탄도에 대한 품질을 관리하고, 용접 시에도 평탄도를 관리하며, 개업 시에는 레일을 삭정한다.

(3) 레일 요철의 소요검지 성능

레일의 윤하중변동에 대해서는 용접부에서의 윤하중 변동에 따른 미소한 요철이 관계되는 것을 알게 되었다. 따라서 레일질량을 고려한 **그림 4.2.66**의 모델을 이용하여 윤하중 변동의 주파수 응답 함수를 구한 결과, 이것은 각 속도에 대해 **그림 4.2.67**과 같이 주어졌다. 따라서, 윤하중 변동을 일정한 범위로 억제하기 위해서는 이것을 포락하는 굵은 선을 필터로 하여 레일 두부상면의 요철을 검출하면 저대 윤하중변동 개소를 알 수가 있는 것으로 된다.

여러 조건 하에서 이를 구한 것이 **그림 4.2.68**이며, 이에 따르면 10 cm 정도의 레일 요철을 1 m 부근 파장의 10 배(20 dB)의 감도로 검출하여 일정 한도를 넘는 개소를 삭정하면 좋다고 밝혀졌다. 이 검지 필터로 측정한 기록을 'VP특성치' 라고 한다.

이것은 레일 두부상면의 요철을 1 m, 또는 2 m의 직선자로 측정할 때 그 값에 더하여 이것을 5, 10, 또는 20 cm 현의 종거로 하여 평가하는 것이 논의되고 있는 이론적 근거이기도 하다.

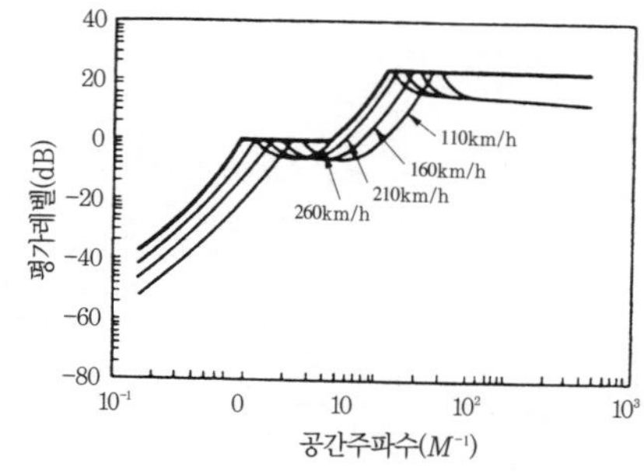

그림 4.2.67 윤하중 변동의 주파수 레스폰수 관계와 그 포락선

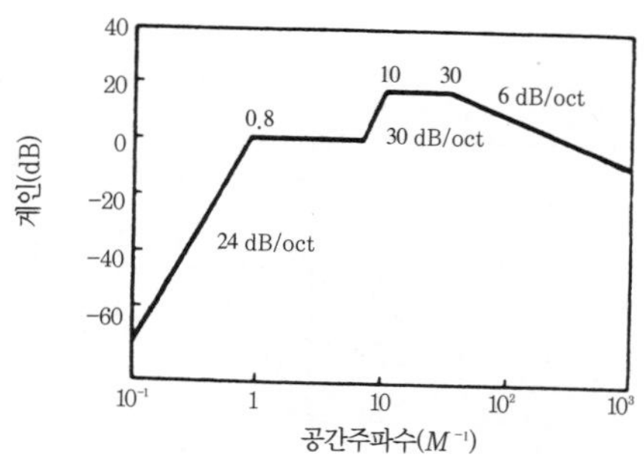

그림 4.2.68 레일 두부상면 요철의 소요검지 성능

4.3 곡선통과 시의 횡압 및 궤도의 횡압한도

4.3.1 곡선통과 시 횡압의 발생원인과 저감대책

(1) 횡압의 발생원인

차량의 주행에 따라 발생되는 횡압(橫壓, lateral load)의 주된 원인은 다음과 같다.

1) 곡선통과(通過) 시의 초과(超過) 원심력으로 인한 횡압 ; 곡선부에서 캔트의 과부족에 기인하여 차량에 초과 원심력이 작용하는 경우에 차륜이 외궤 측 또는 내궤 측으로 억눌려짐에 따라 차량질량의 좌우방향 관성력으로 인하여 생기는 횡압을 말한다.

2) 곡선전향(轉向) 횡압(wheel turning force in curve) ; 곡선통과 시에 대차나 차축이 궤도에 안내되어 방향을 바꿀 때에 차륜/레일간의 마찰력에 기인하여 생기는 횡압을 말한다. 답면 구배를 가진 차륜이 곡선을 주행할 때에는 내외궤 차륜의 원둘레길이 차이가 생겨 윤축이 자기 조타를 하면서 대차가 전향한다. 그러나, 전향 시에 필요한 원둘레길이 차이가 얻어지지 않는 급곡선의 경우에는 외궤 측 차륜플랜지가 레일을 어택(attack)하면서 윤축의 방향을 바꾼다. 이 때에 내궤 측 차륜/레일간에 생기는 미끄러짐 마찰력 혹은 크리프 힘이 주체로 되어 곡선전향 횡압이 생긴다. 또한, 차체/대차간의 회전저항도 전향 횡압의 증가에 관계되는 인자이다.

3) 차량동요(動搖, car vibration)로 인한 횡압 ; 궤도틀림으로 인한 차체 · 대차의 동요나 사행동 등에 수반하는 차량질량의 좌우방향 관성력으로 인하여 생기는 횡압을 말한다.

4) 충격(衝擊)적인 횡압 ; 레일 이음매부나 분기기 · 신축이음매 등을 통과할 때의 충격에 수반하여 주로 윤축의 좌우방향의 관성력으로서 생기는 횡압을 말한다.

이상과 같은 발생원인별의 횡압에 대하여 곡선통과시의 횡압 파형 예를 나타내면 **그림 4.3.1**과 같이 된다. 더욱이, 1) 3) 4)로 인한 횡압은 주로 차륜플랜지가 눌려진 측에서 횡압이 발생하지만, 2)의 전향 횡압은 내궤 측에서 발생한 마찰력이 반력으로서 외궤 측에도 전해지는 것이 특징이다.

전술과 같은 곡선통과 시 횡압 발생의 원인에 대한 차량 측 · 궤도 측의 횡압 저감대책을 이하에 나타낸다.

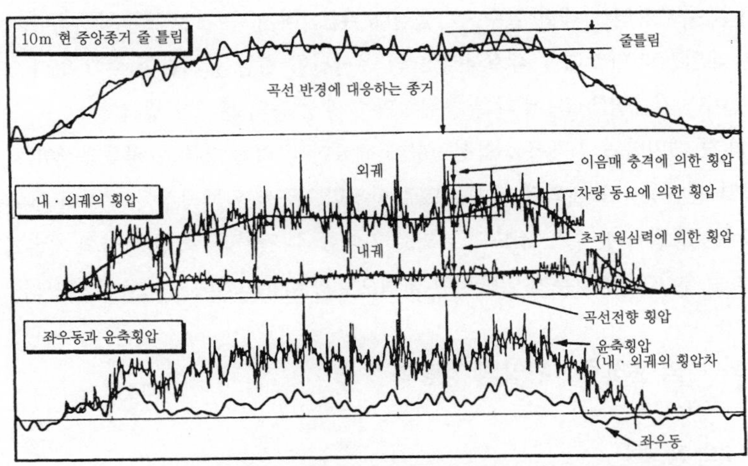

그림 4.3.1 곡선통과 시의 횡압 · 좌우동 · 줄 틀림의 파형 예

(2) 차량 측의 횡압 저감대책

(가) 경량화 ; 1) 2) 3)으로 인한 횡압은 모두 다 축중에 비례하여 증대하기 때문에 차체의 경량화는 횡압 저감의 효과가 극히 크다. 또한, 4)에 의한 횡압에 대하여는 차량 스프링 하 질량의 경감이 효과를 가진다.

(나) 축거(軸距)의 단축, 대차 선회(旋回)저항의 저감, 원호 답면 차륜, 유연한 축상 지지 대차 · 조타대차의 채용 ; 이들의 대책은 곡선통과시의 윤축 · 대차의 전향을 촉진하며, 직접적으로는 2)의 곡선전향 횡압에 대하여 큰 저감효과를 가진다. 그와 동시에 윤축의 어택 각(attack角)의 감소 및 1 대차가 담당하는 차량질량에 따른 좌우방향 관성력의 전, 후축 부담의 균등화에 따라 1) 3) 4)의 횡압 저감효과도 아울러 가진다. 더욱이, 이들의 대책은 직선부를 고속으로 주행할 때 사행동(蛇行動, hunting) 안정성을 확보하기 위하여 채용하여야 한다.

(다) 차량의 좌우방향 진동 특성의 향상 ; 3)의 차량동요로 인한 횡압의 저감에 대하여는 궤도틀림에 대한 진동차단 기능이 높고, 특히 좌우동 스토퍼 닿음이 발생하기 어려운 차량주행 특성이 바람직하다.

(3) 궤도 측의 횡압 저감대책

(가) 곡선부 선형의 개량 ; 곡선반경의 대(大)반경화는 1)과 2)로 인한 횡압의 저감효과를 가지지만, 선로의 이동을 수반하는 경우에는 개량비가 크게 된다. 캔트의 올림은 1)과 2)로 인한 횡압의 저감효과를 가지지만, 주행 안정성이나 승차감의 면에서 필요한 완화곡선의 길이를 연신하여야 한다.

(나) 궤도정비 상태의 개선 ; 줄 틀림이나 수평(cross level)틀림을 주체로 하는 횡압에 영향을 주는 궤도 틀림의 정비는 주로 3)의 차량동요로 인한 횡압의 저감효과가 크다. 또한, 보통 이음매부에서 이음매 꺾임 등의 교정은 4)의 충격적인 횡압의 저감에 관계한다.

(다) 레일의 장대화에 따른 보통 이음매부의 제거 ; 보통 이음매부에서 4)의 충격적인 횡압은 줄 틀림의 성장에도 연결되기 때문에 레일의 장대화에 따른 곡선부의 보통 이음매부의 제거가 횡압 저감에 극히 큰 효과를 가진다.

(라) 내궤 측 레일 두부상면에 대한 살수 · 기름칠(도유) ; 내궤 측 레일 두부상면을 살수, 또는 기름칠(도유)함으로써 차륜/레일간의 마찰력을 감소시켜 2)의 곡선전향 횡압을 저감할 수가 있다. 그러나, 그를 위한 설비의 신설이나 살수 · 기름칠(도유)에 따른 공전 · 활주 발생 등의 문제가 생긴다.

(마) 내외궤 비대칭 레일단면의 채용 ; 곡선전향에 필요한 내외궤 차륜의 원둘레길이 차이가 얻어지지 않는 급곡선에서 레일 단면형상을 내외궤 비대칭으로 삭정함으로써 원둘레길이 차이의 부족을 보충하여 곡선전향 횡압을 저감하는 방법이다. 어느 정도의 효과는 기대할 수 있지만, 삭정 형상의 지속기간이나 레일 삭정 체제 · 시공비 등의 문제가 있기 때문에 일반적인 대책으로서 이용되기에는 이르지 않았다.

4.3.2 곡선통과 시의 윤하중 · 횡압의 정량화

(1) 윤하중 정상 분의 정량화

곡선통과시의 내외궤 윤하중(輪重)의 정상(定常)분은 **그림 4.3.2**에 나타낸 것처럼 차체의 경사를 고려하여 차륜/레일 접촉점 주위의 모멘트 균형에서 구할 수가 있다. 이 때 차체경사로 인한 중심 이동에 따라 중력성분의 모멘트 암이 변화한다. 차체 경사량은 초과 원심력(캔트 부족량 C_d)에 비례하기 때문에 차량중심 높이 H_G가 유효 중심높이 H_G*까지 상승한 경우와 등가(等價)로 간주된다. 따라서, 곡선부의 윤하중 정상 분은 다음 식으로 근사시킬 수 있다.

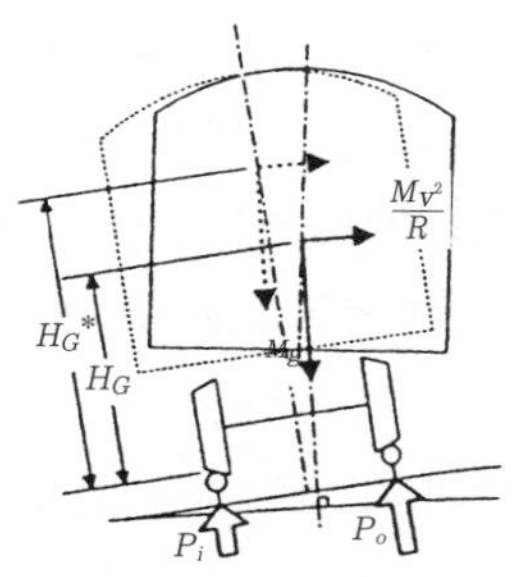

그림 4.3.2 곡선부에서 차체경사와윤하중 변화의 관계

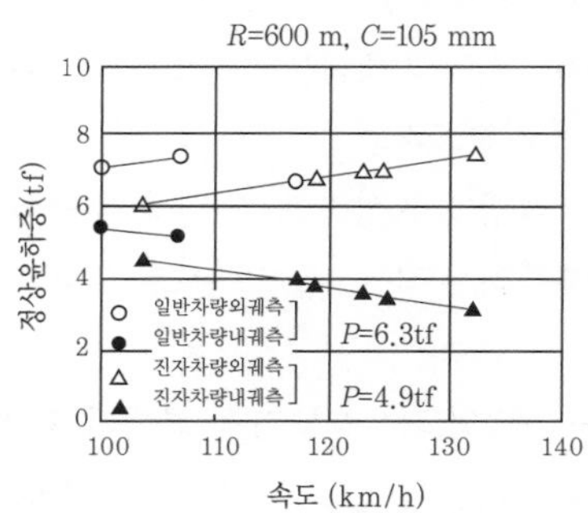

그림 4.3.3 곡선통과 시 내외궤의 윤하중 정상분과 속도의 관계

$$\left.\begin{aligned} P_o &= \frac{W_0}{2}\left[\left(1+\frac{V^2}{gR}\cdot\frac{C}{G}\right)+\frac{H_G^*}{G/2}\cdot\frac{C_d}{G}\right] \\ P_i &= \frac{W_0}{2}\left[\left(1+\frac{V^2}{gR}\cdot\frac{C}{G}\right)-\frac{H_G^*}{G/2}\cdot\frac{C_d}{G}\right] \\ C_d &= \frac{GV^2}{gR}-C \end{aligned}\right\} \tag{4.3.1}$$

여기서, W_o : 축중(tf), P_o : 외궤측 윤하중 [정상 분],
P_i : 내궤측 윤하중 [정상 분], G : 궤간 (m), R : 곡선반경 (m),
C : 캔트 (m), H_G* : 차량의 유효 중심높이 (m)

일반 차량에서는 유효 중심높이가 중심높이의 1.1~1.3배 정도이지만 진자(振子)차량(tilting car, pendulum car)에서는 차체 경사에 따른 중심 이동이 크기 때문에 1.5~1.9배 정도로 된다. 그러나, **그림 4.3.3**에 나타낸 것처럼 경량화가 꾀하여지고 있는 진자차량의 외궤측 윤하중은 일반 차량과 같든지 그 이하로 된다. 그러나, 진자차량의 내궤측 윤하중은 일반 차량보다 상당히 작게 되므로 동적인 변동도 포함한 윤하중 감소에 수반하여 안정성의 점검이 필요하다.

(2) 횡압의 정상분과 변동분의 정량화

진자차량이 급곡선부를 주행한 때의 원곡선부 횡압 데이터에서 발생 횡압의 정상(定常)분(평균치)과 변동(變動)분(표준편차)을 구하여 정리하면, 외궤 측 횡압의 정상분과 곡선반경의 관계는 **그림 4.3.4**와 같이 되며, 외궤 측 횡압의 표준편차와 줄 틀림 표준편차와의 관계는 **그림 4.3.5**와 같이 된다. 이들로부터 주행시험 데이터를 파악할 수 있으면 임의의 곡선 제원 · 속도 · 궤도 상태에 대응한 횡압의 추정이 가능하게 된다.

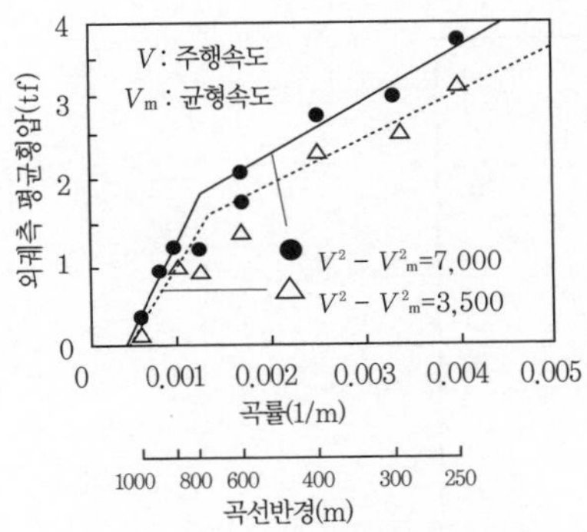

그림 4.3.4 외궤측 횡압 정상 분(평균치)과 윤하중 변화의 관계

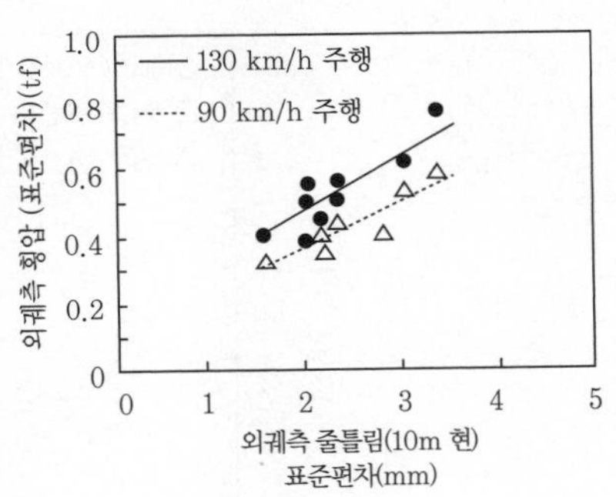

그림 4.3.5 외궤측 횡압 변동 분(표준편차)과 줄 틀림의 관계

이와 같은 실측결과의 축적을 기초로 하여 정상 분으로서는 초과 원심력으로 인한 횡압과 곡선전향 횡압을, 변동 분으로서는 좌우 동요로 인한 횡압과 차륜충격으로 인한 횡압을 고려한 다음 식과 같은 횡압 추정식이 제안되고 있다.

$$\left.\begin{aligned} Q_o &= Q_i + \Delta Q \\ Q_i &= \kappa \cdot P_i \\ \Delta Q &= (2\,W_0/g) \cdot \alpha_H \cdot K_H + S \end{aligned}\right\} \tag{4.3.2}$$

여기서, Q_i : 내궤측 횡압 [정상분]

κ : 내궤측 횡압/윤하중 비

α_H : 차체 좌우동 [궤도면 평행성분] (m/s²) (= $\alpha_H' + \Delta\alpha_H$)

α_H' : 차체 좌우동 [정상분] (m/s²) (= C^d / G)

$\Delta\alpha_H$: 차체 좌우동 [변동분] (m/s²) (= 3 × $\sigma\alpha_H$)

$\sigma\alpha_H$: 차체 좌우동의 표준편차 (m/s²) (= $k_z \cdot \sigma_z \cdot V$)

k_z : 좌우방향의 차량동요계수 (m/s²/mm/(km/h))

σ_z : 줄 틀림의 표준편차 (mm)

K_H : 차체 좌우방향 관성력의 대차 전축 부담률(臺車 前軸 負擔率)

S : 이음매 부근의 충격적 횡압 (tf)

이 추정 식의 특징은 다음과 같다.

① 외궤측 횡압을 내궤측 횡압(= 곡선전향 횡압)과 윤축 횡압의 합계로 나타낸다.

② 곡선전향 횡압(내궤측 정상 횡압)을 내궤측 윤하중의 정상분과 내궤 측 횡압/윤하중 비 κ의 곱으로 나타낸다. 차종별의 실측 데이터를 기초로 영업 속도역에 대하여 κ를 정리하면, **그림 4.3.6**과 같이 대차의 전향성능을 나타낼 수 있다.

③ 윤축 횡압을 차체의 좌우방향 관성력(대차 전축 부담분)과 윤축 충격력의 합계로 나타낸다.

④ 차체의 좌우방향 관성력(대차 전축 부담분)은 1 대차분의 질량과 가속도의 곱에 대차 전축(前軸) 부담률

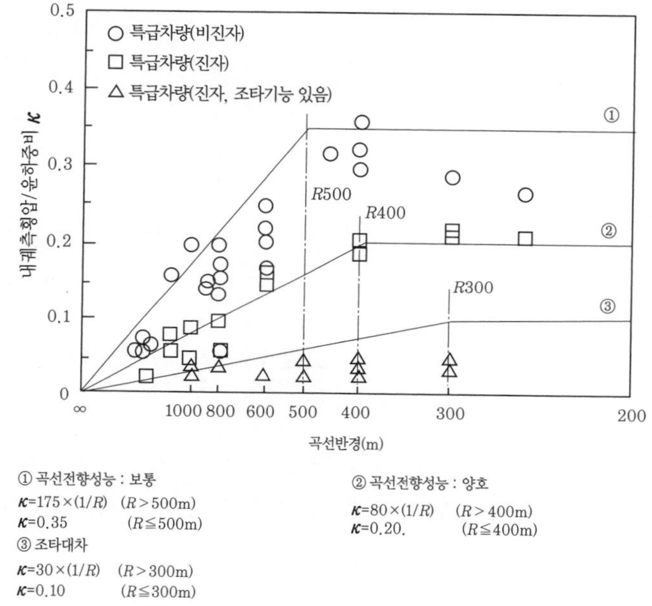

그림 4.3.6 내궤측 횡압/윤하중 비 κ와 곡선반경의 관계

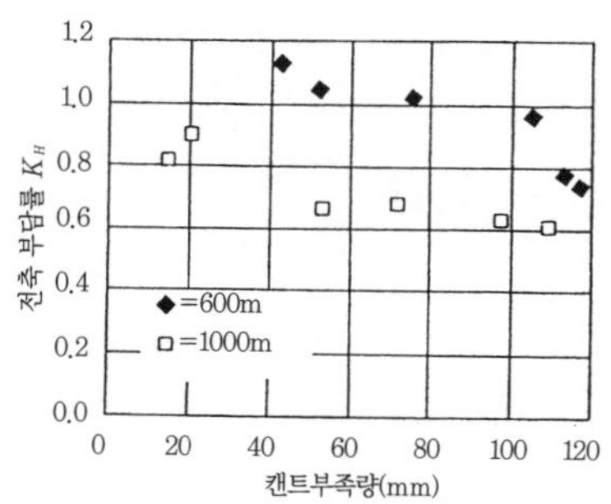

그림 4.3.7 대차 전축 부담률 K_H와 캔트 부족량의 관계

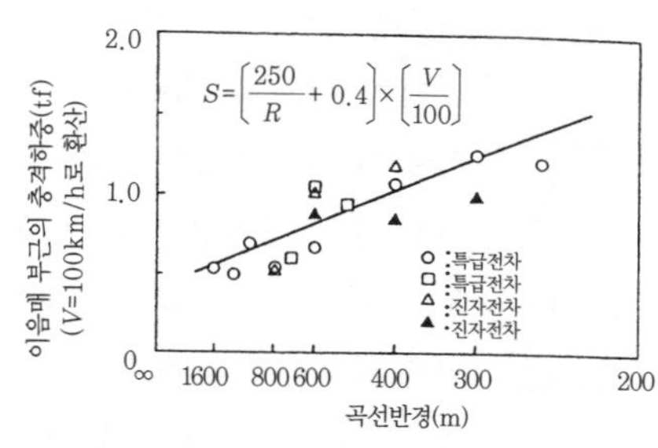

그림 4.3.8 이음매 부근의 충격적 횡압과 곡률 반경의 관계

을 곱하여 구한다. 이것은 대차 전축의 윤축 횡압 ΔQ (tf)와 대차바닥 위의 좌우동(0 – peak) α_H (m/s²)의 사이에 **그림 4.3.6**과 같은 비례 관계가 인지되는 것에 기초하고 있다. 전축 부담률 K_H는 **그림 4.3.7**에 나타낸 것처럼 0.6~1.1 정도의 범위에 폭넓게 분포하는 것과 함께 캔트 부족량이나 곡률의 영향을 받지만, 곡률에 대하여는 다음의 식과 같은 모델을 고려한다.

$$K_H = 0.6 + 80 / R \qquad (4.3.3)$$

⑤ 차체의 좌우방향 관성력의 산출에 이용되는 가속도는 정상 분으로서의 초과 원심가속도(insufficient centrifugal acceleration)와 진동가속도의 합계로 나타낸다. 더욱이, 진동가속도의 피크는 표준편차의 3배로 주어진다.

⑥ 이음매 부근의 단차, 이음매 굽힘, 레일 유간 등에 기인하는 차륜충격에 수반한 횡압 S에 대하여는 차체 좌우동에 그다지 영향을 주지 않는 파장 2~3 m 정도 이하의 횡압 단파장 성분을 뽑아 내어 정리한 결과, **그림 4.3.8**이 얻어지고 있다.

이상의 추정방법을 정리하면 **그림 4.3.9**와 같은 이미지로 된다. 또한, 이 추정방법을 경량, 고속의 진자차량과 저속, 중(重)축중의 기관차에 대하여 적용한 예를 **그림 4.3.10**에 나타낸다.

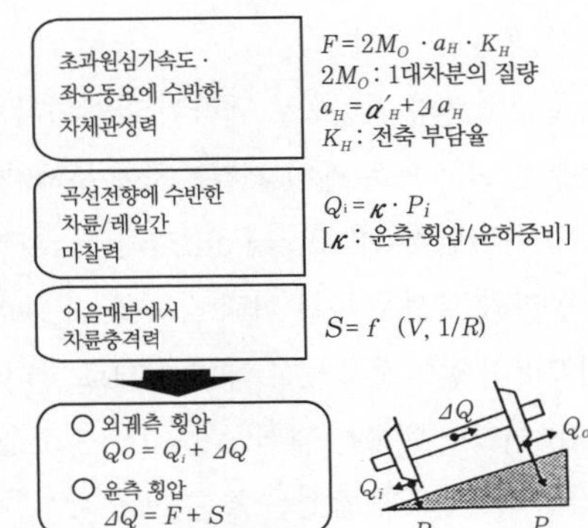

그림 4.3.9 곡선통과 시 발생 횡압의 추정법

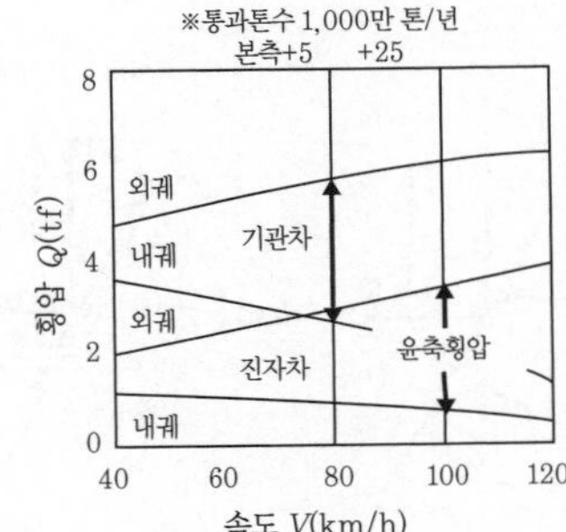

	축중	κ	H^*_G	k_Z	K_H	줄틀림 σ_Z
기관차	17tf	0.35	1.7	0.001	1.0	2.5 mm
진자전차	10tf	0.20	1.5			

※ 50N 레일 · 정척 · PC침목 41 개/25 m · 도상 250 mm · 보통노반

그림 4.3.10 곡선통과 시 횡압의 추정의 예(R 400, C 105)

4.4 탈선

4.4.1 탈선 현상

철도 차량의 차륜이 레일 위의 정상적인 위치에서 궤간 내외로 떨어지는 것을 탈선(脫線, derailment)이라 한다. 차륜이 횡 이동하여 플랜지가 레일을 올라타거나 혹은 미끄러져 올라갈 때에 탈선하게 된다. 열차 탈선에는 선로 고장, 속도 초과, 편적(偏積), 과적(過積), 재해, 열차 방해 등의 원인이 분명한 것 이외에 원인이 분명하

지 않은 경합탈선으로 분류되는 것이 있다. 사고로서의 탈선 외에 대피선에서의 일주(逸走, overrunning, over run) 등, 차량의 충돌 방지를 위하여 인위적으로 탈선시키는 경우도 있으며, 이를 위한 설비가 탈선 분기기나 탈선기이다.

4.4.2 탈선의 종류

탈선에는 많은 종류가 있지만, 궤도 혹은 궤도와 차량의 상호 작용에 기인하는 것은 다음과 같은 4 종류로 분류할 수 있다.

1) 궤간 내 탈선

무엇인가의 원인으로 궤간이 확대되어 윤축이 궤간 내로 빠짐에 따른 탈선이다. 궤간 틀림이 원인이지만, 대부분은 침목 또는 레일 체결장치에 문제가 있어 열차하중으로 궤간이 확대되어 탈선에 이르는 경우이다.

2) 올라탐 탈선(wheel climbing derailment)

올라탐 탈선은 차륜 어택 각(attack 角)*이 플러스의 상태로 발생한다. 차륜이 차륜/레일간의 마찰에 의하여 미끄러져 떨어지지 않고 레일 어깨로 굴러 올라가 탈선에 이르는 경우이다(**그림 4.4.1**).

3) 미끄러져 오름 탈선(wheel slipping-up derailment)

미끄러져 오름 탈선은 차륜 어택 각이 마이너스의 상태에서 발생한다. **그림 4.4.1**에서 좌 차륜은 레일에서 벌어지는 안전한 방향으로 향하고 있음에도 상관없이 이것을 넘는 레일방향으로의 큰 좌우력(左右力)이 작용하여 비로소 탈선에 이르는 것이다.

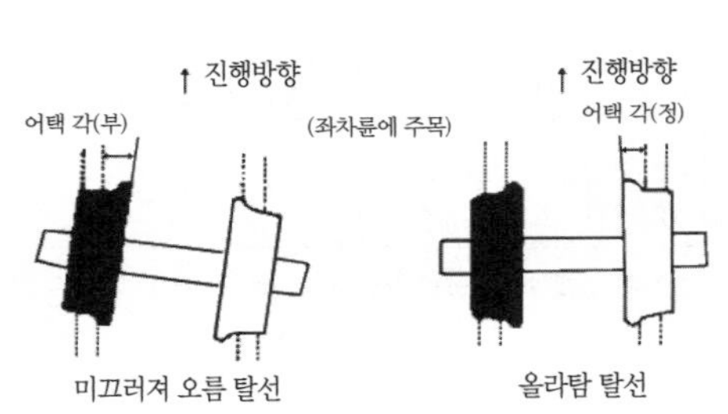

그림 4.4.1 올라 탐 탈선과 미끄러져 오름 탈선

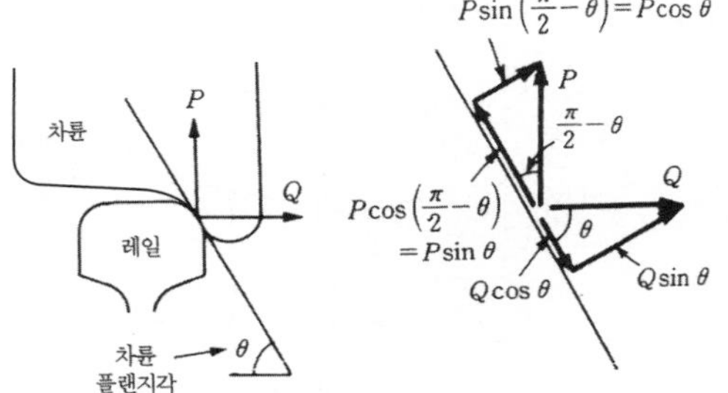

그림 4.4.2 차륜/레일간의 작용력

4) 뛰어오름 탈선(jumping-up derailment)

상기의 2)와 3)은 횡압과 윤하중이 연속적으로 작용한 경우이며, 단시간에 충격적인 횡압이 작용하거나, 또는 단시간에 충격적인 윤하중 감소가 있는 경우에는 동역학의 문제로서 검토할 필요가 있다. 충격적인 횡압이 작용한 경우에 대하여는 스프링 하 질량이 궤간외측으로 향하여 레일을 충격한 때에 차륜 플랜지각(flange angle)을 통하여 차륜이 뛰어올라 탈선하는 문제가 발생하는 경우가 있다.

즉, 급격한 좌우방향의 힘이 윤축에 작용하면, 레일에 대한 윤축의 좌우방향 속도가 크게 되어 차륜이 레일에 충돌하여 뛰어오름의 현상을 일으켜 탈선에 이른다. 뛰어오름 탈선의 경우에는 차륜/레일간의 마찰력이 뛰어오

* 어택 각이란 차륜과 레일이 이루는 각도를 말하며, 일반적으로 시계 방향을(−), 반시계 방향을(+)로 구분한다.

름을 억제하는 작용을 하므로 마찰력이 클수록 탈선하기 어렵다.

4.4.3 탈선계수(脫線係數, derailment coefficient)

탈선에 대한 안전성을 정량적으로 평가하는 식으로서는 나달(Nadal)이 제안한 식이 널리 이용되고 있다. 이 식은 탈선의 가능성을 판단하는 기본적인 식이기 때문에 탈선공식이라고도 불려지고 있다.

그림 4.4.2에 나타낸 차륜과 레일과의 정적인 힘의 균형을 구한다. 차륜과 레일의 접촉면에 평행인 힘의 성분을 고려하면

차륜이 레일측면을 미끄러져 내려가려고 하는 힘 = $P\sin\theta$

차륜이 레일측면을 미끄러져 올라가려고 하는 힘 = $Q\cos\theta$

마찰력 (작용하는 힘과 반대 방향으로 작용한다) = $\mu(Q\sin\theta + P\cos\theta)$

탈선이 일어나는, 즉 회전하고 있는 차륜이 레일측면을 올라타기 위해서는 미끄러져 내려가려고 하는 힘이 올라타려고 하는 힘과 마찰력의 합력과 균형이 잡히어 있는 것이 조건이다.

$$P\sin\theta = Q\cos\theta + \mu(Q\sin\theta + P\cos\theta)$$

여기에서, 올라탐 탈선에 이르는 탈선계수(임계 탈선계수)가 다음과 같이 얻어진다. 더욱이, 이 탈선계수로 되면 탈선이 일어난다고 하는 것은 아니고 탈선할 가능성이 있다고 판단하여야 한다.

$$Q/P = \frac{\sin\theta - \mu\cos\theta}{\cos\theta + \mu\sin\theta} = \frac{\tan\theta - \mu}{1 + \mu\tan\theta} = \tan(\theta - \lambda)$$

여기서, Q/P : 탈선계수, θ : 차륜 플랜지각, μ : 마찰계수, λ : 마찰각, $\mu = \tan\lambda$ 또는 $\lambda = \tan^{-1}\mu$

이 식에서 Q/P는 차륜 플랜지각이 작고 접촉면의 마찰계수가 클수록 작게 되는 것, 즉 올라탐 탈선을 일으키기 쉬운 것을 알 수 있다. 지금까지 플랜지각 60°, $\mu = 0.3$을 대입하여 얻어지는 계산치인 $Q/P = 0.94$에 약 20 %의 여유를 보아 0.8을 안정성의 판단 기준으로 하여 왔다. 고속선로에서 이용되고 있는 답면은 차륜 플랜지각이 70°이며, 같은 모양으로 고려하면 $Q/P = 1.34$로 되고, 약 20 %의 여유를 보면 1.1 정도로 되지만, 고속성을 고려하여 안전성의 목표를 상기와 같이 0.8로 하고 있다.

미끄러져 오름 탈선의 경우에 힘의 균형 식은 다음과 같이 된다.

$$Q/P = \frac{\sin\theta + \mu\cos\theta}{\cos\theta - \mu\sin\theta} = \frac{\tan\theta + \mu}{1 - \mu\tan\theta} = \tan(\theta + \lambda)$$

마찬가지 모양으로 플랜지각 60°, $\mu = 0.3$을 대입하면 $Q/P = 4.23$이 된다. 이와 같이 미끄러져 오름 탈선에 이르는 탈선계수는 올라탐 탈선의 것보다도 수 배 크며, 통상적으로는 올라탐 탈선에 대하여 고려하면 충분하다.

4.4.4 탈선계수 등의 안전 한도

(1) 탈선계수

근년의 윤하중 · 횡압 측정기술의 진보에 수반하여 탈선계수 평가방법의 개선이 이루어지고 있다. 탈선계수

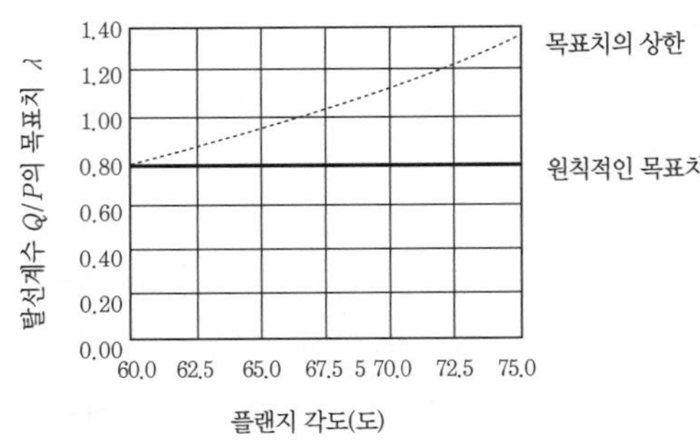

그림 4.4.3 제1 탈선계수 및 제2 탈선계수의 목표치

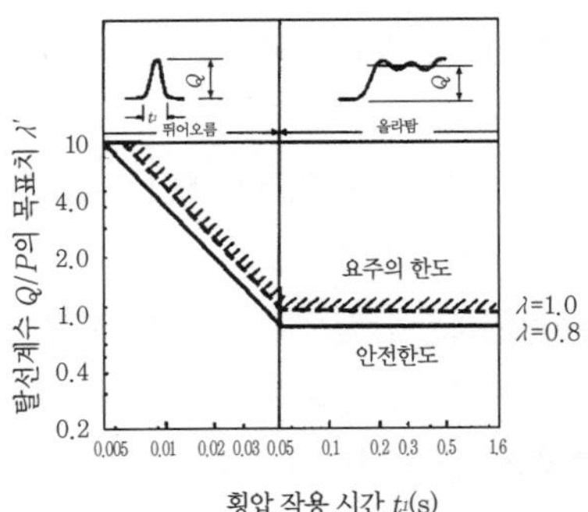

그림 4.4.4 횡압의 작용 시간에 관련된 제2 탈선계수의 목표치

는 다음의 두 가지로 분류할 수 있다.

제1 탈선계수 : 윤하중의 값으로서 윤하중 측정 파형의 순간 값을 이용하는 탈선계수

제2 탈선계수 : 윤하중의 값으로서 윤하중 측정 파형 중에서 급격하게 변동하는 성분을 무시하고, 비교적 완만하게 변동하는 성분의 값만 뽑아내어 이용하는 탈선계수

탈선계수의 목표치는 어떠한 정의에 의거한 경우에도 원칙으로서 0.8로 된다. 다만, 다음의 식으로 시험차량의 차륜 플랜지 각을 대입하여 얻어지는 값을 넘지 않는 범위로 0.8과 다른 값을 목표치로 채용할 수가 있다(**그림 4.4.3**).

$$\lambda_{max} = K\frac{\tan\alpha - \mu}{1 + \mu\tan\alpha}$$

여기서, λ_{max} : 탈선계수 목표치의 상한, α : 차륜 플랜지각, μ: 레일/차륜간 마찰계수 (μ = 0.3으로 한다), K : 안전율에 상당하는 계수 (K = 0.85로 한다)

상기의 방법에서 채용한 탈선계수의 목표치를 λ로 할 때, 제2 탈선계수에 대하여는 발생 횡압의 작용 시간을 고려하여 다음의 값을 목표치로 할 수가 있다(**그림 4.4.4**).

$$\begin{aligned} \text{목표치} &= \lambda && (t \geqq 0.05\ \text{초}) \\ &= 0.05\,\lambda / t && (t < 0.05\ \text{초}) \end{aligned}$$

여기서, t = 횡압의 작용 시간 (초)

속도향상 가부의 판정에서는 제1 탈선계수 또는 제2 탈선계수의 어느 쪽이든지 한 쪽이 목표치를 넘지 않는 것을 확인하면 충분하다.

(2) 윤하중 감소율

시험 차량의 정지 윤하중을 P_0, 측정된 윤하중의 값을 P로 할 때에 $\Delta P = P_0 - P$를 윤하중 감소(wheel weight decrease)량, $\Delta P / P_0$를 윤하중 감소율이라고 한다.

정적 윤하중 감소*에 대한 윤하중 감소율의 목표치는 0.6, 동적 윤하중 감소**에 대한 윤하중 감소율의 목표

* 차량의 정거상태에서 적하의 편적, 스프링의 특성 등에 따라 발생되는 윤하중 감소를 말한다.
** 차량주행 시에 선형, 진동 등에 따라 발생되는 윤하중 감소를 말한다.

치는 0.8로 한다. 더욱이, 이음매 충격 등에 따라 발생되는 윤하중 감소에 대하여는 윤하중 측정 파형이나 축상 가속도(軸箱加速度, acceleration of axial box) 측정 파형으로 판단하여 윤하중 감소율이 목표치를 넘고 있는 시간이 극히 짧다고 판단할 수 있을 때에는 안전에는 지장이 없다고 판단하여도 좋다.

(3) 횡압 한도

(가) 착안점

철도의 궤도는 상하방향으로 상당한 강도를 갖고 있지만, 좌우방향에 관하여는 원활한 선형의 실현을 전제로 경험에 기초하여 간이한 구조로 적당한 강도를 실현하여 오늘날에 이르고 있다.

그러나, 선로의 상태가 악화하기도 하고, 새로운 차량이 도입된 경우에는 레일 체결부의 파손, 혹은 침목이 도상 중에서 횡 이동함에 따라 레일 또는 궤도에 틀림이 발생하거나, 혹은 레일의 전도를 초래하여 탈선에 이르는 것으로 된다.

이하에서는 이에 대하여 목침목 스파이크 체결의 횡압 한도, 레일 탄성체결장치의 횡압 한도 및 침목의 도상 중의 이동으로 인한 급격한 줄 틀림 발생의 한도에 대하여 기술한다(제5.4.7항 참조).

횡압의 허용 한도에 대하여는 주로 궤도 강도의 면에서 **그림 4.4.5**에 나타낸 궤간 확대의 차륜 횡압 한도와 **그림 4.4.6**에 나타낸 급격한 줄 틀림의 윤축 횡압 한도가 구하여지고 있다.

(나) 목침목 스파이크 체결의 횡압 한도

목침목에 대한 레일의 스파이크 체결에서는 ① 스파이크의 밀림에 따른 궤간의 확대, ② 스파이크의 뽑힘에 따른 레일의 전도 등의 2 종류의 파괴가 발생한다.

이들에 관하여 검토한 결과, ①의 스파이크 밀림으로 인한 궤간 확대의 한도는 횡압 Q (tf)에 대한 윤하중 P (tf)에 관하여 **그림 4.4.5**와 같이 주어지고 있다. 여기서, 제1 한도는 스파이크에 작용하는 압력이 항복 성질에 달하는 것, 제2 한도는 탄성 성질에 달하는 것으로, 제1 한도는 이것을 넘지 않아야 하는 한도, 제2 한도는 원인을 조사하여 대책을 추진하여야 하는 한도이다.

(다) 레일 탄성체결장치에 작용하는 횡압의 취급

전항의 스파이크를 이용한 레일체결은 타이 플레이트의 부가를 포함하여 오로지 경험에 의거하여 오던 것을 나중에 해석하여 한도를 정한 것이지만, 콘크리트 침목의 도입에 따른 2중 탄성 체결장치 이후의 레일 체결장치는 제2.5절에 나타낸 방법으로 설계하고 있다.

속도향상 시험에서 이 한도를 넘는 경우의 취급에서는 탈선계수에 관하여는 그 한도가 확실하게 지켜져야 하

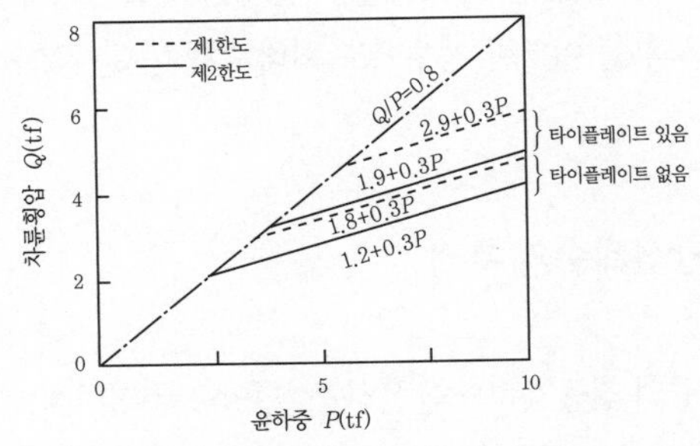

그림 4.4.5 궤간 확대의 차륜 횡압 한도

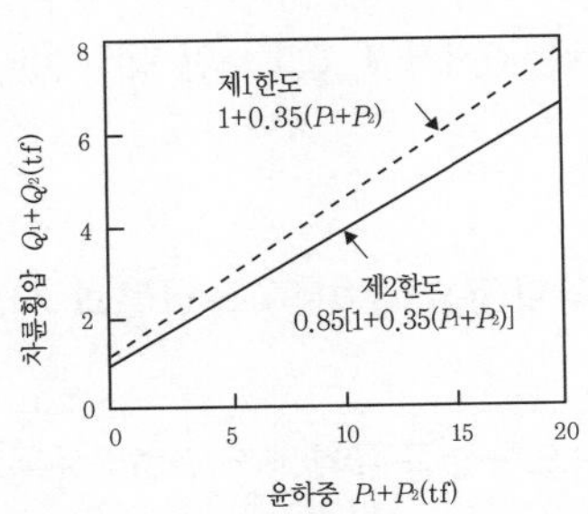

그림 4.4.6 급격한 줄 틀림의 윤축 횡압 한도

는 것임에 비하여 레일 체결장치에 관하여는 피로의 문제이며 당연히 궤도틀림의 정정, 레일 후로의 삭정, 신축 이음매 부재의 조정 등을 통하여 저감하여야 하지만, 곧바로 위험을 초래한다고 하는 문제는 없다. 그러나, 한편으로 이 값은 확실하게 작용하고 있으므로 지속 시간에 따른 완화의 이유는 없다.

(라) 도상에서 침목의 횡 이동에 대한 횡압 한도

여름철에 레일온도가 상승함에 따라 발생되는 궤도의 좌굴은 열차 하중이 없는 상태에서, 혹은 열차 주행 시에 대차 사이 또는 2 축 하중의 윤축 사이에서 궤광들림(uplift)으로 인하여 발생하며 도상에서 침목의 횡 이동은 윤축 아래에서 윤축의 횡압으로 인하여 발생한다.

이 현상은 양측 차륜의 윤하중에 따른 마찰 저항과 도상 횡 저항력에 대한 양측 차륜의 횡압 차이로 설명되며, **그림 4.4.6**과 제 5.4.7항의 (5.4.6) 식과 같이 주어진다. 이것에 대하여 구미에서는 횡압을 H, 윤하중을 A로 하여 다음의 식이 주어지고 있으며, 그 제안자에 따라 Prud′ homme 한도라고 부르고 있다.

한도 $H=1+\frac{A}{3}$

장려치 $H=0.85(1+\frac{A}{3})$

이 한도는 근년에 차량의 경량화로 속도 향상이 진행됨에 따라 레일 체결장치의 횡압 한도에서 중요하게 되고 있다.

(4) 철도차량안전기준에 관한 규칙에서 정한 규정

철도차량안전기준에 관한 규칙(국토교통부령)에서는 탈선관련 주행안전에 관하여 다음과 같이 규정하고 있다.

1) 윤하중 감소량 : 공차중량상태에서의 윤하중감소량은 동일차축에서 양쪽차륜 평균치의 최대 60 %까지 허용된다. 운행상태에서의 윤하중감소량은 빈도누적확률이 100 %인 경우에는 50 %까지, 0.1 %인 경우에는 최대 80 %까지 허용된다.

2) 횡압 : 정상적인 선로와 운행조건하에서 레일과 선로의 구조적안전을 위협하는 횡압(차량이 레일에 미치는 가로방향의 힘)의 발생을 최소화하도록 차량을 설계한다. 이 경우에 횡압은 $Y = \{(P/3) + 10\}\alpha$ 의 기준을 초과하여서는 안 된다. 여기서, Y : 1축당 횡압(kN), P : 축중(kN), α : 동력차 · 객차의 경우는 1, 화차의 경우는 0.85.

3) 탈선계수 : 차량은 정상적인 선로와 운행조건하에서 안전하고 안정된 주행이 가능하여야 한다. 주행 시의 탈선계수{횡압(Y)/윤하중(Q)}는 곡선반경이 250 m 이상인 구간에서는 1개의 차륜에서 빈도누적확률이 100 %인 경우에는 0.8까지, 0.1 %인 경우에는 1.1까지 허용되며, 어떠한 경우에도 최대치가 1.2를 초과하여서는 아니 된다.

4.4.5 차량동요에 따른 곡선통과 시의 횡압과 탈선계수의 추정

열차의 속도향상 등 주행조건을 변경하는 경우에는 차량의 진동가속도와 윤하중, 횡압을 측정하여 그 안전을 확인하면서 이것을 실시하는 것이 원칙이지만, 조건이 만족되는 경우에는 차체 진동가속도의 측정으로만 이것을 실시하는 것이 허용되고 있다.

이 경우에 윤하중, 횡압은 다음과 같이 추정된다(제4.3.2항 참조).

$$\left.\begin{aligned} Q_0 &= \overline{Q} + \Delta Q \cdots\cdots ① \\ \overline{Q} &= \mu \cdot \overline{P_i} \cdots\cdots ② \\ P_0 &= \overline{P_0} + \Delta P \cdots\cdots ③ \end{aligned}\right\} \quad (4.4.1)$$

여기서 Q_0 : 외궤측 횡압(동적), $\overline{Q}$: 내궤측 횡압(정상), ΔQ : 윤축횡압(좌우동으로 인한 변동분), μ : 차륜/레일 간의 마찰에 관한 계수, $\overline{P_i}$: 내궤측 윤하중(정상), P_0 : 외궤측 윤하중(동적), $\overline{P_0}$: 외궤측 윤하중(정상), ΔP : 윤하중 변동(상하동으로 인한 변동분)

μ의 값으로는 다음의 값이 주어지고 있다.

$R > 500$ m의 경우 $\mu = 175 \times (1/R)$

$R \leqq 500$ m의 경우 $\mu = 0.35$

여기서, 곡선부를 캔트부족 상태로 통과하는 대차 전축의 윤축횡압 ΔQ치는 대차바닥 위의 좌우동(0~피크) α_H에 대하여 다음과 같이 나타낼 수가 있다.

$$\Delta Q = (M/2) \cdot K_H \cdot \alpha_H \quad (4.4.2)$$

여기서, M : 차량질량, K_H : 보정계수

여기서, 보정계수 K_H는 0.5~1.1로 폭 넓게 분포되어 있으나 안전을 고려하여 K_H=1.0을 이용한다.

마찬가지로 윤하중 변동 ΔP와 상하동(0~피크) α_V에 대해서는 다음과 같이 나타낼 수가 있다.

$$\Delta P = (M/8) \cdot K_V \cdot \alpha_V \quad (4.4.3)$$

여기서, K_V : 보정계수. 여기서, 보정계수 K_V=1.0으로 고려하여도 좋다.

따라서, **그림 4.4.7**에서 나타낸 것과 같이 곡선 제원, 차량 제원 및 주행속도로부터 내궤측과 외궤측의 정상 윤하중을 계산하여 외궤측의 탈선 계수를 계산할 수 있게 된다.

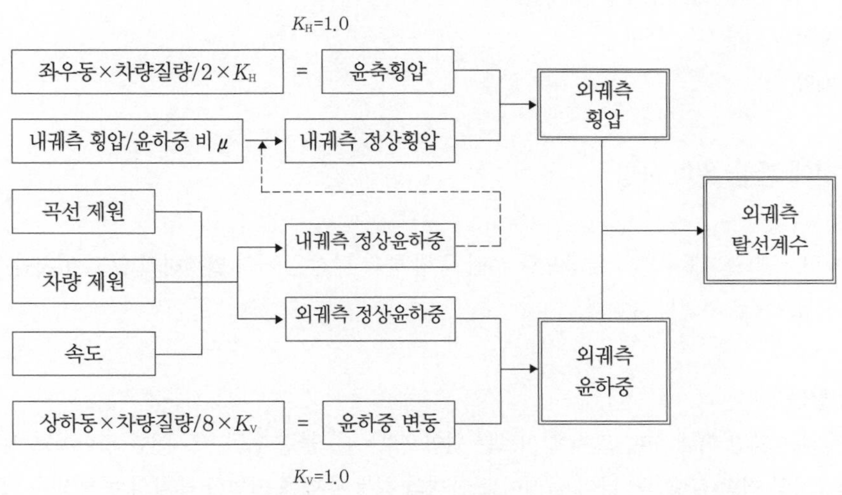

그림 4.4.7 차량동요를 이용한 탈선계수 등의 추정 흐름도

4.4.6 경합 탈선

경합탈선(競合脫線, derailment of multiple causes)이란 차량, 운전, 선로, 적하(積荷) 등이 각각 기준 내의 상태로 만족되어 있어 단독으로는 탈선을 일으키는 일이 없지만, 각 인자가 각각 나쁜 방향으로 중합하여 일어나는 탈선이다. 이하에서는 일본에서의 경합탈선 방지대책을 소개한다.

(1) 궤도관계의 방지대책

1) 궤도정비 기준의 개정 ; 열차의 주행 안전성을 고려하여 궤도틀림에 대한 어떤 정비기준치(absolute tolerance)를 두어 이것을 넘는 궤도틀림은 긴급히(15일 이내, 다만 현저하게 넘는 것에 대하여는 일수를 단축한다) 보수하는 것으로 하고 부득이 보수할 수 없는 경우는 열차의 서행 조치를 취한다.

2) 궤도 검측의 강화 ; 궤도 검측차를 늘려 궤도 검측 체제를 강화한다. 상급 선구에서는 4 회/년, 기타 선구에서는 2 회/년을 기본으로 하며, 고속운전 선구의 일부는 6 회/년의 궤도 검측이 행하여지고 있다.

3) 탈선방지 가드(guard angle for anti- derailment) 등의 부설

4) 복합(複合) 틀림의 관리 ; 줄 틀림과 수평 틀림이 동일 파장에서 역 위상(逆位相)으로 연속하여 존재하는 때는 주행 안정성(安定性)이 저하한다. 이것을 관리하는 지표로서 복합 틀림(composite irregularity)이 이용된다. 복합 틀림은 다음과 같은 식으로 나타내며, 마이너스 부호는 역위상인 것을 나타낸다.

복합틀림 = | 줄 틀림 - 1.5 × 수평틀림 |

(2) 차량관계의 방지대책

1) 차륜 답면의 N답면화 ; 차륜 답면은 레일과의 접촉상태를 개선함과 동시에 탈선하기 어렵게 하기 위하여 플랜지 각을 크게 하고(60 °→ 65 °), 플랜지 높이를 높게 하고 있다(27 mm → 30 mm).

2) 화차 수선한도의 개정 ; 2축 화차에 대하여는 전반검사 시 등의 수선한도 등을 개선한다. 보기 화차에 대하여는 사이드 베어러(side bearer) 틈을 개정한다.

3) 2단 링 장치의 개량

4) 대차의 개량

4.4.7 탈선에 관한 유의 사항

근년에는 차량 · 궤도의 보수도의 향상으로 본선 주행 중의 탈선은 거의 발생하지 않고 있지만, 이하와 같은 탈선사고 예가 있으므로 주의를 요한다.

(1) 궤간 내 탈선

직접적인 원인은 궤간 확대이며, 그것에 이르는 원인으로는 ① 불량 침목으로 인한 스파이크 지지력의 부족, ② 레일 체결장치의 연속 불량, ③ 타이 플레이트 아래의 침목 부패에 기인한 레일의 변칙경사, ④ 세척선이나 피트 등의 특수 궤도구조 개소의 횡압 강도 부족 등이 있다.

차량이 차량기지내의 급곡선이나 분기기 등을 통과할 때에 발생되는 횡압은 차륜과 마찰에 따른 것이 주체이며, 아무리 저속이어도 차량중량에 대응한 횡압이 발생되는 점에 주의를 요한다. 또한, 이와 같은 경우에는 외궤 측뿐만이 아니고 내궤 측에도 거의 같은 횡압이 작용하므로 횡압에 대한 보강은 내외궤 모두 필요하다.

(2) 올라탐 탈선

취급의 실수나 작업불량 이외의 이른바 “도중탈선”(途中脫線)은 최근에는 거의 예가 없다. 주의를 요하는 것은 ① 완화곡선 출구의 평면성(twist) 틀림, ② 곡선중의 건널목이나 교량 부근의 궤도틀림 등의 사항이다.

(3) 분기기 대향 탈선

분기기를 대향(對向)으로 진입할 때에 텅레일부에서의 탈선은 예전부터 예가 많다. 이전에는 차륜 답면 관리의 불충분에 기인하는 예도 많았지만, 최근에는 거의 없다. 궤도 측의 원인으로서는 ① 텅레일 선단의 밀착 불량, ② 텅레일 선단의 마모나 절손, ③ 텅레일 선단의 삭정 불량 등이 있다.

또한, 대부분의 탈선사고에서는 상기의 원인 외에 궤도틀림이 개재되어 있는 예가 많다. 분기기부에서는 분기 측을 열차가 통과하는 때에 생기는 횡 방향 하중으로 인하여 궤도틀림이 성장하기 쉬우므로 주의를 요한다.

(4) 분기기 배향 탈선

측선용 분기기에서 배향(背向)으로 진입할 때의 탈선 사고의 원인은 한결같지 않지만, 이하에 나타내는 것처럼 분기기 요인과 차량 · 운전 요인이 상호로 영향을 주는 것에 기인한다고 추정된다.

(가) 분기기 요인 : ① 직선 텅레일 사용에 따라 입사각이 있는 것, ② 텅레일부에 구조적으로 평면성 틀림이 있는 것, ③ 텅레일 부근의 궤도틀림(줄, 수평)

(나) 차량 · 운전 요인 : ① 운전속도 초과, ② 좌우 윤하중의 불균형, ③ 축 스프링의 단단함에 기인하는 평면성 틀림에 대한 추수성(追隨性)의 감소, ④ 차륜 삭정에 따른 차륜 답면 거칠기

탈선방지 대책으로서 ① 특정 차량의 통과 경로에 대응하는 측선용 분기기에 포인트가드를 설치, ② 곡선 텅레일을 사용하고, 구조적인 평면성 틀림을 완화한 분기기의 개발, ③ 운전속도의 제한, ④ 차륜 삭정 방식의 변경(선반 방식으로) 등의 조치가 취하여진다.

4.5 지진 시 궤도의 변형

4.5.1 문제점

지진이 발생하였을 때 구조물이 파괴되지 않을지라도 궤도에 변형이 생기는 경우에는 이것이 열차의 주행안전에 직접 관계되므로 그 원인에 따른 적절한 대책을 필요로 한다. 이를 대별하면 ① 노반 변형에 기인하는 것, ② 궤도 자체의 변형에 기인하는 것 등이다.

전자는 노반구조물의 종별에 따른 흙, 강(鋼), 콘크리트 및 합성 구조물의 구조물 자체의 안정과 이 구조물의

이음부에서의 '어긋남'과 '꺾임각'의 문제로 된다. 한편 후자는 노반에 특히 눈에 띄는 변형이 없어도 궤도 자체가 지진파에 기인한 축압력으로 인해 좌굴하여 크게 변형된다고 하는 것이다. 이 절에서는 일본에서의 연구결과를 소개한다.

4.5.2 노반 변형에 기인한 궤도의 변형

(1) 단순보의 보 끝에서 꺾임각

지진의 주요 흔들림은 표면파로서 횡파를 주체로 하며, 지반으로 인해 탁월한 주파수의 파라고 생각되므로 이를 **그림 4.5.1**에 나타낸 것과 같은 사인(sine)파로 근사시킨 것이 고려된다. 보가 이 사인파 위에 놓인 경우에 연접되어 있는 보 사이에 생기는 꺾임각은 **그림 4.5.2**에 나타낸 것처럼 주어진다.

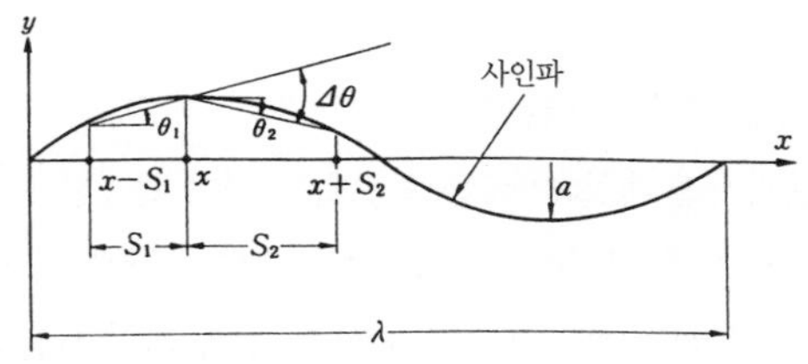

그림 4.5.1 지진시의 지반변위와 단순보의 꺾임

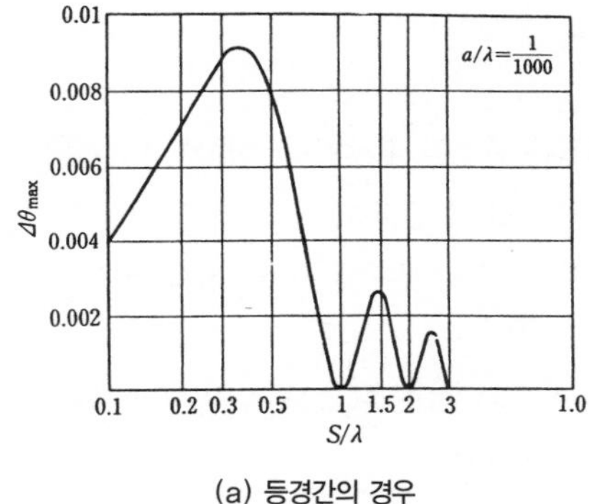

(a) 등경간의 경우

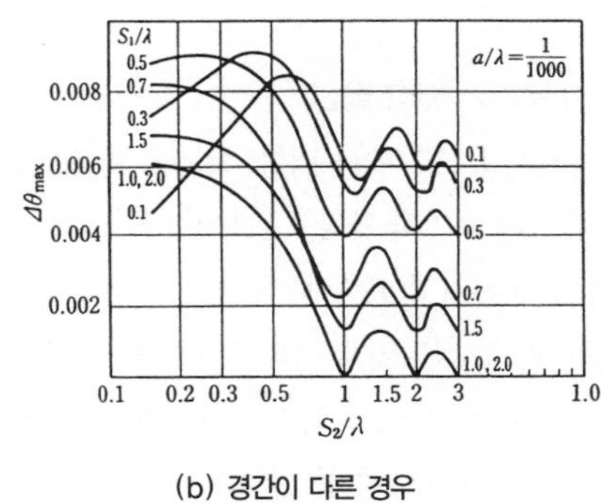

(b) 경간이 다른 경우

그림 4.5.2 단순보의 보 사이의 꺾임각

이 결과에 따르면, 보 끝에서의 꺾임각은 지상에서의 횡파에 대한 진폭/파장비의 약 8배에 달하며, 보 길이의 파장에 대한 비에 따라 배율이 크게 다르므로 지반의 특성에 따라서 보 길이를 적절히 선택하는 것이 중요함을 알게 되었다.

(2) 고가교에서 어긋남과 꺾임각

고속선로에서는 도로 및 재래선로와의 교차를 피할 필요가 있으므로 이 경우에 비교적 염가로 신뢰성이 높은 라멘 형식의 고가교를 사용하는 일이 있다.

이러한 고가교로서는 자갈궤도의 경우에 장출(張出)식이 사용되고 있으며, 슬래브궤도의 경우에는 이음부에서 어긋남과 꺾임각의 영향이 크다는 것이 예상되어 이를 완화시키는 형식으로서 배활(背割)식과 게르버식이 채용되고 있다.

이에 대하여 지진시의 상황을 **그림 4.5.3**에 나타낸 것처럼 고가교가 수평방향의 사인파 위에 놓여 있다고 고

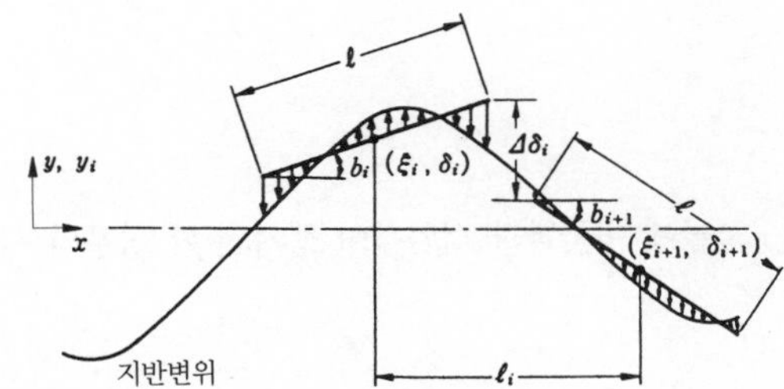

그림 4.5.3 지진시 지반의 변위와 고가교의 변위

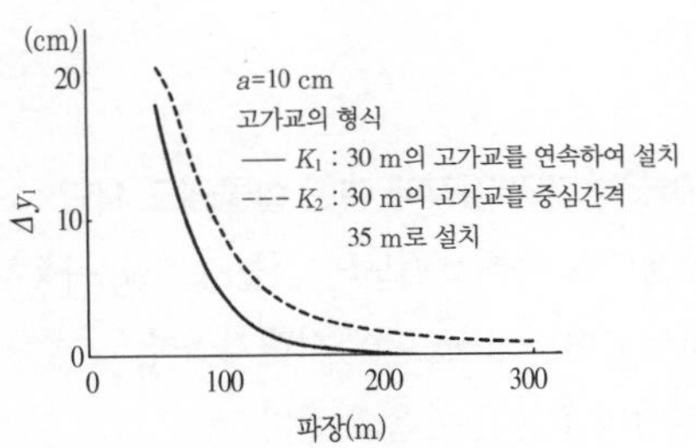

그림 4.5.4 상대틀림량

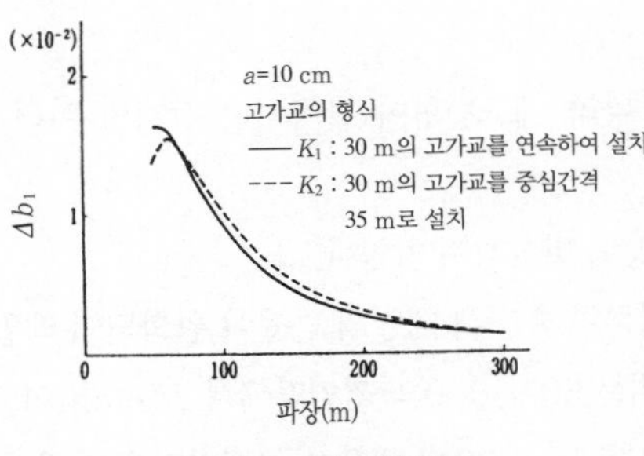

그림 4.5.5 꺾임각

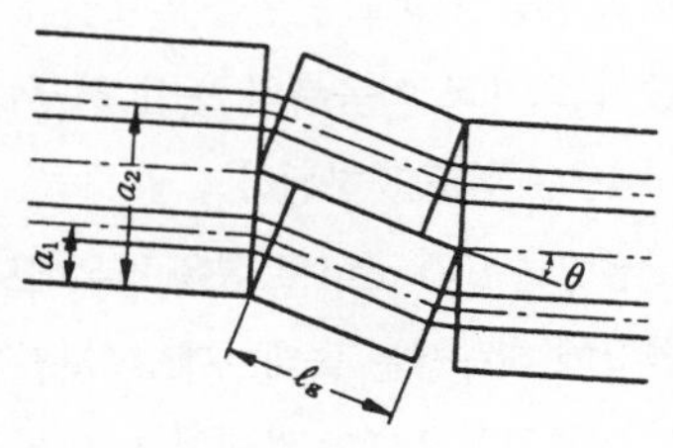

그림 4.5.6 게르버 보의 부분에서의 변형

려하며, 충분한 횡강성을 갖고 있어 **그림 4.5.3**에 나타낸 것과 같은 지반의 반력을 받아 그 반력이 균형이 되는 위치에서 안정된다고 생각한다. 이 경우의 어긋남량을 계산한 것이 **그림 4.5.4**이다. 이 그림에서는 교형(橋桁)의 길이와 보 중심 간격이 같은 장출(張出)식 또는 배활(背割)식 고가교 및 교형의 길이에 비해 보 중심간격이 긴 게르버식을 고려한 두 가지 경우를 계산하고 있다.

여기에서, 지진파의 진폭 10 cm에 대해서 파장 50 m의 극단적인 경우는 17.5~20 cm, 100 m에도 3.5~7 cm로서 상당히 큰 값으로 되어 있다. 또한, 게르버형식은 게르버 보로 어긋남을 꺾임각으로 변환하는 보 형식이지만 보 중심간격이 크게 됨에 따라 주형의 어긋남량이 장출, 또는 배활식보다 크게 된다. 지진파의 진폭으로서 연약지반개소에서 전(全)진폭 30 cm를 고려하면 보 끝의 어긋남량은 파장 50 m에 대해 26~30 cm, 100 m에서도 5~10 cm에 달한다고 생각된다.

또한, **그림 4.5.4**에서 알 수 있는 것처럼 이 어긋남은 인접하는 전후의 보 끝에서 각 1/2씩 지반에 대해 변위하게 되므로 고가교 기둥은 보 끝에서 이에 대응하는 변형이 생기는 것으로 된다. 일본에서 지진으로 다수의 피해가 확인된 고가교 기둥 피해의 사례를 보면, 지반 상황에 따라서는 상정되고 있는 좌우 방향의 공진 외에 이러한 지반 변형에 따른 피해도 있다고 생각된다.

꺾임각은 **그림 4.5.5**로부터 50~60 m에서 최대에 달하여 1.6/100, 100 m에서 1/100 정도의 값으로 된다. 형식에 따른 차는 크지 않다. 이 계산과는 별도로 꺾임각으로서 최악으로 되는 것은 **그림 4.5.6**에서 나타낸 것처럼 게르버식에서 인접한 고가교 사이에 상대 어긋남이 생긴 경우로서 이것을 보 길이 5 m에서 상대변위 10 cm의 경우에 대해서 계산하면

$$\theta = \frac{10}{500} = \frac{2}{100}$$

으로 된다.

(3) 어긋남과 꺾임각에 대한 실물궤도 시험

자갈궤도와 슬래브궤도의 실물궤도를 이용하여 노반구조물에 어긋남과 꺾임각이 생기게 한 경우의 시험이 일본에서 1981~1983년에 시행되었다.

이 시험의 결론은 다음과 같다.

① 고가교 이음부에서의 어긋남량은 궤도에 생기는 꺾임각과 10 m 현 종거의 궤도틀림 및 레일의 곡률과 비례관계에 있으며, 20 mm의 어긋남은 각각 1/1,000의 꺾임각과 12 mm의 방향틀림 및 반경 1,100 m의 곡선과 동등한 궤도 변형을 일으킨다.

② 장출식 고가교 이음부의 도상 하부에 강판을 부설함에 따라 궤도변형이 완화되며 상기의 여러 수치는 20~40 % 정도 저하된다.

③ 어긋남량을 100 mm로 했을 경우에도 궤도에 특별한 이상이 발생하지 않았다.

④ 꺾임각에 대해서는 슬래브궤도, 자갈궤도 모두 종래의 이론치에 비해 레일의 곡률이 완화되어 레일 휨 응력이 이론치의 약 1/2로 되었다. 타이플레이트의 잔류변위는 30/1,000의 꺾임각에서 2.3 mm이었다.

⑤ 꺾임부의 레일 곡률은 꺾임각에 비례하여 증대한다. 꺾임각 5/1,000에 대응한 곡선반경은 자갈궤도에서 약 800 m, 슬래브궤도에서 약 400 m이다.

⑥ 도상 횡저항력의 차이에 따른 궤도 변형의 차이는 기본적으로는 도상 횡저항력이 큰 쪽이 레일의 곡률과 휨 응력이 크게 되지만, 그 차이는 비교적 작고 도상 횡저항력이 통상의 2 배 및 1/2인 경우에도 통상시와의 차는 5 % 이하이다.

⑦ 꺾임각을 슬래브궤도에서 30/1,000, 자갈궤도에서 50/1,000(시험에서 설정한 최대치)로 한 경우에도 궤도 각부에 손상이 생기는 등의 이상은 보이지 않았다.

(4) 지반불량 개소에 대한 구조선택

이상은 현존하는 구조물에 대한 검토이지만, 향후에 지반 불량 개소를 지나는 구조물의 구조선택에서 이러한 어긋남과 교각에 대한 부하를 피하기 위해서는 정정 구조물로 하고, 교량길이를 길게 하는 것이 고려된다. 이때 교량거더는 연속 거더로 하는 형식도 유효하다고 생각된다.

(5) 교대 뒤 침하에 기인하는 궤도변형

교량에 인접하여 흙쌓기를 한 경우는 그 대책으로 흙쌓기가 파괴되지 않더라도 침하가 생김에 따라 궤도의 안정과 주행 안전에 문제가 생기는 것이 상정된다.

이에 대해서는 **그림 4.5.7**의 모델을 이용하여 정적 윤하중에 따른 경우와 **그림 4.1.3**의 반(半)차체 모델에 따른 경우에 대해서 검토하였다. 이 결과에 따르면, 교량과 흙 쌓기

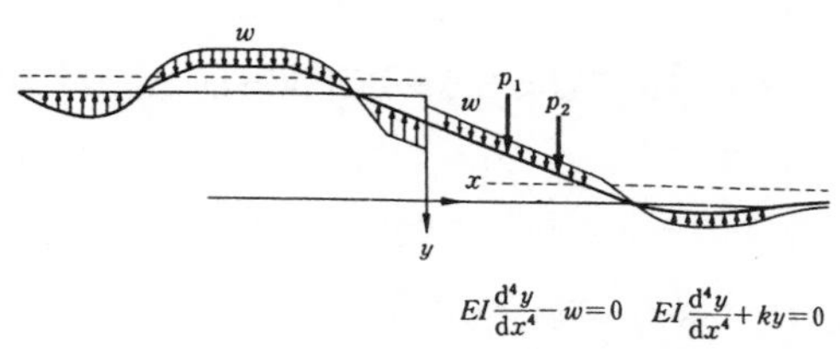

그림 4.5.7 교대 뒤 침하 해석모델

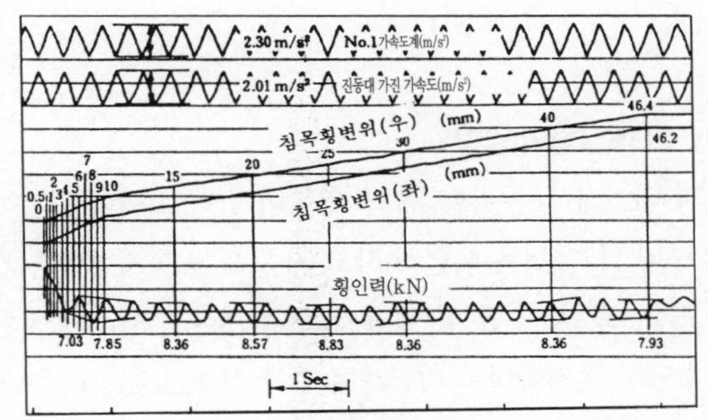

그림 4.5.8 공칭 가진 조건(3 Hz, 2.0 m/s²)의 경우 파형 예 - 진동시 도상횡저항 측정 -

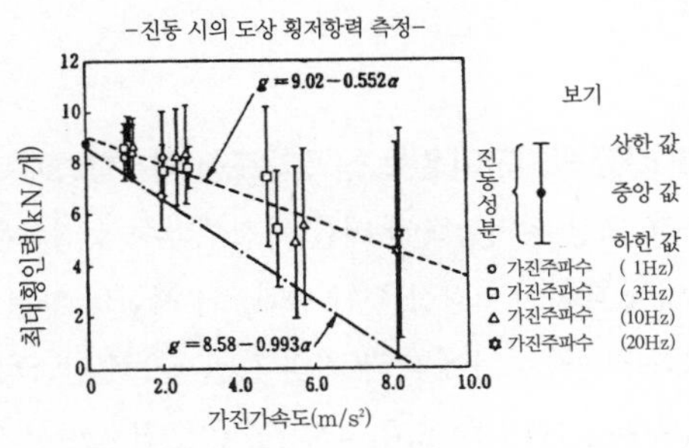

그림 4.5.9 여러 가진 조건에서 최대 횡 인력

사이에 5~10 cm 침하가 있는 경우에도 레일절손의 우려가 없으며 궤광의 부상과 매달림이 생기는 구간은 경계부 전후 8~10 m에 대하여 도상 횡저항력의 확보에 유의해야 할 구간인 것으로 나타났다.

4.5.3 자갈궤도의 안정

(1) 개요

노반구조물 자체에 큰 피해가 인지되지 않아도 자갈궤도에서 큰 변형이 생기는 경우가 있다. 이에 대한 원인은 ① 수평 움직임으로 인한 궤광 이동의 잔류, ② 온도 응력으로 인한 좌굴, ③ 지진 종파로 인한 좌굴, ④ 지진동에 기인한 도상 횡저항력의 감소에 따른 좌굴, ⑤ 지반 불량개소의 공진으로 인한 좌굴 등이다.

이들은 모두 도상 횡 저항력에 관계된다. 그래서, 대형 진동대 위에 침목 2개분의 실물궤도를 만들어 이것을 옆으로 당기는 방법으로 저항력을 구하고 상방향으로 인상하여 궤광의 부상, 또는 매달림을 모의하여 그 영향을 밝힌 일본의 예를 소개한다.

옆으로 당기는 힘의 실측치는 **그림 4.5.8**에 나타내었다.

여기서, 최대인장력을 진동가속도에 대하여 나타내면, **그림 4.5.9**와 같은 진동성분을 포함한 값으로 된다.

이에 대하여 검토한 결과는 다음과 같다.

(2) 진동시의 도상 횡저항력의 고려방법

그림 4.5.9에 나타낸 측정 시의 도상 횡저항력에 대해서는 당초에 그 진동성분의 평균값을 유효치라고 고려하여 왔지만, 측정 데이터의 진동성분에서 관성력으로 되는 유효질량을 계산한 결과, 침목 사이의 도상을 포함한 궤광질량이 이것에 상당하며 도상 횡저항력은 관성력을 포함한 힘에 대항하여야 한다고 고려한 점 때문에 하한을 유효 도상 횡저항력으로 고려하는 것이 타당하다고 생각되었다. 이것은 진동성분의 중앙값으로 되는 동적 도상 횡저항력으로부터 유효질량의 관성력으로 인한 저감을 고려한 평균적인 값으로 된다.

도상 횡저항력의 상한 값은 좌우방향 가진의 경우에는 진동 시에도 정적인 값과 거의 동등하며, 하한 값은 10 m/s² 부근에서 도상 횡 저항력의 중앙 값과 진동성분이 거의 같게 되는 점 때문에 8~10 m/s²에서 거의 영(0)으로 된다. 상하방향 가진에서는 상한치도 1 g로서 정적인 값의 40 %, 전후방향 가진에서는 60 % 정도로 저하된다.

(3) 좌굴 방지판이 없는 침목의 도상 횡저항력에 대한 가진과 매달림의 영향

유효 도상 횡저항력에 대한 가진주파수의 영향은 종래의 데이터에서는 주파수의 영향이 있다고 되어 있었지만, 이에 대하여 t 검정을 한 결과, 이 시험의 가진 범위 1~20 Hz에서는 대단히 작고 최종 도상 횡저항력은 가진가속도만의 증가에 따라 거의 직선적으로 감소하였다. 또한, 회귀분석을 한 결과 침목 횡 변위 3 mm에서 가진력(加振力)이 1.0, 2.0, 4.0 m/s^{2}인 경우는 무가진시의 도상 횡저항력과 비교하여 각각 약 12, 23, 47 %의 감소를 보이며 다음과 같이 나타낼 수 있었다.

$$g_3 = g_{03} - a\alpha \tag{4.5.1}$$

여기서, g_3 : 가진 시 횡 변위가 3 mm인 때의 도상 횡저항력(kN/개), g_{03} : 횡 변위가 3 mm인 때의 정적 도상 횡저항력(kN/개), a : 유효질량의 2배(kNs^2/m), α : 가진가속도(m/s^2)

실험에서는 g_{03}=7.22 kN/개, α=0.842 m/s^{2}로서, 시험궤도가 짧기 때문에 충분히 다져지지 않아 규정치에 비해 작은 값이었지만 영업선에서는 이것이 충분히 확보되어 있다고 알려져 있다. 상하 가속도의 영향은 1.5 배 정도가 되는 것으로 구해졌다. 전후 방향에 대해서는 거의 같은 정도이다.

가진 조건에 관계없이 궤광 들어올림이 0, 40, 80 mm로 크게 됨에 따라서 도상 횡저항력은 순차 감소된다. 또한, 침목 횡변위가 3 mm인 경우의 도상 횡저항력은 궤광의 들어올림량 40 mm, 80 mm에 대해서 무가진 시에는 궤광 들어올림량 0 mm인 경우의 각각 34, 12 %의 값으로, 표준가진 시(3 Hz, 200 g)에는 무가진 시 궤광 들어올림량 0 mm의 각각 27, 21 %로 감소되었다.

(4) 좌굴방지판의 효과

무가진 시에는 궤광 들어올림량 0 mm의 경우를 제외하고 도상 횡저항력이 좌굴방지판 없음, 편측 좌굴 방지판, 양측 좌굴 방지판 순으로 증가하나, 가진 시에는 다음 식의 최종 도상 횡저항력 g_0가 편측 좌굴방지판, 양측 좌굴 방지판에 대해 거의 같은 값으로 되며 큰 차이가 보이지 않았다.

$$g = g_0 \frac{y}{y+a}$$

여기서, g : 도상 횡저항력, y : 침목 변위

위 식에서 최종 도상 횡저항력이 1/2로 되는 초기 횡저항력에 대응하는 침목 횡변위를 나타내는 a는 좌굴방지판을 양측에 설치하면 들어올림량이 40 mm인 경우에 가진 · 무가진의 어느 경우에도 좌굴 방지판 효과가 보이며, 작은 값을 나타내었다.

이 도상 횡저항력을 침목 횡변위가 3 mm인 경우에 대하여 비교하면 좌굴방지판을 양측에 설치함으로써 표준 가진 시에 도상 횡저항력의 저하는 들어올림량 0, 무가진의 경우에 비하여 들어올림량 40 mm에서 55 %, 80 mm에서 35 %로 되었다.

(5) 궤도의 좌굴강도

궤도의 좌굴강도를 이끄는 도상 횡저항력이 종래의 실측에 비해 진동성분이 크게 되고 또한 그 하한치를 취함

으로 말미암아 유효 도상 횡저항력은 종래의 값을 상당히 하회한다.

이 도상 횡저항력을 이용한 최저 좌굴강도의 계산으로부터 열차 규제 0.8 m/s²과 종래의 설계진도 2.0 m/s²에서는 상정 온도변화 40 ℃를 만족할 수 있지만, 지진시를 상정한 최대 6.3 m/s²의 경우에는 이를 하회한다.

(6) 좌굴발생 온도변화

실제로 좌굴이 발생할 때의 좌굴강도를 에너지법 시뮬레이션으로 구한 결과, 대지진이 발생할 때에 온도가 최고로 되어 있을 가능성이 적다고 생각되었지만 초기 방향 틀림 8 mm를 고려한 계산의 결과에 따르면, 교대 뒤 침하 등으로 인해 노반침하가 생긴 경우에는 좌굴방지판을 침목의 양측에 설치함으로써 설계진도 2.0 m/s²까지의 가진가속도에서 침하 80 mm까지, 지진의 예측 가속도 6.3 m/s²에 대해서도 50 mm 정도까지는 설정 온도변화 40 ℃를 만족할 수 있다. 이 경우는 초기 도상 횡저항력을 유도하는 특성치 a를 작게 하는 공법을 취하는 것이 유효한 대책의 하나다.

(7) 도상의 유동화(流動化)

도상 어깨의 유출(流出)에 관하여 시험을 한 결과, 궤도는 도상의 유출에는 꽤 강하며, 그 한계 가속도는 좌우 방향이 8 m/s², 상하 방향이 12 m/s² 정도이었다.

4.5.4 열차의 주행안전

노반구조물이나 궤도에 변형이 생기지 않더라도 일본의 사례에서 지진 시에 열차가 탈선하는 경우가 있었으므로, 지진 시 차량의 주행안정성이 검토되었다. 차량 운동 시뮬레이션 프로그램으로는 주행안전성, 승차감 등을 검토하기 위해 여러 가지 레벨의 것이 개발되고 있다.

종래의 모델은 다음과 같은 것이었다.

① 반(半)차체 모델로 차체, 대차의 좌우, 롤링 변위만을 고려한다.

② 차륜이 지진동으로 직접 가진된다.

③ 탈선계수를 윤축 횡압으로 구한다.

이에 의거하여 지진 시에 차량이 안전하게 주행할 수 있는 한계의 가속도 변위 진폭과 진동수의 관계를 나타낸 것이 **그림 4.5.10**의 실선이다. 이에 따르면, 지진시 차량의 주행안전성은 1 Hz 부근의 진동수에서 가장 저하하고 고속선로의 경우에 진폭 약 40 mm(가속도 1.6 m/s²)에서 탈선계수 2에 달한다.

이에 대하여 평면 모델에서 1차량 모델을 변화시켜 평가지수를 차륜 상승량 30 mm로 바꾸고 차량을 일본의 300계로 하여 시뮬레이션을 한 결과가 우측 그림의 점선이다. 이 경우에 차량의 공진 진동수와 일치하는 약 1.2 Hz에서 진폭 100 mm 정도의 사인 파상의 궤도진동의 4파 째에서 플랜지가 레일에

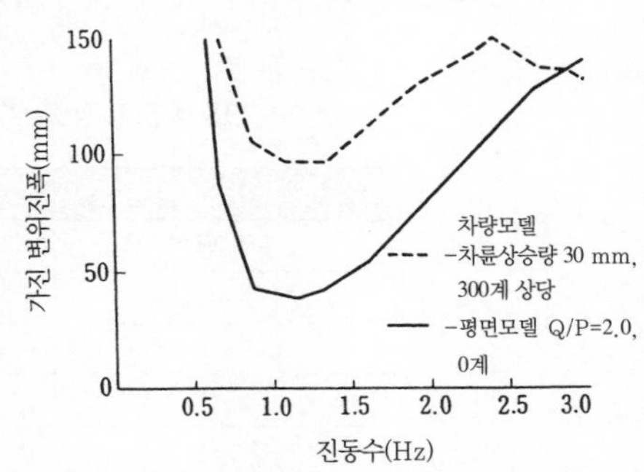

그림 4.5.10 지진 시 탈선의 진폭

올라타게 된다. 이 값을 가속도로 환산하면 5.7 m/s²이다. 실제의 지진에서는 주파수가 가지런해진 사인파가 계속되는 것은 1~2정도일 것이라고 생각되는 점, 최대가속도는 1파뿐인 점 등에서 이 시뮬레이션은 보다 가혹한 조건 하에 있는 것이다.

이와 같은 시뮬레이션은 지진과 같은 복잡한 조건의 조합하에서 일어나는 현상의 해명에는 극히 유력한 방법이며, 향후의 발전이 기대된다.

4.6 궤도의 시험과 승인 및 연구개발

4.6.1 궤도의 시험과 승인

(1) 개요

궤도는 제2장, 제5장, 제6장에서 설명하는 여러 부재로 조립한다. 모든 부재는 대단히 구체적인 기능을 가지며 가장 좋은 방법으로 장기간 동안 그들의 기능을 충족시키도록 설계된다. 철도의 제품 개발은 일반적인 안전 요구조건의 중요성, 노동력과 재료의 낮은 비용 및 유효성 등 경험주의와 보수주의에 크게 영향을 받아왔다. 지난 수십 년 동안 더 좋은 시방서와 더 높은 품질 표준으로 부재를 생산할 수 있는 기술이 급속히 개발되어 왔다. 새로운 재료, 기계화, 자동화, 생산 설비뿐만 아니라 시험 설비를 도입하여 철도 업무에 사용하고 있다.

제조 공정 동안에 컨트롤할 수 있는 부재의 성질 외에 조립 궤도 구조의 시스템 성질도 마찬가지로 컨트롤하여야 하며 품질 표준에 적합하여야 한다. 이것은 계약자가 수행한 건설과 보수 활동의 품질 관리에 특히 중점을 둔다. 새로운 궤도의 개발은 인수 전에 시험을 요구한다.

이 절에서는 부재의 시험과 구조적 시험, 궤도 부재의 품질 평가 및 승인 구성에 대한 개요를 설명한다. 궤도의 소유자는 이에 따라 안전하고, 오래 견디며, 비용이 효과적인 기반시설을 마련할 수 있을 것이다.

(2) 부재의 시험과 승인

궤도의 부재는 궤도가 차량의 지지와 안내를 할 수 있게 하는 특정의 기계적 성질을 갖고 있는 것으로 가정한다. **표 4.6.1**은 다수의 궤도 부재와 그 성질을 나타낸다. 이들의 성질은 여기서 자의적으로 분류하였으며, 그들의 가장 중요한 특징을 나타낸다. 기계적 성질은 반드시 가장 중요한 것이 아니지만 차량 하중을 받는 기계적 시

표 4.6.1 궤도 부재의 가장 중요한 궤도 성질의 개관

	탄성	강도	안정성	내구성
레일 단면		○		○
체결 시스템	○		○	○
침목		○	○	○
도상	○		○	○
슬래브		○		○
궤도 지지 시스템	○		○	○

스템으로서 고려하는 궤도의 원리를 반영한다.

① 궤도의 탄성은 레일 패드와 도상과 같은 궤도 부재 일부의 강성 성질(스프링 계수)로 지배된다. 에너지 손실 또는 가상의 강성으로도 알려진 감쇠는 저주파, 중간 주파수, 또는 고주파 하중에 관계한다.

② 궤도의 강도는 사용 재료의 설계, 수량 및 품질의 정도에 좌우된다. 이것은 특히 레일(및 용접), 콘크리트 침목 및 슬래브에 관련되는 경우이다.

③ 궤도의 안정성은 침목과 레일로 구성된 견고한 궤광으로 마련되지만, 도상에서 침목의 좋은 저항력으로도 제공된다.

④ 장기간의 성능 내구성과 피로의 저항도 궤도 부재에서 주요한 요구조건이다. 그러나, 특정 궤도 구간의 환경과 하중의 조건은 내구성 요건에 강하게 영향을 준다.

(3) 구조적 시험과 승인

궤도 구조의 성능은 부재의 성능에만 관련되는 것이 아니다. 이들 둘 사이의 연결은 부재의 성질에 영향을 주며 궤도의 성질에 기여한다. 이것은 궤도 구조를 마찬가지로 시험하고 평가할 필요가 있게 한다.

아주 잘 알려진 유형의 궤도 구조 시험은 성능 시험이다. 부설된 궤도 구조는 눈에 보이는 구조적 손상과 선형 틀림에 대하여 모니터한다. 게다가, 이 시험은 현실적인 유형의 재하를 산출하지만 안전, 내구성 및 집중적인 검사에 관하여는 문제가 있다. 승인 표준은 거의 이용할 수 없으며 균일하지 않다. 구조적 시험과 승인은 궤도 구조의 품질과 안전의 평가에 기여한다.

지시 파라미터의 시험과 결정으로만 정립할 수 있는 궤도 구조의 품질과 안전은 ① 성질의 평균, 극단 및 편차, ② 시간에 걸친 평균 성질의 경향 등에 기초한다.

성질의 편차는 궤도가 건설되는 순간부터 존재하며, 동시에 궤도의 사용은 궤도 구간에 따라서 뿐만이 아니라 시간에 걸쳐 추가의 성질 편차를 일으킨다. 지시 파라미터는 분명하게 공식화되는 한계 범위 내에 들어야 한다. 품질의 요구조건이 적용되는 단일 항목마다 안전의 요구조건이 적용되지 않을지라도 안전은 원칙적으로 품질보다 더 엄중한 승인의 요구조건을 가지고 있다. 몇 가지의 이유 때문에 한계 값이 변화되는 것을 허용한다.

구조 시험에 특별히 적용하는 시험과 승인의 예로서 첫째로, 전형적으로 한 장소에 관련되는 소음과 진동에 대한 시험 및 여러 장소에 걸친 변동에 관련되는 승객의 안락도(승차감 품질)가 관계되고, 두 번째로, 이들의 상황에서 궤도의 성질이 관심의 대상이며 세 번째로 주위와 궤도 및 차량과 궤도의 상호작용이 관심의 대상이다. 그러므로, 편견이 없는 방법으로 궤도의 성질을 결정하는 것이 중요하다.

4.6.2 궤도에서의 연구개발

(1) 연구개발의 개요

궤도에 관한 연구개발 분야는 궤도구조라고 하는 하드웨어가 궤도역학의 이론적 골격 위에 궤도재료를 부재로 하여 구성되고, 궤도관리의 소프트웨어 중에서 보선작업이라는 실무로 유지되며, 순차적으로 연구 · 개발 · 개량되어 가고 있다(제5.2.1항 참조). 새로운 기술에 따라 새로운 시스템이 창출되지만, 계속하여 개발 개량을 하여 이것이 숙성되어가는 모습을 나타내는 것이라고 말한다.

(2) 궤도구조의 개발과 개량

이와 같은 궤도에서의 개발을 궤도구조에 대하여 기술하면 다음과 같이 된다. 궤도구조에서는 현재까지도 아직 자갈궤도가 주류를 점하고 있으나, 고가교, 터널이라고 하는 구조물이 많게 됨에 따라 콘크리트궤도 등과 같은 직결구조가 많이 쓰여져가고 있다. 이 예의 하나가 콘크리트궤도의 실용화이다. 계속하여 보다 한층 성능 향상과 저렴화를 목적으로 한 새로운 궤도의 개발이 진행되고 있다.

신 궤도구조개발을 위한 챠트를 보여주는 것이 **그림 4.6.1**이며, 일본의 예를 나타낸다. 즉, 이러한 개발은 아이디어의 규모에 따라서 구조 전체와 부분으로 나누어진다.

구조 전체에 대해서 우선 이론 계산을 하여 이에 따라 설계를 진행하고 정적 성능시험, 동적 성능시험, 내구성

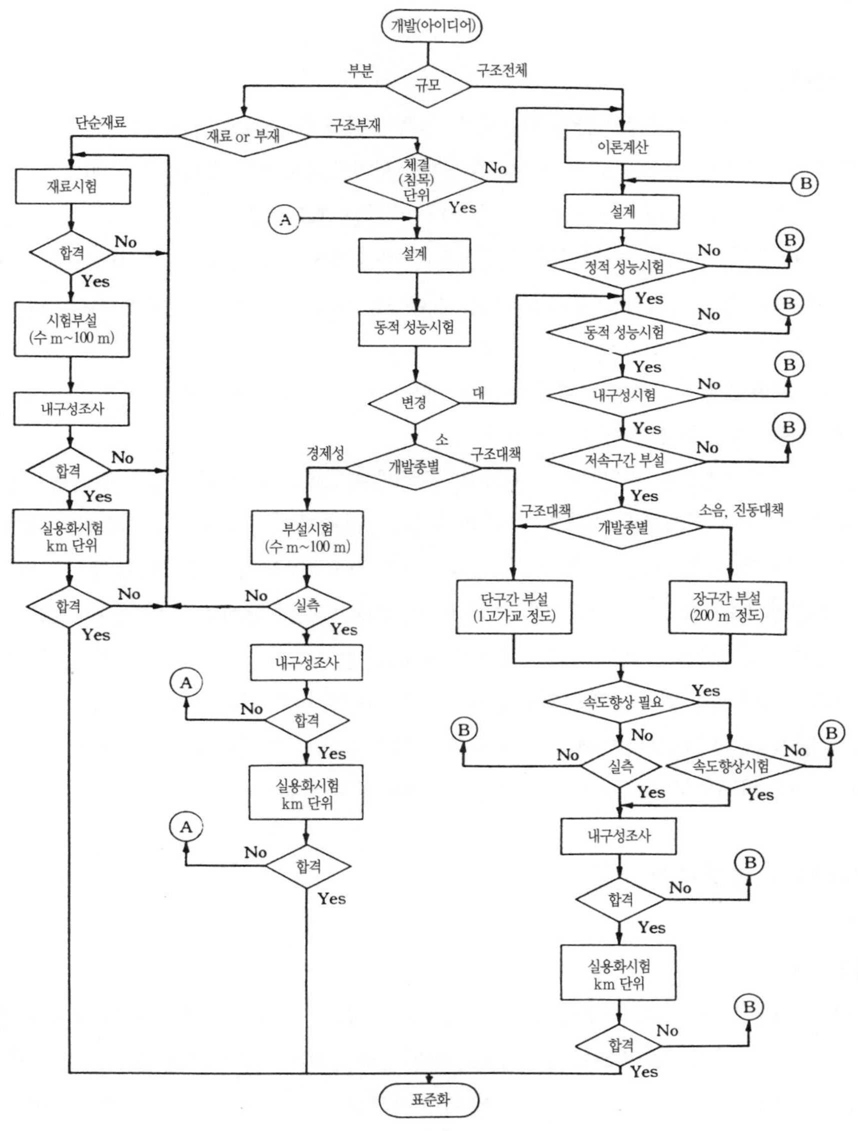

그림 4.6.1 신 궤도 구조의 개발 챠트의 예

시험, 저속구간 부설시험을 한다. 다음에 고속구간 부설시험이 이루어지나, 이것은 개발이 구조의 개량인가, 소음 진동 대책인가에 따라서 전자는 1고가교 정도로 짧아도 좋으며, 후자는 100 m 정도 떨어진 개소까지 대책효과의 확인을 필요로 하는 경우가 있어 이에 대응하여 200 m 정도까지의 연장을 필요로 한다. 더욱이 필요에 따라 속도향상 시험을 하고 내구성을 조사한 다음에 실용화하기 위하여 수 km 정도를 부설하여 문제가 없는 것을 확인하여 표준화에 이른다.

부분적인 경우는 이것이 레일 부속품, 분기기, 레일체결장치의 일부 등 단순 재료의 개량과 레일의 단면, 레일패드의 탄성계수 등 궤도구조의 상수 변경을 수반하는 구조부재의 개량으로 나눠진다.

전자는 재료시험 후에 시험 부설, 내구성 조사, 실용화 시험을 거쳐 표준화에 이른다.

구조부재에 대해서는 설계와 정적 성능시험 후에 동적 시험으로부터 내구성과 실용화 시험을 거쳐 표준화에 도달하는 경우와 속도향상 시험을 필요로 하는 경우, 더욱이 변경의 규모에 따라서는 구조 전반과 같은 모양으로 일련의 시험을 거쳐 처음으로 표준화에 도달하는 경우가 있다.

한국철도시설공단에서는 궤도구조성능검증 지침을 마련하여 궤도구조 성능 검증 절차로서 ① 기술요건 적합성 검토 단계, ② 실내시험단계, ③ 운행선 시험관계로 나누어 실시하도록 하고 있다.

4.6.3 시험장치

실존 궤도의 특성을 밝히거나 또는 새로운 궤도구조, 부재, 또는 재료를 개발하는 경우에 이것이 소요의 특성을 만족하고, 충분한 신뢰성을 갖도록 보증하기 위해서는 이들을 시험하는 장치가 필요하다.

이들의 장치를 분류해서 나타낸 것이 **그림 4.6.2**이다. 이를 대별하면 궤도를 전체로 보아 시험을 하는 종합시험과 부재 재료에 관하여 시험을 하는 부분시험, 더욱이 이를 추척모델로 하여 시험하는 모형시험을 하기 위한 장치로 나눈다. 여기서 나타낸 명칭은 같은 종류의 것을 통일하여 나타내기 위하여 그 특성을 나타낸 편의상의 명칭이다.

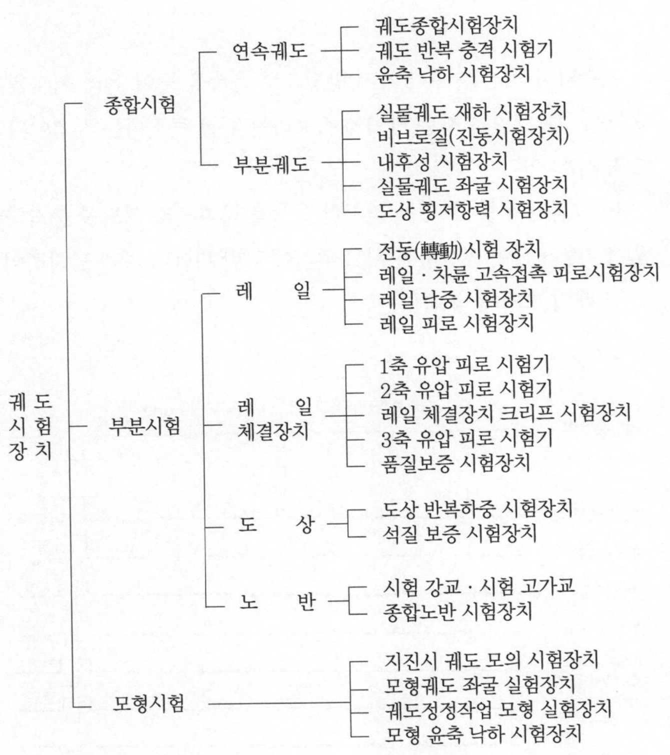

그림 4.6.2 궤도에 대한 시험장치의 예

4.7 윤축낙하를 이용한 지상진동 예측 시스템

4.7.1 예측의 의의

열차를 주행시키기에 앞서 열차주행시의 지상 진동을 예측할 수 있으면 장대한 연장을 가진 선로의 구조 선택에서 이익이 크다. 이와 같은 목적을 위해 이전에는 이론적인 검토를 한 후에 실험소에서 실물궤도의 확인 시험, 실제 선로의 부분적인 치환에 의한 시험, 또는 시험선로를 부설하여 왔지만, 이것은 막대한 비용을 요할 뿐만 아니라 선로조건을 통일하는 어려움이 있으며, 반드시 충분히 합리적인 데이터를 얻을 수가 없었다.

이에 대해 이론적으로 검토한 결과, 윤축낙하 시험을 하면, 수 m 정도의 선로를 설치하여 소요의 성과를 얻을 수 있으며, 많은 시험결는 이것이 타당함을 나타내었다.

여기서는 이러한 결과에 의거하여 최근에 급속한 진보를 달성하고 있는 퍼스널컴퓨터를 이용하여 데이터의 해석을 가능하게 하는 시스템으로서 일반용으로 제공되는 WHEEL DROP ANALYZER에 대해서 기술한다. 이 시스템은 경부고속철도 1단계구간의 궤도구조 선정과정에서 시험궤도의 측정분석에 이용되었으며, 또한 서울 도시철도의 2기 지하철건설시 진동대책 수립을 위한 진동 예측에도 활용되었다.

4.7.2 데이터의 획득

윤축낙하 시험은 여러 가지 방법으로 윤축을 들어 올려 이것을 레일 위에 낙하시켜서 이에 따라 지상에 생기는 진동 및 레일과 차륜 사이에 작용하는 힘을 측정하는 시험이다. 시험으로 얻어진 데이터의 예를 나타낸 것이 **그림 4.7.1**이다.

이 그림에서 볼 수 있는 것처럼 윤축을 낙하시켜 궤도를 충격하면 윤축이 궤도와 에너지를 주고 받은 후에 **그림 4.7.2**와 같이 비상하여 최고 위치에 달한 다음에 재차 낙하하여 충격을 반복한다.

이 때의 초기 충격 속도는

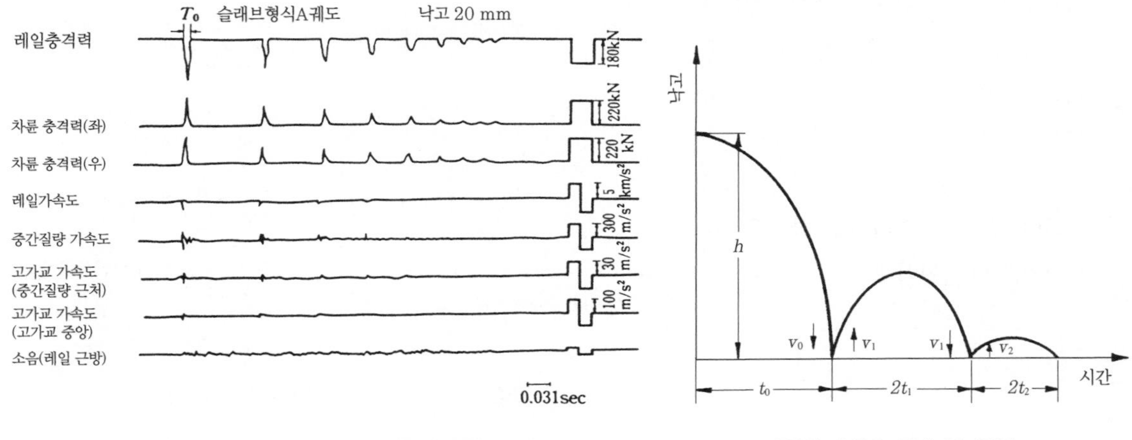

그림 4.7.1 윤축낙하시험 측정파형의 예

그림 4.7.2 윤축의 운동

$$\upsilon_0=\sqrt{2gh} \tag{4.7.1}$$

여기서, g : 중력 가속도 , h : 낙하 높이{통칭 '낙고(落高)' }
로 주어진다.
또한, 낙하속도와 비상하는 속도의 비

$$\frac{\upsilon_{i+1}}{\upsilon_i} \tag{4.7.2}$$

는 반발계수(反發係數)라 칭하며, 궤도의 감쇠계수에 직접 관계되는 중요한 계수이다.
여기서, 충격의 크기는 일반적으로 충격량(충격 力積)으로 나타내지만, 이것은

$$\psi_i = \int f(t)dt=M'(\upsilon_i - \upsilon_{i+1}) \tag{4.7.3}$$

여기서 ψ_i : 충격량(충격 역적), $f(t)$: 충격력, t : 시간, M' : 충격질량
으로 나타낸다.

4.7.3 윤축낙하와 열차주행과의 차이

윤축낙하와 열차주행의 큰 차이는 윤축낙하가 충격현상으로 확정과정인 것에 비하여 열차주행은 레일요철과 궤도틀림에 기인하는 확률과정이라 하는 점에 있다. 따라서, 전자는 응답함수를 현상의 푸리에 해석으로부터 직접 구함에 비해 후자는 그 파워의 응답에 관하여 푸리에 해석을 한다.

다음으로, 열차주행시에는 차륜과 레일이 접촉타원(contact patch)이라고 칭하는 유한의 범위에서 접촉하고 있으며, 이것이 차륜/레일간 요철의 파장에 대하여 필터로서 작용하는 점을 고려하는 것이 필요하게 된다. 즉, 접촉 길이보다 짧은 파장의 차륜 레일간 요철은 이 길이 중에서 평균되어 그 가진이 저감된다. 이에 대하여, 윤축낙하시험을 이용한 경우는 이 부분에도 가진주파수 성분을 갖게 되므로, 소음에 관계되는 고주파수 영역에서 열차주행시 진동의 예측을 위해서는 이 주파수 성분을 주행시의 필터 효과에 따라서 저감시켜야만 한다.

이 접촉타원의 장축을 $2a$라고 하면 이것은 $a=\alpha\sqrt[3]{\dfrac{PS}{K}}$ 으로 주어진다(제2.1.4(1)항 참조).

이 콘택트 패치(contact patch)에 따른 필터의 특성 $H(\Omega)$는 실제는 상당히 복잡하지만, 이 길이 사이에서 파형이 평균되는 것으로 고려함에 따라

$$H(\Omega)=\frac{1}{2a}\int_{-a}^{a}\cos(\Omega s)ds=\sin(\Omega a)/(\Omega a) \tag{4.7.4}$$

여기서, $\Omega = \omega/V$ 공간 원주파수, ω : 시간 원주파수, V : 열차속도, a : 접촉타원(contact patch) 길이의 1/2
로 나타낸다.
여기서, 이에 대한 차단 주파수의 정의인 저역통과(low pass) 부분의 일정 값에서 3 dB 내린 위치의 공간 주파수는 $\Omega \cdot a=1.4$로 주어지므로 차단 주파수 f_c는

$$\Omega a = \omega \cdot a/V=2\pi f_c a/V=1.4$$

$$f_c = 1.4V/(2\pi a)$$

로 되며, 열차속도 접촉타원(contact patch) 길이의 1/2인 a의 함수를 나타내어진다.

시험전차에서의 f_c를 $a=\alpha\sqrt[3]{\frac{PS}{K}}$ 식으로 계산하면

E = 210 GPa　　　　　　m=0.25

R_r = 60 cm　　　　　　R_w=49 cm

P = 73.5 kN　　　　　　V = 210 km/h

로 둠에 따라 a는 a=0.69 cm로 얻어지며, f_c는 $f_c \fallingdotseq$ 1900 Hz로 주어진다.

이를 나타낸 것이 **그림 4.7.3**이다. 이 차단 주파수 이상에서의 감소는 점선으로 나타낸 (4.9.4)식의 계산치도 고려하여 당장은 직선으로 근사시켜 6 dB/oct으로 하는 것으로 하였다.

한편, 열차통과에 따른 중첩 효과에 관한 환산 낙고에 대하여는 '제 4.2.12(4)항 윤축 낙하를 이용한 지상진동의 예측'에서 기술한 것과 같다.

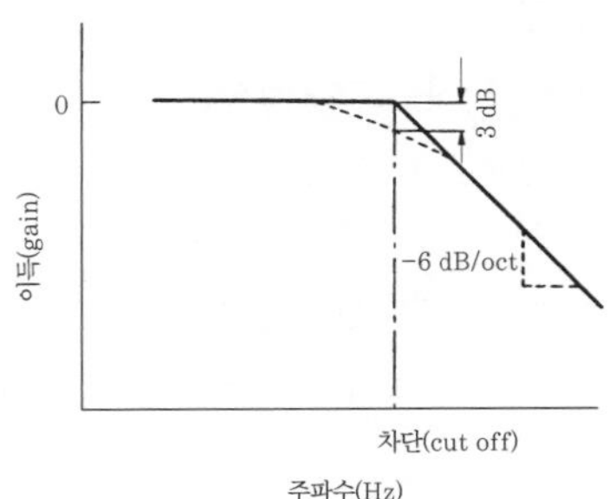

그림 4.7.3 접촉타원(conpact patch)에 따른 저감

4.7.4 궤도 특성치

윤축낙하시험에서는 각 궤도의 종합 특성치로서 먼저 제4.2.13항에서 기술한 윤하중변동에 관계되는 궤도 스프링계수와 궤도감쇠계수를 산출한다.

이것은 **그림 4.2.56**(윤축낙하시험모델)에 나타낸 모델에서 접면 스프링과 궤도 전체 계(系, 시스템)의 어드미턴스를 $1/(K+jC\omega)$(K : 궤도스프링계수, j : 허수단위, C : 궤도감쇠계수)이라고 고려하는 것과 등가이다. 이 경우에는 윤축이 궤도를 충격할 때의 레일 충격력 파형(**그림 4.7.1**)으로부터 충격력 지속시간 T_0와 비상 후의 공중 체재시간(**그림 4.9.2**) $2t_1$을 읽어 반발계수 υ_1/υ_0을

$$\upsilon_1/\upsilon_0 = gt_1/gt_0 = t_1/\ 2h/g \tag{4.7.5}$$

여기서, υ_0 : $2gh$: 초기 속도, g : 중력 가속도, h : 낙하 높이, t_o : 윤축의 낙하시간

로 구하며, 이 반발계수와 임계감쇠계수비 ζ의 사이에

$$\upsilon_1/\upsilon_0 = -\exp\left(-\zeta\frac{\pi-\tan^{-1}\dfrac{2\zeta\sqrt{1-\zeta^2}}{1-2\zeta^2}}{\sqrt{1-\zeta^2}}\right) \tag{4.7.6}$$

의 관계가 성립하기 때문에 궤도 스프링계수 K를

$$K=\frac{W}{g}\cdot\left(\frac{L}{T_0}\right)^2 \tag{4.7.7}$$

여기서, $L=\frac{1}{\zeta}\ln(\upsilon_1/\upsilon_0)$, W :윤축의 1/2 중량

로 구하고, 궤도감쇠계수 C를

$$C=2\zeta\sqrt{WK/g} \tag{4.7.8}$$

로 구하는 것이다.

(4.9.6)식을 도시한 것이 **그림 4.7.4**이다.

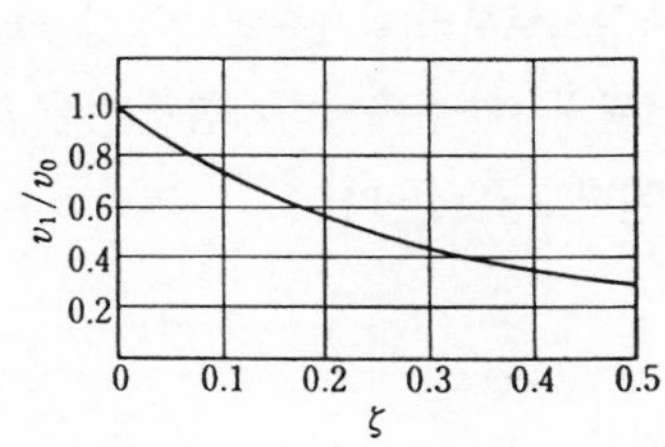

그림 4.7.4 ζ와 v_1/v_0의 관계

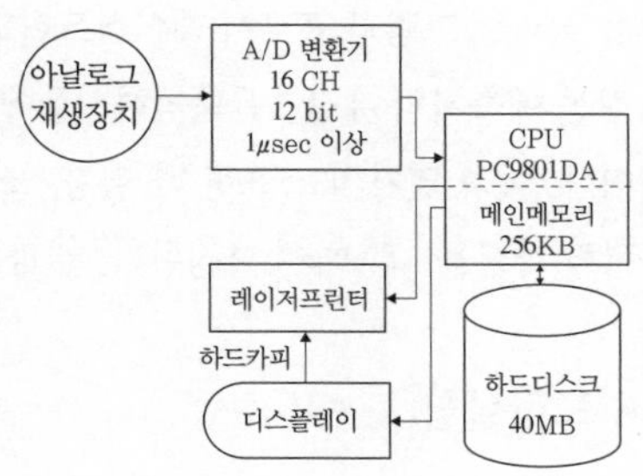

그림 4.7.5 하드웨어의 구성

4.7.5 윤축낙하 시험 시스템

이 시스템은 구체적으로 이것을 등재하는 CPU를 중심으로 한 하드웨어, 여기에서 데이터 처리의 환경을 구성하는 소프트웨어 및 어프리케이션으로서의 해석 시스템으로 이루어져 있다.

(1) 하드웨어

이 시스템을 구성하는 하드웨어로서는 **그림 4.7.5**에 나타낸 시스템을 전제로 한다. 이 시스템은 대별하면 다음의 3부분으로 되어 있다.

(가) CPU와 주변 기기 : CPU로는 PC98시리즈를 전제로 한다. 시스템 전체로서 일체로 취급하기 위해 스트리머(steamer)를 설치한다.

(나) A/D 변환기 : 아날로그 데이터로 기록되어 있는 윤축낙하시험의 데이터를 해석하기 위한 기본적인 부분이다.

(다) 레이저프린터 : 이 프린터는 프린터로서 뿐만 아니라 플로터로서의 기능도 갖고 있는 점이 특징이다.

(2) 해석 시스템의 구성

이 시스템은 윤축낙하시험의 실측 데이터를 이용하여 열차주행시에 발생하는 궤도와 지상의 진동을 예측하는 것을 목적으로 하고 있다. 시스템은 다음과 같은 4 개의 메인 프로그램으로 구성되어 있다.

(가) 파형입력 : 윤축낙하시험의 아날로그 데이터를 데이터레코더, 또는 계측기의 출력단자로부터 A/D 변환기를 이용하여 하드디스크로 디지털 데이터로서 입력하여 보존하는 것이다. 이후의 해석은 이 하드디스크에 보존되어 있는 데이터를 사용하므로 필요한 데이터를 최초에 모두 입력하여 두면 해석할 때마다 이 프로그램을 기동시킬 필요가 없다. 파형으로서는 윤축낙하 시험의 데이터와 함께 CAl(교정) 신호도 입력시켜 둘 필요가 있다.

(나) CAL(교정)치의 계산 : 파형은 전압치로 취입되므로 이것을 소정의 단위로 환산할 필요가 있다.

이 환산치를 계산하는 것이 이 프로그램이다. (가)에서 취입한 CAl 신호를 읽어서 환산치를 하드디스크에 보존하므로, 같은 CAL 신호로 데이터를 해석하는 경우에는 CAL치를 계산할 필요가 없다.

(다) 궤도 특성치 계산 : 윤축낙하시험에서 레일충격력 파형으로부터 궤도의 강성과 감쇠계수를 구하는 프로그램이다. 결과는 그림과 표로서 레이저프린터로 출력된다.

(라) 진동 예측치의 계산 : 윤축낙하시험에서 궤도와 지표의 가속도 파형으로부터 열차주행시의 진동을 예측하는 것이다. 예측 열차의 스프링 하 질량, 또는 레일 차륜간의 접촉스프링계수가 윤축낙하시험과 다른 경우는 레일 충격력 파형을 이용하여 보정한다. 결과는 그림과 표로서 레이저프린터로 출력된다.

4.7.6 모형실험

상기에서는 실물 궤도의 윤축낙하시험을 하여 주행열차 아래에서 발생하는 현상을 예측하는 것이지만, 이것을 더욱 일보 진보시켜 모형으로 시행하는 것도 가능하다.

이 경우에 실험으로부터 곧바로 해를 얻기 위해서는 물리법칙을 구속하는 것이 필요하게 된다. 이 윤축낙하에서는 윤축이 레일에 충돌할 때의 속도가 원형의 시험과 같게 되도록 하고 진동 현상을 지배하는 관성법칙(첨자 i)과 충돌 현상을 지배하는 탄성법칙(첨자 e)을 구속한다.

이 경우에는 다음과 같이 된다.

$$F_i = m\alpha = (\rho L^3)\times(L/T^2) = \rho L^4 T^{-2} \tag{4.7.9}$$

$$F_e = \sigma L^2 = (E\varepsilon)\times(L^2) = EL^2\varepsilon \tag{4.7.10}$$

여기서, F : 힘, m : 질량, α : 가속도, ρ : 밀도, L : 길이의 기본 물리량, T : 시간의 기본 물리량
σ : 응력, E : 탄성계수, ε : 스트레인

여기서, 이 양쪽 식의 비(π 넘버)로 상사식을 구속하고 있으므로 모형에 원형과 같은 재료를 사용함에 따라 이것은 다음과 같이 주어진다.

$$\pi_P = \frac{F_{Pi}}{F_{Pe}} = \frac{\rho L^4_P T_P^{-2}}{EL^2_M\varepsilon} \tag{4.7.11}$$

$$\pi_M = \frac{F_{Mi}}{F_{Me}} = \frac{\rho L^4_M T_M^2}{EL^2_M\varepsilon} \tag{4.7.12}$$

여기서 P : 원형, M : 모형

원형과 모형이 상사되기 위해서는 양자의 π넘버를 일치시킴으로써 (4.9.11)식과 (4.9.12)식의 우변을 등식으로 잇는다.

$$\frac{\rho L^4_P T_P^{-2}}{EL^2_P\varepsilon} = \frac{\rho L^4_M T_M^{-2}}{EL^2_M\varepsilon} \tag{4.7.13}$$

이것에서 다음 식을 얻는다.

$$\frac{L_P}{T_P} = \frac{L_M}{T_M} \tag{4.7.14}$$

이에 따라서 이 실험에서 기본 물리량 간의 관계를 **표 4.7.1**과 같이 얻을 수가 있다.
이와 같은 모형 실험에 따른 시험결과는 실물을 이용한 시험결과와 좋게 합치된다.

표 4.7.1 각 값의 상사비

항목	단위	기본물리량	상사비
길이	m	L	5
면적	m^2	L^2	25
질량	kg	M	125
시간	s	T	5
힘	N	MLT^{-2}	25
응력	N/m^2	$ML^{-1}T^{-2}$	1
궤도스프링계수	MN/m	MT^{-2}	5
궤도감쇠계수	KN · s/m	MT^{-1}	25
속도	m/s	LT^{-1}	1
가속도	m/s^2	LT^{-2}	1/5
주파수	Hz(l/s)	T^{-1}	1/5
충격량(충격역적)	kg · m/s	MLT^{-1}	125

4.7.7 궤도 스프링 감쇠계수와 궤도 스프링 계수의 관계

윤축낙하시험에서는 그 결과의 하나로서 궤도 스프링계수와 궤도감쇠계수를 구한다. 이들은 제4.2.13항의 윤하중변동에 관계하는 것으로 제4.7.4항의 방법으로 구한다.

고속철도에서 주행안전과 재료보전을 위해서는 윤하중 변동을 일정한 범위 이하로 유지하는 것이 필수적이라는 점은 이미 널리 알려져 있는 바이며, 선형이 유지되는 범위에서는 **그림 4.2.66**의 모델을 이용하면 좋다고 알려져 있다. 이 모델에서 최상부의 질량은 차량의 스프링 하 질량이며, 중간부의 질량은 레일의 유효질량을 나타낸다. 여기서, 레일의 질량은 파장이 수 cm 정도까지인 레일두부의 미세한 요철에 관계되어 중요하게 되며, 이와 같은 요철은 레일의 마모 과정에서 성장하지만, 특히 레일의 용접부에서는 그 재질변화에 기인하여 현저하게 된다. 그 크기는 통상 0.4 mm 정도까지의 범위에 있으나 기울기의 변화가 크기 때문에 이 개소에서 예리한 윤하중 변동이 발생한다. 그러나, 이것은 고주파인 것도 있어 감쇠가 크기 때문에 단발(單發)의 현상이 되므로, 그 파워는 그렇게 큰 것이 아니고, 또한 중간 질량 이하에는 큰 영향을 미치지 않는다고 생각된다.

한편, 그 위의 스프링 하 질량과 궤도스프링으로 형성되는 계(시스템)의 감쇠가 그다지 크지 않기 때문에 진동이 지속하고 이로 말미암아 레일에 파상마모가 발생하거나, 또는 굴곡이 생기는 등 많은 문제를 발생시킨다. 따라서, 이 스프링 하 질량과 궤도스프링으로 형성되는 계에서 궤도 스프링계수와 궤도 감쇠계수가 이 스프링 하 질량에 따른 윤하중 변동과 어떠한 관계가 있으며, 윤하중 변동을 적절한 범위로 억제하기 위해서는 어떠한 대책을 취할 수 있는가가 중요하게 된다. 이 스프링 하 질량과 궤도스프링은 **그림 4.2.63**의 관계와 (4.2.11)식을 이용하여 다음과 같이 나타낸다.

$$V\{\Delta W\}=A/\pi \cdot V^2KM(1+\sqrt{KM/C}) \quad (4.7.15)$$

여기서, $V\{\}$: 분산 , ΔW : 윤하중 변동, A : 레일요철 파워의 분포계수, V : 주행속도, K : 궤도스프링계수
M : 스프링 하 질량, C : 궤도스프링 감쇠계수

이 식에서 A=2×10^{-7}, V=210 km/h, K=50 tf/cm, M=1.2 t, C=100 kgf · s/cm로 하면 윤하중변동의 표준편차 $S\{\Delta W\}=\sqrt{V\{\Delta W\}}$=1,204 kgf로 된다. 여기서, A의 값은 5×10^{-7}에 비하면 작으나, 문헌에서는 최대치에 가까운 값으로 하여 고려하였으므로 이 값을 평균치로서 고려하는 것은 타당하다. K와 C의 값은 표준치로, V, M 값은 문헌과 동등하게 고려하여 계산한 결과는 8 tf의 15 %이며 현상치와 합치하고 있다.

(4.9.15)식을 변형하여 궤도 스프링 감쇠계수를 궤도 스프링계수에 대하여 나타내면 다음과 같이 된다.

$$C=\sqrt{M}\ K^{1.5}/[S\{\Delta W\}^2\pi/(AMV^2)-K] \quad (4.7.16)$$

윤하중 변동이 윤하중의 약 15 %의 경우인 $S\{\Delta W\}$=1,203.18의 경우로서 레일요철의 진폭계수 A=2×10^{-7}, 1×10^{-7} 및 0.5×10^{-7}에 관하여 V=210 km/h에서 M=1.2 t과 V=270 km/h에서 M=1.0 t인 경우에 대하여 계산하여 실측결과와 비교한 것이 **그림 4.7.6**이다. 이 결과를 V=210 km/h인 경우에 대하여 나타낸 것이 실선이며, 윤하중 변동을 종래와 같이 윤하중의 15 % 정도로 유지하기 위해서는 A=2×10^{-7}보다 약간 작은 값을 경계로 하여 자갈궤도에서는 이보다 A의 값이 커도 좋지만, 슬래브궤도의 경우에는 이보다 작은 값으로 할 필요

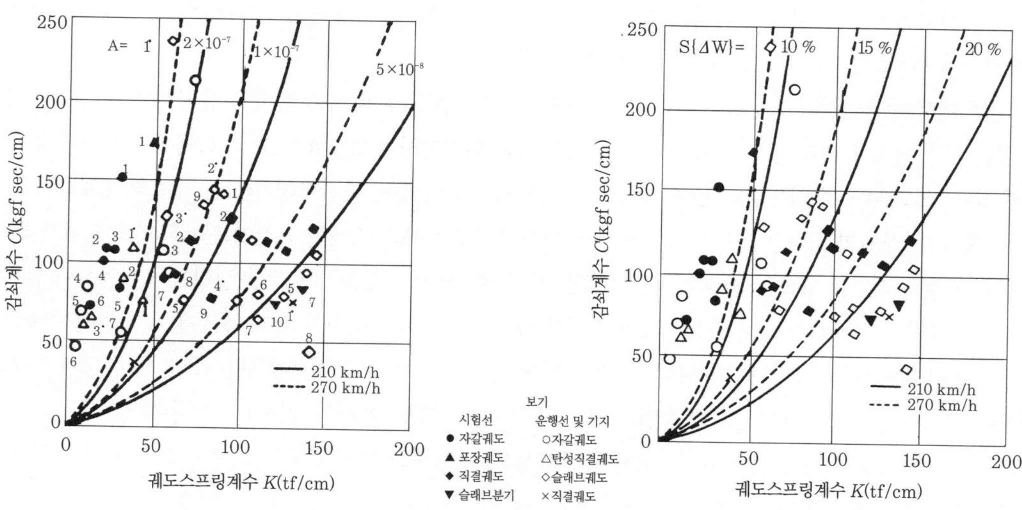

그림 4.7.6 윤하중 변동을 일정하게 유지하는 궤도 스프링 계수와 궤도감쇠 계수

그림 4.7.7 윤하중 변동에 대한 경우

가 있다. 점선의 270 km/h인 경우에는 이보다 약간 엄격하게 된다.

다음으로 레일 요철의 진폭을 일정치 $A=2\times10^{-7}$로 유지하여 속도와 스프링 하 질량을 상기의 경우에 대해서 윤하중 변동의 표준편차가 10 %에서 20 %로 변화한 경우를 계산한 것이 **그림 4.7.7**이다. 실선으로 나타낸 속도 210 km/h의 경우를 보면 자갈궤도의 경우에는 이것으로 윤하중 변동을 거의 15 % 이하로 유지시킬 수가 있지만, 슬래브 궤도의 경우에는 이보다 크게 된다. 점선의 270 km/h 운전의 경우에는 이보다 약간 엄하게 된다.

또한, 윤하중 변동을 일정하게 유지하는 궤도 스프링 감쇠계수의 궤도 스프링 계수에 대한 관계는 스프링계수가 작게 되면, 궤도 스프링 감쇠계수는 가속적으로 작아져 좋은 것으로 된다. 자갈궤도에서는 1차 비례적으로 감소하는 경향이 보여지므로 한층 유리하게 되는 부분이 있으며, 슬래브 궤도에서는 스프링계수를 저감시키면 감쇠계수가 증가하는 경향이 있는 것에 따라 자갈궤도의 영역에 달하고 있지만, 그 후에 개발된 각종 탄성침목 직결궤도는 완전히 자갈궤도의 범위에 있다.

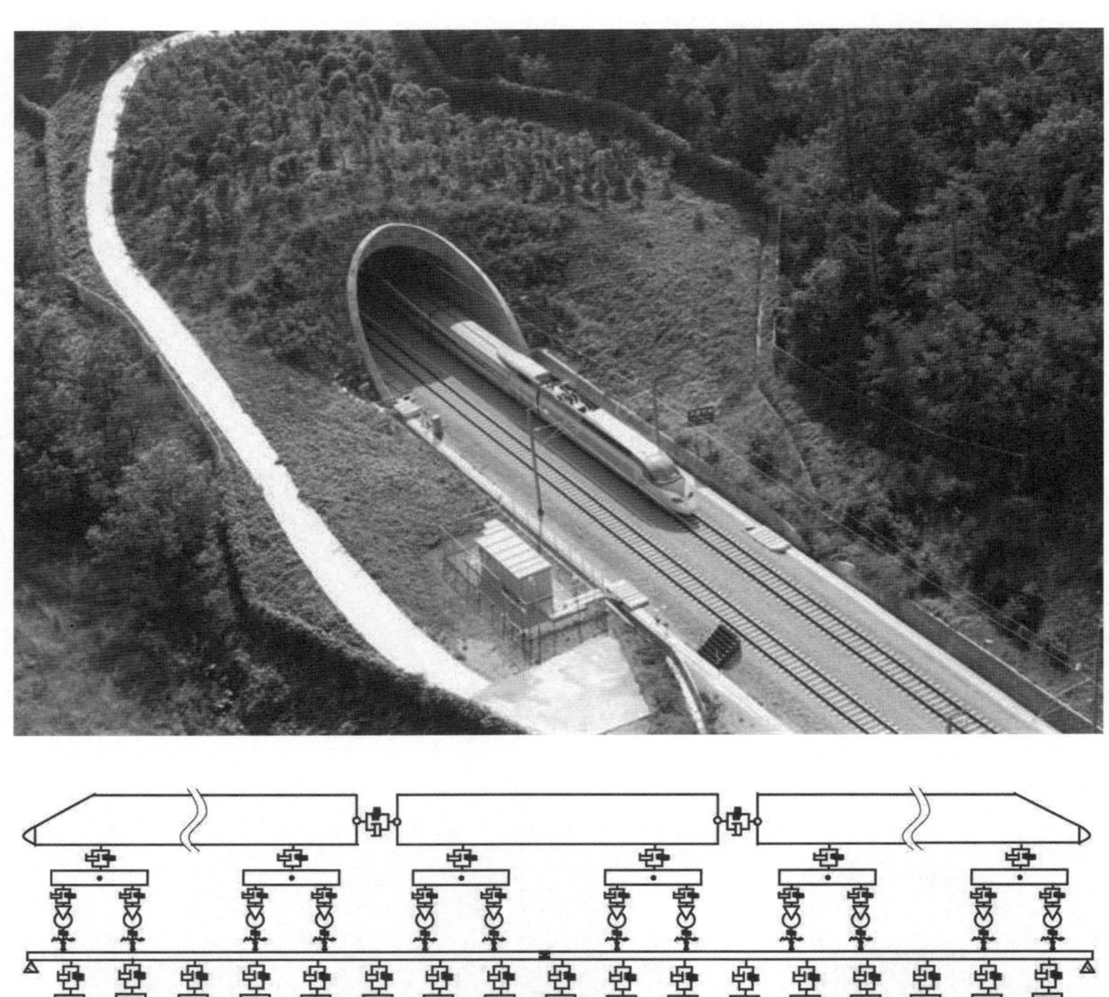

High-speed train/track coupling model

제5장 궤도역학 및 궤도구조(자갈궤도) 설계

5.1 궤도구조(자갈궤도) 설계의 기본적인 고려방법과 구성

5.1.1 자갈궤도 설계의 기본적인 고려방법

궤도구조(軌道構造, track structure)는 열차하중의 지지(支持)와 열차주행의 안내(案內)라고 하는 중요한 역할을 수행하며, 열차의 주행 안전성이나 쾌적성(진동 승차감)이 충분히 확보될 수 있어야 한다. 궤도 설계에서는 이를 위하여 먼저, 일반의 토목 구조물과 마찬가지로 궤도부재의 강도와 내구성에 관한 검토가 필요하다. 더욱이, 자갈 궤도의 경우는 열차의 반복 통과로 인한 도상자갈이나 노반의 점진적인 침하 · 변형의 발생 · 성장(궤도틀림의 진행)에 따른 궤도형상(track geometry)의 복원 · 보수 작업이 일상적으로 필요하기 때문에 유지하여야 할 궤도상태나 보수능력 등을 고려하면서 궤도틀림 진행에 관한 검토를 행하는 것이 필요하게 된다(**그림 5.1.1**).

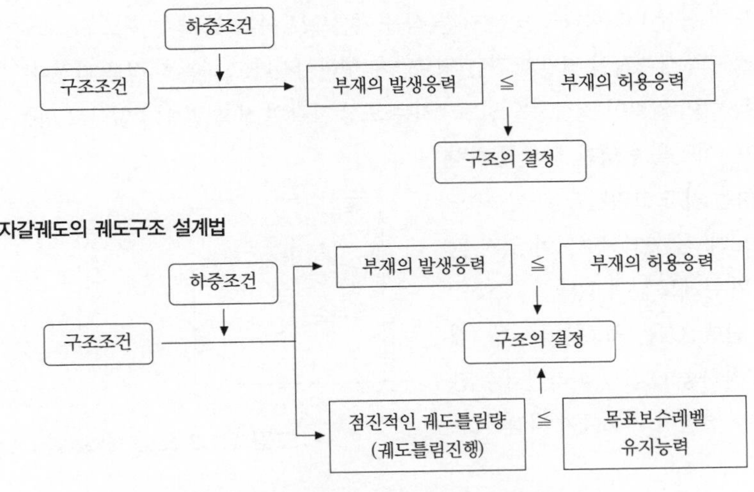

그림 5.1.1 자갈궤도의 구조설계법의 특징

5.1.2 자갈궤도 설계법의 현상과 앞으로의 방향

(1) 상하방향의 열차하중에 대한 자갈궤도의 설계법

상하방향의 열차하중에 대한 자갈궤도의 설계법으로서 종래부터 다음의 두 방법이 일반적으로 이용되어 왔으며, 목적에 따라 독립된 활용이 꾀하여지고 있다.

1) 궤도부재의 발생 응력에 관한 조사 ; 열차하중 조건과 궤도구조 조건으로부터 궤도 부담력을 구하고 이에 따른 궤도부재의 발생 응력과 허용 응력을 조사하여 궤도구조의 타당성을 확인하는 방법이다. 열차하중 조건으로서는 대상 선구에서 최대 하중으로 되는 열차 · 차축에 착안하는 것으로 된다.

2) 궤도틀림(軌道變位) 진행(growth of track irregularity)에 관한 조사 ; 대상 선구의 전(全)열차 · 차축을 대상으로 한 열차하중 조건과 궤도구조 조건으로부터 열차의 반복 통과에 따른 도상 자갈이나 노반의 점진적인 침하량을 구한다. 한편으로는 목표 보수레벨로 되는, 차량주행 특성치(예를 들면, 차량동요)의 한도 치에 대응한 궤도 상태를 구한다. 이들을 종합하여 열차속도나 수송량에 대응한 형으로 소정의 궤도보수 레벨을 유지하기 위하여 필요한 보수작업 조건이나 궤도구조 조건을 구하는 방법이다.

이 가운데 2)의 방법에 관련된 이론으로서는 일본에서 1955년대와 1975년대에 각각 제안된 궤도파괴 이론이나 궤도틀림 진행 S식 등이 있다[7]. 이하에서는 이들을 중심으로 설명한다.

여기서 먼저 궤도파괴(틀림의 진행)에 대하여 설명한다. 재료 갱환 작업을 제외한 궤도틀림을 고치는 궤도보수 작업에서 70 %가 다지기 작업으로 궤도 침하에 기인한 면(고저)틀림에 관계한 작업이다. 그래서, 이 궤도의 침하를 주체로 궤도보수 작업량을 정량화하기 위한 이론의 확립이 진행되어 왔다. 궤도틀림의 성장(成長)은 원활한 차륜 주행로를 실현한다고 하는 궤도 본래의 기능을 해친다고 하는 점에서 일본에서는 표현이 약간 엄하지만 "궤도 파괴{track (geometry) deterioration}"라고 칭하고 있다.

궤도파괴(틀림의 진행)의 이론(제5.2.6항 참조)은 도상 자갈의 침하 속도가 여기에 가해지는 침목 하면 압력과 도상 진동가속도의 곱에 비례한다고 하는 이론 식을 기본으로 하고 있으며, 궤도구조 조건과 열차하중 조건을 이용하여 궤도강도의 상대적인 평가가 간단 명료하게 행하여진다고 하는 이점을 가진다. 그런데, 최근의 연구에 의거하면 침목 하면 압력이 일정치를 넘기까지는 도상 자갈의 잔류 변형이 없다고 하는 실험 결과를 얻고 있으며(**그림 5.1.2**), 이것을 반영한 도상 침하량의 산정식을 이용하는 것도 고려된다. 또한, 궤도파괴 이론에서는 노반 침하가 고려되어 있지 않다고 하는 실용 면의 문제도 남아 있다.

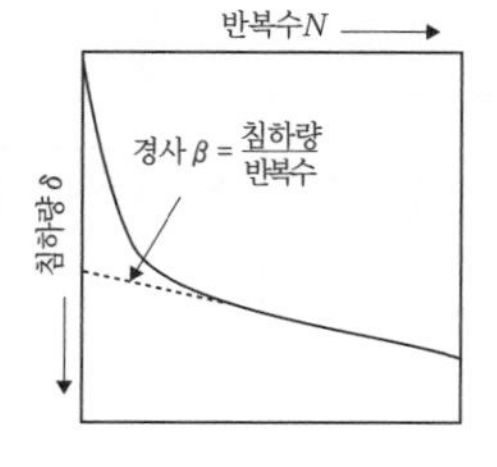

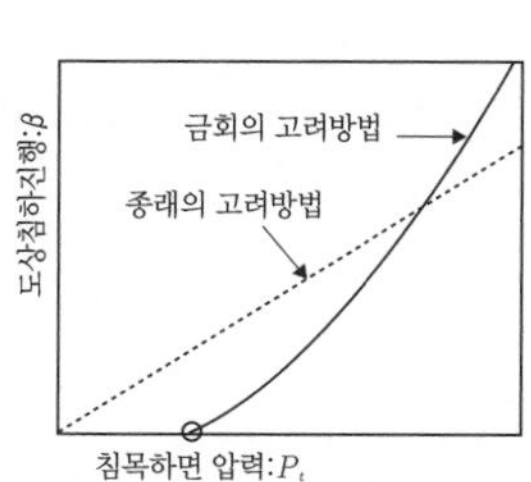

그림 5.1.2 도상 침하량의 산정법

한편, 궤도틀림 진행 S식은 궤도틀림 진행, 궤도구조 조건 및 열차하중 조건을 파라미터로 한 중회귀 분석을 행한 결과에 기초하여 다음 식으로 나타낸다.

$$S = 2.1 \times 10^{-3} \cdot T^{0.35} \cdot V \cdot M \cdot B \cdot R \tag{5.1.1}$$

여기서, S : 고저틀림 진행(mm)　　　　　　　　T : 통과 톤수(백만 톤/년)

V : 선구의 평균 속도(km/h)　　　　　　　M : 구조계수(제5.2절 참조)

B : 이음매계수(이음매의 유무를 나타내는 계수, 제1장의 **표 1.4.2**)

R : 노반계수(노반의 상태를 나타내는 계수, 제1장의 **표 1.4.3**)

이 궤도틀림 진행 S식은 열차의 속도와 궤도구조 기준의 형으로 실용되고 있으며[7], 그 타당성도 평가되고 있다. 다만, 열차하중 조건이 평균 속도와 통과 톤수라고 하는 대략적인 지표로 나타내어져 있기 때문에 대상 선구에 대한 열차구성의 분산을 고려한 동적인 열차하중과 궤도 침하량을 산정할 수 없는 점이나 궤도틀림 진행이 통과 톤수의 0.35승에 비례하는 형으로 되어 있기 때문에 열차의 반복하중에 대한 선형성이 없는 점 등, 설계방법으로서는 취급하기 어려운 면을 갖고 있다.

그렇다 하더라도, 1)의 방법에 대하여 레일 등 궤도부재의 응력 조사에 관한 방법이 입선관리 규정이나 궤도구조 정비기준 등에 반영되어 있으며[7], 동적 열차하중의 산정이나 신재료의 적용 등에 약간의 문제를 남기고 있기는 하나 설계법으로서의 체계화는 충분히 가능하다. 더욱이, 궤도구조에 관하여는 설계 최고속도와 설계 통과 톤수의 구분에 대응한 자갈궤도의 구조기준이 마련되어 있다. 이것은 기존의 궤도구조를 레일 중량, 침목 개수, 도상 두께의 3 항목에 적용하여 분류하고 전술의 궤도파괴 이론의 구조계수(structure factor)를 참고로 하면서 각각의 랭크에서의 기준을 뽑아 낸 것이며, 기존의 궤도구조를 배려하여 정해진 안전확보를 위하여 최저한으로 필요한 구조 기준이다. 따라서, 이 기준을 보완하여 전술의 2 방법을 종합한 합리적인 설계법이 필요하다.

(2) 좌우방향의 열차 하중에 대한 자갈궤도의 설계법

곡선통과 속도(curve running speed) 향상에 수반하여 좌우방향의 열차하중(횡압)에 대한 자갈궤도의 궤도강도를 정량적이고 합리적으로 평가하는 방법의 필요성이 점점 더 높아지고 있다. 지금까지 곡선부 궤도구조의 설계 · 평가에는 스파이크의 밀림 · 뽑힘이나 레일 체결장치의 피로 · 손상, 급격한 줄 틀림 등에 착안한 궤도부재의 응력 조사에 관한 방법이 이용되어 왔다. 특히, 열차의 속도와 궤도구조 기준의 곡선부에서의 최고 속도와 궤도구조에 관한 규정은 레일 체결장치(스파이크 포함)의 횡압 강도에 착안하여 정해진 것이다[7].

그러나, 큰 캔트 부족량(不足量)을 허용(許容)하면서 곡선부를 고속으로 주행하는 진자(振子)차량(tilted train,

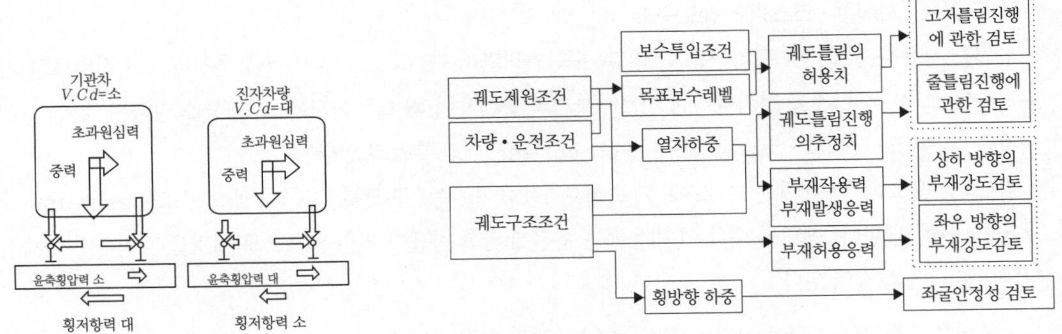

그림 5.1.3 곡선부에서의 열차 하중의 이미지

그림 5.1.4 자갈궤도구조의 설계방법의 구성

pendulum train) 등의 발생 횡압은 초과 원심력이나 좌우 동요에 기인하는 좌우방향의 차체 관성력 및 이음매부 등에서의 차륜 충격에 기인하는 윤축 횡압이 주체이며, 차륜/레일간의 마찰력에 기인하는 곡선전향 횡압의 영향은 상대적으로 작다. 게다가, 차량의 경량화에 따라 궤도의 횡 이동에 대한 저항력이 상대적으로 감소하는 것을 고려하면, 윤축 횡압으로 인한 좌우방향의 궤도 변형(track deformation)에 관한 검토가 보다 중요하게 된다(**그림 5.1.3**). 따라서, 속도향상 시험시의 확인 항목으로서 활용되어 왔던 급격한 줄 틀림의 횡압 강도나 좌우방향의 반복 재하에 기인하는 줄 틀림 진행을 고려한 곡선부 궤도구조의 설계 · 평가법의 확립이 필요하다.

(3) 장대레일의 좌굴 안정성

궤도의 최대 약점인 레일 이음매를 제거하기 위해서는 레일 장대화의 추진이 극히 유효하지만, 자갈궤도에 장대레일을 부설하는 경우, 온도상승 등에 기인하는 레일 축 압력(軸壓力, axial compression force)에 대한 좌굴(挫屈) 안정성의 확보가 중요한 조사 항목으로 된다. 장대레일 좌굴 안정성 해석의 방법으로서는 상정한 좌굴 파형에 대하여 레일 축 압력으로 인한 외력 에너지와 좌굴 저지 저항력에 따른 내력 에너지의 평형과 "가상일의 원리"를 응용한 장대레일 좌굴 이론이 1955년대에 제안되었다. 그 후 각종 실험이나 이론의 심도화가 진행되어 왔지만, 현재는 가일층의 고속화에 수반하는 열차하중의 변동을 억제할 목적으로 장대레일의 적용 범위를 급곡선 구간이나 분기기 구간으로 확대하는 경우에 대한 필요조건의 명확화가 요구되고 있다.

(4) 자갈궤도구조 설계법의 구성

전항에 기술한 상황을 배경으로 하여 새로운 고찰을 가한 형으로서 궤도구조(자갈궤도)의 설계법을 ① 궤도 틀림의 진행에 관한 조사, ② 부재 · 궤광의 발생 응력에 관한 조사, ③ 궤도의 좌굴 안정성에 관한 조사 등의 3 항목으로 구성한다(**그림 5.1.4**).

이하의 각 절에서는 상기 3 항목의 조사에 필요한 "궤도구조 해석법"과 "열차하중 산정법" 및 상기 3항목의 구체적인 조사방법에 대하여 기술한다. 더욱이, 궤도구조를 구성하는 각종 재료의 특성치 등에 관하여는 제2장을 참조하기 바란다.

5.1.3 최적(最適) 궤도구조

(1) 라이프 · 사이클 · 코스팅과 궤도구조

장기간 사용하는 설비에 관하여는 단지 그 취득 가격만이 아니고, 그 후 이것을 운전하고(운전비), 그 기능을 유지하며(보전비), 이것을 철거하기에 이르기까지의 총비용이 최소로 되도록 그 구성을 정하는 것이 요구된다. 이것을 "라이프 · 사이클 · 코스팅" (life cycle costing)이라 부르고 있다.

철도의 궤도에 관하여는 이것에 기초하여 정하여지는 구조를 "최적 궤도구조(optimum track structure)"라 한다. 궤도에 대한 이 비용에는 운전에 관한 비용이 거의 없으므로 이것을 제외하며 구체적으로 나타내면 다음과 같이 된다.

$$\begin{aligned}\text{총비용} &= \text{투자액} - \text{잔존 가격} + \Sigma\,(\text{투자액} - \text{감가 상각}) \times \text{이율} \\ &\quad + \Sigma\,(\text{보수 인건비} + \text{보수 물건비})\end{aligned} \tag{5.1.2}$$

이와 같은 사상에 기초하는 궤도구조의 검토는 일본에서 1950년대에 확립된 궤도파괴 이론에 따라 궤도보수비가 정량화된 것에 의거하여 토카이도 신칸센 궤도구조의 선택에 적용되었다[8]. 그 상세는 생략하지만, 참고적으로 그 일부로서 신칸센 건설 시의 궤도구조 산정은 다음과 같았다. 이 때 궤도보수 산정의 기초에는 독일연방 철도 1급선의 실적이 이용되었다.

보수한도를 X, 보수주기를 N(년)으로 하면, 궤도파괴와 궤도틀림 진행이 비례하는 것에서 하중계수(load factor) L과 구조계수 M의 곱으로 나타낸 궤도파괴 계수는

$$L \cdot M = C \cdot \frac{X}{N} = C \cdot P \tag{5.1.3}$$

로 나타내어진다. 여기서, P는 년간 궤도틀림 진행을 나타낸다. C는 비례계수이며, 토카이도 신칸센의 궤도구조를 독일의 궤도틀림 진행에 관한 비율로 검토하였다. 참고적으로, 이 때 독일의 궤도구조는 일본에서 표준으로 고려한 구조에 대하여 **표 5.1.1**에 따라 구조 계수비를 1.28로 하였다.

표 5.1.1 궤도구조의 계산 예

항목			단위	독일	일본 표준
궤도구조	레일		kg/m	49	50
	침목 종별			B55	B55
	간격	(a)	cm	60	63
	편측 지지면적	(B)	cm^2	2,210	2,210
	패드 스프링계수	(D_1)	tf/cm	300	100
	도상 두께	(d)	cm	35	30
	도상계수	$C=\frac{10d}{15}\cdot 9.8$	kgf/cm^3	23	20
도상압력 (윤하중 1 tf)	도상침하계수	$D_2=BC$	tf/cm	52	43
	레일지지체 침하계수	$D=\frac{D_1 D_2}{D_1+D_2}$	tf/cm	44	30
	레일압력	(P)	tf	0.42	0.39
	도상압력	$p_b=\frac{P}{B}$	kgf/cm^2	0.19	0.18
도상 가속도	지지 질량	(m)	kg	576	552
	도상가속도	$\ddot{y} \propto \sqrt{D_1}\cdot\frac{1}{\sqrt{m}}$		$7^2\times10^{-2}$	45×10^{-2}
충격계수	단위 레일지지 침하계수	$k=\frac{D}{a}$	kgf/cm^2	734	556
	레일강성	(EI)	kgf/cm^2	377×10^7	366×10^7
	$\beta=\sqrt[4]{\frac{k}{4EI}}$		cm^{-1}	1.48×10^{-2}	1.36×10^{-2}
	충격계수	$S\propto\frac{1}{EI\beta^2}$		1.21×10^{-6}	1.60×10^{-6}
구조계수	$M=p_b\cdot\ddot{y}\cdot S=\frac{P}{B}(\sqrt{D}\cdot\frac{1}{\sqrt{m}})(\frac{1}{EI\beta^2})$			$1{,}655\times10^{-10}$ (1.28)	$1{,}293\times10^{-10}$ (1)

(2) SD 이론에 의한 비용 최소의 궤도구조

(가) SD 이론

시스템 · 다이나믹스(system dynamics, SD) 이론(理論)이란 그 이름이 나타내는 것처럼 시스템의 시간적 특성과 시간경과 변화를 해석하기 위한 것이며, 그 해석에 이용하는 모델을 SD 모델이라고 약칭한다.

SD 모델은 수많은 요소로 구성되어 있는 시스템을 요소간의 상호관계에 의거하여 피드 백 · 루프로서 파악하고 이 루프를 이용하여 구동되는 시스템의 여러 상(相)을 시간적 변화에 대하여 기술하는 것이며, 시스템의 여러 요소간의 관계에 대응하는 관계식을 설정하고 이들의 관계식 군(群)을 이용하여 시간 변화에 따른 시스템 요소의 상태 변화를 축차적으로 구하여 가는 시뮬레이션 모델로서 구축되어 있다.

궤도관리 시스템(track control system)도 대부분의 시스템과 같이 하나의 다이나믹 시스템이므로 기왕의 많은 연구조사의 결과를 채용하여 궤도틀림 상태의 시간경과 변화에 대한 SD 모델의 설정과 실제 문제에 대한 적용이 시도되었다[8]. 이하에 이 모델의 개요를 소개한다.

(나) 모델의 개요

SD 모델의 기본적인 구도는 **그림 5.1.5**와 같은 것으로 이것에 대하여 다음과 같은 관계식이 설정된다.

$$LEV.K = LEV.J + RT.JK \cdot DT \tag{5.1.4}$$

$$RT.JK = F(LEV.J,\ \ IV.J, \overline{O}V) \tag{5.1.5}$$

여기서, $LEV.J$: 시스템 요소 LEV의 J시점의 상태

$RT.JK$: LEV의 시점 $J-K$간 (DT)의 변화율

$IV.J$: LEV에 관계하는 내생(內生)변수의 J 시점의 상태

$\overline{O}V$: LEV에 관계하는 외생(外生)변수의 상태

($IV.J$, $\overline{O}V$는 일반적으로 복수 개)

이들의 식은 어떤 시스템 요소의 단위 시간 (DT)에서 상태 변화와 그 변화율의 구조를 나타내는 것으로 (5.1.4) 식은 레벨(level) 방정식, (5.1.5) 식은 레이트(rate) 방정식이라 부른다. 여기서, 내생(內生) 변수(endogenous function)란 레벨 방정식이나 관계식으로 정해지는 시스템 요소의 상태를 말하며, 외생(外生) 변수(exogenous function)란 시스템에 대한 외적 조건으로 주어지는 시스템 요소에 대한 상태를 말한다. 외생 변수는 시간에 무관계인 것이 많지만, 시간변수라도 좋다.

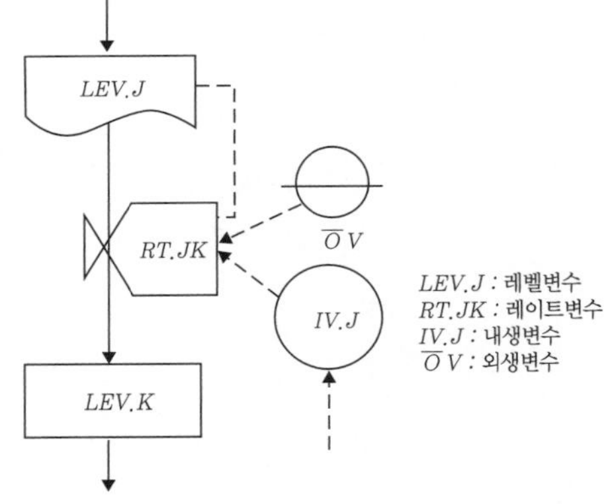

그림 5.1.5 SD 모델의 기본적 구도

그림 5.1.6은 시스템 요소의 상태에 대한 시간적 흐름을 나타내는 플로(흐름)도라고 부르는 것으로 다수의 시스템 요소의 관계가 이와 같은 플로도의 조합으로 모델화한 형으로서 나타내는 시스템 전체의 플로도와 플로도에 포함되는 여러 요소간의 상태에 대한 관계식 군을 정함으로써 SD 모델이 구축된다.

이와 같은 방법에 의거하여 다음과 같은 고려 방법으로 시스템 플로 및 여러 요소간의 관계식 군을 정하여 궤도틀림의 시간경과 변화에 대한 SD 모델을 설정한다.

① 궤도틀림 상태(레벨변수 ; level function)는 궤도틀림 진행에 따라 열화되며, 단위 시격마다 외생 변수로서 주어지는 정비 기준으로 조사된다. 정비기준에 저촉되어 있으면 보수가 행하여지고, 저촉되지 않으면 그 상태에서 열화가 진행된다.

② 틀림 진행(레이트 변수 ; rate function)은 외생 변수인 수송조건과 궤도의 구조조건(노반 포함) 및 내생 변수인 궤도재료(track material) 상태의 함수로서 정해진다.

③ 궤도틀림의 보수 정도는 외생 변수로서 주어지는 일정한 보수율과 내생변수인 궤도상태에 의거하여 정해진다.

④ 레일, 레일패드 및 도상의 상태가 틀림 진행에 관계되는 것으로 하고, 이들 재료 상태를 레벨변수로 하는 시간경과 변화 모델을 포함한다.

⑤ 재료상태의 시간경과 변화에 대한 레이트 변수는 외생 변수인 수송조건과 궤도조건 및 내생 변수인 재료 상태의 관계로서 정한다.

⑥ 재료는 외생 변수로서 주어지는 일정의 갱환 기준에 따라서 갱환된다.

그림 5.1.6의 플로도는 전(全)시스템을 궤도틀림에 관한 부분과 궤도재료에 관한 2 개의 섹터로 나누고 있다.

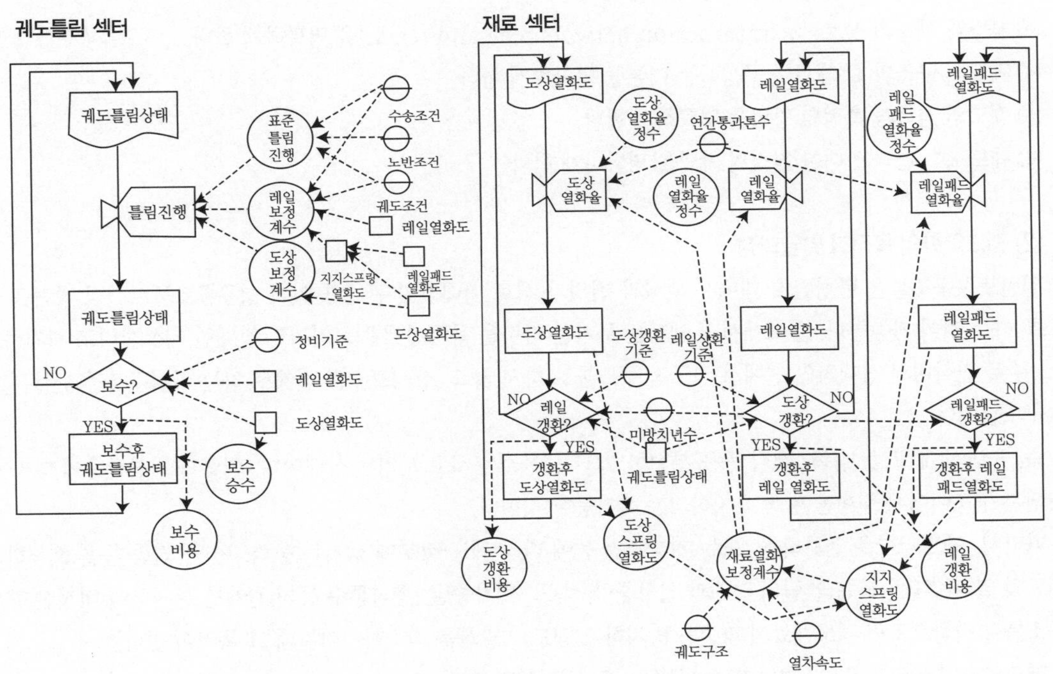

그림 5.1.6 모델의 플로도

5.2 궤도역학 및 궤도구조 해석법

5.2.1 궤도에 작용하는 힘

(1) 궤도역학(軌道力學, track dynamics)

궤도에 관한 연구 · 개발은 궤도가 지지하는 차량과의 조합 하에서 최적화를 추구함으로써 진행되지만, 구체적으로는 다른 경험공학의 경우와 마찬가지로 종래의 실적을 먼저 이론화하고 이것을 확장함으로써 성립된다. 요컨대, 궤도역학의 이론적 골격 위에 궤도재료를 하드웨어로 하여 구체적인 궤도구조가 성립되며, 궤도관리의 소프트웨어 중에서 보선작업이라고 하는 실무로 그 기능을 유지하는 것으로 된다(**그림 5.2.1**). 궤도역학의 좀 더 상세한 내용은 《궤도역학 1, 2》 [264], 《최신 철도선로》 [271], 《선로의 설계와 관리》[269], ≪궤도 동역학 입문≫ [286] 등을 참조하라.

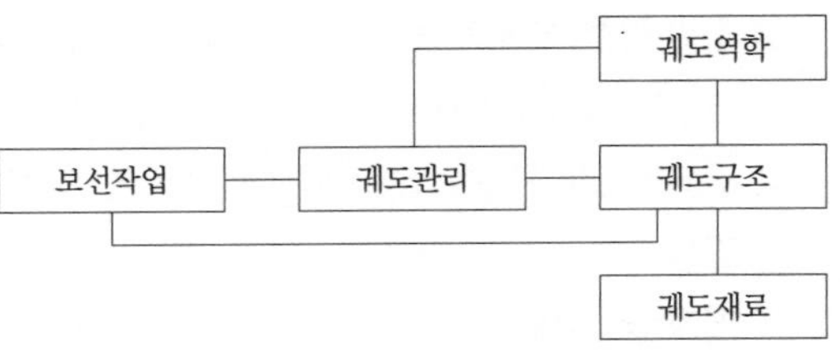

그림 5.2.1 궤도에 대한 연구 개발의 분야

여기서, 궤도역학은 다음을 의미한다.

① 궤도에 작용하는 힘과 변형을 명확하게 한다.
② 궤도에 필요하게 되는 형상을 명확하게 한다.
③ 차량과 궤도의 상호작용(interaction between car and track)을 명확하게 한다.
④ 궤도의 구조와 그 재료를 구성하는 이론을 명확하게 한다.
⑤ 궤도의 검측과 측정의 방법을 명확하게 한다.
⑥ 궤도보수 관리에 대한 최적의 방법을 명확하게 한다.

(2) 궤도역학의 목적과 발달과정

일반토목구조물은 탄성한계 내에서 외력과 변위가 서로 비례적인 관계가 있어 영구구조물로서의 성격을 갖도록 하는 것이 가능하나, 철도에서의 궤도는 무거운 차량을 목적지에 이르기까지 장대한 지상설비로 지지하므로, 주로 건설비의 경제적인 면에서 영구적 구조물로 하지 않고, 상시보수를 전제로 하는 가설구조물과 같은 특수구조물이다.

즉, 노반상에 도상, 침목, 레일 등을 부설하였으나, 이들은 서로 분리된 상태이며, 외력과 기상작용에 따라 변형되는 구조이어서 원형을 항상 유지하기는 불가능한 것이다.

따라서, 궤도역학은 열차하중, 또는 기상조건 등에 따라 궤도 각부에 생기는 응력, 변형, 진동 등을 해석하고 궤도의 열화(劣化), 또는 틀림의 진행과 열차중량, 속도, 열차종별, 통과톤수 등의 관계를 분석하여 적정한 궤도구조를 결정함으로써 궤도재료의 파손을 방지하고 궤도의 열화를 최소화시키는데 그 목적이 있다.

궤도역학의 발달과정은 문헌 [철도시설 No. 93]을 참조하라.

(3) 궤도 정역학(靜力學, statics)의 기본적인 고려 방법

궤도의 거동을 명확하게 하고 이것을 설계하기 위해서는 열차 주행 시에 발생하는 응력과 변형을 알 필요가 있다. 이들은 동적인 현상이지만, 그 기본으로서 정적인 형상을 명확하게 하고 이것에 동적인 요소를 부가함으로써 그 본질을 명확하게 할 수 있다고 생각된다. 게다가, 포함되는 요소 중에는 소성(塑性)이나 점탄성(粘彈性)의 것도 있지만, 그 한계를 고려하면서 선형(線形)의 해석을 함에 따라 그 기본적인 특성을 알 수가 있다.

(4) 궤도에 작용하는 힘

차륜의 주행으로 궤도에 작용하는 힘은 레일방향에 수직인 힘 – 윤하중(輪重), 레일방향에 직각인 횡력 – 횡압(橫壓), 레일의 길이방향으로 작용하는 힘 – 축력(軸力)의 3 종류가 있다.

(가) 윤하중(輪重, wheel load)

윤하중은 레일과의 접촉면을 통하여 차륜에서 궤도로 전해지는 힘으로서, 차량의 중력에 기인하는 힘(정적 윤하중)에다 주행에 기인하는 동적인 변동을 더한 것(동적 윤하중)이며, 레일의 상하방향으로, 즉 수직으로 작용하는 힘이다. 이것은 궤도설계 시에 가장 중요한 항목으로서 가장 먼저 문제삼는 것이다. 표준 활하중(標準活荷重, standard live load) 등은 차량의 정적인 중량을 기준으로 하여 정한 것이지만 윤하중에는 더욱이 다음과 같은 하중이 가해진다.

1) 속도에 비례하여 증가하는 동적인 변동(變動)(제4.2.13항 참조)

윤하중의 동적변동에는 차륜/레일간의 요철을 가진원으로 하여 ① 축 스프링 이상의 이른바 스프링 상(上) 질량(質量) {sprung (or suspended) mass}에 기인하는 것과 ② 스프링 하(下) 질량(質量) {un-sprung (or nonsuspended) mass}에 기인하는 것이 있으며, 이들은 그 주파수와 규제의 요인이 다르다. 전자는 차체의 승차감에 관계하여 정하며, 윤하중 변동으로서는 1~2 Hz의 저주파이고 변동도 정적 윤하중의 10 % 정도이지만, 후자는 수 10 Hz에서 수 100 Hz의 주파수 범위에 있으며, 그 변동이 예외적으로 400 % 정도에도 달한 예가 있다. 현재는 적절한 대책을 취하여 80 % 이하로 하고 있다.

2) 횡압에 기인하는 모멘트에 따른 증감

횡압에 기인하는 모멘트에 의한 증감에는 ① 곡선 전향 시에 차륜 플랜지에 작용하는 횡압과 그 반력을 받는 축상과의 사이에 작용하는 모멘트에 조화하여 발생하는 윤하중의 변동 ΔW_t(**그림 5.2.2**(a)) 및 ② 차량 중심에 작용하는 불평형(不平衡) 원심력과 그 반력으로 되는 횡압의 사이에 작용하는 모멘트에 기인하는 변동 ΔW_c(**그림 5.2.2**(b))가 있다.

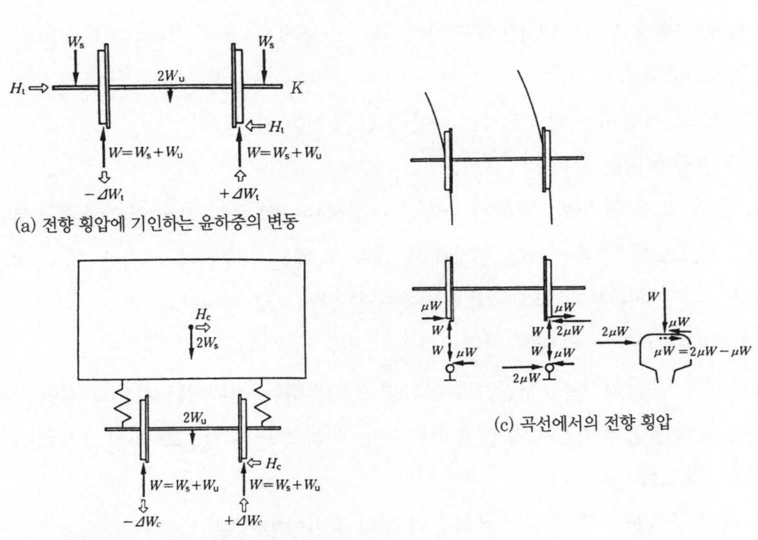

그림 5.2.2 윤하중의 변동(a, b) 및 곡선전향 횡압(c)

(나) 횡압(橫壓, lateral force)

차륜과 레일의 접촉면을 통하여 차륜에서 수평방향으로 레일에 직각으로 작용하는 힘이다. 횡압은 차량이 완전히 안정되고 곡선에서 캔트가 균형이 되며 양측 차륜의 답면 기울기에 기초하는 차륜지름 차이로 윤축이 완전하게 안내된다면 발생되지 않게 되지만, 현실적으로는 다음의 4 종류의 횡압이 발생한다(제4.3.1(1)항 참조).

1) 곡선통과 시에 윤축의 전향으로 인한 것(轉向橫壓)

이 횡압은 윤축이 곡선을 통과할 때에 차륜지름 차이에 따른 안내가 충분하지 않고, 또한 윤축이 차체나 대차에 구속되어 곡선을 통과할 때에 **그림 5.2.2**(c)에서 보는 것처럼 차륜이 곡선의 할선(割線)방향으로 진행하게 되고 플랜지로 구속되어 외궤 레일을 따라 전동하는 결과, 곡선 내측으로 미끄러지게 됨에 따라 발생한다.

2) 곡선통과시의 불평형 원심력(uncompensated centrifugal force)으로 인한 것

곡선통과시의 불평형 원심력으로 인한 횡압은 캔트가 부족할 때는 곡선 외방으로, 캔트가 과대할 때는 곡선 내방으로 작용한다.

3) 차량동요에 기인하는 관성력으로 인한 것

차량동요에 기인하는 관성력에 의한 횡압은 대별하여 차체를 중심으로 하는 1~2 Hz의 저주파 고유 진동과 대차를 중심으로 하는 10 수~20 수 m 정도의 파장을 가진 사행(蛇行)적인 고유 진동에 기인하는 2 가지가 있으며, 레일에 대하여는 궤도틀림에 따른 강제 진동의 반력과 함께 대차의 안정이 나쁜 사행동을 발생시키는 경우에 차량 자체가 궤도틀림과는 관계없이 자려(自勵)적으로 큰 진동이 발생하고 그것에 기인하는 충격력이 발생한다.

4) 분기기 · 신축 이음매 등 특수 개소의 충격력

이 충격력은 분기기 · 신축 이음매 등이 조립 부재로 구성되고 때로는 결선부를 갖게 되므로 그 좌우방향의 형상과 탄성의 일양성(一様性)을 유지하기가 어렵기 때문에 발생하는 횡압이다.

이들 횡압의 합계는 통상 윤하중의 40 % 이하이지만, 드물게 80 %에 달하는 것도 있다.

(다) 축력(軸力, axial force)

레일의 길이방향으로 작용하는 축력으로는 다음과 같은 것이 있다.

1) 레일의 온도변화에 따른 축력

이 힘은 레일, 침목, 도상 및 노반, 게다가 노반을 형성하는 구조물이 있는 경우에 구조물을 포함하여 내력(內力)으로 작용하는 힘으로서 한냉 시에는 인장력이, 온난 시에는 압축력이 레일에 작용한다. 그 값은 온도변화 외에 레일과 이것을 지지하는 부재간의 상대 변위에 따른 반력으로 정해진다.

2) 차량의 역행(力行)과 제동에 따른 반력

이 힘은 역행과 제동 운동이 차륜/레일간의 점착력에 의존하는 경우에는 차륜과 레일간의 점착력을 넘는 일이 없이, 관계하는 관성 질량과 가감속의 곱에 따르지만, 이들의 힘은 차륜과 레일의 상대 운동인 크리프를 통하여 레일에 전달되는 것으로 된다.

3) 차량이 기울기 구간을 통과할 때의 윤하중의 레일 길이방향 성분

이것은 등속(等速) 운전이어도 차륜과 레일간의 점착을 통하여 중력의 분력으로서 작용하는 것이다.

4) 곡선 통과 시에 윤축의 전향에 수반하여 활동함에 따른 레일 길이방향 성분

이것은 1 차량 내에서 균형이 잡히는 내력이므로 차량의 범위를 넘어 작용하는 것이 아니다.

5.2.2 윤하중으로 인한 궤도의 변형(track deformation)

(1) 해석 모델

윤하중(wheel load)으로 인한 레일의 변형(變形, deformation)은 좌우의 윤하중이 다른 때에도 다른 레일로의 영향이 작으므로 통상 편측의 레일만 고려하여도 좋다.

궤도의 상하방향 구조해석 방법으로서는 종래부터 레일을 보(beam)로 고려한 선형 탄성해석이 주로 이용되어 왔다. 해석 모델로서는 레일이 무한으로 연속한 탄성 지지체 위에 연속적으로 지지되어 있다고 가정하는 Winkler의 연속 탄성지지(彈性支持) 위의 보 모델(**그림 5.2.3**(a), continuously supported elastic model)과 침목을 각 지점이라고 고려하여 이산적(離散的)으로 탄성 지지된다고 가정하는 유한간격(有限間隔) 탄성지지 모델(finitely supported model, **그림 5.2.3**(b))의 2가지가 일반적이다. 이들의 해법으로서 전자는 4계(階)의 선형 제차 상미분 방정식(線形齊次 常微分 方程式)의 엄밀해(嚴密解)를, 후자는 Hoffmann – Zimmermann – 堀越이 제시한 3련 모멘트를 이용한 연립 방정식이 이용된다.

상하방향의 구조 해석에서는 이들의 모델을 이용하여 레일 압력이나 레일 휨 모멘트 등의 부재 작용력을 계산한다. 연속 탄성지지와 유한간격 탄성지지 모델의 차이는 연속 탄성지지의 쪽이 최대 레일압력에 대하여 3~6 %, 최대 레일 휨 모멘트에 대하여 9~15 % 작다는 점이다. 그러므로, 모델에 따라서는 설계 상 위험 측으로 되는 해(解)를 주는 경우가 있기 때문에 지지 조건이나 조사 항목 등에 따라서 적절한 모델과 해석 조건을 선택할 필요가 있다[7]. 일본의 경우에 궤도 부담력의 계산은 유한간격 지지 모델로서 계산하여 왔으나 Winkler의 연속 탄성지지 모델을 이용하더라도 차이가 3 % 이하이므로 현재는 Winkler 모델을 이용하고 있다 [8].

또한, 부재 작용력의 산정은 1 차륜 분의 열차하중을 재하한 상태로 해석하여 하중 열(列)로서 평가하는 경우에 각 하중에 따른 산정 결과를 선형적으로 중합시키는 것이 일반적이다.

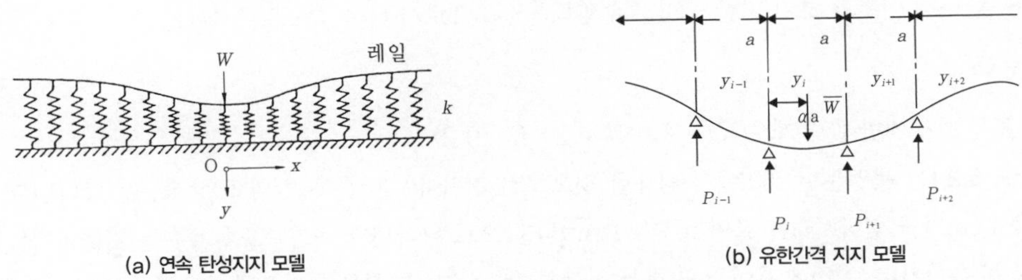

(a) 연속 탄성지지 모델

(b) 유한간격 지지 모델

그림 5.2.3 상하방향 궤도구조해석 모델

(2) 궤도지지 스프링의 구성

궤도의 탄성을 나타내는 레일 지점지지 스프링계수*(spring constant) Dv는 레일 지지체를 단위 길이만큼 침하시키는 하중으로 정의되며, 레일패드(패드부설의 경우)와 침목의 압축(목침목의 경우), 침목의 휨(목침목의 경우), 도상자갈의 침하 및 노반의 침하에 의한 각 부재의 스프링을 결합한 직렬 선형스프링으로서 산출한

* 궤도로서의 스프링계수이며, 종래에 레일지점 침하계수라고 불려져왔다.

다. 자갈궤도에서는 침목의 종별에 따라 이하의 모델을 사용하는 것이 적당하다(**그림 5.2.4**).

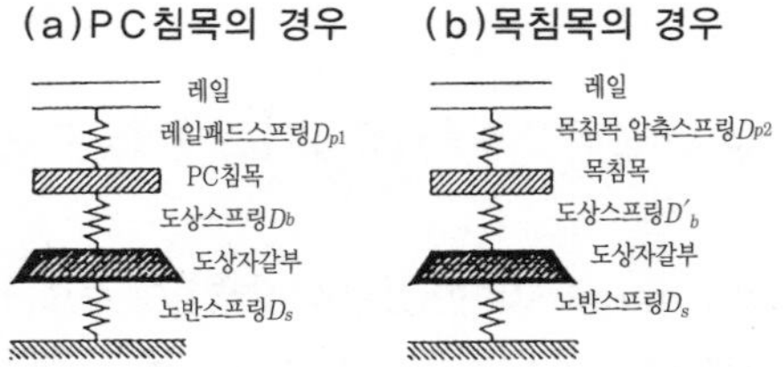

(a) PC침목의 경우 (b) 목침목의 경우

레일 / 레일패드스프링 D_{p1} / PC침목 / 도상스프링 D_b / 도상자갈부 / 노반스프링 D_s

레일 / 목침목 압축스프링 D_{p2} / 목침목 / 도상스프링 D'_b / 도상자갈부 / 노반스프링 D_s

그림 5.2.4 레일 지점지지 스프링계수의 구성

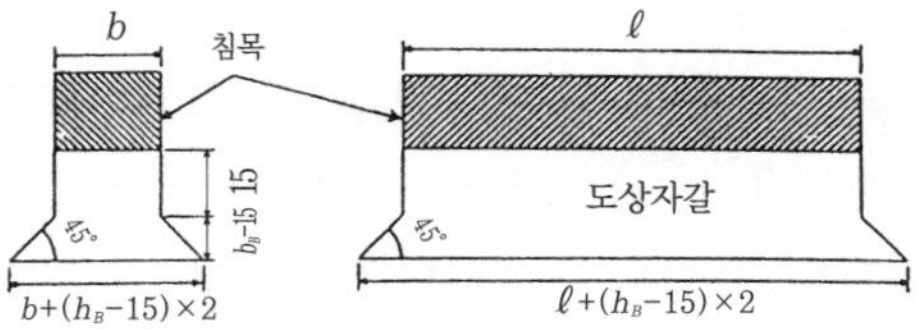

b 침목 ℓ 도상자갈 45° h_B-15 15 $b+(h_B-15)\times 2$ $\ell+(h_B-15)\times 2$

그림 5.2.5 평균 노반압력의 분포 면적

(가) PC침목의 경우

$$D_V = 1 / (1/D_{p1} + 1/D_b + 1/D_s) \tag{5.2.1}$$

여기서, D_{p1} : 레일패드 스프링계수, D_b : 도상 스프링계수, D_s : 노반 스프링계수

(나) 목침목의 경우

$$D_V = 1 / (1/D_{p2} + 1/D_b' + 1/D_s) \tag{5.2.2}$$

여기서, D_{p2} : 목침목 압축 스프링계수, D_b' : 도상 스프링계수($D_b' = D_b/\eta'$), η' : 목침목의 휨에 따른 도상 스프링계수의 보정 계수

도상 스프링계수는 일본에서의 정적인 재하 시험 결과, 50~300 tf/cm의 범위에 있으며, 도상두께의 증가와 함께 약간 딱딱해지는 경향이 있다. 그러나, 실용상은 도상두께에 의존하지 않는 평균적인 값으로서 200 tf/cm 정도의 값을 이용하여도 좋다.

다음에, 노반 스프링계수는 일본의 경우에 도상자갈 내의 압력분포(**그림 5.2.5**)에서 평균 노반압력의 분포면적 S_b를 구해 이것과 초기 지반 반력 계수와의 곱(積)으로서 다음 식으로 구한다.

$$D_S = (K_S \cdot S_B/2) \tag{5.2.3}$$

여기서, K_S : 초기 지반 반력 계수($K_S = 2\times K_{75} = 2\times K_{30}/2.2$)

한편, **표 5.2.1**은 독일문헌[269]에서 인용한 것으로서 지지력이 다른 노반의 도상계수를 나타낸다. 도상계수침목을 1 cm만큼 침하시키는 표면 압력(N/cm^2)의 값으로 나타낸다. 또한, 도상계수는 겨울철에는 동결 때문에 상당히 올라가며, 봄철에 흙이 녹을 때는 상당히 감소한다(PC침목의 경우에 겨울철 +300~+80 %, 여름

표 5.2.1 노반에 좌우되는 도상계수의 예

노반	도상계수 [N/cm^3]	
	깬 자갈 도상	강자갈 도상
매우 열등한 노반(늪지 땅, 미립자 모래)	20	20
열등한 노반(응집성, 소프트 내지 단단한 흙), 롬, 점토	50	50
양호한 노반(굵은 모래-자갈)	100	80~100
매우 양호한 노반(강자갈, 암석)	150~200	100~150
콘크리트 기초(터널, 교량), 돌이 많은 흙, 바위가 많은 흙	250~300	150~200

철 +30~-30 %). 이것은 특히 보호 층(시공기면 보호 층과 동상방지 층)을 갖추지 않은 궤도에서 그리고 흙의 지지력이 작은 곳에서 유효하다.

표 5.2.2는 탄성에 대한 개개의 궤도시스템 구성요소의 비례적인 영향을 나타낸다[269].

표 5.2.2 궤도의 전체 탄성거동에 대한 각각의 하중지지 선로 구성요소의 평균 기여(%)의 예

선로구성 요소	탄성거동에 대한 평균 기여 [%]	
	목침목 궤도	콘크리트침목 궤도
계	100	100
레일	0.2	0.2
레일패드	25	34
침목	15	0.8
도상 층	20	22
하부구조	40	43

(3) 구체적인 해석 방법

(가) 연속 탄성지지 모델(continuously supported elastic model)

1) 일반 구간

그림 5.2.3(a)의 연속 탄성지지 모델에서의 좌표계에 대하여 윤하중으로 인한 레일의 변형 방정식은 다음 식으로 나타낸다.

$$EI_x \frac{d^4 y}{dx^4} + k\,y = 0 \tag{5.2.4}$$

여기서, EI : 레일의 수직 휨 강성, k : 단위 길이당의 레일지지 스프링계수

이 식을 식 (5.2.5)의 경계조건에 대하여 풀면, 레일의 침하량 y, 경사각 θ, 휨 모멘트 M 및 전단력 Q를 식 (5.2.6)으로 얻을 수 있다. 이 식 중의 ϕ_1, ϕ_2, ϕ_3 및 ϕ_4의 값을 **그림 5.2.6**에 나타낸다.

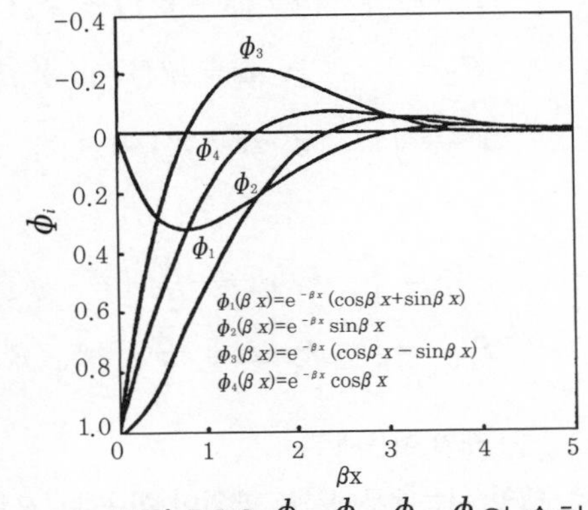

그림 5.2.6 ϕ_1, ϕ_2, ϕ_3, ϕ_4의 수치

$$\begin{cases} x=0\text{에 대하여} & \dfrac{dy}{dx}=0,\quad 2EI_x\dfrac{d^3y}{dx^3}=W \\ x=\infty\text{에 대하여} & y=0 \end{cases} \tag{5.2.5}$$

$$\left.\begin{aligned} y &= \frac{W}{8EI_x\beta^3}\,\phi_1(\beta x) \\ \theta &= \frac{dy}{dx} = -\frac{W}{4EI_x\beta^2}\,\phi_2(\beta x) \\ M &= -EI_x\frac{d^2y}{dx^2} = \frac{W}{4\beta}\,\phi_3(\beta x) \\ Q &= EI_x\frac{d^3y}{dx^3} = \frac{W}{2}\,\phi_4(\beta x) \end{aligned}\right\} \tag{5.2.6}$$

여기서, $\beta = \sqrt[4]{k/4EI_x}$

$\phi_1(\beta x) = e^{-\beta x}(\cos\ \beta x + \sin\ \beta x)$ $\qquad$ $\phi_2(\beta x) = e^{-\beta x}\ \sin\ \beta x$

$\phi_3(\beta x) = e^{-\beta x}(\cos\ \beta x - \sin\ \beta x)$ $\qquad$ $\phi_4(\beta x) = e^{-\beta x}\ \cos\ \beta x$

상식에서 레일 침하 y는 $(EI_x)^{1/4}\ k^{3/4}$ 에 역 비례하는 것을 알 수 있고, y는 βx의 값이 2.3일 때에 0으로 되고, 3.1인 때에 (+)측에서 최대로 된다. 이 값은 재하점 직하의 값의 4.3 %이다. 여기서, 이 (+)측의 값은 들림

(uplift)이라고 부르며, 레일과 침목으로 만들어지는 궤광의 중량으로 이것을 억제할 수 없으면 도상으로부터 침목의 부상(浮上)이 생겨 도상 횡 저항력이 감소하게 된다. 열차의 진행 중에 열차 아래에서 좌굴이 발생하는 것은 대차 사이에서 이 들림이 생기기 때문이라고 한다.

이것은 직결계 궤도(directly supported slab track)에서도 중요한 사항으로 이 들림을 억제하기에 충분한 레일 체결력을 확보하지 않으면 패드가 미끄러져 나오는 일이 있다.

다음에, 레일과 침목 간에 작용하는 힘을 "레일 압력(bearing pressure on the rail)"이라 부르며, 윤하중이 침목 바로 위에 작용하는 경우에 그 바로 아래를 P_1, 여기에 계속되는 것을 P_2, P_3로 하면, 침목 간격을 a로 하여 식 (5.2.7)로 나타낸다. 또한, 윤하중이 인접하는 침목과의 중앙에 작용하는 경우의 레일 압력은 식 (5.2.8)로 나타낸다.

$$\left.\begin{aligned} P_1 &= 2\int_0^{a/2} ky\, dx = W[1-\phi_4(\frac{a}{2}\beta)] \\ P_2 &= \int_{a/2}^{3a/2} ky\, dx = W[\phi_4(\frac{a}{2}\beta)-\phi_4(\frac{3a}{2}\beta)] \\ P_3 &= \int_{3a/2}^{5a/2} ky\, dx = W[\phi_4(\frac{3a}{2}\beta)-\phi_4(\frac{5a}{2}\beta)] \end{aligned}\right\} \qquad (5.2.7)$$

$$\left.\begin{aligned} P'_1 &= \int_0^{a} ky\, dx = \frac{W}{2}[1-\phi_4(\beta a)] \\ P'_2 &= \int_{a}^{2a} ky\, dx = \frac{W}{2}[\phi_4(\beta a)-\phi_4(2\beta a)] \end{aligned}\right\} \qquad (5.2.8)$$

2) 레일 이음매부

레일 이음매부에서는 레일이 이음매판으로 접속되어 있지만, 여기에 절단이 생긴 극단적인 경우로서 **그림 5.2.7** (a)에 나타낸 것처럼 선단에 하중을 받는 1단 자유인 반무한 길이 보의 경우에 대하여 고려하여 보면, 그 해는 무한 길이인 경우의 기호에 대시를 붙임으로써 다음과 같이 주어진다.

$$\left.\begin{aligned} y' &= \frac{W}{2EI_x\beta^3}\phi_1(\beta x) \\ \theta' &= -\frac{W}{2EI_x\beta^2}\phi_2(\beta x) \\ M' &= \frac{W}{\beta}\phi_3(\beta x) \\ Q' &= W\phi_4(\beta x) \end{aligned}\right\} \qquad (5.2.9)$$

이에 따르면, 레일 단부의 레일 침하는 일반 구간의 재하점 바로 아래에서의 값의 4배로 된다. 여기서, 이음매판이 휨 모멘트는 접속하지 않지만, **그림 5.2.7** (b)에 나타낸 것처럼 상대하는 양레일 단부의 변위는 접속하여 동시에 침하시킨다고 하면, 상기 각 식의 우변의 값은 그것의 1/2로 된다.

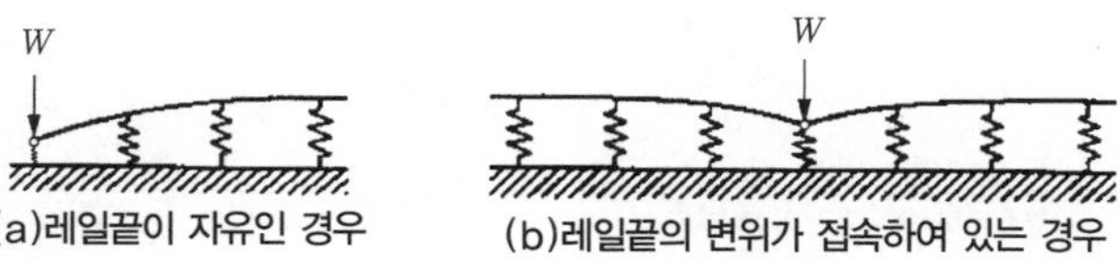

그림 5.2.7 레일 이음매부의 변형

실제 레일 이음매에서는 이음매 침목으로 지지하고 침목 배치를 좁게 하며, 이음매판도 레일 본체의 1/3 정도의 휨 강성을 갖고 있어 일반 구간과 거의 같은 침하량으로 될 것으로 생각된다.

3) 계산 예

KS60 레일로 a = 58 cm, k = 500 kgf/cm²인 때, W = 1 tf에 대한 침하 y, 휨 응력 σ 및 레일 압력 P_1 및 P'_1를 구한다.

EI_x = 648.9×10⁷kgf · cm² 및 단면계수 D_x=397.2 cm³에서

$$\beta = \sqrt[4]{\frac{k}{4EI_x}} = \sqrt[4]{\frac{500}{4\times648.9\times10^7}} = 1.18\times10^{-2}\,\text{cm}^{-1}$$

$$y = \frac{W}{8EI_x\beta^3}\,\phi_1(\beta x) = \frac{1{,}000}{8\times648.9\times10^7\times(1.18\times10^{-2})^3}\,\phi_1(\beta x)$$

$$= 1.17\times10^{-2}\ \phi_1(1.18\times10^{-2}x)\text{cm}$$

$$M = \frac{W}{4\beta}\ \phi_1(\beta x) = \frac{1{,}000}{4\times1.18\times10^{-2}}\ \phi_3(\beta x)$$

$$= 2.12\times10^4\ \phi_3(1.18\times10^{-2}x)\ \text{kgf}\cdot\text{cm}$$

$$\sigma = \frac{M}{D_x} = \frac{2.12\times10^4}{397.2}\ \phi_3(1.18\times10^{-2}x)$$

$$= 5.34\ \phi_3(1.18\times10^{-2}x)\ \text{kgf/cm}^2$$

로 된다.

이것을 도시한 것이 **그림 5.2.8**이다. 이 그림에서 레일은 하중 점에서 266 cm 떨어진 곳에서 하중 점 침하의 4.32 % 만큼 들리며, 한편 휨 응력은 그것의 1/2인 133 cm의 개소에서 하중 점 레일 하부에서의 플러스 값의 21 % 만큼 마이너스 값이 레일 하부에 생기고 있다.

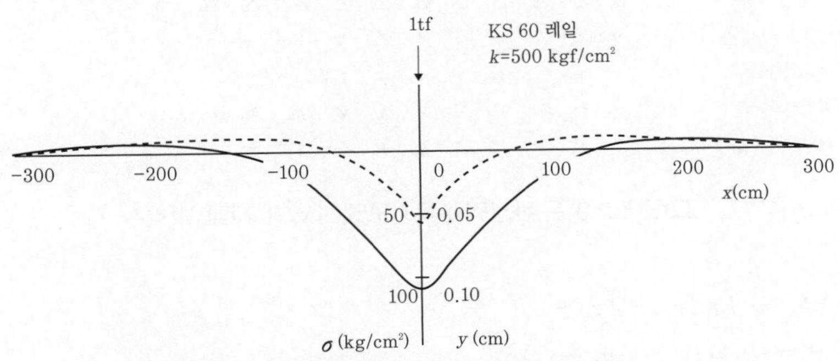

그림 5.2.8 윤하중에 따른 궤도변형의 계산 예

한편, 레일 압력은

$$P_1 = W[1-\phi_4(\beta\frac{a}{2})] = 1{,}000\times[1-\phi_4(1.18\times10^{-2}\times\frac{58}{2})]$$

$$= 1{,}000\times[1-\phi_4(0.3422)]$$

$$= 331\ \text{kgf}$$

$$P_1' = \frac{W}{2}[1-\phi_4(\beta a)] = \frac{1{,}000}{2}[1-\phi_4(1.18\times10^{-2}\times58)]$$

$=500 \times [1-\phi_4(0.6844)]$

$=305 \text{ kgf}$

로 주어진다.

(나) 유한간격 지지 모델(finitely supported model)

이 모델을 이용한 계산법은 레일이 침목마다 스프링으로 지지되어 있다고 하는 이론에 의거하는 이론이며, 레일이 침목마다 단속적(斷續的) 탄성 받침으로 지지하고 있다고 가정한다. **그림 5.2.3** (b)의 유한간격 지지 모델에서 지점간격 a, 레일 휨 강성 EI 및 레일지점 지지 스프링계수 D(침목을 단위 길이만큼 침하시키는데 필요한 힘)가 일정하다고 하면, 각 지점의 침하량과 레일 휨 모멘트의 관계는 Clapeyron의 3련(連) 모멘트 정리에 따라 다음 식으로 주어진다.

$$M_{i-1} + 4M_i + M_{i+1} = -Ba\,(y_{i-1} - 2y_i + y_{i+1}) - Wa\,(2\alpha - 3\alpha^2 + \alpha^3) \qquad (5.2.10)$$

여기서, $B = 6EI/a^3$

한편, 각 지점의 침하량 및 레일압력은 다음 식으로 주어진다.

$$\Sigma y_i = W/D \qquad (5.2.11)$$

$$P_i = D \cdot y_i \qquad (5.2.12)$$

지금, **그림 5.2.9**에 나타낸 것처럼 침목 중앙에 하중이 재하되어 있을 때 실용상 좌우 10개의 침목으로 하중을 지지하고 있다고 가정하면, 각 지점의 침하량과 레일 휨 모멘트는 식 (5.2.10)으로부터 다음 식으로 나타낸다.

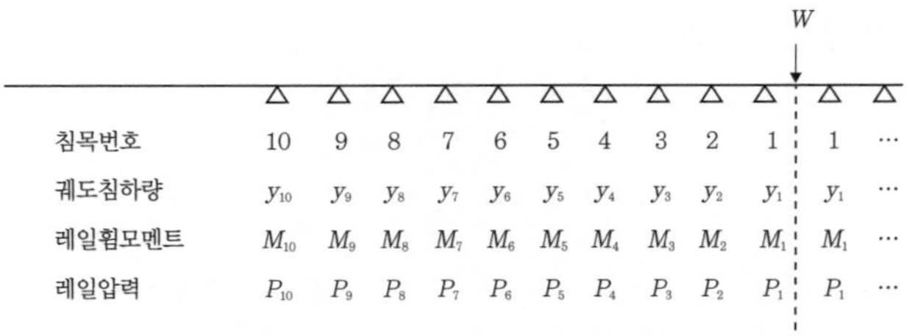

W

침목번호	10	9	8	7	6	5	4	3	2	1	1	…
궤도침하량	y_{10}	y_9	y_8	y_7	y_6	y_5	y_4	y_3	y_2	y_1	y_1	…
레일휨모멘트	M_{10}	M_9	M_8	M_7	M_6	M_5	M_4	M_3	M_2	M_1	M_1	…
레일압력	P_{10}	P_9	P_8	P_7	P_6	P_5	P_4	P_3	P_2	P_1	P_1	…

그림 5.2.9 유한간격 지지 모델에서의 지점 번호

$$M_{10} + 4M_9 + M_8 = -Ba\,(y_{10} - 2y_9 + y_8)$$
$$M_9 + 4M_8 + M_7 = -Ba\,(y_9 - 2y_8 + y_7)$$
$$\text{-------------------------------}$$
$$M_3 + 4M_2 + M_1 = -Ba\,(y_3 - 2y_2 + y_1)$$
$$M_2 + 4M_1 + M_1 = -Ba\,(y_2 - 2y_1 + y_1) - Wa\,(1 - 3/4 + 1/8) \qquad (5.2.13)$$

또한, 식 (5.2.11)로부터 다음 식이 얻어진다.

$$\sum_{1}^{10} y_i = \frac{1}{2} W/D \qquad (5.2.14)$$

더욱이, 각 지점의 레일 휨 모멘트는 다음 식으로 나타낸다.

$$M_{10} = 0$$

$$M_9 = y_{10} \cdot a \cdot D$$

$$M_8 = (2y_{10} + y_9) \cdot a \cdot D$$

$$M_1 = (9y_{10} + 8y_9 + \cdots + 2y_3 + y_2) \cdot a \cdot D \qquad (5.2.15)$$

식 (5.2.15)를 식 (5.2.13)에 대입하여 식 (5.2.14)와 합침에 따라 **표 5.2.3**에 나타낸 것처럼 y_i에 관한 10원 연립방정식이 생긴다. 이것을 풀어 식 (5.2.12) 및 식 (5.2.15)에 대입하면 각 지점의 침하량, 레일 휨 모멘트 및 레일압력을 구할 수가 있다.

표 5.2.3 10원 연립방정식의 계수

y 방정식의 좌변의 계수										y 방정식의 우변
y_{10}	y_9	y_8	y_7	y_6	y_5	y_4	y_3	y_2	y_1	
6+B/D	1−2B/D	B/D								= 0
12	6+B/D	1−2B/D	B/D							= 0
18	12	6+B/D	1−2B/D	B/D						= 0
24	18	12	6+B/D	1−2B/D	B/D					= 0
30	24	18	12	6+B/D	1−2B/D	B/D				= 0
36	30	24	18	12	6+B/D	1−2B/D	B/D			= 0
42	36	30	24	18	12	6+B/D	1−2B/D	B/D		= 0
48	42	36	30	24	18	12	6+B/D	1−2B/D	B/D	= 0
53	47	41	35	29	23	17	11	5+B/D	−B/D	= −3W/8D
1	1	1	1	1	1	1	1	1	1	= W/2D

또한, 지점간격, 레일 휨 강성 및 레일지점 지지 스프링계수가 지점마다 다른 경우에는 3련 모멘트의 정리로 되돌아가서 연립방정식을 구성하면, 해를 얻을 수가 있다.

(4) 레일지지 조건의 영향(effect of rail supports)에 관한 검토

레일지지 조건이 한결같다고 상정하지 않은 경우에 대하여는 별도의 검토가 필요하다. 이들에는 다음과 같은 문제가 있다.

(가) 부분적으로 레일체결 장치의 체결 간격을 확대하는 경우(지지간격 가변 모델)

이 경우는 **그림 5.2.10** (a)에 나타낸 유한간격 탄성지지 모델로 부분적으로 레일지지 간격을 변화시킨 모델을 이용하여 해를 구할 수가 있었다. 그 결과, 장대 교량의 빔 단부 등에서 빔의 신축을 고려하여 레일체결 장치의 체결간격을 부분적으로 확대하는 경우의 허용 한도를 구하는 것이 가능하게 되었다.

그림 5.2.10 (a)에 나타낸 지지간격 가변 모델에 대하여 검토하면, 지점 변위를 고려한 3련(連) 모멘트의 정리에 따라 기초 방정식으로서

$$\left.\begin{aligned} &\ell^2(M_{i+1}+4M_i+M_{i-1})+6EI(y_{i+1}-2y_i+y_{i+1})=0 \\ &ky_i-(M_{i+1}-2M_i+M_{i-1})/\ell=0 \end{aligned}\right\} \qquad (5.2.16)$$

여기서, ℓ : 레일 지지 간격, k : 지점의 지지 스프링계수

로 된다. 이것을 차분법을 이용하여 풀어서 (5.2.17)식으로 나타내는 제1 및 제2 지점에서의 휨 모멘트의 균형

조건식 등을 이용하여 지점 침하량, 휨 모멘트를 계산하는 것이 가능하게 된다.

$$\left.\begin{array}{l} M-W\ell_0/2-M_0=0 \\ M+ky_0\ell-W(\ell_0/2+\ell)-M=0 \end{array}\right\} \quad (5.2.17)$$

(나) 레일지지 스프링계수(spring coefficient (or stiffness) at rail support)가 다른 궤도를 접속하는 경우(지지계수 변경 모델)

이 경우는 연속 탄성지지 모델의 (5.2.4)식을 기초방정식으로 하여 **그림 5.2.10** (b)에 나타낸 구간 I (지지 스프링계수 k_1)과 구간 II (지지 스프링계수 k_2)의 접속 점에서 처짐 량과 처짐 각이 같은 것을 변형 조건 식으로 하여 해를 얻는다. 이 모델을 이용하여 슬래브 궤도(slab track)와 자갈궤도, 슬래브 궤도와 탄성 침목 궤도의 접속에서 완충의 필요성 유무를 이론적으로 검토하는 것이 가능하게 되었다[2]. 구체적으로는 양자 모두 완충의 필요가 없는 것이 밝혀지게 되었지만, 슬래브 궤도와 자갈궤도의 접속에 관하여는 열차의 주행에 따라 자갈궤도에 소성적인 침하가 생기는 것을 고려하면, 슬래브 궤도에 직접의 영향이 미치는 것을 피하기 위하여 침목 2개를 개재시키는 재래의 구조는 타당하다고 한다[8].

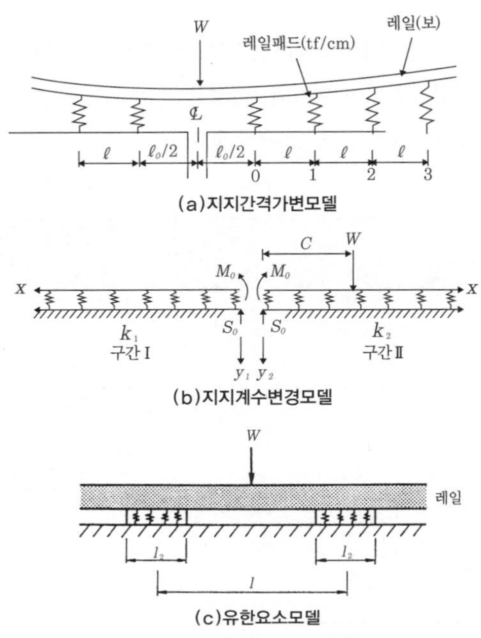

그림 5.2.10 궤도 지지조건의 영향에 관한 검토 모델

(다) 레일지지 간격과 레일지지 길이를 변경하는 경우(유한요소 모델)

이 경우는 **그림 5.2.10** (c)의 모델로 레일지지 간격과 레일지지 길이를 변수로 취하고 유한 요소법(有限要素法, finite element method)을 이용하여 해를 구할 수 있다. 일본에서는 그 결과에 따라 탄성 침목 직결궤도의 시공 단부에서 고가의 수지(樹脂)를 배제하고, 아울러 레일지지 스프링계수의 저감을 꾀하기 위하여 침목 간격을 넓히는 것이 가능하였다.

5.2.3 횡압으로 인한 궤도의 변형

(1) 변형의 종별

궤도에서 레일 두부에 횡압(橫壓, lateral force)이 작용하면, 레일은 횡 변형(橫變形, lateral deformation)과 변칙경사(變則傾斜, tilting of rail)라고 칭하는 레일 저부 중앙을 중심으로 하는 경사(傾斜)가 발생된다. 이들은 상호 관련되어 있으므로 연립 방정식으로 하여 그 해를 구하여야 하지만, 이것을 엄밀하게 해석한 결과에 따르면 이 연성(連成)은 약하며, 이 양자를 분리하여 해석하여도 특히 문제가 없는 것이 밝혀졌다.

따라서, 이하에서는 궤도의 횡 변형과 경사로 나누어 해석한다.

(2) 좌우방향의 휨에 관한 해석 모델

궤도에 윤하중과 횡압이 동시에 작용한 경우에 레일에는 좌우방향의 휨과 비틀림이 생기지만, 종래의 연구 결과에 따르면, 양자는 독립적으로 다루어 해석하면 좋다고 되어 있다. 또한, 통상의 자갈궤도인 경우에 좌우 레일의 변형은 침목으로 상호 구속되어 있으므로 궤광(軌框) 전체로서의 변형을 고려할 필요가 있다. 즉, 궤도에 작용하는 횡압은 한 쪽의 레일에만 작용하는 경우에도 침목을 통하여 좌우의 레일로 분산되므로 윤하중의 경우처럼 궤도에 대한 영향을 한 쪽의 레일로 나누어 고려하지는 않는다. 따라서, 좌우방향의 휨에 관한 구조 해석에서는 **그림 5.2.11**과 같은 등탄성(等彈性) 연속지지 모델을 이용하고 있다. 이 모델에서는 좌우의 레일 변위(變位, deflection, displacement)를 미지수로 하는 4계(階)의 상미분 2원 연립방정식을 푸는 것으로 된다. 이 외에 윤하중 재하의 영향, 즉 지점마다 도상 횡 스프링계수가 다른 것을 고려할 수 있는 유한간격 탄성지지 모델이 있다. 이 모델에서는 **그림 5.2.12**에 나타낸 것처럼 좌우 레일에 가해지는 횡압을 동일 방향의 횡압과 역 방향의 횡압으로 분해하여 재하한 2개의 구조 모델을 각각 3련 모멘트법으로 연립방정식을 구성하여 풀고, 그 결과를 좌우 레일마다 중합하는 방법을 이용한다.

좌우방향의 구조해석에서는 이들의 모델을 이용하여 레일 횡압력이나 침목 횡압력 등의 부재 작용력을 계산한다. 양 모델의 차이는 연속 탄성지지의 쪽이 최대 레일횡압력에 대하여 3~10 %, 최대 침목 횡압력에 대하여 5~15 % 작다는 점이다. 따라서, 상하방향과 같은 모양으로 해석모델 등의 선택에서 배려할 필요가 있다.

더욱이 궤도에 윤하중과 횡압이 작용한 경우의 레일의 비틀림(변칙경사의 변위)의 해석에 관하여는 제2.5.8항(레일 체결장치의 설계)을 참조하기 바란다.

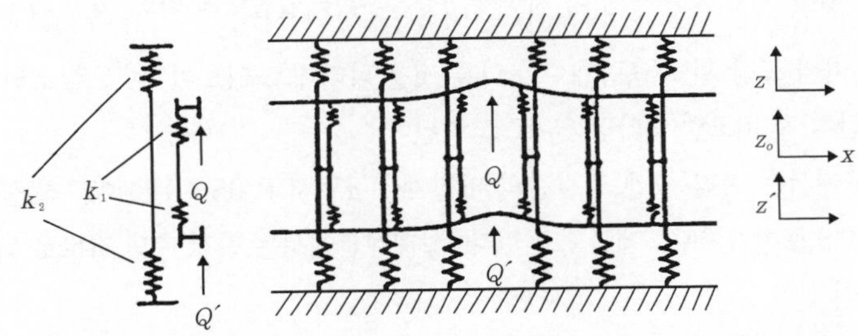

그림 5.2.11 횡압으로 인한 좌우방향 궤도변형의 해석 모델(연속지지 모델)

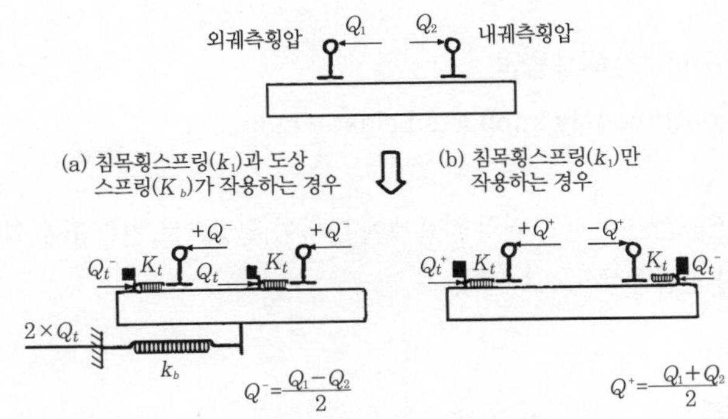

그림 5.2.12 횡압의 분해에 따른 좌우방향 궤도변형의 해석 모델

(3) 윤하중 재하를 고려한 도상 횡 스프링

좌우방향의 궤도지지 스프링은 레일/침목 간의 "침목 횡 스프링"과 침목/도상간의 "도상 횡 스프링"의 2가지로 구성된다. 전자는 레일 체결장치의 스프링계수처럼 궤도구조에서 고유의 값으로 되지만, 후자는 수직 항력(抗力), 즉 레일압력의 증가와 함께 스프링 강성(剛性)이 증가한다. 이 도상 횡 스프링은 침목의 활동에 대한 도상의 횡 저항력을 나타내는 것이며, 그 도상 횡 저항력은 침목 단부의 면 및 측면에서의 저항력과 침목 하면에서의 마찰력의 합력이다. 그 때문에 계산상은 윤하중 재하에 수반한 도상 횡 저항력의 증가를 침목/도상간의 마찰계수 μ를 이용하여 나타낸다. 또한, 도상 횡 저항력과 좌우 변위의 관계는 **그림 5.2.13**에 나타내는 것처럼 활동 한계까지는 탄성적으로 변위하고, 이것을 넘으면 일정하게 수속하는 형으로 된다고 고려한다. 따라서, 도상 횡 스프링계수 K_b는 다음 식으로 나타낸다.

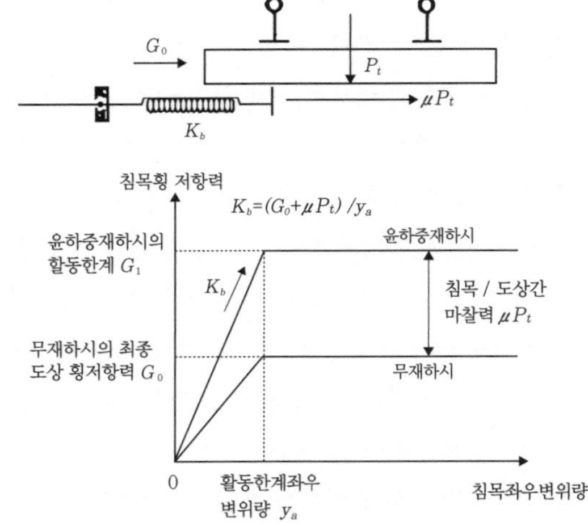

그림 5.2.13 도상 횡 스프링계수의 구성

$$K_b = (G_0 + \mu \cdot P_t) / y_a \tag{5.2.18}$$

여기서, G_0 : 윤하중 무재하 시의 최종 도상 횡 저항력, P_t : 좌우 레일압력의 합계, y_a : 활동한계 좌우 변위량

위 식은 레일압력에 따라 도상 횡 스프링계수가 다른 것을 나타내고 있으며, 이것을 고려하는 해석에는 연속지지 모델보다도 유한간격 지지 모델이 타당하다고 고려된다.

더욱이, 종래의 연구에서는 목침목/깬 자갈간의 마찰계수 μ로서 0.65~0.83이, 최근의 시험 결과에서는 PC침목/깬 자갈간의 값으로서 0.96이 제안되고 있다. 설계계산에서는 안전 측의 검토로 되도록 표준 치로서 $\mu = 0.65$를 사용하면 좋다.

활동한계 좌우 변위량 y_a에 대하여는 통상의 도상 횡 저항력 시험에서 최종 도상 횡 저항력을 산정하는 침목 횡 변위량이 2 mm인 것에서 안전 측의 검토로 되도록 배려하면, y_a=1 mm를 표준으로 하는 것이 고려된다.

(4) 좌우방향의 휨에 관한 구체적인 해석 방법

(가) 연속 탄성지지 모델(continuously supported elastic model)

1) 이론 해석

그림 5.2.11의 좌우방향 연속 탄성지지 모델의 좌표계에 대하여 횡압으로 인한 좌우 레일의 변형 방정식은 다음과 같은 4계의 상미분 2원 연립방정식으로 된다.

$$\left.\begin{aligned} EI_y \frac{d^4 z}{dx^4} + k_1(z - z_0) = 0 \\ EI_y \frac{d^4 z'}{dx^4} + k_1(z' - z_0) = 0 \\ k_1(z - z_0) + k_1(z' - z_0) = 2k_2 z_0 \end{aligned}\right\} \tag{5.2.19}$$

여기서, EI_y : 레일의 횡 휨 강성, z, z', z_0 : 좌우 레일, 침목 중심의 좌우 변위, k_1 : 단위 길이당의 침목 횡 스프링계수, k_2 : 단위 길이당의 도상 횡 스프링계수

이것을 식 (5.2.20)의 경계조건으로 풀면, 레일의 횡 변위량 z, z' 와 휨모멘트 M, M' 가 식 (5.2.21)로 주어진다. 또한, 레일과 침목간의 횡압력, 즉 레일 횡압력 R, R' 는 윤하중의 경우와 같은 모양으로 식(5.2.22)로 주어진다.

$$x = 0\text{에 대하여}\quad dz / dx = dx' / dx = 0$$
$$2\,EI_y\ d^3z / dx^3 = Q \qquad (5.2.20)$$
$$2\,EI_y\ d^3z' / dx^3 = Q'$$
$$x \to \infty\text{에 대하여}\quad z = z' = 0$$

$$\left.\begin{aligned} z &= \frac{1}{16EI_y}\left[\frac{Q+Q'}{\beta_2^3}\phi_1(\beta_2 x) + \frac{Q-Q'}{\beta_1^3}\phi_1(\beta_1 x)\right] \\ z' &= \frac{1}{16EI_y}\left[\frac{Q+Q'}{\beta_2^3}\phi_1(\beta_2 x) - \frac{Q-Q'}{\beta_1^3}\phi_1(\beta_1 x)\right] \\ z_o &= \frac{k_1(z+z')}{2(k_1+k_2)}, \qquad \beta_1 = \sqrt[4]{k_1/4EI_y} \\ \beta_2 &= \sqrt[4]{k_1 k_2/4EI_y(k_1+k_2)} \end{aligned}\right\} \qquad (5.2.21)$$

$$M = \frac{1}{8}\left[\frac{Q+Q'}{\beta_2}\phi_3(\beta_2 x) + \frac{Q-Q'}{\beta_1}\phi_3(\beta_1 x)\right]$$

$$M' = \frac{1}{8}\left[\frac{Q+Q'}{\beta_2}\phi_3(\beta_2 x) - \frac{Q-Q'}{\beta_1}\phi_3(\beta_1 x)\right]$$

$$\left.\begin{aligned} R_1 &= 2\int_0^{a/2} k_1(z - z_0) = \frac{1}{2}\Big[(Q+Q')\{1-\phi_4(\tfrac{a}{2}\beta_2)\} \\ &\qquad + (Q-Q')\{1-\phi_4(\tfrac{a}{2}\beta_1)\}\Big] \\ R_1' &= 2\int_0^{a/2} k_1(z' - z_0) = \frac{1}{2}\Big[(Q+Q')\{1-\phi_4(\tfrac{a}{2}\beta_2)\} \\ &\qquad - (Q-Q')\{1-\phi_4(\tfrac{a}{2}\beta_1)\}\Big] \end{aligned}\right\} \qquad (5.2.22)$$

이들 식 중의 ϕ_1, ϕ_2, ϕ_3, ϕ_4는 제 5.2.2(3)항의 **그림 5.2.6**의 값이다.

2) 계산 예

KS60 레일로서 a = 58 cm, k_1 = 500 kgf/cm², k_2 = 300 kgf/cm²인 때, 레일의 횡변위 z, z', 휨 응력 σ_1, σ_2 및 레일 횡압력 R_1 및 R_1'를 구한다.

$$\beta_1 = \sqrt[4]{\frac{k_1}{4EI_y}} = \sqrt[4]{\frac{500}{4\times107.52\times10^7}} = 1.85\times10^{-2}\ \text{cm}^{-1}$$

$$\beta_2 = \sqrt[4]{\frac{k_1k_2}{4EI_y(k_1+k_2)}} = \sqrt[4]{\frac{500\times300}{4\times107.52\times10^7\times(500+300)}} = 1.44\times10^{-2}\ \text{cm}^{-1}$$

㉮ 양 레일에 동일 방향으로 각각 1 tf의 횡압이 작용할 때

$$z = z' = \frac{1}{16EI_y} \cdot \frac{Q+Q'}{\beta_2^3} \phi_1(\beta_2 x)$$

$$= \frac{1}{16 \times 107.52 \times 10^7} \times \frac{2 \times 1,000}{(1.44 \times 10^{-2})^3} \phi_1(1.44 \times 10^{-2} x)$$

$$= 3.89 \times 10^{-2} \phi_1 (1.44 \times 10^{-2} x) \text{ cm}$$

$$M = M' = \frac{Q+Q'}{8\beta_2} \phi_3(\beta_2 x) = \frac{2 \times 1,000}{8 \times 1.44 \times 10^{-2}} \phi_3(1.44 \times 10^{-2} x)$$

$$= 17.3 \times 10^3 \phi_3 (1.44 \times 10^{-2} x) \text{ kgf} \cdot \text{cm}$$

$$\sigma = \sigma' = \frac{M}{D_y} = \frac{17.3 \times 10^3}{70.6} \phi_3(1.44 \times 10^{-2} x)$$

$$= 245 \phi_3 (1.44 \times 10^{-2} x) \text{ kgf/cm}^2$$

이들을 나타낸 것이 **그림 5.2.14**이다.

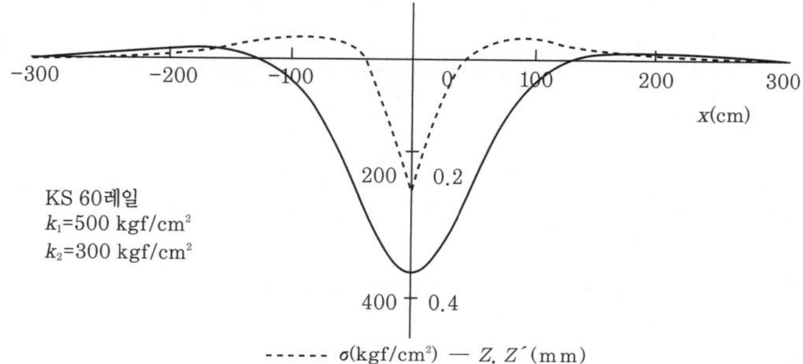

그림 5.2.14 양 레일에 같은 방향의 횡압이 작용한 경우의 궤도 횡 변위의 계산 예

레일 횡압력은

$$R_1 = R'_1 = \frac{1}{2}(Q+Q')[1 - \phi_4(\beta_2 \frac{a}{2})]$$

$$= \frac{1}{2}(2 \times 1,000)[1 - \phi_4(1.44 \times 10^{-2} \times \frac{58}{2})]$$

$$= 1,000 \times [1 - \phi_4 (0.4176)]$$

$$= 341 \text{ kgf}$$

로 되며, 여기에서 동일 방향의 같은 횡압인 때, 그 개소의 레일체결 장치에서 레일 횡압력은 약 35 %로 되는 것을 알 수 있다.

㉯ 궤간 내로부터 양 레일에 각각 1 tf의 횡압이 작용할 때

$$z = -z' = \frac{1}{16EI_y} \cdot \frac{Q-Q'}{\beta_1^3} \phi_1(\beta_1 x)$$

$$= \frac{1}{16 \times 107.52 \times 10^7} \times \frac{2 \times 1,000}{(1.85 \times 10^{-2})^3} \phi_1(1.85 \times 10^{-2} x)$$

$$= 1.84 \times 10^{-2} \phi_1 (1.85 \times 10^{-2} x) \text{ cm}$$

$$M = -M' = \frac{Q-Q'}{8\beta_1} \phi_3(\beta_1 x) = \frac{2 \times 1,000}{8 \times 1.85 \times 10^{-2}} \phi_3(1.85 \times 10^{-2} x)$$

$= 13.5\times 10^3 \phi_3 (1.85\times 10^{-2} x)$ kgf · cm

$$\sigma = \sigma' = \frac{M}{D_y} = \frac{13.5\times 10^3}{70.6} \phi_3 (1.85\times 10^{-2} x)$$

$= 191 \phi_3 (1.85\times 10^{-2} x)$ kgf/cm²

이들을 나타낸 것이 **그림 5.2.15**이다.

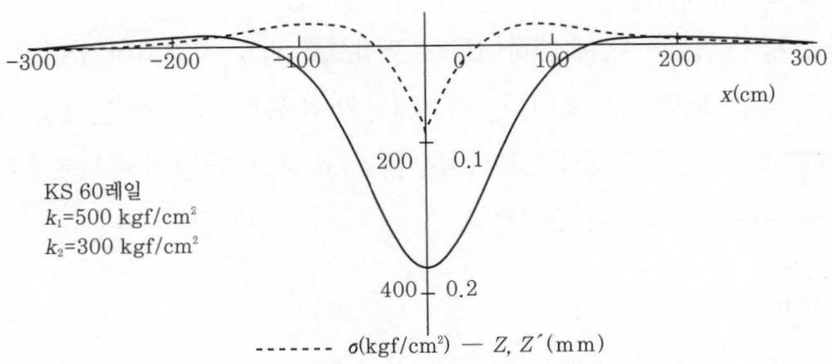

그림 5.2.15 양 레일의 궤간 내에서 횡압이 작용한 경우의 궤도 횡 변위의 계산 예

레일 횡압력은

$$R = R' = \frac{1}{2}(Q - Q')[1 - \phi_4(\beta_1 \frac{a}{2})]$$

$$= \frac{1}{2}\times 2\times 1,000\times [1 - \phi_4(1.85\times 10^{-2}\times \frac{58}{2})]$$

$= 1,000 \times [1 - \phi_4 (0.5365)]$

$= 415$ kgf

로 되며, 여기에서 반대 방향의 같은 횡압인 때, 그 개소의 레일체결 장치에서 레일 횡압력은 약 40 %로 된다. 이상은 횡압에 대한 이론적인 고려방법이지만 횡압의 한도에 대하여는 제4.4.4(3)항을 참조하라.

(나) 유한간격 지지 모델(finitely supported model)

연속 탄성지지 모델에서는 도상 횡 스프링계수를 침목마다 일정치로 하고 있지만, 전절에서 기술한 것처럼 윤하중 재하를 고려하면 침목마다 도상 횡 스프링계수가 다르다. 이것을 고려하기 위해서는 유한간격 지지 모델을 이용한 해석이 유효하다. 구체적인 적용 예로서 열차 서행을 수반하는 준비 작업(레일 체결장치의 해체 등)에서의 안정성 검토가 있다. 이 경우에 레일 체결장치를 해체한 침목에서는 레일 압력은 부담하지만, 레일 횡압력은 레일/침목 간의 마찰력밖에 기대할 수 없기 때문에 횡압의 분산 효과나 좌우방향의 지지 스프링계수에 크게 영향을 준다. 검토는 이하의 순서로 한다.

① 서행속도, 차량종별, 곡선 제원에 대응하는 열차하중(윤하중 · 횡압)을 구한다.

② 궤도구조 및 레일 체결장치의 해체 등의 조건에서 침목마다의 레일압력을 유한간격 지지 모델로 구한다.

③ 구해진 레일압력을 이용하여 좌우방향의 침목 횡 스프링계수와 도상 횡 스프링계수를 구한다. 레일 체결장치 해체 개소의 좌우방향 레일 지지력이 없다고 가정하는 쪽이 안전 측의 검토로 되지만, 레일/침목 간의 마찰력을 스프링으로 치환하여 해석하는 것도 가능하다.

④ 레일 체결장치 해체에 따라 좌우방향의 레일 지지간격이 넓어진 조건 하에서 지점지지 스프링계수가 다른 유한간격 지지 모델에 따른 연립방정식을 구성하여 침목마다의 레일 횡압력이나 레일 좌우 변위 등을 구한다.

⑤ 레일 체결장치의 설계강도 등으로 미리 설정한 레일 횡압력이나 레일 좌우 변위 등의 한도 치를 조사한다.

(5) 레일의 경사(변칙경사, rail tilting)

실험에 따르면, 레일은 경사(변칙경사)에 대하여도 스프링으로 탄성 지지되어 있다고 고려할 수가 있으므로 이것을 **그림 5.2.16**에 나타낸 모델로 고려한다. 즉, 레일의 비틀림 강성{剛性, torsional (or twisting) stress}을 C, 경사에 대한 연속 비틀림 지지 스프링계수를 k_3로 하고, 레일의 경사를 θ로 하면, 횡압 H와 윤하중 W에 대한 레일의 경사는 다음의 식으로 주어진다.

$$C\frac{d^2\theta}{dx^2} - k_3\theta = 0 \qquad (5.2.23)$$

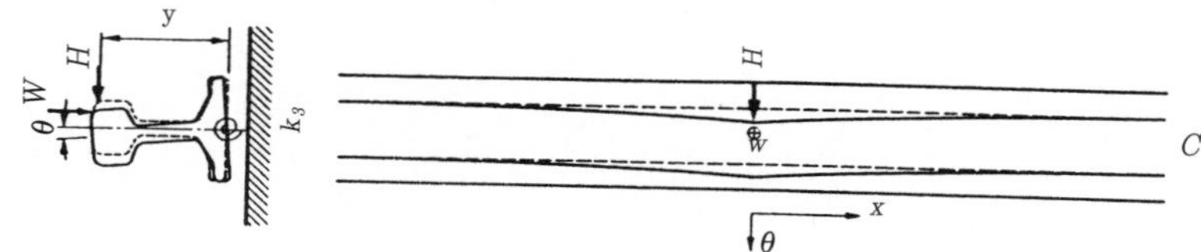

그림 5.2.16 횡압에 따른 레일의 경사

이 식을 다음의 경계 조건하에서 푼다.

$x = 0$에서

$$C\frac{d\theta}{dx} = -\frac{1}{2}H\,y + W\;e_o \qquad (5.2.24)$$

$x \to \infty$에서 $\theta \to 0$

이에 따라 레일의 경사 θ는 다음과 같이 주어진다.

$$\theta = \frac{H\,y\;-\;W\;e_o}{2\sqrt{k_3C}}\;e^{-\sqrt{k_3/c_x}} \qquad (5.2.25)$$

레일 단부와 같이 반무한 길이의 레일 단부에 횡압이 작용한 경우의 값은 이것의 2 배로 된다.

5.2.4 침목의 변형

레일압력(rail pressure)이 침목에 작용한 경우에 탄성 침목은 **그림 5.2.17**에 나타낸 것처럼 침하하여 휨 모멘트가 생기지만, 그 변형은 탄성 바닥 위의 유한 길이의 보 모델로서 풀 수가 있다. 좌우의 레일압력이 같은 P_r인 때에 침목의 침하 y_t, 침목하면 압력(壓力) P_t 및 휨 모멘트 M_t는 다음 식으로 나타내어진다.

$$\left.\begin{aligned} &\text{침하} : y_t = \eta \frac{2P_r}{blC}\ (\text{레일 아래}),\quad y_t{}' = \eta' \frac{2P_r}{blC}\ (\text{침목 단부}) \\ &\text{압력} : P_t = \eta \frac{2P_r}{bl}\ (\text{레일 아래}),\quad P_t{}' = \eta' \frac{2P_r}{bl}\ (\text{침목 단부}) \\ &\text{휨모멘트} : M_t = \mu \frac{P_t(l-G)^2}{4l}\ (\text{레일 아래}),\quad M'_t = \mu' \frac{P_t(l-2G)^2}{4l}\ (\text{침목 중앙}) \end{aligned}\right\} \quad (5.2.26)$$

여기서, C : 도상계수(道床係數, 침목을 지지하는 도상스프링의 단위 면적당 스프링계수)

b : 침목 폭, l : 침목 길이, G : 레일중심간격

더욱이, 계수 η, η', μ, μ'는 침목을 탄성 바닥 위의 보로서 구한 값과 침목의 강성이 충분히 크고, 침목에 휨이 생기지 않게 도상 반력(ballast reaction)을 침목 전장으로 균일하게 받는 경우에 구하여진 값과의 비를 취한 것이며, **그림 5.2.18**처럼 나타낸다. 더욱이, 그림의 횡축 m은 다음 식으로 나타내어진다.

$$m = G \cdot (C b \,/\, 4\, E_t\, I_t)^{1/4} \quad (5.2.27)$$

여기서, $E_t\, I_t$: 침목의 휨 강성

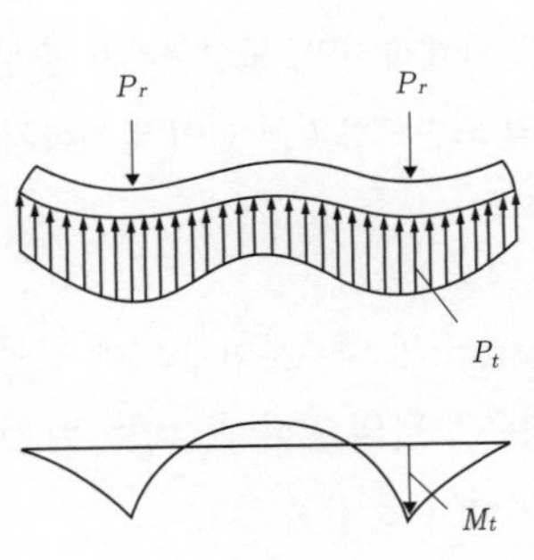

그림 5.2.17 레일압력으로 인한 탄성 침목의 변형

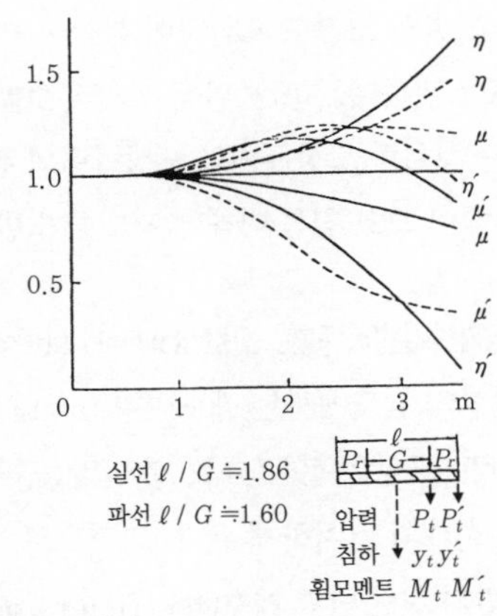

그림 5.2.18 계수 η, η', μ, μ'의 값

콘크리트 침목과 같이 침목이 강체라고 고려되는 경우에 침목의 침하 및 응력은 **그림 5.2.19**에서 다음과 같이 주어진다.

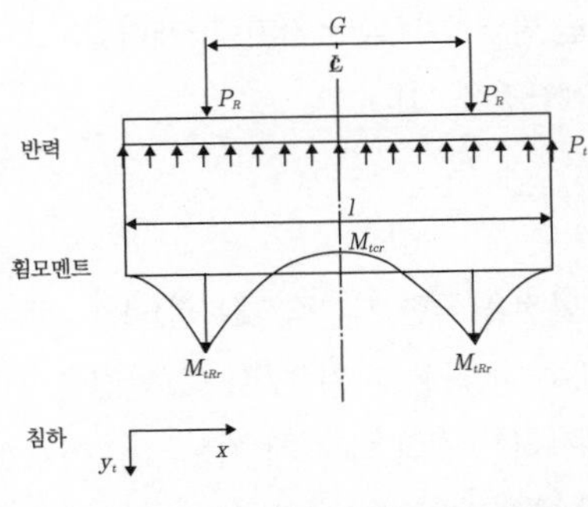

그림 5.2.19 강성(剛性) 침목의 침하와 응력

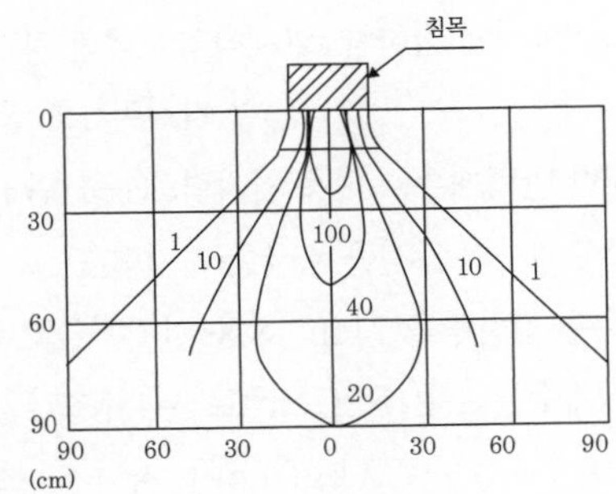

그림 5.2.20 도상내 압력의 분포

$$
\left.
\begin{aligned}
&\text{침하} : y_t = \frac{2P_R}{blC} \\
&\text{압력} : p_t = \frac{2P_R}{bl} \\
&\text{휨모멘트} : M_{tRr} = \frac{P_R(l-G)^2}{4l}\ (\text{레일 아래}),\quad M_{tcr} = \frac{P_R(l-2G)}{4}\ (\text{침목 중앙})
\end{aligned}
\right\} \qquad (5.2.28)
$$

또한, 도상계수(道床係數)라고 하는 말은 도상 자체의 스프링계수를 나타낸 것이며, 침목 분포지지 스프링계수(tie supporting spring coefficient)라고 부르는 경우도 있다.

5.2.5 침목 하면 압력과 노반 압력

(1) 도상압력(道床壓力, bearing pressure on the ballast, ballast pressure)

침목 하면에서 도상으로부터 노반으로 작용하는 도상압력과 침목 지지 스프링계수에 관하여는 많은 실험이 있었지만 노반의 조건도 포함하여 분산이 크기 때문에 확정적인 값이 아직 나오지 않고 있다.

그 분포에 관하여는 1920년에 제시된 **그림 5.2.20**의 Talbot의 그림이 이것을 잘 설명하고 있다. 이 그림에서도 알 수 있는 것처럼 도상두께와 도상압력의 관계에 관해서는 침목 간격도 관계하지만, 도상두께가 충분하지 않으면 도상압력이 크고 침목 아래에 저대치가 발생하며, 분니(噴泥)나 도상의 노반으로의 박힘이 발생하기 쉽다.

(2) 도상계수(道床係數, distributed tie support)

흙 노반상의 궤도에서는 궤도변형(propagation of rail deformation)의 대부분이 노반에 기인한 것이라고 생각하면, 도상은 분산(分散) 효과만을 나타내는 것으로 되므로 변형은 노반의 침하에 기인하는 것이라고 고려한 쪽이 실태와 합치하게 된다. 그러므로, 이하에 나타낸 방법으로 도상계수를 산출한다.

(가) 노반의 지반 반력 계수(coefficient of subgrade reaction) [*K*값]의 산출

보통 노반에 대한 허용 노반 지지력의 값은 통상의 경우에 비교적 작은 값을 고려하여 실험이나 도로의 예 등에서 2.4 kgf/cm^{2}를 취하는 것으로 하고, 이 허용 노반 지지력의 값을 갖는 *K*값을 산출하여 대표적인 노반의 지반 반력 계수로 한다.

일반적으로 재하시험에서 침하와 지지력의 관계는 다음의 관계가 있는 것으로 알려지고 있다.

재하압 P에서의 침하량 = (재하압×극한 지지력)/{초기지반 반력계수(극한 지지력−재하압)}
= 극한 지지력/{초기지반 반력계수(안전율 −1)}

초기지반 반력계수 = 허용 지지력/{(1−1/안전율)×침하량}

재하압 P에서의 안전율 = 극한 지지력/P

노반의 허용 침하량을 1 cm, 허용 지지력을 2.4 kgf/cm^2, 안전율(극한 지지력/재하압)을 1.5로 하면, 초기 지반 반력 계수는 7.2 kgf/cm^{3}로 된다[초기 지반 반력 계수 = 허용 지지력/{(1−1/안전율) · 침하량} = 2.4/{(1−1/1.5)×1} = 7.2 kgf/cm^2]. 따라서, 보통 노반에 대응하는 지반 반력 계수는 7.2 kgf/cm^{3}로 한다. 다만, 이 값은 초기 지반 반력 계수로 미소의 침하량에 있어서의 지반 반력 계수이다.

(나) 침목 분포지지 스프링계수(tie supporting spring coefficient)의 산출

일본에서는 도상을 강체(剛體)로 가정하고, **그림 5.2.21**에 나타낸 것처럼 도상압력 분포를 고려하여(독일의 경우는 하기의 (4)항 참조) 노반표면에 작용하는 도상압력을 노반압력으로서 도상계수를 구한다. 도상압력 분포의 면적에 따른 하중분산 효과를 고려하는 것으로 한다.

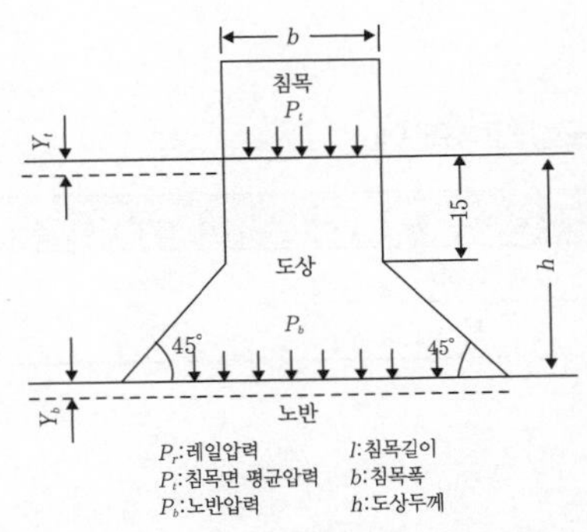

그림 5.2.21 도상에 의한 하중분산과 노반의 침하

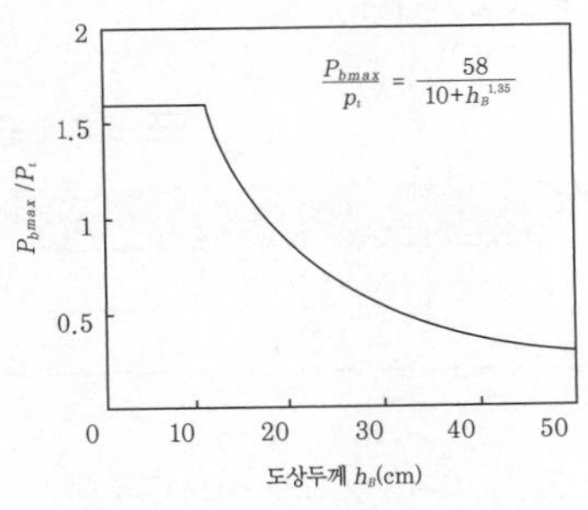

그림 5.2.22 침목 하면 압력과 노반압력의 관계

침목 길이방향의 분산에 대하여도 고려하는 것으로 하면, 도상압력 분포면적 A는 $h \geqq 15$ cm인 때 $A = \{l + 2(h-15)\} \cdot \{b + 2(h-15)\}$로 된다. 그런데, 레일압력 $P_R = P_t \cdot l \cdot b / 2$로 하면

$$P_t = 2P_R / (l \cdot b) \tag{5.2.29}$$

$$P_b = \frac{2P_R}{\{l + 2(h-15)\} \cdot \{b + 2(h-15)\}} \tag{5.2.30}$$

여기서, P_t : 침목 압력(tie pressure), P_R : 레일압력(rail pressure), l: 침목 길이, b : 침목 폭

으로 된다.

다음에, 노반의 지반 반력 계수를 K로 하여 노반의 침하량 Y_b를 구하면

$$Y_b = \frac{P_b}{K} = \frac{2P_R}{K \cdot \{l+2(h-15)\} \cdot \{b+2(h-15)\}} \tag{5.2.31}$$

따라서, 도상계수(C)는 다음과 같이 된다.

$$C = \frac{P_t}{Y_b} = \frac{K \cdot \{l+2(h-15)\} \cdot \{b+2(h-15)\}}{b \cdot l} \tag{5.2.32}$$

(3) 노반압력(路盤壓力, bearing pressure on the roadbed) 및 노반계수(路盤係數, coefficient for maximum ballast presure)

침목 하면에서 노반표면으로 전해지는 압력은 도상두께가 크게 될수록 작게 된다. 침목 하면(저면)의 평균 압력 P_t와 도상압력(통칭으로 노반압력)의 최대치 $P_{b\,max}$의 관계에 대하여는 목침목을 이용하였던 과거의 실험 결과에서 얻어진 다음 식이 이용된다(**그림 5.2.22**).

$$\frac{P_{b\,max}}{P_t} = \frac{58}{10 + h_B^{1.35}} \tag{5.2.33}$$

여기서, h_B : 도상두께

더욱이, 이 식은 두께 10 cm 이상에 대하여 적용한다. $P_{b\,max}$ / P_t의 최대치는 1.6이다.

한편, 평균 도상압력에 관하여는 도상의 다짐이 레일 아래를 주체로 시행되는 것과 **그림 5.2.20**의 분포를 고려한 상기의 **그림 5.2.5**의 모델을 이용한다. 이것을 이용하여 일본의 고속선로(PC침목)에 대하여 도상압력을 계산한 것이 **표 5.2.4**이다.

표 5.2.4 침목 압력과 도상압력의 예

	압력 단위	침목압력	평균 도상압력	최대 도상압력
압력	kgf/cm²	4.15	1.59	2.22
	kN/m²	407	156	218

여기서, (5.2.29)와 (5.2.33) 식으로부터

$$P_{b\ \max} = \frac{2 \quad P_R}{b \cdot l} \cdot \frac{58}{10 + h_B^{1.35}} \tag{5.2.34}$$

따라서, 노반계수 P_0는

$$P_o = \frac{P_{b\ \max}}{P_R} = \frac{2}{b \cdot l} \cdot \frac{58}{10 + h_B^{1.35}} \tag{5.2.35}$$

P_0의 단위는 kgf/(cm² · tf)이므로 단위를 정리하면 다음과 같이 된다.

$$P_o = 1,000 \cdot \frac{2}{b \cdot l} \cdot \frac{58}{10 + h_B^{1.35}} \tag{5.2.36}$$

앞으로는 노반 압력 $P_{b\,max}$를 본래대로 도상압력이라고 부르기로 한다[2].

(4) 최적의 도상두께 – 침목에 대한 하중분포

다음은 독일문헌에서 인용한 내용[269]이다. 이 경우에 침목 아래 도상의 압력분포 형태가 일본의 문헌에서 인용한 상기의 **그림 5.2.5**와 **그림 5.2.21**과 다른 점에 유의하여야 한다.

도상 층의 장점은 도상의 압력분배 효과이며, 이에 따라 기초에 대한 압력이 감소된다. 힘의 분산은 압력분산 각 α에 좌우된다. 모서리가 날카로운 새로운 도상은 42 ° 의 압력분산 각, 사용된 도상은 39 ° (계산된 값)의 압력분산 각, 그리고 오염된 도상은 단지 30 ° 의 압력분산 각을 갖고 있다. 압력곡선을 일정하게 하는 것이 바람직하다. 교체된 도상자갈에 기인하는 밸러스트 매트의 눌린 자국을 최근에 조사하였다. 이들의 눌린 자국은 단지 대략 20 ° 뿐인 상당히 더 작은 압력분배 각을 나타내었다.

최적의 도상두께는 도상이 시공기면에 가하는 압력을 일정하게 하는 두께이다. 일정한 압력곡선은 침목간격에 좌우되며 압력 원뿔(cone)이 **그림 5.2.23**에 나타낸 것처럼 겹칠 때에 도달된다.

다음의 단순한 기하구조 관계는 최적의 도상두께(h)에 대하여 유효하다.

$$h = \frac{a}{2 \cdot \tan(\alpha)}$$

표 5.2.5는 침목간격(a)과 도상분배 각(α)에 좌우되는 최적의 도상층 두께(h)를 나타낸다.

표 5.2.5에서 알 수 있는 것처럼 침목바닥 아래 40 cm의 도상 층 두께는 39 ° 의 전형적인 압력분배 각과 65 cm의 침목간격에 대하여 최적의 값일 것이다. 그러나 표는 오염된 도상이 시공기면에 대해 대단히 불리하게 불안정한 압력분배를 일으킴을 또한 나타낸다.

표 5.2.5 최적 도상층 두께

침목간격 a [m]	도상층 두께 h [cm]		
	α = 30°	α = 39°	α = 42°
0.6	52	37	33
0.63	55	39	35
0.65	56	40	36

레일은 윤하중 하에서 휘어지며 이 하중을 침목으로 분배한다. **그림 5.2.23**은 차륜이 위치하고 있는 침목이 통상적으로 윤하중의 40 %를 받고, 양쪽의 이웃하는 침목들이 함께 50 %를 받으며, 양쪽의 그 다음 침목들이 함께 10 %를 받음을 나타내고 있다. 노반 상태가 더 경성일수록, 그리고 도상 층이 더 얕을수록 중앙 침목에 가해진 하중이 더 커진다. 침목들에 대한 윤축하중의 분배는 침목간격, 레일의 휨강도 및 도상계수에 좌우된다.

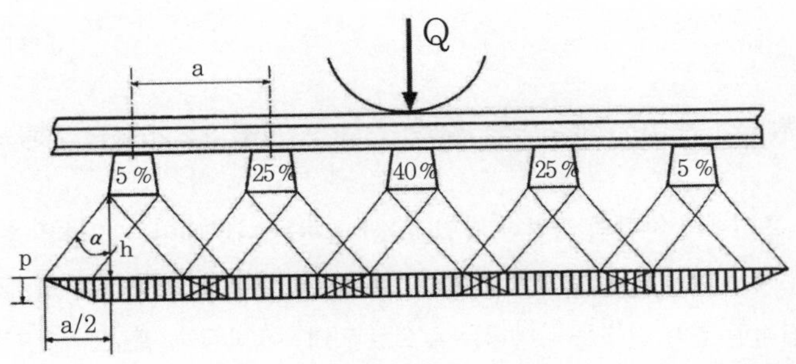

그림 5.2.23 최적의 도상두께를 계산하기 위한 도해적 표현

5.2.6 도상자갈부의 소성 변형

(1) 궤도파괴 이론의 변천

(가) 궤도파괴(軌道破壞, deterioration of track geometry) 이론(理論)의 의의

자갈궤도에서는 열차의 반복하중으로 인한 도상자갈부의 미소한 소성변형(塑性變形, plastic deformation)이 누적하여 궤도상태나 궤도구조상의 불균일도와 함께 궤도면의 부정합(不整合), 즉 궤도틀림(track irregularity)이 서서히 성장한다. 이 궤도틀림을 보수하기 위해서는 다대한 보수비가 필요하게 된다. 그래서 열차하중과 궤도구조(軌道構造) 및 궤도의 침하(沈下) · 변형량(變形量) 사이의 정량적인 관계를 구하여 설비비와 보수비의 합계가 최소로 되는 궤도구조(最適 軌道構造)를 결정하기 위한 근거로 되는 이론이 일본에서 구하여졌다. 이것이 "신(新)파괴이론"이다. 신(新)파괴이론의 연구는 보수 작업량이 많은 궤도 침하, 즉 면(고저)틀림 진행에 관하여 주체적으로 진행되었다. 이하에서는 이들에 대하여 소개한다[7].

(나) 궤도파괴 이론(theory on track deterioration) I

1955년대에 제안된 궤도파괴 이론은 새로운 고속선 궤도구조의 결정이나 기존선의 궤도강화 검토의 이론적 근거로서 활용되었다. 이 이론은 노반의 안정을 전제로 궤도파괴가 도상자갈부의 침하(沈下)에 기인하는 것이라고 가정한다.

도상다짐이 행하여진 자갈궤도에 열차하중이 반복하여 가해지면 레일 면이 침하되며, 일본에서는 침하량 y를 다음 식으로 나타낸다(**그림 5.2.24**). 그 밖의 궤도침하모델은 문헌 [394]를 참조하라.

$$y = \gamma[1-\exp(-\alpha x)]+\beta x \tag{5.2.37}$$

여기서, x : 하중반복 수, α, β, γ : 계수

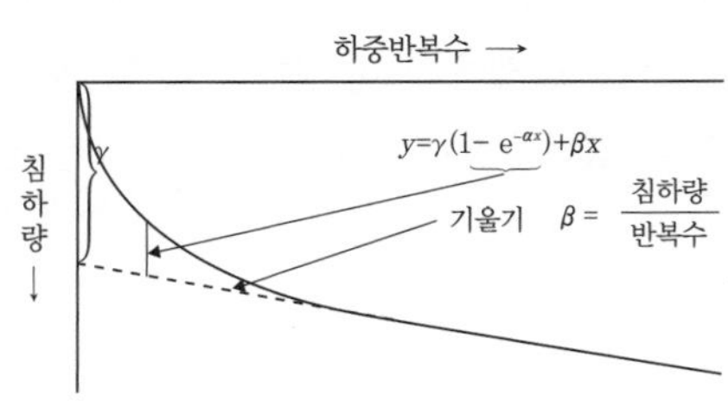

그림 5.2.24 열차의 반복 통과에 따른 레일 면의 침하

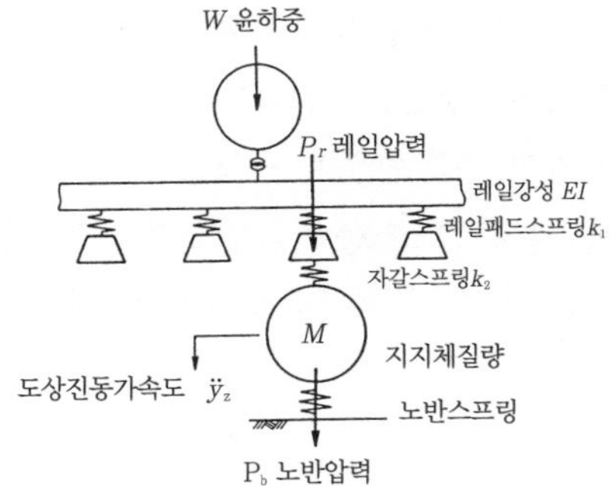

그림 5.2.25 중간질량의 가진 모델

상식의 제1항은 재하 초기에서 자갈의 급격한 압밀(壓密) 침하를 나타내며, 제2항은 초기 침하 종료 후에 자갈의 측방 유동(流動)에 따른 점진적(漸進的)인 침하를 나타낸다. 따라서, 계수 γ는 초기 침하량을 근사적으로 나타내며, 계수 β는 점진적인 침하 진행을 나타내는 것으로 된다. 이 때문에 궤도틀림 진행은 점진적인 침하 진행(沈下進行) β에 주로 관계한다고 고려하여 도상자갈부에 작용하는 압력과 자갈입자간의 마찰력에 관한 실험을 행하여 침하 진행 β가 침목하면 압력과 진동가속도에 비례하는 등의 결과를 얻었다. 이것을 근거로 하여 궤도파괴의 척도로서 다음과 같은 궤도 파괴계수(軌道破壞係數, coefficient of track deterioration) $\varDelta$를 정의하여 여러 가지 궤도구조에 대응한 침하 진행 β를 표준적인 궤도구조에 대하여 상대 평가하는 방법을 제안하였다.

$$\varDelta = L \cdot M \cdot N \tag{5.2.38}$$

여기서, L : 하중(荷重)계수, M : 구조(構造)계수, N : 상태(狀態)계수

각 계수의 기본적인 고려 방법은 다음과 같다.

① 침하 진행 β는 하중의 크기와 반복 수, 즉 통과 톤수 T에 비례한다.

② 차륜충격(차량 스프링 하 질량의 진동)으로 인한 도상 진동가속도는 열차속도 V에 비례한다.

③ 동적 열차하중은 차량구조(차량 스프링 상 · 스프링 하 질량이나 스프링 특성 등)의 영향을 받는다. 그 영향도를 "차량계수(car factor) K"로 나타낸다.

④ 침하 진행 β는 침목 하면 압력 P_t와 도상 진동가속도 $\ddot{y}$의 곱에 비례한다.

$$\beta \propto P_t \times \ddot{y} \tag{5.2.39}$$

⑤ 소정의 차륜충격에 대한 도상 진동가속도는 이론 모델을 이용한 계산 결과에서 다음 식으로 나타낸다.

$$\ddot{y} \propto \sqrt{k_1} / \sqrt{m} \tag{5.2.40}$$

여기서, k_1 : 침목 또는 레일패드 스프링계수, m : 지지체 질량

⑥ 레일 이음매부에 대한 차륜 충격에 착안한 경우, 동일 차량이 동일 속도로 주행하는 경우의 궤도구조의 차이에 따른 충격계수(impact coefficient) S는 레일강성 EI_x과 궤도지지 스프링계수 k에 의존하며 다음 식으로 나타낸다.

$$S \propto 1/\sqrt{EI_x k} \tag{5.2.41}$$

이들에 의거하여 하중계수 L과 구조계수 M은 이하와 같이 나타내어진다(기호는 상기의 ①~⑥ 참조).

$$L = K \times T \times V \tag{5.2.42}$$

$$M = P_t \times \ddot{y} \times S \tag{5.2.43}$$

더욱이, 상태계수 N은 도상종별이나 토사 혼입률, 경년 열화로 인한 궤도부재의 불균일성, 레일 이음매부 등에서 레일 요철(rail roughness) 상태 등의 침하 진행 β에 영향을 미치는 인자를 고려하는 것이지만, 충분한 정량화는 행하여지지 않았다.

또한, 궤도 침하량 평균치의 증가율 β는 고저틀림 진행(고저틀림 표준편차의 증가율)에 대체로 비례한다고 하는 고려방법에 기초하여 최적 궤도구조(optimum track structure)의 이론이 구축되었다. 이 중에서 궤도보수비 산출에 필요한 보수요원의 산정 식으로서 다음의 식이 제안되었다. 이것은 궤도 파괴계수의 고려방법과 통계 데이터를 기초로 얻어진 것이다.

$$Y = 0.730 + 0.125\, p\, L\, M + 0.26\, T \tag{5.2.44}$$

여기서, Y : 환산 궤도 km당의 보수요원

p : 보수계수(선로등급별의 필요 작업량을 나타내는 계수, 하급 선구일수록 작다)

(다) 차량계수와 구조계수

차량계수(car factor)에 대하여는 스프링 힘의 효과에 따른 스프링의 특성을 고려하여 다음 식으로 나타낸다.

$$K = \frac{1}{1+\xi\eta} \tag{5.2.45}$$

여기서, K : 차량계수, ξ : 스프링의 특성을 나타내는 계수, η = 스프링 상 질량 / 스프링 하 질량

이것을 일본의 각종 차량에 대하여 구체적으로 나타낸 것이 **표 5.2.6**이다[2, 8].

구조계수에 대하여는 (5.2.43) 식에서 P_t는 (5.2.26) 식으로, $\ddot{y}$는 (5.2.40)식으로, S는 (5.2.41) 식으로 구할 수가 있다. 이들을 정리하면 다음과 같이 된다.

$$M \propto P_t \cdot \sqrt{k_1} \cdot \frac{1}{\sqrt{m}} \cdot \frac{1}{\sqrt{EI_x k}} = \frac{P_t \sqrt{k_1}}{\sqrt{mEI_x k}}$$

이 구조계수(structure factor) M은 상대적인 값이므로 일본에서는 표준 궤도구조를 정하여 이것에 대하여 **표 5.2.7**과 같이 주어지고 있으며, 이 값이 작을수록 궤도파괴가 작다[2].

(라) 궤도파괴 이론 Ⅱ 및 Ⅲ

수송량의 증대와 열차의 고속화에 따른 선로 상태의 악화 및 특히 노반 분니(噴泥) 등의 노반에 기인하는 문제가 크게 됨에 따라 상기의 종래 궤도파괴 이론을 1975년경에 개선하였다. 그 이론적인 변경점의 주된 것은 다음

표 5.2.6 각종 차량의 차량계수 K의 예

차종	K	ξ	η
기관차 (판스프링)	0.4	0.6	2.5
기관차 (코일스프링)	0.36	0.7	2.5
객차	0.20	0.8	5.0
화차	0.27	0.5	5.5
전기기동차	0.24	0.8	4.0
고속전차	0.18	0.9	5.0

표 5.2.7 각종 궤도구조의 구조계수의 예

궤도구조			구조계수 M
레일 (kg/m)	침목 (개/25m)	도상두께 (mm)	
60	PC 44	300	0.45
60	PC 44	250	0.51
50	PC 48	300	0.72
50	PC 44	250	0.89
50	PC 39	250	1.03
50	목 48	250	1.05
50	목 44	250	1.16
50	목 41	250	1.28
50	목 39	200	1.48
37	목 37	200	2.49
37	목 37	150	2.69

(50PS 레일, PC 침목 44개/25m, 도상두께 20 cm를 1.00으로 하는 경우)

과 같다.

① 반복하중에 따른 노반의 소성 침하량을 산정하여 도상 침하량 δ_b와 노반 침하량 δ_s를 합계하여 궤도 침하량 δ로 한다.

② 침하 진행 β 추정의 고려방법은 종래의 이론과 기본적으로 같지만, 도상 진동가속도 $\ddot{y}$ 를 **그림 5.2.25**의 궤도 가진(加振)모델에 기초하여 다음의 식으로 나타낸다.

$$\ddot{y} = \alpha \cdot \Delta P_r / M_o \qquad (5.2.46)$$

여기서, P_r : 윤하중 변동(輪重變動)에 따른 레일압력 변동 분, α : 도상부로의 진동의 투과율을 나타내는 계수, M_o : 지지 질량(intermediate mass) [침목 + 도상 + 노반]

③ 장대레일 궤도의 보급을 전제로 궤도의 가진원을 레일 이음매부에서의 차륜 충격률이 아닌 차륜/레일간 요철에 기인하는 차량 스프링 하 질량의 고주파 진동에 따른 윤하중 변동으로 구한다.

④ [침목 + 도상]의 중간 질량계의 진동에 따른 노반압력으로의 완충효과를 고려한다.

상기의 이론에 대하여 1985년에 정적 윤하중과 차량 스프링 상 · 스프링 하 질량 등 차량조건의 영향에 대하여 더욱 상세한 검토가 행하여져 부분적으로 개량한 이론이 제안되었다.

도상 침하(settlement of ballast)에서 새로운 개량 점은 윤하중의 동적 변동성분이 고저틀림에 기인하는 차량 스프링 상 질량의 진동으로 인한 관성력과, 차륜/레일간 요철에 기인하는 차량 스프링 하 질량의 진동으로 인한 관성력의 합계로 주어지는 점이다. 또한, 노반 침하량에 대하여는 실험 결과에 기초하여 콘 관입 시험치나 노반압력을 지표로 하는 산정 식이 제안되었다.

(마) 좌우방향의 궤도파괴 이론

윤하중으로 인한 상하방향의 궤도파괴 이론에서는 점진적인 고저틀림 진행에 대응한 레일 면의 부등 침하가 대상으로 되어 왔지만, 횡압으로 인한 좌우방향의 궤도파괴는 윤하중으로 인한 것과 달리 스파이크의 밀림 · 뽑

힘이나 레일 체결장치의 손상 · 파괴, 급격한 줄 틀림이라고 하는, 급진적으로 생기는 파괴를 대상으로 하여 왔다. 즉, 좌우방향의 궤도파괴 이론에서는 횡압으로 인한 점진적인 줄 틀림 진행에 대하여는 그다지 논의되지 않았지만, 곡선부의 고속화에 따른 좌우방향 승차감의 확보가 중요시되는 근년에는 줄 틀림 진행의 예측도 중요한 과제로 되어 가는 중이다.

(2) 상하방향 소성 변형량의 산정 방법

(가) 도상부의 소성변형(塑性變形) 특성

열차하중으로 인하여 도상부에 작용하는 전단 응력이 자갈입자간의 마찰저항력을 상회하면, 자갈입자가 활동하며, 제하(除荷)시의 응력 개방에 기인하여 복원가능 범위를 넘은 경우에는 소성변형이 생긴다. 최근의 실험 결과에 따르면, 달리하는 하중강도로 반복하여 재하한 경우에, 부하시의 최대 침하량과 제하 시의 잔류 침하량은 **그림 5.2.26**에 나타낸 것과 같이 비례 관계에 있다. 이 경향을 1회째의 부하 · 제하에 따른 변위 진폭량 u_a와 잔류 변위량 β의 관계로서 정리하면, u_a의 증가와 함께 β가 증가하는 점, 잔류 변위가 생기지 않는 변위 진폭량(탄성한계 변위량)이 존재하는 것을 알 수 있다. 또한, 충분한 반복 재하 후에는 도상부의 스프링계수가 일정 치로 수속되는 점에서 하중강도인 레일압력 P_r과 β의 관계에서도 탄성한계 변위량에 대응하여 초기 침하가 종료되면 그 이상 소성변형이 진행하지 않는 하중강도의 상한 치가 존재하는 것으로 된다(**그림 5.2.27**). 그림 중의 점선은 도상두께 250 mm인 경우의 양자간의 관계를 식 (5.2.47)의 형으로 근사시킨 것이며, 궤도의 설계상 상정되는 하중 범위(P_r = 2~4 tf)에서 유효한 것을 알 수 있다.

$$\beta = a\,(P_r - b)^2 \tag{5.2.47}$$

여기서, a, b : 계수

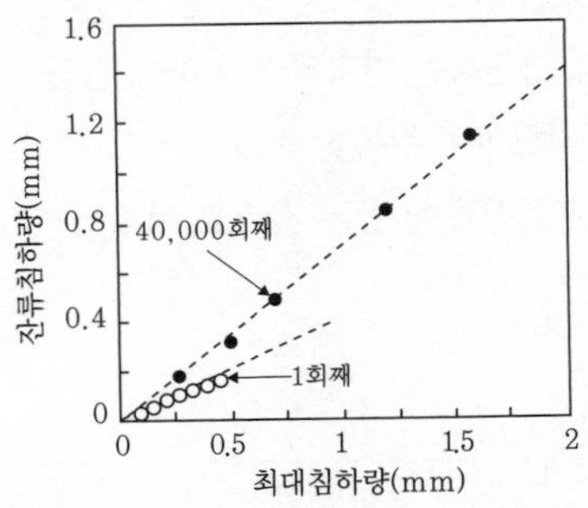

그림 5.2.26 반복재하 시의 도상부 소성침하 특성

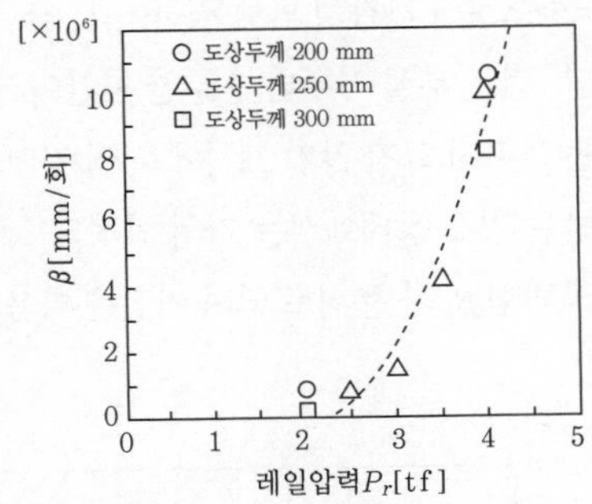

그림 5.2.27 β에 대한 반복 하중강도의 영향

(나) 도상진동 가속도계수

도상부의 진동은 자갈입자간 마찰저항력의 감소와 상대 변위를 가져오기 때문에 도상 침하를 촉진하는 큰 요소이다. 최근의 연구에서도 궤도 각부의 진동해석 시뮬레이션을 행한 결과를 근거로 도상부의 질량 효과, 도상 내의 압력 분포에 따른 노반 스프링계수에의 영향 및 지반 반력 계수 K_{30} 값에 따른 노반 스프링계수의 변화 등을 고려하여 산출한 "도상진동 가속도계수" $\ddot{y}$ 를 이용한 평가법을 제안하고 있다. 이 계수는 도상부의 진동에 크게 영향을 주는 도상두께와 K_{30}값을 파라미터로 하여 표준 궤도구조(예를 들어, 도상두께 250 mm, K_{30}값 11

kgf/㎤)에 대한 각종 궤도구조의 도상 진동가속도의 비를 나타내며(**그림 5.2.28**), 도상두께가 클수록, 또한 K_{30}값이 클수록 도상 진동가속도가 작게 되는 경향을 나타낸다.

(다) 도상부 침하량의 산정식

상술의 내용을 근거로 하여 점진적인 도상 변위 진행(1회의 재하에 의한 침하량) β_{by}의 산정 식으로서 다음의 식이 제안되고 있다.

$$\beta_{by} = a \cdot (P_t - b)^2 \cdot \ddot{y} \tag{5.2.48}$$

여기서, P_t : 침목 하면 압력, $\ddot{y}$: 도상진동 가속도계수, a, b : 계수

계수 b는 초기 침하 종료 후에 소성변형을 가져오지 않는 하중 역(荷重域)이 존재하는 것을 나타내며, 도상두께에 의존하는 값이다. 또한, 계수 a는 침하 경향을 나타내는 값으로 도상두께에 의존하지 않는 값이다. 이들의 계수는 실험으로 얻어진 값에 대하여 실제의 궤도 상태(우수나 토사 혼입에 의한 자갈 입자간 마찰계수의 감소, 보수투입 간격에 대응하는 차축 통과 횟수의 오더 등)를 고려하여 보정한 것이며 **그림 5.2.29**에 나타낸 값을 이용한다.

(라) 노반 침하량의 산정 식(노반 침하 법칙 ; law of subgrade settlement)

궤도의 형상은 선형과 궤도틀림으로 논하여지지만, 열차의 통과와 함께 차차 크게 되는 궤도틀림은 궤도의 침하와 그 아래의 노반에 기인하는 침하로 나뉘어진다. 이 노반에 관계하는 침하 중에서 터널 내, 교량 · 고가교 위 등 강성 노반(rigid roadbed)상의 침하는 흙 노반에 비하면, 훨씬 작기 때문에 노반에 기초한 궤도틀림의 성장은 흙 노반에 기인한 도상 침하(settlement of ballast)의 문제로서 논하여진다. 흙 노반에 기인한 도상의 침하는 다음과 같은 이유에 기인한다고 고려되고 있다.

① 성토지지 노반의 압밀 침하 ② 열차하중에 따른 노반 · 지반의 압축 침하,

③ 노반으로의 자갈의 박힘 침하(intrusion of ballast to subgrade)

가 있지만, 선로 부설 시부터 충분한 시간이 경과한 경우에는 노반에 기인하는 연속적인 침하에 관하여 ①과 ②의 문제는 그다지 크지 않기 때문에 ③에 기인하는 노반의 점진적인 침하만이 주목받게 된다.

흙 노반은 건조 상태에서는 거의 안정되므로 최종적으로는 물의 포화상태에 있는 흙으로 이루어진 노반으로의 도상의 박힘 β_{sy}가 문제로 되며 이것은 다음과 같이 주어진다.

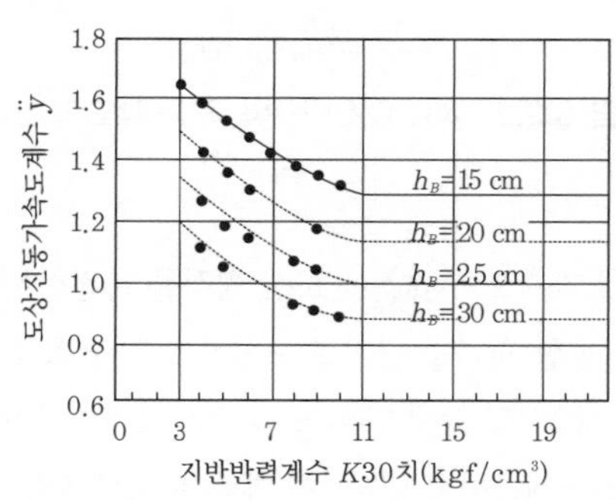

그림 5.2.28 시뮬레이션 결과에 따른 도상진동 가속도계수

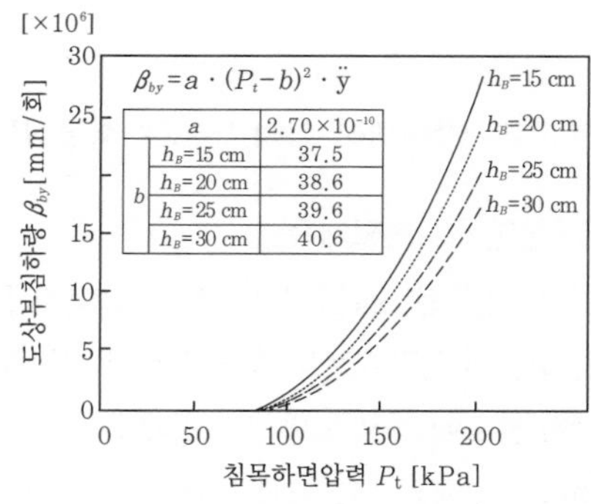

그림 5.2.29 도상 침하량의 산정식 도상진동 가속도계수

$$\beta_{sy} = a \cdot P_{s\,mean}^{b} \cdot q_c^{c} \cdot N \tag{5.2.49}$$

여기서, $P_{s\,mean}$: 평균 도상압력, q_c : 콘 관입 저항(cone penetration resistance), N : 재하 횟수, a, b, c : 계수(**표 5.2.8**)

표 5.2.8 도상의 노반으로의 박힘 식의 계수

기호	a	b	c	종별
CL	4.5	2.6	-1.8	사질점토
CH	4.1	3.6	-2.0	점토
VH2	8.1	2.5	-1.7	화산성 로움
SM	0.66	2.6	-1.4	실트혼합 모래

이것은 체수(滯水) 시에서 노반으로의 자갈 박힘을 상정한 실험식이지만, 계수 a는 실험식으로 얻어진 년간의 체수 · 비체수의 비율 등을 고려하여 보정한다. 또한, 콘 관입 저항치 q_c는 지반 반력 계수 K_{30}값의 함수로서 나타낸다.

도상은 토질의 강도를 나타내는 콘 관입 저항의 1.4~2.0 승에 비례하고 윤하중에 비례하여 발생하는 평균 도상압력(ballast pressure)의 2.5~3.6 승에 비례하여 노반으로 박히어 침하한다.

이 콘 관입 저항을 대응하는 K_{30}의 값으로 환산하여 N에 대한 계수 β_{sy}를 계산한 예를 나타낸 것이 **그림 5.2.30**이다. 그림에는 평균 노반압력 $P_{s\,mean}$과 노반 침하량 β_{sy}의 관계를 3개의 노반강도별로 나타내었다. 침하가 도상압력에 대하여 가속도적으로 증가하는 모양을 볼 수 있다.

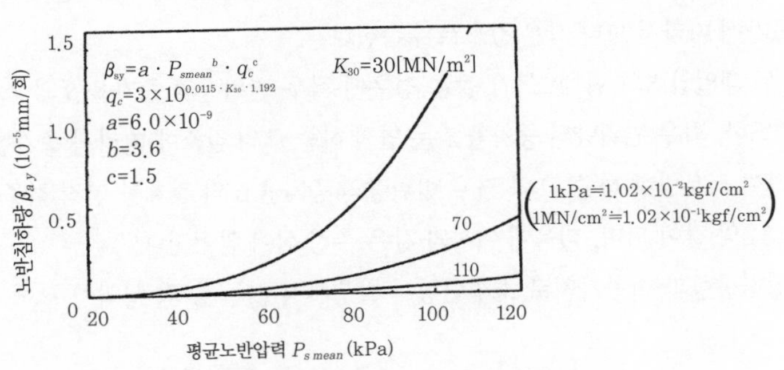

그림 5.2.30 노반의 추정 상하 변위량의 산정

(마) 궤도 침하량의 산정

일정 기간 내에서 동일한 하중조건의 차축통과 수 n_i에 대한 궤도전체의 소성 침하량 δ_y를 도상 침하량 δ_{by}와 노반 침하량 δ_{sy}의 합계로 구한다. 더욱이, 다른 하중조건이 m 종류 혼재하는 경우는 이들을 합계한다.

$$\left.\begin{aligned} (\delta_y)_{i\ y} &= \sum_{i=1}^{m}[(\delta_{by}) + (\delta_{sy})_i] \\ (\delta_{by})_i &= (\delta_{by})_i \cdot n_i \\ (\delta_{sy})_i &= (\delta_{by})_i \cdot n_i \end{aligned}\right\} \tag{5.2.50}$$

(3) 좌우방향의 소성 변형량의 산정 방법

실물 크기의 궤도에 대한 좌우방향의 반복 재하 시험의 결과(**그림 5.2.31**)를 보면, 상하방향과 마찬가지로 좌우 변위량은 재하 초기에 급격히 증대한 후에 미소한 변형이 점증하는 경향을 나타낸다. 이 점진적인 좌우 변위량의 증가율 β' 나 도상 횡 스프링계수 K_b 등에 대하여 시험결과를 정리하면 이하의 것을 알 수 있다.

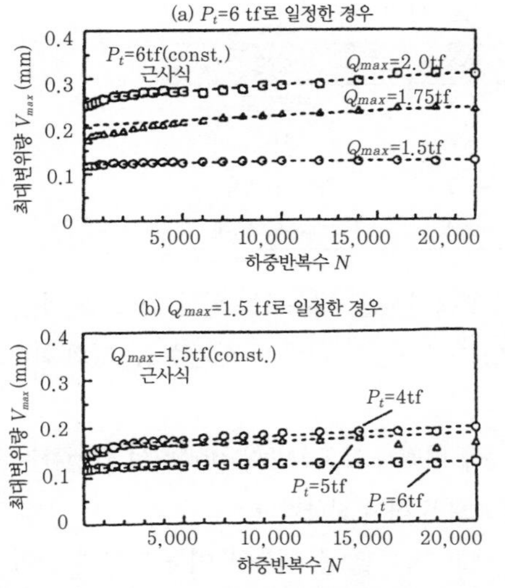

그림 5.2.31 좌우방향의 반복 재하 시험 결과

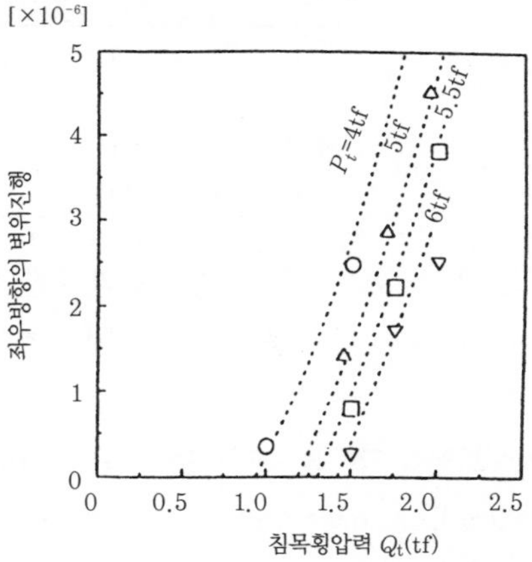

그림 5.2.32 좌우방향의 반복 재하 시험 결과

① 도상 횡 스프링계수 K_b는 하중의 반복에 따라서 저하하며, 연직 하중 P_t의 감소와 좌우방향 하중(침목 횡압력) Q_t의 증가에 따라서 보다 작은 값으로 수속한다.

② 연직 하중(좌우 레일압력의 합계) P_t가 같은 경우에 좌우 변위량의 증가율 β' 와 좌우 변위 진폭량은 비례관계에 있다. 또한, 좌우 변위량의 증가율 β' 는 연직 하중 P_t의 감소에 따라서 증가한다.

이들을 근거로 하여 좌우방향 하중 Q_t와 좌우 변위량의 증가율 β' 의 관계를 연직 하중 P_t 를 파라미터로 하여 정리하면 **그림 5.2.32**와 같이 되며, 더욱이 이하와 같은 추정 식이 얻어진다.

이것에서 β' 는 상하방향과 마찬가지로 소성변형이 발생하지 않는 Q_t의 영역이 P_t에 따라 존재하는 것을 알 수 있다.

$$\left.\begin{aligned} \beta' &= \frac{a\cdot Q_t}{K_b'} - (b\cdot P_t - c) \\ K_b' &= \frac{d}{e\cdot Q_t^2 + f} + g\cdot P_t - h \\ &a = 3.90\times 10^{-5},\ b = 8.78\times 10^{-8},\ c = 1.67\times 10^{-6},\ d = 21.5 \\ &e = 1.24\times 10^{-3},\ f = 4.27\times 10^{-2},\ g = 1.30,\ h = 26.4 \end{aligned}\right\} \qquad (5.2.51)$$

5.2.7 2중 탄성 레일체결장치의 해석

(1) 구성

침목에 대한 레일의 체결은 과거에 오로지 경제적으로 스파이크나 나사스파이크로 행하여 왔지만 콘크리트 침목의 채용에 따라 레일과 침목 사이에 고무 등의 '레일패드'라는 완충재를 넣어서 완충재의 탄성을 충분히 활용하는 것이 필요하게 되었다.

이를 위해서는 **그림 5.2.33**와 나타낸 레일체결의 단면모델에서 레일아래 레일패드의 스프링계수 K_p에 대하여 레일누름스프링의 스프링계수 K_c(편측)를 충분히 작게 하고, 업 리프트(Uplift)와 도상에서 침목의 이동에 대한 도상저항력에 관하여 충분한 체결력을 가진 레일체결장치를 실현할 필요가 있었다. 이것이 레일패드와 연한 레일누름스프링을 가진 2중 탄성 레일체결장치이다. 이하에서는 일본에서의 해석방법을 소개한다.

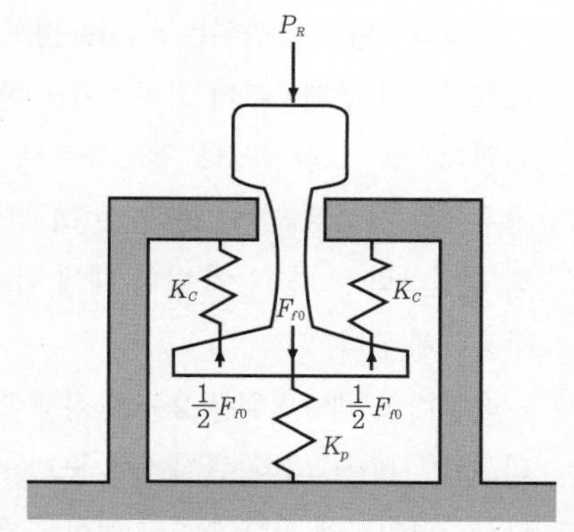

그림 5.2.33 2중 탄성 레일체결의 모델

(2) 종(縱) 스프링계수

이 2중 탄성 레일체결장치의 재하특성을 나타낸 것이 그림 **그림 5.2.34** (a)이다. 이 그림에서 (+)는 레일이 아래쪽으로 향한 변형이며 초기 체결력을 F_{f0}로 하면, **그림 5.2.33**의 계수에 따라서 각각의 특성치는 다음과 같이 주어진다.

$$\left.\begin{array}{lll} \text{합성 스프링계수} & K = K_P + 2K_C & \cdots\cdots (1) \\ \text{레일누름스프링 해방변위} & y_C = \dfrac{F_{f0}}{2K_C} & \cdots\cdots (2) \\ \text{레일패드 해방변위} & y_P = \dfrac{F_{f0}}{K_p} & \cdots\cdots (3) \end{array}\right\} \quad (5.2.52)$$

합성 스프링계수로서는 레일누름스프링을 연하게 하여 그 스프링계수를 충분히 작게 함으로써 비로소 레일패드의 스프링계수를 충분히 활용할 수 있다. 통상적으로 하나의 레일누름 스프링의 선단 스프링계수로 0.5~1 tf/cm 정도로 되어 레일양측의 누름스프링으로 초기 체결력이 0.5~1 tf/cm 정도로 되도록 만들어지고 있다.

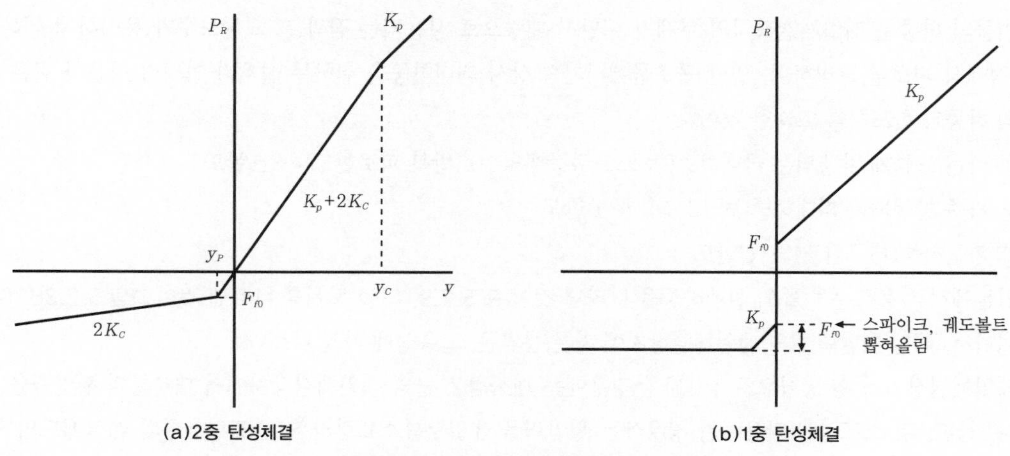

그림 5.2.34 탄성체결의 스프링 특성

누름스프링 해방변위는 5 mm 정도의 값으로 되며, 레일패드의 두께로부터 고려하여도 존재할 수 없지만 레일패드를 스파이크나 궤도볼트로 강결(剛結)하는 경우에는 제로로 되어 **그림 5.2.34** (b)에 나타낸 것처럼 레일압력 P_R가 F_{f0}에 달한 때에 비로소 레일패드가 작용하게 된다.

레일패드 해방변위는 2중 탄성체결의 경우에는 업리프트(Uplift)와의 관계에서 중요하다. 스파이크나 나사스파이크에 관하여는 그 뽑혀 올림 강도까지는 변위가 제로이지만 이 강도에 달하면 초기 체결력 F_{f0}의 범위에서는 레일패드의 스프링계수가 작용하며, 하지만 그 이상에서는 레일패드가 부상하고 스프링계수는 제로로 된다.

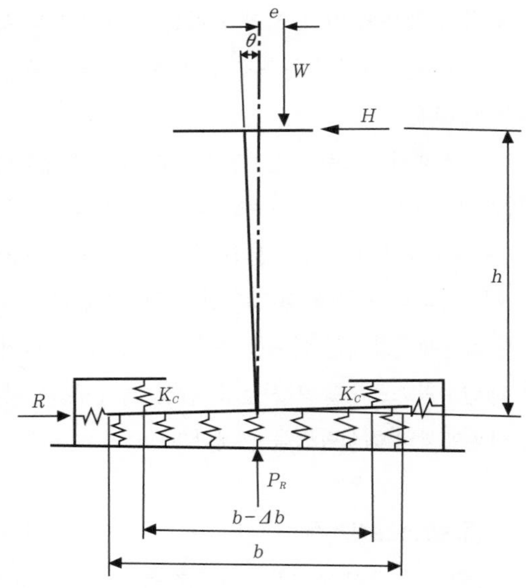

그림 5.2.35 레일경사에 따라 누름스프링과 레일패드에 작용하는 힘

(3) 응력해석

2중 탄성 레일체결장치를 역학적으로 보면, **그림 5.2.35**와 같으며 윤하중 W와 횡압 H로부터 제5.2.2(3)항과 제5.2.3(4), (5)항에서 구한 레일압력 P_R, 레일 횡압력 R 및 레일경사 모멘트 T가 레일체결장치에 작용하게 된다.

이들에 대한 개략의 값을 나타내면 다음과 같이 된다.

$$\left.\begin{aligned} &P_R = 0.4W \cdots\cdots (1) \\ &R = \begin{cases} 0.5\text{H, 횡 탄성이 있을때} \cdots (2) \\ 0.8\text{H, 횡 탄성이 없을때} \cdots (3) \end{cases} \\ &T = Hh - We \cdots\cdots (4) \end{aligned}\right\} \qquad (5.2.53)$$

여기서, h : 레일의 높이, e : 윤하중 작용점이 레일중심에서 벗어난 거리

이들의 하중은 레일체결장치의 부재가 대단히 대량으로 사용되는 점과 그 교체보수가 용이하게 행하여지는 점에서 피로를 고려하며, 일반 구조물에서처럼 상시 최대하중을 취하는 설계가 아니라 다음과 같은 3 종류의 하중과 한도치를 고려한 것이다.

① 극히 드물게 발생되는 극대하중(녹 스프링강재의 10^3 반복 피로한도) … A한도

② 자주 발생되는 최대하중(同 10^5 회) … B한도

③ 평균하중(내구한도) … C한도

일본에서 사용하는 이들의 설계하중을 나타낸 것이 **표 5.2.9**, 그 한도치를 나타낸 것이 **그림 5.2.36**이다.

여기서, 레일 횡압력 R의 레일체결장치에 따른 분담은 그 특성에 따라 다르다.

레일체결장치가 횡 방향으로 강(剛)한 경우에는 재하점 부근의 레일체결장치에서 대부분의 횡압력을 받게 된다. 한편, 횡 스프링이 작용하는 경우에는 횡압력을 레일누름스프링의 횡 스프링계수와 레일패드의 횡 스프링계수의 비(比)에 역비례하여 이것을 분담하게 된다.

표 5.2.9 레일체결장치 설계하중의 예

단위 : tf

선별	하중종별	선형	A하중	B하중	C하중
고속선로	윤하중	직선 · 곡선	17×1/2×1.3=11.1	17×1/2×1.15=9.8	17×1/2×1=8.5
	횡압	직선 · 곡선	17×0.4=6.8	17×0.2=3.4	17×0.1=1.7
재래선로	윤하중	직선 · 곡선	15×1/2×1.3=9.8	15×1/2×1.15=8.6	15×1/2×1=7.5
	횡압	직선 · $R\geq800$	15×1/2×0.4=3.0	15×1/2×0.2=1.5	15×1/2×0.1=0.75
		$800>R\geq600$	15×1/2×0.6=4.5	15×1/2×0.3=2.3	15×1/2×0.15=1.1
		$R<600$	15×1/2×0.8=6.0	15×1/2×0.4=3.0	15×1/2×0.2=1.5

예를 들어, 레일누름스프링이 9 tf/cm{90 kN/cm}, 레일패드가 11 tf/cm{110 kN/cm}이라면, 9/(9+11)이 레일누름스프링으로, 11/(9+11)이 레일패드에 작용하게 된다.

레일경사에 따라 레일누름스프링과 레일패드에 작용하는 힘은 **그림 5.2.35**에 나타낸 것처럼 레일 경사각을 θ, 레일패드의 스프링계수를 K_p, 레일저부가 레일패드에 접하는 폭을 b, 누름스프링의 레일누름 위치간격을 $b-\Delta b$, 레일누름스프링의 스프링계수 K_c(편측)으로 하면, 다음과 같이 된다.

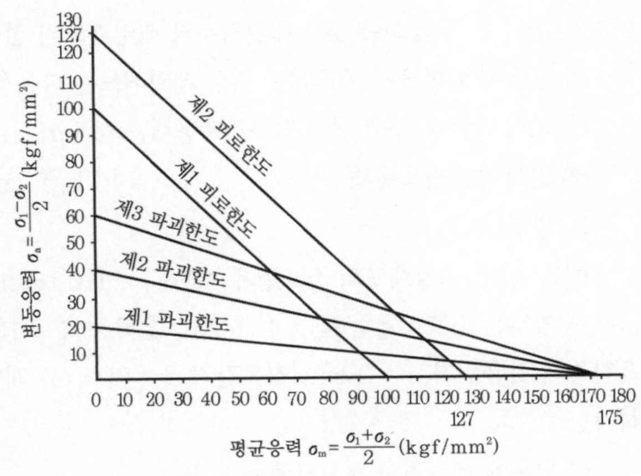

그림 5.2.36 스프링강의 내구한도선도

먼저, 레일패드의 저항모멘트 M_p는 다음과 같이 주어진다,

$$\begin{aligned} M_P &= 2\int_0^{b/2}\frac{b}{2}\theta\cdot\frac{x}{b/2}\cdot x\frac{K_p}{b}dx \\ &= 2\frac{K_p\theta}{b}\int_0^{b/2}x^2\,dx \\ &= \frac{K_pb^2}{12}\theta \end{aligned} \tag{5.2.54}$$

레일의 경사에 따른 레일누름스프링의 압력변화 ΔF_{f0}는

$$\Delta F_{f0} = \pm K_C(b-\Delta b)/2\cdot\theta$$

이므로, 저항모멘트 Mc는 다음과 같이 주어진다.

$$M_C = \frac{1}{2}K_C(b-\Delta b)^2\theta \tag{5.2.55}$$

따라서 양자의 저항모멘트의 합 M_C은

$$\begin{aligned} M &= M_P + M_C \\ &= \{\frac{1}{12}K_Pb^2 + \frac{1}{2}K_C(b-\Delta b)^2\}\theta \end{aligned} \tag{5.2.56}$$

이므로, 레일경사에 대한 2중 탄성 레일체결장치의 저항모멘트계수 K_R은 다음과 같이 주어진다.

$$K_R = \frac{1}{12}K_Pb^2+\frac{1}{2}K_C(b-\Delta b)^2 \tag{5.2.57}$$

레일누름 힘 F_f는 레일압력 P_R에 대하여 다음과 같이 주어진다.

$$F_f = F_{f0} - K_C \frac{P_R}{K_P+2K_C} \pm \frac{1}{2} K_C(b-\Delta b)\theta \qquad (5.2.58)$$

여기서, 제1항의 F_{f0}는 초기 체결력이고, 제2항은 레일압력 P_R에 따라 압축으로 레일누름스프링이 늘어남에 따른 압력변화의 평균치를 나타내며, 제3항은 레일의 경사에 따른 압력변화를 나타낸다.

레일패드의 양측 끝의 압축량 $d_\pm$와 응력 $S_\pm$는 다음과 같이 주어진다.

$$\left.\begin{aligned} d_\pm &= d_0 + \frac{P_R}{K_P+2K_C} \pm \frac{1}{2} b\theta \quad &(1) \\ S_\pm &= \frac{K_P d_\pm}{A} \quad &(2) \end{aligned}\right\} \qquad (5.2.59)$$

여기서, d_0 : 초기 압축량, A : 레일저부와 레일패드의 접촉면적

이 경우에 일본에서 종래에 규정한 레일패드는 다음을 전제로 하고 있다.

① 상시 받는 하중에 대한 평균압축응력 ; 20 kgf/cm2 {200 MPa} 이하

② 최대 평균압축응력 ; 40 kgf/cm2 {400 MPa} 이하

③ 변형(평균) 10 % 이하

예를 들어, 레일패드의 스프링계수를 K_P = 110 tf/cm, 폭 b = 12.5 cm, 체결력 간격 $(b - \Delta b)$ = 7.0 cm, 레일누름 스프링계수 K_C = 1 tf/cm, 윤하중 W = 10 tf, 횡압 H = 3 tf, 횡압의 작용높이 h = 15 cm, 윤하중의 작용위치 e = 3 cm, 침목간격 a = 60 cm, 레일의 비틀림 강성 C = 16.1 10^4 tfcm^{2}이라고 가정하자.

이 경우에 레일경사 저항모멘트 K_R은

$$K_R = \frac{1}{12} K_P b^2 + \frac{1}{2} K_C(b-\Delta b)^2$$

$$= \frac{1}{12} \times 110 \times 12.5^2 + \frac{1}{2} \times 1 \times 7^2 = 1{,}433 + 24.5 = 1{,}458 \text{ tf} \cdot \text{cm}$$

식 (5.2.25)에 따라

$$\theta = \sqrt{\frac{\mathrm{a}}{\mathrm{K_t} \cdot \mathrm{C}}} \cdot \frac{1}{2}(Hh - We)$$

$$= \sqrt{\frac{60}{1{,}458 \times 16.1 \times 10^4}} \times \frac{1}{2}(3 \times 15 - 10 \times 3) = 5.07 \times 10^{-4} \times 7.5 = 3.8 \times 10^{-3} \text{rad}$$

로 된다.

여기서,

$$F_f = F_{f0} - K_C \frac{P_R}{K_P+2K_C} \pm \frac{1}{2} K_C(b-\Delta b)\theta$$

$$= 0.5 - 1 \times \frac{0.4 \times 10}{110+2 \times 1} \pm \frac{1}{2} \times 1 \times 7 \times 3.8 \times 10^{-3} = 0.5 - 0.036 \pm 0.013 = 0.464 \pm 0.013$$

$$d_\pm = d_0 + \frac{P_R}{K_P+2K_C} \pm \frac{1}{2} b\theta$$

$$= \frac{1.0}{110} + \frac{0.4 \times 10}{110+2 \times 1} \pm \frac{1}{2} \times 12.5 \times 3.8 \times 10^{-3} = 0.045 \pm 0.023 \text{ cm}$$

$$S_\pm = \frac{K_P d_\pm}{A}$$

$$= \frac{110 \times 10^3 \times 0.068}{18 \times 12.5} = 33 \text{ kgfcm}^2 < 40 \text{ kgfcm}^2$$

5.3 궤도구조의 설계에 이용하는 열차하중

5.3.1 상하방향 하중의 산정법

상하방향의 동적인 열차하중(윤하중 P)의 산정법으로서는 정지 윤하중(輪重, wheel load) $W_0/2$에 더하여 궤도의 부정합으로 인하여 진동하는 차량 각부의 관성력에 따른 변동 분(윤하중 변동 ΔP)을 고려할 필요가 있다(제5.2.1(4)(가)항 참조). 윤하중 변동(輪重變動)을 초래하는 궤도 부정합에는 차체의 상하진동에 영향을 주는 면(고저)틀림과 차량 스프링 하 질량의 상하진동에 영향을 주는 차륜/레일간 요철이 대표적이다.

그림 5.3.1은 윤하중 변동률 (= [윤하중의 표준편차×2] / 정지 윤하중)과 속도의 관계를 나타낸 것이며, 속도에 비례하여 윤하중 변동이 증가하는 경향을 확인할 수 있다. 이와 같은 실측치에 기초한 동적 하중의 산정법으로서 일본에서는 다음과 같은 속도 충격률(速度 衝擊率, increase ratio by velocity) i가 이용되어 왔다(제1.3.3(3)항 참조).

$$P = (W_0 / 2) + \Delta P = (W_0 / 2) \times i \tag{5.3.1}$$

장대레일 궤도의 경우 $i = 1 + 0.3\ V / 100$

보통 이음매 궤도의 경우 $i = 1 + 0.5\ V / 100$

여기서, i : 속도 충격률, V : 열차 속도, i는 1.8을 넘지 않는 것으로 한다.

이것은 1985년경에 윤하중 변동의 실측치를 정리한 결과, 그 변동계수(평균치에 대한 표준편차의 비율)가 재래 선에서는 100 km/h에서 0.25, 고속선로에서는 200 km/h에서 0.3 정도인 것을 고려하여 속도 충격률로서 채용한 것이었다. 이 관계를 **그림 5.3.2**에 나타낸다.

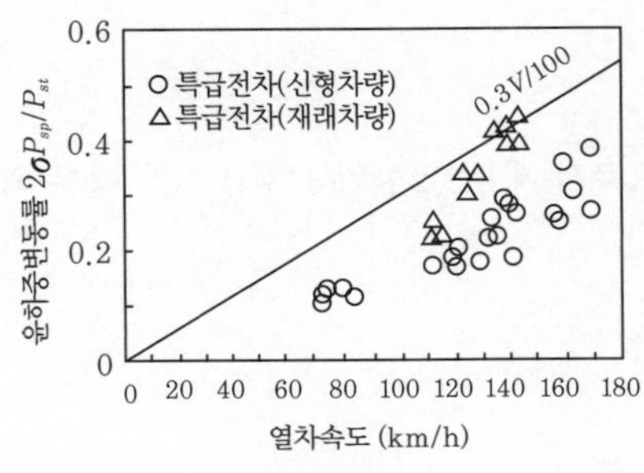

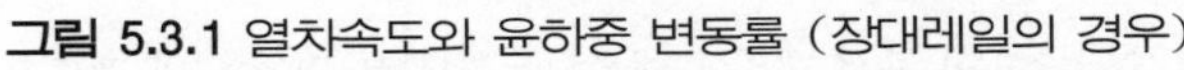
그림 5.3.1 열차속도와 윤하중 변동률 (장대레일의 경우)

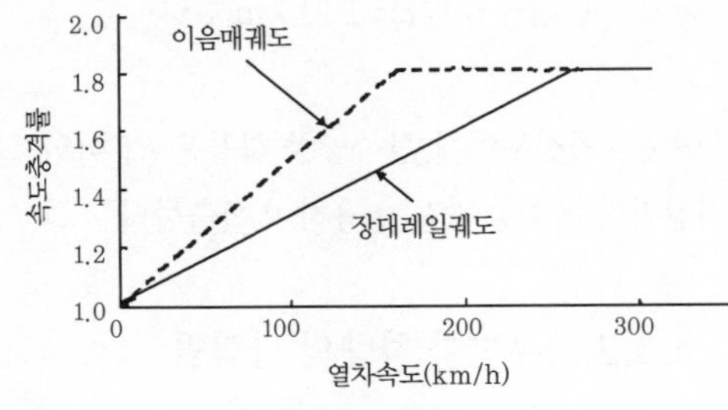

그림 5.3.2 속도 충격률

그러나, 고속 역으로 될수록 윤하중 변동의 주체가 차량 스프링 하 질량의 관성력, 충격력으로 되는 것을 고려하면, 위의 식과 같이 윤하중 변동이 정지 윤하중에 일정 율로 비례하는 형으로는 차량 제원 성능의 영향을 충분히 반영할 수 없다. 그래서, 궤도지지 스프링과 차량 스프링 하 질량을 주체로 한 해석 모델에 대하여 보통 이음매부나 용접부를 모의한 레일 요철형상을 입력조건으로 한 윤하중 변동 시뮬레이션(제4.2.5항 참조)을 행하여 윤하중 변동률을 구하는 방법이 유효하게 된다. **그림 5.3.3**에 계산 결과의 일례를 나타낸다. 특급전차에서는 대체로 속도 충격률과 같은 정도로 되지만, 차량 스프링 상/스프링 하 질량비가 상대적으로 큰 기관차에서는 속도 충격률에 대하여 10~30 % 작은 값으로 된다.

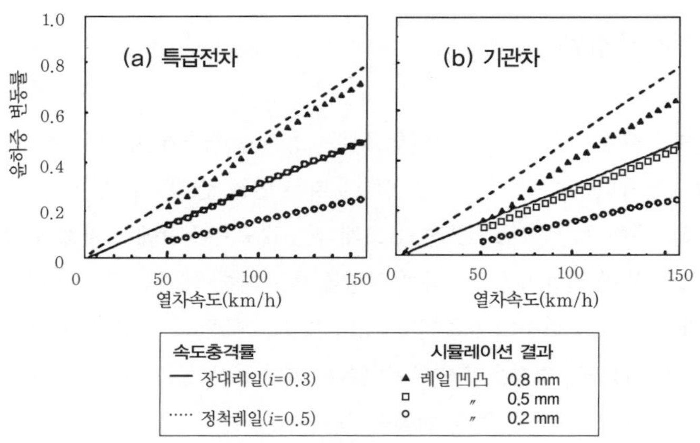

그림 5.3.3 윤하중 변동 해석결과와 속도 충격률

이상의 사항을 근거로 하여 직선부에서의 동적 윤하중 P를 차체와 스프링 하 질량 각각의 상하진동으로 인한 관성의 합계로서 다음 식으로 산출한다.

$$P = (W_0 / 2) + \Delta P$$

$$\Delta P = (W_0 / 2) \times (3\sigma_{aV} + i \cdot V / 100) \tag{5.3.2}$$

$$\sigma_{aV} = K_v \cdot a_v \cdot V$$

여기서, σ_{aV} : 차체 상하동의 표준편차 (m/s²), V : 속도 (km/h), K_v : 상하방향의 차량동요계수 (m/s²/mm/(km/h)), a_v : 고저틀림의 표준편차 (mm), i : 차량 스프링 하 질량의 진동으로 인한 윤하중 변동률 (속도 100 km/h당)

또한, 곡선부에서 상하방향 하중은 위 식의 정지 윤하중으로서 제4.3.2항의(4.3.1) 식에 따른 외궤 내궤의 정상적인 윤하중 값을 이용하여 산출한다.

5.3.2 좌우방향 하중의 산정법

곡선부에서 좌우방향의 동적 열차하중(횡압)으로서는 속도와 곡선 제원에 대응하는 정상분 및 속도와 궤도틀림에 대응하는 변동 분의 합계로 대차 전(前)축의 외측 횡압 Q_0와 윤축 횡압 ΔQ의 저대 치를 구한다. 구체적으로는 제4.3.2항 "곡선통과 시 윤하중 횡압의 정량화"에 나타낸 추정 식을 이용한다.

5.3.3 조사항목과 열차하중 조건의 조합

후술의 "부재 궤광의 발생 응력에 관한 조사" 및 "궤도틀림 진행에 관한 조사"에서 구체적인 검토항목과 이것에 이용되는 열차하중 조건과의 관계는 **표 5.3.1**과 같이 된다.

이 중에서 저대 하중은 주행하는 열차 중의 최대 하중을 대상으로 한다. 전 항까지에 나타낸 것처럼 열차하중의 산정에는 궤도틀림(고저, 줄)의 표준편차를 이용하고 있다. 그를 위하여 저대 하중에는 제5.5절에 나타내는 궤도틀림의 안전 한도 치를, 반복하중에는 같은 궤도틀림의 승차감 목표치(tolerance for riding comfort)를 적용하는 것으로 한다.

표 5.3.1 조사 항목과 열차하중 조건

검토항목 \ 하중조건			상하방향 하중		좌우방향 하중	
			저대 하중	반복 하중	저대 하중	반복 하중
궤도틀림 진행		고저틀림 진행		○		
		줄 틀림 진행				○
부재 · 궤광의 발생 응력	부재	레일	○			
		레일체결장치		○	○	○
		스파이크			○	
		PC침목	○			
		노반	○			
	궤광	급격한 줄 틀림			○	

5.4 부재 · 궤광의 발생 응력에 관한 조사

5.4.1 부재 · 궤광의 발생 응력에 관한 조사의 기본적인 고려방법

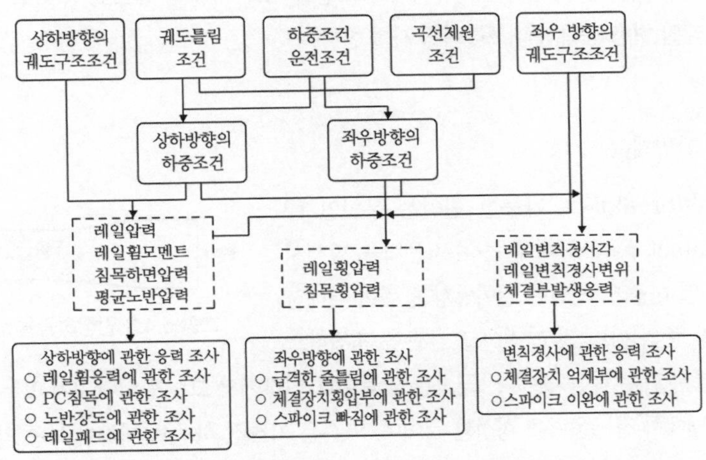

그림 5.4.1 부재 · 궤광의 발생 응력에 관한 검토 방법

부재(部材) · 궤광(軌框)의 발생(發生) 응력(應力, stress)에 관한 조사는 이하의 2점에 대하여 확인하는 것이다.

① 발생할 수 있는 저대(著大) 하중에 대하여 급격한 파괴, 또는 기능의 상실을 초래하지 않을 것.

② 반복(反復) 하중에 대하여 상당한 내구 년수를 가지며, 보수 능력에 대응하고 있을 것.

이 경우에 하중(저대 하중과 반복하중)과 부재에 발생하는 응력을 정확하게 산정하는 것이 중요하다. 또한, 조사 대상과 대응하는 하중의 관계는 **그림 5.4.1**에 나타낸다.

5.4.2 레일 휨 응력에 관한 조사

(1) 레일 휨 응력의 산정

레일의 첫 번째 필요조건은 절손(break)되지 않아야 하는 것이다. 열차가 탈선되도록 뒤틀려서도 안 된다. 먼저, 윤하중을 받아 수직면에서 휨으로부터 발생되는 레일의 응력은 윙클러(Winkler)보다 컴퓨터 시뮬레이션 패키지와 같은 모델을 사용하여 예측할 수 있다. 휨 모멘트로 유발된 응력은 레일단면에 걸쳐 변화된다. 최대 압축응력은 상면에서 발생되고 최대 인장 값은 하면에서 발생된다(**그림 5.4.2**). 우리는 이것을 수학적으로 레일두부 상단에서 음수의 응력으로 묘사하며, 이 응력은 중심(centre) 근처 중립축(neutral axis)에서의 0을 거쳐서 저부에서의 양수 값까지 선형적으로 변한다. UIC 54 레일을 사용하는 상기의 예에서 최대응력은 상단에서 거의 −90 MPa, 하단에서 거의 80 MPa로 나타난다.

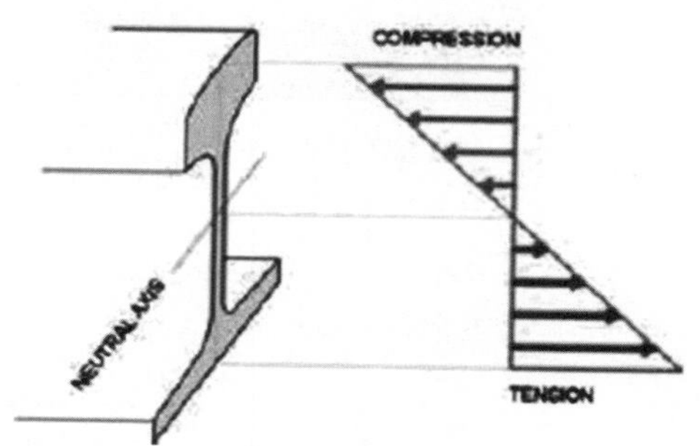

그림 5.4.2 레일단면의 휨 응력

레일은 궤도재료(track material) 중에서 가장 중요한 부재이기 때문에 응력 상태가 가장 엄한 경우에도 레일강의 피로한도를 넘지 않도록 열차하중으로 인한 응력을 제한할 필요가 있다. 그래서, 상하방향의 저대 하중에 대한 레일 휨 모멘트 M을 제5.2절의 구조해석법으로 산출하고, 다음의 식으로 레일 휨 응력 σ를 구하여 다음 항에서 기술하는 레일 허용 응력과 대조하여 조사를 한다.

$$\sigma = M / Z \tag{5.4.1}$$

여기서, Z : 레일의 단면계수

레일은 어떻게 절손(break)되며 가능한 원인은 무엇인가? 윤하중은 접촉면(contact patch) 내에 큰 수직응력을 발생시킨다. 여기에는 휨과 열 하중으로 인한 길이방향 응력이 더해진다. 그러나 이들 응력 중의 어느 것도 적어도 금속을 직접적으로 항복시키거나 균열시킬 수 없을 것이다. 금속은 압축이나 인장에서 그렇게 약해지지 않는다. 그러나 인장력이나 압축력은 재료 내에서 전단응력을 형성할 것이며, 파손은 가해진 하중에 대하여 보통 약 45 °인 최대 전단응력의 평면에서 발생되며, 그 이유는 원자들이 잡아떼어지기보다는 서로 미끄러지기 때문이다(**그림 5.4.3**).

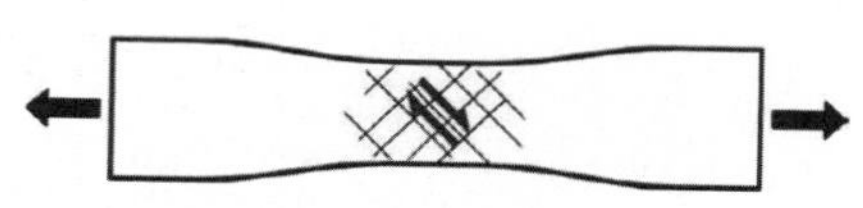
그림 5.4.3 인장하중을 받는 강봉의 파손

(2) 레일 허용 응력의 고려 방법

제2.1절에서 언급한 인장강도(레일의 규격별로 다르다)는 정적인 재료강도이며, 동적 반복하중을 받는 경우는 이보다 당연히 작게 된다. 그래서 동적 반복강도인 레일강의 S−N 곡선에서 허용 응력을 구한다.

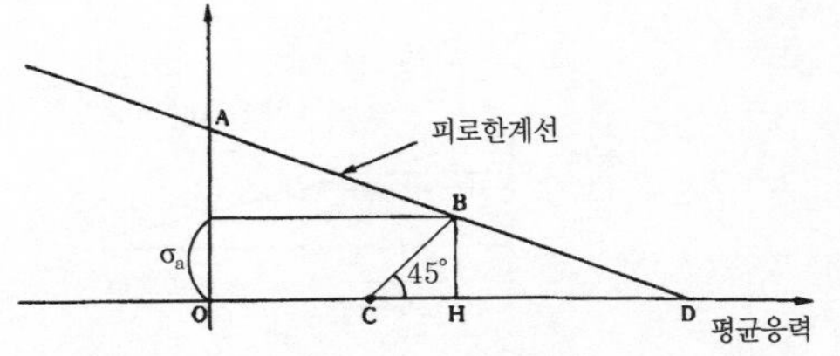

그림 5.4.4 인장 압축 응력 내구한도선도

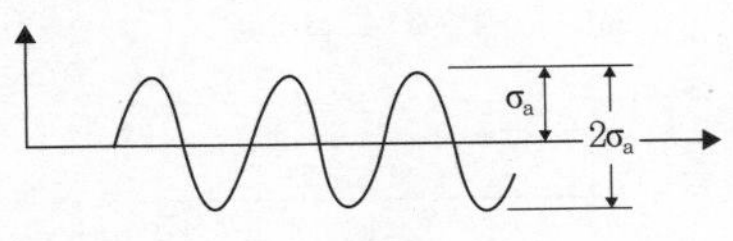

그림 5.4.6 양진 피로시험의 모식도

레일 허용 응력은 상하방향의 열차하중(윤하중) 이외의 요인에 기인하여 발생하는 응력도 고려하면서 이하의 순서로 행한다.

① 진파괴 강도(眞破壞强度)와 피로한도로 내구한도선도(耐久限度線圖, **그림 5.4.4**)를 구한다. 50N과 KS60의 레일은 그 인장강도의 규격인 80 kgf/mm²를 진파괴 강도(**그림 5.4.4**의 D점)로 한다. 레일강의 피로한도로서는 **그림 5.4.5**에 나타내는 S−N 곡선(양진 응력)에서 건조피로(압연표면)와 건조피로(녹표면)인 경우의 중간적인 값인 20 kgf/mm²가 일반적으로 이용되고 있다.

그림 5.4.5에 나타낸 S−N 곡선은 **그림 5.4.6**에 나타낸 것처럼 평균 응력 0 kgf/mm²의 양진 응력에 대하여 구한 결과이지만, 실제의 레일에 생기는 응력은 평균 응력이 0으로 되지는 않는다. 즉, 양진 응력을 평균 응력이 0이 아닌 경우로 환산할 필요가 있다. 이 관계를 **그림 5.4.4**에 나타낸다. 이 그림에서 기호는 다음과 같다.

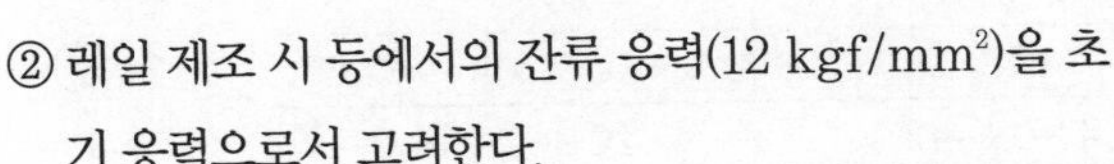

ABD : 피로한도선도, D : 진파단 강도, OA : 양진 피로한도, OC : 레일 잔류응력 등으로 인한 정적인 레일 응력의 최대치, $2\sigma_a$: 양진 피로한도

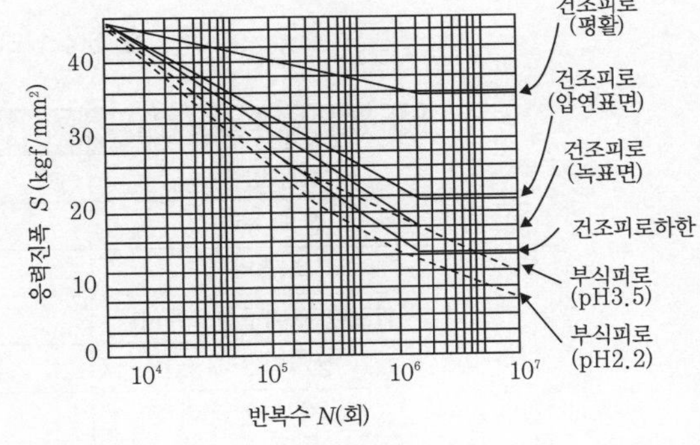

그림 5.4.5 레일강의 S−N 곡선

② 레일 제조 시 등에서의 잔류 응력(12 kgf/mm²)을 초기 응력으로서 고려한다.

③ 온도 응력을 보통 이음매 궤도 · 장대레일 궤도로 구별하여 초기 응력으로서 고려한다. 장대레일 궤도의 경우에 온도 상승량 50 ℃ 정도(온도 응력 = 선 팽창계수×설정온도와의 온도차×레일강의 영 계수 = $1.14\times10^{-5}\times50\times2.1\times10^4 \fallingdotseq 12$ kgf/mm²)를 목표로 한다. 보통 이음매 궤도는 3 kgf/mm²로 한다.

④ 잔류 응력과 온도 응력의 합계를 초기 응력으로 하여, 내구한도선도에서 허용 응력(allowable stress)을 구한다. 이 값은 편진폭 값이기 때문에 2배로 하여 전진폭으로 환산한다.

즉, 장대레일 궤도에서 $\overline{OC} = 12 + 12 = 24$ kgf/mm²

이음매 궤도에서 $\overline{OC} = 12 + 3 = 15$ kgf/mm²

로 된다. 여기에서 장대레일 궤도의 경우에 대한 하중 조건은 **그림 5.4.7**과 같이 반복 하중의 하한 치로서 24 kgf/mm^2이 작용한다.

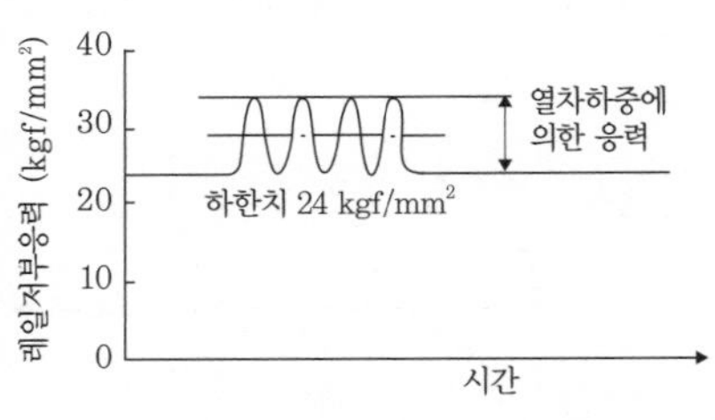

그림 5.4.7 장대레일의 하중 조건

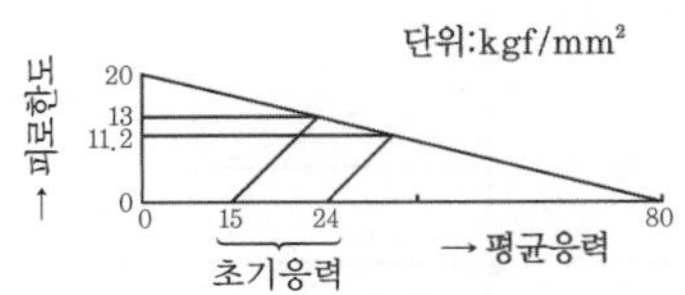

그림 5.4.8 인장 · 압축 응력 내구한도선도

따라서 **그림 5.4.8**에서

장대레일 궤도의 경우 σ_a = 11.2 kgf/mm^2

이음매 궤도의 경우 σ_a = 13 kgf/mm^2

열차 하중에 따른 허용 응력은 이것을 2 배로 하면 좋으므로

장대레일 궤도의 경우에 대하여 σ_a = 22.4 kgf/mm^2

이음매 궤도의 경우에 대하여 σ_a = 26 kgf/mm^2

가 얻어진다.

표 5.4.1 레일 허용 응력의 계산

(kgf/mm^2)

궤도 종별	장대레일 궤도	이음매 궤도
잔류 응력	12	12
온도 응력	12	3
축 응력	12+12=24	12+3=15
피로한도(내구선도에서)	11.2	13
상기의 2 배	11.2×2=22.4	13×2=26
횡압에 의한 응력	6	6
횡압 분을 공제	22.4-6=16.4	26-6=20
편진폭률	0.8	0.8
레일 허용 응력	16.4×0.8=13.1	20×0.8=16.0

⑤ 횡압으로 인한 응력 증가 분을 레일종별에 관계없이 일률적으로 6 kgf/mm^2로 하여 전항의 허용치에서 이 값을 공제하고, 더욱이 편진폭률을 80 %(안전율 0.8)로 하면

장대레일 궤도의 허용 응력은 $(22.4 - 6) \times 0.8 \fallingdotseq 13\ kgf/mm^2$

이음매 궤도의 경우도 마찬가지로서 $(26 - 6) \times 0.8 = 16\ kgf/mm^2$

로 된다.

이상의 계산 결과를 정리하여 **표 5.4.1**에 나타낸다.

5.4.3 PC침목의 균열에 관한 조사

PC침목(枕木) 균열에 관한 조사는 상하 · 좌우방향의 저대 하중 작용시의 레일압력과 레일횡압력 및 PC침목 설계 시의 레일압력과 레일횡압력을 조사하는 것이 기본이다. 더욱 상세하게 검토할 경우에는 PC침목 설계방법과 같은 모양으로 침목 반력이나 기타의 궤도구조 조건을 기초로 하여 PC침목 중의 콘크리트 최대 인장 응력을 구하여 인장 응력의 허용치와 대조하여 조사하면 좋다. PC침목은 콘크리트에 균열이 생기지 않는 것을 전제로 하여 설계되어 있다.

5.4.4 노반강도에 관한 조사

노반(路盤)의 기능은 궤도의 지지, 궤도에 대한 탄성의 부여, 노상으로 하중의 분산 전달 등이다. 그러나, 열차통과 시에 발생하는 노반압력이 노반의 지지력 이상으로 되는 경우에는 노반 표층의 부분적인 침하(활동 면의 형성에 따른 전단 파괴)나 노반으로의 도상자갈의 박힘이 발생하여 궤도틀림 진행의 증대에 기여하게 된다. 후자의 박힘 침하는 점진적인 궤도 침하의 일부로서 산정(제5.2.5항 참조)하기 때문에 여기서는 전자의 고려방법에 기초하여 노반의 안정성에 관한 조사를 다음의 식으로 행한다.

$$P_{s\,mean} \leqq q_a \tag{5.4.2}$$

여기서, 평균 노반압력 $P_{s\,mean}$은 상하방향의 저대 하중과 궤도구조 조건을 기초로 하여 산정을 한다. 또한, 노반의 허용 지지력도 q_a는 1축 압축 시험, 콘 관입 시험, 표준 관입 시험의 N치(제2.8.5항 참조) 등으로 구해지는 점착력 c를 이용하여 흙 구조물 설계표준과 기초구조물 설계표준에 준하여 산정을 한다. 흙 구조물 설계표준에 나타내고 있는 지지 지반, 노상(路床), 성토재료 · 형상, 성토 다짐관리 등의 각 조건에 따르고 있는 경우는 상기의 조사를 행하지 않아도 좋다.

5.4.5 레일 체결장치의 파손에 관한 조사

(1) 레일 체결장치의 횡압 받침부의 파손에 관한 조사

레일 체결장치의 횡압 받침부로서는 타이 플레이트 형식, 스프링 받침대 형식 및 숄더 매립 형식이 있다. 타이 플레이트 형식은 숄더와 그 설치부의 강도, 숄더 매립 형식은 매립부의 강도를 조사하면 좋다. 이에 대한 상세는 생략한다. 이하에서는 판스프링 + 스프링 받침대 + 볼트 형식의 레일 체결장치를 중심으로 기술한다. 스프링 받침대 형식은 ① 체결 스프링의 레일횡압력 부담부분의 응력, ② 스프링 받침대 또는 볼트커버의 지압 응력 등의 부위에 관한 조사가 필요하게 된다.

따라서, 상하 · 좌우방향의 저대 하중에 기인하는 상기 개소의 발생 응력을 구하고 이하의 순서로 허용 응력을 조사한다.

① 스프링강을 소재로 하는 체결 스프링의 내구한도선도를 구한다(제2.5절 참조).

② 스프링 받침대 또는 볼트커버 등의 허용 응력은 지압 파괴강도의 1/2을 허용 응력으로 한다. 다만, 초기 체

결력을 고려한다.

더욱이, 체결 스프링에 대한 반복 하중을 조사할 경우의 허용 응력은 내구한도선도의 제1 파괴한도와 제1 피로한도에서 구한다.

(2) 레일 체결장치의 레일 누름 부분의 파손에 관한 조사

레일 체결장치의 레일 누름 부분에서도 전항의 레일 체결장치의 형식에 대하여 상기와 거의 같은 고려 방법으로 파괴의 가능성이 있는 ① 체결 스프링의 레일 변칙경사{canting (or tilting) of rail, irregularity inclination of rail}에 저항하는 응력, ② 체결볼트의 인장 응력, ③ 매립 칼라 나사 산의 전단 응력 등의 부위를 조사 대상으로 한다.

따라서, 상하 · 좌우방향의 저대 윤하중으로 인한 상기 개소의 발생 응력을 구하고, 이하의 순서에 따라 허용 응력을 조사한다.

① 체결 스프링의 내구한도선도를 구하여 그 제2 파괴한도와 제2 피로한도에서 초기 체결력을 고려하여 열차 하중에 대한 허용 응력을 구한다.

② 체결볼트에 대하여는 진파단(眞破斷) 강도, 피로한도 및 항복강도에서 초기 체결력을 고려하여 열차하중에 대한 허용 응력을 구한다.

③ 매립 칼라의 뽑힘 한계 하중을 구해 1/4를 곱하여 허용치로 한다.

더욱이, 체결 스프링에 대한 반복하중을 조사할 경우의 허용 응력은 내구한도선도의 제1 파괴한도와 제1 피로한도에서 구한다.

5.4.6 급격한 줄 틀림에 관한 조사

침목에 작용하는 좌우방향의 힘(침목 횡압력)이 그 침목의 도상 횡 저항력을 대폭으로 상회하면, 침목의 움직임 현상이 생긴다. 이 움직임 현상을 '급격한 줄 틀림'이라 칭하며(**그림 5.4.9**), 주행 안정성의 관점에서 궤도구조에 대한 횡압 한도의 설정요인으로서 고려되어 왔다. 현재, 급격한 줄 틀림의 발생 조건에 대하여는 궤도구조의 차이를 고려하는지의 여부로서 2가지 고려 방법이 있다.

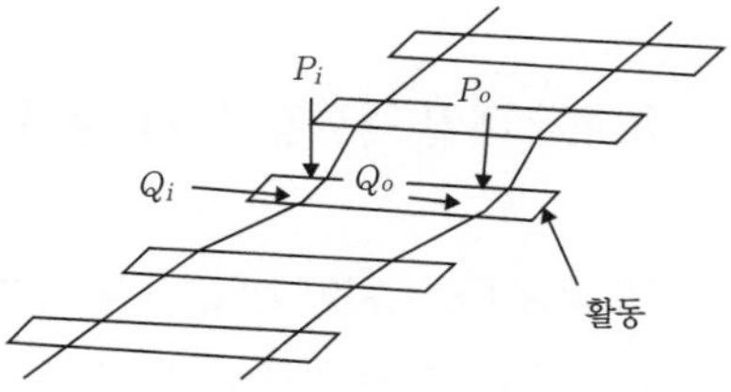

P_i
P_o
Q_i
Q_o
활동

그림 5.4.9 급격한 줄 틀림

하나는 속도향상 시험 등에서 일반적으로 이용되고 있는 하중강도에 대한 한도 식(限度式)이며, 다음의 식과 같이 나타낸다.

$$Q_o - Q_i \leqq a[1 + 0.35(P_o + P_i)] \quad (5.4.3)$$

여기서, Q_o, Q_i : 외궤 측, 내궤 측의 횡압, P_o, P_i : 외궤 측, 내궤 측의 윤하중, a : 안전율을 나타내는 계수(a = 1.0을 제1 한도, a = 0.85를 제2 한도라고 한다)

위의 식은 과거의 궤도구조(37 kg 레일, 목침목)에 대하여 일률적으로 정한 것이며, 현재의 궤도구조에 적용할 경우에 궤도구조의 하중분산 기능이나 도상 횡 저항력 등에 따라서는 안전율이 필요 이상으로 크게 되는 것도 상정된다.

그래서, 두 번째의 고려방법으로서 궤도구조의 차이나 하중의 발생 상태 등을 고려하여 침목마다의 레일 횡압력과 레일압력을 이용하여 다음의 식으로 조사하는 방법이 있다.

$$\frac{Q_{r1} - Q_{r2}}{g_0 + \mu(P_{r1} + P_{r2})} < a \tag{5.4.4}$$

여기서, Q_{r1}, Q_{r2} : 외궤 측, 내궤 측의 레일 횡압력, P_{r1}, P_{r2} : 외궤 측, 내궤 측의 레일압력, g_0 : 무재하 시의 도상 횡 저항력, μ: 침목/자갈간 마찰계수, a : 안전율을 나타내는 계수(통상적으로 $a = 0.85$를 이용한다)

어느 쪽의 방법에 의거하더라도 레일 횡압력은 좌우방향의 저대 하중으로 산출하며, 도상 횡 저항력에 관계하는 상하방향 하중에는 외궤 · 내궤 모두 정지 윤하중 또는 이것을 하회하는 값을 이용한다. 또한, 두 번째의 방법에 의거하는 경우는 하중 작용점 바로 근처의 침목 뿐만이 아니고 근린의 수 개의 침목에 대하여도 확인하는 것이 바람직하다.

두 고려방법에 의거한 급격한 줄 틀림의 횡압한도의 예를 **그림 5.4.10**에 나타낸다.

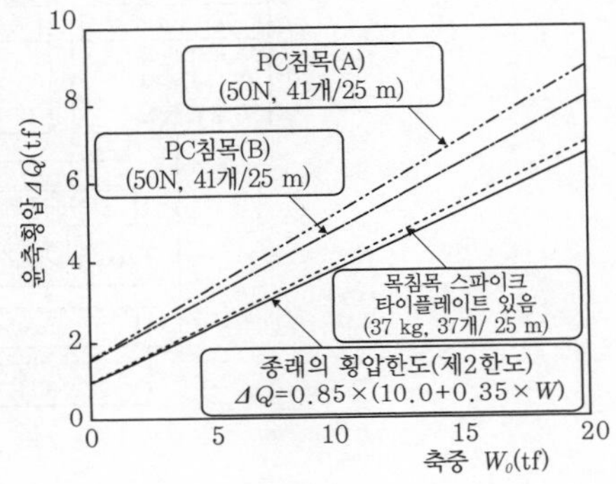

그림 5.4.10 급격한 줄 틀림의 횡압 한도

5.5 궤도틀림 진행에 관한 조사

5.5.1 궤도 상태의 열화 · 복원의 사이클

궤도틀림(軌道變位)의 진행(進行)에 착안한 자갈궤도 설계법의 기본적인 고려 방법을 **그림 5.5.1**에 나타낸다. 즉, (a)와 같이 궤도상태가 어느 범위 내로 유지되어 있는 경우에는 궤도 상태가 유지가능성(維持可能性, sustain-ability)을 만족하고 있다고 말하지만, (b)와 같이 어느 보수주기 아래에서 궤도구조 강도가 충분하지 않고 수송량에 대하여 궤도틀림 진행이 일정 치보다 큰 경우에는 궤도 상태가 차차 악화된다. 따라서, 궤도틀림 진행에 관한 조사란 (b)와 같은 상태로 되지 않을 정도의 궤도틀림으로 되는 궤도구조 조건을 구하는 것이다. 이 절에서는 일본에서의 조사방법을 소개한다.

(a) 궤도상태가 어느 범위로 유지되어 있는 상태

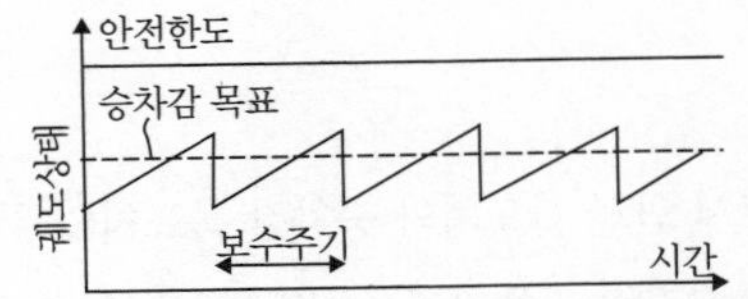

(b) 궤도상태가 서서히 악화되고 있는 상태

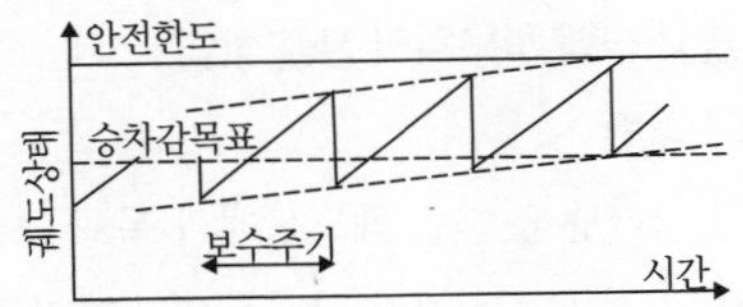

그림 5.5.1 궤도상태 추이의 이미지

궤도틀림 진행의 조사는 **그림 5.5.2**에 나타낸 것처럼 궤도틀림의 열화·복원 사이클의 모델을 이용하여 상하방향(고저틀림 진행)과 좌우방향(줄 틀림 진행)별로 **그림 5.5.3**와 **5.5.4**의 순서로 시행한다.

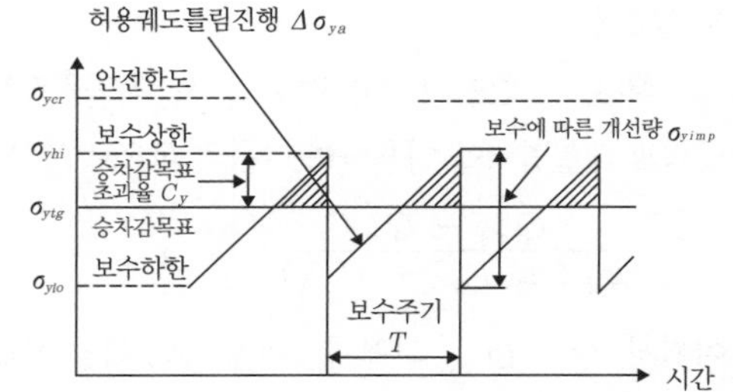

그림 5.5.2 궤도틀림의 열화·복원 사이클의 모델

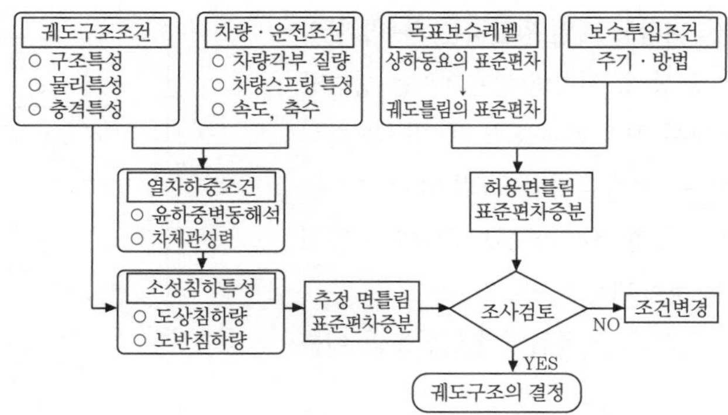

그림 5.5.3 면(고저)틀림 진행의 조사에 따른 궤도구조의 결정방법(상하방향)

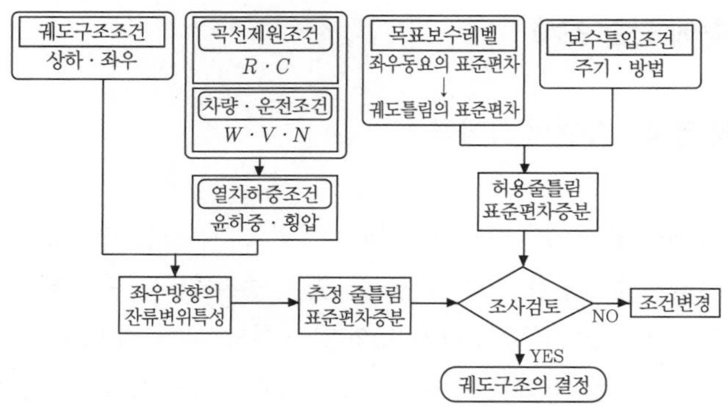

그림 5.5.4 줄(방향) 틀림 진행의 조사에 따른 궤도구조의 결정방법(좌우방향)

5.5.2 고저틀림 진행에 관한 조사 방법

(1) 고저(면)틀림 진행 허용치의 산출 방법

(가) 목표 보수레벨

그림 5.5.2에 나타낸 것처럼 궤도상태의 목표 보수레벨로서 안전 한도치와 승차감 목표치의 두 가지를 설정한다. 이들은 미리 설정하는 차량 상하동요의 안전 한도치와 승차감 목표치에서 구한다. 면틀림(고저변위)과 상하동요의 관계를 각각의 표준편차를 지표로 하여 다음의 식으로 나타낸다.

$$\sigma_{aV} = K_v \cdot \sigma_y \cdot V \tag{5.5.1}$$

여기서, σ_{aV} : 차체 상하동의 표준편차 (m/s²), V : 속도 (km/h), K_v : 상하방향의 차량동요계수 (m/s² / mm / (km/h)), σ_y : 고저틀림의 표준편차 (mm)

더욱이, 상하동요(편진폭)의 최대치가 표준편차의 3배 정도에 상당한다고 가정하여 다음 식을 이용하고 있다.

$$[상하동요(전진폭)] = [상하동요(편진폭)의 표준편차] \times 6 \tag{5.5.2}$$

차량동요계수와 상하동요의 목표치 등이 **표 5.5.1** 및 **5.5.2**와 같이 주어진 경우의 고저틀림과 상하동요 각각의 표준편차 관계의 이미지는 **그림 5.5.5**와 같이 된다.

표 5.5.1 차량동요계수 (상하방향)

차량 성능	Kv
공기 스프링	0.0010
코일 스프링, 기타	0.0015

표 5.5.2 상하동의 목표치 (m/s²)

구분	전(全) 진폭	표준편차 (전×1/6)
안전 한도	4.0	0.67
승차감 목표	2.5	0.42

표 5.5.3 고저틀림의 잔존율 (G_{yj})

종별	장대레일 궤도	이음매 궤도
MTT	0.3	0.4
TT	0.5	0.6

(나) 보수투입 조건

고저틀림 진행 허용치의 산출에 필요한 보수투입 조건으로서 보수투입 간격 T와 보수작업후의 고저틀림 잔존율 G_{yj}를 설정한다. 먼저, 보수투입 간격은 당해 선구의 보수체제나 능력 등을 고려하여 일정치로 한다. 다음에, 고저틀림 잔존율은 다음의 식으로 정의하며, 마무리 상태에 영향을 주는 작업방법이나 이음매 조건 등을 고려하여 **표 5.5.3**과 같이 설정한다.

$$\sigma_{ylo} = G_{yj} \cdot \sigma_{yhi} \tag{5.5.3}$$

여기서, σ_{ylo} : 고저틀림 표준편차의 보수 하한 치(mm)

σ_{yhi} : 고저틀림 표준편차의 보수 상한 치(mm)

(다) 고저틀림 진행 허용치의 산출

그림 5.5.2의 모델에서 궤도상태의 열화와 복원이 일정의 보수투입 간격 T로 반복한다고 가정한 경우에 궤도상태가 안전 한도치를 넘지 않는 조건은 다음과 같이 된다.

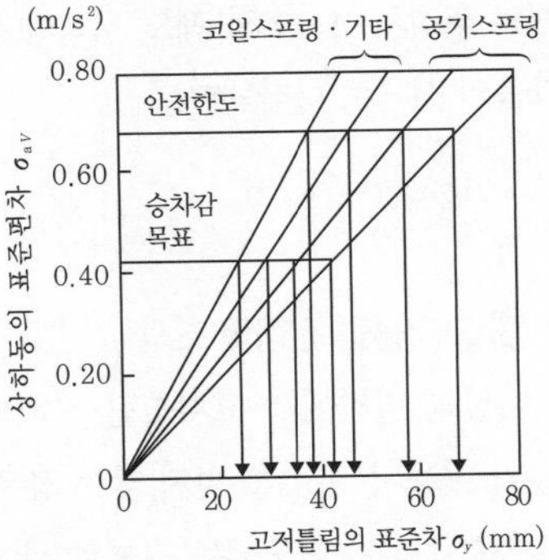

그림 5.5.5 고저틀림의 표준편차와 상하동의 표준편차의 예

$$\sigma_{yhi} = \sigma_{ytg} + c_y \cdot \sigma_{yimp} \leqq \sigma_{ycr} \tag{5.5.4}$$

여기서, σ_{ytg} : 궤도틀림 표준편차의 승차감 목표치(mm), σ_{ycr} : 궤도틀림 표준편차의 안전 한도 치(mm), σ_{yimp} : 궤도틀림 표준편차의 개선량 (mm) (= $\sigma_{yhi} - \sigma_{ylo}$), c_y : 승차감 목표치 초과율 ($0 \leqq c_y \leqq 1$)

따라서, 식 (5.5.3)과 (5.5.4)에서 고저틀림 진행의 허용치 $\Delta\sigma_{ya}$(mm/년)는 다음의 식으로 나타내어진다.

$$\Delta\sigma_{ya} = \frac{(\sigma_{yhi} - \sigma_{ylo})}{T} = \frac{\sigma_{ytg} \cdot (1 - G_{yj})}{[1 - c_y \cdot (1 - G_{yj})] \cdot T} \tag{5.5.5}$$

(2) 고저틀림 진행 추정치의 산출 방법

보수투입 간격에 대응하는 궤도 침하량은 당해 선구의 궤도구조 조건과 차축마다의 동적 하중에 대응하여 **그림 5.5.6**의 플로에 따라 산출한다.

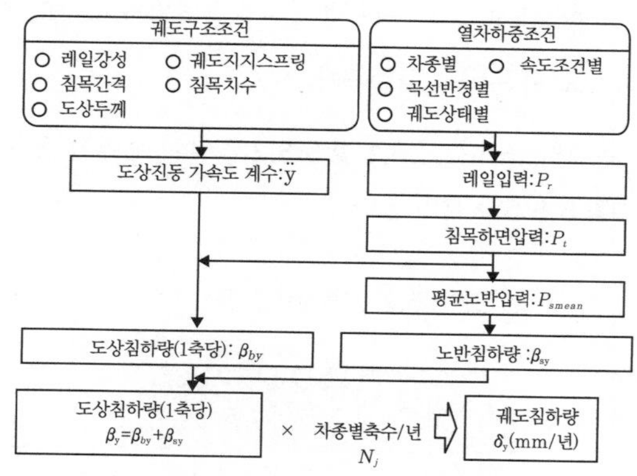

그림 5.5.6 궤도 침하량의 산정 방법

종래부터 궤도 침하량의 평균치와 고저틀림의 표준편차는 거의 비례한다고 말하여지고 있지만, 여기에서는 궤도 침하량과 고저틀림의 관계를 **그림 5.5.7**과 같이 가정하였다. 즉, 충격적인 윤하중 변동이 발생하는 레일 이음매부나 용접부 등의 레일 요철개소를 중심으로 고저틀림이 성장하며 중간부에서는 궤도 침하가 거의 없는 것으로 한다. 더욱이, 고저틀림(편진폭)의 최대치가 표준편차의 3배 정도로 되는 것으로 가정하여 고저틀림 진행의 추정치 $\Delta\sigma_{ycal}$과 궤도 침하량 δ_y와의 관계를 다음의 식으로 나타낸다.

$$\Delta\sigma_{ycal} = \delta_y / 6 \qquad (5.5.6)$$

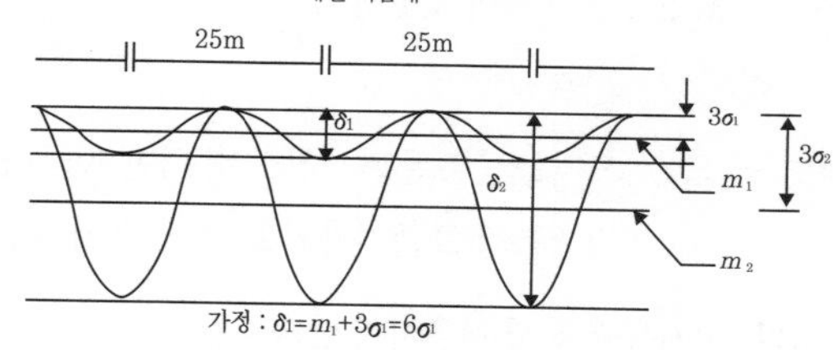

그림 5.5.7 추정 고저틀림 진행과 절대 침하량의 관계

(3) 고저틀림 진행의 조사

이상의 결과에서 고저틀림 진행의 추정치 $\Delta\sigma_{ycal}$가 허용치 $\Delta\sigma_{ya}$를 넘지 않는 경우는 가정한 궤도구조 조건이 허용되는 것으로 된다. 역으로, 추정치가 허용치를 넘는 경우는 조건을 변경하여 계산을 반복한다. 또한, 고저틀림 진행의 허용치 $\Delta\sigma_{ya}$ 대신에 추정치 $\Delta\sigma_{ycal}$로 바꾸어 식 (5.5.5)를 이용하여 필요 보수주기 T, 혹은 년간 필요 보수량 A (=1/T)를 구할 수도 있다.

5.5.3 줄 틀림 진행에 관한 조사 방법

줄 틀림(방향 변위) 진행의 조사는 면(고저)틀림 진행의 조사와 기본적으로 같다. 다만, 곡선부에 대한 줄 틀림의 목표 보수레벨을 구하기 위한 차체 좌우동요의 안전 한도 치와 승차감 목표치는 **그림 5.5.8**에 나타낸 것처럼 곡선 통과시의 초과 원심력에 따른 좌우 정상가속도를 고려한 설정방법으로 한다. 이 좌우 정상가속도 $\overline{\alpha_H}$는 다음의 식으로 산정한다.

$$\overline{\alpha}_H = \left(\frac{C_d}{G} - \Phi\right) \cdot (1+s) \cdot g \tag{5.5.7}$$

여기서, ϕ : 진자차량 등에서 차체 경사각 (비진자 차량의 경우 ϕ= 0)

s : 차체 경사계수 (차량 스프링계의 영향을 나타내는 계수, 통상은 0.1~0.3)

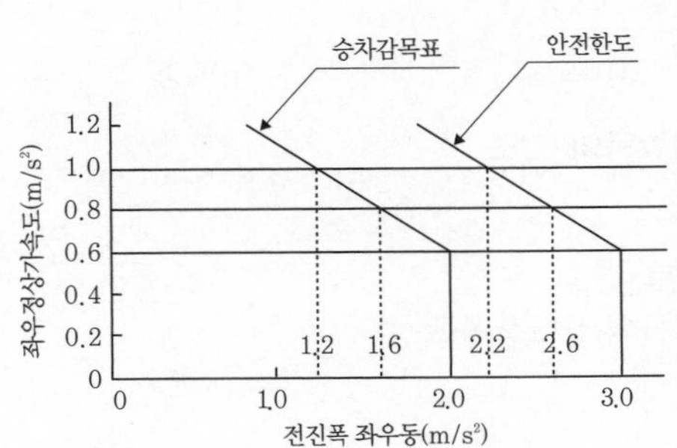

그림 5.5.8 좌우동의 안전 한도와 승차감 한도

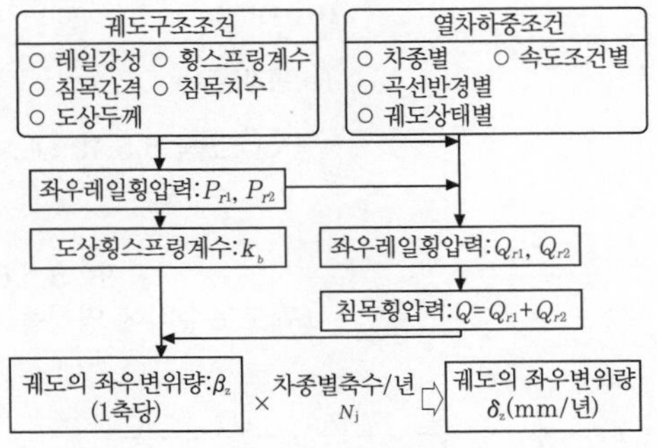

그림 5.5.9 궤도 좌우 변위량의 산정 방법

또한, 좌우방향의 차량동요계수와 줄 틀림 잔존율의 예를 **표 5.5.4**와 **5.5.5**에 나타낸다. 더욱이, 보수투입 간격에 대응한 궤도의 좌우 변위량의 산출 플로를 **그림 5.5.9**에 나타낸다.

표 5.5.4 차량동요계수(좌우)

차량 성능	K_z
공기 스프링	0.0010
코일 스프링	0.0015

표 5.5.5 줄 틀림 잔존율

종별	장대	보통이음매
MTT	0.4	0.5
TT	0.6	0.7

5.5.4 궤도보수 작업량에 관한 연구의 예

독일의 뮌헨 공과대학은 궤도 침하에 대하여 AASHO의 실험 결과에 기초하여 축중의 4승에 비례한다고 제안하고, 프랑스 국철은 통계적 조사의 결과에 기초하여 2~3승 법칙을 이용하고 있다.

한편, UIC 코드 715-1에 관련하여 궤도보수 작업에 대하여 조사한 결과를 **표 5.5.6**에 나타낸다. 이 표는 통과 톤수 (T), 최고 속도 (V), 최대 축중 (P), 곡선계수 (C) 및 기관차의 종별 (K)에 관한 경험을 관계 각국에 대하여 조사하고 이것을 정리하여 제안한 것이며, 표 중의 표준치(standard value)를 100으로 하여 이것에 대한 비율 Γ를 계산하는 것이다. 곡선계수 C도 같은 표 중에 정의되어 있다.

이 표에서 통과 톤수, 속도 및 축중에 대한 효과를 구한 것이 **그림 5.5.10**으로, 전대수로 나타낸 이 그래프의 기울기를 취함에 따라 그 보수작업에 대한 멱 지수로 나타내는 감도 S가 구해지며, 이들은 각각 0.33승 (T), 0.52승 (V) 및 1.18승 (P)로 주어진다.

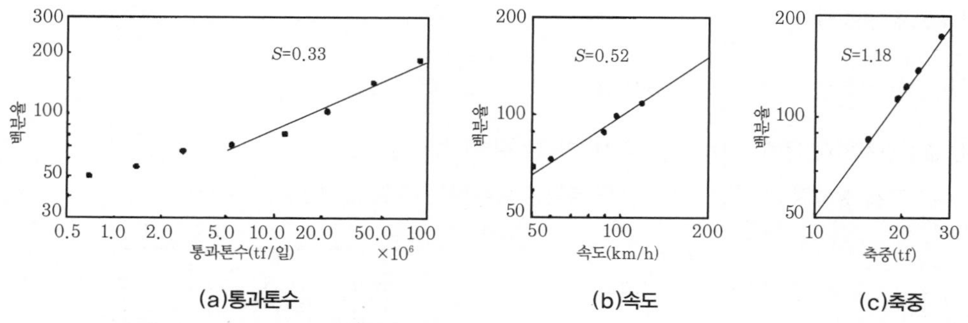

(a)통과톤수 (b)속도 (c)축중

그림 5.5.10 UIC 715-1의 관계항목의 감도

표 5.5.6 UIC 코드 715-1
[궤도보수비에 영향을 주는 인자와 이들의 상대적 중요성]

$$\Gamma = \frac{T}{T_S} \cdot \frac{V}{V_S} \cdot \frac{P}{P_S} \cdot \frac{C}{C_S} \cdot \frac{K}{K_S}$$

여기서, T : 통과 톤수, V : 최고 속도, P : 최대 축중, K : 동력 종별

$$C = \frac{1.5\,L_1 + 1.2\,L_2 + L_3}{L_t}$$: 곡선계수

⊙ 표준 치 (첨자 s의 경우)

T = 22,500 tf/일, V = 100 km/h, P = 18 tf, C = 80, K = 1 (증기)

L_1 : 반경 300m 이하의 곡선연장, L_2 : 동 300~600 m, L_3 : 동 600~1,200 m, L_t : 총 연장

⊙ 파라미터의 값 일람

항목	조건	제안%
통과 톤수 (1일당)	T = 90,000	180
	45,000	140
	22,500	100
	12,000	80
	5,500	70
	2,800	66
	1,400	55
	700	50

항목	조건	제안 %
최고 속도 (km/h)	V = 140	125
	120	110
	100	100
	80	90
	60	75
최대 축중 (tf)	P = 23	135
	21	125
	20	115
	18	100
	16	85

항목	조건	제안 %
곡선계수	C = 120	125
	100	115
	80	100
	60	90
	40	80
	30	70
	20	70
동력 종별	K = 1 증기	100
	2 디젤	105
	3 전기	110

5.6 속도와 수송 조건을 고려한 궤도구조의 결정 방법

5.6.1 종래의 궤도구조 기준의 고려방법과 새로운 설계법의 특징

보통의 철도구조에 대한 기술기준인 일본의 자갈궤도 구조기준은 대상 선구의 설계 최고속도(maximum speed)와 설계 통과톤수에 대응한 궤도구조 조건을 지금까지의 실적을 근거로 하여 레일 종별 · 침목 개수 · 도상 두께의 3 요소를 조합하여 나타낸 것이다[7]. 또한, 열차속도에 따른 궤도구조 기준은 이하와 같은 합리적인 순서로 궤도구조가 결정되고 있다.

① 궤도구조와 수송 조건에 대한 궤도틀림 진행의 산출

② 차량동요(car vibration)에 기초한 목표 보수레벨의 설정

③ 궤도틀림 진행과 목표 보수레벨에 의한 필요 보수량의 조사

그러나, 궤도틀림 진행 산출방법(S식)은 열차하중 조건이 평균 속도와 통과 톤수로 나타내어져 열차구성의 분산을 고려할 수 없는 점이나 궤도틀림 진행이 통과 톤수에 1차 비례하지 않는 등, 설계방법으로서 취급하기 어려운 면도 갖고 있다. 전절까지 나타낸 자갈궤도의 새로운 설계법은 이하에 나타낸 것처럼 보다 실태에 가까운 상세한 설계가 가능하게 되는 특장을 갖고 있다고 한다.

① 대상 선구의 차량(차축)마다의 속도에 대응한 동적 하중을 산정하고, 이것을 이용하여 궤도 틀림 진행에 관한 조사나 부재강도에 관한 조사를 행한다.

② 궤도틀림 진행의 조사에서는 도상자갈부의 소성 변형량의 산정에서 하중강도에 대한 비선형의 산정 식을 이용하고 있기 때문에 통과 톤수가 같아도 하중강도가 다르면 궤도틀림 진행의 추정치가 다르다.

③ 궤도틀림 진행의 조사에서 궤도틀림 진행의 허용치는 차량의 주행특성(차량동요)이나 보수주기 · 보수방법 등을 입력조건으로 하여 산출한다. 즉, 보수투입 조건이 궤도구조의 결정 요소로 된다.

④ 부재의 발생 응력이나 궤도틀림 진행의 산정에 필요한 궤도구조 조건으로서 레일종별 · 침목 개수 · 도상 두께라고 하는 3요소 이외의 조건도 수많이 이용된다.

5.6.2 새로운 설계법에 따른 계산 예(고저틀림 진행에 관한 조사)

(1) 궤도틀림 진행과 속도의 관계

이 항에서는 일본의 계산 예를 나타낸다. **그림 5.6.1** (a)는 축중 10 tf의 차량만이 동일 속도로 주행하는 수송량 2,000만 tf의 선구를 가정하여 속도와 면(고저)틀림 진행(추정치 · 허용치)의 관계에 대하여 레일종별을 파라미터로 하여 나타낸 것이다[7]. 기타의 계산조건은 **표 5.6.1**과 같다. 고저틀림 진행의 추정치는 레일의 강성에 대응하며, 속도의 1~2 제곱에 비례하여 증가한다. 한편, 허용치에 대하여는 보수주기의 영향이 크게 나타나고 있다. 이 허용치와 추정 치의 교점이 전제 조건 등에 대한 한계속도를 나타내고 있다.

그림 5.6.1 (b)는 마찬가지로 속도와 고저틀림 진행(추정치 · 허용치)의 관계에 대하여 이음매 종별을 파라미터로 하여 나타낸 것이다. 이음매의 유무는 동적 하중의 차이로 되어 추정 치에 영향을 줌과 함께 고저틀림 잔존율의 차이를 주기 때문에 허용치에도 영향을 주어 한계속도의 차를 확대하고 있다.

그림 5.6.1(c)는 마찬가지로 속도와 고저틀림 진행(추정치 · 허용치)의 관계에 대하여 정적 축중을 파라미터로 하여 나타낸 것이다. 하중강도에 대하여 비선형인 도상 침하와 노반 침하에 대한 산정 식의 영향이 나타나며 축중 경감에 따른 궤도 파괴량 경감효과를 설명할 수 있다.

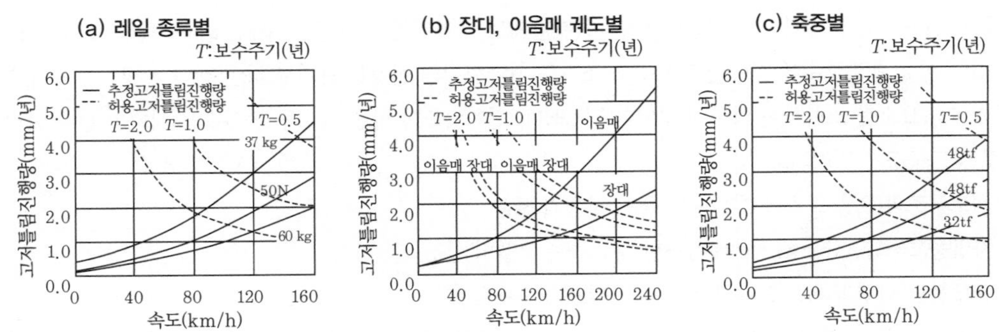

그림 5.6.1 속도와 고저틀림 진행의 관계

표 5.6.1 설계 조건

궤도구조 조건		차량·운전 조건		궤도보수 조건	
레일	50N 정척	축중	10 tf	승차감 목표치	상하동 2.5 m/s²
침목	PC침목 39 개/25 m	받침 스프링	공기 스프링	다짐 방법	MTT
도상두께	200 mm		(K_v=0.0010)	승차감 목표 초과율	0.3
노반강도	K30치 7 kgf/cm²	통과 톤수	2,000만 tf/년		

(2) 궤도틀림 진행 S식을 이용한 결정 방법과의 비교

궤도틀림 진행 S식과 새로운 설계법에 따른 궤도틀림 진행을 비교한 결과를 **그림 5.6.2**에 나타낸다. 양자는 오더(order)적으로는 대체로 합치하고 있지만, 통과 톤수의 영향을 나타낸 쪽에 차이가 보여진다.

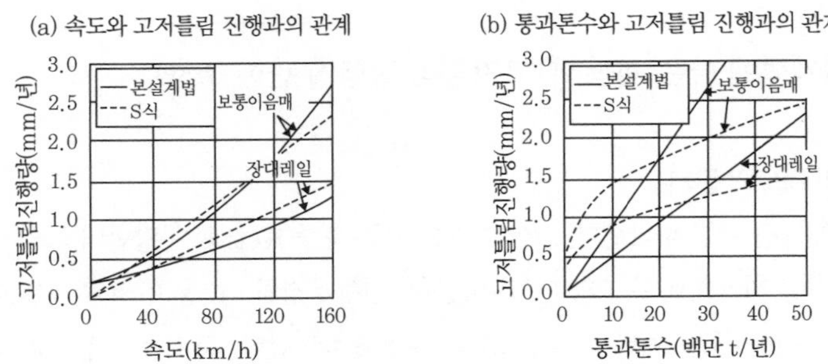

그림 5.6.2 궤도틀림 진행 S식과 새로운 설계 방법의 비교

다음에, 궤도틀림 진행 S식을 이용한 궤도구조 결정방법에서는 차체 상하동요 최대치 α_{max}와 고저틀림 P값의 관리한계 P_{lim}과의 관계를 식(5.6.1)로, 고저틀림 P값의 관리한계에서 평균치 P로의 환산을 식(5.6.2)로, 또 고저틀림 평균 P값과 '필요 보수량 A와 궤도틀림 진행 S의 비' 와의 관계를 식(5.6.3)으로 나타내고 있다(제

1.4.3항 참조).

$$\log a_{max}=a \cdot P_{lim}+b \cdot \log V+c \tag{5.6.1}$$

여기서, $a=7.92\times10^{-3}$, $b=0.4150$, $c=-0.7937$(고성능 우등열차의 경우)

$$P=P_{lim}-10 \tag{5.6.2}$$

$$\left.\begin{aligned} A/S &= 2.55-0.051\times P && (10 \leqq P \leqq 35) \\ P &= 31.6+31.7\log(A/S) && (35 < P) \end{aligned}\right\} \tag{5.6.3}$$

이와 같은 차체 상하동요와 고저틀림의 관계 및 고저틀림과 '필요 보수량과 궤도틀림 진행의 비'의 관계에 대하여 양 방법을 비교하면 **그림 5.6.3**과 **5.6.4**가 얻어진다. 전자에 대하여는 거의 같은 정도의 관계식을 채용하고 있는 점, 후자에 대하여는 S식을 이용한 방법의 쪽이 필요 보수량이 크게 산정되는 점 등을 알 수 있다.

(3) 모델 선구에의 적용 예

실제의 선구에서는 궤도구조, 차량종별, 속도, 곡선 제원 등의 각종 조건이 균일하지 않기 때문에 **표 5.6.2**에 나타낸 것처럼 조건이 다른 구간마다 고저틀림 진행의 추정치와 허용치를 구하는 것으로 된다. 최종적으로는 **그림 5.6.5**에 나타낸 것처럼 선구 전체의 필요 보수량(보수주기)과 보수 투입능력을 비교하여 궤도구조와 기타 조건의 타당성을 확인할 수가 있다.

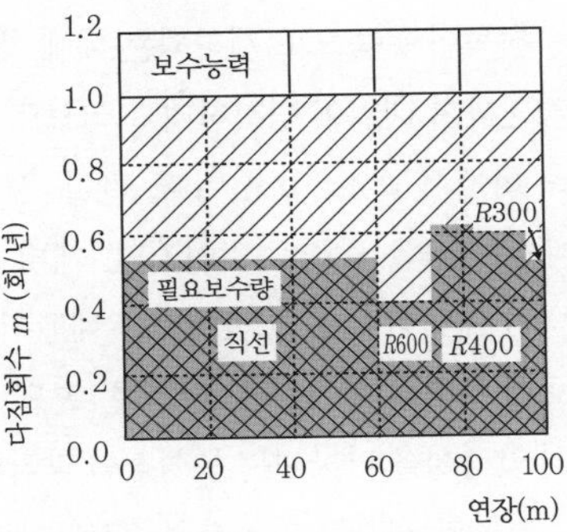

그림 5.6.5 필요 보수량의 비교

표 5.6.2 모델 선구에의 적용 예

궤도구조 조건

구분	조건
레일	50N $R\geqq600$ m 장대레일 $R<600$ m 보통이음매
침목	PC침목 41개/25 m
도상두께	250 mm
K_{30}치	70 MN/m³

다짐방법: MTT (T = 1년)

차량 · 운전 · 궤도보수 조건

차량 종류	1	2
W_0 (tf)	10	17
받침 스프링	공기	코일
통과 톤수 (백만 tf/년)	20	10
H_G* (m)	1.5	1.5
안전 한도 (m/s²)	4.0	4.0
승차감 목표 (m/s²)	2.5	4.0
C_y	0.3	0

R	C	연장 L(km)	차량 1		차량 2		$\Sigma\Delta\sigma_{ycal}$	$\Delta\sigma_{ya}$	$m=\frac{\Sigma\Delta\sigma_{ycal}\cdot T}{\Delta\sigma_{ya}}$
			V	$\Delta\sigma_{ycal}$	V	$\Delta\sigma_{ycal}$			
직선	0	59	130	0.74	95	0.74	1.48	2.84	0.52
600	90	15	100	0.78	85	0.61	1.40	3.69	0.38
400	105	21	90	1.27	75	0.82	2.09	3.39	0.62
300	105	5	80	1.20	65	0.74	1.93	3.81	0.51

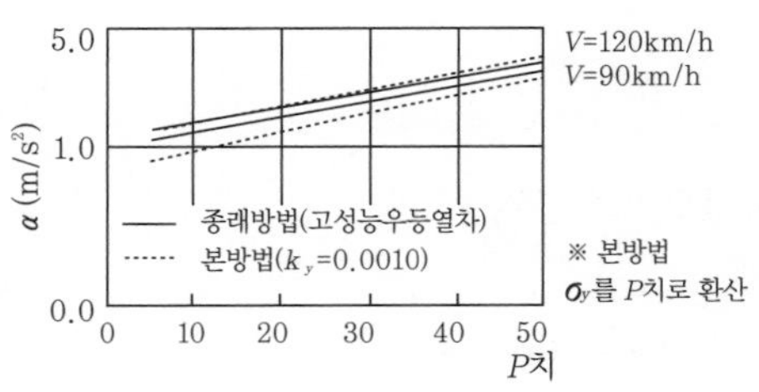

그림 5.6.3 고저틀림과 상하동의 관계식 비교

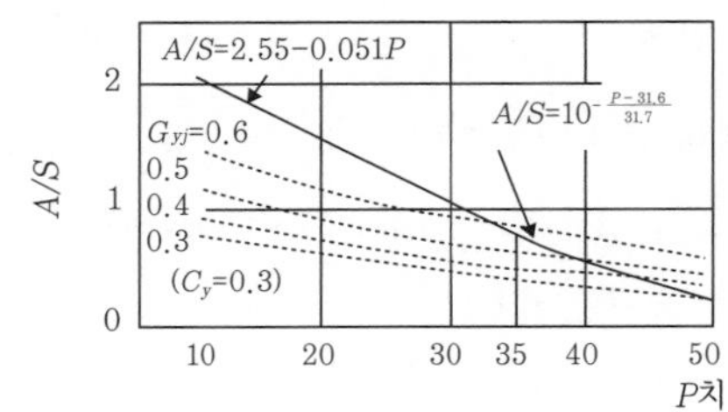

그림 5.6.4 고저틀림과 다짐률/틀림 진행의 관계식 비교

5.6.3 침목의 최적침하와 고속선로용 자갈궤도

(1) 침목에 대한 윤하중 분배와 침목의 최적 침하

침목이 윤축으로 재하되는 때에 개개의 침목이 받아야 하는 하중의 몫을 아는 것이 편리하다. 선로의 탄성에 기인하여 레일이 침하하며 그러므로 하중 분배기(distributor)로서 작용한다. 레일의 최적 처짐은 22.5 톤 차축 하에서 약 1.5 mm이다. 만일, 선로가 상당히 더 딱딱(rigid)하다면 레일은 하중분배 효과를 잃는다. 레일에 대한 하중은 감소될 것이지만, 개별 침목에 대한 하중은 같은 비율로 증가될 것이며, 역(逆)도 또한 같다. 지지력이 대단히 낮은 노반에서는 대단히 큰 침목 침하 값이 발생될 것이다. 하중은 한 편으로 침목들에 대해 더 고르게 분배될 것이지만, 다른 한 편으로 레일 하중은 상당히 더 클 것이다. 도상압력 값은 자갈궤도에서 궤도선형의 안정성을 나타내는 특성적인 파라미터이다. 그러므로 침목에 대해 좋은 하중분배가 가장 우선적이다.

침목의 침하는 침목간격, 휨에 대한 레일의 저항력, 레일 체결장치의 스프링 상수, 도상 층과 노반의 성질에 좌우된다. 너무 큰 침하는 레일에 대해 더 큰 하중으로 이끈다. 만일 침하가 너무 작다면 도상압력이 허용할 수 없을 정도로 증가된다. 그 결과는 도상의 파괴일 수 있다(독일철도의 고속선로 상에서 소위 하얀 반점). **그림 5.6.6**은 독일에서 검토한 65 cm의 침목간격, 콘크리트 침목 B70 및 UIC60 레일에 대한 레일과 도상계수 값 간의 관계를 나타낸다. 최적의 침하 범위는 1.2와 1.5 mm 사이에 있다. 1.5 mm 이상의 침하는 너무 크다. 1.2 mm 이하의 침하에서는 지지가 너무 딱딱(hard)하다. 독일철도에서 고속 자갈궤도의 궤도 시공기면은 상한(上限)이 없이 대단히 높게 압밀되어 왔으며 그것은 콘크리트 궤도 시공기면의 성질을 갖고 있다. 측정은 겨우 0.3~0.45 mm의 침하 값을 나타내었다. 궤도 시공기면은 25 Hz의 주파수와 9 mm의 진폭에서 램머(rammer)로 압밀하였다. 도상은 25 Hz에서 아직 탄성-유동체 성질을 조금도 나타내지 않는다. 압밀하는 램머의 큰 진폭은 그것의 충격힘에 기인하여 너무 이른 손상으로 이끌지도 모른다. 더 작은 진폭과 함께 더 높은 주파수(> 35 Hz)는 더 좋은 도상유동(flow)과 더 낮은 하중으로 이끌 것이다.

동적 궤도안정기(DTS)를 이용한 궤도 안정화가 고속선로의 높은 강성에 대한 이유라는 몇 개의 간행물에서 발표된 견해는 부적당하며 이 강성은 극도로 압밀된 궤도 시공기면 때문에 생긴다. 동적 궤도안정기는 약 30 35 Hz의 주파수와 탄성-유동체의 도상성질에서 힘을 거의 가하지 않고 고의로 압밀을 증가시킨 도상입자의 층으로 이끈다. 그것은 규칙적인 궤도침하를 의도적으로 미리 처리한 것이며, 그렇지 않으면 강하게 불규칙한 침하와 더불어 첫 번째 열차하중에 기인할 것이다. 뮌헨 공대는 DTS가 수직 강성에 불리하게 영향을 끼치지 않는다는 점을 나타내었다.

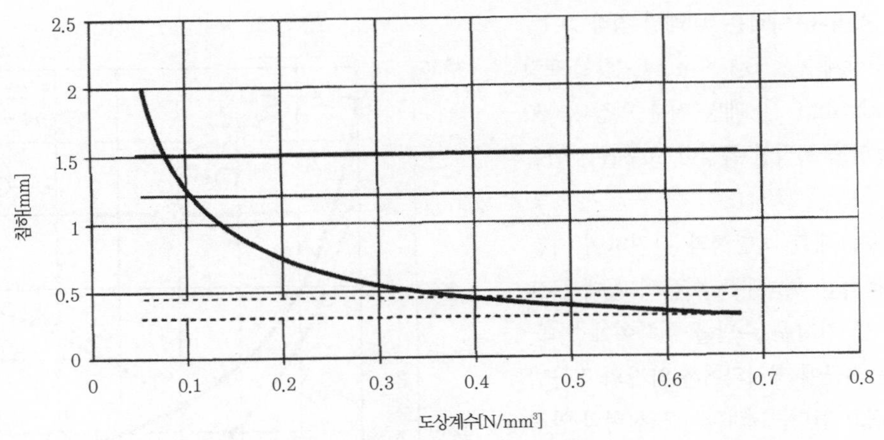

그림 5.6.6 침목침하 대 도상계수

지반 도상에 대한 하얀 반점은 높은 도상압력 때문에 몇 개소에서 생긴다. 딱딱한 층은 또한 ICE에서 불쾌한 소음으로 이끌었다. 상태는 0.8 mm의 침하로 이끄는 부드러운 레일패드의 삽입 후에만 개량되었다.

그림 5.6.6은 또한 최적의 침하에 대한 도상계수 값이 약 0.05~0.1 N/mm³의 대단히 좁은 범위 내에 있음을 나타낸다. 그러한 도상계수는 부드러운 레일패드와 예를 들어 바닥재를 댄 침목의 의도적인 사용으로 설정하고 달성할 수 있다.

시뮬레이션 계산은 최적의 궤도강성이 50~100 kN/mm의 범위 내라는 일반적인 결과를 나타낸다. 제시된 최적의 침하 범위는 1.2~1.5 mm이다. SNCF는 목표 값으로서 20 톤의 차축하중 하에서 1.5 mm의 침하 값을 사용한다.

(2) 고속선로용 자갈궤도

독일의 경험에 따르면, 통상적으로 30~60 Mt의 운전 하중 후에 (궤도가 약 20 mm만큼 침하한 후에) 궤도보수 작업을 수행하여야 한다. 또한, 15 년의 수명 후에 궤도를 클리닝하여야 한다. 30년의 수명 후에는 통상적으로 도상 층을 갱신하여야 한다. 이 거동에서 결정적인 인자는 특히 고속교통에서 궤도에 전달되는 고주파 진동이다. 재래의 자갈 궤도는 이 고주파 진동에 관하여 아직 최적화되지 않았다.

다음의 고려사항은 자갈궤도를 더욱 최적화하기 위한, 그래서 고속교통에 대해 정해진 새로운 요구조건을 충족시키는 새로운 방법을 나타낸다.

그림 5.6.7은 한편으로 레일응력과 침하가 도상 층 강성의 증가와 함께 감소하지만, 다른 한편으로 지지하는 지점의 힘이 증가하는 점을 나타낸다. 지점(支點)에서 증가하는 힘은 도상압력의 증가에 관련되며, 그것은 궤도선형의 틀림진행에 대하여 (3~4 제곱만큼) 과도하게 비례하는 효과를 가진다. 고속선로의 전형적인 궤도에서 0.4N/mm²의 높은 도상계수는 극히 불리하다. 그것은 레일응력을 줄이지만 궤도선형의 안정성에 대해 불리한 효과를 가진다.

적어도 1.2 mm의 레일침하 값을 목표로 하여 야 한다. 이것은 지점(支點)의 힘을 30 %만큼 감소시키며, 그것은 약 4.2의 율만큼(거듭제곱 법칙, 3~4 제곱만큼) 궤도선형의 안정성을 증가시키는 대단히 유리한 효과를 가질 것이다. 이것은 ① 레일 침하 > 1.2 mm, ② 도상계수 ≤ 0.1 N/mm², ③ 스프링율 ≤ 30 kN/mm, ④ 레일 저부 인장 ≤ 60 N/mm² 등의 구조적인 특성이 요구될 것임을 의미한다.

고속선로에 대한 적합성과 관련하여 자갈궤도의 최적화를 위해서는 이들의 설계 목표에 가능한 한 가까운 수단을 취하여야 한다. 이하에서는 최근에 제시되어온 약간의 접근법을 논의하려고 한다. 그러나 궤도선형의 안정에 대한 도상압력의 중요성은 고속교통의 최소 정적과 동적 차축하중에 관한 요구조건을 또한 설명한다.

요구된 탄성은 ① 레일패드의 삽입으로, ② 침목 아래에서(바닥재를 댄 침목) 또는 ③ 도상 아래에서 마련될 수있다.

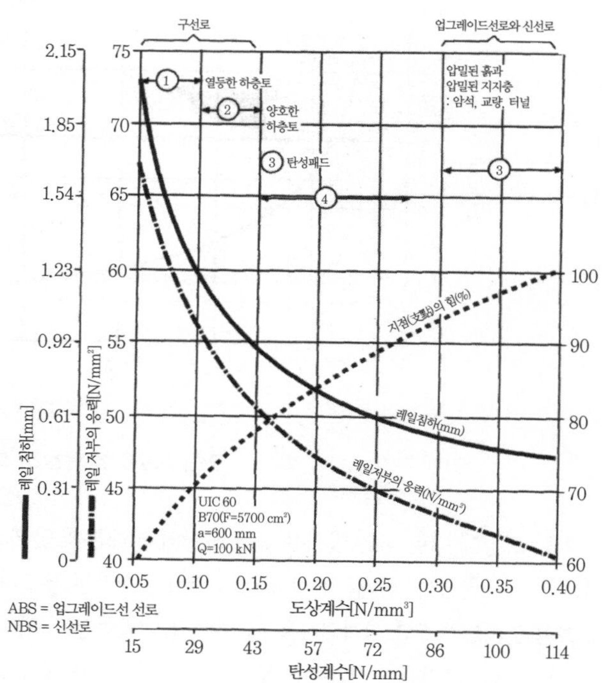

그림 5.6.7 200 kN의 하중 하에서 도상계수와 스프링상수에 대한 지점의 레일저부 응력, 레일침하 및 상대적인 힘

탄성성분은 다음과 같은 2중의 효과를 갖고 있다.

1) 준정적 : 탄성지지는 지점(支點)의 힘을 줄이며, 그것은 차례로 그들이 영향을 주는 어떠한 힘과 응력이라도 감소시킨다. 더 강하게 전개된 침하에 기인하여 레일응력이 증가된다.

2) 동적 : 레일의 탄력이 개선되므로 차륜결함이나 레일손상에 기인하는 동적 차륜-레일 힘이 감소된다. 이 효과는 주행속도의 증가와 함께 증가된다.

그림 5.6.8은 탄성이 다른 다양한 설계의 동적 궤도강성을 나타낸다.

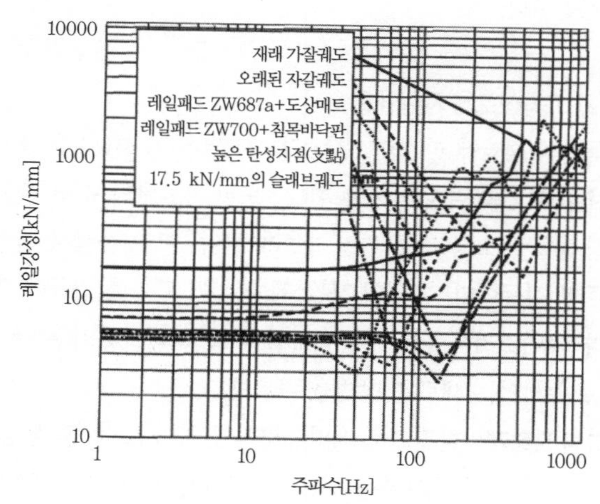

그림 5.6.8 각종 선로유형의 동적 궤도강성

저주파수 범위에서는 모든 선로설계가 일정한 추이를 나타내며 강성은 침하에 상반되게 좌우된다. 독일의 경험에 따르면, 재래의 궤도(높게 압밀된 하부구조, B70, 딱딱한 Zw687a)와 오래된 자갈궤도(압밀되지 않은 흙, 목침목)에서는 흙 댐핑 크기가 대단히 크므로 뚜렷한 공진이 생기지 않는다. 선로공진은 탄성성분이 있는 자갈궤도와 콘크리트궤도에서 발생된다. 높은 탄성 지점(레일패드, 강성 17.5~22.5 kN/mm)을 가진 자갈궤도에서는 강성의 추이가 전체 주파수범위에 걸쳐 평탄하였다. 거의 피할 수 없는 중

간 주파수(안티 공진) 강성은 바닥재를 댄 침목(바닥재의 탄성 : 25 kN/mm, 지점 : 60 kN/mm)이 있거나 도상 아래에 매트(매트의 탄성 0.04 N/mm^3, 지점 : 600 kN/mm)가 있는 자갈궤도에서 발생된다.

5.7 장대레일의 이론과 설계

5.7.1 장대레일의 신축 이론

(1) 온도와 축력

장대(長大)레일(continuous welded rail, CWR)은 체결장치와 침목으로 도상에 구속되어 있으므로 온도의 상승, 하강에 따라 자유롭게 신축(伸縮)할 수 없고, 구속된 신축량에 상당하는 레일 내부 응력을 축적하고 있다. 이 힘은 레일단면에 직각으로 거의 한결같은 모양으로 분포되어 있으므로 레일 전(全)단면의 내부 온도 응력(溫度應力, temperature (or thermal) stress)의 합을 레일 축압력(軸壓力) 혹은 레일 축인장력(軸引張力)이라 부르며, 이 양자를 레일 축력(軸力, axial force)이라 부르고 있다. 이하에서는 장대레일 축력의 크기, 축력 분포, 온도의 상승 · 하강에 따른 축력의 변화 등을 기술한다. 기호는 다음에 따른다.

E	: 레일강의 영률	2.1×10^6 kgf/cm^2 {2.06×10^2 GPa}
A	: 레일 단면적	cm^2
I_y	: 궤광 강성을 고려한 레일 횡 방향 단면2차 모멘트	cm^4
r	: 도상종 저항력	kgf/cm/레일
r_o	: 도상종 저항력의 최대 값 (일정 값)	kgf/cm/레일
g	: 도상횡 저항력	kgf/cm/레일
β	: 레일강의 선팽창계수	1.14×10^{-5}/ ℃
t	: 장대레일 온도	℃
t_o	: 장대레일 설정온도	℃
t_{max}	: 최고 레일온도	℃
t_{min}	: 최저 레일온도	℃
P	: 레일 축력	kgf
P_o	: 최대 레일 축력	kgf
y	: 장대레일 단부 이동량	cm
L	: 레일 길이	cm

(가) 기초 공식

레일이 길이방향으로 전혀 구속되지 않은 상태에서 온도의 변화를 받으면, 선 팽창계수에 따라서 신축한다. 레일이 온도 변화에 따라 자유 신축하면, 양 단부(each end)에는 극히 큰 신축 량이 생긴다. 이 때의 자유 신축(free expansion)량 Δl 은

$$\Delta l = \beta(t - t_o) L \tag{5.7.1}$$

로 된다.

레일이 완전히 구속되어 있는 경우에는 자유 신축인 경우의 신축량 Δl이 축력 P로서 축적되어진다. 이 때의 축력 P는

$$P = EA\beta(t - t_o) \tag{5.7.2}$$

로 된다.

(나) 도상 종 저항력(longitudinal ballast resistance)

레일의 종 방향 이동에 저항하는 힘을 일반적으로 크리프 저항이라고 부르고 있다. 자갈도상의 장대레일 궤도에서는 PC침목과 2중 탄성 체결장치를 사용하고 있는데, 침목과 레일간의 크리프 저항 쪽이 침목과 도상간의 이동 저항보다 크므로 레일의 신축에 대한 저항력은 침목과 도상간의 이동 저항, 즉 도상 종 저항력에 지배되는 것으로 된다. 종래의 실험 예에 따르면, 도상 종 저항력과 침목의 이동 량은 **그림 5.7.1**의 ①과 같은 관계로 되지만, 축력과 신축 량의 계산에서는 주로 ③의 저항력을 일정하게 한 근사를 이용하며, 특히 정밀하게 계산할 때에만 ②의 탄성근사, 즉 어느 범위 내의 이동량에서는 저항력이 이동량에 비례하고, 더욱 증가한 경우에는 일정한 값으로 되는 근사를 이용한다.

도상 종 저항력의 최대 값(일정 값)은 침목의 형상이나 도상의 다짐 상태 등에 따라 다르지만, 국철의 PC침목 구간에서 평균적으로 보아 10~15 kgf/cm 내외 (일본의 신칸센에서는 9~10 kgf/cm/레일, 재래 선에서는 4~8 kgf/cm/레일 정도)이며, **그림 5.7.1** ②의 r과 y의 관계에서 r이 일정하게 되는 점의 이동 량(한계 이동 량 y_b)은 상기의 현장 조건에 따라 다르지만, 3~5 mm이다.

슬래브 궤도(slab track) 등은 레일 체결부에서 레일이 미끄러지게 하는 방법으로 구조물 등에 대한 하중이 허용 한도 내로 들어가도록 설계하고 있다. 따라서, 슬래브 궤도 등에 대하여 레일의 신축을 검토할 경우에는 도상 종 저항력 대신에 레일 체결장치의 종 저항력(복진 저항력)을 이용한다. 이 종 저항력은 통상적으로 5 kgf/cm/레일 정도로 설계되고 있지만, 레일 체결장치의 구조나 재료 및 체결 간격으로 조절이 가능하다.

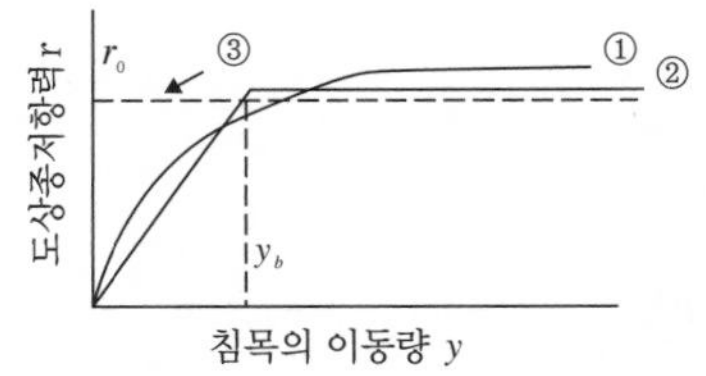

그림 5.7.1 도상 종 저항력의 특성

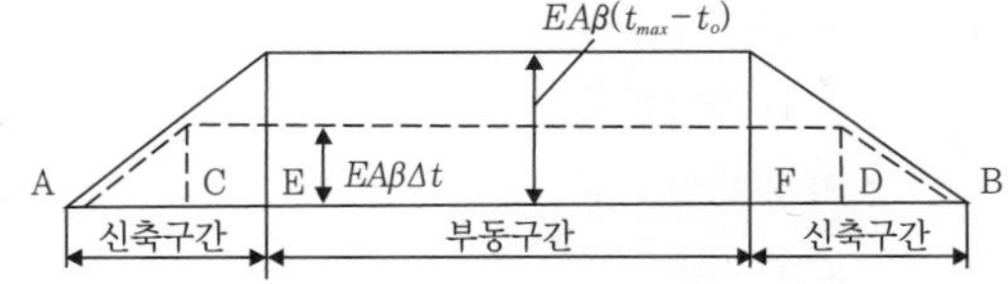

그림 5.7.2 축력 분포도

(다) 축력 분포

일정한 종 저항력 r_o (kgf/cm/레일)을 갖는 장대레일의 축력 분포는 **그림 5.7.2**와 같으며, Δt ℃가 크게 됨에 따라 레일의 늘어나는 범위가 넓어진다. 즉, 신축 범위 AC, AE는 도상 종 저항력을 r_o로 하면, **그림 5.7.2**에서

$$\mathrm{AC} = \frac{EA\beta\Delta t}{r_o}, \quad \mathrm{AE} = \frac{EA\beta(t_{\max} - t_o)}{r_o} \tag{5.7.3}$$

로 된다. 장대레일의 설정온도(設定溫度, installation temperature)로부터의 최대 온도변화는 $t_{max} - t_o$이

기 때문에, EF간의 레일은 레일온도의 변화에 따라 신축하는 것이 아니므로 부동구간(不動區間, unmovable section)이라 부른다. 따라서, 크리프와 레일 파단을 고려하지 않으면, EF간의 레일은 이동하지 않고, 도상 종 저항력도 작용하지 않는 것으로 된다.

(라) 온도 이력과 축력 분포

장대레일의 설정(設定, fixing, setting)후 처음으로 온도가 상승 또는 하강한 경우 및 레일온도가 설정 이후 경험한 최고 또는 최저의 레일온도와 거의 같든지 그 이상으로 된 경우에는 (다)항에 기술한 것과 같은 축력 분포로 되지만, 그 이외의 경우는 설정후의 온도 이력에 따라 복잡한 축력 분포로 된다.

일례로서 온도가 t_o에서 t_1℃로 상승하여 t_2℃로 하강하고, 다시 t_3℃로 하강하여 t_4℃로 상승한 다음에 t_5℃로 하강한 경우에 대하여 기술하면, 그 축력의 변천은 이하와 같이 된다. **그림 5.7.3**에서 축력 분포는 t_1℃에서 A,

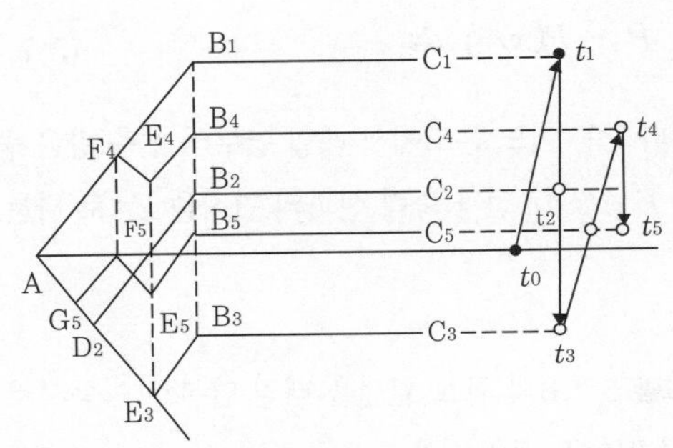

그림 5.7.3 온도 변화와 축력 분포

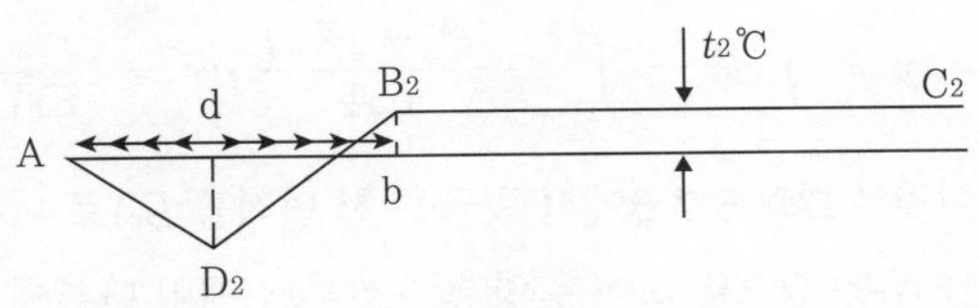

그림 5.7.4 도상 종 저항력의 작용

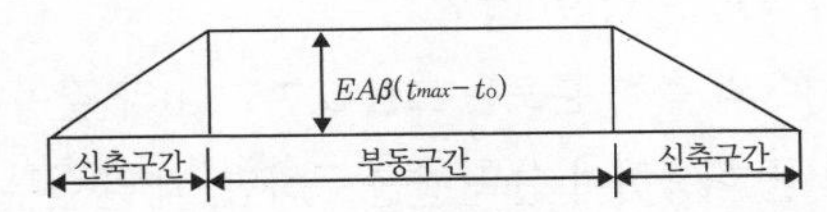

그림 5.7.5 최고 레일온도일 때의 축력 분포

B_1, C_1로 되고, t_2℃로 하강하면 A, D_2, B_2, C_2로 되며, 더욱 t_3℃로 하강하면 A, E_3, B_3, C_3로 된다. AB_1, D_2B_2, E_3B_3 및 AD_2E_3의 기울기는 항상 일정(r_o kgf/cm)하다.

지금, A, D_2, B_2, C_2를 끄집어내어 도상 종 저항력을 고려하면, **그림 5.7.4**와 같이 온도 하강 $t_1 \rightarrow t_2$로 되어 장대레일의 단부가 수축하여 Ad간의 침목은 수축을 방해하는 방향, 즉 ← 방향의 도상저항력을 받으며, db간의 침목은 당초의 A, B_1, C_1인 대로 레일의 신장을 방해하는 방향, 즉 → 방향의 도상저항력을 받는 것으로 된다. 또한, t_1℃로부터 설정온도로 되돌려진 경우의 잔류 응력의 산(山) 모양의 높이는 1/2 t_1℃에 상당한다. 레일온도가 다시 t_4℃로 상승하여 t_5℃로 하강한 경우의 축력 분포를 **그림 5.7.3**에 나타낸다. 이와 같이 축력 분포는 매일의 온도 이력에 따라 여러 가지로 변화하지만, 이들을 묘사하는 포락선은 **그림 5.7.5**와 같이 최고 또는 최저 레일온도인 때의 축력 분포이다. 따라서, 장대레일 단부의 최대 신축량 혹은 장대레일의 좌굴을 논의하는 경우는 최고 또는 최저 레일온도의 경우인 **그림 5.7.5**에 나타낸 것 같은 축력 분포도에 대하여 검토하면 좋다.

(2) 온도와 신축

(가) 이론식

1) 일반 공식

그림 5.7.6에서 장대레일 신축 구간의 임의의 점 x에서 dx로 되는 미소 부분을 취하여 이 부분의 신장량 $d\delta$를 고려하여 보자.

설정 온도로부터의 온도차를 Δt ℃로 하면, dx의 자유 신장량은 $\beta\Delta t\, dx$이며, 축압P(x)에 따른 신축량은 탄성 방정식으로부터 $P(x)\, dx\, /\, EA$로 된다.

따라서, dx 부분의 신장량 $d\delta$는 양자의 차로 되며 다음 식으로 나타내어진다.

$$d\delta = \beta\,\Delta t\, dx - \frac{P(x)}{EA}\, dx = \frac{P_t - P(x)}{EA}\, dx$$

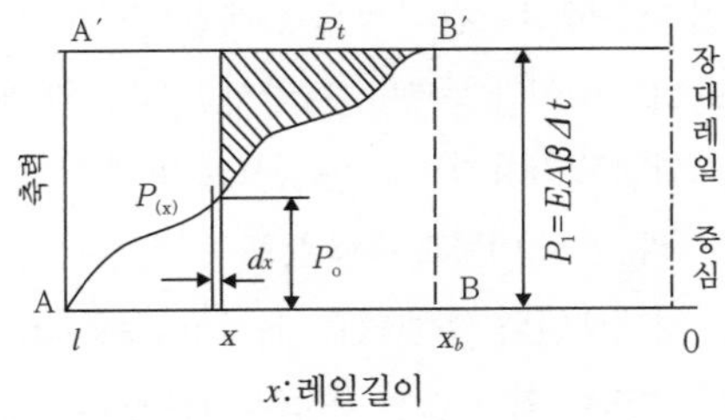

그림 5.7.6 신축량 계산도

여기서, $P_t = EA\beta\Delta t$, 즉 $\beta\Delta t = P_t / EA$

지금, x 점에서 레일의 신장 량을 y 로 하면,

$$y = \int d\delta = \int_x^{x_b} \frac{P_t - P(x)}{EA}\, dx = \frac{1}{EA}\int_x^{x_b} [\, P_t - P(x)\,]\, dx \tag{5.7.4}$$

이것은 **그림 5.7.6**에서 빗금을 친 면적을 EA로 나눈 것이다. 즉, 어느 온도에서 레일 단부의 신축 량은 중앙점을 부동 점으로 하여 중앙 점으로부터 레일 단부에 걸치는 $EA\beta\Delta t$ 선과 축력 선과의 면적을 EA로 나눈 것이다.

2) $r = r_o$ (일정)인 경우

이 경우의 축력 분포는 **그림 5.7.7** (a)과 같이 된다. 즉, **그림 5.7.6**의 좌표 원점을 레일 단부로 이동시켜 식 (5.7.4)를 이용하여 신축 량을 구하면, 레일 단부로부터 x만큼 떨어진 점의 신축 량 y 는

$$y = \frac{1}{EA}\int_x^{x_b} [\, P_t - P(x)\,]\, dx$$

여기서, $P_t = EA\beta\Delta t = r_o x_b$

$P(x) = r_o x$

이므로

$$y = \frac{1}{EA}\int_x^{x_b} (EA\beta\,\Delta t - r_o x)\, dx = \frac{1}{2EA\, r_o}\,(EA\beta\,\Delta t - r_o x)^2 \tag{5.7.5}$$

장대레일 단부(端部, end) $x = 0$에서의 신축량 y_o는

$$y_o = \frac{1}{2EA\, r_o}\,(EA\beta\,\Delta t\,)^2 = \frac{EA\,(\beta\,\Delta t\,)^2}{2\, r_o} \tag{5.7.6}$$

3) $r = Ky$인 경우

이 경우에 레일의 축력 분포는 **그림 5.7.7** (b)와 같이 된다. 이것은 레일 이동량에 비례하여 도상 종 저항력이 변화하는 경우이며, 실용상 이 관계만으로 계산되는 경우는 없지만, 레일 이동량이 전술한 한계이동량 y_b보다 작은 경우와 후술하는 4)의 경우에 대한 이론식을 유도하기 위하여 필요하다.

장대레일 단부부터 x점의 신축량 y는

$$y = \frac{1}{EA}\int_x^{\infty} \{P_t - P(x)\}\, dx = \frac{1}{EA}\int_x^{\infty} P_t e^{-\mu x}\, dx = \frac{P_t}{EA} - \frac{1}{\mu}\,(e^{-\mu x}) = \frac{\beta\Delta t}{\mu}\, e^{-\mu x}$$

여기서,

$$\mu = \sqrt{\frac{K}{EA}}$$

장대레일 단부의 레일 신축량 y_o는 윗 식에서 x=0로 두면 다음과 같다.

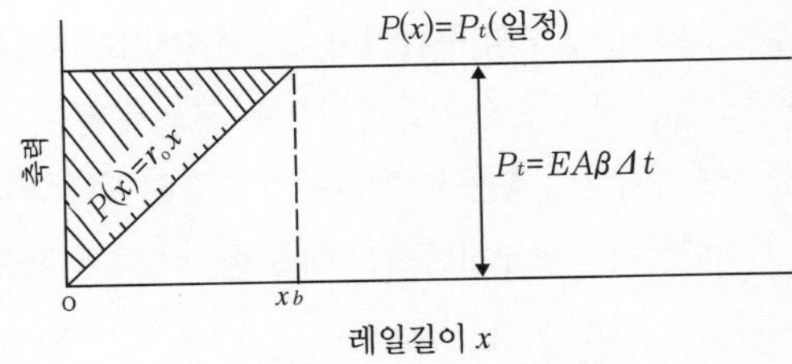

그림 5.7.7(a) 축력 곡선 ($r = r_o$)

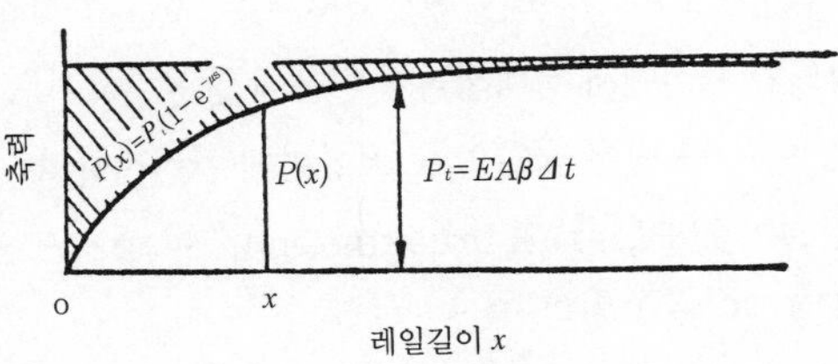

그림 5.7.7(b) 축력 곡선 ($r = Ky$)

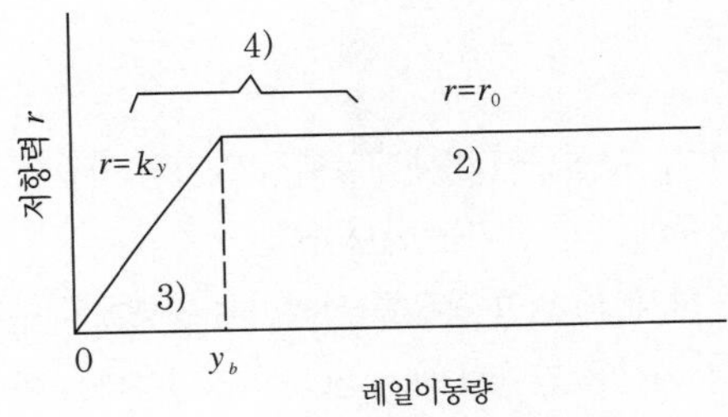

그림 5.7.8 도상 종 저항력

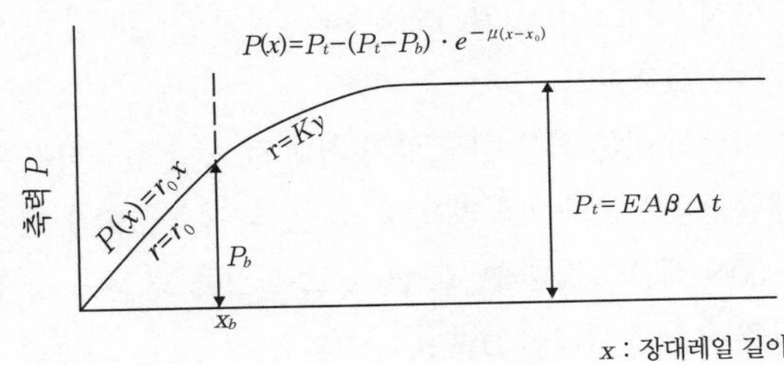

그림 5.7.9 축력 곡선

$$y_0 = \frac{\beta \Delta t}{\mu} = \sqrt{\frac{K}{EA}}\ \beta \Delta t$$

4) $r = Ky$와 $r = r_o$의 합성

이 경우는 2)와 3)을 합성한 것이므로 도상 종 저항력 r이 **그림 5.7.8**과 같이 실제의 저항 곡선에 가까운 형태로 된다. 이 경우의 축력 분포는 **그림 5.7.9**와 같이 된다.

장대레일 단부에서 x cm 떨어진 임의의 점에서의 신축 량을 y로 하면

$$y = \frac{1}{EA}\int_x^\infty [\ P_t - P(x)\ ]\ dx$$

$$= \frac{1}{EA}\int_x^\infty (\ P_t - P_b\ )\ e^{-\mu(x-x_b)}\ dx \cdots\cdots\cdots\cdots \quad x > x_b$$

$$= \frac{1}{EA}[\int_x^{x_b} (\ P_t - r_o x\ )\ dx + \int_{x_b}^\infty (\ P_t - P_b\ )\ e^{-\mu(x-x_b)}\ dx] \cdots\cdots \quad x \leqq x_b$$

따라서,

$$y = y_b\ e^{(-\mu x + \mu P_t / r_o - 1)} \cdots\cdots\cdots\cdots \quad x > x_b$$

$$= \frac{1}{2}[\frac{EA}{r_o}(\beta \Delta t)^2 + y_b] - (\beta \Delta t\ x - \frac{r_o x^2}{2EA}) \cdots\cdots\cdots\cdots \quad x \leqq x_b$$

장대레일 단부에서의 신축 량 y_o는 윗 식에서 $x = 0$으로 하여

$$y_o = \frac{1}{2}\left[\frac{EA}{r_o}(\beta \Delta t)^2 + y_b\right] \tag{5.7.7}$$

일반적으로 신축 량의 이론 계산에는 식 (5.7.7)이 사용되지만, 식 (5.7.6)과의 차이는 1/2 y_b, 즉 1~3 mm 정도이므로 최대 신축 량을 검토할 때는 $r = r_o$의 가정에 따라서 계산하여도 대부분 지장이 없다.

일반철도의 장대레일에서 신축하는 것은 기껏해야 단부에서 100 m 정도의 구간이며, 그 신축 량도 수 cm 정도인 사실에서 장대레일에 이음매를 설치하여도 그렇게 대규모적인 장치를 필요로 하지 않는 것으로 된다. 또한, 이 신축 량은 레일의 종 저항력에 반비례하고 있으므로 동계에 인장력이 작용하고 있는 레일 절손 시에 과대한 벌어짐(開口, rail breakage gap)이 생기지 않도록 하기 위해서는 부동구간에서도 레일 종 저항력을 확보하는 것이 중요하다.

우리 나라에서는 이상과 같이 부동구간을 갖게 되는 200 m 이상(50 kg/m 레일의 경우) 또는 300 m 이상(60 kg/m 레일의 경우)의 레일을 장대(長大)레일(continuously welded rail, CWR)이라 부르고 있다(상기에서 60 kg/m 레일의 300 m는 타당한지의 검토가 필요).

(나) 신축 루프

이상의 이론 식은 신축 량의 최대 값 등을 산출하기 위한 것이며, 부설중인 장대레일에서 임의의 시간에 대한 레일이동은 온도 이력의 영향으로 인하여 복잡하게 변화하기 때문에 이와 같지는 아니하다.

50N 레일의 장대레일을 20 ℃로 설정하고, 온도 상승 40 ℃, 하강 40 ℃인 경우를 상정하여 장대레일 단부의 신축 곡선을 그리면 **그림 5.7.10**과 같이 된다. 도상 종 저항력은 계산을 간단히 하기 위하여 일정하다고 가정하여 r_o = 6 kgf/cm로 하였다. 더욱이, 이 신축 루프는 A′ B′ 및 A″B″과 같은 일간 신축 루프의 포락선이다. OA의 경로는 설정 후 처음의 온도 변화에 한하여 보여지는 것이며, 그 후는 ACDB의 경로로 수축하여 다시

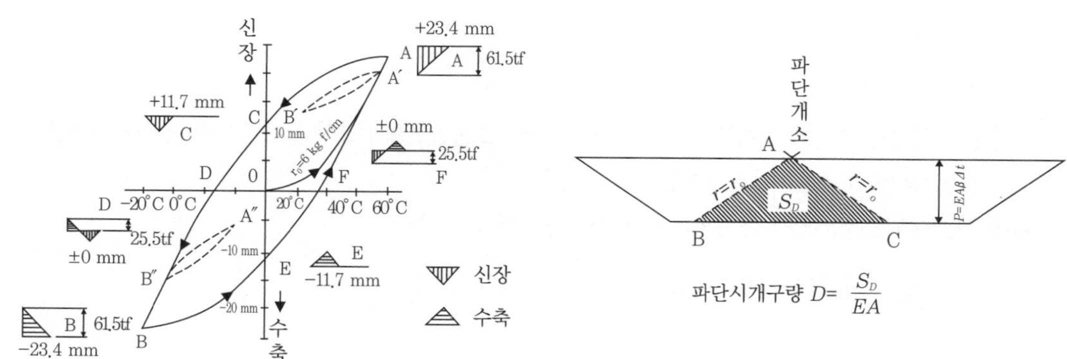

그림 5.7.10 장대레일 단부 이동

그림 5.7.11 파단 시의 벌어짐량

BEFA의 경로로 신장하는 루프를 그린다. 이 신축 루프에서 잔류 축력(제(1)(라)항 참조)으로 인한 지연 때문에 온도 상승 시에는 수축, 또는 온도 하강 시에는 신장이 남아 있는 것을 알 수 있다. 이 때의 도상 종 저항력은 겉보기의 2배로 된다.

(다) 레일 파단의 영향

겨울철에 장대레일에 축 인장력이 작용하고 있을 때에 레일이 파단(절손)되면, 장대레일은 2개로 분할되고,

파단 점의 축력은 0으로 되어 벌어(開口)진다. 이 벌어짐 량(開口量, maximum gap)은 축력과 도상 저항력의 크기에 따라 변화하지만, 열차의 주행 안정성을 고려하여 일정한 한도치 내에 들도록 설정 온도 등을 검토하고 있다. 축력 분포도에 의거하여 벌어짐 량을 구하는 방법을 **그림 5.7.11**에 나타낸다. 파단 개소에서는 도상 종 저항력 $r = r_o$의 기울기로 새로운 축력 분포를 그리며, 사선으로 나타낸 부분의 면적을 EA로 나눔에 따라 벌어짐 량이 구하여진다.

한편, 일본에서 모터카로 100 mm까지의 개구부 주행 시험을 70 km/h까지의 속도로 실시한 결과, 레일의 좌우 어긋남에서 벌어짐 량에 따른 차이가 없고 주행상의 문제도 없는 것이 밝혀지게 되어 레일 파단 시의 벌어짐 량은 70 mm까지 허용하고 있다. 고속선로에서 레일 절손 시에 열차가 당해 개소를 조우(遭遇)한 경우에는 최서행으로 이것을 통과시키고, 응급 이음매판을 채운 후에는 70 km/h의 주행을 허용하고 있다.

경부고속철도에서는 절손으로 발생된 틈의 폭에 따라 경우 1~3으로 나누어 시설관리원, 시설관리장, 분소장에게 임무를 부여하여 단계별로 열차의 서행, 임시보수, 모니터링 등 필요한 조치를 취하고 있다.

(3) 제동 · 시동 하중

일반적으로 장대레일상의 1점에 제동(制動) · 시동(始動) 하중(braking and traction load)과 같은 길이방향의 힘 $2P_o$가 작용할 때에 축력(軸力)의 변화 P와 레일의 이동량(移動量) y는 그것이 탄성변형(彈性變形, elastic deformation, 線形)의 범위에 있는 경우에 그 재하의 위치에 따라 **그림 5.7.12**에 나타낸 것처럼 다음과 같이 3 개의 경우로 나누어 고려한다.

(가) 장대레일의 부동구간(unmovable section)

$$P = P_o \cdot e^{-\mu|x|}$$

$$y = \frac{P_o}{\sqrt{EAk}} \cdot e^{-\mu|x|} \tag{5.7.8}$$

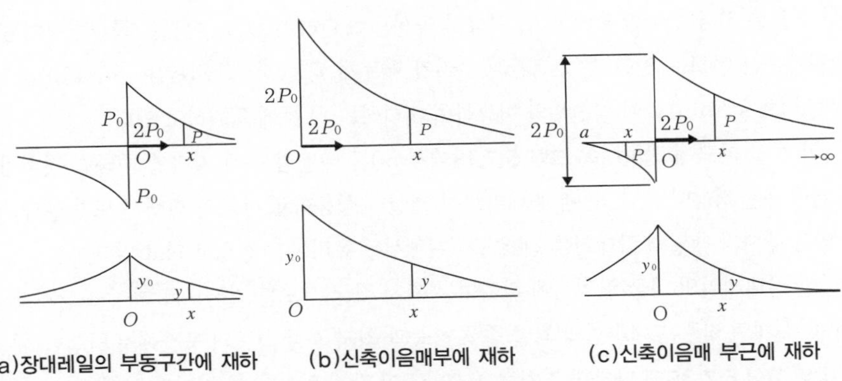

그림 5.7.12 제동하중에 따른 축력의 변화와 레일의 이동량

(나) 신축 이음매의 위치

$$P = 2P_o \cdot e^{-\mu|x|}$$

$$y = \frac{2P_o}{\sqrt{EAk}} \cdot e^{-\mu|x|} \tag{5.7.9}$$

(다) 장대레일의 신축 이음매 부근

1) 하중 점에서 신축 이음매 측

$$P = P_o(e^{-\mu|x|} - e^{\mu|x| - 2\mu a})$$

$$y = \frac{P_o}{\sqrt{EAk}}(e^{-\mu|x|} + e^{\mu|x| - 2\mu a}) \qquad (5.7.10)$$

2) 하중 점에서 무한길이 측

$$P = P_o(e^{-\mu x} + e^{-\mu x - 2\mu a})$$

$$y = \frac{P_o}{\sqrt{EAk}}(e^{-\mu x} + e^{-\mu x - 2\mu a}) \qquad (5.7.11)$$

여기서, $2P_o$: 레일에 전하는 길이방향의 힘

E : 레일의 영 계수

A : 레일의 단면적

k : 레일의 이동에 대한 저항계수

$\mu = \sqrt{k/(EA)}$

구조물 설계 시에 이상의 기본 식을 이용하여 교형 단부에 신축 이음매가 있는 경우에도 제동과 시동 하중을 해석하여 설계 값을 주고 있다.

5.7.2 각종 장대레일

(1) 급곡선 장대레일

(가) 좌굴 안정성

장대레일의 적용은 지금까지 반경 600 m 이상의 곡선으로 한하여 왔다. 이것은 곡선반경이 600 m 미만인 급곡선(急曲線)에서는 마모로 인한 레일 교환의 주기가 빠르게 되는 점, 좌굴(挫屈, buckling, sun kink)에 대한 안정성(安定性, stability)이 직선부와 비교하여 저하하는 것 등에 의거하고 있다.

곡선부에서의 레일 마모에 관하여는 **그림 5.7.13**에서 50N 레일의 측정 결과에 나타낸 것처럼 곡률이 크게 됨에 따라서 급증하는 경향이 있다. 근년에 내마모성 레일의 실용화로 마모의 진행 속도가 종래의 레일에 비하여 개선되고 있음에 따라 레일의 장대화를 진행하기 위해서는 유리한 조건으로 되고 있다.

곡선을 포함한 장대레일의 좌굴 안정성에 관하여는 최저 좌굴 강도를 기본으로 하여 도상저항력을 관리하고 있다. 그렇지만, 실제의 좌굴은 이론상의 좌굴 발생 하중과 최저 좌굴 강도의 중간에서 발생한다는 사실이 알려져 있다. 제5장의 **그림 5.7.38**에 나타낸 것처럼 곡선반경이 작게 될수록 이 차이가 작게 되므로 최저 좌굴 강도에 기초하는 종래의 평가법에서는 곡선반경이 작을수록 좌굴에 대한 안전성이 저하하는 것으로 된다.

레일온도가 변화되거나 변형되면 궤도의 안에 저장되어 있는 에너지량이 변화한다. 이 에너지량의 변화량에 착안하여 적어도 종래의 반경이 600 m 이상인 곡선과 동등한 안전율을 확보하는 것을 조건으로 급곡선 장대레일의 부설 조건을 검토하여 왔다.

(나) 필요 도상 횡 저항력의 산출

(나) 필요 도상 횡 저항력의 산출

곡선반경이 600 m 이상인 장대레일 궤도에서 부설 시에 필요한 도상 횡 저항력 값은 일반 선로의 경우에 500 kgf/m이며, 일본에서의 설정 온도 조건을 나타낸 것이 **그림 5.7.14**이다(우리나라에서는 최저온도를 −20 ℃로 상정). 이들의 조건에서 곡선반경이 600 m 미만인 급곡선에 장대레일 궤도를 부설할 때에 필요한 도상 횡 저항력을 레일 종별마다 산출한 것이 제5.7.6항의 **표 5.7.4**이다. 곡선반경이 600 m 이상인 경우의 필요 도상 횡 저항력은 최저 좌굴 강도를 기초로 안전율을 가미하여 정한 필요 조건이며, 급곡선에서도 이 조건을 만족시킴으로써 장대레일의 안정성이 보장된다고 생각된다.

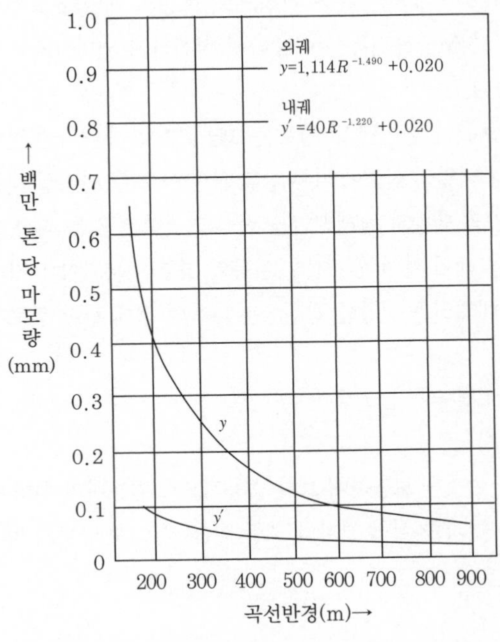

그림 5.7.13 곡선에서 50N 레일의 마모

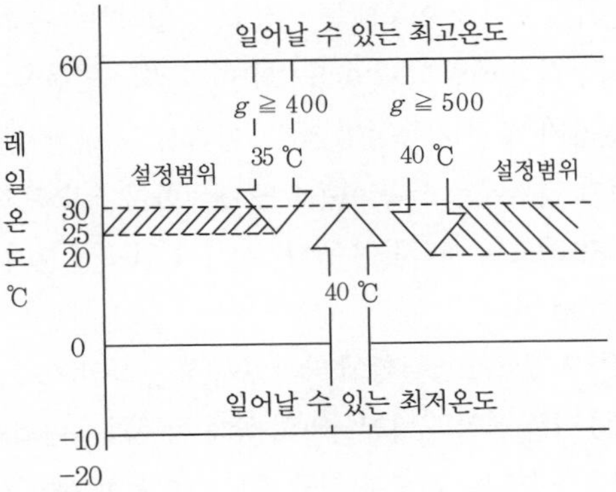

일어나 수 있는 최고온도
60
$g \geqq 400$
$g \geqq 500$
35 ℃
40 ℃
설정범위
설정범위
레일온도 ℃
30
25
20
40 ℃
0
일어날 수 있는 최저온도
−10
−20

그림 5.7.14 설정 온도의 범위의 예

제5.7.6항의 **표 5.7.4**에 기초하여 계산하면, 50N, KS60 레일의 경우에는 600 m 이상의 곡선에서 필요한 도상 횡 저항력에 비하여 곡선반경 500 m에서는 약 10 %, 400 m에서는 약 25 %, 300 m에서는 약 45 % 정도까지 도상 횡 저항력을 증가시킬 필요가 있음을 알 수 있다.

부설에서는 도상 횡 저항력이 충분히 확보될 수 있는 궤도구조로 하는 것이 바람직하며, 도상 횡 저항력의 확보 시에 현장에서의 혼란을 적게 하기 위해서는 곡선반경마다 구체적인 대책공을 미리 정하여 두는 것이 필요하다.

(2) 분기기 개재 장대레일

(가) 분기기와 장대레일

분기기와 장대레일의 일체화 용접이 가능하다면, 많은 이점이 있으므로 실제로 독일에서는 1950년경부터 시행하여 왔지만 우리 나라에서는 다음과 같은 이유로 시행되지 않았으나 경부고속철도의 건설을 계기로 분기기 구간을 포함하여 고속철도 전구간을 장대레일로 부설하고 있다.

① 신호 상에서 절연 이음매를 다수 필요로 한다.

② 망간 크로싱을 보통 레일에 용접하는 방법이 없었다.

③ 2개의 궤도가 합체되므로 레일 축력이 크게 된다.

1980년대에 이르러 ①에 관하여 접착절연 이음매의 충분한 강도와 신뢰성을 갖고 실현시키고, 더욱이 일본에서는 이것을 절연 이음매 이외의 ②와 같은 개소에도 접착 이음매로서 이용하게 되었다. ②에 관하여는 유럽에서 테르밋 용접을 이용하여 실현하고 있으며, 특히 프랑스와 경부고속철도 자갈궤도의 경우는 크로싱에 사용하고 있는 해드휠드 망간강을 2중으로 플래시 버트 용접하는 특수 과정으로 보통의 레일과 용접한다. 일본에서는 최근에 엔크로즈 아크 용접으로 16 Cr – 16 Mn 용접봉을 이용하여 실현하고 있다. ③의 레일 축력에 관하여는 이 시기에 이르러 겨우 해석하게 되었다.

분기기 전후의 이음매를 용접 혹은 접착하여 분기기와 장대레일을 연결한 경우는 **그림 5.7.15**에 나타낸 것처럼 국부적인 레일 축력의 상승에 따른 좌굴 안정성의 저하나 레일의 신축에 따른 전환 불량 등 보수 관리상 새로운 문제가 생길 가능성이 있다. 따라서, 지금까지는 분기기의 레일과 장대레일을 직접 연결하는 것을 피하고, 분기기 전후에는 신축 이음매를 배치하여 온도 변화에 따른 레일 축력이나 전후 이동의 영향이 분기기에 직접 미치지 않도록 배려하여 왔다. 이상의 점에서 분기기와 장대레일을 연결한 경우에는 다음의 점에 관한 검토가 필요하게 된다.

① 2 궤도가 합류함에 따라 증대하는 포인트 부근 축력의 정량화와 그 대책

② 기본 레일과 텅레일과의 상대 이동의 정량화와 그 대책

이들을 분명히 하도록 실물 궤도를 이용한 재하 시험이나 이것을 보충하여 보다 범용적으로 검토하기 위하여 분기기를 포함한 장대레일 거동을 이론적으로 해석하여 그 결과를 실험 결과와 조합(照合)함에 따라 분기기와 장대레일을 연결한 경우의 축력 특성이 밝혀지고 있다.

(나) 축력 특성

상기와 같은 상황 하에서 일본에서는 1985~1986년에 분기기를 장대레일과 일체화시킬 때 생기는 축 압력의 분포에 관하여 양단을 고정한 연장 60 m의 분기기를 전기 가열하여 실험하였다.

그 결과를 나타낸 것이 **그림 5.7.16**이다. 이 그림에서 종축은 분기기를 포함하여 궤도에 ○표시를 한 기본레일과 텅레일의 위치에서 측정한 설정온도로부터 5 ℃마다의 온도 상승에 따른 축압력의 증가를 나타낸다. 기본레일의 축압력을 보면, 기준선 궤도와 분기선 궤도가 합류하는 부분에서 분기선 궤도의 축력이 가산되며, 텅레일 후단에서 약간 선단부로 향한 위치에서 최대치가 생기고, 이후 좌측의 고정 점을 향하여 온도 상승 도중의 과정에서는 부분적으로 증가하고 있는 것도 있지만 최대 온도 부근에서는 완만하게 축압력이 감소하고 있다. 이 감소의 과정에 관하여는 이 좌단의 고정 단이 가깝기 때문에 단일 궤도의 축압력까지는 이르지 않고 있다. 반대로, 우단에 관하여는 고정 단이 축압력으로 인하여 탄성 변형하였으므로 이것을 보상하기 위하여 잭을 설치하여 가압한 것이 너무 크기 때문에 축압력이 이 부분에서 올라가 있지만, 이것이 안정된 값이 리드레일에서의 값과 합치하고 있으므로 특히 문제는 없다고 생각된다.

이 축압력의 피크 값을 일반의 장대레일 축압력에 대한 배율로서 각종의 조건하에서 나타낸 것이 **그림 5.7.17**이다. 이에 따르면, 일부의 값은 크게 분산되어 있지만, 그 외의 값은 온도 상승과 함께 감소하며, 이것을 설정온도로부터 허용 온도범위 40 ℃에 대하여 보면 1.1부터 1.4 정도의 범위에 들어가고 있다.

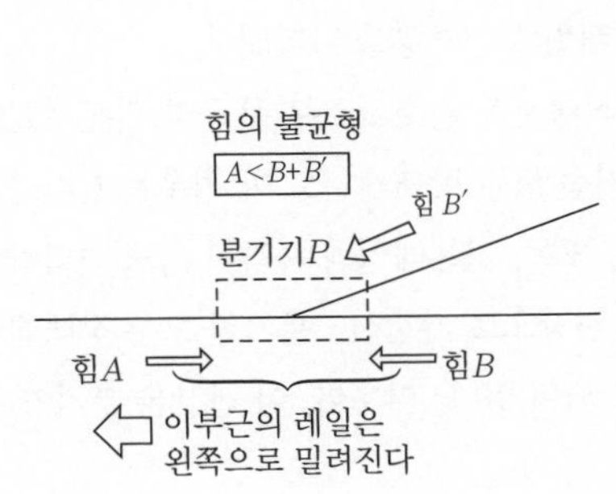

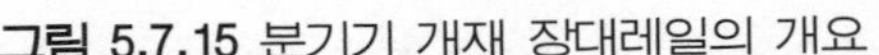

그림 5.7.15 분기기 개재 장대레일의 개요

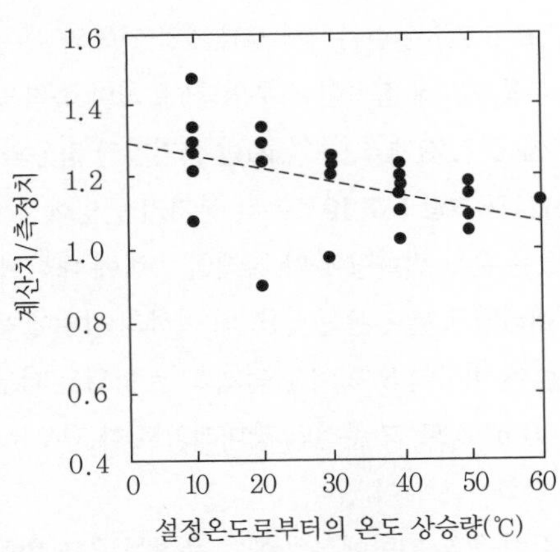

그림 5.7.17 축압력의 측정치와 계산 치의 비교

이에 관한 이론 해석이 1982년에 독일에서 발표되어 1.2부터 $\sqrt{2}$의 값이 계산된다고 보고하였으며, 프랑스에서는 1.4의 값을 이용하는 것이 보고되어 있다. 일본에서는 해석 결과 1.35를 이용하면 좋다고 되어 있다.

연속용접 분기기에서는 공통의 크로싱에 접속하는 레일의 축압력이 포인트의 선단에서 0으로 되도록 침목을 통하여 저감하여야 한다. 이들 힘의 일부는 침목의 강성을 통하여 양측의 장대레일로 전달되며, 나머지 부분은 도상으로 흐른다. 독일 연방철도는 1 : 12의 분기기에서 침목의 하중에 대응하는 변위를 측정하였다. 결과를 나타낸 것이 **그림 5.7.18**이다.

장대레일에 생기는 반력으로 인하여 이들의 레일에 생기는 축압력은 공통의 크로싱 부근에서는 감소한다. 포인트의 선단 부근에서 장대레일의 축압력이 증가한다. **그림 5.7.18**에 따르면 이 증가는 약 40 %로 된다. 독일 연방철도는 이것에 관하여 1 : 12 크로스 오버에 대하여도 측정하였다. 이 분기기에서는 이행 구간 길이가 제한되어 있었기 때문에 측정된 축압력의 증가는 7 %뿐이었다.

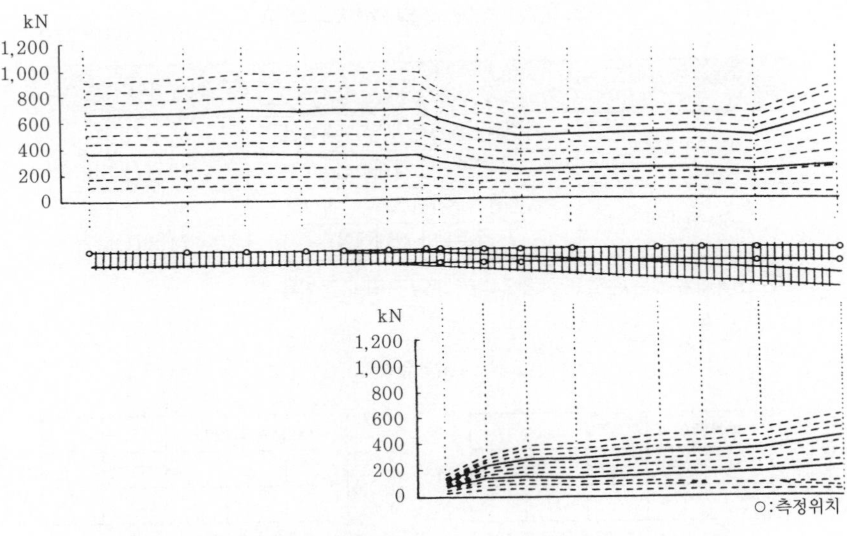

그림 5.7.16 분기기에서 온도 축력의 분포

또한, **표 5.7.1**은 일본에서 장대레일 거동의 이론해석 방법을 이용하여 60레일 10번과 12번 분기기를 장대레일의 부동구간에 접속한 경우의 최대 레일 축력을 계산한 결과의 일례(온도 상승 량 = 35 ℃)를 나타낸 것이다[7]. **그림 5.7.19**에 60레일 10번 분기기인 경우의 축력 분포와 레일의 신축량을 나타낸다.

표 5.7.1과 **그림 5.7.19**로부터 분기기 근방에서 레일 축력의 최대치는 힐(heal)부 부근의 기본레일에 생기며, 그 값은 온도 변화량에 따른 레일 축력에 대하여 기준선 · 분기선 모두 장대레일로 한 경우는 1.35 배, 기준선만 장대레일로 한 경우는 1.15 배 이하의 범위에 들어가고 있다. 또한, 기본레일의 축력이 온도 변화량에 따른 레일 축력에 비하여 5 % 이상 높게 되는 범위는 힐부에서 분기기 전방으로 기준선 · 분기선 모두 장대레일로 한 경우는 40 m 정도, 기준선만 장대레일로 한 경우는 15 m 정도로 되어 있다. 더욱이, 이 연장은 분기기 종별 등에 따라 변화하는 일이 있다.

이와 같이 힐부 전방에서의 레일 축력이 온도 변화량에 따른 축력 이상으로 크게 되는 점에서 좌굴 안정성이 저하한다. 따라서, 이들의 개소에서는 좌굴 안정성을 확보하기 위하여 최대 레일 축력에 필요한 도상 횡 저항력을 확보할 필요가 있다. 레일 축력의 증가에 대하여 도상 횡 저항력을 증강하는 등의 대책을 시행하는 경우는 **표 5.7.1**의 값을 참조하면 좋다.

한편, 레일의 신축에 관하여는 기본레일과 텅레일 간에 상대 이동이 생기게 하는 힘이 작용하는 점에서 양 레일이 독립하여 체결되어 있는 탄성 포인트에서는 관절 포인트에 비하여 텅레일에 큰 복진이 생길 가능성이 있다. 이상의 사실에서 크로싱과 포인트간에는 레일의 복진 대책을 취함과 함께 필요에 따라서 기본레일과 텅레일간 상대 이동의 방지 대책을 시행

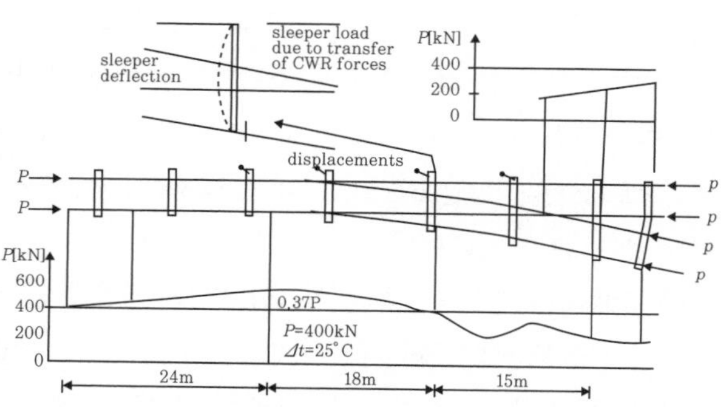

그림 5.7.18 DB에서 측정한 CWR 분기기의 힘

표 5.7.1 최대 레일 축력의 비교

(단위 : tf)

분기기 종별	설정 조건	최대 레일 축력
60 편 10#	기준선 · 분기선 모두 장대레일	84.9 (1.31)
	기준선만 장대레일	73.2 (1.13)
60 편 12#	기준선 · 분기선 모두 장대레일	85.1 (1.31)
	기준선만 장대레일	74.3 (1.14)

(주) ( )내의 수치는 온도 변화량에 따른 레일 축력의 증가율

(a)레일축력

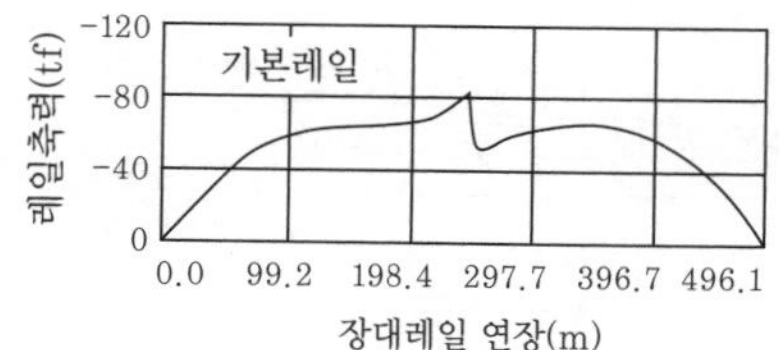

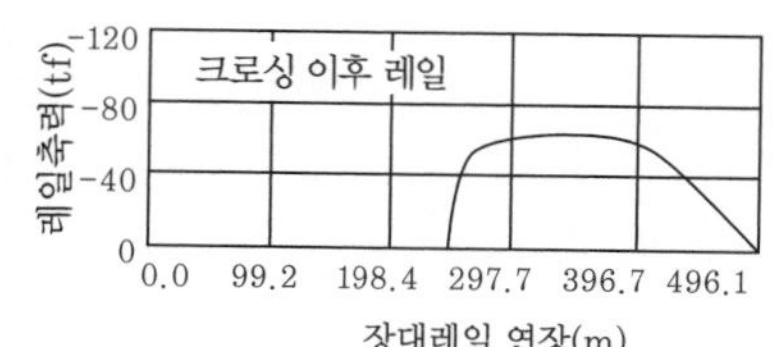

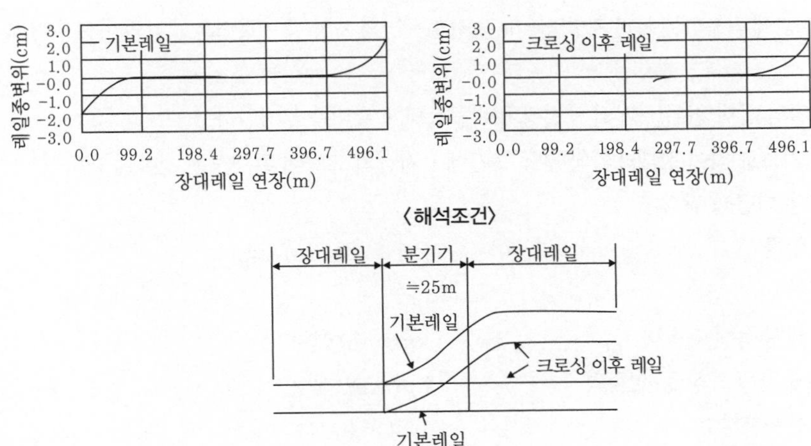

그림 5.7.19 분기기 개재 장대레일의 축력 분포의 예
(기준선 · 분기선 모두 장대레일)

하는 등의 검토가 중요하다.

(3) 교량 상(橋梁上) 장대레일

(가) 교량(橋梁, bridge)과 장대(長大)레일

장대레일을 교량 상에 부설하면, 온도 변화에 따라 교형(橋桁)이 신축하기 때문에 일반 장대레일로서의 온도 축력 외에 교형의 신축으로 인한 부가 축력이 레일에 가해진다. 또한, 이 반력으로서 장대레일 종 하중이라 불려지는 힘이 교형과 교각에 작용한다. 그래서, 교량 상에 부설하는 장대레일에 대하여 종 방향의 저항력을 갖게 한 구조의 것을 "교량 상 장대레일(CWR on bridge)"이라 부르고, 일반 구간의 장대레일과 구별하며, 그 부설에서는 교량 길이, 거더 길이, 교각의 강도, 거더 받침의 배치, 레일 체결장치의 복진 저항력, 신축 이음매의 배치에 대하여 구조물과 궤도의 양면에서 충분히 검토하여 설계할 필요가 있다. 궤도구조의 종별로서는 교량 침목 궤도, 슬래브 궤도 등의 직결 궤도와 자갈 궤도가 있다.

(나) 거더의 온도 신축과 축력 분포

자갈궤도 교량의 경우에는 300 mm 두께 정도의 도상자갈 층 및 도상자갈 하면과 교량 바닥 면의 접촉면에서 마찰력을 통하여 레일과 거더간에 힘이 전달된다. 일반적으로 이와 같은 경로로 전달되는 힘은 열차 주행으로 인한 진동 등의 때문에 장기적으로는 도상자갈 중으로 분산, 완화되는 것이 고려되지만 반드시 명확하지는 않다.

교량 상 장대레일과 교형간에 작용하는 힘의 전달 경로는 **그림 5.7.20**과 같이 된다. 교량 침목 궤도, 슬래브 궤도 등에서 레일과 교형간에 작용하는 힘의 크기는 미리 설계된 레일 체결장치의 종 저항력으로 정한다.

교량상 장대레일의 설계에서는 다음과 같이 가정하고 있다.

① 장대레일 설정 시의 교형 온도는 설정온도와 같다.

② 교형과 레일의 온도는 항상 같다.

③ 교형은 레일에 구속되는 일이 없이, 온도 변화에 따라 자유 신축한다.

④ 교형과 레일간에 작용하는 복진 저항력과 교량 전후 구간의 도상 종 저항력은 레일의 이동 량에 따르지 않고 일정하다.

⑤ 교형과 레일의 상대 변위는 레일 체결장치로 균등하게 축력을 부가한다.

이상의 가정을 기초로 하여 장대레일의 부동 구간에 1 지간의 교량이 존재하는 경우에 대하여 기술한다. 여기서 사용하는 기호는 다음과 같다.

E	: 레일강의 영률	2.1×10^6 kgf/cm^2
A	: 레일 단면적	cm^2
r	: 교량상의 레일 복진 저항력	kgf/cm/레일
r_o	: 교량 전후 구간의 도상 종 저항력	kgf/cm/레일
β	: 레일강의 선팽창계수	1.14×10^{-5}/℃
B	: 교량의 선팽창계수	1/℃
t	: 장대레일 설정온도와의 온도차	℃
P	: 레일 축력	kgf
P_t	: 온도 차이가 t ℃인 때의 부동구간의 축력	kgf

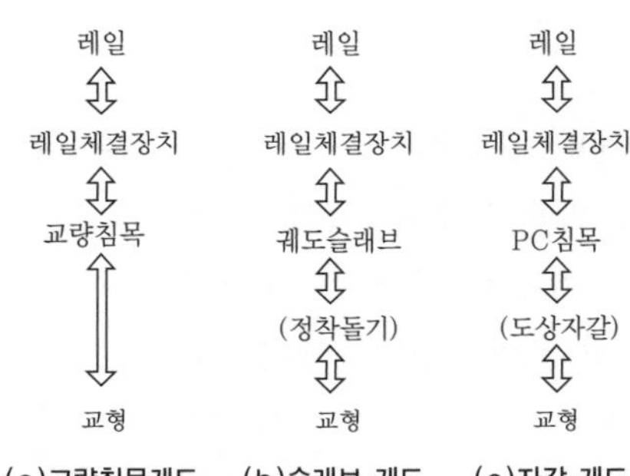

그림 5.7.20 레일 복진 저항력의 전달경로

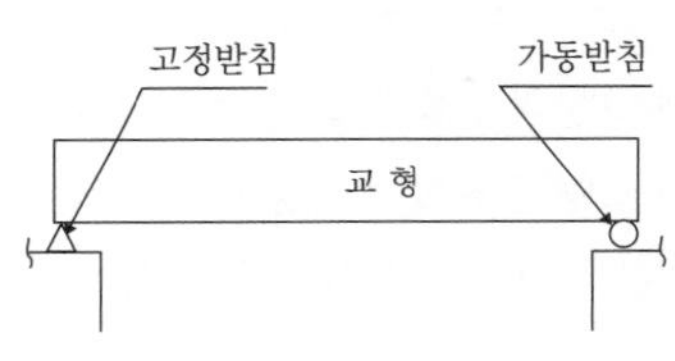

그림 5.7.21 교형의 받침 방식

먼저, 교형은 **그림 5.7.21**에 나타낸 것처럼 한 끝을 고정단으로, 다른 끝을 가동단으로 지지하는 것으로 한다.

이 **그림 5.7.21**의 교량 상에서 온도 상승 t ℃인 때의 축력 분포를 상기의 기호를 이용하여 **그림 5.7.22**에 나타낸다. 교형의 이동 량 y_G와 레일의 이동 량 y_R의 차이로 인하여 레일은 화살표 방향의 힘을 받으며, 이에 따라 축력 분포가 정해진다. 이 경우에 계산 순서는 다음과 같다.

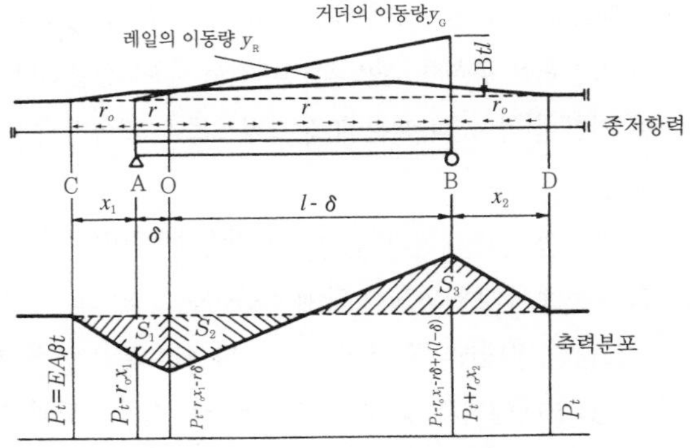

그림 5.7.22 종 저항력의 방향과 축력 분포

① 레일과 교형의 이동 량이 일치하는 점을 가정하여 축력 분포도를 그린다.

② 레일의 신축 량과 축력의 연속성에서 축력의 접속 위치를 미지수로 하는 관계식을 만든다.

③ 이 관계식을 연립 방정식으로 푼다.

이것을 구체적으로 나타내면 다음과 같이 된다.

축력의 연속성에 대하여 **그림 5.7.22**의 경우에는 B점에서 축력이 같다고 함에 따라

$$P_t - r_o x_1 - r\delta + r(l - \delta) = P_t + r_o x_2 \tag{5.7.12}$$

즉,

$$r_o x_1 + 2\,r\delta - rl + r_o x_2 = 0 \tag{5.7.13}$$

로 된다.

또한, CO간의 레일 신장량이 O점의 교형 이동량과 일치하므로 그림의 빗금을 친 부분의 면적 S_1을 이용하여

$$y_{y \cdot co} = \frac{S_1}{EA} = B\,t\,\delta \tag{5.7.14}$$

마찬가지로 OD간에서

$$y_{R \cdot OD} = \frac{S_2 - S_3}{EA} = -B\,t(l - \delta) \tag{5.7.15}$$

가 얻어지며, 식 (7.4.10)~(7.4.12)에 따라 x_1, x_2, δ를 미지수로 하는 연립 방정식이 얻어진다.

이 계산은 교형 수가 2련 이상인 경우에 적용되지만, 교형 수의 증가에 따라 난해하게 되기 때문에 컴퓨터를 이용하여 근사 량을 구하는 프로그램이 이용되고 있다.

얻어진 해를 기초로 다음의 순서로 장대레일 부설의 가부를 검토한다.

① 축력 분포도를 그려 최대 레일 축력을 구한다.

② 교량이 장대레일의 신축 구간에 포함되어 있는 경우에는 장대레일 단부의 신축 량을 구한다.

③ 파단 시의 벌어짐 량이 최대로 되는 파단 점을 구하여 그 때의 파단 시 벌어짐 량을 구한다.

(다) 받침 배치(disposition of bridge supports)와 축력 분포

그림 5.7.22와 같이 교형이 1련 뿐일 경우에 δ는 교형 길이의 1/15~1/20 정도이며, δ = 0으로 한 경우에는 안전 측으로 되므로 δ를 무시하면 축력 분포가 **그림 5.7.23**과 같이 간단하게 된다. 이 때의 최대 레일 축력 P_{max}는

$$P_{max} = P_t + \frac{rl}{2}$$

로 구하여진다.

등(等) 지간의 교형이 연속하여 있는 경우의 받침 배치는 **그림 5.7.24**의 (a)와 (b)의 2형식으로 대별된다. 형식 I은 고정단(fixed end ; F로 약칭)끼리와 가동단(movable end ; M으로 약칭)끼리 각각 동일한 교각 상에 모은 형식으로 FF · MM 방식이라고도 부른다. 형식 Ⅱ는 고정단 F와 가동단 M을 동일한 교각 상에 배치하는 것이며 FM 방식이라고도 불려진다. 이 이외에 교량의 중앙으로부터 대칭으로 형식 Ⅱ의 배치를 하는 형식 Ⅲ(**그림 5.7.24** (c))이 있다.

이들 교량 형식에 대한 축력 분포의 수치 계산 예를 **그림 5.7.25**에 나타낸다. 형식 Ⅰ에서는 교형 수가 증가하여도 최대 부가 축력이 $rl/2$ 이하로 된다. 형식 Ⅱ에서는 최대 부가 축력이 형식 Ⅰ보다 크고, 더욱이 교형 수의 증가에 따라 증대하지만, 일정 치로 수속되는 것이 밝혀져 있다.

(라) 신축 이음매의 배치

신축 구간에 교량이 존재하는 경우에는 부가 축력이 작게 되지만, 한편 장대레일 단부의 신축량이 크게 되는 경우가 있다. 또한, 필요에 따라 신축 이음매를 설치함으로써 부근의 축력을 감소시킬 수가 있고, 최대 축압력

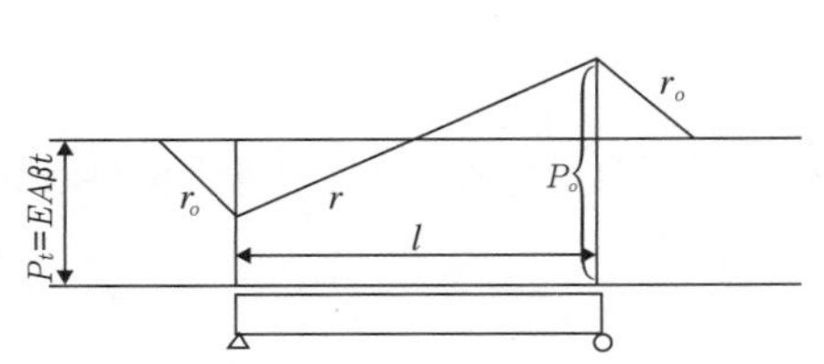

그림 5.7.23 간략화한 축력 분포

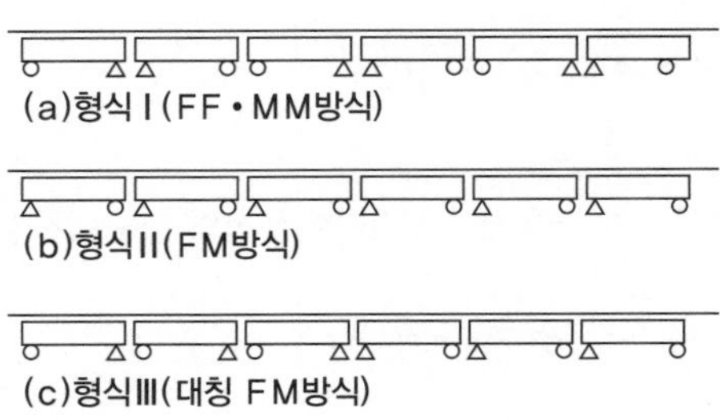

그림 5.7.24 교형이 연속한 경우의 받침 배치

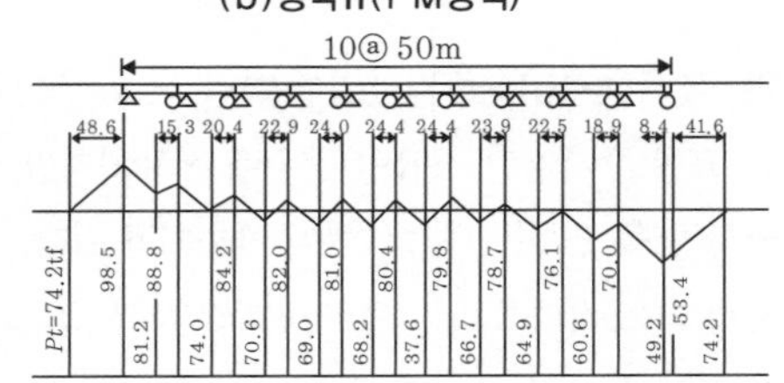

그림 5.7.25 장대교량의 축력 계산 예

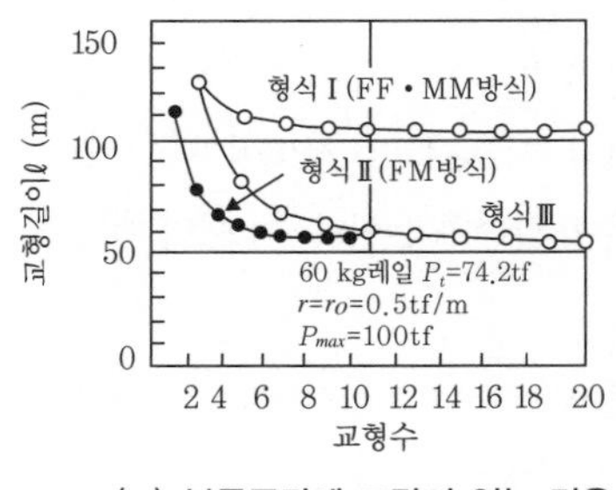

(a) 부동구간에 교량이 있는 경우

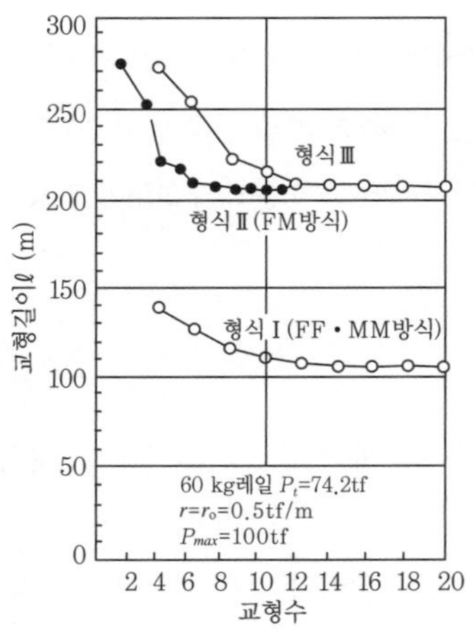

(b) 양단에 신축이음매를 두는 경우

그림 5.7.26 최대 축압력 100 tf의 영역

과 파단 시의 벌어짐 량을 작게 하는 것이 가능하다.

신축 이음매를 설치하지 않는 경우와 교량 단부에 설치한 경우에 대하여 최대 축압력이 되는 때의 교형 수와 교형 길이의 관계를 **그림 5.7.26**에 나타낸다. **그림 5.7.26**에서 형식 Ⅰ에 대하여는 신축 이음매의 유무에 따른 영향이 거의 없지만, 형식 Ⅱ와 형식 Ⅲ에 대하여는 신축 이음매의 설치에 따라 장대레일의 적용 범위가 넓어지며, 형식 Ⅰ보다도 유리하게 됨을 알 수 있다.

(마) 교량상 장대레일의 설계

이상에 기술한 해석 결과에 기초하여 교량 상 장대레일의 설계에서는 **표 5.7.2**에 나타낸 받침 배치 및 신축 이음매의 배치를 취하고 있다. 구조물의 설계에서는 장대레일 종 하중을 1 tf/m/궤도로 하고, 레일 체결장치의 크리프 저항력은 이것에 대응하여 편측 레일당 5 kgf/cm 이하로 한다. 또한, 자갈 궤도에서는 10 kgf/cm/레일을 넘는 경우도 있지만, 열차주행에 따른 진동으로 인한 부가 축력의 완화 등을 고려하여 장대레일 종 하중으로서 같은 1 tf/m/궤도를 취하고 있다.

한편, 기설 선의 레일 장대화시에는 연장이 짧은 교량이 수많이 개재한 경우가 많지만, 이 때는 교량 상에 종 저항력을 갖지 않게 하고 레일 파단 시 벌어짐 량의 한도를 설정 온도로 만족시킨다고 하는 조건부로 일반 구간의 장대레일 중에 개재하는 무도상 교량길이를 50 m까지 인정하고 있다. 또한, 복수의 교량이 근접하여 있는 경우에는 **그림 5.7.27**에 나타낸 것처럼 파단 시에 근접 교량으로 인한 영향이 파급되고, 단일 교량의 경우보다

표 5.7.2 장대레일을 부설하는 교량의 받침 배치와 신축 이음매의 위치

교량 전장 L (m)	최대 교형 길이 l (m)	받침 배치	신축 이음매의 설치가 필요한 위치
$L < 100$	–	제약 없음	신축 이음매 불필요
$L \geqq 100$	$l \leqq 10$	제약 없음	신축 이음매 불필요
	$10 < l < 50$	FF · MM 방식	신축 이음매 불필요
		FM 방식	교량전체에 있어서 가동단 혹은 MM 교각에서 약 100 m 이내
	$50 \leqq l < 100$	FF · MM 방식	신축 이음매 불필요
		FM 방식	1. 교량전체에 있어서 가동단 혹은 MM 교각에서 약 100 m 이내 2. 레일 파단 시의의 개구 량에 대하여 검토 요
	$l \geqq 100$	FF · MM 방식 FM 방식	1. 최대 교형 길이를 갖는 교형의 가동단 부근 2. 레일 축력과 파단 시의 개구 량에 대하여 검토 요

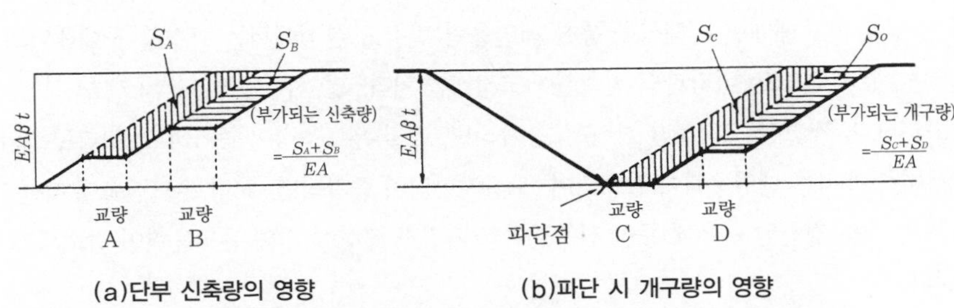

(a)단부 신축량의 영향 (b)파단 시 개구량의 영향

그림 5.7.27 일반 구간 장대레일 중에 근접한 교량의 영향

파단 시의 벌어짐량이 크게 된다. 이 때문에 파단 시의 벌어짐 량이 최대로 되는 환산 교량연장을 구하여서 설정 온도를 결정하고 있다.

교량 상 장대레일은 궤도 보수 면에서 이상 신축이 없도록 충분한 배려가 필요하다. 특히, 교량의 양단에 신축 이음매를 설치하는 경우에는 장대레일이 그 전장에 걸쳐 신축을 반복하게 되므로 주의가 필요하다. 이와 같이 교량 상 장대레일의 설계에서는 궤도와 구조물의 양면에서 충분히 검토하여 최적 설계를 하여야 한다.

(바) 축력 문제의 FEM 모델화

궤도의 축력에는 상기에서도 설명하였지만 온도 하중 외에 제동과 가속력에 기인한 것이 있다. 교량과 고가교 위에서는 궤도와 구조물간에 온도차가 생긴다. 레일이 견고한 콘크리트나 강의 구조물보다 온도 변화에 민감하게 반응하는 것은 분명하다. 궤도의 입장에서 보면, 이 하중에는 두 가지의 종류가 있다. 하나는 시동하중과 고온 시의 축압력이며, 이로 인하여 궤도의 좌굴이 문제로 된다. 또 하나는 시동하중과 저온 시의 인장력이며, 이로 인하여 레일의 취성 파괴가 문제로 된다. 교량과 고가교의 설계에서는 인장 하중으로 결정하는 것이 보통이다.

궤도의 축력을 계산하기 위하여 FEM 모델이 만들어졌다. PROLIS라고 부르는 유한요소모델은 문제를 보다 현실적으로 나타내기 위하여 해석적 모델과 유사한 방식으로 축력을 계산하도록 개발하였다. 이 모델은 궤광, 도상 및 교대와 교각을 포함한 교량 구조물을 나타내는 요소로 이루어진다. 이 모델에서는 평행하는 궤도의 수를 임의로 취할 수가 있다. **그림 5.7.28**은 궤도와 교량 구조물의 모델로서 이용되는, 구성되는 요소를 나타낸 것이다.

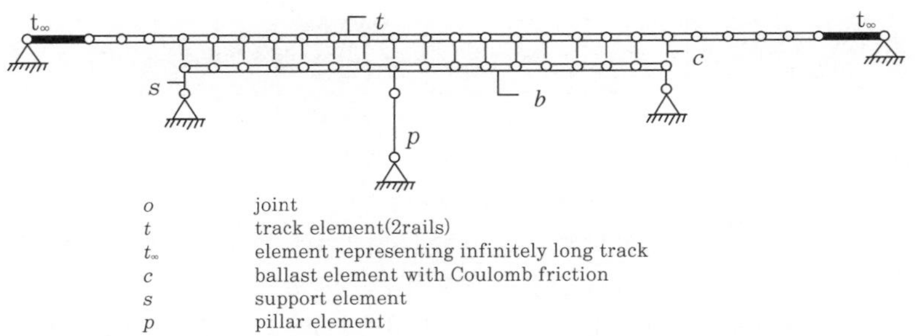

o	joint
t	track element(2rails)
t_∞	element representing infinitely long track
c	ballast element with Coulomb friction
s	support element
p	pillar element

그림 5.7.28 궤도와 교량의 축력 계산을 위한 유한요소 모델

궤도좌굴의 진보된 수학 모델은 제5.7.5항을 참조하라.

(사) 교량상 장대레일 안정성 확보

레일-교량 상호작용 매개변수 해석을 통한 레일응력 민감도 분석에서는 교량상 장대레일의 응력에 영향을 미치는 매개변수로서 ① 교량바닥판의 신축길이(고정점간 거리), ② 하부구조(교각+기초) 강성, ③ 궤도의 종저항력 등을 고려한다. 경간장(고정점간 거리)이 증가되면, 레일 온도응력이 증가하고, 하부구조의 강성이 증가되면, 시·제동하중에 따른 레일응력이 감소되며, 도상저항력이 증가되면, 교량 온도신축에 따른 레일부가응력이 증가된다. 또한, 연속경간일 경우에 동일 신축길이의 단경간 교량에 비해 온도응력이 감소되고 시 제동하중 응력이 증가된다.

장대레일 안정성확보를 위한 하부구조 강성의 결정방법으로서 교량 예비설계 단계에서 적용 지간장(또는 고정점간 거리)이 정해진 경우에 궤도구조 형식별로 레일응력 제한치를 만족하는 하부구조 강성 하한치를 결정하는 설계도표는 **그림 5.7.29**와 같다. 이를 통하여 궤도-교량 상호작용 측면의 시행착오(trial error)를 최소화하고 하부구조 요구강성을 고려하여 교각의 효율적인 단면설계가 가능하다.

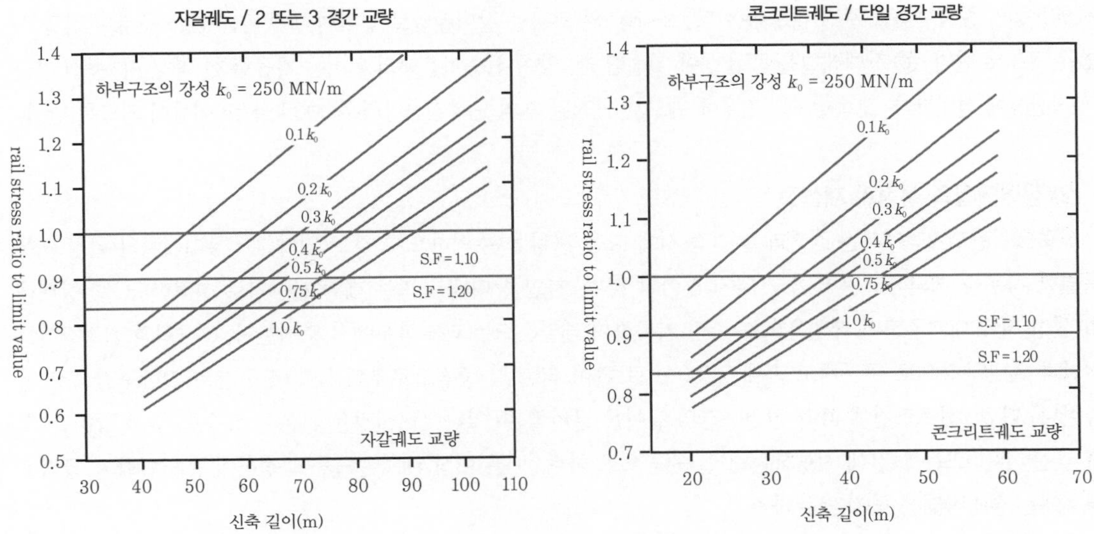

그림 5.7.29 장대레일 교량의 하부구조 강성의 결정

5.7.3 장대레일 부설 및 레일축력 측정법

(1) 장대레일의 부설

선로유지관리지침에서는 '장대레일 부동구간'을 장대레일의 온도변화 시에 거의 신축하지 않고 축력만이 변화하는 장대레일의 중앙부로서 50 kg레일은 양쪽 단부 각 100 m 정도를 제외한 구간, 60 kg레일은 양쪽 단부 150 m 정도를 제외한 구간으로 정의하고 있으며, 본선에는 장대레일을 부설하도록 하고 있다. 장대레일을 부설하는 장소는 다음의 사항을 충분히 검토하여야 한다. ① 반경 300 m 미만의 곡선에는 부설하지 않는다. 다만, 600 m 미만의 곡선에는 충분한 도상 횡저항력을 확보할 수 있는조치를 강구한다. ② 기울기 변환점에는 어느 것이나 반경 3,000 m 이상의 종곡선을 삽입한다. ③ 반경 1,500 m 미만의 반향곡선은 연속해서 1개의 장대레일로 하지 않는다. ④ 불량 노반개소는 피한다. ⑤ 전장 25 m 이상의 교량은 피한다. 그러나 25 m 미만의 교량에서도 거더, 교대와 교각의 강도를 검토하여 강도가 부족한 경우에는 보강을 한다. ⑥ 터널 내만을 레일 장대화할 경우에는 별도의 터널내 장대레일로서 부설 보수한다. 그러나 노천의 장대레일 구간에 짧은 터널이 있을 시에는 이 기준에 따라 1개의 장대레일로 할 수 있다. ⑦ 밀림이 심한 구간은 피한다. ⑧ 흙열홈, 공전홈 등 레일이 부분적으로 손상되는 구간은 피한다.

장대레일의 궤도구조는 주로 좌굴방지와 과대 신축방지의 목적을 위하여 다음의 조건을 구비하여야 한다. ① 일반구간의 장대레일 양단에는 원칙적으로 신축이음매를 사용하는 것으로 하되 경우에 따라 완충레일을 부설할 수 있다. ② 레일은 50 kg/m 또는 60 kg/m의 신품레일로 하되 정밀검사를 한 후 사용한다. ③ 침목은 원칙상 PC침목으로 하고 도상 횡저항력 500 kgf/m 이상, 도상 종저항력 500 kgf/m 이상이 되도록 침목을 배치한다. ④ 도상은 깬자갈로 하고 도상저항력이 500 kgf/m이 되도록 도상 폭과 두께를 확보하며 필요시 장대레일 설정 전에 도상저항력을 확인한다. ⑤ 교량 위 레일체결부 및 침목과 거더와의 체결부는 횡방향의 저항력을 가질 뿐 아니라 부상을 충분히 방지할 수 있는 구조로 한다. 그러나 무도상 교량과 5 m 이상의 유도상 교량에서는 전후방향의 종저항력을 주지 않도록 한다. 또 교대와 교각은 장대레일로 인하여 발생되는 힘에 충분히 견딜 수 있는 구조로 한다. ⑥ 장대레일을 곡선 상에 부설할 때, 양쪽 신축이음매의 위치는 가능한 한 곡선 시. 종점 부근의 직선상에 설치한다. 고속철도의 경우에 궤도가 안정된 후의 도상횡저항력은 900 kgf/m 이상이 되도록 한다.

(2) 장대레일의 설정과 재설정

선로유지관리지침에서는 장대레일 설정 시에 다음 사항을 주의하도록 하고 있다. ① 장대레일의 설정 시에 특별한 경우를 제외하고는 열을 가하지 않아야 하며, 자연 상태에서 또는 레일 긴장기로 설정한다. ② 장대레일 설정 시에 대기온도와 레일온도를 측정 기록하며 레일온도는 레일복부에서 측정한다. ③ 1회의 설정길이는 터널과 일반구간으로 구분하고 최대 1,200 m로 하며 터널 시 종점으로부터 100 m 구간은 일반구간으로 분류한다. 다만, 선로조건에 따라 설정구간의 길이를 달리할 수 있다. ④ 설정은 기온이 상승한 후 하강하는 오후 늦은 시간 또는 야간에 시행하는 것을 원칙으로 하며, 10분 이상 레일온도를 측정하여 온도변화가 급격할 경우에는 설정작업을 하지 않는다.

장대레일이 다음 사항에 해당하는 경우는 빠른 시일 내에 재설정하고 그 내역을 기록 관리한다. ① 고속철도 장대레일 설정 시에 레일긴장기를 사용하지 않고 설정 표준온도 범위 밖에서 시행한 경우, ② 장대레일이 복진 또는 과대신축하며 이것은 신축이음장치에서 처리할 수 없는 경우, ③ 자갈치기 등으로 장대레일 축력의 변화가 있는 경우, ④ 장대레일에 불규칙한 축압이 발생한 경우.

(3) 설정 온도 및 스트로크 설정

설정 온도(設定溫度, installation (or laying, setting, tightening up) temperature)는 장대레일의 부설 이후 레일 온도의 변화에 따른 거동을 관리하는 경우에 중요한 수치이다. 선로유지관리지침에서는 장대레일 설정온도를 다음과 같이 정하고 있다. ① 레일의 최고온도 및 최저온도는 −20∼60 ℃, 중위온도는 20 ℃를 기준으로 한다. ② 자갈도상의 경우에 설정온도기준은 레일온도의 중위온도 20 ℃에 5 ℃를 더하여 25 ℃를 적용한다. ③ 토공구간 장대레일 설정 시는 ⓐ 자연온도에서 설정 시에 자갈궤도는 25±3 ℃, 콘크리트궤도는 20±3 ℃, ⓑ 인장기 사용 시에 자갈궤도는 0∼22 ℃, 콘크리트궤도는 0∼17 ℃의 온도조건을 적용한다. ④ 터널구간(터널 입구에서 100 m 이상 구간)에서는 ⓐ 자연온도에서 자갈궤도와 콘크리트궤도 15±5 ℃, ⓑ 인장기 사용 시에 자갈궤도와 콘크리트궤도에서 0∼10 ℃를 적용한다. ⑤ 교량구간에서는 자연온도에서 시행을 원칙으로 하며, 콘크리트궤도에서 레일은 20±3 ℃(17∼23 ℃), 교량거더는 중위온도±5 ℃를 적용한다.

또한, 장대레일의 설정온도에 대하여는 다음과 같이 정하고 있다. ① 장대레일을 처음 설정(부설)할 때는 대기온도와 레일온도를 측정하여 기록, 유지하여야 한다. ② 장대레일을 중위(中位)온도(neutral temperature, 최고, 최저 레일온도의 중간 값)에서 설정하지 않을 경우에는 하기의 '스토로크 설정'과 같이 신축(伸縮) 이음매(expansion joint)의 스트로크(stroke, maximum expansion)를 조정하여야 한다. ③ 장대레일을 중위 온도에서 설정하지 아니 하였거나 설정한 후에 축력의 분포가 고르지 못하다고 판단될 때에는 적절한 시기에 재설정하여야 한다. ④ 재설정(再設定, resetting, refastening-down)할 때의 설정온도는 중위온도에서 ±5 ℃를 기본으로 하고 중위온도 이하이거나 또는 30 ℃ 이상에서 재설정하는 것을 피하여야 한다.

스트로크 설정은 다음과 같이 한다. ① 신축이음매의 스트로크는 일어나는 최고온도와 중위온도로 설정할 때는 스트로크의 중위에 맞추는 것으로 하고 중위온도에서 5 ℃ 이상의 온도차이로 설정할 때는 1 ℃에 대하여 1.5 mm 비율로 정하여야 한다. ② 재설정을 예정하여 일시적으로 설정(부설)할 때는 재설정 때의 온도를 축압을 해방하였을 때에 소정의 위치가 되도록 조정하여야 한다.

(4) 레일축력 측정법

레일 축력(軸力, axial force)의 측정법(測定法)은 장대레일 궤도의 좌굴을 방지하기 위한 관점에서 필요성이 극히 높은 기술 과제이지만 충분한 성능을 가진 효과적인 측정법은 아직 확립되어 있지 않다. 레일 축력의 측정법에는 축력 발생 원인의 주체가 온도 변화에 따른 열 감응인 것에서 레일 신축 량과 온도 변화의 측정으로 축력 변화를 추정하는 방법{(이하의 1) 직접 스트레인 측정법)}이 실용 레벨에 달하고 있다. 다만, 고정도의 레일 신축 량의 측정치가 요구되는 점, 레일을 체결하지 않고 축력 해방(軸力解放, de-stressing)의 상태를 기준으로 하여야 하는 점 및 한정된 지점에서의 측정밖에 할 수 없는 점 등의 난점이 있다.

그 외에 온도 측정은 하지 않고 선로 길이방향 레일 축력의 절대치 또는 기준 상태로부터의 축력 변화를 측정하기 위하여 과거부터 각종 응력 측정기술의 응용이 시험 시행되고 있다. 레일 축력의 측정은 통상의 응력 측정과 달리 응력의 변화가 완만한 점 및 잔류 응력 등을 고려하면 응력 0의 상태로 교정하는 일이 어려운 점 등의 특징이 있다. 이하에 레일 축력의 측정에서 응용이 가능하다고 생각되는 방법을 나타낸다.

1) 직접 스트레인 측정법

저항선 스트레인 게이지나 변위계 등을 이용하여 레일의 신축 량을 정도가 좋게 측정하고 동시에 레일 온도를 측정하며, 레일을 체결하지 않은 축력 개방의 상태를 기준으로 하여 온도 변화에 따른 레일 축력의 변화량을 구하는 방법이다.

2) 음향 탄성 측정법

금속 안쪽을 전파하는 음속의 변화가 응력 상태에 의존하는 성질을 이용하는 방법이며, 축력 개방의 상태와 축력 부하 상태의 초음파 속도의 비를 이용하여 응력을 추정한다. 이 방법은 어느 정도 확립된 것이라고 생각되지만, 금속재료 조직이나 형상, 온도 등의 영향도 받으므로 측정 부위의 선택에 주의를 요한다.

3) 투자율(透磁率) 측정법

투자성의 강(鋼)에 응력이 작용하면 자기 스트레인 효과로 인하여 투자율이 변화하는 현상을 활용하는 방법이며, 레일을 체결하지 않은 축력 개방의 상태를 기준으로 하여 상대적인 응력 변화를 추정하는 방법이다.

4) 자기적(磁氣的) 아코스틱 · 에믹션 방법

강에 응력이 작용한 때에 자구(磁區)의 이동으로 인하여 초음파가 발생하며, 이것을 아코스틱 · 에믹션(A · E) 신호로서 검출하여 응력을 추정하는 방법이다. 응력에의 의존도가 비선형인 점이나 재료의 미크로 구조 등의 영향이 큰 점 등의 많은 문제가 있다.

5) 발크하우젠(Barkhausen)법

금속의 잔류응력(residual stress) 측정에 사용되는 방법의 일종으로 발크하우젠 · 노이즈(Barkhausen

Noise)의 발생 상황의 응력에 따른 변화를 이용하는 방법이다. 측정 감도는 충분하지만, 표면 응력의 측정이 주체이며, 레일 전체의 축력 측정에는 적합하지 않다.

6) X선법

상기와 마찬가지로 금속의 잔류응력 측정에 사용되는 방법의 일종으로 X선 회절 상이 응력으로 인하여 변화하는 현상을 이용하는 방법이다. 측정 감도는 충분하지만, 표면 응력의 측정이 주체이며, 레일 전체의 축력 측정에는 적합하지 않다.

7) 핵자기(核磁氣) 공명법(共鳴法)

상기와 마찬가지로 금속의 잔류응력 측정에 사용되는 방법의 일종으로 원자핵의 스핀 회전이 응력으로 인하여 변화하는 현상을 이용하는 방법이다. 측정 감도는 충분하지만, 표면 응력의 측정이 주체이며, 레일 전체의 축력 측정에는 적합하지 않다.

8) 레일 진동 모드법

레일 공진 주파수가 축력으로 인하여 변화하는 현상을 이용하는 방법이다. 레일 지지조건 등의 영향을 받는다.

5.7.4 궤도의 좌굴 안정성 해석

(1) 궤도의 좌굴

레일의 온도는 주야 및 연간에서 크게 변화하며, 연간을 통한 최대 온도차는 80 ℃ 이상에 달하는 경우도 있다. 레일은 이와 같은 온도변화에 따라 신축(伸縮, expansion)하려고 하지만, 침목과 도상(직결 궤도인 경우에는 레일 체결장치와 궤도 슬래브 등)으로 전후의 신축이 구속되기 때문에 일반적으로 레일이 자유로 신축할 수가 없다. 그 결과, 레일에는 구속된 신축 량에 대응하여 축 방향의 스트레인(strain)이 축적되어 축력*(軸力, axial force)이 발생한다.

일반적으로 레일과 같이 세장(細長)의 부재에 축 방향의 압축력이 작용하는 경우에 압축력의 증대에 따라 축 방향의 스트레인이 어느 한도를 넘어 크게 되면 부재는 똑바른 상태를 유지할 수가 없게 되어 급격히 횡 방향으로 변형하여 길이 방향 스트레인의 전부 또는 일부를 단숨에 해방한다. 이 현상을 일반적으로 좌굴(挫屈, buckling)이라 한다. 이것은 높은 축력(軸力, axial force) 하에서는 축 방향으로 압축된 상태보다 횡 방향으로 휜 상태의 쪽이 보다 안정된 것으로 된다. 이와 같은 궤도 좌굴은 보선의 현장에서는 장출(張出, track deformation 또는 warping, snaking)이라고 통칭되고, 변형량은 때로 수10 cm에도 달하며, 열차의 주행에 중대한 영향을 미치는 사실에서 그 방지에 특히 유의하여야 한다.

그림 5.7.30은 형상 Ⅰ이라 부르는 대칭의 반 사인파형으로 모드형상을 묘사한다. 모드형상은 형상 Ⅱ라 부르는 비대칭 파형을 반영하는 완전한 사인파형일 수도 있는가 하면, 대칭형상 Ⅲ과 같은 보다 높은 모드도 일어날 수 있다. **그림 5.7.30**은 이들을 도식적으로 보여준다. 궤도에서 일어나는 실제의 좌굴모드형상은 주로 초기 줄틀림 형상의 영향을 받는다. 직선궤도는 일반적으로 형상 Ⅲ으로 좌굴되는 반면에 곡선궤도는 형상 I로 좌굴되며, 적절한 경계조건의 관점에서 이론으로 그들에 관하여 적절히 밝히어야 한다.

---

* 압축 축력을 특히 축압력(軸壓力, axial compression force)이라 한다.

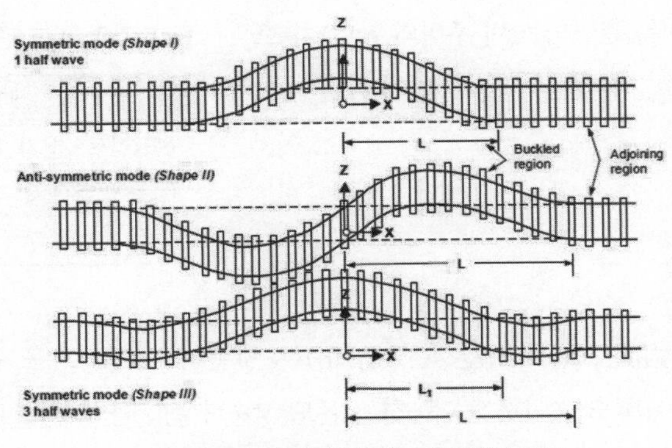

그림 5.7.30 장대레일 궤도 횡 좌굴 모드

(2) 도상저항력

궤도의 좌굴 안정성에는 도상 횡 저항력(道床 橫 抵抗力, lateral ballast resistance force)이 크게 영향을 준다. 도상 횡 저항력의 크기는 침목의 치수, 크기, 중량, 단위 길이당 침목의 부설 수량 외에 도상 단면형상, 도상 입자형상 및 중량, 다짐 정도 등에 의존한다. 도상 횡 저항력의 크기는 통상적으로 1개 또는 복수의 침목을 선로 직각방향으로 잡아당길 때의 저항을 측정하여, 이 때의 저항력을 한쪽 레일의 단위 길이당의 수치로 환산하여 나타낸다(제7.4.1(2)(가)항의 공식 참조). 침목 1개를 잡아당김에 따른 도상 횡 저항력의 측정치는 좌굴에서 궤광(軌框)이 일제히 수평방향으로 이동할 때의 진실의 저항력에 비하여 일반적으로 15~20 % 크게 된다.

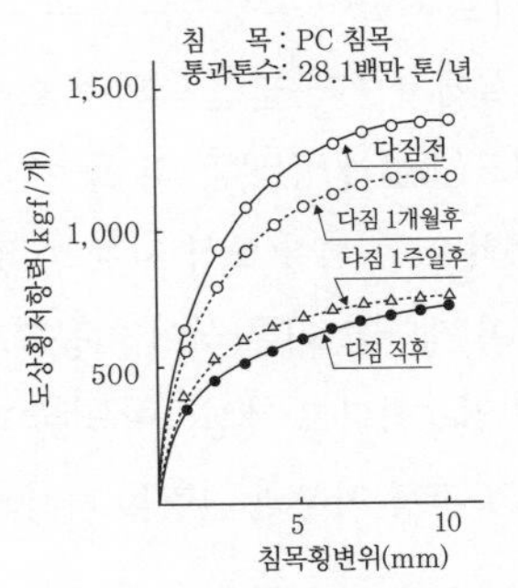

그림 5.7.31 도상 횡 저항력의 특성

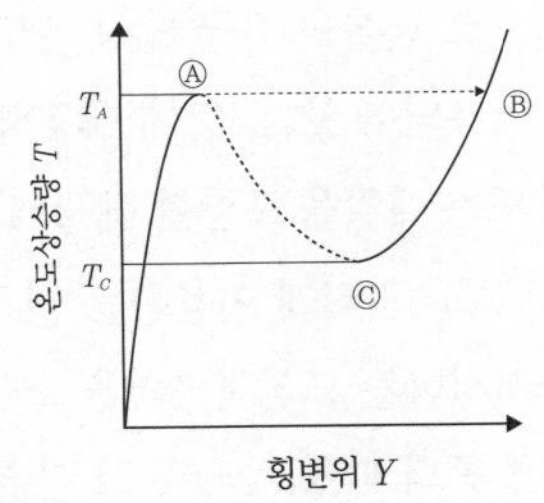

그림 5.7.32 온도 상승과 궤도 변위

또한, **그림 5.7.31**에 나타낸 것처럼 도상 횡 저항력의 값은 도상 교환 혹은 다짐 직후에는 충분히 다져진 상태의 1/2 정도로 저하하며, 열차의 반복 통과에 따라 서서히 증가한다.

표준적인 도상 다짐을 행한 상태에서 측정한 각종 침목에 대한 횡 방향 당김 시험의 결과로부터 궤도 제원에 따른 도상 횡 저항력의 실험식이 아래와 같이 제안되고 있다.

$$F = a\,W + b\,r\,G_e + c\,r\,G_s \tag{5.7.16}$$

여기서, F : 침목 1개당의 도상 횡 저항력(kgf), W : 침목 1개당의 궤광중량(kgf) (레일, 침목, 레일 체결장치 및 부속품 중량의 합계), r : 도상의 단위 중량(kgf/cm^3), G_e : 침목 단부 면의 상변 주위의 단면1차 모멘트(cm³), G_s : 침목 측면의 상변 주위의 단면1차 모멘트(cm³), a, b, c : 침목 및 도상 종별에 따른 계수(**표 5.7.3**)

표 5.7.3 궤도 종별과 도상 횡 저항력계수

침목–도상 \ 계수	a	b	c
콘크리트–깬 자갈	0.75	29	1.8
목 – 깬 자갈	0.75	29	1.3
목 – 친 자갈	0.60	29	1.4

(3) 궤도의 좌굴 강도

(가) 최저 좌굴 강도

궤도의 좌굴 강도(挫屈强度, buckling strength)는 일반적으로는 좌굴 발생시의 레일 축력(軸力, longitudinal force in rail) 또는 이것에 대응하는 온도 상승량(溫度 上昇量)으로 나타낸다. 궤도 좌굴시에 레일온도(또는 이것에 대응하는 레일 축압력)와 궤도의 횡 변위의 관계는 일반적으로 **그림 5.7.32**와 같이 나타내어진다. 레일 축력의 증대와 함께 궤도틀림 등, 미소한 초기 변위가 서서히 증대하여 한계점 A에 도달하면 삽시간에 대변위가 발생하여 B점으로 뛰어 넘는다.

그림 중에서 A점의 왼쪽과 C점의 오른쪽(실선으로 나타낸 부분)은 안정적 균형상태이며 각각 좌굴 전과 좌굴 후의 궤도상태에 대응한다. A~C는 불안정한 균형상태이며, 실제로는 이 상태에서 궤도가 균형을 유지하는 일은 없다.

A점은 주어진 조건에서 "이론상의 좌굴 발생 축력"이지만, 실제의 궤도에서는 각종의 부정합(초기 변위나 레일버릇, 레일 잔류 응력(residual stress), 레일체결이나 도상 횡 저항력의 불균일 등) 및 열차주행시의 진동 등에 기인하여 실제의 좌굴 하중은 일반적으로 이것을 하회한다. 한편, T_c는 좌굴 상태가 생기는 이론상의 하한(下限)온도이지만, 상기와 같은 부정합의 존재에도 불구하고 T_c에서 곧바로 좌굴이 발생하는 일은 드물다. 이상과 같이 일반적으로 진실의 좌굴 발생 온도는 T_c와 T_A의 중간에 있는 사실에서 T_c가 안전 측의 목표치로서 좌굴 강도의 검토에 이용되어 왔다. T_c에 대응하는 레일 축력은 "최저 좌굴 강도(最低挫屈强度)"라 불려진다.

최저 좌굴 강도는 레일을 포함한 궤광의 휨 강성(剛性), 도상에서 침목의 이동 저항(도상 저항력) 및 곡선반경 등에 의존한다. 궤도 관리에 이용하는 최저 좌굴 강도의 산정에는 沼田이 제안한 이론 식이 이용되고 있다[7]. 이것은 좌굴을 저지하는 도상저항력을 소성 변위, 즉 변위에도 불구하고 일정하다고 가정하여 좌굴 파형을 **그림 5.7.33**과 같이 4 종의 파형(波形)으로 분류하고 레일 축 압력으로 인한 그 파형 이상의 변형을 저지하도록 작용

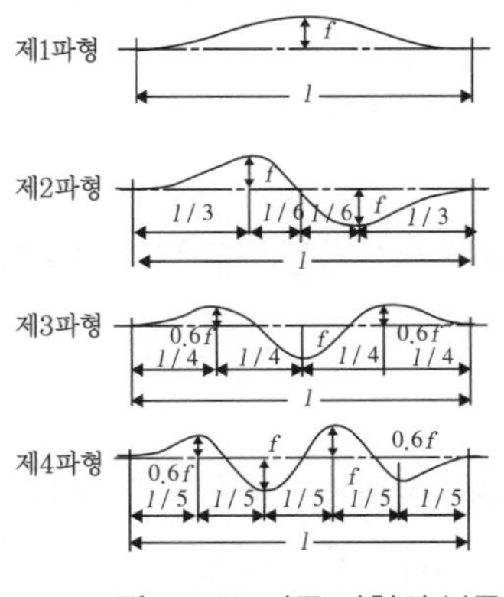

그림 5.7.33 좌굴 파형의 분류

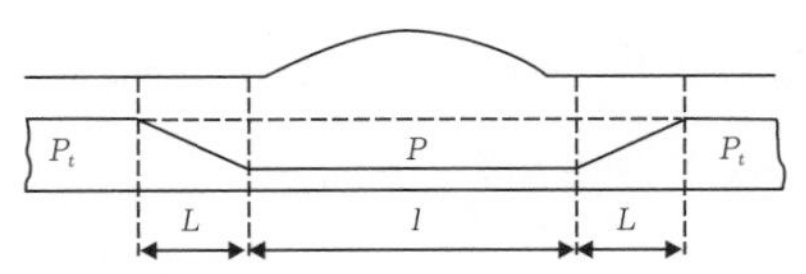

그림 5.7.34 좌굴 후의 축력 분포

하는 저지(沮止) 저항력에 따른 내부 에너지의 균형을 구하고 있다. 좌굴의 발생에 따라 좌굴 부분의 축 압력은 **그림 5.7.34**와 같이 저하하는 것으로 가정한다.

즉, 가상(假想) 일의 원리(原理)에 기초하여 좌굴 발생 전후 레일 축력의 상호 관계에서 이론적으로 유도한 것으로 이하의 식을 만족하는 P_t의 최소치로서 주어진다.

$$P_t = P + \sqrt{\frac{\gamma^2 r^2}{P} + \frac{\alpha r}{P^3\sqrt{P}}\left[\left(g-\xi\frac{P}{R}\right)^2 + k\left(g-\xi\frac{P}{R}\right)\frac{P}{R}\right]} - \frac{\gamma r}{\sqrt{P}} \quad (5.7.17)$$

여기서, P_t : 궤도의 좌굴 강도(좌굴하기 직전의 레일 축력) (kgf)

P : 좌굴 후의 평형(平衡)축력 (kgf)

$\gamma = \dfrac{(n+1)\sqrt{2\pi}\sqrt{EJ}}{2}$

$\alpha = 8\mu E^2 JA\sqrt{EJ}$

$k = \dfrac{\phi}{2\mu}$

n : 좌굴 파형의 파수

E : 레일강의 영률 (kgf/cm²)

J : 레일의 수직축 주위의 단면2차 모멘트 (cm⁴)

r : 도상 종 저항력 (한쪽 레일 단위 길이당, kgf/cm)

g : 도상 횡 저항력 (한쪽 레일 단위 길이당, kgf/cm)

R : 곡선반경 (m)

μ, φ, ξ: 좌굴 파형에 따라 결정되는 정수

$n = 1$일 때 $\mu = 8.8857$, $\varphi = 7.7714$, $\xi = 1$

$n = 2$일 때 $\mu = 7.9367$, $\varphi = 0$, $\xi = 0$

상기의 식으로 여러 가지 P의 값에 대한 P_t가 **그림 5.7.35**와 같이 구하여진다. 그림에서 알 수 있는 것처럼, P_t는 P에 대하여 극소치를 가지고, 이보다 작은 값에서는 좌굴이 발생하지 않으며, 이것이 최저 좌굴 강도로 된다.

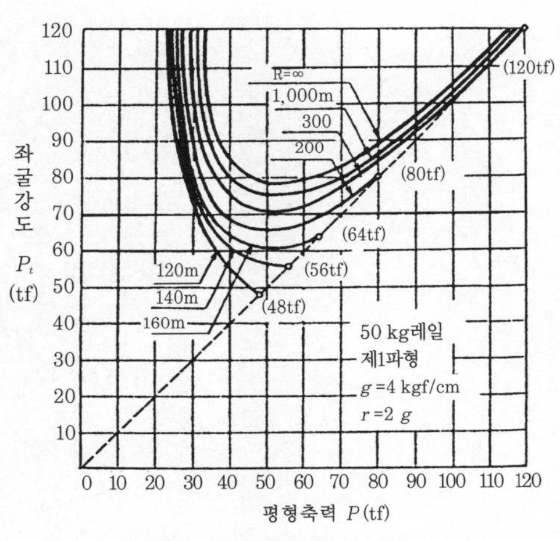

그림 5.7.35 좌굴강도의 계산 결과

(나) 좌굴 강도의 약산 식

최저 좌굴 강도에 관한 상기의 계산은 일반적으로 복잡하므로 이것을 수치적으로 구한 결과에 기초하여 이하의 약산 식이 제안되고 있다. 즉,

$R \geq R_0$에서는

$$P_{t2} = 3.63\, J^{0.383}\, g^{0.535}\, N_j^{0.267} \quad (5.7.18)$$

$R < R_0$에서는

$$P_{t1} = 3.81\, J^{0.383}\, g^{0.535}\, N_j^{0.267} - 20.2\, J^{0.783}\, N_j^{0.600}\, \frac{1}{R} \quad (5.7.19)$$

여기서,

$$R_0 = \frac{112.2\, J^{0.406}\, N_j^{0.333}}{g^{0.535}}$$

P_{tn} : 파수 n의 좌굴 파형에서의 좌굴 강도 (tf)

N_j : 궤광의 휨 강성을 레일 횡 휨 강성의 배수로 나타낸 값

상기의 약산 식을 이용함에 따른 오차는 대체로 1 tf 이하로 된다.

(다) 좌굴 안정성 해석

상기의 식 (5.7.17) 및 그 약산 식 (5.7.18)와 (5.7.19)으로 산출되는 "최저 좌굴 강도"는 좌굴이 발생할 수 있는 축력의 하한을 주는 것이며, 안전 측의 목표치로서 채용되어 있지만, 실제의 좌굴 발생 축력에 대한 안전율은 분명하지 않다. 그래서, 축력 하에서 궤도의 변형과 좌굴에 이르는 과정을 추구하는 것을 목적으로 하는 이론 해석이 행하여지고 있다.

이 해석에서는 종래의 도상 횡 저항력 외에 레일 체결부의 회전저항을 고려함과 함께 실 궤도에 불가피하게 존재하는 초기 변위(궤도틀림)의 영향을 고려하고 있다. 또한, 식 (5.7.17)에는 변위에도 불구하고 도상 횡 저항력을 일정하게 하였지만, 여기에는 **그림 5.7.36**에 나타낸 것처럼 곡선으로 근사시켰다. 해석은 기본적으로 (가)항의 식과 같은 모양의 에너지법에 의거하며, 궤도에 축적되는 에너지의 총계가 멈춘 값을 취한다는 조건에서 균형상태에 있는 레일 축력과 궤도 변위의 관계를 구하였다. 계산 결과의 일례를 **그림 5.7.37**과 **5.7.38**에 나타낸다. 이 해석에서 궤도의 좌굴 안정성에 대한 여러 요인의 영향이 이하와 같이 밝혀지고 있다.

① 최종 도상 횡 저항력은 최저 좌굴 강도와 이론적인 좌굴 발생 하중(이하에서는 간단히 좌굴 발생 하중이라 한다)의 쌍방에 크게 영향을 미친다.

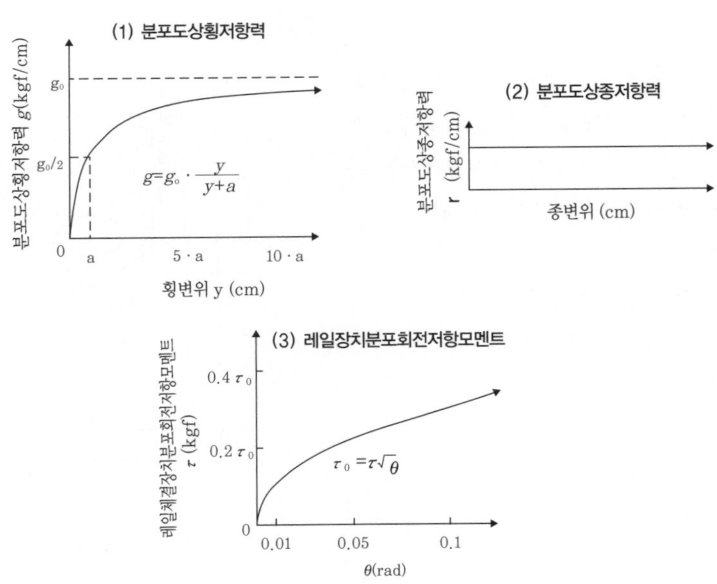

그림 5.7.36 좌굴 저지 저항력의 특성

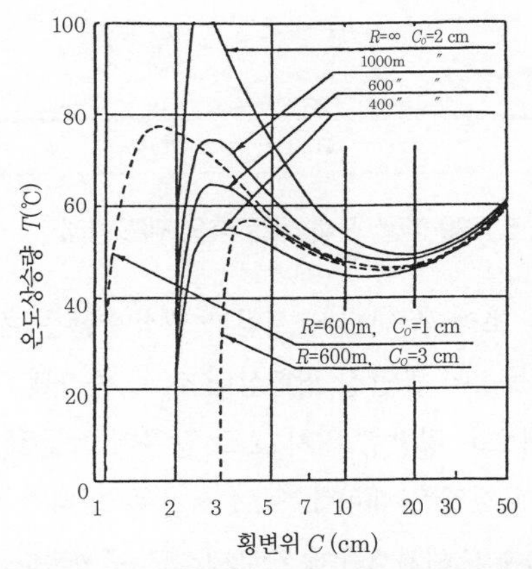

그림 5.7.37 선형 및 초기 궤도틀림의 영향(제1 파형)

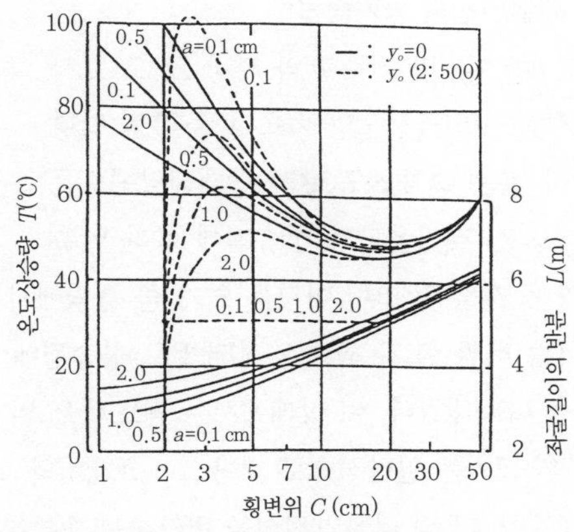

그림 5.7.38 분포 도상 횡 저항력의 초기 특성 (a)의 영향(R=∞, 제1 파형)

② 도상저항력의 초기 특성(시작하는 기울기)은 주로 좌굴 발생 하중에 영향을 미친다.

③ 도상 종 저항력은 주로 최저 좌굴 강도에 영향을 미친다.

④ 레일 체결장치 회전저항의 영향은 전반적으로 작다.

⑤ 곡선, 초기 틀림은 주로 좌굴 발생 하중에 영향을 미친다.

(라) 좌굴 방지 대책

장대레일 궤도에서 설정온도(設定溫度, installation temperature)로부터 온도가 상승하면 레일에 축력(軸力)이 작용하며, 이것이 일정의 한도(限度)를 넘으면, 상기에 기술한 것처럼 좌굴(挫屈)이라고 하는 현상이 생겨, 저대(著大)한 줄 틀림이 발생한다. 이것을 방지하여 장대레일 궤도를 실현할 수 있도록 하기 위해서는 ① 안정된 노반을 형성한다, ② 콘크리트 침목을 이용한다, ③ 도상을 안정(安定, stability)시킨다 등의 대책이 필요하다.

궤도의 좌굴 강도는 도상 횡 저항력과 궤도틀림의 크기에 따라 정하여지는 것이므로, 이들이 소기의 조건을 만족시키는 것이 필요하며, ①은 궤도틀림이 급진하는 것을 방지하기 위한 것이다.

②는 중량을 크게 함으로써 궤도가 상하방향으로 좌굴하는 것을 방지함과 동시에 도상과의 사이에서 그 마찰력으로 실현되는 도상 횡 저항력을 증대함에 따라 좌우방향의 좌굴에 대한 안정성을 높인다. 다만, 화물 교통이 주인 미국 철도에서는 안티 클리퍼를 많이 이용하여 목침목을 이용한 장대레일도 허용하고 있다.

③은 장기간의 재하(載荷)로 안정되어 있던 궤도가 도상작업 직후에 느슨하게 되어 도상 횡 저항력이 현저하게 저하하므로 이것을 회복하기 위하여 이전에는 달고 다짐, 그 후는 밸러스트 콤팩터, 최근에는 동적 궤도안정기(DTS)로 도상을 진동 다짐하여 안정시키고 있다.

이상은 일반 구간에 대한 대책이지만, 기타 구간 등에 대하여는 제7.4.1항(장대레일의 정비)에서 기술한다. 한편, 궤도의 좌굴안정성에 관한 조사는 제5.7.6항에서, 도상어깨 더 돋기에 대하여는 제7.4.1(2)(나)항에서 기술한다.

(4) 좌굴안전성 평가방법론

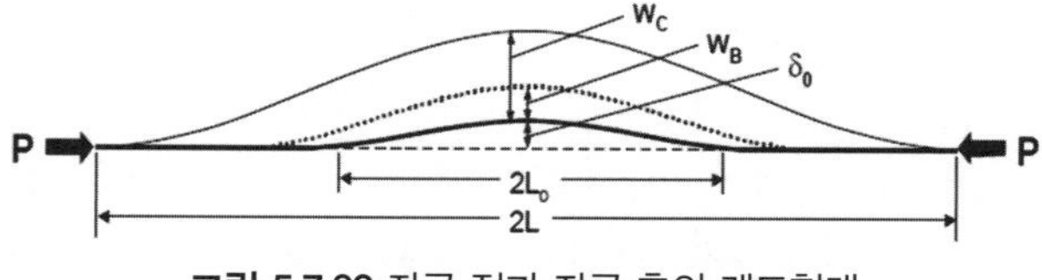

그림 5.7.39 좌굴 전과 좌굴 후의 궤도형태

직선궤도이지만 진폭 δ_0와 파장 $2L_0$로 묘사되는 작은 사인곡선모양의 초기 줄 틀림(방향 틀림)이 있는 **그림 5.7.39**의 장대레일궤도를 고려해보자. 레일온도가 상승됨에 따라 압축력 P가 증가될 것이며, 이것은 초기 줄 틀림에서 약간의 성장을 초래할 것이다. 실험과 현장관찰은 온도(와 대응하는 레일 힘)가 최대(임계)레벨로 상승됨에 따라 초기 줄 틀림이 불안정 평형상태 ω_B로 증가될 것이라는 점을 나타내었다. 이 상태에서는 궤도가 $2L$의 길이에 걸쳐 새로운 횡방향 위치 ω_C로 갑자기 좌굴될 수 있다. ω_C의 크기는 일반적으로 대략 15~76 cm의 크기인 반면에 그 파장은 대략 12~24 m일 수 있다.

장대레일궤도의 좌굴안전성을 평가하는 방법론은 **그림 5.7.40**에 도해된 5단계 프로세스로 구성된다.

- 고려중인 특정궤도에 대해 기초계수(수직), 횡 저항력(최대와 한계), 종 저항력, 줄 틀림(방향틀림) 진폭, 줄 틀림 파장, 중위온도(TN), 레일크기, 레일온도(TR), 침목–도상 마찰계수, 비틀림 저항, 궤도자체중량, 차량특성 등의 적용 가능한 궤도입력파라미터를 결정한다.
- 임계온도인 최대좌굴온도 $\Delta T_{B\,max}$, 최소좌굴온도 $\Delta T_{B\,min}$(제5.7.5(6)항과 **그림 5.7.48** 참조), 또는 ΔT_P($\Delta T_{B\,max}$와 $\Delta T_{B\,min}$ 간의 차이가 0으로 되어 하나의 값으로 합칠 때의 온도; ΔT_P)를 결정하기 위하여 좌굴분석을 한다.
- 허용온도상승 ΔT_{all}을 결정하기 위하여 안전기준을 적용한다.
- 레일중위온도와 최대레일온도의 입력을 사용해 좌굴안전여유(BSM)를 결정하기 위해 안전성분석을 수행한다.
- 안전범위(즉, 여유 없음, 최소, 적절한, 바람직한 범위에 있는지의 여부)를 알아낸다.
- 관련된 특정응용이나 위험에 좌우되어 안전의 좌굴여유가 적절한지 아닌지를 결정한다.
- 만약에 BSM이 0이나 그 이하로 구해진다면, 좌굴위험을 줄이기 위해 궤도에 대한 조정이 이루어져야 한다.

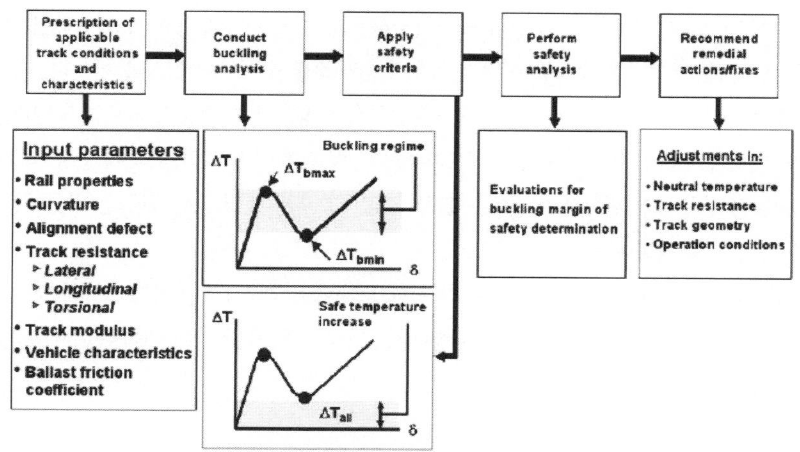

그림 5.7.40 장대레일궤도 좌굴안전성 평가방법론

BSM을 바람직한 레벨까지 증가시키기 위해서는 궤도파라미터특성들의 일부를 바꿀 필요가 있다. BSM을 증가시키는 데 효과적인 방법을 제공하는 핵심 파라미터는 궤도 횡 저항력, 줄맞춤(방향맞춤), 장대레일 중위온도 등이다.

궤도좌굴의 이론은 줄 틀림(방향틀림)과 비선형 횡 저항력특성을 가진 직선 장대레일궤도나 곡선 장대레일궤도에 대하여 차량하중과 열(熱)하중을 고려한다. 좌굴강도 결정 절차의 논의결과는 다음과 같다.

① 열(熱)하중 하의 장대레일궤도 횡 좌굴에서 대단히 중요한 메커니즘은 차량대차 간의 레일 휨 파형(들림)이다. 들림(uplift)파형은 궤도 수직강성, 대차중심 간격, 침목-도상 마찰계수 및 차축하중을 포함하는 몇 개의 파라미터들로 컨트롤된다. 차량 하에서의 좌굴은 정적인 경우(즉, 차량영향이 없는)와는 대조적으로 더 빈번히 발생된다.

② 좌굴은 폭발적이거나 점진적일 수 있다. 폭발적인 좌굴{때때로 스냅스루(snap-through)라고 부른다}은 온도상승과 횡 변위 간의 관계를 정의하는 좌굴응답곡선 상의 두 임계온도($\Delta T_{B\,max}$와 $\Delta T_{B\,min}$) 간에서 평형의 급격한 변화(equilibrium jump)로 특징지어진다. 상부임계온도 $\Delta T_{B\,max}$에서의 궤도는 어떠한 외부에너지도 없이 자동적으로 좌굴된다. 대조적으로, 하부임계온도에서 좌굴을 촉발시키기 위해서는 이동하는 차량으로 공급되는 얼마간의 유한에너지가 필요하다. 때때로 느린 좌굴이라 부르는 점진적인 좌굴은 뚜렷한 $\Delta T_{B\,max}$와 $\Delta T_{B\,min}$이 존재하지 않을 때 온도를 상승시킴과 함께 횡 변위를 증가시킴으로써 나타난다. 이것은 일반적으로 약한 궤도 상태에서 발생된다.

③ 동적좌굴이론은 큰 횡 변위들과 저항력파라미터들의 비선형성을 고려하는 들림(uplift) 메커니즘에 기초하여 체계적으로 나타낸다. 이 이론은 차량 하의 폭발적인 좌굴과 점진적인 좌굴특성들을 시뮬레이션 하는 실물크기 현장시험들로 입증되었다. 이론과 시험들은 궤도좌굴을 지배하는 크리티컬한 궤도와 차량파라미터들을 확인하였으며, 그들을 결정하기 위하여 전문적인 측정기술들이 개발되었다.

④ 장대레일 좌굴에 영향을 미치는 주요한 궤도파라미터들은 궤도 횡 저항력과 비틀림 저항력, 줄 틀림(방향 틀림), 장대레일 중위온도, 레일단면특성들, 침목-도상 마찰특성 및 궤도기초 강성을 포함한다.

5.7.5 궤도 좌굴의 진보된 수학 모델

(1) 개론

제5.7.2(3)(바)항의 예는 단순한 수학 모델을 사용하여 궤도 좌굴의 메커니즘을 이해하도록 돕는다. 그러나, 이 이론은 다음과 같은 다수의 제한과 가정에 기초한다는 점에 유의하여야 한다.

① 횡 휨 강성(EI)이 일정하다.
② 횡 전단 저항력이 일정하다.
③ 압축력(P)이 일정하다.
④ 수직 하중이 없다.
⑤ 종 저항력이 없다.
⑥ 축 방향의 스트레인이 없다.
⑦ 사인형의 줄 틀림이 있다.
⑧ 추가의 사인형 휨이 있다.
⑨ 곡선이 없다.

ERRI 위원회 D202는 장대레일 궤도의 안전 한계를 보다 정밀하게 평가하기 위하여 "장대레일 궤도 힘의 진보된 지식" 등 다수의 연구를 수행하였다. 이 연구의 이론 편은 CWERRI{연속 용접 (레일) 유럽철도연구소

(ERRI)의 두문자어)이라 부르는 유한 요소법으로 구성된다. 이 프로그램은 TU Delft가 개발하였으며 궤도의 기계적 거동을 훨씬 더 사실적으로 묘사하고 복잡한 경우에 대처할 수 있다. 프로그램은 TILLY라고 부르는 단속(斷續) 요소 프로그램에 기초한다. 교량 위 궤도의 축력을 사정하기 위하여 개발한 상기의 프로그램 PROLIS는 CWERRI의 검증에도 사용하였다.

(2) CWERRI를 이용한 궤도 거동의 해석

CWERRI는 장대레일 궤도의 축력뿐만 아니라 안정과 안전의 해석을 위하여 개발한 확고하고 편리한 소프트웨어 프로그램이다. CWERRI에서 실행하는 수학 모델은 유한 요소(FE) 법 형식을 사용한다. 이들의 요소를 사용하여 ① 직선 궤도, ② 곡선 궤도, ③ 매립 레일 구조, ④ 여러 궤도가 평행하게 부설된 다경간 교량 등의 각종 궤도 구조를 모델링할 수 있다.

궤도 구조의 유한 요소 모델은 유한 요소 이론의 지식을 필요로 하는 프리 - 프로세서를 이용하여 CWERRI로 정립할 수 있다. CWERRI는 마법사를 사용하여 모델 정립 프로세스를 용이하게 하도록 대단히 편리한 모델 정립 방법을 제공한다. 확실한 궤도 마법사에서는 궤도의 기하 구조적 성질과 기계적 성질을 정의하여 대응하는 FE 모델을 정립한다. CWERRI의 표준 구성은 ① 재래 궤도, ② 교량 위의 재래 궤도, ③ 매립 레일 구조, ④ 교량 위의 매립 레일 구조 등 궤도 구조에 대한 마법사를 가지고 있다.

마법사를 사용하여 정립된 각 모델은 CWERRI 프리-프로세서를 사용하여 더욱 확장할 수 있다. 모델의 마법사를 이하에 설명한다.

(3) 축력의 해석

상기에 언급한 것처럼, CWERRI는 열차의 제동과 가속 및/또는 온도 변화로 발생된 궤도의 축력을 해석할 수 있다. 과도한 축력은 궤도의 크리이프(복진, 즉 침목에 대한 레일, 또는 도상에 대한 궤광의 상대적으로 큰 변위) 또는 좌굴(수직 또는 횡 방향 안정성의 손실)로 귀착될 수 있다. 콘크리트 교량 위의 재래 궤도 구조와 CWERRI의 유한 요소 표시를 **그림 5.7.41**에 나타낸다.

레일과 교량은 보 요소로 모델링하며 도상과 체결 장치의 종 방향 거동은 스프링 유한 요소(강성 k_l)로 묘사한다. 교량 자체도 종 방향으로 이동할 수 있으므로 교량 받침의 종 방향 강성을 나타내는 교량 아래의 스프링 요소(강성 k_b)를 도입한다. 교량에 직접 체결하는 슬래브 또는 매립 레일 구조와 같은 그 밖의 궤도 구조는 스프링 강성 k_l을 조정하여 잘 모델링할 수 있다.

(a)

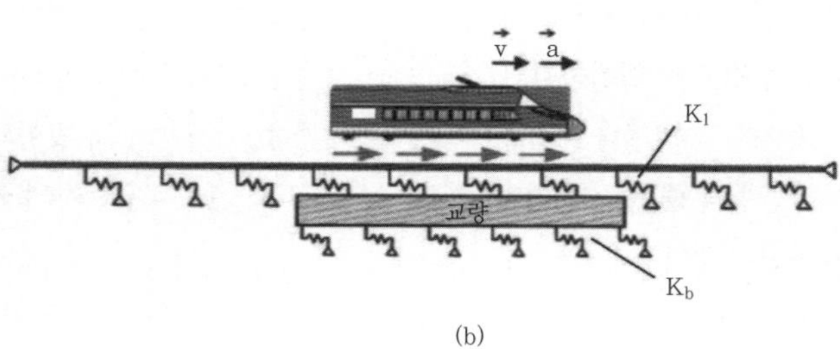

(b)

그림 5.7.41 교량 위 궤도 구조(a)와 CWERRI를 사용하여 만든 그것의 FE 모델(b)
(하중 조건 : 온도변화와 열차의 제동)

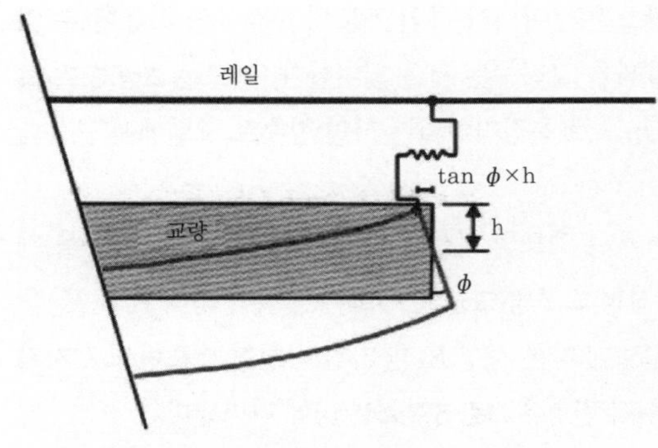

그림 5.7.42 교량 상판의 상부와 중심에서 편심의 효과

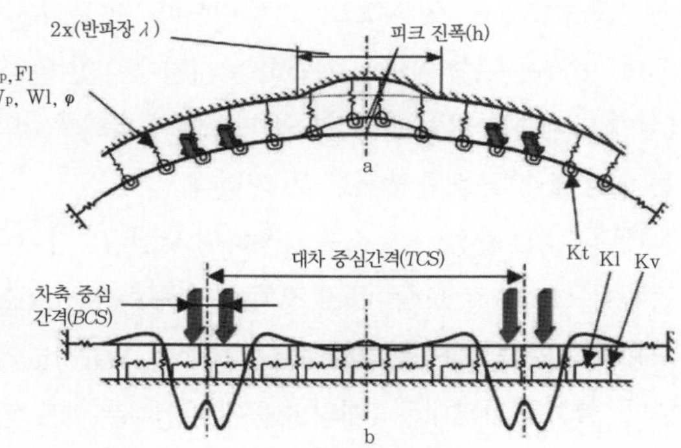

그림 5.7.44 안정성 해석을 위한 CWERRI 모델. 평면도(a)와 측면도(b)

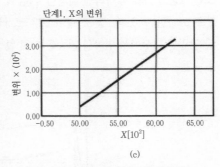

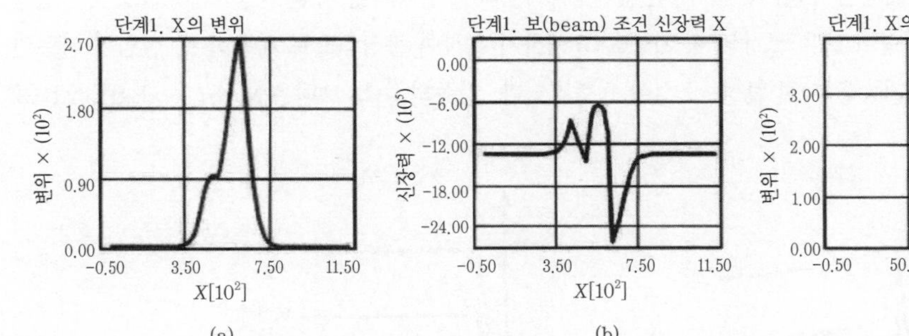

그림 5.7.43 온도 변화와 열차의 제동에 기인하는 레일의 종 방향 변위(a)와 힘(b) 및 교량의 종방향 변위(c)

열차의 제동/가속의 효과는 **그림 5.7.41**에 나타낸 것처럼 열차의 길이에 걸쳐 레일에 가해지는 분포 하중으로 모델링한다. 온도 변화에 기인하는 구조물의 거동을 시뮬레이트하기 위하여 레일과 교량에 열 하중을 적용한다. "교량 위 궤도" 모델의 또 다른 특징은 **그림 5.7.42**에 나타낸 것처럼 교량 상판의 상부와 중심에 편심의 효과를 고려할 수 있는 점이다.

그림 5.7.43은 콘크리트 교량 위의 재래 궤도(**그림 5.7.41**)에 관한 연구 사례의 수치적 결과를 나타낸다. 교량은 길이가 125 m이며 (20 m의 열차 길이에 따른) 열차의 제동과 온도 변화(레일에서 35 ℃와 교량에서 20 ℃)를 받는다. **그림 5.7.43**의 결과는 레일과 교량의 변위뿐만 아니라 레일에 발생하는 축력을 포함한다. 결과로서 생긴 변위와 응력을 해석하여, 즉 레일 및 다른 궤도 부재의 변위와 응력의 최대 허용 값이 초과되는지의 여부를 체크하여 궤도 설계의 품질을 평가할 수 있다. 네덜란드의 Utrecht와 Maartensdijk의 고가교 해석에서는 그러한 모델을 실용적으로 적용하였다.

(4) 궤도 횡 거동

CWERRI의 수학 모델은 횡 방향의 궤도 거동도 해석할 수 있다. 재래 궤도의 횡 거동을 해석할 수 있는 모델을 **그림 5.7.44**에 나타낸다.

횡 거동은 비-선형 스프링(파라미터 – F_p, F_l, W_p, W_l 및 φ)으로, 종 방향, 수직 방향 및 비틀림 거동은 직선형 스프링(K_l, K_v 및 K_t)으로 모델링한다. 이 모델은 직선 궤도뿐만 아니라 곡선 궤도의 해석에도 사용할 수 있으며, 이것은 주행 열차에 기인하는 레일에 대한 원심력의 효과를 고려하는 것을 의미한다. 궤도는 **그림 5.7.44** (a)에 나타낸 것처럼 반파장 λ와 피크에서 피크까지의 진폭(h)으로 특징지어지는 사인 함수로 모델에서 근사되는 수평 줄 틀림을 중앙에 가질 수 있다.

레일은 3D 탄성 보 요소를 사용하여 모델링한다. 이 모델에서는 궤도의 직선형 종 방향 거동과 회전 거동을 가정하며, 그러므로 도상, 체결 장치에 대하여 유한 요소 및 직선형 스프링(**그림 5.7.44**에서 각각 강성 K_l과 K_t)을 사용하여 왔다. 레일을 나타내는 보 요소는 Winkler 기초 모델에 따른 강성 K_v을 가진 직선형 스프링으로 지지한다. 열차를 나타내는 4개의 축중에 기인하는 궤도의 정적 수직 변형은 **그림 5.7.44** (b)에 나타낸다.

재래 궤도의 횡 거동은 대부분 도상의 횡 저항력에 따라 한정된다. 시험에 따르면, 도상의 횡 거동은 비-선형으로 나타났다. 이것은 횡 방향 도상 거동의 모델링에 왜 탄성-소성 스프링 요소를 사용하는지의 이유이다. 요소는 **그림 5.7.44**에 나타낸 것처럼 두 유형의 비-선형 거동, 이름하여 연약화를 가진 탄성-소성 또는 쌍-선형으로 묘사할 수 있다. 쌍-선형 모델은 도상의 횡 거동을 묘사하기 위하여 통상적으로 사용하며, 실험에 따르면 잘 압밀된 도상에서 연약화 거동을 가진 탄성-소성이 전형적이다. 양쪽의 수학 모델은 Mohr - Coulomb 표

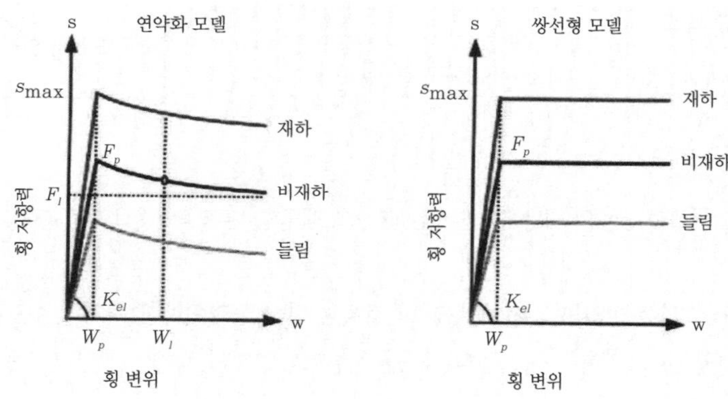

그림 5.7.45 도상 횡 거동의 모델

준을 도입하여 수직력의 효과를 고려한다. 요소는 적용된 횡 하중 s가 최대 값 $s_{max} = F_p - s_v \tan\varphi$($s_v$: 수직 하중, $\tan\varphi$: 도상과 침목간의 마찰계수) 및 상응하는 최대 변위 W_p에 도달할 때까지 직선형 탄성 거동을 보인다. 그 후에, 요소가 항복하기 시작하며, 즉 **그림 5.7.45** (a)에 나타낸 것처럼 그 한계 값 F_l에 접근하면서 힘 s를 증가시키지 않는데도 변형이 증가한다. 연약화 부분은 다음의 함수로 근사시킨다.

$$s = s_{max}\left[s_{lim} + (1 - s_{lim})2^{W/W_l}\right] \tag{5.7.20}$$

여기서, $s_{lim} = F_l/F_p$(한계값 W_l은 $s(W_l) = 0.5\,(F_p - F_l)$이 되도록 한정한다). 쌍-선형 모델은 $F_p = F_l$와 $W_p = W_l$인 연약화를 가진 탄성-소성의 특별한 경우로서 고려할 수 있다.

이 모델은 장대레일 궤도의 안정성 해석과 안전 기준의 공식화에 관한 ERRI 프로젝트 D202의 범위 내에서 열정적으로 시험되었다.

(5) 궤도의 수직 안정성

매립 레일 구조(ERS)와 같은 무도상 궤도의 장점중의 하나는 횡 좌굴이 없는 점(또는 대단히 적은 위험)이다. 다른 한편, ERS는 수직 방향으로 불안정해질 수 있다. 매립 레일 구조에 대한 수직 좌굴 해석의 두 모델을 **그림 5.7.46**에 나타낸다. 모델은 여러 유형의 고저 틀림을 고려한다(**그림 5.7.46**). 그러한 모델에서는 열차를 레일에 가해진 축중에 상응하는 집중 하중으로 나타낸다. (안쪽에 레일이 매립된) 탄성 혼합재는 상기의 항에서 도상 횡 거동의 모델링에 사용된 것(**그림 5.7.45**)과 같은 스프링 요소로 모델링한다.

마법사의 라이브러리는 끊임없이 확장되며 여러 궤도 구조의 모델을 CWERRI의 표준 버전에 용이하게 더할 수 있음을 유의하여야 한다. 장대레일 궤도의 좌굴 메커니즘과 안전의 기준은 다음의 항에서 논의한다.

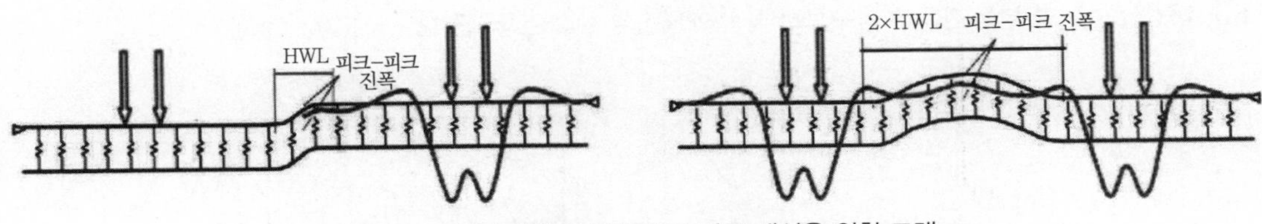

그림 5.7.46 매립 레일 구조의 수직 좌굴 해석을 위한 모델

(6) 좌굴 메커니즘

실험과 현장 관찰에 따르면, (중위 온도에 관하여 측정된) 임계 온도 증가 $T_{B,max}$에서는 궤도가 어떤 조건 하에서 어떤 길이에 걸쳐 새로운 위치 C로 좌굴될 것임을 나타내었다. 온도 증가와 횡 방향 최대 힘의 관계를 **그림 5.7.47**에 나타낸다. 이 경우에, 급격한 좌굴이 가정된다(단조로운 점진적인 응답도 존재한다).

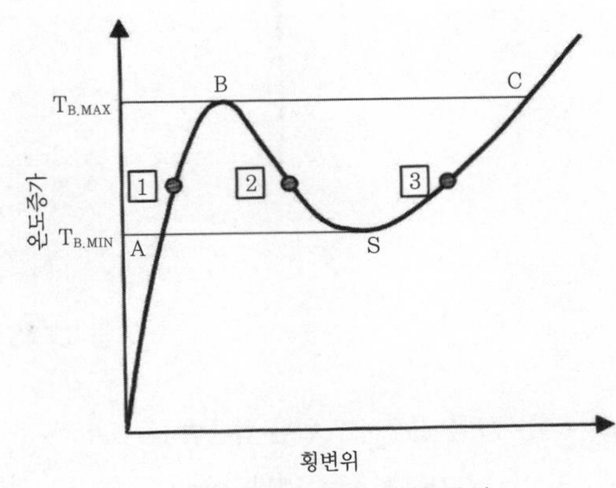

그림 5.7.47 좌굴 응답 특성

BS(부분 [2])를 따르는 점에 대응하는 모든 평형 상태는 불안정, SC(부분 [3])에 따른 평형 상태는 안정으로 나타낼 수 있다. 경로 BC는 좌굴하기 전에서 최종 좌굴된 후까지 가능한 도약(snapthrough)을 나타낸다.

최소 점 S에 대응하는 온도는 하부 좌굴 온도 증가 $T_{B,min}$로 정의될 것이다. 대조적으로, 최대 점 B에서의 온도는 상부 좌굴 온도 증가 $T_{B,max}$라고 부를 것이다. 점 S의 의미는 만일 점 A에 충분한 외부 에너지 또는 교란이 주어진다면 궤도가 점 A에서 좌굴할 수 있는 최저 좌굴 온도라는 점이다. 마찬가지로, 궤도는 A와 B 사이의 어떠한 점에서도 좌굴할 수 있다. 이것은 A에서 B까지 온도 증가보다도 에너지를 적게 요구한다. 궤도는 이론과 실험이 나타내는 것처럼 외부 에너지가 없이도 B에서 좌굴할 것이다. 그 정도의 안정은 공학에서 쓸모가 없으며, 그러므로 장대레일 궤도를 $T_{B,max}$에서 안전하게 관리하는 것은 불가능하다.

돌연하고 급격한 좌굴의 중요한 특징은 좌굴 영역의 레일 축력이 좌굴 전의 값에 비하여 떨어지는 점이다. 이것은 횡 변위에 기인하는 레일의 신장이 하중의 일부를 해방하기 때문이다.

(7) 허용 온도 T_{all}을 결정하기 위한 접근법

좌굴 응답의 곡선은 허용 온도에 대한 근거를 마련한다. 허용 온도 T_{all}은 다음과 같은 "요구된 안전의 레벨"에 좌우하여 "하부 임계 온도 $T_{B,min}$"이든지, 또는 $T_{B,min}$ 이상의 (그러나, $T_{B,max}$ 보다 낮은) 온도에 기초할 수 있다.

· 안전 레벨 1 : $T_{all} = T_{B,min}$

· 안전 레벨 2 : $T_{all} = T_{B,min} + \Delta T$

레벨 1은 더 보수적인 경향이 있다. 즉, 레벨 2보다 "더 안전하다." ΔT 값의 선택 또는 결정은 $T_{B,min}$값 이상의 온도에서 급하게 증가하는 좌굴 잠재성에 관한 안전의 고려에 기초하여 정하며 사소한 문제가 아니다. 이것은 좌굴 에너지가 $T_{B,min}$의 최대 값에서 $T_{B,max}$의 0까지 급하게 감소하는 것을 나타내는 연구에 근거한다. **그림 5.7.48**은 $T_{B,min}$를 넘는 온도의 함수로서 좌굴 에너지의 감소를 도해한다.

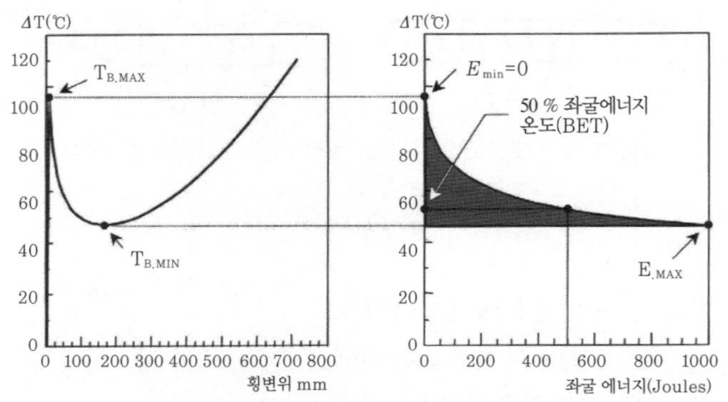

그림 5.7.48 좌굴 에너지 개념의 도해

(가) ΔT를 결정하기 위한 접근법 1

이 접근법에서는 좌굴 에너지와 온도 증가의 관계가 ΔT를 선택하기 위한 기준으로, 예를 들어 레벨 2로서 사용된다. 안전은 허용 온도에 기초하며, 이 허용온도는 0보다는 크지만 $T_{B,min}$의 최대 값보다는 작은 유한의 좌굴 에너지가 존재하는 온도에 상응하는 것으로 한다. 좌굴 에너지의 결정은 US DOT(미국 교통부)의 CWR-BUCKLE 프로그램에 기초한다. 지금까지의 연구는 "50 % 좌굴 에너지 레벨(BEL)"을 사용하여 제시한다.

$T_{all} = T_{50\%BEL}$

(나) ΔT를 결정하기 위한 접근법 2

좌굴 에너지의 결정에서 CWR-BUCKLE 모델을 이용할 수 없는 경우에는 대안으로 ΔT의 정의를 $T_{B,max}$와 $T_{B,min}$의 모델 예측에 기초할 수 있다. 이 안전의 개념은 최근에 ERRI D202를 통하여 UIC 규정 720에 포함하였다.

모든 CWERRI 계산에서	:	첫 번째 계산 $\Delta T = T_{B,max} - T_{B,min}$
$\Delta T > 20$ ℃인 경우	:	$T_{all} = T_{B,min} + \Delta T$의 25 %
5 ℃ $< \Delta T <$ 20 ℃인 경우	:	$T_{all} = T_{B,min}$

0 ℃ < ΔT < 5 ℃인 경우 : $T_{all} = T_{B,min} - 5$ ℃

ΔT < 0 ℃인 경우 : 본선에 허용되지 않음

마지막 케이스의 경우에 탄성과 소성의 횡 변형이 상호간에 불명해지는 점을 의미하는 점진적인 좌굴(PB)이 일어난다. PB는 통상적으로 도상 품질이 낮은 구조에서 발생된다.

5.7.6 궤도의 좌굴 안정성에 관한 조사

(1) 궤도의 좌굴 안정성의 평가 척도

축력의 작용 하에서 궤도에 임의의 횡 변위를 주면 궤도에 축적되는 총 에너지가 변화한다. 이것을 개념적으로 나타내면 **그림 5.7.49**와 같이 된다. 그림에서 ①~⑥은 온도상승에 따른 변위와 총 에너지 관계의 변화를 나타낸다. 궤도가 안정(安定, stability)된 균형 상태를 유지하기 위해서는 이 에너지가 극소치를 갖는 것이 조건으로 된다. 온도가 낮은 경우에는 이 극소치가 미소한 궤도 변위(초기 틀림)에 대응하여 1점만 존재하지만, 온도

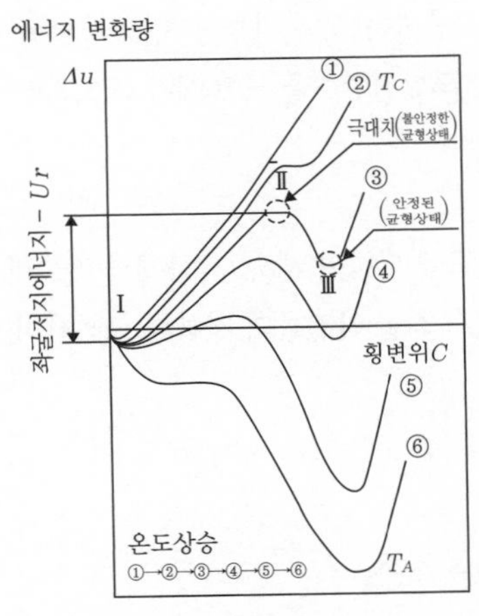

그림 5.7.49 궤도변위에 따른 총에너지의 변화

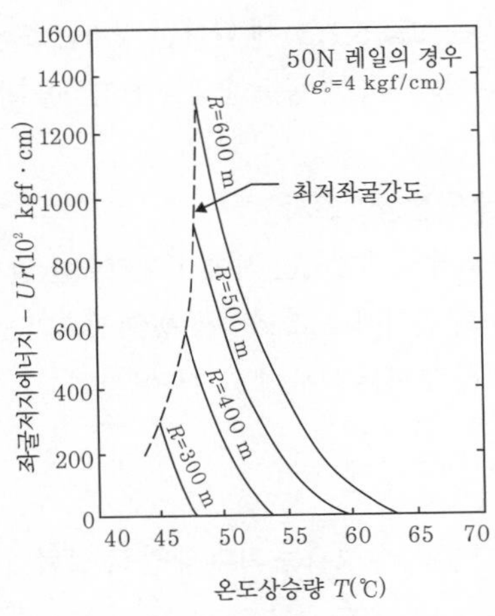

그림 5.7.50 급곡선에서의 좌굴저지 에너지

상승 시에는 여기에 더하여 대변형 영역에서도 극소치를 가지며, 2개의 균형 상태가 존재한다. 미소 변위에서의 균형 상태로부터 대변위(좌굴 시의 변위에 상당)에서의 균형 상태로 이행하기 위해서는 그림중의 Ⅰ과 Ⅱ의 차이에 상당하는 에너지를 외부로부터 공급하든지, 외부 흐트러짐에 따라 이 차이 자체가 축소되어 있을 필요가 있다. 이 차이는 좌굴에 대한 저항을 나타내는 물리량이라고 생각되는 점에서 이것을 좌굴 저지(挫屈沮止) 에너지로서 좌굴 안전성의 평가 척도로 하고 있다.

좌굴 저지 에너지를 곡선반경별로 나타낸 것이 **그림 5.7.50**이다. 그림 중에서 각 곡선의 좌측 끝은 최저 좌굴강도에 대응한다. 이 그림에서 분명한 것처럼 곡선반경이 작게 되면 좌굴 저지 에너지가 급속히 작게 되어, 좌굴 안정성이 저하되는 것을 알 수 있다. 최저 좌굴 강도에 대한 좌굴 저지 에너지도 곡선반경이 작아짐과 함께 대폭으로 저하되어, 최저 좌굴 강도를 기준으로 한 경우의 안전율이 급곡선에서는 저하되는 것을 알 수 있다. 이 좌굴 저

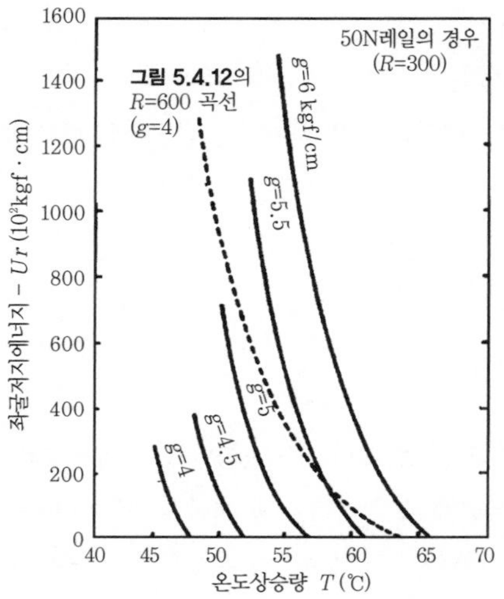

그림 5.7.51 도상저항의 증대에 의한 좌굴 안정성의 증대

표 5.7.4 급곡선 장대레일에서 필요 도상 횡 저항력 (kgf/cm)

곡선반경(m) \ 레일종별	KS60	50N
600 ≦ R	5.1	4.1
500 ≦ R < 600	5.6	4.6
400 ≦ R < 500	6.3	5.1
300 ≦ R < 400	7.4	5.8

표 5.7.5 g_r의 산출 식

레일종별	산출식
37 레일	$g_r = 21.7 + 8{,}000 / R$
50N 레일	$g_r = 23.2 + 10{,}000 / R$
KS60 레일	$g_r = 26.8 + 14{,}000 / R$

지 에너지는 **그림 5.7.51**에 나타낸 것처럼 도상저항력을 증대시켜 보충하는 것이 가능하며, 급곡선부에서 반경 600 m 이상의 곡선과 동등한 좌굴 안정성을 확보하기 위하여 필요한 도상저항력을 구한 예가 **표 5.7.4**이다.

(2) 좌굴 안정성의 조사

궤도구조의 설계에서는 전항까지 기술한 열차하중에 대한 구조강도에 더하여 제5.2.7항에서 기술한 궤도 좌굴 안정성의 견지에서 그 조사를 행할 필요가 있다. 상기의 곡선부에서 좌굴 안전율의 저하를 고려하며, 좌굴 안전성에 관한 조사는 이하에 의거하여 행한다.

$$P_{max} < \frac{P_{t\,min}}{1.2\quad C_t}$$

여기서, P_{max} : 상정되는 최대 레일 축 압력, $P_{t\,min}$: 궤도의 최저 좌굴 강도

$$C_t = \frac{\{P_{t\,min}\}_{g=g_r}}{\{P_{t\,min}\}_{g=g_a}}$$: 곡선반경에 따른 안전율의 곡선반경

$\{P_{t\,min}\}_{g\,=\,g_r}$: **표 5.7.5**에서의 g_r을 이용하여 산출되는 최저 좌굴 강도

$\{P_{t\,min}\}_{g\,=\,g_a}$: 실제의 도상 횡 저항력을 이용하여 산출되는 최저 좌굴 강도($P_{t\,min}$와 동일)

위의 식에서 C_t는 급곡선에서의 좌굴 안정성을 고려한 보정 계수로서, 전 (1)항에서 기술한 급곡선부에서의 좌굴 안전율의 저하를 고려한 것이다.

제6장 콘크리트궤도 등 생력화 궤도

6.1 개론 및 인터페이스

6.1.1 생력화 궤도의 의의

자갈궤도(ballasted track)는 레일을 주체로 하여 경험적으로 실현되어 온 궤도이다. 비재래형(非在來型) 궤도는 "unconventional track" 혹은 "non-conventional track"의 의미로 직결궤도(直結軌道), 슬래브(slab) 궤도, 포장궤도(鋪裝軌道) 등, 재래형 궤도(레일, 침목, 도상자갈을 구성요소로 하는 궤도)와는 다른 구조를 갖는 궤도를 총칭하는 말로서 이용된다. 유럽에서는 비재래형 궤도를 "침목과 도상 대신에 강(剛)한 (일반적으로는 연결한) 슬래브 위에 레일을 직접 혹은 받침재를 넣어 탄성적으로 연결한 궤도구조"로 정의하고 있지만, 우리 나라에서는 그만큼 엄밀하게 고려되지 않고 있다. 여기서, 직결궤도(直結軌道)란 광의로는 재래형 궤도구조에서 어느 것인가의 구성요소를 생략하여 레일을 궤도 지지체에 직접적으로 체결한 궤도를 말하며 자갈이 없는(無道床) 궤도와 침목이 없는(無枕木) 궤도를 포함하지만, 협의로는 레일을 체결장치만으로 직접 궤도 지지체에 체결한 궤도를 말한다.

한편, 근래에 생력화 궤도(省力化 軌道)라고 하는 용어가 사용되고 있다. 구미에서는 이 용어가 없다. "생력"이란 농업의 분야에서 육체노동으로부터의 탈피를 의미하는 단어로 이용되어 왔지만, 마찬가지로 육체노동이었던 보선작업(保線作業)으로부터의 탈피를 의미하여 이용되기 시작하였다. 그렇지만, 현재 "생력화 궤도"란 단지 직결궤도가 추구한 무보수(無保守) 궤도로서가 아니고, 오히려 메인테넌스프리(maintenance free)인 궤도는 현실적으로 존재할 수 없다고 하는 인식에서, 보수가 불필요한 궤도에 더하여 보수가 적은 궤도와 보수하기 쉬운 궤도를 포함한 용어로서 사용되고 있다. 한편, 콘크리트궤도나 슬래브 궤도라는 용어는 이 장에서 설명하는 생력화 궤도와 동의어로서 사용하는 경우도 있다.

그리고, 이 장에서는 편의상 제2장에서 기술한 전통적인 자갈궤도 이외의 궤도 중에서 강교량 직결 궤도 등에 대한 설명은 생략하고, 레일을 콘크리트 기초에 직접 체결한 궤도 시스템을 포함한 콘크리트궤도를 중심으로 기술한다.

6.1.2 콘크리트궤도의 개관 및 자갈궤도와의 비교

(1) 콘크리트궤도 상부구조의 설계

콘크리트궤도는 일반적으로 고속 선로, 경철도 및 토목 구조물에 주로 사용되어 왔다. 아래의 **표 6.1.1**은 각국에서 현존하는 상부구조의 여러 유형에 대한 개요를 나타낸다. 각각 특유한 특징을 가진 콘크리트궤도 시스템의 설계는 다양하다. **표 6.1.1**에서는 콘크리트궤도 시스템을 높은 휨 강성과 낮은 휨 강성을 가진 슬래브로서 적용할 수 있는 6 개의 주요 설계 유형으로 나누고 있다(**표 6.1.2** 참조).

표 6.1.1 무도상 궤도의 건설 방법에 관한 가능성의 개관

콘크리트 궤도 시스템					
단속(斷續) 레일 지지				연속 레일 지지	
침목 또는 블록사용		침목을 사용하지 않음			
콘크리트에 매립된 침목 또는 블록	아스팔트-콘크리트 기층 위의 침목	사전 제작 콘크리트 슬래브	단일체 현장 슬래브 (토목 구조물 위)	매립 레일	고정되고 연속적으로 지지된 레일
Rheda Rheda 2000 Züblin LVT	ATD	신칸센 슬래브궤도 Bögl PST	포장-내 궤도 토목 구조물 위	포장-내 궤도 경철도 건널목 Deck Track	Cocon Track ERL Vanguard KES

표 6.1.2 높은 휨 강성과 낮은 휨 강성에 의한 상부구조의 가능한 구분

콘크리트 궤도 시스템	휨 강성 저 → 고
콘크리트에 매립된 침목 또는 블록	◀————▶
아스팔트-콘크리트 기층 위의 침목	◀——▶
사전 제작 콘크리트 슬래브	◀——▶
단일체 현장 슬래브(토목 구조물 위)	◀————▶
매립 레일(포장-내 궤도, DeckTrack 등)	◀—————▶
고정되고 연속적으로 지지된 레일	◀————▶

휨 강성이 적은 콘크리트궤도 시스템은 오로지 흙의 지지력과 강성에만 좌우된다. 사전 제작 슬래브이든지 단일체 슬래브의 상부구조는 휨 하중을 거의 받을 수 없다. 신뢰할 수 없고 연질의 흙인 경우에는 휨 강성의 철근 슬래브가 추가의 강도를 마련할 수 있으며, 상부구조의 더 약한 장소와 국지적 변형을 가로지르는 다리로서 작용할 수 있을 것이다. 단일체 철근 슬래브의 경우에는 매립 레일을 적용하는 것이 가능할 것이다.

(2) 자갈궤도의 단점

자갈궤도는 콘크리트궤도와 비교하여 다음과 같은 단점이 있다.

① 어느 기간 후에 종 방향과 횡 방향의 궤도 '유동' 성향

② 도상 횡 저항력이 제한되어 있기 때문에 곡선에서 불평형 횡 가속도의 제한

③ 도상 입자의 분쇄. 분쇄된 입자는 레일과 차륜의 손상을 일으킨다.

④ 도상의 오염, 마모 및 노반에서 상승하는 미립자에 기인하는 투수성의 감소

⑤ 상대적으로 무겁고 높은 궤도 구조. 이것은 교량과 고가교의 구조가 더 강하도록 요구된다.

궤도틀림이 진행되는 속도는 궤도 부재자체와 (건설 시에) 부재 조립방법의 품질, 궤도선형, 노반의 균질성 및 보조도상의 지지력에 밀접하게 관련된다.

교량(또는 터널)에 연속하는 도상의 경우에는 ① 도상매트의 적용, ② 레일체결장치에서 탄성의 증가 등을 이용하여 추가의 탄성을 마련하여야 한다.

그러나 이것이 충족되더라도 정기적인 보수가 필요할 것이다.

(3) 콘크리트궤도의 장단점

콘크리트궤도(또는 무도상 궤도)의 장점은 자갈궤도와 비교하여 일반적으로 궤도 보수의 감소와 궤도의 더 높은 안정성이다.

① 궤도가 거의 무-보수이다. 다짐, 도상 클리닝 및 라이닝과 같은 보수 작업이 불필요하다. 이 궤도의 보수비는 자갈궤도 보수비의 20~30 % 정도이다.

② 서비스 수명이 증가하고 서비스 수명의 마지막 단계에서 거의 전면적인 교체가 가능하다.

③ 거의 최대의 유용성을 가지며, 보수 작업은 야간에 극히 드물게 시행되므로 거주자에 대한 방해가 거의 없다.

④ 고속 열차의 통과 시 도상에 방해물이 생기지 않는다.

⑤ 전자석 차륜 브레이크가 무제한으로 사용된다.

⑥ 화물과 여객 열차가 혼재하여 사용되는 궤도에서는 캔트 초과와 캔트 부족이 궤도 위치의 변경(궤도 틀림)을 발생시키지 않는다.

⑦ 수직(상하) 위치에서 26 mm, 수평(좌우) 위치에서 5 mm에 이르기까지 단순한 정정으로 작은 변형에 대처할 수 있다.

⑧ 구조의 높이와 중량이 감소한다.

콘크리트궤도를 적용하는 또 다른 이유는 다음과 같다.

① 적합한 도상 재료의 부족
② 도로 차량의 궤도 접근 용이성
③ 소음과 특히 진동 방해의 경감
④ 도상에서 주위로 먼지 방출의 방지

콘크리트궤도 또는 자갈이 없는(無道床) 궤도의 단점은 자갈궤도와 비교하여 일반적으로 다음과 같다.

① 건설비가 더 든다.
② 소음 방사가 더 크다.
③ 궤도 위치와 캔트의 큰 변경은 상당한 양의 작업으로만 가능하다.
④ 토공에서의 큰 변위에 대한 융통성이 상대적으로 작다.
⑤ 탈선의 경우에 수선 작업에 더 많은 시간과 노력을 필요로 한다.
⑥ 자갈궤도와 콘크리트궤도간의 천이 접속은 주의를 요한다.

콘크리트궤도의 적용은 기초에 관하여 광범위한 대책을 요구한다. 하층은 균질하여야 하며, 부과된 하중을 큰 침하가 없이 지지할 수 있어야 한다. 결과로서 생긴 높은 건설비는 지금까지 본선에서 콘크리트궤도의 폭넓은 사용을 방해하였다.

6.1.3 콘크리트궤도의 일반적인 요구조건

콘크리트궤도에서는 하중분배 요소로서의 도상자갈이 콘크리트나 아스팔트와 같은 안정된 상태를 갖고 있는 다른 재료로 대체되었다. 이들 재료의 소성변형은 일상의 환경에서 대단히 작다. 콘크리트나 아스팔트 층이 대단히 딱딱하므로 필요한 탄성은 레일이나 침목 아래에 탄성요소를 삽입함으로써 마련되어야 한다.

영국에서는 이 유형의 궤도를 Slab Track (ST)이라고 부르며, 독일에서는 Feste Fahrbahn (FF)라는 용어를 사용하며, 프랑스에서는 Voie sur dalle(VSD)라고 부른다. 이 절에서는 독일에서의 콘크리트궤도에 대한 요구조건을 소개한다.

(1) 무-침하 노반(Non-settling subsoil)

콘크리트궤도는 자갈궤도와는 대조적으로 사실상 침하가 없는 노반을 요구한다. 콘크리트궤도는 낮은 전체 높이 및 이에 따른 더 적은 건설비 때문에 특히 터널에서 사용된다. 자갈궤도는 10 m의 궤도구간 길이에 걸쳐 최대 침하가 2 cm인 흙 쌓기를 필요로 한다. 결과로서 생긴 레일면의 파형은 정교한 선로 기계류로 쉽게 보정할 수 있다. 이들의 요구조건은 콘크리트궤도에 대해서는 너무 낮다. 자갈궤도의 하부구조는 동상방지 층 아래 0.5 m의 깊이에 이르기까지 토공대책으로 튼튼히 하여야 한다. 콘크리트궤도의 하부구조는 토공대책으로 지지 판 아래 2.5 m의 깊이에 이르기까지 튼튼히 하여야 한다. 콘크리트궤도의 동상방지 층은 70 cm 이상이어야 한다(시공기면 보호 층의 두께를 고려할 수 있다). 만일 현행 흙의 지지력이 불충분하다면, 흙 쌓기(embankment)에서는 상부 채움(filling) 층에, 땅깎기에서는 아래 흙에 적어도 1.8 m 두께의 하부 지지층을 구성하거나 또는 흙을 교체하여야 한다. 하층토에서의 소프트, 점성 또는 유기질 흙은 궤도의 하면 아래로 적어도 4 m의 깊이에서 교체하여야 한다. 콘크리트궤도용 지반의 굴착이나 흙 쌓기 또는 지하수위의 낮춤과 같은 구조적 대책의 결과는 자갈궤도보다 더 큰 범위까지 고려하고 점검하여야 한다.

토공에 대한 이들의 요구조건은 자갈궤도보다 훨씬 더 높은 건설비와 재료비로 이끈다. 궤도와 하부구조를 구별하는 선(線)은 동상방지 층의 상면 또는 수경결합 지지층의 하면이다. 콘크리트궤도에서는 도상을 콘크리트 지지층이나 아스팔트 지지층으로 대체한다.

+26과 −4 mm 사이의 좁은 범위 내에 있는 침하의 차이는 레일 체결장치로 (다른 두께의 레일패드를 삽입함으로써) 보정할 수 있다. 횡 위치는 0~9 mm의 범위 내에서 교정할 수 있다.

장기 침하거동을 평가하는 확실한 방법은 현재 약간만이 존재한다. 지금까지의 콘크리트궤도 생애는 침하거동에 관하여 확실한 평가서를 얻기에는 여전히 너무 짧다. 도로건설에서 얻은 경험은 높은 흙 쌓기의 보다 큰 침하를 완전히 배제할 수 없음을 나타내었다.

(2) 상부 결합지지층(upper bound bearing layer)의 정밀시공과 강도

(가) 콘크리트 지지층(concrete bearing layer)

콘크리트 지지층의 표면에 요구되는 형상의 공차는 ±2 mm이다. 품질은 콘크리트 품질 B35에 부합되어야 하며 동결에 대한 저항성이 커야 한다. 콘크리트의 시멘트 함유량은 350과 370 kg/m^3 사이에 있다. 철근비는 균열의 형성을 제한하도록 콘크리트 횡단면적의 0.8과 0.9 % 사이에 있어야 한다. 이것은 표면의 균열 폭이

0.5 mm 미만으로 남아있음을 보장하려는 것이다. 전형적인 전체 높이는 200 mm에 달한다. 침목이 없는 설계의 경우에는 제어된 균열 형성을 달성하도록 약 2 m의 간격으로 표면에 홈을 낸다. 콘크리트 지지층은 콘크리트가 굳고 최소저항이 12 N/mm² 이상의 압력까지 도달한 후에만 재하시킬 수 있다. 콘크리트 층 두께의 증가는 더 큰 휨 하중으로 이끈다. 18 cm의 최소 두께를 준수하여야 한다.

(나) 아스팔트 지지층(asphalt bearing layer)

아스팔트 지지층은 (흙 구조물 위) 총 표준두께가 300 mm인 4 층들에서 적용된다. 표면에서 요구되는 시공오차는 ±2 mm이다. 이들의 요구조건은 도로건설의 요구조건보다 상당히 더 높다. 아스팔트 지지층 위의 주행은 아스팔트의 고유 온도가 50 ℃ 아래에 있을 때에 허용된다. 아스팔트는 자외선(UV-ray)에 민감하므로 아스팔트 표면을 돌 부스러기, 자갈 또는 유사한 재료로 덮어야 한다.

(다) 수경결합 지지층(hydraulically bonded bearing layer)

이른바, 수경결합 지지층은 콘크리트 또는 아스팔트 지지층 아래에 삽입한다. 전형적인 층 두께는 300 mm이다. 수경결합 지지층은 수경결합 작용제로 압밀되고 입도 분류된 입경(최대 입경 32 mm)의 광물골재의 혼합(천연사암, 바순모래 및 돌 부스러기의 혼합)이다. 결합 작용제로서는 포틀랜드 시멘트를 사용한다. 결합 작용제의 함유량은 약 110 kg/m³이다. 3.8 m의 수경결합 지지층의 최소 폭을 준수하여야 한다.

상부에서 하부까지 커지는 강성, 따라서 전체 시스템의 총 지지력 증가는 수경결합 지지층에 의해 점차적으로 조정된다. 전체 시스템 및 또한 그 외에도 수경결합 지지층은 결합되지 않은 상부 층(동결보호 층)의 표면에 대하여 $E_{v2} \geq 120$ kN/mm²의 변형계수(modulus of deformation)를 보장하는 방식으로 설계한다. 수경결합 지지층은 도로용 피니셔로 삽입한다.

(3) 비(非)결합 하부 지지층(lower unbound bearing layer)의 정밀시공과 강도

(가) 동상방지 층(frost protective layer)

동상방지 층은 노반에 대한 갖가지 층의 강성 차이를 보정하는데도 사용된다. 이 층은 풍화와 동결에 대해 저항하는 잔자갈로 구성된다. 이 층의 모세관파괴 특질은 노반으로부터 물이 솟아오르는 것을 방지하여야 한다. 게다가, 표면수가 빠르게 배수되도록 하여야 한다. 이 목적을 위하여 $1 \cdot 10^{-5}$와 $1 \cdot 10^{-4}$ m/s 사이의 투수성 값이 요구된다. 새로운 궤도에 대해서는 $E_{v2} \geq 120$ kN/mm²의 변형계수가 요구되며 업그레이드된 궤도에 대하여는 $E_{v2} \geq 100$ kN/mm²의 변형계수가 요구된다.

(나) 노반(subsoil)

콘크리트궤도를 흙 구조물 위에 부설하기 전에 광범위한 흙 조사를 수행하여야 한다. 이 목적으로 50 m마다 6 m의 깊이에 이르기까지 토질조사를 시행하여야 한다.

새로운 궤도에 대한 노반 표면은 $E_{v2} \geq 60$ kN/mm²이어야 하며 업그레이드된 선로에서는 $E_{v2} \geq 45$ kN/mm²이어야 한다. 이들의 지지력 파라미터는 노반을 안정화시키도록 석회나 시멘트를 사용하여 노반을 강화함으로서 달성된다.

노반은 3 m의 깊이까지 압밀시켜야 한다(D_{pr} = 0.98~1.0).

(다) 방음 요구조건

여기서, 소음방지에 대한 대조 선로는 목침목의 자갈궤도이다. 이 기초적인 값을 참조하여 갖가지 다른 유형의 선로에 대한 궤도 보정 값을 사정하여 왔다. 콘크리트궤도에 대한 보정 값은 +5 dB(A)이다. 콘크리트궤도의 소음방사는 전통적인 자갈궤도보다 상당히 더 높다. 레일에 대한 구조물–발생 음은 자갈궤도와 비교하여 250~1,000 Hz의 주파수 범위 내에서 뚜렷하게 증가된다. 이것은 소음반사와 관련하여 +5 dB에 달하는 콘크리트궤도 표면에 대한 공기전파 음의 일정한 증가로 이끈다. 그 이유는 탄성 레일 체결장치에 의한 레일의 해방(uncoupling)과 도상 층 소음흡수의 결여이다. 슬래브 자갈궤도의 음 방사 값은 대규모 소음방지 수단(소음흡수 재료로 콘크리트궤도를 덮음, 방음벽 등)으로만 표준에 달할 수 있다. 가장 단순한 방법은 철도화차로부터 벌크(bulky) 흡수 재료를 삽입한 다음에 표면을 압밀시키는 것임이 판명되었다. 바닥재를 댄 침목("음향적으로 혁신적인 콘크리트궤도"–AIFF)은 소음레벨의 큰 감소로 이끈다. 철도차륜의 음 방사 흡수는 콘크리트궤도와는 대조적으로 자갈궤도에서 효력이 있다. 광범위한 종류의 소음흡수 수단에 관하여 많은 실험이 수행되었다. 그러나 그들의 대부분은 필수의 영구적인 안정성을 나타내지 않거나 너무나도 비쌌다.

(라) 콘크리트궤도에서 자갈궤도로 변이

교량, 인공물과 흙 구조물 사이뿐만 아니라 콘크리트궤도와 자갈궤도 사이의 변이(變移)지역은 특히 문제가 되고 있다. 하중분포 목적용 추가 레일 및 또는 변이지역의 도상고결과 같은 특수한 구조적 대책을 적용한다.

교량에서 흙 구조물로의 변이지역에 대한 표준해법은 만일 필요하다면 교량의 교대 뒤에다 슬라이딩 플레이트와 함께 수경결합 쐐기(wedge)를 삽입하는 것이다.

(마) 신호 시스템에 대한 요구조건

자갈궤도와는 대조적으로 신호설비의 건설에 대응하는 자유공간을 사전에 마련하여야 한다. 이것은 콘크리트궤도를 건설하기 전에 신호설비의 설계가 완료되어야 한다는 점을 말하는 것이다.

(바) 전기기술 요구조건

전기기술 설비에 필요한 자유공간도 또한 마련하여야 한다. 그러므로 그들의 계획도 궤도의 건설을 시작하기 전에 완료하여야 한다.

표준철도의 전기견인 차량용 전력은 커티너리로 공급된다. 운전전류는 레일을 경유하여 그리고 부분적으로 병행하여 대지를 통하여 귀환되어야 한다. 주위의 대지와 레일 간에 허용된 전압차이는 시간에 좌우되어 어느 한도의 인간접촉 전압을 넘지 않아야 한다. 그러므로 보다 낮은 확산 전류저항을 목표로 하여야 한다. 모든 보강 부품과 전주, 교량난간 및 교량 등과 같은 금속요소를 가진 기타 품목들은 철도접지에 연결되어야 한다.

다른 한편으로, 2 레일간의 높은 베딩(bedding)저항은 신호설비를 위하여 바람직하다. 궤도건설에 대한 이들의 두 정반대 요구조건은 조정되어야 한다. 절연 레일패드와 플라스틱 안내 앵글 플레이트는 레일 아래에 삽입한다.

자갈궤도와 비교하여 특별한 특징은 만일 철근요소가 존재한다면 전압차이의 발생을 방지하도록 이 철근요소를 서로 간에 전기적으로 잘 연결시켜야 한다는 점이다. 그러므로 콘크리트궤도의 철근은 구조물의 파괴나 손상이 없이 복귀전류와 단락을 안전하게 이끌(lead away) 만큼의 치수이어야 한다. 철근요소는 각 전차선 전주에 접지하여야 한다.

어떠한 콘크리트궤도도 전류 통과(leading away)의 관점에서 높은 저항을 나타낸다. 게다가, 밴드(band) 접지연결은 흔히 선로에 평행한 대지에 놓인다. 일부 철도는 별도의 복귀 송신 선을 사용한다.

6.1.4 일반철도 터널구간의 콘크리트궤도

일반철도에서 300 m 이상의 터널구간은 유지보수 작업시의 분진, 매연, 투시불량 등 열악한 환경의 문제점을 해소하고 유지보수비의 절감, 승차감의 향상, 터널내 환경의 개선, 궤도양로 및 중심선 이동으로 인한 건축한계 부족현상 발생 등의 문제점을 해소하기 위하여 콘크리트궤도로 건설하고 있다. 이하에서는 한국철도시설공단에서 2005. 6월부터 적용하고 있는 일반철도 터널구간의 콘크리트궤도에 대하여 설명한다.

콘크리트궤도의 적용대상은 다음과 같다. 터널구간의 경우에 터널 내 · 외부의 온도차에 따른 장대레일 축력의 변화, 균일한 궤도강성의 확보 및 완충구간 설치 등의 유지보수성을 고려하여 연장이 300 m 이상인 터널에 적용하고, 콘크리트궤도의 시 · 종점 위치는 터널 입 · 출구로부터 터널 내의 50 m 지점으로 하고 있다. 또한, 이 때 콘크리트도상 시 · 종점 개소는 시공상 원곡선, 완화곡선을 피하는 것이 좋으며 분기기 등이 위치할 경우에는 콘크리트도상의 시 · 종점 위치를 이동시켜 경합을 피하여야 하고, 시 · 종점 위치 이동으로 인하여 콘크리트궤도 연장이 200 m 미만으로 축소될 경우에는 자갈도상으로 부설한다.

그리고, 터널 사이의 짧은 구간(연장 100 m 이하)에 토공, 교량 등이 연속하여 있는 경우에는 콘크리트궤도를 적용하되, 콘크리트궤도 연장이 터널구간을 포함하여 200 m 이상으로 되는 경우에만 적용한다.

터널 내에 적용하는 콘크리트궤도의 두께는 국내 · 외에서 사용하고 있는 궤도구조와 향후 새로운 궤도구조를 적용할 때에 제약이 없도록 하고, 터널 굴착단면의 최소화 등 사용성, 경제성을 감안하여 레일면에서 시공기면까지의 높이를 500 mm로 적용하고 있다(**그림 6.1.1, 표 6.1.3**).

이하에서는 콘크리트궤도를 적용하기 위하여 노반분야에서 조치하여야 하는 사항을 설명한다.

터널구간에서는 다음과 같이 보조도상 콘크리트(**그림 6.1.2**)를 설치한다. 터널 바닥면이 보통의 암반(3등급) 이상이고 바닥면 용수가 없는 경우에는 보조도상의 두께를 150 mm(철도설계기준 노반편, 터널편)이상, 상기 이하의 조건에서는 보조도상의 두께를 200 mm 이상으로 하고 있다.

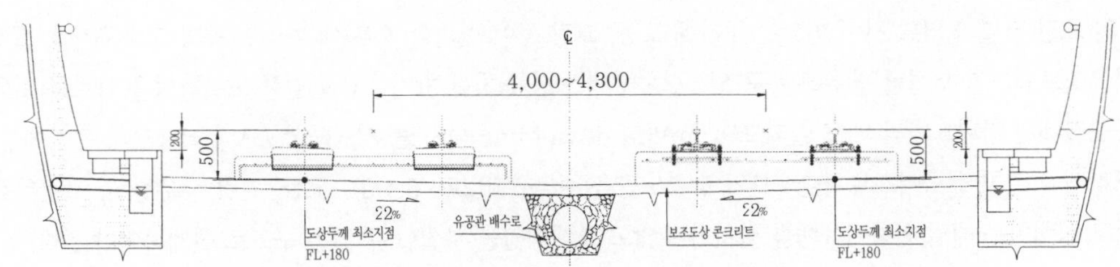

그림 6.1.1 콘크리트궤도 표준단면

표 6.1.3 콘크리트 궤도의 두께

구분(궤도 또는 체결장치)	ALT. SFC*	LVT	RHEDA 2000	STEDEF
구조개요	직결식 방진체결장치	투윈블록 침목 방진상자	투윈블록 침목 방진체결장치	투윈블록 침목 방진상자
RL~FL(mm)	450	500	480	500

*SFC : single fast clip

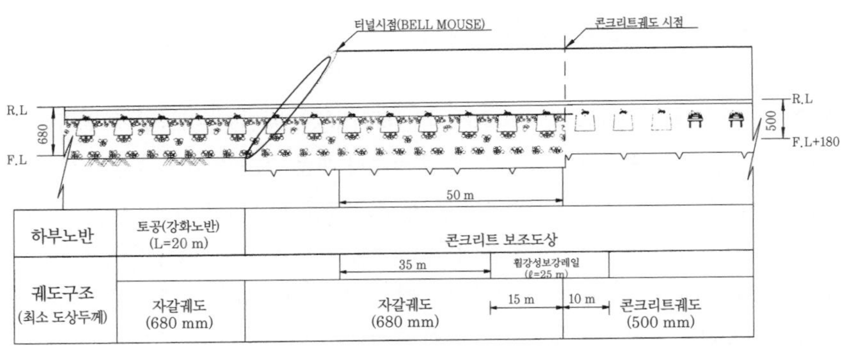

그림 6.1.2 콘크리트궤도와 자갈궤도의 접속구간

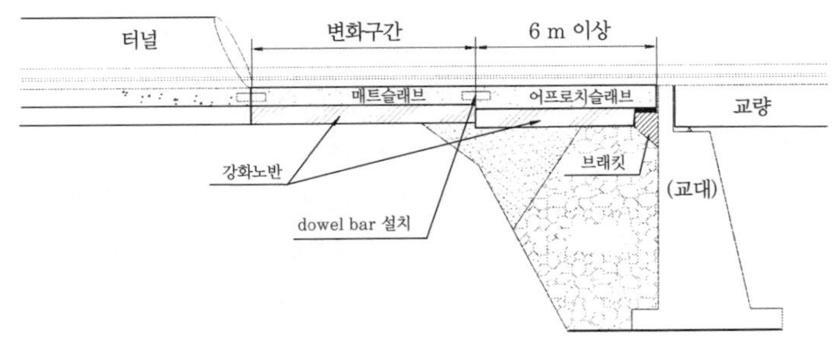

그림 6.1.3 토공과 교량구간의 접속구간에 콘크리트 궤도를 부설할 경우

콘크리트궤도와 자갈궤도의 접속구간의 경우에 터널 입 · 출구 50 m까지는 자갈도상과 동일한 시공기면을 적용한다.

고속철도의 경우(광명～대구간 레다 디비닥 콘크리트궤도와 자갈궤도의 접속구간)에는 다음의 제6.1.5항과 참고문헌 《고속선로의 관리》[267]를 참조하라.

상기의 조건(터널과 터널 사이의 짧은 구간에 토공, 교량 등이 연속할 경우)에 따라 토공과 교량구간의 접속구간에 콘크리트궤도를 부설할 경우에는 구조물 전 · 후의 노반 침하를 방지하고 균일한 노반강성을 확보하기 위하여 토공구간에는 강화노반과 매트 슬래브(10 m마다 dowel bar 설치)를 시공하고, 교대 어프로치 구간에는 교대에 브라켓을 설치하여 어프로치슬래브와 강화노반을 시공한다(**그림 6.1.3**). 또한, 교량 상부형식, 고정지점간 거리 및 지점배치는 레일 신축이음매를 설치하지 않고 장대레일을 부설할 수 있는 구조로 설계하여야 한다.

6.1.5 자갈궤도와 콘크리트궤도 접속구간의 관리

고속선로에서 일반적인 궤도구조를 자갈궤도로 하고 장대터널 구간의 궤도구조를 콘크리트궤도로 부설하는 경우에 터널 시 · 종점부에는 노반의 접속구간(콘크리트 노반～강화노반)과 궤도의 접속구간(콘크리트궤도～자갈궤도)이 생기며, 열차가 이 구간을 통과하는 경우에 구조물간의 강성차이로 인하여 충격력이 발생하여 승차감이 저하하고 궤도틀림을 유발할 수 있으므로 이러한 접속구간에 대해서는 적절한 대책이 필요하며(제6.5.3(4)항 참조), 레다디비닥 콘크리트궤도의 경우에 ① 보강레일의 설치, ② 궤도자갈의 고결, ③ 탄성패드

(방진 패드)에 의한 완충처리, ④ 콘크리트궤도구조의 단부 보강과 하부철근 배치, ⑤ 기타(종점부에 선로 횡 배수로의 설치) 등의 조치를 취하여 강성의 변화를 최소화시킨다. 상기와 같은 조치가 취해진 접속구간은 세심한 관리가 요구되며 열차가 주행 할 때에 추가의 동적 힘이 발생되지 않도록 레일 용접부(테르밋 용접 등)와 기타 특수설비를 설치하여서는 안 된다. 접속구간의 궤도부설 시에는 콘크리트노반(터널구간)과 강화노반(토공구간)의 접속지점이 콘크리트궤도와 자갈궤도간의 접속지점과 일치되지 않도록 시공하여야 하며 접속구간의 강성변화를 최소화하기 위하여 콘크리트궤도와 자갈궤도 사이에 콘크리트노반 위의 자갈궤도(완충구간) 구조로 부설하여야 한다. **그림 6.1.4**는 레다-디비닥 궤도와 자갈궤도 접속구간의 개요를 나타낸다.

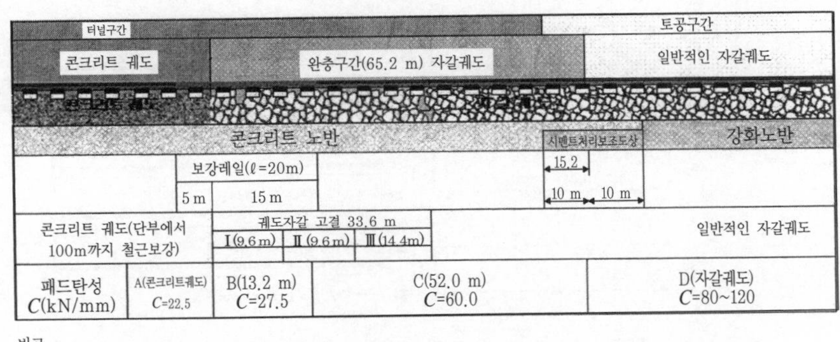

비고

I : GS층(침목하부) + KS층(도상어깨) + SF층(침목 사이)의 고결

II : GS층(침목하부) + KS층(도상어깨)의 고결

III : GS층(침목하부)의 고결

GS층(I+II+III): 침목하부

KS층(I+II): 침목하부, 도상어깨

SF층(I): 침목하부, 도상어깨, 침목 사이

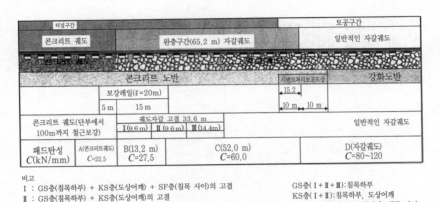

그림 6.1.4 접속구간의 개요도

6.2 국내 적용 콘크리트궤도

6.2.1 국내 적용 콘크리트궤도의 개요

(1) 콘크리트궤도의 개요

국내에서 현재 적용하고 있는 콘크리트궤도를 분류하면 **그림 6.2.1**과 같다. 이 중에서 Rheda 2000시스템, LVT, Alternativ, 방진매트 지지식 프로팅 슬래브 궤도, PST는 이 절에서 설명하고, 영단형은 제6.3.6항 Rheda 궤도는 제6.4.1항, STEDEF 궤도는 제6.4.3항에서 설명한다.

(2) 도시철도용 초기의 콘크리트궤도

1974년 8월에 개통된 서울 지하철 1호선의 지하구조물 구간의 궤도는 일반의 자갈도상 궤도로 부설하고, 시청 역을 비롯한 전정거장(7역) 구간에는 구내 청결성 등을 감안하여 목 단침목 매립식 콘크리트도상 궤도로 부설하였다. 이 직결궤도는 기초 콘크리트 속에 목 단침목(木短枕木)을 매립하여 레일을 목 단침목에 체결하는 형식이다. 그 후 1985년에 개통된 2, 3, 4호선은 2호선 잠실대교의 RC 단침목(block) 매립식 및 정거장 구내의 목 단침목 매립식과 일부의 PC침목 매립식의 콘크리트도상 궤도를 제외하고는 전구간을 일반의 자갈도상 궤도

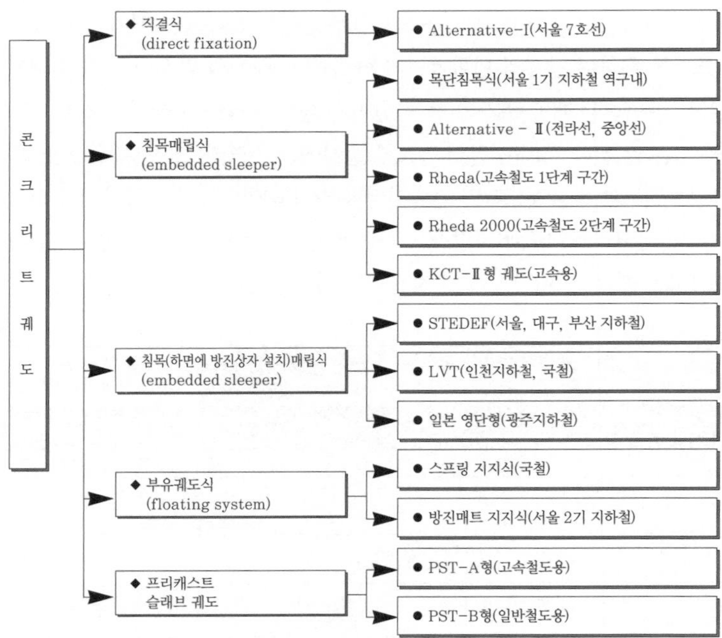

그림 6.2.1 국내 적용 콘크리트 궤도의 종류

로 부설하였다[134].

이와 같이 국내 최초로 자갈을 사용하지 않은 콘크리트 도상화에는 성공하였지만,

① 역구내의 잦은 물 청소에 따른 목 단침목의 부식

② 열차진동으로 인하여 RC침목과 PC침목에 대한 콘크리트도상 접촉부의 파손

③ 열차횟수와 통과 톤수의 증가에 따른 궤도의 이완과 파괴의 증가

④ 열차운행에 따른 소음 · 진동 및 충격

등으로 목 단침목의 경우에 개통 후 약 10년, RC침목과 PC침목의 경우에 개통 후 약 20년이 지나고 나서부터 보수작업이 많게 되어 개량의 필요성을 느끼고 있다. 그러나, 도상콘크리트에 침목을 직접 매립한 경우는 그 구조의 특성상 보수작업이나 개량이 쉽지 않은 실정이므로 체결장치 등으로 개선하고 있다.

(3) 서울 2기 지하철 및 기타 도시 철도 등

1990년부터 건설하기 시작한 서울 2기 지하철(5~8호선)의 궤도설계 시에는 다음과 같은 사항에 대하여 검토하여 고려하였다[134].

① 도시 지하철의 특성(깊은 심도, 구조물 내공단면, 대량 수송성 등) 고려

② 건설의 용이성과 건설후의 유지관리 용이성

③ 초기 건설비와 향후 유지관리비를 고려한 경제성

④ 중노동 기피 현상 등 사회적 환경과 운행 중 보수시간 확보의 곤란

⑤ 지하구간의 열악한 보수 환경

⑥ 대량수송에 따른 열차횟수와 통과 톤수의 증가에 대비한 궤도강도 향상

⑦ 선로연변의 소음 · 진동과 터널 내 분진 등 환경적인 면의 고려

⑧ 국내 궤도기술의 향상 도모

이와 같은 사항을 고려하고, 외국의 각종 궤도 시스템에 대한 기술적, 경제적인 면에서 검토한 결과, 프랑스의 V. S. B Stedef형 방진 콘크리트 도상궤도(제6.4.3항 참조)를 채택하였다. 서울 2기 지하철의 1단계구간에서는 이 시스템의 개발 회사인 Stedef사의 세부 기술 지원을 받아 건설하였다.

1991년 이후에 건설된 수도권 전철과 도시철도에서는 수도권 전철의 일부인 과천선을 제외한 거의 전(全)노선의 궤도를 콘크리트 도상화하고 있다. 이들 노선 중 수도권 전철은 모노블록 침목 매립식 방진 콘크리트도상궤도, 광주 지하철은 영단형(營團形) 콘크리트궤도, 인천 지하철 1호선의 궤도는 L.V.T궤도(RC 단 블록 매립식 방진 궤도) 시스템이고, 부산 2기 지하철, 대구지하철, 대전 지하철 등 다른 노선의 궤도는 V. S. B Stedef 시스템이다.

(4) 서울1기 지하철 궤도구조 개량

1970~1980년대에 건설된 지하철 1~4호선은 본선궤도 277 km 중 일부 역 구내를 제외한 226.7 km (82 %)가 자갈궤도로 부설되었다. 자갈궤도는 자갈 수명이 짧아 주기적으로 교체하여야 하고 유지관리와 지하환경 개선에 어려움이 있어 콘크리트 도상구조로 개량하는 사업을 추진 중에 있다. 이에 따라 서울지하철에서는 미리 제작된 궤도용 콘크리트판(275 cm×125 cm)을 미리 조립하여 노반에 고정시켜 완성하는 B2S (ballasted track to slab track) 공법을 개발하여 2004년 11월에 2호선 한양대역 구내의 자갈도상을 콘크리트 도상으로 개량하였으며, 2005년에 약 3.3 km를 계획하는 등 점차적으로 이 사업을 추진하고 있다. 한편, 부산 지하철도 기존의 자갈궤도를 콘크리트궤도로 개량하는 사업을 추진 중이다.

(5) 고속철도의 콘크리트궤도

경부고속철도 제1단계구간(광명~대전~대구)의 장대터널(연장 5 km 이상의 광명~장상터널, 화신5 터널, 황학터널)에는 레다 클래식(일명 레다 디비닥, 또는 Rheda Sengeberg) 콘크리트궤도(궤도연장 53.8 km), 제2단계구간(대구~경주~부산)은 전구간이 레다 2000 콘크리트궤도로 부설되어 있다. 이들 궤도의 구조적 특징은 각각 제6.4.1항과 제6.2.2항에서 설명한다.

국내 고속철도용으로 경부고속철도 제2단계 건설과정에서 개발된 KCT-Ⅱ(**표 6.2.1**, **표 6.2.2**)는 레다(Rheda) 2000 콘크리트궤도와 구조적인 성능은 동일하나 일부의 형상이 변경되고 절연성능을 개선하기 위하여 종철근의 배근을 개선한 콘크리트궤도 시스템이다. 즉, 도상콘크리트 층(TCL)에 설치되는 종철근은 레일하단에서 227 mm 이상의 거리가 확보되도록 격자철근(lattice girder) 하부에 배치함으로써 격자철근의 절연코팅을 하지 않는다. 또한, 체결장치 프레임을 침목에 고정시키는 매립전의 성능을 향상시키기 위하여 유선형 파이프를 적용하여 응력을 분산시키고, 매입길이를 증가시켜 매립전의 인발강도를 증가시켰다. 또한, 절연간격재의 간격을 5 mm에서 10 mm로 조정하고 형상을 개선하였다.

고속철도용으로 국내에서 새로 개발된 PST-A형 프리캐스트 슬래브궤도 시스템은 제6.2.6항에서 간략히 소개한다.

표 6.2.1 KCT-Ⅱ 궤도의 종철근 위치변경(철근 절연성능 향상)

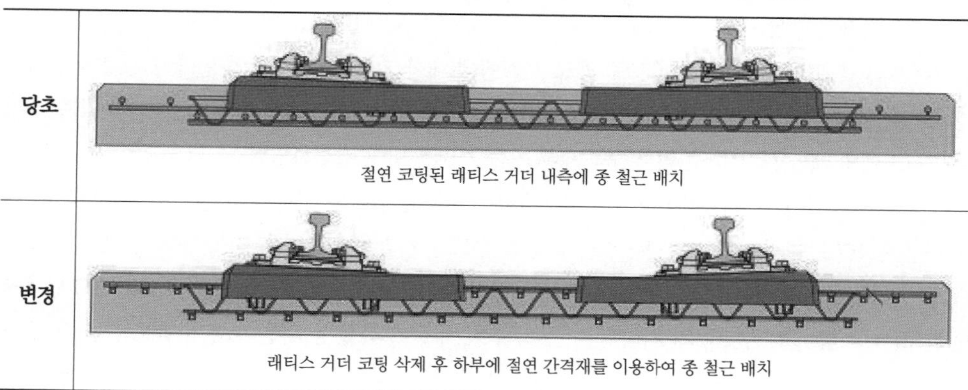

표 6.2.2 KCT-Ⅱ 궤도 침목 매립전의 형상 개선

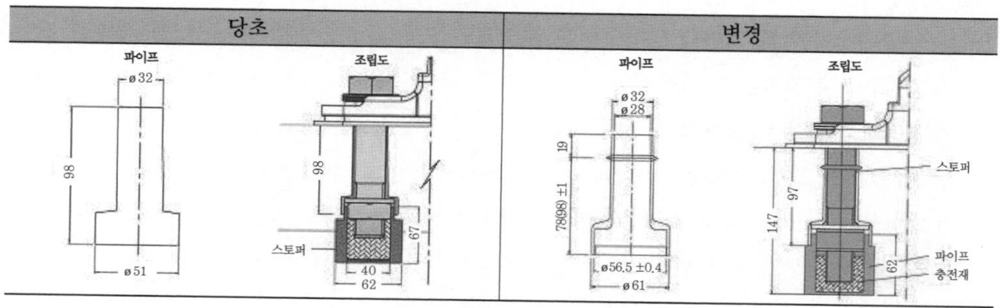

6.2.2 Rheda 2000

(1) 개요

Rheda 시스템은 1970년에 독일에서 처음으로 적용한 이래 계속하여 개발 중에 있다(제6.4.1항 참조). 우리나라에서 구조별로 적용한 사례는 제6.2.1(5)항에서 설명하였으며, 일반철도에서도 터널구간 등에 적용하고 있다. 여기서는 공통적이고 일반적인 사항을 설명한다

최초의 설계는 모노블록 침목을 철근 콘크리트 트로프 안의 채움 콘크리트에 매립하였다.

그 후에 투윈-블록 침목을 사용하도록 바뀌었으며 침목이 이완되는 것을 방지하도록 철근을 이용하여 침목을 종 방향으로 연결한다.

궤광은 횡과 종 방향의 스핀들을 통하여 톱-다운 방법으로 조정한다.

지지 층에서 약한 지점의 다리 역할을 할 수 있도록 트로프 안쪽, 또는 슬래브 바닥에 철근을 충분히 적용하는 경우에 이 구조는 경성의 슬래브로 귀착될지도 모른다.

Rheda 2000 슬래브 궤도 시스템은 잘 알려진 독일 Rheda 시스템의 개발에서 유래하였다. 일찍이 1994년에 수정된 시스템은 Rheda Berlin 시스템으로 알려져 있다.

Rheda 2000 시스템은 독일의 Leipzig와 Halle간 고속 구간의 일부로서 2000년 5월에 처음으로 부설되었다. 더욱이, (Rheda City로서 알려진) 통근 교통에 적용하는 변형체를 설계하였다.

Rheda 2000 상부구조의 철근은 경질의 슬래브를 마련하는 목적이 아니고 균열-폭을 규제하고 횡력을 전달하는 주된 기능을 위하여 콘크리트 슬래브의 중앙에 적용하기 때문에 이 상부 구조는 무-침하 기초를 필요로 한다.

콘크리트궤도의 구조계산은 제6.6절에서 간략히 설명하며, 이 책에서 언급하지 않은 설계, 구조계산 등의 상세는《궤도역학 2(콘크리트궤도의 역학)》[264]를 참조하라.

(2) Rheda 2000의 개발 목적과 특성

Rheda 2000 시스템은 이미 알려진 설계의 취약점을 제거한 반면에 (탄성 레일 체결장치를 포함하여) 레일과 침목의 구조로 구성되는 현장 타설 콘크리트궤도 층의 원리는 계속 유지하였다. 높은 궤도선형 정밀도를 달성하도록 레일의 상면과 안쪽 가장자리를 참조 면으로 사용하여 톱-다운 방식으로 궤도를 부설한다. 이 기술은 궤도 부재의 피하기 어려운 공차의 영향을 중화시킨다. 더욱이, 레일 체결 시스템은 하부구조의 장기 부등 침하를 보상하도록 조정할 수 있다.

Rheda 시스템의 초기 개발 목적은 ① 단일체 품질의 개선, ② 설계의 최적화, ③ 균등한 시스템의 구성, ④ 슬래브 궤도의 시공을 위한 통합 기술 등이다.

(3) 단일체 품질의 개량

Rheda 2000 시스템은 콘크리트 슬래브의 단일체 품질을 높이도록 모노블록 설계에서 **그림 6.2.2**와 같이 치수가 정밀한 콘크리트 투윈-블록 설계로 변화되었다. 기하 구조적으로 정확한 지지 점은 레일을 요구된 위치에 정확하게 고정한다. 게다가, 그들은 콘크리트 지지 점에서 내민 상당한 양의 철근으로 현장 타설 콘크리트의 최적 접착을 확보한다.

더욱이, 지지 점에 대한 콘크리트의 높은 품질은 레일 체결 시스템과 콘크리트궤도 층 사이의 스트레인-저항 결합을 확보한다. 따라서, 이 해법은 고속 교통에서 받는 높은 정적, 동적 서비스 하중의 안전하고 장기의 전달을 보장한다.

단일체의 품질은 초기의 Rheda에 사용된 콘크리트 트로프를 제거하여 강화하였다. 이상적으로는 트로프와 채움 콘크리트 사이의 종 방향 인터페이스가 충분히 폐쇄되고 표면수에 대하여 불투수성이어야 한다. 그러나, 몇 개의 사례에서는 실제 문제로서 물이 침투할 수 있는 틈이 실제로 형성되었다. 이미 적용되고 있는 Rheda 시스템은 서비스 수명의 감소를 방지하기 위하여 필연적인 보수 수단을 필요로 할 것이다.

(4) 설계의 최적화

재래의 콘크리트 트로프를 제거하여 전체 시스템의 윤곽을 상당히 단순화하였다. 그 결과로서, 초기의 트로프 내 채움 콘크리트는 구조적인 역할을 하지 않으므로 슬래브의 전체 횡단면을 하나의 단일체 구성으로 하였다. 트로프를 제거하고 투윈-블록 침목을 사용하여 **그림 6.2.2**에 높이를 나타낸 것처럼 구조의 높이를 상당히 감소시켰다.

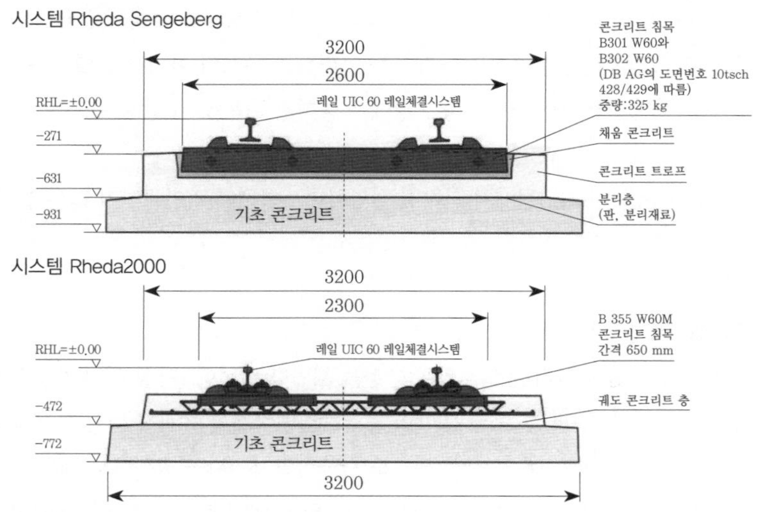

그림 6.2.2 횡단면의 비교 : Rheda Sengeberg와 비교한 Rheda 2000

(5) 균등한 시스템의 구성

Rheda 2000 시스템의 설계는 계획 수립, 엔지니어링 및 치수 설정에서 비용-효과의 이유 때문에 실제 문제로서 부닥치는 다양한 궤도 상황에 적합하여야 한다. 이 목적을 위하여 토공 구간, 긴 교량과 짧은 교량, 굴착 터널 및 개착식 터널의 궤도에 대한 해법을 개발하여 왔다.

(6) 분기기에 대한 Rheda 2000 기술

콘크리트 분기 침목은 분기기 시스템의 높이를 표준의 궤도 단면과 같게 유지하도록 투윈-블록을 개조하여 개발하였다(**그림 6.2.3** 및 **그림 6.2.4**). 분기기에 작용하는 높은 횡력 때문에 침목과 슬래브에 추가의 보강이 필요하였다. 슬래브 궤도의 분기기 시스템에서 그 외의 모든 부재는 변경되지 않고 그대로 이다. 이들의 부재는 특히 유효성이 확인되었다.

(7) 자갈궤도와 Rheda 2000 간의 천이 접속

자갈궤도와 Rheda 2000 사이에 사용하는 천이(遷移) 접속의 구조를 설계하였다. **그림 6.2.5**와 **그림 6.2.6**은 유럽에서 수행된 프로젝트의 예이다.

(8) 콘크리트궤도 시공의 통합 기술

Rheda 2000의 새로운 시공 개념은 고가의 건설비를 저감하기 위하여 개발하였다. 콘크리트 트로프를 생략하여 건설 작업 순서에서 전적인 단계를 제거하였다. 가벼운 투윈-블록 침목의 적용은 건설 현장에서 침목의 사용을 상당히 단순화하였으며 동시에 조립식 궤광의 기계화 시공을 가능하게 하였다. 특별히 개발된 측량 기술은 궤도 부설 공정의 비용 효과를 높이었다.

토공 위 Rheda 2000 시스템의 부설은 슬립폼 페이버를 이용한 콘크리트 기층의 부설과 함께 시작된다. 토

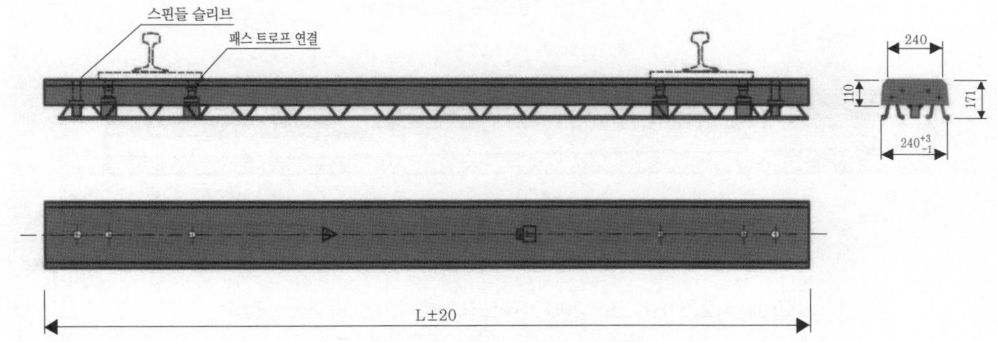

그림 6.2.3 Rheda 2000 시스템의 분기 침목

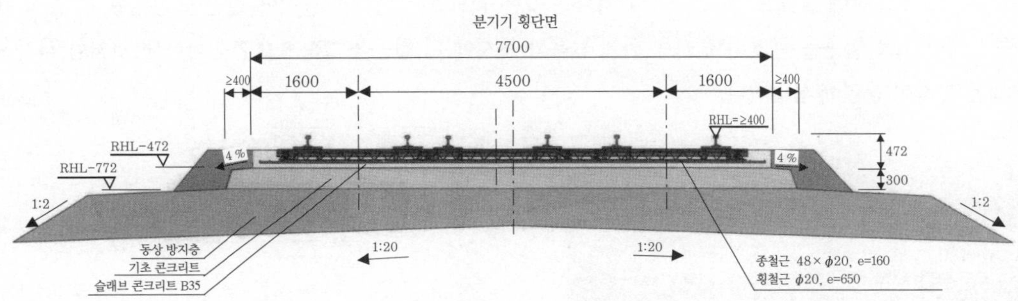

그림 6.2.4 분기기의 횡단면

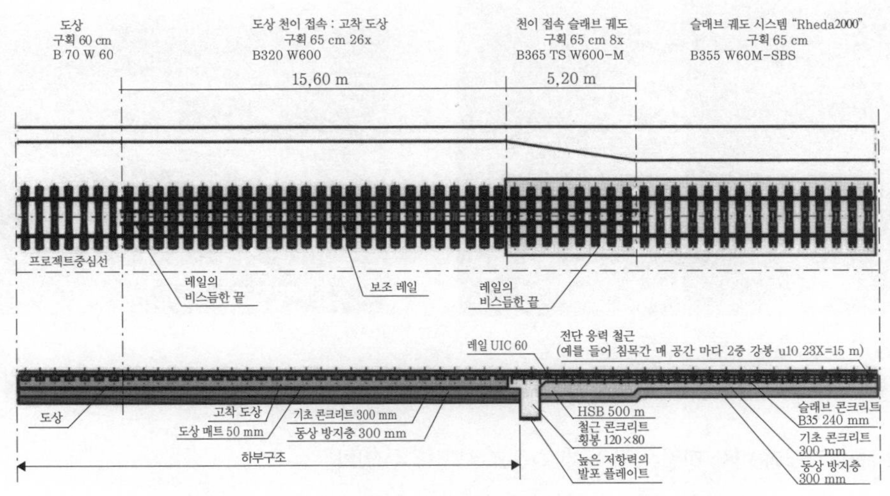

그림 6.2.5 토공 위 자갈궤도와 Rheda 2000간의 천의 접속

목 구조물(교량과 터널)의 경우에는 그 대신에 요구된 보호와 윤곽(profile) 콘크리트를 일반적으로 부설한다.

투윈-블록 침목의 적용은 전통적인 궤도-부설 공정을 적용할 수 있다. 콘크리트 베이스-소켓으로 마련한 기초는 레일을 정밀하게 위치를 잡아 적소에 고정하기 전에 별 어려움이 없이 건설 차량을 레일에 재하할 수 있게

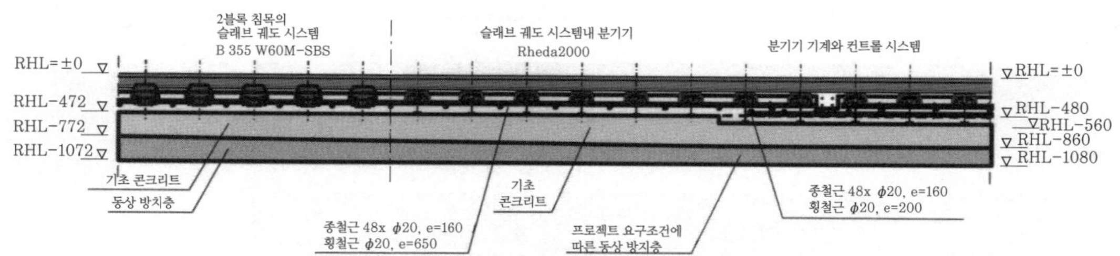

그림 6.2.6 Rheda 2000 궤도와 분기기간의 천이 접속

한다. 그 결과로서, 단일–침목 방법으로, 또는 조립된 궤광의 형으로 궤도를 부설하는 것이 가능하다.

침목 격자–트러스 안에 슬래브 층 철근을 배치하는 것은 궤도를 부설함과 동시에 철근을 설치할 수 있게 한다. 이 공정에서 소요 철근을 콘크리트 기층 위에 놓음과 동시에 이 철근을 **그림 6.2.7**에 나타낸 것처럼 격자–거더 구획을 통하여 단면에 삽입한다.

그림 6.2.7 콘크리트 기층 위의 궤광 (Leipzig-Grbers 프로젝트)

그림 6.2.8 Leipzig-Grbers 프로젝트의 정렬 문형

궤도의 애벌 정렬과 미세 정렬은 두 가지 기술로 시행할 수 있다.

① 정렬 문형(**그림 6.2.8** 참조)을 이용하여 : 거푸집 요소를 고정한 후에 먼저 콘크리트 기층에 문형 장치의 발을 내려 정확하게 자리를 잡게 한다. 이 때에 설치가 정확한지 체크한다. 그 다음에, 궤광을 약 9 cm 들어올려서 대략 ± 0.5 mm로 정렬될 정도로 레일 두부 클램프를 적소에 내려서 고정한다. 측량 팀은 각각의 문형 스핀들로 캔트를 설정할 때 필요한 지시를 준다. 최종의 조정 후에 궤광을 고정하고 콘크리트 주입을 위하여 청소한다.

② 스핀들과 스프레더 바(버팀 봉)(**그림 6.2.9** 참조)을 이용하여 : 이 방법은 침목 끝에 설치한 스핀들을 이용

하는 수직 조정과 스프레더 바를 이용하는 수평 조정의 통합 기술을 포함한다. 스프레더 바는 침목 유닛간 궤도 중앙의 콘크리트 기층에 발을 내린 파이프 볼트에 취부한다. 정렬은 편심 조정장치로 행한다. 요구된 캔트를 먼저 침목 끝의 수직 스핀들로 조절한다. 이들의 스핀들은 그 후에 레일의 수직 위치를 조정하기 위하여 사용한다. 레일은 편심 장치를 돌리어서 조정한다. 선형의 조정과 점검 후에 콘크리트 주입을 위하여 궤도를 청소한다.

그림 6.2.9 스프레더 바를 이용한 조정

(9) 궤도에서 콘크리트의 타설

궤도를 정밀하게 정렬하고 고정한 다음에 콘크리트를 타설한다. 콘크리트 재료의 품질과 콘크리트 타설 작업의 실행에는 엄격한 요건이 절대적으로 필요하다. 구조는 고속 열차 영업 중에 발생되는 높은 동적 하중을 완화한다. 요구된 컨시스턴시의 B35급 콘크리트는 침목 아래의 어떠한 공기의 내포도 방지하도록 한 방향으로 연속하여 주입한다. 동시에 진동 장비로 콘크리트를 다진다. 굳지 않은 콘크리트의 후처리와 다짐은 침목과의 최적 결합을 보장하는 고품질의 콘크리트 구조를 확보한다.

그림 6.2.10 완성 궤도

이와 같은 후처리의 다짐을 한 후에 궤광을 정착에서 풀어놓고 또 다른 6 시간 후에 침목이 설치된 단일체 슬래브에서 거푸집을 철거한다(**그림 6.2.10**). 개개의 공종과 조화시킨 사이클 시간은 궤도 공사를 매일 500 m씩 수행할 수 있게 한다.

6.2.3 L.V.T 궤도

L.V.T(low vibration track) 구조는 프랑스 Stedef 구조를 바꾸어 단침목간을 연결하는 연결봉(tie-bar)을 제거한 대신에, 단침목을 Stedef 침목보다 크게 하여 콘크리트 도상에 59 mm 더 깊게 매립함으로써 열차 주행 수직 · 수평 하중에 저항할 수 있도록 고려하였다. 또한 방진상자와 탄성패드의 두께는 Stedef와 동일하며 방진매트와 방진상자를 직렬(series)로 연결하여 합성 탄성(정적)계수를 23 kN/mm(인천지하철)로 하고 있다. 이 궤도는 Sonnoville 궤도 시스템에서 사용하는 Sonnoville 체결장치(외형은 **그림 2.5.20**의 나블라형 체결장치와 유사하나, 스프링 판의 크기 등 제원이 다름)를 팬드롤 체결장치로 변경한 외에는 Sonnoville 궤도와 대체로 유사한 구조이다(**표 6.2.3**).

LVT 궤도는 인천지하철 1호선에 최초로 LVT 궤도구조로 부설한 이외에, 수도권 전철의 분당선, 대구와 부산 지하철에도 부설되어 있다. 일반철도에서는 전라선, 중앙선에 부설되어 있고, 터널구간 중에서 지반진동이 우려되는 구간에 부설하고 있다.

LVT의 특징은 차량의 하중과 통과속도를 고려하여 설계된 침목패드(Microcellular pad)를 침목과 콘크리트도상 사이에 삽입함으로써 중간질량을 증가시켜 열차의 운행에 따라 발생되는 진동이 구조물에 전달되는 것을 최소화하는데 있으며, R.C 침목이 도상콘크리트 속에 130 mm 깊게 매설됨으로써 곡선상에서도 열차의 수직, 수평하중에 대한 안전성이 확보되고, R.C 침목이 독립적인 지지체이므로 침목 파손 시 침목 갱환이 용이하다(**그림 6.2.11**).

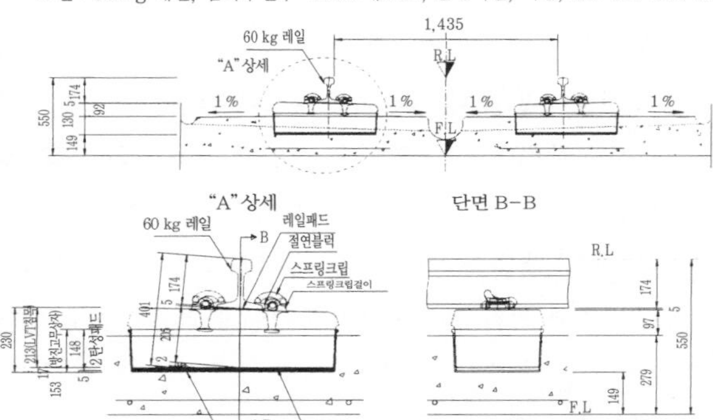

그림 6.2.11 LVT 궤도구조

또한, 부가적인 특징으로 침목간 연결재가 없으므로 절연효과가 우수하며, 유지보수를 위한 보행에 유리하고, 청소가 용이하며, 지하구간 내의 공기 저항이 감소된다.

그러나 방진재의 점검, 교체 시 침목을 들고 확인, 또는 교체하여야 하는 번거로움이 있으며, 지반진동 저감에는 효과적인 반면에 터널 내 소음(고주파성)은 자갈도상인 경우보다 다소 높아지는 경향이 있다.

LVT는 최근에 침목상자와 침목패드가 다음과 같이 개량되었다. 즉, 침목상자의 경우는 측면에 돌기(fin)을 부착하여 개통 운행 후에 핀(fin)이 마모되었을 때 침목의 원활한 진동을 보장하고, 침목패드의 경우에 기존의 Micro-cellular 패드 대신 천연고무 패드를 사용하고 있다.

세계 각국에 부설되어 있는 Sonnoville 궤도는 그 노선의 운행속도와 하중 등 적용 조건과 특성에 따라 약간의 차이는 있으나 모두 모노 블록의 궤도 시스템으로 구성되어 있다. 영불 해저터널의 Sonnoville 궤도(제 6.4.4(2)항의 **그림 6.4.12** 참조)와 인천지하철에 부설된 LVT 궤도구조의 적용조건과 사용자재의 특성을 비교하면 **표 6.2.3**과 같다.

표 6.2.3 LVT 궤도구조

구분		영불터널/Sonnoville궤도	인천 LVT	비고
적용 조건	적용 구조물	해저 터널	터널박스, 지하 구조물	
	설계 속도	200 km/h	100 km/h	
	설계 하중	22.5 ton	16 ton	
사용 자재	레일패드	6.2 mm(161 kN/mm)	5 mm(400 kN/mm)	국내생산성 고려
	체결장치	S75	팬드롤(Pandrol)	유지관리성 고려
	침목	RC 블록	RC 블록	
	도상 강도	350 kg/cm^2	300 kg/cm^2	구조계산 고려
	도상 두께	70 mm	149 mm	시공오차 고려
	전식방지 철근	없음	있음	매설물부식 방지

6.2.4 ALT 궤도

ALT시스템(Alternative System)은 독일에서 1980년대에 열차의 진동과 소음을 저감하기 위하여 개발된 방진체결장치 시스템이다. 이 시스템은 독일은 물론 미국, 오스트레일리아, 스위스, 노르웨이 등에 사용되고 있으며 우리나라에도 보급되어 있다.

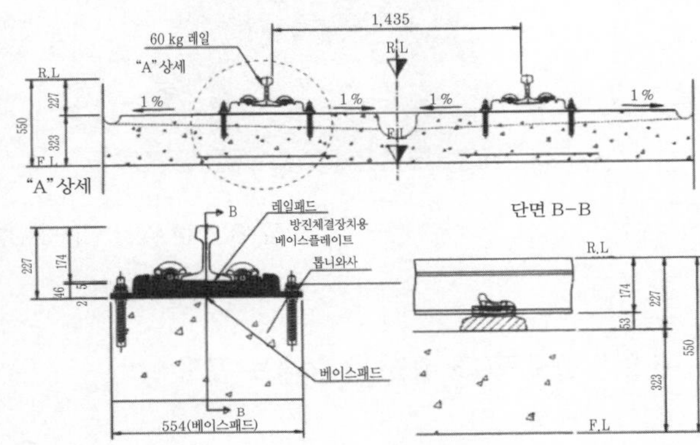

그림 6.2.12 ALT-Ⅰ시스템

ALT 시스템은 편의상 다음과 같이 ALT Ⅰ, Ⅱ로 구분한다. 즉, 방진체결장치를 콘크리트도상에 직결하는가, 또는 RC 블록을 이용하는가에 따라 구분한다. Alternative-Ⅰ은 체결장치를 콘크리트도상에 직결하는 시스템(**그림 6.2.12, 그림 6.2.13**)이며, Alternative-Ⅱ는 체결장치를 RC블럭에 설치하고 RC 블록을 콘크리트도상에 매립하는 방식(**그림 6.2.14, 그림 6.2.15**)이다.

Alternative 궤도는 콘크리트도상(직결궤도) 또는 RC 블록 위에 방진체결장치를 설치하고 클립으로 레일을 체결하여 진동을 방진체결장치에서 흡수하도록 한 궤도이다. 방진체결장치는 Cologne Egg, Alternative Ⅰ, Ⅱ(ALT Ⅰ, Ⅱ) 등이 있으며 클립에는 Vossloh, Pandrol 클립 등을 모두 적용할 수 있다. 구조적 특징은 상판의 아래에 있는 고무층에 있다. 측면은 사각형 돌기의 2 열로 되어 있으며 충분히 높은 연속적 재하를 허용하도록 돌기 사이에 빈 공간이 있다. 보통 변위 값은 1.6 mm~2.2 mm이고 최대 2.4 mm이다.

국내에는 서울지하철 1호선 시청역과 2호선 서울대입구역의 개량 및 8호선 천호역, 대구지하철 1호선 연장선 유천역 신설구간에 부설하였다. 교량구간으로는 서울지하철 2호선 당산철교에 부설된 사례가 있으며, 서울지하철 7호선 고속버스터미널 역사에 플로팅(Floating) 슬래브 시스템과 혼용하여 ALT-Ⅰ 방진체결장치를 적용하였다. 부산지하철 3호선은 지하정거장, 급곡선부(R=300 m 이하), 고가(교량)구간에도 적용하였다. 또한 일반철도에서는 전라선과 중앙선의 터널구간에 ALT-Ⅱ 방진체결장치를 적용하였다.

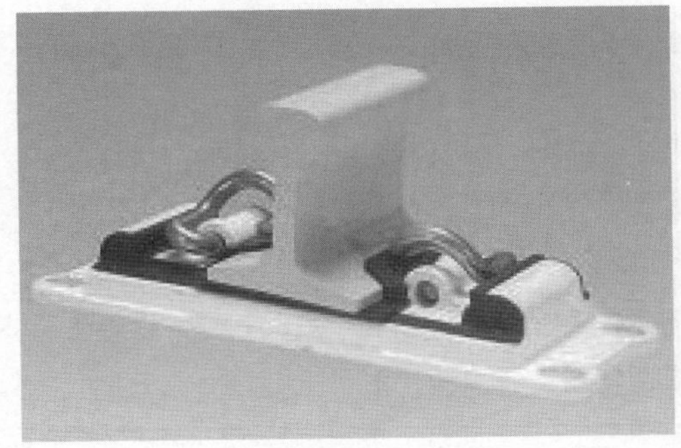

그림 6.2.13 ALT-Ⅰ 체결장치

그림 6.2.15 ALT-Ⅱ 체결장치

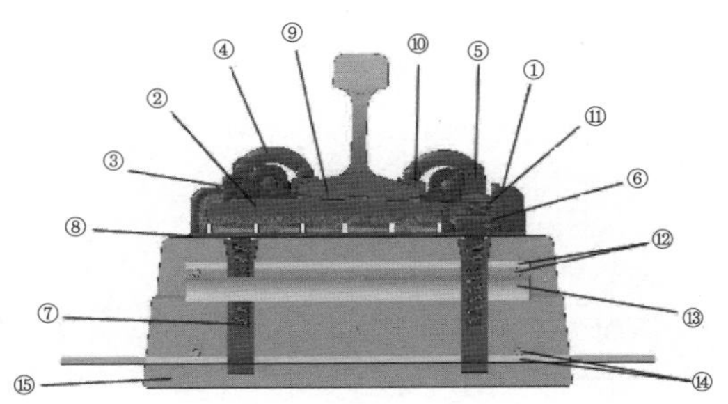

세부 단면 명칭

1. 하부플레이트	8. 체결장치받침
2. 상부플레이트	9. 레일패드
3. 탄성고무	10. 절연블록
4. 코일스프링클립	11. 더블스프링와셔
5. 나사스파이크	12. 상부보강철근
6. 톱니와셔	13. ㄱ앵글
7. 스파이크커버	14. 하부보강철근
	15. R.C블록

그림 6.2.14 ALT-Ⅱ+RC블록 시스템 개요

6.2.5 플로팅(floating) 슬래브 궤도

이 궤도는 고체음에 민감한 건물이 있는 경우에 주로 사용되며 궤도의 고유진동수를 7~15 Hz 정도로 낮출 수있기 때문에 진동과 고체음 차단에 매우 탁월한 효과를 발휘할 수 있다. 구조적 특성상 부유식 슬래브 궤도(floating slab track)라고 부르며 방진재의 종류에 따라 크게 스프링 삽입 시스템과 패드 삽입 시스템 두 가지로 구분할 수 있다.

스프링 삽입 시스템은 슬래브와 터널바닥 사이에 스프링을 삽입하여 열차로 인해 발생하는 진동의 전달을 감소시켜주는 시스템(제6.4.4(3)항 참조)이며, 패드 삽입 시스템은 슬래브와 도상 사이에 고무나 기타 탄성체 패드를 삽입하여 진동을 감소시켜주는 시스템을 말한다.

패드 삽입 시스템은 설치되는 방진재의 형식에 따라 다음과 같이 3가지로 구분할 수 있다.

(a) 전면지지시스템

(b) 선형지지시스템

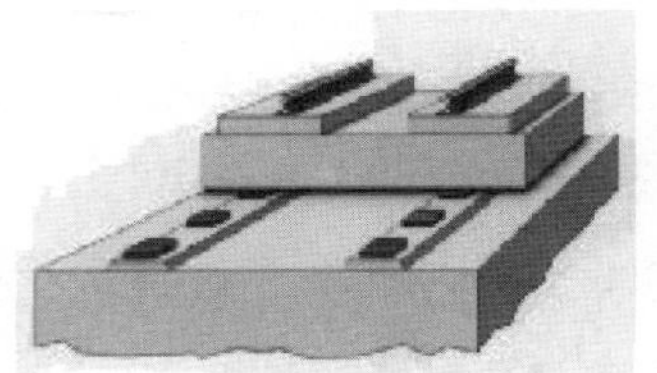

(c) 단속지지시스템

그림 6.2.16 패드 삽입 플로팅 슬래브 궤도

1) 전면지지시스템(full surface supporting system)

가장 일반적으로 많이 사용하고 있는 패드식 플로팅 방진 시스템이다.

2) 선형지지시스템(linear supporting system)

전면지지의 형식보다 진동저감 효과가 좋으며 단속(斷續)지지보다 방진재의 마찰면적이 크기 때문에 곡선구간이나 역사 내와 같이 차량의 제동으로 인해 수평력이 작용되는 장소에 사용한다.

3) 단속(斷續)지지시스템(discrete bearing system)

플로팅 시스템 중 방진 효과가 가장 좋으나 마찰면적이 작기 때문에 곡선구간이나 역사 내와 같은 차량의 제동으로 수평력이 작용되는 장소에는 사용을 피하며 고가의 시공비 문제로 특별한 진동 · 소음 저감대책이 요구되는 경우에 한해 사용되고 있다. 플로팅궤도에 대한 외국의 예는 제6.4.4(3)항을 참조하라.

국내에는 경인선 부천역사에 플로팅(스프링 식) 슬래브가 부설되어 있다. 또한, 서울지하철 7호선 고속터미널역(2000. 8. 1 개통)에 설치된 궤도구조는 전면지지 탄성패드를 스프링으로 한 플로팅(floating) 궤도구조에 방진체결장치인 Alternative-Ⅰ체결장치를 체결한 2중 방진 궤도구조이다. 이 경우에 차량의 플랜지와 레일의 마찰에 기인하는 고주파진동을 1차 방진구조인 Alt-Ⅰ 체결장치가 감쇄시키며, 궤도슬래브 바닥에서 발생되는 저주파진동을 2차 방진구조인 탄성매트가 감쇄시킨다.

6.2.6 프리캐스트 슬래브궤도(PST) 및 기타

고속철도용으로 국내에서 새로 개발된 프리캐스트 슬래브궤도(PST) 시스템에는 고속용의 PST-A형과 일반철도용의 PST-B형이 있다.

고속철도용으로 개발된 PST-A형은 패널 간의 연결 지지구조로서 중공형(中空形) 패널(길이 6.45 m, 폭 2.5 m, 두께 0.2 m)을 이용한다. 충전재는 시멘트 아스팔트 모르터(Cement Asphalt Mortar, 15 MPa)를 이용하며 충전재의 두께는 40 ㎜이다. 이 궤도시스템은 고속철도에 적용하기에 앞서 2006년에 전라선 서도~산성구간에서 약 120 m를 시험 부설하여 성능을 입증하였다.

일반철도용으로 개발된 PST-B형은 패널(길이 3.8 m, 폭 2.3 m, 두께 0.18 m) 간을 분리하며, 전단키로 지지하는 구조이다. 충전재는 무수축 모르터(45 MPa)이며, 충전재 두께는 40 ㎜이다. 이 궤도 시스템은 2006년에 A형 부설장소의 바로 인근에서 약 120 m를 시험 부설하였다. 또한 2011년에 중앙선 아신~판대간의 터널구간에 4.8 km를 부설하였으며, 레일 체결장치는 팬드롤 SFC를 적용하였다.

PST-A형과 PST-B형 모두 토공에 부설하는 경우, 하부에 폭 3.2 m, 두께 0.3 m의 무근콘크리트 층을 설치하여야 하며, 현장여건에 따라 패널의 두께와 길이를 조정하여 사용할 수 있다.

표 6.2.4는 국내에서 개발한 프리캐스트 슬래브궤도(PST) 시스템을 외국의 슬래브궤도 시스템과 비교한 것이다.

한편, 신분당선 등에 부설된 이른바 ERS(Elastic Rail Support) 궤도의 구조(**그림 6.2.17**)는 이 책의 다른 페이지(제5.2.8(5)항, 제6.5.2항, 제8.2.3(2)(바)항 등)에서 언급한 유럽의 매립레일구조(ERS)와는 다른 구조로서 원래의 Rheda2000 궤도에서 단지 트윈블록의 철근배치만을 변경하였으며, 궤도구조의 명칭이 적합한 것으로 보이지는 않는다. 이 궤도의 레일체결장치는 원래 구조처럼 보슬로 레일체결장치를 이용했다.

유럽의 매립레일구조(ERS, Embedded Rail Structure)는 **그림 6.2.18**과 같이 강 또는 콘크리트 홈 안에 탄성 혼합물을 따른 후에 레일을 그 안에서 정밀하게 고정한다[271]. 예를 들어, 코르크와 폴리우레탄의 합성재로 된 탄성 스트립으로 홈 안에서 레일을 연속 지지하며, 홈 안의 레일은 레일 두부를 제외한 전체의 레일 단면을 거의 둘러싸는 이 탄성 합

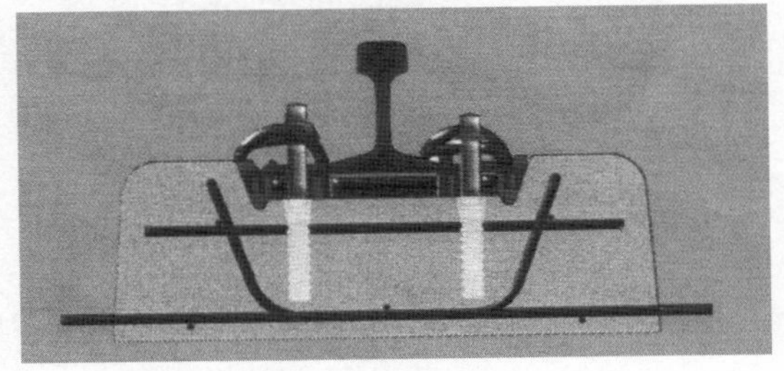

그림 6.2.17 국내의 ERS 궤도

표 6.2.4 국내외 프리캐스트 슬래브궤도의 비교

구분	PST-A형	PST-B형	슬래브궤도(J-slab)
형상			
개발 국가	대한민국	대한민국	일본
구조특징	• 패널 간 연결 지지구조 • 중공형 패널 • 충전재 : Cement Asphalt Mortar (15 MPa)	• 패널 간 분리 • 전단키 지지구조 • 충전재 : 무수축 모르터(45 MPa)	• 패널 간 분리 (중공형 패널) • 전단키(원형돌기) 지지구조 • 충전재 : Cement Asphalt Mortar (2 MPa)
구분	Max Bogl	OBB Porr	IPA
형상			
개발 국가	독일	오스트리아	이탈리아
구조특징	• 패널 간 연결 지지구조 • 충전재 : Cement Asphalt Mortar (15 MPa)	• 패널 간 분리 • 전단키 지지구조 • 충전재 : 철근 콘크리트	• 패널 간 분리 • 전단키 지지구조 • 충전재 : Cement Asphalt Mortar (15 MPa)

성재로 고정된다. 이 개념의 특성은 궤간을 확보하는 추가의 요소가 없는 점이다. 이 개념은 시가전차의 포장-내 궤도와 같은 경량철도에서 고속궤도까지 전 범위에 걸쳐 적용할 수 있다.

또한, 신분당선에 부설된 Vanguard 궤도의 구조(**그림 6.2.19**)는 레일저부는 지지되지 않고 뜬 상태로서 레일두부 아래쪽과 복부측면의 탄성 쐐기 또는 스트립으로 레일을 지지하는 레일체결 시스템의 독특한 새로운 유형이다. 탄성쐐기는 궤도기초에 체결하는 측면브래킷으로 위치를 유지한다. 이 시스템은 큰 수직 처짐을 허용하며, 저주파진동 차단성능이 우수하고 전체의 궤도 조립 높이를 낮게 하는 장점도 있다.

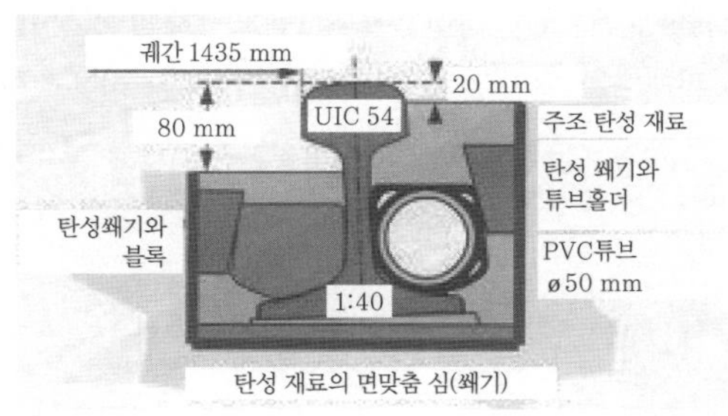

그림 6.2.18 홈 안의 매립레일(ERS) 상세

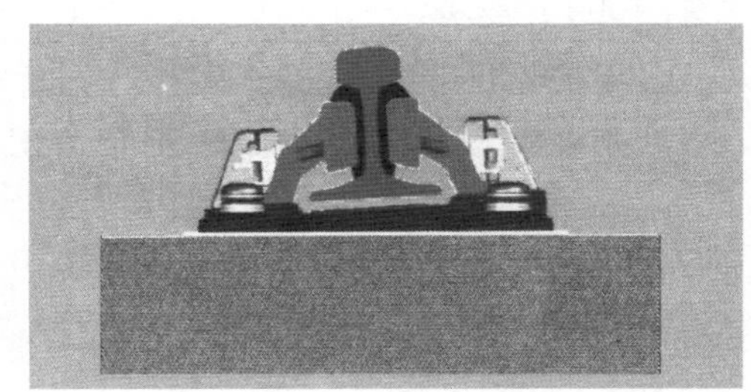

그림 6.2.19 Vanguard 궤도구조

6.3 방진 궤도, 도상매트 및 일본의 기타 궤도 유형

6.3.1 유도상 탄성 침목 궤도

자갈궤도(有道床軌道)의 생력화(省力化)에 대하여는 레일의 중량화, 침목의 PC화 · 중량화 등의 궤도 강화(强化)에 따르는 한편, 고속 영역에서는 윤하중 변동의 경감을 목적으로 하여 궤도 스프링계수(track spring coefficient)를 저감하여 대처하는 것이 효과적이라고 생각된다. 따라서, 레일 체결장치의 저스프링화나 도상매트(ballast-mat)가 개발되었지만, 한편으로 침목 자체에 탄성을 부가하는 방법도 검토되었다. 그래서, 멀티플 타이 탬퍼를 이용한 가혹한 보수작업에서도 일반의 PC침목과 같은 모양으로 다룰 수 있도록 보수작업도 고려하여, 콘크리트 침목의 저부와 측면을 탄성재로 피복한 유도상 탄성 침목(彈性枕木, anti-vibration sleeper)의 개발이 일본에서 진행되어 왔다[7]. 최초로 제작한 탄성 침목은 액상(液狀) 우레탄 고무를 PC침목과 강제 거푸집의 사이에 주입하여 성형한 것이며, 시험부설 결과, 보수 생력화뿐만 아니라 윤하중 변동이나 구조물 진동의 저감에도 효과가 있는 것이 밝혀지게 되었다. 보수 생력화의 효과에 대한 장기 추적조사의 결과에 따르면, 종래의 도상매트를 이용한 자갈궤도에 비하여 도상자갈의 세립화(細粒化)가 분명하게 적은 점, 궤도의 평균 틀림진행(irregularity growth)은 인접의 비교 자갈궤도의 1/4이며, 표준 자갈궤도에 비해서도 1/2인 것이 밝혀지게 되었다.

이와 같이 다수의 우수한 성능을 갖고 있었지만, 비용이 높은 점, 제조효율이 나쁜 점, 이미 부설된 것의 일부에 재료의 박리(剝離)가 보여지는 점 때문에 그 후에 실용화를 고려하여 대폭적인 저렴화를 도모함과 동시에 탄성재와 침목 본체의 일체화를 향상하는 것을 목적으로 하여 일본에서 RIM(반응 사출 형식) 방식을 이용한 실용화 형식이 개발되었다.

실용화 형식의 개발에서는 탄성재료의 저렴화와 사용량의 저감, 피복재 성형방법의 변경에 따른 생산성과 접착성의 향상, 침목 형상의 최적화에 따른 피복재 박리의 방지와 측면상부에 대한 깬 자갈의 열화 방지 등을 고려하였다. 침목 본체의 단면형상은 침목 측면에 경사를 두면 그 상부의 자갈이 진동하여 마모되기 때문에 이 기울기를 수직에 가깝게 하였다. 또한, 자갈과의 마찰이나 다짐작업으로 인한 피복재의 박리, 손상을 방지하기 위하여 침목 본체의 피복재 접착부분을 미리 따내어 **그림 6.3.1**에 나타낸 것처럼 침목 표면의 요철을 없게 하였다. 탄성재의 사용량에 대하여는 침목 저면으로부터의 높이를 65~110 mm로 하고, 두께는 방진(防振) 효과와 내

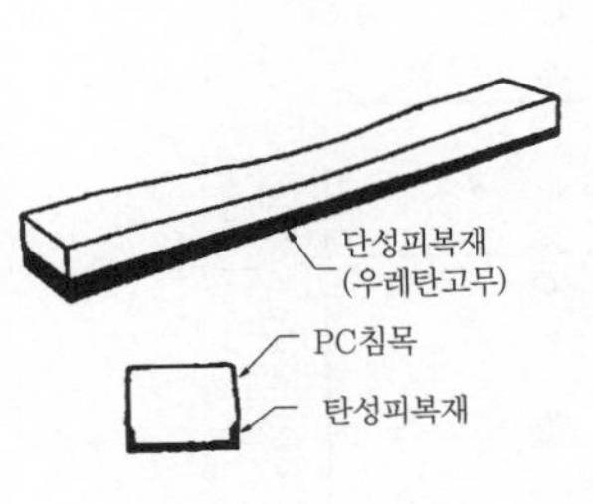

그림 6.3.1 유도상 탄성 침목

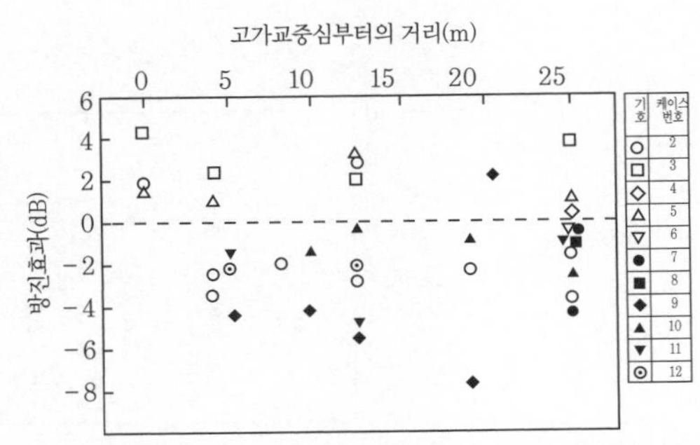

그림 6.3.2 유도상 탄성 침목의 진동레벨 저감효과

구성을 유지하면서 아주 얇게 하여 저면에 대하여 15 mm, 측면에 대하여 10 mm로 하였다. 그 결과, 탄성재의 사용량은 종래의 1/3로 되었다. 표준 시험 편(10×10×2.5 cm)에서의 목표 스프링정수를 4 tf/cm로 하였다. 이것은 1 체결당의 스프링계수에 대하여는 10~20 tf/cm에 상당한다. 탄성재에 대하여는 여러 가지 검토의 결과로부터 테트론 네트(tetoron net)로 보강한 RIM(반응 사출 형식)을 채용하고 있다.

탄성 침목 궤도에 대한 측정결과[7]에 따르면, 보통 자갈궤도(도상매트 없음)에 비하여 고가교 뒤쪽 진동가속도 레벨(acceleration level)은 1/2~1/6으로 감소하며, 레일 근방 소음(騷音, noise)은 1 dB (A) 증가하였지만 고가교 뒤쪽 소음은 8~10 dB(A) 저감하였다. 또한, 고가교 슬래브 하부 0.3 m의 소음레벨(noise level)은 1~2 dB(A)의 저감 효과가 보여졌다. 또 다른 개소에서는 자갈궤도(도상매트 있음)에 비교하여 고가교 교각 근방 및 25 m 지점의 지반 진동레벨(vibration level)이 3 dB 저감하였다. 그 외에 고가교 구간의 유도상 탄성 침목 11 예에 대하여 이들 궤도부설 전후 진동 조사의 결과에 따르면, 탄성 침목(방진침목)을 부설한 경우의 지반진동의 저감효과는 **그림 6.3.2**와 같다. 어느 것도 분산은 있지만, 전 케이스를 평균하면 12.5 m 지점에서 약 2 dB의 효과가 인지된다.

6.3.2 도상매트(ballast-mat)

도상매트는 자갈궤도용 도상매트와 콘크리트궤도용 매트가 있다. 자갈궤도용 도상매트는 다음과 같이 개발되었다.

소음 · 진동의 경감 대책으로서 도상자갈 아래에 고무를 부설하는 것이 유효하다고 프랑스에서 1969년에 알려졌다. 일본에서는 고속 시험 시 40 tf에 가까운 저대 윤하중(著大輪重, very large wheel load)이 발생하여 250 km/h의 운전을 실현하기 위해서는 궤도에 적절한 탄성을 줄 필요가 있다고 밝혀졌다. 그 대책의 하나로서 도상자갈 아래에 고무판을 부설하는 것이 적절하다고 생각되어 자동차의 헌 타이어 등, 합성고무 제품의 폐고무를 기계로 세립화하여 공장 혹은 현장에서 평판 모양으로 고화(固化) 성형(成形)한 도상매트가 개발되었다.

도상매트의 탄성은 10×10×2.5 cm의 표준 공시체에 대한 4.5 tf/cm의 유형이 대표적이다. 당초 유연하다면 좋다고 고려되었지만, 실효 스프링계수는 그다지 내려가지 않는 점, 도상자갈의 안정성이 나쁘고, 도상매트의 안정성 문제도 생기는 점 때문에 이 유형이 표준으로 되었다. 일본의 고속선로 고가교 구간에서의 도상매트 13 예에 대하여 대책의 궤도 부설 전후에서의 진동조사 결과에 따르면, 도상매트를 부설한 경우의 노반진동 저감

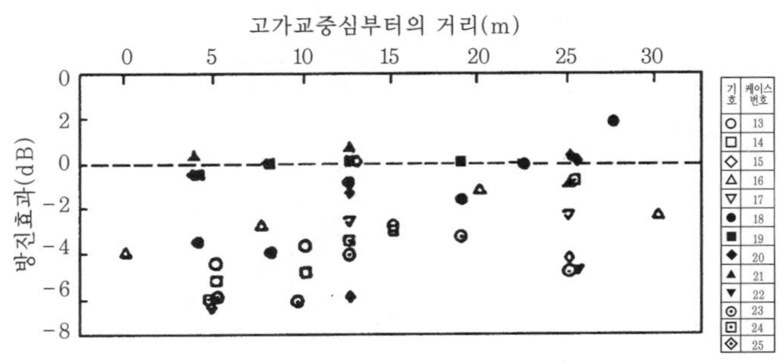

그림 6.3.3 도상매트의 진동레벨 저감 효과

효과는 **그림 6.3.3**과 같다. 어느 것도 분산은 있지만, 전(全)케이스를 평균하면 12.5 m 지점에서 약 2 dB의 효과가 인지된다. **그림 6.3.4**는 각종 대책 궤도의 방진 스펙트럼을 나타낸 것으로 지반진동에서 중요한 16~25 Hz에 한하면 유도상 탄성 침목과 도상매트는 거의 동등한 2 dB의 효과가 있다.

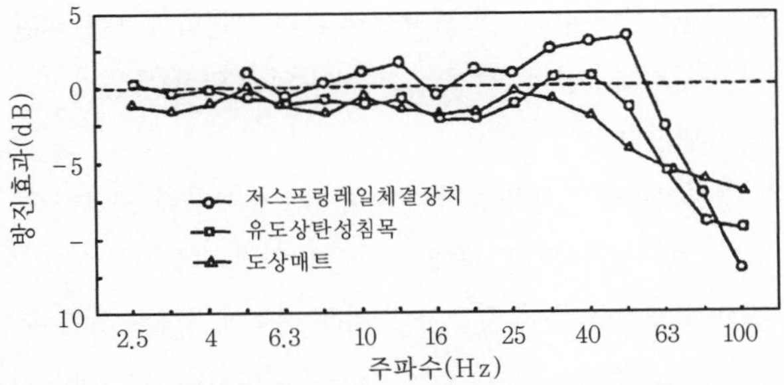

그림 6.3.4 대책공에 따른 방진 효과 스펙트럼의 비교

경부고속철도의 자갈궤도는 모든 교량과 고가교 구간에 도상 매트를 설치하였다. 이것은 ① 소음 · 진동의 저감, ② 도상 세립화의 경감, ③ 궤도 침하 저감, ④ 윤하중 변동(輪重變動, wheel load variation)의 경감을 꾀하기 위한 것이다.

도상매트는 교량구간용(C형)과 고가(高架) 정거장구간(A형), 완충구간(B형)용이 있다. 교량구간용의 규격은 **표 6.3.1**과 같으며, 시험항목은 스프링정수, 압축 영구 변형률, 노화 전후에 대한 인장강도, 신장률 및 인열 강도, 내수시험(인장강도, 신장률 및 흡수율) 그리고 피로강도이다(**표 6.3.2**). 피로강도 시험은 20 +10, −0 ℃의 온도에서 예비 압축을 4 mm 하고, ±2 mm의 진폭과 300±10의 진동수로 1×10^6 회의 진동을 주어 시험을 한 후, 시험편두께를 측정하여 최대 격차율을 구한다. 도상매트의 상세는 '고무기술입문'[285]을 참조하라.

고가(高架) 정거장구간(A형), 완충구간용(B형)의 경우에 총 두께는 15~25 mm이며, 사용 온도 범위는 −20 ℃~+60 ℃이고 내구 연한은 40년이다. 정적 스프링정수의 허용 한도의 기준치는 A형이 0.09 N/mm², B형이 0.15

표 6.3.1 일반 교량구간용 도상매트의 규격

종류	치수 (mm) 폭×길이×두께	허용 오차 (mm)		
		폭	길이	두께
교량구간용(C형)	1,000×2,000×25	+ 10 − 5	+ 15 − 10	+ 2.5 − 1.5

표 6.3.2 일반 교량구간용 도상매트의 물리적 성질

시험 항목		단위	물리적 성질
스프링 정수		kgf/cm	4,500 ± 1,000
압축 영구 변형률		%	25 이하
인장강도	노화 전	kgf/cm²	25 이상
	노화 후	%	노화 전 값의 +25, −10
신장률	노화 전	%	100 이상
	노화 후	%	노화 전 값의 +20, −0
인열 강도	노화 전	kgf/cm²	10 이상
	노화 후	%	노화 전 값의 +25, −10
내수 시험 (침투 후)	흡수율	%	1.5 이하
	인장강도	%	침수 전 값의 ±10 이내
	신장률	%	침수 전 값의 ±10 이내
피로 강도	외관		외관의 변화, 주름, 균열이 없을 것
	격차	mm	1.5 이하

N/mm^2 이내이다. A형과 B형의 관리 시험의 항목은 외관 검사, 단위 면적당 중량, 치수 검사, 역학특성에서의 정적 지지계수이며, 선정 시험은 이 외에 역학 특성의 피로 시험과 노화 시험, 그리고 내화 시험과 연기 방출율을 시험한다.

경부고속철도 광명정거장 지하구간에 부설한 콘크리트궤도의 아래에는 23 mm의 방진매트(A형)를 부설하였다. 즉, 광명정거장 구내는 지반의 양압력에 따른 트러프 콘크리트의 상하 거동으로 인한 영향을 최소화하기 위하여 트러프 폭에 맞추어 트러프 하부에 방진매트를 부설하였다. 이 매트의 경계부에는 완충용 도상매트(B형)를 경계부에서 20.5 m에 걸쳐 부설하였다. 방진매트간의 연결은 접착제를 사용하여 선로 전(全)연장(종 방향)을 일체화하였다.

6.3.3 래더(Ladder) 궤도

(1) 래더 침목의 기본 구조

PC침목(橫枕木)은 목침목의 대체품으로서 생긴 것이다. 중량이 무겁고 체결력이 큰 점 때문에 현대의 고속철도에서는 대체품을 넘는 역할을 수행하고 있지만, 궤도보수 생력화 등의 해결을 요하는 과제에 대처하기에는 한계가 있다.

한편, 레일방향의 보(beam) 구조(構造)로 한 종침목(縱枕木, longitudinal tie) 방식은 슬리퍼(sleeper) 기능(도상압력 저감효과 등)이 극히 우수하며, 이것이 실현될 수 있으면 자갈궤도의 보수주기를 대폭적으로 연신할 수 있는 전망이 있기 때문에 긴 세월에 걸쳐 선로 기술자의 관심을 모아 왔다. 그렇지만, 종침목의 설계법이 미성숙하였기 때문에 궤도 부재로서 받아들여질 정도의 타당한 단면 제원의 침목이 제시될 수 없었다. 더구나, 좌우 종침목의 연결방법에서 구조적인 결함을 가진 것이었기 때문에 역학적 합리성을 가졌음에도 불구하고 보급되는 일이 없이 오늘날에 이르는 상황이다.

종침목 방식에 대한 귀중한 도전의 역사로부터 이것을 성립하기 위한 구조 설계상의 전제 조건은 ① 횡 침목에 비하여 단위 선로길이당의 중량이 너무 크게 되지 않을 것, ② 타이(tie) 기능(궤간 유지 기능)을 충분히 확보할 것 등이다. 이들의 전제 조건을 만족하는 것으로서 **그림 6.3.5**에 나타낸 래더(Ladder) 침목이 일본에서 개발되었다[7]. 래더 침목은 PPC(partial prestressed concrete) 구조의 종 보(縱 beam)로 구성되는 혼합 강결(剛結) 구조이며, 콘크리트를 타설하여 사닥다리(ladder) 모양으로 일체화한 프리캐스트 공장제품이다. 래더 침목의 길이는 5 m를 최단으로 하여 2.5 m 피치(pitch)를 선택할 수 있고, 최장은 무리 없이 운반할 수 있는 길이로 하여 12.5 m로 하고 있다.

(2) 래더 침목의 구조 설계상의 요점 및 성능

래더 침목의 구조 설계상의 요점 및 성능에 대하여 이하에 소개한다.

① 슬리퍼(sleeper) 기능을 맡고 있는 종 보에는 횡침목의 연구에서 얻어진 프리텐션식의 우수한 균열제어 성능에 관한 지식에 기초하여 이것을 더욱 적극적으로 활용한 보강 방식으로 하여 프리텐션식의 PPC 구조가 채용되었다.

② 구체적으로는 **그림 6.3.5**와 같이 이형 PC 강연선이 종 보의 상 · 하연부에 적절한 간격으로 배치되어 균열

제어 설계가 행하여졌다. 따라서, PC 강재 외에 이형 철근을 배치하는 통상의 PPC 구조와는 달리, 이형 PC 강연선만을 프리텐션식으로 이용하며, 이형 철근의 균열분산 기능을 겸하여 갖춘 보강 설계법이 채용되었다.

③ 종 보에 PPC 구조를 채용하여 의사(疑似) 동적 윤하중 등에 따른 정적 부하 및 차륜 플랫 등으로 인한 충격 윤하중에 따른 동적 부하에 대하여 한계상태 설계법에 기초하여 검토한 결과, 지지 조건으로서는 가장 불리한 상태를 상정하여야 하는 자갈도상 위의 조건을 기초로 체결장치의 설치에 요하는 최소 단면을 이용하여 소요의 내하(耐荷) 성능(사용 한계상태의 균열제어, PC 강연선의 파단에 대한 피로 수명, 종국 한계상태에 대한 안전성)을 확보하는 것이 가능하게 되었다.

④ 타이(tie) 기능을 담당하는 이음재는 궤간을 유지하기 위하여 필요한 강성을 갖는 소경(小徑) 후육(厚肉) 강관이 2.5 m 간격(레일체결 간격의 4 배)으로 배치되었다. 강관제 이음재를 종 보의 주(主)보강 강재인 이형 PC 강연선의 사이에 삽입하고, 콘크리트의 타설로 종 보와 강고하게 일체화를 도모하였다. 이와 같이 하여 혼합 강결 구조의 사닥다리 모양의 침목 모양으로 함으로써 타이 기능이 충분히 확보되었다.

⑤ 이상과 같이 최소 단면의 PPC 구조의 종 보와 지름이 작고 두께가 큰 강관제 이음재와의 혼합 강결 구조로 한 래더 침목으로 종침목 방식의 특장인 슬리퍼 기능 및 횡 저항 특성의 대폭적인 강화를 도모하면서 장년의 과제이었던 경량화(단위 선로길이당의 중량은 횡침목의 것과 동등) 및 타이 기능 확보의 조건도 충분히 만족될 수 있는 구조이다.

⑥ 장대레일 가동구간(movable section) 등에서 종 저항력이 부족한 경우에는 종 저항판을 궤간 내에 필요 개수만큼 보충하는 일도 취해진다.

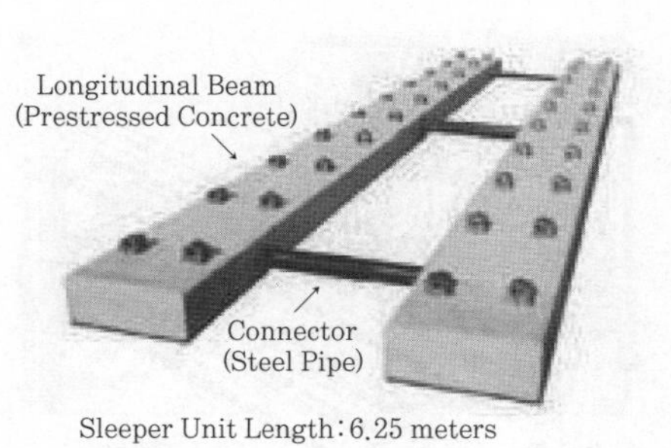

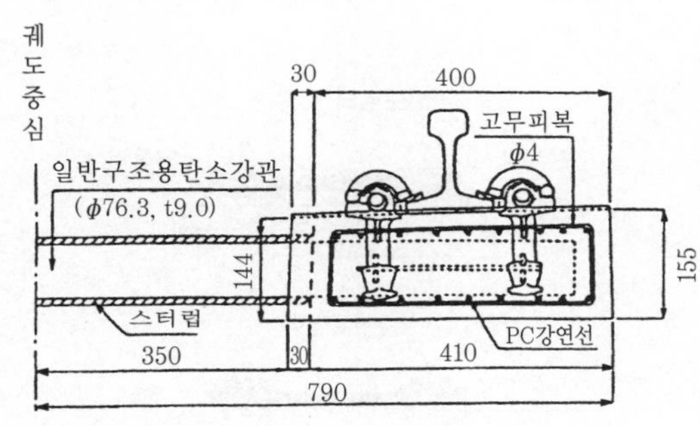

그림 6.3.5 래더 침목

(3) 자갈도상형 래더 궤도의 도상압력과 침하 특성

래더 침목은 기설의 자갈도상 궤도를 침목을 교환하여 보수의 최소화를 도모함을 제2의 목적으로 하여 개발된 것이다. 이 생력화 효과와 관련하여 아래와 같은 사실이 밝혀지고 있다.

① 정적 윤하중 8 tf 시의 자갈도상압력을 해석하여 횡 침목과 비교하면, 래더 침목의 최대 자갈도상압력은 횡침목의 약 1/2인 점, 압력 기울기가 극히 완만하게 되는 점 등에서 자갈의 마멸이나 선로방향 측방 유동에 따른 궤도 보수량을 대폭적으로 감소시킬 수 있다고 추측된다.

② 궤도 반복 재하 시험장치로 궤도의 침하 특성을 시험한 결과에 따르면, 누적 재하 톤수에 대한 래더 침목

중앙부의 침하 곡선 기울기는 횡침목 궤도의 1/8이었다(침하량 Y = [초기 침하량] + βX, X : 통과 톤수[백만 톤], 래더 침목 β = 0.00016, 횡 침목 β = 0.00128).

더욱이, 실제의 궤도에서는 이동 하중으로서 재하되는 점, 자갈에는 진동 가속도도 가해지는 점에서 시험선 또는 영업 선에서 생력화 효과를 정량적으로 파악하는 것이 보급을 위한 과제로 되어 있다.

(4) 비자갈계 래더 궤도의 전개

래더 침목은 횡침목(모노블록형 PC, 투윈 블록형 RC)과 비교하여, 슬리퍼 기능을 대폭으로 강화하기 위하여 선로방향으로 모노블록화를 도모하고, 투윈 블록형 RC에서 강제 이음재의 합리적 발상을 받아 들여 타이 기능을 확보한 것이라고 말하여진다. 한편, 슬래브판(일반형, 중공형)과 대비하면, 일반형에서 출발한 슬래브판이 경제화 등의 요구에 따라 중공형으로 진행중인 흐름을 계속할 것이라고 말할 수 있다.

이와 같이 래더 침목은 횡 침목의 대체품으로서 자갈도상형 궤도를 구성할 뿐만 아니라, 슬래브판의 대체품으로서 이하에 소개하는 비자갈계 래더 궤도(**그림 6.3.6**)를 구성할 수도 있어 범용적으로 이용될 수 있는 차세대 지지체로서의 위치를 잡아갈 수도 있다고 생각된다.

1) 모르터 도상형 : 모르터 도상형은 슬래브 궤도의 대체로서 신설 선에 이용될 수 있는 유형이다. 종래의 슬래브 궤도보다도 경제성과 환경성(전동 소음 · 진동)에서 유리하게 된다.

2) 플로팅(floating)형 : 플로팅형은 메커니컬한 방진장치로 래더 침목의 종 보를 간헐적으로 지지하는 유형이다. 이것은 무도상 · 직결형의 차세대 궤도라고도 하고 있으며[7], 완전히 기계적인 시스템으로 되므로 경제성과 환경성을 합리적으로 추구할 수가 있다. 또한, 노반 콘크리트와 도상을 철폐할 수 있고, 더욱이 궤광 자신도 횡 침목 궤광과 동등한 초경량이기 때문에 고가교의 경제화와 내진성의 향상에도 유리하게 된다.

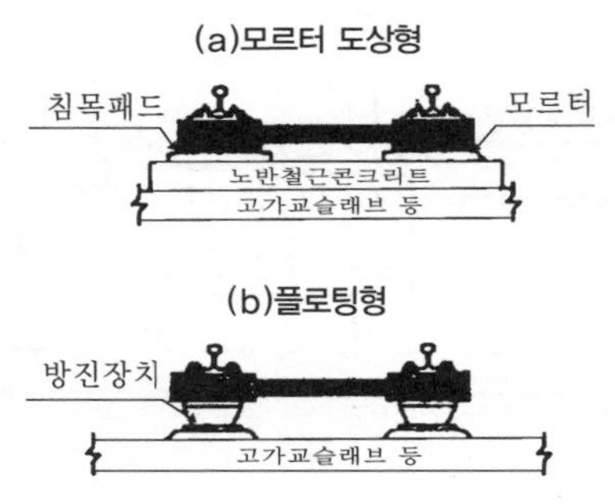

그림 6.3.6 비자갈계 래더 궤도

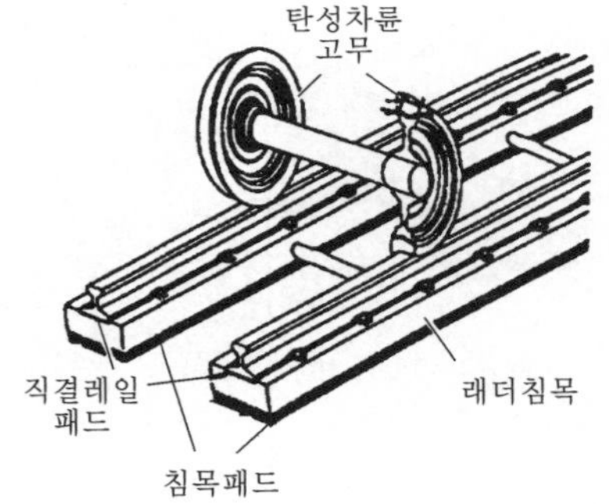

그림 6.3.7 방진복합 레일과 탄성 차륜

(5) 철차륜 / 궤도구조계의 최적화

래더 궤도는 **그림 6.3.7**에 나타낸 것처럼 강제 레일과 콘크리트제 레일이 겹친 보로 된 방진복합 레일로 볼 수가 있다. 이 방진복합 레일과 탄성차륜(강제 차륜 답면의 내측에 고무를 삽입한 철차륜)과의 조합 등으로 고무 타이어계 시스템에 보다 가까운 마일드(mild)한 하중환경을 실현하는 것이 철차륜계 시스템의 큰 과제로 된다. 이와 같은 보수 · 환경 양면에서의 최적화를 향하여 래더 궤도의 연구 개발이 추진되고 있다.

6.3.4 슬래브 궤도

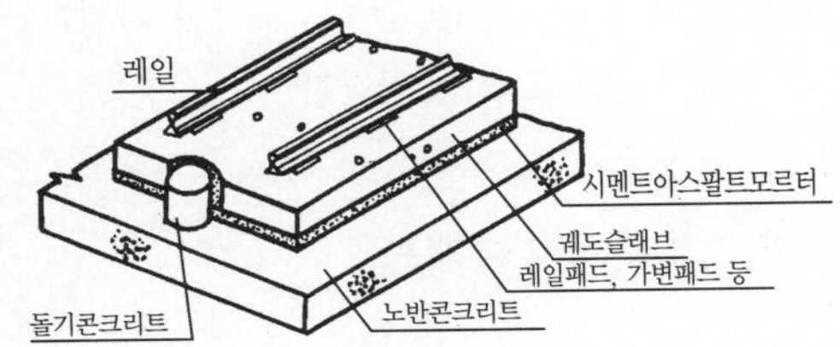

그림 6.3.8 슬래브 궤도

슬래브 궤도(slab track)는 보수 경감화를 위한 일본의 궤도 구조로서 정밀하게 제작한 궤도 슬래브와 하부구조의 사이에 조정 가능한 완충재를 채우는 구조이며, 일반 궤도용 슬래브 궤도에는 궤도 슬래브를 지지하는 방법 등에 따라 다음과 같은 형식이 있다. 주입재(채움재)를 이용한 전면(全面)지지 방식은 시공성, 내구성이 우수하므로 신선 건설과 선로 개량공사 등에 사용하며, 여기서 기술하는 슬래브 궤도는 이 ①의 형식을 말한다.

① 주입재를 이용한 전면지지 방식(강성 노반 상의 시멘트 아스팔트 모르터 지지)
② 고무 매트를 이용한 4점지지 방식(강성 노반 상의 고무 매트 4점 지지)
③ 레일 하면 띠 모양 지지 방식(강성 노반 상의 장대 튜브 지지)
④ 흙 노반 위의 슬래브(흙 노반 상의 시멘트 아스팔트 모르터 지지)

슬래브 궤도는 **그림 6.3.8**과 같이 레일을 지지하는 프리캐스트 콘크리트의 궤도 슬래브와 노반 콘크리트 사이에 완충재로서 시멘트 아스팔트 모르터(CA 모르터, 또는 CAM이라고 약칭하기도 한다) 등을 채우는 전면지지 방식이며, 돌기(突起) 콘크리트로 궤도의 종 하중과 횡 하중을 기초로 전달하도록 하고 있다. 따라서, 슬래브 궤도의 설계는 궤도 슬래브, 돌기 콘크리트, 노반 콘크리트 및 채움재(塡充材)의 설계로 대별된다.

슬래브 궤도에 사용되는 슬래브를 궤도 슬래브라고 하며, 그 길이가 5 m인 것을 표준 슬래브(standard slab)라고 한다. 그 이외에도 비표준 슬래브, 사각 슬래브 및 장대레일 신축 이음매(expansion joint)에 쓰이는 신축 이음매용 슬래브가 필요한 경우가 있다. 궤도 슬래브를 분류하면 ① 일반형 슬래브(보통 슬래브(normal track slab), 방진 슬래브(vibration decreasing track slab)), ② 중공형(中空型) 슬래브(frame track slab), ③ 특수형 슬래브 등이 있다. 기타사항은 《궤도역학2》[264], 《궤도시공학》을 참조하라.

표 6.3.3 궤도 슬래브의 적용구분

(5 m 표준 슬래브)

<table>
<tr><th colspan="3" rowspan="2">부설 장소</th><th rowspan="2">구조형식</th><th colspan="5">형상 치수(mm)</th><th colspan="2">돌기치수(mm)</th><th rowspan="2">비고</th></tr>
<tr><th>길이</th><th>폭</th><th>두께</th><th>돌기 접촉부 반지름</th><th>철근 피복 두께</th><th>반지름</th><th>높이</th></tr>
<tr><td rowspan="3">보통 슬래브</td><td rowspan="2">일반구간</td><td>온난지</td><td>RC</td><td rowspan="2">4,930</td><td rowspan="4">2,340</td><td rowspan="2">190</td><td rowspan="2">190</td><td>20</td><td rowspan="2">200</td><td rowspan="2">250</td><td rowspan="2">(주1)</td></tr>
<tr><td>한냉지</td><td>PPC</td><td rowspan="3">30</td></tr>
<tr><td>터널구간</td><td>직선</td><td>RC</td><td>4,950</td><td>160</td><td>160</td><td>220</td><td>200</td><td></td></tr>
<tr><td>방진슬래브</td><td colspan="2">한냉지</td><td>PPC</td><td>4,930</td><td>190</td><td>190</td><td>200</td><td>250</td><td>(주2)</td></tr>
</table>

(주1) 일반구간 및 터널 갱구에서 200 m까지의 궤도 슬래브 돌기 접촉부에는 슬래브매트를 접착한다.
(주2) 방진 슬래브의 홈이 있는 슬래브 매트는 슬래브 하면과 돌기 접촉부에 접착한다.

경부고속철도에서는 기본 설계 단계에서 일반형 궤도슬래브를 검토하였으나 실시설계 단계에서 최종적으로는 채택되지 않았다.

당시에 검토된 궤도슬래브는 RC(reinforced concrete) 구조의 온난지용과 균열 방지의 관점에서 PPC(partial prestressed concrete) 구조로 되어 있는 한냉지용*이 있다. 또한, 소음 대책으로서 궤도 슬래브 하면에 홈이 있는 슬래브 매트를 삽입하는 방진 슬래브가 있다. 이때 검토한 궤도 슬래브의 구조형식과 적용구분은 **표 6.3.3**과같다.

6.3.5 분기기 슬래브

슬래브 분기기(分岐器)는 구조상 일반 구간의 슬래브 궤도(軌道)와 비교하여 다음과 같은 상이점을 가지고 있다[7].

① 분기기의 구조상 부득이 수 종류의 다른 궤도 슬래브를 제작할 필요가 있다.

② 리드부, 크로싱부 등이 궤도 슬래브 중심을 가로지르기 때문에 일반적인 슬래브 궤도의 돌기를 설치할 수 없다. 그 때문에 당초는 궤도 슬래브 아래에 오목부를 붙임과 함께 채움재(塡充材)로서 수지를 주입하여 마찰로서 수평 저항을 취하는 구조이었다. 이 방식은 대단히 고가이기 때문에 그 후에 궤도 슬래브의 측면에 돌기를 설치하는 방식으로 변경되었다.

③ 슬래브 분기기는 포인트와 가동 크로싱의 전환 쇄정 장치가 고가교 사이의 단차, 각 꺾임 등의 영향을 받아 전환불능을 일으키지 않도록 이 부분을 이음부에서 떨어지게 할 필요가 있다.

6.3.6 영단형 방진 직결 궤도

자갈궤도의 방진 매트로 성공한 예를 참고로 하여 일본에서 방진 고무의 스프링계수를 내릴 수 있을 때까지 마음껏 내려 방진 고무가 그 기능을 충분히 발휘할 수 있는 구조로서 고안된 것이 동경 지하철(帝都 교통영단)의 영단형(營團形) 직결 궤도이다.

그림 6.3.9에 구조를 나타낸다. 이 궤도는 FRP제의 상자로 만든 방진 장치의 안에 크로로플렌계 합성 고무제의 방진 패드를 깔고, 상자를 콘크리트 도상 중에 고정하여 그 안에 PC 침목을 설치하는 것이다. 시공은 레일

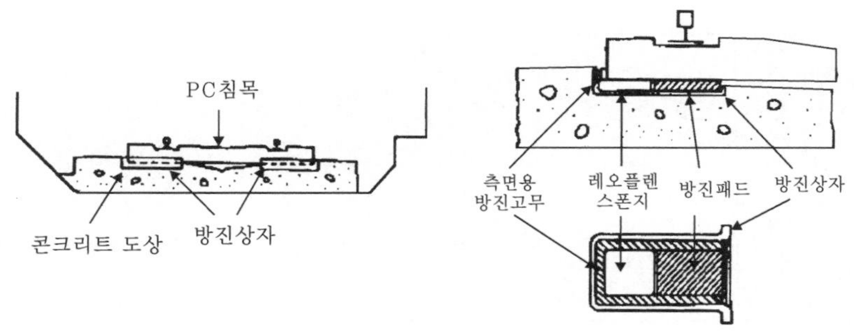

그림 6.3.9 방진 침목 궤도

* 온난지용과 한냉지용의 적용구분에 있어 연간 동결융해 횟수가 80회를 밑도는 지역에서는 온난지용을, 그보다 넘는 지역에서는 한냉지용을 적용한다.

에 PC 침목을 체결하여 상자를 벨트로 고정하는 방법을 이용한다. 방진 패드는 폭 236 mm, 길이 296 mm, 두께 30 mm로 안팎에 홈이 있으며, 수평방향으로 통하는 구멍을 뚫어 스프링정수를 확보한다. 또한, 고무의 변형을 제한하지 않도록 패드의 주변에 약간의 간극이 남아 있도록 상자의 치수가 고려되고 있다.

레일의 종별과 하중 조건에 따라 다르지만, 레일 침하량은 3~4 mm를 허용하도록 하고, 방진 패드의 스프링계수는 4 tf/cm, 레일패드의 스프링계수는 50 tf/cm로 되어 있다. 따라서, 1 체결당 스프링계수는 3.7 tf/cm로 상당히 낮게 되어 있다. 레일 방향, 레일 직각방향으로도 대상(帶狀)의 고무로 탄성을 갖게 하며, 스프링정수는 각각 25 tf/cm, 10 tf/cm이다. 방진상자의 방진패드가 들어가지 않는 부분에는 방진 패드의 스프링정수에 영향을 주지 않는 부드러운 네오플렌제 스펀지가 삽입되어 있다. 이 구조의 착안점은 방진 패드가 상자로 콘크리트와는 격리되어 있으므로 모르터 등의 침입이 없고, 방진 패드의 변형을 구속하는 것이 없으므로 소정의 스프링정수를 확보할 수 있으며, 방진 패드가 열화한 경우에도 콘크리트를 파괴하지 않고 간단히 교환할 수 있다는 점이다.

본선의 시공에 앞서 시험을 하여 양호한 결과가 얻어질 수 있는 전망이 선 결과, 1977년에 기설 선에 시공되었다. 방진 침목 궤도로의 개수(改修) 전후의 진동을 측정한 결과, 터널 아래 바닥의 진동은 공진 점의 22 Hz 부근을 제외한 전(全)대역에서 레벨이 저하하고, 지반의 진동도 이것에 따라 내려가고 있지만, 피크의 40 Hz를 중심으로 한 감쇠량은 터널 아래 바닥의 감쇠량보다 크다. 이것은 지반의 진동이 터널의 위 바닥과 측벽의 진동에 영향을 주기 때문에 이 경우는 위 바닥과 측벽의 진동 감쇠가 아래 바닥의 것보다 큰 것을 나타내고 있다. 여기서의 지반 진동레벨(*VL*)의 감쇠량은 10 dB이지만, 그 후의 시공 예와 합치면, 지반 상에서의 평균적인 방진 효과로서 11 dB이 얻어지고 있다. 이것으로 유도상 방진 매트 궤도에 필적하고 실용에 충분한 콘크리트 도상용의 방진 궤도(vibration reducing track)가 얻어졌다고 한다.

한편, 받침 스프링이 대단히 유연한 점에서 레일의 변칙경사나 들림(uplift)이 염려되지만, 축중이 작은 것도 다행으로 하여 변칙경사는 통상의 값을 변화시키지 않고 들림도 최대 0.1~0.2 mm 정도로 주행 안전상의 문제는 없다고 생각하고 있다. 시공 후의 경과 년수가 최대 9년이 되어 1987년에 시행한 방진 패드의 조사 결과에서는 반복 하중 때문에 두께가 규격을 약간 (0.1 mm) 하향하는 것이 일부에 있을 뿐으로 물성, 스프링정수 등은 규격을 충분히 만족하고 있다고 한다. 국내에서는 광주지하철이 이 시스템을 채용하였다.

6.4 유럽의 생력화 궤도

6.4.1 독일 레다(Rheda) 궤도

독일은 유럽에서 생력화 궤도의 연구 개발에 가장 열심이며, 보수노력 경감과 고속 운전에 대응한 궤도 강화를 목적으로 하여 Schonstein 터널, 베를린 지하철, 뮌헨 시전(市電) 터널, 함브르크 고가철도 등, 터널 · 지하철 · 고가교에서 실용화를 진행하여 왔다. 특히, 유명한 것은 1965년 뮌헨 교통 박람회 개최중의 무보수 궤도에서 200 km/h의 고속 운전이다. 처음으로 동상(凍上) 방지의 성능을 가진 본격적인 흙 노반 상의 생력화 궤도가 Hirshaid역구내에 부설되었다. 이 궤도에서는 흙 노반으로의 열전도(熱傳導)를 억제하기 위하여 발포 스티로폴 콘크리트가 이용되고 있다. 3번의 동기에 걸쳐 흙 노반의 동상은 한번도 없었고, 발포 스티로폴 콘크리트 자체에도 이상이 없었다.

독일 연방철도 고속화 계획 중에서 "레일 · 차륜 시스템의 한계에 관한 연구"의 일환으로서 Eisen-mamm이 설계한 콘크리트 침목을 흙 노반 상의 콘크리트 슬래브에 매설하는 형식의 슬래브 궤도가 1972년에 Rheda 역구내에 부설되고, 같은 해에 현장 타설 철근콘크리트 슬래브 위에 레일 체결장치를 나중에 설치하는 형식의 직결궤도가 Oelde역구내에 시험 부설되었다.

이들의 시험 결과, Rheda형이 기본으로 되어 Fulda~Wurzburg간의 터널에 시험 부설되고, Hano- ver~Fulda간의 터널 안의 약 10 km에 실용되었다.

표정 속도 160 km/h, 통과 톤수 21,000 t/일의 구간에 R 5,750의 곡선을 포함하여 658 m의 시험궤도를 설치하여 250 km/h까지의 주행시험을 하였다. 궤도구조는 **그림 6.4.1**에 나타낸 것처럼 시멘트 안정처리 강화 노반 위에 동상 방지를 위하여 스티로폴 콘크리트 층(두께 20 cm)을 형성하여 그 위에 레일 체결장치를 설치한 침목을 그 복부의 구멍으로 철근을 통하여 배치한 후에 현장 타설 콘크리트 안에 세트한 것으로 궤도의 탄성은 레일과 침목 사이에서 취하는 구조이며, 그 스프링계수는 20 tf/cm {20 MN/m}이다.

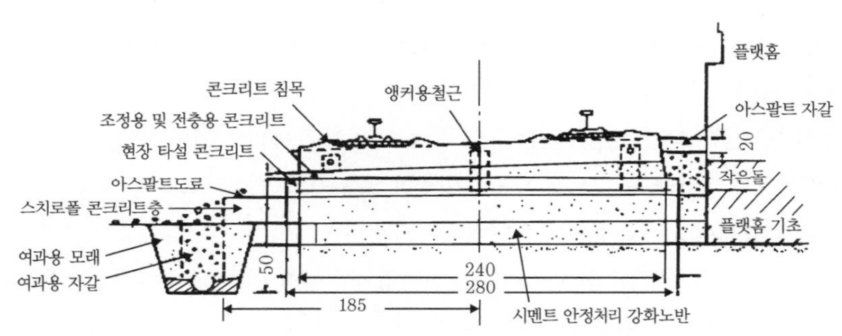

그림 6.4.1 Rehda역구내 슬래브 궤도의 궤도구조

여기에는 새로운 체결장치가 이용되고 있다. 이 체결장치는 레일과 베이스 플레이트 사이에 여러 가지 두께의 패드를 삽입함으로써 상하방향 −3~5 mm까지의 궤도틀림 조정이 가능하다. 좌우방향에 관하여도 플라스틱 인서트나 앵커 플레이트의 두께를 변화시키는 것으로 조절 가능하다.

1977년부터 새로운 6 유형의 궤도에 관한 시험이 뮌헨 지구에서 개시되었다. 이 시험 궤도는 고(高)축중의 석유 탱크 차, 160km/h 주행의 TEE 국제 열차 등이 주행하는 평균 통과 톤수 57,000tf/일의 Ingolstadt~Manheim간에 부설되었으며, 여러 가지 유형의 프리캐스트 설비가 기초 콘크리트층 위에 설치되었다.

궤도구조는 a형이 PC 슬래브, b형이 PC 틀형 슬래브 궤도로 양자 모두 슬래브가 인접하는 부분을 중합하여 위치를 정정하고, 하부에 CA모르터를 주입함과 동시에 축 방향 철근을 용접하고 있다. 위치 정정은 겹쳐진 부분을 관통하는 유지 봉으로 행하고 있다. c형은 Rheda역구내에 설치된 것과 같은 형이다. d와 e형은 축 방향에 2 개의 홈을 둔 현장 타설의 슬래브 궤도로 이 중에서 d형은 레일 체결장치가 설치되는 공장 제작 콘크리트 블록을 이 홈에 삽입하여 고정한 것으로 작업이 극히 단시간에 행하여졌다. 또한, e형은 고무로 피복한 콘크리트 침목을 이 홈에 넣어 고정한 것이다. 고저틀림은 채움재(filler)로 조정한다. f형은 독일 연방철도에서 지금까지 미경험의 유형으로 레일 체결장치를 설치한 공장제의 콘크리트 부재를 현장 타설의 콘크리트에 매립하여 실현되었다.

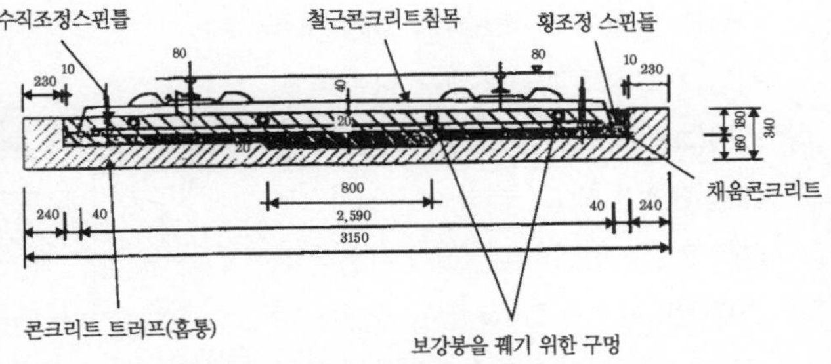

그림 6.4.2 수정된 Rheda 슬래브 궤도

수정된 Rheda 시스템은 콘크리트 홈통(트러프)이 마련되어 있는 철근 콘크리트의 기초로 구성되어 있다. 콘크리트 침목은 이 콘크리트 홈통 안에 설치되며, 조정나사를 이용하여 정밀하게 설정할 수 있다. 침목의 구멍을 통하여 궤도의 종 방향으로 보강 봉이 삽입된다. 이들을 고정하기 위하여 침목 주위에 콘크리트를 타설하여 연속 슬래브를 형성한다(**그림 6.4.2**). 침목에는 조절 가능한 베이스 플레이트에 Vossloh 체결장치가 사용되며(**그림 6.4.3**), 조정 범위는 수직 +20, −5 mm, 횡 방향 +5, −5 mm이다.

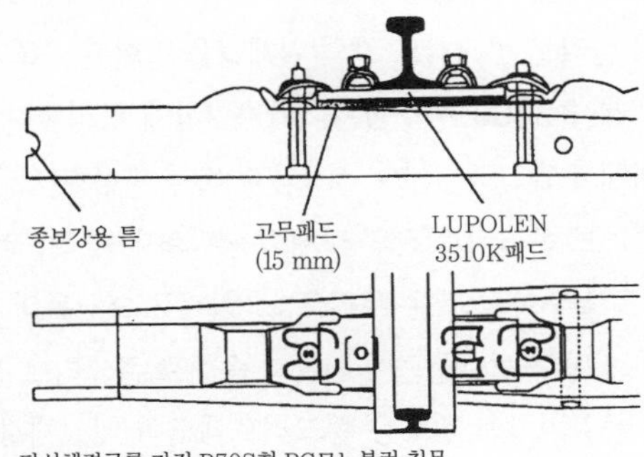

그림 6.4.3 Rheda 시스템의 베이스 플레이트

1986년에는 Stuttgart-Manheim과 Wurzburg-Hannover의 ICE 노선의 터널 구간에 각 1개소씩 Rheda 시스템(궤도 연장 4,000 m)이 부설되었다. Wurzburg-Hannover간에서 실용화된 구조를 나타낸 것이 **그림 6.4.4**로 Rheda형을 기본으로 하고 있지만, 터널 안이므로 스티로폴 콘크리트는 생략하고 노반 콘크리트 위에 침목을 설치하고 침목 아래와 침목 사이를 전충 콘크리트로 고정한 후, 주위에 세립의 자갈을 공극을 유지한 채로 다진 Korn 콘크리트를 타설한 구조로 되었다. 이와 같은 구조로서 소음을 5 dB(A) 감소시킬 수 있다고 한다.

시험조건하에서 406 km/h의 최고기록 속도를 달성한 Wurzburg-Hannover 노선의 영업속도는 280 km/h이고, 이 궤도를 포함한 ICE 노선에 걸쳐 330 km/h의 시험 운행이 달성되었으며, 장래의 노선에서는 더욱 광범위하게 사용될 것으로 추측된다.

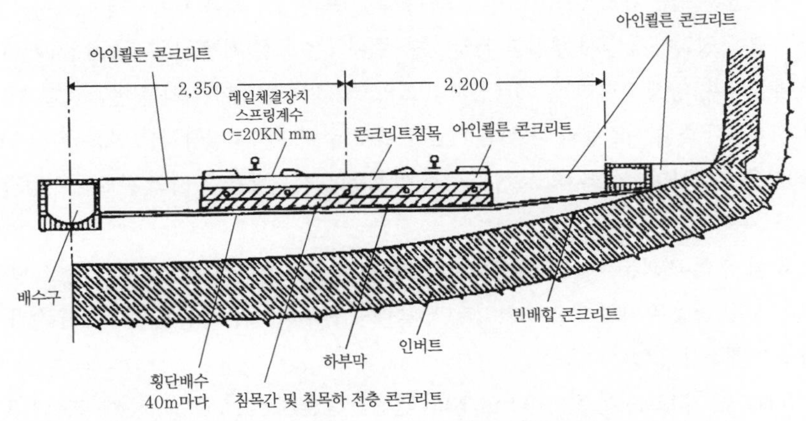

그림 6.4.4 Wurzburg-Hannover간의 실용 궤도

현재 독일에서 사용되고 있는 대표적인 콘크리트궤도는 레다 디비닥 시스템(**그림 6.4.2** 참조), 쥐블린 시스템(**그림 6.4.5** 참조), 레다 2000 시스템(제6.2.2항 참조)이다. 레다 디비닥 시스템(Rheda - Dywidag System)은 1차적으로 트러프를 시공하고 트러프 내부에는 채움 콘크리트로 침목과 보강철근을 매입하여 일체화시키는 구조이며 4개의 종방향 보강철근이 침목을 관통하도록 배치되어 있어 침목과 슬라브 콘크리트 간의 일체력을 강화한 구조다.

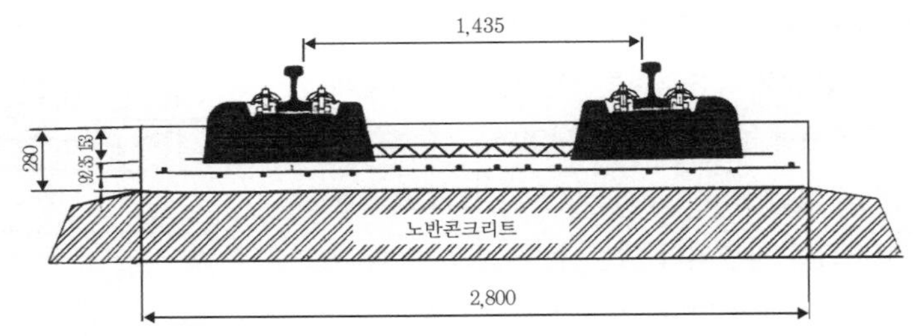

그림 6.4.5 쥐블린 시스템(Züblin System)

레다 2000 시스템은 제6.2.2항에서 상술하였지만, 트러프가 없는 구조로서 침목 배치와 트랙위치 조정을 위해 포탈크레인이나 스프레더 바를 사용하며, 침목 하부에 격자형의 트러스 보강철근이 배치되어 있어 침목과 슬라브 콘크리트 간의 일체력을 강화한 구조로서 레다시스템 중 가장 진보된 구로이다.

쥐블린 시스템은 트러프가 없는 구조(침목의 배치 및 진동식 매립을 위해 포탈크레인을 사용)로서 침목 하부의 횡방향 보강철근이 침목과 슬래브 콘크리트 간의 일체력을 강화한다.

독일의 고속철도용 콘크리트궤도의 레일체결장치는 모두 동일(VOSSLOH System 300 혹은 300-1)하며, 궤도의 동적 하중은 VOSSLOH 체결장치(**그림 2.5.27** 참조)의 탄성클립과 폴리우레탄 방진 패드로 흡수하여 저감시키므로 하부 구조물의 균열을 예방할 수 있다. 경부고속철도 2단계 구간의 레다2000에는 SFC 레일 체결장치를 이용하였다.

6.4.2 영국 PACT 궤도

PACT 궤도 시스템은 고속용으로 설계되었음에도 불구하고 오늘날까지 고속으로 운행되지 않고 있으며, 최고 운행속도는 150 km/h이다.

PACT 궤도 시스템은 철근 콘크리트 기초를 사용하지만, 프리캐스트 콘크리트 제품을 사용하지 않고, 기초 콘크리트의 양 측면에 정밀하게 임시 부설한 레일 위를 주행하는 포설 기계(slip form paver)를 이용하여 콘크리트를 현장 타설하며, 양생 후에 레일 체결장치의 코일스프링 클립걸이 위치를 천공하고 그라우팅하여 클립걸이를 고정시키는 점이 다른 시스템과 다르다. PACT 궤도는 팬드롤 체결장치를 이용하여 연속 10 mm 두께의 패드 위에 레일을 부설하며, 부설후의 조정이 어렵기 때문에 처음 부설할 때의 콘크리트 정밀성에 따라 좌우된다.

포장 슬래브 부설 후의 결과는 누적 통과 톤수 1,200만 tf에서 전반적으로 문제가 없고 평균 침하량은 10 mm 이하이었다. 보수 작업은 거의 필요가 없었지만, 슬래브 단부의 배수 불충분 때문에 우수가 성토 중에 침입하여 분니가 발생한 개소가 있었다.

중(重)축중(25 tf), 중(中)고속 운전(200 km/h)의 간선인 Sheffield~Derby선에 연장 1.8 km에 걸친 시험 선이 신설되어 재래 선과 교체되었다. 선형은 최고 속도 200 km/h에 대응하여 설계되고, 시험 궤도는 중간을 2 대차로 지지한 슬립 폼 포장기계를 이용하여 평균 시공속도 187 m/일(日)로 열차 운행에 지장이 없이 연속 시공되었다.

궤도구조는 상기의 PACT 궤도 BR형에 대하여 그레이더로 노반을 정정 전압한 후 역청재 처리를 하고, 철근을 조립하여 콘크리트를 타설하는 간략한 것이다. 또한, 레일 체결방식은 콘크리트용 표준 품을 개량한 팬드롤 방식이며, 에폭시, 폴리에스터 수지 혹은 특수 배합의 시멘트 그라우트를 이용하여 콘크리트 중에 매립한 인서트를 이용한다. 절연물은 나일론 라이닝을 한 가단강(可鍛鋼)으로 레일 베이스와 인서트 사이에 삽입된다. 레일은 팬드롤 클립으로 고정되며, 그 체결력은 스프링 1 개당 0.6 tf (6 kN)이다. 레일은 레일 하면 측에 네오프렌을 붙인 두께 10 mm의 고무결합 콜크제 연속 레일패드로 지지되어 있다. 이 레일패드는 2 조의 점착 탄성 테이프(폭 12 mm)로 콘크리트 면에 설치된다.

시험선은 누적 통과 톤수 6,000만 tf의 시점에서 궤도틀림이 거의 한계 내로 유지되었으나, 슬래브의 침하가 25 mm를 넘고, 또한 구조물과 흙 노반의 경계에서 부등 침하가 발생하였다. 또한, 시험선의 많은 곳에서는 슬래브의 변위가 크기 때문에 초기에 온도 수축으로 생긴 균열이 확대되었다. 이 균열은 모두 레일 체결장치의 인서트부를 통하여 발생하여 몇 개인가의 레일 체결장치가 체결이 불가능하게 되었다.

따라서, 이 단순한 구조의 슬래브 궤도는 노반강도가 충분한 개소가 아니면, 고속, 고밀도 노선에서의 이용은 불가능하다고 생각된다.

최근에 Dockland 경철도나 홍콩 지하철 등에서는 베이스 플레이트를 사용하여 레일 저부에는 레일패드, 베이스 플레이트와 궤도 슬래브 사이에는 베이스 플레이트 패드를 삽입하는 불연속 방식을 채용하고 있으며, 이들 방식은 소음 · 진동의 문제에서 보다 좋은 효과를 얻고 있다.

PACT 궤도의 단면형태는 설계대로의 조정 부설이 가능하며, 부설 연장이 길수록(약 10 km 이상) 경제성이 탁월하지만, 단거리 분할 시공 시는 장비의 운반, 투입이 어려우므로 시공성이나 경제성의 면에서 상대적으로 불리하게 된다.

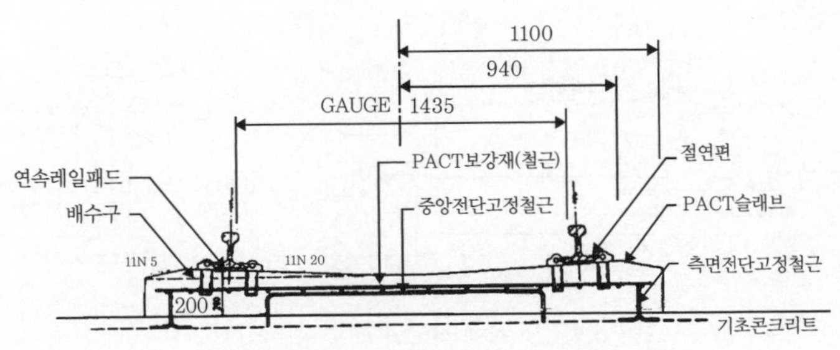

그림 6.4.6 PACT 궤도 시스템의 단면

6.4.3 프랑스 Stedef 궤도

프랑스 국철이 Limoges-Brive간의 땅깎기 구간에 부설한 **그림 6.4.7**에 나타낸 Stedef형 슬래브궤도는 2 블록형 RS 콘크리트 침목의 각 블록에 두께 12~24 mm의 부드러운 기포 함유 폴리우레탄 완충재를 저부에 삽입한채로 경질 고무제의 상자(函形)를 끼워 이것을 콘크리트 슬래브 상에 있는 오목부에 삽입한 후 상자와 콘크리트 사이의 간극에 모르터를 충전하는 구조이다. 궤도의 탄성은 이 부분과 레일 아래에 깔은 레일패드로 담당하게 된다. 이 구조에서 콘크리트 슬래브는 먼저 시공 기면을 충분히 조정하여 20 cm 두께의 고른 콘크리트를 타설한 후에 감수제를 대량 혼입한 콘크리트로 7 m 구간마다 시공되었다. 줄눈은 방수 줄눈으로 하여 시공 기면으로의 침수(浸水)를 방지하도록 충분히 배려하고 있다.

다음에, 통과 톤수 10만 tf/일의 파리 외곽 환상선 Nuilly-sur-Marne에 연장 300 m의 시험 궤도가 부설되었다. 통과 열차는 주로 화물열차이며, 최대 축중은 20 tf, 최고 속도는 90 km/h이다. 궤도구조는 전술의 Stedef형으로 노반은 니회토(泥灰土)의 성토이기 때문에 궤도에 따라 배수구를 설치함과 동시에 성토 표면에 입경 0~2 mm의 가는 모래 층 10 cm 이상, 0.315~10 mm의 거친 모래 층 10 cm, 빈배합의 콘크리트 슬래브 10 cm를 시공하여 노반을 강화하고 있다. 궤도는 먼저, 포스트 텐션 방식의 콘크리트 슬래브 위에 베이스 콘크리트를 타설하여 오목부를 만들어 여기에 Limoge-Brive간과 같은 모양의 Stedef형의 궤도가 설치되었다.

이 궤도는 1.3억 tf의 누적 통과 톤수에서도 충분히 만족하는 결과를 나타내고, 특히 포스트 텐션 방식의 PS 콘크리트 슬래브는 고가이지만, 온도 균열의 억제에 효과가 있는 것을 나타내었다. 이 Stedef형의 슬래브 궤도는 스위스 국철의 Bozberg 터널이나 Heitersberg 터널에도 채용되어 장대 터널에서 종래의 자갈궤도 보수의 기술적 곤란, 긴 보수 기간 및 작업의 위험성이 해소되었다.

파리 수송공사(RAPT)는 지역 고속철도(RER)의 산젤마선(1970년 개통) 에토울 · 데팡스간을 건설할 때에 일부 구간에 3 종류의 무도상 궤도를 부설하여 소음 · 진동에 관하여 시험하였다. 이들의 궤도 중 RAPT형과 SNCF(F)형은 모나코형의 타이 플레이트 직결의 궤도이다. Stedef형은 전술과 같다.

열차 주행속도 60, 80 및 100 km/h에서 측정한 결과, 어느 것의 무도상 궤도도 오버올(overall) 소음레벨이 높게 된다. 즉, 터널 내 및 부수차 내에서 1,000 Hz에 대한 음압 레벨에 대하여 보면, Stedef형에 대하여 5

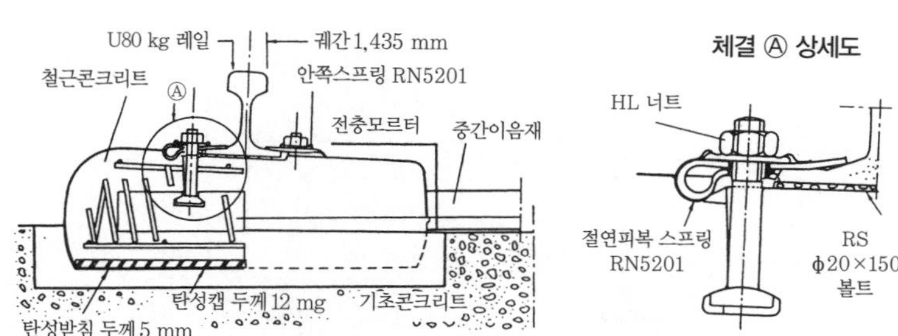

그림 6.4.7 Stedef 궤도와 레일 체결장치

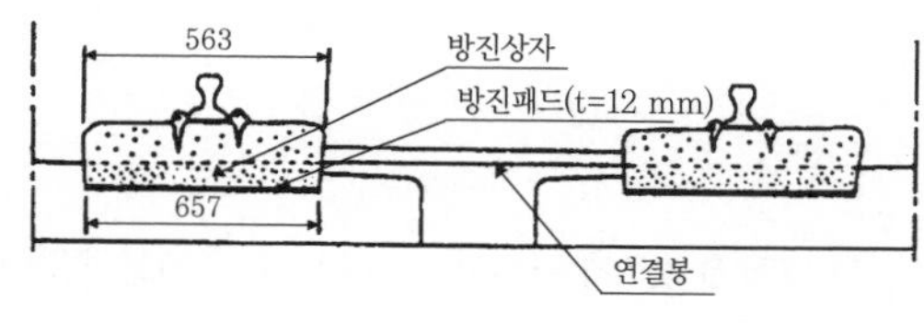

그림 6.4.8 Stedef 궤도구조

그림 6.4.9 Stedef 궤도의 모양

dB, Rapt형에 대하여 15 dB 각각 높게 된다. 터널의 저부 중심에서 측정한 45~180 Hz 대역 내에서의 진동속도 레벨은 어느 것도 자갈궤도의 것을 하회하였다. Stedef형 궤도의 평균 진동속도 레벨은 자갈궤도를 10 dB 하회하였다. **그림 6.4.8**과 **그림 6.4.9**는 Stedef 궤도의 개략도이다.

도시 지하철이나 일반 철도의 터널, 교량 등의 구조물상에는 보수의 어려움과 보수비 절감을 위하여 콘크리트도상화의 추세에 따라 Stedef V. S. B의 시스템이 부설되고 있으며 이 형식의 구조는 ① RC구조의 2블록 침목, ② 침목을 상호 연결하는 연결 봉(steel tie bar), ③ Nabla형 레일 체결장치, ④ 9 mm 두께의 레일패드, ⑤ 침목 하면에 씌우는 내마모성 특수 탄성 화합물의 고무 상자(rubber boots), ⑥ RC 침목과 고무 상자 사이에 설치되는 12 mm 두께의 탄성(彈性) 패드(micro cellular pad) 등의 부재로 구성된다.

이 궤도의 방진 개념은 콘크리트도상 궤도가 자갈도상 궤도와 비슷한 궤도 탄성을 갖도록 한 것으로서 궤도에 영향을 미치는 저주파대의 진동은 침목 밑의 탄성 패드에서 여과되고, 고주파대의 진동은 레일패드에서 감소시킨다. 2블록 침목은 RC구조이며 궤도의 중간질량(intermediate mass) 원리에 따라 전체적으로 도상으로의 진동 전달을 억제하는 기능을 갖는다.

탄성 패드는 사용되는 선로와 차량 조건에 따라 탄성 량을 조절하여 진동감쇠 효과를 얻고 있으며, 일반적으로 터널의 경우에 10~12 tf의 윤하중 아래에서 1~6 tf의 수직 하중이 작용하는 것으로 보아 동적 강성을 1.3 tf/mm가 되도록 모델링함에 있어 탄성 패드는 1.9 tf/mm 정도이다. 고무 상자는 두께 5 mm로서 바닥은 평탄하고, 측면에는 골을 주어 침목의 수직, 종 및 횡 방향의 움직임을 좋게 하였다.

V.S.B. Stedef 궤도는 파리 RAPT 시스템을 비롯하여 프랑스와 스위스의 다른 지하철에서 광범위하게 사용되고 있으며, 우리 나라의 도시 철도에서도 상기의 제6.2.1(3)항 및 제6.2.3항과 같이 구조를 일부변경하여 채용되고 있으며, 레일체결장치는 팬드롤 체결장치를 이용하고 있다. 그러나 이 시스템은 고속철도 선로에 부설되어 고속운전에 이용된 경험이 없으며, 단지 재래 선과 지하철 선로 등에서 90 km/h의 최고 영업속도로 운행하고 있다.

6.4.4 기타 궤도

(1) 이탈리아 IPA 슬래브 궤도

이 시스템(**그림 6.4.10, 그림 6.4.11**)은 일본의 슬래브 궤도와 매우 유사하지만, 궤도 슬래브(**표 6.2.4** 참조)의 수평방향 이동(종 및 횡 방향의 이동)을 방지하는 돌기 설치방법이 서로 상이하다.

일본의 슬래브 궤도에 사용하는 돌기는 궤도 슬래브와 분리하여 기초 콘크리트에 고정하여 타설하는 것에 비하여 IPA 슬래브 궤도의 돌기는 궤도 슬래브 본체의 일부분으로 제작된 구조로서 기초 콘크리트 내의 홈 속으로 삽입된다는 점이다.

(2) 유로 터널 탄성 블록 궤도

유로 터널은 당초 프랑스 철도의 Stedef형 2 블록 탄성 직결 궤도와 영국 철도의 PACT 궤도가 검토의 대상으로 되어 왔지만, 최종적으로는 프랑스의 Stedef 궤도의 원 설계자인 Roger Sonnnevile이 미국에서 경영하는 Sonnnevile International사가 설계한 탄성 독립 블록 궤도가 채용되었다. 이것을 나타낸 것이 **그림**

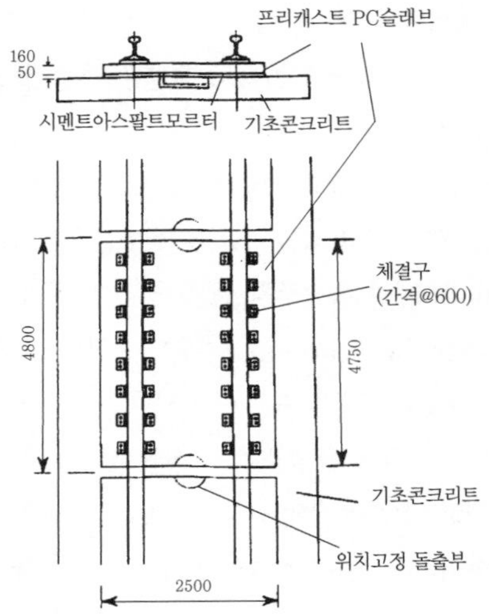

그림 6.4.10 이탈리아 IPA 슬래브 궤도

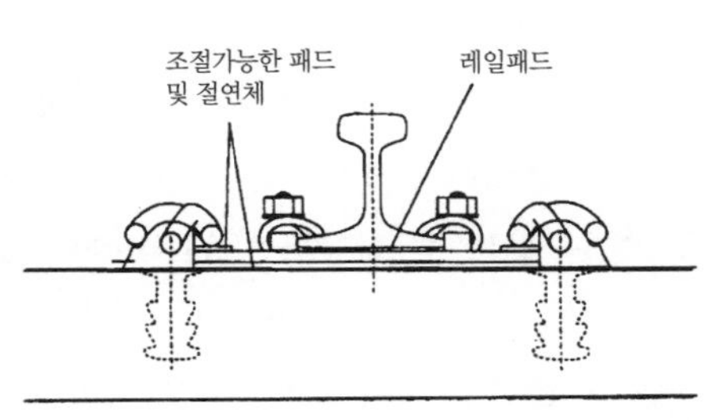

그림 6.4.11 이탈리아 IPA 슬래브 궤도의 레일 체결장치

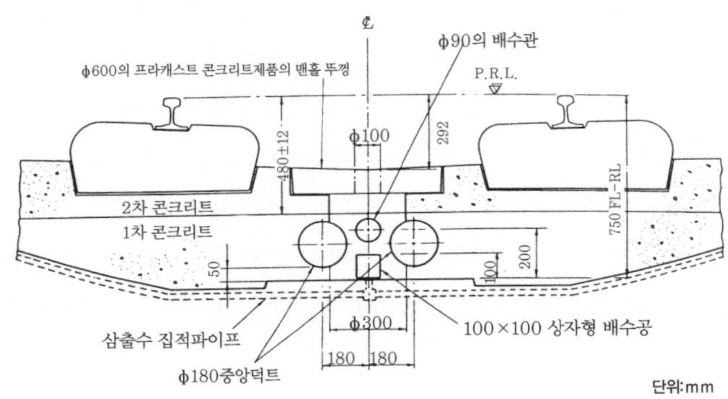

그림 6.4.12 유로 터널의 궤도(해저부)

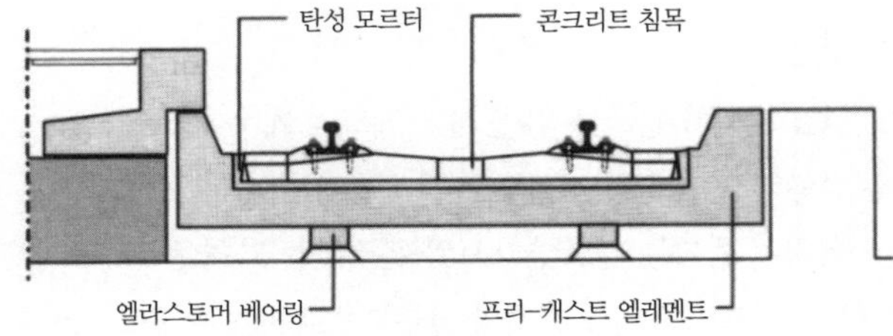

그림 6.4.13 London Underground에 설치된 플로팅 슬래브(또는 Eisenmann 궤도)

6.4.12이다.

(3) 플로팅 슬래브(floating slab)

터널 내에 이용되는 방진공법의 대표적인 것으로 궤도질량을 스프링으로 지지하는 1 자유도의 매스 스프

링 시스템이 있다. 이 적용 예가 플로팅 슬래브로서 독일의 뮌헨이나 쾰른 지하철 등, 미국의 워싱턴이나 뉴욕 지하철, 캐나다의 트론트 지하철 및 일본의 동해도 화물별선 등에서 시공되었다. **그림 6.4.13**에 나타낸, 그리고 그 중에서도 특히 Munich와 Frankfurt am Main S-Bahn 시스템에 적용된 "Eisenmann 궤도"는 터널 바닥에 지지된 엘라스토머 베어링을 이용한 프리-캐스트 철근 콘크리트 슬래브-세그먼트가 특색을 이룬다.

많은 도시 철도 시스템은 특정한 선로 구간에서 유사한 사전 제작 슬래브 시스템을 사용한다. 이 시스템은 소음과 진동 방해의 취약성이 있는 지역에 적용하고 있다. 이 시스템은 대단히 효과적일지라도 상당한 높이가 소요되며 고가이다.

프랑크프르트에 부설된 시스템의 고유 주파수는 11~16 Hz이며, 그 1.4 배 이상의 영역에서 효과가 나타나며, 터널의 바닥이나 벽에서 10~21 dB, 지표면에서 4~14 dB의 효과가 있다고 보고되어 있다.

(4) 자갈궤도의 개량

자갈궤도를 개량하기 위하여 독일에서 개발한 광폭(廣幅) 침목은 길이가 2.4 m이고 폭은 57 cm이다. 침목의 간격은 60 cm이며, 나머지 3 cm의 틈은 고무커버로 덮는다. 그중 H형 콘크리트 침목은 오스트리아에서 시험하였으며, 또한 이와 유사한 프레임 침목을 오스트리아에서 개발하였다. 또한, 화학적 결합재(액체수지와 경화제의 혼합물)를 사용하며 국지적으로 도상을 고결시켜 고속선로에서 자갈비상을 방지하기도 한다.

(5) 기타 형식 궤도

상기 외에 특히 종래의 형식과 달리 주목을 끈 궤도로 오스트리아의 세립 석을 고분자 섬유의 백에 채워 침목에 취부한 RSB(reignforced sleeper bed) 궤도와 Y형 강제 침목 궤도가 있다. 후자는 뮌헨 공과대학의 육상교통 구조시험소의 시험에서는 일반 자갈궤도에 부설되어 있지만, 라이프쯔히 교외의 부설에서는 아스팔트 직결 궤도로 되었다.

ADT 시스템은 콘크리트 기층, 그 위의 아스팔트 층 및 아스팔트 위에 직접 부설하는 투윈 블록 침목으로 구성한다. Bögl 슬래브 궤도(**표 6.2.4** 참조)는 1977년에 독일에서 적용하였으며, 크기가 다른 점을 제외하고 일본 슬래브 궤도와 대부분 유사하다. 매립레일구조(ERS)는 예를 들어 코르크와 폴리우레탄으로 구성하는 합성재를 이용한 레일의 연속지지를 포함한다(**그림 6.2.18** 참조). Deck Track은 휨 강성이 대단히 큰 매립레일구조의 예이다.

포장 내 경철도 궤도에서는 Cocon Track(H형 콘크리트 침목 시스템인 Cocon 침목과 종침목 상부에 CDM 복합 스트립 적용)과 연속적으로 지지된 홈이 있는 레일 시스템(ERL)에 관심이 있다.

팬드롤이 개발한 Vanguard 시스템(제6.2.6항 참조)과 Phoenix의 연속 탄성쐐기나 스트립으로 레일을 지지하는 레일 체결시스템의 새로운 유형이다.

Delft공대는 자갈궤도와 슬래브 궤도에 대한 EPS(폭넓은 폴리스티렌) 보조 기층의 적용 가능성과 조건을 연구하였다.

이들에 대한 좀 더 상세한 내용과 이책에서 소개하지 않은 궤도구조는 《최신 철도선로》[272]와 《선로의 설계와 관리》[269]를 참조하라.

6.5 콘크리트궤도 시스템의 일반적인 검토 사항

이 절에서는 콘크리트 시스템에 관한 일반적이고 총론적인 검토 사항을 논의한다.

6.5.1 연질 흙 위의 휨 강성 콘크리트궤도

현재 적용되고 있는 콘크리트궤도 시스템의 대부분은 경질 하부구조 위의 상대적으로 낮은 휨 강성 슬래브의 원리에 기초한다. 하부구조의 부등 침하에 대한 슬래브 궤도의 적용성은 상대적으로 적으며, 그 이유는 시간-소비적이며 고가의 대규모 흙 개량이 수반되기 때문이다.

제6.5.3힝에서는 하부구조의 강성에 관련되는 독일의 지질공학적 요구조건의 개관을 설명한다. 동상 보호 층의 상부에 요구된 강성 Ev_2 = 12 N/mm²는 K = 0.15~0.20 N/mm³의 기초 계수와 같다. 흙의 개량 외에 부등 침하의 위험을 줄이는 방법에는 콘크리트 슬래브를 적용하여 상부구조의 휨 강성을 증가시키는 방법이 있다.

슬래브의 철근은 일반적으로 수축 응력에 기인하는 규칙적인 균열 패턴을 마련하도록 중립 선에 적용한다. 휨 철근은 슬래브의 휨 강성을 증가시키고 수축에 기인하는 장기 수직 응력과 열차 하중에 기인하는 동적 휨 응력에 견딜 수 있어야 한다.

연질 흙에 대한 슬래브의 적용에서 중요한 이슈는 철근의 피로, 슬래브의 수직 처짐 및 흙 응력의 레벨이다. 이들의 인자는 Delft 공대의 연구 문헌에서 고려하였다. 여기서, 기존의 콘크리트궤도 시스템을 수정하였으며, 마치 연질 흙 위에 적용하는 것처럼 고려하였다(**그림 6.5.1**). 그리고, 슬래브와 흙의 강성을 변화시켜가면서 계산을 하였다. 그 결과, 가장 중요한 것은 피로에 대한 철근의 저항인 것으로 나타났다.

철근의 피로 응력 한계는 동적 하중 사이클의 예상된 횟수에 따라 적용한다. 사이클의 횟수가 많을수록 허용 응력의 레벨은 더 낮다. 설계응력은 최소 정상응력레벨 $\sigma_{s;d;min}$, 이 경우에 균열 후 철근의 초기응력 및 동적하중에 기인한 동요하는 휨 응력 $\Delta\sigma_{s;n;d}$으로 구성되어 있다(**그림 6.5.2**). 응력의 합은 총 응력레벨 $\sigma_{s;d;min}$을 나타내며, 그것은 피로한계($\sigma_{s;u}(n)$) 이하이어야 한다.

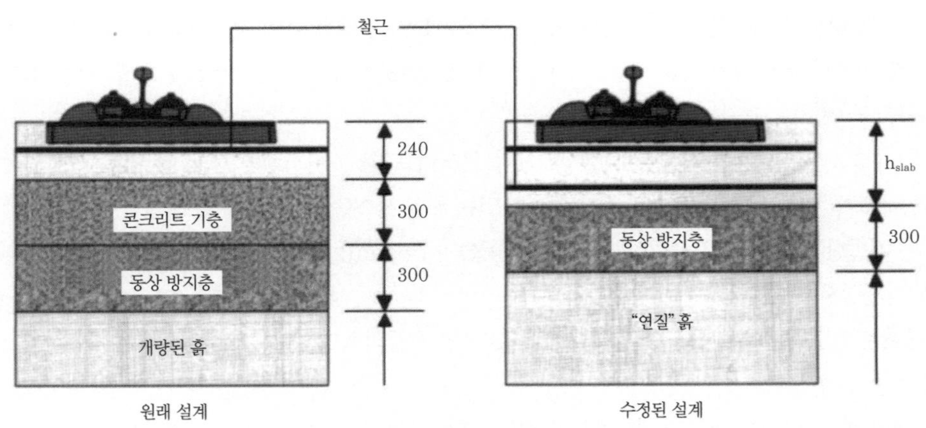

그림 6.5.1 원래의 콘크리트궤도 설계와 수정된 슬래브 궤도 설계

B35(C30) 콘크리트의 슬래브에 대한 균열 후의 초기 강 응력($\sigma_{s;d;min}$)과 2백만 동적 하중사이클의 피로한계($\sigma_{s;u}(n)$)를 **그림 6.5.3**에 편심 철근 비와 대조하여 도시한다. 슬래브가 온도 하중과 수축에 기인하는 추가의 응력에 견디도록 슬래브를 설계한다.

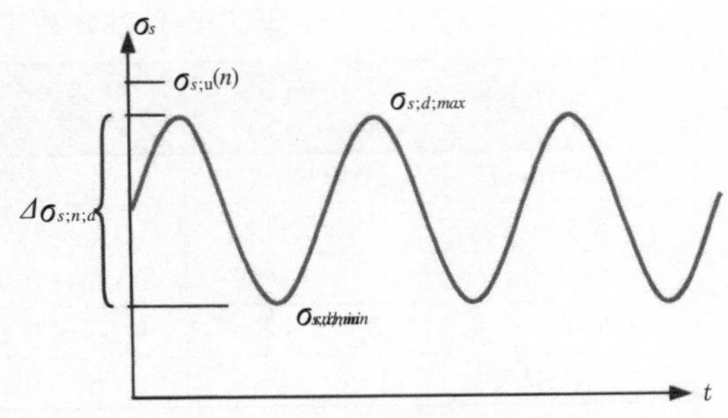

그림 6.5.2 동적 하중 하에서 철근의 전형적인 응력 레벨

상기의 그림에서 음영 부분은 초기의 강 응력(내부 균열)과 강의 피로 한계 사이의 차이를 나타낸다. 이것은 휨에 이용할 수 있는 응력의 양을 의미한다. 이 그림은 1.0 %의 철근량이 불충분함을 분명하게 보여준다.

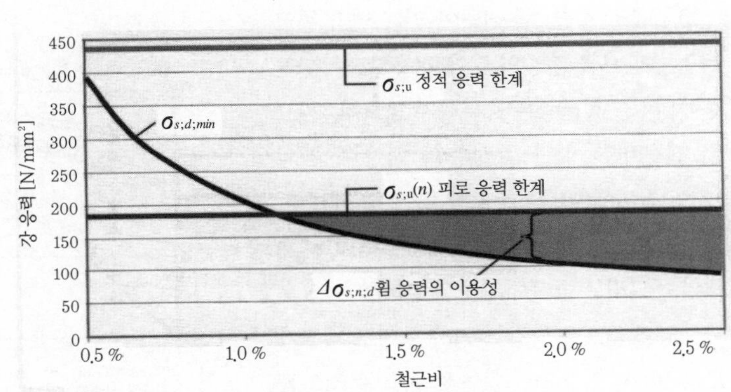

그림 6.5.3 슬래브의 휨에 이용할 수 있는 응력

휨 강성이 큰 슬래브는 휨 모멘트를 지탱할 수 있고 더 긴 궤도 길이에 걸쳐 열차 하중을 분산시킬 수 있으며, 따라서 하층 토에 대한 응력을 감소시킨다. 슬래브는 궤도 선형의 변경이 없이 연약한 지점 또는 국지적 함몰에 대해 "다리"의 역할을 할 수 있다.

강의 피로 이외의 중요한 구속은 "Heukelom과 Klomp"의 방정식을 사용하여 결정하는 하층 토의 최대 허용 응력이다. Heukelom과 Klomp의 실험적 관계는 흙의 동적 탄성 계수 E_{dyn}과 하중 변화 사이클의 횟수 n_i에 좌우되는 흙의 최대 허용 응력에 관한 지시를 준다.

$$\sigma_{soil.max} = \frac{0.006E_{dyn}}{1+0.7\log(n_i)}$$

슬래브의 최대 허용 수직 처짐 u_{max}은 다음 식의 선형 관계에 따라 흙의 최대 허용 응력을 사용하여 결정한다.

$$u_{max} = \frac{\sigma_{soil;max}}{K}$$

그림 6.5.4에서는 높이가 다른 5 가지 슬래브 설계에 대한 최대 수직 처짐을 기초 계수 K에 관련하여 나타낸다. 이 하중 조건은 225 kN의 두 정적 축중이 2.5 m의 간격을 갖고 있다. 처짐은 E_{dyn}과 K의 관계에 따라 제한된다. 영구 흙 변형은 어떤 레벨 이상에서 **표 6.5.1**에 나타낸 것처럼 발생할 것이다.

그림 6.5.4는 다음과 같은 조건 하에서 5 슬래브의 모두가 최대 처짐에 관한 요구조건에 적합할 것임을 나타낸다.

① 지지 층의 동적 탄성 계수 E_{dyn}은 적어도 $E_{dyn} > 25$ N/mm²이다.

② 전체 하부구조의 기초 계수 K는 적어도 $K > 0.01$ N/mm³이다.

표 6.5.1 여러 흙 특성의 지시 값

흙의 유형	콘 저항 q_c [N/㎟]	기초 계수 K[(1)] [N/㎣]	탄성 계수 E_{dyn} [N/㎟]	CBR 값[(2)] %
토탄(peat)	0.1 ~ 0.3	0.01 ~ 0.02	10 ~ 35	1 ~ 2
클레이(clay)	0.2 ~ 2.5	0.02 ~ 0.04	15 ~ 60	3 ~ 8
롬(roam)	1.0 ~ 3.0	0.03 ~ 0.06	50 ~ 100	5 ~ 10
모래	3.0 ~ 25.0	0.04 ~ 0.10	70 ~ 200	8 ~ 18
자갈/모래	10.0 ~ 30.0	0.08 ~ 0.13	120 ~ 300	15 ~ 40

(1) 균등하게 분포된 하중의 경우에 K의 값은 적어도 3배 더 작다($K/3$)
(2) CBR = Californian Bearing Ratio

연구에 따르면, 휨 철근이 있는 연속 콘크리트 슬래브를 연질의 흙에 적용할 수 있다. 통례의 1 % 철근량은 충분하지 않으며, 필요한 철근비는 철근의 상층과 하층에 걸쳐 1.5 % 범위에 이르기까지의 양이 될 것이다. 높이 350 mm의 B35 콘크리트 슬래브는 재래의 콘크리트 슬래브 궤도의 설계를 1.35 % 이상의 철근으로 약간 수정하여 기초 계수가 $K \geq 0.01$ N/mm³인 연질의 흙에 적용할 수 있다.

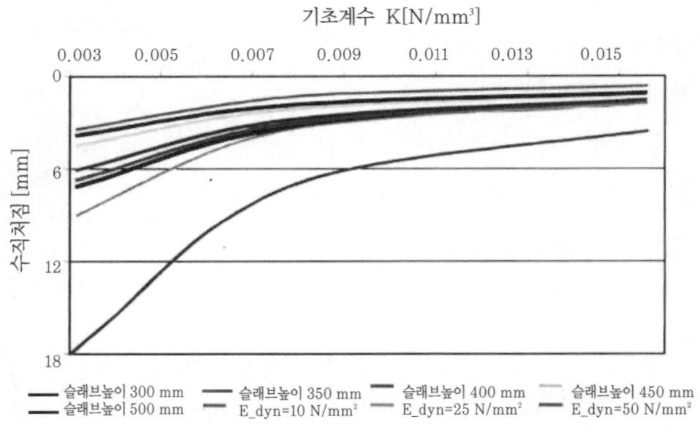

그림 6.5.4 기초 계수 K와 관련된 허용 수직 처짐

6.5.2 콘크리트궤도의 탄성

재래 궤도의 도상은 동적 힘의 흡수에 필요한 탄성의 약 반을 마련하며 또 다른 반은 노반에서 제공한다. 전체 궤도 구조의 강성은 20 t의 축중 하에서 레일이 대략 1 mm 처지도록 하는 침목당 100 kN/mm 정도의 것일 수 있다. 레일과 침목 사이에 삽입된 레일 패드는 고주파 진동을 필터링한다. 탄성 레일 패드, 그리고 만일 베이스플레이트 패드가 있다면 이 패드가 하중의 분산과 감쇠 기능에 관하여 도상을 대신한다. 그러므로, 콘크리트 궤도에서는 패드가 탄성과 감쇠 성질에 관하여 유일한 성분이므로 탄성 패드가 중요하다.

자갈궤도의 경우에 저주파 영역에서 레일의 응답은 도상과 하부구조의 탄성에 크게 좌우된다. 콘크리트궤도에서 레일의 응답은 주파수 영역의 대부분에서 레일 패드와 베이스플레이트 패드의 재료 성질에 거의 전적으로 좌우된다. 그러므로, 콘크리트궤도는 저주파 내지 중간 주파수 영역에서 재래 자갈궤도와 상당히 다를 수 있다.

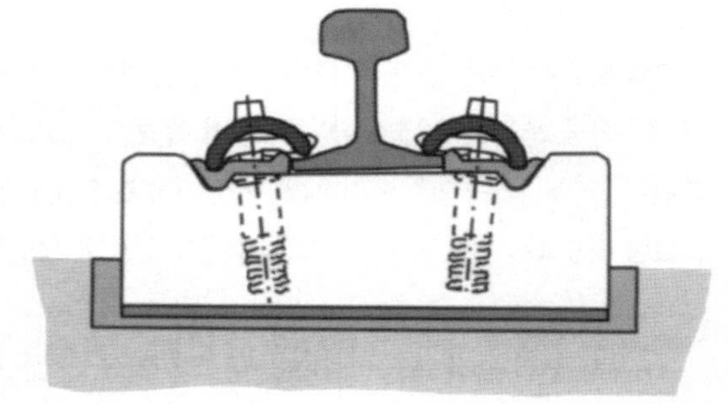

그림 6.5.5 블록으로 구성하는 궤도

자갈궤도에서는 토공의 강성이 주된 중요성을 가진다. 콘크리트궤도의 경우에는 토공의 강성이 저주파(정적) 영역에서만 중요하다. 레일을 직접 체결한 콘크리트궤도와 교량의 경우에는 도상이 없는 것을 보상하도록 추가의 탄성을 시스템에 부가하여야 한다. 이것을 달성하는 방법에는 원칙적으로 두 가지가 있다.

① 예를 들어, 추가의 얇은 레일 패드를 사용하여 또는 매립 레일 구조(ERS)를 사용하여 레일 아래에 추가의 탄성을 더한다.

② 지지 블록 또는 침목 아래에 제2의 탄성 층을 삽입한다.

두 번째의 경우에는 차량에 유사한 1차와 2차의 스프링을 가진 2－질량 시스템이 유효하다. **그림 6.5.5**는 블록 시스템의 예를 나타낸다.

6.5.3 콘크리트궤도 시스템의 요구조건

선로 시스템의 요구 조건은 나라마다 다르다. 콘크리트궤도에는 터널, 토공(하부 구조), 교량 및 천이 접속에서의 적용뿐만 아니라 신호와 전기 시스템, 안전, 소음 방출 및 동적 효과에 관련되는 특정한 요건 등 상부 구조에 관련되는 특정한 요구 조건이 있다. 이것은 적용한 시스템과 재료 및 교통의 유형에 마찬가지로 좌우된다.

고속 교통의 경우에는 궤도 기하구조와 선형의 틀림에 기인하여 동적 힘이 상당히 증가할 것이다. 콘크리트궤도 시스템은 점진적인 틀림을 피하고 승차감을 개량하며 보수의 레벨을 감소시키기 위하여 ① 표준화된 구조 요소의 사용, ② 높이와 좌우를 조절할 수 있는 레일 체결 시스템, ③ 친숙한 보수와 부설, ④ 소음 흡수재의 설치 가능성, ⑤ 구조(救助) 서비스를 위한 쉬운 접근, ⑥ 건설 공사의 노동력 절감, ⑦ 최대의 이용 가능성 등의 요건과 특징에 기초하여 판단한다.

(1) 하부구조의 요구조건

콘크리트궤도에 관련된 하부 구조의 요구 조건은 일반적으로 대단히 높다. 건설이 완료된 후에 궤도 선형을 조정할 수 있는 능력은 상대적으로 제한되므로, 어떠한 침하도 피하도록 노력하여야 한다.

예를 들어, 독일에서 적용하는 구조를 관찰하면, 안정된 토공을 얻기 위하여 많은 노력을 하였음을 알 수 있다. 정규의 층 구성은 (다짐 또는 유압 안정화를 통하여) 개량된 지반과 그 위의 동상방지 층(입자 재료)으로 구성한다.

시스템에 좌우하여 그 위에 콘크리트 기층 또는 아스팔트－콘크리트 층을 적용한다. 이것은 실제의 슬래브 궤도를 부설하기 전에 이루어진다. 토공의 준비에 앞서 지반의 조건과 변형 거동에 관한 광범위한 지질 조사가 필요하다. 지질의 평가를 위해서는 적어도 50 m마다 지반탐사가 필요하다.

하부 구조의 상면에 대한 E_{v2} 계수의 기준은 ① 새로 건설된 궤도 : $E_{v2} \geq 60\ \mathrm{N/mm^2}$, ② 기존의 궤도 : $E_{v2} \geq 45\ \mathrm{N/mm^2}$ 이다.

이것은 동적 다짐 및 예를 들어 연토질 석회암과 시멘트의 혼합을 이용한 지반의 개량, 또는 지반의 교체로 달성한다. 토공에 대한 지질의 요구 조건은 Proctor 밀도가 ① 신선의 궤도 D_{pr} = 0.98~1.00와 함께 ≥ 3.0 m, ② 기존의 궤도 D_{pr} = 0.95~1.00와 함께 ≥ 3.0 m의 경우에 레일 두부 레벨 아래의 깊이에 대하여 만족한다.

기존의 궤도와 신선의 궤도에 관련되는 독일의 요구 조건은 **표 6.5.2**에 수집되어 있다(**그림 6.5.6**).

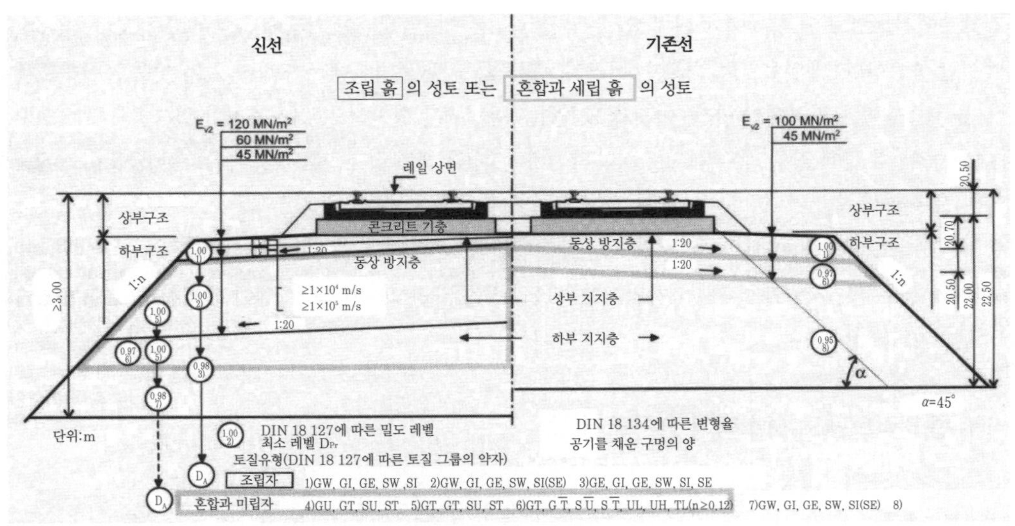

그림 6.5.6 지지 층의 요구 조건

표 6.5.2 하부 구조의 지지 층에 대한 주요 요구조건의 개관

지지 층	품질에 관한 요구 조건		
	신선의 궤도	기존의 궤도	층 두께
철근 콘크리트 기층	콘크리트 품질 : B 35 철근비[1] : 콘크리트 단면적의 0.8~0.9 %		E_{v2} 값의 측정에 좌우 (대략 200 mm)
아스팔트 기층[2]	B 80 또는 B 65의 결합, 상부 층 PmB 65		E_{v2} 값의 측정에 좌우(대략 300 mm)
콘크리트 기층[3]	필수적인 것은 상부구조의 설계 계산에서 나타내어야 한다		만일, 필요하다면 (대략 300 mm)
동상 방지 층	E_{v2} = 120 MN/mm²	E_{v2} = 100 MN/mm²	레일 저부의 레벨 아래에서 필요한 지질 적용 범위 – 신선의궤도 : ≥ 3.00 m – 기존의 궤도 : ≥ 2.50 m
토공	E_{v2} = 60 MN/mm²	E_{v2} = 45 MN/mm²	

[1] 정적 설계에 따른 교량에 대하여
[2] 다층의 건설
[3] 도상 재료의 상부 층과 함께 지지 2중 동상 방지 층은 하부 콘크리트 기층을 대신할 수 있다.

일본뿐만 아니라 이탈리아에서는 지반 개량과 철근 콘크리트 기층이 슬래브 궤도 시스템의 건설비를 높게 하였다.

특히, 네덜란드와 일본의 일부에서처럼 흙의 지지력이 낮은 지역에서는 계획된 운전 속도보다 훨씬 낮은 임계 속도를 가진 연약한 흙으로 노반이 구성되어 있는 경우가 많다. 그러한 경우에는 수직 강성을 증가시키는 수단이 필수적이다. 가능한 해법은 흙 개량,

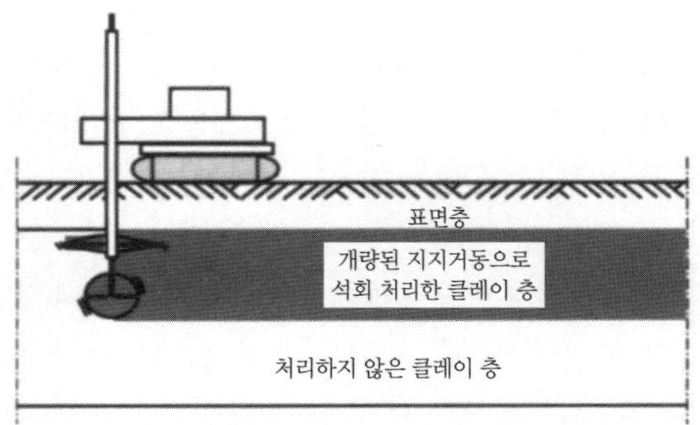

그림 6.5.7 석회 처리에 따른 흙 개량의 원리

깊은 혼합, 그라우팅 및 채움으로 구성한다.

그림 6.5.7은 노반을 대규모로 안정화하는 석회 처리의 원리를 설명한다. 그라우팅 또는 깊은 혼합을 사용하는 안정화는 대단히 정밀하게 흙에 적용할 수 있다. 그라우팅은 (시멘트 또는 석회석에 기초하는) 액체 모르터를 주입하여 경화시키며, 깊은 혼합은 이미 존재하는 재료와 시멘트, 석회석 또는 플라이-애쉬 등에 기초하는 액체 또는 건조 모르터의 혼합으로 구성한다.

일본에서는 특히 가옥과 상업 건물을 내-지진으로 건설하여야 하는 곳에서 이 기술을 적용하는 경험을 상당히 습득하여 왔다. 지반 개량의 경우에는 하중을 지지할 수 없는 가지각색의 두꺼운 층에 대하여 지지력을 상당히 증가시키고 침하를 감소시킬 수 있다.

(2) 터널 내 콘크리트궤도의 요구조건

콘크리트궤도는 일반적으로 터널에 적용하기에 대단히 적합하다. 그러나, (침하, 지반 변화, 용수의 출현 등의 우려가 있는) 지질이 불안정한 시공 기면의 터널에서는 콘크리트궤도가 부적합할 수 있다. 콘크리트궤도를 터널에 적용할 때는 특정한 요구 조건에 적합하여야 한다. 배수를 확보하여야 하며 안전의 경우에는 구출 차량이 슬래브에 접근할 수 있어야 한다.

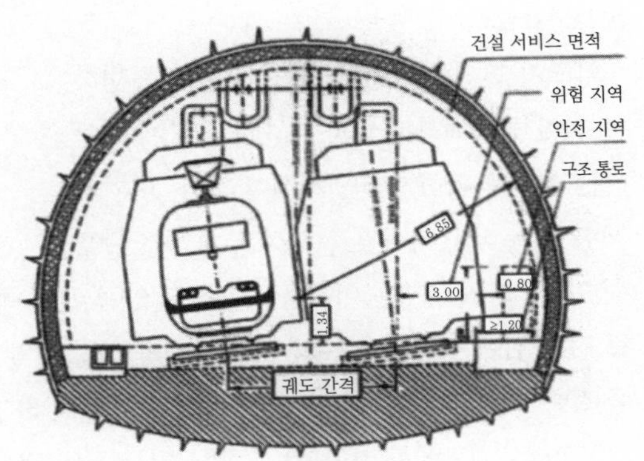

그림 6.5.8 요구된 자유 공간의 크기를 가진 터널 횡단면

터널에서는 트러프 또는 아스팔트-콘크리트 층 아래 콘크리트 기층의 두께를 빠뜨리거나 축소하기 때문에 총 건설 높이가 제한되는 일이 많다. 터널 횡단면에서 자유로 이용할 수 있는 공간은 적용하려는 콘크리트궤도 유형의 결정에 영향을 줄 수 있다(**그림 6.5.8**).

(3) 교량 위 슬래브 궤도의 요구조건

교량을 가로지른 콘크리트궤도의 연속은 어떤 전형적인 기계적 거동을 고려하지 않는다면 문제가 발생될 수 있다. 교량은 콘크리트궤도의 견고한 기초를 마련하지만 사실상 불연속으로 작용한다. 온도 변화에 기인하여 교량-구조물의 종 방향 이동이 발생할 것이다. 열차 하중은 교량 경간의 휨 및 지점에 걸친 가장자리의 비틀림을 발생시킨다. 상부구조는 이들의 활동을 극복할 수 있어야 한다.

콘크리트궤도 시스템을 짧은 교량에 적용하는 데는 몇 개의 해법이 가능하다.

① 체결력을 감소시킨 체결 장치 : 철근 콘크리트 기층 위의 침목을 교량 상판에 견고하게 고정하거나 직접 체결 시스템을 사용하는 경우에 교량의 이동은 체결력을 감소시킨 레일 체결 장치로 보상된다.

② 교량 상판에 매립 : 교량에 견고하게 연결된 연속 레일지지의 경우에는 15 m에 이르기까지의 교량 경간을 허용한다. 신축 장치와 이음매를 적용하여 경간을 더 크게 할 수 있다.

③ 선택은 자유로 신축할 수 있는 교량 경간을 25 m로 제한한다.

④ 기층 위의 궤광 : 궤도는 콘크리트 또는 아스팔트-콘크리트 기층 위에서 자유로 움직일 수 있는 상태에 있

다. 이 해법은 교량 구조물에 대한 침목의 있음직한 활동과 비틀림 때문에 존재한다.

(4) 천이접속의 요구 조건

하부구조와 상부구조에 천이(遷移)접속이 생기지만 각 종류의 다른 유형간에도 생긴다. 하부구조에서는 토공, 교량 및 터널 사이에 천이 접속이 생긴다. 상부구조에서는 콘크리트 궤도와 자갈궤도 사이에 천이 접속이 있다. 천이접속은 양쪽 궤도 구조의 탄성 성질 차이를 고르게 하는 특별한 수단을 필요로 한다(제 6.1.6항 참조).

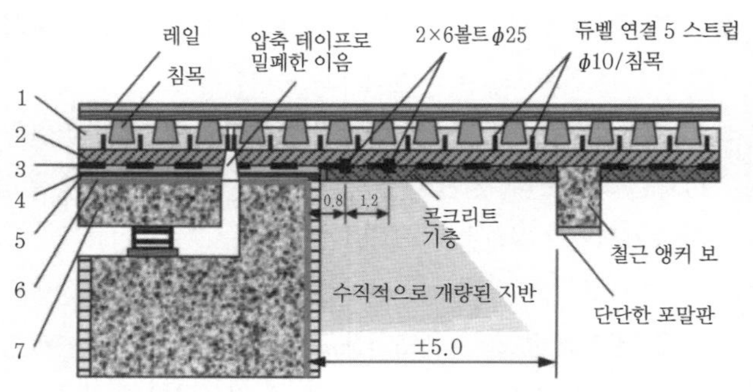

1. 현장 타설 철근 콘크리트
2. 연속 철근 콘크리트 슬래브
3. 포일(foil) + 2 층의 역청질 판
4. 딱딱한 발포고무 판, styrodur 5000, h=5 cm
5. 6 cm의 콘크리트 커버
6. 실링
7. 교량 구조

그림 6.5.9 탄성-소성 중간층 (Rheda 시스템)이 있는 천이접속

궤도가 한 유형에서 또 다른 유형으로 변하는 천이 접속에서는 열차 하중과 온도에 기인하는 힘을 원활하게 전달하여야 한다. 여기서는 구조 높이의 차이로 인하여 문제가 발생할 수 있다. 그 사이에는 이음을 사용하고 양쪽 끝에 특별한 앵커링을 적용할 필요성조차 있다. 아스팔트-콘크리트 기층 위에 적용된 침목의 궤도 구조와 직접 레일 체결 장치 또는 매립 침목의 슬래브 궤도 시스템 사이의 천이 접속에서는 침목을 10 m 이상의 거리에 걸쳐 하부구조/기층에 고정하여야 한다.

콘크리트궤도에서 자갈궤도로 변화하는 천이 접속에서는 강성, 유연도 및 침하 거동이 대체로 다른 두 구조를 연결하여야 한다. 이 적응은 다음과 같은 몇 가지 방법으로 달성할 수 있다.

① 강성 : 레일 체결장치 탄성의 점진적인 감소

② 유연도 : 20 m의 거리에 걸쳐 두 개의 추가 레일의 적용

③ 침하 : 화학적 결합제를 이용한 도상의 안정화

④ 침하와 휨 : 보조 도상 대신에 10 m 이상의 길이에 걸쳐 콘크리트 기층의 연장

⑤ 침하 : 자갈궤도 시점의 완충 장치로서 수평 슬래브와 협력하여 슬래브 궤도의 끝에 보강 앵커의 적용

교량과 슬래브간의 천이 접속도 특정한 수단을 필요로 한다. 강과 콘크리트 사이에도 차이가 있지만, 선택하는 해법은 교량의 길이에도 좌우된다. **그림 6.5.9**에는 교량을 지나는 Rheda 시스템에 대한 천이 접속의 예를 나타낸다. **그림 6.5.10**은 단속 지지(침목 블록)를 슬래브에 타설하는 두 개의 사전제작 슬래브 구조간의 천이 접속을 보여준다.

그림 6.5.10 두 개의 조립식 슬래브 구조간의 천이 접속

6.5.4 콘크리트궤도 시스템의 일반적인 경험

여기서는 고속 선로의 보수에 관련되는 경험을 소개한다. 콘크리트궤도는 고속 선로의 경우에 일본에서 대규모로 적용하여 왔다. 다른 한편으로, 여러 해 동안 30 개 이상의 콘크리트궤도 시스템이 설계되고 시험되어 왔다. 그들의 대다수는 만족스러운 결과를 나타냈지만 아직 그들의 소수만이 대규모 사용의 잠재력이 있다. 그들의 시스템은 그 동안에 개량되어 왔으며 새로운 고속 궤도에 점점 적용되고 있다.

현재 독일의 새로운 고속 선로는 콘크리트궤도로 건설하고 있다. 요구 조건의 약간은 상기에 언급하였다. 콘크리트궤도에 대한 장기의 경험은 어떠한 보수도 요구되지 않으므로 이들의 요구 조건이 건설 직후뿐만 아니라 여러 해에 걸쳐 대단히 좋은 궤도 품질로 귀착됨을 나타내었다.

독일에서는 궤도 선형을 Q 값으로 정량화한다. Q 값은 250 m 길이의 궤도 구간에서 측정한 궤도 선형의 5 항목에서 도출한 품질값을 나타낸다. 자갈궤도에서는 10의 Q 값을 극히 좋은 궤도 선형으로 간주할 수 있다. 100의 Q값은 주기적인 보수가 필요함을 나타낼 것이다.

예를 들어, **그림 6.5.11**은 궤도 선형의 품질에 관련되는 Q 레벨의 차이를 보여주며, 주기에 걸친 12 구간의 측정을 나타낸다. 중앙부의 10 그래프는 콘크리트궤도 구조의 것이며 다른 두 개는 자갈궤도의 것이다.

고속 선로에서 자갈궤도의 경험에 따르면, 콘크리트궤도 시스템은 보수가 거의 필요하지 않으며 높은 유용성을 마련하는 것이 분명하다.

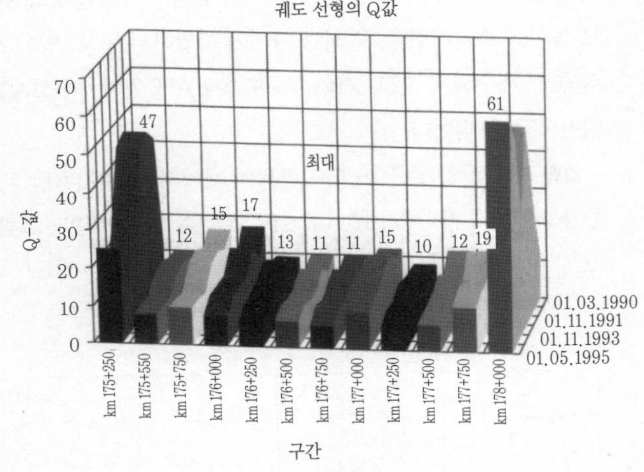

그림 6.5.11 5년 동안 측정한 자갈궤도 인근 콘크리트 궤도의 Q 값

6.5.5 콘크리트궤도의 보수

독일에 건설된 콘크리트궤도의 구간은 일반적으로 보수가 거의 필요없다고 예상되었다. 관찰된 기간을 통하여 오래 지속하는 좋은 궤도 품질은 보수의 필요가 최소한으로 되도록 보장할 뿐만 아니라 개선된 승차감과 궤도의 높은 이용 가능성이 슬래브 궤도의 장점인 것으로 확인되었다.

견고한 슬래브로 궤도의 안정성이 마련된다면, 보수의 양이 극적으로 감소되거나 거의 불필요하게 되어 갈 것이다. 보수에 관한 전체의 경험이 대단히 유망할지라도, 그 적용이 재래 자갈궤도로 제한되기 때문에, 콘크리트궤도 시스템의 경우에 경험적인 규칙을 마련하기에는 틀림 진행의 예측에 관한 지식이 여전히 너무 적다.

독일 철도의 선로에서는 대략 360 km의 궤도와 약 80 개의 분기기가 콘크리트궤도 시스템으로 건설되었다. 콘크리트궤도의 보수에 관한 경험은 Rheda 파일럿 프로젝트가 완성된 1972년으로 거슬러 올라간다. Rheda 시스템의 보수 작업은 일반적으로 합성 레일 패드의 교환으로 제한되었다. 그 이상의 보수 수단은 예방의 레일 연마이었다.

레일의 불규칙과 레일 표면의 요철은 예방의 레일 연마로 제거된다. 이것은 원활한 주행과 소음 방출의 감소를 위하여 중요한 조건이다. 예방 연마는 또한 파상 마모의 발생, 헤드체크의 그 이상의 성장 및 자국으로 인한 레일 표면의 손상을 중지시킨다. 파상 마모의 성장은 훨씬 더 늦어지게 된다.

용접부 근처 또는 (절연) 레일 이음매 근처의 패임과 같은 손상은 자갈궤도와 비교하여 동적 힘이 더 낮고 레일 지지에서 점진적인 열화를 거의 일으키지 않으므로 상당히 더 늦게 전개될 것이다. Rheda 궤도의 보수비는 자갈궤도에서 수반되는 비용의 대략 10 %뿐이다.

1964년에 개통된 516 km 길이의 토카이도 신칸센에서 토공 위 재래 자갈궤도의 나쁜 경험은 슬래브 궤도의 개발로 이끌었다. 1972년 이후에 건설된 신칸센의 슬래브 궤도는 교량, 고가교 및 터널에 적용되었다. 이들의 선로에서는 토공의 양이 5 % 미만이다.

일본의 경험에 따르면, 콘크리트궤도의 보수비는 자갈궤도에서 수반되는 비용의 20~30 %가 되며, 여전히 더 좋은 궤도 기하구조와 선형을 갖고 있다. 1982년에 개통된 도후크(東北) 신칸센의 개량된 궤도 설계는 슬래브 높이를 증가시켰고, 슬래브 아래에 주입하는 동상-방지 시멘트-아스팔트 모르터를 개량하였으며, 터널에서 더 좋게 배수되게 하고, 거의 무-보수로 이끌었다. 이 설계를 사용하는데 주요한 요구 조건은 기초가 침하되지 않아야 하는 점이다.

그림 6.5.12의 산요(山陽)신칸센의 예에서 보는 것처럼 콘크리트궤도는 유지보수의 혁신적 절감 및 궤도수명 증가로 생애주기비용(Life Cycle Cost)을 절감시킨다. **그림 6.5.13**은 일본에서의 자갈궤도와 콘크리트궤도의 LCC 비교 예이다.

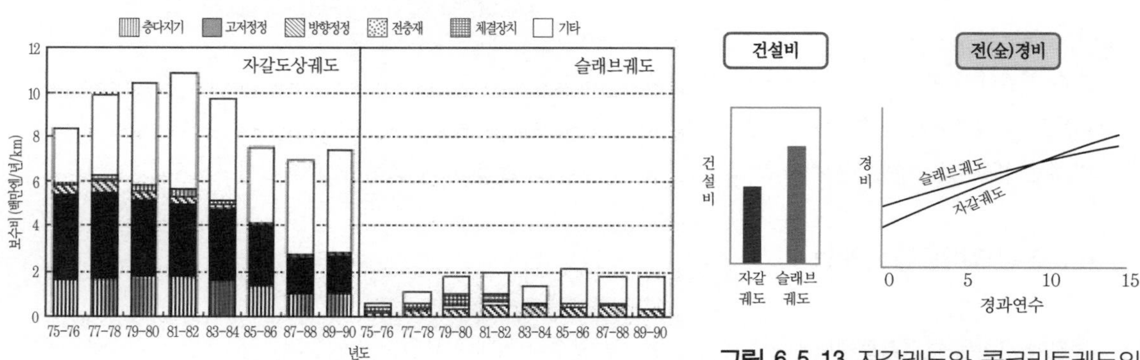

그림 6.5.12 산요(山陽)신칸센 보수비의 추이

그림 6.5.13 자갈궤도와 콘크리트궤도의 LCC비교(일본의 사례)

선로유지관리지침에서는 콘크리트도상에 대하여 다음의 사항에 해당하는 경우에 상태에 따라 적절한 보수를 시행하고 내역을 기록 관리하여야 한다고 규정하고 있다. ① 침목과 콘크리트 도상이 분리되어 유동이 있을 때, ② 콘크리트 균열의 폭이 1.0 mm 이상이고 균열이 철근 피복까지 발달되었을 때, ③ 침목 하부공극이 없는 도상/침목 경계부의 단순 분리 또는 백태 등은 분리된 틈이 0.5 mm를 초과할 경우에 접합부 균열보수, ④ 기타, 콘크리트의 수명을 단축시킬 우려가 있는 결함이 발생 시.

6.6 콘크리트궤도의 구조계산

6.6.1 콘크리트궤도 구조의 기준

(1) 콘크리트궤도의 기본구조

연속 철근보강 콘크리트궤도(Continuously Reinforced Concrete Track, CRCT)와 불연속 콘크리트 궤도(Discontinuous Concrete Track, DCT)의 구조적 특징은 **표 6.6.1**과 같으며 각각의 설계개념은 **그림 6.6.1** 및 **그림 6.6.2**와 같다. 불연속 콘크리트궤도(DCT)의 경우에 수평방향 하중에 대한 슬래브의 위치 안정성을 검토하여 슬래브와 기층 간의 마찰저항이 수평방향 외력의 합력보다 커야 하며, 만약 그렇지 않으면, 별도의 돌기구조나 앵커의 설치(수평방향 지지구조)가 필요하다.

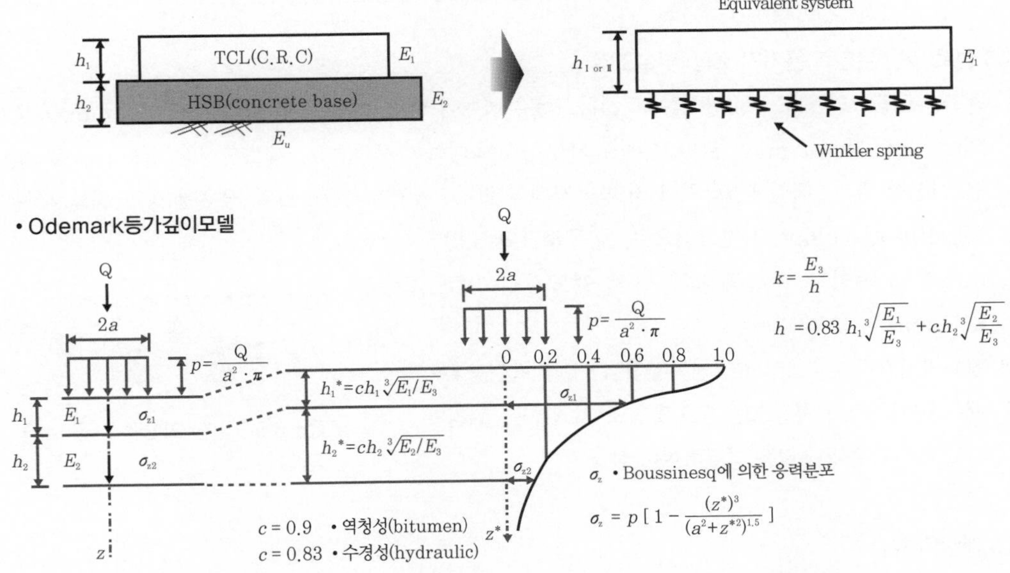

그림 6.6.1 CRCT의 설계개념(독일 Eisenmann-Leykauf 설계법)

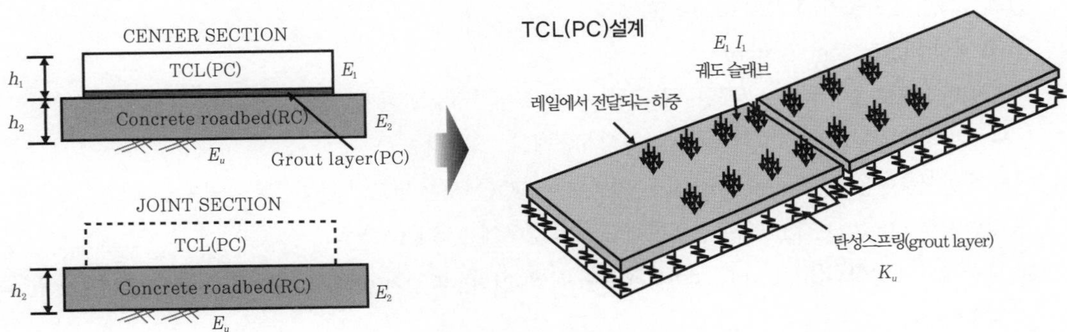

그림 6.6.2 DCT의 설계개념

표 6.6.1 CRCT와 DCT의 구조적 특징

구분	CRCT(연속 철근 보강 콘크리트궤도)	DCT(불연속 콘크리트궤도)
종 방향 슬래브의 신축	- 종 방향 슬래브신축의 완전 구속 : 환경하중(온도변화 및 건조수축)에 의한 초기 응력 증가	- 종 방향 슬래브신축의 허용 : 환경하중(온도변화 및 건조수축)에 따른 초기 응력 감소. • 부착 및 마찰 최소화하는 것이 유리
층간 거동	- 층간 합성 거동 : 열차하중에 의한 동적 응력 감소 • 부착 및 마찰 최소화하는 것이 유리 - 이음(Joint)이 없는 구조 : 이음 부에서의 단차, 펌핑(pumping) 감소	- 층간 비합성 거동 : 환경하중(온도변화 및 건조수축)에 따른 초기 응력 감소 - 일정 간격의 이음(Joint) 설치 : 이음 부에서의 단차, 펌핑(pumping) 감소를 위해 RC Base 적용 필요
균열 폭	- 균열 폭이 큼 : 균열 제어 철근량이 많음(단면적의 0.8~0.9 %)	- 균열 폭 최소화 : 균열 제어 철근 량은 적음. 다만, 휨 철근 설계 필요
수평방향 안정성	- 마찰이 크므로 전단키 구조 불필요	- 마찰이 작으므로 전단키 구조 필요

(2) 선로(일반 본선과 분기기 포함) 부설조건

① 콘크리트궤도의 궤도강성(탄성)이 적정하고 충분하여야 한다. 예를 들어, 침목간격 650 mm, UIC60 레일($I = 3{,}055 \times 10^4$ mm^4, $E = 21 \times 10^4$ N/mm^2)에 대하여 정적(靜的) 궤도강성(Static track rigidity)을 시산한 결과, 레일체결장치의 지지점 강성이 26.2, 45.4 kN/mm일 경우에 정적 궤도강성은 각각 72, 109 kN/mm이다(참고적으로, 침목간격이 600 mm인 고속철도 자갈궤도의 정적 궤도강성 127 kN/mm).

② 침목지지간격 : ≤ 65 cm. 침목간격이 이보다 큰 경우에는 레일의 2차 처짐(**그림 6.6.3** 참조)의 영향을 고려하고 레일의 허용응력을 검토하여야 한다.

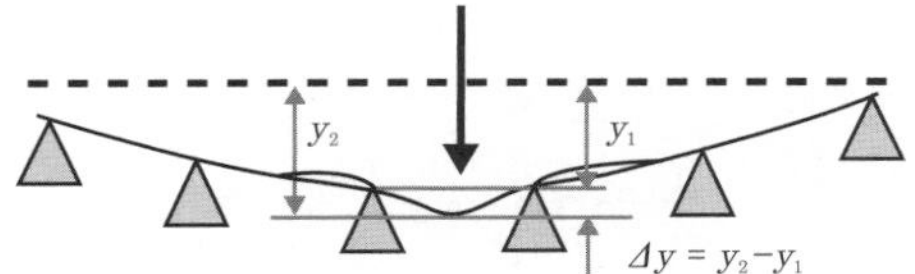

그림 6.6.3 레일의 2차 처짐(Δy)

(3) 레일의 체결

레일의 체결은 일반적으로 각 지지점(support point)의 지지로 이루어지며, 레일지지는 다음의 사항들이 준수되도록 선택한다.

① 레일좌면의 기울기; 1 : 20 (± 10 %)

② 종 저항력(slip resistance)

- 일반적으로 ≥ 7 kN/m/레일 (공단 성능시방조건 ≥ 9 kN/체결/레일)
- 교량 위의 콘크리트궤도에서 ≤ 14 kN/m/레일
- 레일신축이음매(expansion joint)가 설치된 교량에서는 별도의 기능검토가 필요

③ 절연저항 : ≥ 3 Ω · km(침목간격이 0.6 m인 경우에 ≥ 5 kΩ/침목)

④ 교량에서의 상향력(lifting force) : 교량의 지점(support point)에서 일어날 수 있는 상향력은 별도로 검토한다.

⑤ 레일체결장치에 대한 일반적인 구조적 필요조건

- 레일체결장치는 제작 허용오차 이내이고 탄성의 조건(탄성계수 기준치 20~50 kN/mm)을 보장하여야 한다.
- 수평과 수직방향의 조정이 가능하여야 한다.
- 분기기구간에서도 일반 본선구간과 동일한 지지점의 강성이 확보되어야 하며, 궤도의 저항모멘트 변화에도 동일한 침하가 일어날 수 있도록 지지점의 강성이 조정되어야 한다.

(4) 도상콘크리트 층(TCL, track concrete layer)

① 콘크리트 강도 및 철근보강

- 콘크리트 강도 : 실린더 압축강도 f_{ck} = 30.0 MPa, 입방체 압축강도 f_{ck} = 35 MPa
- 철근비 : 토공구간은 도상콘크리트 단면적의 0.8~0.9 %, 터널구간은 토공구간의 약 50 %, 교량구간은 별도의 구조계산에 의함

② 균열 폭의 한계치 : ≤ 0.5 mm (상면에서의 자유균열)

- 침목을 사용한 경우는 자유균열 형성
- 직결식은 제어된 균열형성

(5) 수경안정화 기층(HSB, Hydraulically Stabilized Base)

① HSB는 흙 노반(강화노반) 위의 콘크리트 층(두께 : 300 mm)으로 구성된다.

② HSB의 콘크리트 강도는 f_{ck} = 12 MPa (실린더 압축강도) 또는 f_{ck} = 15 MPa (입방체 압축강도) 이상으로 하며, 소요 폭, 허용오차 등은 별도의 기준으로 정한다.

③ 교량 위에는 HSB 대신에 별도의 보호콘크리트 층(PCL, protection concrete layer)을 설치(콘크리트 강도 : 30 MPa)한다.

(6) 콘크리트궤도에 작용하는 하중

1) 환경하중(Environmental action) : 환경하중에는 온도 및 습도 변화가 있으며, 콘크리트의 습도변화에 따라 건조수축과 크리프가 발생되고, 콘크리트의 온도변화에 따라 ① 층간 온도차에 의한 신축과 ② 깊이에 따른 불균일 온도분포에 따른 변형이 발생된다.

2) 열차하중(Traffic load) : 열차의 연직하중과 수평하중이 있다.

(7) 시공기면의 조건

콘크리트궤도용 노반의 인계인수 시에 각 구조물별 시공기면의 허용오차는 **표 6.6.2**와 같다.

표 6.6.2 콘크리트궤도 시공기면의 허용오차

구간	구분	인수인계 기준	비고
토공구간 강화노반	두께	60 cm 이상(동결심도 이상)	동상 반지층
	고저	−20 mm ~ +20 mm	
	편평도	15 mm 미만 / 4 mm	
	연병 횡단 기울기	3 ± 1 %	
교량 상판슬래브	고저	−20 mm ~ +20 mm	
	횡단 기울기	2 ± 1 %	
터널구간 레벨 층	고저	−15 mm ~ +5 mm	
	편평도	15 mm 미만 / 4 mm	
	횡단 기울기	레벨 ± 1 %	

6.6.2 토공구간과 터널구간 콘크리트궤도의 구조계산

(1) 토공 위 콘크리트궤도의 구조계산 원리

콘크리트궤도를 해석하기 위한 기본 요구조건으로서 노반 위에 타설하는 HSB와 TCL의 콘크리트에 요구되는 휨 인장응력을 만족시키기 위한 단면크기와 재료특성에 대해 검토한다. 하부구조의 2층(TCL과 HSB)에서 콘크리트의 허용 인장강도 용량(능력)은 콘크리트궤도 시스템의 설계원리상 가장 핵심이 되는 사항이며, 열차하중이 레일과 탄성패드의 강성을 통해 각각의 레일 지지점으로 분포되는 해석모델로서 Zimmermaan이 제안한 "탄성기초 위의 무한 보(Infinite beam on elastic foundation model, **그림 6.6.4**)"로 이상화하여 TCL과 HSB가 완전히 결합된 경우와 결합되지 않은 경우에 대해 해석을 수행한다.

콘크리트궤도를 탄성지반 위의 무한 보로 적용함에 있어 TCL과 HSB는 2층의 특성을 등가화한 탄성기초 위의 1층 슬래브로 적용할 수 있다. TCL과 HSB의 결합여부에 따른 휨 변형의 계산은 Eisenmann 계산식을 이용한다. 온도변화에 따른 콘크리트의 신축과 크리프 등에 따른 균열을 방지하기 위해 TCL의 중앙부에 철근을 배치한다. 허용 균열 폭은 0.5 mm이고, 철근비는 콘크리트 단면적의 0.8~0.9 %를 적용한다.

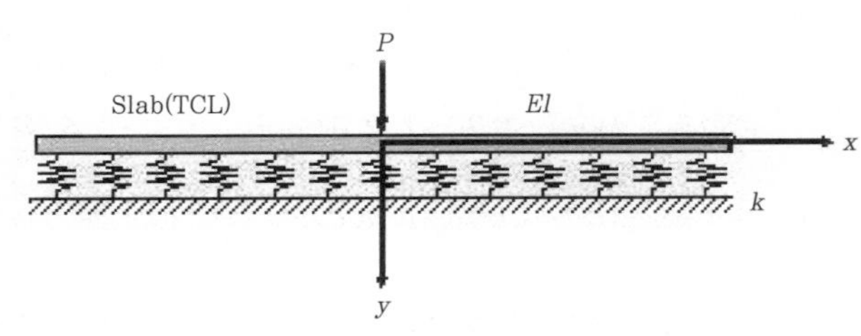

그림 6.6.4 탄성기초 위의 무한 보 모델

(2) 계산절차

Eisenmann-Leykauf의 설계법(Betonkalendar 2000)은 2층 구조의 슬래브를 1층의 등가 슬래브로 치환하여 휨 응력을 산정하며(허용응력설계), 층간 결합상태를 결합 또는 비(非)결합 조건으로 가정한다.

(가) 슬래브에 작용하는 하중의 산정과 레일지점 힘

레일에서 지지 슬래브로 전달되는 레일지점(支點) 힘은 계산모델 "스프링 위의 보"로 계산할 수 있다(**표 6.6.3**).

표 6.6.3 Winkler 탄성지지 보 이론을 바탕으로 레일의 지점 힘을 계산하기 위한 공식

레일의 탄성길이 L

$$L = \left[\frac{4 \cdot E \cdot I}{b \cdot C}\right]^{0.25} \text{[mm]}$$

지지력 $S = b \cdot C \cdot a \cdot y$ [N]

레일의 침하 y

$$y = \frac{1}{2 \cdot b \cdot C \cdot L} \cdot \Sigma(Q_i \cdot \eta_i) \text{ [mm]}$$

$$\eta_i = \frac{\sin\xi_i + \cos\xi_i}{e^{\xi i}}, \quad \xi_i = x_i / L$$

E 레일의 탄성계수 [N/mm^2]	I 레일의 단면2차 모멘트 [mm^4]
b 종 보의 폭 [mm]	C 노반계수 [N/mm^3]
Q_i 윤하중 [N]	η_i 이웃의 자축을 고려하기 위한 영향계수
x_i 관련 차축과 이웃 차축과의 거리 [mm]	a 레일지점 간격 [mm]

$b \cdot C$는 상수로서 공식 안으로 삽입되기 때문에 $b \cdot C$ = c / a로 등가치환(ersetzt)할 수 있으며, 여기서 c는 레일체결장치의 스프링계수 [N/mm]이다.

(나) 등가시스템의 계산(**그림 6.6.1**의 상단 그림 참조)

1) 하층토에 대한 가상의 노반계수(등가 기초 스프링상수, Winkler 스프링)

$$k = \frac{E_3}{h^x}\ [\text{N/mm}^3],\ h^x = 0.83 \cdot h_1 \cdot \sqrt[3]{\frac{E_1}{E_3}} + c \cdot h_2 \cdot \sqrt[3]{\frac{E_2}{E_3}}\ [\text{mm}]$$

c = 수경 결합재에서 0.83, 역청을 함유한 결합재에서 0.90

2) 등가치환시스템의 두께

System Ⅰ (비결합 시스템) $h_I = \sqrt[3]{\frac{E_1 \cdot h_1^3 + E_2 \cdot h_2^3}{E_1}}$ [mm]

System Ⅱ (결합 시스템) $h_{II} = h_1 + 0.9 \cdot h_2 \cdot \sqrt[3]{\frac{E_2}{E_1}}$ [mm]

(다) 슬래브 및 기층의 응력산정

1) Westergaard 해석해(infinite plate on elastic foundation)

δ_{ai}과 δ_{ar}은 인장 휨 응력으로서 각각 슬래브의 중앙과 가장자리에 작용한다.

$$\sigma_{ai} = \frac{0.275 \cdot Q}{h^2} \cdot (1+\mu) \cdot \left[\log\left(\frac{E \cdot h^3}{k \cdot b^4}\right) - 0.436\right]\ [\text{N/mm}^2]$$

$$\sigma_{ar} = \frac{0.529 \cdot Q}{h^2} \cdot (1+0.54\mu) \cdot \left[\log\left(\frac{E \cdot h^3}{k \cdot b^4}\right) + \left(\frac{b}{1-\mu^2}\right) - 2.484\right]\ [\text{N/mm}^2]$$

$a < 1.724 \cdot h \rightarrow b = \sqrt{1.6a^2 + h^2} - 0.675 \cdot h$ [mm]

$a > 1.724 \cdot h \rightarrow b = a$ [mm]

여기서, h : 층의 두께 [mm], E : 탄성계수 [N/mm²], μ : 횡 팽창계수, Q : Topf 하중(원형으로 분배된 단일하중, **그림 6.6.5**) [N], F : 면적; $F = Q/p$ [mm²], p = 접촉 압력 [N/mm²], a = 면적 F에 대한 반지름; $a = \sqrt{Q/\pi p}$ [mm], k : 노반계수 [N/mm³]

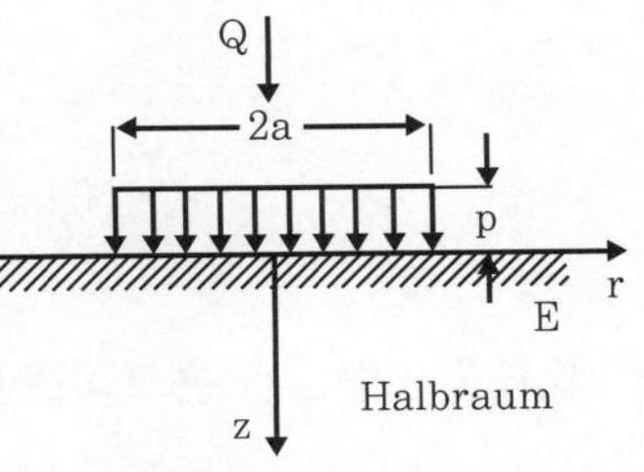

그림 6.6.5 Topf 하중

2) Westerggard 모멘트 영향선(**그림 6.6.6**)

모멘트 $M_{r,1} = \lambda Q$ [N/mm/mm]

응력 $\sigma_{r,1} = \frac{6M_{r,1}}{bh^2}$ [N/mm²], $\xi = \frac{x}{L}$

탄성길이(슬래브) $L = \sqrt[4]{\frac{Eh^3}{12(1-\mu^2)k}}$ [mm]

여기서, μ : 횡 팽창계수, $\mu_{콘크리트} = 0.15$, $\mu_{아스팔트} = 0.50$

3) 레일지점에서의 종축과 횡축 응력(**그림 6.6.7**)

$$\sigma_{종축} = \sigma_r + 0.5 \cdot [\sigma_t - \sigma_r] \cdot [1 - \cos(2 \cdot \beta)]$$

$$\sigma_{횡축} = \sigma_r + 0.5 \cdot [\sigma_t - \sigma_r] \cdot [1 + \cos(2 \cdot \beta)]$$

4) 등가시스템의 모멘트와 응력 산정

$$M_I = \frac{h_r^2 \cdot \sigma_r}{6},\ M_{II} = \frac{h_{II}^2 \cdot \sigma_{II}}{6}\ [\text{N} \cdot \text{mm/mm}]$$

$$\sigma_{I,II}|_x = \Sigma\sigma_{x,i}$$

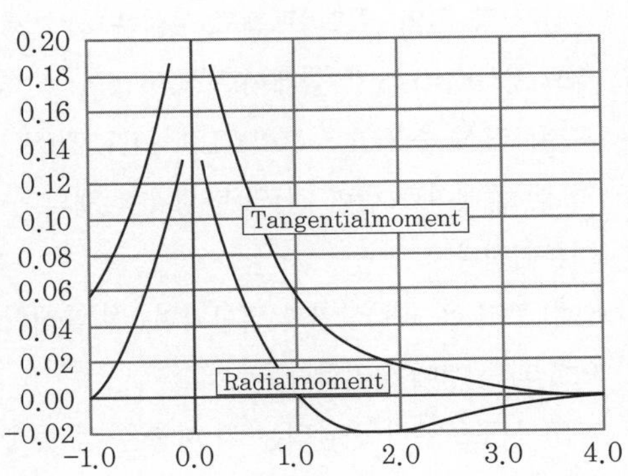

그림 6.6.6 Westergaard에 따른 단일하중 하에서의 모멘트의 영향선 : 재하 케이스 "슬래브 중앙"

가) System Ⅰ (비결합 시스템) (**그림 6.6.8**)

$$M_1 = M_{\mathrm{I}} \cdot \frac{E_1 \cdot h_1^3}{E_1 \cdot h_1^3 + E_2 \cdot h_2^3} \ [\mathrm{N \cdot mm}]$$

$$M_2 = M_{\mathrm{I}} \cdot \frac{E_2 \cdot h_2^3}{E_1 \cdot h_1^3 + E_2 \cdot h_2^3} \ [\mathrm{N \cdot mm}]$$

$$\sigma_{r1} = 6 \cdot \frac{M_1}{h_1^2} \ [\mathrm{N/mm^2}]$$

$$\sigma_{r2} = 6 \cdot \frac{M_2}{h_2^2} \ [\mathrm{N/mm^2}]$$

나) System Ⅱ (결합 시스템) (**그림 6.6.9**)

$$k = \frac{E_2}{E_1}, \ E = E_1$$

$$I = \Sigma(I_i + F_i \cdot x_s^2), \ e_0 = \frac{\Sigma F_i \cdot x_i}{\Sigma F_i}$$

I : 슬래브 보의 단면2차 모멘트 [mm당 mm^4]

$$e_0 = \frac{h}{2} \cdot \frac{E_2 \cdot h_2}{E_1 \cdot h_1 + E_2 \cdot h_2} + \frac{h_1}{2} \ [\mathrm{mm}]$$

$$e_u = \mathrm{h} - e_0 \ [\mathrm{mm}]$$

$$\sigma_{r1,0} = \frac{M_{II}}{I} \cdot e_0 \ [\mathrm{N/mm^2}]$$

$$\sigma_{r1,u} = \frac{M_{II}}{I} \cdot (\mathrm{h}_1 - e_0) \ [\mathrm{N/mm^2}]$$

$$\sigma_{r2,0} = \mathrm{k} \cdot \frac{M_{II}}{I} \cdot (\mathrm{h}_1 - e_0) \ [\mathrm{N/mm^2}]$$

$$\sigma_{r2,u} = \mathrm{k} \cdot \frac{M_{II}}{I} \cdot e_u \ [\mathrm{N/mm^2}]$$

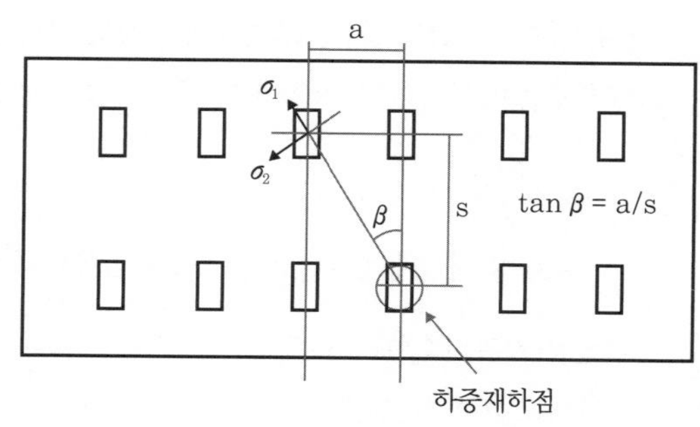

그림 6.6.7 레일지점의 응력 방향

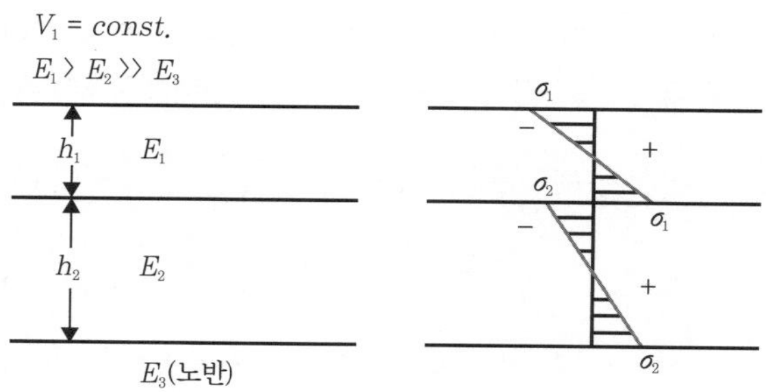

그림 6.6.8 System Ⅰ (비결합 시스템)

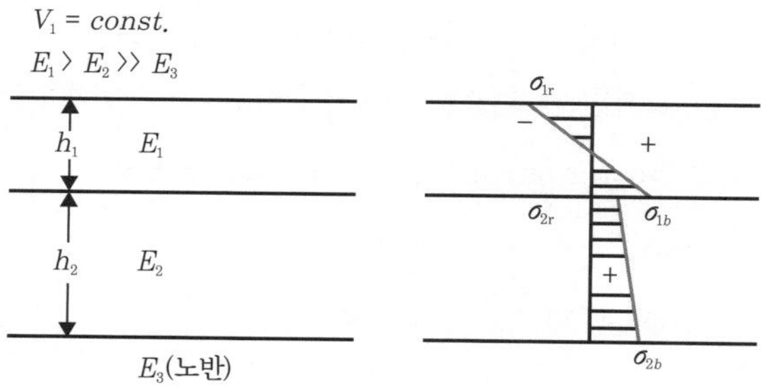

그림 6.6.9 System Ⅱ (결합 시스템)

6.6.3 교량구간 콘크리트궤도의 구조계산

(1) 교량 위 콘크리트궤도 설계의 요건

1) 교량 위의 콘크리트궤도 시설은 ① 보호콘크리트 층(PCL)과 캠 플레이트(cam plate), ② 콘크리트도상 층(TCL), ③ TCL과 PCL 간(및 TCL과 캠 플레이트 상면 간)의 탄성 분리재의 구조로 이루어진다.

2) PCL은 교량상판과 결합되며, 캠 플레이트를 PCL과 동시에 설치한다.

3) 선로로부터 전달되는 횡 하중은 캠 플레이트(TCL당 4 개. 크기; 700×700×130 mm)를 통해 PCL과 교량구조물로 전달되어 분포된다. 여기서, 캠 플레이트는 스토퍼(stoper) 역할을 한다.

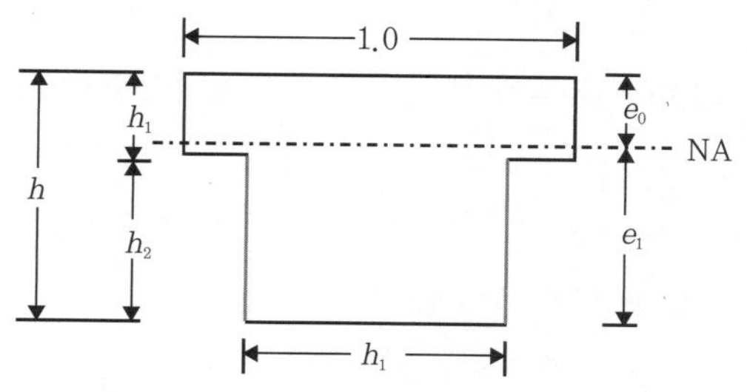

4) TCL은 부가적인 영향을 피하고 선로의 횡 배수를 위해 교량길이 방향으로 분할하여 설치하고, TCL의 길이는 교량상판의 길이와 구조적 요건을 고려하여 정할 수 있으며(독일의 경우에 가능한 한 4.0~5.5 m), 경부고속철도는 공칭 8 m이다.

5) TCL은 콘크리트궤도 부설 후의 크리프와 건조수축 등을 고려하여 수직변형을 1/5,000 이하로 제한한다.

6) TCL과 PCL 사이(및 TCL과 캠 플레이트 상면 사이)에는 탄성 분리재(Foil)를 설치하여 두 층을 분리시키고 TCL이 균일하게 설치되도록 하며 TCL이 파손되는 경우에는 이를 교체할 수 있도록 한다. 캠 플레이트 측면에는 완충재(Elastomer)를 설치한다.

7) 교량상판 위에 TCL을 직결하는 경우에는 TCL의 분리를 방지하기 위해 다우엘 바(Dowel bar, 전단 Key)를 설치한다.

8) 교량상판의 단부에서 레일의 상향력을 감소시켜 일정하게 유지하기 위해서는 단부와 인접한 레일 지지점과의 간격을 감소시킬 수 있다.

(2) 설계개념과 설계 시 고려하는 하중

교량구간 콘크리트궤도는 ① 온도변화에 의한 상부구조 신축, ② 열차하중 수직하중에 의한 상부구조 변형(휨, 비틀림), ③ 열차 시/제동 하중 등의 교량과의 상호작용에 대응하는 구조를 확보하여야 한다. 교량구간의 콘크리트 슬래브궤도의 구조는 교량연장(L)에 따라 불연속구조 또는 연속구조로 구분한다.

1) $L > 25$ m : 불연속 슬래브 적용(6~8 m), 돌기구조 설치

2) $L < 25$ m : 전체 교량길이에 대해 연속(슬래브 하부 슬라이딩 허용)

교량구간 콘크리트궤도 설계 시에 고려하는 하중의 작용은 ① 열차 하중로 인한 교량 상부구조 변형(휨) –교축방향 및 교축직각방향, ② TCL/PCL 상하부 온도차에 의한 휨, ③ TCL/PCL 층간 온도차(균일 온도분포) 및 건조수축, ④ 시/제동하중, ⑤궤도 자중, ⑥원심하중, ⑦ 열차 횡 하중, ⑧ 장대레일 온도하중, ⑨ 풍하중 등이 있다.

TCL에 작용하는 모멘트를 산정하여 단면은 설계(강도설계법 적용)하며, 균열 폭을 검토(Eurocode 1992-1, EC2)하여 균열제어 철근을 산정한다.

(3) 해석방법

교량구간의 콘크리트궤도는 교량상면의 PCL과 TCL 사이에 탄성 분리재(Elastomeric foil)를 설치함에 따라 작용하중에 대한 TCL, PCL 및 캠 플레이트의 안정성에 관한 검토와 설계가 필요하다. TCL에 발생되는 모멘트와 변위량를 산정할 때에는 간략법으로 보 이론을 적용하여 근사치를 얻을 수 있다. 변위량 외에 TCL의 실제 응력분포를 보다 정확하게 계산하기 위해서는 "탄성지반 위의 연속판(Continuous plates on elastic foundation, **그림 6.6.2**) 이론"을 기본으로 한다. 즉, TCL의 주요 특성인 레일 직각방향의 엄밀 해석을 고려한다.

교량구간 콘크리트궤도의 단면설계 시에는 주요 하중조건으로서 예를 들어 TCL은 휨과 수평방향의 전단{**그림 6.6.10** (a)}, PCL은 교량 상부구조의 휨{**그림 6.6.10** (b)}, 캠 플레이트(수평방향 지지구조)는 수평방향 하중조건에 따른 전단{**그림 6.6.10** (c)}을 고려하여야 한다.

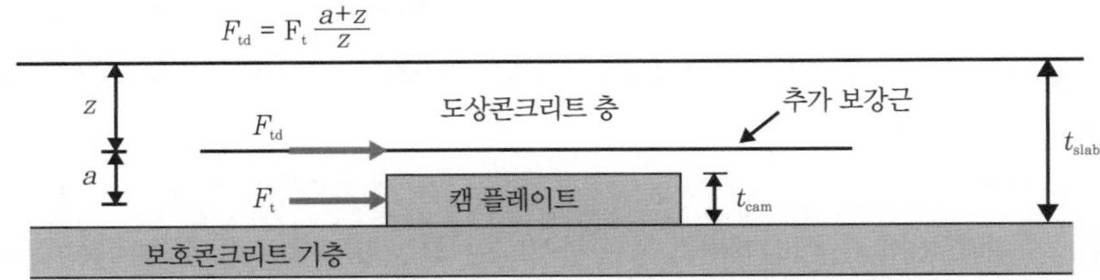

(a)캠 플레이트 위치에 대한 TCL 층의 전단보강설계

상부구조의 휨에 의한 영향

(b)교량 상부구조의 휨이 PCL 층에 미치는 영향

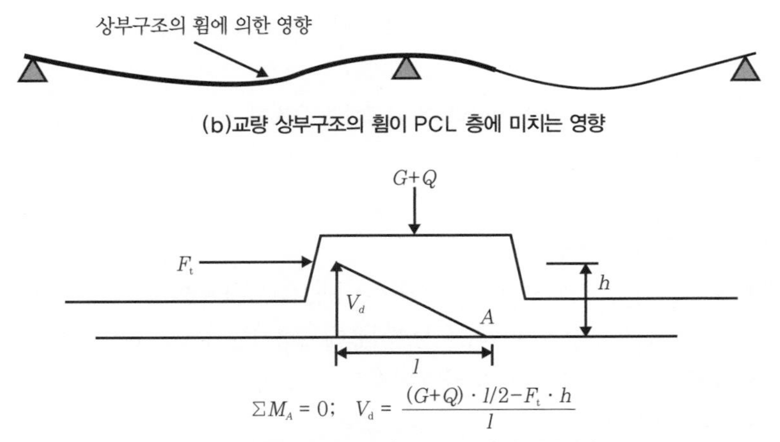

(c)수평방향 지지구조(캠 플레이트)의 설계개념

그림 6.6.10 교량 위 콘크리트궤도 설계 시에 고려하는 주요 하중조건의 예

(4) 전단키(캠 플레이트)의 설계

전단키 구조(Shear key, Stopper or Cam plate)의 설계에서는 하중(action)에 의한 종 방향 작용력과 횡 방향 작용력을 산정하여 보강 철근량을 산정하고 콘크리트의 압축력을 검토한다(즉, Strut-tie model). 종방향 작용력에는 ① TCL 온도 및 건조수축에 의한 신축, ② 시/제동하중, ③ 궤도 자중의 종 방향 성분 등이 있고, 횡 방향 작용력에는 ① 원심하중(centrifugal force), ② 열차 횡 하중, ③ 풍하중 등이 있다.

캠 플레이트 완충재(스프링계수 : 50 MN/m/ m^2)의 크기는 작용하는 하중에 따라 다르며 캠 플레이트의 측면에 설치한다(**그림 6.6.11**). TCL의 중앙을 향한 캠 플레이트 종 방향 측면은 ① 수평 활하중과 ② 온도에 의한 팽창의 하중을 받는다. 따라서 이들에 대한 완충재로서는 A형(크기 : 가로 120 × 세로 120 × 두께 10 mm)을 선택한다. TCL의 외측을 향한 캠 플레이트 종 방향 측면에는 ① 수평 활하중, ② 건조수축, ③ 온도에 의한 수축 등의 하중이 작용한다. 이들에 대한 완충재로서는 TCL 안쪽의 두 캠 플레이트 외측면에 대해 B형(크기 : 120 × 120 × 12 mm), TCL 바깥쪽의 두 캠 플레이트 외측면에 대해 C형(크기 : 120 × 120 × 15 mm)을 선택한다. 상기의 종 방향

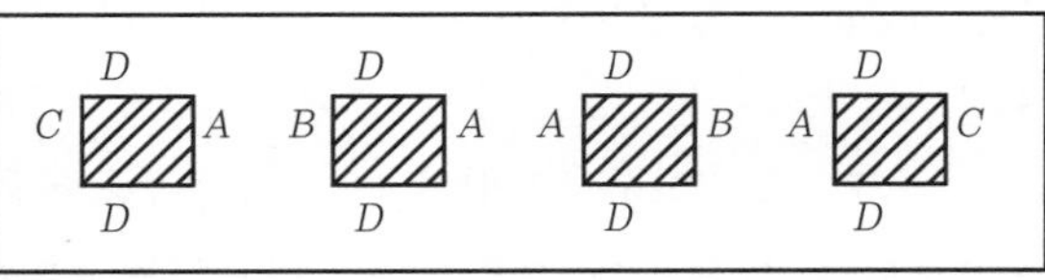

그림 6.6.11 TCL에서 캠 플레이트 완충재의 배치 평면도

완충재들은 캠 플레이트의 한 측면 당 5개를 나란히 설치한다. 다만, 완충재 사이의 틈새는 완충재가 압축될 때에 팽창이 허용되도록 충분한 간격을 남겨둔다. 캠 플레이트의 횡 방향은 단지 수평 활하중만이 고려된다. 따라서 횡 방향 완충재로는 D형(크기 : 680 × 120 × 5 mm)을 선택한다. 한 개의 횡 방향 완충재를 캠 플레이트 수직표면에 설치한다. 이것은 적어도 횡 응력에 대해 충분해야 한다.

(5) 교량 단부에서의 업 리프트(Uplift)와 압축(Compression) 검토

교량 단부에서 하중의 작용에는 정적(Static)으로 ① 크리프(Creep)와 수축(Shrinkage)에 따른 장기 처짐, ② 상부구조 상하면 온도차, ③ 교각 지점 침하, ④ 교각 전후면 온도차, ⑤ 교량-궤도 온도차에 따른 교각 변형 등이 있으며, 동적(dynamic)으로 ⑥ 열차하중에 따른 상부구조 처짐 및 단차, ⑦ 시제동하중에 따른 교각 변형(단차), ⑧ 단일 윤하중에 의한 직접 작용력 등이 있다.

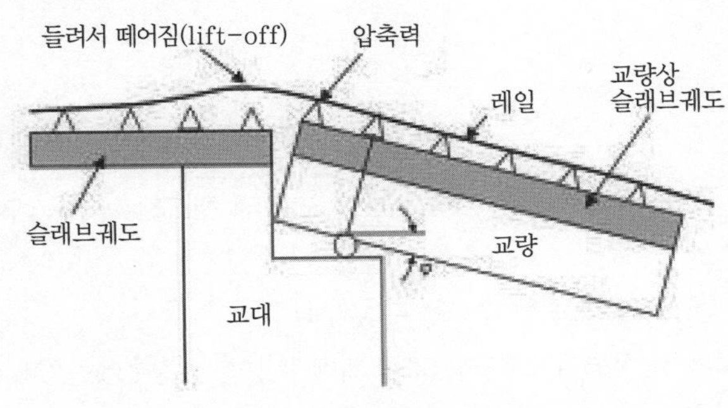

그림 6.6.12 교량 단부의 업 리프트

검토항목으로는 ① 레일체결장치에 작용하는 인발(uplift)과 압축(compression), ② 슬래브 단부 리프트의 검토 등이 있다(**그림 6.6.12**).

고속철도 교량 위의 콘크리트궤도 부설과 관련하여 아래와 같은 기술적 사항이 제시된다.

① 고속열차의 승차감을 양호하게 확보하기 위하여 교량상판 단부에서의 회전각을 제한(교대에서는 2 ‰, 교각에서는 1 ‰)하여야 한다.

② 구조물 설계 시의 회전각은 교각에서 0° 1′ 43″ (0.5 ‰)로 제한된다.

③ 교량이 상기와 같은 요구조건을 갖춘다면 콘크리트궤도 시스템의 시공과 운영상의 문제점은 없을 것이다. 그럼에도 불구하고, 교대와 교각에서 레일 지지점에 영향을 주는 힘은 특수 레일체결장치의 사용여부를 확인하기 위해 계산하여야 한다.

교량 위의 레일 상향력에 관한 해석은 상재하중 하에서 상판의 처짐으로 인해 발생되는 교량 위 장대레일의 솟음(상향력 발생) 현상을 정량적으로 검토, 분석하는 것으로서 이 현상으로 인한 상향력은 승차감의 조건은 물론 레일체결장치의 허용 상향력 범위 이내이어야 한다. 이미 개통되어 운영 중에 있는 경부고속철도 제1단계 구간의 경우에 상판단부에서의 회전각(꺾임 각)과 상판가속도는 교량설계기준치($\leq 50 \times 10^{-5}$ rad, 0.35 g)의 약 40 % 정도임이 실측(속도 296 km/h 시)으로 확인되었다.

(6) 궤도-교량 상호작용에 따른 장대레일 축력 검토

교량구간의 콘크리트궤도는 토공 위와 터널 내에서와는 달리 계절의 변화에 따른 온도변화와 열차운행에 따른 각종 외력의 작용으로 교량과 궤도구조가 상호간에 영향을 미치게 된다. 즉, 장대레일 콘크리트궤도를 교량 위에 부설한 경우에는 온도변화에 따른 장대레일 자체의 축력 외에 교량상판의 신축과 함께 수반되는 상판의 축력이 레일체결장치를 통하여 레일에 부가적으로 작용하게 되므로 이러한 힘과 변위는 열차운행 중의 안전성 확보는 물론 유지관리의 측면을 고려하여 소정의 값으로 제한하여야 한다. 궤도~교량구조물간의 상호작용(**그림**

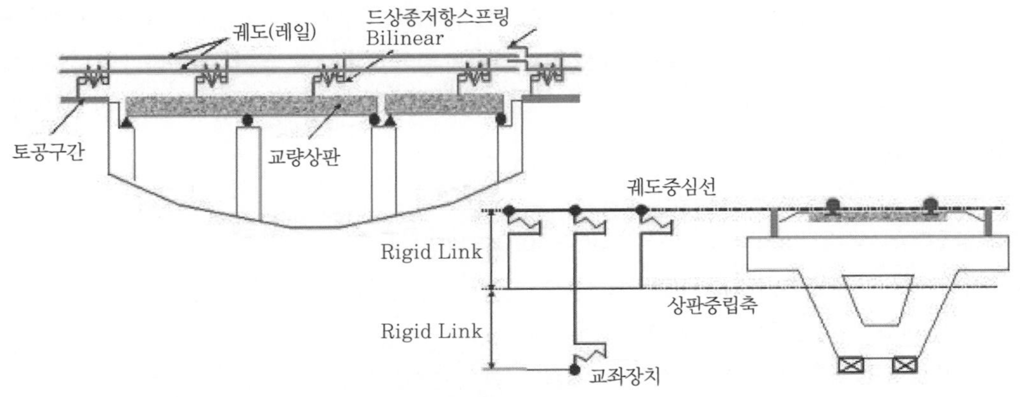

그림 6.6.13 교량 위 콘크리트궤도 설계 시에 고려하는 주요 하중조건의 예

6.6.13)에 관한 정보는 다음과 같다.

1) 콘크리트궤도를 교량 위에 부설하는 경우에는 DS 804에 따라 ① 궤도~교량구조물간 상호작용의 검토, ② 교량상판 지지점(상판 신축부분) 위에서의 레일 상향력(Up-lifting force)에 대한 검토 등과 같은 사항에 대하여 구조해석을 수행한다.

2) 장대레일과 교량구조물은 여러 가지 외적환경과 하중의 영향으로 서로 간에 큰 응력과 종 방향의 거동을 일으키며, 이러한 현상은 교량상판에 비해 강성이 약한 레일의 안정성에 영향을 미칠 수 있다.

3) 장대레일과 교량간의 상호작용은 크게 ① 온도의 상승 · 하강에 따라 구조물의 재료적인 신축(상판의 축력) 영향이 장대레일에 부가하여 작용, ② 교량상판에 재하되는 열차하중에 의한 레일 축 방향 하중의 영향, ③ 열차의 시 · 제동하중과 교각 강성에 의한 영향 등의 3 가지 영향을 받는다.

4) 장대레일~교량구조물간 상호작용(온도, 상판 휨에 의해 발생되는 축 응력, 시 · 제동하중)의 해석결과에서 교량구조물에 의한 장대레일의 부가 축력은 ± 92 N/mm^2 이내로 제한(DS 804)하여야 한다.

제7장 궤도 관리

7.1 궤도의 검측

7.1.1 궤도틀림의 검측 방법

궤도 검측차(recording car, track inspection car)를 이용한 궤도틀림(근래에 외국에서는 軌道變位라고 부르는 추세임)의 검측 방법은 대상으로 되는 궤도틀림에 따라 다르다. 레일 길이방향의 궤도틀림인 줄(방향) 틀림, 면(고저) 틀림은 궤도틀림 중에서도 특히 중요한 틀림이며, 그 검측 방법에는 크게 나누어 관성 측정법(慣性 測定法, inertia method)과 차분법(差分法)의 2 가지 방법이 있다. 이들의 검측 방법은 검측차의 차체 동요가 검측된 궤도틀림에 나타나지 않도록 하기 위하여 고안된 방법이다.

(1) 관성 측정법

관성(慣性) 측정법은 **그림 7.1.1**에 나타낸 것처럼 가속도(加速度)가 변위(變位, displacement)의 2차 미분(微分)으로 되어 있다고 하는 역학의 기본 원리를 이용하여, 가속도를 검출하고 이것을 2회 적분(積分)하여 궤도틀림을 구하는 방법이다. 이 방식의 특징은 주행 속도가 느린 경우에 검측 정도가 나쁘다는 점이나 가속도의 검출이나 적분에 전자공학(electronics)에 관한 특수한 기술이 필요한 점에 있다. 그러나 1 대차만으로 검측이 가능하며, 어떠한 차체에 대하여도 검측차로 할 수 있는 점이나 검측 특성을 목적에 따라 비교적 자유롭게

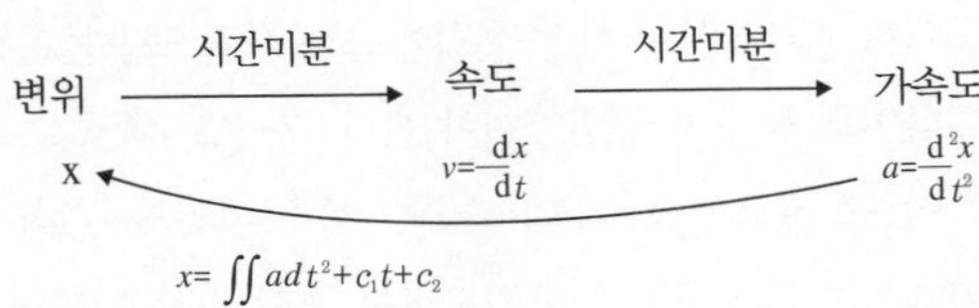

그림 7.1.1 관성 측정법의 기본 원리

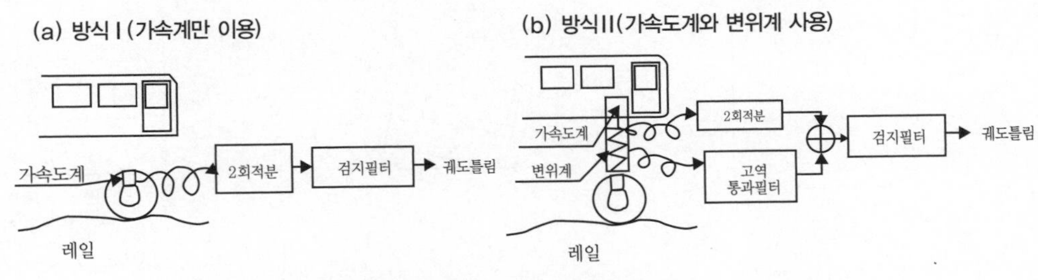

그림 7.1.2 관성 측정법의 2가지 방식

설계할 수 있다고 하는 장점도 있다.

관성 측정법에는 **그림 7.1.2**에 나타낸 2 종류의 실현 방법이 있다. 방식 I 은 검출기로서 가속도계만을 이용하는 방법으로서, 고저틀림의 예에서는 축상(軸箱, axial box)에 직접 가속도계를 설치하고 그 가속도계로부터 얻어지는 가속도를 2회 적분하여 레일의 변위를 구하며, 여기에 검지 필터 처리를 하여 궤도틀림을 구하는 방법이다. 방식Ⅱ는 검출기로서 가속도계와 변위계를 이용하는 방법으로 고저틀림의 예에서는 가속도계를 차체에 설치하고, 2회 적분으로 차체의 변위를 구하고, 차체와 레일과의 상대 변위는 별도의 변위계로 구하여 양쪽의 값을 가산함으로써 레일 변위를 구하며, 여기에 검지 필터의 처리를 하여 궤도틀림을 구하는 방법이다. 더욱이, 검지 필터는 목적으로 하는 검측 특성을 얻기 위하여 사용하는 필터이다. 방식 I , 방식Ⅱ 모두 검측 결과는 이론적으로 같은 것이다. 고저틀림에 대하여는 방식 I , 방식Ⅱ 모두 실현 가능하다. 또한, 줄 틀림에 대하여는 주행차륜 축상의 좌우 변위가 레일의 좌우 변위와 동일하게 움직이지 않기 때문에 방식 I 을 이용할 수 없고, 방식Ⅱ를 이용하는 것으로 된다. 관성 측정법에는 전술의 특징이 있기 때문에 다음과 같은 문제점을 고려할 필요가 있다.

궤도틀림으로 생기는 가속도의 크기는 궤도틀림의 진폭, 파장 및 검측차의 주행 속도에 따라 변화하며, 그 크기는 **그림 7.1.3**과 같이 된다. 즉, 속도가 늦을수록 가속도가 작고, 또한 파장이 길수록, 그리고 진폭이 작을수록 가속도가 작게 된다. 한편, 가속도의 오차 요인으로는 가속도계의 경사에 따른 중력 가속도의 성분으로 인한 오차와 가속도계 자체가 가진 오차가 있다. 가속도계의 경사로 인한 오차는 **그림 7.1.4**에 나타낸 값이다. 좌우방향에 대하여는 약 0.1° 의 경사각이 2×10^{-2} m/s^{2}에 상당한다. 이 가속도는 진폭 0.5 mm, 파장 10 m의 궤도틀림이 있는 장소를 10 m/s로 주행한 경우에 상당한다. 가속도계 자체가 가진 오차는 가속도계의 풀 스케일을 100 m/s^{2}로 한 경우에 변형계형 가속도계에 대하여 1 m/s^2, 서보(servo)형 가속도계에 대하여 10^{-4} m/s^2 정도이다. 따라서, 관성 측정법에서는 정밀도가 높은 가속도계를 이용할 필요가 있으며, 또한 가속도계의 경사에 대하여도 충분히 주의하여야 한다. 가속도계 경사로 인한 오차는 방식Ⅱ의 경우에 **그림 7.1.5**에 나타낸 것처럼 자이로스코프(gyroscope) 장치로 차체의 롤링각(rolling 角)을 검출하여 보정하는 것이 가능하다. 관성 측정법에서는 가속도를 2회 적분하는 것이 기본 원리이지만 일반적으로 적분은 불안정하며, 안정화를 위하여 적분

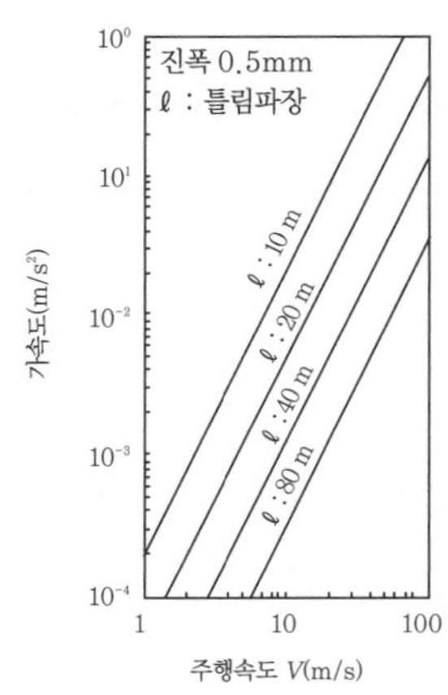

그림 7.1.3 궤도틀림으로 생기는 가속

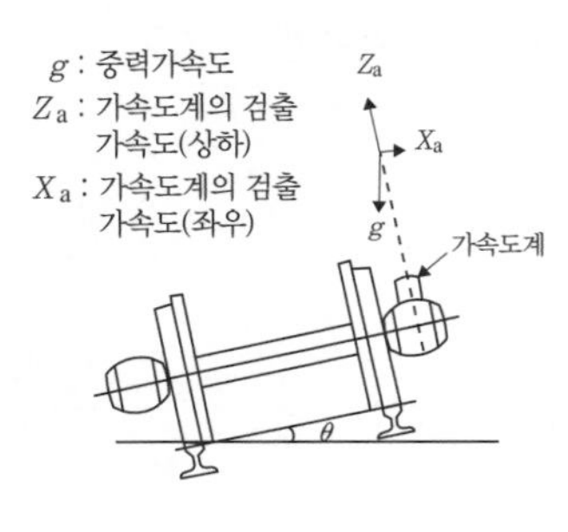

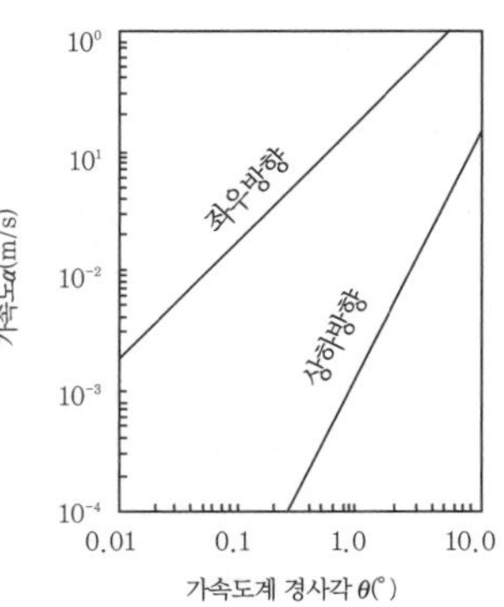

그림 7.1.4 가속계의 경사로 생기는 오차

에 고역(高域) 필터(high pass filter)의 특성을 주는 일이 행하여지며, 이 고역 필터의 특성에 따라 파형 일그러짐이 생길 우려가 있으므로 주의가 필요하다.

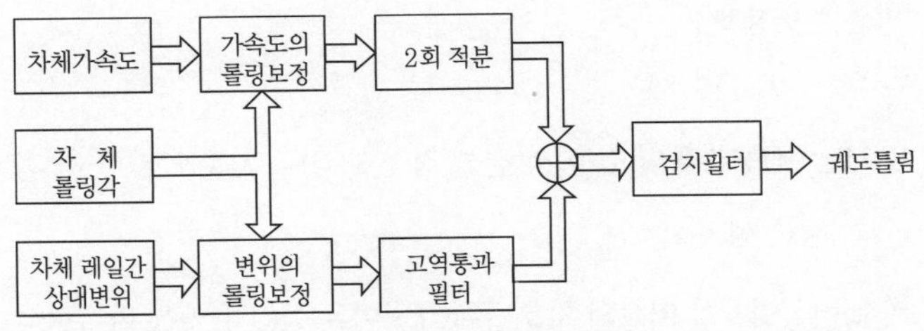

그림 7.1.5 자이로스코프 장치를 이용한 가속도계 경사오차의 보정

(2) 차분법

차분법은 복수 지점에서의 레일 변위의 차를 이용하여 궤도 틀림을 구하는 방법으로 **그림 7.1.6**에 나타낸 중앙 종거법이나 이것에 유사한 방법을 총칭하여 이와 같이 부른다. 이 방법의 특장은 검측 정도가 주행속도에 그다지 영향을 받지 않는 점, 전자 공학(electronics) 기술을 이용하지 않아도 순(純)기계적인 방법으로 검측 가능한 점 등이다. 이 방법은 수 점에서 레일 변위를 검출하기 때문에 대차 간격 등의 차체 제원에 따라 검측 특성이 좌우된다. 차분법으로 레일 변위를 검출하는 점은 2 점 이상 몇 개라도 가능하지만, 특히 검출점이 3 점인 경우를 편심 종거(偏心縱距, eccentric ordinate to chord)라 부르며, 편심 종거에 대하여 3 개의 검출점의 간격이 등 간격인 경우를 중앙 종거(versine)법이라 부른다. 중앙 종거법에서는 "10 m 현(弦, chord) 중앙 종거법" 으로 부르며, 또한 편심 종거법에서는 3개의 검출 점의 간격이 다르기 때문에 각 검출 점의 간격을 개별로 나타내어 "3, 4 m 현 편심 종거법" 으로 부른다. 이 경우에 진행 방향을 향하여 전방의 검출 점의 간격을 앞에 나타낸다.

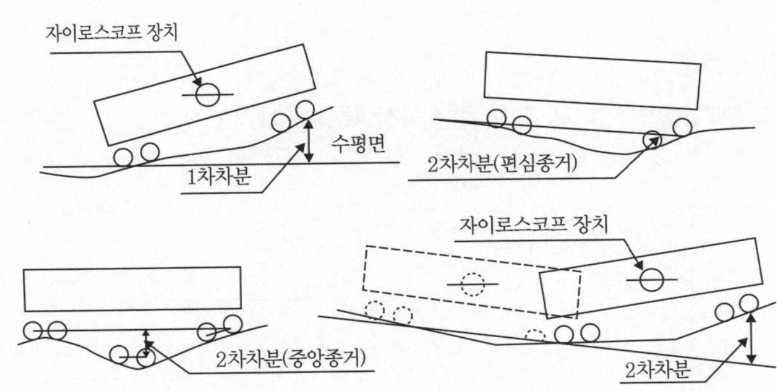

그림 7.1.6 차분법의 각 방식

차분법에는 식(7.1.1)과 같이 각각의 검출 점에서 검출된 레일 변위량에 대하여 적당한 가중치를 주어 가산함으로써 검측차의 차체 동요에 영향을 받지 않는 값으로 궤도틀림을 검측할 수가 있다.

$$z = w_0 \cdot d_0 + w_1 \cdot d_1 + \cdots\cdots\cdots + w_n \cdot d_n \qquad (7.1.1)$$

여기서, w_0, w_1, w_2 …… w_n : 가중치, d_0, d_1, d_2 …… d_n : 레일 변위

여기서, 가중은 다음에 나타내는 식을 만족하는 값을 이용한다.

$$w_0 + w_1 + w_2 + \cdots\cdots + w_n = 0$$

$$y_1 \cdot w_1 + y_2 \cdot w_2 + \cdots\cdots + y_n \cdot w_n = 0 \tag{7.1.2}$$

여기서, $y_1, y_2, \cdots\cdots, y_n$: 최단부(最端部)의 검출 점(검출 점 번호 0)을 기준으로 한 각 검출 점까지의 거리

0. 1, 2, ……, n : 검출 점 번호

더욱이, 검출점이 3 개소 이상인 2차 이상의 차분법에 대하여는 식(7.1.2)를 만족한다면, 차체 동요의 영향을 배제할 수 있지만, 검출점이 2 점인 1차 차분법에 대하여는 식(7.1.2)으로는 차체 동요의 영향을 배제할 수 없고, 자이로스코프 장치 등으로 차체 경사각(피칭 각이나 요잉 각)을 별도로 검출할 필요가 있다. 차분법에 대한 검측 특성의 일례로서 2차 차분법인 10 m 현 중앙 종거법의 특성과, 근년의 고속화에 대응하여 중요성이 증가하고 있는 40 m 현 중앙 종거법의 특성, 그리고 간이한 검측차인 PV 6 (마티샤사제)의 3, 3.5 m 현 편심 종거의 특성을 **그림 7.1.7**에 나타낸다.

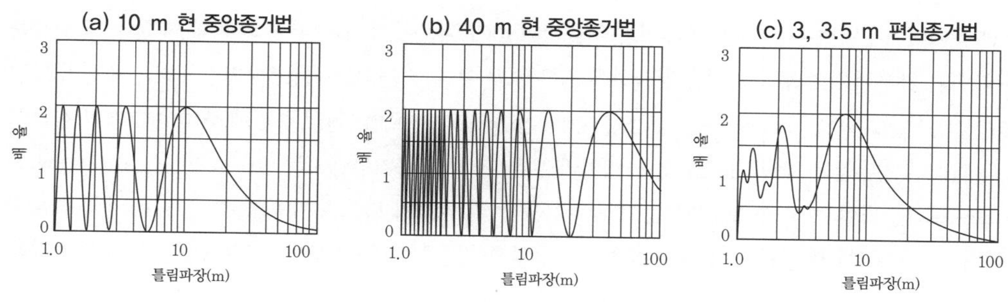

그림 7.1.7 차분법의 특성

(3) 궤도 검측 방법의 특성

각국의 검측차는 **그림 7.1.8**에 나타낸 것과 같은 파장 특성을 가지고 있다.

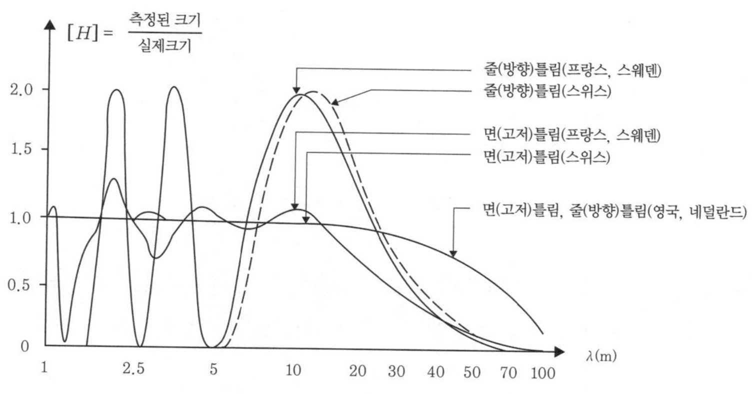

그림 7.1.8 여러 가지 검측차의 전달함수

각 국에서는 양측 레일의 상대 값과 10 m 현 중앙 종거를 주체로 한 길이방향의 상대 값으로서 측정하고, 더욱이 필요에 따라 이것에서 환산한 장현(長弦) 중앙 종거를 승차감 확보를 위하여 이용하고 있다. 이 장현 중앙 종거로서 우리나라 고속철도는 30 m 현 중앙 종거를, 일본에서는 40 m 현 중앙 종거를 이용하고 있다.

7.1.2 궤도틀림의 검측 기구

궤도틀림은 레일에 생기는 틀림이며, 궤도 검측차로 이 궤도 틀림을 검측할 경우에 필요한 검측 기구(檢測機構)는 검출부(檢出部), 연산부(演算部) 및 출력 처리부(出力處理部)로 구성된다. 검출부는 레일의 변위나 차체의 경사각 등을 검출하는 부분이며, 연산부는 관성 측정법이나 차분법의 계산을 행하여 궤도틀림을 구하는 부분이다. 또한, 출력 처리부는 얻어진 궤도틀림을 출력하는 기록장치나 데이터 처리장치 등이다. 이들의 검측 기구는 검측을 행하는 궤도틀림의 종류(면, 줄, 수평, 궤간 등)에 따라 필요로 하는 검출기나 연산 내용이 다르며, 따라서 틀림의 종류마다 개별적인 검측 기구가 필요하게 된다. 통상적으로 검측차에는 각 틀림마다의 검측 기구를 모두 종합하여 겸용할 수 있는 검출기 등은 겸용하여 전체의 검측 기구를 구성하고 있다.

상세는《궤도장비와 선로관리》[220]를 참조하라.

7.1.3 EM-120 궤도 검측차

(1) 개요

일반철도에서 운용중인 궤도 검측차는 오스트리아의 프라사 & 도일러 회사의 제품으로서 120 km/h의 속도에서 검측이 가능하며, 차체 진동가속도, 차체 진동량을 측정할 수 있다. 이 장비는 자주식으로서 2 차축의 보기 대차가 3 개다.

측정 축(測定軸)은 대차의 차축 사이에 장치되어 있으며, 세로 암으로 대차에 연결되어 있다. 3 개의 측정 축은 검측 주행을 하지 않을 경우에는 레일에서 들어올려질 수 있도록 설계되어 있다. 검측 주행 시에는 공기 시스템으로 측정륜이 레일에 접촉되도록 위에서 아래로 밀며, 측면으로도 밀어 주게 된다. 측정륜이 탈선되는 경우에는 안전 장치가 전기적으로 탈선 측정륜을 즉시 올려서 제 위치로 자리잡게 한다.

보기대차 중에 중앙 대차는 차체에 고정되어 있지 않고 곡선에서 종거를 원활하게 측정하기 위하여 차체의 움직임과는 달리 곡선을 따라 이동하도록 설계되어 있다. 이 장비의 주요 제원은 **표 7.1.1**과 같다. 검측 기록지를 보는 방법 등 상세에 관하여는 문헌[217~219]을 참조하기 바란다. 한편, 이 이외의 EM 시리즈의 궤도 검측차(EM-160, 250) 및 여기에서 기술하지 않은 외국의 궤도 검측차에 관하여는 저자의 관련문헌을 참조하기 바

표 7.1.1 EM-120 궤도 검측차의 제원

구간	제원	구간	제원
길이(커플러 제외)	14,840 mm	자중	40.8 t
폭	3,070 mm	고정 축거	1,800 mm
높이	4,070 mm	측정 및 주행속도	120 km/h

란다.

(2) 측정 시스템

(가) 특징

측정 시스템은 기계적인 장치와 전자적인 장치가 합성적으로 사용된다. 줄 틀림과 면 틀림의 측정에는 검측차 프레임을 기준으로 하는 3점 측정 시스템이 사용된다. 측정기준 길이는 전방대차와 후방대차의 측정륜간 거리인 10 m이고, 중간대차 측정륜이 중앙 종거를 측정한다. 궤간은 후방대차 측정륜으로 측정된다. 캔트는 전자수평기로 측정되며, 비틀림(平面性 틀림)은 일정 거리의 수평 차이로 계산된다. 기계적인 장치로 측정된 값은 전기적인 신호로 변환되며, 필요시 증폭되어 컴퓨터 시스템에 입력된다. 트랜스듀서의 설치 위치와 용도는 **표 7.1.2**와 같다.

표 7.1.2 트랜스듀서의 설치 위치와 용도

부호	방향	설치 위치	용도	부호	방향	설치 위치	용도
*LLR*1	수직	*A*2*R*(전방대차 우측 후륜)	면 틀림(우)	*ALL*1	수평	*MA*1(전방대차 측정 차축)	줄 틀림(좌)
*LLR*2		*A*4*R*(중간대차 우측 후륜)	면 틀림(우)	*ALL*2		*MA*2(중간대차 측정 차축)	
*LLR*3		*A*5*R*(후방대차 우측 전륜)	수평틀림	*ALL*3		*MA*3(후방대차 측정 차축)	
*LLR*4		*A*6*R*(후방대차 우측 후륜)	면 틀림(우)	*ALC*1		*MA*1(전방대차 측정 차축)	줄 틀림(우)
*LLL*1		*A*2*L*(전방대차 좌측 후륜)	면 틀림(좌)	*ALC*2		*MA*2(중간대차 측정 차축)	
*LLL*2		*A*4*L*(중간대차 좌측 후륜)	면 틀림(좌)	*ALC*3		*MA*3(후방대차 측정 차축)	
*LLL*3		*A*5*L*(후방대차 좌측 전륜)	수평틀림	*GAU*1		*MA*1(전방대차 측정 차축)	궤간
*LLL*4		*A*6*L*(후방대차 좌측 후륜)	면 틀림(좌)	*GAU*2		*MA*2(중간대차 측정 차축)	
XLV		*A*5(후방대차 전 차축 중간)	수평틀림	*GAU*3		*MA*3(후방대차 측정 차축)	

(나) 면 틀림

좌우의 면 틀림에 대하여 각각 3개의 감응장치(inductive transducer)로 측정하며, 전방대차(*A*2)와 후방대차(*A*6)를 기준(측정기선 10m)으로 중간대차(*A* 4)에서 중앙 종거를 측정한다. *A*2～*A*4 및 *A*4～*A*6의 거리는 각각 5 m이며, 대칭이다.

면 틀림(좌) = $LLL2 - 0.5\,(LLL1 + LLL4)$

면 틀림(우) = $LLR2 - 0.5\,(LLR1 + LLR4)$

(다) 뒤틀림(平面性 틀림)

측정기준(측정거리)을 변경하여 설정할 수 있다. 이들은 수평(cross level)이 연속적으로 측정되어 기억되어 있는 데이터로부터 계산하여 출력한다. 매 단계(0.25 m)마다 2개의 수평 값간의 차이로서 설정된 기준길이에 따라 계산된다. 이 평면성 틀림은 측정방향이 변화하여도 동일하게 기록되며, 측정방향이 바뀌면 신호가 바뀌게 된다.

(라) 궤간 틀림

두 레일간의 거리는 후방대차의 측정 축에서 레일두부 상면으로부터 하방 14 mm 지점에서 측정된다. 트랜스듀서는 한쪽에 부착되고 다른 한쪽은 밀 수 있도록 되어 있다. 수평적 변위가 있는 경우에 측정륜이 움직이고 트랜스듀서가 작동한다. 출력신호는 궤간이 표준일 때 0이 된다.

궤간 틀림 : $GAU3$

(마) 수평(cross level)틀림

수평은 차체 프레임에 장착된 수평 게이지를 기준으로 측정하며 연속하여 수평 틀림량을 출력하게 된다. 수평은 후방대차($A5$)에서 측정된다.

수평틀림 = $XLV - 1.19\,(-LLL3 + LLR3)$

(바) 줄 틀림

궤도를 검측하는 동안 측정륜의 플랜지는 공기 실린더로 레일 모서리에 접촉하며 이동된다. 분기기 크로싱의 결선부에서 측정륜이 탈선되지 않도록 가이드 플레이트가 있다. 중앙 종거는 차량 프레임을 기준으로 중앙 보기의 횡 변위를 측정하여 얻어진다. 이 측정은 3 개의 대차에 장치된 LVDT(linear voltage differential transducer)가 사용된다.

6 개의 LVDT의 신호가 집계되어 변수인 좌측 줄 틀림으로 되며, 결과의 신호(ALL)가 궤간 상태로 표시된다. 여기서, 차량 프레임으로 결합 위치가 자동적으로 검색하게 된다. 우측 줄 틀림량(종거)은 좌측 레일에서 얻어진 줄 틀림량과 궤간 틀림량을 근거로 하여 계산된다.

줄 틀림(좌) : $ALL2 - CF - 0.5\,(ALL1 + ALL3)$

줄 틀림(우) : $ALL2 - CF - GAU2 + 0.5\,(GAU3 - ALL3)$

여기서, $CF = ALC2 + X \cdot ALC1 + Y \cdot ALC3,\ X = Y = 0.78$

(사) 차량 가속도(ACC)

차량 운전 중의 궤도 상태가 차량에 주는 동적 영향을 파악하기 위하여 가속도 및 관성측정 시스템이 차량 프레임에 설치되어 있다. 이 시스템은 대차의 보기 피벗 상에 있는 차량 프레임 위에 장착된 수평, 수직 가속도 트랜스듀서와 가속도 및 변위 측정량 출력을 위한 증폭장치로 구성된다. 수평 및 수직 변위 측정량을 벡터 데이터로 연속적으로 산출한다.

이 동적인 측정들은 차량 속도와 주행 방향에 관계된다. 속도가 20~30 km/h 이하로 운전 시는 가속도와 변위가 대단히 낮게 나오므로 신뢰할 수 없다.

(아) 차체 진동 ; 자체 진동은 가속도 측정으로 얻어진 값(ACC)을 근거로 계산된다.

(자) 속도 ; 속도 신호는 아날로그 신호이며, 수치변환 임펄스와 마이크로 프로세서에 의하여 변환된다.

(3) 분석 시스템

(가) 컴퓨터 : 2대의 컴퓨터로 측정장치에서 A/D 변환기를 통하여 보내 온 신호를 분석하고 기계의 제어가 가능하도록 각 센서에서 보내 온 정보를 모니터로 나타낸다.

① CPU1 ; CPU2에서 보내 온 신호를 분석하고, 분석기록장치, 측정기록장치 및 기록보관장치에 분석과 동시에 정보를 보낸다.

② CPU2 ; 측정장치에 A/D 변환기를 통하여 보내 온 신호를 분석하고, 각 센서에서 보내 온 신호를 분석하여 CPU1으로 보낸다.

(나) **분석기록장치** : 측정장치에서 보내 온 각종 분석정보를 측정 프로그램을 통해 보수 한계치별, 보수 종목별로 문자와 숫자로 표시하는 장치이다.

(다) **측정기록장치** : 측정장치에서 보내 온 각종 분석정보를 측정 프로그램을 통해 측정 종목별로 그래픽으로 표시하는 장치이다.

(라) **모니터** : 컴퓨터로부터 보내 오는 각종 정보를 조작자에게 보여 주며, 측정 운행 시에 그래픽으로 선로 상태를 즉시 보여 준다.

(마) **키보드** : 조작자의 각종 명령을 컴퓨터에 입력시킬 수 있다.

(바) **기록보관장치** : 검측 자료를 보관하는 장소로서 필요에 따라 자료 편집도 할 수 있다.

(사) **보고서 작성** : 설정 한계 치를 초과한 이상 치의 검측 내용과 해당 위치를 표시하는 외에 ADA와 TQI를 추가로 표시한다. ADA는 선로 연장 250 m 단위로 선로의 상태를 지수(指數)로 나타내어 선로보수 우선순위의 결정에 도움을 준다. TQI는 불량 선로의 작업 내용을 판단하여 보선장비의 투입 종류를 결정한다.

7.1.4 고속철도의 궤도 검측 시스템

고속철도 궤도선형의 검측은 열차의 주행 안전성 및 재료의 파괴를 고려한 단파장과 중파장 궤도틀림은 물론, 승차감 확보를 위한 장파장의 측정도 요구되며, 측정된 데이터를 분석하여 정확한 궤도틀림의 현상을 파악하는 것이 매우 중요한 과제이다. 최근에는 검측 장비와 소프트웨어의 발전으로 궤도틀림 현상에 대한 다각적인 분석 방법이 개발되어 활용되고 있다. 이하에서는 궤도틀림 현상을 정확히 측정 · 분석하여 효과적으로 궤도를 관리할 수 있게 하는 고속철도용 궤도 검측 시스템에 관한 기술을 소개한다.

(1) 시스템의 구성

고속 철도용 검측 설비는 크게 두 가지로서, 고속 열차에 설치(KTX 12호의 전후에 2 세트 영구 설치)된 고속 검측 설비와 자주식 검측차가 있다. 고속 검측 설비는 차체와 대차의 진동 가속도를 측정하여 궤도 틀림의 특이 개소를 파악할 수 있게 한다. 자주식 검측차(Roger 1000K, 궤도 · 전차선 · 선호 · 통신 등의 종합검측차)는 궤도의 선형 상태를 보다 정밀하게 파악하여 유지보수 작업계획을 수립하기 위하여 사용하며, 궤도선형 외에 레일단면 현상, 레일 표면결함, 파상마모 등을 측정한다.

(2) 위치의 인식

선로 변에는 10 km마다 비컨(beacon)이 설치되어 있어 고속 검측 설비와 자주식 검측차가 측정을 수행하는 도중에 위치를 정확하게 인식하고 보정할 수 있으며, 검측 시스템 내에는 비컨으로부터 전달된 신호를 처리할 수 있는 DAU(거리보정장치)가 장착되어 최대 거리오차를 10 m 이내로 제한할 수 있다. 또한, "노선 파일(route file)" 이라고 불리는 선로 정보를 컴퓨터에 입력하여 검측 대상 선로, 정거장, 분기기, 교량 등 각종 정보를 검측 결과에 포함하므로 검측 결과를 용이하게 분석한다.

(3) 진동 가속도의 측정

KTX 12호 열차에 설치된 고속 검측 설비(세트당 4 개의 가속도계)는 열차가 300 km/h의 고속으로 주행하는 동안에 차체 진동가속도(수직, 수평)와 대차 진동가속도(수직, 수평)를 측정한다. 이 진동 가속도로부터 궤도 틀림의 특이 개소를 추정하고 승차감을 관리할 수 있으며, 2 주마다 측정하여 궤도관리의 가장 기본적인 자료를 제공한다.

(4) 궤도선형의 검측

궤도선형의 검측은 자주식 검측차를 이용하며, 160 km/h의 속도로 측정할 수 있다. 이 검측차는 가속도계와 카메라를 이용한 관성식, 광학식 비접촉 측정방식을 도입하여 측정 정밀도를 높였다. 검측 항목은 고저, 방향, 궤간, 캔트, 비틀림 등이며 고속선로 뿐만 아니라 기존 선로의 검측도 가능하다. 또한, 비대칭 현(4+12.8 m)을 적용하여 대칭 현 측정 시의 일부 파장이 측정되지 않는 단점을 보완함으로써 고속철도에 적용되는 파장별 궤도관리의 신뢰성을 높였다.

또한, 궤도단면 측정장치와 완벽하게 통합되어 작동하므로 궤도선형의 측정 시에 보다 정확한 검측이 가능하며, 캔트 측정은 관성식(inertial system)으로 회전각(roll angle)을 이용하여 검측하는 특징이 있다. 또한, 고속철도에서 관리되어야 하는 각종 파장영역의 측정이 가능하며, 측정 정밀도에도 엄격한 기준을 적용하여 정밀하게 궤도를 검측할 수 있다.

(5) 레일 단면 형상의 측정

검측차의 레일 단면형상 측정 시스템은 실제 레일의 형상을 측정하고 설계 단면과 비교하여 마모의 정도를 판단하는데 사용된다. 측정 범위는 레일 주행면을 기본으로 레일 두부와 내측면의 단면을 광학식으로 측정하며, 5 m 구간마다 수평과 수직마모 측정결과를 분석하여 출력한다. 또한, UIC 60, KS 60, KS 50 등 각종 레일단면의 측정이 가능하다. ① 측정 속도는 160 km/h(최대 200 km/h), ② 측정 간격은 0.5 m, ③ 레일마모 측정 정밀도는 0.5 mm이다.

(6) 레일 표면의 검사

자주식 검측차에 설치한 2대의 디지털 카메라 시스템은 자갈의 비산이나 이물질, 또는 차륜으로 발생되는 레일표면의 손상을 측정하고 분석하기 위하여 사용한다. ① 측정 속도는 200 km/h, ② 디지털 카메라 해상도(1024 픽셀)는 1초당 65,000 라인의 측정이며, ③ 반경 140 m의 곡선에서 측정 가능하고, ④ 카메라 해상도는 0.5 mm 이하이다. 향후 이러한 광학식 시스템은 레일의 손상뿐만 아니라 체결장치의 파손과 침목의 균열 등 인력의 육안점검 분야를 대체할 수 있는 시스템으로 적용할 수 있으므로 유지보수 점검에 드는 시간과 비용을 절약할 수 있다.

(7) 레일두부 파상 마모의 모니터링

이 모니터링의 목적은 레일 주행 면의 마모를 진단하는 데이터를 제공하는 것이며, 레이저 시스템을 사용한다. 모니터링 속도는 160 km/h이며, 검측 분해능은 0.02 mm이다.

(8) 궤도 검측 분석 프로그램

검측차의 검측 결과를 사무실에 설치된 궤도 검측 분석 프로그램(SIGMA)에 입력하여 분석과 진단을 실시하고 궤도 유지보수 작업계획을 수립한다. 이 프로그램은 각종 항목의 측정 결과를 분석하여 시간 영역과 공간 영역의 대표 지수를 산출하며, 이를 이용하여 유지보수 작업과 교환작업 시기를 추정하고 예방보수의 계획수립이 가능하므로 경제적인 유지보수를 수행할 수 있다. 프로그램의 주요 기능은 ① 궤도품질 조건과 틀림진행 상태의 정량화, ② 궤도기능을 상실한 구간의 확인, ③ 궤도구간의 기능제한까지 도달시간의 계산, ④ 비정상적인 궤도구간의 원인 규명, ⑤ 결함에 적합한 보수방법의 결정, ⑥ 유지보수 작업 계획의 수립 등이다.

7.1.5 궤도 검측의 기타 사항 및 기타 궤도검측차

(1) 기준 레이저(datum laser)

레이저 측량은 관례적인 광학 레벨과 같은 일반 원리에 따른다. 그러나, 레이저 측량에서 레이저는 레벨이 참조되는 기준 점을 마련한다. 읽기는 스태프 끝에서 기록되며, 따라서 조작자 1 명이 측량을 수행할 수 있다.

이 방법을 이용하여 낮은 동력의 레이저(일반적으로 약 2 mW)가 수평 평면을 한정하는 광선의 시준된 회전 빔을 마련하도록 설정된다. 빔은 눈에 보이는 적색이거나 또는 눈에 보이지 않는 적외선이다. 레이저빔의 범위는 변하지만, 일반적으로 300 m와 600 m 사이에 있다.

측정 스태프는 레이저 광선 탐지기가 장치된다. 조작자는 레이저빔의 중심이 위치를 정하였음을 가청의 경보가 지시할 때까지 측정 스태프를 연장함으로써 레이저빔을 위치시킨다. 스태프 읽기는 그 다음에 관례적인 광학의 측정과 같은 방식으로 기입된다.

여러 유형의 스태프가 존재하며, 어떤 것은 완전한 탐지기를 가진다. 스태프의 초기 유형은 레이저빔을 위치시킬 때까지 위 아래로 이동하는 모터화된 탐지기를 가졌었다. 빔을 위치시킴에 따라 읽기가 기입되어야 하는 가청의 경보를 통하여 조작자에게 지시한다. 현대적 변형은 연속적으로 레이저빔이 위치하고, 액정 디스플레이상에 스태프 읽기를 나타내는 완전히 반도체를 이용한 장치이다. 다소의 스태프에 대하여는 버튼이 눌려졌을 때 연장 부분이 마이크로칩에 직접 기입된다. 퍼스널 컴퓨터와 연결된 이 유형의 스태프를 사용하여 데이터 처리 시간을 상당히 감소시킨다.

레이저 측량의 정밀도는 대략 ± 1 mm이다.

(2) FLOG 트롤리

FLOG 시스템은 영국철도에서 개발되었다. FLOG는 절대의 비재하 종 방향 수직선형을 측정한다. 시스템은 ① 레일 위를 주행하는 트롤리, ② 한 쌍의 고정밀 경사계(하나는 종 방향 경사를 측정하고, 다른 하나는 크로스 레벨을 측정한다), ③ 포터블 미니 컴퓨터 등 3 개의 하부 시스템을 포함한다.

레일 위를 주행하는 트롤리에 설치되어 종 방향 경사를 측정하는 경사계의 출력은 컴퓨터로 보내져서 저장된다. 크로스 레벨을 측정하는 경사계의 출력도 동시에 컴퓨터로 보내져서 저장된다. FLOG는 그 다음에 다음의 침목으로 이동되어 프로세스가 반복된다.

저장 데이터는 측정 주행 완료 후에 포터블 컴퓨터로 프로세스가 된다. 한 레일의 종단 선형은 단부에서 단부

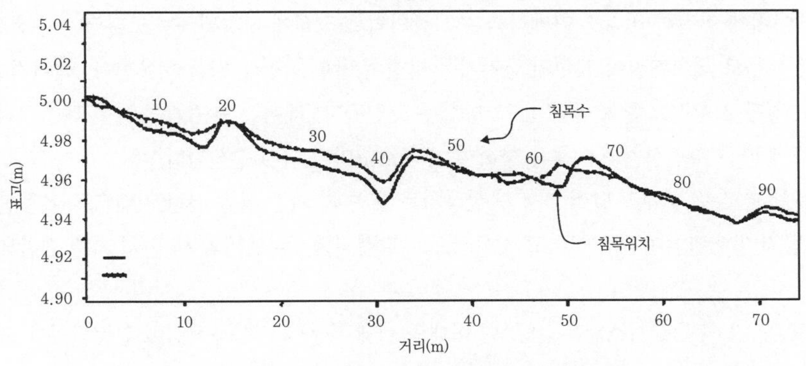

그림 7.1.9 FLOG 측정 데이터 플롯의 예

까지 설치함으로써 계산되며, 종 방향 경사가 잇따라 측정된다. 다른 레일의 종단선형은 종 방향 경사에 크로스 레벨을 부가함으로써 계산된다.

FLOG 측정의 결과는 **그림 7.1.9**에 나타낸 것처럼 좌우측 레일의 표준편차와 같은 정보와 함께 플롯될 수 있다. 대안으로 데이터는 그 이상의 프로세싱, 즉 중등선의 계산과 그 표준편차 및 설계 계산을 위하여 표준 분산지로 전달될 수 있다.

(3) 궤도 측량차와 EMSAT

그림 7.1.10에 도해된 형의 궤도 측량차(track surveyor car)는 레이저 기준 현을 사용하여 궤도 면(레벨)과 줄(방향)의 정밀하고 절대의 동시 측정을 허용한다. 레이저 기준 현은 고정 점(즉, 전주)에서 고정 점까지 설정된다. 고정 점의 간격은 일반적으로 40 내지 80 m이다. 이 기술을 사용하여 단파장 (20 m에 이르기까지)과 장파장 틀림 양쪽이 탐지되고 측정된다.

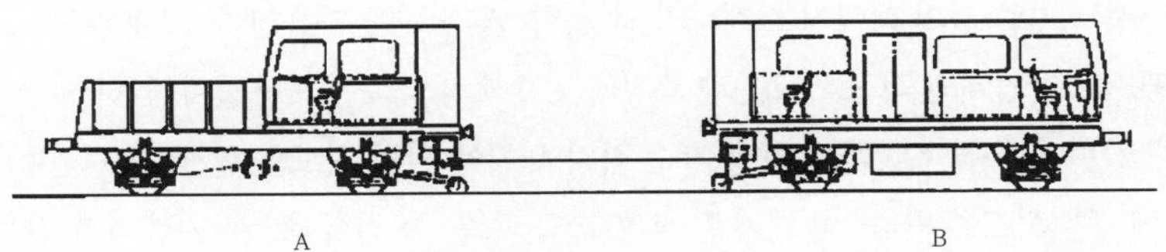

그림 7.1.10 면과 줄을 측정하기 위하여 기준 현을 사용하는 궤도 측량차

목표 궤도 데이터는 플로피 디스크를 통하여 또는 인력으로 키보드로 측량차의 컴퓨터에 입력시킬 수 있다. 실제의 데이터는 목표 데이터와 비교함으로써 줄과 면(고저)에 요구된 정정 값을 계산할 수 있다. 그 다음에, 이 데이터는 목록의 형 또는 플로피 디스크로 다짐 기계에 전달될 수 있다.

그림 7.1.10에 나타낸 것처럼 측량차는 송신 장치(A)와 수신 장치(B)로 구성된다. 송신 장치는 수신 장치의 조작실에서 원격으로 방출 방향이 컨트롤될 수 있는 레이저를 포함한다. 송신 장치도 레이저 탐지 유닛을 내포하고 있다.

수신 장치내의 레이저 탐지기는 처음의 기준 점 인근에 위치하며, 기준 점으로부터의 횡 이동이 측정된다. 송신 장치 내에 설치된 레이저 방출기는 두 번째 기준 점을 건너 위치한다.

송신장치의 레이저에 인접한 비디오 카메라와 수신장치의 조작실에 설치된 TV 모니터는 수신장치의 조작실로부터의 원격 컨트롤로 레이저빔이 레이저 탐지기를 향하여 방향을 잡는 일을 허용한다. 레이저빔이 탐지기에 부딪치는 식으로 일단 지향적으로 조정되면, 그 방향은 고정된다. 레이저 탐지기에 관한 레이저빔의 위치가 수신된 다음에 궤도에 따른 수신장치의 이동을 향하여 250 mm마다 다시 수신된다.

수신장치가 두 번째 기준 점에 도달할 때에 송신장치는 세 번째 기준 점을 건넌 지점으로 이동한다. 레이저빔이 일단 레이저 탐지기에 관하여 재위치하고 지향적으로 고정되면, 두 번째와 세 번째 기준 점간의 궤도 측량을 할 수 있다.

궤도측량 차 EMSAT의 측량시스템은 1990년 이래의 실제 사용에서 성공적임이 입증되었다. EMSAT는 기계화된 측정방법을 사용하므로 보통의 인력-광학 방법과 비교하여 5의 율보다 많을 만큼 비용절감을 달성한다. 자동화된 컴퓨터 지원 측정방법 EMSAT는 고저와 곡률(줄, 방향)의 장파장 틀림을 측정하고 그 다음에 다짐장비용의 정확한 컨트롤 값을 계산한다.

EMSAT와 고정점 측정장치는 분기기와 분기기 연결의 바깥 측점을 점검하는데 사용할 수 있으며, 궤도갱신에도 사용할 수 있다.

위성위치관측체계(GPS)는 오늘날 현재의 궤도위치를 측정함에 있어 새로운 가능성을 제공한다. 실제궤도는 레이저 장현으로 그리고 동시에 GPS로 측정하며, 그것은 (국지적 좌표시스템에서 작동되는) 레이저 장현을 절대좌표로 사정할 수 있게 하고 레이저 장현의 고-정밀 상대적 데이터를 절대좌표로 변환할 수 있게 한다.

(4) 궤도 측정의 자동화의 예(PALAS 시스템)

(가) 개요

스위스 연방철도(ABB)는 J Mller AG의 스위스 회사가 1994년 이후 개발한 Palas 궤도 자동측정 시스템의 2세대 버전을 1996년 초에 사용하기 시작하였다. Palas는 대단히 높은 정밀도로 궤도의 절대 위치를 연속적으로 계산하기 위하여 고정된 기준 점의 레이저 스캐닝과 차상 회전나침반을 사용한다. 그것은 궤도선형 데이터 베이스를 형성하도록 궤도보수 기계의 직접 컨트롤과 측정기록 주행의 양쪽에 사용될 수 있다.

Palas는 측정하려는 궤도 구간을 따라 고정 기준 점의 위치에 관한 정보와 함께 궤도 선형의 초기 기재사항이 운영의 시작 전에 준비되어야 한다. 이들 기준 점은 궤도 외측, 즉 전형적으로 카테너리 전주에 위치한다. 원래의 Palas는 ABB의 자체 선형기록 시스템을 가지고 작업하도록 설계되었지만, 다른 방법으로 작업하도록 변경하는 것이 가능하다.

(나) 측정 장비

Palas 하드웨어는 두 개의 주요 기구를 포함하며, 그것은 궤도기계의 전방 아래 고정 트롤리에 설치된다. 첫 번째는 Ralf로 알려진 레이저 스캐너이며, 이것은 각각의 기준 점에 고정된 3각 프리즘에 대한 수평과 수직 각도를 측정하기 위하여 반사 광선을 사용한다. 또 다른 것은 DRU 회전 나침반이며, 이것은 3차원 공간에서 트롤리의 방위와 자전 북극에 관한 방위를 연속적으로 결정한다.

운영에서 Ralf 스캐너는 DRU 회전 나침반이 세 방위(방위각, 고저 및 회전)를 결정하는 동안에 가장 가까운 고정 3각 프리즘에 대한 각도를 측정한다. Palas 컴퓨터는 이들의 측정된 각도와 트롤리 아래의 분리된 축 위의 주행 거리계에 기록되는 기계 주행거리를 사용하여 트롤리의 3차원 위치를 연속적으로 측정한다. 그것은 또한 규정된 궤도선형 데이터와 고정 기준 점으로부터 3차원 상(象)을 형성한다. 계산된 그리고 규정된 선형의 양쪽은 조작자실의 스크린에 나타나며, 그 이상의 해석을 위하여 기록된다.

계산된 위치는 궤도 축에서 어떠한 틀림이라도 사정하기 위하여 데이터 베이스에 보유된 이론적 선형과 연속적으로 비교된다. 실제와 이론적 궤도선형간의 차이는 또한 어떠한 주된 편향(偏向)에 대하여도 조작자에게 정보를 주기 위하여 스크린 상에 나타난다. Palas가 작업 모드로 사용되고 있을 때에 변동 값과 정정 파라미터가 정정 작업을 안내하도록 보수기계의 컨트롤을 위하여 연속적으로 공급된다.

조작자는 측정 또는 보수 통과를 시작하기 전에 데이터 베이스로부터 궤도의 적합한 구간을 선택하여야 한다. 만일, 요구된 선형이 이전의 파일에 기록되지 않는다면, 수동으로 기본 데이터에 입력하는 것이 가능하다. 그 다음에 조작자는 주행 시작점을 지정하여야 한다. 동시에 삼각 프리즘은 노선에 따른 고정 기준 점에 인력으로 설치된다. 기계가 시작점을 지나 주행할 때 광선 따라 자동적으로 계산이 시작된다.

Palas는 궤도축의 틀림과 어떠한 다른 정정 파라미터라도 연속적으로 사정하여 조작자의 스크린에 나타나며, 그리고 기계에 대하여 인터페이스를 새롭게 한다. 조작자는 작업 주행 중에 다짐 기계에 적용하기로 되어 있는 최대 양로와 같은 시스템 파라미터를 수정할 수 있다.

(다) 지금까지의 경위

마티샤 B50D 연속 다짐기계 아래에 설치된 본보기 Palas 측정 트롤리는 1994년 초에 쥬리히 근처에서 시험을 시작하였다. 처음의 기록은 좋았으며, 그 이상의 시험은 1995년 초기에 SBB가 공식으로 승인하는 시스템으로 이끌었다. 현재 Palas는 SBB에서 운영중인 3 기계, 즉 원형 B50D, 같은 유형의 2 번째 기계 및 프라샤의 09-16 연속작동 다짐기계에 설치되어 있고, 추후의 3 기계에 설치되고 있다.

장비는 SBB의 정규 보수 프로그램에 사용되고 있으며, 대단히 신뢰성이 있는 작업을 하고 있고, SBB는 초기의 품질 결과에 만족하고 있다. 1996년 초기의 Palas 2세대 시험은 기계가 고정 기준 점을 통과할 때마다 기록 유닛과 자동 조정을 통합하였다. 이것은 궤도 중심선에서 기준점까지 직각 거리의 자동 측정으로 달성되었다.

또 다른 Ralf 레이저 스캐너를 운반하는, 궤도기계 뒤에서 견인되는 두 번째 트롤리를 사용하여 쌍-Palas 시스템에 대한 그 이상의 시도도 계획되고 있다. 이것은 장비가 기계 뒤의 기준점에 대한 직각 거리를 측정하여 기록하며, 시작된 어떠한 정정이라도 어떻게 완료되어 왔는지를 선로측정 시스템으로 점검하는 일을 허용할 것이다.

제작사와 SBB는 분기기에서 궤도선형의 자동 측정에 적합한 Palas의 수정 분에 대하여도 작업중이다.

(5) EM140K 궤도검측차

EM140K 궤도검측차는 최고속도 140 km/h로 고속 주행하며, 건축한계, 면맞춤, 줄맞춤, 레일프로파일, 궤간을 레이저를 이용하여 측정하며 축상(軸箱) 좌 · 우 진동가속도와 차체 상 · 하 진동가속도를 측정할 수 있는 비접촉식 검측장비이다. 궤도검측차 후방 정면에 탈부착이 가능한 건축한계 측정장치가 장착되어 있으며, 차량 하부에는 IMU(관성 궤도측정장치) · OGMS(궤간측정장치)는 대차프레임에 높이 조절이 가능하도록 고무버퍼로 견고하게 고정되어 있고, 레일프로파일 장치는 후방에 설치되어 있다.

1) 비접촉식 선형검측 장치

EM-140K는 비접촉식 검측 및 검사 장비이다. 두 대차는 각각 두 차축을 포함하고 있다. 한 대차는 두 차축 모두를 운전하며, 다른 대차는 견인 운행을 한다. 측정 시스템은 EM140K의 모든 속도 범위 내에서 선로의 결함을 기록하며 분석한다. 궤도 검측시스템은 항법솔루션에 기반을 둔 관성항법 비접촉식 시스템이다. 이 시스템은 속도가 제로(0)에서 시작하여 300 km/h까지 캔트를 포함하여 모든 궤도의 선형 매개변수를 측정한다. 방향과 프로파일에 대하여는 시스템이 곡율 방식으로 실제 코드와 실제공간곡선을 모두 측정한다.

2) 레일두부 프로파일 측정시스템

레일단면 측정시스템은 광 레일검사 및 분석장치(ORIAN)라고 부르며 레일의 단면형상을 측정한다. 이 시스템은 2개의 ORIAN 센서 박스로 구성되어 각각 열차 프레임, 각 레일의 위 중앙에 실려 있고 ORIAN 전자장치 및 컴퓨터 시스템은 전자 랙 안에 실려 있다. 레일단면 측정시스템은 레일의 즉각적인 피드백과 궤도스피드로 운행하는 동안 레일의 마모조건을 제공하는 최신의 레이저 및 비디오카메라를 포함하고 있다. 레이저는 정밀하게 온도가 안정적이고 레일의 측정지역의 주변에서 오는 빛을 차단할 필요가 없다. 내부온도는 펠티에 소자를 적용하여 항시 25.,02 오차 범위 내에서 온도가 유지되어진다. 비디오카메라는 종합적이고 정밀한 레일 측정이 가능하도록 바닥/중간 채움 영역에서부터 레일상부 표면까지 전체 레일단면을 찍는다. 이 시스템은 시속 140km/h에서도 작동된다.

3) 건축한계 검측시스템

궤도자갈 측면 측정시스템과 주변 궤도중심거리 측정시스템과 선택 사양인 연쇄 와이어 위치 측정장치를 포함하고 있는 터널 및 구조물 높이 측정시스템은 상세 높이 방해 분석, 자갈 분포의 과부족의 평가, 무동력 궤도의 중심선과 좌 · 우 인접 궤도의 중심선 사이의 거리 및 높이 차 그리고 소프트웨어 옵션으로서 연쇄 와이어 위치 측정장치를 제공하도록 설계되었다. 시스템은 트랙과 자갈밭과 연쇄 와이어를 포함한 궤도 주변까지의 거리를 측정하는 360도 레이저 스캐너로 구성된다. 레이저 스캐너는 초당 최대 200 회전을 하고 초당 54만 개의 거리 측정을 할 수 있다. 이 시스템은 EM140K의 한쪽 끝에 장착되어 있다.

7.2 궤도틀림의 관리

7.2.1 궤도틀림의 정의와 측정

철도에서 선로의 역할은 선형(線形, line form, alignment)이 정해진 차륜 주행로를 확실하게 실현하는 것이지만, 현실에는 다소라도 이것과는 달리 오차가 생긴다. 즉, 궤도는 열차를 지지하고 원활하게 유도하는 역할을 수행하고 있지만, 열차의 반복하중을 받아 차차 변형하여 차량 주행 면의 부정합이 생긴다. 이것을 "궤도틀림(track irregularity or defect, 軌道變位)"이라 부른다. 궤도틀림은 차량 주행의 안전성이나 승차감에 직결되는 중요한 관리 항목이다. 궤도틀림은 **그림 7.2.1**에 나타내는 것처럼 5 항목이 이용되고 있다.

여기서, 궤간과 수평은 양측 레일의 상대 값이므로 그 절대치가 측정되지만, 면(고저)과 줄(방향)은 이것을 절대치에 대하여 측정하는 것으로 하면 그 값이 선형을 포함한 지구 모양의 것이 되어 버린다. 실제의 틀림은 여기에서 선형을 제외한 값이지만, 선형은 위치에 고유한 값으로 위치에 따라 다른 값으로 되므로 정확하게 그 위치가 측정되었다고 하더라도 이것을 제거하기 위해서는 위치에 따라 다른 정보를 처리하여야만 하는 것으로 되어 현 단계에서는 아직 상당히 번잡한 처리를 필요로 하게 된다.

여기에서, 일반적으로 선형은 충분히 원활하게 설정되고, 이 위를 주행하는 차량은 그 선형을 고려하여 운전되므로, 차량의 주행에서 보아 유해한 틀림을 적절하게 지적할 수 있기 위해서는 여기에 적합한 파장 특성을 가진 필터로 이 틀림을 측정하면 좋다는 것은 명확하다. 이와 같은 필터로서 범용되어 온 것이 10 m 현 중앙 종거이다. 이것은 당초에 경험적으로 정해진 것이지만, 나중에 이론적인 근거를 가지고 정해지게 되었다. 또한, 최근에는 30~40 m 현 중앙 종거가 부가되었으며 이것은 고속 운전에서 차체의 진동에 관한 배려에 따른 것이다.

이들의 틀림은 열차의 운전에 따라서 일정 기간마다 궤도 검측차로 윤하중 하에서 동적으로 측정하지만, 필요에 따라 인력 또는 간이 검측 장치를 이용하여 정적으로 측정한다.

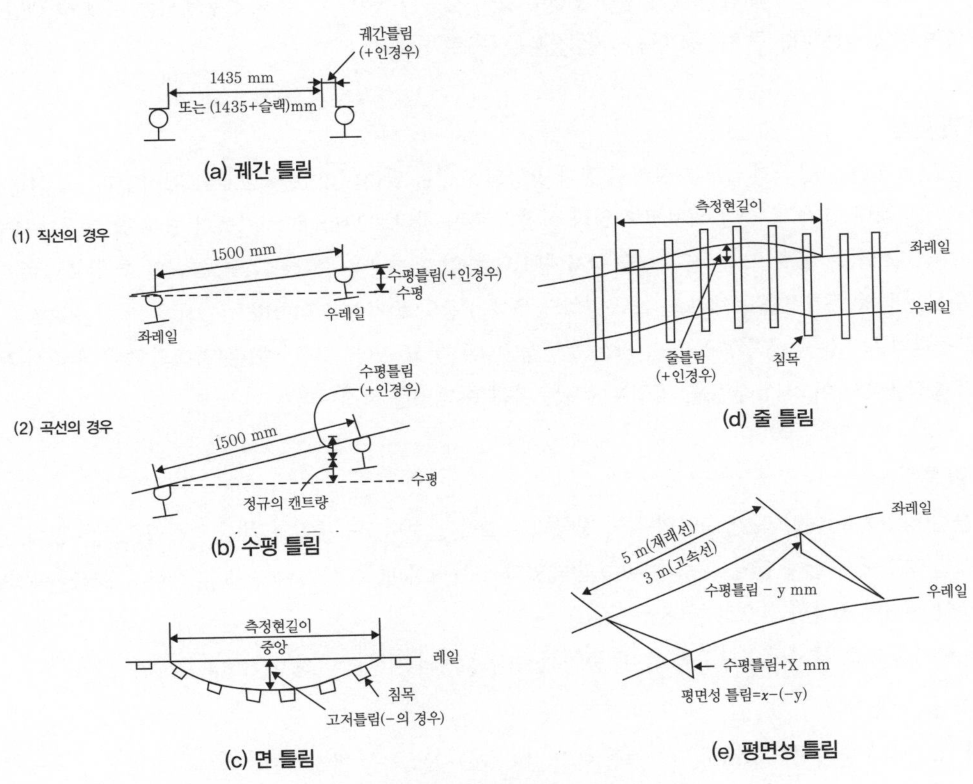

그림 7.2.1 궤도틀림의 종류

(1) 궤간 틀림

궤간 틀림(궤간변위)이란 정규의 궤간, 즉 통상은 기본 치수(1,435 mm), 곡선부에서는 설정 슬랙을 기본 치수에 더한 것에 대한 틀림량을 말한다. 궤간을 측정하는 위치는 **그림 7.2.2**에 나타낸 것처럼 레일면에서 하방 14 mm 점의 최단 거리로 되어 있다(제1.2.2절 참조). 국철의 경우에는 과거에 이용하던 16 mm의 값을 2004년 12월에 14

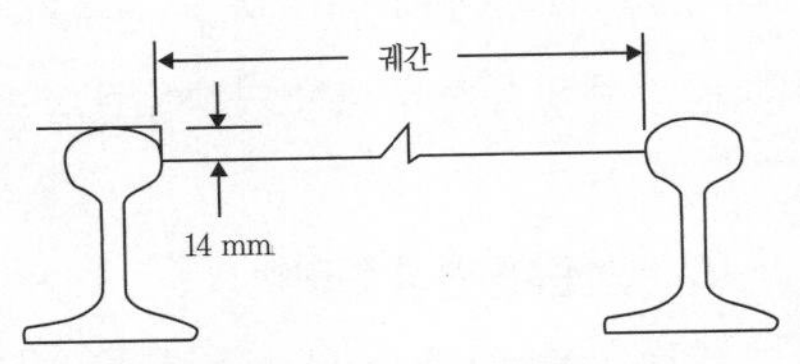

그림 7.2.2 궤간의 측정 위치

mm로 변경하였다. 궤도 검측차도 14 mm 지점에서 궤간을 측정한다.

궤간 틀림의 부호는 기본 치수보다 큰 경우에 (+), 작은 경우에 (−)로 한다.

(2) 수평 틀림

수평(水準, cross level) 틀림(수평변위)이란 궤간의 기본치수에서의 좌우 레일의 높이 차를 말한다. 표준 궤간에서는 궤간의 기본 치수인 1,435 mm 대신에 좌우 레일의 중심간격인 1,500 mm 사이의 높이를 수평으로 하고 있다. 이 치수는 차륜지지 간격과 거의 같다. 곡선부에서 캔트가 설정되어 있는 경우에는 정규의 캔트로부터 증감 량을 말한다.

수평틀림의 본질은 좌우 레일의 높이 차가 아니고, 궤도면의 경사각이다. 곡선부에서 슬랙이 설정되어 있는 경우에 좌우 레일 높이의 차는 통상보다 크다. 수준 틀림의 부호는 직선부에서는 선로의 종점을 향하여 좌측 레일을 기준으로 하여 우측 레일이 높은 경우를 (+), 낮은 경우를 (−)로 한다. 곡선부에서는 내궤 측 레일을 기준으로 하여 설정 캔트보다 큰 경우를 (+), 작은 경우를 (−)로 한다.

(3) 면 틀림

면 틀림(고저변위)이란 레일두부 상면의 길이 방향의 요철을 말하며, 일반적으로는 길이 10 m의 실을 레일두부 상면에서 잡아 당겨 그 중앙 위치의 레일과 실과의 수직 거리로 나타낸다. 기울기 변경 점 부근에 종곡선(縱曲線, vertical curve)이 있는 경우는 측정치에서 그 중앙 종거량을 증감한다(줄 틀림의 항 참조). 즉, 볼록형의 경우에는 중앙 종거량을 공제하고, 오목형의 경우에는 중앙 종거량을 더한다.

고저틀림의 부호는 높은 틀림을 (+), 낮은 틀림을 (−)로 하고 있다. 또한, 수(手)검측의 경우에 직선부에서는 선로의 종점을 향하여 좌측 레일을, 곡선부에서는 내궤 측 레일을 측정한다.

(4) 줄 틀림

줄 틀림(방향변위)이란 레일 측면의 길이 방향의 요철을 말하며, 면 틀림과 같이 일반적으로는 길이 10 m의 실을 레일 측면에서 잡아 당겨 그 중앙 위치의 레일과 실과의 수평 거리로 나타낸다. 곡선부에서는 곡선반경에 따른 중앙 종거를 공제한 값으로 한다.

곡선 중앙 종거의 계산식은 다음과 같다. 종곡선 중앙 종거의 계산도 마찬가지이다.

$$V = s^2 / (8R)$$

여기서, V : 곡선 중앙 종거 (mm), s : 측정 현의 길이 (m), R : 곡선 반경 (m)

측정 현 길이(chord length of versine) s = 10 m인 경우는 V = 12,500/R (mm)로 된다.

줄 틀림의 부호는 궤간의 외방으로 틀려져 있는 경우를 (+), 내방으로 틀려져 있는 경우를 (−)로 하고 있다. 수검측의 경우에 직선부에서는 선로의 종점을 향하여 좌측 레일을, 곡선부에서는 스랙 체감의 번잡이 없고 또한 차량의 주행 특성에 대한 영향이 큰 외궤측 레일을 측정한다.

(5) 뒤틀림(평면성 틀림)

뒤틀림(twist) 또는 평면성 틀림(평면성 변위)이란 궤도면의 '뒤틀림'을 나타낸 것으로 궤도의 일정 거리의 2점간의 수평 틀림의 차로 나타낸다. 평면성 틀림은 궤도면의 뒤틀림으로 차량이 3점 지지 상태로 되어 주행 안전성이 손상되는 것을 피하기 위하여 관리하고 있다. 평면성 틀림의 측정 스팬, 즉 2점간의 거리는 3 m로 하고 있으며, 이는 차량의 최대 고정 축거를 고려한 것이다.

평면성 틀림의 부호는 우선 궤도가 우측으로 비틀려 있는(시계방향) 경우를 (+), 좌측으로 비틀려 있는 경우를 (−)로 하고 있지만, 실무적으로는 그다지 구별되지 않고 있다.

(6) 복합틀림(composite irregularity)

복합틀림이란 일본에서 관리하고 있는 궤도틀림 종류의 하나로서 줄 틀림과 수평틀림이 역 위상으로 복합하여 있는 틀림을 말한다. 참고적으로 그 계산식은 제4.4.5항에서도 설명하였지만

복합틀림 = |줄 틀림 − 1.5 × 수평틀림|

이다. 예를 들어 줄 틀림이 + 10 mm, 수평(cross level) 틀림이 − 10 mm인 개소의 복합틀림은

복합틀림 = |10 − 1.5 × (−10)| = 25 mm

로 큰 것으로 된다.

복합틀림은 주로 화물열차의 도중탈선(derailment in mid-train) 사고를 방지하기 위하여 관리하는 것이다. 연구 결과, 궤도틀림의 면에는 줄 틀림과 수평틀림의 역 위상이 연속하여 존재하기도 하고, 또한 단독으로도 큰 역위상의 틀림이 존재하면, 화물열차의 주행 안전성에 악영향을 주는 점이 규명되었다.

7.2.2 궤도틀림의 정비 기준

궤도정비 기준(tolerance for track maintenance)은 선로유지관리지침에서 다음과 같이 정하고 있다. 궤도틀림관리는 경제성, 내구연한, 안전성 등을 고려하여 **표 7.2.1**과 같이 관리단계를 구분하고, 종류별 관리단계 기준치는 **표 7.2.2** 및 **표 7.2.3**과 같다. 측선이하 착발선, 차량기지, 보수기지 등 궤도검측차에 따른 검측이 불가능할 경우에는 인력측정에 따른 검측을 시행하고 일반철도 규정을 준용할 수 있다.

표 7.2.1 궤도틀림 관리단계 구분

관리단계		관리단계의 내용
1	준공기준(CV)	신선 건설시 준공기준으로 유지보수 시는 적용하지 않는다.
2	목표기준(TV)	궤도유지보수 작업에 대한 허용기준으로 유지보수 작업이 시행된 경우 이 허용치 내로 작업이 완료되어야 한다.
3	주의기준(WV)	이 단계에서는 선로의 보수가 필요하지 않으나 관찰이 필요하고 보수작업의 계획에 따라 예방보수를 시행할 수 있다.
4	보수기준(AV)	유지보수작업이 필요한 단계로 **표 7.2.2**와 **표 7.2.3**의 기준에 제시된 기간 이내에 작업이 시행되어야 한다.
5	속도제한기준(SV)	이 단계에서는 열차의 주행속도를 제한하여야 한다.

표 7.2.2(a) 일반철도 고저틀림 관리기준

관리단계	고저틀림(mm)					고저틀림 표준편차(mm)	비고
	V≤40	40<V≤80	80<V≤120	120<V≤160	160<V≤230	160<V≤230	
준공기준(CV)	≤4	≤4 [2]	≤4 [2]	≤4 [2]	≤3 [2]	–	
목표기준(TV)	≤6	≤5	≤4	≤4	≤4	–	
주의기준(WV)	15≤	13≤	10≤	8≤	7≤	2.1≤	
보수기준(AV)	21≤	19≤	15≤	13≤	11≤	–	3개월 내 보수
속도제한기준 (SV)	28 (10 km/h)	26 (40 km/h)	22 (80 km/h)	20 (120 km/h)	18 (160 km/h)	–	

주) 1. [ ] 내는 콘크리트 궤도 기준
2. 속도제한규정의 고저틀림 값 이상인 경우에는 괄호의 속도 이하로 서행하고, 즉시 보수함
3. 상기의 수치는 10m 대칭 현(弦) 고저틀림 검측값에 적용함
4. 현(弦)방식 고저틀림의 값은 200m 이동평균을 기준선으로 설정하여 보정함
5. 고저틀림 표준편차는 총 200m 구간의 표준편차를 의미함

표 7.2.2(b) 일반철도 방향틀림 관리기준

관리단계	방향틀림(mm)					방향틀림 표준편차(mm)	비고
	V≤40	40<V≤80	80<V≤120	120<V≤160	160<V≤230	160<V≤230	
준공기준(CV)	≤4	≤4 [3]	≤4 [3]	≤4 [3]	≤3 [3]	–	
목표기준(TV)	≤6	≤5	≤4	≤4	≤4	–	
주의기준(WV)	14≤	12≤	9≤	7≤	6≤	1.6≤	
보수기준(AV)	18≤	16≤	12≤	9≤	8≤	–	2개월 내 보수
속도제한기준 (SV)	23 (10 km/h)	22 (40 km/h)	17 (80 km/h)	17 (80 km/h)	14 (160 km/h)	–	

주) 1. [ ] 내는 콘크리트 궤도 기준
2. 속도제한규정의 방향틀림 값 이상인 경우에는 괄호의 속도 이하로 서행하고, 즉시 보수함
3. 상기 수치는 10 m 대칭 현(弦) 방향틀림 검측값에 적용함
4. 현(弦)방식 방향틀림의 값은 50 m 이동평균을 기준선으로 설정하여 보정한다. 다만 곡선 사이의 직선구간이 200 m 이상이고 곡선반경이 1000 m 이상인 경우에는 기준선 설정을 위한 이동평균 구간거리를 100 m로 할 수 있다.
5. 방향틀림 표준편차는 총 200 m 구간의 표준편차를 의미함

표 7.2.2(c) 일반철도 뒤틀림 관리기준

관리단계	뒤틀림(mm)					비고
	V≤40	40<V≤80	80<V≤120	120<V≤160	160<V≤230	
준공기준(CV)	≤3	≤3	≤3	≤3	≤3	
목표기준(TV)	≤5	≤5	≤4.5	≤3	≤3	
주의기준(WV)	13≤	10≤	9≤	8≤	6≤	
보수기준(AV)	18≤	15≤	12≤	10≤	9≤	1개월 내 보수
속도제한기준 (SV)	22 (10 km/h)	21 (40 km/h)	21 (40 km/h)	21 (40 km/h)	15 (160 km/h)	

(표 7.2.2(c)의 계속)

주) 1. 뒤틀림 계산을 위한 기준거리는 3 m로 함
2. 속도제한규정 값 이상인 경우에는 괄호의 속도 이하로 서행하고, 즉시 보수
3. 준공기준과 목표기준의 값은 켄트체감량을 제외한 값을 기준으로 하며, 다른 기준값은 켄트체감에 의한 뒤틀림 값을 포함한 값을 의미함

표 7.2.2(d) 일반철도 수평틀림 관리기준

관리단계	뒤틀림(mm)					비고
	V≤40	40<V≤80	80<V≤120	120<V≤160	160<V≤230	
준공기준(CV)	≤3	≤3	≤3	≤3	≤3	
목표기준(TV)	≤5	≤5	≤4	≤3	≤3	
주의기준(WV)	10≤	10≤	10≤	10≤	10≤	
보수기준(AV)	20≤	20≤	20≤	20≤	20≤	3개월 내 보수
속도제한기준 (SV)	–	–	–	–	–	

표 7.2.2(e) 일반철도 궤간틀림 관리기준

관리단계	궤간틀림(mm)										비고
	V≤40		40<V≤80		80<V≤120		120<V≤160		160<V≤230		
	최소	최대	최소	최대	최소	최대	최소	최대	최소	최대	
준공기준(CV)	−2≤	≤5	−2≤	≤5	−2≤	≤5	−2≤	≤5	−2≤	≤5	
목표기준(TV)	−3≤	≤11	−3≤	≤11	−3≤	≤11	−3≤	≤11	−3≤	≤11	
주의기준(WV)	<−3	17≤	<−3	17≤	<−3	17≤	<−3	17≤	<−3	13≤	
보수기준(AV)	≤−5	30≤	≤−5	30≤	≤−5	20≤	≤−5	20≤	≤−5	15≤	3개월 내 보수
속도제한기준 (SV)	≤−11	35≤	≤−11	35≤	≤−10	35≤	≤−10	35≤	≤−9	27≤	
	(40 km/h)		(40 km/h)		(80 km/h)		(80 km/h)		(160 km/h)		

주) 속도제한규정 값 이상인 경우에는 괄호의 속도 이하로 서행하고, 즉시 보수

7.2.3 궤도틀림의 파장 특성

(1) 궤도틀림의 파장

표 7.2.3(a) 고속철도 수평, 뒤틀림 관리기준

기호	정의	비고
d_p	설정 캔트, 적용된 캔트값	
d_A	A점에서 실제 캔트값, A점에서 검측된 캔트값	
g_3	3m 기선에서의 뒤틀림, 3m 떨어진 두 지점에서 측정된 캔트값의 차	
E_d	10m 현의 기준선과 중앙점의 캔트 차이, B지점의 캔트와 전후로 각 5m 떨어진 C, D지점 캔트값의 평균과의 차이. $E_d = d_B - 1/2(d_C+d_D)$	

관리단계	한계치(㎜)		
	3 m 뒤틀림	10 m 현 캔트차	캔트틀림 $\lvert d_p-d_A \rvert$

(표 7.2.3(a)의 계속)

준공기준(CV) Construction Value	새로운 궤도부설시 요구되는 값	$g_3 \le 3$	$E_d \le 3$	$\lvert d_p - d_A \rvert < 3$
목표기준(TV) Target Value	그 외의 경우	$g_3 \le 3$	$E_d \le 4$	$\lvert d_p - d_A \rvert < 3$
주의기준(WV) Warning Value	이 단계의 의미 –결함의 원인 및 특성의 확인 –수평틀림의 진행상황 감시	$5 < g_3 \le 7$	$7 < E_d \le 9$	$5 < \lvert d_p - d_A \rvert \le 9$
보수기준(AV) Action Value	이 단계는 틀림이 측정된 날로부터 다음 기간 내에서 유지보수 작업이 수행되어야 함 –7일 (불안정한 구간) –15일 (그 외의 구간)	$g_3 > 7$	$E_d > 9$	$\lvert d_p - d_A \rvert > 9$
속도제한기준(SV) Speed Reduction Value	이 값은 속도감속과 틀림이 정정되기 전 상시 감시를 해야 함을 의미함			
	속도제한 = 170 ㎞/h	$15 < g_3 \le 21$	$15 < E_d \le 18$	관리하지 않음
	속도제한 < 160 ㎞/h	$g_3 > 21$	$E_d > 18$	관리하지 않음

표 7.2.3(b) 고속철도 궤간틀림 관리기준

기호	정의		비고
E_{min}	최소 궤간, 해당 궤도구간의 최소 궤간값		
E_{max}	최대 궤간, 해당 궤도구간의 최대 궤간값		
E_{avg}	평균 궤간, 궤도 100m구간의 궤간 평균값		
관리단계		**한계치(㎜)**	**분기기(㎜)**
준공기준 (CV)	새로운 궤도부설시 요구되는 값	$E_{min} \ge 1433$ $E_{max} \le 1440$ $1434 \le E_{avg} \le 1438$	$E_{min} \ge 1434$ $E_{max} \le 1438$
목표기준 (TV)	궤도 유지보수 작업 후에 요구되는 값(L<100m)	$1432 \ge E_{min} \ge 1432$ $E_{max} < 1440$ $1434 \le E_{avg} \le 1440$	$E_{min} \ge 1434$ $E_{max} \le 1438$
주의기준 (WV)	이 단계 값들 중 하나만 해당되어도 WV로 분류	$1430 \le E_{min} < 1432$ 직선 $1440 < E_{max} \le 1441$ 곡선 $1440 < E_{max} \le 1445$ $1433 \le E_{avg} < 1434$ 직선 $1440 < E_{avg} \le 1441$ 곡선 $1440 < E_{avg} \le 1445$	$1432 \le E_{min} \le 1434$ $1438 \le E_{max} \le 1440$
보수기준 (AV)	3개월 내에 유지보수를 시행해야 함. 이 단계 값들 중 하나만 해당되어도 AV로 분류	$E_{min} < 1430$ 직선 $E_{max} > 1441$ 곡선 $E_{max} > 1445$ $E_{avg} < 1433$ 직선 $E_{avg} > 1441$ 곡선 $E_{avg} > 1445$	$E_{min} < 1432$ $E_{max} > 1440$

속도제한기준 (SV)	이 값은 속도감소를 의미함		
	속도제한 = 230 km/h	$1426 \le E_{min} < 1428$ $1428 \le E_{avg} < 1431$	$1430 \le E_{min} < 1432$ $1440 < E_{max} \le 1455$
	속도제한 = 170 km/h	$1422 \le E_{min} < 1426$ $1455 < E_{max} \le 1462$	$1428 \le E_{min} < 1430$ $1455 < E_{max} \le 1465$
	속도제한 < 160 km/h	$E_{min} < 1422$ $E_{max} > 1462$ $E_{avg} < 1428$ $E_{avg} > 1451$	$E_{min} < 1428$ $E_{max} > 1465$

표 7.2.3(c) 고속철도 고저틀림 관리기준

기호	정의	비고
$N_{\_10m}$	10 m 현(弦) 중앙 종거(5 m)법으로 측정한 고저틀림 측정된 고저틀림과 기준선(주)의 차이	
$N_{\_20m}$	20 m 현 편심 종거(4.1 m, 16.8 m)법으로 측정한 고저틀림 측정된 고저틀림과 기준선 간의 차이	
N_{all}	30 m 기선에서 측정한 국부적인 고저 기록된 틀림 값의 피크-피크 측정값	
$N_{\_SD\_10m}$	10 m 현 고저틀림의 200 m 구간의 표준편차 측정된 고저틀림과 기준선 차이 값의 200 m 표준편차	
$N_{\_SD\_20m}$	20 m 현 고저틀림의 200 m 구간의 표준편차 측정된 고저틀림과 기준선 차이 값의 200 m 표준편차	

관리단계		한계치		비고
		고저틀림(mm)	표준편차	
준공기준 (CV)	새로운 궤도부설시 요구되는 값	$N_{\_10m} \le 2$ $N_{\_20m} \le 3$ $N_{all} \le 5$	$N_{\_SD\_10m} \le 1.0$ $N_{\_SD\_20m} \le 1.3$	
목표기준 (TV)	궤도 유지보수 작업 후에 요구되는 값 (L<100m)	$N_{\_10m} \le 3$ $N_{\_20m} \le 4$ $N_{all} \le 7$	$N_{\_SD\_10m} \le 1.3$ $N_{\_SD\_20m} \le 1.7$	
주의기준 (WV)	이 단계의 의미: – 결함의 원인 및 특성의 확인 – 수평틀림의 진행상황 감시	$5 \le N_{\_10m} < 10$ $7 \le N_{\_20m} < 14$ $10 \le N_{all} < 18$	$N_{\_SD\_10m} \ge 1.9$ $N_{\_SD\_20m} \ge 2.6$	
보수기준 (AV)	1개월 내에 유지보수를 시행.	$N_{\_10m} \ge 10$ $N_{\_20m} \ge 14$ $N_{all} \ge 18$	관리 않음	
속도제한기준 (SV)	이 값은 속도감소를 의미함			
	속도제한 = 230km/h	$15 \le N_{\_10m} < 18$ $20 \le N_{\_20m} < 24$ $24 \le N_{all} < 30$	관리 않음	
	속도제한 = 170km/h	$18 \le N_{\_10m} < 22$ $24 \le N_{\_20m} < 28$ $N_{all} \ge 30$	관리 않음	
	속도제한 < 160km/h	$N_{\_10m} \ge 22$ $N_{\_20m} \ge 28$	관리 않음	

(주) 고저틀림의 기준선은 측정값 전후 100 m구간, 즉 총 200 m 구간의 고저틀림 측정치의 이동평균을 사용한다.

표 7.2.3(d) 고속철도 방향틀림 관리기준

표기	정의	비고
$D_{\_10m}$	10 m 현(弦) 중앙 종거(5 m)법으로 측정한 방향틀림 측정된 방향틀림과 기준선[주1]간의 차이	
$D_{\_20m}$	20 m 현 편심 종거(4.1 m, 16.8 m)법)으로 측정한 방향틀림 측정된 방향틀림과 기준선간의 차이	
D_{all}	30 m 현의 방향틀림 기록된 틀림 값의 피크-피크 측정값	
$D_{\_SD\_10m}$	10 m 현 방향틀림의 200 m 구간의 표준편차 측정된 방향틀림과 기준선 차이 값의 200 m 표준편차	
$D_{\_SD\_20m}$	20 m 현 방향틀림의 200 m 구간의 표준편차 측정된 방향틀림과 기준선 차이 값의 200 m 표준편차	
A_{Tc}	차체의 횡가속도[주2] 차체가속도의 기준선과 피크의 차	
A_{Tb}	대차의 횡가속도[주2] 차체가속도의 기준선과 피크의 차	

관리단계		한계치		
		방향틀림(㎜)	표준편차	횡가속도($^m/s^2$)
준공기준 (CV)	건설 후에 요구되는 값	$D_{\_10m} \le 3$ $D_{\_20m} \le 3$ $D_{all} \le 6$	$D_{\_SD\_10m} \le 0.8$ $D_{\_SD\_20\,m} \le 1.1$	$A_{Tc} \le 0.8$ $A_{Tb} \le 2.5$
목표기준 (TV)	다른 경우	$D_{\_10m} \le 4$ $D_{\_20m} \le 4$ $D_{all} \le 7$	$D_{\_SD\_10\,m} \le 1.0$ $D_{\_SD\_20\,m} \le 1.4$	$A_{Tc} \le 1.0$ $A_{Tb} \le 3.5$
주의기준 (WV)	이 값의 의미: -결함의 원인 및 특성의 확인 -줄맞춤 결과의 감시	$6 \le D_{\_10m} < 7$ $8 \le D_{\_20m} < 9$ $12 \le D_{all} < 16$	$D_{\_SD\_10\,m} \ge 1.5$ $D_{\_SD\_20\,m} \ge 2.1$	$1.0 < A_{T}c \le 2.5$ $3.5 < A_{Tb} \le 6.0$
보수기준 (AV)	다음의 최대 한계시간 안에 수행되어야 하는 유지보수운영에 필요한 값 -15일(불안정한 구간) -1개월(그 외의 구간)	$D_{\_10m} \ge 7$ $D_{\_20m} \ge 9$ $D_{all} \ge 16$	관리 않음	$A_{Tc} > 2.5$ $A_{Tb} > 6.0$
속도제한기준 (SV)	속도감속을 의미하는 값			
	속도제한 = 230㎞/h	$12 \le D_{\_10m} < 14$ $13 \le D_{\_20m} < 15$ $20 \le D_{all} < 24$	관리 않음	$2.8 \le A_{Tc} < 3.0$ $8.0 \le A_{Tb} < 10.0$
	속도제한 = 170㎞/h	$14 \le D_{\_10m} < 17$ $15 \le D_{\_20m} < 19$ $D_{all} \ge 24$	관리 않음	$A_{Tc} \ge 3.0$ $A_{Tb} \ge 10.0$
속도제한기준 (SV)	속도제한 〈160㎞/h	$D_{\_10m} \ge 17$ $D_{\_20m} \ge 19$	관리 않음	관리 않음

(주1) 방향틀림의 기준선은 측정값 전후 100m 구간, 즉 총 200m 구간의 방향틀림 측정치의 이동평균을 사용한다.
(주2) 가속도 측정과 분석방법은 다음의 규정을 따른다(샘플링 조건, 필터링 등).

○ 측정주파수 : 200Hz 이상
○ 신호처리방법 :
- 차체가속도 : 0.4-10Hz Band-pass filter at -3dB, gradient≥24dB/octave
- 대차가속도 : 10Hz Low-pass filter at -3dB, gradient≥24dB/octave

실제의 궤도틀림(軌道變位)은 사인 파형 모양이 아니고 여러 가지 파장 성분이 포함되어 있다. 일반적으로는 파장이 길수록 진폭이 크다고 하는 관계가 있지만, 그 중에서 주된 것은 레일 길이에 기인하는 25 m 파장의 것이다. 궤도 검측 데이터에서는 특정의 파장 성분이 눈에 띄는 것이 있지만, 이것은 실제의 틀림이라 하기보다도 검측 특성으로 인한 경우가 있으므로 주의를 요한다.

(2) 궤도틀림 검측 특성

중앙 종거법을 이용한 궤도 검측은 **그림 7.2.3**에 나타낸 검측 특성을 갖고 있다. 일반적으로 이용되는 10 m 현 중앙 종거에서 파장 10 m의 궤도틀림은 2배의 크기로 측정된다. 한편, 파장 5 m 부근의 궤도틀림은 검측할 수 없다. 또한, 궤도틀림의 파장이 길게 됨에 따라서 검측 배율이 저하하며, 예를 들어 파장이 40 m인 궤도틀림의 검측 배율은 0.293으로 된다.

중앙 종거법을 이용한 궤도 검측에서는 검측 현의 길이에 가까운 파장의 궤도틀림이 강조된다. 예를 들어 10 m 현 중앙 종거 검측에서는 파장 10 m의 성분이, 20 m 현 중앙 종거 검측에서는 파장 20 m의 성분이 강조된다(**그림 7.2.4**).

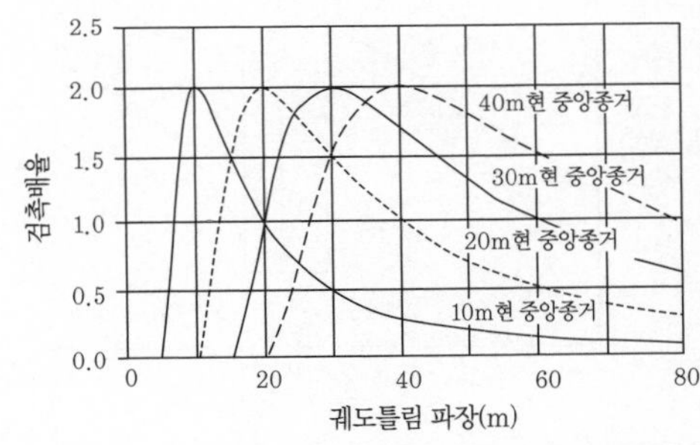

그림 7.2.3 중앙 종거법을 이용한 궤도 검측 특성

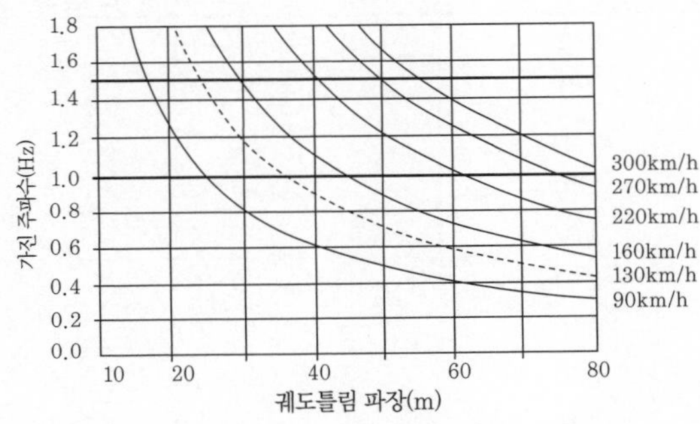

그림 7.2.5 궤도틀림의 파장과 가진 주파수

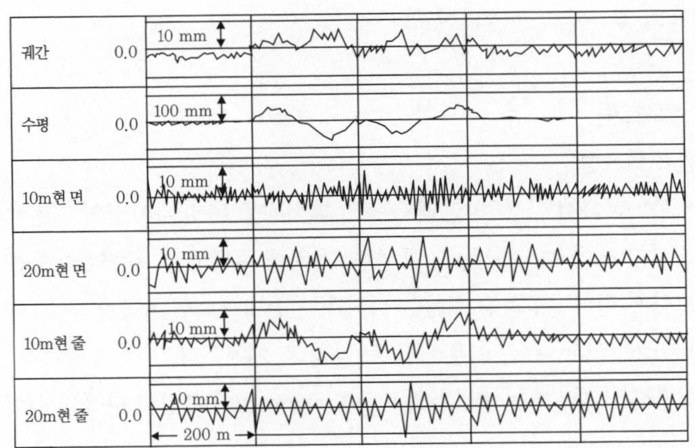

그림 7.2.4 중앙 종거법을 이용한 궤도 검측 파형 예

(3) 차량의 동요에 영향이 큰 궤도틀림

차량의 동요는 어떤 범위의 파장의 궤도틀림에 민감하다. 차량은 통상의 차량 주행속도 대역에서 밸런스를 취한 승차감으로 되도록 설계된다. 그 때 대부분의 경우에 차량의 탁월 진동수, 즉 차량으로서 가장 동요하기 쉬운 진동수는 0~1.5 Hz로 된다. 그래서, 차량동요에 영향이 큰 궤도틀림 파장은 열차속도에 따라서 **그림 7.2.5**, **표 7.2.4**와 같이 나타난다. 이와 같이 열차속도가 높게 됨에 따라서 보다 긴 파장의 궤도틀림을 관리하는 것이 중요하게 된다.

(4) 궤도틀림의 진행

궤도틀림 진행과 정정의 실상에 대하여 틀림 진행으로서 시간의 경과와 함께 증가하고, 정정에 따라 감소하는 추이를 로트(10, 20, 25 m 구간 등)의 대표치(구간 대표치), 그 일정 구간(수 100 m ~ 1 km)의 평균치, 또는 이들 일정 구간의 표준편차로 나타낸 것이 **그림 7.2.6**이다. 궤도틀림의 크기는 틀림 진행의 속도, 정정에 이르기까지의 주기 및 정정의 효과에 따라 정하여진다.

표 7.2.4 차량동요에 영향이 큰 궤도틀림 파장

열차속도(km/h)	궤도틀림파장(m)(1.5~1.0 Hz)
70	13~19
90	17~25
110	20~31
130	24~36
160	30~44
210	39~58
240	44~67
270	50~75
300	56~83

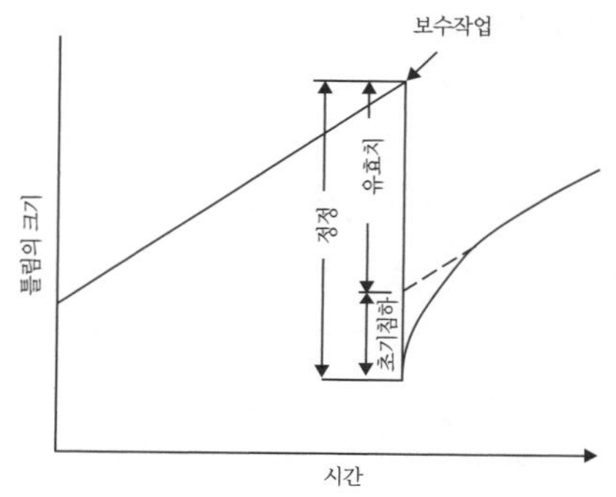

그림 7.2.6 통계적으로 본 틀림의 추이

(5) 궤도틀림의 파워 스펙트럼

(가) 일반 구간의 파워 스펙트럼

궤도틀림은 궤도에서 불가피하게 발생하며, 궤도구조, 열차하중 및 보수작업의 패턴에서 그 특성이 정하여진다. 이것에 대하여는 그 크기 외에 파장(波長)의 특성이 그 위를 주행하는 차량의 주행안전(running safety), 승차감에 관계하여 중요하게 된다. 이 파장 성분을 나타내는 방법으로서는 공간(空間) 주파수*에 대한 파워 스펙트롤 밀도(power spectral density, 이후 PSD로 약칭)가 이용된다.

이것을 이론적으로 취급하는 경우에는 프랑스의 Prud' homme이 제안한 다음의 식이 이용되고 있다.

---

* 파장의 역수로 일정 구간의 파수를 말한다.

$$S(\Omega) = \frac{A}{(B+\Omega)^3}$$

여기서, $S(\ )$: 궤도틀림의 PSD 함수, $\Omega = 2\pi/\lambda$: 공간 원(圓)주파수, λ : 파장, A : 파워스펙트럼밀도의 크기에 관한 계수, B : 절곡점의 공간주파수를 나타내는 계수

이것을 도시한 것이 **그림 7.2.7**이다.

A, B의 고저틀림에 대한 표준 치로서는 $S(\ )$를 m^3, λ를 m로 나타내어 $A = 2\times10^{-6}$과 $B = 0.36$이 이용되고 있다.

3m 이하의 단파장 틀림에 대하여는 장파장 영역을 무시하여

$$S(\Omega) \simeq \frac{A}{\Omega^3}$$

을 이용한다.

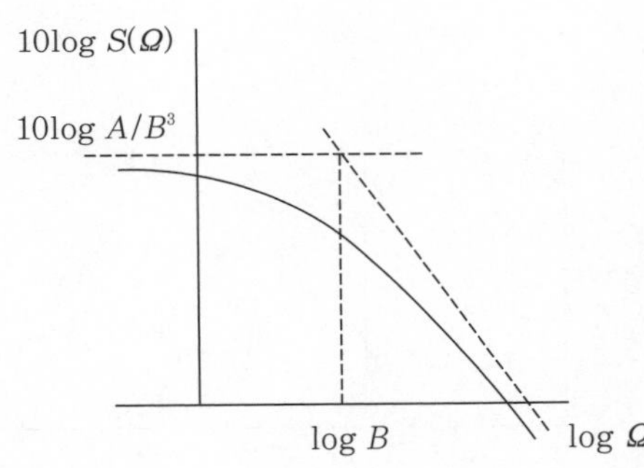

그림 7.2.7 Prud' homme의 궤도틀림 PSD

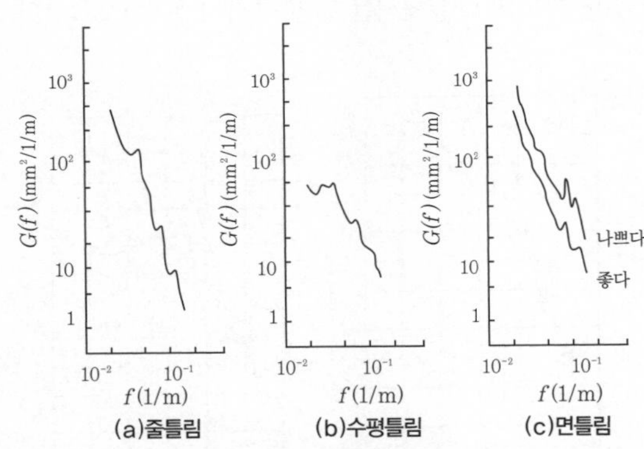

그림 7.2.8 궤도틀림 PSD의 예

일반 구간에 대한 예가 **그림 7.2.8**이다. 이들의 데이터는 연장 500 m 구간의 50여 개소의 평균이며, P값으로 말하면 25~35에 대한 것으로 된다. **그림 7.2.8** (c)에서 볼 수 있는 것처럼 궤도 상태의 좋고 나쁨에 따라 이 PSD는 전체적으로 상하로 이동하며, 그 근사 식은

$$G(f) = Af^{-n}$$

여기서, $G(f)$: PSD (mm^2m), f : 공간 주파수 (1/m)

로 나타내며, 그 값은 **표 7.2.5**에 나타낸 것으로 한다.

표 7.2.5 A와 n의 값

틀림 종별	랭크	저주파역		고주파역	
		A	n	A	n
줄틀림	좋다	0.17	2.05	0.0065	3.06
	중간	0.12	2.25	0.0039	3.45
	나쁘다	0.27	2.05	0.0029	3.64

(표 7.2.5의 계속)

수평 틀림	좋다			0.18	1.79
	중간			0.25	1.78
	나쁘다			0.12	2.12
면 틀림	좋다	0.0038	3.10	0.14	1.97
	중간	0.0046	3.14	0.18	2.05
	나쁘다	0.0046	3.24	0.45	1.89

(나) 특수 개소의 파워 스펙트럼

이상은 일반 구간의 PSD에 관한 것이지만, 화차의 탈선 개소, 전차의 저대 동요가 생긴 개소의 평균 PSD를 파장에 대하여 나타낸 것이 **그림 7.2.9**이다. 또한, 그림 중에 나타낸 일반 구간은 비교를 위하여 나타낸 궤도 상태가 나쁜 랭크의 평균이다.

이 그림에서 화차의 탈선 개소에서는 줄 틀림과 수평틀림 모두 25 m 부근의 파장에서 탁월하고, 전차의 저대 동요 개소에서는 줄 틀림의 33 m 부근에 탁월 파장이 보여진다. 또한, 분포 전체에서 보면 탈선 개소는 전반적으로 일반 구간의 상기 PSD보다 큰 값으로 되어 있는 것에 대하여 전차의 저대 동요 개소에서는 탁월(卓越) 파장 주변 이외의 파장에서는 일반 구간의 상기 PSD보다 작은 값으로 되어 있다.

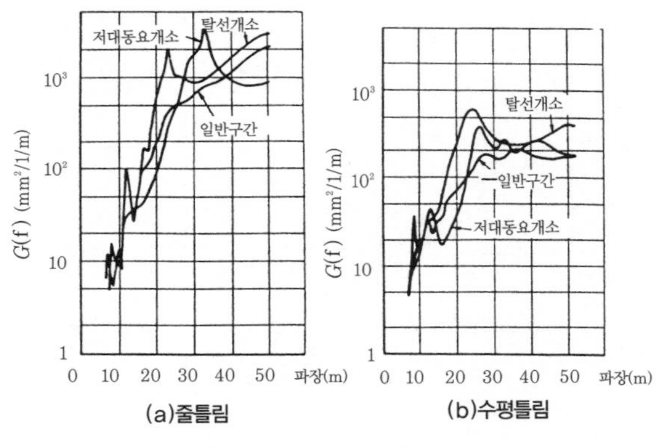

그림 7.2.9 특수 개소에서의 PSD

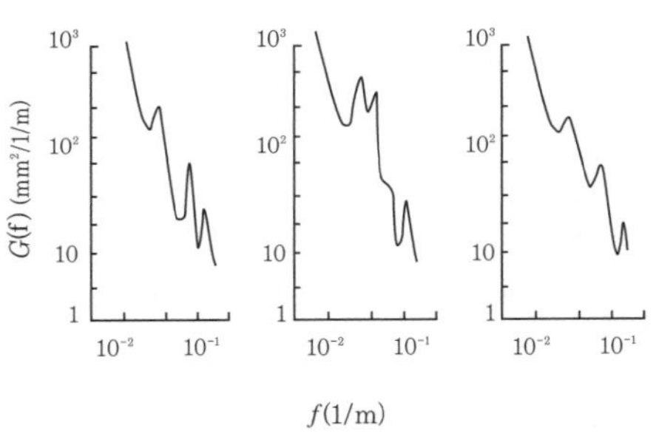

그림 7.2.10 줄 틀림의 PSD 분포 예

이와 같은 예를 나타내 보이면, 일견 궤도의 상당한 개소에서 이와 같은 파장을 가진 틀림이 성장하여 있는 듯한 인상을 주고 있지만, 실제는 개개 구간의 PSD에서 **그림 7.2.8**의 원 데이터의 예를 나타내는 **그림 7.2.10**에서 보는 것처럼 여러 가지 파장이 탁월하고 있는 중에서 차량의 고유 진동과 주행 속도로 정해지는 고유 파장 성분을 갖는 개소가 선택된 것이다. 따라서, 이와 같은 탈선 혹은 저대 동요라고 하는 현상의 발생에 관하여, 다른 차량 군에 비교하여 특히 이와 같은 개소에 민감한 차량에 대하여는 차량에서의 대책이 필요하게 되며, 대부분의 차량에 대하여 같은 모양의 현상을 나타내는 개소에 대하여는 궤도에서의 대책으로 된다.

궤도에서도 종래의 10 m 현 중앙 종거에만 의거하는 **그림 7.2.8**에 나타낸 공간 주파수(spatial frequency)에 대한 전반적인 대소(大小)를 대상으로 한 진폭의 관리를 주로 하는 단계에서 파장을 고려하는 관리로 향하는 중이다.

7.2.4 궤도틀림 데이터의 처리

궤도 검측차의 차상에서 출력되는 궤도 검측 기록은 궤도상태를 직감적으로 파악하기에는 유효하지만, 어떤 구간의 궤도 상태를 나타내거나 궤도 상태의 시간 경과 변화를 나타내기에는 적당하지 않다. 그래서, 다음과 같은 통계처리를 한다.

(1) 궤도틀림지수 P

국철에서는 1990년대 초반까지 어느 구간의 궤도 상태의 양부를 나타내는 지표로서 궤도틀림지수 P (P값)가 이용되어 왔으며, 일본에서 현재도 이용되고 있는 이 궤도틀림지수 P의 내용은 다음과 같다.

틀림 계급 x_i (mm)의 빈도를 f_i로 하면, 수치군의 평균치 m과 표준편차 σ는

$$m = \frac{\sum f_i x_i}{\sum f_i}$$

$$\sigma = \sqrt{\frac{\sum f_i (x_i - m)^2}{\sum f_i}} = \sqrt{\frac{\sum f_i x_i^2}{\sum f_i} - m^2} = \sqrt{\sigma_0^2 - m^2}$$

이며, 또한 수치군의 분포는 다음 식으로 나타낸다.

$$y = \frac{1}{\sqrt{2\pi}\sigma} e^{\frac{(x-m)^2}{2\sigma^2}}$$

이와 같이 어느 구간의 궤도틀림 상태는 2 개의 지수 m, σ로 나타낼 수가 있지만, 이 2개의 지수를 묶은 하나의 지수로 궤도틀림군의 상태를 나타내는 쪽이 보다 편리하다. 그 방법으로서 **그림 7.2.11**에 나타낸 것처럼 궤도틀림의 분포곡선에 일정한 한계선 ± a mm를 그어 이것을 초과하는 틀림의 비율 %를 구한다. 이것이 궤도틀림지수 P이다.

$$P_1 = \int_{+a}^{+\infty} \frac{1}{\sqrt{2\pi}\sigma} e^{\frac{(x-m)^2}{2\sigma^2}} dx \times 100$$

$$P_2 = \int_{-\infty}^{-a} \frac{1}{\sqrt{2\pi}\sigma} e^{\frac{(x-m)^2}{2\sigma^2}} dx \times 100$$

$$P = P_1 + P_2$$

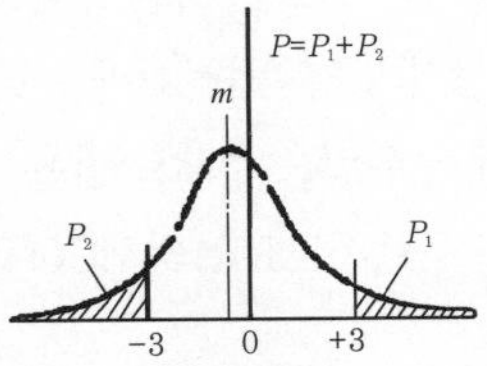

그림 7.2.11 궤도틀림의 분포곡선

한계치 a는 3 mm를 채용하고 있으며, 그 이유는 3 mm로 한 경우의 P값은 궤도틀림의 양부에 따라서 대체로 20~60 자릿수까지의 넓은 범위의 값으로 되어 궤도틀림의 상태를 비교하기 쉽기 때문이다.

(2) 표준편차를 이용한 궤도관리

궤도틀림지수 P는 궤도틀림의 관리 지표로서 정착된 것이지만, 근년의 궤도상태의 개선으로 ± 3 mm를 한도치로 하는 P값으로는 궤도틀림 상태를 충분히 비교할 수 없는 경우가 증가되어 왔다.

전술과 같이 궤도틀림 상태의 파악은 평균치 m과 표준편차 σ의 양자를 이용한 방법이 합리적이라고 생각된

다. 근년에는 궤도틀림의 디지털화나 계산 처리가 용이하게 되어 표준편차의 산출도 간단하게 할 수 있는 상황이다. 그래서, 궤도틀림 상태를 표준편차 그대로 평가하기도 한다.

(3) EM-120의 분석 기록지를 이용한 궤도관리 [219]

분석 기록지에는 불량위치의 시 · 종점, 불량 길이, 불량 종별(틀림 종류), 최고 불량치, 최고 불량 위치, 불량의 정도, 불량 최고 단계, ADA, TQI, 불량연장 집계표, 측정 길이, 검측 기준치, 불량연장/불량개소 수, 불량단계 또는 보수 단계가 표시된다. 궤도 검측 기록지에는 측정한 틀림 파형, 진동가속도 등의 그래프와 함께 거리, 구조물, 측정속도 등을 나타낸다.

궤도 검측 기록지를 분석하여 불량 개소를 도출하고, 원인을 분석하여 보수단계별로 기록 정리하며, 전회 검측 기록지와 비교 검토하고 궤도틀림 중복 개소를 특성(지리적 조건, 도상조건, 궤도조건, 구조물 등)별로 분석하여 궤도를 관리한다.

궤도 검측 결과에 나타나는 불량은 입체적인 불량과 평면적인 불량으로 나눈다. 입체적인 불량은 평면성, 수평, 면 등이 있으며, 이들은 상호 중복 작용한다. 즉, 수평이 불량하면 평면성에 직접 영향을 주고, 면이 불량하면 평면성에 직접 영향을 주므로 입체적인 불량 길이는 평면성의 길이로 대표할 수 있다. 평면적인 불량으로는 방향, 궤간이 있으며, 평면적인 불량길이는 방향의 길이로 대표한다. 검측 결과, 성적 산출은 2단계 이상 지적개소 중에 곡선에서 슬랙의 영향을 받는 (+) 궤간을 제외한 나머지 측정 종목의 불량길이를 근거로 산출한다.

7.2.5 궤도관리 시스템과 보선 작업

(1) 궤도관리 시스템(track control system)

(가) 세계의 개발 상황

궤도의 역할은 원활한 차륜 주행로(走行路)를 실현하는 것이며, 이것은 궤도가 부설되어 초기의 정비가 이루어진 후는 상시의 검측(檢測)과 판단(判斷) 및 보선(保線, track maintenance) 작업으로 유지되어 간다. 이들의 실현에서 유럽을 주체로 많은 새로운 시스템이 개발되는 중이다. 이들을 나타낸 것이 **표 7.2.6**이다. 이하에서는 이들 중에서 ERRI의 ECOTRACK에 대하여 소개한다.

표 7.2.6 세계의 궤도관리 시스템

철도 사업자	시스템	특징 · 가동 상황 등
독일 국철	SYSTEM DYNAMICS에 기초를 둔 전략구축 지원 시스템	효율적 계획, IC망 전용, 자원(resource)는 무한으로 가정, 궤도 이외에도 적용 고려, 시험시행중
영국 국철	미니 MARPAS, MARPAS : 보수 및 갱신계획 지원 시스템 RRNPV : 레일 교환계획	틀림 진행의 수치 · 통계 분석, 환경오염 고려 분할 의식, 차종별 계산, 승차감 악화 고려 실시 시기별 경비, 탈선 위험성을 포함
밸링턴 노던	TMS : 궤도보수 시스템 REPOMAN : 레일 교환계획	궤도틀림 관리, 레일, 침목의 3 시스템으로 구성, OK, MAY, SHOULD, MUST의 4단계를 출력
JR 그룹	SMIS : 신칸센 정보관리 시스템	75년 이후 가동중, 계속적으로 기능 향상중

(표 7.2.6의 계속)

스위스 국철	GEV : 궤도보수 관리	궤도틀림 관리, 보수실행 결정지원, 시험시행중
네덜란드 국철	BINCO : 보수계획 지원 시스템	단파장 데이터에 의한 레일 삭정 계획 포함
폴랜드 국철	DONG : 전반 보수에 관한 결정 KOMPLAN : 컴퓨터 지원 작업계획	서행 결정, 열차간 시공, 축중 제한의 결정면(고저) · 줄 · 수평 및 궤간 틀림에 관하여 판별
프랑스 국철	GOP : 노상을 포함한 보수 시스템	도상+중간층 = 노상계수 정의, 83 이후 가동중
헝가리 국철	PATER :보수/갱신계획 지원 시스템	궤도틀림의 평가, 작업 프로그램의 작성
ERRI	ECOTRACK : 경제적 궤도관리 시스템	궤도상태관리, 보수작업계획, 갱신작업계획 작성

(나) ECOTRACK

ERRI에서는 1996년 유럽 10 개국 철도의 협력을 얻어 ECOTRACK을 개발하였다. 이 시스템은 보선작업 계획자가 그 작업의 실시를 결정하는 데에 사용이 가능한 자원을 기초로 필요로 하는 모든 정보를 접할 수 있도록 하는 것을 목적으로 하였다. 이 작업의 범위는 분기기 작업을 제외하고 연속적인 작업과 영업선의 갱신을 검토하는 것이었다. 여기에는 3년 이내의 보수 작업과 1~10년의 갱신 작업을 위한 단, 중 및 장기의 정보가 포함된다.

각각의 철도에 따라 이것은 각 철도가 궤도틀림과 부재의 관리 레벨과 같은 보선에 적용하는 방침을 정하는 일련의 레일의 "지식(知識) 베이스"와 궤도재료의 유형과 경년이라 하는 각 선구의 모든 정보를 포함하여 궤도 데이터 "사실(事實) 베이스"를 두는 것을 의미하였다.

여기서, 궤도 km마다의 보수 상태에 관한 데이터도 각 철도의 보수와 갱신에 관한 방침이 정해지면 보선 기술자는 ECOTRACK의 5 단계의 진단 소프트를 이용하여 작업의 우선 순위를 정할 수가 있다.

① 레벨 1(최초의 진단)은 선택한 선구에 대하여 지식 베이스중의 52 조(組)의 룰(rule)을 참조하여 궤도 재료의 상태로부터 갱신(更新)인가 보수(補修)인가를 검토한다.

② 레벨 2(상세한 진단)는 기타의 데이터와 43 조의 부가적인 룰에 따라서 더욱 상세한 평가를 한다.

③ 레벨 3(예비작업계획의 일관성)은 레벨 2에서 계획된 여러 가지 작업 계획에 관한 상관을 얻기 위하여 자동적으로 크로스 체크를 한다.

④ 레벨 4(자원배치의 최적화)는 계획자가 연속 및 국지적인 보수 작업에의 지출, 속도 제한 및 갱신 작업을 포함하여 자원(資源) 할당을 최적화하고, 20년 계획에 대한 비용을 추정할 수 있도록 한다.

⑤ 레벨 5(철도망의 종합계획)는 장기 계획용의 툴로 책임자가 보선의 계획을 검토하여 여러 가지 어프로치에서 복수의 시나리오를 시뮬레이션하여 보는 것이 가능하게 하는 것이다.

(2) 보선(保線, track maintenance)작업의 구성

보선작업은 철도의 운영에서 정상으로 기능을 하기 위한 업무이다. 그 비용은 철도 영업비의 약 10 %를 점하며, 이것이 합리적으로 운용되는 것이 특히 중요하다.

보선작업의 분류는 선로유지관리지침에 의거한다. 보선작업은 선로의 상태에 직접 관계하고 그 절반을 점하는 궤도 보수작업 외에 여러 작업과 선로순회 등이 있다. 이 궤도 보수작업의 중에 약 70 %가 면(고저)틀림에 관계하는 면 맞춤과 총 다지기(overall tamping)이다 궤도작업(코드번호 01)이 작업 전체에서 점하는 비율도 감소하고 있다. 이것은 보선 작업에 대한 사상(思想)의 변화에 기인하여 선로반(section gang)에서 집단 선로반으로 이행되고, 순회검사 업무가 독립하여 실시하게 된 점, 기계화의 진행에 따라 기계 작업이 증대하여 온 점 등, 궤도 작업 질의 변화에 기인한다.

문헌[14]에 따르면, 최근의 이들 궤도작업은 **그림 7.2.12**에 나타낸 것처럼 분류되며, 대부분이 대형 기계를 이용하여 작업을 하게 되었다. 이들 중에서 가장 많이 이용되고 있는 기계가 궤도 틀림의 정정에 이용되고 있는 멀티플 타이 탬퍼이며, 이 장비를 포함한 기계화 보선 작업에 대하여는 제7.3절에서 기술하며, 또한 최근에 이용되고 있는 레일의 삭정(rail grinding) 등 레일과 레일표면의 관리에 대하여는 제7.5절과 제7.6절에서 설명한다.

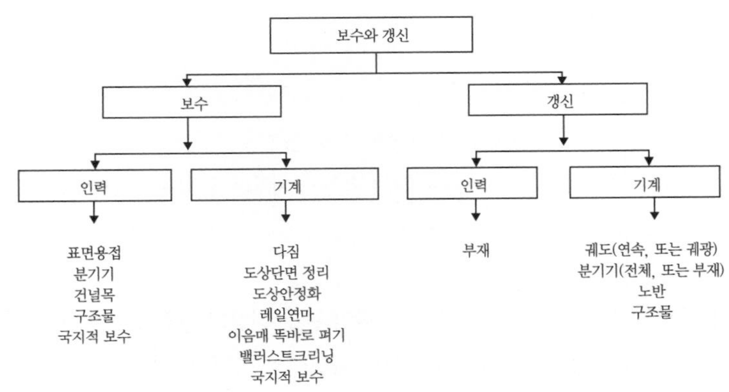

그림 7.2.12 궤도 작업의 구성

(3) 보선 작업의 계획

수선과 갱신에 관하여는 개별치의 한도와 전체의 서비스 레벨의 관리가 문제로 된다.

재료 갱신(更新)에 관하여는 그 피로(疲勞)와 마모(磨耗)가 기준으로 되며, 피로에 대하여는 그 통계 관리를 착실히 행할 수가 있다면 그 고장의 과정이 **그림 7.2.13**에 나타내는 피로에 따른 고장이 어디에 있고, 그 레벨이 타당한지의 여부에 따라서 이것을 결정할 수가 있다.

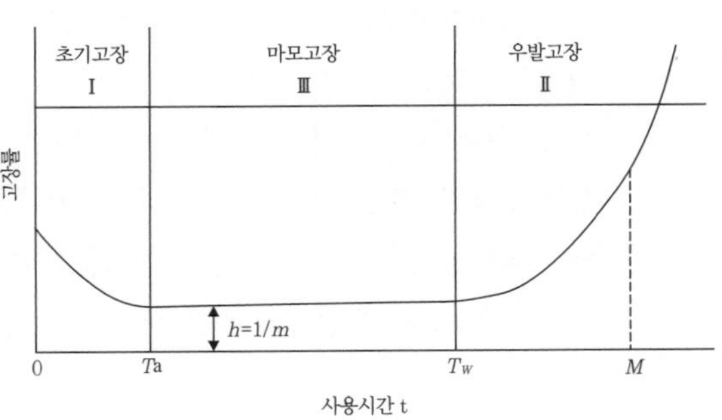

그림 7.2.13 고장률 곡선의 모델(욕조(浴槽) 곡선)

궤도 틀림에 관하여는 궤도틀림 저대 치의 관리에 더하여 서비스 레벨의 관리가 행하여지고 있지만, 수렴치의 이론이 분명하게 됨에 따라 앞으로는 궤도틀림의 진행을 관리함으로써 저대 수렴치를 배제하고 분포 형상을 정규분포(正規分布, normal distribution)에 가까운 것으로 하여 서비스 레벨을 주체로 그 관리가 가능하게 된다고 생각된다.

또한, 이 때에 그 관리를 착실히 하기 위해서는 그 지표를 분명하게 하도록 여하히 데이터를 압축(壓縮)하는가가 중요하며, 그 자기상관을 취함으로써 10 m 현 중앙 종거에 관하여 말하면, ± 2.5 m, 계 5 m의 로트가 최소 단위가 되며, 고속선로에서 30 m 현 중앙 종거를 대상으로 하는 경우에는 15 m가 최소 로트가 되므로 15 m 로트의 최대치를 대표치로 하여 일람표로 만들면 틀림 값의 범위와 틀림진행의 상태를 파악할 수도 있다.

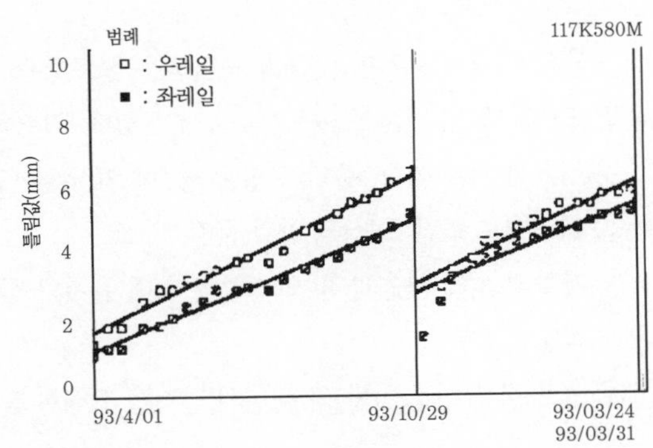

그림 7.2.14 궤도틀림 진행의 자동 추적

여기서, 이 궤도틀림은 **그림 7.2.14**에 나타낸 것처럼 각 로트 중에서 양측 레일에 대하여 각 검측마다의 고저틀림의 최대 값을 구하여 그 회귀 직선의 큰 기울기의 1 년간의 평균치로서 자동적으로 구할 수 있다. 이 틀림 진행 등, 어떤 범위를 저대 치로 하는가의 목표에 관하여는 로트 틀림 진행 치의 평균치의 2배를 넘는 범위를 그 대상으로 하는 것이 고려되고 있다.

7.2.6 궤도 선형의 품질

고유궤도형상과 고유궤도품질 등 "궤도선형과 궤도품질"에 관하여는 생략하지만 다음의 결론을 도출할 수 있다(문헌 《궤도장비와 선로관리》 참조).

① 속도와 교통의 유형에 관계없이 좋은 고유품질의 궤도를 만들 필요성이 있다.

② 다짐은 필요시만 하여야 한다.

③ 낮은 양로의 다짐은 궤도품질의 영구개량을 달성하기가 어렵다.

④ 현존 궤도의 고유품질은 개량될 수 있다.

⑤ 보수주기는 일반적으로 연장될 수 있다.

⑥ 궤도는 좋은 고유품질을 가지도록 건설될 수 있다.

7.3 기계화 보선 작업

7.3.1 기계화 보선의 개요

궤도보수와 궤도부설의 생산성을 개량하는 일은 전체 철도 시스템(railway system)의 비용 효과성에서 중요한 역할을 한다. 궤도선형의 품질과 내구성 및 궤도보수 작업이 비용 효과적이기 위하여 본질적인 요구 조건은 체계적인 접근법이다. 그러므로, 국지적 수선뿐만 아니라 계획된 활동을 커버하고, 궤도 부설과 복구에 걸친 궤도 평가로부터 궤도보수까지 활동의 전(全)범위를 커버하는 보선장비가 개발되어 왔다. 초기에서부터 이것을 목표로 한 궤도작업의 기계화{機械化, mechanized (or mechanical) track maintenance}가 주목할 만한 결과가 달성되고 있다.

보선장비를 이용한 면 맞춤과 줄맞춤은 선로보수 현장을 크게 변혁시켰으며, 보선장비의 도입 이후 직원의 훈련도 이 작업의 기본 요구조건을 강조하였다. 간단히 말하면, 이들은 다음과 같다.

① 정확한 기계 역할. 종단 선형을 정정하기 위한 도구. 면 맞춤과 줄맞춤 시스템의 캘리브레이션(영점 조정).

② 궤도재료 조건. 도상의 양과 품질.

③ 자갈의 최소 사용과 횡 안정성의 최대 유지와 함께 바람직한 결과를 달성하기 위한 다짐과 줄맞춤 방법의 적당한 선택

④ 선로 점유(선로 차단)와 직원의 안전을 고려한 작업 준비.

7.3.2 궤도의 보수와 다짐

궤도를 면 맞춤(track level adjustment)하기 위한 기계는 두 가지 부류로 나눌 수 있다.

① 침목을 지지하는 현존의 도상을 다지는 다짐기계(tamper, 여기에는 대형 보선기계(track machinery)인 멀티플 타이 탬퍼(MTT)와 인력 작업용인 소형의 타이 탬퍼(HTT)가 있지만, 여기서의 다짐기계란 전자를 지칭하기로 한다. 소형 타이탬퍼에 관하여는 《고속선로의 관리》[267]을 참조하라. 또한 MTT와 HTT의 중간적인 장비로서 국부적인 작업을 하는 EMV 등은 제(11)(마)항에서 설명한다.

② 현존의 도상 면에 콩 자갈을 추가하는 자갈 송풍기(stone blower)

(1) 다짐기계(MTT)의 원리

(가) 다짐작업의 개요

전형적인 다짐기계(tamping machine, 즉 멀티플 타이 탬퍼)는 자체 추진되며, 레일의 두부를 파지하는 리프팅, 줄맞춤 롤러를 이용하여 미리 측정된 높이까지 궤도를 들어올린 다음에 미리 설정된 줄맞춤 위치까지 측면으로 이동시킬 수 있다. 탬핑 타인(tine)은 레일/침목 접면에서의 도상을 꿰뚫은 다음에 도상을 압착하여 침목이 올려진 위치에 남아 있도록 할 수 있다. 여기서 언급하지 않은 사항과 상세는 제(2)항에서 설명한다.

자갈 다지기 과정의 순서는 다음과 같다.

① 다져야 할 침목 위에 다짐기계를 위치시킨다(09시리즈는 정지하지 않고 주행하면서 연속작동으로 작업한다).

② 다져야 할 침목을 목표 높이까지 리프팅 롤러로 들어올리며, 그에 따라 침목 아래에 공극이 생긴다.

③ 탬핑 타인을 침목 양쪽의 도상에 찔러 넣는다.

④ 탬핑 타인이 도상을 침목 아래의 공극으로 압착하며, 그에 따라 침목이 올려진 위치에 서 유지된다.

⑤ 탬핑 타인을 도상에서 빼어 올리고 리프팅 롤러가 궤도를 내려놓은 다음에 다짐기계는 다져야 할 다음의 위치로 이동한다.

(나) 다짐과 면 맞춤의 원리

다짐기계는 평탄화(smoothing) 방식, 또는 설계(design)방식으로 작업한다. 다짐기계의 평탄화 방식의 작업은 자동(automatic)과 컨트롤(control) 평탄화 다짐으로 세분화할 수 있다.

그림 7.3.1에 나타낸 다짐기계는 다음의 3점 측정 시스템을 마련한다.

① 3 개의 기준(reference) 요소 AD, BE 및 CF의 저부는 레일두부에 접촉한다.

② 전방과 후방 기준 요소의 상부는 긴장된 와이어로 D와 F에 연결된다.

③ 다짐은 AC 방향에서 수행된다.

④ 후방 기준요소는 다져진 궤도의 레일두부와 A에서 접촉한다.

⑤ 중간 기준요소는 다지는 지점 G의 직전인 지점 B에서 아직 안다진 궤도의 레일두부와 접촉한다.

⑥ 전방 타워(tower)라 종종 부르는 전방 기준요소는 다짐기계의 전방 차축에 건너 있는 C점에서 아직 다지지 않은 궤도의 레일두부와 접촉한다.

다짐 과정에서 양로는 할 수는 있지만, 궤도를 낮출 수는 없으므로 전방 기준요소 FC는 외삽된 선 A′B′ 의 아래로 HC′ 만큼 떨어져 기준 점 C′ 가 설정되는 방식으로 하향으로 확장된다. 이것은 자동 평탄화 다짐작업 동안 궤도가 모든 지점에서 양로되는 것을 보장한다. 위치 J는 이 작업의 시점을 나타낸다.

(다) 자동 평탄화 다짐

자동 평탄화 다짐은 다음과 같이 작업된다(**그림 7.3.1**).

① 궤도 양로장치 K는 기준요소 BE의 상부 E가 와이어 DF에 접촉할 때까지 다짐 위치 G에서 궤도를 양로한다.

② 침목이 들려진 위치에 남아 있도록 탬핑 타인이 추가의 자갈을 채워 넣는 동안 궤도 양로 장치는 궤도를 양로된 위치에서 유지시킨다.

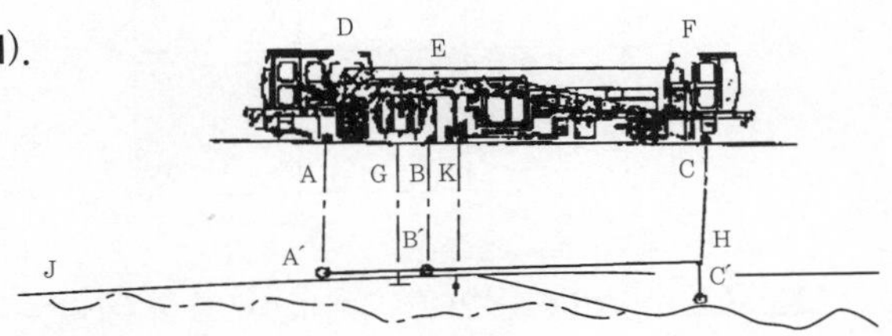

그림 7.3.1 3점 측정 시스템을 가진 다짐기계

③ 일단, 자갈이 채워지면 궤도 양로장치는 궤도를 떼어놓고, 다짐기계는 다음의 다짐 위치로 이동한다.

"전체의 양로" C′H가 충분히 자리잡기 전에 연속한 얼마간의 침목을 다지는 것이 필요하다고 생각된다. 이 이유 때문에 항상 궤도 양로가 요구되도록 "낮은 면 틀림(spot)" 보다는 "높은 면 틀림" 에서 작업을 시작하는 것이 일반적이다.

자동 평탄화 방식으로 작업하는 다짐기계의 유효성은 그 전달함수(transfer function)로 가장 잘 표현될 수 있으며, 그것은 고려하고 있는 틀림(fault) 파장의 함수로서 다짐 전에 대한 다짐 후의 궤도선형 틀림의 진폭의 비이다.

어떤 주어진 파장에서 전달함수 또는 전달 율은 다음 식으로 주어진다.

$$\frac{1}{M} = \frac{O}{R} = \left[\left(\frac{d+c}{c}\right)^2 + \left(\frac{d}{c}\right)^2 - 2\left(\frac{d+c}{c}\right)\frac{d}{c}(\cos \lambda c)\right]^{0.5}$$

여기서, M : 율, R : 다짐 후 남아 있는 틀림의 진폭, O : 다짐 전에 존재한 틀림의 진폭, d : 장현의 길이 (**그림 7.3.1**의 AC), c : 단현의 길이 (**그림 7.3.1**의 AB), λ :고려되고 있는 틀림의 파장

상기에 고찰한 전달함수는 **그림 7.3.1**에 나타낸 유형의 단순한 "3점" 측정 시스템에 관련한다.

그림 7.3.2는 장현의 길이가 각각 11 m, 20 m, 50 m인 3 다짐기계에 대한 전달함수의 율을 나타낸다. 예를 들어, 11 m의 장현 길이를 가진 다짐기계는 40 m 파장의 진폭을 원래 진폭의 50 %로 줄일 것이다. 파장 패턴에서 위상 이동이 일어날 것임에 주목하라.

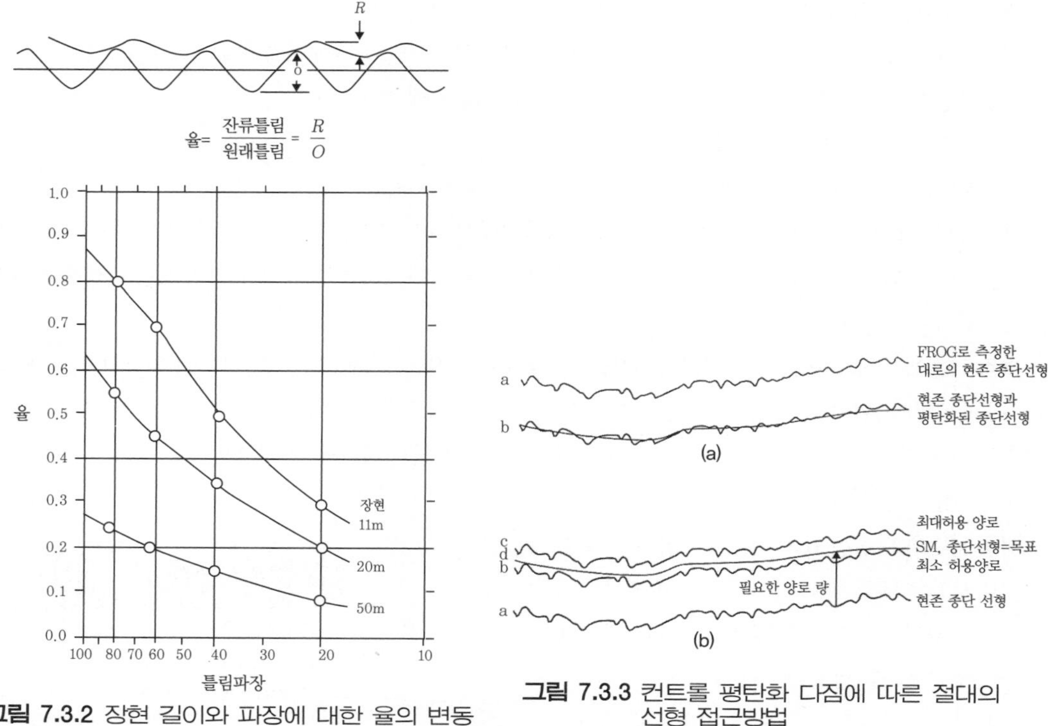

그림 7.3.2 장현 길이와 파장에 대한 율의 변동

그림 7.3.3 컨트롤 평탄화 다짐에 따른 절대의 선형 접근방법

그것은 일반적으로 다음과 같이 말할 수 있다.

① 모든 파장에 대하여 장현이 길수록 평탄화 효과가 더 크다.

② 어떤 주어진 장현 길이에 대하여 틀림의 파장이 짧을수록 평탄화 효과가 더 크다.

상기에 더하여 다짐기계의 궤도 평탄화 능력은 측정 시스템의 정확한 조정과 기능을 다함에 좌우될 것이다. 평탄화 방식으로 작업하는 다짐기계는 기종별로 다소의 차이는 있지만, 5~35 m 파역에서 적합하게 선형틀림을 줄이기에 유효하다.

자동 평탄화 방식에서 다짐기계를 작동함의 효과는 비율 AB/AC(**그림 7.3.1**)에 비례하는 계수에 따라 궤도에 존재하는 틀림의 진폭을 줄이는 것이다. 그러므로, 다져진 궤도는 C에서 궤도선형의 조절되고 위상 이동된 버전을 포함할 것이다. 이 위상 이동의 영향은 원하지 않은 평탄화로 귀착된다. 이들의 원하지 않은 효과는 다짐기계를 설계방식으로 사용함으로써 극복할 수 있다.

(라) 컨트롤 평탄화 다짐

고속선로에서 승차감에 대한 장파장 선형틀림의 영향이 대단히 중요하게 된다. 열차속도가 빠를수록 고려하여야 하는 틀림의 파장은 더 길게 된다.

자동 평탄화 다짐과정의 제한은 "컨트롤" 평탄화 다짐으로 이끌었다. 컨트롤 평탄화 다짐의 목적은 규정된 궤도 표준에 적합하도록 하면서 되도록 현존의 궤도선형에 밀접하게 부합되는 평탄한 궤도선형을 달성하기 위한 것이다. 이런 식으로 위상 이동에 관련된 문제가 제거되며 다져진 재료의 양은 최소 한도로 억제된다.

레일 위의 점 H(**그림 7.3.1**)에서의 높이 조정은 다지는 점 G에서 침목에 적용된 양로가 바뀌게 한다. 적합한 목표 선형은 다수의 방식으로 유도될 수 있다. 다음은 두 가지의 예이다.

첫 번째는 **그림 7.3.1**의 현 AC에서 중앙 기준 점 B의 지거(off-set)의 형으로 현존의 궤도선형 데이터를 수집하기 위하여 다짐기계의 측정 시스템을 사용한다. 차상 컴퓨터는 요구된 선형을 달성하기 위하여 현존의 궤도선형에 대하여 요구된 침목 양로의 형으로 기계에 컨트롤 데이터를 주도록 이들 지거를 처리(process)하는 것이 가능하다.

두 번째는 절대선형 측정접근법을 사용한다. 현존의 궤도선형을 기준 레이저(datum laser)에 대한 참조를 이용하거나 관례적인 광학(optical) 수단, 궤도 측량 차로, 또는 다음의 예에서와 같이 FLOG 측정 트롤리로 측정한다. 데이터는 다음의 사항을 주도록 **그림 7.3.3** (a)에 지시된 것처럼 처리된다.

① 다져지고 있는 궤도의 한 쪽 레일(기준 레일)의 FLOG로 측정된 대로의 현존하는 종단 선형

② 기준 레일의 현존하는 종단 선형 및 그것에 관련된 평탄화 중간 종단선형

그림 7.3.3 (b)는 최소와 최대의 허용 궤도양로를 나타내도록 수직으로 해석된 현존의 궤도 종단선형을 나타낸다. 최대 양로는 다짐 효과의 영속이 최대화됨을 보장한다. 진입 및 진출과 함께 "고가교"와 같은 고정 점을 고려해 두는 것이 필요하다.

그림 7.3.3 (a)에 참조한 것처럼 평탄화 종단선형은 목표 종단선형으로서 이용되며 요구된 양로와 동등한 현존의 궤도 위의 높이에 놓이게 된다. 목표 선형은 원래 측정된 대로 현존의 궤도 종단선형으로 마련된 또는 무선표지 레이저(beacon laser)와 같은 외부 기준을 참조할 수 있다. 양쪽의 경우에 침목 기준에 의거하여 다짐기계로 침목에 적용하기 위한 양로를 지시하는 것이 필요하다. 그러한 양로는 수동으로 다짐기계 조작자가 적용하거나 자동적으로 다짐기계의 궤도양로 컨트롤 시스템을 이용하여 적용한다.

(마) 설계 다짐

설계 다짐으로 작업할 때의 목표 선형은 현존하는 궤도선형에 아무런 관계가 없는 것이 필요하다. 목표 종단선형은 일련의 직선, 곡선 및 완화곡선 등으로 구성된다. 목표 궤도선형은 기지의 위치인 전차선 전주와 같은 고정의 연선 물체를 참조한다. 자동 안내 시스템은 현존과 목표 선형에 관련된 데이터를 받아 들여서 다짐기계를 안내한다.

(2) 멀티플 타이 탬퍼의 작업방식 및 장치

(가) 개요 및 작업 방식

상기에서도 언급하였지만, 자갈궤도에서 궤도틀림을 정정하는 작업으로서 가장 많이 시행되는 작업은 멀티플 타이 탬퍼(이하에서는 MTT라고 한다)를 이용한 도상 다지기 작업이다.

MTT 작업을 효과적으로 행하기 위해서는 "MTT의 기구와 작업 방법에 대하여 충분한 지식을 가짐" 과 함께 현장 조건에 맞추어 적격의 방법을 선택하여 "MTT에 의한 작업 효과를 정확히 파악" 하는 것이 필요하다.

MTT는 최근에 고능률화, 고정도화됨과 함께 마이크로 컴퓨터 등을 이용한 지능화와 자동화가 진행되고 있다. MTT를 이용한 정정 작업의 기본을 파악하여 현장 조건에 맞추어 MTT작업의 최적화를 도모할 필요성은 앞으로 더욱 더 증가할 것이다.

MTT의 작업에는 상대기준 방식, 절대기준 방식 및 자동 정정 방식이 있지만, 먼저 MTT의 측정기구와 틀림을 정정하는 기구에 대하여 그 기본을 파악할 필요가 있다. 이 책에서 생략한 '줄맞춤과 면맞춤 기술의 원리' 의

(나) MTT의 면 맞춤(leveling) 장치

MTT는 면 틀림과 줄 틀림을 측정하고 정정하기 위한 면 맞춤 장치와 줄맞춤 장치를 갖고 있다.

면 맞춤 장치는 **그림 7.3.4**에 나타낸 것처럼 전방 필러(F), 중앙 필러(M) (탬핑 위치) 및 후방 필러(R)의 3점에 대하여 와이어를 사용하여 면 틀림 량을 측정하고, 이것을 리프팅 유닛에 전달하여 레일을 양로하는 장치(작업 위치에 있을 때 R점은 정정 후의 궤도상에 있다고 가정하여 작업)이다. 좌우 레일을 별도로 측정하여 수평(캔트)의 측정도 가능하게 되어 있다.

면 맞춤 장치는 후방 필러 위치의 높이와 전방 필러의 리프트 어져스터의 세트로 양로량을 결정한다. **그림 7.3.5**의 A는 양로량을 h mm로 한 경우에 전방의 리프트 어져스트를 h mm 올리기 때문에 중앙 필러에 양로의 지시를 보내고 있는 상태이다. 중앙 필러가 h mm 양로 후, **그림 7.3.5**의 B처럼 3점이 일직선으로 되어 리프팅이 정지하는 기구로 되어 있다.

이와 같이 면 맞춤 장치는 후방 필러가 올바른 위치에 있다고 하는 전제에서 전방 필러의 리프트 어져스터를 상하로 오르내려서 면 틀림을 정정하는 구조로 되어 있다.

전방 위치가 다른 지점보다도 E만큼 높은 지점에 있는 경우(**그림 7.3.6**)에는 다음 식의 e만큼 세트 양로량이 높게 된다.

$$e = \frac{3.6}{12.6}\ E = \frac{1}{3.5}\ E$$

즉, 양로량 e만큼 여분으로 되어 잔류틀림으로 된다. 실제로는 전방 필러 아래의 보기 형상을 궁리하여 이와 같은 잔류 틀림을 분산 흡수하는 구조로 되어 있기 때문에 그 영향은 1/3.5~1/14로 된다.

레벨링의 측정기구

F	전방필러로드
PF	전방조작실의 팬드럼
M	중앙 필러로드
PM	다짐위치의 수평측정 팬드럼
R	후방필러로드

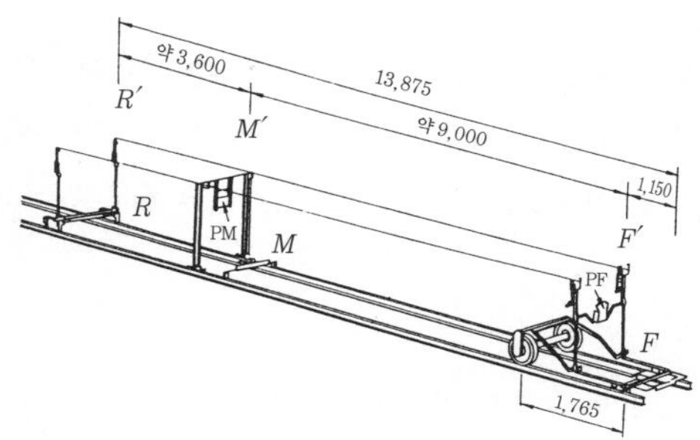

그림 7.3.4 면 맞춤의 측정 기구

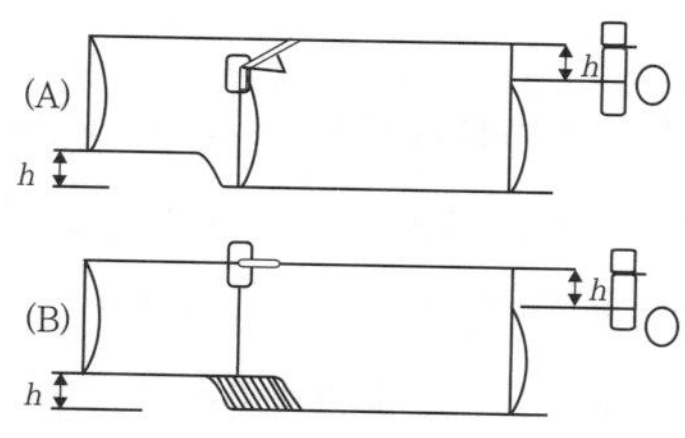

그림 7.3.5 면 맞춤 장치에 따른 양로의 지시

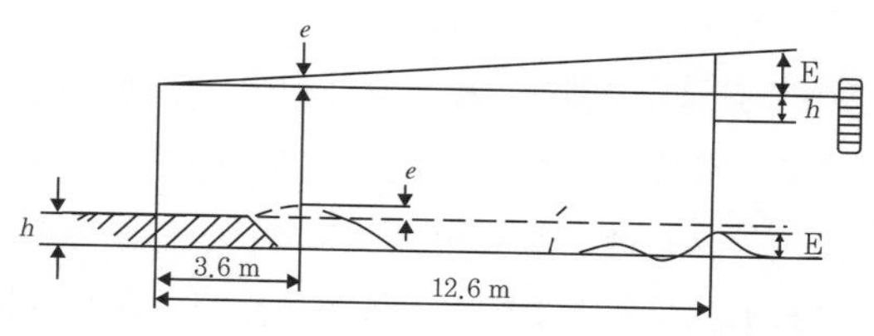

그림 7.3.6 잔류 틀림

(다) MTT의 줄맞춤(lining) 장치

줄맞춤 장치(**그림 7.3.7**)에는 3점식과 4점식이 있지만 원리적으로는 같으며, 3점식은 4점식의 변형이라고 생각할 수 있다. 4점식은 **그림 7.3.8**에 나타낸 4점의 측점(D : MTT 전부의 전부 긴장 보기, C : 다짐 위치의 줄맞춤 보기, B : 측정 보기, A : 후부 긴장 보기)에서 B점과 C점의 중앙 종거량을 측정하는 구조로 되어 있다. 그 측정 원리는 그림과 같이 원곡선의 원리에 따라 B점과 C점의 중앙 종거량이 일정한 비율인 것에서 C점의 이동량을 정하는 방식이다. 즉, A D간에 측정 현(chord)을 당겨 줄맞춤 보기와 측정 보기에서 종거 H_1, H_2를 측정하고, 그 종거의 비가 일정하게 되도록 줄맞춤 유닛으로 줄맞춤의 방향과 량을 전달하는 것이다. A, B점이 정정후의 궤도상에 있는 것으로 하여 작업을 한다. 게다가, D, B점의 보기는 면 맞춤용과 공용이다. 또한, 각 보기는 프리로드 · 에어 실린더로 임의의 기준측 레일에 밀착되어진다. 완화곡선의 경우는 D점을 보정하여야 한다. 잔류틀림이 생기는 점은 면 맞춤과 같은 모양이다.

3점식은 4점식의 A점을 사용하지 않는 (B점에서의 틀림 = 0으로 한다) 방법이다. 4점식과 3점식에 대한 비교의 개략은 다음과 같다.

① 4점식은 원곡선(직선은 반경이 무한대인 곡선) 정정을 기본으로 고려된 것이며, 3점법은 고려 방법의 기본을 직선의 정정에 두고 있다.

② 따라서, 4점식은 MTT가 원곡선 상에 있을 때에는 곡선에 대한 보정이 불용인 것에 비하여, 3점식은 D점이 완화곡선에 들어가고 나서부터 B점이 완화곡선을 나오기까지의 사이에 곡선에 대한 연속적인 보정이 필요하게 되며, 조작 면에서 다소 불리하다.

③ 측정 길이가 긴 4점식의 쪽이 파장이 긴 틀림의 정정에 유리하다.

④ **그림 7.3.8**에 나타낸 MTT의 D점에서의 틀림과 C점에 남는 잔류 틀림의 이론 비(잔류 틀림 / 틀림)는 4점식이 0.195, 3점식이 0.327이며, 4점식의 쪽이 잔류 틀림이 작다.

⑤ 세트와 철거의 소요 시간은 3점식이 압도적으로 짧다.

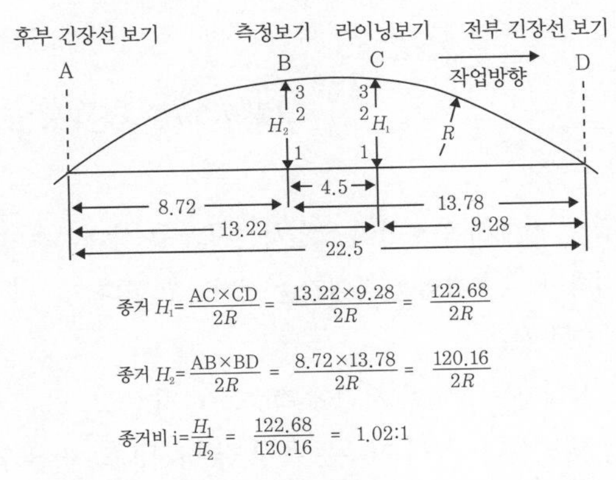

그림 7.3.8 줄맞춤의 측정 원리

(라) MTT의 수평(cross level) 맞춤

다짐 위치에 좌우의 면 맞춤 측정기구와는 독립한 측정장치가 있어 수평틀림의 상태를 인디케이터로 확인할 수 있다.

게다가, 전방부의 "자동 추종장치" 로 F점 상단에서의 좌우의 면 맞춤 현의 수평 0을 유지하고 (R점의 상단은 정정이 끝났으므로 캔트를 고려하여 수평 0이다) 있으므로 다짐 위치의 수평 0이 보증되어 있다(**그림 7.3.4**).

(3) MTT의 상대기준 작업방법

MTT를 이용한 정정 작업에는 "상대 기준" (compensating method)과 "절대 기준" (precise method, absolute method 혹은 design mode)의 2 가지 작업 방법이 있다. 보정량을 **그림 7.3.4** 및 **그림 7.3.8**의 측

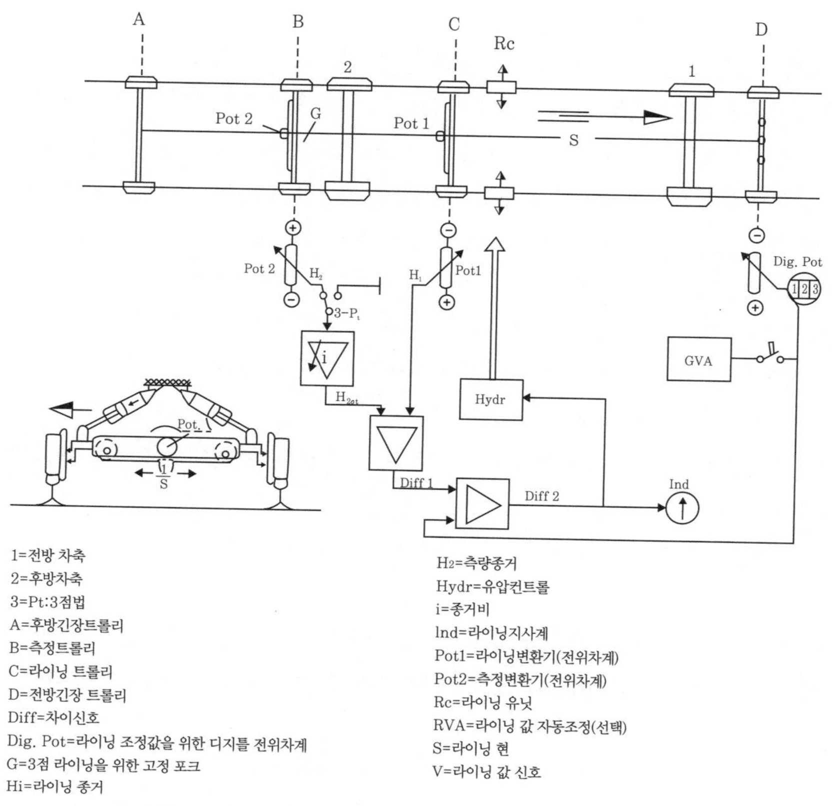

그림 7.3.7 프라샤 단일 현 줄맞춤 시스템의 기계 기능

정 현 안에서 측정하여 작업하는 방법을 상대기준 정비, 미리 보정량을 측정하여 양로량 혹은 좌우 이동량을 결정하여 두는 작업을 절대기준 정비라고 한다.

(가) 개요

상대기준 작업은 사전에 측량을 하지 않고, MTT의 정정 원리에 기초하여 MTT가 가진 기능만으로 정정 하는 방법이다. 상대 기준은 측정 현 범위 내의 작은 틀림을 다루는 작업이며, 긴 파장의 틀림은 정정할 수 없고, 또한 잔류 틀림이 남는 작업으로 된다. 즉, 상대 기준으로 작업을 한 경우에는 작업전의 궤도틀림 파형이 작업 후에도 잔존하는 것으로 된다. 게다가, MTT에 따른 이론 잔류 틀림의 크기는 프라샤의 면 맞춤이 1/3.5~1/14, 줄맞춤이 1/5.2(더블)~1/5.5(싱글)이다. 이와 같은 작업전후 궤도틀림의 관계를 파장의 함수로서 나타내면 아래와 같이 된다.

(나) 프라샤 면 맞춤의 전달함수

그림 7.3.9는 프라샤 MTT의 면 맞춤 정정 작업을 모델화한 것이다. 그림에서 M점의 x좌표를 x로 하면, F 및 R점의 x좌표는 $(x-a)$ 및 $(x-b)$로 된다. 또한, 작업 후의 궤도상에 있는 R점의 종거를 $Zn(x-a)$, 작업 전의 궤도상에 있는 M점 및 F점의 종거를 $Z_0(x-a)$ 및 $Z_0(x+b)$로 하면, 작업 후의 M점의 종거 $Z_n(x)$은 다음 식과 같이 주어진다.

$$Z_n(x)= Z_n(x-a)-\frac{a}{l}[Z_n(x-a)- Z_o(x+b)]=\frac{b}{l} Z_n(x-a)+\frac{a}{l} Z_o(x+b) \quad (7.3.1)$$

이 관계를 푸리에 변환으로 파장 영역에서 고려하면 다음과 같이 된다.

$$FT\{Z_n\}=H(\lambda)\ FT\{Z_o\} \quad (7.3.2)$$

여기서, $FT\{\ \}$: 푸리에 변환

$$H(\lambda)=\frac{a\ \xi^{b}}{l-b\ \xi^{-a}} \quad (7.3.3)$$

$$\xi= e^{i\frac{2\pi}{\lambda}}=\cos\frac{2\pi}{\lambda}+i\ \sin\frac{2\pi}{\lambda} \quad (7.3.4)$$

λ: 파장, i : 허수 단위

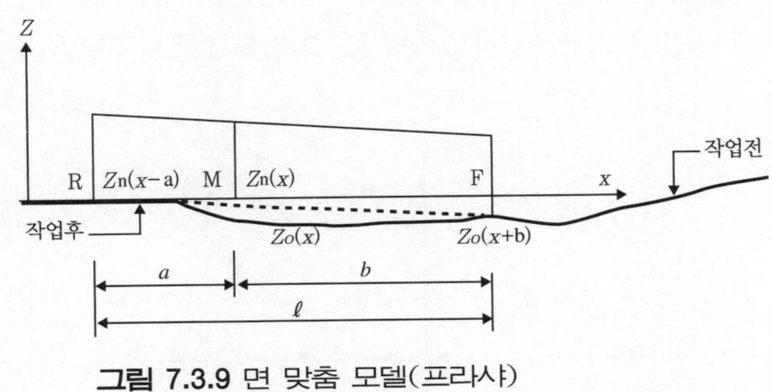

그림 7.3.9 면 맞춤 모델(프라샤)

ξ의 식(7.3.4)를 $H(\lambda)$의 식(7.3.3)에 대입하여 진폭에 대하여 정리하면 다음의 식과 같이 된다.

$$|H(\lambda)|=\frac{a}{[\ l^2+\ b^2-2bl\frac{2a\pi}{\lambda}\ ]^{1/2}} \quad (7.3.5)$$

$H(\lambda)$는 "상대기준 작업에서 어떤 파장의 틀림 잔존 율"이며, 이것을 실제의 MTT(측정길이 **표 7.3.1** 참조)에 대하여 계산하여 구한 결과를 **그림 7.3.10**에 나타낸다(마티샤제 포함). 이 그림은 이론 정정 곡선이며 실제의 정정 효과는 초기 틀림진행의 영향을 받는다. 이 그림에서 MTT의 정정 효과는 수 m에서 30~40 m까지의 파장에 대하여 높으며, 긴 파장 역은 그다지 잘 정정되지 않는 것을 알 수 있다.

표 7.3.1 MTT의 측정 길이

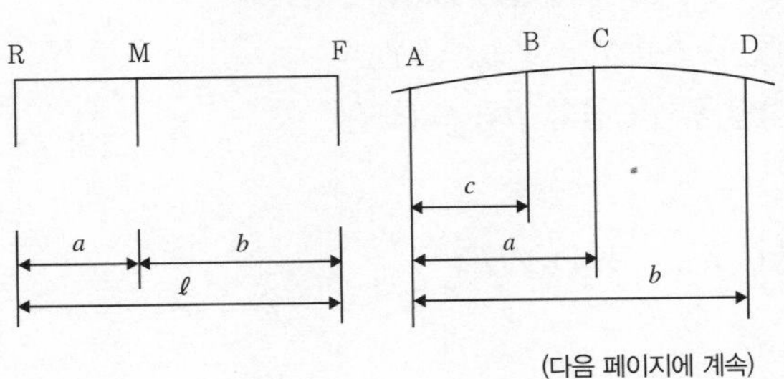

(다음 페이지에 계속)

M.T.T 형식	레벨링 측정장(mm)			라이닝 측정장(mm)			기사
	RM (a)	MF (b)	RF (l)	AB (c)	BC (a−c)	CD (b−a)	
07	3,600	9,000	12,600	9,280	3,940	9,280	07-32-SLC
08	3,590	10,060	13,650	5,315	5,315	10,600	08-32U
09	2,100~ 3,000	10,700~ 9,800	12,800	6,000	3,700~ 4,600	11,050~ 10,150	09-32-CSM
08	4,560	8,340	12,900		5,050	9,650	08-32M84, 3점 라이닝
08 스위치	4,850	10,730	15,580		5,580	12,820	08-275 3S, 3점 라이닝

(다) 줄맞춤의 전달함수

프라샤의 3점식 줄맞춤의 경우의 전달함수는 RVA 혹은 GVA 등으로 곡선반경를 보정하면 기호가 다르기는 하나 면 맞춤의 경우와 같다. 또한 프라샤도 마티샤도 "4점을 통한 원곡선"을 정정의 기본으로 하고 있으므로 **그림 7.3.11**와 같은 4점 줄맞춤의 전달함수는 프라샤와 마티샤가 같으며, 면 맞춤의 경우와 마찬 가지로 구해진다.

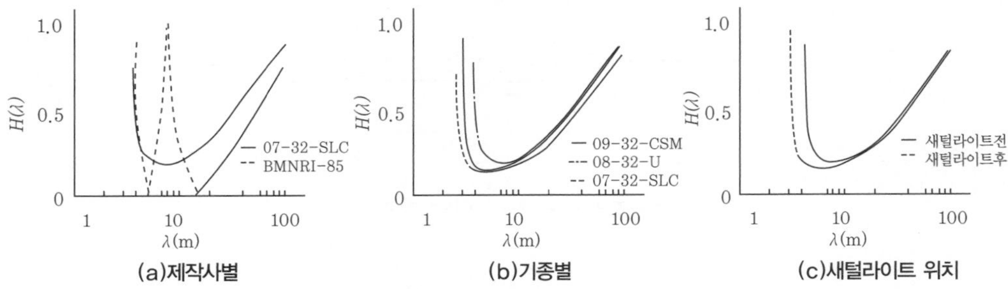

그림 7.3.10 면 맞춤의 전달 함수

그림과 같이 줄맞춤 측점간의 거리를 각각 a, b, c로 하고, C점의 x좌표를 x로 하면, D, B 및 A점의 x좌표는 각각 $(x+b-a)$, $(x+c-a)$ 및 $(x-a)$로 된다. 또한, 작업후의 궤도상에 있는 A 및 B점의 x축에 대한 종거를 $Y_A = Y_n(x-a)$ 및 $Y_B = Y_n(x+c-a)$, 작업전의 궤도상에 있는 C 및 D점의 x축에 대한 종거를 $Y_C = Y_o(x)$ 및 $Y_D = Y_o(x+b-a)$로 하면, 작업 후의 C점의 위치 $Y_n(x)$은 다음 식으로 나타내어진다.

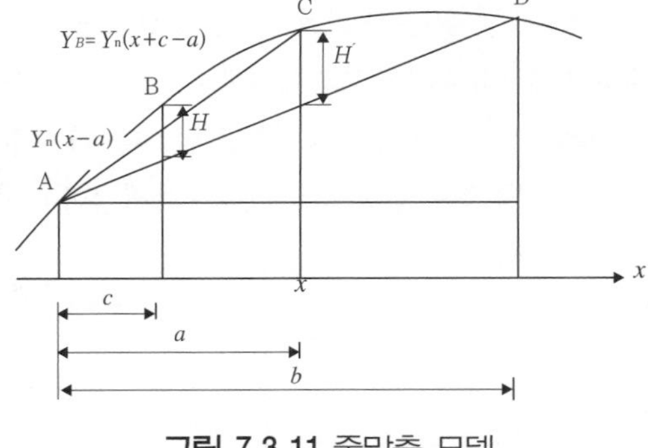

그림 7.3.11 줄맞춤 모델

$$Y_n(x) = Y_A + \frac{a}{b}(Y_D - Y_A) + H' \tag{7.3.6}$$

그림 7.3.11에서

$$H = Y_B - Y_A - \frac{c}{b}(Y_D - Y_A) \tag{7.3.7}$$

$$H : H' = \frac{c(b-c)}{2R} : \frac{a(b-a)}{2R} = c(b-c) : a(b-a)$$

$$\therefore H' = \frac{a(b-a)}{c(b-c)} H \tag{7.3.8}$$

로 된다.

여기서

$$\frac{a-c}{b-c} = \frac{1}{\alpha} \tag{7.3.9}$$

로 두면

$$\frac{b-a}{b-c} = \frac{(b-c)-(a-c)}{b-c} = 1 - \frac{a-c}{b-c} \tag{7.3.10}$$

로 되므로 식(7.3.9)를 식(7.3.10)에 대입하면

$$\frac{b-a}{b-c} = 1 - \frac{1}{\alpha} = \frac{1-\alpha}{\alpha} \tag{7.3.11}$$

가 구해지며, 식(7.3.11)을 식(7.3.8)에 대입하면

$$H' = \frac{a}{c} \cdot \frac{\alpha-1}{\alpha} \cdot H \tag{7.3.12}$$

가 얻어진다.

식 (7.3.7) 및 (7.3.12)를 식 (7.3.6)에 대입하면

$$Y_n(x) = -\frac{(a-c)\cdot(a-b)}{bc} \cdot Y_a + \frac{a}{c} \cdot \frac{\alpha-1}{\alpha} \cdot Y_B + \frac{a}{b} \cdot \frac{1}{\alpha} \cdot Y_D \tag{7.3.13}$$

가 구해진다. 이것을 푸리에 변환함으로써 전달함수 H(λ)는 다음과 같이 구해진다.

$$H(\lambda) = \frac{\frac{1}{\alpha} \cdot \frac{a}{b} \cdot \xi^{b-a}}{1 - \frac{a}{c} \cdot \frac{\alpha-1}{\alpha} \cdot \xi^{-a+c} - \frac{(a-c)\cdot(a-b)}{bc} \cdot \xi^{-a}} \tag{7.3.14}$$

여기서, ξ와 λ는 식 (7.3.3)의 경우와 같다.

식 (7.3.4)를 식 (7.3.14)에 대입하여 정리하면 다음과 같이 된다.

$$\therefore |H(\lambda)| = \frac{1}{\left(\begin{array}{l} \left(\frac{b(b-c)}{a(a-c)}\right)^2 + \left(\frac{b(b-a)}{c(a-c)}\right)^2 + \left(\frac{(b-c)(b-a)}{ca}\right)^2 \\ -\frac{2b^2(b-c)(b-a)}{ac(a-c)^2} \cos\frac{2(c-a)\pi}{\lambda} + \frac{2b(b-c)^2(b-a)}{a^2c(a-c)} \cos\frac{2a\pi}{\lambda} \\ -\frac{2b(b-c)(b-a)^2}{ac^2(a-c)} \cos\frac{2c\pi}{\lambda} \end{array} \right)^{1/2}} \tag{7.3.15}$$

(라) 전달함수의 도화(圖化)

표 7.3.1에 나타낸 MTT에 대하여 줄맞춤(lining)의 전달함수 (7.4.15)식의 진폭을 나타낸 것이 **그림 7.3.12**

이다. 상기의 **그림 7.3.9**와 **그림 7.3.12**는 이론 정정 곡선이며 실제의 정정 효과는 초기 틀림진행 때문에 이보다 훨씬 작아서 0.5 이상의 것으로 되지만, 이론적인 메커니즘의 효과를 아는 점에서 유효하다. 이들의 그림에서 다음의 것을 알 수 있다. 여기서, 특히 언급하지 않은 경우의 줄맞춤 방식은 4점식이며, 09의 새털라이트(satellite)*의 위치는 최후방 위치이다.

① **그림 7.3.10** (a)는 BMNR – 85(마티사)와 07 – 32 SLC(프라샤)의 면 맞춤 특성을 나타내고 있다. 5~50 m의 파장에 있어서 BMNR–85는 정정 효과가 없는 파장(8 m 전후)이 있지만, 07 – 32 SLC는 연속하여 정정 효과가 있다. 또한, 10 m를 넘는 파장의 틀림에 대하여는 BMNR – 85의 쪽이 07 – 32 SLC보다도 틀림의 잔존 율이 작아서 정정 효과가 크다.
이들의 점은 지금까지 "마티샤 MTT는 큰 틀림의 정정에 적합하고, 프라샤 MTT는 미소한 틀림의 정정에 적합하다" 고 말하여 왔던 것을 설명하는 것이다.

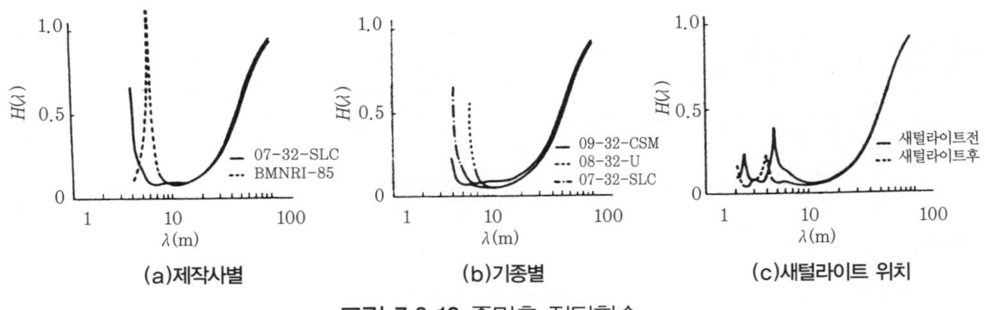

(a)제작사별 (b)기종별 (c)새털라이트 위치

그림 7.3.12 줄맞춤 전달함수

② **그림 7.3.10** (b)는 프라샤 07 – 32 SLC, 08 – 32 U 및 09 – 32 CSM의 면 맞춤 특성의 비교이다. 08, 09는 07에 비하여 틀림의 잔존 율이 작고, 정정 효과가 있는 파장의 영역이 넓으므로 정정 효과가 증대하고 있다.

③ 여기에 그림은 없지만, 08 – 32 U는 08 – 32 – M84와 08 – 275 – 3S에 비하면, 틀림의 잔존 율과 파장이 짧은 영역에서 정정 효과가 있다.

④ **그림 7.3.10** (a) 및 (b) 등에서 파장 40 m 틀림의 잔류 율을 보면, BMNR – 85가 0.32이고, 07, 08 및 09에서는 0.44~0.53이다.

⑤ **그림 7.3.10** (c)는 09의 면 맞춤 특성을 새털라이트(satellite)의 위치에 관하여 비교한 것이다. 10 m 이상의 파장 영역에서는 거의 차이가 없으며, 단파장 영역에서는 새털라이트가 후방에 있는 쪽이 정정 효과가 있게 되지만, 이 정도의 파장으로 되면 레일의 강성으로 인하여 파장의 영향이 저감되므로 큰 차이는 없는 것으로 생각된다.

⑥ **그림 7.3.10** (c)와 (b)를 비교하면, 09는 새털라이트가 전방에 있는 경우에도 07 정도의 면 맞춤이 가능하며, 이것으로부터도 09의 쪽이 07보다도 정정 효과가 있다고 할 수 있다.

* 차체는 일정한 속도로 이동하면서 침목마다 다지기 위하여 이동하는 탬핑 틀의 지지 대차

⑦ **그림 7.3.12** (a)는 BMNR - 85(마티사)와 07 - 32 SLC(프라사)의 줄맞춤 특성을 나타내고 있다. 07 - 32 SLC의 쪽이 단파장까지 연속하여 정정 효과가 있다.

⑧ **그림 7.3.12** (b)는 프라사 07 - 32 SLC, 08 - 32 U 및 09 - 32 CSM의 줄맞춤 특성의 비교이다. 09가 전체적으로 작고, 정정 범위가 단파장 영역으로 연장되어 있다. 또한, 08은 10 m 부근 이상에서는 09와 같지만, 단파장 영역에서는 07보다 나쁘게 되어 있다.

⑨ 08의 형식별의 3점식 줄맞춤의 특성에서는 08 - 275 - 3S의 정정 효과가 약간 뛰어나지만, 면 맞춤만큼의 형식에 따른 차이는 없다.

⑩ 07, 08 및 09의 줄맞춤 방식의 특성 비교에서는 각 형식 모두 60 m 이하의 파장 영역에 대하여 4점식 줄맞춤의 쪽이 정정 효과가 있다.

⑪ **그림 7.3.12** (c)는 09의 줄맞춤 특성을 새털라이트(satellite)의 위치에 관하여 비교한 것이다. 면 맞춤의 경우와 마찬가지로 10 m 이상의 파장 영역에서는 거의 차이가 없으며, 단파장 영역에서는 새털라이트가 후방에 있는 쪽이 정정 효과가 있다.

⑫ 줄맞춤은 면 맞춤에 비하여 장파장 영역에서 정정 범위가 좁고, 수 10 m 부근에서 급격하게 상승하고 있으며, 당연한 일이지만, 이것이 장파장 영역의 틀림을 상대기준 작업으로 정정하는 것을 어렵게 하고 있다.

(4) MTT의 절대기준 작업방법

절대기준(precise method, absolute method 혹은 design mode)은 사전에 레이저 측량 등으로 보정량을 구하여 면 맞춤의 경우에 전방 필러의 리프트 어저스터로, 줄맞춤의 경우에는 D점을 이동시킴으로써 미리 설정한 선형으로 정비하는 방법이다. 이론상의 잔류틀림은 없다.

절대기준 정비에서는 정정량을 절대 선형과의 차이로 설정하는 것이 이상적이지만, 이동량이 커서 현실적이지 않기도 하고, 사전 측량에 다대한 노력이 들기 때문에 그 정도도 반드시 충분하다고는 말하지 않는 경우가 있다. 그 때문에 승차감 관리상 특히 문제로 되는 좌우방향의 장파장 궤도틀림 정비에서는 소위 "반절대(半絕對) 선형정비", "40 m현(弦) 정비"가 행하여지는 외에 최근에는 궤도틀림의 복원(復元) 원파형(原波形)을 이용하는 방법이 개발되고 있다.

이들의 방법은 실제의 측량에서 얻어진 절대 형상과는 달리 근사 값이기 때문에 엄밀한 의미의 "절대 기준"이라고는 말하지 않지만, 절대기준 정비와 동일한 절차이고 상대기준과 같은 잔류 틀림이 없으며, 절대 형상에 가까운 선형이 얻어지는 점에서 절대 기준에 포함하여 설명한다.

(가) 반절대(半絕對) 선형정비

반절대 선형정비는 곡선의 현 L과 중앙 종거 V가 $V=L^2/8R$의 관계가 있는 것을 기초로 이동량을 구하는 방법이다(**그림 7.3.13**(a)). 즉,

① 측량 중앙 종거량에서 국지적인 곡률 C를 구한다.

$$V=\frac{l^2}{8R}=\frac{l^2}{8}C \quad \therefore\ C=\frac{8}{l^2}V=\frac{d^2y}{dx^2}$$

② 시점의 접속 방향으로 x, 직각 방향으로 y를 취하여 곡률을 x에 대하여 2회 적분하고 각 점의 y 좌표를

구한다.

③ 장현과 각 지점의 y 에서 이루어지는 종거를 구한다(**그림 7.3.13**(b)).

④ 정규의 반경 R의 현에 대한 종거를 구하여 실제 종거와의 차를 취한다(**그림 7.3.13**(c)).

⑤ 종거의 차가 이동량으로 된다(**그림 7.3.13**(d)).

장현 L에 대하여는 오차를 고려하여 200 m 정도로 하고 있으며, 또한 완화곡선에서는 3차 포물선의 선형에서 종거량을 산출하여 구한다.

(나) 30 m 현(弦) 궤도 정비

30 m 현 정비에서 이동량의 산출은 평균법으로 구하여진다. 평균법은 종거의 성질인 "어떤 점을 V 이동시키면, 이웃하고 있는 점에서는 $-V/2$의 변화가 있다"는 점을 이용하여 반복 계산으로 종거 틀림을 정정하여 이동량을 산출하는 것이다. 평균법에서는 현 길이(chord length of versine)의 1/2마다의 이동량 데이터밖에 얻어지지 않기 때문에 인접 종거간의 관계를 고려한 반복 계산으로 1 m 단위의 이동량을 산출하고 있다. 단순한 방법이지만, 측정오차가 누적되지 않고 정밀도가 높으며, 또한 시공구간 전체에 대하여 동시에 계산하는 것이 가능하다.

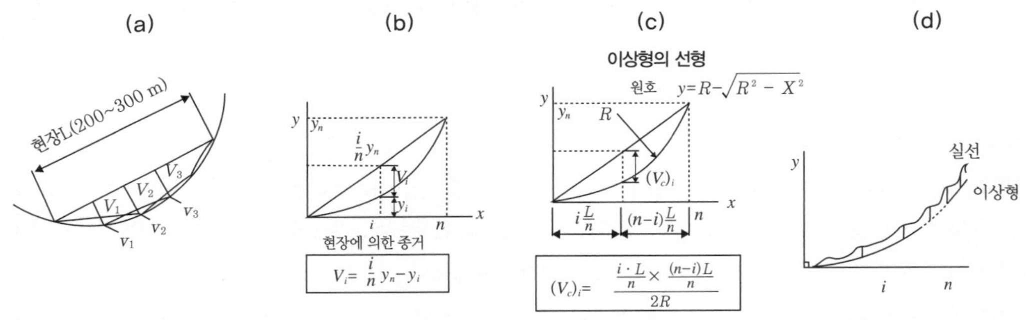

그림 7.3.13 반절대 선형정비의 이론

(다) 복원(復元) 원파형(原波形)을 이용한 정비

복원 원파형을 이용한 정비란 "10m 현 중앙종거법" 혹은 "편심 종거(偏心縱距, eccentric ordinate to chord)"로 측정된 궤도틀림 데이터로부터 계산으로 궤도틀림의 절대 형상을 추정(복원 원파형)하여 이것을 측정 데이터 대신에 이용하는 방법이다. 복원 원파형은 장파장 대역이 제한되기 때문에 절대 형상과는 다른 파형이지만, 차량의 형식이나 속도 혹은 궤도 조건에 맞추어 파장 대역을 선택할 수 있는 사실에서 유연성이 높고, 실용상의 문제는 전혀 없다. 더욱이, 후술하는 MTT의 자동화와 조합함으로써 유력한

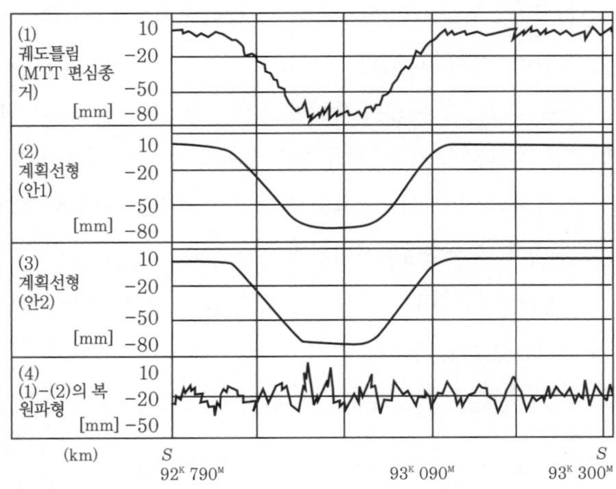

그림 7.3.14(a) 기본선형과 궤도틀림의 분리(보수 전)

방법으로 된다.

복원 원파형를 이용한 정비 방법을 실용화하기 위해서는 기본선형 성분의 분리가 불가결하다. 실제의 궤도는 본래의 선형으로부터 상당히 다르게 되어 있는 경우가 많기 때문에 실상(實狀)에 의거한 파형을 구하든지, 본래 설계상의 파형을 구하든지, 상황에 따라 선택하는 것이 바람직하다. 어느 쪽의 선형을 선택하는가는 이동량의 대소나 설치 문제 등을 고려하여 결정하여야 할 것이다. **그림 7.3.14**는 실제로 적용한 실례를 나타낸다.

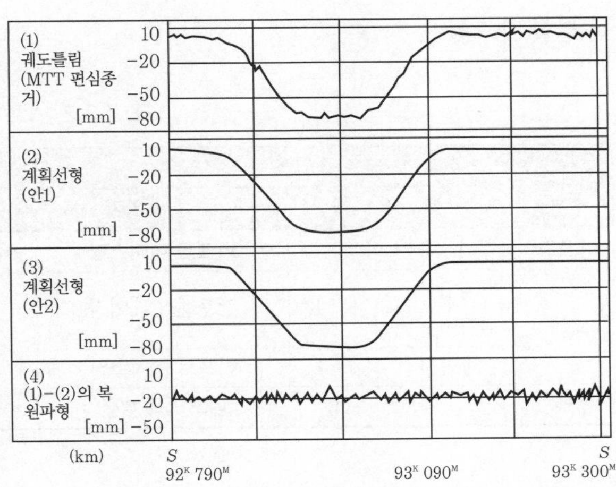

그림 7.3.14(b) 기본선형과 궤도틀림의 분리(보수 후)

(5) MTT의 자동화

(가) 개론

절대 기준을 이용한 정비는 사전 측량에 시간과 노력을 필요로 하고, 더욱이 수(手)검측에서의 정도 및 현장의 위치 맞추기 등의 문제가 남는다. 이 때문에 절대기준 정비의 정정량을 MTT에 탑재한 마이크로 컴퓨터에 기억, 제어시켜 궤도 정정을 자동적으로 행하는 정비 시스템이 개발되어 있으며, 이것을 자동 선형정비 장치라 부른다. 정정량은 궤도 검측차의 데이터에서 구하는 방법과 함께 MTT가 가진 측정장치를 활용하는 방법도 개발되어 있다.

후자의 방법은 MTT의 측정 현(또는 MTT로 견인되는 검측차)을 이용한 궤도틀림 측정결과에서 보정량을 MTT의 마이크로 컴퓨터로 연산하여 자동적으로 작업을 하는 것이다. 이 장치는 절대기준 정비에서 노력을 필요로 하는 사전 검측, 표시가 불필요하게 되는 것에 더하여 절대기준의 경우에 항상 주의를 필요로 하는 거리 데이터의 어긋남이 없고, 또한 부동점도 정확하게 파악하는 것이 가능하다. MTT가 가진 측정 현으로 복원 원파형을 구하는 경우에 검측 연장을 짧게 하는 것은 작업의 효율 상에서 중요하다. 복원 처리에는 측정계의 역 특성을 가진 디지털 필터를 이용하여 왔지만, 정도가 대단히 좋은 반면에 복원의 연산 처리 전후에 상당한 여분의 측정 데이터를 필요로 하였다. 그래서, 새로운 푸리에 급수를 이용한 분석, 합성법이라 불려지는 복원법이 개발되어 이에 따라 정비구간의 1~2할만큼의 여분으로 검측할 뿐이므로 충분히 실용적인 복원 원파형을 얻는 것이 가능하게 되었다.

또한, 양로량이 너무 크게 되기 때문에 종래는 실용화가 곤란하였던 장파장의 면 틀림에 대하여도 계획 선을 구해 보정량을 결정하여 줄 틀림과 동시에 수정하는 시스템도 개발되고 있다.

(나) 자동화의 포인트

절대기준 작업인 경우의 조작에 대하여 기술하면, 목적으로 하는 선형으로 하기 위해서는 다음과 같은 조작을 한다.

① 소정의 높이까지 양로한다(양로량).
② 소정의 위치로 횡 이동한다(이동량).
③ 선형(종곡선, 평면곡선)에 대한 보정을 한다.
④ 작업 중에 생기는 틀림에 대한 수정을 한다.

표 7.3.2는 이 조작을 구체적으로 나타낸 것이지만, 복심 곡선 · 반향곡선인 경우에 조작이 복잡하게 되는 것은 말할 것도 없다.

표 7.3.2 MTT의 조작

레벨링 · 크로스 레벨링의 조작				라이닝의 조작			
구분	선형	캐빈	조작 스위치	구분	선형	캐빈	조작 스위치
양로량	직선 · 곡선	F	리프트 어져스터	이동량	직선 · 곡선	F	라이닝조정 인디케이터
보정	완화입구 · 원곡선출구	F · R	캔트설정 게이지	보정	완화입구 · 원곡선출구	F · R	0점 보정치 설정게이지 0점 보정치 설정게이지 (완화곡선용)
	종곡선	F · R	리프트 어져스터				
수정		R	리프트 코렉션	수정		R	0점 보정치 설정게이지(완화곡선용)

MTT 작업의 고도화(량 · 질)에 대하여 이것을 용이(자동화)하게 하고, 작업의 효율화(요원 · 소요 시간 · 사고 방지)를 도모하기 위해서는 제작자뿐만 아니라 사용자도 여러 가지의 개량이 필요하다. 제작자가 행한 주된 개량은 06에서 07로 이행시의 캔트 자동추종 장치, 07에서 08로 이행시의 RVA, ÜVA, 전부 운전실의 주행운전 장치, GVA, 콘버터, 08에서 09로 이행시의 새털라이트(satellite) 등이 있다.

(다) 사용자의 개량

사용자가 개량할 수 있다고 고려되는 것은 대별하여 다음과 같이 분류할 수가 있다.

1) 사고방지를 목적으로 하는 개량

㉮ 회송 주행 시의 사고방지 ; MTT 각 장치의 쇄정 상태를 감시하여 각 장치의 오프셋(offset)이 완전하지 않으면 제동기구가 해방되지 않는 "쇄정 자동확인 장치"나 전방 조작실에서의 회송주행 운전을 가능하게 하고 회송시의 안전을 확보하는 "전부운전 조작기구" 등이 있다. 게다가, 보수용 차로서의 MTT의 사고방지 대책으로서는 특수한 센서를 사용하여 분기기 통과 시에 분기기 앞에서 주의를 촉구하고, 혹은 정지시키기도 하며, 분기기의 개통 방향을 자동적으로 검지하여 할출(割出) 사고를 방지하는 "보수용 차 자동정지 장치"가 있다.

㉯ 작업중의 사고방지 ; MTT 불능개소를 검지하여 다짐을 할 수 없도록 하고, 케이블 손상사고 등을 방지하는 개량이 있다. 검지방법으로는 기계식과 센서식이 있으며, 기계식은 MTT 불능개소 전후에 탈선방지 가드 설치 블록을 개량한 지상 접촉자를 설치하여 차상의 검지 봉으로 불능개소를 검지하는 것이며, 센서식은 색(色) 센서로 불능개소를 검지하여 MTT를 제어하는 것이다. 또한, 이상 줄맞춤을 검지 · 방지하는 회로를 갖게 하는 개량도 있다.

2) 작업의 효율화 · 자동화를 목적으로 하는 개량

㉮ 세트 · 오프 셋 시간의 단축 ; 후부 긴장 보기를 세트한 채로 주행할 수 있는 "4점 개량식 줄맞춤", "리프팅 유닛의 자동 세트 장치", 레일 클램프의 열림 각도를 크게 하여 리프팅 유닛을 수납(收納)시키지 않고 지장개소를 통과할 수 있도록 한 "클램프 지장개소 통과기구" 등이 있다.

㉯ 자동화 (컴퓨터화) ; GVA와 같은 모양의 기능을 가진 "자동 캔트 설정 장치", "자동 줄맞춤 보정치 설정장치"는 컴퓨터의 사용으로 보정치의 계산을 생략하여 작업 효율 · 정도를 향상시킨다. "자동 검측 장치"는 작업 전후의 검측은 물론, 그 검측 데이터를 사용하여 작업을 하며, 사전의 측량을 하는 일없이 절대기준 작업에

가까운 정정 작업이 가능하게 한다.

3) 다기능을 목적으로 하는 개량

MTT의 다기능화라고 하는 면에서의 개량으로서는 줄맞춤 방식을 3점식으로 하고 본래 후부 긴장 보기의 스페이스에 MTT의 유압으로 작동하는 밸러스트 스위퍼나 레귤레이터를 설치하여 다기능화함과 동시에 스위퍼의 승강을 자동 제어하여 사고방지 · 효율화(요원 감축)도 도모할 수 있다.

(라) 레이저의 이용

1) 고저-방향 결합 레이저를 이용한 다짐장비의 궤도측정 주행과 안내

레이저 시스템은 1969년 이래 다짐장비의 안내에 사용되어 왔다. 결합된 시스템은 1995년부터 사용되어 왔다. 자동안내 컴퓨터 WINALC는 측정주행과 측정된 데이터의 기록에 사용하며, 정정치는 직접 WINALC로 전달된다. 줄(방향)-고저(면) 결합 레이저를 이용한 측정주행은 크로싱의 임계지점에서 정정이 최소화되어야 하는 경우에 분기기에서 특히 성공적임이 입증되었다. 레이저의 최대 연락거리는 날씨조건에 좌우된다(깜박이는 레이저 레이저광선은 따뜻한 공기층으로 인하여 회절이 된다). 야간에는 500 m까지의 거리에 도달될 수 있으며 낮 동안에는 (외측 온도에 좌우되어) 200 m와 300 m 사이까지 도달된다. 라이닝과 레벨링 정정에 대한 시스템의 정밀도는 약 1~2 mm이다.

2) 곡선레이저 CAL을 이용한 다짐장비의 궤도측정 주행과 안내

줄(방향)-고저(면) 결합 레이저는 직선궤도에서만 다짐 장비를 안내하는 반면에 곡선레이저는 완화곡선과 원곡선에서도 다짐 장비를 컨트롤하도록 허용한다. 레이저 수신기카메라는 이 목적을 위해 횡과 수직으로 조정할 수 있는 장치에 설치한다. 카메라의 위치와 카메라에 대한 레이저 지점의 위치는 전자적으로 기록된다. 레이저는 레이저 트롤리 위의 직선 슬라이드(linear slide) 위에 설치한다. 레이저는 횡으로 이동시킬 수 있으며 이것은 더 큰 범위의 종거 측정을 보장한다.

WINALC는 현재 이미 알고 있는 레이저광선의 공간적인 위치와 기지(既知)의 목표선형을 통하여 레이저카메라에 대한 레이저지점의 목표위치를 계산할 수 있다. 레이저 조정유닛과 (원경에) 레이저 수신기카메라가 있는 다짐 장비는 시스템은 궤도갱신의 첫 번째 압밀패스에 주로 사용된다. 중급선로에서는 EMSAT의 사용이 경제적으로 유효하지 않을 것이다. 곡선레이저는 장비-지원 컨트롤시스템(예를 들어, PALAS 또는 줄 고저 결합 레이저)처럼 다짐장비의 성능을 감소시키는 단점이 있다. 최신의 다짐장비는 단지 장비가 방해받지 않고 작업할 수 있기만 하면 장비의 높은 경제적 효율을 발현시킬 수 있는 높게 특수화된 "일관작업"의 장비이다.

(6) 프라사MTT의 자동 정정 장치

(가) GVA (Geometrie Verstellwert Automatik ; 선형 자동 설정장치)

GVA는 간단히 말하면, 직선→곡선→직선 등이라고 하는 작업 구간에서 면 맞춤 · 줄맞춤의 보정 값을 계산 · 제어하는 자동 설정장치이다. 곡선반경, 최대 캔트량, 완화곡선의 유형 등의 곡선 제원 외에 B.T.C, B.C.C 및 E.C.C의 위치와 줄맞춤 방식(3점식, 4점식)을 입력한다.

(나) ALC (Automatischer Leit Computer ; 자동안내 컴퓨터)

절대기준 작업의 경우에 GVA에서는 양로량 · 이동량의 입력을 할 수 없었던 것(작업 중에 조작)에 비하여 ALC는 사전에 입력하여 둘 수 있다. 목적으로 하는 선형에 관한 정보(위치 · 반경 · 캔트 · 캔트의 체감 · 양로

량 · 이동량)를 입력하면, 작업 구간에서 면 맞춤 · 줄맞춤의 보정 값을 계산 · 제어한다. 이들의 선형에 관한 정보는 키보드로 입력하는 외에 검측차의 데이터 플로피에서 직접 읽어들일 수도 있다.

(다) 자동안내컴퓨터 WINALC

다짐장비용 선형안내 컴퓨터 WINALC는 현재의 궤도선형을 따라서 선로장비를 안내한다. 이 장치는 키보드를 통하여 손으로, 또는 플로피디스크로부터 목표 선형데이터를 입력시킬 수 있으며, 장비의 측정과 제어 시스템을 위한 선형 종속관계의 정정치를 계산한다. 미지의 목표선형은 새로운 목표위치로서 측정되고 최적화되어 궤도로 전달한다. 구속지점(교량, 건널목)과 참조지점에서의 변위 제한뿐만 아니라 미리 설정된 최소 양로 값을 고려한다. 시스템은 측정기록 결과의 저장과 프린트 및 최적화 계산의 가능성을 제공한다. 바람직한 특징은 다짐장비가 작업하고 있는 동안 달성된 기하 구조적 위치의 기록이다. 프로그램은 보통의 퍼스널 컴퓨터로도 가동되어야 한다. WINALC의 기능에는 ① 목표선형 데이터의 입력, ② 전자 종거 보정과 궤도선형 최적화, ③ 종거 차이로부터 정정치의 결정 등이 있다.

(7) MTT를 이용한 곡선 정정 작업방법

MTT를 이용한 곡선 정정 작업방법은 전술의 상대 기준과 절대 기준으로 크게 분류될 수 있지만, 절대기준을 더욱 분류하면 이동량을 "곡선 정정기", "커브 텔레퓨터" 혹은 "퍼스널 컴퓨터"의 어느 것으로 계산하는가, 이동량을 "절대 선형(건설시의 선형 = 재산상의 선형)"에 대하여 구하는가, "현장 종거"에 대하여 구하는가, 현장 종거를 "사장" · "검측차"의 어느 것으로 측정하는가, 또한 검측 데이터를 사용하는 경우에 검측차 · 계산기 사이의 데이터의 주고받기에서 수(手)입력을 필요로 하는지의 여부 등의 조합으로 세분된다.

그림 7.3.15에 MTT를 이용한 곡선 정정의 분류를, **그림 7.3.16**에 작업방법의 흐름을 나타낸다.

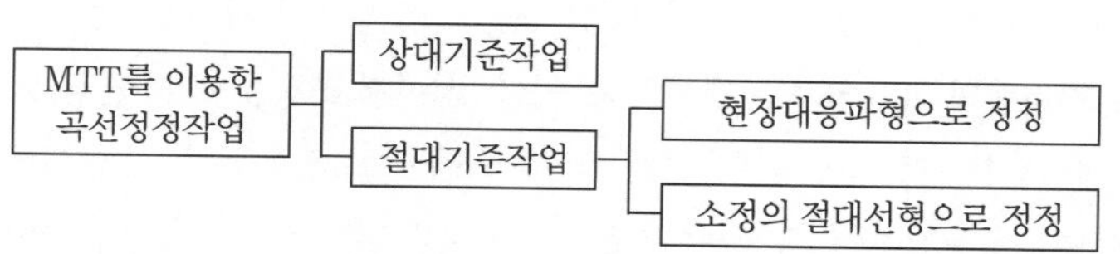

그림 7.3.15 MTT를 이용한 곡선 정정의 분류

(8) MTT 작업효과의 파악

MTT 작업효과의 파악방법으로서는 ① 궤도틀림의 파형을 비교하는 방법, ② 궤도틀림의 통계량을 비교하는 방법, ③ 궤도틀림 파형의 성장을 분석하는 방법이 있다.

어느 쪽의 방법도 궤도 검측 데이터로서는 궤도 검측차의 검측 데이터를 사용하는 일이 많지만, 이 경우에 검측까지의 기간, 특히 작업 후의 초기 틀림 진행을 고려할 필요가 있다.

①의 방법으로서는 파형을 직접 비교(예를 들면, 파형을 동일 축에 나란히 한다)하는 방법이 일반적으로 행하여지고 있다. **그림 7.3.17**은 상대기준 정비와 절대기준 정비 작업 전후의 면(고저) 20 m 현의 파형을 비교한 것이다. 절대기준에 비하여 상대기준에서는 시공전 파형의 경향이남아있는것을알수있다. **그림 7.3.18**은 20 m 사이에서의 최대 궤도틀림을 궤도 검측차로부터 자동적으로 추적하는 궤도관리 시스템을 이용한

해석 결과이다. 이것에 따르면, 궤도틀림 진행은 경과 일수와 거의 직선 회귀의 관계에 있으며, 더욱이 국부틀림 정정에 비하여 MTT의 궤도틀림 진행이 작고, MTT를 이용한 정비가 우수한 것이 분명하다.

MTT와 같이 상당 연장에 걸쳐 작업하는 경우에는 궤도틀림의 통계량을 이용한 효과 파악이 잘 행하여지고 있다. 통계량으로서는 P값이나 표준편차 값이 잘 이용된다. 전자의 **그림 7.3.17**에는 MTT 작업전후 표준편차 값도 비교되어 있다. 표준편차는 구간 평가에 적합하며, 또한 P값과 비교하여 단구간이어도, 또한 선형이 좋은 구간이어도 평가가 가능한 점에서 MTT 작업의 효과 파악에 보다 적합한 방법이라고 말하여진다.

또한, ③의 방법에 대한 일례를 **그림 7.3.19**에 나타낸다. 궤도보수 전후의 줄 틀림 파형을 궤도보수관리 데이터베이스 시스템으로 그 파워 스펙트럼을 비교한 것이지만, 보수효과가 파장별로 잘 포착되어 있다.

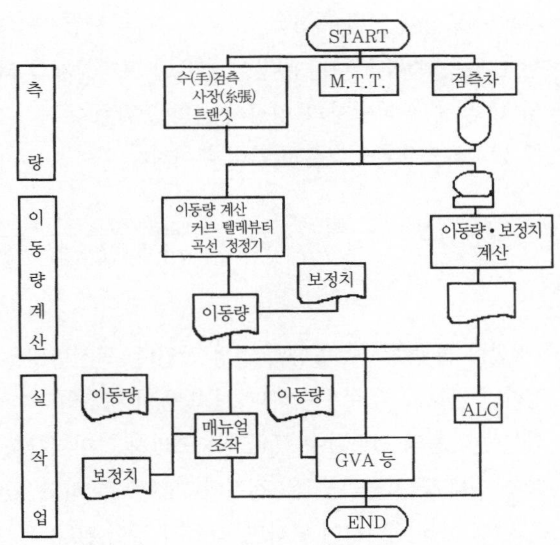

그림 7.3.16 MTT를 이용한 곡선 정정 작업의 흐름

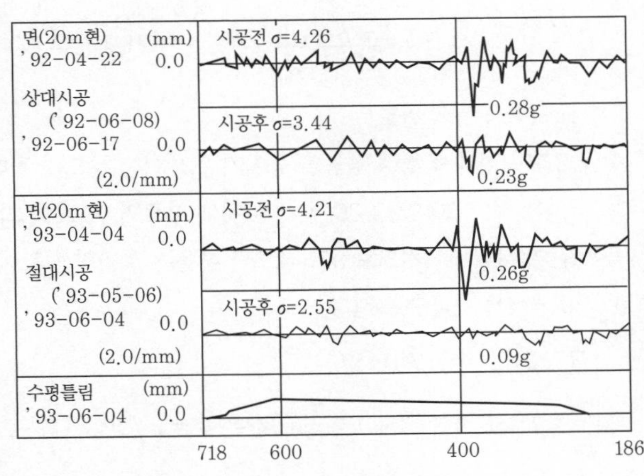

그림 7.3.17 상대기준 정비와 절대기준 정비(파형 및 표준편차)

(9) MTT의 최적궤도틀림정정성능

(가) 전달함수(transfer function)

이 경우의 전달함수 $H(i\Omega)$ (i : 허수단위, $\Omega = 2\pi/\lambda$:공간 원주파수)는 작업전후 틀림의 관계를 공간 주파수(spatial frequency)의 함수로서 주어지는 것이며, 바꾸어 말하면 "상대기준 작업에서 어떤 공간 주파수의 틀림 잔존 율"이라고 말할 수가 있다. **그림 7.3.9**와 **7.3.11**에서 변수 Z_n, Y_n은 작업

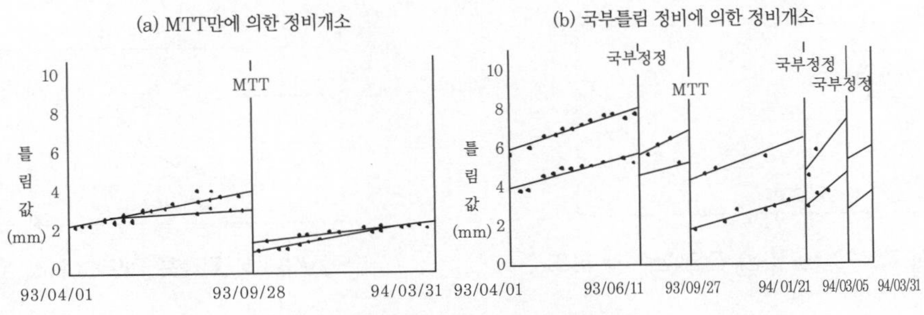

그림 7.3.18 궤도틀림 진행의 해석 예

후의 궤도상에 있는 측점을, 변수 Z_0, Y_0는 작업전의 궤도상에 있는 측점을 나타낸다.이 경우에 프라사제의 MTT의 면 맞춤(상하방향의 정정작업)의 전달함수 $H_1(i\Omega)$는 (7.3.3) 식으로부터 다음과 같이 주어진다.

$$H_1(i\Omega) = \frac{a\,e^{ib\Omega}}{l - b\,e^{-ia\Omega}} = \frac{a\,e^{ib\Omega}}{a + b + b\,e^{i(-a\Omega+\pi)}} \tag{7.3.16}$$

3점식 줄맞춤(좌우방향의 정정 작업)은 곡선반경을 보정하면 기호가 다르기는 하나 면 맞춤의 경우와 같다. 4점식 줄맞춤의 전달함수 $H_2(i\Omega)$는 프라샤도 마티샤도 "4점을 지나가는 원곡선"을 정정의 기본으로 하고 있다. (7.3.14) 식을 정리하여 구하면, 다음과 같이 된다.

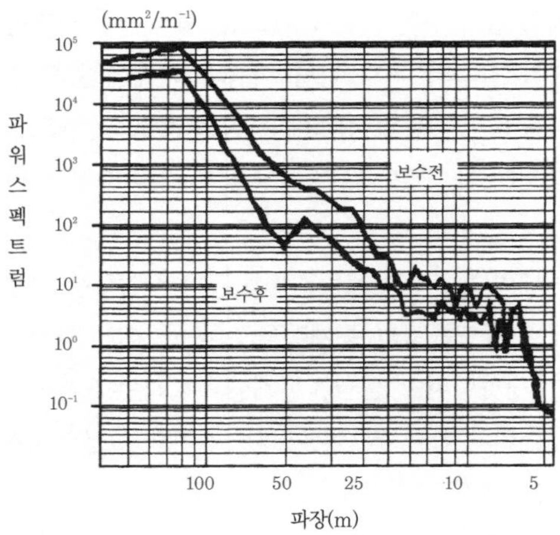

그림 7.3.19 궤도보수 전후의 줄 틀림 파워 스펙트럼의 비교 예

$$H_2(i\Omega) = \frac{\dfrac{a(a-c)}{b(b-c)}\,e^{i(b-a)\Omega}}{1 + \dfrac{a(b-a)}{c(b-c)}\,e^{i[-(a-c)\Omega+\pi]} + \dfrac{(a-c)(a-b)}{bc}\,e^{-ia\Omega}} \tag{7.3.17}$$

(나) 최적 성능의 검토

(7.3.16) 식에서 정정 성능을 높이기 위해서는 분모의 절대값이 최대로 되면 좋으므로 이 식을 복소수 평면으로 도시한 것이 **그림 7.3.20**이다. 이것에 따르면 이 값이 최대로 되는 것은 $a\Omega = \pi$인 때이며, 이 때의 식은 다음과 같이 나타내어지므로 a가 작으면 작을수록 정정 성능이 좋게 되며, $\Omega = 2\pi / a$ ($\lambda = a$, λ : 파장)가 차단(遮斷, cut-off) 주파수로 된다.

$$|H_1(i\Omega)|_{max} = a / (a+2b) \tag{7.3.18}$$

마찬가지로 하여 $C(j\Omega)$의 영(0)값은 $\Omega = \pi / c$ ($\lambda = 2c$)로 주어진다.

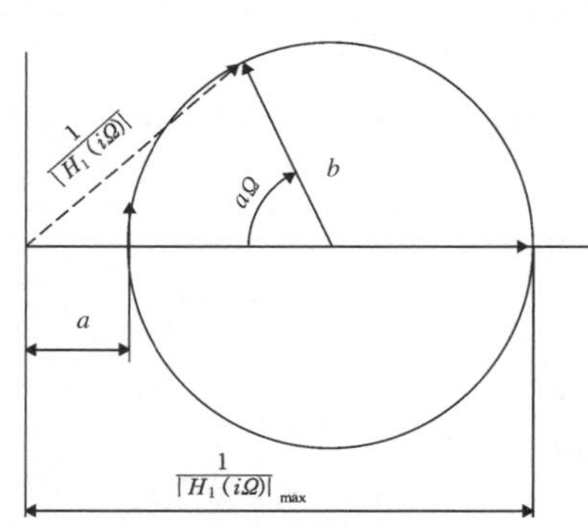

그림 7.3.20 면 맞춤 전달함수의 분모

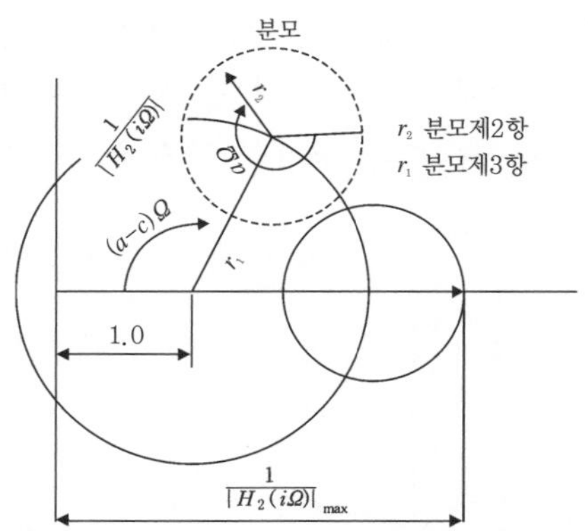

그림 7.3.21 줄맞춤 전달함수의 분모

한편, 줄(방향)에 관하여도 이 정정 성능을 최대로 (즉, 전달함수를 최소로) 하기 위해서는 분모의 절대치를 최대로 하면 좋다. 이것을 복소수 평면으로 나타낸 것이 **그림 7.3.21**이다. 여기서, 이 조건을 구하면 다음의 연립 방정식으로 주어진다.

$$(a-c)\ \Omega=\pi$$
$$a\ \Omega=2\pi$$

따라서, 이것을 만족하기 위해서는 $a = 2\ c$라고 하는 조건이 필요하게 된다. 게다가, $\beta = (b-a) / (a-c)$라고 두어 이들의 조건 식을 (7.3.17) 식에 대입하면 그 절대값이 다음과 같이 된다.

$$|\ H_2(i\Omega)|_{\max}=\frac{1}{1+4\beta+2\ \beta^2} \tag{7.3.19}$$

결국, BC의 길이에 대한 CD 길이의 비를 크게 취함으로써 거의 2제곱에 역 비례하여 정정 성능의 향상을 도모할 수가 있다. 또한, 이 최소 값일 때의 주파수는 $\Omega = 2\pi / a$ ($\lambda = a$)이다. 차단 주파수에 대하여는 **그림 7.3.20**에서 고려하여도 해석적으로 정확한 값을 구하는 것은 곤란하지만, (7.3.17) 식의 제2항이 제1항의 약 2배의 값인 점과 제3항의 지수함수의 멱 지수가 제2항의 것의 2 배인 점에서 $\Omega = \pi / (4a)$, ($\lambda = a/8$)가 그 근사값으로 되는 것으로 고려된다.

(10) 자갈 송풍기

자갈 송풍기는 현존의 도상 면에 자갈을 추가 삽입하는 기술의 전형적인 종류이다. 흙손식 작업(trowelling)과 계량된 삽 채움(shovel packing)을 포함하는 그러한 기술은 내구성이 있는 결과로서 알려지고 있다. 그러한 기술은 기계화하기가 어렵지만, 영국철도에서 개발된 자갈 송풍 시스템은 그러한 기계화가 가능함을 보여졌다.

다짐작업 시에 20~25 mm 이하의 양로에 대하여 다짐기계는 침목 아래의 압밀된 도상을 단순히 팽창시킨다. 이것은 침목 아래 자갈의 겉보기 부피의 증가에 기인하여 침목 상승의 효과를 가지지만, 이 팽창된 도상이 교통으로 압밀될 때는 그것을 보수하기 전 원래의 형상으로 되돌아간다. 다짐전과 다짐후의 여러 단계에서 궤도 구간의 형상을 나타내는 그림에 따르면, 보수하기 이전에 존재하였던 것과 거의 동일한 선형으로 궤도가 침하되는 것을 알 수 있다. 이 현상은 "궤도의 기억[220]"으로 알려져 있다. 만일, 작은 양로의 다짐 작업으로 궤도가 보수된다면, 이 현상이 생길 것이다. 궤도가 상당히 안정된 선형 또는 "도상 기억"은 대부분 궤도에 다시 자갈을 깔았을 때에 확립된 것이지만, 레일 자체의 똑바르기의 영향도 받는다.

큰 양로가 수반된 다짐은 어느 정도까지 이 도상기억에 대처할 수 있다. 보수 후에 임시 속도제한의 부과가 요구되는 큰 양로는 교통이 제 속도로 주행하는 것을 허용하기 전에 도상 압밀을 요구한다. 작업은 또한 낮은 양로보다 늦고, 과대한 자갈 소비를 하며, 상부의 건축한계가 큰 양로를 허용하는 일부 지역에서만 사용할 수 있다.

궤도는 다짐주기간에서 특히 처진 용접부, 이음매 및 다짐작업이 궤도설비(도유기, 신호 케이블 등)로 인한 제한을 받는 지역 주위에서 빠른 국지적 선형파괴를 받을 수 있다.

영국철도는 자갈 송풍기로 콩 자갈을 삽입함으로써 더 내구성이 있는 선형을 만들고 있다. 또한, 보수주기간의 인력 패킹의 요구가 감소되고, 도상보충이 줄어들며, 잠재적인 도상수명이 증가되었다.

자갈송풍 프로세스는 다음의 3 단계로 작업한다.

① 현존의 궤도선형을 측정한다.

② 허용할 수 있는 선형으로 복원하기 위하여 각 침목에 요구된 정확한 궤도양로를 계산한다.

③ 그러한 양로를 달성하기 위하여 침목 아래로 송풍되는 것이 필요한 자갈의 양은 자갈의 추가량과 잔류 양로간의 기지의 상호 관계로부터 추론한다.

④ 궤도에 자갈을 송풍한다.

자갈송풍 과정의 단계는 다음과 같다. 자갈이 송풍될 수 있는 공극이 만들어지도록 침목이 올려진다. 자갈송풍 튜브가 침목 옆을 따라 내려간다. 측정된 양의 자갈이 압축 공기로 공극에 송풍된다. 송풍된 자갈의 양은 후속의 교통으로 압밀되었을 때 요구된 궤도선형을 달성하기 위하여 필요한 만큼 침목을 올릴 것이다. 원래 침목을 지지하고 있던 도상 면에 위치하는 송풍된 자갈을 남기고 자갈송풍 튜브가 철거된다. 후속의 교통으로 압밀될 송풍된 자갈의 면으로 침목이 낮춰진다.

자갈송풍 과정에서 사용된 자갈은 최대 응력의 지점에, 즉 레일 직하의 도상/침목의 접면에 위치하므로 가장 높은 품질의 것이어야 한다. 보통의 입자 크기는 약 25 mm이어야 한다.

영국철도에서 개발한 자갈송풍기는 존속 가능한 작업속도가 달성될 수 있음을 보여 주었고, 시스템의 유효성을 확인하였다. 수동 자갈송풍기는 국부틀림 보수 목적에 이용할 수 있다.

두 시스템에 사용된 자갈의 크기에 따른 다짐과 자갈송풍은 보충의 시스템으로 간주될 수 있다. 다짐기계는 궤도선형의 장파장 틀림의 제거와 관련된 비교적 높은 양로에 적합하며, 반면에 자갈송풍기는 단파장 틀림의 제거와 관련된 낮은 양로에 적합하다.

하지만, 독일문헌에서는 자갈송품기(스톤블로워)가 비경제적이라고 주장하고 있다[269].

(11) 진보된 보선 기계

(가) 생산성의 증가

다짐 기계의 생산성에서 진보된 차원은 고속 다짐기계(Tamping Express) 09-3X(**그림 7.3.22**)으로 처음으로 달성되었다. 이것은 새로운 작업 방식을 이용하여 높은 작업량을 달성하고 동시에 보편적인 적용도 달성하게 될 연속 작동의 고용량 다짐기계이다. 이 기계는 낮은 침투 저항을 위하여 탬핑 툴이 특별하게 삽입되는 3 침목 탬핑 유닛을 가진다. 탬핑 유닛은 분리된 설계이며, 희망하는 곳에서는 단일 침목 다짐으로 작동될 수 있다.

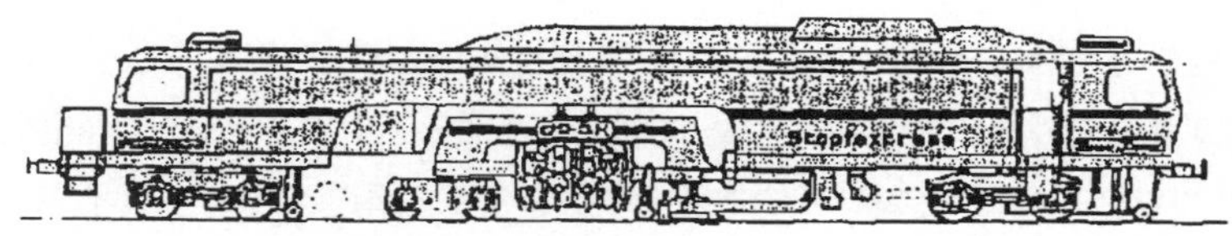

그림 7.3.22 3 침목 다짐기계 "Tamping Express 09-3X"

이것은 밀집된 교통의 고용량 선로에서 보수 작업용 보수 속도의 진보된 정의이다. 짧은 궤도 점유(선로 차단) 시간은 고속 다짐기계를 이용하여 더욱 효과적으로 사용될 수 있다.

(나) 통합 기계

연속작동 다짐기계와 동적 궤도안정기의 개발은 진보된 기계 결합의 길을 열었다. 선두는 기계 그룹(MDZ)의 기능을 하나의 기계로 통합한 다짐 안정기 09-Dynamic이다. 조작자의 감축은 별문제로 하고, 이 개념은 궤도 보수 작업이 기술적으로 정확하고 연속적으로 시행되도록 하는 장점을 가진다. 더욱이, 그것은 작업의 마지막에 마무리된 궤도(軌道)가 항상 전속도(全速度, full speed) 교통을 위하여 준비된 채로 남아있음을 보장한다.

다른 가능성은 09 기계를 도상 정리(09-Supercat) 또는 밸러스트 레귤레이터와 동적 궤도안정기의 조합과 결합시키는 것이다. 양쪽의 경우에 조작자가 적어도 1 명 감축될 수 있다. 양쪽의 선택은 이미 사용중인 기계에 장비를 개량하여 장치할 수 있다.

(다) 분기기와 궤도의 결합된 취급을 위한 통합 기계

09-Supercat은 1989년에 설계되어 캐나다에 공급되었다. 이것은 분기기도 취급할 수 있는 연속작동 다짐 기계이다. 더욱이, 이 기계는 전방에 밸러스트 레귤레이터, 후방에 밸러스트 브룸(broom)이 장치되었다. 기계는 캐나다 패시픽 철도에서 대단히 잘 사용되었다. 이전에 다수의 기계로 보수되어 온 전(全)선구는 현재 단 하나의 기계로 처리될 수 있다.

1993년에 등장한 진보된 개발은 Unimat 09-32/4S이다. 이것은 연속 작동 09-32의 고생산성 다짐기능을 현대적인 분기기 다짐기계와 결합시킨 최초의 2 침목 다짐기계이다. 이 결합 기계는 다음을 포함한다.

① 분기기를 정정하기 위하여 경사질 수 있는 탬핑 툴을 가진 연속작동 2침목 탬핑 유닛

② 분기기에서 4 레일 다짐을 허용하는 탬핑 유닛의 분리된 설계

③ 분기기의 3 레일 양로

④ 차상 AGGS 컴퓨터를 가진 면 맞춤과 줄맞춤 시스템

⑤ 도상 청소 시스템

시리즈는 1995년에 개별적으로 조정 가능한 탬핑 툴을 가진, 보통의 궤도와 분기기의 연속작동 다짐기계인 단일 침목 다짐기계 09-16 4S로 완성되었다.

(라) 도상 관리

호퍼를 가진 밸러스트 레귤레이터는 1967년에 도입되었다. 진보된 개발은 30 tf의 용량을 가진, 그리고 궤도로부터의 잔여 도상을 호퍼/컨베이어 차량 MFS에 적재하여 필요한 곳 어디에나 기계를 통하여 다시 살포하는 추가 용량을 가진 대규모의 호퍼가 설치된 기계이다.

그러한 기계 시스템의 하나인 "BDS"는 1990년에 Amtrack에서 발매하였으며, 새로운 도상 공급의 실질적 감소를 가져오는 하나의 MDZ와 2 개의 분기기 다짐기계와 함께 작업하였다.

BDS의 성공으로 MDZ 기계 그룹은 결합된 궤도/분기기 다짐기계 09-4S, 3 대의 MFS를 가진 BDS 및 동적 궤도안정기로 이루어지며, 1996년 봄 이후 Amtrack에서 작업하고 있다.

(마) 09-4X 다짐기계

09-4X 다짐기계는 09-3X 다짐기계가 더욱 발전되어 4침목을 동시에 다질 수 있는 장비이다. 이 장비는 일반선로뿐만 아니라 분기기도 다질 수 있는 만능장비이다. 분기기를 다질 때는 기존의 STT처럼 탬핑 타인을 옆으로 벌리는 것이 아니라 탬핑 유닛 자체가 양쪽으로 분리되어 효율적으로 다질 수 있다.

(12) 지방적 및 국지적 보수

철도보선이 발달된 국가에서는 계획된 궤도보수가 기계화되고 그에 따라 높은 정도까지 합리화됨에 반하여, 계획되지 않은 보수활동에서는 비싼 인력노동이 여전히 많이 남아 있다. 이러한 비싼 활동의 하나는 국지적 틀림과 이음매의 면 맞춤, 줄맞춤, 다짐 및 국지적 측정, 자갈 보충 등과 같이 여기에 포함된 기타 작업이다.

프랑스 철도는 지구마다 복합 목적의 궤도보수 기계 EMV93 1대를 배치하여 이 작업을 대규모로 기계화하고 있다. 이 기계는 면 맞춤, 줄맞춤, 다짐 유닛, 도상 삽날(plough)과 브룸(broom), 궤도 검측 장치, 조작자 수송을 위한 큰 거주실 및 적재 플랫폼을 갖추고 있으며, 궤도 검사자가 기본적으로 같은 방식으로 그 임무를 수행하지만 최소의 노동력으로 수행하는 방식으로 계획된다.

또 다른 다목적 중간 범위 기계(unimat junior)도 있다. 이 기계는 추가적으로 분기기 양로와 다짐 유닛, AGGS 지시 컴퓨터 및 적재 크레인을 장치하고 있다.

선로 혹은 분기기, 교량이나 건널목 등, 다른 요소(노반의 문제, 분니, 체결장치의 이완, 이음매판의 훼손, 기타) 때문에 발생된 국부 틀림들은 선로 상태를 빈번하게 좋지 않은 상태로 변형시킨다. 이러한 국부 틀림은, 예를 들어 비용의 집중을 초래하기 이전에 그리고 열차 운영에 대해 방해를 유발하기 전에 가능한 한 빨리 제거되어야 한다. 제 때에 제거하는 것은 국부 틀림이 더 이상 확대되는 것을 막는다. 하지만, 철도에서 일반적으로 사용되는 수작업 수선 방법을 사용하는 '일상(normal)' 유지보수 대책은 시간소비, 유지보수 노력과 비용의 집중화로 만족스럽지 않은 결과를 가져올 뿐이며 다만 짧은 유지시간을 획득할 뿐이다.

특정화된 지점의 국부틀림 제거장비로는 Unimat Sprinter와 같이 장기간에 걸쳐 개선되고 기계화된 장비를 사용하여 국부 틀림을 제거장비 하기 위한 유지보수 비용을 75 % 줄이고 유지보수 시간을 줄이는데 도움이 될 수 있다. 국부틀림은 싱글형 국부틀림 정정시스템 Win-ALC를 MTT나 STT에 설치하여 정정할 수 있다.

경부고속철도에서는 일반선로의 국부적인 궤도틀림의 정정에 싱글形 국부틀림 정정시스템 Win-ALC를 설치한 스위치 타이 탬퍼(STT)를 이용하고 있다.

7.3.3 도상의 압밀과 안정

(1) 개요 및 다짐 작업후의 궤도 상태

침목 사이(crib)를 다시 채움과 어깨형상 정리가 뒤따르는 다짐의 프로세스는 상부 도상, 침목 사이 도상 및 어깨 도상을 느슨하게 한다. 이것은 궤도의 횡 방향 안정성에 대하여 일시적인 손실을 일으킨다. 후속의 교통은 적당한 선형 손실과 함께 궤도 침하에 수반되어 횡 방향 안정성이 다시 얻어지는 동안에 도상을 다시 압밀(壓密)할 것이다. 결국은 다짐이 다시 필요하게 될 것이다.

도상을 다진 후의 도상 횡 저항력은 약 1/2로 되므로 궤도 좌굴의 위험이 생긴다. 그러므로, 침목 주변 도상의 달고 다짐으로 소요의 도상 횡 저항력을 확보하여 영업에 제공하지만, 도상 갱환을 한 때에는 서행을 하여 왔다. 게다가, 이와 같은 작업을 한 때에는 **그림 7.2.6**에서 작업의 직후에서 보는 것처럼 초기 침하가 생긴다고 하는 문제도 있다.

그림 7.3.23은 궤도의 횡 방향 이동에 대한 궤도의 저항력과 궤도의 횡 변위간의 상호관계를 나타낸다. 다짐에 관련된 교란으로 인하여 발생된 횡 저항력의 손실은 다짐 다음의 초기 34 일의 교통 통과에 관련하여 횡 저항력을 회복할 수 있는 것으로 볼 수 있다. 도상 횡 저항력의 유사한 감소와 후속의 회복은 자갈송풍에 관련된다.

다짐의 역효과는 다짐 다음의 도상 압밀에 따라 감소될 수 있다. 압밀에는 두 가지 다른 방법이 사용될 수 있다. ① 동적 궤도안정기(dynamic track stabilizer)를 사용하는 횡 방향 궤도 진동. ② 침목 사이 도상과 도상 어깨 면의 달고 다짐. 이들 방법을 이하에서 설명한다.

(2) 동적 궤도안정기

(가) 동적 궤도안정기의 탄생과 작업

1977년 오스트리아의 그라츠 공과대학에서 도상의 진동 시험이 수행되어 도상에 10 N/cm^2의 정적 압력 하

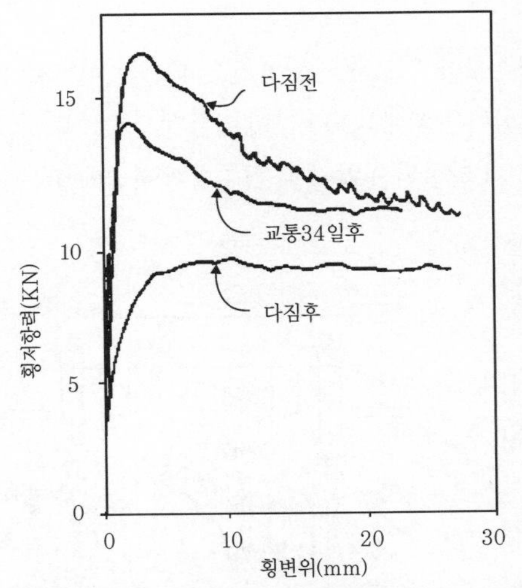

그림 7.3.23 침목 횡 저항력에 대한 다짐과 교통의 영향

그림 7.3.24 동적 궤도안정기

에서 수평 방향으로 50 Hz의 진동을 걸 경우, 5 초 이내에 상당한 침하가 생기는 달고 다짐이 행하여졌다. 1982년에 이 대학에서 추가 시험이 수행되어 침하는 진동 하중의 크기와 진폭에 비례하지만, 계속 시간은 거의 관계가 없는 점, 최대 진폭은 계의 고유 진동에서 발생하고, 주파수가 높게 되면 진폭은 작게 되는 것이 밝혀지게 되었다.

프라사는 이 원리에 기초하여 동적 궤도안정기(Dynamischen Gleis Stabilisatoers – DGS, Dynamic Track Stabilizer – DTS)를 제작하였다. 이 때 필요하다고 고려한 요건은 다음과 같다.

① 침목의 전후, 좌우, 하부를 고르게 달고 다짐에 따라 틀림 진행이 작게 된다.

② 도상 입자의 재배치에 따라 내부 응력이 작게 된다.

③ 달고 다짐 과정에 발생하는 응력은 통상의 축력으로 인한 것보다 작게 된다.

④ 도상 횡 저항력은 다짐전의 값에 될 수 있는 한 가깝게 된다.

⑤ 레일중의 인장 응력의 집중을 완화하고, 가능하다면 면(고저)과 줄(방향)도 개선한다.

⑥ 작업은 MTT와 같은 속도로 연속적으로 행하여지는 것으로 한다.

이에 따라 제작된 장비의 개요는 다음과 같다.

이 DTS(**그림 7.3.24**)는 이완 도상의 압밀로 귀착되도록 궤도에 수평 진동과 정적 수직하중이 결합된 것을 제공하며, 최고 80~90 km/h로 주행 가능한 2축 보기의 차량이다.

메인 프레임 아래 2 개의 안정화(진동 발생) 유닛은 주행 시에는 상방으로 유지되고, 작업 시에는 이것을 내려 궤도 위를 주행하면서 8 개의 플랜지 붙은 롤러 디스크(클램프)를 통하여 레일두부에 접촉한다. 기계 프레임에 반작용하는 4 개의 유압 실린더로 수직하중이 궤도에 가해진다. 2 개의 동시 작용 유닛은 궤도를 가로질러 수평(좌우방향)으로 궤도가 진동함을 일으킨다. 이 유닛에는 각 레일에 고저용의 현과 수평용의 펜들럼 3 개가 준비되어 있으며, 이들은 유압 하중의 제어에 이용된다. 유압은 파형의 볼록부에서는 자동적으로 증가하고, 오목부에서는 감소한다.

유닛의 사양은 다음과 같다.

① 진동 주파수는 궤도와 DTS로 형성되는 계의 고유 주파수보다 크고(20 Hz 이상), 45 Hz 이하로 하며, 0 Hz에서 50 Hz까지 조정 가능하다. 결과로서 생긴 원심력은 최대 320 kN에 이른다.

② 진동 하중의 크기는 침목이 도상 위에서 활출되고 에너지가 발산되지 않기 때문에 정적 하중에 따른 마찰력의 범위 내(70 %)로 되어야 한다.

③ 달고 다짐의 시간은 이것에 선행하는 MTT의 속도에 따른다.

④ 진동발생 유닛의 진폭은 조작자의 제어반상에 표시된다. 궤도의 진폭을 설정할 수는 없지만, 이것은 유닛 진폭의 60~70 %이다.

⑤ 침하는 보수작업을 할 때 양로량의 30~50 %이며, 신설선의 최대는 25 mm 정도이다.

이 진동발생 유닛을 나타낸 것이 **그림 7.3.25**이다.

다짐작업 다음에 전(全)하중으로 연속적으로 작업할 때 DTS

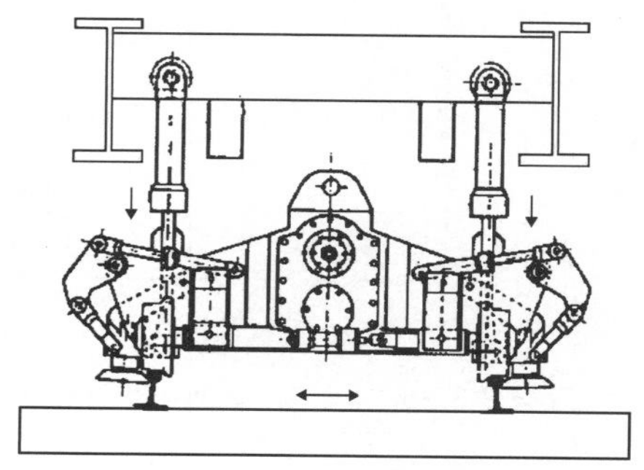

그림 7.3.25 DTS의 가진 모델

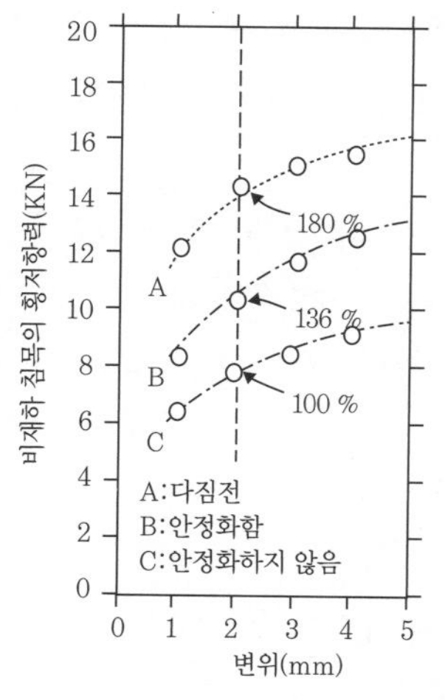

(a) 횡 저항력에 대한 다짐과 안정화의 효과

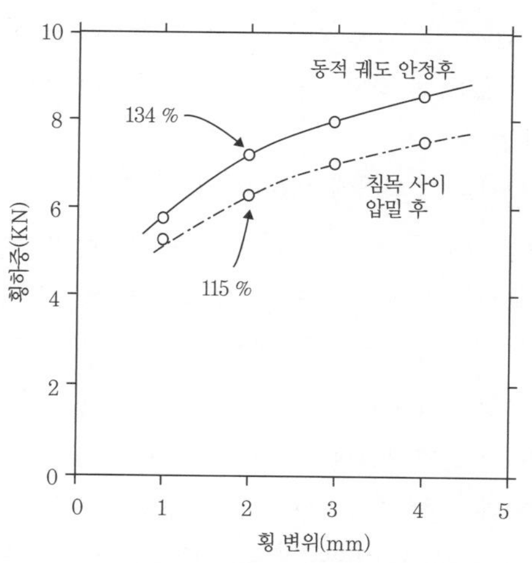

(b) 다짐 다음의 횡 변위에 대한 궤도 횡 저항력의 상호관계

그림 7.3.26 횡 저항력 관계

의 1 회 통과의 횡 방향 안정성 회복에 대한 효과는 보통으로 교통의 10만 tf의 통과와 동등하게 되는 것으로 간주된다. 따라서, DTS는 다짐 다음의 횡 저항력을 회복하기 위한 대안으로서 사용된다. **그림 7.3.26**(a)는 다짐으로부터 DTS를 적용함에 따라 횡 저항력 손실의 약 절반이 회복됨을 보여준다. 이것은 낮은 횡 저항력에 관련된 속도 제한의 절차를 덜도록 허용하므로 도상 클리닝, 도상 갱신 및 다짐작업 다음의 유효한 값의 것이다.

수직 안전성이 관련되는 한, DTS의 1 회 통과는 10만 톤과 70만 톤간의 교통 통과의 효과와 같다. 효과는 도상 클리닝, 도상 갱신 및 다짐작업 다음의 특정한 값의 것이다.

(나) 횡 변위에 대한 저항력의 회복

그림 7.3.26(b)는 다짐 다음의 횡 변위에 대한 궤도 횡 저항력의 회복에 관하여 표면 압밀과 동적 궤도안정화의 상대적인 효과를 비교한다. 만일, 다짐 직후의 횡 변위에 대한 궤도의 횡 저항력이 100 %인 것으로 가정한다면, 2 mm의 횡 변위에 대한 도상 압밀 다음의 도상 횡 저항력은 115 %이며, 동적 안정화 후는 134 %이다.

(다) 도상 안정화의 효과

1) 개요 및 달고 다짐

궤도틀림은 열차주행에 따라 도상이 부등(不等)으로 침하하기 때문에 발생하며, MTT의 다짐작업이 침목 직하의 도상을 밀집시키고, 침목 사이를 성기게 함(**그림 7.3.27**)으로 인하여 오히려 도상을 흩트리어 침하가 생기기 쉽게 되어 있다고 고려된다. MTT 작업 직후에 강력한 램머로 침목 사이의 자갈을 달고 다짐에 따라 초기 침하를 억제하는 공법도 시험적으로 행하여져 도상의 초기 침하 억제효과도 확인되었다.

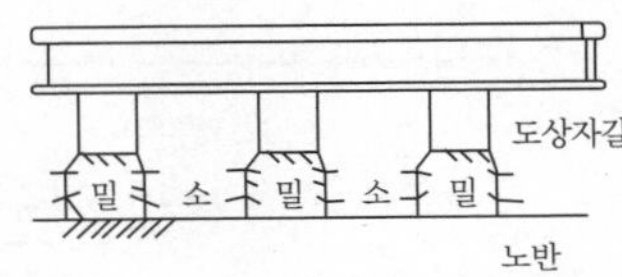

그림 7.3.27 MTT작업 종료후의 도상상태

2) DTS의 효과

도상의 안정화(stabilization of ballast)로 MTT의 결점을 보완하여 궤도 침하를 억제하는 방법으로 동적 궤도안정기(DTS)가 널리 사용되고 있다. DTS는 MTT와 같은 모양의 기구를 이용한 측정장치와 도상을 진동시키는 기구를 갖고 있다. 진동은 레일을 직접 0~39 Hz(통상은 35Hz 전후)로 진동시키며, 동시에 최대 24 tf의 로드 압력을 가한다. DTS는 이 진동과 로드 압력으로 도상의 초기 침하를 촉진시키는 방법으로 도상을 안정화시켜 정비 후의 부등 침하를 억제하는 효과를 기대하는 것이다.

그림 7.3.28은 도상 갱환 후의 침하량을 MTT 단독의 경우와 DTS를 병용한 경우에 대하여 비교한 것이다. 도상 갱환 후에도 DTS로 도상이 극히 안정된 상태로 유지되고 있는 것을 나타내고 있다.

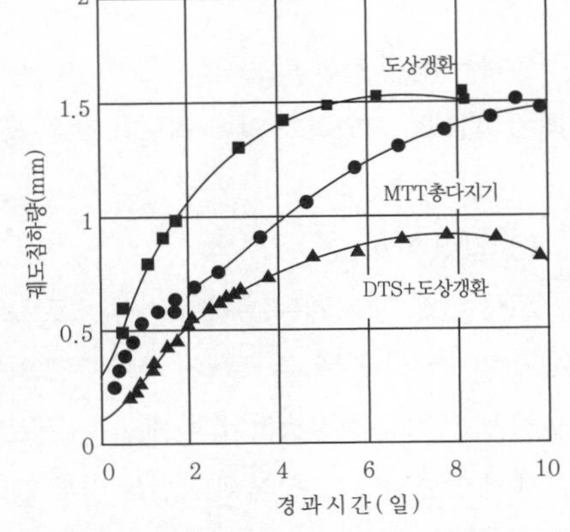

그림 7.3.28 도상 갱환 후의 침하량 비교

그림 7.3.29와 **7.3.30**은 MTT를 이용한 궤도보수작업에서 MTT 단독의 경우와 DTS를 병용한 경우를 복원 파형의 파워 스펙트럼 밀도로 평가 비교한 것이다. 시공 직후부터 4개월까지의 주파수대별의 코히어런스를 비교하면, DTS를 병용함으로써 전(全)파장역에서 궤도틀림 진행의 억제효과가 인지된다.

3) 효과에 관한 현 단계에서의 견해

㉮ 도상 횡 저항력의 확보 ; 양호한 재료를 이용한 궤도의 도상 횡 저항력은 하중의 통과에 따라 차차 증가하여 100만 tf 정도의 통과 톤수를 거쳐 최량의 상태로 되며, 그 후 통과 톤수가 크게 증가되면 침목의 부상이 생기게 된다. 이 궤도를 양로하면, 도상이 이완되어 한결같은 달고 다짐이 되지 않기 때문에 도상 횡 저항력은 상기와 같이 절반 정도로 떨어진다.

이 궤도를 DTS로 작업하면 도상 횡 저항력 회복의 정도가 개발 당초 시리즈의 기계로 80 %, 최근의 시리즈로 100 %에 이르고 있다.

㉯ 궤도틀림 진행에 관한 효과 ; 궤도틀림 진행에 관하여는 DTS로 작업하면 당초는 통과 톤수로 70만 tf에

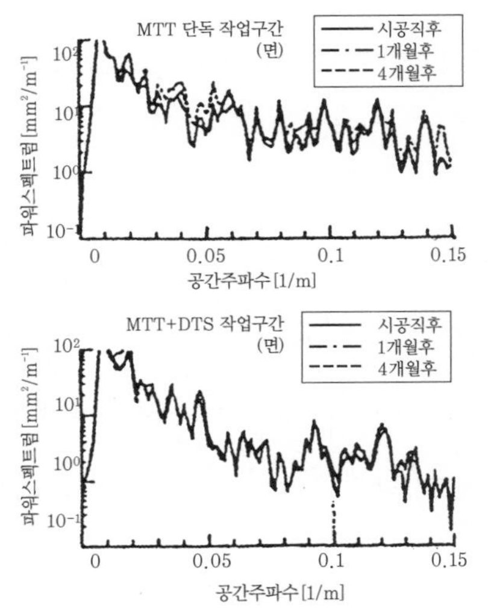

그림 7.3.29 DTS 작업효과(파워 스펙트럼 밀도)

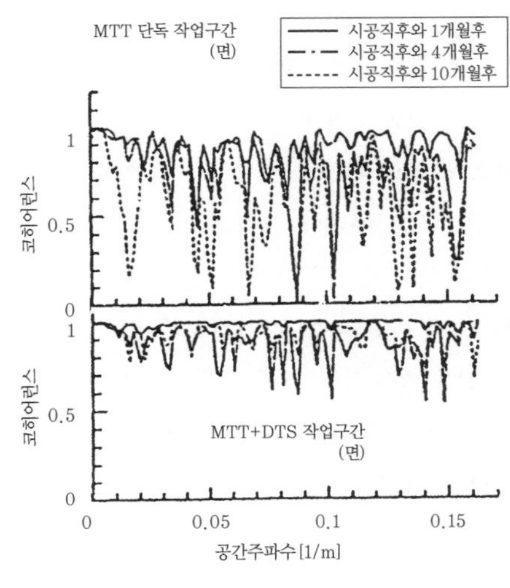

그림 7.3.30 DTS 작업효과(코히어런스)

상당하는 선행 침하를 초래한다고 하여 왔지만, 최근에는 15만 tf 상당 정도로 되며, 더욱이 300만 tf가 통과한 때에 DTS로 작업하지 않은 궤도와 같은 정도의 값으로 된다고 하고 있다.

(3) 압밀 기계

도상 면 압밀 기계는 수직 정적 힘으로 도상 면으로 내리 누르는 패드에 대한 수직 진동력의 적용에 따라 도상을 압밀시킨다. 진동은 주어진 주파수로 일정한 동적 힘 진폭을 산출하는 회전 편심기의 질량으로, 또는 일정한 동적 변위 진폭을 산출하는 편심 이동 구동으로 발생된다. 침목 사이의 도상은 탬핑 툴이 관통된 지역의 레일 근처에서 압밀된다. 도상어깨도 침목 단부 옆의 상부와 비탈면 상부부분에 대하여 압밀될 수 있다. 압력 판은 진동 동안 도상의 횡 방향 흐름을 방지하기 위하여 측면 비탈에 종종 사용된다.

콤팩터(ballast compacter)의 주요 파라미터는 정적 하향 압력, 발생된 동적 힘, 진동 주파수 및 지속 기간이다. 이들 파라미터의 값은 기계에 따라 상당히 변한다. 정적 힘은 약 7.6 내지 9.8 kN, 평가된 동적 힘은 약 4.9 내지 30.7 kN, 그리고 진동 주파수는 25 내지 75 Hz의 범위이다. 대부분의 기계는 진동의 지속 기간을 변화시키는 설비를 갖춘다. 이들 파라미터는 모두 도상 압밀의 유효성을 사정함에 있어 중요한 역할을 가진다.

압밀에 영향을 주는 다른 인자는 콤팩터의 일반적인 특성, 압밀되고 있는 도상의 조건 및 도상을 지지하는 기초 등이다. 진동하는 기계를 이용한 도상 압밀은 복잡한 문제이다. 특정한 콤팩터가 여러 가지 도상 및 기계 조건과 다르게 반작용하는 방식으로 도상과 콤팩터는 진동 동안 상호작용하며, 그러므로 다른 압밀의 정도로 귀착한다. 콤팩터는 다음의 경향을 나타낸다.

① 도상에 진동력을 전달하기 위하여 최소의 정적 압력이 필요하지만, 너무 큰 정적 힘은 압밀도를 제한하거나 과도한 패드 관통을 일으킬 수 있다. 도상입자에 대한 높은 압력은 또한 압밀 동안 도상 열화의 정도를 증가시킨다.

② 도상밀도 증가속도는 진동 시작 시에 가장 빠르며, 빨리 약해진다. 그러므로, 콤팩터의 생산성에 역효과를 주는 압밀의 장기 지속은 정당화되지 못한다. 2 내지 4 초의 시간이 콤팩터에 합리적인 것으로 보인다.

③ 도상밀도의 유효성은 다짐의 품질, 침목 사이와 어깨 지역의 자갈량 및 도상지지 조건과 같은 압밀 이전의 궤도 조건에 가장 크게 좌우된다.

④ 도상밀도는 패드 적용지역 아래와 근처의 침목 사이 도상과 도상어깨에서 상당히 증가한다.

⑤ 표면 콤팩터는 다짐으로 생긴 침목 횡 변위에 대한 도상저항력 손실의 실질적인 양을 즉시 회복한다. **그림 7.3.31**은 그 예이다.

⑥ 표면 압밀은 교통으로 인한 침하의 감소에 도움을 주며, 압밀이 없이 다져진 것보다 궤도선형이 더 오래 가도록 유지한다. 영국철도의 연구시험 궤도에서의 예가 **그림 7.3.32**에 주어진다. 또한, 다짐만의 궤도에서 독해한 침하의 표준편차 값은 다짐과 압밀을 한 궤도의 것보다 2 내지 4 배이었다.

⑦ 표면 압밀에 따라 종 방향 궤도 힘에 대한 저항이 개선된다.

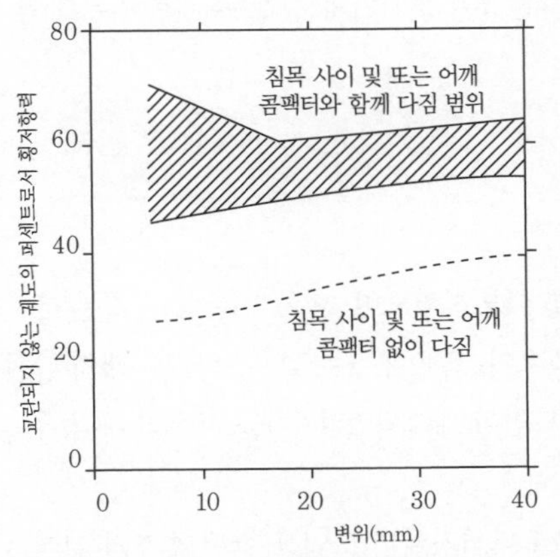

그림 7.3.31 표면 압밀의 유무에 따른 궤도 횡 저항력

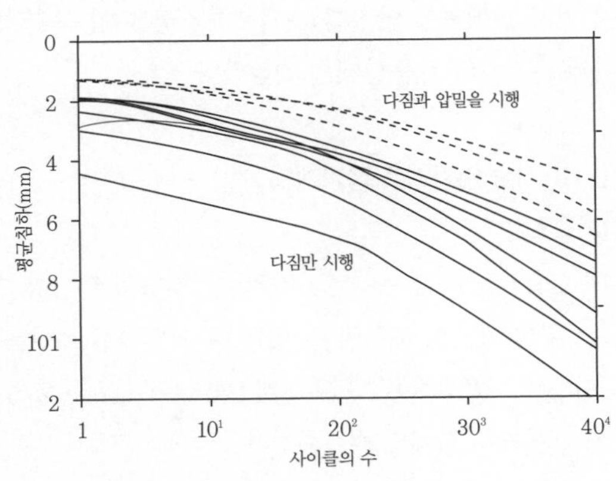

그림 7.3.32 궤도 침하에 대한 표면 압밀의 효과

7.3.4 분기기의 보수

(1) 분기기 보수의 특징

분기기는 그 구조적 특징 때문에 일반 궤도보다 더 큰 마모와 손상을 받는다. 그에 따른 더 큰 마모와 손상 및

결함은 열악한 주행 조건을 야기한다. 만일, 상황이 교정되지 않는다면, 이것은 속도 제한의 형으로 운전 장애와 승차감 악화를 야기할 것이다.

장기간 교정되지 않는 결함은 동적 힘의 증가로 이끌 것이며, 이것은 차례로 결함의 더 큰 악화를 야기할 것이다. 이것은 분기기 특정한 부분에서 빠른 속도의 마모와 상당히 짧아진 영업수명 뿐만 아니라 매년 보수비의 실질적인 증가로 귀착될 것이다.

미국 철도협회(AAR)가 수행한 연구, 즉 정확한 선형을 가진 분기기의 계산된 횡력에 대하여 결함이 있는 분기기 선형을 가진 분기기가 받은 실제의 횡력과의 비교는 다음의 결과를 얻었다. 1.8° ($\geq R$ = 970 m)의 곡선이 특징인 시험 분기기에 대하여 완전한 궤도선형이 가정된다. 80 km/h의 주행속도에서 최대 수평력은 약 50 kN이었다. 그러나, 분기기 시점에 결함이 있는 종거는 분기기의 전(全)길이에 걸쳐 미치는 다른 후속의 힘을 가지고 거의 150 kN의 실제 횡력을 초래하였다.

가장 크게 응력을 받고 가장 비싼 철도궤도 구성요소로서의 분기기는 부설 일로부터 정규적이고 체계적인 보수를 요하며, 그것은 선형의 이상적인 초기 품질이 장기간 유지될 것이며, 따라서 사용 수명을 실질적으로 연장하고 매년의 보수비가 상당히 감소하는 것을 보장한다.

이상적인 분기기 선형을 위하여 요구된 높은 정도의 정밀성은 정밀한 양로, 면 맞춤 및 줄맞춤 장치를 갖춘 현대적 분기기 다짐기계(스위치 타이 탬퍼)를 사용함으로써 보상될 수 있다. 차상 컴퓨터 및 레이저 면 맞춤과 줄맞춤 유닛을 갖춘 현대적 기계장비는 완전한 선형 위치를 달성하기 위한 품질의 중요한 인자이다. 오늘날 이 표준은 인력 방법으로는 더 이상 달성될 수 없다. 더욱이, 기계로 달성된 내구력은 인력 방법을 이용한 것보다 약 2~5 배 더 높으며, 따라서 더 긴 보수주기로 이끈다.

고속분기기의 선형을 보수하기 위하여 보선장비로 분기기 다짐작업을 할 때는 최소한 분기기 양단에서 50 m에 걸쳐 시행하며 안정화의 기울기조정은 이 구간 밖에서 한다. 고속분기기의 선형보수 후에는 작업 종료 이전에 분기기의 작동상태를 점검한다.

(2) 고기술 분기기 다짐기계의 개발

(가) 초기

Plasser & Theuler는 1962년에 최초의 분기기 다짐기계를 개발하였으며, WE 75는 경사지는 타인을 가지는, 횡 방향으로 움직일 수 있는 하나의 다짐 유닛을 장치하였으며, WE 275는 같은 형의 두 개의 다짐 유닛의 면 맞춤, 줄맞춤 및 다짐 기계 Plassermatic 275 SLC의 도입이 계속되었다. 이들 기계의 다짐 유닛은 여전히 캔틸레버 설계로 배치되었다.

1970년대 초기에 Plassermatic 07-275와 같은 07 시리즈 다짐기계의 도입과 함께 초기의 기계는 표준 철도차량 설계로 특징지었다. 더욱이, 그 이상의 개발은 Plassermatic 08-275의 구조로 이끌었으며, 1984년에 만능 다짐기계 Unimat 08-275가 초기 기계의 뒤를 이었다.

(나) 진보된 기계

현재 고용량과 고속 선로의 분기기는 거의 콘크리트 침목을 이용하고 있다. 재래 분기기 다짐기계로 콘크리트 침목을 양로할 때는 길이가 4 m나 되는 침목이 편심적으로 들려지기 때문에 긴 침목 지역의 체결장치에 너무 큰 응력이 발생한다. 콘크리트 침목과 무거운 레일단면의 사용에 기인한 분기기의 더 무거운 설계는 그 취급에 대한 추가의 처리를 필요로 한다. 긴 침목의 구간에서 그러한 분기기를 양로할 때, 체결장치에 대한 반력은 이미 그 항복 강도를 초과하고 있다. 그러므로, 분기선 궤도의 레일이 기준선 궤도의 레일과 동시에 양로되도록 추가의 양로 암(arm)이 기계에 설치된다. Unimat 08-275S의 이 추가 특징은 체결장치와 침목에 대한 과도한 응력을 피하도록 돕는다.

부가적인 양로를 가진 분기기 다짐기계 Unimat 08-275/3S는 1988년에 처음으로 작업에 들어갔으며, 양로 장치를 가진 텔레스코픽 암(telescopic arm)을 통하여 분기기 바깥 구간으로 분기선의 동시 양로를 허용하고, 따라서 양로 힘이 체결장치에 대하여 더 고르게 분포함을 허용한다. 달성된 종 방향 레벨을 확실히 유지하기 위하여 분기 구간은 약간의 위치에서 동력 다짐기계(power tamper)의 수단을 이용하여 인력으로 다져야만 한다.

(다) 3-레일 양로와 4-레일 다짐의 기계

3-레일 양로에 추가하여 4-레일 다짐은 분기기 보수의 품질에서 더욱 큰 개량을 가져 왔다. 만능 면 맞춤, 줄맞춤 및 다짐 기계 Unimat 08-475/4S의 탬핑 유닛은 4 부분으로 분리된다. 이 기계의 두드러진 특징은 4개의 경사 다짐 타인을 각각 갖춘 4 개의 다짐 유닛이며, 그 중 2 개의 장치는 기준선 궤도로부터 최대 3,300 mm까지 분기선 측 궤도를 동시에 다질 수 있는 텔레스코픽 암(telescopic arm)에 장치된다. 즉, 외측 부분은 탬핑 툴이 궤도 중심으로부터 3,200 mm의 거리에 도달할 수 있도록 텔레스코픽 암(telescopic arm)에 설치된다. 이것은 기준선 궤도와 분기선 궤도가 1회 진행으로 다져질 수 있게 하며, 기준선 궤도에 대하여 처음의 다짐 통과를 수행할 때 전체 포인트 장치가 충분히 지지된다. 긴 침목이 처음의 다짐 통과 범위 내에서 전체 길이에 걸쳐 다져지기 때문에 포인트가 기울어질 위험이 없다. 이 작업 방법은 3 개의 레일 양로로 분기기 전체의 궤도 안정을 확실하게 한다.

이들 유형의 기계는 분기기가 단지 중량의 콘크리트 침목 상에 부설되기 때문으로만 전개되지 않았으며, 일반적으로 보수작업 동안 허용할 수 없는 인장력을 피하고, 전체 품질을 개량하기 위한 것이다.

(라) 3-점 양로의 레이저 컨트롤

보통의 콘크리트침목 분기기에 사용된 "3-점 양로 시스템"에서의 제3 양로지점은 주요 양로 힘과 같은 장침목에 놓이지 않는다. 분기선에 대한 제3 양로지점도 또한 동시에 양로됨을 보장하도록 본 장비의 양로(리프팅)와 줄맞춤(라이닝) 측정 트롤리에 회전 레이저가 설치되어 있다. 이 회전 레이저는 통과(기준선)레일에서 분기기의 주요양로 평면에 평행한 레이저 평면을 발생시킨다. 레이저 수신기는 추가의 분기선 양로장치 위에 설치된다. 레이저는 추가 양로장치의 유압실린더에 작용하는 컨트롤 신호를 보낸다. 추가 양로클램프가 분기선을 레이저로 주어진 평면으로 이동시킬 때까지 실린더가 들어 올려 지거나 내려진다. 이것은 분기선 레일의 평면이 통과(기준선) 레일의 평면과 일치됨을 의미한다. 이것은 분기기의 고저를 유지하고 이 위치에서 분기기를 다지기 위한 것이다. 3점 양로로 분기기에서 감소된 응력에 관하여는 '선로의 설계와 관리' [220]을 참조하라.

(3) 일반 궤도와 분기기의 보수를 위한 단식 기계

(가) 기계의 개발

일반 선로용 면 맞춤, 줄맞춤 및 다짐 기계에 대한 연속작동 다짐기술(09 시리즈)의 1984년 도입 이후 분기기에 대하여 유사한 기술이 요구되어 왔으며, 이것은 특히 분기기의 기준선에 대한 보수가 단일 작업 통과로, 즉 일반적으로 교통 방해를 일으키는 불연속의 근원을 구성하는 임시 중간 작업 기울기가 없이 수행될 수 있도록 하기 위한 것이다. 게다가, 만능 다짐기계의 적용은 기계 수송의 비용을 상당히 감소시켰다.

Unimat 08 시리즈의 기계가 일반 궤도와 분기기에 대한 보편적인 적용에 관한 모든 요구 조건을 그들의 주기적인 방법을 충족시킬지라도 09 시리즈의 기계에 비하여 작업 속도의 감소를 일으키며, 그것은 고용량 선로에 대하여 결점으로 된다.

일반 궤도와 분기기용의 최초 연속작동 다짐기계 09-Supercat은 1989년에 개발되어 Canadian Pacific 철도에 공급되었다. 그리고, 1993년에 일반 궤도와 분기기의 연속작동 다짐으로 특징짓는, 따라서 고성능 분기기의 요구, 즉 동시의 3-레일 양로와 4-레일 다짐을 만족하는 세계 최초의 2 침목 다짐기계 Unimat 09-32/4S를 도입하게 되었다. 경사 타인이 있는 2 침목 다짐 유닛을 갖춘 기계는 청소 유닛을 설치할 수 있다.

이 분야의 또 다른 개발은 Unimat 09-16/4S이다. 이 기계도 연속작동 다짐원리에 따라 만들어지며, 3-레일 양로와 4-레일 다짐설비를 갖추고 있다. 다짐은 둘이 한 쌍으로 배치되어 독립적으로 경사질 수 있는 타인을 가진 단일 침목 다짐 유닛으로 수행된다. 이 설계의 이익은 만능 다짐 유닛과 연속작동 방법의 결합이다. 이 기계도 청소 유닛을 장치할 수 있다.

(나) 보수의 예

예를 들어, 하나의 크로스 오버 지점(콘크리트 침목 상에 부설된 UIC-60-1,200-1 : 18.5형의 4 분기기)을 포함하는 8 km 길이의 복선 궤도구간의 보수에 필요한 궤도 점유(선로 차단)는 사용된 방법에 좌우된다. 재래 방법은 일반 궤도와 분기기의 분리된 취급을 요구하는 반면에, Unimat 09-32/4S의 사용은 일반 궤도와 분기기의 동시 보수를 허용한다.

재래 방법{멀티플 타이 탬퍼 09-32 CSM, 레귤레이터 SSP 110, 궤도안정기 DGS 62N으로 구성되는 기계화 보수열차(MDZ)를 이용한 일반 궤도의 보수 및 Unimat 08-32/4S를 이용한 분기기의 분리된 보수} 은 궤도점유의 총기간이 20 시간임에 비하여, Unimat 09-32/4S를 사용하는 방법{Unimat 09-32/4S, 레귤레이터 USP 6,000, 동적 궤도안정기 DGS 62N으로 구성되는 기계화 보수열차(MDZ)를 이용한 일반 궤도와 분기기의 보수} 은 14 시간이다.

(4) 분기기 교체

현대적 분기기는 신중한 조립, 취급 및 설치를 필요로 하는 대단히 정밀한 장치이다. 가장 낮은 비용의 가장 좋은 조립 품질은 작업장 또는 선로변 조립장에서 달성된다. 분기기 수송차량 WTW는 전(全)주행속도로 작업장에서 부설 현장까지 전체 분기기 또는 분기기 궤광을 수송할 수 있다.

분기기 장치 전체를 부설하기 위하여 WM 시스템을 이용할 수 있다. 이 기계 장치는 보기(bogie) 위의 레일 위를 주행할 수 있고, 무한 궤도차(crawler) 위의 궤도에 내릴 수 있다. 이것은 분기기를 빠르게 갱신할 수 있게 할뿐만 아니라 분기기의 어떠한 부분의 과대 응력이라도 피하도록 분기기 전체 길이에 걸쳐 다수의 양로 지점에서 지탱함에 따라 설치 과정 동안 조심성이 있는 취급을 보장한다.

(5) 요약

견고한 구조에 부가하여 투수성이고 견고한 도상 자갈 층, 잘 죄어진 체결장치, 완전한 선형뿐만 아니라 고르게 다져진 침목은 모두 분기기의 영업수명의 연신에 기여한다. 구조의 결함 또는 선형의 아주 하찮은 틀림조차 선형의 그 이상의 파괴와 그 후의 시기상조의 마모로 이끌게 되는 동적 힘의 발생으로 귀착될 수 있다.

분기기의 지연 보수는 상당한 후속 비용의 원인이다. 시기에 알맞게 현대적 분기기 다짐기계를 사용하는 체계적인 보수는 오늘날 분기기 경제성의 이상적인 형이다. 절약은 ① 20~30 %만큼의 영업수명의 연장, ② 속도제한의 제거에 따른 운전장애 비용의 감소 ; 궤도작업으로 인한 영업 방해의 감소, ③ 인력작업의 실질적인 감소에 따른 전체 비용의 감소, ④ 보수주기의 연신, ⑤ 동적 힘의 감소 등에 따른 차량 마모의 감소으로부터 달성된다.

기계화 보수에 요구된 투자는 열등하게 보수된 분기기의 고유 비용보다 훨씬 더 낮다.

7.3.5 도상 클리닝과 도상 갱신 및 노반관리

(1) 개요

도상 클리닝(cleaning)과 도상 갱신(renewal)은 비용이 많이 들고 교통을 크게 방해하는 작업이며 시간소비가 크다. 그러므로, 이들 작업은 우연히 착수되지 않는다. 도상 면에 대한 미세 물질의 존재는 많은 원인으로부터 생긴다. 그 예는 다음과 같다.

① 피복 층(blanket layer)을 포함하는 궤도기초 갱신이 필요한 국지적 표층노반 파손으로부터의 분니(墳泥, material pumping)로 인하여 오염된 도상

② 도상갱신이 필요하게 되는 마모된 도상

③ 도상 클리닝이 필요하게 되는 화차에서 떨어짐으로 인하여 오염된 도상

채택하기 위한 정확한 사정은 노반을 포함하는 궤도기초 재료의 시험에 의거하여 안전하게 행할 수 있다. 그러한 시험은 관례적으로 일련의 궤도횡단 트랜치(trench)에서 수행되어 왔다. 뚫은 구멍의 시굴은 보링 기계에 따른 교통 방해를 피하기 위하여 그 사용을 제한함이 필요할지라도 대안의 방법을 마련한다.

(2) 밸러스트 클리너

(가) 기계 개념

도상 클리닝 기계(밸러스트 클리너)는 처음부터 유압(油壓)을 적용하였다. 다른 추진 기술과 비교하여 유압은 작동에 큰 신뢰성이 있다. 유압 모터는 중량/출력 비도 우수하다. 굴착 장치와 컨베이어 벨트는 파손이 없이 더 높은 연속 출력으로 작업할 수 있다.

밸러스트 클리너의 구동 엔진은 기계가 작업 모드와 이동 모드 양쪽에서 자체 중량의 몇 배를 견인할 수 있다. 그러므로, 굴착 폐기물 취급 유닛과 부수 차량을 결합하여 작업 운전하거나 이동 주행 시에도 자체 운전에 의한다.

기계 설계는 실제 작용의 요구 조건에 이상적으로 적응된다. 기하 구조적으로 정확한 방식으로 궤광 아래에서 도상 굴착 체인이 시공 기면에 도달한다. 다층(多層) 스크린 유닛은 스크린 각도, 체 크기, 진동에 관하여 최적화되며, 초과 크기의 자갈 분리장치를 갖추고 있다. 미세 입자의 분리에 관하여는 클리닝된 자갈의 품질이 새 자갈의 품질보다 때때로 더 높다. 도상자갈의 복귀는 굴착 체인 바로 뒤에서, 또는 더 멀리에서 복귀한다. 클리

닝된 궤도에서 굴착 폐기물의 흘림이 없도록 굴착 폐기물은 전방으로 운반된다.

분기기에서도 밸러스트 클리너(RM76U 및 RM80U)를 사용하여 굴착 바(cutter bar)를 넓힘으로써 1회의 작업으로 클리닝될 수 있다. 더욱이, 모래 피복 층, 지오신세틱(geosynthetic)의 부설, 격리 슬래브 및 시멘트 안정화와 같이 잘 알려진 복구 방법은 적합한 액세서리를 가지고 수행될 수 있다. 작업을 컨트롤하고, 작업 결과를 기록할 수 있는 장치가 개발되었다. 여기에서 설명하지 않는 상세는 문헌[236]을 참조하기 바란다.

(나) 밸러스트 클리너의 작업

궤광을 지지하는 도상은 더럽게 오염될 것이며, 오염된 도상은 자갈치기하거나 가능하다면 교환되어야만 할 것이다. 밸러스트 클리너는 이 목적을 위하여 궤도에서 사용되는 기계이다. 이 기계는 궤광 아래를 통과하는 무한 굴착체인을 장치한다. 밸러스트 클리너가 앞으로 이동함에 따라 굴착체인은 궤광 아래의 도상을 제거하여 토사를 분리하는 진동 스크린으로 운반한다. 토사는 선로 측면으로 버려지거나 후속의 처리를 위하여 스포일 화차(spoil wagon)로 운반된다.

도상 클리닝 동안 기존의 어떠한 표층도 부주의하여 제거되거나 손상되지 않도록 주의하여야 한다. 또한, 클리닝되는 동안 도상 내의 집수가 굴착 면을 가로질러 궤도 측면의 배수 시스템으로 자유로이 흐를 수 있음을 굴착 면의 폭과 경사가 보장하도록 주의하여야 한다.

도상 클리닝의 기능은 이상적인 기하 구조적으로 평탄한 압밀 보조도상 층(sub-ballast)의 굴착 면상에 놓여지는 균일한 압밀의 상태로 클리닝 도상의 균일한 깊이를 마련하는 것이다. 그러한 도상 층은 장래의 보수를 최소로 요구하는 높은 선형품질의 안정된 궤도를 만들도록 후속의 교통하중을 받아 균일하게 압밀됨의 가장 좋은 기회를 준다.

불행하게도 관례적인 방식으로 사용된 밸러스트 클리너의 굴착 바는 기하 구조적으로 평탄한 압밀 보조도상 층의 표면이 되도록 굴착할 수가 없었다. 굴착 바가 일반적으로 기계의 대차 아래의 일정한 깊이에서 전방과 후방의 보기 사이의 위치에 장치되므로 굴착 깊이는 전방과 후방 보기의 수직 이동에 영향을 받는다. 후방 보기의 수직 이동에는 후방 보기 아래의 궤도를 지지하는 되돌려진 클리닝된 자갈의 양과 분배의 변동에서 생기는 굴착 바 뒤의 궤도선형 변동의 결과로서 일어난다. 굴착 깊이의 고르지 못함은 조작자가 참조할 수 있는 기준의 부족에 기인하며, 굴착 깊이를 과도하게 정정하는 조작자에도 기인한다. 이 경향은 **그림 7.3.33**에서 침목 번호 260 부근에 잘 도해되어 있다.

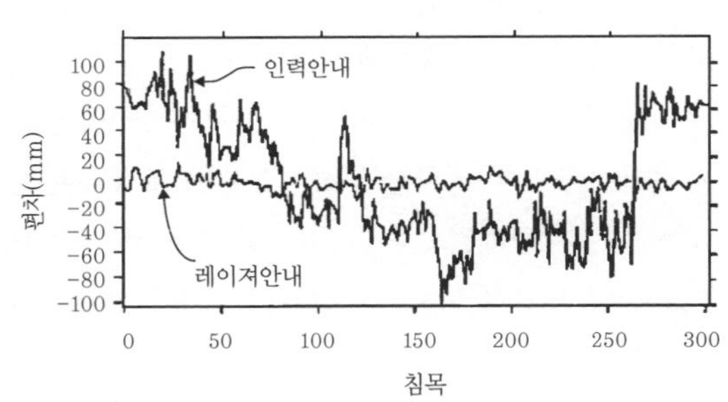

그림 7.3.33 인력과 레이저 안내에 따른 굴착 면 거칠기의 비교

기하 구조적으로 평탄한 굴착 면을 달성하는 일은 대단히 중요하며, 그러한 견지에서 밸러스트 클리너의 후방 보기에서 바람직하지 않은 피드 백을 극복하게 될 대안의 기준을 가진 굴착 바를 마련하는 것이 필요하다.

(3) 진보된 도상 클리닝 시스템

(가) 고용량 밸러스트 클리너

단일차량 밸러스트 클리너는 스크린 장치의 최대 가능 크기, 특히 폭에 따라 제한되는 약 600 m^3/h의 용량

제한을 가진다. 때때로 요구되어 온 더 높은 작업량은 곧 비현실적으로 되었다. 더 높은 요구에 대하여 RM 800 기계 시스템이 개발되었다. 둘 이상의 차량으로 구성되는 이들 기계는 800 내지 1,000 m^3/h의 작업량을 달성할 수 있는 두 개의 스크린 유닛과 큰 치수의 도상 굴착 체인을 가진다.

RM 802는 미국의 Burlington Northern에서의 운영을 위하여 1995년에 인도되었다. 이 기계는 1,000 m^3/h의 용량을 가졌으며, 오스트리아에서의 처음의 시험에서 시간당 700 m를 이미 수행하였다. 기계의 특징은 굴착 체인 직후에 새 도상을 공급하는 능력이다. 도상은 MFS 컨베이어와 호퍼 카로 공급된다.

(나) 도상 굴착의 품질 시스템

도상이 클리닝될 때 노반은 횡과 종 방향에서 완전한 선형으로 구성되어야 한다. 완전하고 똑바른 도상을 산출하기 위하여 도상 클리닝 기계는 굴착 체인에 횡 굴착 바를 갖추었다. 굴착 바는 수평과 수직으로 위치한 유압 실린더로 선회되며, 요구된 굴착 깊이를 정확하게 적용할 수 있고, 조작자 좌석에서 작업 동안 조정되거나 컨트롤될 수 있다. 굴착 유니트는 한 번의 작업으로 완전한 노반이 산출되도록 설계된다.

○ 클리닝 중의 측정

고품질 굴착의 요구조건을 적합시키기 위하여 도상 클리닝 기계는 굴착 깊이의 횡 기울기에 관하여 굴착 체인의 자동 안내를 수행하여야 한다. 기계의 내부 측정장치와 디스플레이는 첫째로 굴착 체인의 정확한 세팅을 허용한다. 외부 참조로서 레이저 컨트롤 유닛과 참조 선은 종 방향 레벨에서 체인을 정확하게 안내하기 위하여 사용될 수 있다.

노반 표면의 형상은 도상 작업 후에 더 이상 볼 수 없으므로 차상 레코더로 품질을 상세히 기록하는 것이 중요하다. 정확한 품질 점검은 굴착 깊이, 시공 기면 횡 기울기, 클리닝된 궤도와 구궤도의 캔트, 클리닝된 궤도의 트위스트, 궤도 높이와 궤도 침하의 파라미터로부터 얻을 수 있다.

(4) 궤도 밖에서의 도상 자갈 치기 및 폐기물 적재 시스템

(가) 궤도 밖에서의 도상 자갈 치기

궤광 아래의 도상을 전체적으로 제거할 필요가 때때로 생기며, 예를 들어 도상이 과도하게 오염되었을 때 또는 피복 층 설치작업의 일부로서 생긴다. 새 도상자갈의 경제적 공급이 부족한 결과로서 일반적으로 버려지고 새 자갈로 교체하게 되는 도상자갈의 재생 이용에 대한 관심이 높아지고 있다. 그러한 작업에서 밸러스트 클리너는 도상을 굴착하여 특수화차의 열차, 즉 들어올리는 컨베이어에 내부 연결되는 컨베이어 벨트의 형으로 바닥이 있는 유형의 화차에 실려진다. 따라서, 그러한 화차의 열차를 이용하여 재료를 멀리 수송하는 것이 가능하다.

일단, 도상의 굴착이 완료되면, 컨베이어/호퍼 화차는 굴착된 재료가 밸러스트 클리닝 유닛으로 하화되는 측선으로 이동된다. 도상자갈과 토사는 각각 재사용과 폐기를 위하여 유사한 형의 화차로 편성된 열차에 적재된다.

(나) 폐기물 적재 시스템

도상 클리닝은 오염의 정도와 굴착의 깊이에 좌우되어 궤도 m당 0.4~1.4 m^3의 굴착 폐기물을 산출한다. 궤도 바로 옆에 굴착 폐기물을 둘 가능성은 점차 드물게 되어 가며, 절토 구간에서 작업할 때는 굴착 폐기물을 저장하는 용량을 가지는 것이 종종 요구된다. 그러므로, 도상 클리닝 시스템은 효과적인 저장, 적재와 내리기 시스템을 포함하는 것이 필요하다.

효과적인 저장 취급은 재료 컨베이어 호퍼 유닛 MFS40으로 독일에서 처음으로 실행되었다. 이 시스템은 현재 실질적인 절약을 가져오며, 세계적으로 많은 철도에 보급되었다. 다른 시스템과 비교하여 특별한 장점은 ① 높은 하중용량, ② 유닛을 통한 재료의 운반 및 가득 찬 화차의 재료를 다음의 화차로 옮기는 능력, ③ 화물 자동차, 또는 다른 화차 앞으로, 측면으로 또는 위로 각 화차의 독자적인 내리기 등이다.

MFS 유닛은 궤도의 측면으로 재료를 버릴 기회가 더욱 적게 되어 감에 따라 필요 불가결하게 되어 가고 있다. 새로운 MFS 60과 100형 기계는 더욱 더 편리하다. 3개 또는 4개의 차축 보기를 가진 한 화차의 적재 능력은 표준 기계의 거의 2배이다.

(5) 부분 밸러스트 클리닝

어깨 도상을 클리닝함은 궤도를 지지하는 도상의 배수를 완성할 것이다. 도상어깨가 유효하도록 하기 위하여 배수되고 있는 도상 층의 바닥까지 클리닝하여야 한다. 또한, 클리닝은 클리닝되지 않은 도상의 댐(dam)을 남기는 것을 피하기 위하여 도상 물매까지 확장되어야만 한다. 어깨 도상을 클리닝함은 침목 사이와 침목 아래의 도상 공극으로부터 미세한 이동을 허용함으로써, 따라서 완전 굴착/클리닝이 요구될 때까지 시간을 늘림으로써 도상 수명을 주기적으로 늘릴 수 있다. 어깨도상을 클리닝한 것과 클리닝하지 않은 궤광 아래 도상을 남기는 것은 궤광을 지지하는 도상의 배수와 탄성 성질이 적합할 때만 추천될 수 있다.

(6) 노반상태의 측정과 시공기면 보호 층의 삽입

(가) 노반상태의 측정

궤도에 영향을 미치는 노반의 결함은 항상 노반결함으로서 인지하게 되지 않고 궤도틀림으로서 인지하게 된다. 그러나 철도선로에서 궤도선형의 안정성은 궤도 상태뿐만 아니라 노반의 품질에도 좌우된다. 예를 들어, 궤도검측차에 따른 궤도상태의 기록 이외에 궤도 아래 지지시스템(노반)의 상태를 기록하고 평가하는 것도 또한 필요하다. 유럽에서 궤도 지지시스템의 검사는 ① 지오레이더로 수행하는 '전반검사' 와 ② 시험 보링(bore)이나 시험 피트(pit)를 사용하는 '상세검사' 의 분리된 2 단계로 수행한다.

(나) 시공기면 보호 층의 삽입

유럽에서의 노반복구는 모래-자갈 혼합물로 이루어진 시공기면 보호 층을 삽입함으로써 수행된다. 재래의 작업방법에 비하여, 오늘날 이용할 수 있는 충분히 자동화되고 입증된 장비의 시스템은 한 궤도만을 점유하고, 영향을 받지 않은 작업지역에서 정확한 종단과 횡단 선형으로 궤도 시공기면을 형성하며 그것을 정리하고 압밀한다. PM200-2R, SVV100, 및 AHM 800R과 RPM2002는 궤도 시공기면을 높은 품질로 복구할 뿐만 아니라 비용을 절감하는 도상자갈 재생이용(리사이클링)을 수행하도록 허용한다. 이들의 장비는 개량된 필터효과, 배수 및 개량된 지지력 이외에도 짜지 않은(부직) 재료, 지오그리드와 같은 지질기술 플라스틱을 삽입한다. 오늘날 현존하는 시공기면 복구 장비는 동일 작업으로 지오텍스타일을 삽입한다.

7.3.6 밸러스트 레귤레이터

수평면에서 궤도의 안정성(安定性, stability)은 침목 레벨의 상부까지 도상으로 채워지고 있는 침목과 정확하게 형성되어 있는 도상어깨 사이의 공간에 크게 좌우될 것이다.

정확한 도상단면의 형성과 후속의 보수는 도상분배 및 정리기계(밸러스트 레귤레이터)로 가장 좋게 수행된다. 이 기계는 ① 궤도단면의 어떠한 부분까지도 현존의 도상을 이동시키고, ② 침목 레벨의 상부에 이르기까지 침목간의 공간을 도상으로 채우며, ③ 침목의 상면에 있는 잔여 자갈을 브러시로 털어 내고, ④ 도상어깨를 어떤 바람직한 횡단면 형상으로 형성할 수 있다. 밸러스트 레귤레이터(ballast regulator)의 일부 모델은 잉여의 도상을 수집하여 호퍼에 저장하고, 궤도에 따른 지점에 살포하여 재분배할 수 있다. 도상자갈의 공급이 점점 부족하여지고 있으므로 그러한 기계의 사용이 증가할 것이다.

7.3.7 진공 굴착기 및 기타 장비

재래 궤도는 보수가 항상 용이하도록 건설되어 있지 않으며, 적어도 기계화 보수가 고려되어 있지 않으므로, 즉 대부분의 선로가 비용 효과적이고 기계화된 궤도보수가 시행되기 이전에 계획되고 부설되었기 때문에, 노동집약적으로 시간과 비용이 많이 드는 인력노동의 의존도가 높다. 만일, 표면 수를 배수하기 위한 배수구가 막히고 잡초와 부식토의 층을 통하여 사용할 수 없게 되면, 장기간 그 임무를 다하지 못한다. 특히, 지방의 선로나 터널구간에서 선로의 특별한 조건에서는 선로를 기계화 보수하기가 어려운 경우가 많다.

그러므로, 인력 작업에 대한 대안으로 진공 굴착기(vacuum scraper–excavator)의 기술적, 경제적 필요가 존재한다.

기존의 굴착식 밸러스트 클리너는 굴착 체인(excavation chain)을 설치하기 위한 폭(RM 76 UHR의 경우, 3910 mm)이 필요하므로, 선로 폭이 좁은 터널, 고상 플랫폼 간에서는 작업이 곤란하다. 또한, 굴착 작업장치의 형태상 구조물 전후, 분기기, 크로싱에서의 작업도 곤란하다. 굴착 깊이에 장애물(호박 돌, 폐침목 등)이 있을 경우에도 작업의 진행에 방해를 받게 되며, 심한 경우에는 커터 바(cutter bar)의 설치를 위한 구덩이를 추가로 파야 한다. 이와 같이 굴착식 밸러스트 클리너가 작업하기 곤란한 개소에 사용하기 위하여 국철에서는 흡입식 클리너(VM 250)를 1998년에 도입하여 운용 중에 있다.

분진 흡입차(track cleaning vehicle)는 도상, 침목 및 레일 등을 청소하는 장비로서 일반 자동차에 철도용 특수 차륜이 구비되어 있어 궤도에서 운행이 가능하며 현재 고속철도에서 이용하고 있다.

지하철에서 이용하는 고압살수차는 지하철터널의 벽과 바닥, 선로에 붙어있는 먼지를 300~950 bar(1 bar =1.019716 kg/㎠)의 초고압으로 물을 분사해 세척한다. 또한, 공기 중에 떠다니는 분진을 제거하기 위해 물을 10~20 ㎛ 크기의 입자로 터널공간에 250 bar의 압력으로 분사하여 미세먼지를 물 입자에 흡착시켜 제거한다.

7.3.8 궤도 내 용접

프라사 회사는 1995년에 새로운 시리즈인 가동 레일 용접기계 시리즈 APT 500을 발매하였다. 가동 플래시 버트 용접기계는 ① 용접 작업의 마이크로 프로세서 컨트롤, ② 레일 단부의 정확한 클램핑과 정렬 , ③ 각 용접의 기록, ④ 통합된 절단 장치, ⑤ 고합금 레일의 전기적 후열, ⑥ 두부경화 레일의 공기 냉각(quenching), ⑦

통합된 유압 레일 긴장장치(선택) 등의 지난 20년간의 개발을 포함한다.

기계는 여러 가지 설계로 구성된다 ; 4차축 철도, 2통로 철도/도로 트럭, 표준 크기의 언더 프레임을 가진 컨테이너. 하나의 2통로 시스템은 근래에 동일본 철도에 도입되었으며, 현재 신칸센에서 작업되고 있다.

Super Stretch APT 500S를 가진 궤도 내 용접기의 개발은 장대레일 용접을 위한 요구 조건을 만족시킨다. "Super Stretch"는 용접기계에 통합된 유압 레일 긴장기이다. 120 tf에 이르기까지 큰 장력이 레일에 전달될 수 있다. 저온에서 용접할 때 장대레일은 요구된 대로 당겨져야 하며, 그 다음에 종 방향 인장 하에서 플래시 버트 용접 헤드로서 용접된다. 긴장기와 용접헤드의 종 방향 이동은 기계의 마이크로 프로세서로 동시에 수행된다. 특히, 용접 품질을 위하여 상당히 중요한 충격 압력은 이 컨트롤로 완전하게 수행된다. 이 시스템은 미국의 철도회사에서 사용되고 있다.

7.3.9 기계화 보선의 결론

보선기계(track maintenance equipment)의 개발은 열차 교통의 방해를 최소화함을 의미하는 높은 작업성을 의미할 뿐만 아니라 ① 오래 지속하는 작업 결과, ② 궤도재료에 대한 최소 스트레인, ③ 궤도재료의 더 긴 사용 수명, 그리고 이들에 따라 ④ 궤도에 대한 궤도의 최적 이용 및 그에 따른 수입 증가의 기회 등과 같이 실질적인 작업의 품질을 높인다.

7.4 장대레일의 관리

7.4.1 장대레일의 정비

(1) 설정 온도의 제한

보선작업지침에서는 재설정 작업을 위한 공통사항을 다음과 같이 정하고 있다.

① 재설정 온도는 일반구간에서 25 ℃±3 ℃ 즉 22 ℃ 내지 28 ℃(이상적 온도는 25 ℃)이다. 다만, 터널에의 재설정 온도는 터널 시종점으로부터 100 m구간은 일반 구간과 같이 하고 그 내방에서는 10 ℃ 내지 20 ℃(이상적 온도 15 ℃)이다.

② 어떠한 방법을 택하든 또는 장대레일의 길이가 얼마이든 간에 한번에 재설정하는 길이는 1,200 m 내외를 원칙으로 한다.

③ 장대레일이 일반(노천)구간과 터널구간에 걸쳐있는 경우의 재설정은 일반 구간을 먼저 시행한 후에 터널구간을 시행한다.

④ 재설정 계획구간에 대하여는 궤도강도의 강화와 균질화를 위하여 되도록 사전에 1종 기계작업(MTT다짐과 안정화 작업)을 시행토록 한다.

⑤ 재설정 계획구간은 불량침목이나 불량체결장치를 교환 정비한다.

⑥ 분니개소, 뜬 침목, 직각틀림이 있는 침목은 사전에 조치한다.

⑦ 재설정 계획구간 내의 건널목, 구교 등은 미리 보수 정비한다.

⑧ 재설정구간의 전후에 정척(定尺) 레일이 인접하고 있는 경우에는 그 유간 상태를 조사하여 필요할 경우에 유간 정리를 한다.

⑨ 재설정 작업시 레일이 늘어남을 돕기 위하여 레일과 침목 사이에 삽입하는 롤러(roller)는 직경 15 m 이상 20 mm 이내의 강관을 길이 120 mm로 절단하여 다듬은 것으로 한다.

⑩ 롤러의 삽입 간격은 침목 6개 내지 10개 마다로 하고 삽입할 침목에는 미리 백색 페인트로 표시를 해둔다.

그리고 보선작업지침에서는 장대레일을 재설정(再說定, resetting)하는 방법으로서 1) 대기온도법 2) 레일 가열법 3) 레일 인장법을 열거하고 있다.

1) 대기온도법 : 기온(氣溫)이 장대레일의 재설정온도(25 ℃ 내지 28 ℃)에 이르렀을 때를 택하여 재설정을 계획한 구간의 레일 체결장치를 해체하고 떡메 등으로 레일을 타격 · 충격을 주어 자유 신축으로 내부 축응력을 해소하는 방법이다.

2) 레일 가열법 : 이 방법은 재설정용으로 특수 제작된 프로판 가스 또는 아세틸렌가스를 사용하는 레일 가열기를 모타카로 서행 견인하면서 레일을 재설정 온도로 가열하면서 자유 신축시켜 레일의 내부 축응력을 해소하는 방법이다. 이 방법은 레일을 인위적으로 가열하는 것만 다를 뿐 나머지 그 전후 순서와 방법은 위의 대기온도법과 동일하게 진행된다. 그러나 이 방법은 장대레일의 길이가 길 경우 이미 가열하고 지나온 부분의 냉각으로 축응력 분포가 불균등하게 되며 또한 많은 작업원이 소요되는 등의 단점 때문에 근래에는 다음의 3)항에서 설명하는 레일 인장법의 등장으로 사용빈도가 줄어들고 있다.

3) 레일 인장법 : 재설정할 레일을 중간부에서 절단하고{(장대레일의 길이가 대략 1,500 m 이내로서 양단의 신축이음매(EJ)가 설치되어 있는 경우에는 중간절단 없이 한 번의 재설정으로 한다)} 레일 인장기(rail tensor)로 재설정시의 레일온도와 설정(부설)시의 온도와의 차만큼의 힘으로 레일을 강제 인장하여 축응력을 재설정 온도 범위로 해소시키는 방법이다. 이 방법은 가열법에서와 같은 축응력의 불균형이나 작업원의 과다소요 등으로 인한 단점을 해소하고 특히 근대 철도에서 무한장(無限長) 장대레일의 재설정에 적합한 방법으로 알려져 있다.

(나) 설정온도의 하한과 상한

설정온도는 하기에 고온이 되어도 장출(張出, track deformation (or warping, snaking)하지 않을 것, 동기에 저온이 되어도 레일이 파단(破斷, breakage)되지 않는 조건으로 하여 "예상되는 최고 레일온도보다 어떤 정해진 온도차만큼 낮은 온도를 하한(下限)" (설정온도의 하한)으로 하고, 더욱이 "예상되는 최저 레일온도보다 어떤 정해진 온도차만큼 높은 온도를 상한(上限)" (설정온도의 상한)으로 하는 온도 범위에 들도록 제한할 필요가 있다(**그림 5.7.14** 참조).

1) 설정온도의 하한 값

장대레일의 궤도틀림을 고려한 온도상승과 궤도의 횡 방향 변위는 제5장의 **그림 5.7.30**에 나타낸 관계가 알려져 있다. 곡선반경이 600 m 이상인 경우에 대하여 KS60 레일에서는 도상 횡 저항력의 기준치가 500 kgf/m인 것에 대하여 70 %가 유효하게 작용하는 것으로 하여 최저 좌굴 강도에 대한 온도 변화는 42 ℃로 된다. 이것에 안전율 1.2를 고려하면 35 ℃로 된다(**그림 7.4.1**).

조건		내용
선형		직선
좌굴 파형		제2파형
레일 (단면적)		KS60 (77.5 cm²)
최종 도상 횡 저항력		g = 500 kgf/m 및 350 kgf/m
도상 횡 저항력 초기특성계수		a = 0.1 cm
도상 종 저항력		r = 600 kgf/m
레일체결장치 회전저항모멘트		τ = 600 kgf · cm
초기 줄 틀림	최대 틀림 량	c = 1.3 cm
	틀림 파장	l = 15 m

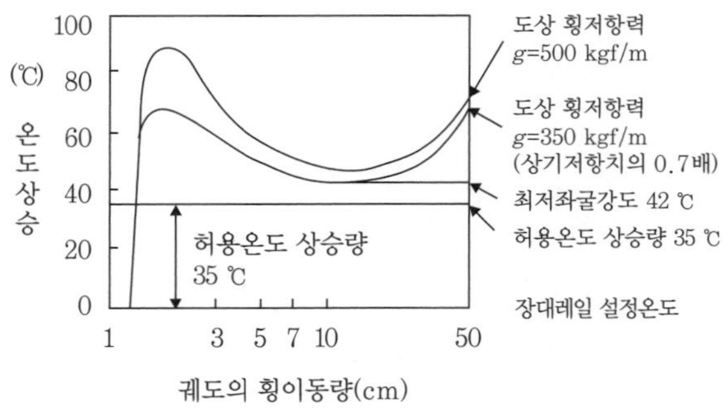

그림 7.4.1 60 장대레일 궤도의 좌굴 강도

2) 설정온도의 상한 값

동계의 저온 시에는 레일온도가 설정온도로부터 저하하는 분에 상당하는 인장 축력이 레일에 작용한다. 이 인장 축력에 대하여 레일이 파단하지 않아야 한다. 또한, 만일 파단한 경우에는 인장 축력으로 인하여 파단부가 개구하며, 이 벌어짐 량은 설정온도로부터의 온도차가 클수록 증대하는 것으로 되지만, 열차의 주행 안정성이 확보되어야만 한다.

설정온도로부터 예상되는 최저 레일온도의 차를 50 ℃로 하면, 온도 변화에 대한 인장 축력이 12 kgf/mm², 열차 하중으로 인한 레일 저부의 인장 응력은 하중조건(기관차, 속도 100 km/h), 궤도조건(50N 레일, PC침목 38 개/ 25 m, 깬 자갈 도상 두께 250 mm)에 따라 11.4 kgf/mm²로 되어 레일의 피로 강도에 대하여 충분히 여유가 있다. 또한, 자갈궤도의 도상 종 저항력을 800 kgf/m로 하면 파단부의 벌어짐 량은 50N 레일에 대하여 55 mm, KS60 레일에 대하여 66 mm이며, 벌어짐 량의 한도 70 mm에 여유가 있어 50 ℃로 하여도 지장이 없다. 그러나 슬래브 궤도 등의 종 저항력은 500 kgf/m 정도로 자갈궤도에 비하여 작기 때문에 파단 시의의 벌어짐량이 크게 되는 것을 고려하여 40 ℃로 낮추어야 한다.

(2) 도상 횡 저항력의 확보

(가) 도상 횡 저항력의 기준

도상 횡 저항력은 궤도의 좌굴을 방지하는데 가장 효과가 크므로 소정의 크기 이상으로 확보할 필요가 있다. 일반철도에서 곡선반경이 600 m 이상인 궤도에 대하여 1 레일당의 도상 횡 저항력은 500 kgf/m로 하고 있다. 곡선반경이 600 m 미만인 급곡선의 경우에는 **그림 7.4.2**에 나타낸 것처럼 곡선반경이 작을수록 좌굴에 대한 여유가 작게 된다 (제7.4.2(1)항 참조).

도상 횡 저항력의 측정에서는 도상저항 측정기를 사용하여 침목 1 개의 값을 측정하지만, 이 경우에 침목의 이동 량이 2 mm일 때의 압력치를 이용한다. 또한, 측정은 연속한 침목을 피하여 3~5 개에 1 개의 비율로 행하여 3 개 이상의 평균치를 취하며, 1 레일당 · 1 m당으로 환산한다. 더욱이, 측정한 침목은 원래대로 복구하여 잘 다져 둔다. 침목 1 개의 측정치를 환산하는 경우에는 다음 식을 이용한다.

$g = P \times n / 20$ 또는 $g = P / 2a$

계산 조건

조건	KS60 레일	50N 레일
선형	곡선	곡선
좌굴 파형	제1 파형	제1 파형
최종 도상 횡 저항력	g_o = 500 kgf/m	g_o = 500 kgf/m
도상 횡 저항력 초기특성계수	a = 0.1 cm	a = 0.1 cm
도상 종 저항력	r = 500 kgf/m · cm	r = 500 kgf/m · cm
레일체결장치 회전저항모멘트	τ_0 = 10 kgf	τ_0 = 10 kgf
초기 줄 틀림 최대 틀림 량	c_0 = 2 cm	c_0 = 2 cm
틀림 파장	$2l_o$ = 10 m	$2l_o$ = 10 m

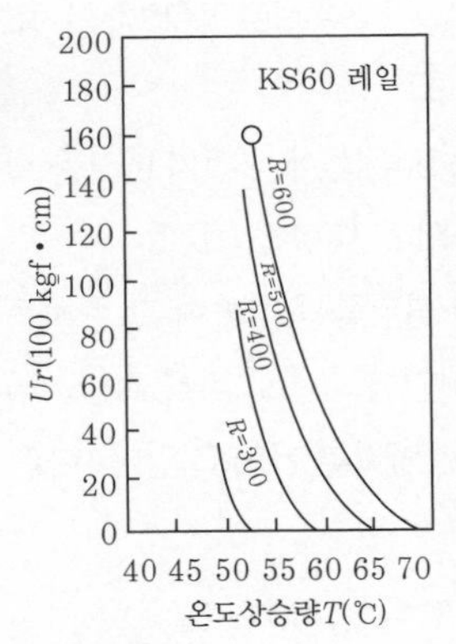

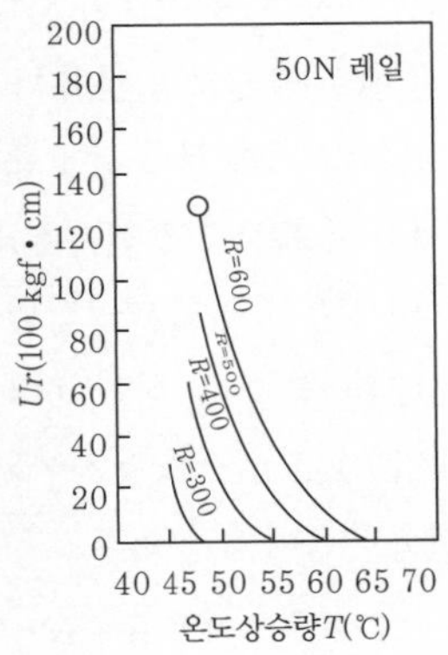

그림 7.4.2 곡선반경과 좌굴 에너지의 관계

여기서, g : 도상 횡 저항력 (kgf/m/레일), P : 침목 1 개의 측정치 (kgf/개), n : 10 m당의 침목 개수, a : 침목배치간격(m)

(나) 도상 횡 저항력의 증가 방법

제5.7.4항에서 일반 구간에 대하여 언급하였지만, 도상 어깨 폭이 좁게 되면 소정의 도상 횡 저항력을 확보할 수 없기 때문에 깬 자갈을 보충하고, 긁어 올려 450 mm 이상(고속철도는 500 mm)으로 할 필요가 있다. 콤팩터를 이용한 달고 다짐으로 1~1.5 할의 증가를 기대할 수 있다. DTS의 사용은 매우 효과적이다(제7.3.3항 참조). 일반철도의 장대레일 구간은 도상어깨에 대하여 10 cm 더 돋기를 하고 있다. 고속철도에서는 ① 장대레일 신축 이음매 전후 100 m 이상의 구간, ② 교량 및 교량 전후 50 m 이상의 구간, ③ 분기기 전후 50 m 이상의 구간 등의 개소에서 도상어깨 상면으로부터 10 cm 이상 더 돋기를 하고 있다.

한편, 교대 뒤, 급곡선 및 분기기의 일체화에서 포인트 선단부 등, 도상 횡 저항력의 확보가 곤란한 개소에 대하여는 좌굴 방지 판을 이용하든지, 1972년에 오스트리아에서 제안된 익부(翼付, wing) 침목을 이용하여 도상 횡 저항력을 확보할 수 있다. 또한, 도상 안정제 등은 도상 횡 저항력을 증가시키는데 유효하다.

(3) 복진 방지대책

장대레일은 체결장치의 보수가 정상적으로 행하여지지 않으면 복진{匐進, rail creepage (or creeping)}이 생기지만, 기울기 구간이나 제동구간에서 복진이 보이는 일이 있다. 특히, 레일 체결장치의 보수가 나쁜 경우에는 복진이 조장되며, 또한 장대레일이 이상(異常)으로 신축하여 설정온도가 흐트러지면, 축력에 분산이 생겨 축력이 집중한 개소에서 장출(張出)의 위험이 생긴다. 또한, 신축 이음매의 스트로크가 부족한 것으로 된다. 더욱이, 신축 이음매에서의 궤간 축소, 궤간 확대의 원인으로 된다. 장대레일의 복진이나 이상 신축을 방지하기 위해서는 체결장치를 정비할 필요가 있다. 그래도 복진을 방지할 수 없는 경우에는 부동 구간에 안티 클리퍼 설치 등의 대책을 행한다.

(4) 신축 이음매의 관리

이하에서는 스트로크의 관리에 대하여 일반적인 예로서 50N 레일용 재래형 신축 이음매를 중심으로 설명한다. 고속선로용 신축이음매는 《고속선로의 관리》를 참조하라.

(가) 부설 상태와 펀치 마크

신축 이음매 부설 시에 중위(中位)에서 펀치 마크를 설정한 때를 고려하면 **그림 7.4.3**과 같은 상태가 고려된다.

(나) 스트로크(겹친 부분)의 표시 방법

이 경우에 펀치 마크간의 거리를 측정하여 그 수치로 기준과 비교하여 판정한다. 50N 레일용 재래형 신축 이음매를 기준으로 하면, 텅레일이 좌우로 각각 62.5 mm씩 움직이는 범위를 가지며, 동시에 이동레일도 좌우로 각각 62.5 mm씩 움직이는 범위를 가지고 있다. 따라서 텅레일, 이동레일이 각각 62.5 mm씩 압입된 경우에 신축 이음매의 전장은

$$7{,}260 - (62.5 + 62.5) = 7{,}260 - 125$$

으로 된다. 그러므로, 스트로크의 표시는 전장에 대하여 ±125 mm까지 변화할 수 있는 경우를 지금 현재 $-a$ mm로 표시하고, 한계의 치수와 비교하여 제3자가 보아도 즉석에서 판단할 수 있는 표시로 통일하는 것도 중요하다.

(다) 스트로크를 표시할 때 부호를 붙이는 방법

스트로크를 표시할 때 부호를 붙이는 방법은 텅레일과 이동레일이 겹친 부분이 증가하는 방향으로 작용한 경우를 + (플러스), 역으로 텅레일과 이동레일이 겹친 부분이 감소하는 방향으로 작용한 경우를 − (마이너스)로 표시하는 것으로 하며, 설계도를 기준으로 고려하는 것이 좋다(한계는 ±125 mm). 따라서, **그림 7.4.3**의 예에 의하면 텅레일, 이동레일 모두 인발되어 겹친 부분이 감소하는 방향이므로 $-a$ mm로 표시한다. 더욱이, 구체

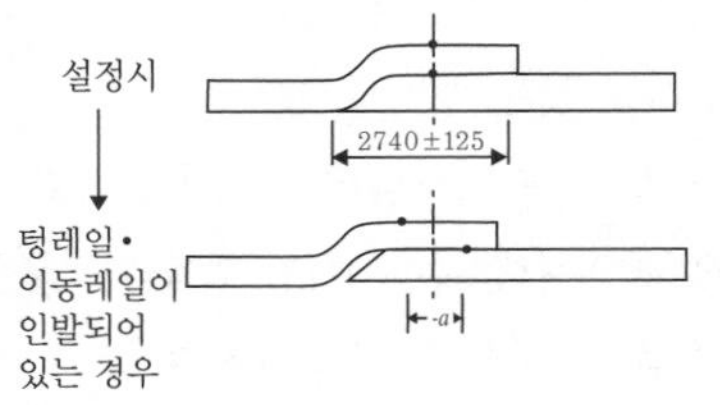

그림 7.4.3 신축 이음매의 펀치 마크

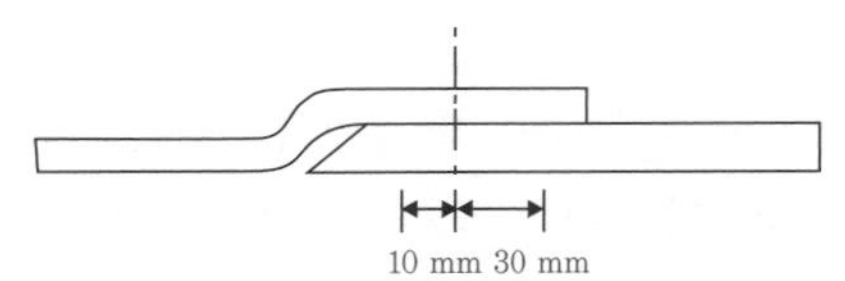

그림 7.4.4 펀치 마크의 이동(겹친 부분이 감소시)

적인 예로서 **그림 7.4.4**의 경우에 텅레일, 이동레일 모두 인발되어 겹친 부분이 감소하여 있으므로

$$(-10-30) = -40$$

으로 나타낸다.

(라) 텅레일, 이동레일과 레일 브레이스와의 관계

텅레일, 이동레일이 각각 62.5 mm씩 좌우로 이동하는 구조로 되어 있기 때문에 텅레일 단부, 이동레일과 레일 브레이스와의 치수에 착안할 필요가 있다. 텅레일이 레일 브레이스에서 완전히 인발된 때는 위험한 상태이다. 한 번 완전히 인발되면, 선단의 지지가 불가능하게 되어 궤간틀림이 증대하고, 다시 레일이 늘어난 때에 이동레일 또는 텅레일이 레일 브레이스와의 사이에 들어가지 않게 되어 장출 등의 사고로 되는 일이 있다. 한편, 고속철도용 레일 신축이음매에서는 펀치 마크 대신에 이동레일복부의 ø6 mm 표시구멍을 이용한다.

(5) 장대레일 정비계획의 책정 방법

장대레일은 장출을 방지하기 위하여 축력의 관리, 도상저항력의 관리로 종합적으로 안전도를 평가하고, 적시에 적절하게 재설정이나 도상 정비를 실시할 필요가 있다. 이 때문에 장대레일의 보수 상태를 조사하고, 발생하는 축력, 좌굴 강도를 레일의 좌굴 이론으로 추정하여, 장대레일의 좌굴에 대한 안전도, 허용할 수 있는 레일온도를 판정한다. 이것에 기초한 재설정이나 도상을 정비하는 대상, 순서, 정비 기한을 정하여 정비한다. 여기서, 안전도는 정비 대상, 허용 레일온도는 정비실시 기한을 정하는 것에 사용한다.

구체적 순서는 이하에 같다.

(가) 장대레일 보수상태 조사

장대레일을 정비할 때의 판정 자료로 하기 위하여 일반구간 장대레일의 보수상태를 조사하여 환산 부가온도와 도상 횡 저항력 비(比)를 산정을 한다.

1) 환산 부가온도(換算 附加溫度)의 산정

설정온도가 소정의 값보다 낮든지, 저온 시에 어떤 종류의 작업을 하든지, 장소에 따라 다른 복진이 생기면, 여름철의 고온 시에는 장대레일에 통상 상정하고 있는 축력에 더하여 부가적인 축력이 발생한다. 이 부가 축력을 온도차로 환산한 값을 "환산 부가온도 (Δt)"라 부른다. 여기에는 설정온도에 따른 것, 저온시의 작업으로 인한 것 및 부동구간의 복진으로 인한 것 등 3 가지가 있다.

㉮ 설정온도에 따른 환산 부가온도 (Δt_1)

설정온도에 따른 환산 부가온도는 설정온도가 허용 최저 설정온도보다도 낮을 경우에 그 차이를 취하여 다음 식으로 산출한다. 다만, 설정온도가 허용 최저 설정온도보다도 높을 경우에는 5 ℃까지를 환산 부가온도의 여유로 하고, 설정온도가 비교적 높은 것의 좌굴에 대한 여유를 5 ℃까지로 하며, 환산 부가온도가 마이너스일 때는 −5 ℃까지로 한다.

$$\Delta t_1 = t_{min} - t_o$$

여기서, t_{min} : 허용 최저 설정온도, t_o : 설정온도

㉯ 저온 작업으로 인한 환산 부가온도 (Δt_2)

설정온도 미만에서 ① 가동 구간(movable section)에서의 레일 교환 · 재용접, ② 부동 구간(unmovable section)에서의 레일 교환 · 재용접, ③ 가동 구간을 포함하여 행한 체결장치의 이완 보수(25 m) 중에 가동 구간 50 m 이상, 더욱이 연장 100 m 이상인 작업, ④ 가동 구간을 포함하여 행한 체결장치의 이완 보수(25 m) 중에 ③ 이외의 것의 작업 등을 할 경우에는 작업의 조건별로 그 영향도를 고려하여 다음 식으로 환산 부가온도를 산정한다(**표 7.4.1**).

- ②와 ③에 해당하는 경우 : $\Delta t_2 = t_o - t_2$
- ①과 ④에 해당하는 경우 : $\Delta t_2 = (t_o - t_2) / 2$

여기서, t_o : 설정온도, t_2 : 작업시의 레일온도

㉰ 부동 구간의 복진으로 인한 환산 부가온도 (Δt_3)

말뚝의 간격을 L (m), 말뚝간의 레일 축소량을 S (mm)로 하여 부동 구간의 복진으로 인한 환산 부가온도는 다음 식으로 산출할 수 있다.

표 7.4.1 저온 시 작업의 분류

분류		그림 예
레일 교환 레일 재용접	① 가동구간의 경우	시공개소 신축이음매 150m 가동구간
	② 부동구간의 경우	시공개소 신축이음매 부동구간 150m 가동구간
가동 구간을 포함하여 행한 체결장치의 이완 보수 (연장 : 연속 25 m 이상)	③ 가동구간을 50 m 이상 포함하여 연속 연장 100 m 이상인 경우	시공개소 100 m 이상 50 m이상 신축이음매 150m 가동구간
	④ 상기의 ③ 이외의 경우	시공개소 신축이음매 150m 가동구간

$$\frac{S \times 10^{-3}}{L} = \beta \Delta T_3$$

여기서, β : 선 팽창계수 ($\beta = 1.14 \times 10^{-5}$)

여기에 $\beta = 1.14 \times 10^{-5}$을 적용하여

$$\Delta T_3 = 88 \frac{S}{L}$$

로 된다.

㉣ 환산 부가온도 (Δt)

환산 부가온도는 $\Delta t = \Delta t_1 + \Delta t_2 + \Delta t_3$로서 산출한다. 이 때 환산 부가온도가 마이너스일 때는 −5 ℃까지로 한다.

2) 도상 횡 저항력의 산정

현장의 도상 상태를 기초로 소정의 도상 상태에서의 도상 횡 저항력(g_N)에 대한 현재의 도상 횡 저항력(g)의 비(i)를 구한다.

$$i = \frac{g}{g_N}$$

도상 횡 저항력 비(i)를 산정할 때는 특히 현저한 경우를 제외하고 도상어깨폭의 부족 등의 연장이 10 m 정도 이상인 것을 대상으로 한다. 또한 환산부가온도(ΔT)의 산정은 좌우 레일별, 시 · 종점쪽 별의 4구간으로 나누어 행하지만 도상 횡 저항력 비(i)의 산정은 시 · 종점쪽 별로 좌측 · 우측을 포함하여 도상 횡 저항력이 가장 작

다고 생각되는 개소에 대하여 행한다. 침목의 도상 횡 저항력은 저면 마찰력, 측면 주동 토압에 따른 마찰력, 단면 수동 토압에 따라 각각 1/3 정도씩 분담시키며, 또한 각각 중량, 측면의 상변 주위 단면 1차 모멘트, 단면의 상면 주위 단면 1차 모멘트에 비례하는 것이 알려져 있다(제5.7.4(2)항 참조). 이들의 도상 횡 저항력의 산정 예를 **그림 7.4.5**에 나타낸다.

(나) 안전도 · 허용 레일온도의 판정

구하여진 환산 부가온도와 도상 횡 저항력 비로부터 안전도 (α= 최저 좌굴 강도 / 최대 압축 축력)를 판정한다. 안전도는 다음 식으로 산출할 수 있다.

$$\alpha = 1.2 \times i^{0.535} \times \frac{1}{1+\dfrac{\Delta t}{\Delta tN_{max}}}$$

여기서, i : 도상 횡 저항력 비, Δt : 환산 부가온도, ΔtN_{max} : 35 ℃ 또는 40 ℃(**그림 5.7.14** 참조, 우리나라의 경우에 40 ℃)

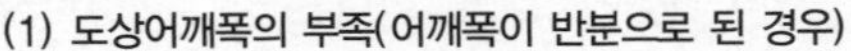

(1) 도상어깨폭의 부족(어깨폭이 반분으로 된 경우)

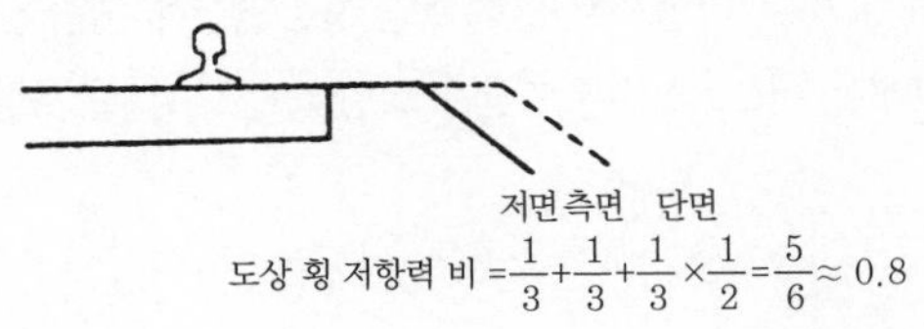

저면 측면 단면
도상 횡 저항력 비 = 1/3 + 1/3 + 1/3 × 1/2 = 5/6 ≈ 0.8

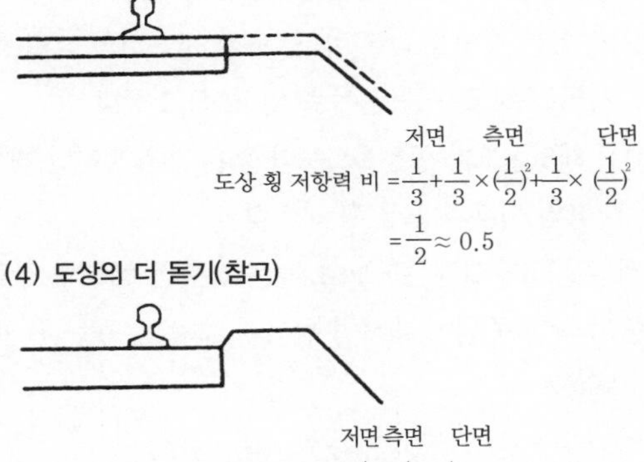

(2) 침목의 노출(반분만큼 노출된 때)
저면 측면 단면
도상 횡 저항력 비 = 1/3 + 1/3 × (1/2)² + 1/3 × (1/2)²
= 1/2 ≈ 0.5
(4) 도상의 더 돋기(참고)
저면 측면 단면
도상 횡 저항력 비 = 1/3 + 1/3 + 1/3 × 1.3 ≈ 1.1

(3) 현저한 뜬 침목

측면 단면

도상 횡 저항력 비 $= \frac{1}{3} + \frac{1}{3} = \frac{2}{3} \approx 0.65$

그림 7.4.5 도상 횡 저항력 비 i의 산정 예

더욱이, 규정 등에 정해진 설정온도와 도상 횡 저항력은 장대레일의 장출에 대한 안전도가 최저에서도 1.2를 기준으로 하고 있다.

허용 레일온도(t_a)는 환산 부가온도와 도상 횡 저항력 비로부터 안전도가 1.2로 될 때의 레일온도를 나타내고 있으며, 장대레일의 정비가 필요한 경우에 레일온도가 이 온도로 되기까지의 시기에 실시하여야 하며, 다음 식으로 구하여진다.

$$t_a = t_{max} - \left(1 - \frac{\alpha}{1.2}\right)(\Delta t + \Delta tN_{max})$$

여기서, t_{max} : 예상되는 최고 레일온도

(다) 장대레일의 정비

상기의 안전도, 허용 레일온도 등의 판정에 기초하여 다음과 같이 장대레일의 정비를 실시한다.

판정된 안전도가 1.2 미만으로 되는 장대레일에 대하여는 원칙적으로 재설정이나 도상을 정비할 필요가 있다. 이 경우에 시공 순서는 안전도가 작은 것부터로 하고 허용 레일온도(t_a)에 달하기 전에 시행할 필요가 있다.

(6) 장대레일 구간의 작업 제한

장대레일 부설구간에서는 하기 고온시의 레일 장출, 동계 저온 시 레일의 곡선 내방으로의 이동 방지 등을 위하여 보수 작업을 제한할 필요가 있다. 고속선로에서의 선로보수 작업조건과 안정화는 제7.4.2항에서 설명하며, 그 외는《고속선로의 관리》[267]를 참조하라. 이하에서는 주로 일본의 예를 설명한다.

(가) 작업 종별의 분류

작업 종별의 분류를 작업의 시행 실태와 작업으로 도상저항력에 미치는 영향을 고려하여 **그림 7.4.6**에 나타낸 A~E의 5 종류로 분류하여 자갈궤도에 관한 작업을 A~D, 슬래브 궤도 등 무도상 궤도에 관한 작업을 E로 하고, 더욱이 A~D 중에 작업의 형태가 일반적으로 연속적으로 시공연장에 제한을 가하는 것이 적당하지 않은 것을 A~C, 어떤 연장의 궤광 혹은 레일을 무 구속의 상태로 하는 작업으로 연속적인 시공연장에 제한을 가할 필요가 있는 작업을 D로 한다. 또한, A~C의 작업에 대하여는 어느 쪽이든 도상을 교란하여 도상 횡 저항력을 감소시키는 정도가 큰 순서로 A, B, C로 한다.

(나) 레일온도가 설정온도보다 높은 경우의 작업 제한

1) 작업 직후의 도상 횡 저항력

레일온도가 설정온도보다 높은 경우의 궤도의 장출에 대한 강도의 기초는 도상 횡 저항력이다. 일본에서는 각종의 작업 종별에 대하여 침목의 배치 개수를 38 개 / 25 m, 20 % 정도의 안전율을 고려하여 **표 7.4.2**의 값을 이용한다.

2) 좌굴 강도(buckling strength)

상기의 도상 횡 저항력에 대한 최저 좌굴 강도는 작업종별 A, B, C의 작업에 대하여는 작업중이라도 레일이나 궤광이 완전히 무 구속의 상태로는 되지 않기 때문에 일본의 沼田 좌굴식을 사용하며, 작업종별 D, E에 대하여는 어떤 연장에 걸쳐 레일이나 궤광이 무 구속의 상태로 되기 때문에 Euler의 탄성 좌굴 식으로 산출하고 있

표 7.4.2 도상 횡 저항력 사정 치의 예

작업 종별 (그림 7.4.6)	작업 직후의 도상 횡 저항력 (kgf/m)	
	PC침목, 깬 자갈 도상	목침목, 친 자갈 도상
A	250	150
B	300	150
C	350	200
D 중에서 도상교환 등	200	100

표 7.4.3 레일온도 상승 시의 허용 온도상승폭의 예

작업 종별 (A~E의 기호는 **그림 7.4.34**참조)		연속 시공연장	도상 횡 저항력 (kgf/m) 사정 도상 횡 저항력	도상 횡 저항력 (kgf/m) 유효 도상 횡 저항력	도상 종 저항력비	궤광 강성	좌굴 길이 (m)	KS60 레일의 경우 좌굴 강도 (tf)	KS60 레일의 경우 온도폭 (℃)	50N 레일의 경우 좌굴 강도 (tf)	50N 레일의 경우 온도폭 (℃)	허용 온도상승폭 (℃)
A	도상 다지기(양로 량 20 mm 이상), 큰 줄맞춤, 곡선 정정, 캔트 정정	–	250	175	1.5	1.0	–	50	26	42	27	13→10
B	도상 다지기 (양로 량 20 mm 미만), 줄맞춤	–	300	210	1.5	1.0	–	55	29	47	30	15→15
C	도상정리, 도상저항력에 영향이 예상되는 인접선 작업, 도상저항력 시험, 기타 이것에 준하는 작업	–	350	245	1.5	1.0	–	60	32	52	34	16→15
D	도상 갱환, 도상클리닝, 궤도저하, 침목 갱환 · 위치 정정, 레일 체결장치 보수, 궤간 정정, 기타 이것에 준하는 작업	작업 전	200	140	1.5	1.0	–	44	23	38	24	12→10
		2m 미만	–			1.0	5	42	22	27	17	9→10
		2m 이상	–			1.0	∞	0	0	0	0	0
E	교량 침목 · 교량 상 레일 체결장치 · 교량 침목 부속품 보수 갱환, 직결궤도 · 슬래브 궤도 등의 레일 체결장치 보수 · 궤도보수 · 기타 보수, 기타 이것에 준하는 작업	작업 후	–			–	–	–	–	–	–	–
		2m 미만	–			1.0	2	265	142	167	108	54→제한없음
		2~4.9m	–			1.0	5	42	23	27	18	9→10
		5m 이상	–			1.0	∞	0	0	0	0	0

유효율 70 % 안전율 2.0

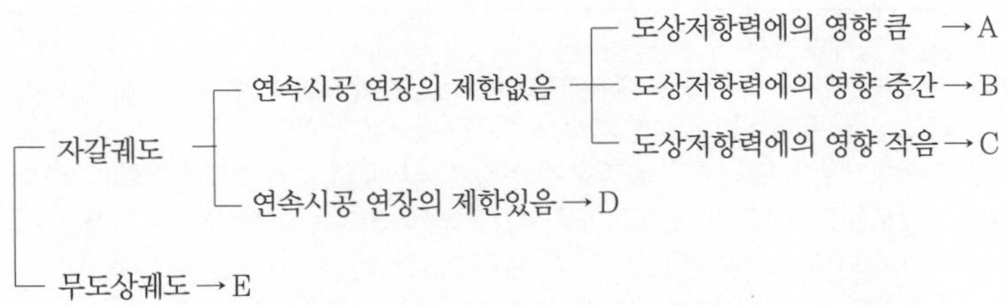

그림 7.4.6 작업 분류의 고려 방법

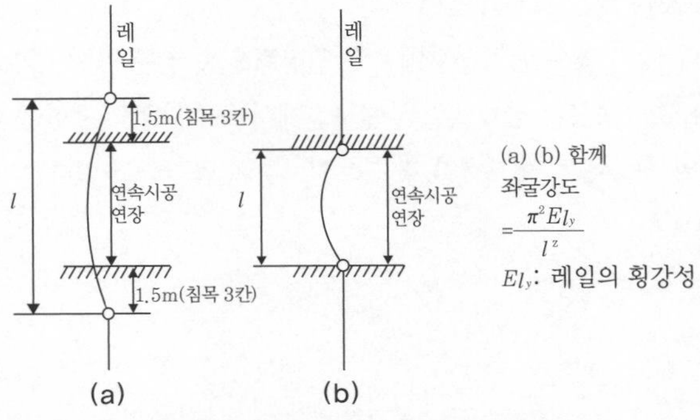

그림 7.4.7 Euler의 탄성 좌굴 식

다. 더욱이, 계산에는 도상 횡 저항력의 유효율이 70 %, 도상 종 저항력이 도상 횡 저항력의 1.5 배, 궤광 강성은 1.0 배, 허용 온도상승폭의 산출에는 안전율을 2.0으로 하고 있다(**그림 7.4.7, 표 7.4.3**). 작업종별 D는 연속한 작업구간 양단 1.5 m는 저항력을 기대할 수 없어 **그림 7.4.7** (a)에 따르고 있다.

표 7.4.4 장대레일 구간의 보수작업 제한의 예

<table>
<tr><th colspan="2" rowspan="2">시행 조건
(A~E의 기호는 그림 7.4.34참조)</th><th colspan="3">레일온도가 설정온도보다도 높을 때</th><th colspan="3">레일온도가 설정온도보다도 낮을 때</th></tr>
<tr><th>대상
시공개소</th><th>연속
시공연장</th><th>설정온도로
부터의
온도상승폭</th><th>대상
시공개소</th><th>연속
시공연장</th><th>설정온도로
부터의
온도하강폭</th></tr>
<tr><td>A</td><td>도상 다지기(양로 량 20 mm 이상),
큰 줄맞춤, 곡선 정정, 캔트 정정</td><td rowspan="9">전구간</td><td>제한없음</td><td>+10(+10)</td><td rowspan="3">전구간</td><td rowspan="3">제한없음</td><td rowspan="2">−30
(제한없음)</td></tr>
<tr><td>B</td><td>도상 다지기(양로 량 20 mm 미만), 줄맞춤</td><td rowspan="2">제한없음
(도상저항력
시험은 1개)</td><td rowspan="2">+15(+10)</td></tr>
<tr><td>C</td><td>도상정리, 도상저항력에 영향이 예상되는 인접선 작업, 도상저항력 시험, 기타 이것에 준하는 작업</td><td>−40
(제한없음)</td></tr>
<tr><td rowspan="2">D</td><td rowspan="2">도상 갱환, 도상클리닝, 궤도저하, 침목 갱환 · 위치 정정, 레일 체결장치 보수, 궤간 정정, 기타 이것에 준하는 작업</td><td>2m 미만</td><td>+10(+10)</td><td>직선 및 반경
2,000m 이상</td><td rowspan="4">25m
이하</td><td>−25
(제한없음)</td></tr>
<tr><td>2m 이상</td><td>0(0)</td><td>반경 800~
1,999 m</td><td>−10(−10)</td></tr>
<tr><td rowspan="3">E</td><td rowspan="3">교량 침목 · 교량 상 레일 체결장치 · 교량 침목 부속품 보수 갱환, 직결궤도 · 슬래브궤도 등의 레일 체결장치 보수 · 궤도보수 · 기타 보수, 기타 이것에 준하는 작업</td><td>2m 미만</td><td>제한없음
(제한없음)</td><td rowspan="2">반경 800 m
미만</td><td rowspan="2">−5(−5)</td></tr>
<tr><td>2~4.9m</td><td>+10(+10)</td></tr>
<tr><td>5m 이상</td><td>0(0)</td><td>전구간</td><td>5m 이하</td><td>−40
(제한없음)</td></tr>
</table>

비고 ; 1. 터널 내 목침목 장대레일은 ( ) 내를 적용한다.
2. 장대레일 단부에서 25 m이내의 구간에 대하여는 어느 쪽의 작업에 대하여도 제한이 정해지지 않았다.
3. 시공 개소를 순차 시공할 때는 기시공 개소가 완료된 후에 시행한다.
4. 연속시공 연장에 제한이 있는 작업을 복수 개소에서 동시에 행할 때는 그 사이를 20 m 이상 간격을 둔다.
5. 레일온도가 설정온도보다도 높은 때의 도상 다지기에 대하여는 사전에 도상 자갈을 보충하고, 도상어깨 폭을 확보함과 동시에 침목단면, 측면을 노출시키는 일이 없도록 한다.
6. 긴급 부득이한 경우나 재설정을 할 경우에는 이 표의 제한에 의하지 않을 수 있다. 다만, 좌굴 및 과대 신축을 넘지 않도록 한다.

(다) 레일온도가 설정온도보다 낮은 경우의 작업 제한

레일온도가 설정온도보다 낮은 경우는 곡선부에서의 인장력으로 인한 곡선 내방으로의 이동 등을 고려하여 작업을 제한할 필요가 있다. **표 7.4.4**는 장대레일 부설구간에서 보수작업의 제한에 대한 일본의 예이며, 우리나라 일반철도에서는 장대레일 궤도에 작업 제한을 **표 7.4.5**와 같이 규정하고 있다.

표 7.4.5 일반철도의 장대레일 구간 보수작업 제한

시행 조건			작업 분류	설정온도로부터의 레일온도 변화(℃)	
				+	−
도상에 관계 있는 작업		시행연장 25 m 이내로서 침목 하면까지 노출 또는 궤도를 올릴 때	궤도 들어올리기, 캔트 붙임, 도상 갱환, 자갈치기, 교량 침목 갱환, 교량 침목 패킹 갱환, 훅 볼트 연속 보수 침목 5 개 이상의 연장을 동시에 시행, 침목 갱환, 침목 위치 정정	0 (−10)	곡선부 10 직선부 25
		침목 연속 4개 이내이고 침목 하면까지 노출될 때. 시행연장 25 m 이내로서 침목을 5 mm까지 노출시킬 때	침목 갱환, 침목 위치 정정, 침목 보수, 총 다지기, 면 맞춤, 줄맞춤	5 (0)	30
		침목 연속 4개 이내이고 침목 측면을 30 % 정도 노출, 또는 도상을 해치며 시행연장 25 m 이내로서 도상저항력이 약간 감소할 때	부득이한 때 타이 탬퍼를 이용한 면 맞춤, 도상 정리, 도상저항력에 영향을 줄 것으로 예상되는 인접선의 작업, 침목 1개를 인발하는 시험	15	제한 없음
레일 체결 장치 작업	양단 25m를 제외한 중앙부	시행연장 25 m 이내로서 체결볼트를 풀어 뺄 때	궤간 정정, 레일체결장치의 연속 보수, 갱환 및 전환	0	곡선부 5 직선부 30
		침목 연속 4개 이내, 또는 10 m 이내로서 체결볼트를 풀어 뺄 때	레일체결장치의 연속 보수, 갱환 및 전환	15	제한 없음
	양단 25m	풀어 빼기(완충레일의 경우는 제외)	레일체결장치의 연속 보수, 갱환 및 전환	제한 없음	제한 없음
이음매부 작업		(신축 이음매부는 제한 없음)	이음매판 및 볼트의 갱환, 보수, 유간 정정	10	10

비고 ; 1. 침목연속4개 이내의 동시 시행을 2 개소이상 시행할 때는 10 m 이상 간격을 둘 것.
2. 동시 시행개소를 복구한 후에 순차적으로 진행하는 것은 무관하나 설정 상태의 변동과 복진을 가져오지 않도록 대비하고 정비할 것.
3. 도상 작업 중 궤도 들어올리기는 10 mm이내로 한다.
4. 레일 단부에서 25 ~ 100 m 부분은 작업전 수일 이내에 설정온도보다 20 ℃ 이상의 낮은 온도로 하강되어 있고, 작업을 시작한 후에 온도가 상승하고 있을 때는 ( ) 내의 조건으로 시행한다.

7.4.2 고속선로 보수작업의 조건과 안정화

(1) 작업의 부류

고속철도 자갈궤도의 선로보수 작업은 다음과 같이 장대레일의 안정성에 영향을 미치는지의 여부에 따라 두 부류로 구분된다.

(가) 작업부류 1

이 부류는 장대레일의 안정성에 영향을 주지 않는 작업으로 이루어진다. 궤도선형에 관련되는 대부분의 작업은 부류 2에 속한다.

1) 다음과 같은 작업은 작업부류 1로 분류한다 : ① 체결장치의 체결상태 점검, ② 체결장치의 체결(조이기), ③ 레일의 연마와 후로우 삭정, ④ 아크 용접을 이용한 레일표면 손상의 보수와 오목한 용접

표 7.4.6 작업온도 제한 기준

※ t_r : 장대레일 설정 온도

작업 조건		선로 조건	작업가능 온도범위(℃)	비고
공통 조건		- 모든 구간	0~40	
일반 구간	대형 장비 다짐 작업	- 직선구간과 곡선 구간 (반경 ≥ 1,200 m)	$(t_r - 25) \sim (t_r + 15)$	
		곡선 구간(반경 < 1,200 m)	$(t_r - 25) \sim (t_r + 10)$	
	수동 및 소형 장비 다짐 작업 및 기타	- 직선구간과 곡선 구간 (반경 ≥ 1,200 m)	$(t_r - 25) \sim (t_r + 5)$	
		- 곡선 구간(반경 < 1,200 m)	$(t_r - 25) \sim (t_r + 0)$	
분기기*	대형장비 다짐 작업		$(t_r - 15) \sim (t_r + 15)$	
	수동 및 소형 장비 다짐 작업		$(t_r - 10) \sim (t_r + 5)$	

* 분기기에서 길이 5 m 미만의 면 맞춤 작업과 2 cm 이상의 양로를 필요로 하지 않는 기타 작업은 0 ℃ 미만으로 떨어짐이 없이 (t_r − 10 ℃) 이하에서 행할 수 있다.

부의 육성 용접, ⑤ 레일 앵커가 있는 경우에 앵커의 재설치, ⑥ 안전 치수의 검사

2) 작업부류 1은 다음과 같은 작업을 포함하지 않는다 : ① 침목 아래 자갈의 제거, ② 궤도, 또는 레일의 양로, ③ 체결장치의 풀기, ④ 레일의 절단

(나) 작업부류 2

이 부류는 장대레일의 안정성에 일시적으로 영향을 주는(감소시키는) 모든 작업, 즉 작업부류 1에 포함되지 않는 모든 작업으로 이루어진다

(2) 작업 조건

고속철도 자갈궤도의 선로보수 작업은 다음의 (가)~(다)항에 따른 ① 작업금지 기간, ② 온도 조건, ③ 안정화 조건 등의 세 가지 조건을 고려하여야 한다. 부류 2의 작업은 (가)항의 관련 조건(부류 2 작업의 제1 조건)과 (나)항의 관련 조건(부류 2 작업의 제2 조건)을 충족시키는 경우에만 시행하며, 선로작업 후에 첫 열차의 열차속도를 170 km/h로 제한하여야 한다.

(가) 작업금지 기간(부류 2 작업의 제1 조건)

터널의 입구에서 100 m 이상 떨어진 터널 내부를 제외한 일반 구간에서 작업부류 2의 작업은 5월 1일에서 9월 30일까지 금지하여야 한다('부류 2 작업의 제1 조건'). 다만, "① 동적으로 안정시킬 수 있는 콘크리트 침목 구간에서 안정화 작업을 병행하는 경우, ② 안정화 작업을 할 수 없는 구간의 경우에는 시설관리자의 승인을 받아 작업조건을 별도로 정하여 제한하고, 작업 후에 24시간 동안 열차속도를 100 km/h로 제한한 다음에 열차하중으로 궤도가 안정될 때까지 170 km/h로 제한하는 경우" 등에서는 허용할 수 있다. 부류 1의 작업은 다음의 (나)항의 관련 온도 범위 내에서 일년 내내 작업할 수 있다.

(나) 작업온도 제한(부류 2 작업의 제2 조건)

장대레일의 안정에 영향을 주는 부류 2 작업은 레일온도가 0~40 ℃를 벗어나거나 **표 7.4.6**의 범위를 벗어나는 온도에서는 작업할 수 없으며('부류 2 작업의 제2 조건'), 다음에 따라야 한다. 다만, 콘크리트 침목 구간에서 동적으로 안정화 작업을 병행하는 경우에는 허용할 수 있다.

1) (가)항의 작업금지 기간(부류 2 작업의 제1 조건)을 벗어나서 작업하는 도중에 작업가능 온도범위를 벗어나는 경우에는 즉시 작업을 중단하고 필요한 조치를 취한 후에 열차속도를 당해 선로는 40 km/h, 인접 선로는 100 km/h로 제한하여야 하며, 그 후에 궤도가 안정될 때까지 170 km/h로 제한하여야 한다. 다만, 이 규정은 온도한계 이하로 떨어질 때까지 적용한다.

2) 안정화 기간 중에 레일온도가 45 ℃를 초과하는 경우에는 낮 동안의 열차속도를 100 km/h로 제한하고, 그 후에 궤도가 안정될 때까지 170 km/h로 제한한다.

장대레일의 안정화에 영향을 주지 않는 부류 1의 작업이라도 -5~+50 ℃를 벗어난 레일온도에서는 비상 시 등, 부득이한 경우를 제외하고는 작업하지 않아야 한다.

(다) 작업 후의 궤도 안정화

궤도의 안정에 영향을 주는 부류 2의 작업 후에는 동적 안정화 작업을 하거나, 또는 동적 안정화 작업을 하지 않는 경우에는 열차의 통과에 따라 궤도가 안정될 때까지 열차속도를 제한하여야 하며, 안정화 기준은 **표 7.4.7**에 따른다.

표 7.4.7 선로작업 후의 궤도안정화 기준

조 건		동적안정화(DTS) 작업유무	최소 통과톤수 (톤)	최소 안정화기간 (시간)
다짐장비	양로량			
대형다짐장비	20 ㎜ 이하	미시행	첫 열차통과속도 170㎞/h	–
		시행	–	–
	20~50 ㎜	미시행	5,000	24
		시행	–	–
	50 ㎜ 이상	미시행	20,000	48
		시행	5,000	–
소형다짐장비	15 ㎜ 이하	미시행	–	–
		시행	–	–
	15~20 ㎜	미시행	5,000	24
		시행	–	–
	20 ㎜ 이상	미시행	20,000	48
		시행	5,000	–

※ 1) 선로작업 후 첫 열차의 열차속도는 170 ㎞/h로 제한한다. 작업제한기간 내 작업의 경우에 작업 후 24시간동안 열차속도는 100 ㎞/h로 제한하고 그 후 안정화 시까지 170 ㎞/h로 제한하여야 한다.
2) 작업제한 기간 외의 작업 도중 작업가능 온도범위를 벗어나면 작업 중단 또는 열차속도를 40㎞/h로 제한하고 작업완료 후 온도하강 시까지 100 ㎞/h로 제한하고 그 후 안정화 시까지 170 ㎞/h로 제한하여야 한다.
3) 안정화 기간 중 레일 온도가 45℃를 초과하면 낮 동안 열차속도를 100 ㎞/h로 제한하고 그 후 안정화 시까지 170 ㎞/h로 제한하여야 한다.

7.4.3 레일 긴장기

레일 긴장기(緊張器, rail tenser (or expender))는 저온 시에 행하는 불량 손상 레일의 교환 등에 따른 재설정(再設定)을 생략함으로써 작업을 효율화할 수 있는 것으로 개발되었지만, 현재에는 장대레일의 부설 시 뿐만 아니라 장대레일 교환 시의 설정, 재설정 및 신축 이음매를 철거함에 따른 슈퍼 장대화 등, 많은 작업에 사용되고 있다. 이것은 레일을 가열(加熱)하는 종래의 방법에 비하여 축력 분포의 불균일을 해소하고, 작업 범위도 작게 끝나므로 시공성과 경제성의 양면에서 유리하다. 고속선로에서의 사용방법에 대한 구체적인 사항은《고속선로의 관리》[267]를 참조하라.

(1) 긴장 방법과 그 특징

레일 긴장기는 좌우로 수축한 레일을 끌어 당겨 축력(軸力, axial force) 분포의 균일화를 도모하는 것이다. 이 방법은 레일의 절단 시기와 긴장 시기의 차이에 따라 다음과 같이 분류할 수가 있다.

(가) 레일 절단 후의 긴장법 ; 레일을 절단한 후에 긴장한다.

1) 동시(同時) 완해식(緩解式) ; 계획 긴장력을 유지하면서 전후의 체결장치를 순차 완해한다.

2) 사후(事後) 완해식 ; 계획 긴장력보다도 큰 힘으로 긴장하여 용접 후에 전후의 체결장치를 완해한다.

(나) 레일 절단 전의 긴장법 ; 레일을 절단하기 전에 예비 긴장 또는 계획 긴장력으로 긴장한다.

각 긴장 방법 가운데 레일 절단 후의 긴장법(동시 완해식)에 대하여 불량 레일 교환을 예로 하여 이하에 설명한다.

(2) 레일 절단 후의 긴장법(동시 완해식)

불량 레일 절단 후에 계획 긴장력까지 인장력을 걸어 체결장치를 긴장기 쪽부터 전후 방향으로 완해하여 축력의 균등화를 도모하는 방법이다. 작업 순서와 레일 축력의 분포를 **그림 7.4.8**에 나타낸다.

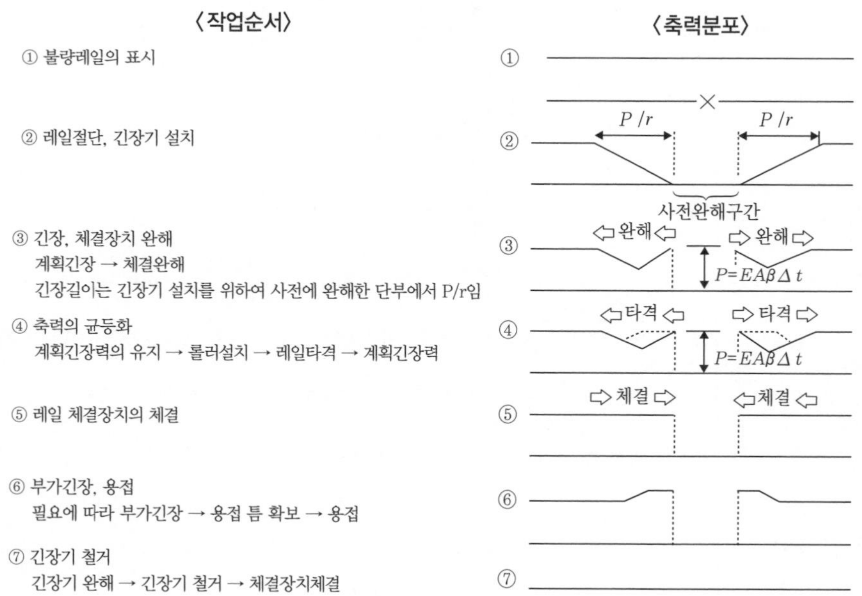

그림 7.4.8 동시 완해식의 순서 개요

1) 불량 레일의 표시 ; 부설되어 있는 레일의 절단 위치에 삽입하는 새 레일의 길이와 용접 틈을 고려하여 표

시한다.

2) 레일 절단, 긴장기의 설치 ; 레일을 절단하여 불량 레일을 철거하고 새 레일을 삽입한 후에 긴장기를 설치한다.

3) 긴장, 레일 체결장치 완해 ; 필요로 하는 계획 긴장력(P)까지 긴장력을 주고, 긴장기 측부터 레일 체결장치를 완해한다. 체결장치의 완해에 따라 긴장력이 저하하지만 계획 긴장력이 유지되도록 긴장력을 준다.

계획 긴장력은 설정온도와의 온도차를 Δt ℃로 하면

$$P = EA\beta \cdot \Delta t$$

여기서, E : 레일의 탄성계수 (2.1×10^7 tf/m^2), A : 레일의 단면적 (m^2), β : 레일의 선 팽창계수 (1.14×10^{-5}/℃)

이다.

또한, 체결장치의 완해 연장 L(m)은 편측에 대하여

$$L = P / r$$

여기서, r : 도상 종 저항력 (tf/m)

로 된다.

4) 축력의 균등화 ; 대체로 6 m 간격으로 롤러 등을 설치하고, 긴장기로부터 외측으로 향하여 레일 복부를 타격하는 등으로 축력의 균등화를 도모한다. 이 경우도 긴장력이 차차로 저하하기 때문에 계획 긴장력이 유지되도록 긴장력을 준다.

5) 레일 체결장치의 체결 ; 롤러 등을 철거하고 체결장치를 외측부터 체결한다.

6) 부가(附加) 긴장, 레일 용접 ; 긴장시의 클램프 간격이 8 m 이상으로 되는 경우는 긴장기 외방 7 m 정도까지 체결한 후에 부가 긴장을 하여 레일을 용접한다. 부가 긴장을 필요로 하지 않는 경우는 축력의 균등화가 끝나면 체결장치의 체결과 레일 용접을 동시에 시행한다.

[부가 긴장]

긴장기는 구조상 클램프내의 레일에 인장력을 줄 수 없기 때문에 이 사이의 인장력은 0으로 된다. 이대로의 상태로 레일을 용접하고 긴장을 풀면, 이 부분의 레일이 좌우로 당겨져 레일 축력이 **그림 7.4.9**중의 점선과 같

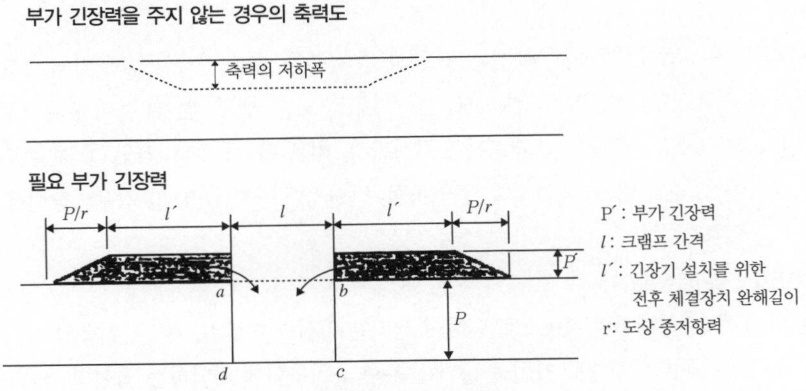

그림 7.4.9 부가 긴장력

이 저하하여 축력이 불균일한 개소가 남는 것으로 된다. 이것을 방지하기 위하여 필요한 것이 부가 긴장이다.

부가 긴장력은 이와 같이 한 긴장기 클램프간의 레일이 긴장기 개방 후에 좌우로 당겨지는 분을 긴장기의 앞까지 체결한 후에 미리 좌우 레일을 여분으로 끌어 당기는 것이다.

그러나, 사후 완해식에서는 축력의 균등 범위가 넓기 때문에 그다지 큰 축력의 저하가 없으므로 부가 긴장력이 불필요하다. 또한, 동시 완해식과 레일 절단전 긴장법에서도 교환 레일이 짧고(클램프 간격이 좁다) 계획 긴장력이 낮은 경우에는 그림 중에서 점선의 저하 폭이 작으므로 추가 긴장을 하지 않아도 실태 상으로 지장이 없는 경우가 있다.

7) 긴장기 철거, 레일의 체결 ; 용접부가 소정의 강도 이상으로 되었다면 긴장기를 철거하고 이 개소의 체결장치를 체결하여 작업을 종료한다.

7.5 레일의 관리

이 절에서는 레일의 마모, 손상, 탐상, 삭정, 굽혀 올림 등, 레일 관리의 보다 일반적인 사항에 관하여 기술하고, 다음의 제7.6절에서는 레일두부의 요철(凹凸, roughness)과 전동음의 관계, 레일두부 단면의 검측과 관리 등 주로 레일 답면(踏面, tread surface)에 관한 사항에 관하여 기술하기로 한다. 다만, 이것은 이 책에서 편의적으로 구분한 것에 지나지 않는다.

7.5.1 레일의 마모(磨耗)

(1) 마모 인자

두 개의 금속이 강하게 접촉하여 전동(轉動)이나 미끄러짐으로 인하여 생기는 마모에 영향을 주는 인자는 ① 표면의 거칠기, 경도, 재질 · 형상, ② 마찰 방법(전동, 미끄러짐 또는 양방의 경우), ③ 접촉압력, ④ 윤활제의 유무(물, 기름), ⑤ 상대 속도 등으로 요약할 수 있다.

(2) 레일의 마모

레일의 마모에 대한 요소로서 열차의 쪽에서는 ① 통과 톤수(축중, 통과 축수), ② 열차의 종류(차륜의 재질, 횡압, 차륜 플랜지 도유의 유무), ③ 운전조건(속도, 力行, 惰行, 제동, 撒砂, 撒水) 등이 관계하고, 또한 궤도의 쪽에서는 ① 레일의 종류(재질 · 형상), ② 궤도선형(곡선반경, 기울기), ③ 보수상태, ④ 레일 도유(塗油)의 유무 등이 있으며, 더욱이 ① 터널 내외, 해안지대, 공업지대, 전원지대 등의 환경, ② 강우 · 강설량의 대소, 습도, 기온 등의 환경이 관계한다.

(가) 측 마모(側磨耗, side wear)

레일에는 차륜의 윤하중, 역행이나 제동으로 인하여 생기는 접선력(接線力, 제2.1.4항 참조), 곡선통과에 수반되는 횡압(橫壓), 좌우 차륜의 주행로 차이로 생기는 윤축의 비틀림에 기인하는 접선력 등의 외력이 작용한다. 이들의 외력이 기상과 도유로 대표되는 윤활 조건 등과 복잡하게 영향을 주어 레일두부면과 궤간 내의 측면

(gauge corner)이 마모한다. 특히, 곡선외측 레일에서는 차륜 플랜지로부터 레일의 게이지 코너로 횡압을 받으면서 차륜의 회전에 수반하여 큰 미끄러짐을 일으키기 때문에 측 마모가 발생한다.

곡선부 외측 레일의 마모율은 곡선반경이 작을수록 크며, 도유(기름칠)를 하면 마모량이 감소한다. 한편, 고속운전 차량에서는 사행동(蛇行動, hunting) 대책으로서 회전에 대하여 적당한 정도의 마찰저항과 탄성저항이 객차에 주어지기 때문에, 곡선통과 시의 횡압이 재래선 차량에 비하여 크게 되어 곡선부 외측 레일의 마모량도 상당히 증가한다[7]. 열처리 레일은 곡선부에서 보통 레일에 비하여 마모량이 상당히 작으며, 열차속도가 낮은 경우에는 마모량이 작다.

(나) 마모한도(磨耗限度)

두부상면과 궤간 내측면(게이지 코너)의 마모 중에서 마모량이 큰 것은 궤간 내측면, 특히 곡선 외측레일의 마모이다. 따라서, 마모한도에 따른 레일 교환주기는 이 곡선 외측레일의 마모량으로 결정되고 있다. 다만, 수치에 대하여는 기술적으로 뒷받침되지 않고, 운전보안을 확보하면서 불필요한 레일교환을 하지 않는다는 관점을 기본으로 하여 기준치가 설정되고 있는 실태이다.

(다) 파상 마모(波狀磨耗, corrugation, undulatory wear)

제7.6.6항에서 상술하지만, 파상 마모란 레일두부 상면에 어떤 일정한 간격의 요철을 가진 파상으로 마모하는 현상이다. 파상 마모는 3~6 cm의 단파장과 수10 cm의 장파장으로 대별되지만, 양자의 외관, 발생, 성장은 다르다. 단파장 파상 마모 레일의 파형 상부는 빛나며, 파형 저부는 어두운 색을 나타내고 결도 거칠다. 장파장의 파상 마모는 주로 파상의 굽힘이다.

파상 마모가 진행되면 차량통과에 따른 충격으로 인하여 차량 · 궤도의 진동 · 소음이 크게 되어 승객에게 불쾌감을 준다. 또한, 차량보수에 대하여도 악영향을 줌과 동시에 궤도에도 각부 재료의 마모, 이완이 촉진되어 보수량이 증대하는 외에 재료의 수명도 짧게 된다. 파상 마모의 현상은 대단히 복잡 다기하며, 예전부터 연구되고 있지만, 그 원인에는 각종 각양의 설이 있다. 예를 들면, 레일의 재질, 제조법, 내부 응력, 레일표면의 산화, 레일의 진동, 차륜 압력과 차축의 진동, 차량과 레일의 상호진동 등의 설이 있지만, 실제의 파상 마모는 단일의 원인 혹은 구조로 발생하지 않고, 몇 개의 인자가 조합하여 발생한다고 생각된다.

(3) 마모 대책

(가) 측 마모 대책

곡선부 외궤 레일의 마모량을 경감시키는 방법으로서는 레일의 경도를 크게 하는 방법 및 레일과 플랜지의 마찰저항을 작게 하는 방법이 있다. 전자에 대하여는 레일성분 중에 탄소를 많게 하는 방법과 열처리하여 경도를 높이는 방법이 있지만, 탄소량에 대하여 레일강으로서는 거의 상한으로 되어 있다. 열처리 레일(heat hardened rail), 특히 두부전단면 열처리 레일은 마모수명을 대폭으로 연신할 수 있다.

레일과 플랜지의 마찰저항을 작게 하는 방법으로서는 레일에 도유(기름칠)하는 방법이 있다. 레일과 차륜 플랜지의 마찰저항 μ는 도유하지 않은 때에 0.2~0.3이지만, 도유하면 0.1 정도로 되는 것이 판명되어 있으며, 도유에 따라 마찰저항이 크게 감소하고 마찰 경감에 기여한다. 다만, 레일 도유는 마모 경감으로 인하여 전동 피로 층의 피해도를 포화시켜 헤드 체크(head check), 흑렬(黑裂, shelling) 등의 두부상면 손상을 유발하는 일도 있으므로 주의하여야 한다.

(나) 파상 마모 대책

파상 마모에 대하여는 발생 · 진전 메커니즘 및 방지책이 충분히 확립되어 있지 않기 때문에 그것의 발생을 억제하기가 어렵지만, 파상 마모의 진전 정도에 따라 레일두부 상면을 삭정하여 제거하고 있는 것이 실태이다(상세는 제7.6.6절 참조).

7.5.2 레일의 손상

레일의 손상(損傷, defect)은 차량하중 등으로 인한 외력, 레일의 단면과 재질, 이음매와 같은 궤도구조, 혹은 터널누수 구간과 같은 부식 환경 등, 많은 인자가 복합하여 생기는 현상이지만, 형태에 따라 구분하면 파단, 횡렬, 종렬, 수평렬, 두부 상면상, 파저, 기타 등이 있으며, 또는 손상부위 또는 파괴 기점의 위치에 따라 레일두부, 복부 혹은 저부로 구분된다. 이하에서는 일반적인 손상에 대하여 설명한다.

레일 파손(破損, failure)은 일반적으로 피로균열 성장의 최종 결과이다. 균열(龜裂, clack)은 작은 결함(缺陷, flaw), 또는 응력 집중으로부터 성장한다. 그러므로, 레일파손 전에 균열을 발견하는 것이 종종 가능하다. 그것은 초음파 검사에 의하며, 몇 개의 방법으로 사용 중에 레일의 쇠약을 알 수 있다. 한편, UIC 코드는 **표 7.5.1**에 나타낸 단순한 분류표로 구성되어 있다.

선로유지관리지침에서는 고속철도에서 "레일의 결함은 초음파 탐상, 레일표면결함 검측 등에 따라 검측 가능한 레일의 손상정도 및 결함의 크기 등을 고려하여 E, O, X, S 등의 등급별로 분류"하여 관리하도록 규정하고 있다. 상세는 《고속선로의 관리》[267]를 참조하라.

① 분류등급(E) : 이 등급은 레일이 파손으로 발달되지 않는 결함으로서 안전에 영향을 주지 않는 결함이며, 이 결함이 발견되는 경우에는 지속적으로 선로점검기록부에 등록 관리하여야 한다.

② 분류등급(O) : 이 등급은 레일에 균열이 발생되었으나 별도의 보강(응급이음매판 체결 등)작업이 없이 열차주행이 가능한 균열이다. 이 결함은 레일결함점검기록부에 등록 관리하여야 하며 주기적인 점검뿐만 아니라 특별점검을 시행하여야 한다.

③ 분류등급(X) : 이 등급은 레일파손으로 발전되는 균열에 해당되며, X_1은 중 · 장기에 걸쳐 파손으로 발전하는 결함, X_2는 단기간에 파손으로 발전하는 결함으로 나눈다. 이 결함이 발견되는 경우에는 응급이음매 체결 등으로 긴급보수작업을 실시하고 유지관리 매뉴얼에 따라 보수작업을 시행하여야 한다.

④ 분류등급(S) : 이 등급은 레일이 파손되었거나 짧은 시간 내에 복잡한 파손으로 발전될 소지가 있는 균열로서 이 결함이 발견되면 레일을 교환하여야 한다. 레일교환 작업이 완료되기 전까지는 열차속도를 40 ㎞/h 이하로 제한하고 신속히 이음매 보강작업을 실시하여야 한다. 다만, 이음매보강작업이 불가능할 경우 열차속도를 10 ㎞/h 이하로 제한하고 레일상태를 지속적으로 감시하며 당일야간에 즉시 교환하여야 한다.

(1) 파단

레일 이음매부는 궤도구조 중에서 가장 취약한 부분이며, 또한 복부 이음매 구멍 주변이나 상부필렛, 하부필렛에 큰 정적 외력이 작용하는 외에 열차통과로 인한 충격하중이 크게 작용하기 때문에 극히 불리한 조건의 부

표 7.5.1 레일결함의 UIC 분류

1자리 수	2자리 수	3자리 수
1 레일 단부 2 레일 중간부	0 전단면 1 레일 두부 안쪽 3 복부 5 저부	1 횡단 균열 2 수평 균열 3 종 방향 5 이음매볼트 구멍의 별모양 균열
	2 레일 두부면	0 부식 / 마모 2 쉐링(흑열) 5 공전(空轉)
4 용접	0 플래시 버트 2 테르밋 7 끝 닳음 용접 8 기타	1 횡단 균열(수직균열) 2 수평 균열

※ 1자리 수에서 3은 "외부에서 얻은 손상에서 생긴 결함"을 나타냄(상세는 '레일연삭기술' [284] 참조)

분이다. 파단(破斷, bolt-hole cracking(or break), star crack)은 이들의 가혹한 응력으로 인하여 발생되는 레일 단부의 복부에 대한 손상이며, 이음매판으로 덮어지는 범위 내에 있어서 상부필렛, 하부필렛의 수평균열 및 이음매판 주변부로부터의 균열 발생이다. 대책으로서는 구멍 뚫기 가공을 할 경우에는 충분히 면 따기를 하고, 또한 적당한 도상다짐 등에 따른 이음매부의 정비 · 유간 관리 등으로 이음매 구멍에 응력이 집중되지 않도록 관리할 필요가 있다.

(2) 횡렬

횡렬(橫裂, transverse cracking)이란 레일 길이방향에 대한 직각방향의 손상이다. 포인트의 텅레일, 가동레일 등에 이 횡렬이 발생하면, 결선부(缺線部)가 생기어 탈선의 우려가 있으므로 위험한 손상 형태이다. 이 손상은 레일의 내부 또는 표층에 기점을 가지며 피로균열이 진행하여 파단에 이른다. 발생부위로서는 레일 용접부와 중간부에 많이 발생하는 경향이 있으며, 제조 시나 용접시의 내부 결함, 쉐링(shelling)이나 공전 상(空轉傷, wheel burn) 등의 두부 상면 상(傷) 및 부식 면의 작은 구멍이 기점으로 되는 경우가 많다. 또한, 분기기용 레일의 저부에 가공된 구멍이 기점으로 된 예도 있다. 횡렬의 대책으로서 선천적인 내부 결함에 대하여는 제강 시 와 용접 시 등의 품질관리와 시공관리의 충실이, 후천적인 두부 상면 상(傷)에 대하여는 신속한 교환, 터널 등에서 부식이 현저한 구간에 대하여는 주기적인 교환의 검토 및 레일 저부에서의 가공금지 등이 열거된다.

(3) 종렬과 수평렬

종렬(縱裂, vertical sprit)과 수평렬(水平裂, horizontal cracking)은 복부수평을 제외하고, 모두 제조 시에 발생하는 내부결함, 즉 선천적 원인에 기인한 것이며, 레일 제조자의 품질관리가 중요하다.

(4) 두부상면 손상

레일표층의 근방을 기점으로 하는 전동접촉 피로인 쉐링이나 차륜의 공전과 활주에 기인하여 레일 두부 상면 손상이 발생한다.

(가) 쉐링(shelling, shelly crack)

쉐링은 당초에 고속선로에서 빈번하게 발생하였으나 근년에는 재래선로에도 그 발생이 보여지고 있다. 두부상면 쉐링은 차륜과의 전동접촉 피로로 인하여 레일의 두부상면에 균열 핵(龜裂核)이 형성되면, 차륜 통과횟수의 증가에 따라 피로균열이 진전되어 두부상면에 패임이 생김과 동시에 수평렬이나 횡렬이 진전하여 발생한다. 또한, 차륜의 공전 · 활주 혹은 용접결함 등의 표면상에 기인하여 발생하는 일도 있다. 이 손상은 균열진전으로 형성된 피로파면이 조개껍질(shell) 모양을 나타내고 있는 점에서 쉐링이라고 부른다. 쉐링을 발견하였을 때는 이미 레일 두부상면에 패임을 수반하여 흑반(黑斑)이 형성되어 있는 경우가 많지만, 이와 같은 상태의 쉐링을 레일 길이방향으로 절단하여 균열의 진전상황을 관찰하면, **그림 7.5.1**과 같이 먼저, 균열기점부터 전동접촉면에 수평으로 균열(수평렬)이 진전하고, 그 후 수평렬이 있는 부분에서 레일 저부로 향하여 균열(횡렬)이 갈라져 있다. 이 횡렬은 진전성을 갖고 있으며, 따라서 방치하여 두면 확실히 레일 절손(折損, breakage)을 야기하는 위험한 손상이다.

쉐링 발생의 구조에는 아직 해명되지 않은 부분이 많지만, 발생시기에 대하여는 고속선로의 경우에 누적 통과 톤수가 1.5억 톤 정도로 되면 그 발생확률이 급증한다. 재래선로의 경우에는 누적 통과 톤수가 3.0억 톤 정도로 되면 현저한 경향이 있으며, 고속주행 구간에서 많이 발생하지만 비교적 저속도에서도 고밀도 열차 선구에서 발생하는 일이 있다.

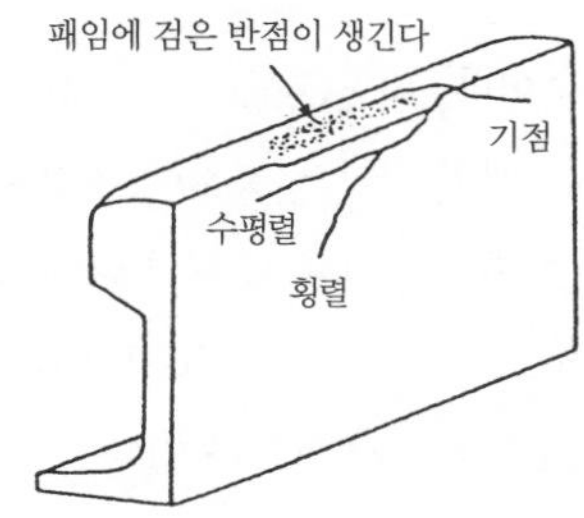

그림 7.5.1 두부상면 쉐링의 균열진전 상황

(나) 헤드체크{(gauge corner) head check}

쉐링과 마찬가지로 레일과 차륜과의 전동접촉 피로에 기인하여 발생되는 손상으로 헤드체크가 있다. 차량이 곡선부를 통과할 때 레일의 게이지 코너는 차륜의 플랜지와 접촉하지만, 이 때에 큰 미끄러짐이 발생한다. 한편, 레일의 게이지 코너 일부에는 차량의 하중에 더하여 횡압이 작용하기 때문에 대단히 큰 응력이 발생한다. 이들의 미끄러짐에 기인하여 발생하는 힘과 열차하중에 횡압을 더한 힘이 반복하여 부하됨에 따라 게이지 코너 표층부의 금속이 열차 반대 방향으로 소성유동(塑性流動)하여 헤드체크가 발생된다. 그 때문에 헤드체크는 한결같이 열차 진행방향으로 형성된다. 그와 관련하여 헤드체크는 물고기의 비늘모양을 보이고 있으며, 열차 반대 방향으로 따라 그리면 손가락으로 균열이 그다지 느껴지지 않는다. 반대로 열차 진행방향으로 따라 그리면 균열의 단차가 잘 느껴진다.

헤드체크의 발생은 재래선로에서 부설 직후 수일 내에 발생하는 경우도 있지만, 통상은 그 후의 통과 톤수 증가에도 초기적인 상황을 지속하여 특히 성장하는 것이 없고 운전보안상 문제에 이르는 것은 적다. 다만, 예전에 많이 다발한 흑렬(黑裂)은 헤드체크의 균열진전으로서 포착되어 헤드횡렬로도 이르러 보안도의 저하를 초래한 사례도 있었다. 그 요인으로서는 당시의 증기 기관차의 살수 운전이 게이지 코너부의 마모를 억제하고, 또한 균열성장을 촉진시킨 것이라고 생각된다. 이와 같이 성장한 균열을 헤드체크, 또한 그것이 부분 박리한 경우를 플래킹(flaking)이라 부르고 있다.

전술한 것처럼 헤드체크의 발생은 미끄러짐 접촉과 과대한 횡압에 기인하여 발생하는 현상이므로 접촉면의 마찰조건이 변하지 않는 한, 레일재질을 열처리한다든지 합금 강화하는 등의 고강도화를 도모하여도 이것을 완전히 저지하기는 어렵다. 또한, 그 진전은 마모한도와 인과관계가 있는 점도 해명되어 있으며, 급곡선 외궤 레일에 헤드체크 손상이 발생하지 않는 것은 마모한도가 현저하기 때문에 헤드체크가 상시 초기적 상태인 채로 진전하지 않기 때문이다.

급곡선부 외궤 레일의 마모를 방지하기 위하여 레일 도유기(塗油器)를 설치하여 마모를 억제하는 것은 일반적인 방법이지만, 전술한 것처럼 헤드체크의 발생과 진전은 레일과 차륜과의 미끄러짐 접촉 조건 및 마모속도와 밀접한 관계가 있다. 도유기를 설치하여 마모속도를 억제하는 것은 레일에 피로를 축적시키는 것으로도 되어 이것이 헤드체크의 발생을 촉진시키고, 또한 그 성장을 조장시키기도 하는 경우가 있기 때문에 레일 도유를 행할 때는 주의를 요한다.

헤드체크는 게이지 코너부에서 발생하여 그곳에서 레일 두부상면을 넘어 반(反)게이지 측까지 진전하는 것은 거의 없으며, 따라서 레일손상에 결부되는 경우는 드물다. 다만, 성장하면 소음 · 진동 등이 크게 되기 때문에 환경문제로 발전함과 동시에 차량에도 악영향을 미치는 경우가 있다. 따라서, 소정의 크기로 진전하기 전에 레일을 삭정하는 것이 바람직하다. 만약, 반(反)게이지 측까지 진행해 버린 경우는 레일 절손(折損)의 가능성이 높아지게 되므로 신속하게 교환할 필요가 있다.

(다) 판정 기준

두부상면의 손상에는 이 외에 게이지 코너 쉐링 등이 있지만, 이 흠은 헤드체크와 마찬가지로 특별한 경우를 제외하고 절손에 이르는 일이 없다. 다만, 두부상면 쉐링은 전술한 것처럼 진행성을 가지고 있기 때문에 소정의 기준을 정하여 관리하는 것이 좋다. 참고로 **표 7.5.2**와 **7.5.3**은 레일 두부상면 쉐링과 헤드체크의 판정 기준에 관한 일본의 예를 나타내고 있다[7].

표 7.5.2 레일 두부상면 쉐링상 판정 기준의 예

판정	판정 내용	손상의 상황			처치
		외관(목측)	외부	내부	
A1	두께 측정계를 이용하여 열차 진행방향으로 20 mm 미만의 수평렬이 검지되는 경우	두부상면 쉐링상이 인지되어 레일의 빛나는 면, 빛나는 폭이 변하여 간다. 또한, 패임이 나타난다.	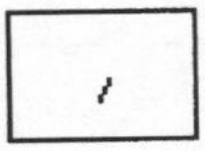	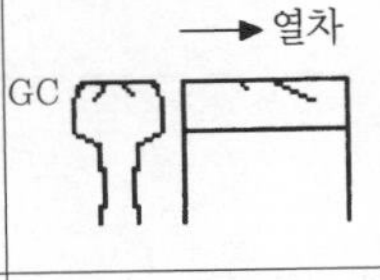 GC → 열차	감시 마크를 붙인다.
A2	두께 측정계를 이용하여 20 mm 이상이 검지되는 경우, 또는 사각 70° 로 깊이 15 mm 이상의 횡열이 검지되는 경우	쉐링상이 크게 되어 궤간 외측, 그렇지 않으면 G.C에 수평렬이 보여지는 것이 있다. 또한 반점을 수반하는 것이 있고, 박리하는 것도 있다.	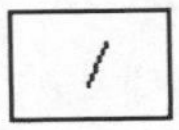	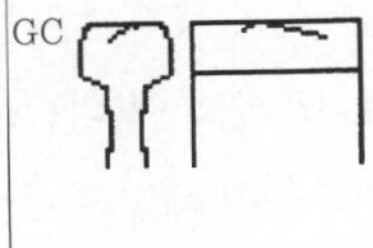 GC	감시 마크를 붙인다.
B	두께 측정계를 이용하여 50 mm 이상이 검지되는 경우, 또는 사각 70° 로 깊이 15 mm 이상의 횡열이 검지되는 경우	쉐링상이 더욱 크게 되어 궤간외측, 그렇지 않으면 G.C에 횡렬이 보여지는 것이 있다.		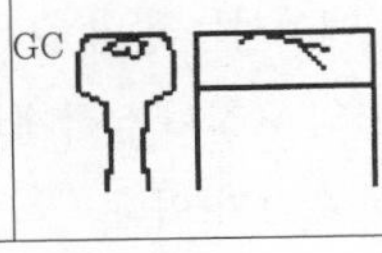 GC	이음매판을 설치한다.

(표 7.5.2의 계속)

C	두께 측정계를 이용하여 100 mm 이상이 검지되는 경우, 또는 사각 70° 로 깊이 30 mm 이상의 횡열이 검지되는 경우	두부횡렬로 진행하여 절손에 이른다.	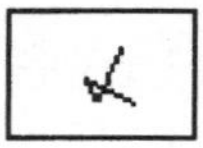	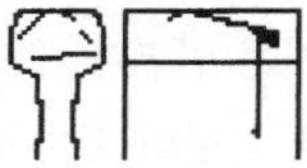 GC	이음매판을 설치하여 계획적으로 교환한다

표 7.5.3 헤드체크 판정 기준의 예

1기	–	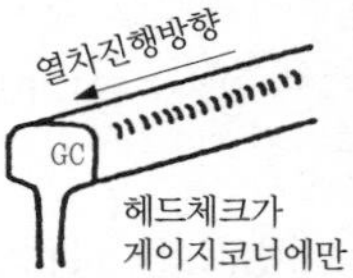 열차진행방향 GC 헤드체크가 게이지코너에만 부분 존재한다	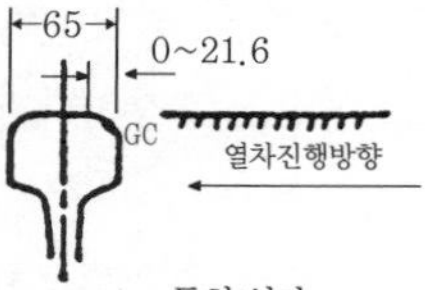 65 0~21.6 GC 열차진행방향 특히 없다	0~21.6 mm	기록에 올린다
2기	A	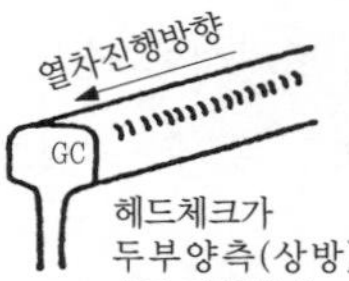 열차진행방향 GC 헤드체크가 두부양측(상방)으로 진행한다	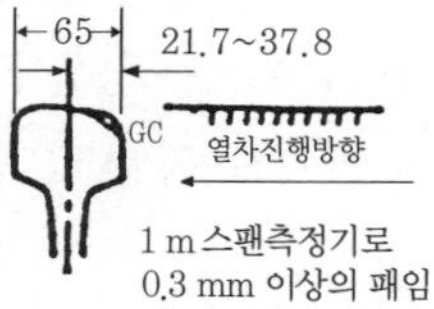 65 21.7~37.8 GC 열차진행방향 1 m스팬측정기로 0.3 mm 이상의 패임이 있는 것도 있다	21.7~ 32.5 mm	감시 마크를 붙인다
3기	B	 열차진행방향 GC 두부양측으로 신장한 균열이 더욱 진행하여 두부폭의 2/3에 달한다	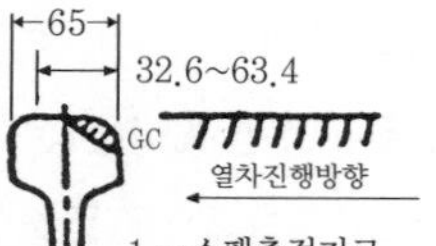 65 32.6~63.4 GC 열차진행방향 1 m스팬측정기로 0.5 mm 이상의 패임이 있는 것도 있다	32.6~ 43.4 mm	보강 이음판을 설치함과 동시에 갱환계획을 세워 갱환한다
4기	C	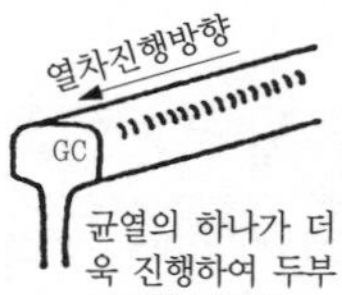 열차진행방향 GC 균열의 하나가 더욱 진행하여 두부횡렬에 이른다	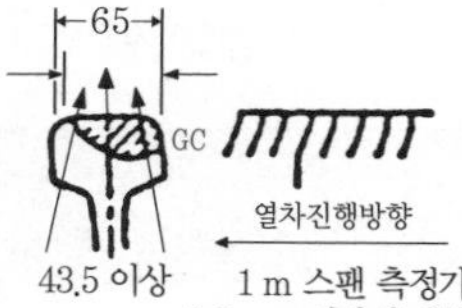 65 GC 열차진행방향 43.5 이상 1 m 스팬 측정기로 0.5 mm 이상의 패임이 있는 것도 있다	43.5 mm 이상	신속하게 갱환한다

(5) 부식

금속표면에 강우 등으로 인하여 물이 묻으면 전기화학 반응으로 인하여 표면에 부식(腐蝕, corrosion)이 생긴다. 레일에 부식이 생기면 다음과 같은 문제가 일어난다.

① 감모(減耗)로 인하여 외관을 해치고, 레일단면이 감소한다.

② 부식 마모, 특히 레일 두부상면과 같이 차륜과 접촉하는 부분의 마모가 촉진된다.

③ 반복하중으로 인하여 재료 피로강도가 저하되고, 내용 년수가 단축된다.

특히, 터널 내에서는 항상 습윤 상태로 있는 것 등이 작용하여 일반적으로 부식이 심하다. 또한, 부식이 진행되면 레일표면의 요철이 심하게 되기 때문에 초음파 탐상 검사에 따른 균열의 발견도 어렵게 된다. 그러므로 신중하게 관리할 필요가 있다.

(6) 전식

직류 전철화 구간에서 전차 운전용의 전류는 레일을 통하여 변전소로 되돌아가는 것이지만, 일부의 전류가 레일에서 대지로 흐르는 경우가 있다. 이 누설 전류 등으로 인하여 레일이 전해부식(電解腐蝕)되는 현상을 전식(電蝕, electrolytic corrosion, electric erosion)이라 한다. 주로 직류 구간에서 발생이 보여지지만, 비전철화 구간에서도 신호 전류에 기인하여 전식이 발생되는 일이 있다. 전식에 기인한 단면감소와 패임은 부식과 마찬가지로 레일의 강도와 피로강도를 현저하게 저하시킨다.

전식의 발생은 국부적이며, 특히 저부 가장자리의 스파이크가 닿아 있는 부분, 체결장치로 체결되어 있는 부분, 도상자갈이 닿아 있는 부분 등에서 집중적으로 발생한다. 대책으로서는 레일의 대지에 대한 전압을 낮추든지, 누설저항을 크게 하는 방법이 있지만 설비적인 문제 등도 있어 근본적인 대책은 어렵다.

(7) 레일의 용접보수

선로유지관리지침에서는 다음과 같이 규정하고 있다. 레일의 표면은 궤도검측차 또는 육안으로 점검하고 항상 열차주행에 적합한 상태로 유지하며, ① 자갈비산에 따른 레일표면결함, 레일 주행면의 국부분쇄, 차륜의 미끄러짐 자국, 주행면의 긁힘 등이 발생되었을 때는 육성용접으로 보수하고, ② 테르밋 용접의 중심에서 2 m 이내 구간에서 눈에 보이는 정도의 단면 횡 방향 균열, 복부의 수평균열 등이 발생되었을 때는 새로운 레일을 삽입한 후에 테르밋 용접으로 보수한다.

7.5.3 레일의 탐상(探傷)

(1) 초음파 레일 탐상기를 이용한 지상에서의 탐상

레일 탐상(rail crack detection)은 레일에 대한 세밀(細密) 검사의 일환으로 시행된다. 초음파 탐상기(超音波 探傷器, ultrasonic rail flaw detector)는 레일 위에 2 륜으로 지지되는 가대(架臺)와 탐상기 본체로 구성되어 있으며, 가대에는 접촉 매체로서 이용되는 물을 담는 탱크 및 수직, 사각 37°, 사각 70°의 3 탐촉자(探觸子)를 장비하고 있다. 이를 이용한 탐상은 탐상기를 손으로 밀면서 CRT(cathode ray tube – 브라운관) 화면상으로 관찰하는 것이다.

레일 내부의 흠을 초음파로 발견한다고 하는 시도는 1940년 미국에서 연구되어 그 후 일본 등에서도 여러 가지로 개량하여 널리 활용되고 있다. 레일 탐상에 이용되는 초음파는 1~10 MHz (주로 사용되는 것은 2 MHz와 5 MHz)의 주파수이며, 대상으로 하는 결함에 따라 여러 가지 각도로 레일을 탐상한다.

그림 7.5.2는 일례로서, 기록기가 있는 레일 탐상기와 그 탐촉자의 배열을 나타낸 것이다. 탐촉자 중에는 초음파를 발생시키는 진동자(振動子)와 초음파를 수신하는 진동자의 2매가 1조로 되어 있다. 초음파는 레일내의 흠에 대하여 반사하여 수신하기 때문에 반사 에코(反射 echo)의 강도로 흠의 크기를, 반사하는 거리로 흠의 위치를 판단한다. 그 때문에 사전에 시험을 하여 탐상기를 조정할 필요가 있다. **그림 7.5.2**에서 70° 탐촉자는 두부 횡렬을, 두 개의 37° 탐촉자는 레일 저부에서의 흠과 이음매 구멍에서의 흠을, 0° 탐촉자는 레일의 수평렬을 검지하는 것이다.

그림 7.5.2는 일례로서, 기록기가 있는 레일 탐상기와 그 탐촉자의 배열을 나타낸 것이다. 탐촉자 중에는 초음파를 발생시키는 진동자(振動子)와 초음파를 수신하는 진동자의 2매가 1조로 되어 있다. 초음파는 레일내의 흠에 대하여 반사하여 수신하기 때문에 반사 에코(反射 echo)의 강도로 흠의 크기를, 반사하는 거리로 흠의 위치를 판단한다. 그 때문에 사전에 시험을 하여 탐상기를 조정할 필요가 있다. **그림 7.5.2**에서 70° 탐촉자는 두부 횡렬을, 두 개의 37° 탐촉자는 레일 저부에서의 흠과 이음매 구멍에서의 흠을, 0° 탐촉자는 레일의 수평렬을 검지하는 것이다.

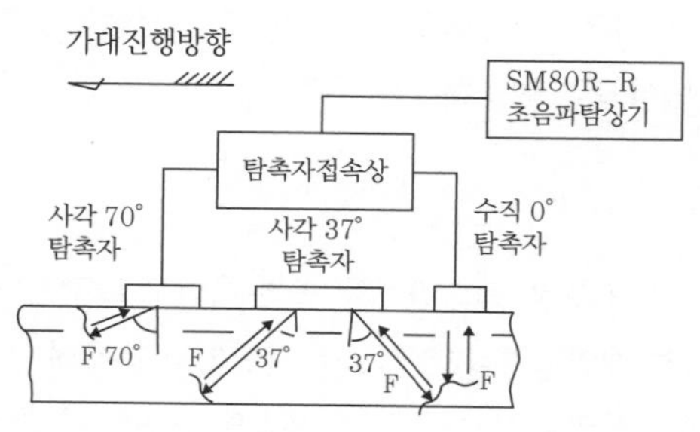

그림 7.5.2 기록기가 있는 레일 탐상기

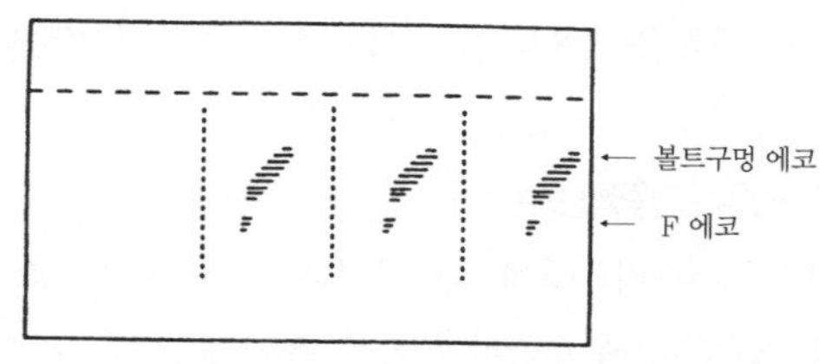

그림 7.5.3 이음매 볼트구멍의 탐상 기록 예(37°)

수직 0° 에코의 화면에서 종축은 반사 에코의 강도를, 횡축은 반사 위치를 나타낸다. 두부에 비교적 가까운 흠의 검출은 불가능하다. 레일 탐상은 반사 에코를 읽기 위하여 상당한 지식과 경험을 필요로 한다. 이 때문에 반사 에코를 자동적으로 해석하여 흠을 기록지에 기록하는 탐상기가 개발되고 있다. **그림 7.5.3**은 이 탐상기로 기록된 이음매부 주변의 흠에 대한 기록 예이다. 시험레일의 인공 흠과 기록지의 패턴 개수를 비교하여 흠의 크기를 판단할 수가 있다. 또한, 화상(畵像)표시형의 레일 탐상기도 있다. 지금까지 기술력을 필요로 하였던 판정을 한 눈으로 수행할 수 있도록 되어 판정 정밀도의 향상으로 이어졌다. 또한, 비디오 화상이므로 검사 후에 재판정이 가능하게 되어 가일층 사용하기 쉽게 되어 있다.

(2) 레일 탐상차를 이용한 차상에서의 검측

레일을 효율적으로 탐상하기 위하여 40 km/h 정도의 속도로 주행하면서 초음파 탐상을 하는 레일 탐상차(探傷車, detector car, ultrasonic train)를 사용하고 있다. **그림 7.5.4**는 예로서 모터카 및 전원을 가진 부수차의 3량-편성으로 된 탐상차의 탐촉자 배열을 나타낸 것이다[7]. 또한, 이에 대한 각 탐촉자의 탐상 범위를 **그림 7.5.5**에 나타낸다. 고속선로의 경우에 특히 쉐링상(shelling傷)이 중요하기 때문[7]에 수직 0°(5 MHz) 및 사각 70°(2 MHz)의 탐촉자가 장치되어 있다. 또한, 45°-3은 45°-1에서 발신된 초음파를 검지(2探法)하여 주로 용접부의 결함을 탐지하는 것이다.(제2.2.3항 참조)

탐상 기록은 탐상차에서 차트(**그림 7.5.6**)로서 출력되는 외에, 1 m마다의 최대 결함치가 테이프로 5 랭크로 판정 처리하여 기록된다. 이 테이프는 시설관리 시스템으로 전회 데이터와의 조합(照合) 등을 행하여 세밀 검사 지시서(**그림 7.5.7**)로서 각 현업소에 송부된다.

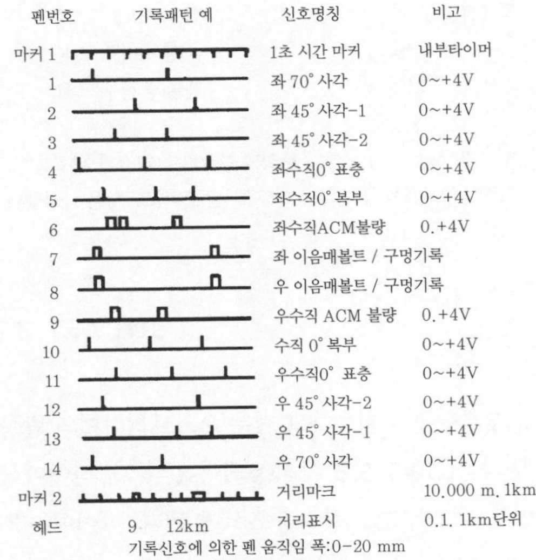

펜번호
기록패턴 예
신호명칭
비고
마커 1
1초 시간 마커
내부타이머
1
좌 70° 사각
0~+4V
2
좌 45° 사각-1
0~+4V
3
좌 45° 사각-2
0~+4V
4
좌수직0° 표층
0~+4V
5
좌수직0° 복부
0~+4V
6
좌수직ACM불량
0,+4V
7
좌 이음매볼트 / 구멍기록
8
우 이음매볼트 / 구멍기록
9
우수직 ACM 불량
0,+4V
10
수직 0° 복부
0~+4V
11
우수직0° 표층
0~+4V
12
우 45° 사각-2
0~+4V
13
우 45° 사각-1
0~+4V
14
우 70° 사각
0~+4V
마커 2
거리마크
10,000 m, 1km
헤드
9
12km
거리표시
0.1, 1km단위
기록신호에 의한 펜 움직임 폭:0-20 mm
기록지 눈금폭:40 mm

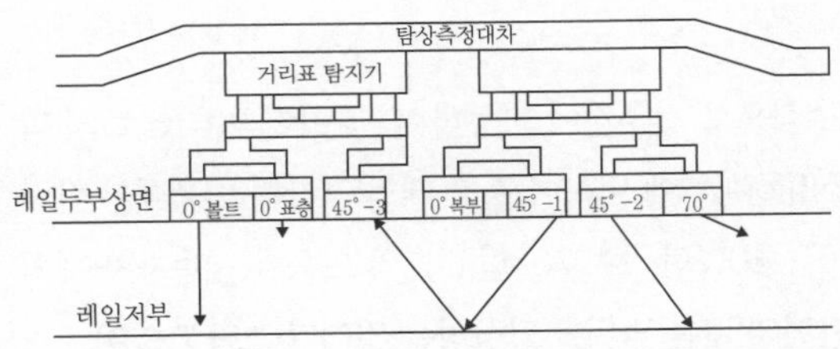

그림 7.5.4 레일 탐상차의 탐촉자 배열의 예

그림 7.5.6 레일 탐상차 기록도의 예

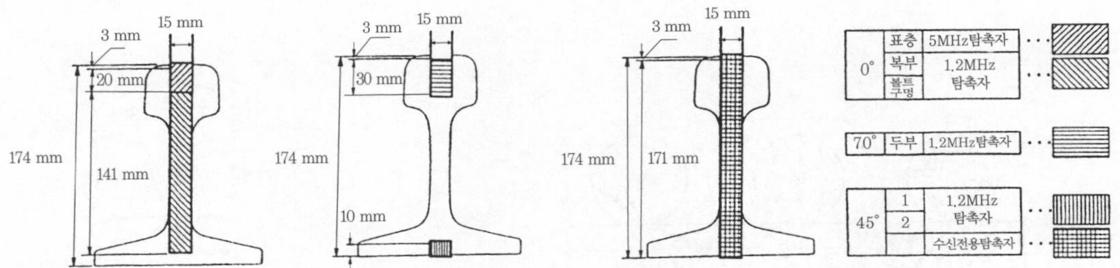

그림 7.5.5 각 탐촉차의 담당 범위

처리일 년 월 일 매

시설관리사업소 시설관리반

번호	검사 개소																검사 데이터															추가삭제코드
	전회유무별	시설관리반 코드	선별	위치 km	직곡별	좌우별	용접종별	전회처치	이음매검지	탐상기록						두께측정계기록	탐상기록									종합판정	결함종별	45°			
										수직		45°			75°		45°			45°			45°								
										A	B	1	2	3	조		A	B	C	A	B	C	A	B	C			년	월	일	
19		77232	하	235.159	직	우																									
20		77232	하	235.308	직	좌	C	A						$3																	
21	*	77232	하	235.337	직	우	C	A		1																					
22		77232	하	235.354	직	좌																									

선별 상선 : 1 용접종별 가스압접 : G 분기기 : P 전회처치 감시마크 : A
하선 : 2 테르밋 : T 신축이음매 : S 종합판정 처치기 설치 : B
직곡별 직선 : 0 엔크로즈 : E 보통이음매 : A 갱환 : C

직곡별	직선 : 0	엔크로즈	: E	보통이음매	: A		갱환	: C
	곡선 : 1	플래시 버트	: F	접착절연이음매 : B		추가삭제코드	추가 : 1	삭제 : 3
좌우별	좌 : 1	레일 중간부	: C				모두삭제 : 7(취급에 주의)	
	우 : 2							

전회 유무별 : *의 표시는 전회의 탐상차로 검출된 개소이다.

요주의 항목 : 탐상차 기록의 $표시는 흠 랭크 (3)을 나타낸다.

담당자	
전화번호	

그림 7.5.7 레일 세밀 검사 지시서의 예

재래선에서 이용하고 있는 오스트리아제의 탐상차는 자주식으로 전후진이 가능하며, 타이어식(tire式)의 탐상 차륜(**그림 7.5.8**)이 채용되어 있다[7]. 타이어식은 접동식(摺動式)에 비하여 정척 레일 구간의 이음매부 단차에도 지장이 없고 살수량도 적게 된다. 타이어는 3륜이며, 0°, 40° (전,후), 70° 및 54° 의 초음파 탐촉자가 배치되어 있다. 이 중에서 54° 의 탐촉자는 레일두부 횡단방향 단면의 넓은 범위를 탐상하는 것이다(**그림 7.5.9**).

그리고, 탐상 기록은 차상의 자기 테이프로 기록되는 외에 컬러 그래픽 및 프린터로 결함의 위치, 크기, 종류가 출력되는 시스템으로 되어 있다.

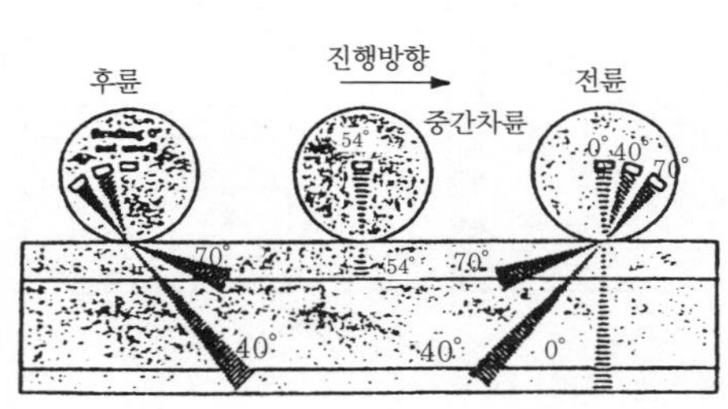

그림 7.5.8 탐상 차륜의 빔 패턴

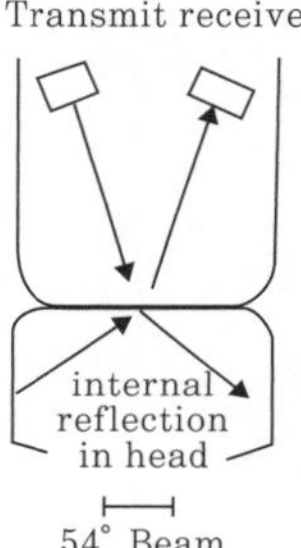

그림 7.5.9 54° 초음파 빔

(3) 침투 탐상법과 자분 탐상법을 이용한 지상에서의 확인

초음파 탐상이 주로 레일내부 흠의 발견을 목적으로 함에 비하여, 레일표면의 미세한 흠을 찾아내는 데에 유효한 방법이 침투 탐상법 및 자분 탐상법이다.

(가) 침투 탐상법(浸透 探傷法)

침투 탐상법은 표면에 벌어져 있는 흠에 대하여 유효하고, 컬러 체크(color check)라고도 하며, 표면의 미세한 균열을 침투 액으로 도드라지게 하여 검출하는 방법이다. 침투 탐상법은 **그림 7.5.10**에 나타낸 공정으로 행한다. 즉, 먼저 표면의 더러움(녹이나 유지 등)을 제거하여 청정하게 한 후에 침투 액을 스프레이로 뿌려 5~10분 방치하여 침투시킨다. 그 후에 청정액을 바른 포목 등으로 여분의 침투 액을 닦아내고, 다음에 현상액을 스프레이로 고르게 뿌린다. 현상에는 침투 시간의 1/2 이상을 요한다. 그러면, 결함부위는 흰 바탕에 붉게 선명히 도드라진다. 이 방법은 간편하기 때문에 분기기나 신축이음매 등의 세밀 검사에 사용되고 있지만, 검사표면의 상

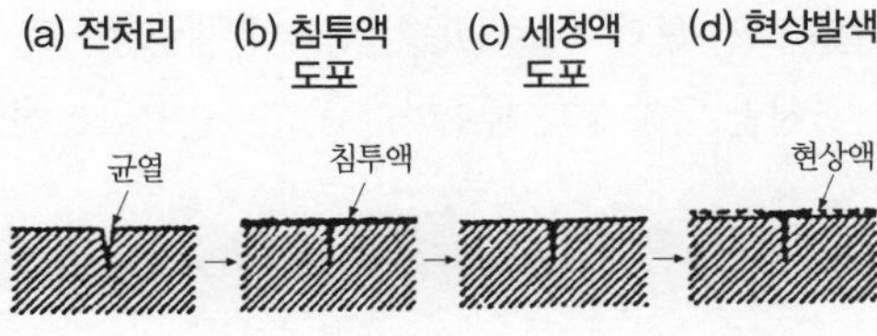

그림 7.5.10 침투 탐상 검사공정

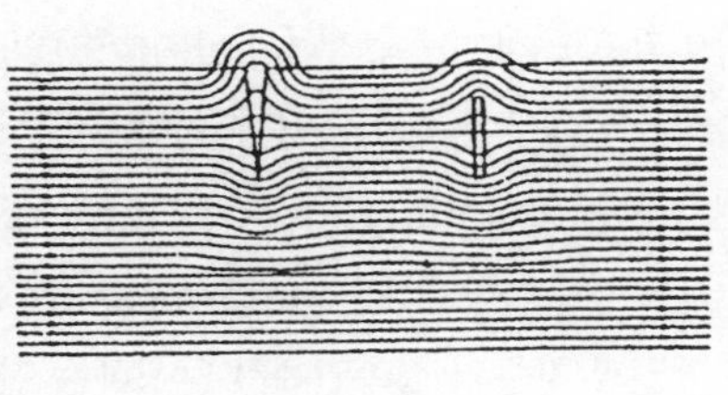

그림 7.5.11 균열로 인한 누설 지속

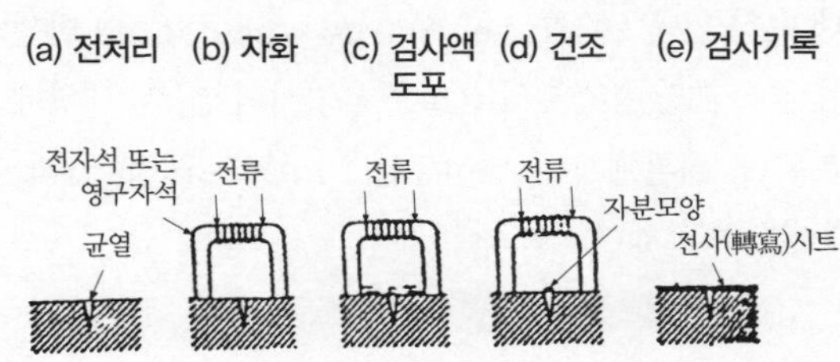

그림 7.5.12 자분 탐상 검사공정

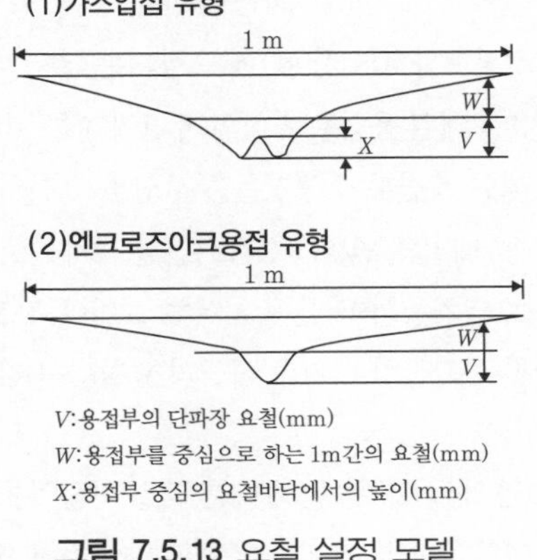

그림 7.5.13 요철 설정 모델

태에 영향을 받기 쉬운 결점도 있다.

(나) 자분 탐상법(磁粉探傷法, magnetic particle testing, MT)

자분 탐상법은 레일 용접부와 쉐링상의 검사에 사용되며, 표면과 표면 근처의 탐상에 이용된다. 자분 탐상법은 자성(磁性)을 가지는 레일의 표면과 표면에 까까운 부분에 결함이 있는 경우에 균열 개소의 자속(磁束)이 흩어져 누설(漏洩)이 생기기 때문에(**그림 7.11**) 이것을 자분의 부착 모양에 따라 검출하는 방법이다. 자분 탐상법은 **그림 7.5.12**에 나타낸 공정으로 행하여진다. 레일의 자화(磁化)에는 전자석, 또는 영구자석의 2극(極)간에 직접 자장(磁場)을 발생시키는 극간법(極間法)이 잘 이용된다. 이 경우에 결함에 대하여 직각으로 자장을 주는 것이 중요하다. 자분(磁粉)은 알콜 등에 섞어 레일의 표면에 도포하여 건조 후에 점착성의 투명 테이프로 자분 모양을 베낄 수가 있다. 자분 탐상법은 간편하여 5~10분의 단시간에 검사하는 것이 가능하고, 정밀도도 높지만, 망간강은 비탄성체이기 때문에 사용할 수 없다.

7.5.4 레일의 연삭

(1) 레일 연삭(rail grinding)의 목적

(가) 레일 쉐링(rail shelling) 대책

레일의 두부상면은 고속으로 주행하는 차륜의 전동으로 인하여 레일표면의 대략 0.05~0.2 mm의 층에 재료의 가공경화 층(加工硬化 層)이 형성된다. 이 가공경화 층은 전동접촉 피로 층이라고도 하고, 전동피로 파괴

층이라고도 하며, 쉐링상(shelling傷)의 핵(核)으로 되는 흠으로서 통과 톤수의 증가와 함께 쉐링상으로 성장한다. 이 때문에 피로 층을 제거하기 위하여 대체로 4천만~5천만 톤의 통과 톤수마다 0.15~0.3 mm 정도를 연삭(削正, grinding, re-profiling of rail)한다.

(나) 철도소음 대책(countermeasure to noise)

레일과 차륜의 접촉면에서 발생하는 전동소음(轉動騷音, rolling noise)의 저감은 철도소음 대책으로서 효과가 인지되고 있다. 전동소음은 레일 두부상면의 요철(凹凸)과 차륜의 플랫(wheel flat)이 원인이지만, 레일 연삭은 전자를 대상으로 하여 시행된다. 레일 두부상면의 요철은 주로 열차의 가속역행(加速力行) 및 감속제동 구간에서 발생하는 파장이 짧은 요철(파상 마모)과 레일 용접부의 패임에 기인한 것이 있다. 파상 마모는 20 cm 정도까지의 현(弦)에 포함되는 짧은 파장성분의 요철이다.

(다) 레일 용접부 요철의 제거에 따른 저대 윤하중 발생의 경감

레일 용접부에 생기는 두부상면 요철의 제거는 저대 윤하중(著大輪重, very large wheel load) 발생의 저감 및 레일의 연명화 (延命化)를 목적으로 하여 행하여진다. 레일 용접부의 요철은 용접시의 열(熱) 영향에 기인하여 열차통과와 함께 서서히 요철이 진전된다고 고려된다. 일본에서는 2 m(또는 1 m) 스트레치(stretch)나 요철 측정장치로 기준 이상의 요철량이 검측된 경우에 연삭하고 있다.

(2) 레일 피로수명에 대한 레일 삭정의 효과

레일 용접부의 피로손상(疲勞損傷)과 레일 쉐링의 발생을 억제하여 레일의 수명을 늘리고 혹은 이음매의 피로강도로 결정되고 있는 갱환 표준만큼 사용하기 위하여 시행하는 레일 연삭의 효과에 대하여 소개한다. 장기간의 사용에서는 부식 등으로 인한 응력 집중을 고려하는 것이 중요하지만, 현 시점에서 그 정도를 계산할 수가 없으므로 여기서는 부식의 영향을 고려하지 않는 것으로 하였다. 레일 용접부의 피로손상으로서는 피로손상의 기점이 반드시 휨 응력이 최대인 저부에서 발생하는 것은 아니지만 피로시험과 실제의 손상형태가 같은 모양인 점에서 하중과 최대 휨 응력의 최대치에 착안하여, 이것을 휨 피로로서 다루는 것도 큰 모순이 없이 검토를 진행하는 일이 가능하다는 사실에서 레일 용접부의 이러한 피로현상을 여기서는 휨 피로라고 부르는 것으로 한다. 레일 용접부의 휨 피로에 대하여는 그 두부상면의 요철이 큰 동적 윤하중을 여기(勵起)하여 그 윤하중이 큰 휨 응력을 발생시키기 때문에 용접부 요철과 레일 휨 응력의 관계, 열차하중의 반복에 따른 요철의 진행, 그리고 휨 응력으로 인한 피로피해를 어떻게 평가하는가를 명확히 할 필요가 있다.

(가) 레일 두부상면 요철(凹凸, rail roughness)과 레일 저부 휨 응력의 관계

레일 두부상면 요철과 레일 저부 휨 응력에 관하여는 인공적으로 요철을 설정한 일본의 측정시험 결과에서 다음과 같은 관계식이 얻어지고 있다. 설정한 요철에 대하여는 엔크로즈 아크 용접과 가스 압접부에 발생하는 전형적인 형상을 모방하여 **그림 7.5.13**과 같은 변수를 도입하고, **표 7.5.4**에 나타낸 조건을 설정하였다. 이 요철과 발생한 휨 응력의 중(重)회귀분석 결과를 **표 7.5.5**와 **7.5.6**에 나타낸다[7].

이들의 표에 나타낸 식을 이용하면 전차와 기관차가 주행할 때에 레일 두부상면 요철 형상에 따라 발생하는 레일 저부 휨 응력을 속도별로 추정할 수가 있다. 다만, 차량의 주행속도에 대하여는 실측치의 평균치인 급행전차의 97.1 km/h와 기관차의 68.9 km/h에서 크게 다른 경우는 추정 정밀도가 낮아지는 점에 주의할 필요가 있다. 또한, 그 후의 동적 궤도 응답 모델을 이용한 검토에 의거하여 침목의 지지상태가 충분하지 않고 약간 뜰

가능성이 지적되고 있기 때문에 이들의 관계식을 이용한 추정치는 약간 큰 쪽이 안전 측의 값으로 된다고 생각된다.

(나) 용접부의 요철 진행(凹凸進行)

용접부의 요철 진행은 100 mm의 측정 현에 대한 중앙 종거 값으로 통과 톤수 1억 톤당 최대 0.1 mm라고

표 7.5.4 요철 설정조건

가스압접 유형				엔크로즈아크 용접 유형			
조건 No.	V	W	X	조건 No.	V	W	X
1	0.0	0.0	0.0	16	0.0	0.0	
2	0.28	0.0	0.2	17	0.25	0.0	
3	0.60	0.0	0.60	18	0.60	0.0	
4	0.89	0.0	0.82	19	0.90	0.0	
5	0.91	0.0	0.51	20	1.20	0.0	
6	0.91	0.0	0.27	21	0.60	0.59	
7	0.30	0.44	0.30	22	0.55	0.68	
8	0.60	0.63	0.45	23	0.34	0.92	0.0
9	1.03	0.56	0.64	24	0.0	1.34	
10	1.05	0.70	0.48	25	0.36	1.22	
11	0.41	1.18	0.35	26	0.58	1.25	
12	0.42	1.21	0.03	27	1.01	1.23	
13	0.62	1.28	0.06	28	0.40	1.73	
14	0.15	1.79	0.03	29	0.37	1.91	
15	0.34	1.72	0.20	30	0.09	2.20	

V, W, X ; **그림 7.5.13**에 따름

표 7.5.5 특급전차의 중(重)회귀분석 결과

$Y = 4.98V + 2.01W + 1.49X + 0.022U + 3.01$

Y : 레일 휨 응력(kgf/mm²)

V, W, X : **그림 7.5.13**에 따름

U : 열차속도(km/h)

중(重)상관계수 0.860, 추정 치의 표준편차 1.12

데이터 수 3600

표 7.5.6 기관차의 중(重)회귀분석 결과

$Y = 4.86V + 2.33W + 1.74X + 0.027U + 4.63$

Y, V, W, X, U : **그림 7.5.13** 및 **표 7.5.5**에 따름

중(重)상관계수 0.867, 추정 치의 표준편차 1.14

데이터 수 1620

생각된다. 다만, 현재도 조사가 진행중이며, 용접종별에 따른 패임의 형상과 그 진행이 밝혀지고 있는 중이다.

(다) 누적 피로피해 법칙(累積疲勞被害法則)

레일 용접부에서 누적하는 휨 피로를 평가하기 위하여 그 물리현상을 합리적으로 설명하기에는 충분하지 않지만 공학적으로 극히 유용하게 되는 누적 피로피해 법칙의 기본으로 되는 S-N 곡선과 마이너 법칙(Miner 法則)에 의거한 수명계산의 고려방법을 소개한다.

S-N 곡선은 통상 정응력(定應力) 시험의 결과를 나타내는 것이지만, 정응력 시험이라고 하여도 작용하는 진실의 응력이 일정하다는 의미는 아니며 단지 겉보기의 응력이 일정하다는 것을 나타낸다. 따라서, 응력 일정(應力一定)의 S-N 곡선이란 하중이라든가 모멘트가 일정한 S-N 곡선이라고 정의하는 쪽이 적합하다. 더욱이, 재료가 피로(疲勞)하여 응력(應力)이 히스테리시스 루프(hysteresis loop)를 그리게 되면 표면 응력이 일반적으로 복잡하게 변화한다. 이와 같이 S-N 곡선도 엄밀히 고려하면 극히 복잡하지만, 고려방법과 그 취급이 대단히 이해하기 쉬운 점이 공학적으로 설계 상 유용하게 되고 있다.

마이너 법칙이란 정응력 시험으로 구한 S-N 곡선을 사용하여 피로수명을 추정하는 방법으로 이하에 그 추정

법과 문제점을 설명한다. 각각의 응력 레벨 σ_1, σ_2, ~ , σ_i~ 의 응력이 단독으로 반복된 때의 피로수명을 **그림 7.5.14**에 나타낸 것처럼 N_1, N_2, ~ , N_i~로 한다. 지금, 각각의 레벨에 대한 반복 응력이 n_1, n_2, ~ , n_i~ 회 가해진다고 하면, 그 때의 각 레벨의 피로손상을 n_1/N_1, n_2/N_2, ~ , n_i/N_i ~라고 생각하여 이들의 합을 취하여 누적 피로피해 치를 정의하여 그것이 1로 될 때, 즉

$$D = \sum n_i / N_i = 1$$

의 관계에서 파괴가 생긴다고 생각된다. 이 관계를 선형 누적 피로피해 법칙 혹은 Palmgren - Miner 법칙 또는 단순히 마이너 법칙이라 불려지고 있다.

다음에 문제점으로서 마이너 법칙은 공학적으로 유용하게 되어 있지만, 그 엄밀도라고 하는 점에서 고려하여야 할 사항에 대하여 설명한다. 먼저, 응력 레벨이 모두 피로한도 이상이며, 각 레벨의 응력 반복수가 비교적 작고, 응력 변동 범위도 작으며, 주기적으로 반복 변동이 일어날 경우는 손상치 D가 비교적 1에 가깝게 되며, 2단(段) 2중(重)과 같이 변동회수가 적은 경우는 응력 고저(高低)의 부담(負擔) 순서에 따라 D의 값이 다르다. 일반적으로는 고(高)→저(低)의 순서에 대하여 D는 1보다 작고, 저→고의 순서에서는 1보다 크게 된다. 다음에, 마이너 법칙에 대하여 손상은 피로한도 이상의 응력에 대하여만 고려하지만, 레일에 발생하는 응력 등의 실제 작용하는 응력에서는 피로한도 이하의 응력을 다수 포함하며, 이와 같은 피로한도 이하의 응력이 피로손상에 관여하는 것도 잘 알려져 있다. 그래서, 이 문제점을 보완하기 위하여 수정을 한 수정법을 **그림 7.5.15**에 소개한다.

(라) 용접부의 휨 피로에 따른 수명 추정과 레일 연삭 효과(effect of rail grinding)

계산에 이용된 S-N 곡선과 수명의 계산방법을 **그림 7.5.16**과 **그림 7.5.17**에 나타낸다. 계산에 이용된 주된 조건은 파괴확률 5 %와 1 %의 S-N 곡선, 50N 레일, 자갈궤도, 기관차(80 km/h)와 급행전차(100 km/h)의 통과 축 수가 같고, 년간 통과 톤수 4천만 tf 및 요철진행을 1 m 파장과 단파장을 각각 -0.1 mm/억 tf이며, 누적 피로피해 법칙으로 수정 마이너 법칙 혹은 마이너 법칙과 수정 마이너 법칙의 각각의 특장을 고려한 중간적인 계산방법을 적용한 예를 **그림 7.5.18**에 나타낸다. 이 그림에 의거하여 용접부의 요철을 삭정하여 윤하중 변동(輪重變動)을 억제하는 효과로서 삭정을 전혀 실시하지 않은 경우의 수명이 14년인 것에 대하여, 삭정을 매년(삭정 주기 1년) 행한 경우의 수명이 36년으로 되어 수명이 22년 연신되는 것을 기대할 수 있다. 더욱이, 용접부의 마무리 상태로서는 -0.3 mm를 가정하고 있다. 다만, 이 수명추정 시스템은 재래선의 고속주행 직선구간을 대상으로 레일 응력으로서 동적 윤하중(dynamic wheel load)에 기인한 휨 응력만을 채용하고 있으며, 장대레일의 축력(軸力, axial force)과 횡압으로 인한 응력, 부식에 기인한 피로강도 저하 등의 영향을 고려함에 따라 한층 더 실제의 조건을 계산에 반영시키는 것이 가능하다.

(마) 전동접촉 피로와 레일의 예방 연삭 효과

휨 피로를 억제하기 위한 레일 연삭은 용접부에 발생한 요철을 연삭하는 것이지만, 레일 쉐링이라 부르는 전동접촉 피로손상의 발생을 억제하기 위한 레일 연삭은 균열의 발생을 미연에 방지하기 위하여 미리 레일 두부상면의 피로 층(특히 소성변형이 큰 부분)을 제거하는 것이다.

전동접촉 피로에 대한 예방 연삭 효과를 밝히기 위하여 시행한 시험결과에서 **그림 7.5.19**가 구하여졌다. 이것은 하중조건(일본 신칸센 설계 윤하중의 약 1.5배의 윤하중 상당 하중과 접선력 계수에 대하여 약 0.01) 및 연삭조건으로서 삭정 주기를 약 수 5천만 tf(반복 수 3×10^6 회 상당)으로 일정하게 하여 1회의 평균 연삭량과 전동접촉 피로손상이 발생하기까지의 누적 통과 톤수(통산 반복 수에 상당)의 관계를 구한 것이며, 그림에서 통과

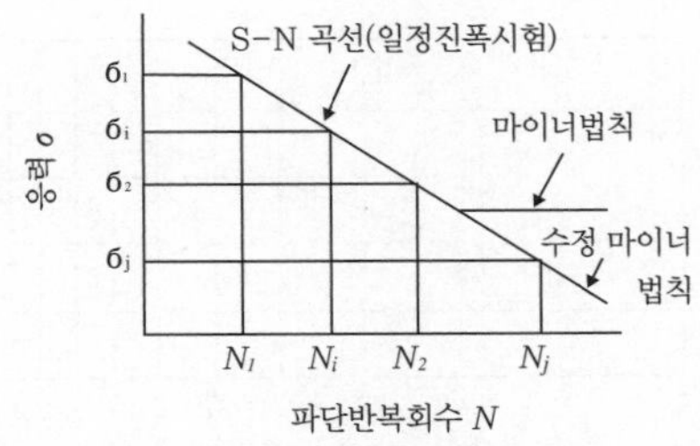

그림 7.5.14 S-N 곡선과 마이너 법칙 및 수정 마이너 법칙

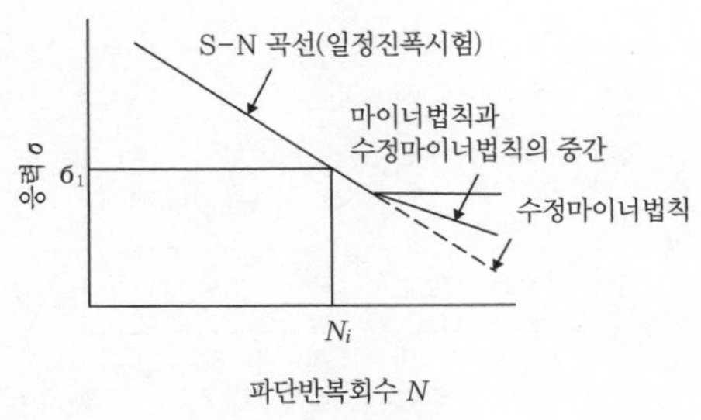

그림 7.5.15 S-N 곡선의 수정

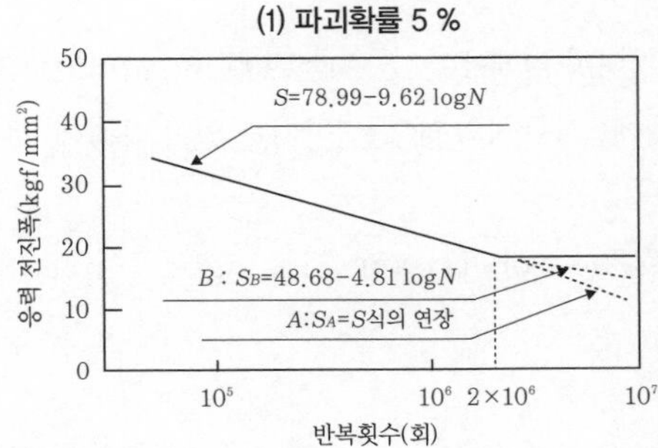

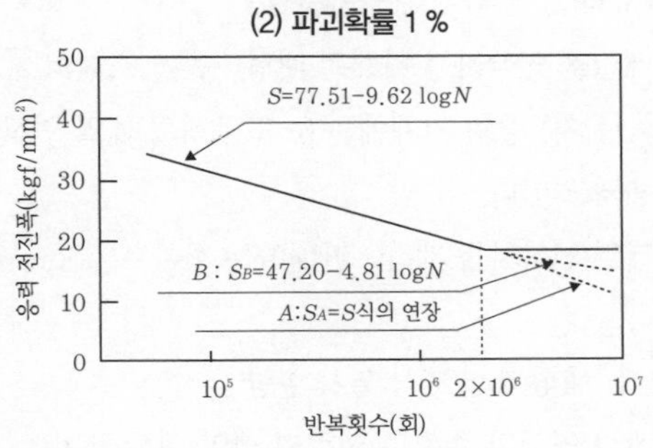

그림 7.5.16 수명 추정에 이용한 S-N 곡선

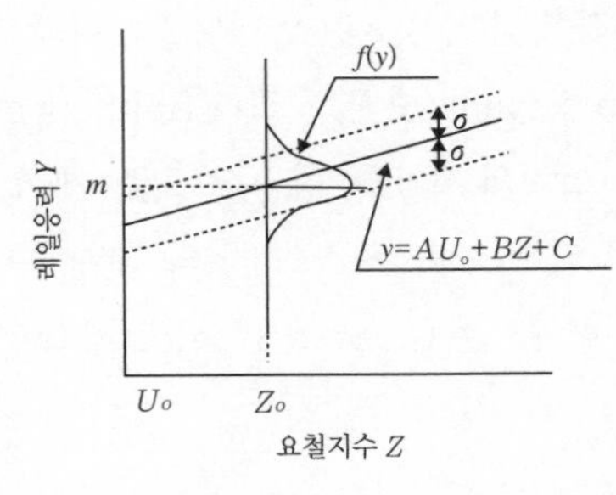

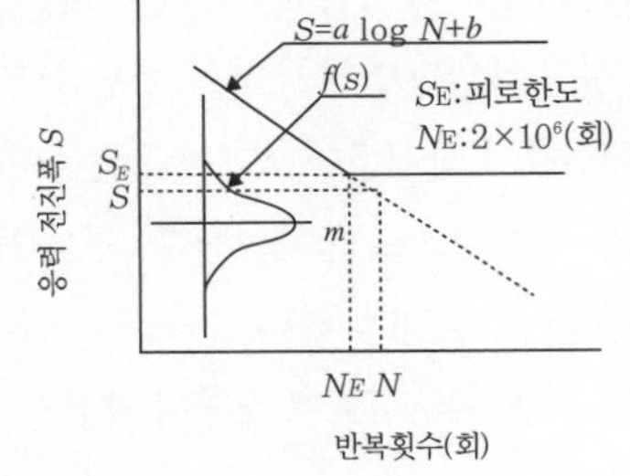

y	: 열차속도 U_o에서의 레일응력추정식에서 A, B는 계수, C는 정수
$f(y)$	: 열차속도 U_o, 요철지수 Z_o 인 때의 레일응력분포를 주는 확률밀도함수로 정규분포를 추정한다.
m	: 열차속도 U_o, 요철지수 Z_o 인 때의 레일응력 추정치로 $f(y)$의 평균치
σ	: 레일응력추정치의 표준편차로 $f(y)$의 표준편차로 가정한다.

그림 7.5.17 수명추정 방법

톤수 5천만 tf마다 1회의 연삭량이 0.1 mm 정도인 경우에 평균적(파괴확률 50 %)으로 누적 통과 톤수 8억 tf 정도까지 전동접촉 피로손상이 발생하지 않는 점이 밝혀지게 되었다. 또한, 이 시험에서 하중조건, 윤활 조건 등의 시험조건은 실제의 조건보다 전동접촉 피로에 대하여 엄한 것으로 되어 있다고 생각되는 사실에서 **그림 7.5.19**에서 구해지는 연삭 조건은 실제 레일 쉐링의 발생에 대하여 안전 측이라고 생각된다.

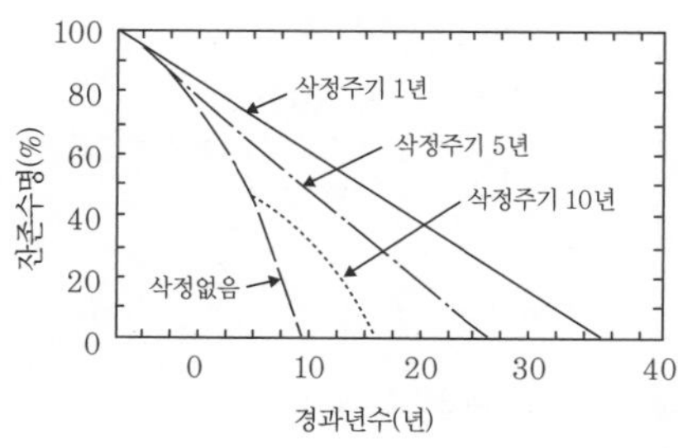

그림 7.5.18 수명추정의 예

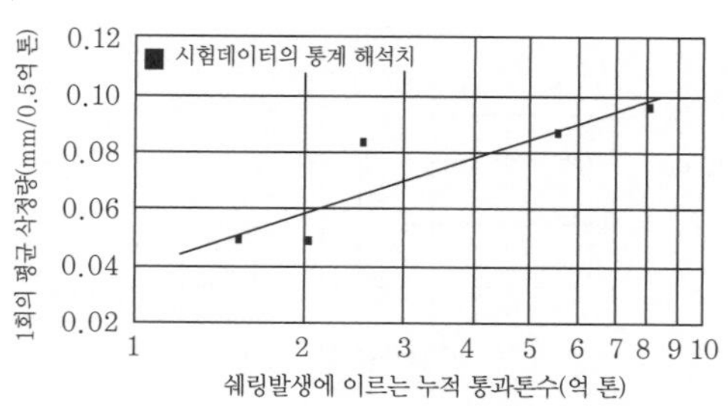

그림 7.5.19 전동접촉 피로손상이 발생하기 까지의 누적 통과 톤수

(3) 레일 연삭 기계(研削機械)

레일을 연삭하는 기계는 대형, 중형, 소형의 기계로 분류되며 대형 기계에는 16~48두(頭, head)식(式)의 레일 연삭차, 중형 기계에는 6~8두식의 레일 연삭차, 소형 기계에는 1두식의 레일 연삭기가 있어 목적에 맞추어 사용되고 있다.

레일 연삭차를 제작 · 판매하는 회사로는 Speno, Plasser&Theurer, Loram, Linsinger, Harsco 등이 있다.

(가) 대형 레일 연삭 열차 일반

레일 연삭의 주력은 대형의 레일 연삭 열차이다. **그림 7.5.20**은 스페노 48두식 레일 연삭 열차의 편성을 나타낸 것이다. 이 연삭 열차는 24두식 레일 연삭차(A, C_1, C_2, B의 4차량 1편성)를 2편성 연결하여 48두식으로 하고 있지만, 24두식 단독편성으로도 사용할 수 있다. 연삭용의 숫돌(砥石)은 C_1, C_2, B차에 각각 8두(좌우 레일 각 4두)씩 배열되어 있으며, A차는 기관실과 검측 장치가 장치되어 있다. 숫돌은 2 개씩을 하나의 단위로 하여 경사를 시켜 레일단면에 대하여 두부상면, 게이지 코너(gauge corner) 및 필드 코너(field corner)를 매분 3600 회전하여 삭정한다. 연삭 시 숫돌의 각도, 숫돌의 누르는 압력의 제어, 주행 동조(同調) 제어, 측정 제어 등은 모두 자동적으로 행하여진다. 연삭 능력은 24두 편성으로 연삭 속도 4~6 km/h의 경우에 삭정 누름 압력(부하전류) 17 A에 대하여 0.04~0.08 mm/패스, 48두 편성에서는 0.08~0.17 mm/패스이다. 연삭 누름 압력은 부하전류 17 A에 대하여 약 67 kgf로 되어 있다.

그림 7.5.20 파상 마모 연삭차(48두식)

그림 7.5.21은 C_1, C_2, B차의 숫돌각도와 레일 연삭 범위를 나타내고 있다. 숫돌각도는 목적에 따라 자유로 설정이 가능하며 레일 두부상면의 형상을 변화시킬 수가 있다. 소음대책(countermeasure to noise)의 예로서 레일과 차륜의 접촉면을 적게 하기 위하여 레일 두부상면을 산형(山形)으로 연삭하며, 레일연명(延命) 대책으로는 레일 두부상면을 60 kg/m 레일의 설계형상으로 연삭한다. 또한, 모든 숫돌을 레일 방향으로 고정{싱크

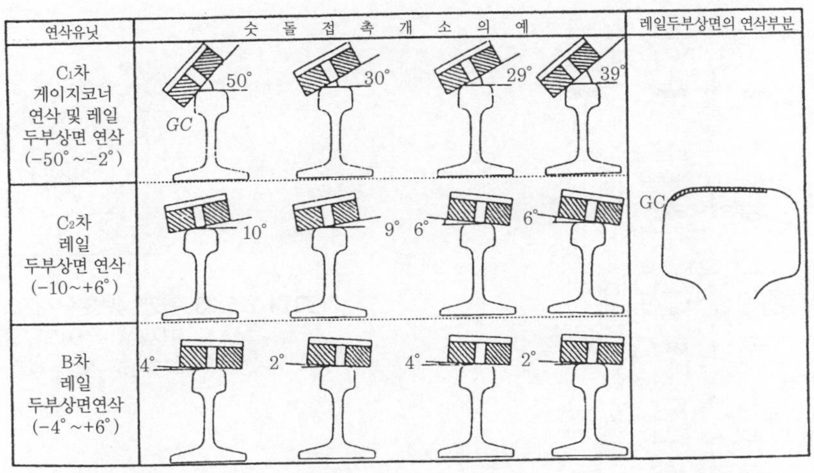

그림 7.5.21 일반구간 연삭 숫돌 각도(패턴 No. 5, 6, 7, 8의 예)

로나이즈 블록(synchronize block) 또는 고정 블록)하여 연삭하는 것도 가능하며, 파장이 긴 파상 마모와 용접부 패임 등의 연삭에 효과가 현저하다. 레일 연삭 시공연장은 48두식 4패스, 작업시간 300분에 대하여 약 2,500 m의 연삭이 가능하다. 동해도 신칸센에서는 소음대책 및 레일연명 대책을 목적으로 대개 년 1회의 패스로 매년 약 1100 km 정도 연삭하고 있다.

(나) 중형 레일 연삭차 및 소형 레일 연삭기 (1두식)

서울 도시철도와 대구 지하철에서 사용하고 있는 프라사제 레일표면 연마차 (GWM 250형)는 8두식으로 1량 편성이며, 연마속도는 1~3 km/h, 파상 마모의 검측 속도는 16 km/h이다. 서울 지하철에서 사용하고 있는 스페노제 레일 연마차(LRR-80형)도 8두식으로 1량 편성이며, 연마속도는 1~6 km/h이다.

중형 레일 연삭차 (6두식)는 일본에서 스페노 연삭차의 사용이 비효율로 되는 역구내 등에 주로 사용되며, 작업현장까지는 궤도 모터카로 견인하여 이동하고 삭정 작업은 약 0.8 km/h로 자주하면서 하루 밤에 약 500~800 m를 시공한다[7]. 연삭 형상은 숫돌이 고정식이기 때문에 레일 두부상면을 수평으로 연삭한다. 숫돌 누름 압력은 유압계 10 kgf/cm², 삭정 전류치 10~20 A 정도로 1 패스당 0.1 mm를 삭정할 수 있다.

소형 레일 연삭기(1두식)는 가반식 연삭기로 용접부의 패임 부분을 연삭하는데 적합하고, 약 20 m/h로 손으로 누르면서 연삭하며, 숫돌의 누름은 수 핸들로 조정한다. 용접부의 패임 양을 H로 한 경우의 연삭 연장은 접속 종곡선 반경이 15,000 m인 경우에 250 $\sqrt{H}$, 10,000 m인 경우에 200 $\sqrt{H}$로 구한다.

(다) 스페노의 연삭 장치

1) 기본 원리

스페노의 연삭 장치는 회전하는 환상(環狀) 혹은 커브 모양의 숫돌(砥石)을 이용하며, 그 평면을 공기압으로 레일에 누른다. 각 숫돌의 회전축은 항상 레일 길이방향으로 직각으로 되어 있으며, 궤간 내방과 외방으로 기울일 수 있다. 접촉 압력은 수동 또는 자동으로 컨트롤할 수 있다.

표준 숫돌은 직경 260 mm이다. 이것을 표준 3,600 rpm으로 전기 구동한다. 홈이 있는 부분(분기기, 홈 붙이 레일) 혹은 포인트 부분 등 플랜지 웨이가 제한되어 있는 부분은 직경 130 mm의 숫돌을 7,200 rpm으로

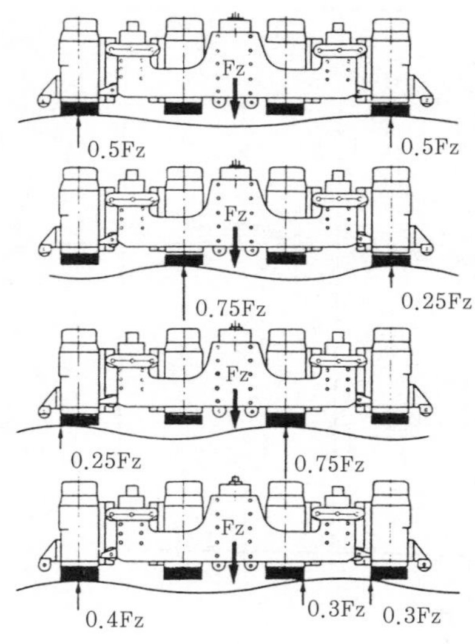

(a) 강성틀에 숫돌유닛을 고정한 경우

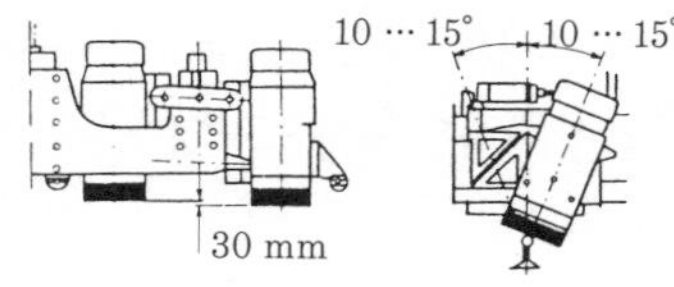

(b) 상하방향의 변위　　(c) 삭정유닛의 변위

그림 7.5.22 레일 답면 연삭 유닛

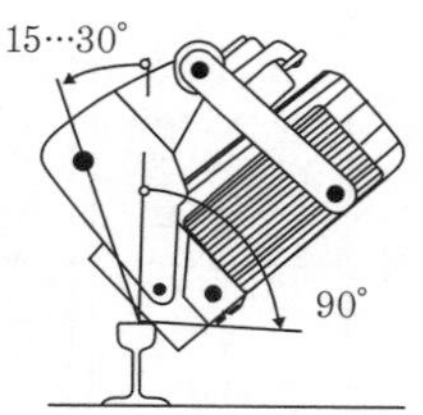

그림 7.5.23 평행 4변형 지지 틀에 의한 단면재생 유닛의 설정범위
외측 15～30°, 내측 90° 까지

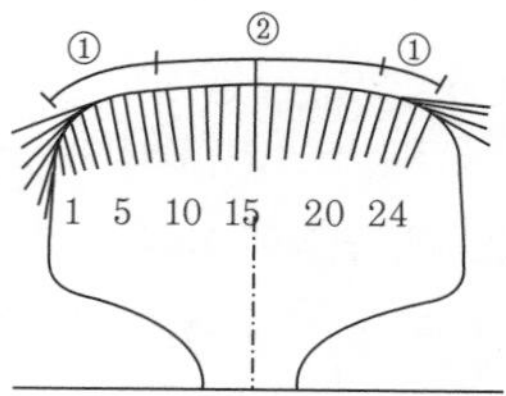

그림 7.5.24 연삭 유닛의 설정 각에 따른 단면선정
① 단면재생 유닛
② 연삭 유닛

사용한다. 이 대신에 원뿔형의 숫돌을 사각(斜角)으로 사용하는 방법도 있다.

2) 연삭(硏削) 유닛(rail grinding unit)

연삭 유닛은 고속 자동 센터 스위치가 붙은 숫돌에 전기 모터를 설치한 것이다. 숫돌의 갱환은 1 인이 3～4 분에 할 수 있다. 숫돌은 통상의 상태에서 평균 수명 8～10 시간이다. 그러나, 경험에 따르면 숫돌을 4 시간에 갱환하는 것이 연삭의 완성의 점에서 갱환으로 인한 시간 손실과 숫돌 마모율의 증가를 상회하므로 효율적이다. 숫돌은 강옥석(鋼玉石, corundum)을 베이클라이트(Bakelite)로 굳힌 것이다.

연삭 유닛의 수, 배치, 위치 및 변위의 유무에 따라서 가동 틀 중의 연삭 유닛으로서 사용하는가, 평행 4변형 틀 중에 개개로 지지된 단면 재생 유닛으로서 사용하는가가 다른 것으로 된다.

3) 삭정(削正) 유닛(rail rectification unit)

충분히 강고하지만 가동의 틀에 평탄하게 되도록 일체로 하여 4 연삭 유닛을 지지한다. 이 삭정 유닛에서는 **그림 7.5.22** (a)에 나타낸 것처럼 레일 위에서 각 연삭 유닛이 요철의 피크에 따라서 작용하는 것이 아니고, 차차로 여기에 닿는 구조로 되어 있다.

이것은 파장 약 200 cm까지의 요철을 처리하는 경우에 중요하다. 또한, 개개의 연삭 유닛을 **그림 7.5.22** (b)에 나타낸 것처럼 강성 틀 중의 고정에서 해방할 수도 있다. 이 경우에 파상 마모의 연삭에서 필요하게 되는 것처럼 각각 독립하여 작용한다. 상하방향의 이동은 30 mm까지 가능하다.

개개의 연삭 유닛에 대한 고정과 해방을 운전실에서 전기제어 시스템으로 조작할 수 있다. 4 개의 연삭 유닛을 가진 틀은 **그림 7.5.22** (c)에 나타낸 것처럼 그 수직의 위치에서 양측으로 10° 내지 15° 의 각도까지 기울일 수가 있다.

이 각도는 당초에 너트와 볼트로 세트되어 있었지만, 최근의 것은 제어반에서 조작하여 곧바로 세트할 수 있다. 이와 같이 세트한 숫돌은 레일 주행 면의 연삭에 이용된다. 이 구성을 삭정 혹은 답면 연삭 유닛이라 부른다.

4) 단면재생 유닛

단면재생 유닛은 삭정 유닛의 경우와 달리 사용하는 연삭 열차 혹은 차량의 유형에 따라 3 혹은 4 연삭 유닛으로 된다. 연삭 유닛은 **그림 7.5.23**에 나타내는 것처럼 평행 4변형 지지 시스템중의 회전 받침대에 지지되며, 각 연삭 유닛이 레일의 수직 축에 대하여 다른 각도, 즉 궤간 쪽 30° 에서 내방 90° 로 할 수 있다. 이 각도는 제어반으로 세트된다.

5) 단면재생 가능위치

그림 7.5.24에 나타낸 것처럼 단면재생 유닛 중의 각 연삭 유닛의 배치와 그 가능한 경사 범위 및 삭정 유닛의 경사에 따라 차륜 타이어에 접촉하는 레일 두부단면의 전부를 가공할 수 있다.

단면재생 유닛의 숫돌은 점 1에서 9 및 20에서 24까지의 접선에 따른 다각형을 형성할 수 있도록 배치할 수 있고, 삭정 유닛으로 점 9에서 20까지 대응한다. 이들의 면을 형성하는 접촉의 교점은 수 회의 열차 통과 후에 둥글게 되어 완전히 매끄러운 볼록면을 형성한다.

6) 연삭 열차(rail grinding train)

스페노의 연삭 열차는 상기에서도 언급하였지만, 수 량의 연삭차, 발전차, 거주차, 공작차 및 제어차를 조합하여 여러 가지 구성으로 되어 있다. 이것은 디젤 기관차로 구동된다. 작업 속도는 5~8 km/h이다.

원칙적으로 2축차이며, 궤간과 차량의 크기에 따라 제작된다. 축거는 차량의 형성에 따라 3.5~6.5 m의 범위이다. 열차에는 UIC 규격의 견인 훅(hook)과 버퍼(buffer)가 설치되어 있다. 필요하다면 슈 또는 디스크 브레이크를 설치한다. 주행 특성과 브레이크 시스템의 점에서 허용되는 주행 속도는 80 km/h까지이다. 차륜 지름은 750~860 mm이다.

연삭차 내는 연삭 부스러기가 차내에 진입하는 것을 방지하기 위하여 모든 차량에 대하여 가압하고 있다. 극히 희박하지만 숫돌이 갈라질 위험에 대처하기 위하여 사이드에 금속제의 가드 혹은 체인 커튼을 붙일 수가 있다.

(4) 선로유지관리지침의 규정

고속철도 본선의 레일연마는 예방연마와 보수연마로 구분하여 실시한다. 예방연마는 ① 탈탄층 제거를 위한 경우는 선로신설 및 레일교환 후에 1 회(통과톤수 500,000 ton 이내에 시행), ② 주기적인 연마는 3년마다 1 회 시행한다. 보수연마는 ① 궤도검측 결과 레일표면 결함이 발견된 경우, ② 자갈비산 등 이물질의 충격으로 레일 표면결함 및 파상마모가 발생한 경우에 시행한다.

일반철도 본선의 레일 연마의 경우도 고속철도와 동일하게 예방연마와 보수연마를 구분하여 시행할 수 있다.

(5) 레일 연삭 작업 검증기준

레일연마장비의 조건으로 레일연삭작업결과를 검증하기 위한 유럽규격에는 prEN 13231-3이 있으며, 독일철도(DB)의 레일연삭작업 검증기준에는 Directiv 824.8310(작업검증기준), Directive 824.0540(작업검증용 검측장비내역), Directive 824.9031(작업을 검증하기 위한 검측 수행 방법) 등이 있다. 상세는 '레일연삭기술' [284]을 참조하라.

7.5.5 레일의 굽혀 올림

(1) 굽혀 올림의 중요성

차륜 주행로를 형성하는 레일두부 상면은 윤하중 변동, 소음 · 진동 및 궤도틀림 진행과 관련하여 한없는 매끄러움을 실현하는 것이 필요하다.

장대레일 궤도에서는 용접부에 열 영향부 혹은 이종 금속이 존재함에 기인하여 마모의 차이가 생기는 결과, 충격이 크게 되어 레일에 패임(batter)이 생기게 된다. 한편, 이음매 궤도에서는 원래 이음매판이 레일본체 강도의 1/3밖에 되지 않으므로 이 부분의 받침을 강화하여 고른 변위를 유지하고 있지만, 온도 신축에 대처하는 간극도 있어 그 충격으로 중간부보다 큰 침하가 생기며, 특히 50 kg/m 이하의 약소 레일에서 레일 단부에 절곡이 생기는 것은 부득이하다.

레일 제조 시의 단부 굽힘의 허용 한도, 레일 용접후의 마무리 기준 및 사용할 때의 관리 기준은 일본 고속선로의 예를 취하면, 소음에 대하여 통상의 레벨보다 5 dB 이상 큰 개소, 검측차의 축상 가속도로 상향 10 g를 넘는 개소 및 레일요철(rail roughness) 측정대차로 레일요철이 0.5 mm를 넘는 개소를 검토 대상으로 하고, 이들의 개소를 지상에 대하여 2 m의 레일요철 측정장치로 측정하여 − 0.4 mm, + 0.6 mm를 넘는 개소를 정정 대상으로 하고 있다. 패임에 대하여는 굽혀 올림(rail bending-up)과 삭정을 하고 있다. 이들의 작업 순서를 나타낸 것이 **그림 7.5.25**이다.

이 경우, 패임에 관하여 굽혀 올리지 않고 삭정만으로 원활한 형상을 얻으려고 하려면 전후 각 5 m의 고정을

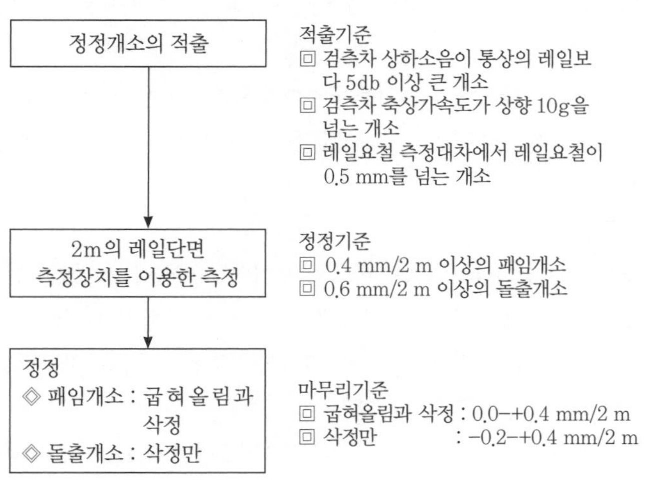

그림 7.5.25 레일요철 관리의 예

요하고 계 10 m의 삭정을 필요로 하는 것에 대하여, 굽혀 올리기를 하면 굽혀 올림 개소를 포함하여 계 3 m 정도의 직선 삭정만으로 끝나며 훨씬 양호한 형상을 얻는다고 하는 장점이 있다.

이상을 고려하여 유럽에서는 네덜란드와 영국이 레일 용접 개소에서 큰 윤하중 변동으로 인해 발생하는 레일 절손을 방지하기 위하여 적극적으로 레일의 굽혀 올리기를 실시하고 있다.

한편, 이음매 궤도에 관하여는 레일 이음매판과 레일본체의 응력을 측정한 결과, 종래의 벤더로 레일 이음매를 굽혀 올리기를 하면, 이음매판에 대하여는 이음매판을 항복시켜 굽혀 올리기에 충분한 응력을 발생시킬 수가 있지만, 레일본체의 응력이 이것에 비교하여 훨씬 작고 이것을 굽혀 올리기에는 새로운 장치가 필요하다는 것이 밝혀져 이것의 개발이 진행되고 있다.

(2) 열간 굽혀 올림(rail bending-up in heating)

열간 굽혀 올림(rail bending-up in heating)에서 굽혀 올림의 정도는 오로지 경험에 따르고 있지만, 작업 시에 레일 절손이 생기지 않는다고 하는 장점이 있다. 작업의 순서는 다음과 같다.

① 굽혀 올림 개소 전후의 레일체결 장치를 해방한다.

② 침목이 반력을 받는 것으로 하여 레일을 필요한 양만큼 밀어 올린다(4 tf/mm).

③ 레일 저부를 약 70 ℃로 가열한다.

④ 물을 뿌려 레일을 냉각하고 굽혀 올림을 동결한다.

⑤ 레일 잭을 제거한다.

⑥ 레일체결 장치를 체결한다.

⑦ 레일 두부를 삭정한다.

⑧ 이 개소의 궤도를 타이 탬퍼로 다진다.

이 작업에 따른 레일 두부형상의 변화를 나타낸 것이 **그림 7.5.26**이다.

이 방법에서는 당초에 레일 전단면을 가열하여 왔지만, 겨울철에는 온도 인장력으로 인해 레일이 가늘게 된다고 하는 문제가 있으므로 레일 저부만을 가열하는 방식으로 하고 있다.

(3) 냉간 굽혀 올림

네덜란드 국철과 영국 국철의 굽혀 올림 정정은 오로지 상온에서만 시행하며 이것을 “냉간 굽혀 올림(rail bending-up in normal temperature)”이라 고 부른다. 네덜란드 국철은 프라사제 멀티플 타이 탬퍼에 굽혀 올림 장치를 설치하여 이것을 시행하는 STRAIT를 이용하여, 영국 국철에서는 RASTIC이라 하는 온 레일(on-rail)의 특수 차량으로 이것을 실현하고 있다.

일본고속선로의 경우에는 개업 당초에 철저하게 용접 개소를 연삭 정정하고 있으며, 요주의 개소는 이산적으로 밖에 존재하지 않기 때문에 고속선로의 출입문으로 갖고 들어가 정정 필요 개소를 인력으로 굽혀 올리는 장치로서 실현하는 것이 요구되었던 점에서 **그림 7.5.27**에 나타낸 장치가 개발되었다.

이 장치는 선로에서 이동할 때는 장치의 양단에 설치된 차륜을 이용하며, 작업 개소에서는 중앙부의 레일 캐치로 레일두부를 파지하고, 장치 하부와 레일의 사이에 설치된 86 cm 지간의 굽혀 올림 량을 측정하는 Δ값 측정기로 레일의 굽혀 올림 량을 측정하면서 우단의 잭으로 장치 전체를 들어올림으로써 레일을 굽혀 올리는 것이다.

이 장치를 이용하면 굽혀 올림 량을 계측하면서 작업을 실시할 수 있어 목표로 하는 값을 확실하게 실현할 수 있으며, 슬래브 궤도(slab track)에서의 열간 굽혀 올림 시에 가열기를 삽입하기 위하여 전후 계 15 m 구간의

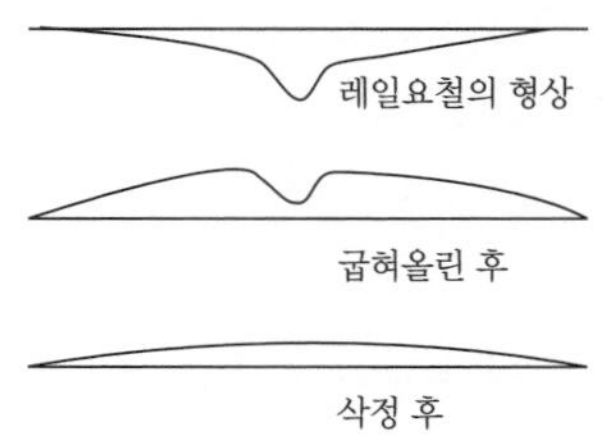

그림 7.5.26 레일요철 형상, 굽혀 올린 후, 삭정 후

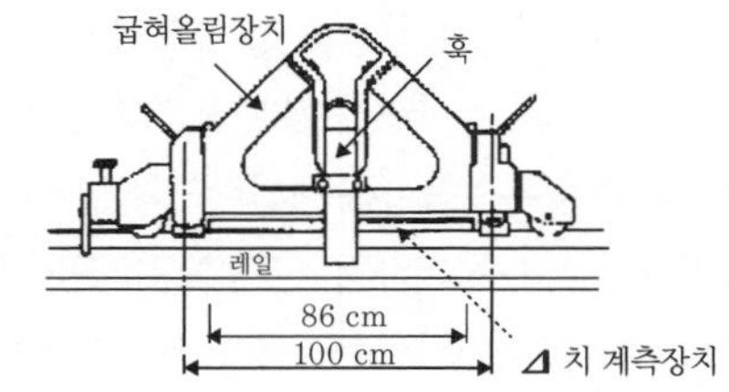

그림 7.5.27 계측식 굽혀 올림 장치

레일을 해방함에 비하여 이 장치는 레일두부를 파지하여 굽혀 올리는 점에서 레일 해방 구간이 약간의 3 m로 끝난다고 하는 장점이 있다. 그러나, 굽혀 올림은 레일을 냉간으로 항복시켜 실시하므로 인장 측으로 되는 레일두부에 결함이 있는 경우에는 이 결함을 기점으로 하여 레일이 절손되는 경우가 있을 수 있다. 네덜란드, 영국에서는 이 경우에 아무래도 발생되는 절손이 육안 관측 하에서 실현되므로 필요한 대책을 곧바로 취할 수 있고, 영업 시의 절손으로 인한 혼란을 피할 수가 있다고 하여 현재도 적극적으로 실시하고 있다. 일본은 1988년부터 고속선로에서 573 개소를 실시하였지만, 1991년에 2 건의 절손이 있어 이후 중지하고 있다.

레일의 냉간 굽혀 올림에 따른 레일형상의 정정은 열간 굽혀 올림의 것에 비교하여 정확하고 게다가 능률적이며, 경제적으로 실시할 수 있음과 동시에 슬래브 궤도의 경우는 그 작업 조건을 현저하게 완화하는 것이므로, 만일의 준비는 필요하지만 최근의 초음파 탐상 기술의 진전을 고려하면, 종래 절손의 유인이었던 피로 흠은 충분히 발견되는 것으로 고려되며, 또한 작업 기준을 준수하면 절손의 확률은 충분히 무시할 수 있는 것이라고 생각되므로, 이것을 사용하는 장점은 크다고 생각된다.

(4) 레일 굽혀 올림의 역학(力學, mechanical analysis on rail bending-up)

레일 굽혀 올림 장치는 소형임에도 불구하고 60 레일을 소성 변형시키는 것이므로 1,100 kN에 이르는 강대한 힘을 요하고, 또한 레일에 손상을 남겨서는 아니 되기 때문에 이하와 같은 검토가 필요하다고 생각된다.

① 이 장치의 경우에 상재(上載) 하중이 작기 때문에 굽혀 올림에 즈음하여 레일의 들림이 생기므로 침목의 아래에 작은 돌 등이 들어가지 않도록 하기 위하여 행하는 레일의 체결장치 해방의 범위를 어느 정도로 하면 좋은가?

② 레일두부의 턱 아래를 파지하여 레일을 굽혀 올린 경우에 레일 저부를 파지하는 경우에 비하여 어디가 어떻게 다른가?

③ 레일두부가 부수어지거나 레일복부의 손상이 생기는 일은 없는가?

④ 레일 턱 아래를 파지하는 훅이 레일 턱 아래를 파먹는 일이 없도록 하기 위해서는 어떻게 하면 좋은가?

이들에 대하여는 Bernuilli-Euler 보의 이론, 유한 요소법(有限要素法, FEM)을 이용한 해석과 실측으로 검증함으로써 해석되고 있다.

상세는 생략하지만, 해석과 실측 결과를 비교하고, 게다가 두부 재하의 경우에 훅의 레일 파먹음에 대하여 검토한 결과를 이하에 소개한다.

① 굽혀 올릴 때 레일체결 장치를 완해(緩解)하는 길이에 대하여는 굽혀 올림부를 중심으로 전후 각 3 체결(25 m에 침목 43본인 경우는 203 cm)을 해방하면 좋고, 이론 해와 실측치도 좋게 일치하고 있다.

② 두부 재하와 저부 재하의 차이에 대하여는 두부 재하의 쪽이 저부 재하에 비하여 작은 하중(88 %)으로 항복에 이르고, 항복 점을 넘는 응력이 발생하는 범위는 두부 재하의 쪽이 저부 재하 쪽보다도 좁으므로(76 %) 레일의 굽혀 올림에 관하여는 두부 재하의 쪽이 저부 재하보다도 유리하다.

③ 레일의 손상에 대하여 두부 · 저부 모두 문제가 없고, 두부 재하의 경우에도 상부필렛에 대한 파손의 우려가 없다.

④ 요주의 개소에 대하여는 훅의 끝을 당해 개소에서 75 mm 정도 사이를 두면 좋다.

⑤ 훅의 파먹음에 관하여는 훅의 단부에 발생하는 응력보다도 레일두부 상면에 발생하는 응력의 쪽이 크므로 문제는 없다고 생각되며, 또한 레일에 대한 훅의 접촉면 형상은 훅의 단부에서 완만하게 떨어지게 하고, 레일과의 접촉면이 약간 오목 면으로 되도록 유의하면 좋다고 생각된다.

⑥ 항복은 응력으로 환산하여 500 MPa 부근에서 발생하고 있으며, FEM 해석은 실측 결과와 좋게 합치하고 있는 점이 밝혀졌다.

(5) 레일 단부 굽혀 올림(bending-up of rail end)

레일 단부를 굽혀 올릴 경우, 이음매판에 관하여는 이것을 굽혀 올리는 것도 고려되었지만, 신품으로 갱환하여도 그만큼 고가인 것은 아니다. 따라서, 레일 단부 굽혀 올림의 포인트는 굽어 내려간 레일 본체를 굽혀 올리는 것이라고 생각된다. 이를 위해서는 **그림 7.5.28** (a)에 나타낸 위치에서 레일에 휨 모멘트를 걸어 이것을 항복시킴으로써 **그림 7.5.28** (b)에 나타낸 것처럼 수평선상의 볼록형 형상으로 굽혀 올려 필요에 따라 이것을 연삭하는 것을 고려하면 좋다.

이 경우에 레일의 처짐 형상을 같은 그림 (a) 중의 식($y=-Ae^{-dx}$)에 따른 것으로 하고, 굽혀 올림 위치를 그림에 나타낸 것처럼 일정 간격 X라고 하면, 각 i 위치의 굽혀 올림 각 Δ_i는 다음 식으로 나타내어진다.

$$\Delta_i = A\ Exp[-\alpha(i-1)X]\,[1-Exp(-\alpha X)]^2/X$$

여기서, $\alpha = 0.02\ \mathrm{cm^{-1}}$

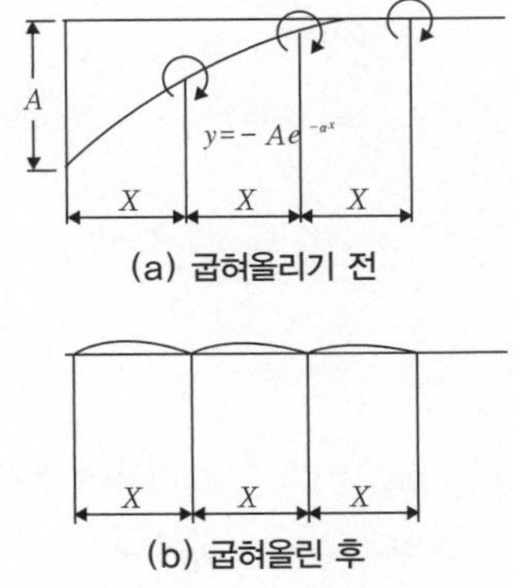

그림 7.5.28 레일 단부의 굽혀 올림

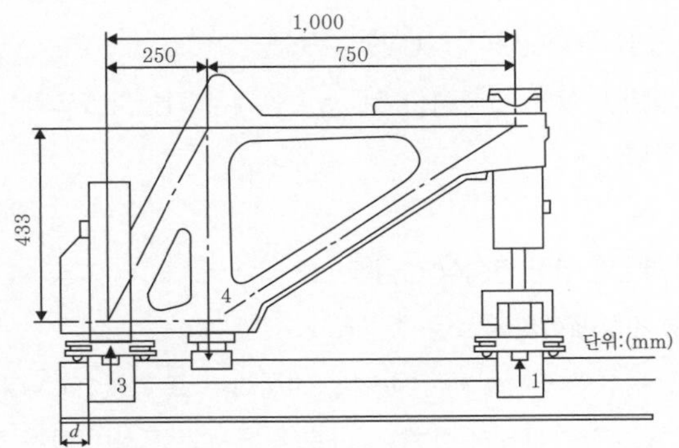

그림 7.5.29 레일 단부의 굽혀 올림 장치

이 각 i 위치의 굽혀 올림에 따른 레일 단부의 굽혀 올림 량 ΔY_i는

$$\Delta Y_i = iA\ Exp[-\alpha i X]\,[1 - Exp(1-\alpha X)]^2$$

여기서, A : 레일 단부에 있어서 총 소요 굽혀 올림 량

으로 되므로 이것을 순차적으로 행하면 좋다.

레일 단부를 굽혀 올려 소요의 정정이 가능한지를 확인하기 위하여 **그림 7.5.29**와 같은 장치를 제작하여 시험을 한 결과 이것이 가능하다는 것이 밝혀졌다. 이 경우, 레일의 파지에서는 그림 중에 d로 나타낸 단부로부터의 거리에 대한 단부의 상부필렛 응력을 측정한 결과 17 mm 이상 거리를 두면 항복하는 일이 없다.

7.6 레일 두부상면 요철의 관리 및 단파장 궤도틀림의 관리

차량의 고속화에 수반하여 레일 두부상면 요철(凹凸, rail roughness) 등에 기인하는 윤하중 변동(輪重變動)이나 전동음(轉動音)이 증가하는 경향이 있으므로 이것을 적정하게 관리하는 것이 중요하게 된다. 이하에서는 전동음이나 윤하중 변동을 억제하기 위하여 효율적인 레일 두부상면 요철 관리와 축상 가속도(軸箱加速度)를 활용한 단파장 궤도틀림 관리에 대하여 기술한다.

7.6.1 레일의 검측

(1) 검측 항목과 방법

레일은 궤도에서 가장 중요한 부재이므로 레일 관리에 특히 주의하여야 하며, 일반적으로 년 1회 이상으로 일반 검사와 세밀 검사를 하고 있다.

레일이 갱환에 이르는 것은 마모와 피로로 인한 손상의 증가에 기인하므로 두부 단면형상의 측정과 탐상이 주요한 과제이며, 레일 탐상차가 개발되어 시용(試用)되어 왔지만, 레일 단면형상에 관하여도 오스트레일리아에서 차상 측정이 1980년의 초기에 개시되어 이 양자를 포함하는 레일 검측차가 사용되기 시작하였다. 경부고속철도용 자주식 검측차는 궤도선형의 검측 외에 레일 관리에 필요한 레일 표면, 레일두부 파상마모 및 레일 단면형상 등을 측정한다(제7.1.4항 참조).

레일의 탐상에 관하여는 제7.5.3항에서 기술하였으며, 여기서는 주로 레일두부 단면형상의 검측에 관하여 기술한다.

(2) 레일두부 단면형상의 검측

(가) 지상에서의 새로운 측정법

레일두부 단면형상에 관하여는 지금까지 **표 7.6.1**에 나타낸 형상 측정장치로 측정하고 관리하여 왔지만, 근년에 차륜 단면형상과 함께 ① 마모 진행시의 곡선별 안정 형상의 해명, ② 레일 쉐링의 발생, 혹은 레일 삭정에 따른 레일두부 단면형상의 상세 해명, ③ 사행동에 따른 레일 길이방향에 대한 레일 단면형상 변화의 상황 해명 등의 관점에서 정확한 측정이 필요하게 되었다.

표 7.6.1 기존의 레일두부 단면형상 측정장치

유형	측점	검출 방법	출력 방법	검출 방법
A	수점	기판 + 테퍼 게이지	읽은 값	두부 (상면 + 1 측면)
B	6점	기판 + 노기스	읽은 값	두부 (상면 + 1 측면)
C	연속	기판 + 측정 침	트레이스	두부 전면
D	연속	이동 접촉 침	도형	두부전면 + 복부상부
E	17점	변위계	디지털 표시	두부 (상면 + 1 측면)
F	27점	다이얼 게이지	읽은 값	두부 (상면 + 양측면)
G*	56점	다이얼 게이지	읽은 값	두부 (상면 + 1 측면)

* 프랑스 국철에서 개발

표 7.6.1의 측정장치는 ①의 목적에 대하여는 어느 정도 타당한 것이지만, ②에 대하여는 필요로 하는 1/100 mm의 정도를 얻을 수 없고, ③에 대하여는 필요로 하는 다수 단면의 측정을 용이하게 행할 수 없는 등의 문제점이 있었다. 이들을 해결하기 위하여 개발된 것이 ②에 대한 기준판(基準板)식과 ③에 대한 이동 간이식의 레일두부 단면형상 측정장치이다.

기준판식 레일두부 단면형상 측정장치의 구성을 **그림 7.6.1**에 나타낸다. 이 장치는 레일 저부에 고정되어 측정시의 기준으로 되는 기준판, 측정 시에 이 위에 설치하여 레일단면을 측정하는 측정장치 본체, 그리고 측정 결과를 도형과 수치로 기록 · 표시하는 데이터 처리기구의 3 부분으로 구성되어 있다. 데이터는 배수 정도로 확대한 형상의 도형 표시, 정량적으로 데이터를 처리하기 위한 디지털 데이터 프린트, 정밀하게 처리하기 위한 데이터 레코더(data recorder) 등으로의 연속량 등 3 방식으로 출력할 수 있다.

이 측정 원리는 측정장치 본체에 측정 기준선으로 되는 레일두부를 포함한 원형의 가이드를 설치하고, 이 가이드로부터 레일표면까지의 거리를 가이드 위를 주행하는 변위 센서(sensor)로 측정하며, 동시에 변위 센서의 가이드상의 위치를 각도 센서로 측정하고, 레일두부의 단면 형상을 극 좌표로 표현하여 이것을 좌표 변환함으로써 그 기록을 얻는다. 측정 범위는 레일두부 측면 아래 귀퉁이 원호부의 일부를 포함하는 위치까지이다. 정도는 변위 센서 0.01 mm, 각도 센서 10 초 이하가 유지되도록 하고 있다.

레일 두부 면의 x_i에서 시점 t_1과 t_2의 y_t를 각각 y_{it1}, y_{it2}로 하면 그 사이의 y_t 변화량 Δy_i를 이 장치로 구할 수도 있다. 연삭량 등도 이것으로 구해진다.

이 장치에 관하여 성능확인 시험을 거쳐 일본의 고속선로에 부설한 60 kg/m 레일에 대하여 6두식과 지석(砥石)식 연삭차로 72 단면에 대한 레일 연삭 전후의 형상을 측정하였다. **그림 7.6.2**는 이 중의 1 단면에 대한 연삭량을 일례로 나타낸 것으로 이 연삭량이 분명하게 측정되어 있다.

이동 간이식 레일 단면형상 측정장치의 구성을 **그림 7.6.3**에 나타낸다. 이 장치는 측정기 본체, 제어장치, 데이터 기록장치로 구성되어 있다. 측정기 본체의 구동은 제어장치로 행하며, 접동부가 자동적으로 원호 모양의 계측 센서 가이드에 따라 이동하며, 그 때 얻어지는 측정기 본체로부터의 출력 (각도와 변위에 대한 아날로그 전압)은 데이터 기록장치(카세트 데이터 레코더)에 기록되며, 데이터는 퍼스널 컴퓨터로 도형 처리된다.

측정 원리는 기본적으로 기준판식의 측정원리와 같은 모양이다. 실측한 레일 단면형상을 나타낸 것이 **그림**

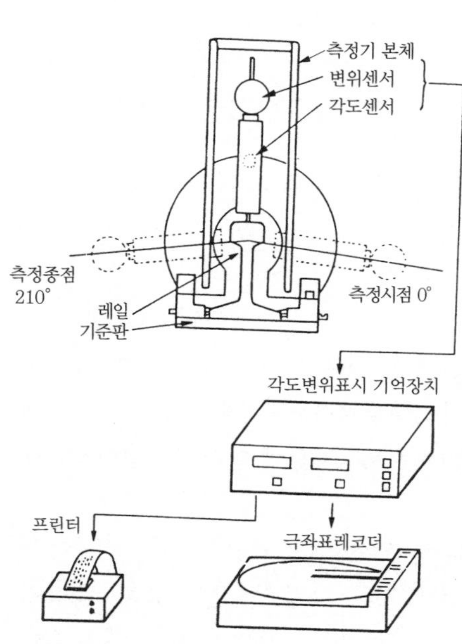

그림 7.6.1 기준판식 측정장치의 구성

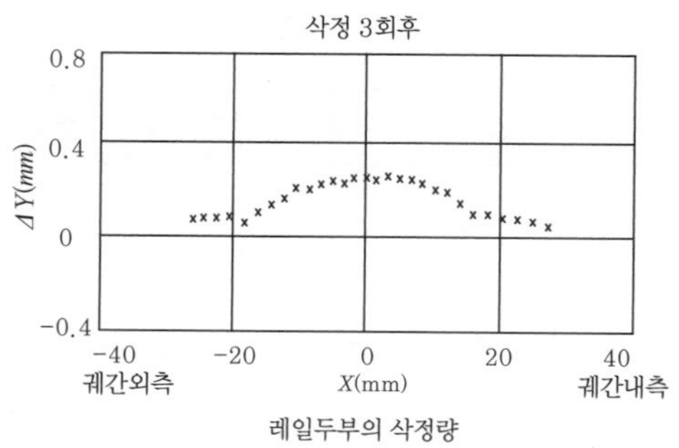

그림 7.6.2 레일두부 삭정량 표시의 일례

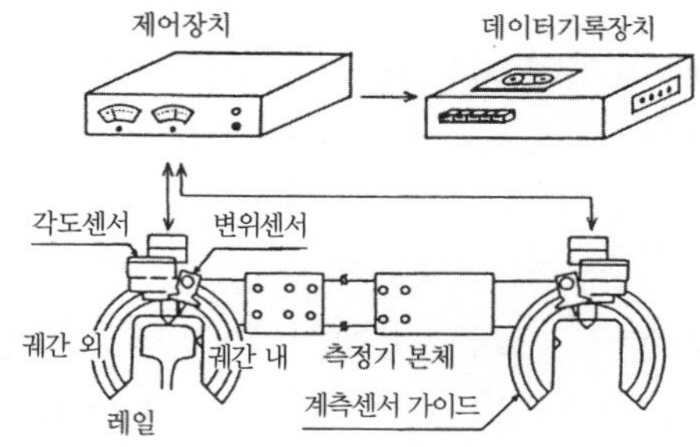

그림 7.6.3 이동 간이식 측정장치의 구성

7.6.4이다.

이와 같은 장치는 유럽에서도 **그림 7.6.5**에 나타낸 것처럼 수동으로 레일두부를 따라, 그리고 이것을 바로 퍼스널 컴퓨터에 입력하여 도시하는 MINIPROF가 실용에 이용되고 있다.

(나) 차상에서의 검측

한편, 이것을 차상에서 연속 검측하는 원리를 나타낸 것이 **그림 7.6.6**이며, 투광(投光)과 수광(受光) 슬릿에

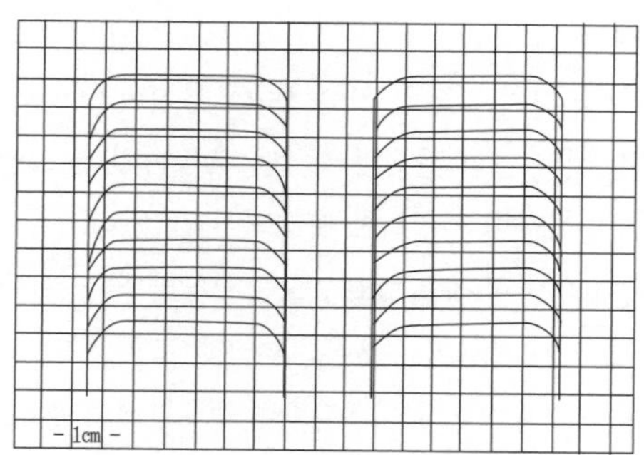

그림 7.6.4 레일단면 측정 예(레일 길이방향으로 1 m 간격으로 측정)

따른 광절단법(光切斷法, light section method)에 의거하고 있다. 이 측정은 상기의 레일 검측차에 채택되어 레일검측에 실용되고 있다.

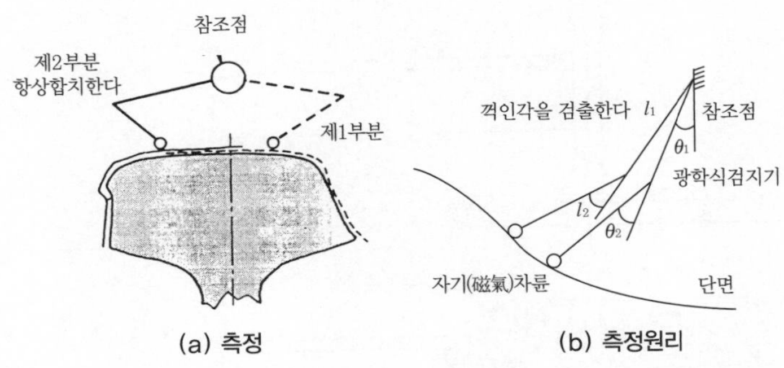

그림 7.6.5 MINI-PROF

(3) 레일두부 상면요철 연속 측정장치 RARO

레일두부 상면요철의 관리가 중요하므로 이것을 구체적으로 측정하기 위하여 일본에서 개발한 것이 **그림 7.6.7**에 나타낸 측정 대차에 설치된 레일두부 상면요철 연속 측정장치이다.

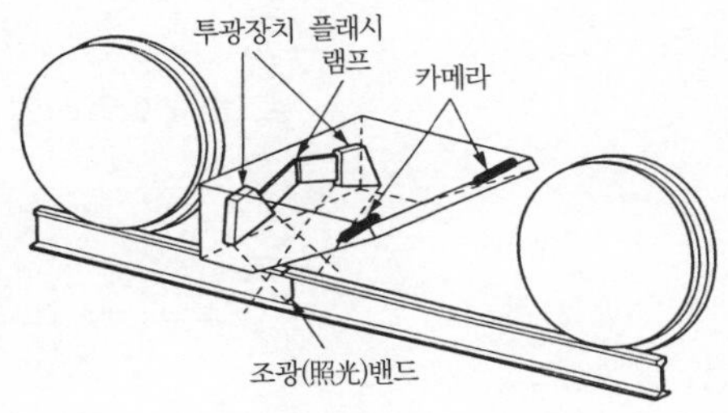

그림 7.6.6 차상 레일단면 측정에서의 광절단법의 원리

이 장치는 전절에 설명한 레일 탐상차에 연결되어 시속 40 km/h의 속도로 주행하며, **그림 7.6.8**에 나타낸 것처럼 용량형 레일 변위계에 설치된 가속도계의 가속도를 2회 적분하여 레일두부 상면요철의 관성 공간에 대한 형상을 구하는 것이다. 이 반복 주행의 결과를 나타낸 것이 **그림 7.6.9**이며, 충분한 재현성을 갖고 있다. 이 장치의 출력은 현재 레일 탐상차의 차트(탐상 파형)에 출력되는 외에 윤하중 변동과 소음을 고려한 **그림 7.6.10**의 필터(filter) 처리를 한 파형이 별도의 차트로 출력되고 있다.

이 기록으로 0.5 mm를 넘는 개소가 동해도 신칸센의 경우에 1.5 개소/ (km 레일)이며, 검측차에서 상하 소음이 통상 레벨을 10 dB 넘는 개소와 전기 · 궤도 종합 시험차의 축상 가속도(acceleration of axial box)가 상향 10 g를 넘는 개소와 함께 이 개소를 정정 검토 개소로 하고 있다. 이들의 개소에 대하여는 2 m의 레일요철 측정기로 측정하여 패임 0.4 mm를 넘는 개소는 굽혀 올림과 삭정을 하고(마무리 0 ~ +0.4 mm), +0.6 mm를 넘는 개소는 삭정을 한다(마무리 -0.2 ~ +0.4 mm).

게다가, 이 장치도 가속도를 2회 적분하여 레일요철의 원파형을 구하는 관성 측정법을 이용하고 있으므로 종래는 위상의 벗어남이 따르고 있었지만, 1997년 이후 지상에서 이의 보상이 행하여져 이 문제가 해결되고 있다.

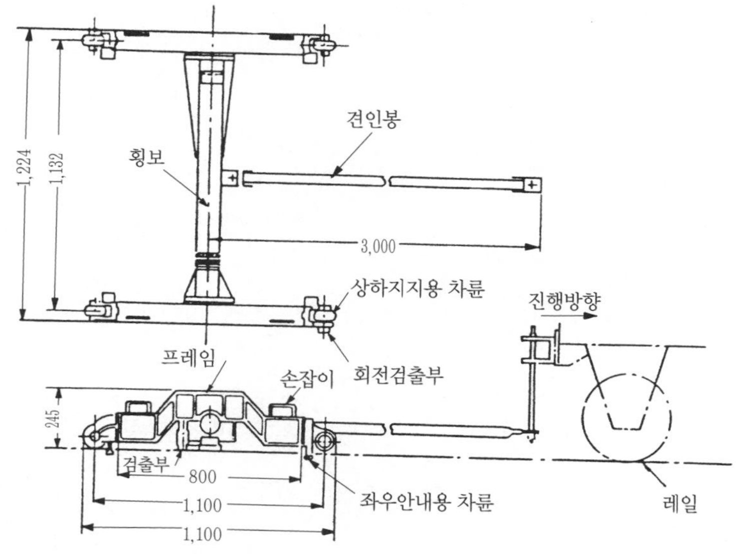

그림 7.6.7 레일 두부상면 요철 측정장치용 측정대차

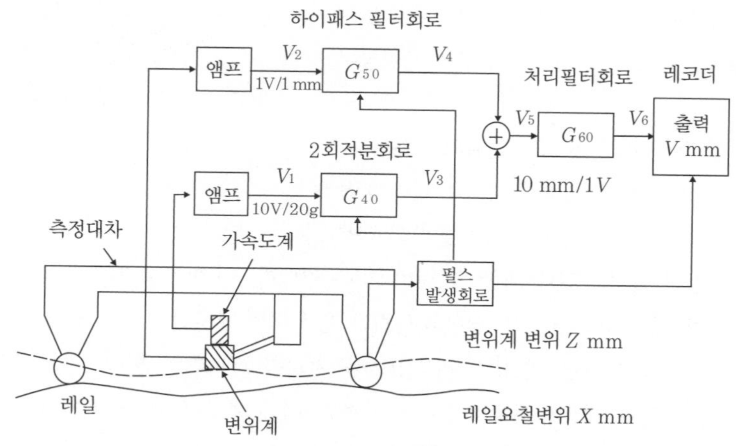

그림 7.6.8 레일 두부상면 요철 측정장치의 신호처리 회로

(4) 테크노라인을 이용한 레일 상면요철의 진단

테크노라인 시스템은 테크노감마에서 개발된 비접촉식 휴대용 검측장비이다. 테크노라인을 이용한 레일 상

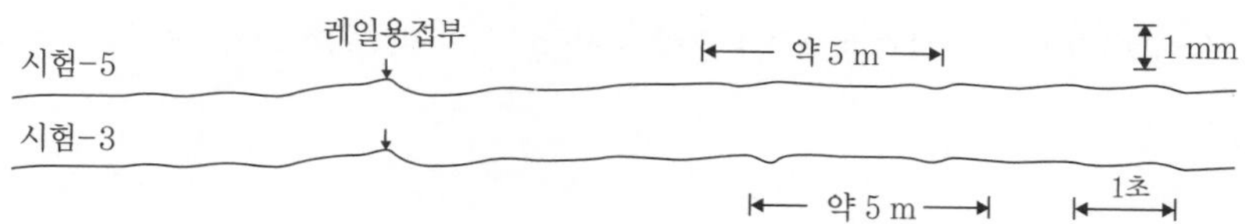

그림 7.6.9 레일 두부상면 요철 측정 결과

면요철의 검측은 국제규격(prEN 13231-3)에 따라 운용된다. 테크노라인은 조작자가 1인이며, 측정원리는 와전류센서를 이용한 변위측정을 기본으로 한다. 상세는 '레일연삭기술' [284]을 참조하라.

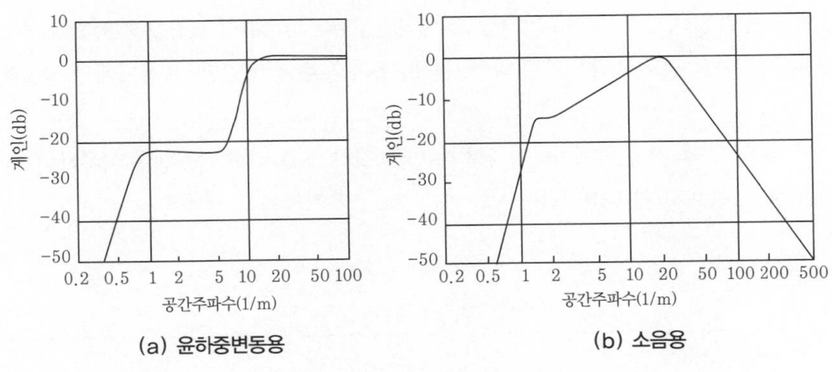

그림 7.6.10 레일 두부상면 요철 측정장치의 처리 필터

7.6.2 레일의 요철

(1) 레일 요철과 레일 연삭

레일의 두부상면은 압연 제조 시에 이미 미소한 요철(凹凸)이 존재하며, 열차의 통과와 함께 처음에는 이것이 축소하지만 곧 점차 성장하여 그 거칠기의 정도가 크게 되고, 그때에 환경 조건이 갖추어지면 "파상 마모(波狀磨耗, corrugation, undulatory wear)"라고 불려지는 일정한 파장의 요철로 급속하게 성장하는 일이 있다. 이들 레일요철의 영향에 관하여는 근년에 밝혀지고 있지만, 이들이 궤도의 진동 · 소음원으로 되고, 궤도의 틀림을 크게 하며, 윤하중 변동(輪重變動, wheel load variation)을 초래하는 등, 많은 문제의 기본 요인중의 하나이다.

이 레일요철에 관한 문제를 세계적으로 보면, 당초는 오로지 파상 마모의 문제로서 착안하여 그 제거를 목적으로 하여 독일(6,000 궤도km/년)을 주체로 레일을 삭정하여 왔다. 일본의 경우에는 당초 동해도 신칸센에 대한 쉐링 발생의 예방대책으로 레일 삭정을 이용하는 것이 고려되었고 그 후도 변하지 않았지만, 동북 신칸센의 경험을 효시로 레일의 요철을 삭정함으로써 소음(騷音, noise)을 저감시키는 것에 범용하도록 되었다. 프랑스에서는 TGV 파리남동선의 북부 개업 시에 궤도보수량의 저감을 목적으로 하여 개업 전에 삭정한 것을 시작으로 하여 TGV 전선에 정상적으로 이용하도록 되었다.

이들의 경험을 기초로 레일두부 상면의 연삭은 우리나라를 포함하여 점차 세계적으로 범용되어 가고 있는 중이다.

(2) 레일 요철의 추이

레일의 요철은 궤도의 열화에 큰 영향을 초래하므로 레일 부설 후에 이것이 어떤 추이를 갖는지를 파악할 필요가 있다. 그래서, 간접적이지만 궤도 검측차의 상하(床下) 소음에 관하여 이것을 추적한 예를 소개한다.

이 해석에서는 환경 조건에 따라 변동하는 상하 소음을 300 m의 구간에 대하여 레일 갱환 직후부터 시간의 경과에 따라 추적하였다. 추적은 궤도 조건을 변경한 개소에 대하여 시행하고, 그 최대치와 1 m마다 읽은 값의 평균치를 도화(圖化)하였으며, 그 예를 나타낸 것이 **그림 7.6.11**이다.

그 결과, 통과 톤수 2,000만 tf 정도까지는 소음레벨(noise level)이 저감을 계속하여 하부에 달하고, 레일 부설 직후보다 1~6 dB 정도 저감되어 있다. 그 후는 통과 톤수 4,000만 tf 정도에서 레일 갱환 시의 상태로 된다.

이와 같은 특성은 그 후 이것을 해석하기 위하여 만든 상하 소음 해석 시스템을 이용하여 해석하였지만 여기서 기술한 결과와 크게 변한 것은 없었다.

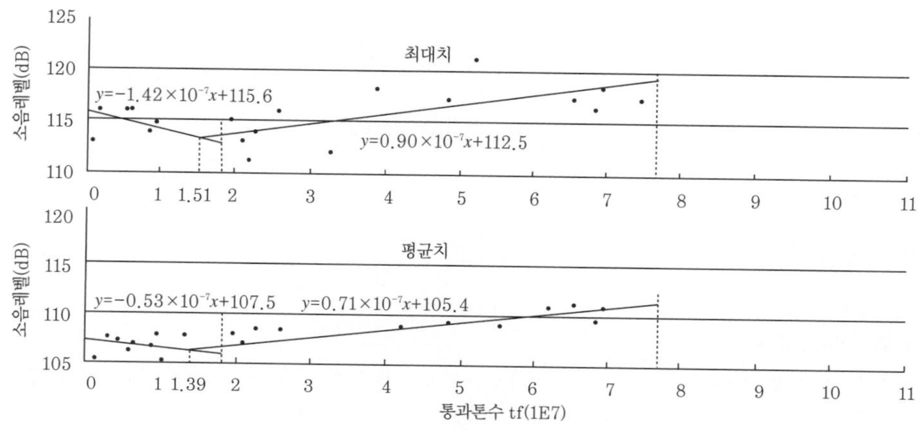

그림 7.6.11 주행에 따른 상하(床下) 소음의 시간경과 변화

(3) 레일 요철의 연삭 효과

레일/차륜 소음과 구조물이 차륜/레일 요철에서 시작되는 점은 제4.2.1(3)항에 소개한 이론에 의거한다. 이에 관하여 실증한 예를 소개한다. 삭정 전후에 측정하여 기록된 고속궤도 검측차 상하(床下) 소음의 1 m 대표치에 대하여 주행속도 200 km/h로 환산한 예를 보면, 최대치에서는 20 db(A)에 달하는 저감을 나타낸 예도 있지만, 평균치를 보면 레일용접 이음부 최대치에서 3.5~12db(A), 레일중간부의 10 m 이동 평균 최소치에서 2~9 db(A)의 저감효과가 있었다.

여기서, 10 m 이동 평균 최소치는 이음매 중간부에서도 소음의 변동이 보여지므로 10 m의 이동평균치를 구하여 그 최소치로서 그 효과를 대표시키는 것으로 하고 있다. 또한, 사용전에 레일을 삭정하면, 상기의 주행효과를 레일 부설 직후부터 얻을 수가 있다.

7.6.3 레일 요철과 전동음

(1) 레일 연삭에 따른 전동음(轉動音, wheel/rail noise, rolling noise)의 저감

고속선로에서의 레일 연삭은 환경대책 구간을 중점으로 하여 거의 일정한 주기로 레일 연삭차로 실시한다. 레일 연삭 전후의 소음진동은 **그림 7.6.12** (일본 슬래브궤도, 주행속도 240 km/h)의 레일 근방 소음(레일에서 2 m 떨어진 위치에서의 소음) 및 레일 플랜지 끝에 대한 진동속도 레벨의 주파수 분석(fre- quency analysis) 결과에서 보는 것처럼 명확한 저감이 얻어진다. 여기서 레일진동은 일반적으로 진동 가속도계를 이용하여 측정하지만 소음과 단위계를 맞춘 레일 진동속도 레벨 L_V를 이용하는 것이 좋다. L_V는 식(7.6.1)로 나타낸다.

$$L_V = 20 \log(V/V_o) = 20 \log(a/2\pi f\, V_o) \qquad (7.6.1)$$

여기서, a: 진동 가속도, $V_o = p_o / \rho c$, f : 주파수, p_o : 기준 음압 레벨(20 μPa), ρ: 공기의 밀도(1.205 kgf/m^3), c : 음속(기온 20 ℃에서 344 m/s)이다. 따라서 기준 진동속도 레벨 V_o은

$$V_o = 20 \times 10^{-6} / (1.205 \times 344) \cong 5 \times 10^{-8} \text{ m/s}$$

로 된다.

그림 7.6.12(1)은 레일 연삭을 충분히 실시한 구간의 결과이며, **그림 7.6.12**(2)는 약간 불충분한 레일 연삭 구간의 결과이다. 레일 연삭 전의 레일근방 소음과 레일 진동속도는 거의 일정한 레벨 차와 함께 서로 비슷한 주파수 특성으로 된다. 이에 비하여 레일 연삭 후에는 전혀 다른 주파수 특성을 나타낸다. 레일 연삭 전은 레일진동이 주된 음원이었던 것에 비하여 연삭 후는 다른 음원의 기여가 크게 된 점을 시사하는 것이라고 생각된다. 특히 **그림 7.6.12**(1)에서 1,600 Hz의 주파수에 생기고 있는 삭정 후 근방소음의 피크는 차량 상하(床下)에 설치된 기어에서 발생하는 소음(gear 騷音)의 기여가 크다고 한다. 그러나, **그림 7.6.12**(2)의 지상 소음에서의 기여는 작게 되어 있다. 이것은 일반적으로 방음벽에 따른 저감 효과가 고주파 역에서 크게 되기 때문이라고 생각된다.

또한, **그림 7.6.12**(1)에서 레일 연삭 전의 근방 소음레벨은 110∼111 dB(A)이었지만, 연삭한 후는 **그림 7.6.12**(1)의 충분한 연삭 구간에서 103 dB(A), **그림 7.6.12**(2)의 약간 불충분한 연삭 구간에서 105 dB(A)로 되며, 연삭에 따라 300∼2,000 Hz의 넓은 주파수 범위에서 5 dB 이상의 저감효과가 얻어지고 있다. 더욱이, 연삭 전의 현저한 피크로 되어 있는 800 Hz의 주파수에 대하여 충분한 연삭 구간에서 약 15 dB 저감하고, 약간 불충분한 연삭 구간에서는 삭정 후에도 피크가 남으며, 약 9 dB의 저감으로 되었다.

한편, **그림 7.6.12**(1)에서 레일 연삭 후의 레일 진동속도는 2,500 Hz의 주파수에 예리한 피크가 발생하고 있는 것이 인지된다. 이것은 후술하는 것처럼 스페노 레일 연삭차의 연삭 흔적으로 인하여 생기는 현상이지만, 근방 소음에는 약간만 인지될 뿐이므로 소음에는 이 영향이 거의 없는 것이라고 생각된다.

다음에, **그림 7.6.13**은 지상(地上) 소음의 주파수 분석 결과를 나타낸다. **그림 7.6.13**(1)은 충분한 연삭 구간, **그림 7.6.13**(2)는 약간 불충분한 연삭 구간의 결과를 나타낸다. 레일의 연삭에 따른 저감 효과는 300∼1,600 Hz의 넓은 주파수 영역에서 생기며, 800 Hz에서는 충분한 연삭 구간에서 10 dB 정도, 불충분한 연삭 구간에서 5 dB 정도의 저감이 인지된다. 또한, **그림 7.6.13**(1)의 충분한 연삭 구간에서는 800 Hz를 중심으로 한 주파수에서 평탄한 특성으로 됨에 비하여 **그림 7.6.13**(2)의 불충분한 연삭 구간에서는 800 Hz에 피크가 남는다.

이상의 결과를 종합하여, 충분한 연삭이 실시된다면 지상소음에 대한 영향이 매우 근소하게 되며, 연삭이 불충분하면 전동음의 영향이 남는다고 고려된다. 시산에 따르면, 이 충분한 연삭에 따른 지상의 표준적인 측정 점에서의 전동음의 기여는 67∼68 dB(A) 정도로 추정된다.

다음에, 선로 길이방향의 레일 연삭에 대한 개략적인 양부는 궤도 시험차의 상하(床下) 소음레벨로 거의 파악할 수 있다. **그림 7.6.14**에 나타낸 것은 레일 연삭 전후의 상하 소음레벨의 파형이다. 이 그림은 연삭 후 약 1년간의

변동을 나타내었지만 구간 전반에 걸쳐 소음레벨이 서서히 크게 되어 가는 경향이 인지된다. 그래서, 이 연삭 구간의 경년 열화를 구간 전역의 평균치로 대표하여 나타낸 것이 **그림 7.6.15**이다. 그림에서는 약간 불충분한 연삭 구간의 결과도 아울러 나타내고 있다. 이 그림에서 충분한 연삭 구간의 상하 소음레벨은 연삭 직후의 108 dB(A)에서 1년 경과 후는 113 dB(A)로 되어 5 dB(A) 정도 증가한다. 이것에 대하여 약간 불충분한 연삭 구간의 상하 소음레벨은 충분한 연삭 구간에 비하여 연삭 직후에는 3 dB(A) 클 뿐이지만, 약 1년 경과 후는 10 dB(A)의 증가

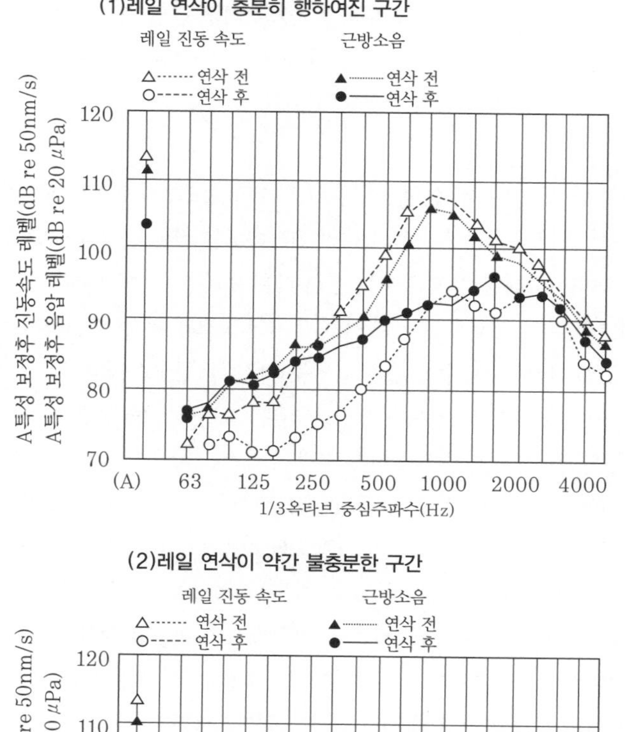

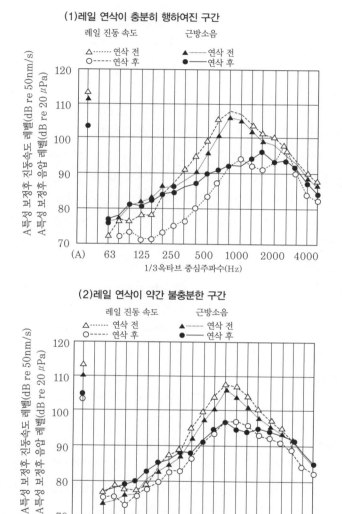

그림 7.6.12 레일 연삭 전후의 레일 플랜지 끝의 진동속도와 근방 소음

를 나타내어 연삭 전과 거의 동일한 소음레벨로 된다. 열화 율(劣化率 ; 상하소음의 시간 경과적인 변화율)은 약 2배로 된다. 따라서, 불충분한 연삭으로 된 경우에는 적어도 연삭 주기를 단축하는 등의 필요가 있다.

(1)레일 연삭이 충분히 행하여진 구간

○---- 연삭전 ●— 연삭후

10 dB

63 125 250 500 1000 2000 4000

1/3 옥타브 중심주파수(Hz)

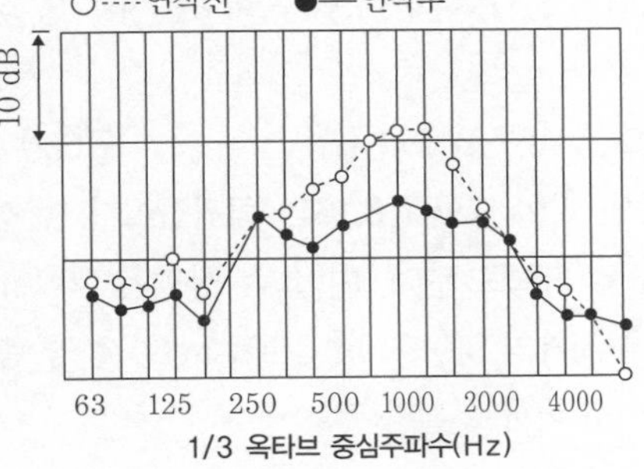

그림 7.6.13 레일 연삭 전후의 지상 소음

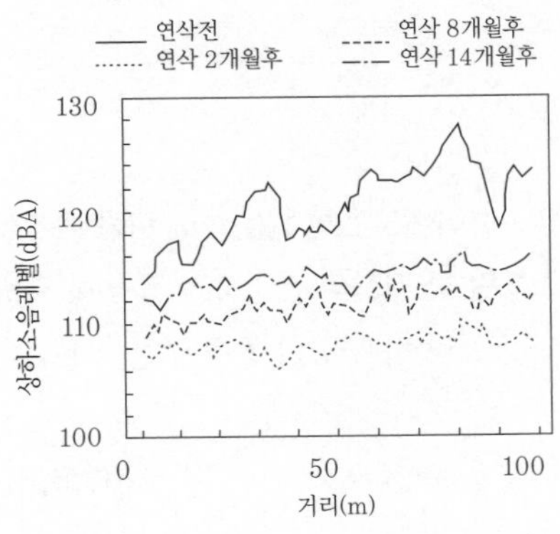

그림 7.6.14 충분한 레일 연삭 구간의 상하(床下) 소음레벨

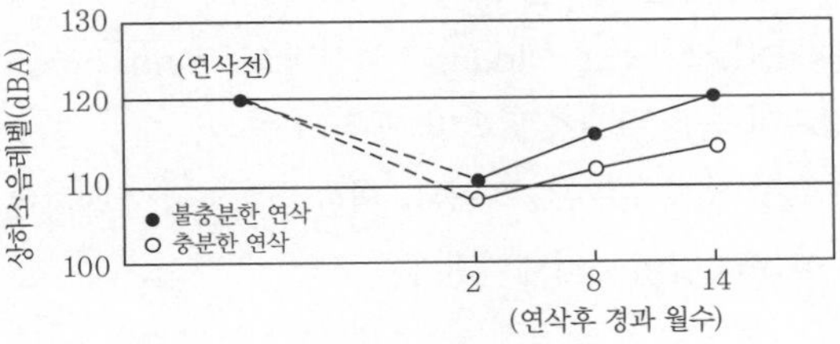

130 120 110 100

상하소음레벨(dBA)

(연삭전)

● 불충분한 연삭

○ 충분한 연삭

2 8 14

(연삭후 경과 월수)

그림 7.6.15 레일 연삭 후의 시간경과 변화(평균치)

(2) 전동음에 영향을 주는 레일요철의 파장

전동음(轉動音)을 저감하기 위해서는 전동음에 영향을 주는 주파수 영역에 대응하는 파장의 요철을 평활화하는 것이 중요하다. 이 요철의 특성을 파악하기 위해서는 일반적으로 파워 스펙트럼 밀도에 의거한 검토가 유효하다. 레일 삭정 후의 레일 두부상면 요철의 파워 스펙트럼 밀도는 **그림 7.6.16**과 같이 얻어진다. 그림에 나타낸 스펙트럼은 짧은 데이터이다. 그림에는 충분한 연삭 구간과 약간 불충분한 연삭 구간의 스펙트럼을 같이 나타낸다. 그림에서 충분한 연삭 구간은 약간 불충분한 연삭 구간에 비하여 공간 주파수(spatial frequency) 약 0.003~0.02 (단위 ; mm^{-1}, 파장 약 33~5 cm의 역수) 사이에서 작은 스펙트럼으로 되었다. 이 파장영역은 차량의 주행속도를 240 km/h로 하면 250~1,300 Hz 정도의 시간 주파수에 대응하여 **그림 7.6.12**에서 저감효과를 나타내는 주파수 영역과 비교적 좋게 합치한다. 다만, 양 스펙트럼 모두 공간 주파수 약 0.04 (파장 2.5 cm)에 현저한 피크를 가진다. 이것은 레일 연삭차의 그라인더에 기인하는 연삭 흔적이며, **그림 7.6.12**(1)의 레일 진동속도에 생긴 2,500 Hz 부근의 주파수 피크에 대응한다. 여기서, 소음에 영향이 큰 시간 주파수 대역에 대응하는 공간 주파수 Ω는 0.005~0.02 (파장 20~5 cm) 정도라고 생각되므로 충분한 연삭으로

실현 가능한 요철을 그림 7.6.16의 실선으로 가정하고 요철의 스펙트럼을 S(Ω)로 하여 멱승 회귀를 행하면 식(7.6.2)가 주어진다.

$$S(\Omega) = A\Omega^{n} \cong 1.7 \times 10^{-8}\,\Omega^{-2} \qquad (7.6.2)$$

이것을 나타낸 것이 **그림 7.6.16**의 회귀선이며, 환경 대책의 요철 관리목표로 된다. 이 요철 상태는 20 cm 현 중앙 종거에서 거의 0.002 mm, 10 cm 현 중앙 종거에서 0.001 mm 이하로 된다.

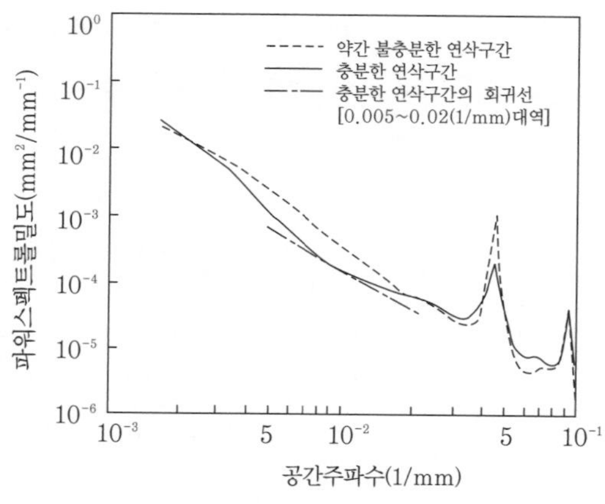

그림 7.6.16 레일 연삭 후의 파워 스펙트럼 밀도

7.6.4 축상 상하가속도를 이용한 윤하중 변동의 파악

(1) 저대윤하중과 축상 상하가속도의 관계

윤하중(輪重, wheel load)과 축상(軸箱, axial box) 상하(上下)가속도 사이에는 **그림 7.6.17**에 나타낸 것처럼 상관이 높은 관계가 있으며, 동적인 윤하중 P는 정지 윤하중 P_o와 스프링 하 질량의 관성력(스프링 하 질량 M과 축상 상하가속도 α의 곱)을 더한 것이라고 가정하면, P는 윤하중과 스프링 하 질량의 공칭 값을 이용하여 식(7.6.3)과 같이 나타내어진다.

$$P = \kappa_1 P_o + \kappa_2 M\alpha \qquad (7.6.3)$$

여기서, κ_1, κ_2 : 계수

(7.6.3)식에서, 우변 제1항의 계수 k1은 정지 윤하중에 관한 보정을 나타내며, 제2항의 계수κ2는P의 변동 분으로서 스프링 상 및 스프링간 질량이나 차륜으로부터 축상으로 가진력의 전달을 고려하지 않고 있는 점 및 실제의 관성 질량에 대한 스프링 하 질량의 기여가 명확하지 않은 점 등으로 인한 영향을 보정하기 위하여 이용한다. 최근의 신제 차량의 고속주행 시험 등의 해석 결과에서 계수 κ는 좌우 차륜 질량의 불균형에 기인하는 불평형 관성력을 고려하여 **표 7.6.2**에 나타낸 범위의 값이 얻어졌다.

다음에, 축상 상하가속도의 파워 스펙트럼 밀도를 **그림 7.6.18**에 나타낸다. 이 그림은 슬래브 궤도에서의 230~320 km/h의 주행속도에 대한 0~200 Hz의 주파수 특성을 나타내고 있다. 종래부터 스프링 하 질량(un-sprung mass)의 고유진동(natural vibration)은 50~100 Hz의 사이에 있다고 말하여 지고 있다. 그림에서는 40~70 Hz의 주파수에 큰 피크가 있기는 하였으나 주행속도와 함께 피크의 주파수도 높은 쪽으로 약간 이동하여 있으므로 고유진동이라고는 단정할 수 없는 결과로 되었다. 여기에는 좌우 차륜 질량의 불균형 등도 영향을 준다고 생각되지만, 60~70 Hz의 주파수에서 생기는 변동은 스프링 하 질량에 따른 영향이 크다고 생각된다. 더욱이, 100~150 Hz에는 명확한 속도 의존성을 가진 피크가 생기고 있다. 이것은 슬래브 궤도의 레일 체결장치 간격(62.5 cm)에 대응하는 고유진동이다.

표 7.6.2 κ의 값

	κ_1	κ_2
자갈궤도	1.2	0.6~0.7
슬래브 궤도	1.0	0.7~0.8

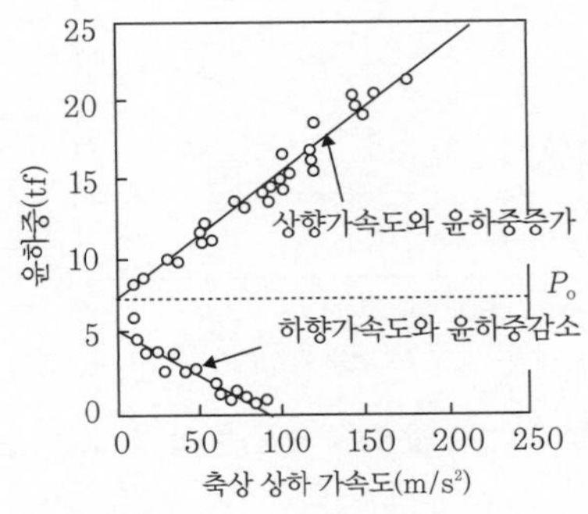

그림 7.6.17 윤하중과 축상 상하 가속도의 관계

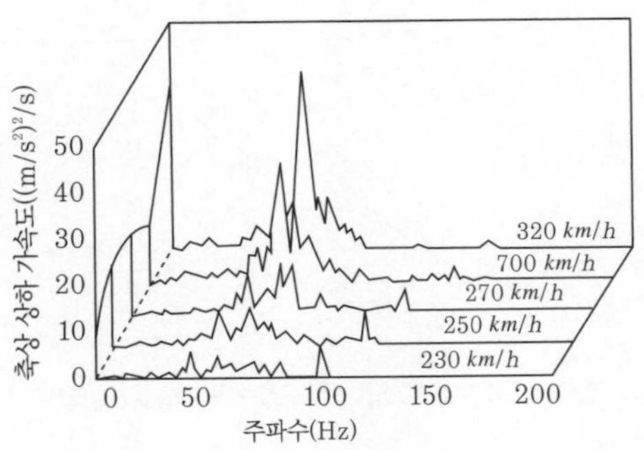

그림 7.6.18 축상 상하가속도의 파워 스펙트럼 밀도

좌우 차륜 질량의 불균형 등도 영향을 준다고 생각되지만, 60~70 Hz의 주파수에서 생기는 변동은 스프링 하 질량에 따른 영향이 크다고 생각된다. 더욱이, 100~150 Hz에는 명확한 속도 의존성을 가진 피크가 생기고 있다. 이것은 슬래브 궤도의 레일 체결장치 간격(62.5 cm)에 대응하는 고유진동이다.

(2) 축상 상하가속도의 분포 특성

정기적인 보수작업을 계획하기 위해서는 저대(著大) 윤하중 이상치의 관리뿐만이 아니고 예를 들어 궤도틀림의 구간 평가지수인 P값에 상당하는 일정한 구간 단위로 관리 지표를 파악하는 것도 중요하게 된다. 그러나, 윤하중 변동은 25 m 내지 50 m 간격의 레일 용접이음매에서 큰 변동이 생겨 특수한 분포 형상을 가진다. 윤하중 변동은 일반적으로 정지 윤하중(P_o)을 중심으로 변동하는 비부 함수(非負函數)(확률 변수를 ϕ로 하면 $\phi>0$)이며, 이와 같은 함수의 확률분포 모델로서 평균치나 표준편차의 도입이 용이한 대수 정규분포가 적합하다.

이것은 확률 변수 ϕ의 자연 대수 (ln P)가 정규분포 $N(\lambda, \xi^2)$에 따를 때 ϕ가 대수 정규분포에 따르며, 이것은 **그림 7.6.19**에 나타낸 것처럼 비부(非負)의 정의 역(定義域)에 있어서 양쪽 아래 끝부분이 정규분포보다 퍼진 분포로 된다. 이 확률밀도 함수 $f(P)$는

$$f(P) = 1/\sqrt{2\pi}\,\xi\,P\exp\left[-(\ln P-\lambda)^2/2\xi^2\right] \tag{7.6.4}$$

로 나타내며, λ와 ξ는 확률변수의 평균이 P_o이고, 표준편차를 σ_p로 하면,

$$\lambda = \ln P_o - \xi^2/2 \tag{7.6.5}$$

$$\xi^2 = \ln[1+(\sigma_P/P_o)^2] \tag{7.6.6}$$

로 나타내어진다. 식(7.6.5)는 평균 λ가 정지 윤하중(ln P_o)에서 분산의 반분만큼 작은 것을 의미하며, 식(7.6.6)의 표준편차 ξ는 확률변수 ϕ에서 얻어지는 변동계수(σ_p/P_o)로 나타내어지고 있으므로 분산의 척도로 되는 ξ를 윤하중 변동의 관리지표로 하는 것이 가능하게 된다.

(3) 축상 상하가속도에 따른 윤하중 변동률의 추정

윤하중의 변동계수, 즉 윤하중 변동률은 식(7.6.3)의 a를 축상 상하가속도의 표준편차 σ로 치환함으로써 산출 가능하며

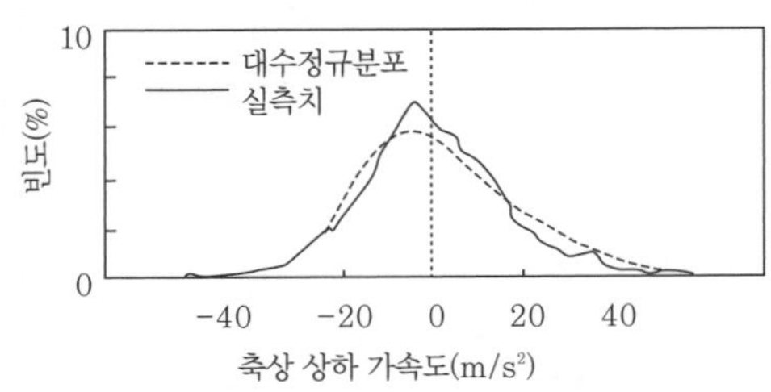

그림 7.6.19 축상 상하가속도의 확률밀도

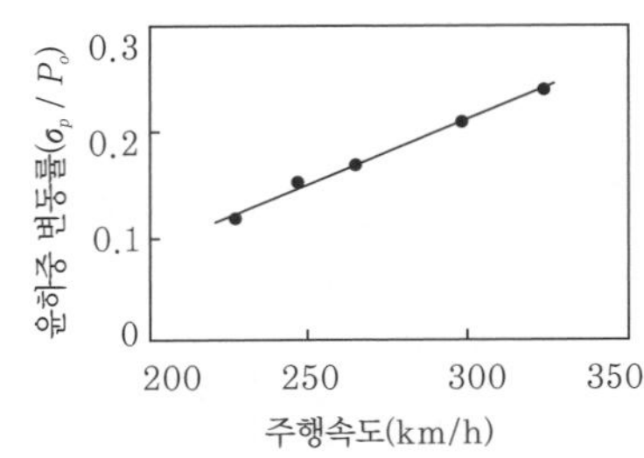

그림 7.6.20 윤하중 변동률의 속도 의존성

$$\sigma_P / P_o = (\kappa_2 M / \kappa_1 P_o) = A\sigma \tag{7.6.7}$$

여기서, A : 정수

로 나타낼 수가 있다. 지금, 어느 특정 구간의 축상 상하가속도의 표준편차 σ를 주행속도별로 산출하여 식 (7.6.7)에 대입하면, **그림 7.6.20**처럼 윤하중 변동률은 주행 속도에 비례하며, 주행 속도 1 km/h의 증가에 대하여 1 % 정도 증가하는 것을 알 수 있다.

더욱이, **그림 7.6.21**에 나타낸 것처럼 식 (7.6.6)의 ξ는 윤하중 변동률(σ_p / P_o)이 작은 때는 $\xi \cong \sigma_p$ / P_o로 근사될 수 있으므로 축상 상하가속도의 표준편차 σ를 그대로 윤하중 변동률의 구간 대표치로서 취급할 수가 있다. 그래서, 축상 상하가속도의 표준편차를 1 km의 구간 연장마다로 구하면, **그림 7.6.22**이 얻어진다. 예를 들면, 10 m/s² 미만의 개소는 양호, 10~20 m/s²는 보통, 20 m/s² 이상은 불량이라고 하는 구분도 가능하게 된다.

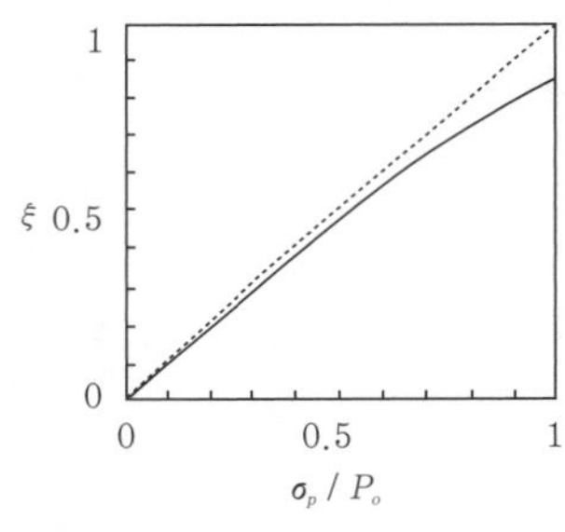

그림 7.6.21 ξ와 σ_p / P_o

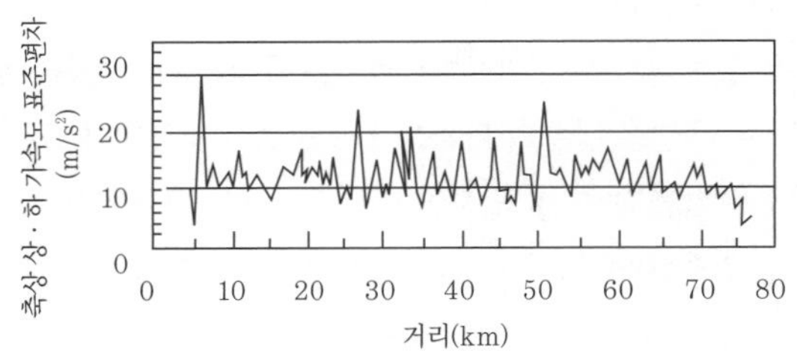

그림 7.6.22 구간마다의 표준 편차

(4) 뜬 침목에 기인하는 저대 윤하중

자갈궤도에서는 고속화와 함께 저대(著大) 윤하중의 발생이 급증하는 경향이 있으며, 그 발생의 원인은 대부분 뜬 침목에 기인한 것이다. 따라서, 보수 작업은 레일 삭정이 아닌 국부틀림 정정 등 도상 작업으로 수행하였다. 이와 같은 궤도지지 스프링이 불균일하게 되는 개소의 저대 윤하중과 레일 두부상면 요철(凹凸)로 인한 저대 윤하중을 구분할 수가 있으면, 적합하고 효율적인 보수 작업이 가능하게 된다. 그래서, 실제로 면 틀림 정정에 따라 저대 윤하중이 억제된 개소의 축상 상하가속도의 파형(波形)으로 비교 검토를 행하였다.

면 틀림 정정 작업 전후에 대한 축상 상하가속도의 저대 치와 면(고저) 틀림 파형의 예를 **그림 7.6.23**에 나타낸다. 이 그림의 상부에 나타낸 축상 상하가속도의 저대 치는 보수 전 200 m/s² (추정 윤하중 ; 18 tf) 정도이었던 것이, 작업 후는 20 m/s² 이하로 되어 명확히 좋게 된 것을 확인할 수 있었다. 다만, 이 파형 그대로는 발생 원인이 레일 요철에 기인한 것인가, 뜬 침목에 기인한 것인가의 식별은 곤란하다. 일반적으로 뜬 침목 등에 기인하여 지지 스프링이 급격하게 변화하여 부등 침하가 생긴 경우에는 정적인 하중으로 인한 궤도의 탄성 변형과 같은 모양으로 전후 수 개분의 침목까지 변형이 영향을 준다고 상정하고 60 Hz 부근이 피크로 되는 스프링하 질량에 기인한 변동 분을 제거하여 보다 낮은 주파수 성분을 추출하는 것으로 하였다.

평가 방법으로서는 될 수 있으면 단순한 처리 방법을 지향하여 30 Hz 차단(遮斷, cut off)의 저역 통과(低域通過, low pass) 필터(filter)를 이용하여 면 틀림 정정 작업 전후의 변화를 비교하였다. 그 결과가 **그림 7.6.23**의 중앙부에 나타낸 파형이다. 보수 전에는 50 m/s² 정도이었던 것이, 보수 후는 10 m/s² 이하로 되는 것이 인지된다. 그래서, 식(7.6.3)을 이용하여 축상(軸床) 상하가속도에서 윤하중 값을 추정하여 30 Hz의 필터 처리후의 축상 상하가속도의 값과 비교하면 **그림 7.6.24**가 얻어진다. 약간의 분산이 있기는 하였으나 양자는 거의 비례 관계에 있는 점이 인지된다. 또한, **그림 7.6.23**의 하부에 나타낸 면 틀림 파형에서는 보수 전후에 거의 차이가 없고 이와 같은 단파장 궤도틀림을 통상의 궤도틀림 검측 방법으로 추출하는 것이 극히 곤란하다는 점을 나타내고 있다. 이상과 같은 해석에 따라 저대 윤하중 발생원인의 판별이 가능하게 되어 "레일 연삭(研削)" 혹은 "면 틀림의 보수" 의 어느 쪽을 선택하든지 적합한 보수작업의 지시가 행하여진다.

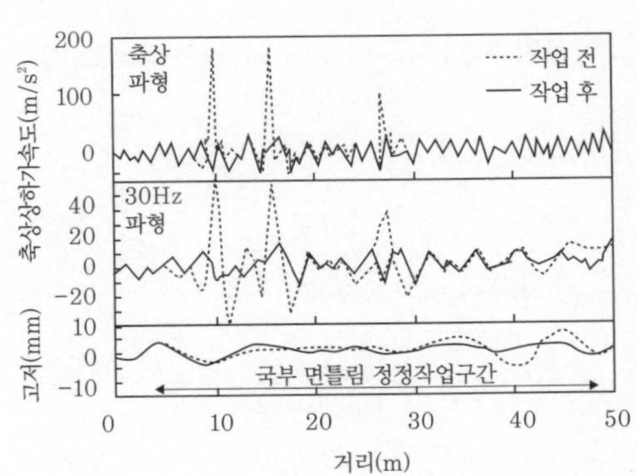

그림 7.6.23 면 틀림 정정에 따른 축상 상하가속도의 변화

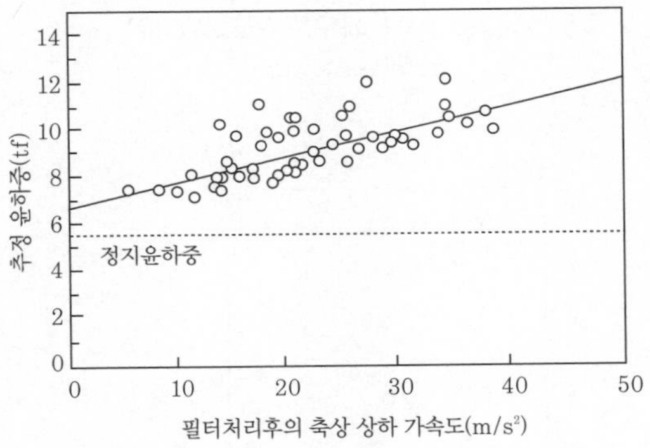

그림 7.6.24 추정 윤하중과 축상 상하 가속도의 관계

7.6.5 축상 좌우가속도에 따른 저대 횡압의 검출

횡압(橫壓, lateral force)의 발생 원인은 크게 나누어 곡선통과 시 대차의 전향(轉向)에 따른 전향 횡압, 캔트 부족으로 인한 초과 원심력이나 차량동요에 따른 차체 관성력에 기인한 횡압 및 윤축의 충격에 기인한 횡압 등이 고려되지만, 고속선로의 고속주행 시험에서는 신축 이음매(expansion joint)나 분기기에서 충격적으로 발생하는 저대 횡압이 눈에 띄는 경향이 있다.

이 저대 횡압을 축상(axial box) 좌우가속도로 검출할 수가 있다면, 축상 상하가속도와 아울러 열차하중의 억제에서 효율적으로 관리할 수가 있다. 그러나, 축상 좌우가속도에는 차륜과 축상 간의 횡운동 성분이나 윤하중의 횡 방향 성분의 영향이 포함되므로 축상 상하가속도와 관련된 축상 좌우가속도의 특성을 파악할 필요가 있다. 여기서, 300 km/h 주행시의 축상 좌우가속도의 파워 스펙트럼은 **그림 7.6.25**에 나타낸 것처럼 20~30 Hz와 50~80 Hz 부근의 주파수가 큰 결과로 된다. 또한, **그림 7.6.26**에 나타낸 축상 상하가속도와 축상 좌우가속도 간 코히어런스에서는 50~70 Hz의 주파수에서 0.8로 높은 상관이 얻어진다. 결국, 50~70 Hz의 주파수에서는 상하진동(vertical vibration) 성분의 영향이 크게 생기고 있다고 고려된다.

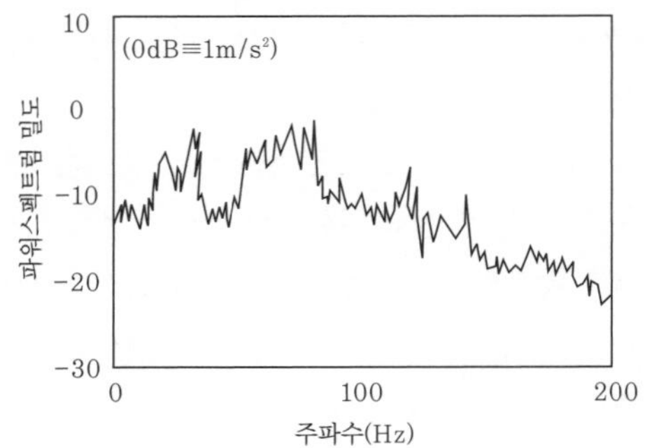

그림 7.6.25 축상 좌우가속도의 파워 스펙트럼 밀도

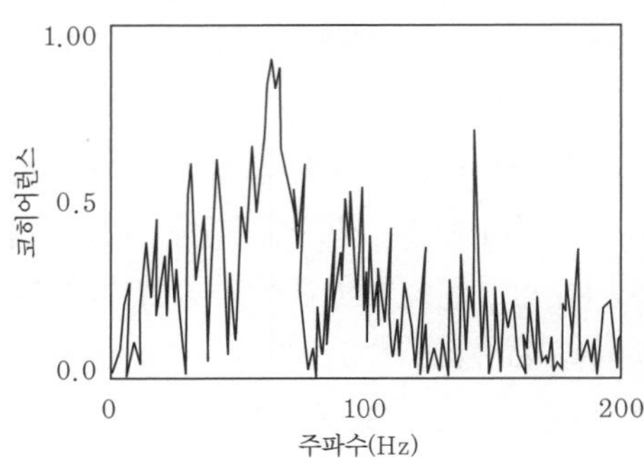

그림 7.6.26 축상 상하와 좌우 가속도의 코히어런스

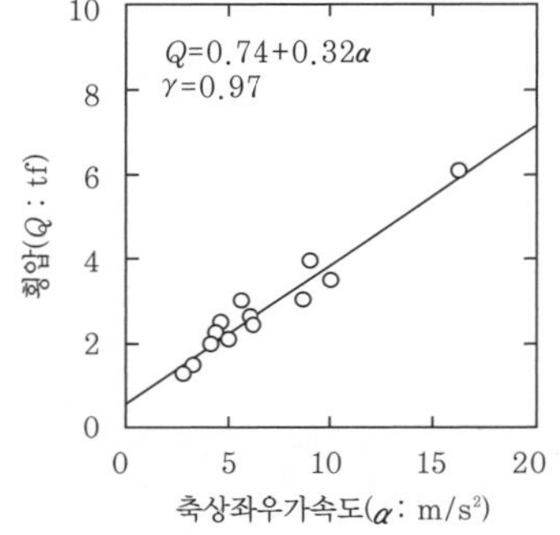

그림 7.6.27 충격적인 횡압과 축상 좌우가속도의 관계

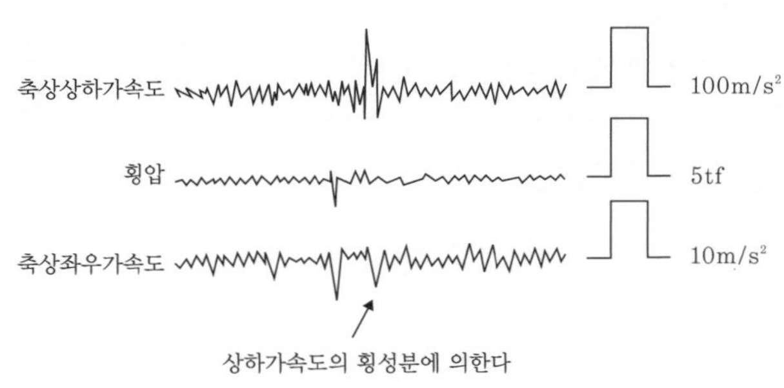

그림 7.6.28 횡압과 축상 가속도의 파형 예

그래서, 뜬 침목의 검출 방법과 같은 모양으로 50~70 Hz의 주파수를 제거하기 위하여 30 Hz 차단(cut off)의 저역 통과 필터(low pass filter) 처리를 하여 횡압과의 관계를 구하여 보니, **그림 7.6.27**에 나타낸 것처럼 비교적 상관이 좋은 관계가 얻어졌다. 다만, **그림 7.6.28**에 나타낸 것처럼 뜬 침목으로 인한 저대 윤하중(著大輪重, very large wheel load)의 발생 개소에서도 축상 좌우가속도에 대한 상하방향 진동의 영향이 생기고 있다고 상정된다. 이 개소의 축상 상하가속도 값과 축상 좌우가속도 값의 관계를 각각 30 Hz 차단의 저역 통과 필터 처리를 행한 파형에서 산출하면 양자의 사이에는 **그림 7.6.29**의 관계가 얻어지므로 축상 상하가속도

의 약 10 %를 좌우가속도의 보정 치로 하면 좋다.

7.6.6 레일의 파상 마모

(1) 파상 마모의 종별

레일의 파상 마모(波狀磨耗, corrugation, undulatory wear)는 이것이 발생하는 조건이 구비되면 급속히 성장하여 큰 윤하중 변동(輪重變動, wheel load variation) 및 진동과 소음이 발생하고, 자갈궤도에서는 급격한 궤도틀림이 진행하여 궤도보수가 곤란하게 되며, 횡압을 수반하는 경우에는 주행 안정성을 저하시킨다.

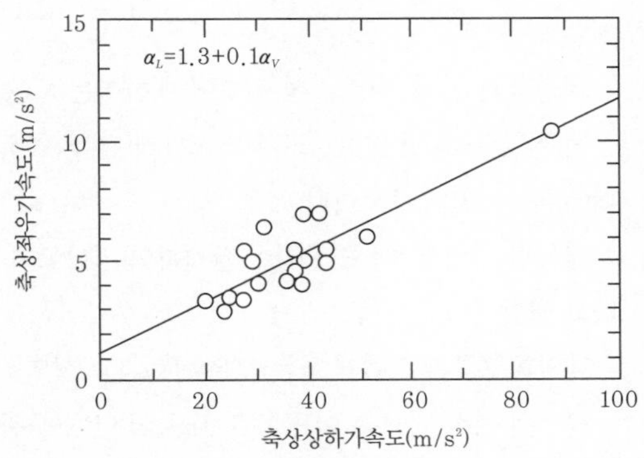

그림 7.6.29 필터처리 후의 축상 상하와 좌우가속도의 관계

Grassie 등의 최근의 연구에서는 **표 7.6.3**과 같이 분류한다. 상세는 '레일연삭기술'[284]을 참조하라.

표 7.6.3 파상 마모의 형과 특성

형	파장 (mm)	파장 확정의 메커니즘	손상의 메커니즘
1. 윤하중 변동(重하중形)	200~300	P2 공진*	골에서의 소성 유동
2. 소성 휨(輕레일形)	500~1,500	P2 공진*	소성 휨
3. 탄성 침목(부츠침목)	45~60 (RATP) 51~57 (Baltimore)	침목의 공진 윤축의 공진	횡 방향으로의 골의 마모 볼록부의 소성 유동
4. 접촉 피로(Contact fatigue in curre)	150~450	횡 방향으로의 P2 공진	전동 접촉 피로
5. 종단방향연속요철(바퀴 자국 패임, rutting)	50 (시가 전차) 200 (RATP) 150~450 (FAST)	윤축의 비틀림 공진 동적 수직력의 최대치 예를 들면 P2 공진	길이 방향의 진동에 의한 골의 마모
6. 굉음(roaring)	25~80	미확정	길이 방향의 미끄러짐에 의한 골의 마모

* 차량의 스프링 하 질량과 궤도의 스프링에 따른다.

(2) 파상 마모에 대한 대책

파상 마모에 관한 대책을 **표 7.6.4**에 나타낸다.

여기에는 스프링 하 질량과 궤도 스프링의 공진으로 인한 P2 힘이 지배적이므로 스프링 하 질량을 줄이고, 궤도의 스프링계수를 낮춤으로써 파상 마모의 유인(誘因)으로 되는 레일두부 상면의 요철을 적게 하는 것이 중요하다. 파장의 확정 과정에 관하여 탄성 침목형과 바퀴 자국 패임형은 마모 건조이고, 공진 주파수에 관계되어 있다는 점에서는 같지만, 공진이 횡 방향인가 길이방향인가로 다르게 된다.

레일 삭정은 사후의 대책일 뿐만 아니라 파상 마모의 유인으로 되는 레일두부 상면의 요철을 제거한다고 하는 점에서 사전의 대책으로서도 유효하다. 게다가, 이것은 피로 균열을 제거하고 단면 재생에 따라 윤축의 안내 특성을 회복한다.

레일강의 선택 시에 소성 휨형에 대하여는 고(高)강도, 높은 항복 응력이 필요하며, 윤하중 변동형에 대하여는 적절한 항복 및 인장강도가 필요하게 된다. 곡선 피로형과 바퀴 자국 패임형, 그리고 탄성 침목형에 대하여도 대개 HH레일이 유효하다.

굉음형에 대하여 PP 공진이 관계하여 있다고 하면, 무거운 레일을 이용하고 지지 간격을 좁히는 것이 유효하다고 생각된다.

레일패드를 부드럽게 하는 것은 탄성 침목형의 시험에서 유효하며, P2힘을 낮추는 것에도 유효하다.

곡선의 파상 마모는 어느 것도 대차의 안내에 관계한다. 이것은 대개 회전 스프링계수를 낮추는 만큼 개량되며, 조타 링을 설치하면 더욱 좋다. 후자에 관하여는 파상 마모 이외에도 많은 이점이 있다. 탄성 침목형의 건조 마모 파상 마모와 1모터 대차의 바퀴자국 패임형이라 하는 특수한 궤도와 차량에 관한 것은 이들을 개량하지 아니하고 이용하여서는 아니 된다.

표 7.6.4 파상 마모의 대책

형	제거	삭정 단면 재생	탄성패드	P2힘의 감소	레일강	기타
1. 윤하중 변동	시험에서는 유효	–	–	시험에서는 유효	높은 항복응력 높은 최종강도	축중 경감 용접기술의 개량
2. 소성 휨	시험에서는 유효	–	–	시험에서는 유효	높은 항복응력	축중 경감 레일의 강성 증가
3. 탄성 침목	시험에서는 유효	대개 유효	시험에서는 유효	–	HH레일은 확실하게 유효	조타성의 개량 탄성침목 불사용
4. 접촉 피로	시험에서는 유효	시험에서는 유효	–	시험에서는 유효	–	조타성의 개량 정기적인 레일 삭정
5. 종단방향연속요철 (바퀴 자국 패임)	시험에서는 유효	–	시험에서는 유효	시험에서는 유효	HH레일	조타성 개량은 확실히 유효 1모터 대차 불사용
6. 굉음	시험에서는 유효	시험에서는 유효	대개 유효	–	평로강 양호 전로강 불량	점착활동의 개량(마찰개량제) 윤축 위치 개량

(3) 파상 마모에 관한 연구

파상 마모에 관한 연구는 1900년대 초부터 끊임없이 행하여져 왔지만, 많은 요인이 복잡하게 얽혀져 있기 때문에 장년에 걸쳐 곤경 상태에 있었다.

그 요인으로서는 먼저 파장이 정해지는 메커니즘과 이것이 금속학적으로 확정되어 성장하는 메커니즘이 있고, 이것이 서로 관계하여 여진(勵振)되어서 급속하게 성장하는 유형의 것이다.

이 실태에 관하여 1958년 국제회의가 개최되어 각국에서의 발생 실태가 밝혀지게 되었다. 게다가, 이 시기에 독일의 Birmann이 그 때까지의 문헌을 수집하여 문제점을 정리하였다. 그 후도 산발적으로 연구가 이루어져 몇 가지 유형의 파상 마모에 관하여는 그 특성이 밝혀지게 되었지만, 이것에 대하여 근대적인 수학적 방법으로 해석을 진행한 것은 1960년대에 Frederick이 수행한 연구이다. 그 후 Vancouver에 건설된 철차륜(鐵車輪)

지지(支持) 리니어(linear) 모터 구동의 Sky-train에서 심한 파상 마모가 발생하여 이것이 세계의 이 분야 연구자들에게 주목을 받게 되면서 해석되었다.

또한, 여기서 불명한 굉음형에 대하여도 독일 Hemplemann이 상세한 해석을 진행하였다. 그 결과, 다음이 밝혀졌다.

1) 운전 : 차량과 궤도의 상태가 양호하다면 이 유형의 파상 마모의 성장은 억제되지만, 역으로 궤도 혹은 윤축의 대차에서의 틀림이 커서 횡 방향의 크리프가 크게 되면, 또는 차륜이나 레일의 접촉 패치(contact patch)가 크다면, 파상 마모가 발생하기 쉽다.

2) 궤도 : 연속 지지는 PP 공진을 없게 하므로 유효하다. 부드러운 패드의 사용은 수직력의 변동을 줄여 파상 마모의 성장을 늦춘다.

3) 차량 : 차량 계수의 영향은 작지만, 윤축에 관하여는 반(反)공진이 극히 예민하므로 약간의 윤축 조건이 변하고, 속도가 변하면 윤하중의 응답이 극적으로 감소한다. 대량 수송기관에서 행하여지고 있는 축중의 경감은 파상 마모의 성장 속도를 증가시킨다.

7.7 열차동요 관리

7.7.1 궤도틀림과 열차동요

(1) 궤도틀림과 열차동요의 관계

궤도틀림(track irregularity, 軌道變位) 관리의 제1 목적은 열차의 주행 안정성을 확보하는 것이다. 일상적으로는 열차 동요(動搖, vibration, shaking)가 작게 되도록 궤도상태를 유지함에 따라 일부의 예외를 제외하고는 자연적으로 주행 안정성이 확보된다.

속도 향상과 함께 승객에 대한 서비스 레벨인 승차감(riding quality) 향상이 궤도 보수의 큰 목표의 하나로 되었다. 근년에는 곡선통과 속도향상에 따라 주목되어 온 좌우 정상(定常)가속도와 좌우 진동가속도(lateral vibration acceleration)가 동시에 작용하는 경우의 승차감이나 진동수와 발생 빈도를 포함한 승차감의 질 향상이 추구되고 있다. 이하에서는 일본에서의 궤도틀림에 관한 연구의 개요를 기술하고 동시에 열차동요와의 관계에 대하여 설명한다.

(2) 궤도틀림과 열차동요의 관계 해석

재래선 궤도의 줄 틀림 · 수평틀림과 좌우동(左右動, lateral motion)의 관계, 궤도틀림지수 *P*값과 상하 · 좌우 승차감 레벨과의 관계를 해석하여 얻은 결과는 다음과 같다.

① 좌우동에 대하여는 속도의 영향이 가장 크고 줄 및 수평틀림과의 관계에서는 줄 틀림의 영향이 수평틀림을 상회하고 있다.

② 좌우동의 틀림에 대한 민감도는 동요가 큰 개소에서 크게 된다.

③ 차량의 동요가속도는 상하동 · 좌우동 모두 차량의 고유 진동수에 가까운 1~2 Hz를 포함하는 주파수 성

분이 탁월하여 있고, 궤도 상태에 상관이 보여진다. 그 이외의 주파수 성분에서는 궤도 상태와는 무관한 진동이 존재한다.

④ 상하동 승차감 레벨(level of riding comfort)은 면(고저) *P*값과의 상관이 강하고, 좌우동 승차감 레벨은 줄(방향) *P*값과의 상관이 인지된다.

(3) 고속선로의 장파장 궤도틀림

고속선로에서는 당초부터 장파장 궤도틀림 관리의 중요성이 인식되어 궤도틀림 파장에 따른 열차동요의 영향이 연구되고 있다. 종래부터 행하여 온 10 m 현 중앙 종거 궤도틀림으로는 40~60 m의 장파장 궤도틀림을 찾아내기가 곤란하다. 그 때문에 순회자의 목측에 의한 큰 처짐과 큰 줄 틀림의 조사, 선로종단 수준측량, 20 m 현을 이용한 측량 등으로 보충하여 왔다. 그래서, 일본에서는 궤도 검측차의 장파장 면 틀림 측정장치와 20 m 현 궤도틀림 연산장치가 개발되어 1967부터 이용되었다.

(가) 장파장 면 틀림 측정장치

이 장치는 **그림 7.7.1**에 나타낸 것처럼 동일 레벨에서 10 m 떨어진 2점간의 고저차를 연속적으로 측정하는 것이다.

(나) 20 m 현 궤도틀림 연산장치

이 장치는 궤도 검측차로 측정되고 있는 면 틀림과 줄 틀림을 이용하여 이것을 20 m 현의 틀림으로 연산하는 장치로 일종의 아날로그 계산기이었다. 연산원리는 **그림 7.7.2**와 같다. 경부고속철도에서는 10 m 기선의 궤도틀림과 함께 30 m 기선의 고저틀림(N_{all})과 방향틀림(D_{all})을 관리하고 있다(제7.2절 참조).

7.7.2 열차동요 관리

(1) 열차동요 관리 기준

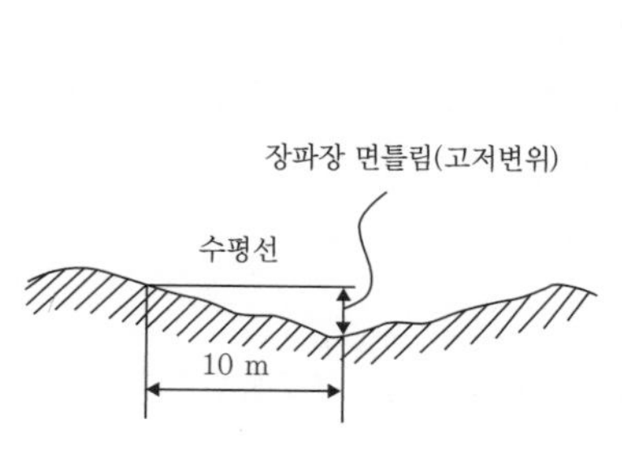

그림 7.7.1 장파장 면틀림

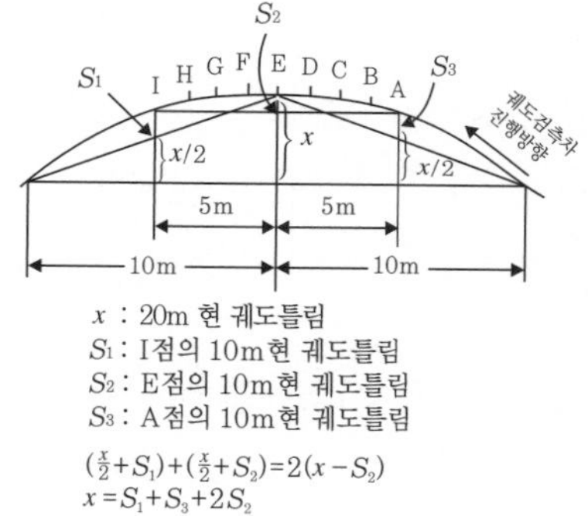

그림 7.7.2 20m 현 중앙 종거 궤도틀림의 연산원리

"열차동요(列車動搖)"는 "승차감(乘車感)"과 동의어로 다루는 일이 많다. 그러나, 엄밀한 의미에서는 승차감을 구성하는 요소가 대단히 다기(多岐)에 걸치고, 또한 복잡한 점에서 일상의 궤도보수 관리를 위한 지표로서는

사용하기 어렵다. 그래서, 통상은 열차동요, 즉 비교적 진동수가 낮고, 진동가속도가 큰 것을 관리 대상으로 하고 있다.

(2) 일반 선로의 동요 관리

일반철도의 진동가속도 관리 기준은 **표 7.7.1**과 같다[219]. 한편, 일본의 재래선에서는 민영화 이후 속도향상이 적극적으로 추진될 때, 주행 안정성은 물론이면서 승차감 향상도 여객 서비스의 중요한 요소로 하여 개선이 진행되었다. 곡선통과 속도향상에 따라 좌우 정상가속도가 무시될 수 없는 점에서 열차동요 관리목표치는 종래의 편진폭(片振幅)값에서 전진폭(全振幅)값으로 하는 것이 일반화되고 있다. 이 때의 목표치는 대체로 상하 동요가 0.25 g, 좌우 동요가 0.20 g이다. 또한, 곡선 통과중의 승차감은 좌우 정상가속도와 좌우 진동가속도의 조합에 의거하는 쪽이 적절한 점에서 일본의 철도총연에서는 **표 7.7.2**에 나타낸 목표치를 제안하고 있다.

표 7.7.1 일반철도의 진동가속도 관리 기준

(단위 : g)

보수 단계별	상하동(편진폭)	좌우동(편진폭)	비고
1단계	0.45	0.35	시급 보수
2단계	0.35	0.30	시급과 정상 보수 사이
3단계	0.25	0.20	정상 보수
정비 목표치	0.13	0.13	

표 7.7.2 열차동요 정비목표치(aimed tolerance)의 예

보수 단계별	기준치 (g)	목표치(g)			
		직선	곡선		
			c_d=50 mm 이하 α_H=0.06 g	c_d=70 mm 이하 α_H=0.08 g	c_d=85 mm 이하 α_H=0.10 g
좌우 동요 (전진폭)	0.35	0.20	0.20	0.16	0.12
상하 동요 (전진 폭)	0.35	0.25	0.25		

(3) 고속선로의 열차동요 관리

Sofrerail에서는 궤도부설에 대한 공차로서 차체 횡 가속도 0.8 m/s^2, 보기 횡 가속도 2.5 m/s^{2}를 추천하고 있다. 여기에는 상대적인 값만이 고려되며, 전(全)횡 가속도를 얻기 위해서는 비보정 횡 가속도(캔트 부족)를 더하여야 한다(예를 들어, 캔트 부족 60 mm에 대하여 0.4 m/s^2). 또한, Sofrerail은 가속도 한계 치로서 주의의 레벨은 차체 1.2 m/s^2, 보기 3.5 m/s^2, 조정의 레벨은 차체 2.2 m/s^2, 보기 6.0 m/s^{2}을 권고하고 있다.

고속철도에서는 방향틀림(줄틀림)의 관리기준으로 독립오차(10 m 현 줄틀림, 30 m 현 줄틀림, 200 m 구간의 줄틀림 표준편차)와 함께 제7.2.2항의 **표 7.2.2**(d)에 나타낸 것처럼 횡 가속도를 관리하고 있다. 이는 KTX 12호 열차의 전과 후 동력객차에 설치된 고속 검측설비(세트당 4개의 가속도비)를 이용하여 열차가 300 km/h의 고속으로 주행하는 동안에 차체 진동가속도(수직 · 수평)와 대차 진동가속도(수평 · 수직)을 측정한다. 또한,

측정된 값을 사무실에서 분석하며 프린트할 수 있다. 이 진동가속도로부터 궤도틀림의 특이 개소를 추정하고 승차감을 관리할 수 있으며, 2주마다 측정하여 궤도관리의 가장 기본적인 자료를 제공한다. 영업열차에서 횡 가속도를 측정하는 점검은 ① 궤도 선형의 틀림 진행속도가 정상적으로 계획된 보수작업과 양립하는지를 비교적 짧은 주기의 단순한 모니터링으로 확인하고 ② 열차 승무원이나 검사자가 보고한 이례 적인 사항을 점검하고 위치를 확인하기 위한 것이다.

일본의 고속선로에서는 전기 · 궤도 종합 시험차를 월 3회(대체로 10일에 1회) 운행하며, 최후부 차량의 동요가속도를 측정하는 것이 기본으로 되어 있다. 열차동요 자동측정기를 발차 역에서 영업열차의 소정 위치에 세트하면, 열차 발차 시에 작동하기 시작하여 동요 발생 위치, 상하동, 좌우동별로 제1, 2, 3 한계치 초과치를 종착역까지 무인으로 연속 기록한다. 열차동요 측정결과에 대하여는 **표 7.7.3**에 나타낸 조치를 한다. 이들의 수치는 어느 쪽도 종래의 경험에 기초하여 정해진 것이다. 열차 순회 시에 저대 동요를 감지한 경우나 승무원으로부터 이상 동요의 통고가 있는 경우에는 현지 조사를 한 후에 필요에 따라 열차 서행이나 긴급 정비 등의 조치를 한다.

표 7.7.3 열차동요 가속도에 의한 궤도정비 기준치의 예

분류	상하동(전진폭)	좌우동(전진폭)	처치
제1 한계치	0.45g 이상	0.35g 이상	즉시 1단계 하위의 속도로 서행하고, 당일 밤에 긴급 정비한다.
제2 한계치	0.35g 이상	0.30g 이상	다음의 측정일까지 계획적으로 정비한다.
제3 한계치	0.25g 이상	0.20g 이상	요주의 개소로서 관리하고, 필요에 따라 정비한다.

한편, 속도향상에 따른 승차감 서비스를 검토한 결과, ① 고속차량 대차 제원의 변경과 정비 방법의 개선, ② 장파장 궤도틀림 정비의 추진 등과 같은 대책이 제시되어 이들 시책의 추진과 함께 승차감이 현저하게 개선되었다.

7.8 유간 관리

7.8.1 이음매 유간(遊間, joint gap)

레일 이음매의 유간은 레일의 온도 변화에 따른 신축(伸縮)을 용이하게 하기 위하여 마련되어 있으며, 레일이 최고 온도에 달한 때에 궤도가 좌굴(挫屈)하지 않을 것, 최저 온도에 달한 때에 이음매 볼트에 과대한 힘이 걸리지 않을 것, 또한 연간을 통하여 과대한 유간으로 되어 열차로 인한 충격이 큰 기간이 너무 길지 않을 것 등을 고려하여 유간을 설정하여 축력(軸力)이 소요의 값 이하로 규제되도록 하고 있다.

이 유간은 열차 주행으로 인한 레일 복진(匐進) 등과 같은 레일 길이방향의 위치 이동으로 시간 경과에 따라 서서히 확대 혹은 축소하는 것으로 된다. 따라서, 이와 같은 유간 상태에 달하기 전에 계측 · 평가하여 유간 정정 작업을 시행하고, 적당한 유간 상태로 회복할 필요가 있다. 그러나, 유간 정정 작업을 빈번하게 행하면, 여기에 요하는 작업량이 과도하게 증대하여 경제적이지 않게 된다. 이 점에서 적당한 유간으로서 허용되는 한도의 고려 방법이 필요하게 된다.

선로유지관리지침에서는 레일을 부설하거나 유간을 정정할 때의 레일 이음매는 **표 7.8.1**의 유간을 두도록 하고 있다. 온도변화가 적은 터널 내에서는 갱구로부터 각 100 m 이상은 **표 7.8.1**의 표준치에 관계없이 2 mm의 유간을 둔다. 유간의 정정 여부는 레일온도가 올라가서 유간이 축소되기 시작할 때와 레일온도가 내려가서 유간이 확대되기 시작할 때의 양측측정치의 평균치로 판정한다. 유간은 여름철 또는 겨울철에 접어들기 전에 정정하는 것을 원칙으로 한다.

표 7.8.1 일반철도 레일 이음매 유간 표

(단위 : mm)

레일온도(℃) / 레일길이(m)	−20 이하	−15	−10	−5	0	5	10	15	20	25	30	35	40	45 이상
20	15	14	13	11	10	9	8	7	6	5	3	2	1	0
25	16	16	15	14	12	11	9	9	7	5	4	2	1	0
40	16	16	16	16	14	11	9	7	5	2	0	0	0	0
50	16	16	16	16	15	13	10	7	4	1	0	0	0	0

7.8.2 유간 정정과 복진

유간 상태는 불과 수 mm의 차이로 인하여 안전도가 크게 다르게 되는 사실에서 유간 정정 작업을 하는 경우의 유간 설정치나 그 경우의 허용 오차가 엄하게 규제되고 있다.

실제의 유간 정정 작업을 하는 경우에 계획 유간을 산출한 레일 온도의 조건에서 행할 수는 거의 없고, 시공시의 레일온도에 따라 계획 유간을 수정하는 것이 필요하게 된다. 이 시공시의 레일온도에 의거하여 계획 유간을 수정한 것을 지시(指示) 유간이라 하며, 이 지시 유간에 대하여 각 유간이 ± 1 mm 이내, 동시에 평균 유간 량(10 이음매 정도)이 ± 0.5 mm 이내로 하여야 한다. 또한, 열차의 주행으로 인하여 레일이 침목 위를 이동하는 레일 복진(匐進)은 유간 상태를 과소 또는 과대하게 할뿐만 아니라 좌우 레일 이음부의 위치 차이나 분기기의 전환부가 전환할 수 없게 되어 다양한 지장을 미친다. 이것에 대응하기 위하여 각종의 복진 대책공이 다음의 설계 사상(思想)에 의거하여 고안되어 왔다.

〈복진 대책공의 설계 사상〉

① 간단한 구조이고 설치가 용이하다.

② 염가이며, 그 유지비도 작다.

③ 사소한 레일 이동에 대하여도 추수(追隨) 가능하다.

④ 다른 보수작업에 대한 지장이 적다.

종래부터 이용되고 있는 것으로 안티 클리퍼가 있다. 또한, 복진이 현저한 개소에서는 안티 클리퍼를 설치한 궤광 자체가 도상 중을 활동하는 현상이 생기고 있는 점에서 레일과 침목을 고정하거나 레일 · 침목, 침목 · 도상을 고정하는 등 각종의 복진 방지공법이 고안되고 있다.

기타사항은《개정2판 선로공학》을 참조하라.

멀티플 타이 탬퍼 09-90

멀티플 타이 탬퍼 09

동적 궤도 안정기

밸러스트 레귤레이터

스위치 타이 탬퍼

컨베이어 호퍼 카

밸러스트 클리너

레일 연마차

궤도 검측차(EM-170)

레일 탐상차

궤도 검측차(EM-140K)

제8장 선로 보안설비 및 운전

8.1 선로(線路) 보안설비(保安設備, safety installation)

8.1.1 가드 레일류(guard rail 類)

가드레일은 차량이 탈선하여 중대 사고로 되는 것을 방지할 목적으로 차륜의 탈선 자체를 방지하든지 혹은 탈선한 차륜을 본선 레일에 따라 유도함으로써 탈선으로 인한 피해를 최소한으로 막아내기 위하여, 또는 마모 방지를 목적으로 설치하고 있다.

선로정비지침에서 정한 가드레일에는 부설 장소에 따라 ① 탈선방지 가드레일 (guard rail for anti-derailment), ② 교량 상(橋梁上) 가드레일 (bridge guard rail), ③ 건널목 가드레일 (guard rail for level crossing), ④ 안전 가드레일 (safety guard rail), ⑤ 포인트 가드레일(switch guard rail) 등의 종류가 있다.

(1) 탈선방지 가드레일

탈선방지 가드레일은 본선의 ① 반경 300 m 미만의 곡선, ② **표 8.1.1**의 부설기준에서 정한 기울기변화와 곡선이 중복되는 개소 또는 연속 하향기울기개소와 곡선이 중복되는 개소 등과 같은 개소에 부설하며, PC침목이나 탄성체결장치로 궤도구조가 개량된 개소는 생략할 수 있다.

탈선방지 가드레일의 설치 방법은 다음에 의한다.

① 위험이 큰 쪽의 반대쪽 레일 궤간 안쪽에 부설한다.

② 가드레일은 특수한 경우를 제외하고는 본선 레일과 같은 레일을 사용하여야 하며 본선 레일보다 낮거나 또는 25 mm 이상 높게 하여서는 안된다.

③ 플랜지 웨이의 폭은 80~100 mm로 부설하고 그 양단은 2 m 이상의 간격이 되도록 하여야 한다.

④ 탈선방지가드레일의 이음부는 특수한 경우를 제외하고는 이음매판을 사용하고 이음매판 볼트는 플랜지 웨이 바깥쪽에서 조여야 한다. 다만, 특수한 구조의 가드레일 이음부는 신축이 가능한 구조로 하여야 한다.

(2) 교량 가드레일 및 방호벽

교량 가드레일은 교량 침목을 사용하는 교량에서 ① 트러스교, 플레이트 거더교 및 전장 18 m 이상의 교량, ② 곡선에 있는 교량, ③ 10 ‰ 이상의 기울기 또는 종곡선에 있는 교량, ④ 열차가 진입하는 쪽에 반경

표 8.1.1 탈선 방지 가드레일 부설기준

구 분	설치개소			설치구역
	기울기	곡선반경		
		1,2급선	3,4급선	
기울기변화 구간	5 ‰ 이상의 하향기울기가 300 m 이상인 구간에서 기울기 변화 값이 10 ‰ 이상인 경우 5 ‰ 이상 기울기변화 10 ‰ 이상 300 m 이상	800 m 이하	600 m 이하	기울기 변환점에서 300 m 이내의 곡선 전장
	5 ‰ 이상 하향기울기가 300 m 이상인 구간에서 기울기 변화 값이 5 ‰ 이상 10 ‰ 미만인 경우 5 ‰ 이상 기울기변화 5~10 ‰ 이상 300 m 이상	600 m 이하	설치안함	
연속 하향기울기 구간	5 ‰ 이상 10 ‰ 미만 기울기가 1000 m 이상 연속한 구간에 있는 곡선 10 ‰ 이상 15 ‰ 미만 기울기가 500 m 이상 연속한 구간에 있는 곡선 15 ‰ 이상의 기울기가 300 m 이상 연속한 구간에 있는 곡선	600 m 이하	설치안함	하향기울기 시점에서 300 m 이상의 곡선 전장

※ 적용 제외 구간

가. 곡선반경 300 m 이상 단선구간

나. 복선구간 중 다음 각 호에 해당하는 경우

(1) 인접선과의 거리가 8 m를 초과하는 경우

(2) 인접선의 거리가 8 m 이하라도 그 선의 중간에 홈 등 탈선 차량을 방호할 수 있는 경우와 인접선이 1.5m 이상 높은 경우. 다만, 인접선이 고가교로 교각이 무너질 염려가 있는 경우는 설치한다.

600 m 미만의 곡선이 연접되어 있는 교량, ⑤ 기타, 필요하다고 인정되는 교량 등과 같은 경우에 부설한다.

교량 가드레일은 다음과 같은 방법으로 부설한다.

① 본선 레일 양측의 궤간 안쪽에 부설하고 특수한 경우를 제외하고는 50 kg/m 이상의 레일을 사용하여야 한다.

② 교상가드레일의 이음부는 특수한 경우를 제외하고는 이음매판을 사용하고 이음매판 볼트는 플랜지 웨이 바깥쪽에서 조여야 한다. 다만, 특수한 구조의 가드레일 이음부는 신축이 가능한 구조로 하여야 한다.

③ 교상가드레일은 복선구간에서 열차 진입방향은 교대 끝에서 15 m 이상, 다른 한쪽은 5 m 이상을 연장 부설하여야 하며 단선구간에서는 교량 시종점부의 교대 끝에서 각각 15 m 이상 연장 부설하여야 한다.

④ 플랜지 웨이 간격은 200~250 mm로 하며, 양측 레일의 끝은 2 m 이상의 길이에서 깔때기형으로 구

부려서 두 가드레일을 이어 붙여야 한다.

⑤ 자동 신호구간에서는 양측 접합부에 전기절연 장치를 하여야 한다.

한편, 고속철도에서는 교량에 방호벽을 설치하는 것을 원칙으로 하고 있으며, 이 방호벽은 다음과 같은 이유에서 채택하였다.

교량구간에서 열차가 탈선, 또는 전복하는 경우에 차량이 전차선 전주와 충돌하거나 교량하부로 낙하하는 것 등을 방지하여 피해를 최소화하기 위하여 안전시설의 설치가 필요하다. 고속철도에서는 교량구간의 안전시설을 가드레일 방식으로 할 경우에는 콘크리트 침목 구간에서 신호 시스템과의 인터페이스 문제가 발생하고 궤도의 유지보수 작업 시에 작업능력과 품질의 저하가 우려되므로 방호벽 방식을 채택하였다. 방호벽은 교량 상판의 시공 시에 상판의 구조물과 동시에 시공하며, 방호벽을 설치함으로써 열차의 탈선 · 전복 시 피해 최소화 외에도 장대레일의 안정에 영향을 주는 도상 횡저항력의 증대가 가능하다.

(3) 건널목 가드레일

건널목에는 본선 레일 궤간 안쪽 양측에 가드레일을 부설하여야 하며, 특수한 경우를 제외하고는 본선과 같은 레일을 사용하며 플랜지 웨이 폭은 65 mm에 슬랙을 더한 치수로 하여야 한다. 건널목보판 또는 포장은 본선 레일과 같은 높이로 하며 특수한 경우를 제외하고는 본선 레일 바깥 양쪽으로 약 450 mm 보판을 깔아야 한다.

(4) 안전 가드레일

탈선방지 가드레일이 필요한 개소로서 이를 설치하기가 곤란하거나 낙석 또는 강설이 많은 개소에서는 안전 가드레일을 부설한다. 부설 방법은 PC침목 부설 구간 등 특별한 경우를 제외하고는 다음에 의한다.

① 위험이 큰 쪽의 반대측 레일의 내측에 부설한다. 다만, 낙석, 강설이 많은 개소에서는 위험이 큰 쪽 레일의 외측에 부설한다.

② 본선 레일과 동종의 헌 레일을 사용하는 것을 원칙으로 한다.

③ 부설 간격은 본선 레일에 대하여 200~250 mm의 간격으로 부설하고, 그 양 단부에서는 본선 레일에 대하여 300 mm 이상의 간격으로 하여 2 m 이상의 길이에서 깔때기형으로 구부린다.

④ 안전 가드레일의 이음매는 이음매판을 사용하고, 이음매판 볼트는 안전 가드레일을 궤간 내측에 부설하는 경우에는 플랜지 웨이 외측에서 조이고, 궤간 외측에 부설하는 경우에는 안전 가드레일 외측에서 조이며, 스파이크는 침목 1 개를 걸러 박을 수 있다.

(5) 포인트 가드레일

레일마모가 심한 곡선분기기 등의 포인트부에는 텅레일 마모방지용 포인트 가드레일을 붙일 수 있다. 포인트 가드레일의 부설방법은 분기가드레일 부설방법에 따르되 플렌지 웨이 폭은 42 mm에 슬랙을 더한 치수로 한다.

8.1.2 차막이와 차륜 막이

차막이(車止, buffer stop)는 열차 또는 차량이 과주(過走) 또는 일주(逸走, overrunning, over run)하는 것을 방지하기 위하여 궤도의 종단에 설치하는 설비이다. 특히, 본선로로 일주 등의 위험이 생길 가능성이 있는 개소에는 상당한 보안 설비를 확보할 필요가 있다. 철도건설 규칙에서는 "선로의 종점에는 차량이 선로구간을 벗어나지 않도록 차막이를 설치하여야 한다"고 규정하고 있다. 또한, 차량이 정하여진 위치를 벗어나서 구르거나 열차가 정차 위치를 지나쳐 피해를 끼칠 위험이 있는 장소에는 구름방지 설비(후술의 차륜 막이 등) 등 안전설비를 하여야 한다고 규정하고 있다.

차륜 막이(車輪止, wheel chock, scotch (or stop) block)는 측선에서 유치중인 차량이 자연적으로 굴러 타 선로와 차량에 지장을 줄 염려가 있을 때 레일상에 설치하는 반전식(反轉式) 차륜 막이가 있고, 쐐기(wedge)형으로 된 차륜 막이는 차륜 밑에 고여 차량의 전주(轉走)를 막는다.

한편, 자갈 돋기식 차막이의 경우에 차량이 받는 제동력은 차막이의 자갈에 의한 저항력 및 탈선에 따른 궤도와 차륜 등과의 마찰력 또는 차량끼리의 충돌 힘 등으로 결정된다. 이 관계는 다음의 식으로 나타낼 수가 있다.

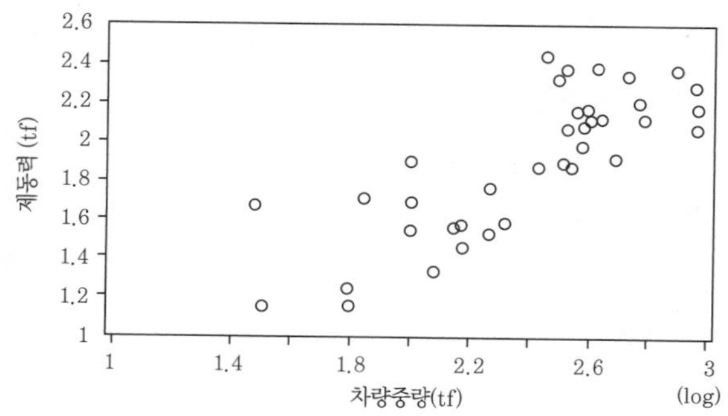

그림 8.1.1 제동력과 차량중량의 관계

$$F \times S = 0.5 \times W/g \times V^2$$

여기서, F : 제동력 (tf) S : 충돌 거리(차막이에서 정지하기까지의 거리, m)

W : 차량중량 (tf) g : 중력가속도 (m/s²) V : 속도 (m/s)

이 제동력과 차량중량의 관계를 외국의 자료에서 구한 것이 **그림 8.1.1**이다. 자갈 돋기식 차막이에 돌입하여도 탈선, 차량 경사 등이 발생하지 않는 범위(信賴域)는 제동력 32 tf 이하이며, 차량중량이 크게 됨에 따라 탈선, 차량 경사 등이 발생하게 됨이 밝혀졌다.

외국의 특정한 구내에서는 선로 유효장의 확보 및 여객 공중 등에 대한 안전면의 배려에서 유압(油壓) 댐퍼(damper) 등을 사용한 기계식의 차막이가 이용되는 일이 있다. 이 설비는 막다르게 되는 본선로의 종단에서 열차의 과주 등이 발생하면, 여객 공중과 각종 역 설비에 중대한 손해를 줄 우려가 있고, 여기에 더하여 기설의 건조물 등에 중대한 지장이 생기는 경우에 이용되고 있다. 따라서, 이것은 진입하는 열차의 중량, 속도 등에 견디고, 게다가 차량, 승객, 지상 설비의 피해를 최소한으로 제어할 수 있는 기능을 가질 필요가 있다.

설계에서는 다음의 항목을 고려한다.

1) 충격을 받는 부분의 구조 ; 차량의 피해 등을 감안하여 연결기를 넣어 충격력을 받는 구조로 한다.

2) 저항력의 크기 ; 차체의 강도를 고려하여 결정한다.

3) 충격의 용량 ; 차량에 과대한 충격력을 주지 않고, 게다가 진입하는 열차의 운동 에너지를 짧은 스트로크로 효율 좋게 흡수할 수 있는 구조로 한다.

스트로크(S)를 확보하는 조건 식은 다음 식으로 구해진다.

1) 열차의 운동 에너지(E_O)

$E_O = 1/2 \times W / g \times V^2$ (tf · m)

2) 차막이로 흡수하는 에너지(E_s)

$E_S = P \times S$ (tf · m)

3) 브레이크로 흡수하는 에너지(E_B)

$E_B = \beta \times W / g \times S$ (tf · m)

4) 1)~3)에서 $E_S + E_B \geqq E_O$가 필요하므로

$S \geqq 1/2 \times W / g \times V^2 / (P + \beta \times W / g)$ (m)

여기서, W : 열차의 총중량(tf) g : 중력가속도(m/s²) V : 열차의 진입속도(m/s²)

P : 차막이의 저항력(tf) S : 완충의 스트로크(m) β : 브레이크 감속력(m/s²)

8.1.3 안전 측선, 탈선포인트, 서행 개소 등

(1) 안전측선 및 피난선

안전 측선(安全側線, safety sliding, trap road)과 피난선(避難線, relief track)은 정거장 구내에서 2 이상의 열차 혹은 차량이 동시에 진입하거나 진출할 때에 과주하여 충돌 등의 사고 발생을 방지하기 위하여 설치하는 측선이다. 선로유지관리지침에서는 유치열차의 본선 일주 방지를 위하여 부본선과 측선 등 차량 유치선은 양방향에 안전측선(분기기)을 설치하도록 하고 있으며, 안전측선의 부설에 관하여 다음과 같이 정하고 있다.

① 상 · 하행 열차를 동시에 진입시키는 정거장에서 상하 양 본선의 선단

② 연락 정거장에서 지선이 본선에 접속하는 경우에 지선의 종단

③ 정거장 가까이 하구배가 있어 열차가 정지 위치를 실기하게 될 우려가 있는 경우에 본선로의 선단

피난선은 긴 하구배의 종단에 정거장이 있는 경우에 정거장 전체를 방호하기 위하여 본선으로부터 분기시키는 경우에 설치한다. 또한, 안전 측선과 피난선을 부설하는 경우에는 다음에 의한다.

① 안전 측선은 수평 또는 상구배로 하고 그 종점에는 제동 설비를 설치하여야 한다.

② 안전 측선과 피난선은 인접 본선로와의 간격을 되도록 크게 하여야 한다.

③ 안전 측선과 피난선이 분기하는 전환기는 신호기와 연동시키고 필요에 따라 쌍동기를 붙여야 한다.

(2) 탈선 포인트

탈선포인트는 필요에 따라 다음의 경우에 설치한다.

① 단선구간의 정거장에서 상하행 열차를 동시에 진입시킬 때 긴 하구배로부터 진입하는 본선로의 선단에 안전측선의 설비가 없을 때

② 정거장에서 본선로 또는 주요한 측선이 다른 본선로와 평면교차하고 열차 상호간 또는 열차와 차량에 대하여 방호할 필요가 있으나 안전측선의 설비가 없을 때

③ 기타 필요하다고 인정될 때

탈선포인트의 설치방법은 다음에 의한다.

ⓐ 탈선포인트는 해당 본선로에 속하는 출발신호기 바깥쪽에 인접 본선로와의 간격이 4.25 m 이상 되는 지점에 설치하여야 한다.

ⓑ 탈선포인트는 해당 본선로에 속하는 출발신호기와 연동하고 진로가 탈선시키는 방향으로 되었을 때 정지신호가 보이도록 설비하여야 한다.

ⓒ 상기 ①의 경우에 탈선 포인트는 ⓐ와 ⓑ 이외 대향열차에 대하여는 장내신호기와 연동하고 이를 탈선시키는 방향으로 되었을 때에 정지신호가 보이도록 하여야 한다.

ⓓ 상기 ②의 경우에서 탈선포인트는 ⓐ와 ⓑ 이외 교차열차에 대하여는 장내신호기와 출발신호기와 연동하고 이를 탈선시키는 방향으로 되었을 때 정지신호가 보이도록 설비하여야 하며, 여기서 대향열차라 함은 과주하였을 경우, 탈선시킬 열차의 운전방향에 대향하여 운전하는 열차를 말한다.

(3) 정거장 외 본선상에 분기기의 설치와 취급방법

정거장 외 분선상에서 선로가 분기하는 도중 분기기의 선로전환기 설치와 취급은 다음에 의한다.

① 분기기의 전기선로전환기와 통표쇄정기는 전철 표지를 붙이고 텅레일 키볼트로서 쇄정하여야 한다.

② 키볼트의 쇄정은 담당 역장이 담당하고 분기기 표지 등의 점화 소등은 현업시설관리자(신호제어)가 담당한다.

③ 분기기는 되도록 직선부에 설치하도록 하되 부득이 곡선 중에 설치할 경우에는 본선에 적당한 캔트와 슬랙을 붙이도록 하여야 한다.

(4) 서행개소의 설치방법

서행개소의 설치와 처리에 관하여는 다음에 의한다.

① 서행개소는 열차운행상태를 고려하여 정하되 불가피한 경우를 제외하고는 되도록 짧은 구간에 집중시키지 않도록 하여야 한다.

② 서행속도는 가능한 한 빠른 속도로 정하고 현장상태에 따라 빠른 속도의 서행으로 상승시켜야 한다.

③ 복선구간의 인접된 선로에서 작업 시는 필요에 따라 반대 선로의 서행운전 조치를 하여야 한다.

8.2 건널목 설비

8.2.1 건널목의 종류

건널목(level crossing, grade crossing)은 그 설비 내용에 따라 1종 건널목, 2종 건널목, 3종 건널목으로 분류되어 있다. 1970년대 초기까지는 건널목 보판(步板)이 없이 경표(警標)만을 설치한 개소를 5종 건널목으로 취급하였으나, 그 후에 이를 폐지하고 건널목 보판이 설치된 개소에 한하여 1종에서 4종 건널목까지로 구분하여 왔으며, 1994년도부터 종래의 1, 2종 건널목을 1종으로 합치고, 3종 건널목을 2종 건널목으로, 4종 건널목을 3종 건널목으로 종별을 변경하였다.

1종 건널목은 차단기{遮斷機, crossing bar (or gate, barrier)}, 경보기(警報器, crossing signal, bell and flasher sign) 및 건널목 교통안전표지(notice and warning board, crossing warning sign)를 설치하고, 차단기를 주야간 계속 작동시키거나 또는 건널목 안내원이 근무하는 건널목을 말한다. 종래의 2종 건널목은 건널목 안내원이 주간의 일정 시간에만 근무하는 건널목*이었으나 현재는 1종 건널목에 포함시키고 있다.

2종 건널목은 경보기와 건널목 교통안전표지를 설치한 건널목을 말하며, 3종 건널목은 건널목 교통안전표지만을 설치한 건널목을 말한다.

8.2.2 건널목의 설치 기준

건널목을 신설하는 등의 경우에는 건널목 설치 및 설비기준 지침에서 다음과 같이 정하고 있으며(발췌), 인접 건널목과의 거리는 1,000 m 이상으로 하고 있다.

① 열차 투시거리는 당해선로의 최고 열차속도로 운행할 때 제동거리 이상되는 경우로서, 시속 100 km 이상은 700 m 이상, 시속 90 km 이상은 500 m 이상, 기타는 400 m 이상을 확보하여야 한다.

② 건널목의 최소 폭은 3 m 이상으로 하고, 철도선로와 접속도로와의 교차각은 45° 이상으로 한다.

③ 양쪽 접속도로는 선로중심(복선 이상인 경우 최외방 선로)으로부터 30 m까지의 구간을 직선으로 하고 그 구간의 종단 구배는 3 % 이하로 한다. 다만, 도로 교통량이 적은 곳, 지형조건, 기타 특별한 사유로 인하여 부득이하다고 인정되는 곳은 그러하지 아니할 수 있다.

④ 차단기의 설치 위치는 건축한계 외방의 도로 우측에 설치한다. 다만, 지형상 부득이한 경우에는 그러하지 아니한다.

⑤ 경보기의 설치 위치는 경보기만을 설치하는 경우에는 건축한계 외방의 도로 우측에, 차단기와 병설하는 경우에는 차량과 통행인이 용이하게 식별하도록 차단기 외방의 위치에 설치한다. 다만, 지형상 부득이한 경우에는 그러하지 아니한다.

⑥ 건널목 교통안전표지의 설치는 도로교통법 제3조와 동법 시행령 제3조에 따르며 그 종류는 다음과 같다.

ⓐ 철길건널목 표지(105호), 위험표지(128호)

ⓑ 일시정지 표지(224호) 및 일시정지 표시(614호)

ⓒ 진입금지 표지(210호, 차량통행이 금지된 건널목에 한함)

---

* 종래의 1종 건널목은 건널목 안내원이 주야간 계속하여 근무하는 건널목(1980년대 초반부터 자동 차단기를 설치함에 따라 자동 차단기가 설치된 건널목은 모두 1종 건널목에 포함)이었다.

8.2.3 건널목의 구조

(1) 건널목의 폭과 길이를 재는 방법

(가) 건널목의 길이

건널목의 길이는 건널목 중심선을 따라 재며 차단기가 없는 경우에는 외측 궤도중심선에서 3 m 외방까지의 상호간(**그림 8.2.1**), 차단기가 있는 경우에는 차단기 상호간으로 한다.

(나) 건널목의 폭

건널목의 폭은 좌우의 길가 사이를 건널목 중심선에 직각으로 잰다(**그림 8.2.1**). 선로와 비스듬히 교차하고 있는 경우에 평행하게 재지 않는 것이다.

(다) 건널목의 각도

건널목의 각도, 즉 교각은 철도 중심선과 도로 중심선이 교차하는 기점 측의 예각을 말하며, 선로 중심선을 경계로 하여 좌 · 우를 나타낸다(**그림 8.2.2**).

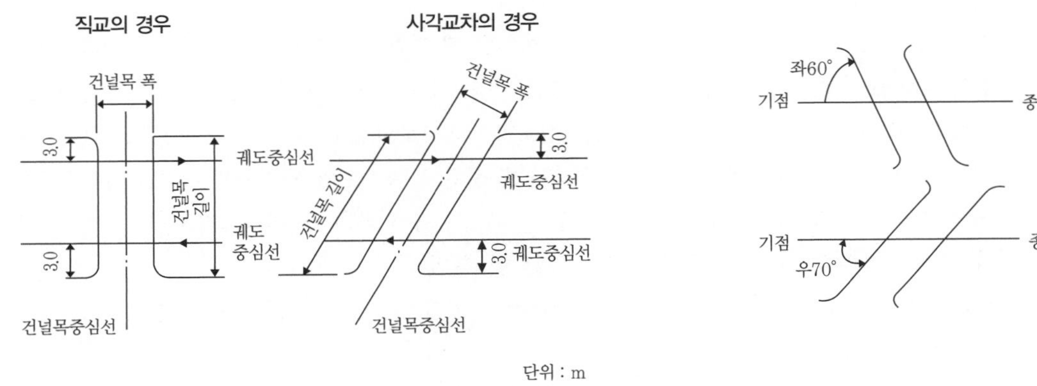

그림 8.2.1 건널목의 길이

그림 8.2.2 건널목의 각도

(2) 건널목의 포장

건널목의 개량 시에 포장의 종류를 결정하는 요소는 일반의 도로 포장을 행하는 경우와 같은 모양으로 건널목의 교통량과 그 질, 철도의 열차횟수, 노반의 지지력 및 기상 등이지만, 이들의 설계 시에는 도로 포장의 특수성에도 맞추어 고려하여야 한다.

건널목 포장은 그 사용 재료에 따라 ① 철판 또는 헌 침목, ② 콘크리트 블록, ③ 아스팔트, ④ 콘크리트, ⑤ 연접(連接) 궤도, ⑥ 기타 등으로 분류된다.

또한, 시공에서 각종의 포장 모두 공통으로 주의하여야 하는 사항은 이하와 같다.

① 도상의 배수에 유의하며 미리 건널목 부분과 그 전후의 도상자갈을 갱환하여 충분히 다진다.

② 침목은 필요에 따라 갱환한다.

③ 건널목 중에 레일 이음매를 두지 않는다. 부득이한 경우는 되도록 레일을 용접한다.

④ 타이 플레이트는 본선 레일과 건널목 가드 공용의 것을 사용한다.

⑤ 건널목 가드 간격재는 침목 2개 걸러서 침목과 침목의 중간에서 가드에 설치한다.

⑥ 폭이 넓은 건널목에는 보 · 차도를 구별하기 위하여 백선을 그어 보도를 둔다.

(가) 보판 포장

보판 포장은 보판 재료가 가볍고 시공이 간단하여 선로보수에는 편리하지만, 도로 교통량이 많은 개소에서는 재료의 손상이 크고 다른 포장에 비하여 평활의 점에서 떨어진다.

(나) 블록 포장

블록은 철근 콘크리트의 공장 제품을 이용하며, 필요에 따라 파괴 방지를 위하여 철제의 틀을 끼우고 있다. 보통 침목을 지점으로 하여 지지되지만 레일 방향으로 완충재를 더한 L형강을 침목상에 설치하여 여기에 타이패드 혹은 접착제를 칠하여 블록을 L형강으로 지지하고 있는 것도 있다. 침목의 단부는 필요에 따라서 바닥을 파서 둥근 돌을 전충하여 충분히 다지든지 연석 콘크리트를 타설하여 블록을 설치하도록 한다. 또한, 본선 레일과 가드레일에 접속하는 부분은 노송나무 등을 받침 목으로 끼운다.

(다) 아스팔트 포장

아스팔트계의 포장은 건조성의 점토질이 없는 단단한 노상(路床)의 양지바른 곳에 적당하며, 노상의 결함이 그대로 표면에 나타나는 성질을 갖고 있다. 따라서, 건널목과 같이 열차의 통과로 인하여 노상이 침하하고, 또한 선로보수로 인하여 노상의 모래, 깬 자갈을 흩뜨리는 구조의 경우는 아스팔트계의 포장이 적당하지 않다. 이 때문에 열차 횟수가 비교적 적고 도로 교통이 비교적 많은 건널목을 제외하고는 그다지 사용되지 않는다.

아스팔트 포장의 시공법은 포장 부분의 도상자갈의 간극에 크러셔 럼프(crusher rump)를 전충하여 전압한 후에 아스팔트 유제를 살포하여 균등하게 펴고 충분히 전압 또는 다짐을 하여 마무리한다.

(라) 콘크리트 포장

콘크리트 포장은 도상과 건널목 포장 부분에 현장 타설 콘크리트를 타설하는 것으로 열차하중과 도로교통에 대하여 지지력과 마모의 점에서 우수하다. 그러나, 보통 궤도와 같은 정도의 탄성을 주기 위한 레일 체결과 일반 도상과의 경계부의 보수에 곤란이 있고, 또한 공사의 기간이 장기간에 걸치기 때문에 도로교통의 제한 시간이 긴 등의 결점이 있다.

더욱이, 콘크리트 포장을 계획 · 시공할 때는 앞에 기술한 포장의 일반적인 주의 사항 외에 특히 다음의 점에 유의할 필요가 있다.

① 포장의 수명이 비교적 긴 점을 고려하면, 노반 지지력을 장기간(포장 수명 이상)에 걸쳐 유지시킬 필요가 있다.

② 건널목 포장부분과 보통 도상부분의 접속부분은 도상의 깬 자갈화 혹은 노반 개량을 하여 궤도의 보수량을 경감한다.

③ 콘크리트 시공은 바이브레터로 충분히 다지고, 이음부의 중간에는 콘크리트 타설을 중지하지 않는다.

④ 신축 이음매에는 아스팔트의 이음재를 이용한다.

(마) 연접(連接) 궤도

폭이 넓은 철근 콘크리트 침목을 간극이 없이 나란히 부설하여 레일 방향으로 포스트 · 텐션하여 강력한 PC형(桁)의 궤광으로 한 것이 외국에서 일부 사용하고 있는 연접 궤도이다. 연접 궤도는 구조상 포장부분도 침목과 일체로 하고 있으므로 자동차 하중으로 인한 부의 휨 모멘트에 대하여 인장 철근의 유효 높이가 충분히 채용되어 강도가 증가함과 함께 자중이 증가하므로 침목 단부에 하중이 재하되었을 때의 노반 압력이 극히 작게 되어 건널목 포장 파괴의 최대 원인인 노면의 국부 침하가 거의 제거된다. 종래의 보판 · 블록 포장 등에 비하여 비교되지 않을 만큼의 강도를 갖고 있다.

또한, 레일 체결은 완전한 콘크리트 도상에 레일을 직결하게 되는 점에서 차륜의 압력이나 측압력(側壓力)에 충분히 견딤과 동시에 진동이나 레일 복진 등에도 내구성이 있는 탄성 체결이다.

(바) 기타의 포장

근년에 외국에서는 새로운 건널목 포장으로서 고무제 건널목 및 고무를 피복한 구조의 건널목이 보급되고 있다. 이들은 미국을 중심으로 한 여러 외국에서 수많이 부설되어 있으며, 그 유효성이 보고되어 앞으로 사용이 확대될 것으로 예상된다.

게다가, 고무제 건널목의 주된 특징은 다음과 같다.

① 패널(panel)화되어 있으므로 설치, 철거가 간단하다.
② 철거한 패널의 재용, 전용이 가능하다.
③ 내마모성, 내수성이 우수하다.
④ 자동차 통과시의 소음이 작다.
⑤ 탄성력이 있어 손상, 휨, 부식이 없다.
⑥ 가공이 용이하므로 분기기내, 원곡선 내의 사용이 가능하다.
⑦ 표면에 요철이 있으므로 미끄럼 방지의 효과가 있다.

또한, 기타의 새로운 건널목 포장으로서 폭 5 m 정도까지의 경교통(輕交通) 건널목용으로 개발된 건널목 포장이 있다. 이것은 가드레일이 불필요하며, 게다가 침목을 PC화할 수 있는 등의 특징이 있으며, 더욱이 건널목 포장내의 궤도정비에는 크레인으로 단시간에 철거, 복구할 수 있는 구조로 되어 있다.

유럽에서는 도로교통량에 따라 적정한 두께의 유니버셜 플레이트(汎用板)를 사용한다. 네덜란드 철도의 경우에 일체구조로 된 Harmelen식 건널목을 개발하여 1974년 이후 사용 중에 있으며 이것은 매립 레일구조(ERS, 제6.2.6항 참조)의 구체적인 적용의 예이다.

8.2.4 건널목 보안장치(保安裝置, safety device)

(1) 건널목 경보기

경보등 · 경보음 발생기 · 경표 등으로 구성되며, 복선 구간에서는 열차의 진행방향을 나타내는 열차방향 지시기가 부가된다. 경보등은 열차의 접근을 경보하는 섬광용의 등(燈)이며, 경보음 발생기(發生器)는 트랜지스터를 이용한 발진기부와 스피커로 구성된다.

건널목보안장치는 경보기와 차단기를 설치하는 것을 기본으로 하나, 필요한 경우 경보기만을 설치할 수 있다. 건널목보안장치에는 ① 건널목경보기(고장표시기 포함), ② 전동차단기, ③ 고장감시 및 원격감시 장치, ④ 출구측 차단간검지기, ⑤ 지장물검지기, ⑥ 정시간제어기, ⑦ 건널목정보 분석기 등이 있으며, 현장 여건에 적합하게 설치한다

(2) 건널목 전동차단기

차단 방식에는 완목(腕木)식과 건널목의 폭이 넓은 경우의 승강(昇降)식이 있지만, 구조가 간단한 완목식이 많다. 차단기의 구동용 전동기(電動機)는 직류직권 4극 정류자형이 채용되며, 이물질이 차단기에 걸리는 등의 부하 변동에 대하여 추종할 수 있는 특성으로 하고 있다.

(3) 건널목 지장 통지장치

자동차가 엔진 정지, 정체 등으로 선로에 지장(支障)을 주고 있을 때에 긴급하게 열차에 통지(通知)하는 장치이다. 건널목 부근에 설치된 비상 버튼을 누름으로써 적색등을 순환 점등시키고(특수신호 발광기), 궤도회로의 단락으로 관계 신호기를 정지 현시시킨다.

(4) 건널목 장해물 검지장치

건널목을 차단하고 있는 조건에서 자동차 등이 건널목내의 차량 한계를 지장하고 있는 경우에 이것을 검지하여 특수신호 발광기를 점등시키고, 관계 신호기를 정지 현시시킨다. 이 장치는 장해물(障害物)을 검지(檢知)하기 위하여 적외선을 발광하는 발광기와 적외선을 받아 빛을 전기로 변환하여 검지 릴레이를 작동시키는 수신기로 구성되어 있다. 복선 구간의 교통량이 많은 건널목 등에 설치한다.

(5) 건널목 제어자(制御子)

건널목 경보기 · 건널목 차단기의 제어를 위하여 경보 개시 점과 경보 종지 점에 열차 검지용으로서 설치되어 있다. 대출력 트랜지스터를 이용한 전류 환원형의 발진기가 일반적이다. 최근에는 열차 밀도의 증가와 통행량의 격증에 따라 저속 열차나 정차 열차에 대하여는 경보 · 차단 시간이 길게 되어 개선이 요망되고 있다. 그 때문에 열차를 선별 제어하여 경보 · 차단 시간을 최단 · 균일하게 되도록 하고 있다. 또한, 러시 아워 대의 저속 운행의 경우에도 경보 시간이 길게 되지 않도록 중앙 제어하는 예도 있다.

(6) 집중 감시장치

많은 건널목을 1 개소(가까운 역 또는 센터)에서 집중적으로 감시하기 위하여 건널목 감시장치를 설치하는 예가 있다.

8.2.5 건널목 안전 대책

(1) 개요

열차의 고속화 · 고빈도화와 자동차의 격증에 따라 최근에는 건널목 사고가 철도 사고의 상당 비율을 점하고 있다. 중대 사고도 증대하고 있기 때문에 건널목 사고의 방지 대책이 대단히 중요한 과제로 되고 있다. 최근의 건널목 사고의 실상은 충격물로는 자동차가 약 60 %로 가장 많고, 원인별로는 직전 횡단이 약 60 %를 점하고 있다. 발본적인 방지 대책은 고속선로와 같이 건널목이 없도록 하는 것이며, 도로와 입체교차화되도록 철도 · 도로의 어느 한 쪽이 고가화 · 지하화되는 것이 바람직하다. 그러나, 부근 주민과의 조정이나 막대한 공사비 때문에 단기에 실현하는 것은 불가능하며, 앞으로도 순차적으로 진행하여 가는 수밖에 없다. 병행하여 차선(次善)의 건널목 대책이 추진되고 있다. 건널목의 입체교차화 등은 건널목개량촉진법에 따른다.

(2) 건널목의 격상

국철에서는 지금까지도 건널목의 통폐합을 추진하여 왔지만, 2011년 현재 전국에는 건널목이 약 1,300 개소가 있다. 앞으로 계속하여 건널목의 통폐합과 건널목의 등급의 격상(차단기와 경보기의 설치)을 추진하는 것이 필요하다.

(3) 건널목 보안설비의 개량

통행의 실태에 따라 추진되고 있는 주된 개선은 다음과 같은 것이 있다.

① 건널목 투시 등이 좋지 않은 건널목에 대하여는 오버 행형의 경보기를 설치한다.

② 건널목을 멀리서 보아 알기 쉽도록 차단간에 현수막 · 현수 벨트를 설치한다.

③ 도로 폭이 넓은 건널목에 대하여는 2단 차단으로 하여 진입 측을 먼저 차단하고 진출 측을 나중에 차단한다.

④ 절손이 많은 차단간은 FRP제로 개선한다.

⑤ 건널목 지장 통지장치(비상 버튼)는 양측에 설치한다.

⑥ 건널목 장해 검지장치는 복선구간의 자동차 통행이 많은 개소에 적극적으로 설치한다.

⑦ 건널목의 표지류를 개선한다[241].

8.3 신호보안 장치

8.3.1 철도신호와 신호보안 장치

(1) 철도신호의 종류

"신호(信號, signalling)"란 형(形) · 색(色) · 음(音) 등의 형상(形象, 符號)을 이용하여, 상대방에게 의사를 전달하는 방법이며, 철도에서는 열차 수나 분기점의 증가 및 열차의 고속화 등에서 철도신호로서 발달하여 오늘날에 이르고 있다. 철도신호에서는 운전 종사자 상호간에 올바르게 "조건(條件) · 의사(意思) · 상태(狀態)"를 전하기 위하여 그 발달의 과정에서 신호, 전호(傳號, sign) 및 표지(標識, indicator, marker)가 생겼으며, 각각 다음과 같은 의미를 갖고 있다.

1) 신호 ; 형 · 색 · 음 등으로 열차 또는 차량에 대하여 일정 구간내를 운전할 때의 조건을 현시하는 것이다. 형을 이용한 것으로 등렬식(燈列式) 신호기, 완목식(腕木式) 신호기, 색을 이용한 것으로 색등식(色燈式) 신호기, 음을 이용한 것으로 폭음(爆音) 신호 등이 있다.

2) 전호 ; 형 · 색 · 음 등으로 계원 상호간에 상대방에 대하여 전호자의 의사를 표시하는 것이다. 형을 이용한 것으로 입환 통고 전호나 제동시험 전호, 색을 이용한 것으로 수기, 추진운전 전호, 정지위치 전호, 이

동금지 전호, 음을 이용한 것으로 기적 전호나 출발 전호 등이 있다.

① 형으로 표시하는 전호 ; 입환 통고 전호, 제동시험 전호,

② 색으로 표시하는 전호 ; 추진운전 전호, 정지위치 전호, 이동금지 전호

③ 음으로 표시하는 전호 ; 기적 전호

④ 형과 색으로 표시하는 전호 ; 입환 전호, 출발 전호

3) 표지 ; 형 · 색 등으로 물체의 위치 · 방향 · 조건 등을 표시하는 것이다. 형을 이용한 것으로 입환 표지나 전철기 표지, 색을 이용한 것으로 열차 표지 등이 있다.

(2) 신호보안 장치의 종류

철도신호는 형 · 색 · 음 등의 형상으로 구성되지만, 이것을 기계화한 설비가 신호보안 장치이다. 신호보안 장치는 열차 또는 차량을 안전하게 방호하고, 적극적으로 수송 능력을 향상시키기 위하여 운전보안 설비로서 통일된 규칙으로 규정되어 있다.

(가) 폐색(閉塞) 장치(block system)

열차의 운전에서는 안전, 확실, 신속하게 운전하기 위하여 열차의 진로를 완전히 개통시켜 대향 열차끼리 또는 선행 열차와 후속 열차가 상호에 지장을 주지 않도록 일정한 간격을 유지하고 있다. 열차를 일정한 간격을 유지하기 위한 장치를 폐색 장치(閉塞裝置)라 한다.

폐색을 확보하기 위한 기본적인 방법으로서 시간(時間) 간격법(間隔法)과 공간(空間) 간격법이 있다. 시간 간격법은 선행 열차와 후속 열차와의 사이에 일정한 시간을 두어 운전하는 방법이지만, 선행 열차가 무엇인가의 원인으로 지연이 생긴 경우에 추돌의 우려가 있어 현재는 상용(常用) 폐색 방식으로서는 채용하고 있지 않다. 공간 간격법은 선행 열차와 후속 열차와의 사이에 일정한 공간거리를 두어 운전하는 것을 조건으로 하며, 정해진 일정 구간의 구역 외로 선행열차가 나가지 않으면, 그 구간에 후속 열차를 진입시키지 않는 방법이다. 일정 구간에서 2 열차가 동시에 운전하는 것을 허용하지 않기 때문에 보안도가 높고, 현재 이용되고 있는 각종 폐색 방식의 기본으로 되어 있다. 열차에 점유되는 이 일정한 구간을 폐색 구간(block section)이라 한다. 폐색구간을 설정하는 경우에 ① 자동폐색식, ② 연동폐색식, ③ 차내신호폐색식 중에서 선로의 운전조건에 적합하도록 설치한다.

1) 자동 폐색 방식(automatic block system)

역구내를 포함한 열차의 운전 선로를 운전 계획에 따라서 몇 개의 폐색 구간으로 분할하고 각각의 폐색 구간의 폐색을 열차로 자동적으로 행하는 것이다. 자동적으로 행하는 방법으로서 폐색 구간마다 설치된 궤도회로로 폐색 구간 내에 열차의 존재유무를 자동적으로 검지하여 신호에 반영되고 있다. 폐색 구간을 세분화하여 폐색 구간의 수를 늘리면 선로용량(어느 선구의 계획상 운전가능한 편도 1일 최대 열차횟수)이 증대한다. 복선에는 자동폐색색의 채용이 원칙이며, 최근에는 CTC화에 따라 원격제어되는 예가 많다.

2) 비자동 폐색 방식

각 역간을 1 폐색 구간으로 하여 폐색을 인위적으로 행하는 것이다. 궤도회로가 설치되어 있지 않으므로 열차에 대한 폐색 취급은 1 열차마다 인접 역장간의 연락에 의한다.

폐색 방식은 또한, 통상 사용되는 상용 폐색 방식, 이것이 무엇인가의 사유로 인하여 사용될 수 없을 때에

적용하는 대용(代用) 폐색 방식으로 분류되며, 이들이 모두 사용될 수 없는 경우에는 폐색 준용(準用)법을 시행한다. 폐색 장치는 상용 폐색 방식을 시행하기 위하여 설치한 장치이며, 폐색 방식과 폐색 장치의 종류를 **표 8.3.1**에 나타낸다.

(나) 신호장치(signal apparatus)

철도신호를 현시 또는 표시하는 설비에는 신호기(信號機), 전호기(傳號機) 및 표지(標識)가 있다.

1) 신호기

신호기는 상치 신호기, 차내 신호기, 임시 신호기로 구분된다. 또한, 이들 이외로 신호를 현시하는 것으로서 수(手)신호기 및 특수 신호기가 있다. 각각의 종류를 **표 8.3.2**에 나타낸다.

표 8.3.1 폐색 방식과 폐색 장치의 종류

폐색 및 폐색 준용법			폐색 장치의 종류
상용 폐색 방식	복선운전을 할 때	자동(自動) 폐색식	자동 폐색식의 폐색 장치
		연동(連動) 폐색식	연동 폐색식의 폐색 장치
		쌍신(雙信) 폐색식	쌍신 폐색식의 폐색 장치
		(차내 신호 폐색식)	(차내 신호 폐색식의 폐색 장치)
	단선운전을 할 때	자동(自動) 폐색식	자동 폐색식의 폐색 장치
		(차내 신호 폐색식)	(차내 신호 폐색식의 폐색 장치)
		(특수 자동 폐색식)	(특수 자동 폐색식의 폐색 장치)
		연동(連動) 폐색식	연동 폐색식의 폐색 장치
		(연사(連査) 폐색식)	(연사 폐색식의 폐색 장치)
		통표(tablet) 폐색식	타블렛 폐색식의 폐색 장치
		(표권 폐색식)	* (*표는 폐색장치를 갖지 않은 것을 나타냄)
		스타호 폐색식	*
대용 폐색 방식	복선운전을 할 때	통신(通信)식	*
		(지령(指令)식)	*
	단선운전을 할 때	지도(指導) 통신(通信)식	*
		(지도(指導) 사령(司令)식)	*
		지도식	*
폐색 준용법	복선운전을 할 때	격시법	*
		(특수 격시법)	*
		전령법	*
	단선운전을 할 때	(표권 격시법)	*
		지도 격시법	*
		(특수 지도 격시법)	*
		전령법	*

㉮ 상치(常置) 신호기(fixed signal) ; 일정한 장소에 상치하여 신호를 현시하는 신호기로 일정의 방호

구역을 갖고 있는 주(主)신호기, 주신호기에 종속하여 그 확인 거리를 보충하는 것을 목적으로 하는 종속(從屬) 신호기 및 이들 신호기에 부속하는 신호 부속기가 있다.

㉯ 차내(車內) 신호기(cab signal) ; 열차의 운전실내에서 신호를 현시하는 것으로 지상 설비와 차상설비를 설치한다.

표 8.3.2 신호기의 종류

구분		종류
상치 신호기	주신호기	장내신호기, 출발신호기, 폐색 신호기, 유도신호기, 입환 신호기, 엄호신호기
	종속신호기	원방신호기, 통과신호기, 중계신호기
	신호 부속기	진로표시기, (진로 예고기)
차내 신호기		차내 신호기
임시신호기		서행신호기, 서행예고신호기, 서행해제신호기
수신호		정지, 서행 및 진행 수신호, (대용수신호, 통과수신호, 임시수신호)
특수 신호		폭음 및 화염 신호, (발보(發保) 신호)

㉰ 임시(臨時) 신호기(temporary signal) ; 선로의 고장이나 공사 등의 사유로 인하여 열차 또는 차량이 소정의 속도로 운전할 수 없을 때에 임시로 설치하는 신호기이다.

2) 전호기(sign)

전호에는 손이나 입을 이용하여 직접 행하는 방법과 지형, 기타의 조건에 따라 필요한 개소에 설치한 전호기를 이용하여 행하는 방법이 있다. 전호기에는 출발 전호기, 출발지시 전호기, 제동시험 전호기, 이동금지 전호기 및 입환 전호기가 있다.

3) 표지(indicator)

형 · 색 등으로 물체의 위치 · 방향 · 조건 등을 표시하는 것으로 전철기 표지, 속도제한 표지, 차량접촉한계 표지, 차막이 표지, 건널목지장 통지장치 사용표지 등이 있다.

㉮ 색으로 표시하는 표지 ; 열차전부 및 후부표지, 자동 폐색 신호기 식별표지, 서행허용 표지

㉯ 형과 색으로 표시하는 표지 ; 전철기 표지, 열차정지 표지, 차막이 표지, 차량정지 표지, 가선종단 표지, 사구간 표지

㉰ 물체의 위치를 표시하는 표지 ; 열차정지 표지, 가선종단 표지, 사구간 표지

㉱ 방향을 표시하는 표지 ; 전철기 표지, 입환 표지

㉲ 조건을 표시하는 표지 ; 자동식별 표지, 서행허용 표지, 출발신호기 반응표지

(다) 전철(轉轍)장치(switch throwing device, shunt)

분기기(제2.9.6(2)항에서처럼 선로전환기라고 한다)의 기본레일에 텅레일을 밀착시키는 장치를 전환(轉換)장치, 밀착상태의 텅레일을 그 위치에 유지하는 장치를 쇄정(鎖錠)장치(rocking device)라 한다. 전환장치와 쇄정 장치를 총칭하여 전철(轉轍)장치라고 하며(**그림 8.3.1** 및 **그림 8.3.2**에 나타낸다), 가동크로싱

의 경우에도 가동노스레일을 전환, 밀착, 쇄정시키는 전철장치가 필요하다. 인력으로 전환하는 전철장치에서는 원거리에 있는 포인트나 사용 빈도가 높은 포인트를 전환(轉換)하는 것이 곤란하므로 그와 같은 경우에는 전기를 동력으로 하는 전기 전철기가 이용되고 있다. 최근에는 유압식 전철기도 이용되고 있다.

철도의 건설기준에 관한 규정에서는 선로전환기의 종류 및 설치장소에 관하여 다음과 같이 규정하고 있다. ① 전기 선로전환기 : 본선 및 측선, ② 기계선로전환기(표지 포함) : 중요하지 않은 측선, ③ 차상선로전환기 : 정거장 측선 또는 각 기지내의 빈번한 입환 작업 장소.

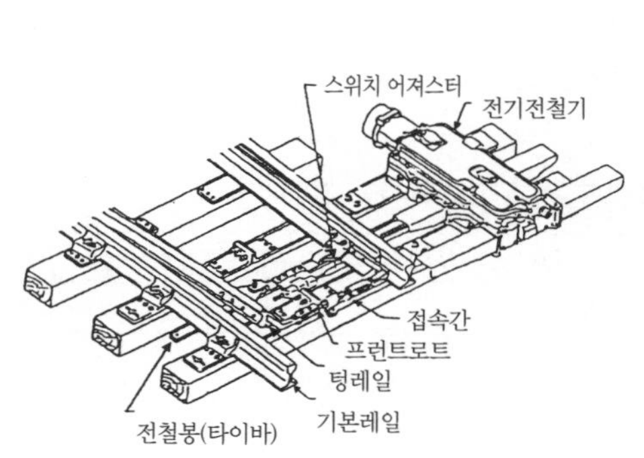

그림 8.3.1 동력으로 전환하는 전철장치

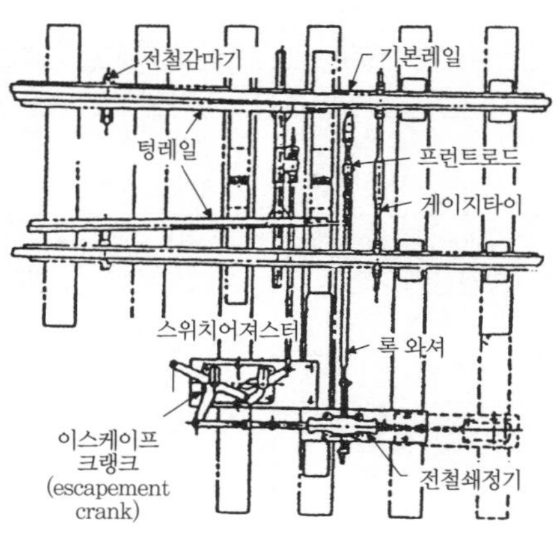

그림 8.3.2 인력으로 전환하는 전철장치

전기 전철기의 록(lock) 틀림은 열차의 횡압이나 진동 등으로 인하여 기본레일과 전기 전철기(轉轍器, electric swtch machine)와의 상대 위치가 변화하는 것이 최대의 원인이며, 이것을 방지하기 위하여 기본레일과 전기 전철기의 상대 위치를 항상 일정하게 유지하도록 **그림 8.3.3**에 나타낸 전기 전철기 레일 직결장치가 이용되기도 한다.

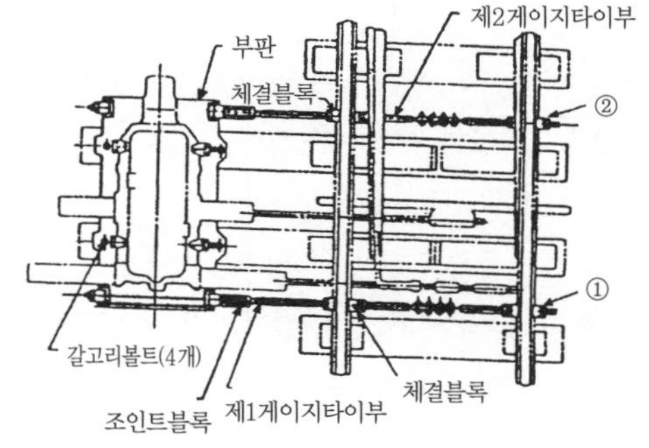

그림 8.3.3 전기 전철기 레일 직결장치

(라) 고속분기기용 전철장치

경부고속철도 제1단계 구간의 자갈궤도용 국산 고속분기기에 적용한 선로전환기는 MJ81이며, 제2단계 구간의 콘크리트궤도용 BWG분기기에는 하이드로스타(Hydrostar)를 적용하였다. 전자는 전기식이고 후자는 유압식이다. 새로 개발된 콘크리트궤도용 국산 고속분기기에 사용하는 선로전환기도 자갈궤도용과 같은 MJ81이며, 철관장치를 함께 이용한다. 하이드로스타는 각각의 유닛으로 된 다중분산실린더를 이용하며, 유지보수에는 ROAD-MASTER라는 특수 장비를 이용한다. **표 8.3.3**은 이들을 비교한 것이며, **표 8.3.4**는 이들의 외관을 나타낸다. 이들의 표에는 또한 참고적으로 독일에서 BWG분기기에 적용한 S700K 선로전환기도 함께 나타낸다. 전자의 표에서 포인트 부분과 크로싱 부분 각종 장치의 수량은 F46에 대한 것이다.

표 8.3.3 고속분기기용 선로전환기의 비교

구분		MJ81	S700K	HYDROSTAR
개발 국가		프랑스	독일	오스트리아
개발 연도		1970년	1977년	2004년
공급사		삼성 SDS(국산) 삼표(국산화 진행 중)	SIEMENS	VAEE
적용 분기기		코지퍼/삼표 분기기	BWG 분기기	VAEE/BWG 분기기
사용전원		AC 3Φ 220/380[V] AC 1Φ 220[V]	AC 3Φ 230/400[V] DC 110/136[V]	AC 3Φ 230/400[V] DC 110/136[V]
공칭전류		220[V] : 4[A], 380[V] : 1.5[A]	2[A]	2.5[A]
허용선로저항		21~50[Ω], 조절 가능	54[Ω]	10[mΩ]
전환력		2000~4000[N]	5,500~8,000[N]	3,500~6,000[N]
동작시간		3~4.3[초]	3~7.5[초]	평균 5.4[초]
구동방식		모터제어	모터제어	유압식모터제어
동정		110~220[mm]	150~240[mm]	120[mm]
무게		91[kg]	110[kg]	400[kg]
포인트 부분 (F46의 경우)	선로전환기	1 (MJ81)	6 (S700K)	1 (HYDROSTAR)
	밀착 쇄정기	1 (VCC)	6 (S700K에 포함)	6
	밀착 검지기	4	6 (ELP)	6 (EPD)
크로싱 부분 (F46의 경우)	선로전환기	1 (MJ81)	6 (S700K)	1 (HYDROSTAR)
	밀착 쇄정기	1 (VPM)	3 (S700K에 포함)	3
	밀착 검지기	2	2 (S700K에 포함)	밀착 쇄정기에 포함(2개)
	HD(쇄정기)	-	1	1

(마) 연동(連動)장치(interlocking plant)

신호보안 장치 가운데 폐색 장치와 신호장치, 신호장치와 전철장치 등의 상호간을 관련시켜 정거장 구내에서 전체적인 보안기능을 실현하고, 안전한 열차 운전을 확보하기 위한 장치를 연동장치라 한다. 신호기나 전철기 등의 취급에는 일정한 순서가 있어 잘못된 취급을 한 경우에는 동작을 제한하도록 쇄정하는 것을 연쇄(連鎖)라 한다. 연동장치는 신호기나 전철기 등이 연쇄관계를 유지하면서 동작하도록 제어하는 장치이다.

연동장치는 신호 레버와 전철 레버를 신호 취급소에 집중시켜 연쇄를 하는 제1종 연동장치와 현장에 분산되어 있는 전철 레버로 연쇄를 하는 제2종 연동장치로 대별된다. 더욱이, 연쇄를 하는 방법에 따라 릴레이를 사용하는 계전(繼電) 연동장치, 전자회로로 행하는 전자(電子) 연동장치 등으로 나뉘어진다.

각 역의 연동장치를 집중시켜 원격 제어하는 CTC(centralized traffic control ; 열차 집중제어 장치)는 많은 선구에 도입되어 있으며, 최근에는 CTC 선구에 PRC(programmed route control ; 자동 진로 제어 장치)도 도입되어 열차운행 관리의 근대화가 도모되고 있다.

철도의 건설기준에 관한 규정에서는 다음과 같이 규정하고 있다. 열차운행과 차량의 입환을 능률적이고 안전하게 하기 위하여 신호기와 선로전환기가 있는 정거장, 신호소 및 기지에는 그에 적합한 연동장치를 설치하며, 연동장치에는 ① 마이크로프로세서에 의해 소프트웨어 로직으로 상호조건을 쇄정시킨 전자연동장치와 ② 계전기 조건을 회로별로 조합하여 상호조건을 쇄정시킨 전기연동장치가 있다.

표 8.3.4 고속분기기용 선로전환기의 외관

구분	포인트 부분	크로싱 부분
MJ81	 밀착검지기, MJ81, VCC	 밀착검지기, MJ81, VPM
S700K	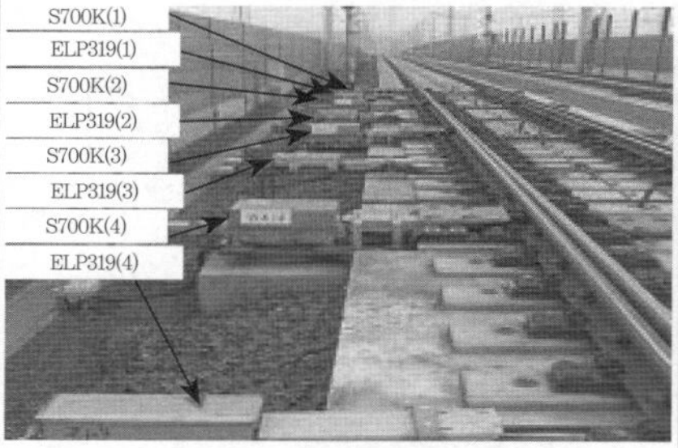 S700K(1), ELP319(1), S700K(2), ELP319(2), S700K(3), ELP319(3), S700K(4), ELP319(4)	 S700K(7), S700K(6), Hydro 시스템, S700K(5)
HYDROSTAR	 밀착검지기, HYDOSTAR, 쇄정장치, 보호덮개	 HYDOSTAR, 쇄정장치, 밀착검지기, HYDOSTAR, 쇄정장치

열차제어시스템은 연동장치와 다음의 장치를 유기적으로 구성한다. ① 열차집중제어장치(CTC : Centralized Traffic Control), ② 열차자동제어장치(ATC : Automatic Train Control), ③ 열차자동방호장치(ATP : Automatic Train Protection), ④ 열차자동운전 장치(ATO : Automatic Train Operation), ⑤ 통신기반 열차제어 장치(CBTC : Communication Based Train Control), ⑥ 기타 제어장치. 이들에 관하여는 다음의 (바)항에서 설명한다.

CTC는 어느 선구에서 열차운전을 지령하는 센터를 설치하고, 그 지령원이 선구의 열차 운행 상황을 직접 파악함과 함께 신호기 등을 직접 제어하여 열차의 진로를 구성하는 시스템이다. 이를 위하여 CTC 센터에는 CTC 선구의 전(全)열차의 운전 상황을 한 눈으로 파악할 수 있는 집중 표시반, 각 역의 신호기나 전철기 등을 제어하는 집중 제어반 등이 설치되어 있다.

철도의 건설기준에 관한 규정에서는 열차집중제어장치와 신호원격제어장치에 관하여 다음과 같이 규정하고 있다. ① 열차집중제어장치는 중앙장치, 역장치, 통신네트워크 등으로 구성한다. ② 열차집중제어장치의 예비관제설비를 구축하여 비상시 열차운용에 대비한다. ③ 신호원격제어장치는 1개역에서 1개 또는 여러 역을 제어할 수 있도록 설치한다.

(바) 열차제어시스템

1) ATS(Automatic Train Stop ; 자동 열차정지 장치)

ATS는 정지현시 신호기에 열차가 접근한 경우에 차내 경보장치로 승무원에게 주의를 촉구할 뿐만 아니라 일정 시간 이내에 브레이크가 수배되지 않으면 자동적으로 브레이크를 작동시켜 열차를 안전하게 작동시키는 시스템이다. 열차종류 및 신호현시에 적합하도록 설치하는 열차자동정지 장치에는 ① 열차가 정지신호를 무시하고 운행할 때 열차를 정지시키기 위한 점제어식, ② 신호현시(4현시 이상)별 제한속도에 따라 열차속도를 제한 또는 정지시키기 위한 속도조사식이 있다.

2) ATC (Automatic Train Control ; 자동 열차제어 장치)

ATC는 지상으로부터의 속도 신호에 따라 자동적으로 열차의 속도를 제어하는 시스템이며, 지상 장치와 차상 장치로 나뉘어진다. 지상 장치는 선행 열차와의 간격이나 선로조건에 따른 ATC 신호를 송신기에서 레일로 송출한다. 차상 장치는 선두 차의 바닥 아래에 있는 수신기로 레일에 흐르고 있는 ATC 신호전류를 수전하여 신호의 지시 속도를 차내 신호에 표시함과 함께 속도 발전기로 검출한 주행 속도와 비교한다. 지시 속도보다 주행 속도가 높으면 브레이크 지령을 보내고, 지시 속도 이하로 되면 자동적으로 브레이크를 풀어 항상 신호의 지시 속도 이하로 주행하는 구조로 되어 있다.

3) ATP(Automatic Train Protection, 열차자동방호장치)

열차자동방호장치는 궤도회로가 아닌 별도의 Beacon(Balise) 또는 루프코일을 이용하여 열차운행에 필요한 이동권한, 제한속도, 구배 등의 정보를 디지털로 지상에서 차상으로 전송하는 방식이며 Distance-to-go 기능을 이용한 차내 신호방식이다.

한국철도공사에서 사용하는 ATP 시스템은 유럽의 ETCS(European Train Control System) Level 1을 국내에 도입한 것으로 지상장치에는 기존 신호장치와 인터페이스 되어 가변정보를 생성하는 선로변제어유니트(LEU)와 지상정보를 차상으로 전송하는 발리스(Balise)로 구성된다. 차상장치는 바이털컴퓨터, 입출력장치, 운전표시장치, 자료기록장치 안테나 및 정보변환모듈 등이 있다.

발리스(Balise)는 궤도상에 설치되는 지상자로 가변정보 또는 선로속도나 구배 등 고정정보를 차내로 전송하는 장치로서 ATP 설비 구간에서 신호현시 조건에 의해 제어되는 정보를 제공하는 가변발리스(CB : Controlled Balise)와 ATP 설비 구간에서 선로조건, 등의 변화지 않는 고정된 정보를 제공하는 고정발리스(FB : Fixed Balise)가 있다.

4) CBTC(Communication Based on Train Control, 무선통신기반 열차제어시스템)

CBTC는 IEEE 1474.1 규격에 따라 제작되는 열차제어시스템으로 궤도회로를 사용하지 않고 열차의 위치를 검지해야 하여 안전을 확보하며, 양방향 무선통신을 이용하여 열차의 정보를 주고받으며, 자동운전의 기능을 갖는 시스템으로 정의된다. CBTC 시스템은 크게 자동열차감시장치(ATS), 지상ATP/ATO, 차상 ATP/ATO로 구성된다.

5) MBS(Moving Block System, 이동폐색시스템)

이동폐색방식은 1개 폐색구간에 1개 열차라는 고정폐색구간의 개념이 없이 선행열차와 후속열차 상호간의 위치 및 속도를 무선신호 전송매체에 의하여 파악하고 차상컴퓨터에 의해 열차 스스로 운행간격을 조정하는 폐색방식이다. 즉, 궤도회로를 이용하지 않고 열차위치 인식과 열차 추적, 열차 이동권한 등을 차상-지상 간 양방향 무선데이터 통신에 의하여 열차를 제어하는 시스템이다.

6) Distance to go System(차상제어거리 연산방식)

차상제어거리 연산방식은 지상자 또는 궤도회로를 통해 선행열차의 운행위치에 관한 신호정보를 차상신호기가 수신하여 차상 컴퓨터에 의해 목표속도와 제동 소요거리 등을 연산하여 선행열차와의 안전한 제동 여유거리를 유지하며 운전하는 방식으로 고정폐색구간이나 이동폐색구간 모두 사용할 수 있다.

7) ATO(Automatic Train Operation, 자동열차운전장치)

ATO는 부분적으로 또는 완전하게 자동 열차 운전을 가능하게 하며, 기관사가 필요 없도록 해준다. 즉, ATO는 열차가 정거장을 출발해서 정차할 때까지의 가속, 감속, 정위치 정차 등을 자동으로 수행하는 장치이다. ATO는 ATC의 하부시스템으로 ATC에 의해 속도를 제한받을 때에는 자동으로 제동동작을 하며 제한 속도 이하가 되면 제동동작을 해제한다.

8.3.2 궤도회로

(1) 궤도회로의 역할

궤도회로(軌道回路, track circuit)란 어느 일정 구간 내에서 열차의 유무를 자동적으로 검지하는 방법의 하나이며, 신호보안 장치의 주체를 이루는 것이다. 궤도회로는 레일을 전기회로의 일부로 이용하여 회로를 구성하며, 이 회로를 차량의 차축으로 레일 사이를 단락(短絡)시킴에 따라 신호기, 전철기 등을 직접 또는 간접적으로 제어하는 것이다. 더욱이, 궤도회로는 ATC 구간에서 레일에 흐르는 전류에 의하여 차상에 설치된 수신기를 거쳐 열차 내로 신호 정보를 전달하는 작용이 있다. 또한, 건널목 제어 등에도 사용되고 있다.

(2) 궤도회로의 작동 원리

궤도회로는 일반적으로 1 폐색 구간마다 설치되며 이 구간의 경계에 있는 레일은 일반적으로 절연(絕緣, insulate)을 시키고 {경부 고속철도에서는 무절연(無絕緣) 궤도회로(jointless track circuit) 이용}, 구간의 중간에 있는 레일의 이음매부에서는 레일 본드(bond)로 접속시키어 전류가 흐르기 쉽게 하고 있다.

궤도회로의 구성법에는 폐전로식(閉電路式)과 개전로식(開電路式)이 있다. 폐전로식은 궤도 릴레이의 동작으로 열차가 존재하지 않는 것을 검지하고, 개전로식은 그 반대로 궤도 릴레이의 동작으로 선로에 열차가 있는 것을 검지한다.

(가) 폐전로식(閉電路式)

폐전로식은 **그림 8.3.4**와 같이 절연 이음매로 구분된 궤도의 한 끝을 전원(電源)으로 하여 한류(限流)장치를 직열로 설치한 송전 측과 다른 끝에 궤도 릴레이를 설치한 착전(着電) 측으로 하는 회로 구성으로 상시 동작시키고 있다.

구분된 궤도회로 내에 열차가 없을 때는 전원장치로부터 릴레이로 전류가 흘러 릴레이가 작동한다. 구분된 궤도회로 내로 열차가 들어오면, 열차 차륜의 차축으로 인하여 2개의 레일이 단락되므로 레일을 흘러 릴레이까지 도달하여 있던 전류가 단락 점의 장소로부터 전원 측으로 환류하며, 릴레이는 전원이 끊어진다. 이와 같이 릴레이에 전류가 흐르고 있을 때는 릴레이의 동작 접점이 접하여(閉) 진행 신호를 현시하지만, 릴레이 전원이 끊어져 있을 때는 릴레이의 낙하 접점이 닿아서 정지신호를 현시한다. 폐전로식은 전원 고장, 회로의 단선이나 레일절연 불량 등의 경우에 궤도 릴레이가 낙하하므로 안전 측(fail-safe)으로 된다.

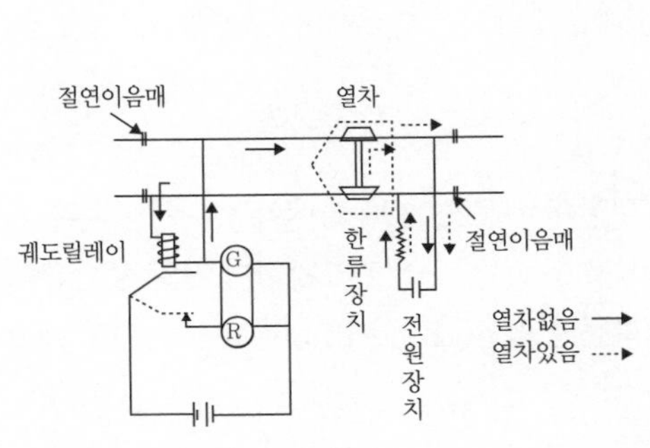

그림 8.3.4 폐전로식 궤도회로

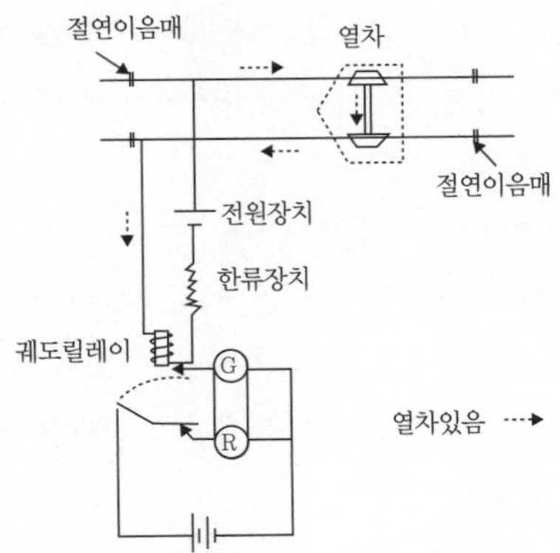

그림 8.3.5 개전로식 궤도회로

(나) 개전로식(開電路式)

개전로식은 **그림 8.3.5**와 같이 전원장치, 한류(限流)장치 및 궤도 릴레이를 직열로 접속하고, 그 양단을 레일에 접속하는 방식이다. 궤도회로 내에 열차가 있을 때만 차축이 레일 사이를 단락하여 완전한 폐회로를 구성하므로 전류가 흘러 궤도 릴레이가 동작하고, 정지 신호를 현시한다. 개전로식은 궤도 릴레이가 상시 낙하하여 있으므로 전원 고장이나 회로의 단선(斷線)을 검지(檢知)할 수가 없다.

(3) 궤도회로의 구성 설비

궤도회로를 구성하는 설비는 레일 외에 레일본드, 레일절연, 점프선, 스파이럴 본드 등이 있다. 또한, 전철화 구간과 같이 전차선으로부터의 귀선(歸線) 전류와 궤도회로의 신호(信號)전류가 같은 레일을 공용하는 경우는 양쪽의 전류를 가르기 위하여 **그림 8.3.6**과 같이 임피던스 본드(impedance bond)를 궤도회로 양단의 레일 절연부에 설치한다. 임피던스 본드는 귀선 전류를 변전소로 향하여 이웃한 레일로 흐르게 하고, 신호 전류를 레일절연(絕緣)으로 저지하여 이웃의 레일로 흐르지 않도록 하고 있다.

(가) 레일 본드(bond)

레일에 전류가 흐르기 쉽게 하기 위해서는 레일 이음매를 단지 이음매판으로만 채우는 것은 녹 등과 같은 것 때문에 전기저항이 크게 되어 완전한 궤도회로가 구성되지 않는다. 그래서, 레일 이음매의 전기저항을 될 수 있는 한 작게 하기 위하여 레일과 레일 사이를 잇는 도체(導體)의 레일본드를 설치한다.

레일본드의 종류에는 레일두부에 설치하는 CV형, 복부에 설치하는 CL형이 있다. 또한, 직류 전철화 구간, 교류 전철화 구간, 비전철화 구간 등의 차이에 따라 레일에 흐르는 전류의 크기가 다르기 때문에 다른 단면적의 레일본드를 사용한다.

(나) 레일 절연(絕緣)

궤도회로는 레일을 사용하여 전기회로(電氣回路)를 구성하므로 좌우 및 인접 레일 사이를 전기적으로 절연하여 다른 것으로부터 독립시키기 위하여 궤도회로의 경계로 되는 레일 이음매 등에 레일절연을 설치한다.

1) 궤간 절연

궤도회로로서 이용되는 좌우의 레일에는 전압이 걸려 있으므로 좌우 레일을 전기적으로 절연시킬 필요가 있다. 이와 같은 궤간 절연은 전철(轉轍)장치의 프런트 로드, 게이지 타이, 스위치 어저스터나 드와프 거더, 강교 직결궤도 등에 설치되어 있다. 또한, PC침목, 궤도 슬래브 등에서는 인슈레이터, 레일패드 등으로 절연을 유지하고 있다.

2) 레일 이음매 절연

레일 이음매 절연은 이음매판이나 볼트 등의 철물에 더하여 레일형(形), 플레이트, 튜브 등의 절연재(insulator)로 구성되어 있다. 또한, 절연 이음매(insulated (rail) joint)부의 강화나 레일 장대화의 요구에 맞추어 레일과 이음매판을 강력한 접착제로 접착한 접착절연 레일(glued insulated rail)이 개발되어 실용화되어 있다.

(다) 점프선(jumper 線)

크로싱 부분에서는 레일의 교차에 따라 구조적으로 궤도회로를 단락하기 위하여 레일 절연을 삽입하여 궤도회로를 구분하고 있다. 이 경우에 **그림 8.3.7**과 같이 같은 극성(極性)의 신호(信號)전류가 흐르는 레일 상호간을 접속하는 도체를 점프선(회로의 절단을 일시적으로 잇는 짧은 전선)이라고 한다.

(라) 스파이럴 본드(spiral bond)

분기기의 텅레일에 신호전류가 흐르도록 기본레일과 텅레일을 힐(heel)부 부근에서 연결하고 있는 도체를 스파이럴 본드라고 한다.

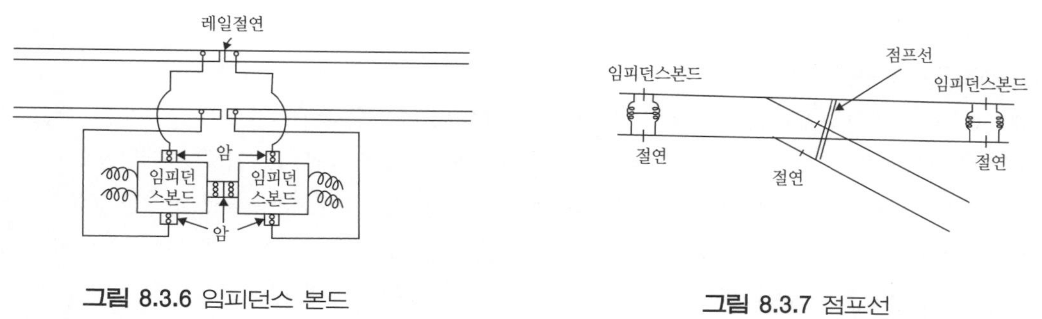

그림 8.3.6 임피던스 본드

그림 8.3.7 점프선

8.4 운전

8.4.1 열차 저항

선로 상을 주행하는 차량은 궤도 상태나 차량 구조에 따라 진행을 방해하는 여러 가지의 저항을 받는다. 이들의 저항을 열차 저항(列車抵抗, train resistance)이라 부르며, 그 중에는 다음에 기술하는 것처럼 많은 저항이 포함되어 있다. 각 저항력은 1 tf당의 kgf의 값으로 나타낸다. 열차속도를 가속하는 경우의 저항력도 일단 가속도 저항으로서 열차 저항의 중에 보통 포함되지만, 엄밀한 의미에서의 저항이라고는 말할 수 없다.

(1) 출발 저항

정지하고 있는 차량이 움직여 출발하려고 할 때에는 정차 중에 차축의 굴림대와 베어링 사이의 유막(油膜)이 끊어져 금속이 서로 직접 접촉하여 있으므로 그 사이에 큰 마찰 저항이 생긴다. 그러나 발차 후는 곧바로 윤활유가 공급되어 유막이 형성됨에 따라 마찰 저항이 급격하게 감소한다. 8~10 km/h의 속도에서 저항이 최소로 되며, 그 이후는 다음에 기술하는 주행 저항으로 이행되어 속도와 함께 저항이 다시 증가한다.

하계와 동계에는 기름의 유연도가 달라 저항은 동계에 큰 값을 나타낸다. 또한, 출발 저항(starting resistance)의 값은 기관차에서 크고 객화차에서 작지만, 출발시에는 정차시 연결기 스프링의 축소 때문에 반발력이나 또는 선두부의 차량부터 순차 움직이기 시작하여 전(全)차량이 일제히 움직이기 시작하지 않는 등의 점도 있어 열차 전체로서 고려할 때는 8 kgf/tf 전후의 값을 취하면 좋다.

(2) 주행(走行) 저항(running resistance)

평탄한 직선 선로를 무풍 시에 등속도로 주행할 때의 열차 저항이며, 이 중에는 ① 속도에 관계없이 일정한 값을 가진 기관차의 기계 부분의 저항이나 베어링과 굴림대간의 마찰 저항, ② 속도에 정비례하고 궤도의 처짐에 기인하는 저항 및 차륜과 레일간의 미끄럼 저항, ③ 속도의 제곱에 정비례하는 공기 저항 등이 포함되어 있다.

이들의 값은 기관차와 객화차가 다르며, 또한 객화차에서도 영차와 공차가 다른 값으로 되지만, 실험의 결과, 다음과 같은 형으로 나타내어진다.

$$R = A + BV + CV^2$$

여기서, R : 주행 저항 (kgf/tf), V : 운전 속도 (km/h), A, B, C : 실험으로 결정되는 계수

출발후의 주행 저항을 도시하면 대체로 **그림 8.4.1**과 같은 형상으로 된다.

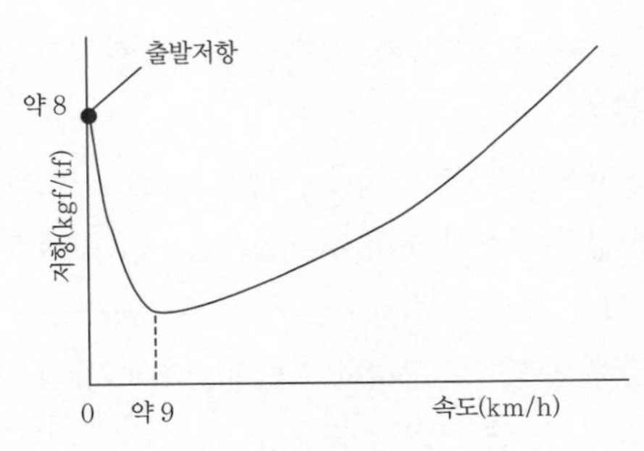

그림 8.4.1 주행 저항

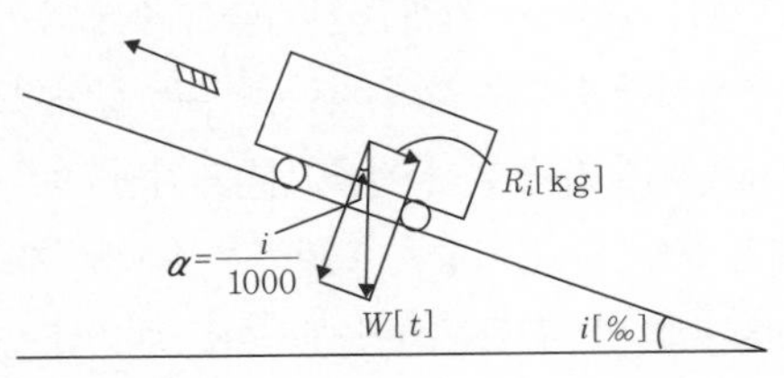

그림 8.4.2 기울기 저항

(3) 기울기(勾配) 저항(grade resistance)

기울기 상의 선로를 주행하는 차량에는 차량중량의 기울기 방향으로의 분력이 저항으로서 작용한다. 다만,

상향기울기인 때는 감속력으로서, 하향기울기인 때는 가속력으로서 작용한다. 지금, 기울기를 천분율로서 나타내고 열차가 i ‰의 상향기울기를 올라가고 있을 때는 **그림 8.4.2**에 나타낸 것과 같이 차량 중량 W [tf]의 기울기 방향의 분력 R_i가 저항력으로 되며, 다음 식으로 주어진다.

$$R_i[\mathrm{kgf}] = W[\mathrm{tf}] \cdot \sin\alpha \cdot 1{,}000[\mathrm{kgf}] \fallingdotseq W \cdot i/1{,}000 = W \cdot i$$

(4) 곡선(曲線) 저항(curve resistance)

곡선 선로를 주행 중인 차량은 다음과 같은 원인에 기인하여 여분의 저항을 받는다.

① 곡선궤도 내외 레일 길이와 차륜 답면 반경의 불일치에 기인하여 생기는 차륜 답면과 레일두부 표면 사이의 활동.

② 차량의 전환 방향에 따라 **그림 8.4.3**에 나타낸 것처럼 레일 표면과 차륜 답면 사이의 미끄러짐. 미끄러짐 방향과 거리는 순간 중심과 차륜을 연결하는 선에 직각 방향으로 생기며, 그 거리에 비례한다.

③ 고정 축거의 존재에 기인한 선두 차축의 외측 차륜 플랜지 및 중간 차축의 내측 차륜 플랜지와 레일과의 마찰.

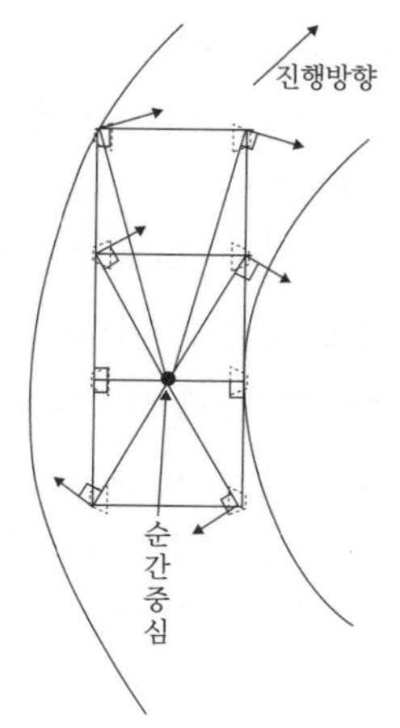

그림 8.4.3 미끄럼 방향

그러나 이들의 곡선 저항의 여러 원인에 대하여는 불충분한 점이 많고 곡선 저항의 식은 실험식에 의거하고 있다. 실험의 결과에 따르면, 곡선 저항의 값은 곡선 반경에 반비례한다. 곡선 저항의 식으로서 (3.6.4)식과 같은 다음의 식이 이용된다.

$$R_c = \frac{700}{R}$$

여기서, R_c : 곡선저항(kgf/tf) R : 곡선반경(m)

이와 같이 곡선 선로 상을 차량이 주행할 때는 위의 식으로 구해지는 저항이 생기므로 곡선의 존재는 열차저항에서 보면 같은 값의 저항을 주는 상향기울기에 상당한다고 고려할 수 있다. 따라서 곡선이 상향기울기 중에 존재하는 때는 그만큼 기울기가 급하게 되었다고 고려하며, 하향기울기 중에 존재하는 때는 그 분만큼 기울기가 완만하게 되었다고 생각할 수가 있다. 기울기 중의 곡선은 완만한 기울기에서는 문제로 되지 않지만, 제한 기울기에 가까운 급기울기 중에 곡선이 존재할 때는 문제이다.

곡선저항과 같은 값의 저항을 주는 상향기울기를 환산 기울기(等價기울기, equivalent grade)라 하고, 실제의 기울기에 환산 기울기를 가감한 기울기를 보정 기울기(상당 기울기, compensating grade)라 부른다. 또한, 곡선저항을 고려하여 실제로 기울기를 보정하는 것을 곡선 보정(curve compensation)이라 부른다. 다만, 완화곡선에 대하여는 여기에 연결된 원곡선과 같은 반경으로 고려하여 보정한다. 이상의 것에서 보정 기울기가 제한 기울기를 넘으면 아니 된다. 미국에서는 보정 량으로서 i % = 0.04 θ(θ= 곡선도[°]) 를 이용하여 곡선 보정을 한다.

8.4.2 가속력 곡선

(1) 기관차의 견인력

기관차의 출력은 경유 또는 전기 등의 에너지가 여러 가지 기구를 통하여 구동축(驅動軸)의 회전력으로 변한 것이다. 내연 기관차에서는 내연기관의 출력, 전기 기관차에서는 전동기의 출력에 따라 제한된다. 이하에서는 전기 기관차의 견인력에 대하여 개략적으로 설명한다.

(가) 전동기(電動機) 견인력(牽引力, tractive force, hauling capacity)

전기 기관차는 가선(架線)에서 받아들인 전류를 이용하여 전동기를 회전시켜 그 회전력을 치차(齒車)의 조합에 따라 구동 축에 전하는 것으로 전동기의 회전력이 일정한 때는 견인력이 치차비에 정비례하고 구동륜 직경에 반비례하여 변화한다.

따라서, 속도를 중시하는 여객용 기관차에서는 치차 비(齒車比)를 작게 하고 구동륜 직경을 크게 함에 비하여, 화물용 기관차에서는 치차 비를 크게 하고 구동륜 직경을 작게 한다. 또한, 동일 기관차에서 견인력과 속도와의 관계는 구동륜 직경이나 치차 비에 따라 결정되는 특성 곡선에 관계하고, 속도(전동기 회전수에 비례한다)가 빠를수록 흐르는 전류가 작게 되어 견인력(회전력에 비례한다)을 줄인다. **그림 8.4.4**는 이 관계의 개요를 나타낸 것이다.

열차의 운전에서는 승객에 불쾌감을 주지 않도록 출발 시에 가속도, 따라서 견인력을 일정하게 유지하여야 한다. 이를 위해서는 전동기에 흐르는 전류를 일정하게 유지할 필요가 있으며, 속도의 상승과 함께 전기 저항을 감소시켜야 한다. 저항을 감소시키기 위해서 저항 제어법 및 직병렬 제어법 등으로 속도의 증가에 따라 차차 저항을 감소시키면서 전류를 일정하게 유지하도록 한다.

(나) 점착 견인력(tractive effort of adhesion)

차량은 마찰력(점착력)으로 구동 · 제동하여 기동 · 가속 · 주행 · 감속 · 정지한다. 구동력이나 제동력이 마찰력을 상회하면, 차륜이 슬립(공전) 또는 활주(고착)하여 버린다. 따라서, 최근에는 차량의 고성능화에 따라 이 점착력의 향상이 중요한 테마로 되어 있다.

모든 기관차에 공통이지만, 아무리 기관차의 출력이 커도 동륜(구동륜)과 레일간의 마찰력(점착력)이 부족하면 동륜이 공전하여 전진할 수 없다. 이 동륜과 레일간의 마찰력을 점착 견인력이라 부르며 동축(구동축)상 중량이 클수록 또는 마찰계수가 클수록 크게 된다. 여기서 동축이란 전동기가 설치되어 있는 차축을 말한다.

마찰계수의 값은 레일이 건조되어 있을 때보다 비(雨) 등으로 레일표면이 젖어 있을 때는 저하하고, 기름이

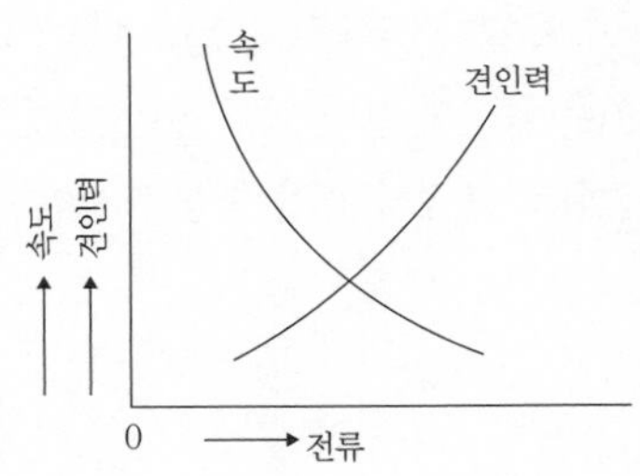

그림 8.4.4 직류 전동기의 특성 곡선

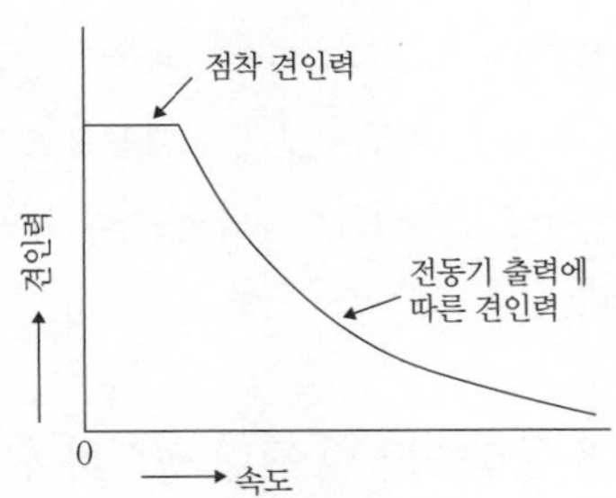

그림 8.4.5 견인력의 곡선

부착된 경우는 격감한다. 상향기울기 등에서 큰 마찰력을 필요로 하는 때는 살사(撒砂)하여 계수의 증가를 꾀한다. 계수의 값은 이 외에 열차 속도의 영향을 그다지 받지 않지만, 속도가 빠르게 되면 다소 감소하는 경향이 있다.

점착력을 축중으로 나눈 수치를 점착 계수(coefficient of adhesion)라 부르며, 차량과 레일의 상태 등에 따라 변동이 크다. 점착 계수의 값은 **표 8.4.1**과 같이 차륜이나 레일의 재질, 접촉면의 부착물의 종류, 축중의 크기, 속도 등의 영향을 받는다. 점착 계수는 일반적으로 정지의 경우에 최대치를 갖고, 차량 속도가 커짐에 따라서 점차로 감소하는 것으로 알려져 있다.

표 8.4.1 레일의 표면 상태와 점착 계수

레일의 표면상태	점착 계수	
	모래를 뿌리지 않을 때	모래를 뿌릴 때
깨끗하고 건조할 때	0.25~0.30	0.25~0.40
습윤할 때	0.18~0.20	0.22~0.25
서리가 있을 때	0.15~0.18	0.22
진눈깨비가 덮혀 있을 때	0.15	0.20
기름이 묻거나 눈이 덮혀 있을 때	0.10	0.15

(2) 가속력 곡선

이상과 같이 기관차가 객화차를 끌어당기는 견인력은 기관의 출력과 점착 견인력의 양쪽에 관계가 있으며 그 중에서 작은 쪽으로 제한된다. 따라서, **그림 8.4.5**와 같이 저속도의 부분에서 전동기의 출력에 따른 견인력이 점착 견인력보다 큰 경우에는 점착 견인력으로 견인력의 곡선을 그려야 한다. 특정의 기관차가 어떤 중량의 객화차(견인 중량이라 한다)를 견인하여 선로 상을 주행할 때에 열차 전체로서의 기관차 견인력에서 기관차와 객화차의 저항을 감한 나머지의 힘이 가속을 위하여 이용되므로 이 힘을 가속력(加速力)이라 부른다. 일반적으로 1 tf당의 힘을 kgf의 단위로 표시한다.

열차가 수평 직선 선로 위를 주행할 때의 속도와 가속력과의 관계는 속도의 상승에 따른 기관차 견인력의 저하와 열차 주행저항의 증가에 따라 가속력이 속도의 증가와 함께 차차 감소하여 **그림 8.4.6**과 같은 가속력 곡선이 얻어진다. 이 곡선은 **그림 8.4.5**에 나타낸 견인력의 곡선을 1 tf당의 힘으로 환산한 것에서 **그림 8.4.1**에 나타낸 주행저항의 곡선을 감하여 얻어진다.

전원을 끄고 타력(惰力)으로 주행할 때는 인장력이 0으로 되므로 열차 저항으로 인하여 속도가 차차 저하하며, 속도와 가속력의 관계는 **그림 8.4.6**의 하방에 부기하여 있는 곡선과 같이 된다. 이 곡선을 감속력(減速力) 곡선이라 부른다. 가속력 곡선과 감속력 곡선은 특정의 기관차가 특정의 견인 중량을 견인하는 경우마다 작성한다.

8.4.3 균형속도 및 견인 정수와 환산 량수

(1) 균형속도(均衡速度, equilibrium (or balancing) speed)

기관차의 견인력과 열차저항이 같게 된 때의 속도를 균형속도라 부르며, 어떤 기관차가 특정의 견인 중량을 견인하여 주행하는 경우에 기울기마다 결정하는 속도이다. 따라서, 지금 열차가 균형속도 이상의 속도로 운전되고 있다면 열차저항으로 인하여 속도가 차차 감속되며, 이에 대하여 균형속도 이하의 속도로 주행되고

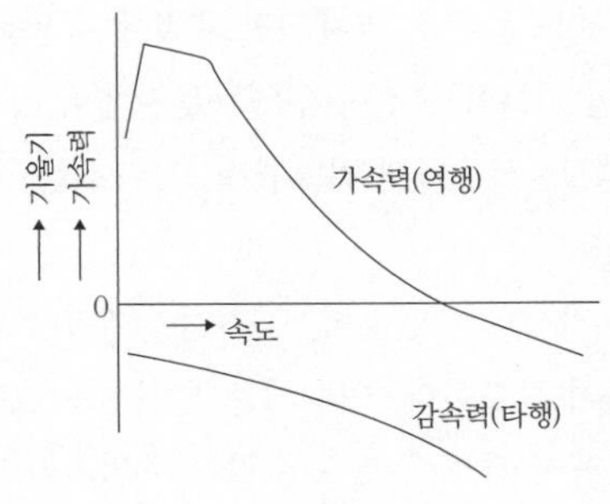

그림 8.4.6 가속력 곡선 및 감속력 곡선

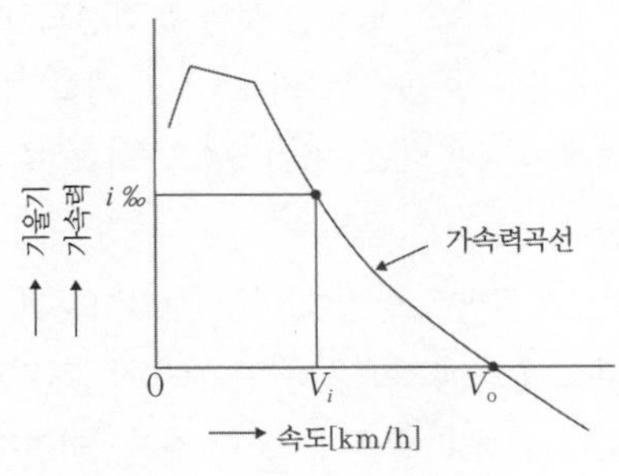

그림 8.4.7 균형속도

있을 때는 차차 증속된다.

이와 같이 하여 같은 값의 기울기가 무한으로 이어져 있을 때는 열차속도가 최종적으로 균형속도로 안정되고, 그 이후는 등속도로 주행하게 된다. **그림 8.4.7**에 있어서 수평 선로에서의 균형속도는 V_o (km/h)이며, 또한 i ‰의 상향기울기에 따른 균형속도는 V_i (km/h)이다.

(2) 견인정수(牽引定數, nominal tractive capacity, locomotive rating)

열차속도는 전항에 기술한 것처럼 기관차의 견인력과 견인되고 있는 견인중량에 따라 좌우된다. 견인중량이 너무 크게 되는 때는 열차의 운전속도가 너무 느리게 되어 다른 열차의 운행에 지장을 주어 열차횟수가 감소된다. 따라서, 최저의 운전속도가 결정되어 있고, 이 결정되어 있는 최저 속도보다 운전속도가 느려지게 되지 않도록 견인중량의 값을 각 구간마다 정하여야 한다. 이 견인중량의 값을 1 차량의 가상 중량으로 나누어 얻어지는 가상적인 차량 수를 견인정수라 부른다.

국철에서는 객차의 경우에 40 tf, 화차의 경우에 43.5 tf를 1 량으로 하며, 예를 들어 최대 견인중량 400 tf인 경우에는 객차의 견인정수 10으로 나타내고 있다. 하향기울기에 대하여는 속도의 감소는 없지만, 제동력에 따른 운전의 안전 상에서 견인정수가 결정된다.

(3) 환산 량수(換算輛數, number of converted car)

전항에 기술한 것처럼 기관차에는 각 구간마다 견인정수가 정해져 있으므로 실제로 견인되고 있는 객화차의 중량을 견인정수로 환산하여야 하며, 그를 위해서는 실제 차량의 하중 상태에 따라 그 차량이 환산 몇 량분에 상당하는가를 환산하여야 한다. 국철에서는 공차(空車), 영차(盈車)마다 상기와 같이 화차의 경우에 43.5 tf, 객차의 경우에 40 tf로 나눈 환산 량수를 각 차량의 외측에 표기하고 있다. 객차의 경우는 모든 정원(全定員) 인수(人數)가 승차하고 있는 경우를 영차로 하고, 20인을 1 tf로 환산한다.

8.4.4 거리기준 운전선도

(1) 운전선도(運轉線圖, run curve)

열차의 운전상태, 운전속도, 운전 시분, 주행거리, 전력소비량 등의 상호 관계를 열차운행에 수반하여 변화하는 상태를 역학적으로 도시한 것을 운전선도라 한다. 운전선도는 주로 열차운전 계획에 사용하며, 신선 건설, 전철화, 동력차 변경, 선로의 보수 및 계획 시에 역간 운전 시분을 설정하여 열차운전에 무리가 없도록 하는 외에 동력차의 성능비교, 견인정수의 비교, 운전 시격의 검토, 신호기의 위치결정, 사고조사, 선로 계획 등의 자료가 된다.

운전선도에는 기준채택 방법에 따라 시간기준과 거리기준 운전선도가 있으며, 시간기준 운전선도는 시간을 횡축으로 하고 종축에 속도, 거리, 기울기, 전력량을 표시하여 작도한다. 거리기준 운전선도(**그림 8.4.8**)는 거리를 횡축으로 하고 종축에 속도, 시간, 전력량 등을 표시하여 작도한 것으로 열차의 위치가 명료하고, 임의 지점의 위치에 대한 운전 속도와 소요 시간을 구하는데 편리하며, 운전선도라 함은 보통 이 거리기준 운전선도를 말한다.

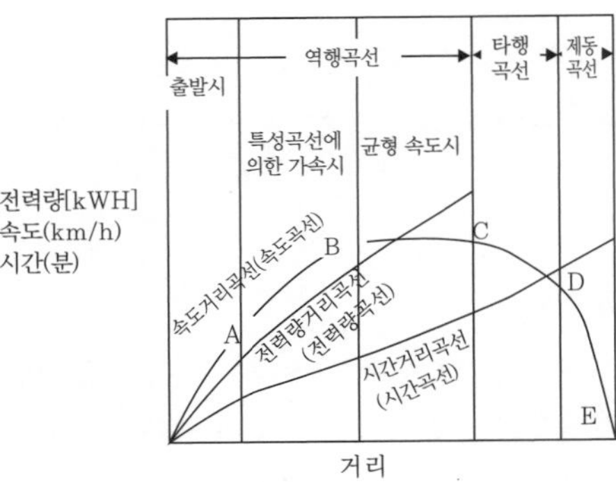

그림 8.4.8 거리기준 운전선도

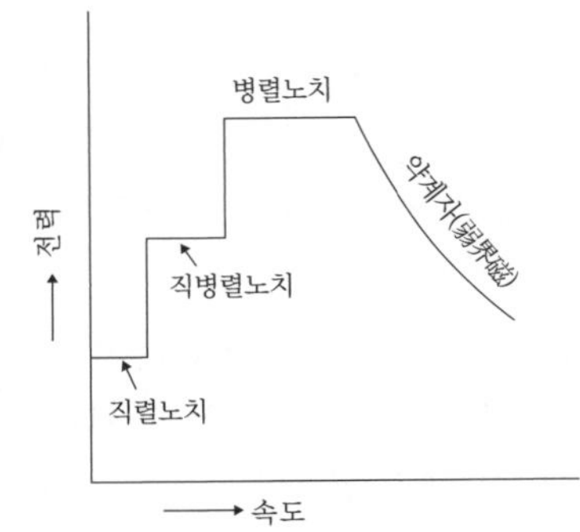

그림 8.4.9 전력-속도곡선

(2) 속도-거리 곡선(speed-distance curve)

특정의 기관차가 어떤 값의 견인 중량을 견인하여 실제의 선로 상을 주행할 때에 출발하고부터 목적 역에 도착하기까지의 속도의 변화 상태를 거리에 맞추어 도시한 것이 속도-거리 곡선이다. 이 곡선은 가속력 곡선을 이용하여 작도할 수가 있다.

(가) 출발시의 곡선

출발 시는 속도가 느리므로 기관차의 견인력이 크며, 따라서 가속도도 크게 된다. 그러나, 가속도의 값이 너무 큰 경우에는 승객에게 불쾌감을 줌과 동시에 연결기의 손상도 고려된다. 그러므로, 가속도의 값에 한도를 두어 그 한도 이하로 들도록 하는 것이 바람직하다. 이 경우에는 가속도 곡선에서 옮겨 구해지는 속도-거리 곡선의 기울기와 규정된 가속도의 값에 따라 그려진 곡선의 기울기를 비교하여 기울기가 완만한 쪽의 곡선에 의거하여 출발 직후의 곡선을 그린다.

(나) 제동 곡선

도중에 속도제한 개소가 있는 경우에는 타력(惰力)을 이용하여 감속하는 것이 원칙이지만, 그 전의 구간이 하향 급기울기로 되어 있는 때는 타력 주행{coasting (operation), drifting}을 하여도 속도가 더욱 증가하는 일이 있다. 또는, 타력 주행할 때는 속도가 느려져 운전에 시간이 너무 걸리는 경우가 있다. 전자의 경우는 속도를 저하시키기 위하여 제동(制動, braking)이 필요하게 되며, 후자의 경우에는 역행(力行, power running)하여 속도를 높인 후에 도중 속도제한 개소의 직전에서 제동으로 속도를 저하시켜야 한다. 또한, 목적의 역에 정차할 때도 제동으로 정지한다.

제동을 가한 경우에 감속도의 값이 과대하게 되면, 가속도의 경우와 같이 승객에게 불쾌감을 주고, 연결기에 손상을 주므로 감속도의 값을 어느 값 이하로 하여야 한다. 감속도의 값으로서는 2~3 km/h/s 정도 이하로 되는 것이 보통이다.

(다) 속도-거리 곡선을 그릴 때의 주의 사항

1) 최고 운전속도의 제한 ; 운전의 안전을 위하여 각 열차의 종류와 등급 및 선로의 등급(설계속도)에 따라 각각 최고 운전속도{maximum operating (or running) speed}를 정한다. 따라서, 어떠한 경우도 이 속도를 넘지 않도록 하여야 한다.

2) 곡선 반경에 따른 제한속도(restricted speed, speed limit)

3) 정거장 통과의 제한속도

4) 발차 직후의 가속도의 제한 ; 발차 직후 가속도의 값으로서 너무 큰 값이 좋지 않은 점은 전술과 같다. 그러나, 전기 기관차도 견인하는 열차 및 전차 · 기동차에 대하여는 제한을 두지 않고, 역행곡선에 따른 그 대로의 속도-거리 곡선을 이용하는 일이 있다.

5) 하향기울기에서 제한속도 ; 제동률의 비율과 하향기울기의 완급에 따라서 속도를 제한한다.

6) 제동개시 속도 ; 정거장에 진입하여 정지하려고 할 때는 제동을 사용하지만, 너무 빠른 속도에서 제동을 이용하면 제동시간이 길게 되어 동력장치를 손상시킬 우려가 있으므로 제동개시의 최고 속도를 열차의 종류에 따라 규정한다. 예를 들어, 여객열차와 전차에 대하여 70 km/h, 화물열차에 대하여 50 km/h로 하고 있다. 제동개시 속도보다 빠른 속도로 진입하여 온 경우에는 타력주행으로 제동개시 속도까지 저하시킨다. 만일, 하향기울기에서 제동시간이 길게 되는 경우에는 제동을 수 단계로 분할하여 사용한다.

7) 제동(braking)에 따른 감속도의 제한 ; 가속도의 제한과 같은 이유로 감속도에 제한을 둔다. 예를 들어, 여객열차에 대하여 2.0 km/h/s, 화물열차에 대하여 0.75 km/h/s(다만, 선로 기울기 0 ‰)로 하고 있다.

8) 타력주행(coasting (operation), drifting)의 이용 ; 제한속도가 설정되어 있는 구간에 진입하기 이전의 속도가 이들의 제한속도를 넘고 있을 때는 될 수 있으면 타력주행으로 제한속도까지 속도를 저하시키도록 하여야 한다. 특히, 역행(力行, power running)하여 속도를 증가시킨 후에 제동으로 속도를 저하시키는 것은 바람직하지 않다. 다만, 선로의 상태에 따라서는 타력주행 구간이 길어 소요 시간이 길게 되는 때는 역행으로 증속한 후에 제동을 사용한다. 또한, 타력주행으로 소정의 속도로 저하시킬 수 없는 경우에는 도중에 제동을 이용하는 것도 부득이하지만, 중간에서의 제동은 운전 경제상에서 되도록 이면 피하는 것이 좋다. 요는 자기가 운전하는 기분을 갖고 속도-거리 곡선을 그리는 것이 중요하다.

제동을 사용하기 전의 타력주행 구간에 대한 곡선을 그리기 위해서는 제동 개시 점부터 시점을 향하여 역으로 타력 주행에 따른 곡선을 그리고, 타력주행 구간 전의 역행구간의 곡선과의 교점을 구함으로써 타행 개시 점을 구할 수가 있다.

(3) 시간 –거리 곡선 및 전력 소비량 곡선

(가) 시간–거리 곡선(time–distance curve)

실제 선로 상을 운전하는 경우에 주행 거리와 소용 시간의 관계를 도시한 것을 시간–거리 곡선이라 부른다.

(나) 전력 소비량 곡선

속도–거리 곡선을 그리는 일에 가속력 곡선과 선로 상태를 이용하는 것처럼 전력 소비량 곡선은 전력–속도 곡선과 속도–거리 곡선을 이용하여 그릴 수 있다.

전력은 전압이 일정한 경우, 전류에 비례하므로 전력을 전류로 나타내어도 좋다. 따라서, 각속도마다의 전류가 알려지면 전력–속도 곡선이 그려지는 것으로 전류는 노치의 바꿈, 주행속도 및 기관차의 특성곡선에 따라 변화하며, 기관차 형식마다 미리 **그림 8.4.9**와 같은 전력–속도 곡선이 그려진다. 전력–속도 곡선에서 전력 소비량 곡선이 그려진다.

(4) 속도–거리 곡선의 이용법

(가) 기존 선로에 대하여

1) 견인정수(牽引定數, nominal tractive capacity)의 산정 ; 영업 선에는 최저 운전속도가 정해져 있으므로 속도–거리 곡선을 그려 속도가 규정의 속도 이하로 되는 때는 견인 차량의 량수를 줄이던가 기타의 방법을 취하여야 한다.

2) 궤도구조나 보선계획의 검토 ; 실제의 선로에 대하여 속도–거리 곡선을 그려보면, 기울기 등 선로의 상태에 따라 속도가 빠른 장소와 느린 장소가 밝혀진다. 따라서, 속도에 따른 궤도구조로 하기도 하고, 또한 보선계획을 작성하는 자료로 하여 경제적인 운영을 할 수 있다.

(나) 건설 선로에 대하여

1) 기울기(勾配)의 검토 ; 선로를 건설할 때는 규정의 최저 속도를 확보할 수 있도록 선로중의 모든 기울기를 제한 기울기(ruling gradient) 이하로 하는 것이 바람직하다. 제한 기울기보다 급한 기울기가 있어도 속도–거리 곡선을 그려보면, 그것이 타력 기울기(momentum gradient)로 되는가, 보기(補機, helper, booster, auxiliary locomotive) 기울기로 하여야 하는가의 구별을 용이하게 판별할 수 있다.

2) 곡선반경의 결정 ; 곡선선로는 그 곡선의 존재에 기인하여 진입전의 속도를 저하시킬 필요가 없는 곡선반경으로 하는 것이 바람직하다. 그를 위해서는 속도–거리 곡선을 그려 진입 전의 속도를 구하고, 이 속도에 따른 곡선반경 이상의 반경으로 되도록 계획하여야 한다.

3) 기울기, 곡선 등의 종합 배치의 검토 ; 속도–거리 곡선을 미리 그려보아 열차운전 중에 제동을 필요로 하거나, 짧은 구간의 타행 · 역행의 구간이 섞이거나 또는 운전속도의 변화가 너무 크게 되지 않도록 선로중의 기울기나 곡선의 배치를 적당하게 정하여 운전이 용이하고 운전비가 적으며, 건설비가 적게 드는 선로를 건설하여야 한다.

(5) 열차성능 모의시험(train perfomance simulation, TPS)를 이용한 노선선정

TPS는 건설하고자하는 선정노선의 제원을 입력하여 열차주행시의 운행시분, 표정속도, 전력소비량 등을 거의 유사하게 산출할 수 있으며, 신선의 철도계획시에 최적의 노선을 결정하는 기법이다. 항공측량에서 해석 · 도회된 지형정보와 선로의 신설조건을 입력하면 차량의 운행상황, 운행시간, 정거장간 운행소요시간, 전력소모량. 운전선도 등을 출력한다.

8.4.5 선로용량

(1) 열차운행도표

(가) 열차

열차(列車, train)란 운행계획(열차운행도표)에 기초하여 본선 상을 운행하는 모든 차량(車輛)을 말한다. 예를 들면, 단독으로 운행하는 기관차도 열차운행도표(열차 다이어그램, train diagram)에 들어 있는 한 열차이며, 또한 보선작업의 필요에서 열차운행도표에 임시로 들어 있는 모터카도 열차이다. 어떠한 차량도 본선을 운행하기 위해서는 정기는 물론 임시 운행의 경우도 열차운행도표에 들어 있지 않으면 운행이 허용되지 않는다.

(나) 열차운행도표

그림 8.4.10과 같이 역의 위치를 종축에, 시간을 횡축에 취하여 열차운행의 시간적 추이를 1매의 도표로 나타낸 것을 열차운행도표, 약하여 열차 다이어그램이라고 부른다. 역간 소요시간을 나타내는 선은 간단하

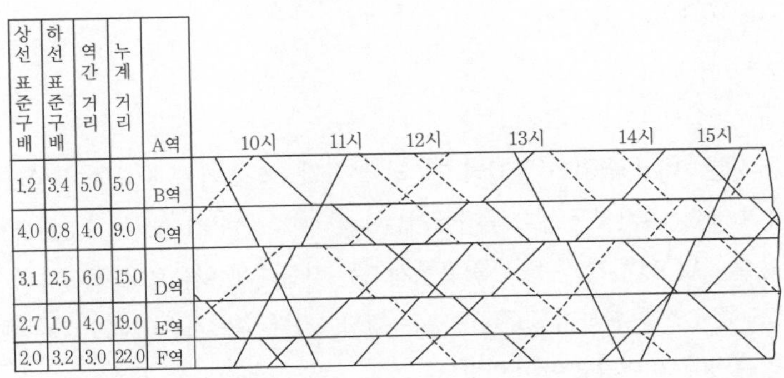

그림 8.4.10 복선구간 열차운행도표의 예

(다) 열차운행도표 작성상의 주의

단선구간에서 역 사이가 1 폐색 구간으로 되어 있는 경우에는 역 외에서 추월도 할 수 없고, 교행할 수도 없으므로 열차운행을 나타내는 선은 역 사이에서 교차할 수 없다. 추월하고 교행하게 하기 위한 교차는 반드시 역에서 행한다. 복선구간의 경우는 역 외의 중간에서 교행할 수 있으므로 대향열차의 교차는 허용되지만, 추월은 할 수 없으므로 역 사이에서의 같은 방향의 선에 대한 교차는 허용되지 않는다.

복선에서 자동 폐색 방식을 채용하고 있는 구간에서는 동일 역간에 2 열차 이상의 같은 방향으로 향하는

열차의 진입을 허용하므로 동일 방향 열차의 진행을 나타내는 선은 교차할 수 없지만 재차 삽입할 수 있다. 더욱이, 역간이 1 폐색 구간으로 되어 있는 경우에는 도착한 열차를 일단 정지시킨 후에 출발시키기 위해서는 상대방 역과의 연락이나 신호 현시 때문에 어느 정도의 시간이 필요하며, 또한 역간의 운전시간도 필요하므로 열차밀도에도 저절로 한계가 있어 함부로 열차횟수를 증가시킬 수는 없다.

(2) 선로용량(線路容量, track capacity)

어느 구간 또는 선구에서 운행할 수 있는 최대 열차횟수를 선로용량이라 한다. 즉, 수송력의 열차설정에서 열차를 1일에 몇 회 운행할 수 있는가 라고 하는 선구의 열차설정 능력을 나타내는 수치 척도가 선로용량이다. 이 경우에 대도시의 전차선구 등에서는 러시아워의 열차설정 능력이 문제로 되므로 그 선로용량은 피크 1시간당 몇 회로 나타내어진다. 선로용량 중에서 이론상 가능한 최대 열차횟수를 한계(限界) 선로용량이라 부르며, 영업시간대나 보수 상 필요한 작업 등을 고려하여 실제로 운행할 수 있는 최대 열차횟수를 실용(實用) 선로용량이라 부른다. 선로용량은 열차속도, 역간 거리, 각 역의 열차 대피설비, 신호 · 전철기의 조작시간 등의 영향을 받는다.

특히 도중의 1 구간에서도 운전시간이 긴 폐색 구간이 혼재할 때는 전구간의 선로용량이 이 폐색 구간의 선로용량으로 인하여 제한을 받는다. 이와 같이 하나의 구간에 대하여 전부의 선로용량이 제한되는 경우에는 도중 신호장을 설치함으로써 선로용량을 증가시킬 수가 있다. 또한, 동일 선로 상에서 속도가 다른 각종의 열차를 운전시킬 때는 일반적으로 선로용량이 저하한다. 실용 선로용량은 한계 선로용량의 65 % 전후의 값이다.

(가) 단선구간의 선로용량

선로용량의 간이 산정 식은 다음과 같다.

$$N = [1{,}440 / (t + s)] \times d$$

여기서, t : 역간 평균 운전 시분

s : 열차취급 시분. 대향 열차가 출발하고부터 분기기 · 신호기를 전환하여 발차할 수 있는 상태로 되기까지의 소요 시분(자동신호 구간에서는 1분, 비자동 구간에서는 2.5분으로 하고 있다)

d : 선로 이용률. 1일 24시간 중 열차를 운행시키는 시간대의 비율로 설정열차의 사명이나 선로보수 등에서 55∼75 %를 취하며 표준 60 %로 한다. 기다리는 시간의 증가가 바람직하지 않은 열차 설정이 많은 경우는 이용률이 내려간다.

이 식에서 알 수 있는 것은 역간 거리가 길면, t의 시분이 증가하여 선로용량 N이 감소되며, 신호자동화 · CTC 등으로 s의 열차취급 시간을 줄이면 선로용량이 증가한다. 또한, 전철화나 차량성능의 향상 등으로 열차속도를 올려 구간의 시분 t를 짧게 하면 N이 늘어난다. 선로 이용률 d는 전술의 조건이나 열차설정의 유효 시간대 등에 영향을 받는다.

역간 거리에 따라 다소의 차이는 있지만, 일반적으로 단선의 선로용량은 60∼80으로 되며, 고속열차와 저속열차가 혼재하거나 설정 횟수가 많게 되면 교행, 대피의 손실 시간이 많게 되어 서비스 상 바람직하지 않은 열차가 늘어난다. 또한, 실제의 열차운전에서 다소의 지연 등은 피할 수 없기 때문에 어느 정도의 열차 다이어그램 흐트러짐을 흡수할 수 있는 것이 실용적인 선로용량으로 상기와 같이 이론 상정의 용량보다 약간 하회한다. 역간 시분이 가지런하도록 교행 역을 배치한다면 선로용량이 늘어난다.

(나) 복선구간의 선로용량

통근 선구 등 속도가 동일한 열차 설정의 평행 다이어그램인 경우에는 열차 최소 시격의 t 분과 선로 이용률 d에서

$$N = 2 \times (1,440 / t) \times d$$

로 산정이 되어 가장 많게 된다.

최소 시격은 본선 주행에서는 폐색 신호기의 간격을 좁혀 1분 이하로 단축 가능하지만, 승강이 특히 많은 역(착발선 1개의 경우)에서의 정거 시분, 반복 역에서의 분기기 지장 시분 등에 좌우되며, 10량 편성의 통근 전차의 선구에 대하여 여유를 포함하여 2분 정도로 하고 있다.

고속열차와 저속열차가 설정되어 있는 일반 선구의 경우에 선로용량의 간이 산정 식은 다음과 같다.

$$N=2\times[1,440 / \{hv+(r+u)v'\}]\times d$$

여기서, h : 속행하는 고속열차 상호의 시격, r : 저속열차 선착과 속행하는 고속열차와의 필요한 최소 시격, u : 고속열차 통과 후에 저속열차 발차 시까지에 필요한 최소 시격, v : 전(全)열차에 대한 고속열차의 비율, v' : 전열차에 대한 저속열차의 비율

재래선에서는 h = 6 분, r = 4 분, u = 2.5 분 정도이지만, 폐색 신호기의 증설 개량으로 u = 3 분, r, u = 2 분 정도로 압축할 수 있다. 고속철도의 선로에서 h는 약 3 분, r, u 는 각각 2 분으로 하면 1 시간 편도 최대 15회가 가능하다. 더욱이, 고속철도의 선로는 야간에 시설보수의 시간을 약 6 시간으로 취하면, 선로 이용률 d는 약 75 %로 된다.

재래선의 경우에 복선의 선로용량이 단선의 약 배 정도이지만, 차량성능의 개선, 신호방식의 개량 등으로 약 3배가 가능하다. 그 외에 터미널 역 · 중간 역에서 열차 착발선의 다소나 역 출입 분기기의 배치 · 제한 속도 등에 따라서도 선로용량이 변한다.

(다) 복복선의 선로용량

대도시 전철에서는 수송력의 증강을 위하여 복복선화가 진행되고 있다. 선로별의 복복선화는 선로용량이 복선의 2배로 되지만, 같은 방향에 대한 이용자의 편에서는 바람직하지 않다. 방향별 복복선에서 고속 선과 저속 선으로 나눈 경우에 용량은 복선의 2배 이상으로 되며, 이용자의 편에서도 좋다.

(3) 열차속도

열차속도를 나타내는 방법에는 여러 가지가 있으며, 일반적으로 다음의 3종류가 이용되고 있다.

1) 최고속도(maximum speed) ; 운전 중에 낼 수 있는 최고의 속도로 기관차의 성능, 견인중량, 선로 상태에 따라 좌우되며, 열차종별이나 궤도구조 등에 따라 제한된다.

2) 평균속도(average speed) ; 역을 출발하고부터 다음의 역에 도착하기까지의 소요 시간을 역간 거리로 나눈 값이며, 주로 선로 중에 있는 기울기의 상태에 따라 영향을 받는다.

3) 표정(表定)속도(schedule speed) ; 시발역에서 종착역까지의 소요 시간을 전(全)거리로 나눈 것으로 정거시간도 포함한 것이다.

(4) 열차제동

열차속도는 빠를수록 좋다. 속도를 제한하는 조건으로서는 지금까지 설명한 많은 것이 있지만, 그 중에 또한 제동(制動, braking) 능력이 포함된다.

제동은 목적 역에 도착할 때나 또는 비상의 경우에 확실하게 정거시키고, 혹은 선로 도중에 존재하는 속도 제한 개소의 통과속도를 정해진 속도로 저하시킬 때에 사용하는 것이지만, 제동으로 정차하기까지의 제동거리가 길거나, 혹은 제동에 신뢰성이 없다면, 안심하고 속도를 낼 수 없다.

따라서, 제동의 양부는 안전 상 중요한 영향을 가질 뿐만 아니라 운전속도에 관계하여 수송능력에도 영향을 준다. 하향 급구배에 대하여 제동의 성능에 따라 제한속도를 두는 것은 그것의 좋은 예이다.

제동은 보통 압착공기로 작동되는 제륜자를 차륜에 강하게 눌러 그 사이의 마찰력을 이용하지만, 그 외에 전기기관차나 전차는 가선으로부터의 전류를 차단하여 주전동기의 작동을 발전기의 작용으로 변화시켜 생기는 전기 에너지를 저항기로 열의 에너지로서 소비시켜 제동력을 발휘시키는 전기제동을 채용하는 일도 있다.

KTX 고속차량은 기존의 TGV 열차가 마찰 및 발전 제동 2 종류를 설치하는데 반하여 제동시의 운동 에너지를 전기 에너지로 변환하여 전차선으로 되돌려 다른 열차의 운행에 이용할 수 있는 회생 제동장치를 추가로 설치하여 서울~부산간의 총소비 전력 15,385 kWH의 약 10 %를 절약할 수 있다.

(5) 선로 유효장(線路 有效長, effective length of track)

정거장 구내의 선로에 대하여 인접 선로에 지장이 없이 열차가 정거할 수 있는 길이를 선로의 유효장이라 한다. 그 구간의 최장 열차에 따라 결정되며, 일반적으로 화물열차가 여객열차보다 길기 때문에 여객 전용역 이외의 정거장에서는 화물열차의 길이에 따라 유효장이 결정된다. 상세는 '철도공학입문' [255]을 참조하라.

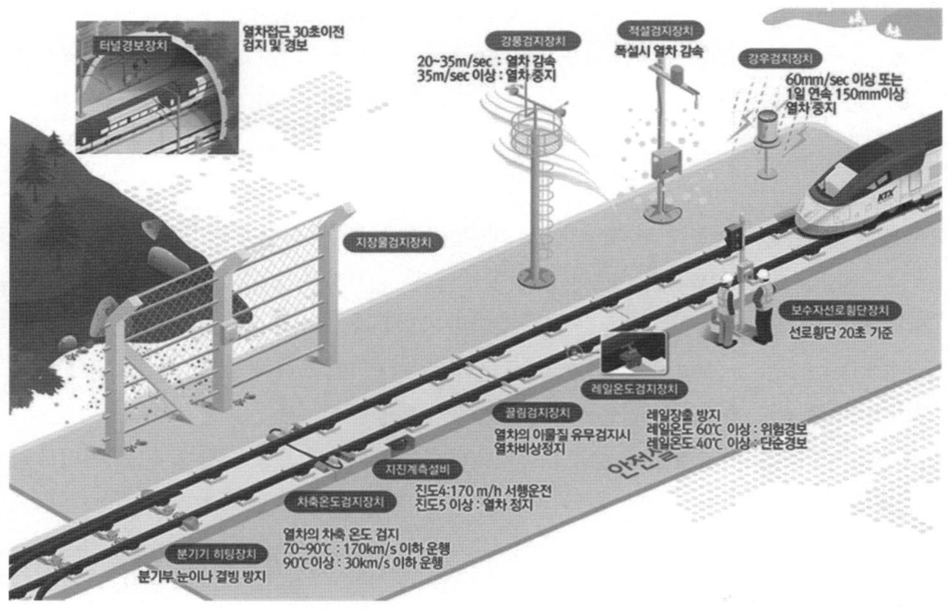

제9장 소음과 진동

9.1 측정의 계획

철도에서 소음(noise) · 공해(environmental pollution) 진동(vibration)을 방지하기 위해서는 실태를 충분히 파악하여 대책을 강구할 필요가 있다. 철도 소음 · 공해 진동을 측정하려고 할 때는 대책공의 효과 확인이나 속도향상 시험 등 반드시 목적이 있다. 당연하지만, 그 목적에 맞추어 측정을 하는 것이 가장 중요하다. 측정을 계획할 때의 일반적인 주의 사항을 이하에 나타낸다.

1) 측정일시

측정 일은 비바람 등의 영향을 받지 않는 날을 고르고, 측정 시에는 풍향, 풍속, 기온, 습도 등의 기상 조건을 메모해 둘 필요가 있다.

2) 측정 위치

측정 위치는 도로 소음 · 진동 등, 다른 음원(音源, sound source)이나 진동 원(振動源)의 영향이 없는 개소로서 될 수 있는 한 표준적인 측점을 설치할 수 있는 개소를 선정할 필요가 있다.

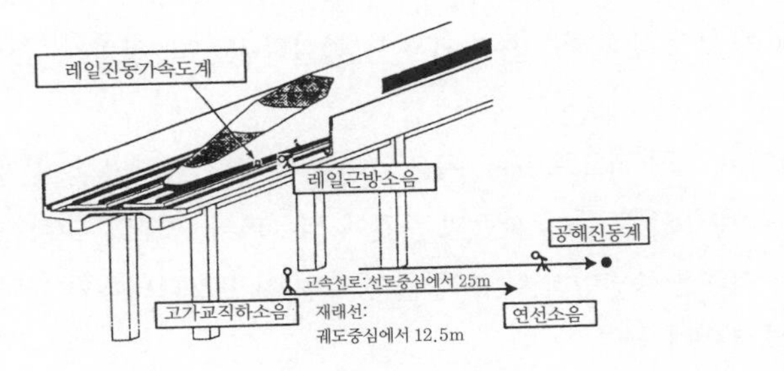

그림 9.1.1 소음과 공해 진동의 측정 위치

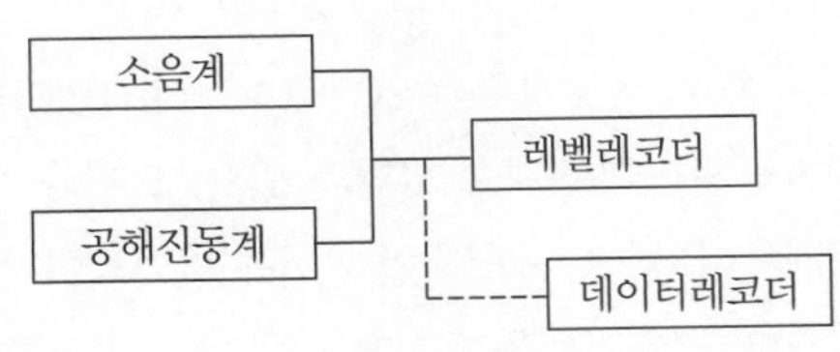

그림 9.1.2 소음, 진동의 측정 블록

3) 측점(測點, **그림 9.1.1**)

소음의 측점은 대상물이 있는 경우에는 당해 개소에서, 표준적으로는 선로중심에서 25 m 거리의 소음을 측정하는 것이 바람직하다. 다만, 고속선로가 아닌 선로에서는 12.5 m 거리에 대하여 지상 1.2 m 높이의 위치에서의 지점으로 한다. 또한, 선로 바로 옆에서의 효과를 평가하기 위해서는 레일에서 2 m 거리의 레일근방 소음, 고가교 직하 1.2 m 높이의 소음이나 레일 진동가속도, 고가교의 진동가속도도 측정 대상으로 하는 것이 좋다.

공해 진동의 측점은 대상물이 있는 경우에는 당해 개소에서, 표준적으로는 선로중심에서 25 m 거리의 지점으로 한다. 센서는 아스팔트 위 등, 지표면의 강고한 개소에 설치하는 것이 바람직하다. 또한, 선로 바로 옆에서의 효과를 평가하기 위해서는 고가교 상면, 고가 교각이나 바로 옆의 지점도 측정 대상으로 하는 것이 좋다. 다만, 공해 진동계의 측정 범위(최대 10 m/s^2)를 넘지 않도록 주의할 필요가 있다.

4) 측정기(測定器)

측정기는 그 목적에 따라 결정하여야 하지만, 일반적으로는 소음계 혹은 공해(公害) 진동계와 기록의 보존을 위한 레벨 레코더(level recorder)가 필수로 된다. 또한, 측정 후에 주파수 분석(frequency analysis) 등의 데이터 해석을 할 경우에는 데이터 레코더(data recorder)도 필요하다. 이들의 측정 블록을 **그림 9.1.2**에 나타낸다.

5) 기타

측정 인원은 측정의 규모에 따라 결정되지만, 측정 책임자 등의 역할을 분담하여 사전에 계기류의 점검이나 취급 방법을 겸한 예행 연습을 하는 것이 좋다. 측정 시에는 주위의 상황이나 측정시의 상황에 대하여 메모를 한다.

9.2 소음 · 진동의 기초 지식과 측정 · 평가

9.2.1 소음의 기초 지식과 측정 · 평가

(1) 소음(騷音, noise)

이하에서는 철도에서의 소음과 공해 진동을 이해하기 위하여 기본적인 용어에 대하여 해설한다. 특히, 소음 레벨과 진동 레벨에 대하여는 사람의 청감이나 체감 보정 후의 값이라고 하는 엄밀한 용어의 정의가 있으므로 사용 방법에 충분히 주의하여야 한다.

음(音)의 가청 주파수는 20 Hz~20 kHz 정도이며, 일반적으로 1~5 kHz의 높은 주파수 영역의 음이 가장 시끄럽게 느껴진다고 알려져 있다. 그러나, 소음은 그것을 듣는 사람의 주관에 좌우되어 좋게도, 고통스럽게도 느껴지므로 획일적인 판단을 받아들이기가 어려운 측면이 있다. 이들을 통일된 지표로 나타내기 위하여 일정한 평가 기준을 두어 이들에 따라 평가를 하고 있다.

소음이란 "바람직하지 않은 음"의 총칭이다. 그러나 소음이라고 하는 구체적인 음이 존재한다는 뜻이 아니며, 어떤 음이 소음인지 아닌지는 그것을 듣는 사람의 주관적인 판단에 따른다는 뜻으로, 예를 들어 훌륭한 음악이어도 그것을 듣는 사람이나 그 때의 상태에 따라서 소음으로 될 수 있는 경우가 있다. 따라서, 소음 문제는 다른 공해 문제에 비하면 간단하게 파악하기 어려운 성질이 있고, 그 대책도 대단히 어려운 면이 있다.

소음의 대표적인 것을 열거하면 ① 너무 큰 음, ② 음질이 불쾌한 음, ③ 사고(思考), 작업 등에 방해가 되는 음, ④ 생리적인 장해를 일으키는 음, ⑤ 감정적으로 혐오를 초래하는 음, ⑥ 음성 등의 청취를 방해하는 음, ⑦ 휴양이나 안면을 방해하는 음 등이 있다.

(2) 음에 대한 용어 상식

(가) 음압(音壓)

음압의 단위는 평방 미터당 뉴톤(N/m^2), 또는 마이크로 바(μbar)이다. N/m^2은 m^2당 약 0.1 kgf의 압력이다. 인간의 청감 범위는 최소가 20×10^{-5} N/m^2, 최대 20 N/m^2 정도이며, 1 기압은 10^5 N/m^2이므로 음압은 대기압에 비하여 극히 미세한 압력 변동에 지나지 않는다. 더욱이, N과 μbar의 사이에는 10 μbar = 1 N/m^2의 관계가 있다.

(나) 음의 강도(强度)

음파(音波)의 진폭이 큰 음을 강한 음, 진폭이 작은 음을 약한 음이라고 한다. 음의 강도는 평방 m당의 와트(W/m^2)로 나타내며, 단위 시간당 단위 면적을 흐르는 에너지를 나타낸다. 보통의 회화에서는 10^{-6} W/m^2 내외이고 일반적으로 청력이 정상인 젊은 사람이 들을 수 있는 가장 약한 음은 10^{-12} W/m^2 정도이며, 그 이상으로 되어 귀가 아프게 되는 강한 쪽의 한계는 10 W/m^2 내외이다.

(다) dB(데시벨) 척도(尺度)와 음압 레벨

음의 강약을 나타내기 위해서는 음압 (N/m^2, μbar)을 사용하여도, 음의 강도(W/m^2)를 사용하여도, 작은 음에서 큰 음까지 **그림 9.2.1**과 같이 폭이 극히 넓고, 더욱이 그 값은 인체 감각에 반드시 비례하지 않는다. 그래서, 이것을 인체 감각에도 대응시키고 게다가 사용하기 쉬운 수(數)로 하기 위하여 대수(對數)로 표시하는 것이 고려되었다. 그러나, 음의 경우에 이 대수 표시 그대로의 값으로는 단위가 너무 작게 되기 때문에 그 10 배의 척도($10\log_{10} y$)로 비교한다. 이것을 dB(데시벨) 척도(尺度)라 한다.

일반적으로 dB척도를 이용하여 2 개의 양 y_1, y_2를 비교하는 경우에 그 차이를 x로 하면

$$x = 10\log_{10}\frac{y_2}{y_1} \quad (\mathrm{dB})$$

로 나타내어지며, y_2는 y_1보다도 x dB만큼 크다고 한다. dB비와 정수 비와의 관계는 **표 9.2.1**과 같다.

그러나, 이와 같은 dB만으로는 2 음의 상대적 관계를 나타낼 수 없으므로 어떤 기준의 량을 정하여 이것에 대한 dB값으로 음의 강약을 나타낸다. 기준치에는 인간이 느낄 수 있는 가장 작은 음의 음압 20×10^{-5} N/m^2을 취하며, 이와 같이 표시된 음의 dB값을 음압 레벨(SPL)이라 한다.

$$SPL = 20\log_{10}\frac{P}{P_o} \quad (\mathrm{dB})$$

여기서, P : 음압 (실효값) (N/m^2), P_o : 기준 음압 (2×10^{-5} N/m^2)

다시 말하여, 소음의 크기를 측정하는 경우에 일반적으로 음압레벨이 이용되며 음압레벨은 기준 음압레벨에서의 상대적인 크기로 나타낸다.

음압 레벨이 20 dB 크게 된 때는 상대적으로 10 배 큰 것을 의미한다. 이상으로 기술한 음의 강도, 음압, 음압 레벨의 관계를 **그림 9.2.1**에 나타낸다.

(라) dB의 계산

dB는 대수 표시이므로 이것을 합하여도 대수 합으로 되지 않고 상식적인 단위와 극히 다른 단위이며, 예를 들어 77 dB와 77 dB의 합은 80 dB이고, 74 dB를 4 개 합하면 80 dB이다. 또한, 90 dB를 80 dB까지 10 dB 저하시키는 것은 이전의 량의 1/10로 하는 것이다.

즉, L_1, L_2, L_3 ⋯ L_n을 각각의 dB값으로 하면, 이것의 합 L은

$$L = 10\ \log_{10}(10^{L_1/10} + 10^{L_2/10} + 10^{L_3/10} + \cdots\cdots + 10^{L_n/10})$$

로 된다.

음의 강도 (W/m²)	음압 레벨 (dB)	음압 (N/m²)
10	130	
1	120	20
	104	10
10^{-1}	110	
10^{-2}	100	2
	94	1
10^{-3}	90	
10^{-4}	80	2×10^{-1}
10^{-5}	70	
10^{-6}	60	2×10^{-2}
10^{-7}	50	
10^{-8}	40	2×10^{-3}
10^{-9}	30	
10^{-10}	20	2×10^{-4}
10^{-11}	10	
10^{-12}	0	2×10^{-5}

인간의 청각 범위

그림 9.2.1 음압 레벨과 음의 강도 및 음압

표 9.2.1 dB비와 정수비

dB비	정수비
0	0
10	10
20	10^2
30	10^3
40	10^4
50	10^5
60	10^6
70	10^7
80	10^8
90	10^9
100	10^{10}

간략한 계산방법으로서 $L_1 \geqq L_2$일 때, L_1, L_2의 합을 구하는 것은 **그림 9.2.2**에 의한 a를 L_1에 더하여 얻어진다. 3 개 이상인 때는 2 개씩 순차 더하면 좋다.

또한, n 개의 dB 값의 평균 $\overline{L}$은 다음 식으로 구하여진다.

$$\overline{L} = L - 10\log_{10} n$$

여기서, L : n 개의 dB의 합, n : 합계하는 dB의 개수

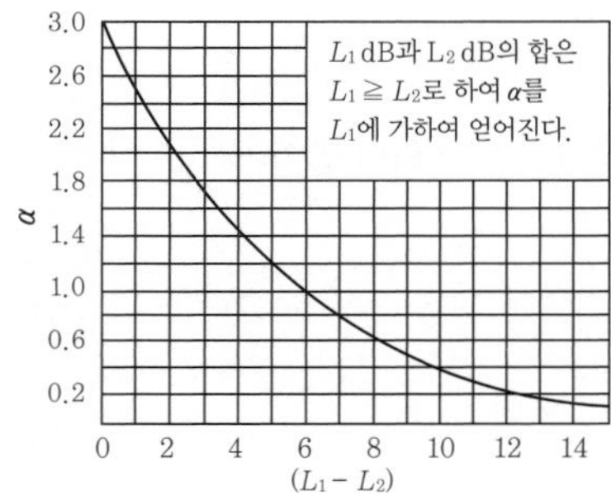

그림 9.2.2 L_1과 L_2의 합

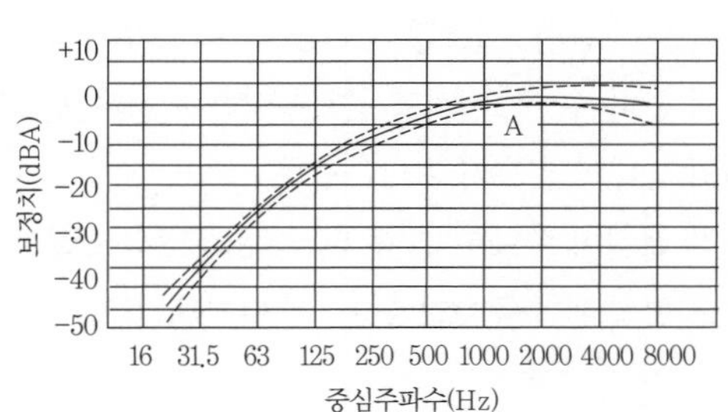

그림 9.2.3 소음의 주파수 보정 회로(A특성)

(마) 소음계와 소음레벨

지금까지 기술한 음의 강도와 크기의 관계는 순음(純音)에 대한 것이며, 여러 가지 주파수 성분이 수많이 포함되어 있는 소음에 대하여는 개개로 측정하지 않으면 그 크기를 알 수 없다. 따라서, 인간이 느끼는 소음의 크기를 정확하게 표시하는 계기를 만드는 것은 불가능에 가깝지만, 이 느낌의 쪽에 거의 가까운 것을 측정하도록 고안한 계기가 소음계(騷音計, sound level meter)이다. 소음계로 측정된 값을 소음레벨(sound level)이라 하며, dB로 나타낸다.

소음레벨은 인간이 느끼는 시끄러움의 척도가 주파수에 따라 다르기 때문에 주파수마다 일정한 배율을 곱하여 보정한 것이며, A특성(A-weighted)값이라 부르는 주파수 보정 회로를 이용한다. A특성 음압 레벨이라고도 부른다. 단위는 데시벨, 단위 기호는 dB로 정의되어 있지만, 음압 레벨 등의 단위와 혼동하기 쉬우므로 관례적으로 dB(A) 또는 dBA를 이용하는 경우가 많다. 또한, 최근까지 폰(phon)의 단위도 같은 의미의 용어로 취급되어 왔지만, 현재는 사용하지 않는 추세이다. 이 A특성의 1/3옥타브(one-third octave) 중심 주파수마다의 보정 치를 dB로 나타낸 것이 **그림 9.2.3**, **표 9.2.2**이다.

[참고] 귀의 등감도(等感度) 곡선

인간의 귀로 느껴지는 음의 크기는 음압레벨의 대소만이 아니고 주파수에 따라서도 크게 변해져간다. 따라서 음의 대소를 나타내는 단위로서 음압레벨을 그대로 이용하는 것은 적당하지 않아 주파수에 따른 보정을 가한 pohon이라고 하는 단위가 이전에 사용되었다. 〈참고도〉는 '귀의 등감도 곡선' 이다. 이 곡선을 보면 알 수 있는 것처럼 귀의 강도는 주파수에 따라 크게 다르며, 3,000~4,000 Hz 부근의 주파수 대역에 대하여는 가장 감도가 좋고, 음압레벨이 낮을수록 주파수의 저역과 고역의 느낌이 둔하게 된다. 더욱이, 일반적으로 음의 크기가 10 phon 크게 되면 감각적으로 약 2배, 20 phon 크게 되면 약 4배, 30 phon 크게 되면 약 8배의 크기로 들려진다고 알려져있다.

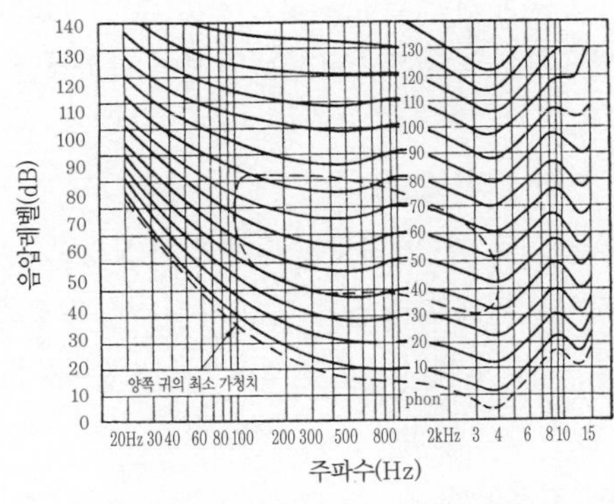

그림에서 중앙부의 점선으로 둘러싼 범위는 인간의 음성으로 사용되고 있는 범위이다.
그래프 보는 방법 : 예를 들어 20Hz에서 90dB의 음은 인간의 귀에는 40 phon의 음으로 들린다고 하는 것을 나타내고 있다.

〈참고도〉 귀에 들리는 음의 주파수와 음압레벨 범위 및 등 loudness 곡선

(바) 암(暗)소음(background noise)

어떤 특정한 소음을 대상으로 하여 고려할 때에 그 대상의 소음 이외의 소음을 암 소음이라 한다. 예를 들어 선로의 소음을 문제로 하는 때는 그 장소에서 자동차의 통과 음, 바람 등의 음은 암 소음으로 된다.

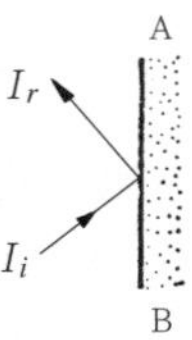

그림 9.2.4

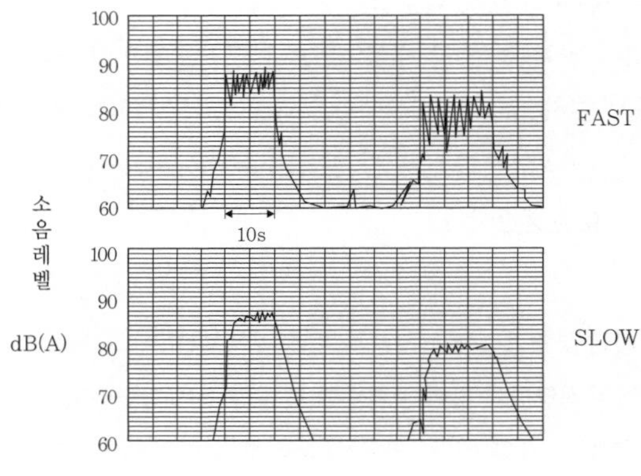

그림 9.2.5 레벨 레코더 출력 결과의 예

표 9.2.2 A특성 보정 치

1/3 옥타브 중심 주파수	A특성 보정치
20	−50.5
25	−44.7
31.5	−39.4
40	−34.6
50	−30.2
63	−26.2
80	−22.5
100	−19.1
125	−16.1
160	−13.4
200	−10.9
250	−8.6
315	−6.6
400	−4.8
500	−3.2
630	−1.9
800	−0.8
1,000	0
1,250	0.6
1,600	1.0
2,000	1.2
2,500	1.3
3,150	1.2
4,000	1.0
5,000	0.5
6,300	−0.1
8,000	−1.1

(사) 음의 차폐(遮蔽) 작용(masking)

다른 큰 음이 발생하였기 때문에 어떤 음이 들리지 않게 되는 현상을 말한다. 마스킹 작용도 주파수에 크게 관계되며, 어떤 주파수의 순음은 이보다 높은 주파수의 순음을 마스크하는 작용이 강하지만, 낮은 주파수에 대하여는 그다지 마스크하지 않는다.

(아) 음원(音源, sound source)의 종류와 음의 거리 감쇠(減衰)

음원의 형상이 충분히 작으면 그 음원을 점(點)음원이라 하며, 이것에 대하여 선 모양으로 길이를 가진 음원을 선(線)음원이라 한다. 어떤 음이 음원으로부터의 거리에 따라 작게 되어 가는 현상을 음의 거리감쇠라고 한다. 점 음원의 거리감쇠는 소음레벨을 L_A로 하고, 거리 r_1에서 r_2로 간격이 벌어졌을 때 다음 식으로 나타내어진다.

$$L_A\, r_1 - L_A\, r_2 = 20 \log_{10} \frac{r_2}{r_1}$$

예를 들면, $r_2 / r_1 = 2$인 때는 6 dB, $r_2 / r_1 = 10$인 때는 20 dB의 저감으로 된다.

또한, 선 음원의 음에 대한 거리감쇠는 다음 식으로 나타내어진다.

$$L_A\, r_1 - L_A\, r_2 = 10 \log_{10} \frac{r_2}{r_1}$$

예를 들면, $r_2 / r_1 = 2$인 때는 3 dB, $r_2 / r_1 = 10$인 때는 10 dB로 되어 점 음원에 비하여 거리감쇠가 작다.

(자) 흡음률(吸音率)

그림 9.2.4에서 면 A−B에 I_i (W/cm²)라고 하는 강도의 입사 파로 I_r (W/cm²)라고 하는 강도의 반사 파가 생긴 때의 흡음률 α는

$$\alpha = \frac{I_i - I_r}{I_i} = 1 - \frac{I_r}{I_i}$$

과 같이 산정된다. 여기서, I_r / I_i를 반사율이라 부른다. 이와 같은 흡음률은 면 A−B가 같은 조건이고 같은 주파수의 음파에 대하여도 음파의 입사조건 때문에 다른 값으로 된다.

(3) 소음의 측정 방법

소음 측정의 목적을 대별하면, ① 주로 행정적인 규제치, 예를 들면 환경 기준이나 규제 기준의 값과 비교하기 위하여 소음계를 이용한 소음레벨의 측정, ② 소음방지 대책 등을 고려하기 위한 기초 자료를 얻기 위한 음향 측정의 2 종류로 되지만, 여기서는 현장에서 측정하는 소음레벨의 측정방법 등에 대하여 기술한다.

(가) 소음계(騷音計)

소음계는 원리적으로는 마이크로폰으로 음을 받아 그 출력의 전기신호를 청감 보정 회로로 보정하여 계기(meter)로 지시하도록 한 계기이다. 소음계에는 간이 소음계, 지시 소음계 및 정밀 소음계가 있다. 지시 소음계에는 보통 소음계가 있다. 소음의 계측에는 보통 소음계와 정밀 소음계를 계량 기기(機器)로서 이용하지만, 통상은 보통 소음계를 이용한다. 소음의 측정에서는 원칙적으로 보통 소음계를 이용하는 것이 바람직하지만, 예비 조사 등의 단계에서 작은 정도의 오차를 문제로 하지 않는 경우는 소형, 경량이고 값이 싼 간이 소음계가 편리하다.

그 외에, 소음 측정에서 소음계 외에 이것을 기록하기 위한 레벨 레코더, 데이터 레코더, 소음 스펙트럼(주파수 성분)을 해석하는 주파수 분석기 등을 목적에 따라 소음계와 조합하여 사용한다. 그 주된 조합은 **표 9.2.3**과 같다. 소음계에는 소음레벨의 크기에 따른 A, C의 두 가지 주파수 보정 회로가 있다. 현재는 소음레벨의 측정 시에 소음레벨의 대소에 관계없이 A특성의 보정 회로를 사용하여 측정하고 있다.

표 9.2.3 측정 항목과 측정 기기

측정항목	측정기	비고
소음레벨	소음계 (레벨 레코더) (데이터 레코더) (윈드 스크린)	 연속 기록용 연속 기록용 바람의 영향 감소용
소음 스펙트럼	소음계 주파수분석기 옥타브분석기 1/3옥타브분석기 (레벨 레코더) (데이터 레코더)	분석精度에 따름

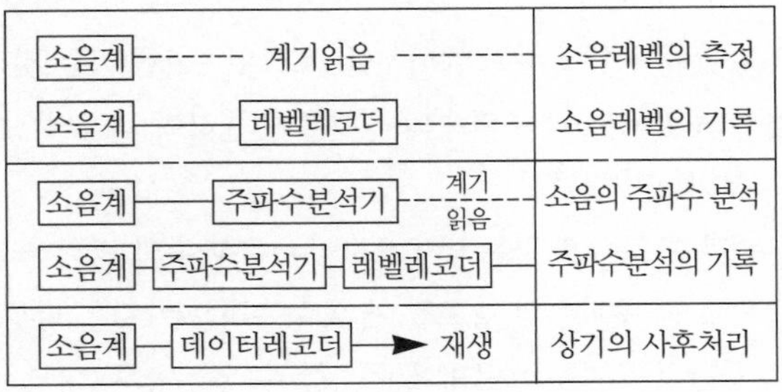

조합	목적
소음계 ------ 계기읽음 ------	소음레벨의 측정
소음계 — 레벨레코더 ------	소음레벨의 기록
소음계 — 주파수분석기 --- 계기읽음 ---	소음의 주파수 분석
소음계 — 주파수분석기 — 레벨레코더 —	주파수분석의 기록
소음계 — 데이터레코더 → 재생	상기의 사후처리

(나) 동특성(動特性)

레벨 레코더나 소음계의 지시계 등으로 음압 레벨을 출력할 때에 신호를 제곱(2승)한 후, 지수 평균 회로를 이용하여 어떤 시정수(時定數)로 평균한다. 이 시정수에는 빠른 특성인 동특성 FAST(時定數 ; 0.125 초)와 느린 특성인 SLOW(時定數 : slow)의 2 종류를 이용한다. 이 양자를 레벨 레코더에서 출력한 결과를 **그림 9.2.5**에 나타낸다. FAST가 예민한 파형을, SLOW가 이것을 원활하게 한 파형을 나타내고 있음을 알 수 있다. 철도 소음에 대한 환경 계량에서는 동특성 SLOW를 이용하고 있다.

(다) 측정

측정 점은 대상물이 있는 경우에는 당해개소에서, 표준적으로는 **그림 9.1.1**에 나타낸 측정 위치에서 측정하면 좋다. 다만, 측정 점은 건물 등의 반사 물에서 3.5 m 이상 떨어지고, 도로소음 등의 영향에 대하여는 10 dB(A) 이상 작은 곳을 선정하며, 그 차이가 10 dB(A) 미만인 경우는 **표 9.2.4**에 따라 보정할 필요가 있다. 즉, 측정하려고 하는 음과 암 소음과의 지시 차(S/N비 = 신호 대 잡음비)가 10 dB(A) 이상인 때는 암 소음의 영향을 고려하지 않아도 좋다. 그러나, 지시 차가 10 dB(A) 미만인 때는 암소음의 영향으로 인하여 지시치가 약간 크게 되므로 보정한다. 일본의 측정 대상 열차는 고속선로에 대하여 상하 열차를 연속적으로 20 열차 이상을 측정한다.

표 9.2.4 암 소음의 영향에 대한 지시 치의 보정

(dB)

대상의 음이 있을 때와 없을 때의 지시 치의 차이	3	4	5	6	7	8	9
보정 치	−3	−2		−1			

측정결과는 레벨 레코더로 출력한다. 이 때의 레벨 레코더의 동특성은 SLOW를 이용하고, 최대치(L_{Amax})를 읽어 당해 열차의 소음레벨로 한다. 다만, 환경 계량에 준거한 소음레벨이 아니고, 대책공의 효과 확인 등을 위한 측정인데다 레일 근방 소음과 같이 열차 통과 시에 소음의 변동이 큰 경우는 FAST가 이용된다.

(4) 주파수(周波數) 분석(分析)

철도 소음은 일반적으로 복잡한 파형을 하고 있으므로 대책 효과의 파악 등을 위해서는 주파수(周波數, frequency)를 분석하여 주파수마다의 특징을 자세히 알 필요가 있다. 주파수 특성을 파악하기 위해서는 파워 스펙트럼 밀도 등의 해석이 필요하게 되지만, 원리적으로 가장 간단한 분석 방법으로서 대역(帶域)통과(通過) 필터(filter)를 이용한 주파수 분석(frequency analysis)이 있다. 다시 설명하면, 인간 귀의 감도는 주파수에 따라 변하여 같은 음압의 음이라도 예를 들어 2,000 Hz의 음은 100 Hz의 음보다도 크게 들린다. 따라서, 어떠한 주파수에 주된 에너지를 갖고 있는가를 아는 것은 소음방지 대책 상에서 극히 중요하다. 그 때문에 소음에 포함되는 각 주파수의 성분을 선별하여 각각의 강도를 개개로 파악하는 작업이 필요하다. 이것을 주파수 분석이라 한다.

주파수 분석을 하는 방법으로서는 주파수의 범위가 가청 음에서도 20~20,000 Hz로 광범위하게 걸쳐 있으므로 각 주파수의 강도를 개개로 측정하는 것은 너무 번잡하다. 그래서 주파수를 적당한 간격으로 나누어 그 구간의 주파수의 음밖에 통과할 수 없는 장치(대역 필터)를 사용하여 각 구간 내에 포함되는 음압 레벨을

재어 분석하는 방법이 취해지고 있다. 이 각각의 구간을 주파수 대역의 폭이라고 한다. 일반적으로 잘 이용되고 있는 주파수 분석 방법에는 주파수를 옥타브(octave)마다 나타낸 옥타브 분석이나 1 옥타브를 더욱 1/3로 분할한 1/3 옥타브 분석이 있다(**표 9.2.5**).

표 9.2.5 각 옥타브 밴드 레벨에서 중심 주파수

옥타브 밴드		1/3 옥타브 밴드	
중심주파수(c/s)	대역의폭	중심주파수(c/s)	대역의 폭
1	0.7~1.4	0.8 1 1.25	0.9~1.12 1.12~1.4
2	1.4~2.8	1.6 2 2.5	1.4~1.8 1.8~2.24 2.24~2.8
4	2.8~5.6	3.15 4 5	2.8~3.55 3.55~4.5 4.5~5.6
8	5.6~11.2	6.3 8 10	5.6~7.1 7.1~9 9~11.2
16	11.2~22.4	12.5 16 20	11.2~14 14~18 18~22.4
31.5	22.4~45	25 31.5 40	22.4~28 28~33.5 33.5~45
63	45~90	50 63 80	45~56 56~71 71~90
125	90~180	100 125 160	90~112 112~140 140~180
250	180~355	200 250 315	180~224 224~280 280~355
500	355~710	400 500 630	355~450 450~560 560~710
1,000	710~1,400	800 1,000 1,250	710~900 900~1,120 1,120~1,400
2,000	1,400~2,800	1,600 2,000 2,500	1,400~1,800 1,800~2,240 2,240~2,800
4,000	2,800~5,600	3,150 4,000 5,000	2,800~3,550 3,550~4,500 4,500~5,600
8,000	5,600~11,200	6,300 8,000 10,000	5,600~7,100 7,100~9,000 9,000~11,200
16,000	11,200~22,400	12,500 16,000 20,000	11,200~14,000 14,000~18,000 18,000~22,400

옥타브 분석이란 음의 경우에 31.5 Hz에서 8,000 Hz의 사이를 9개의 대역으로 구분하여 각각의 주파수 대역의 음을 측정하는 것으로 소음의 주파수 분석에 가장 잘 이용되고 있다. 1/3 옥타브 분석은 옥타브 분석

을 더욱 상세히 분석할 필요가 있을 때에 1 옥타브를 더욱 분할하여 음압 레벨을 측정하는 방법이다. **그림 9.2.6**은 동일 음을 옥타브 분석한 결과와 1/3 옥타브 분석한 결과를 나타낸다. 비교적 평탄한 스펙트럼을 갖는 경우에 일반적으로 후자는 전자에 비하여 5 dB 정도 낮은 값으로 된다.

통상의 주파수 분석은 데이터 레코더 등에 수록된 데이터를 이용하여 **그림 9.2.7**에 나타낸 것처럼 분석기와 레벨 레코더를 이용하여 1회마다 중심 주파수를 전환시키면서 분석한다.

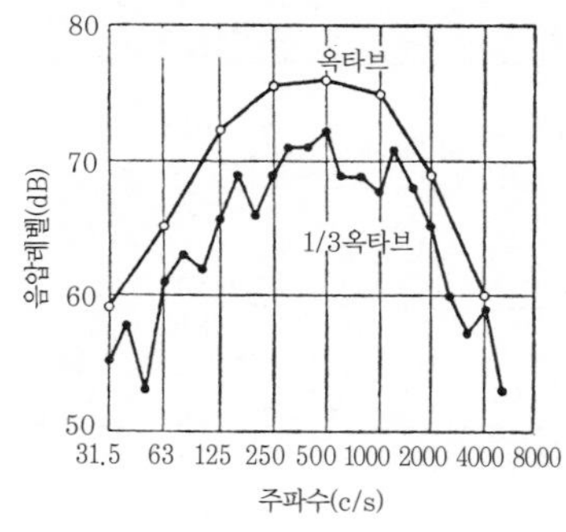

그림 9.2.6 동일 음의 옥타브 결과와 1/3 옥타브 결과

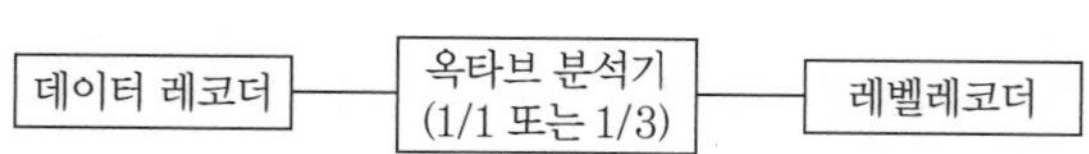

그림 9.2.7 주파수 분석 블록도

(5) 소음레벨의 평가

(가) 피크 레벨(peak level)

대상의 소음을 측정한 경우의 최고 값을 말한다. 일본의 고속선로 소음 평가의 경우에 이용된다.

(나) 중앙값(中央値)

어떤 소음레벨보다 높은 레벨의 시간과 낮은 레벨의 시간이 같을 만큼 있는 것을 나타내는 값을 말한다. 자동차 소음 등의 경우에 이용된다.

(다) WECPNL(weighted equivalent continuous perceived noise level)

항공기 소음의 평가 단위로서 사용되고 있는 것이며, 음의 주파수, 음질, 지속 시간, 더욱이 1일 또는 비행 시간을 고려하여 보정한 소음평가 단위를 WECPNL로 표시하고 있다. 1일 비행횟수 100~200 회 정도에 대하여 WECPNL 85는 피크 레벨로 90 dB(A)에 상당한다.

(라) 등가(等價) 소음레벨(equivalent sound noise, 약호 Leq)

교통 소음을 정량적으로 비교하기 위하여 I.S.O에서 등가 소음레벨을 평가 척도로 하는 방법이 제안되어 가맹 각국으로부터 의견을 들은 후에 규격화되었다. 이 고려 방법은 충격성 음(impact noise)의 시끄럽기 정도가 그 지속 시간중의 음 강도의 총 에너지에 의하여 결정된다고 하는 등(等)음향 에너지 법칙이 거의 성립하는 것을 기초로 하고 있다.

등가 소음레벨이란 소음레벨이 시간과 함께 변화하는 경우에 측정 시간 내에 이것과 같은 평균 제곱(2승) 음압을 주는 연속 정상 음의 소음레벨을 말한다. 등가 소음레벨 L_{eq}는 관측 시간을 T, 소음레벨의 시간 변화를 $L(t)$로 하면, 다음 식으로 정의된다.

$$L_{eq} = 10 \log_{10} \frac{1}{T} \int_0^T 10^{\frac{L(t)}{10}} dt$$

또한, 일정 시간간격의 샘플링으로 얻어진 충분한 개수의 측정치에서 구하는 경우는 실측시간 전체에 대하여 일정 시간간격 Δt마다의 소음레벨 측정치 L_{Ai} (i = 1~n)에서 다음의 식을 이용하여 등가 소음레벨 $L_{Aeq.T}$를 산출한다. 또한, 단순히 L_{Aeq}로 표현하는 경우도 있다.

$$L_{Aeq.T} = 10 \log_{10} \left(\frac{1}{n} \sum_{i=1}^{n} 10^{L_{Ai}/10} \right)$$

여기서, L_{Ai}는 각각의 측정치, n은 개수이다.

우리나라 철도는 등가소음레벨로 소음의 한도를 정하여 관리하고 있다(후술의 **표 9.3.2~9.3.3** 참조).

(마) 단발(單發)소음 폭로(暴露)레벨

단순소음 폭로레벨은 단발적으로 발생하는 소음의 1회 발생마다의 A특성으로 정한 에너지와 같은 에너지를 가진 지속 시간 1초의 소음레벨이며, 다음의 식으로 계산된다.

$$L_{AE} = 10 \log_{10} \left(\frac{\Delta t}{T_o} \sum_{i=1}^{n} 10^{L_{Ai}/10} \right)$$

여기서, Δt : 소음레벨의 샘플링 간격, T_o : 기준 시간 (1초), L_{AE} : i 회째의 소음레벨

(바) 고속선로에 대한 평가

일본의 고속선로 소음의 평가는 연속 20 편성을 측정한 열차 중에서 큰 소음레벨의 10 개를 골라 파워 평균을 한다. 파워 평균의 방법은 다음의 식과 같다.

$$\overline{L_{Amax}} = 10 \log_{10} \left(\frac{1}{10} \sum_{i=1}^{10} 10^{L_{Amaxi}/10} \right)$$

여기서, L_{Amaxi} : 측정열차의 소음레벨 (i = 1~10)

9.2.2 진동의 기초 지식과 측정 · 평가

(1) 진동(振動, vibration)

진동이란 **그림 9.2.8**의 모식도(模式圖)에 나타낸 것처럼 구조물이나 지반 등이 동적인 외력의 영향을 받아 운동적인 평형 위치에서 시간의 경과와 함께 반복하여 위치가 변하는 운동 현상을 말한다. 진동에서 가장 단순한 것은 시간의 경과와 함께 동일한 형상이 반복되는 것이다. 그러나, 일반의 진동에서는 이 반복 간격이 반드시 항상 일정한 시간간격이 아니고, 또한 동일한 형상이라고 하여도 아주 같은 상태가 반복되는 것도 아니다. 이 일정한 시간간격으로 동일한 형상이 반복되는 진동을 정상(定常) 진동이라 하고, 이와 같지 않은 것을 비정상(非定常) 진동이라 한다. 일정한 회전수로 회전하는 기계로 인한 진동은 정상 진동이다.

지진으로 인한 진동은 비정상 진동이다. 공해 진동이라 불려지는 진동에는 정상 진동의 것도 있지만, 비정상 진동의 것도 많다. **그림 9.2.9**에 이들 형상의 예를 나타낸다.

진동현상을 나타내는 물리량을 진동량이라 하며, 전술한 변위 외에 속도나 가속도가 이용된다.

공해 진동의 주파수에 대한 정의(定義) 역(域)은 1~80 Hz로 되며, 사람은 연직 진동에 대하여 4~8 Hz

의 주파수에 민감하다고 한다. 또한, 진동도 소음과 같은 모양으로 사람의 주관에 좌우되며, 획일적인 판단을 받아들이기 어려운 측면이 있지만, 통일된 기준으로서 체감 보정으로 되는 주파수 보정 회로를 곱한 진동 레벨(vibration level)이 정의되고 있다.

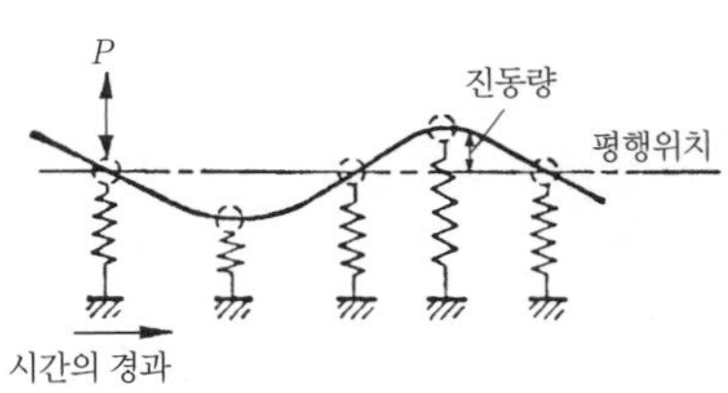

그림 9.2.8 진동의 모식도

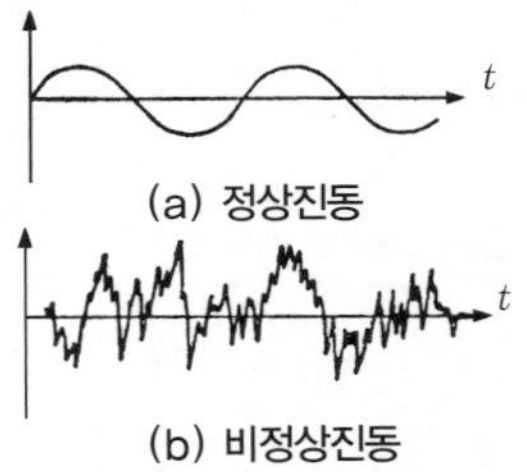

그림 9.2.9 정상 진동과 비정상 진동

(2) 지반 진동(地盤 振動, ground (-borne) vibration)

지반진동은 문자와 같은 의미를 갖는 특정한 정의는 아니지만, 일반적으로 다음과 같은 관점에서 취하고 있다. 철도, 도로 등의 교통이나 공사의 충격, 공장기계의 진동 등으로 인하여 지반이 진동하여 주변의 주거 등에 영향을 주는 일이 있다. 이들의 진동은 환경 문제의 견해에서 총칭하여 지반진동이라 불려지고 있다. 또한, 예전부터 지진 시 지반의 거동에 대한 해명이나 대책의 검토도 계속되고 있으며, 이것도 지반진동이라 칭하고 있다.

지반은 입자, 지층, 구조물 등이 연속하여 구성되는 복잡한 구조이다. 이 때문에 단체(單體)나 기계계의 진동보다도 파악이 어려우며, 이러한 면에서도 지반진동으로서 구별되고 있다.

(3) 진동에 관한 용어 상식

(가) 변위(變位) 진폭(振幅)

그림 9.2.10과 같은 진동의 a지점에서 점 β는 $\pm X$간을 상하로 움직이고 있지만, 이 X를 변위 진폭이라고 하며, x를 변위라고 한다. 점 β에서의 시간적 변화를 사인 변화로 하면 **그림 9.2.11**과 같이 되며, 변위 x는 다음과 같이 나타내어진다.

$$x = X \sin \omega t \qquad (9.2.1)$$

여기서, X : 변위 진폭 (cm), ω : 각(角)진동수 (주파수), $1/T$ (Hz), T : 주기 (s)

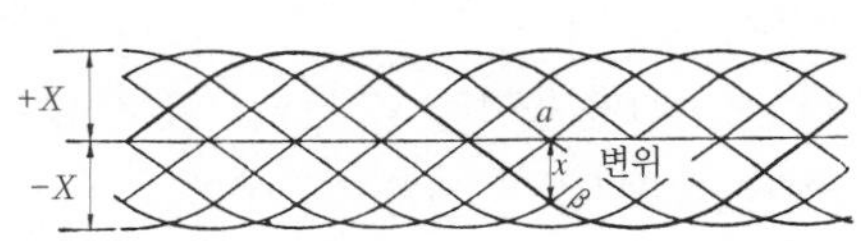

그림 9.2.10 변위와 진폭

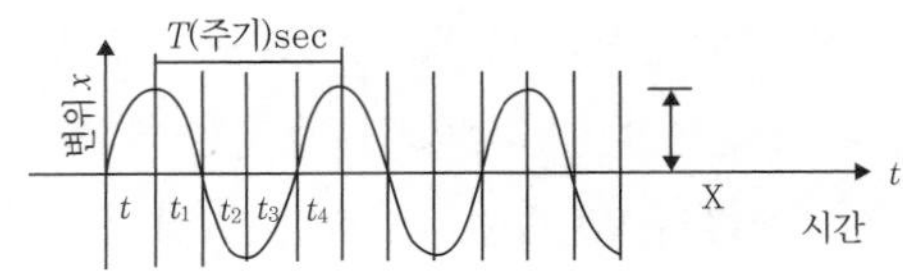

그림 9.2.11 변위 파형

(나) 진동수 (주파수)

진동수 (주파수)는 헬츠(Hz), 매 초당 사이클(c/s)의 단위로 나타내며, 1초간에 반복되는 주기의 수를 말한다. 진동수와 주파수는 동의어이다.

(다) 속도 진폭

진동의 변위 x 는 예를 들어 **그림 9.2.11**과 같이 시간과 함께 시시각각으로 변화하지만, 변위의 시간에 대한 비율을 진동 속도(振動速度)라고 하며, 단위는 cm/s로 나타낸다. 어떤 물체가 t초 후에 x 의 위치까지 일정 속도로 이동한 경우의 속도 V 는

$$V = x / t \tag{9.2.2}$$

로 나타낸다. 그러나 **그림 9.2.11**의 사인적 변위 파형에 대한 진동 속도는 (9.2.1) 식을 미분하여

$$v = \frac{dx}{dt} = \frac{d(X \sin \omega t)}{dt} = \omega X \cos \omega t \tag{9.2.3}$$

으로 되며, 속도의 파형은 **그림 9.2.12**와 같이 된다. 이 때의 최대치, 즉 속도 진폭 V는 다음과 같다.

$$V = \omega X = 2\pi f X \tag{9.2.4}$$

여기서, $\omega = 2\pi f$, ω : 각주파수 (rad/s), f : 진동수 (c/s)

(라) 가속도(加速度) 진폭

진동 속도가 시간과 함께 변화할 때에 진동 속도의 시간적 변화의 율을 진동 가속도라고 하며, 단위는 cm/s^{2}로 나타낸다. 속도 파형이 **그림 9.2.12**와 같이 사인적으로 변화하는 경우의 가속도는 (9.2.3) 식을 미분하여

$$\alpha = \frac{dv}{dt} = \frac{d(\omega X \cos \omega t)}{dt} = -\omega^2 X \sin \omega t \tag{9.2.5}$$

로 되고, 가속도 파형은 **그림 9.2.13**과 같이 되며, 이 때의 최대치, 즉 가속도 진폭 A는

$$A = \omega^2 X = (2\pi f)^2 X \tag{9.2.6}$$

로 된다.

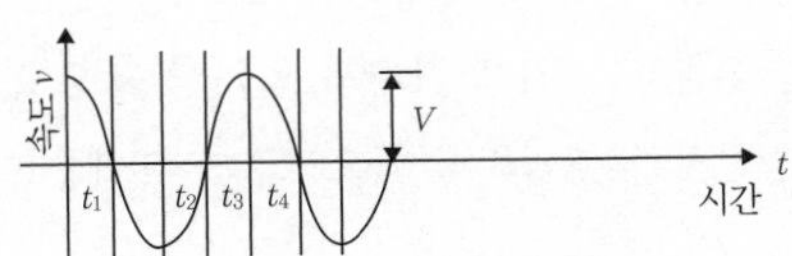

그림 9.2.12 속도 파형

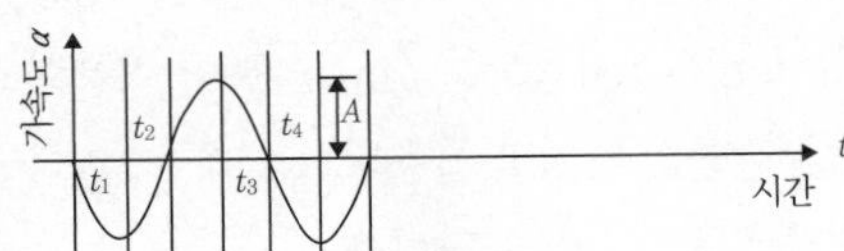

그림 9.2.13 가속도 파형

(마) 실효값(實效値)

지금까지 변위 진폭, 속도 진폭과 같이 진폭이라고 하는 값은 피크 값이다. 종래 일반적으로는 진동량을 피크 값으로 계측하여 왔지만, 최근에는 실효값을 사용하는 일이 많게 되었다. 실효값(root mean square)이란 파형 상의 시시각각으로 변화하는 값 α_t를 제곱(2승)하여 평균한 것의 제곱근(평방 근)이며 주기를 T,

시간을 t로 할 때 실효값 α_t는

$$\alpha=\sqrt{\frac{1}{T}\int_{o}^{T}\alpha_{t}^{2}\,dt} \qquad (9.2.7)$$

로 나타내어지는 값이다. 사인 진동에서는 진폭(최대 편진폭 치)을 A로 할 때 실효값은

$$\alpha= \frac{A}{\sqrt{2}} = 0.707A$$

로 된다.

그림 9.2.14와 같은 사인 진동의 크기를 나타내기 위해서는 다음과 같은 표시를 한다.

피크 값(peak) = A (최대 편진폭 치)

실효값(r. m. s) = 0.707 A

P-P값(peak to peak) = 2 A {일반적으로는 진동 그림에서 연속하는 볼록부(A_1)와 오목부(A_2)의 진폭 치의 합 $A_1 + A_2$}

이들의 관계는 변위, 속도, 가속도의 어느 것에 대하여도 같은 모양이다.

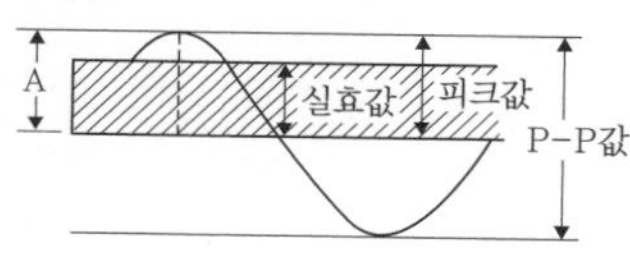

그림 9.2.14 사인파 진동의 크기

표 9.2.6 진동량의 단위

종별	기본 단위	실용 단위
변위	cm	mm (=1/10 cm) (미크론=1/1,000 mm)
속도	cm/s	mm/s (=1/10 cm/s) kine(카인=1 cm/s)
가속도	cm/s^2	gal(갈=1 cm/s^2≒1/1,000g) g(지=980 cm/s^2≒1,000gal)

(바) 진동량의 단위

진동의 강도, 크기는 변위(變位), 속도(速度), 가속도(加速度)로 표현하고 있으며, 그 단위로서 변위는 cm, 속도는 cm/s, 가속도는 cm/s^2 등이 이용되고 있지만, 취급하는 진동의 크기에 따라서 편의상 **표 9.2.6**에 나타낸 각종의 단위도 사용되고 있다. 그러나 국제규격(SI)에서는 전자를 채택하고 있으므로 향후에는 이 단위를 사용하는 것이 권장된다.

(사) 진동가속도 레벨(acceleration level, 단위 dB)

진동의 크기를 나타내는 cm, cm/m, cm/s^{2}라고 하는 단위는 직선 척도로서는 알기 쉽지만, 실제로는 이해하기 어려운 점도 있다. 또한, 인간의 감각에 관계하는 량은 그 량이 2배로 되어도 인간 감각의 정도가 2배로 된다고 하는 뜻은 아니다. 그래서, 진동의 크기와 인간 체감의 관계를 대응시키기 위하여 소음과 같이 대수(對數) 척도인 dB(데시벨)로 나타내는 것이 고려된다. 공해 진동에서도 지진시의 지반 진동이 주파수가 낮은 등의 점에서 진동 속도로 다루어 왔던 경위도 있으며, 최초는 피크 치로 규제하는 고려 방법이 널리 채용되어 왔지만, 최근에는 dB이 채용되고 있다. 즉, 공해진동에 관하여는 음압레벨과 같은 모양으로 진동가

속도 레벨을 이용하고 있다. 이것은 진동가속도의 실효치를 기준의 진동가속도로 나눈 값의 상용대수의 20배, 단위는 데시벨, 단위기호는 dB로 정의되고 있다. 이 단위는 소음레벨 등과 혼동되기 쉬우므로 예를 들어 "진동가속도 레벨 70 dB" 등과 같이 표현하는 쪽이 좋다고 생각된다.

진동가속도 레벨은 다음 식으로 정의된다.

$$L = 20 \log_{10} \frac{A}{A_o} \quad \text{(dB)} \qquad (9.2.8)$$

여기서, A : 측정치의 진동가속도 실효값 (m/s^2), A_o : 기준 진동가속도 ($10^{-5}\ m/s^2$)

이 외에 속도, 변위에 대하여도 (9.2.8) 식과 같은 모양의 표시법이 있으며, 속도에 대하여는 $20 \log_{10} V/V_o$ ($V_o = 10^{-6}$ kine), 변위에 대하여는 $20 \log_{10} d/d_o$ ($d_o = 10^{-11}$ m)이다.

진동가속도 레벨은 대수 표시이므로 가속도가 이전의 2 배로 되어도 진동가속도 레벨은 2 배로 되지 않고 $20 \log_{10} 2 \fallingdotseq 6$ dB만큼 증가하게 된다. **표 9.2.7**은 가속도의 배율과 가속도의 증감 관계를 나타낸 것이다.

표 9.2.7 가속도의 배율과 가속도레벨의 관계

가속도의 배율	가속도레벨의 차 (dB)	가속도의 배율	가속도레벨의 차 (dB)	가속도의 배율	가속도레벨의 차 (dB)
1/100	−40	1.12	1	4	12
1/10	−20	1.26	2	8	18.1
1/4	−12	1.41	3	10	20
1/2	−6	1.58	4	16	24.1
0.71	−3	1.78	5	32	30.1
0.79	−2	2	6	64	36.1
0.89	−1	3.16	10	100	40
1	0				

(아) 진동레벨(vibration level)

(9.2.8) 식으로 정의되는 가속도레벨은 인체 감각 등과 관계없는 물리량의 표시이지만, 진동이 인체 혹은 건물 등에 미치는 영향은 진폭과 진동수에 의존하며, 또한 연직 진동은 수평 진동과는 느낌이 다른 점이 알려지고 있다. 즉, 인간은 3 Hz 부근까지는 수평 진동의 쪽이 느끼기 쉽지만, 3 Hz 이상에서는 연직 진동을 느끼게 된다. 그리고, 상하 방향에서는 4~8 Hz의 진동을 가장 느끼기 쉽고, 8 Hz 이상에서는 진동수가 높을수록 느끼지 않게 된다. 그래서, ISO(국제표준화 기구)에서 정한 인체의 진동에 대한 진동 폭로(暴露) 기준에 기초하여 소음의 A특성 주파수보정과 마찬가지로 전술의 가속도레벨에다 주파수에 따른 인간의 진동감각의 보정(補正)을 가한 것이 진동레벨(보정 가속도레벨)이다. 따라서, 수식적으로는 예를 들어 연직 방향의 진동레벨은 (9.2.8) 식의 A_o를 다음과 같이 주파수별로 보정한 것으로 된다.

$$\begin{aligned} &1 \leqq f \leqq 4 && A_o = 2 \times 10^{-5} f^{-1/2} && m/s^2 \\ &4 \leqq f \leqq 8 && A_o = 10^{-5} && m/s^2 \\ &8 \leqq f \leqq 90 && A_o = 0.125 \times 10^{-5} f && m/s^2 \end{aligned} \qquad (9.2.9)$$

공해 진동계로 계측되는 진동가속도 레벨은 이 진동레벨의 것이다. 진동레벨의 단위 dB도 소음레벨 등과 혼동을 하기 쉬우므로 예를 들어 "진동 레벨 70 dB" 등과 같이 표현하는 쪽이 좋다고 생각된다. 이것은 **그림 9.2.15**, **표 9.2.8**과 같이 연직과 수평 2 방향의 보정 특성을 정의하고 있다. 철도차량의 진동레벨은 일반적으로 연직 방향이 크고, 수평방향은 이에 비하여 작으므로 연직 방향의 진동레벨을 측정하면 좋다고 한다.

또한, 진동속도의 피크 치와 진동레벨의 사이에는 진동수 8 Hz 이상에 대하여 이론적으로 다음의 관계식이 성립한다.

$$Y = 20 \log_{10} V + 71 \tag{9.2.10}$$

여기서, V(mm/s)는 진동 속도의 피크치, Y(dB)는 진동레벨이다. 이 관계는 각종의 조사에서도 거의 확인되고 있다.

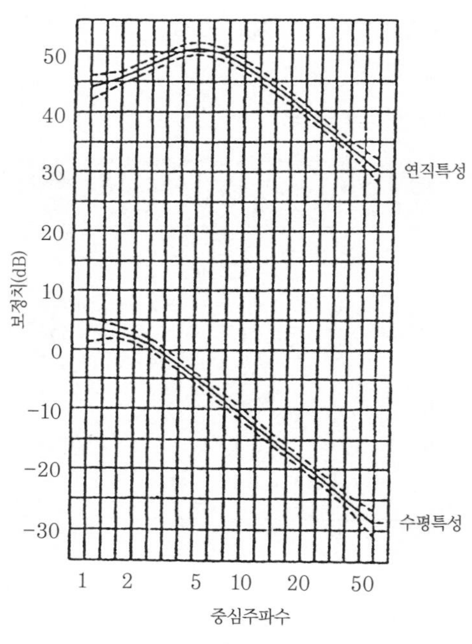

그림 9.2.15 공해 진동의 주파수 보정 회로

표 9.2.8 진동회로 보정 치(단위 ; dB)

1/3 옥타브 중심 주파수	기준 응답	
	연직 특성	수평 특성
1	−5.0	3.3
1.25	−5.2	3.2
1.6	−4.3	2.9
2	−3.2	2.1
2.5	−2.0	0.9
3.15	−0.8	−0.8
4	0.1	−2.8
5	0.5	−4.8
6.3	0.2	−6.8
8	−0.9	−8.9
10	−2.4	−10.9
12.5	−4.2	−13.0
16	−6.1	−15.0
20	−8.0	−17.0
25	−10.0	−19.0
31.5	−12.0	−21.0
40	−14.0	−23.0
50	−16.0	−25.0
63	−18.0	−27.0
80	−20.0	−29.0

(자) 진동레벨의 합, 평균

소음의 경우와 같은 방법으로 계산되지만, 소음에서는 음압 레벨을 이용하여 계산함에 비하여 진동에서는 진동가속도 레벨로 계산한다.

(4) 진동의 측정 방법

진동을 측정할 때는 무엇을 무슨 목적으로 측정하는가, 그를 위해서는 어떤 방법으로 어떤 항목을 측정하면 좋은가를 사전에 검토할 필요가 있다. 예를 들어, 고가교 부재 등의 진동을 측정하는 경우와 공해 진동을 측정하는 경우에는 측정계기, 측정항목, 측정내용 등이 다르기 때문이다. 여기서는 주로 공해 진동의 측정에 대하여 기술한다.

(가) 진동계(振動計, vibration level meter)

1) 일반의 진동계

구조물 부재 등의 진동측정 시스템은 **그림 9.2.16**과 같은 구성으로 되어 있다. 즉, 감지한 진동을 픽업(pick-up, **그림 9.2.17**)으로 전기 신호로 변환한 후에 증폭기(增幅器)로 이 미소한 전기 신호를 증폭하고 이것을 기록하여 필요에 따라 해석기(解析器)로 기록 파형을 처리 해석한다. 이 픽업과 증폭기를 조합한 것이 일반적으로 진동계로 불려지고 있다. 픽업은 진동을 검출하는 장치이며, 출력의 종류에 따라 ① 가속도 픽업, ② 속도 픽업, ③ 변위 픽업이 있다. 기록기(記錄器)란 진동계로부터의 전기 신호를 기록하는 장치이며, 기록지에 파형을 나타내는 펜 오실로 그래프, 전자 오실로 그래프 및 파형을 직접 자기 테이프에 기록하는 데이터 레코더 등이 잘 사용된다.

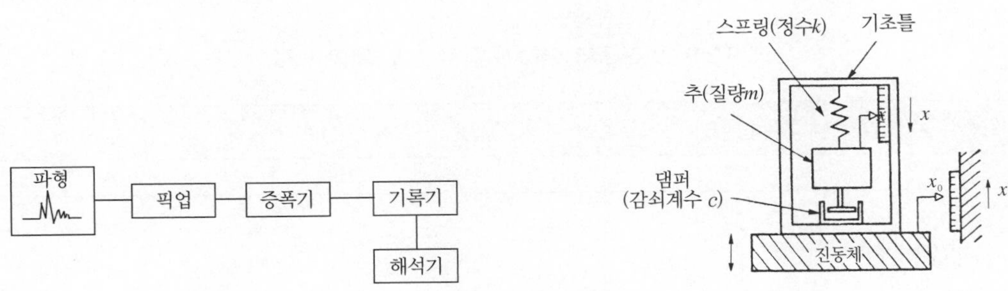

그림 9.2.16 진동의 측정시스템(系)

그림 9.2.17 픽업의 원리

2) 진동 레벨계

공해나 환경 등을 대상으로 하는 경우에는 진동 레벨계를 이용하고 있다. 진동레벨계란 공해 진동을 주로 하여 인체 감각의 관점에서 평가하기 때문에 진동감각 보정 회로를 가진 측정기이다. 진동 레벨계의 구성은 **그림 9.2.18**에 나타낸 예와 같다.

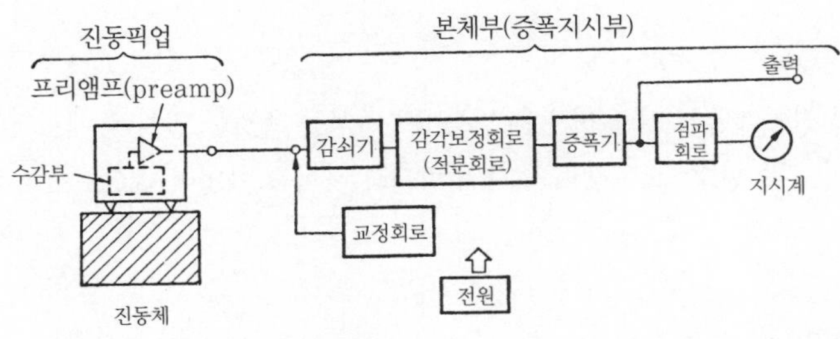

그림 9.2.18 진동 레벨계의 구성

진동레벨은 진동 레벨계에서 직접 읽는 경우도 있지만, 일반적으로는 고속도 레벨 레코더를 접속하여 현장에서 직접 기록하고 레벨을 읽는다. 또한, 데이터를 후일까지 남길 필요가 있을 때는 데이터 레코더에 원파형을 기록하고, 고속도 레벨 레코더를 이용하여 데이터를 읽는 일이 있다.

(나) 진동 레벨계의 동 특성(動特性)

진동 레벨계의 동 특성으로서는 보통의 경우에 인간의 감각 응답에 합치한 특성, 즉 완(緩)특성(slow) *VL*(時定數 ; 0.6 초)로 측정한다.

(다) 암(暗)진동에 대한 보정

어떤 특정한 진동을 대상으로 하는 경우에 대상으로 하는 진동 이외의 진동을 암 진동이라고 하며, 암 진동에 대한 보정은 소음에서의 암소음 보정과 같은 모양으로 보정할 수가 있다. 즉, 대상의 진동이 있을 때의 레벨이 암 소음만 있을 때보다 10 dB 이상 높으면, 그 지시치를 대상의 진동의 레벨로 할 수 있지만, 차이가 10 dB 미만일 때는 **표 9.2.9**에 따라 보정을 한다.

표 9.2.9 암 진동의 영향에 대한 지시 치의 보정

(dB)

대상의 진동이 있을 때와 없을 때의 지시 치의 차이	3	4	5	6	7	8	9
보정 치	−3	−2		−1			

(라) 측정(測定)

철도 공해 진동의 진동레벨 측정은 이하와 같은 측정 방법에 주의할 필요가 있다. 공해 진동은 주파수가 1 ~80 Hz 사이로 정의되어 있으며, 측정에는 진동 레벨계를 이용한다. 측정 점은 대상물이 있는 경우에는 당해 개소에서, 표준적으로는 **그림 9.1.1**에 나타낸 측정 위치에서 측정하면 좋다. 다만, 측정 점은 지반의 조건에 좌우되지 않도록 아스팔트 포장 등, 강고한 표면에 설치할 필요가 있다. 측정 대상 열차는 일본 고속선로의 경우에 상하 열차를 연속적으로 20 편성 이상을 측정한다.

측정결과는 레벨 레코더로 출력한다. 이 때의 레벨 레코더의 동 특성은 *VL*을 이용하고, 최대치를 읽어 당해 열차의 진동레벨로 한다. 다만, 환경 계량(計量)에 준거한 진동레벨이 아니고, 대책공의 효과 확인 등을 위한 측정으로 선로 바로 근처에서의 측정 시에 레벨 변동이 큰 경우의 동 특성은 FAST를 이용한 쪽이 좋은 경우도 있다.

(마) 평가(評價)

일본의 고속선로에서 진동레벨의 산출 방법은 연속 20 편성을 측정한 열차 중에서 진동레벨이 큰 상위 10 편성을 골라 단순 산술평균을 한다. 소음레벨의 파워 평균과는 산출 방법이 다르므로 주의할 필요가 있다.

(5) 주파수 분석(frequency analysis)

실제의 공해 진동은 여러 가지 주파수(周波數) 성분(成分)을 포함하고 있는 경우가 많다. 이 파형을 주파수 분석(分析)하면 탁월(卓越)하는 주파수 성분이나 주파수 구성을 알 수가 있다. 공해 진동이 주파수 분석에서도 소음의 분석과 마찬가지로 1/3 옥타브 분석기 등을 이용하여 주파수 분석을 한다. 다만, 주파수 영역은

1/3 옥타브 분석 밴드의 중심 주파수에서 1~80 Hz 사이의 문제로 되는 큰 레벨이 생기는 주파수를 중심으로 분석한다.

한편, 옥타브 분석은 1/3 옥타브 분석보다 분석의 세밀도가 거칠게 되지만, 주파수 성분의 구성을 빨리 알고 싶을 경우에 편리하다. 중심 주파수와 대역폭의 관계는 소음의 경우와 같지만(**표 9.2.5** 참조), 소음에 비하여 1 Hz 부근에서 수 백 Hz까지의 저주파 영역이 사용된다. 한편, 열차통과 시에 진동레벨의 변동이 거의 보여지지 않고, 정상적인 진동으로 간주되는 경우에는 리얼타임 아날라이저 등으로 파워 스펙트럼 밀도 해석을 하는 경우도 있다.

(6) 진동레벨의 결정 방법

① 측정치가 변동하지 않든지 또는 변동이 작은 경우는 그 지시치를 진동레벨로 한다.

② 측정치가 주기적 또는 간헐적으로 변동하는 경우는 그 변동마다의 지시 치의 최대치 10 개의 산술 평균치를 진동레벨로 한다.

③ 측정치가 불규칙하고 게다가 대폭으로 변동하는 경우에는 원칙으로서 5 초 간격으로 100 회의 순간 치를 측정하여 그 변동폭의 80 % 범위의 상단의 수치를 진동레벨로 한다. 여기서 80 % 범위의 상단 치란 누적 빈도수 곡선의 90 % 점의 레벨을 구함에 따라 얻어진다.

9.3 철도 소음 · 진동의 실태와 특징

9.3.1 소음 · 진동 경감대책을 위한 현상의 파악

(1) 소음 · 진동 크기의 측정

소음 · 진동의 방지 기술이란 소음 · 진동의 레벨을 어느 목표치 이하로 억제하는 기술이기 때문에 소음 · 현실의 진동 크기를 올바르게 파악하는 것이 연구의 제1 보(步)로 된다.

이를 위하여 열차 종류별, 선로 구조별, 열차통과 선로별, 선로로부터 거리별, 건물의 내외별로, 게다가 소음에 대하여는 열차에 대한 높이별로, 진동에 대하여는 선로 혹은 궤도구조의 개소별로 각각 올바르게 측정할 필요가 있다.

(2) 소음 · 진동 특성의 파악

소음 · 진동에 대해 유효한 방지대책을 꾀하기 위해서는 철도 소음 · 진동이 갖고 있는 특성을 알아야 한다.

이를 위하여 그 레벨 분포로부터 지향성을 추정함과 동시에 지속 시간이나 일어나는 속도와 관련 요인과의 관계를 검토하고 주파수 분석으로 그 파워 스펙트럼 특성을 파악하여야만 한다. 또한, 소음의 경우에는 선로로부터의 거리에 따른 거리 감쇠의 실태 조사와 그 해석이, 진동의 경우에는 차량으로부터 구조물, 기초, 지반, 건물로의 전달의 실태 조사와 그 해석이 절대적으로 필요하다. 또한, 열차 속도, 차량 상태, 선로 상태 등의 변동 요인이 소음 · 진동에 미치는 영향, 특히 진동의 경우는 구조물이나 기초의 형식 또는 지반의 상황 등, 선로의 구조에 따른 영향에 대하여 올바른 식견을 얻는 것이 중요하다.

(3) 음원 · 진원의 추적

구체적인 소음 · 진동 대책(countermeasure)은 말할 것도 없이 그 본원을 없애는 것이다. 현실적으로 그것이 불가능하여도, 적어도 음원 · 진원에 가까운 개소에서의 대책이 먼 개소에서의 대책보다 유효하고 게다가 경제적인 것은 분명하다. 따라서, 철도 소음 · 진동의 경우도 음원(音源) · 진원(振源) 및 그 기여도(寄與度)의 파악이 기술개발의 중요한 테마이다.

소음의 경우에 다음의 방법으로 검토할 필요가 있다.

(가) 소음 측정에 따른 방법

① 공간적인 다수의 측점에 대한 소음레벨 값으로부터 등음(等音) 레벨선도(線圖)를 작성하고 이것에서 음원 위치 · 분포를 추정한다.

② 연직 방향과 선로직각 수평방향의 각부에서의 소음 음압을 집계하고, 음압의 방향에서 벡터 해석으로 음원의 위치나 분포를 추정한다(intensity법).

③ 음원에 가까운 많은 위치에서 음압을 측정하고, 그 차이에서 음원의 상황을 추정한다(복수 마이크로폰법).

이 외에 방음 대책 실시 전후의 소음 레벨 측정치에서 음원을 추정할 수도 있다.

(나) 진동 측정에 따른 방법

소음은 발진 체에서 발생한다고 생각되므로 차량 · 궤도 · 구조물 각부의 진동 치에서 방사(放射, radiation) 파워(power)를 계산하여 각부의 음원으로서의 기여를 추정한다(진동 에너지법).

(다) 모형(模型)에 따른 방법

차륜과 레일륜(rail 輪)으로 구성되는 소음발생 시험장치 등으로 차륜과 레일의 형상 · 재질 · 답면 상태, 차륜 · 레일간의 개재물 혹은 차륜 · 차축 지지계 등의 조건을 변동시켜 측정한 소음 데이터에서 음원에 관한 정보를 얻는다.

진동의 경우도 각부의 진동 측정 혹은 모형을 이용한 방법을 취하는 것으로 되지만, 그 전파 과정의 증폭이 있으므로, 특히 전파 경로의 지반 구성에 관한 검토가 필요하다.

9.3.2 철도 소음의 실태와 특징

열차 주행에 따라 발생하는 소음은 여러 가지 부위의 기여에 기인한 것이며, 레일과 차륜의 접촉부를 중심으로 차량의 주행부와 기타의 차체 부분, 레일과 기타의 궤도 부재 등에 따른 상부(上部) 소음과 상부로부터의 진동 전달에 따라 고가교 등의 구조물에 발생하는 하부(下部) 소음으로 나뉘어진다. 이하에서는 일본의 고속선로를 중심으로 설명한다.

(1) 소음의 분포와 음원

고속선로에 많은 구조물인 고가교 구간의 소음레벨 분포의 예는 **그림 9.3.1**과 같다. 그림에서 보는 것처럼 레일과 차륜의 접촉부 부근의 소음이 가장 크고, 가선과 팬터그래프의 접촉부 부근의 소음(摺動音, 스파크음 등), 차체 요철과 공기의 접촉부 부근의 소음(차체지붕 연결부 부근의 空力音), 구조물 외주부 부근의 소음(고가교 방음벽(soundproof wall, noise barrier) 등의 진동으로 인한 2차음) 등이 그 다음으로 크다.

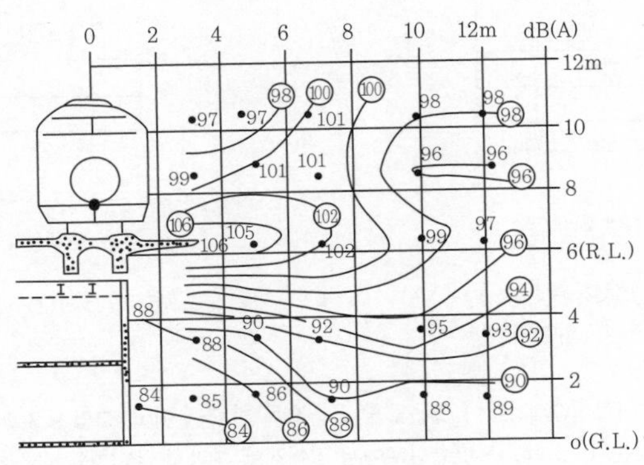

그림 9.3.1 고가교 부근의 소음레벨 분포

(2) 소음의 특성

지상 측의 레일 근방에서 측정한 레일 · 차륜 소음의 스펙트럼은 250 Hz에서 4,000 Hz까지의 주파수 영역 성분이 거의 고르게 포함되며, 특히 탁월(卓越)한 주파수 성분이 없는 랜덤 노이즈(random noise)적인 성격을 나타내고 있다. 이것은 고속선로에서 열차주행 음의 음원이 극히 많은 부분에서 성립되어 있기 때문이라고 보여지지만, A 특성으로 보정한 경우에 1,000~2,000 Hz가 지배적(支配的)인 음역 대(音域帶)로 되어 있다(**그림 9.3.2**).

소음의 지속시간은 열차의 통과 시간과 거의 같다. 따라서, 열차속도 200 km/h에서 16량 편성(열차길이 400 m)의 경우에는 약 7 초이다. 레벨 변화의 표준적인 예는 **그림 9.3.3**에 나타낸 대로이며, 거의 평탄한 피크 레벨을 나타내는 점에 특징이 있다.

다만, 이것은 동 특성(SLOW)으로 측정한 것이며, 엄밀하게는 차륜이 측점(測點) 전(前)을 통과할 때에 극대치를, 차체 중앙(전 대차와 후 대차의 중간)이 측점 전을 통과할 때에 극소치로 된다.

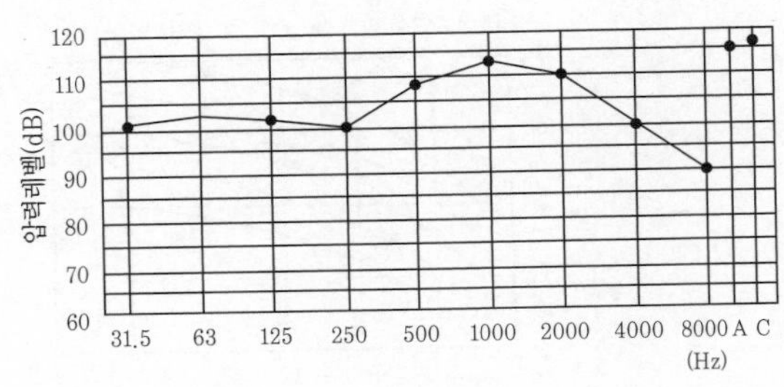

그림 9.3.2 레일 근방 소음의 스펙트럼
(슬래브궤도)

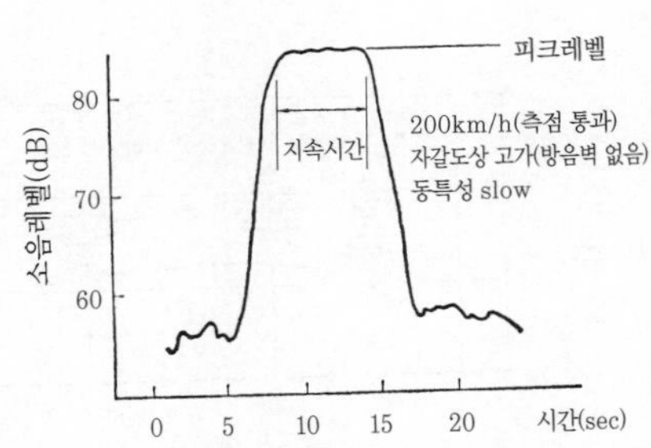

그림 9.3.3 소음레벨의 변화
(25 m 지점 측정 예)

(3) 소음의 거리 감쇠

소음레벨(극대치, 극소치)과 거리의 관계에 대한 계산 치와 실측치를 비교한 것이 **그림 9.3.4**이다.

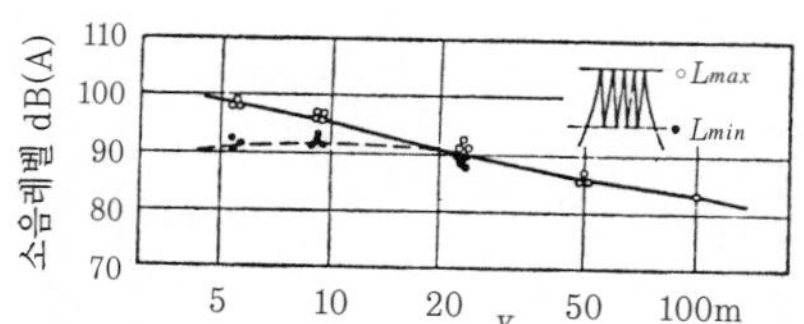

°• 실측, --- 계산, 12량(300m)
* 이중음원모델 y=25m에서 90dB(A)에 일치한다.

그림 9.3.4(a) 거리감쇠의 경향(1)
(고가구간, 레일레벨)

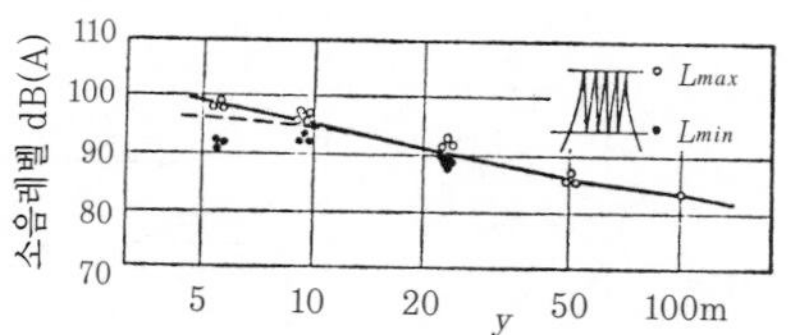

°• 실측, --- 계산, 12량(300m)
* 점음원모델 y=25m에서 90dB(A)에 일치한다.

그림 9.3.4(b) 거리감쇠의 경향(2)
(고가구간, 레일레벨)

그림 9.3.4(a)는 음원(音源)을 지향성(指向性)이 있는 2중 음원으로 한 경우이고, **그림 9.3.4**(b)는 무지향성(無指向性) 음원으로 한 경우로 전자가 실측에 잘 맞는다. 또한, 측점이 선로에서 떨어짐에 따라서 극대치와 극소치의 차이가 없게 되며, 음원은 유한 길이의 선(線)음원으로 간주된다. 이 경우에 다음의 식이 성립된다.

음원을 지향성이 있는 2중 음원으로 한 경우

$$P^2 = \frac{A}{y}\left(\frac{l\,y}{l^2+y^2}\ \tan^{-1}\frac{l}{y}\right)$$

음원을 무지향성의 연속 음원으로 한 경우

$$P^2 = \frac{2A}{y}\ \tan^{-1}\frac{l}{y}$$

여기서, P : 음압 (실효치), l : 열차 길이의 1/2, A : 음원의 강도를 나타내는 상수, y : 선로로부터의 거리
어느 경우도 y가 l에 비하여 작을 때는 P^2이 y에 역 비례하고, y가 l에 비하여 클 때는 P^2이 y^2에 역 비례한다.

열차 길이를 400 m(16 량 편성)로 하면, 소음레벨은 선로로부터의 거리 100 m까지는 배(倍)거리마다 약 3 dB(A)의 차이, 즉 무한 길이 선 음원의 경우에 가깝고, 100 m에서 200 m까지는 약 4 dB(A)의 차이, 200 m에서 400 m까지는 약 5 dB(A)의 차이, 400 m 이상에서 약 6 dB(A)의 차이로 점 음원의 경우에 가깝다.

다음에, 소음레벨의 거리감쇠에 관하여 구조물의 차폐 효과를 고려하지 않는 경우와 음원 위치를 레일두부로 하여 구조물의 차폐 효과를 고려한 경우의 계산 치에 대한 실측치의 관계를 나타낸 것이 **그림 9.3.5**이다.

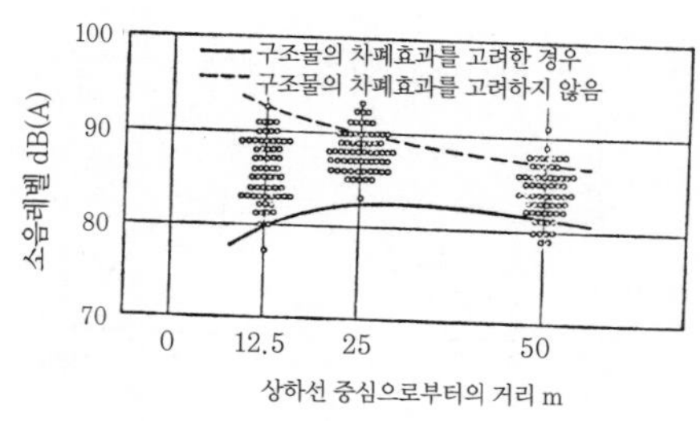

그림 9.3.5 고가교구간에서 소음의 거리감쇠

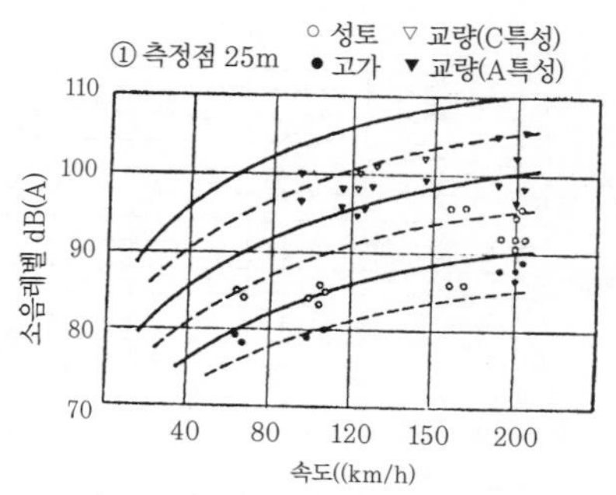

그림 9.3.6 열차속도와 소음레벨의 관계

그림에서 보는 것처럼 실측치는 대체로 이 중간에 있으며, 음원이 레일두부보다 약간 위의 궤도중심 부근에 있다고 가정한 경우의 계산 치에 가깝게 된다.

일반의 성토, 고가 구간의 소음레벨은 상하선 중심에서 25 m 떨어진 지점에서는 거의 피크로 되기 때문에 소음레벨의 표준 측정위치는 이 25 m 지점으로 하며, 특히 미리 말하지 않는 한 이 지점을 취하여 대표로 한다.

(4) 각종 요인의 영향

열차속도와 음향레벨과의 관계에 대한 측정 결과에서는 속도 100~250 km/h의 영역에서 속도의 제곱(2승)에 근사하고 있다. 즉,

$$\Delta L = 20\log(V_1 / V_2)$$

여기서, ΔL : 열차속도가 V_1과 V_2인 때의 소음레벨의 차이

로 된다(**그림 9.3.6** 참조).

독일 국철의 측정 자료에서는 저속도에서 속도의 3승에 근사한다고 하는 예도 있다. 한편, **그림 9.3.7**은 지배적인 음원이 약 40 km/h의 속도에 이르기까지는 차량의 추진력 소음, 40과 250 km/h 사이에서는 전동(電動)소음, 250 km/h 이상에서는 공력소음이라는 점을 나타낸다. 그러므로 전동소음은 가장 큰 교통비율(比) 때문에 가장 중요하다.

차륜의 타이어 플랫(차륜답면의 미세한 흠)의 크기와 소음레벨과의 관계에 대하여는 대체로 다음과 같이 추정된다.

① 1 대차에 길이 30 mm 이하의 타이어 플랫이 1 개소 있는 경우에는 타이어 플랫이 소음레벨에 영향을 주는 일이 거의 없다.

② 동일 대차에 20~30 mm의 타이어 플랫(이 경우의 플랫 깊이는 0.1~0.2 mm)이 2 개소 있는 경우의 소음레벨은 평균 레벨보다 1~3 dB(A) 크게 된다.

③ 타이어 플랫의 크기가 40~50 mm인 경우의 소음레벨은 평균 레벨보다도 2~4 dB(A) 크게 된다.

타이어 플랫 등 특수한 상태가 없는 차량의 200 km/h 주행 시 소음레벨의 측정치에서 차량의 개체(個體)

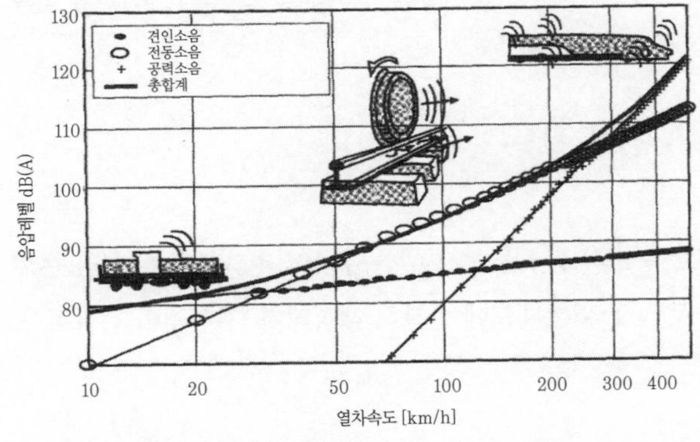

그림 9.3.7 주행속도에 좌우되는 소음의 발생

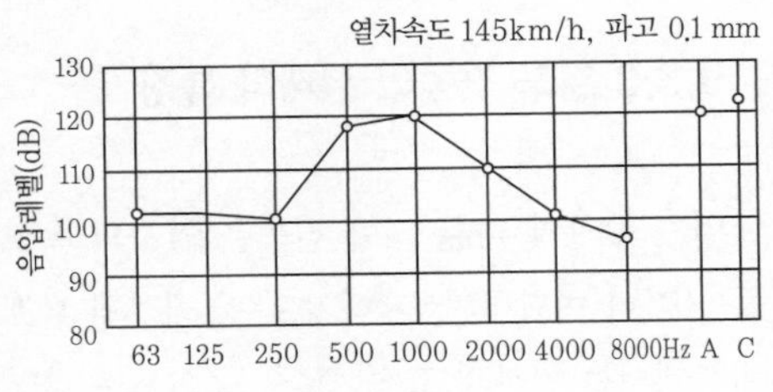

그림 9.3.8 파상 마모 구간의 상하 소음 스펙트럼의 예

차이로 인한 소음레벨의 변동은 대개 ±1.5 dB(A) 이하로 고려한다.

레일의 파상(波狀) 마모(磨耗)와 소음레벨의 관계는 대체로 다음과 같이 추정된다.

① 파장(波長)이 수 cm인 파상 마모(波狀磨耗, corrugation, undulatory wear)에 대하여 파고(波高) 0.05~0.1 mm 정도인 경우의 소음레벨은 평균레벨보다 2~3 dB(A) 크게 된다.

② 파고(波高)가 0.15 mm 정도인 경우의 소음레벨은 평균 레벨보다 5~7 dB(A) 크게 된다.

레일 파상 마모 구간에서 차량 상하(床下) 소음 스펙트럼은 **그림 9.3.8**과 같으며, 파상 마모의 파장(30~60 mm가 많다)에 일치한다고 생각되는 500~1,000 Hz의 레벨이 크다. 고속선로의 파상 마모는 제동 구간에 많이 존재하며, **그림 9.3.8**의 소음 측정시의 열차 속도는 145 km/h이었다. 레일의 파상 마모 등 특수한 상태가 없는 속도 200 km/h 주행 구간 10 km의 2 구간에 대하여 25 m 간격을 둔 차량 상하 소음 레벨의 측정치로부터 선로 상태에 따른 소음레벨의 변동은 90 %가 ±2 dB(A) 중에 포함된다고 한다.

한편, 상하선 중심에서 20 m 떨어진 지점의 소음레벨은 일본 고속선로의 경우에 거의 80 폰 전후로 분산되어 있다고 한다. 국내에서 측정한 사례는 '레일연삭기술' [284]을 참조하라.

(5) 선로연변 환경소음

(가) 고속철도 선로연변의 소음

고속철도 선로연변의 소음은 차륜/레일의 진동으로 발생되는 전동음, 콘크리트 고가교 등과 같은 구조물의 진동으로 발생되는 구조물 소음, 팬터그래프를 비롯한 차체각부와 공기흐름의 상호작용으로 발생되는 공력소음, 팬터그래프가 이선할 때에 발생되는 스파크 음, 톱니바퀴 장치 등의 차량기기에서 발생되는 음 등으로 구성된다.

(나) 일반철도 선로연변의 소음

일반철도에서는 차륜/레일의 진동으로 생기는 전동음, 강형교량이나 콘크리트 고가교 등에서의 구조물 소음 이외에 급곡선 구간에서의 스킬소음, 정척레일 구간에서의 레일이음매부분 충격음, 동력차 구동장치로부터의 음, 톱니바퀴 장치의 음, 보조기기의 음 등이 발생되며, 그 음원은 다기에 걸쳐 있다. 또한, 일반철도의 열차는 고속철도에 비하여 저속으로 주행하므로 팬터그래프나 차량 등에서 생기는 공력소음이 연변소음에 미치는 영향은 작다. 일반철도의 선로연변에서 관측되는 소음은 차량이나 지상의 조건에 따라서 크게 변화한다. 콘크리트 고가교(장대레일 구간)를 전동차가 주행하는 경우에는 전동음, 주전동기 팬 음과 구조물 소음이 주요한 음원이다.

9.3.3 철도 진동의 실태와 특징

열차 주행에 따른 지반 진동은 열차의 속도, 선로 구조물(railway structure)의 종류, 형식, 지반 조건 등에 따라 변화하며, 게다가 측정 해석의 사례도 충분하지 않기 때문에 충분히 해명되지 않은 것이 현실이다. 이하에서는 일본의 고속선로를 중심으로 설명한다.

(1) 진동의 발생 원인

열차의 주행에 따라 발생하는 지반 진동은 대별하여 3 가지의 원인에 기인한다고 생각된다.

1) 축 배치에 따른 하중 열 ; 열차가 주행할 때에 지상의 특정한 위치로 착안하면, 차축의 배치에 따라서 축중이나 대차 중량이 일정한 주기로 반복하여 재하되는 현상을 말한다.

2) 관계 구성요소의 부정합 ; 차륜의 플랫, 궤도틀림, 레일 이음매, 지반 변화 등에 따라 재하가 변동하는 현상을 말한다.

3) 관계 구성요소의 고유진동 ; 1) 2)의 원인으로 기진(起振)될 때에 그 관계 요소의 고유진동으로인하여 선별(選別) 증폭되는 현상을 말한다.

관계되는 구성 요소를 대별하면, 차량, 궤도구조, 건조물 기초, 지반 및 건물이 열거된다.

(2) 진동의 특성과 전파

각 구성요소에서의 진동 상황을 주파수 범위와 개략의 가속도 값으로 나타내면 **표 9.3.1**과 같으며, 레일로부터의 거리에 따라서 그 진동 주기가 길게 되며, 그 진폭도 저감되어 간다. 궤도에서 구조물로의 진동 전파의 메커니즘에 비하여 구조물에서 지반, 또는 지반 내로의 전파는 상당히 복잡하며, 지반 내부의 구조, 특성이 중요한 역할을 한다.

그림 9.3.9는 열차 속도가 180~200 km/h인 경우의 구조물에서 지반에 이르는 각부에 대한 진동가속도의 주파수 분포를 나타낸다. 이들에 따르면, 상부 구조물에는 20 Hz 부근과 30~90 Hz의 범위에 3 개 정도의 탁월한 피크가 존재한다. 이 20 Hz 부근의 피크는 구조물 내에서는 다른 피크에 비하여 그만큼 크지 않지만 기둥 부분과 지반에서도 모양이 같은 경향의 피크를 나타내며, 구조물로부터의 거리에 따라서 주파수(약 70 Hz 이상)가 높은 피크의 감쇠가 크기 때문에 이들의 낮은 주파수(20 Hz 부근)의 피크가 상대적으로 크게 되어 있다. 따라서, 선로중심에서 약 20 m 떨어진 지반의 진동은 20 Hz 부근이 우세하며, 30~90 Hz의 범위에 주로 3 개의 탁월한 진동이 그것에 계속하여 존재한다고 일반적으로 고려된다. 이들의 진동에 대해 공해 진동의 인체감각 보정을 고려하면, 20 Hz 부근에서 8 dB 감소, 80 Hz에서 20 dB 감소로 되며, 저~중역 진동

표 9.3.1 각 구성요소에서 진동의 특성 (g = 중력의 가속도)

구분		고주파	중간 주파	저주파
차체				1Hz, 0.1~0.2g
대차			30~60Hz, 2~5g, 10~20Hz, 1~3g	
윤축			40~60Hz, 2~15g	
레일		200~700Hz, 10~100g	30~60Hz, 2~15g	
침목		200~700Hz, 2~20g	30~60Hz, 2~15g	
도상		200~700Hz, 1~10g	30~60Hz, 2~15g	
노반	흙			
	고가		30~60Hz, 0.2~1g	
지반	직하		>30Hz, 15~25Hz	
	수평거리10m		15~25Hz, <0.025~0.045g	2~3Hz
	수평거리20m		15~25Hz, <0.018~0.030g	

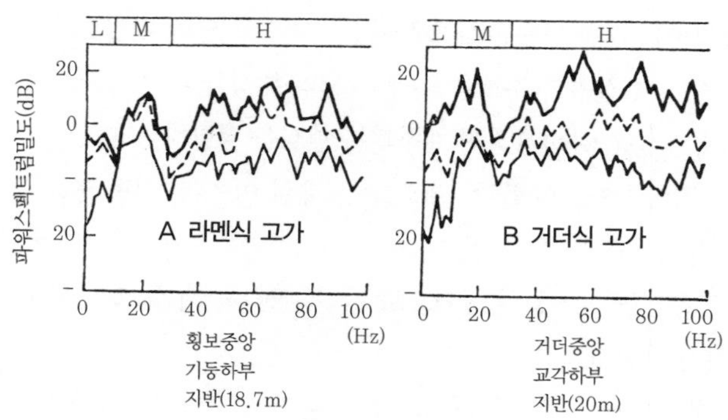

그림 9.3.9 고가교 상부에서 지반까지의 진동가속도 파워 스펙트럼의 변화

이 주로 문제로 된다.

그에 관련하여, 일본의 고속 전차는 차축 간격이 2.5 m으로, 200 km/h 주행에서 차축으로 인한 가진 주파수는 20 Hz로 된다. 또한, 레일체결 간격은 60 cm 전후이며, 1개의 차축이 각 침목을 차차로 가진하여 가는 주파수는 200 km/h에서 90 Hz 정도로 된다.

한편, 지반 진동과 밀접한 관계가 있다고 생각되는 윤하중 변동에 대하여 시행한 상기의 차량과 궤도 모델을 이용한 주파수 응답 계산에 따르면, 0.7 Hz 정도까지는 차량의 전(全)질량이, 1 Hz 부근까지는 차체 질량과 그 지지 스프링이, 1.5~3 Hz 영역에서는 대차 질량과 그 지지 스프링이, 5~20 Hz 영역에서는 스프링 하 질량이, 30~70 Hz 영역에서는 스프링 하 질량과 레일지지 스프링이, 80 Hz 정도 이하에서는 레일의 지지 스프링계수가 각각 주된 역할을 한다고 알려져 있다.

진동의 지속 문제는 소음과 같은 모양으로 200 km/h이고 16 편성일 때에 약 7 초이다. 레벨 변화도 소음의 경향과 거의 같은 경향을 나타낸다.

(3) 각종 요인의 영향

그림 9.3.10~**그림 9.3.13**은 각종 요인마다 진동레벨과 진동의 거리 감쇠의 관계에 대한 예를 나타낸 것이다.

그림 9.3.10은 선로구조별의 진동레벨을 나타낸 것이며, 땅 깎기나 터널 구간의 쪽이 흙 쌓기나 거더 교량 구간보다 진동레벨이 높은 경향이 보여진다. 또한, 라멘 고가교 쪽이 거더 교량보다 진동레벨이 높다.

그림 9.3.11은 기초형식에 따른 차이를 나타내고 있다. 기초형식은 지반의 지질과 밀접한 관계가 있지만, 기성 말뚝의 경우가 진동레벨이 약간 높은 경향을 나타내고 있다.

그림 9.3.12는 열차 속도에 따른 차이를 나타내고 있지만, 160 km/h를 넘는 속도 역에서는 그 만큼 현저한 차이가 보여지지 않는다(극히 저속에서는 진동레벨이 내려간다).

그림 9.3.13은 지반지질에 따른 진동레벨의 차이를 나타내고 있으며, 라멘 고가교 · 거더교 모두 연약층, 충적층, 홍적층의 순서로 진동레벨이 낮게 되어 있다.

선로 중심에서 20 m 떨어진 위치에서의 지반 진동레벨은 대체로 50~70 dB의 사이에 있으며, 터널 구간과 연약 지반상의 라멘 고가교 구간에 일부 70 dB를 넘는 경우가 있다.

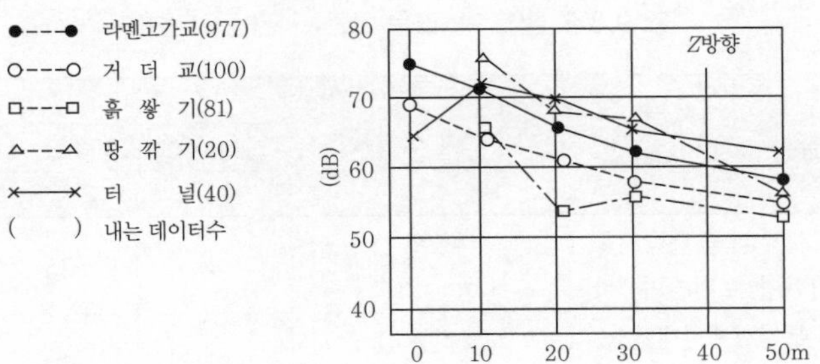

그림 9.3.10 진동레벨의 구조 종별에 따른 차이

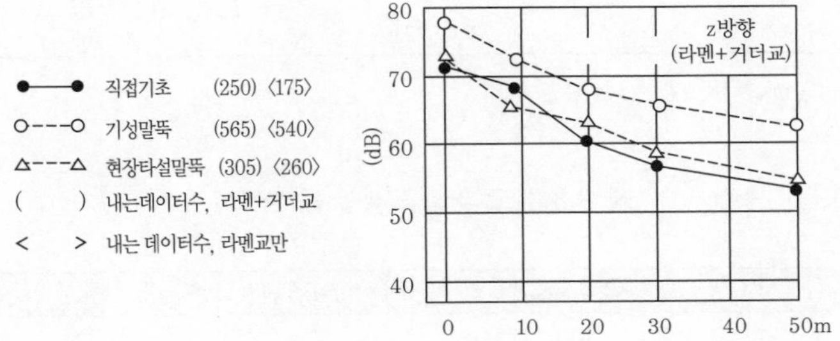

그림 9.3.11 진동레벨의 기초 형식별의 차이

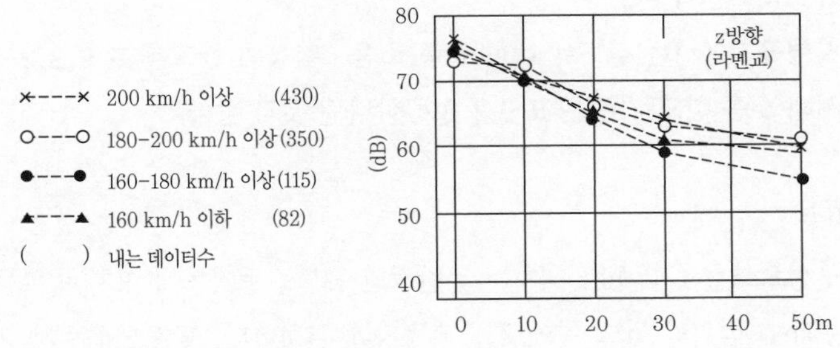

그림 9.3.12 진동레벨의 열차 속도에 따른 차이

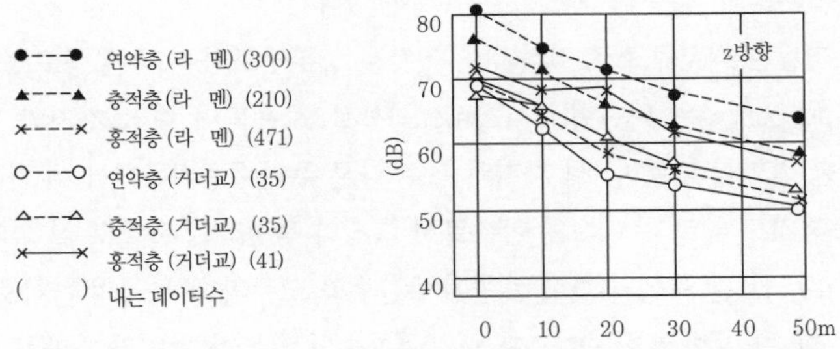

그림 9.3.13 진동레벨의 지반지질에 따른 차이

표 9.3.2 철도의 교통 소음·진동의 한도

대상지역	구분	한도			
		2000.1~2009.12		2010.1.1부터	
		주간	야간	주간	야간
주거지역, 녹지지역, 준도시지역 중 취락지구 및 운동·휴양지구, 자연환경 보전지역, 학교·병원·공공 도서관의 부지경계선에서 50 m 이내 지역	소음 [Leq dB(A)]	70	65	70	60
	진동 [dB(V)]	65	60	65	60
상업지역, 공업지역, 농림지역, 준농림지역 및 준도시지역 중 취락지구 및 운동·휴양지구 외 지역, 미고시지역	소음 [Leq dB(A)]	75	70	75	65
	진동 [dB(V)]	70	65	70	65

※ 주간 : 06:00~22:00, 야간 22:00~06:00

표 9.3.3 고속철도의 소음 한도

(단위 : Leq dB(A))

구분	시험선 구간	시험선 이외 구간	개통 15년 후
주거 지역	65	63	60
상공업 지역	70	68	65

(4) 우리나라 철도의 소음·진동 한도

소음·진동규제법시행규칙에서는 철도에 대한 교통 소음·진동의 한도를 **표 9.3.2**에 나타낸 것처럼 정하고 있다. 고속철도에서의 소음 한도 기준은 **표 9.3.3**에 나타낸 것과 같다.

(5) 궤도진동의 주파수

구조의 여러 가지 구성요소들의 특성과 위치는 전반적인 궤도진동거동에 미치는 그들의 영향이 저주파수, 중간주파수 또는 고주파수 범위의 어느 쪽에 집중되는지를 결정한다. **표 9.3.4**는 세 가지 주파수 범위에서 (중요한) 역할을 하는 구성요소와 현상의 '개략적인' 영향을 나타낸다.

이 범위의 한계치는 Knose이 설정하였다. 40 Hz의 주파수는 저주파수와 중간주파수 거동을 구분 짓는다. 궤도진동의 저주파수~고주파수에는 다음과 같은 특징이 있다.

① 궤도의 저주파수 거동은 하부구조로 결정되며, 이것은 상부구조와는 다른 중요성으로 간주된다.

② 궤도특성(track property)은 비선형(non-linear)으로 사용되며 여러 가지의 진동주파수(vibration frequency)에 대한 변화를 겪는다. 세 가지의 서로 다른 주파수범위들에서 세 가지의 서로 다른 값들의 적용은 실행 가능하지도 않고 주파수의 함수로서 특성의 점진적인 전환도 실행 가능하지 않다. 저주파수 범위에서 0과 40 Hz 간 특성의 변화는 중간주파수와 고주파수 특성의 변화보다 훨씬 크다. 따라서 훨씬 더 좁은 저주파수범위에서 행하기보다 중간주파수와 고주파수 범위(따라서 총 40~1500 Hz 사이)에서 진동주파수에 개의치 않고 특성을 상수 값으로 설정하는 것이 더 적합하다.

표 9.3.4 주파수범위 구분의 개요

주파수범위		저(低)	중간(中間)	고(高)
한계치		0~40 Hz	40~400 Hz	400~1,500 Hz
궤도의 부분		하부구조	레일을 제외한 상부구조	레일
인간의 지각과 불편	지역주민	진동과 접촉소음(건물)	방사 음/소음	방사 음/소음
	승객	진동과 접촉소음(차량)	방사 음/소음	방사 음/소음
구조적 손상	궤도	하부구조와 토목구조물의 손상	하부구조의 손상	레일의 손상
	차량	객차, 대차, 차축 및 차륜의 손상	차륜의 손상	차륜의 손상
입력하중의 근원	차륜	최소	표면형상: (단)파장 v=20m/s에서 $\lambda<0.5$m v=80m/s에서 $\lambda<2.0$m	표면형상과 거칠기 v=20 m/s에서 $\lambda<0.05$m v=80m/s에서 $\lambda<0.20$ m
	레일과 궤도	기하구조: (장)파장 v=20m/s에서 $\lambda>0.5$m v=80m/s에서 $\lambda>2.0$m	위와 같지만 반드시 반복적인 것은 아님	위와 같지만 반드시 반복적인 것은 아님

③ 저주파수 거동에 관한 기준은 인간의 불편지각이나 진동으로 인한 구조적 손상 중의 하나이다. 이 점에서 중간주파수와 고주파수 거동에 관한 기준과 다르다. 후자의 기준은 차륜/레일 접촉에서와 상부구조에서의 응력변화(stress variation)와 음향방사(sound radiation)에 관심을 갖는다.

중간주파수와 고주파수 진동에 대한 궤도의 민감성은 상부구조 구성요소로 유발된다. 즉, 많은 교차 링크가 이 대략의 구분에 영향을 주기는 하지만 중간주파수범위에서는 침목, 블록, 베이스플레이트 패드, 상자, 부츠, 도상 및 매설레일, 고주파수범위에서는 레일패드, 베이스플레이트, 레일체결장치 및 레일로 유발된다. 일반적인 진동에 대한 궤도의 민감성(sensitivity)은 공진주파수를 조사할 때 명확하게 나타난다. 공진진동모드에 대한 궤도구조의 민감성은 철도교통으로 발생된 하중입력을 고려할 때 중요한 이슈로 대두된다. 중간주파수와 고주파수범위에서 단파장의 기하구조적 불규칙성(예를 들어, 레일 파상마모와 차륜결함)은 주기적인 하중을 발생시키는 반면에 국지적인 레일과 궤도 결함 및 차륜플랫은 충격을 발생시킨다.

(6) 공진하는 궤도

차륜이 교회의 종이라면 레일은 소리굽쇠(tuning fork) 또는 아마도 더 적절하게는 실로폰이다. 실로폰의 바처럼 연이은 레일 세그먼트가 지지체 사이에서 진동할 수 있다(**그림 9.3.14**). 레일표면의 작은 결함에 걸쳐 전동하는 열차차륜으로 레일이 자극을 받으면 각 레일은 레일의 질량과 강성과 함께 지지 침목들 사이의 간격 S에 따라 그 값이 달라지는 고유진동수 f_N으로 공진한다.

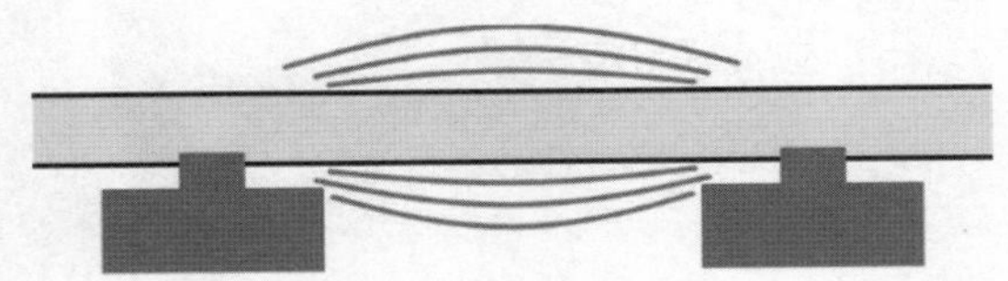

그림 9.3.14 레일은 실로폰 바처럼 진동함

$$f_N = \frac{\pi}{2}\frac{\sqrt{EI}}{mS^4}$$

여기서, m은 레일의 단위길이 당 질량, E는 레일재료의 영률(Young's modulus), I는 레일단면의 단면2차 모멘트(moment of inertia)이다.

따라서 E = 210 GPa, I = 3.055 × 10^{-5} kg/m^4, S = 0.65 m인 UIC60레일에 대하여 이것은 1,212 Hz로 되며, 피아노의 음계(note) E^b6에 가깝고 중앙 C보다 2 옥타브 약간 위에 위치한다. 실제는 이 특정한 진동모드가 침목과 같은 궤도의 다른 구성요소들과 협력하여 주파수의 혼합을 함께 만들어낸다.

물론 실로폰의 각 바는 물리적으로 분리되어 있으며 그러므로 한 지점을 두드리면 한 바만 울려 퍼진다. 그러나 레일은 연속적이고, 연이은 세그먼트는 서로 연결되어 있으며, 그러므로 열차차륜이 특정 세그먼트에 영향을 주면 이웃들도 진동한다(**그림 9.3.15**). 그 결과로 진동은 레일을 따라 전파되고 소음은 넓은 지역으로 방사되며, 레일체결장치, 침목 및 도상에 의하여 어느 정도 감쇠된다. 그러나 레일이 콘크리트슬래브 위에 부설되어 있을 때는 감쇠(damping)가 덜 효과적이며, 콘크리트 슬래브에서는 레일체결장치가 '더 부드럽고(soft)', 레일이 더 긴 길이에 걸쳐 진동할 수 있다. 그리고 주파수는 속도에 좌우되며, 그러므로 느리게 주행하는 차량은 궤도가 상대적으로 낮은 주파수에서 진동되도록 만든다. 화물열차의 경우에 이것은 일반적으로 10 Hz 미만이며 이는 소음보다는 진동으로 감지된다. 그것은 궤도에서 100 m 이상 떨어진 건물에서 느껴질 수 있다.

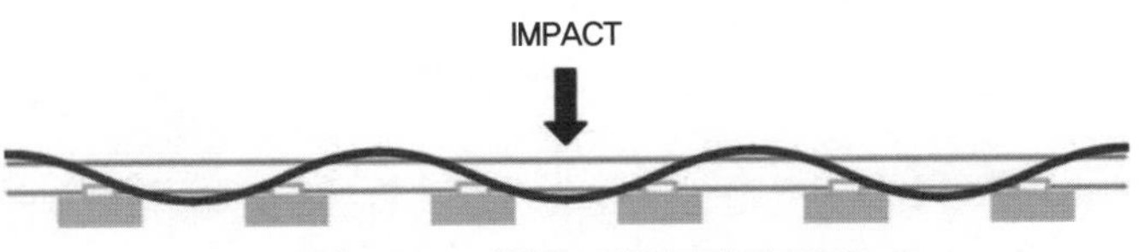

그림 9.3.15 레일을 따른 진동의 전파

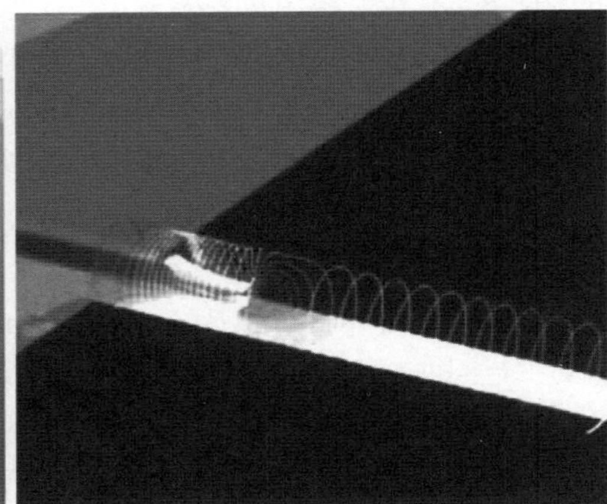

참고문헌

[1] 佐藤 裕 : 軌道力學, 鐵道現業社, 1964.

[2] 佐藤吉彦, 梅原 利之 : 線路工學, 日本鐵道施設協會, 1987.

[3] 宮本俊光, 渡 階年 : 線路, 山海堂, 1980.

[4] 高原清介 : 新軌道材料, 鐵道現業社, 1985.

[5] 松原 健太郎 : 新幹線の軌道(改訂・追補板), 日本鐵道施設協會, 1969.

[6] 深澤義朗, 小林茂樹 : 新幹線の保線, 日本鐵道施設協會, 1980.

[7] 須田征男, 長門彰, 德 研三, 三浦 重, 新しい線路, 日本鐵道施設協會, 1997.

[8] 佐藤吉彦 : 新軌道力學, 鐵道現業社, 1997.

[9] 大月隆土 外 1人 : 新軌道の設計, 山海堂, 東京, 1983. 3.

[10] 渡邊勇作 : 鐵道保線施工法, 山海堂, 東京, 1978.

[11] 沼田 實 : 鐵道工學, 朝倉書店, 東京, 1983.

[12] 宮原良夫, 雨宮廣二 : 鐵道工學, コロナ社, 1993. 8.

[13] 久保田 博 : 鐵道工學ハンドブック, グランプリ出版.

[14] Esveld, C. : Modern Railway Track (2nd Edition), MRT-Productions, 2001.

[15] Ernest F. Selig, John M. Waters : Track Geotechnology and Substructure Management, Thomas Telford Services LTD. 1994.

[16] William W. Hay : Railroad Engineering (2nd Edition), John Wiley & Sons, New York, 1983.

[17] C. J. Heeler : British Railway Track (Design, Construction and Maintenance), The Permanent Wary Institution, Nottingham, 1979.

[18] Fritzfastenrath : Railroad track(Theory and Practice), Frederick Ungar Publishing Co, New York, 1981.

[19] Institution of Civil Engineers : Track Technology, Thomas Telford LTD, LONDON, 1984.

[20] G. A. Scott : VEHICLE TRACK DYNAMICS COURSE, British Rail Research, 1995. 5.

[21] Jean Alias : LA VOLE FERREE(Techniques de construction et Dentetiom), Eyrolles, Paris, 1984.

[22] Jean Alias : Le Rail, Eyrolles, Paris, 1987.

[23] 국토교통부령 제1호, 철도건설규칙, 2013. 3. 23.

[24] 철도청 : 국유철도건설규칙해설, 2000. 8. 22

[25] 康基東 : 軌道力學, 鐵道專門大學, 1993. 8.

[26] 金正玉, 朴德祥, “鐵道工學“, 土木工學핸드북, 大韓土木學會, 1983.

[27] 건설교통부 철도시설과 - 1615, 선로정비지침, 2004. 12. 30

[28] 尹益相 : 鐵道工學, 共和出版社, 1970.11

[29] 申鍾瑞 : “韓國鐵道 建設規則 解說(Ⅰ)~(Ⅳ)”, 鐵道施設 No.10~16, 1983. 12. ~ 1985. 6.

[30] 鄭時溶, "線路整備規則 解說(Ⅰ)~(Ⅴ)", 鐵道施設 No.2~6, 1981. 12. ~ 1982. 12.

[31] 한국고속철도건설공단: 高速鐵道 軌道構造 基準(案), 1994. 12.

[32] 고속전철사업기획단: 고속철도 건설규칙(안), 1991. 11.

[33] 한국고속철도건설공단: 고속철도 궤도공사 표준시방서, 1994. 12.

[34] 鐵道廳: 1993年度 保線業務資料

[35] 교통부령 제552호: 국유철도건설규칙, 1977. 2. 15.

[36] 철도청훈령 제6714호: 선로정비규칙, 1993. 4. 14.

[37] 철도청훈령 제6872호: 철도궤도공사 표준시방서, 1994. 2. 16.

[38] 철도청: 선로보수자료, 1993.

[39] 건설교통부 철도시설과 - 1616, 고속철도 선로정비지침, 2004. 12. 30.

제1장

[40] 家田 仁 外2人, "速度と軌道構造に關する提案", 鐵道線路, 日本鐵道施設協會, 1981. 2.

[41] Fahey, W. R. "The Impact of Track Technology on Heavy Haul Operation", Track Technology, Thomas Telford Ltd, London, 1985.

[42] Railway Gazette 1997. 10월호 및 1998. 1월호 Yearbook

[43] 徐士範, "旣存線의 高速化에 對應한 軌道의 構造와 管理", 鐵道施設 No. 55, 1995. 3.

제2장

[44] 加藤 八州夫: レ-ル, 日本鐵道施設協會, 1978. 7

[45] 石田 誠, "レ-ルと車輪の接觸力學", 日本鐵道施設協會誌, 1995. 8.

[46] J. J. Kalker : Rail Quality and Maintenance for Modern Railway Operation, Kluwer Academic Publishers, Delft, 1992. 6.

[47] 徐士範, "鐵道의 기원과 軌道의 발달", 鐵道保線 No. 19, 1996. 8.

[48] 徐士範, 劉珍榮, "레일 生産의 品質管理와 引受條件" 鐵道施設 No. 69, 1998. 9.

[49] 上山且芳 外, "熱處理レ-ルのためのエンクロ-ズア-ク溶接", 鐵道總研報告 Vol. 6, No. 11, 1991. 11.

[50] 辰巳光正 外, "レ-ル溶融溶接部折損防止のための超音波探傷檢査", 鐵道總研報告 Vol.9, No.12, 1995. 12.

[51] 上山且芳, "溶接法の開發と今後", 鐵道線路 32-11, 日本鐵道施設協會, 1984. 11.

[52] 中田充則 外, "レ-ルの溶接", 日本鋼管報 No. 88, 1981.

[53] H. L. Abbot, "Flash welding of continuous welding rail", Rail Technology, Technical Print Services Ltd., Nottingham, 1983.

[54] Technical offer for a Rail Flash-but Welding Plant, L. Geismar.

[55] Flash-but Welding of Rails, Schlatter.

[56] 徐士範, "플래시 버트 鎔接의 原理와 技術의 發達", 鐵道施設 No. 67, 68, 1998. 3, 6.

[57] 한국고속철도건설공단: 고속철도 레일 용접공사 표준시방서, 1994. 12.

[58] 철도청훈령 제6245호 : 레일 용접표준시방서. 1988. 8.

[59] JR 東海 : 軌道工事標準示方書(營業線) 及び 同解說, JR 東海, 1992. 6.

[60] 奧田廣之, 涌井 一, "PCマクラギの動的負荷特性に關する實驗と解析", 鐵道總研報告 Vol. 10, No. 9, 1996. 9.

[61] 涌井 一, 奧田廣之, 井上實美, "衝擊輪重に對するPCマクラギの限界狀態設計法", 鐵道總研報告 Vol. 10, No. 9, 1996. 9.

[62] 長藤敬晴, "變動應力場におけるレ-ル締結裝置の耐用年數", 鐵道總研報告 第5券 第8號, 1991. 8.

[63] 德岡研三, "保線大學講座, 軌道材料 (1) ~ (7)", 鐵道線路 33-6~12, 34-1, 1985. 6. ~ 12. 1986. 1.

[64] 德岡研三 外 1人, "保線大學講座, 軌道材料 (8), (9)", 鐵道線路 34-3, 4, 1986. 3, 4.

[65] 한국고속철도건설공단 : 高速鐵道 PC枕木 設計, 1994. 12.

[66] 철도청훈령 제5477호 : 도상자갈규정, 1994. 12.

[67] 大島洋志, "道床バラスト", 日本鐵道施設協會誌, 1992. 7.

[68] 木谷日出男 外2人, "道床バラストの形を測る", RRR, 1993. 8

[69] 長藤敬晴, "道床バラストの劣化を探る", RRR, 1993. 8

[70] 須永 誠, 辻內久滿, "道床バラストの締固めと沈下特性", 鐵道總研報告 第9券第7號, 1995. 7.

[71] 韓國高速鐵道建設公團 : 高速分岐器 및 伸縮이음매 設計報告書, 1995. 12.

[72] Modern Future-Oriented Turnout Technology, BWG, 1992. 11.

[73] High Speed Turnout, Gogifer, 1990

[74] Demands on the Modern Turnout Technology on High Performance Tracks, Voest-Alpine, 1992.

[75] R. Holzinger : The Advantages of the Voest-Alpine Turnout Design, Voest-Alpine Eisenbahn systeme, Wien

[76] R. Holzinger : Geometry System for High Speed Turnouts, Voest-Alpine Eisenbahnsysteme, Wien

[77] R. Holzinger : Modern Design of the Turnouts Used by the BB, Voest-Alpine Eisenbahn systeme, Wien

[78] R. Holzinger : Switch Geometry as Decisive factor for Turnout Efficiency, Voest-Alpine Eisenbahnsysteme, Wien

[79] P.E Klausr : Assensing the Benifits of Tangential-Geometry Turnouts, Railway Track & Structure, 1991. 1.

[80] Stacy J. Saucer : Swing-Nose Frogs, Tangential Geometry Extend Turnout Life, Progressive Railroading, 1990. 8

[81] R. Holzinger : The Advantages of Turnouts with-Tangential Switch Curve, continuous Turnout Radius, Voest-Alpine Eisenbahnsysteme, Wien

[82] W. CZUBA : Principles to be used for Turnout Design

[83] BERG/HENKER Research in Wear Behaviour of Switch Tongues, 1978.

[84] G. H COPE : Calculation of Radial Velocity and Horizontal Impact

[85] R. Holzinger : High-Technology used in Crossing Construction, Voest-Alpine Eisenbahn systeme, Wien

[86] KURT BACH : Weichen und Krenzungen, Rachbuchverlag Gmbh Leipzig 1951.

[87] AAR Tests Advanced Turnout Design, IRJ, 1994. 9.

[88] 北方常治 : 分岐器と EJ, 日本鐵道施設協會, 1973. 8.

[89] 左藤泰生, 仙波昭一, "保線大學講座, 軌道材料 (10) ~ (16)", 鐵道線路 34-5~11, 1986. 5. ~ 11.

[90] 徐士範, "鐵鋼材料의 防蝕", 鐵道保線 No. 15, 1995. 7.

[91] 철도청 : 선로용품도집, 1993.

제3장

[92] 原田吉治 : わかりやすい線路の構造, 交友社, 1987. 3.

[93] 神谷 進 : 鐵道曲線, 交友社, 1961. 10.

[94] 徐士範, "緩和曲線과 캔트 遞減과의 關係" 鐵道施設 No. 41, 1991. 9.

제4장

[95] 高井秀之, "乘心地評價方法の變遷", 鐵道總研報告, 1995. 8.

[96] 高井秀之, "乘心地評價方法の變遷", 日本鐵道施設協會誌, 1996. 4.

[97] 須永陽一, 內田雅夫, "輪重 動の立場から見たレ-ル頭頂面凹凸の管理手法", 鐵道總研報告 第6卷第11號, 1992. 4.

[98] 三浦 重, "軌道構造の動特性モデルの構築", 鐵道總研報告 第9卷 第12號, 1995. 12.

[99] 吉村彰芳, "數値解析の適用例:軌道の動的變形と列車の臨界速度", 鐵道總研報告 第8卷 第9號, 1996. 9.

[100] 石田 誠, "レ-ル頭頂面凹凸とレ-ル曲け應力の關係", 日本鐵道施設協會誌, 1989. 12.

[101] 涌井 一, 奧田廣之, "車輪フラットがコンクリ-トマクラギに及ぼす作用", 日本鐵道施設協會誌, 1990. 2.

[102] 矢澤英治, "保線の基礎力學(15)-曲線部における車輛走行特性-", 日本鐵道施設協會誌, 1995. 9.

[103] 內田雅夫, 高井秀之, 矢澤英治 外 1人, "曲線部の通り狂い整備目標値の設定方法", 鐵道總研報告, 1995. 12.

[104] 鈴木浩明, "人間科學的に見た乘心地評價研究の現狀と今後の課題", 鐵道總研報告 Vol.9 No.10, 1995. 10.

[105] 宮本昌幸, "車輛の脫線メカニズム", 鐵道總研報告 Vol.10 No.3, 1996. 3.

[106] 石田弘明 外 2人, "脫線に對する安全性評價指標の研究, 鐵道總研報告 Vol.9 No.8, 1995. 8.

[107] 石田弘明 外 3人, "側線用分岐器通過時の輪軸の擧動と安全性評價指標", 鐵道總研報告 Vol.10 No.5, 1996. 5.

[108] B. Ripke, "High Frequency Vehicle-Track interaction in Consideration of Nonlinear Contact Mechanics", Proc of S-TECH '93 Vol 2, JSME, Yokohama, 1993. 11.

[109] Sato, Y. "Optimum Track Elasticity for High Speed Running on Railway", Proc of S-TECH '93 Vol 2, JSME, Yokohama, 1993. 11.

[110] Kl.Knotheg, St. L. Passie and J. A. Elkins : Interaction of Railway Vehicles with the Track and its Substructure, Swets & Zeitlinger B. V, 1994.

[111] 徐士範, "乘車感의 管理" 鐵道施設 No. 58, 1995. 12.

[112] 徐士範, "乘車感 評價方法의 變遷" 鐵道施設 No. 62, 1996. 12.

[113] 徐士範, "車輪 플랫과 레일 破壞" 鐵道施設 No. 69, 1998. 9.

제5장

[114] 韓國高速鐵道建設公團 : 高速鐵道 軌道構造 設計 報告書, 1992. 11.

[115] 金正玉, "軌道力學(Ⅰ), (Ⅱ)", 鐵道施設 No.5~6, 1982. 9. ~ 12.

[116] 內田雅夫, 石川達也, 石村 明, 高井秀之, 外 1人, "軌道狂い進みに着目した有道床軌道の新しい設計法", 鐵道總研

報告, 1995. 4.
[117] 石川達也, 內田雅夫, "道床バラスト部の左右方向の繰り返し變形特性の實驗的特性", 鐵道總研報告, 1995. 4.
[118] 宮井 徹, "エネルギ-法による軌道座屈の數値解析", 鐵道線路 32-12, 1984. 12.
[119] 三浦 重 外1人, "急曲線へのロングレールの適用", 鐵道總研報告 6-1, 1992. 1.
[120] 朴大根 : 軌道係數의 非線形 特性을 考慮한 軌道解析, 建國大學校 産業大學院, 碩士學位論文, 1996. 7.
[121] 朴正日 : 軌道破壞理論에 依한 高速鐵道 枕木斷面의 決定, 建國大學校 産業大學院, 碩士學位 論文, 1998. 7.
[122] 徐士範, "力學의 발전과 軌道力學의 성립" 鐵道施設 No. 58, 1995. 12.
[123] 徐士範, "試驗線區의 試驗 方法論" 鐵道施設 No. 60, 1996. 6.
[124] 徐士範, "軌道의 荷重과 損傷" 鐵道施設 No. 67, 1998. 3.

제6장

[125] 韓國高速鐵道建設公團 : 슬래브 軌道構造 設計報告書, 1994. 12.
[126] 康基東 : 콘크리트 軌道 슬래브의 構造 解析에 關한 研究, 建國大學校 工學碩士學位 論文, 1980.
[127] D. J Round : A Comparison of Non-Ballasted Tracks for High Speed Rail System, British Rail Research, 1993. 5.
[128] 佐 木直樹 : 新幹線のスラブ軌道, 日本鐵道施設協會, 1989.12.
[129] 關豊, "低騷音・低振動を目的とした新しい軌道の開發", 日本鐵道施設協會誌, 1994. 6.
[130] 安藤勝敏 外4人, "旣設線省力化軌道の開發・實用化", 鐵道總研報告 第6卷 第11號, 1993.
[131] 山本 喬 外1人, "トンネル內省力化軌道として防振マクラギ軌道", 日本鐵道施設協會誌, 1993. 6.
[132] 吉岡 修 外1人, "軌道の支持ばね係數低下か地盤振動低減に與える效果", 鐵道總研報告 第5卷 第9號, 1992. 9.
[133] 涌井 一, "ラダ-マクラギによる線路構造システムの革新と課題", 鐵道總研報告 第10卷 第9號, 1996. 9.
[134] 李相眞, "새로운 콘크리트도상 궤도의 유지관리(I)" 鐵道施設 No. 66, 1997. 12.
[135] 한국고속철도 건설공단 : 궤도 제1공구 실시설계보고서, 2000. 3.
[136] 궤도공영주식회사 : 콘크리트 궤도구조 기술 검토서, 2000.12.

제7장

[137] 石田 誠 外1人, "最近の波狀摩耗に關する研究動向", 日本鐵道施設協會誌, 1995. 12.
[138] 阿部則次, 石田 誠, "壽命延伸のためのレ-ル溶接凹凸管理手法", 日本鐵道施設協會誌, 1995. 12.
[139] 石田 誠, 阿部則次, "レ-ル頭頂面凹凸と溶接部曲け疲勞の關係", 鐵道總研報告 第4券 第7號, 1990. 7.
[140] 石田 誠, 阿部則次, "レ-ルシェリングの豫防削正效果", 日本鐵道施設協會誌, 1996. 10.
[141] 石田 誠, "レ-ル摩耗の話(1, 2)", 新線路, 鐵道現業社, 1996. 5～6.
[142] 宮本 武, "記錄器付レ-ル探傷器の開發", 新線路, 鐵道現業社, 1985. 3.
[143] 大高康裕 외1인, "效果的なレ-ル探傷とレ-ル傷管理", 新線路, 鐵道現業社, 1996. 5～6.
[144] 阿部則次, "レ-ル傷を探る", 日本鐵道施設協會誌, 1988. 8.
[145] 須永陽一, "轉動音の立場から見たレ-ル頭頂面凹凸の管理手法", 日本鐵道施設協會誌, 1991. 5.
[146] 竹下邦夫, "偏心矢法による軌道狂い檢出法", 鐵道總研報告 第4券第10號, 1990. 10.

[147] 吉村彰芳 外3人, "軌道保守管理デ-タベ-スシステム, マイクロLABOCS-Ⅱ+の開發, 鐵道總硏報告, 1992. 11.
[148] 堀田英俊 外1人, "東海道・山陽新幹線の長波長軌道管理に對する取り組み", 日本鐵道施設協會誌, 1989. 5
[149] 吉村彰芳 外1人, "軌道狂いの復原波形を用いた軌道整備", 日本鐵道施設協會誌, 1996. 5.
[150] 金森史郎, "高速化に向けた列車動揺管理", 新線路, 1994. 1.
[151] 土井利明, "軌道整備における新検收方式に關する一考察", 日本鐵道施設協會誌, 1996. 2.
[152] 家田 仁, "道床締固めによる軌道初期沈下抑制工法", 日本鐵道施設協會誌, 1988. 11.
[153] 長藤敬晴, "保守計劃支援システムの構成と要素技術", 鐵道總硏報告 第9券第12號, 1995.
[154] 蔭山經廣 外1人, "DTS(道床安定作業車) 投入による道床更新後の徐行速度向上", 日本鐵道施設協會誌, 1995. 1.
[155] 越野佳孝 外1人, DGS(道床安定作業車) の作業效果特性", 日本鐵道施設協會誌, 1995. 5.
[156] 須永陽一 外 1人, "轉動音に對するレ-ル削正效果およびレ-ル振動に關する實驗的檢討", 鐵道總硏報告 8-6, 1994. 6.
[157] 椎名公一, 須永陽一, "轉動音の立場から見たレ-ル頭頂面凹凸の管理手法", 鐵道總硏報告 8-6, 1994. 6.
[158] 日野幹雄 : スペクトル解析, 朝倉書店, 1977.
[159] 須永陽一 外2人, "軸箱加速度を活用した短波長軌道狂いの管理手法", 鐵道總硏報告 9-2, 1995. 2.
[160] 須永陽一, 內田雅夫, "輪重變動の立場から見たレ-ル頭頂面凹凸の管理手法", 鐵道總硏報告 6-11, 1992. 11.
[161] 山口義信, "レ-ル溫度下降時における遊間管理手法", 日本鐵道施設協會誌, 1995. 10.
[162] 德岡硏三 外2人, "破斷側繼目抵抗に關する檢討について", 鐵道線路, 1985. 4.
[163] 伊地知堅一 : ロンクレ-ル 作業, 鐵道現業社, 東京, 1967.
[164] 椎名公一, "軌道モ-タカによる開口部走行試驗", 鐵道線路 33-5, 1985. 5.
[165] 三浦 重 外1人, "ロングレ-ルと一體化した分岐器の開發", 鐵道總硏報告 3-1, 1988. 1.
[166] 家田 仁, "ロングレ-ル設定溫度制限の變更について(解說)", 鐵道線路, 1983. 9.
[167] 家田 仁, "ロングレ-ル敷設區間における保守作業制限の改正(案)及び解說", 鐵道線路, 1983. 8.
[168] ロングレ-ル硏究會, "ロングレ-ル管理に關する最近の硏究概要", 鐵道線路, 1984. 6.
[169] 家田 仁 外1人, "ロングレ-ル緊張器の開發(上)(下)", 鐵道線路, 1984. 9, 10.
[170] 鈴木俊一, "ロンクレ-ル(1), (2), (3)", 鐵道線路 31-10, 31-12, 32-1, 1983. 10, 12, 1984. 1.
[171] 家田 仁, "ロンクレ-ル(4), (5), (6)", 鐵道線路 32-2, 3, 4, 1994. 2, 3, 4.
[172] A. Jourdain, "Monitoring the level of track quality", French Railway Review, Vol.1, No.4, 1983.
[173] G. Janin, "Maintaining track geometry", French Railway Review, Vol.1, No.1, 1983.
[174] Heinz FUNKE : Rail Grinding Trans press, VEB verlag f r Verkehrswesen, Berlin, 1990.
[175] Efficient Track Maintenance in the Age of High-Speed Traffic, Plasser & Theurer.
[176] EM 120 Track Recording Car, Plasser & Theurer
[177] Plasser & Theurer Today, Plasser & Theurer
[178] SYSTRA : Staff Training of the KNR TGV Managers Specific Manual "Track Maintenance"
[179] Jean-Pirrre PRNOST, "Track Maintenance on Paris-South-East High Speed Line", TRAV 86 / Maintenance.
[180] The Atlantic TGV-Track, Signalling, Catenary-Equipment, Telecommunications.

[181] Georges JANIN, "Maintaining track geometry ; Precision-making for levelling and lining, The 'Mauzln' synthesis method", French Railway Review Vol. 1, No 1, 1983.

[182] Jean-Pirrre PRNOST : Summary of talk on Track Maintenance on Paris-South-East High Speed Line.

[183] Fernand Henr Paniel CHAMPVILLARD, "Track Maintenance", French Railway Review Vol.1, No 4, 1983.

[184] "Maintainability of the Paris-South-East TGV Line.

[185] Arain JOURDAIN, "Monitoring the level of track quality", French Railway Review Vol. 1, No 4, 1983.

[186] Claude THOMAS, "A decade of progress infrastructure, track".

[187] Georges Berrin, "High Speed Track can be cheap to maintain", Railway Gazette International, 1992. 6.

[188] Fred Mau, "Detecting Residual Stress in Rails", 1996. 3.

[189] Alain Guidat, "The Fundamental Benefits of Preventive Rail Grinding", 1996. 3.

[190] John, C. Sinclaia, "Recent Development with Rail Profile grinding in Europe", 1995. 3.

[191] Scheuchzer, "Laser control for leveling lining", International Conference 'European High Technology in Track Construction and Track Maintenance', 1990.

[192] P. J. HUNT, "Lining and Leveling Techniques", The Permanent Way Institution Journal, 1984.

[193] Matthias Manhart and Heinz Pfarrrer, "Swiss develop. automated track measurement", 1996. 3.

[194] Erwin Klotzinger, "High Tech maintenance of switches and crossing - experience gained on Austrian Federal Railways", 1995. 9.

[195] Markus Schnetz, "The VM 150 JUMBO vacuum scraper-excavator technology", 1995. 3.

[196] P. L. Mcmichal, "Track Maintenance by Stone blower", 1992.

[197] Bernhard Lichtherger, "The Homogenization and Stabilization of the ballast bed", 1993. 3.

[198] Plasser and Theurer, "The technology of dynamic Stabilization", 1993. 4.

[199] Dynamic Track Stabilizer DGS-62 N Operational Manual, Plasser & Theurer.

[200] Klaus Ridbold, "Innovations in the field of track maintenance"

[201] Plasser & Theurer, "The dynamic track stabilizer"

[202] AUSTROTHECH '90 (seminar 20), "Construction and Maintenance of High Speed Railway Lines with Modern Construction method and Equipment", 1990. 3.

[203] Progress Performance, Plasser and Theurer.

[204] One-Chord Lining System 3-Point Methods, Plasser & Theurer.

[205] Establishing the Versine Pattern for 3-Point Measuring system, Plasser & Theurer.

[206] Adjusting-Tables (0-point Displacement on lining trolley by digital setting in working cabin), Plasser & Theurer.

[207] Lifting-Leveling-Lining and Tamping Machine Duomatic 08-32 Operators Manual, Plasser & Theurer.

[208] C. Esveld, "The Performance of Lining and Tamping Machines", IRCA and UIC, 1979.

[209] B. Lichtberger, "Mechanized Track Maintenance on High Speed Rail Networks", IRCA and UIC, 1992. 6.

[210] "The single-chord lining system", General Description, Plasser & Theurer.

[211] 서울특별시 도시철도공사: 콘크리트도상 궤도유지관리 기술용역 종합보고서, 1997. 9.

[212] 철도청 : 선로보수체제 개선 최종보고서, 사단법인 한국철도선로기술협회, 1997. 7.

[213] 鐵道廳 : 콘크리트道床 軌道構造 比較分析 報告書, 鐵道廳設計事務所, 1991. 4.

[214] 金正玉 : 長大레일, 鐵道廳, 1966.

[215] 철도청 : 장대레일 보수관리, 1986.

[216] 철도청훈령 제7003호, 선로검사규칙, 1994. 12.

[217] 이기승, "궤도 검측차(EM 120) 해설", 鐵道施設 No.48, 1993. 6.

[218] 沈載春, "軌道檢測車(EM-120) 理論과 解說", 鐵道施設 No. 50, 1993. 12.

[219] 이신우, "궤도 검측차 기록지 분석 및 효율적인 선로보수", 鐵道施設 No. 56, 1995. 6.

[220] 서사범, 궤도장비와 선로관리, 얼과알, 2000.12

[221] 徐士範, "레일 波狀磨耗의 特徵 · 原因 및 對策", 鐵道保線 No. 16, 1995. 10. 鐵道施設 No. 57, 1995. 9.

[222] 徐士範, "프랑스 高速鐵道의 軌道 保守", 鐵道保線 No. 18, 1996. 5.

[223] 徐士範, "레일의 管理에 關한 最近의 動向", 鐵道保線 No. 20, 1996. 11.

[224] 徐士範, "새로운 機械保線 技術의 原理(Ⅰ), (Ⅱ)", 鐵道保線 No. 21, 22, 1997. 3, 6.

[225] 徐士範, "長大레일의 基礎 理論", 鐵道線路 No. 24, 1998. 1.

[226] 徐士範, "줄맞춤과 면 맞춤의 基本 原理", 鐵道線路 No. 25, 1998. 4.

[227] 徐士範, "레일面의 損傷", 鐵道線路 No. 26, 1998. 8.

[228] 徐士範, "輪重變動과 레일上面 凹凸의 管理" 鐵道施設 No. 56, 1995. 6.

[229] 徐士範, "軌道틀림 데이터에 대한 解析方法의 應用" 鐵道施設 No. 57, 1995. 9.

[230] 徐士範, "軌道線形의 保守(레벨링과 라이닝)에 대한 決定의 한 方法" 鐵道施設 No. 59, 1996. 3.

[231] 徐士範, "軌道保守에 關한 最近 動向" 鐵道施設 No. 61, 1996. 9.

[232] 徐士範, "軌道線形과 軌道品質" 鐵道施設 No. 65, 1997. 9.

[233] 徐士範, "軌道保守의 技術 發達" 鐵道施設 No. 68, 1998. 6.

[234] 徐士範, "軌道保守의 技術 發達" 鐵道施設 No. 68, 1998. 6.

[235] 徐士範, "레벨링과 라이닝의 레이저 컨트롤" 鐵道施設 No. 69, 1998. 9.

[236] 徐士範, "費用 節減을 위한 체계적인 道床 클리닝", 鐵道線路 No. 27, 1998. 12.

[237] 신광순, "철도보선 업무의 효율적인 관리 방안", 鐵道線路 No. 26, 1998. 8.

[238] 徐士範, "M.T.T 作業 效果에 關한 研究 報告" 鐵道施設 No. 35, 36, 1990. 3, 6.

제8장

[239] 上浦正樹, "制走堤の設計法のための實驗及びその解析", 日本鐵道施設協會誌, 1991. 9.

[240] 철도청훈령 제7012호 : 건널목설치 및 설비기준 규정, 1995. 1. 11.

[241] 徐士範, "건널목 標識類의 設計", 鐵道施設 No. 70, 1998. 12.

[242] 徐士範, "건널목 事故發生 메커니즘의 心理學的 考察", 鐵道施設 No. 45, 1992. 9.

[243] 한국고속철도건설공단 : 고속철도 차량 유지보수 개론, 1998. 6.

제9장

[244] 森川靖生, "在來鐵道の新設または大規模改良に際しての騒音對策指針", 日本鐵道施設協會誌, 1996. 6.

[245] 宮亮一 : 騷音工學, 朝倉書店, 東京, 1983.

[246] 天野 外 2人 : 鐵道工學, 丸善株式會社, 東京, 1984.

[247] 騷音 · 振動計測技術委員會編 : 騷音 · 振動計測技術指導書, 社團法人 計量管理協會, 東京, 1978.

[248] 集文社 編譯 : 騷音 · 振動對策핸드북, 集文社, 서울, 1983.

[249] Basic Theory of Sound & Vibration(騷音 · 振動의 基礎 理論), Brel & Kjaer Korea Ltd,

[250] Andreas Stenczel, "environmental protection in mechanized track maintenance", 1992.

[251] Klaus Riebold, "Innovations in tamping machines" 1991.

[252] G. Heimerl and E. Holzmann, "Assesment of traffic noise investigation on the annoyance efect on road and railway", 1982.

[253] H. j. Saurenman, J. T. NelsonG. P. Wilson : Handbook of Urban Rail Noise and Vibration control, 1982.

[254] J. Reybardy, "Facts about Railway Noise", 1984.

개정시 추가 참고문헌

[255] 서사범 : 철도공학입문, 북갤러리, 2010. 4.

[256] 羽取 昌 : 技術士を目指して, 建設部門, 鐵道, 山海堂, 1995. 7.

[257] (財)鐵道總合技術研究所 : 在來鐵道運轉速度向上のための技術方策, 1993. 5.

[258] (財)鐵道總合技術研究所 : 在來鐵道運轉速度向上試驗マニュアル · 解說, 1993. 5.

[259] 鐵道技術研究所 : 高速鐵道の研究, (財)研友社, 1967. 3.

[260] 龜田 弘行 외3인 : 改訂 新鐵道システム工學, 山海堂, 1993. 12.

[261] V. A. Profillidis : Railway Engineering, Avebury Technical, 1995.

[262] S. L. Grassie : MECHANICS AND FATIGUE IN WHEEL/RAIL CONTACT, ELSEVIER, 1990.

[263] C. O. Fraderick & D. J. Round : RAIL TECHNOLOGY, 1881.

[264] 서사범 : 궤도역학1(자갈궤도의 역학), 궤도역학2(콘크리트 궤도의 역학), 북갤러리, 2009. 7.

[265] 건설교통부 철도시설과 - 1619, 선로측량지침, 2004. 12. 30.

[266] 건설교통부 철도시설과 - 1622, 철도궤도공사 표준시방서, 2004. 12. 30.

[267] 서사범 : 고속선로의 관리, 북갤러리, 2003. 11.

[268] 과전출판사 : 2000년 보선관계규정집.

[269] 서사범 : 선로의 설계와 관리, 삼표이앤씨(주), 2010. 7.

[270] 건설교통부 철도시설과 -1623, PC침목 설계시방서, 2004. 12. 30.

[271] 서사범 : 최신철도선로, 얼과알, 2003. 5.

[272] 건설교통부 일반철도과 - 1235, 건널목설치 및 설비기준지침, 2004. 12. 30.

[283] 서울특별시지하철공사, 지하철 포커스 : 지하철 구조개량 "B2S" 신공법개발, http://www.seoulsubway.co.kr, 2005.2.

[284] 서사범 : 레일연삭기술, 삼표이앤씨(주), 2011. 2.

[285] 서사범 : 고무기술입문, 삼표이앤씨(주), 2010. 3.

[286] 서사범, 궤도동역학 입문 (주)서현기술단, 2017.11.
[287] 서사범, 철도공학의 원리, (주)서현기술단, 2018.3.
[288] 한국철도시설공단, 선로유지관리지침, 2016.12.30.
[289] 국토교통부, 철도의 건설기준에 관한 규정, 2018.3.21
[290] 한국철도시설공단, 철도설계지침 및 편람 KR C-14060 궤도재료설계(부록1; 궤도구조 성능검증 절차), 2018. 9
[291] 서사범, "궤도시스템 분석과 설계 방법의 고찰", 철도저널 Vol. 19, No. 5, 2016. 10.
[292] 서사범, "장대레일궤도의 좌굴안정성 이론", 철도저널 Vol. 19, No. 6, 2016. 12.
[293] 서사범, "궤도부재의 유지보수 기술", 철도저널 Vol. 14, No. 4, 2011.8.
[294] 서사범, "철도차량과 궤도의 상호작용에 따른 궤도침하와 동적거동의 시뮬레이션모델 및 횡방향 궤도틀림", 철도저널 Vol. 19, No. 1, 2016.2.

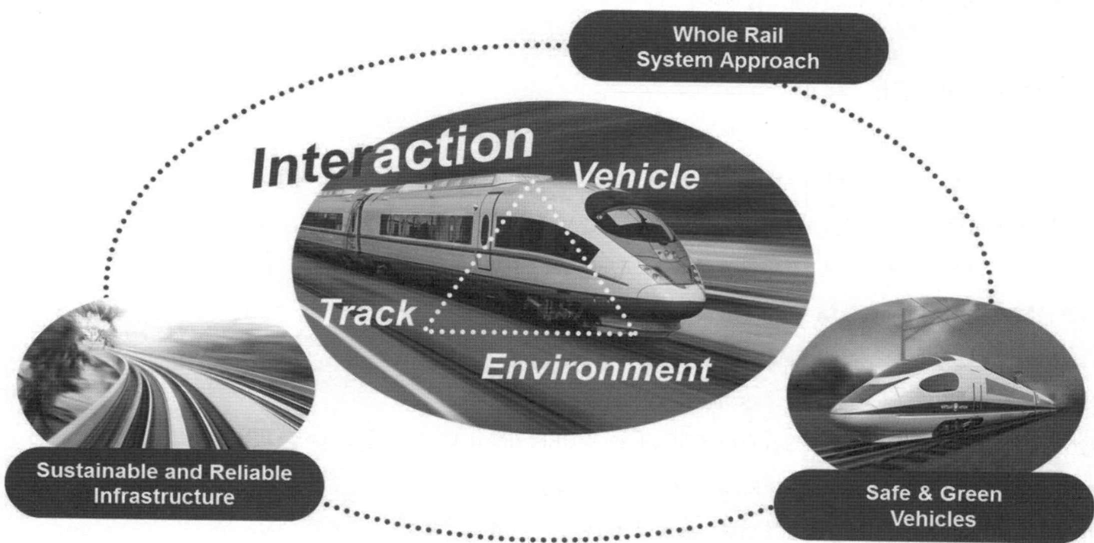

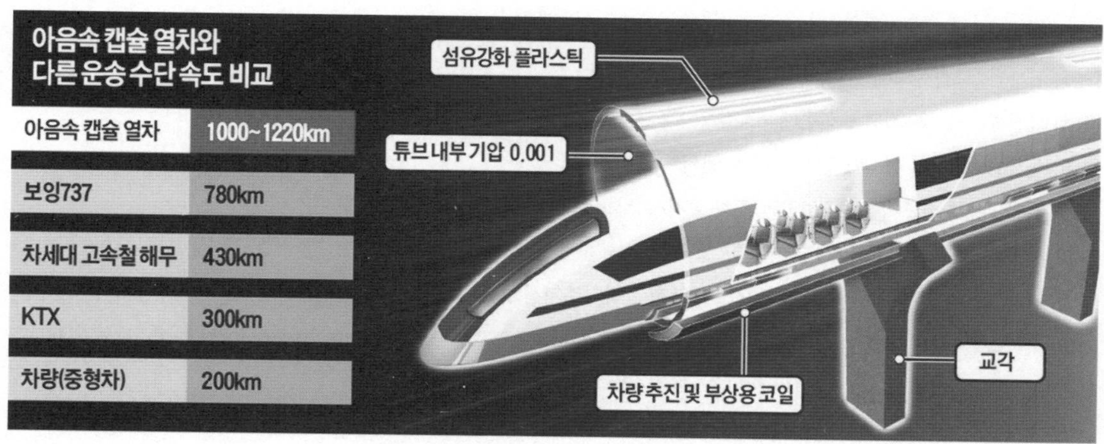

찾아보기

KTX
24

종래의 단위와 SI 단위의 비교

1. 힘

	N	kgf	tf
N	1	1.01972×10^{-1}	1.01972×10^{-4}
kgf	9.80665×10^{3}	1	1×10^{-3}
tf	9.80665×10^{3}	1×10^{3}	1

2. 응력 · 압력

	Pa	MPa	kgf/mm^2	kgf/cm^2
Pa	1	1×10^{-6}	1.01972×10^{-7}	$1,01972\times10^{-5}$
MPa	1×10^{6}	1	1.01972×10^{-4}	1.01972×10
kgf/mm^2	9.80665×10^{6}	9.80665	1	1×10^{2}
kgf/cm^2	9.80665×10^{4}	9.80665×10^{-2}	1×10^{3}	1